# Handbuch Bildungstechnologie

Helmut Niegemann • Armin Weinberger
Hrsg.

# Handbuch Bildungstechnologie

Konzeption und Einsatz digitaler Lernumgebungen

mit 141 Abbildungen und 17 Tabellen

*Hrsg.*
Helmut Niegemann
Universität des Saarlandes
Saarbrücken, Deutschland

Armin Weinberger
Universität des Saarlandes
Saarbrücken, Deutschland

ISBN 978-3-662-54367-2     ISBN 978-3-662-54368-9 (eBook)
ISBN 978-3-662-60976-7 (print and electronic bundle)
https://doi.org/10.1007/978-3-662-54368-9

Die Deutsche Nationalbibliothek verzeichnet diese Publikation in der Deutschen Nationalbibliografie; detaillierte bibliografische Daten sind im Internet über http://dnb.d-nb.de abrufbar.

Springer
© Springer-Verlag GmbH Deutschland, ein Teil von Springer Nature 2020
Das Werk einschließlich aller seiner Teile ist urheberrechtlich geschützt. Jede Verwertung, die nicht ausdrücklich vom Urheberrechtsgesetz zugelassen ist, bedarf der vorherigen Zustimmung des Verlags. Das gilt insbesondere für Vervielfältigungen, Bearbeitungen, Übersetzungen, Mikroverfilmungen und die Einspeicherung und Verarbeitung in elektronischen Systemen.
Die Wiedergabe von allgemein beschreibenden Bezeichnungen, Marken, Unternehmensnamen etc. in diesem Werk bedeutet nicht, dass diese frei durch jedermann benutzt werden dürfen. Die Berechtigung zur Benutzung unterliegt, auch ohne gesonderten Hinweis hierzu, den Regeln des Markenrechts. Die Rechte des jeweiligen Zeicheninhabers sind zu beachten.
Der Verlag, die Autoren und die Herausgeber gehen davon aus, dass die Angaben und Informationen in diesem Werk zum Zeitpunkt der Veröffentlichung vollständig und korrekt sind. Weder der Verlag, noch die Autoren oder die Herausgeber übernehmen, ausdrücklich oder implizit, Gewähr für den Inhalt des Werkes, etwaige Fehler oder Äußerungen. Der Verlag bleibt im Hinblick auf geografische Zuordnungen und Gebietsbezeichnungen in veröffentlichten Karten und Institutionsadressen neutral.

Lektorat: Lisa Bender
Springer ist ein Imprint der eingetragenen Gesellschaft Springer-Verlag GmbH, DE und ist ein Teil von Springer Nature.
Die Anschrift der Gesellschaft ist: Heidelberger Platz 3, 14197 Berlin, Germany

# Vorwort

Bildungstechnologie ist in Deutschland zwar nicht neu, aber anders als im englischsprachigen Ausland (Educational Technology, Instructional Technology) als Disziplin noch nicht lange etabliert. Einschlägige Fachzeitschriften, Bücher und Kongressberichte liegen fast ausnahmslos in englischer Sprache vor. Für Wissenschaftler ist dies sicher unproblematisch, für Praktiker kann es jedoch eine Hürde sein, gerade weil hierzulande oft nicht klar ist, was Bildungstechnologie an Themenbereichen umfasst. Aus diesem Grund haben wir entschieden, dieses Buch in deutscher Sprache herauszugeben. Dabei können wir in Deutschland auf einer breit gefächerten wissenschaftlichen und praxisbezogenen Expertise aufbauen, wie sie die Autorinnen und Autoren dieses Handbuchs verkörpern. Die Auswahl der Themenbereiche deckt die wesentlichen wissenschaftlichen Aspekte der Bildungstechnologie ab und soll die jeweiligen Praxisbezüge verdeutlichen. Wir hoffen daher, mit diesem Band eine Lücke in der wissenschaftlichen Literatur zur Entwicklung, dem Einsatz und der Beurteilung multimedialer, interaktiver Medien im Bildungsbereich zu füllen. Wir hoffen außerdem, damit dazu beizutragen, die Disziplin Bildungstechnologie in Deutschland zu profilieren und bekannt zu machen, die im Vergleich mit anderen Ländern noch selten als Studienfach angeboten wird. Wir wollen darüber hinaus mit diesem Handbuch eine wissenschaftliche Grundlage für Entscheidungen im Bildungsbereich geben. Dies erscheint umso dringender in Zeiten des digitalen Wandels und eines reichen Angebots an Lernsoftware, wo es darauf ankommt, mögliche Wirkungen technischer Innovationen für das Lehren und Lernen auf der Basis wissenschaftlicher Erkenntnisse realistisch einschätzen zu können.

Das Handbuch Bildungstechnologie ist in acht Themenbereiche mit insgesamt 37 Kapiteln gegliedert. Im Themenbereich ‚Grundlagen' definieren wir Bildungstechnologie als Forschungsbereich und Sie erhalten einen Überblick über grundlegende Ansätze zur Gestaltung von individuellen und kooperativen Lernumgebungen mit Medien. Im zweiten Themenbereich werden dann Modelle des Instructional Design vorgestellt, also Ansätze zur systematischen Gestaltung von Lernumgebungen. Anschließend werden spezifische Szenarien technologieunterstützten Lernens und ihre wesentlichen Formate und Gestaltungsmerkmale dargestellt. Das schließt etwa Lernspiele, mobiles Lernen oder Lernen mit Videos ein. Themenbereich 4 adressiert spezifische Formen der Strukturierung zur Unterstützung technologieunterstützten Lernens. Komplexe Lernumgebungen verlangen häufig nach zusätzlicher

Unterstützung der Lernenden, u. a. durch spezielle technikbasierte Hilfsmaßnahmen und Tools, die z. B. den Bearbeitungsstand einer Aufgabe visualisieren. Darauf folgt ein fünfter Themenbereich zur Frage nach Qualitätssicherung, Evaluation und entsprechenden Forschungsmethoden der Bildungstechnologie. Dabei geht es nicht nur um die Evaluation und Qualitätssicherung von multimedialen Lernangeboten, sondern auch um technologiegestützte Analysen von Lernprozessen und -ergebnissen. Im sechsten Themenbereich geht es um ökonomische und rechtliche Aspekte, die beim Einsatz von digitalen Lernumgebungen außerordentlich relevant sind. Hier werden etwa die Auswirkungen der EU-Datenschutzvorschriften auf E-Learning diskutiert. Im nächsten Themenbereich (7) werden die technischen Aspekte der Bildungstechnologie diskutiert und insbesondere Bezüge zur Informatik hergestellt. Im achten und letzten Themenbereich werden ausgewählte konkrete Lehr-Lern-Kontexte vorgestellt und gezeigt, wie sie durch den Einsatz von digitalen Lernumgebungen über unterschiedliche Altersstufen hinweg gestaltet werden können.

Parallel zu dieser Gesamtausgabe des Handbuchs existiert bereits eine Online-First-Version. In dieser finden Sie die Kapitel in jeweils aktualisierter, überarbeiteter Form und es sollen auch sukzessive noch Kapitel hinzukommen zu Aspekten, die jetzt noch nicht vertreten sind. Diese Sammlung wird dann (hoffentlich) wiederum in einer zweiten Auflage des Handbuchs Bildungstechnologie münden.

Wir danken dem Springer-Verlag, insbesondere Frau Jennifer Ott, die uns bei der Fertigstellung des Bandes kompetent und geduldig begleitet und tatkräftig unterstützt hat und hoffen auf eine weitere Zusammenarbeit. Ganz besonders bedanken wir uns bei den Autorinnen und Autoren der Beiträge.

Über konstruktive Kritik und Hinweise seitens der Leserinnen und Leser freuen wir uns.

November 2019  
Saarbrücken

Helmut Niegemann  
Armin Weinberger

# Inhaltsverzeichnis

**Teil I  Grundlagen der Bildungstechnologie** .................... 1

**Was ist Bildungstechnologie?** .............................. 3
Helmut Niegemann und Armin Weinberger

**Lernen mit Medien: ein Überblick** .......................... 17
Maria Opfermann, Tim N. Höffler und Annett Schmeck

**Multimediales Lernen: Lehren und Lernen mit Texten
und Bildern** ............................................. 31
Katharina Scheiter, Juliane Richter und Alexander Renkl

**Computerunterstütztes kollaboratives Lernen** .................. 57
Freydis Vogel und Frank Fischer

**Selbstreguliertes Lernen und (technologiebasierte) Bildungsmedien** ... 81
Franziska Perels und Laura Dörrenbächer

**Teil II  Modelle des Instruktionsdesigns zur Konzeption und
Gestaltung technologieunterstützter Lernumgebungen** .......... 93

**Instructional Design** ...................................... 95
Helmut Niegemann

**Das Vier-Komponenten Instructional Design (4C/ID) Modell** ........ 153
Jeroen J. G. van Merriënboer

**Instruktionsdesign und Unterrichtsplanung** ..................... 171
Carmela Aprea

**Lehrziele und Kompetenzmodelle beim E-Learning** ............... 191
Maria Reichelt, Frauke Kämmerer und Ludwig Finster

**Teil III  Szenarien und Formate technologieunterstützten Lernens** .................................................. **207**

**Lernspiele und Gamification** ................................. 209
Jacqueline Schuldt

**Computer-unterstützte kooperative Lernszenarien** ................ 229
Armin Weinberger, Christian Hartmann, Lara Johanna Kataja und Nikol Rummel

**Erklärvideos als Format des E-Learnings** ....................... 247
Steffi Zander, Anne Behrens und Steven Mehlhorn

**Mobiles Lernen** .............................................. 259
Nicola Döring und M. Rohangis Mohseni

**Videos in der Lehre: Wirkungen und Nebenwirkungen** ............. 271
Malte Persike

**Teil IV  Strukturierung technologieunterstützten Lernens** ....... **303**

**Kooperationsskripts beim technologieunterstützten Lernen** ......... 305
Katharina Kiemer, Christina Wekerle und Ingo Kollar

**Group Awareness-Tools beim technologieunterstützen Lernen** ...... 321
Daniel Bodemer und Lenka Schnaubert

**Lernen mit Bewegtbildern: Videos und Animationen** .............. 333
Martin Merkt und Stephan Schwan

**Interaktivität und Adaptivität in multimedialen Lernumgebungen** ... 343
Helmut Niegemann und Steffi Heidig

**Feedbackstrategien für interaktive Lernaufgaben** .................. 369
Susanne Narciss

**Motivationsdesign bei der Konzeption multimedialer Lernumgebungen** ............................................. 393
Steffi Zander und Steffi Heidig

**Emotionen beim technologiebasierten Lernen** .................... 417
Kristina Loderer, Reinhard Pekrun und Anne C. Frenzel

**Grafikdesign: eine Einführung im Kontext multimedialer Lernumgebungen** ............................................. 439
Ramona Seidl

## Teil V  Qualitätssicherung, Evaluation und Forschungsmethoden ... 479

**Qualitätssicherung multimedialer Lernangebote** ... 481
Lutz Goertz

**Technologiegestütztes Assessment, Online Assessment** ... 493
Sarah Malone

**Learning Analytics** ... 515
Dirk Ifenthaler und Hendrik Drachsler

**Akzeptanz von Bildungstechnologien** ... 535
Nicolae Nistor

**Evaluation multimedialen Lernens** ... 547
Wolfgang Meyer und Reinhard Stockmann

## Teil VI  Ökonomische und rechtliche Aspekte ... 557

**Betriebliche Aspekte von digitalen Bildungsangeboten** ... 559
Volker Zimmermann

**Rechtliche Aspekte des Einsatzes von Bildungstechnologien** ... 571
Janine Horn

## Teil VII  Technische Aspekte der Bildungstechnologie ... 583

**Informatik und Bildungstechnologie** ... 585
Christoph Rensing

**Körperliche Bewegung in der Bildungstechnologie** ... 605
Martina Lucht

## Teil VIII  Bildungstechnologie in unterschiedlichen Lehr-Lern-Kontexten ... 629

**Bildungstechnologie in der Schule** ... 631
Christian Kohls

**Bildungstechnologie im Mathematikunterricht (Klassen 1–6)** ... 645
Silke Ladel

**Bildungstechnologie in der beruflichen Aus- und Weiterbildung** ... 667
Claudia Ball

**Lernen in sozialen Medien** ... 677
Peter Holtz, Ulrike Cress und Joachim Kimmerle

**Multimediales Lernen in öffentlichen Bildungseinrichtungen
am Beispiel von Museen und Ausstellungen** .................... 689
Stephan Schwan und Doris Lewalter

**Lernen mit Open Educational Resources** ...................... 699
Markus Deimann

# Autorenverzeichnis

**Carmela Aprea** Lehrstuhl für Wirtschaftspädagogik – Design und Evaluation instruktionaler Systeme, Universität Mannheim, Mannheim, Deutschland

**Claudia Ball** Service Division Training, DEKRA SE, DEKRA Akademie GmbH, Stuttgart, Deutschland

**Anne Behrens** Instructional Design, Bauhaus-Universität Weimar, Weimar, Deutschland

**Daniel Bodemer** Psychologische Forschungsmethoden – Medienbasierte Wissenskonstruktion, Universität Duisburg-Essen, Duisburg, Deutschland

**Ulrike Cress** AG Wissenskonstruktion, Leibniz-Institut für Wissensmedien (IWM), Tübingen, Deutschland

**Markus Deimann** Institute of Digital Learning, Technische Hochschule Lübeck University of Applied Sciences, Lübeck, Deutschland

**Nicola Döring** IfMK (Institut für Medien und Kommunikationswissenschaft), Technische Universität Ilmenau, Ilmenau, Deutschland

**Laura Dörrenbächer** Empirische Schul- und Unterrichtsforschung, Universität des Saarlandes, Saarbrücken, Deutschland

**Hendrik Drachsler** Deutsches Institut für Internationale Pädagogsche Forschung, Goethe Universität Frankfurt am Main, Frankfurt, Deutschland

**Ludwig Finster** Prorektorat Bildung, StudiFLEX Curricularmanagement, Hochschule für Technik, Wirtschaft und Kultur Leipzig, Leipzig, Deutschland

**Frank Fischer** Department Psychologie, Ludwig-Maximilians-Universität München, München, Deutschland

**Anne C. Frenzel** Department Psychologie, Ludwig-Maximilians-Universität München, München, Deutschland

**Lutz Goertz** Bildungsforschung, mmb Institut – Gesellschaft für Medien- und Kompetenzforschung GmbH, Essen, Deutschland

**Christian Hartmann** Ruhr-Universität Bochum, Bochum, Deutschland

**Steffi Heidig** Kommunikationspsychologie, Hochschule Zittau/Görlitz, Görlitz, Deutschland

**Tim N. Höffler** Leibniz-Institut für die Pädagogik der Naturwissenschaften und Mathematik, Kiel, Deutschland

**Peter Holtz** AG Wissenskonstruktion, Leibniz-Institut für Wissensmedien (IWM), Tübingen, Deutschland

**Janine Horn** ELAN e.V., Oldenburg, Deutschland

**Dirk Ifenthaler** Learning, Design and Technology, Universität Mannheim, Mannheim, Deutschland

**Frauke Kämmerer** FB Wirtschafts- und Sozialwissenschaften, Hochschule Nordhausen, Nordhausen, Deutschland

**Katharina Kiemer** Lehrstuhl für Psychologie m.b.B.d. Pädagogischen Psychologie, Universität Augsburg, Augsburg, Deutschland

**Joachim Kimmerle** AG Wissenskonstruktion, Leibniz-Institut für Wissensmedien (IWM), Tübingen, Deutschland

**Christian Kohls** Institut für Informatik, TH Köln, Gummersbach, Deutschland

**Ingo Kollar** Lehrstuhl für Psychologie m.b.B.d. Pädagogischen Psychologie, Universität Augsburg, Augsburg, Deutschland

**Silke Ladel** Institut für Mathematik und Informatik, Pädagogische Hochschule Schwäbisch Gmünd, Schwäbisch Gmünd, Deutschland

**Doris Lewalter** TUM School of Education, Technische Universität München, München, Deutschland

**Kristina Loderer** Department Psychologie, Ludwig-Maximilians-Universität München, München, Deutschland

**Martina Lucht** Human-Centered Media & Technologies (HMT), Fraunhofer-Institut für Digitale Medientechnologie (IDMT), Ilmenau, Deutschland

**Sarah Malone** Saarland University, Saarbrücken, Deutschland

**Steven Mehlhorn** Instructional Design, Bauhaus-Universität Weimar, Weimar, Deutschland

**Martin Merkt** NG Audiovisuelle Wissens- und Informationsmedien, Deutsches Institut für Erwachsenenbildung (DIE), Bonn, Deutschland

**Wolfgang Meyer** CEval Centrum für Evaluation, Universität des Saarlandes, Saarbrücken, Deutschland

**M. Rohangis Mohseni** IfMK (Institut für Medien und Kommunikationswissenschaft), Technische Universität Ilmenau, Ilmenau, Deutschland

**Susanne Narciss** Psychologie des Lehrens und Lernens, Technische Universität Dresden, Dresden, Deutschland

**Helmut Niegemann** Fakultät HW, Bildungstechnologie, Universität des Saarlandes, Saarbrücken, Deutschland

**Nicolae Nistor** Fakultät für Psychologie und Pädagogik, Ludwig-Maximilians-Universität München, München, Deutschland

**Maria Opfermann** Institut für Erziehungswissenschaft, Ruhr-Universität Bochum, Bochum, Deutschland

**Reinhard Pekrun** Department Psychologie, Ludwig-Maximilians-Universität München, München, Deutschland

**Franziska Perels** Empirische Schul- und Unterrichtsforschung, Universität des Saarlandes, Saarbrücken, Deutschland

**Malte Persike** Psychologisches Institut, Johannes Gutenberg-Universität Mainz, Mainz, Deutschland

**Maria Reichelt** Zentrum für Qualität, Fachhochschule Erfurt, Erfurt, Deutschland

**Alexander Renkl** Institut für Psychologie, Universität Freiburg, Freiburg, Deutschland

**Christoph Rensing** KOM – Multimedia Communications Lab, Technische Universität Darmstadt, Darmstadt, Deutschland

**Juliane Richter** AG Multiple Repräsentationen, Leibniz-Institut für Wissensmedien, Tübingen, Deutschland

**Nikol Rummel** Ruhr-Universität Bochum, Bochum, Deutschland

**Katharina Scheiter** AG Multiple Repräsentationen, Leibniz-Institut für Wissensmedien, Tübingen, Deutschland

**Annett Schmeck** Ruhr-Universität Bochum, Bochum, Deutschland

**Lara Johanna Kataja** Universität des Saarlandes, Saarbrücken, Deutschland

**Lenka Schnaubert** Psychologische Forschungsmethoden – Medienbasierte Wissenskonstruktion, Universität Duisburg-Essen, Duisburg, Deutschland

**Jacqueline Schuldt** Fakultät für Elektrotechnik und Informationstechnik, Fachgebiet Medienproduktion, Technische Universität Ilmenau, Ilmenau, Deutschland

**Stephan Schwan** AG Realitätsnahe Darstellungen, Leibniz-Institut für Wissensmedien (IWM), Tübingen, Deutschland

**Ramona Seidl** Universitätsentwicklung, Bauhaus-Universität Weimar, Weimar, Deutschland

**Reinhard Stockmann** CEval Centrum für Evaluation, Universität des Saarlandes, Saarbrücken, Deutschland

**Jeroen J. G. van Merriënboer** School of Health Professions Education, Maastricht University, Maastricht, Niederlande

**Freydis Vogel** TUM School of Education, Technische Universität München, München, Deutschland

**Armin Weinberger** Universität des Saarlandes, Saarbrücken, Deutschland

**Christina Wekerle** Lehrstuhl für Psychologie m.b.B.d. Pädagogischen Psychologie, Universität Augsburg, Augsburg, Deutschland

**Steffi Zander** Instructional Design, Bauhaus-Universität Weimar, Weimar, Deutschland

**Volker Zimmermann** Neocosmo GmbH, Starterzentrum Campus A1.1, Saarbrücken, Deutschland

# Teil I

# Grundlagen der Bildungstechnologie

# Was ist Bildungstechnologie?

Helmut Niegemann und Armin Weinberger

## Inhalt

| | | |
|---|---|---|
| 1 | Begriffliches | 4 |
| 2 | Bildungstechnologie als Wissenschaftsdisziplin | 10 |
| 3 | Bildungstechnologie und Technik für Bildungsprozesse | 11 |
| 4 | Arbeitsfelder der Bildungstechnologie | 12 |
| | Literatur | 15 |

### Zusammenfassung

Bildungstechnologie als Disziplin ist anders als im deutschsprachigen Bereich in vielen englischsprachigen Ländern seit Langem etabliert. Der Beitrag zeigt und diskutiert im ersten Teil Definitionen von Bildungstechnologie als technologischer Domäne im weiteren und im engeren Sinn. Während Bildungstechnologie im weiteren Sinn unabhängig von bestimmten Medien und Geräten verstanden wird, verstehen viele die Disziplin in einem engen Sinn als Anwendung von Informations- und Kommunikationstechnik im Bereich der Bildung. In einem zweiten Teil werden Anforderungen an ein Kompetenzprofil von Bildungstechnologen skizziert.

### Schlüsselwörter

Bildungstechnologie · Technologie · Technik · Ausbildung · Theorie · Wissenschaftstheorie · Ethik

---

H. Niegemann (✉)
Fakultät HW, Bildungstechnologie, Universität des Saarlandes, Saarbrücken, Deutschland
E-Mail: helmut.niegemann@uni-saarland.de

A. Weinberger
Universität des Saarlandes, Saarbrücken, Deutschland
E-Mail: a.weinberger@mx.uni-saarland.de

## 1 Begriffliches

Anders als *Educational Technology* im Englischen ist die Bedeutung von *Bildungstechnologie* selbst Vertretern der eng verwandten Bildungspsychologie (Pädagogische Psychologie) oft nicht geläufig. *Bildungstechnologie* wird meist mit dem Einsatz technischer Medien im Kontext von Bildungsprozessen verknüpft: Das ist aus Sicht des Selbstverständnisses der Disziplin aber zu eng und hat sicher auch mit der verbreiteten Verengung von *Technik* auf die Entwicklung oder den Einsatz von Artefakten im Sprachgebrauch zu tun. Aber selbst im Alltag ist die weite Bedeutung des Begriffs stets gegenwärtig. Dass eine Hochspringerin oder ein Fußballer über eine gute *Technik* verfügen, dass eine geschickte Verhandlungs*technik* im Geschäftsleben von großem Vorteil sein kann, finanz*technisch* manchmal etwas schiefgeht und manches Vorhaben sich versicherungs*technisch* anders darstellt als man es sich wünscht – dies sind alles Formulierungen, wie sie so oder ähnlich täglich gedruckt werden und nie ist ein Bezug zu Maschinen, Computern oder sonstigen Artefakten gemeint.

In der Bezeichnung Bildungstechnologie verstehen wir *Technologie* als die wissenschaftliche Beschäftigung mit *Technik* in eben diesem Sinn: Als Disziplin, die unterschiedliche Arrangements von Lernbedingungen, die Unterstützung des Erwerbs von Wissen und Können, die Beeinflussung von Motiven und Emotionen sowie die Funktionalität von Artefakten (insbesondere Medien) zum Zweck der Förderung von Bildungsprozessen (s. Edelstein und Hopf 1973, S. 7 ff.) erforscht und lehrt. Im Englischen werden *Educational Technology* und *Instructional Technology* synonym verwendet (Reiser 2018, S. 1).

Probleme mit der Rezeption des Begriffs Technologie im genannten Sinn sind wohl auch der Tatsache geschuldet, dass Technologie alltagssprachlich häufig auch als Synonym für Technik verwendet wird, was sich im Englischen ebenfalls eingebürgert hat. Educational Technology wird jedoch in der englischsprachigen Community explizit nicht auf die Anwendung von Technik (Medien) in Bildungsprozessen verkürzt. Entsprechende Definitionsversuche lassen sich zumindest seit 50 Jahren verfolgen. 1963 schlug das *Department of Audiovisual Instruction*, Vorläuferorganisation der heutigen AECT (*Association for Educational Communications and Technology*) eine Definition vor in deren Mittelpunkt die systematische Konzeption der Beeinflussung von Lernprozessen stand, wobei sogar die dazu zweckmäßigen Schritte beschrieben wurden: Planung, Produktion, Auswahl, Anwendung und Organisation (Ely 1963, S. 38 zit. nach Reiser 2018), was im Großen und Ganzen auch den Schritten entsprach, die konstitutiv waren für die zur gleichen Zeit entstandene Disziplin *Instructional Design* (Niegemann 2019). In beiden Ansätzen wird das Lernen stärker betont als das Unterrichten (Reiser 2018).

Sieben Jahre später wurde eine doppelte Definition vorgeschlagen, d. h. es wurde konstatiert, dass es zwei Sichtweisen gäbe, eine traditionelle, welche die Disziplin im Wesentlichen über den Gebrauch von Medien definierte und eine neuere Sichtweise:

# Was ist Bildungstechnologie?

„The second and less familiar definition of instructional technology goes beyond any particular medium or device. In this sense, instructional technology is more than the sum of its parts. It is a systematic way of designing, carrying out, and evaluating the whole process of learning and teaching in terms of specific objectives, based on research on human learning and communication, and employing a combination of human and nonhuman resources to bring about more effective instruction." (Reiser 2018, S. 21)

U. a. wird in dieser Definition explizit auch auf Gagné, einen der *Gründerväter* des Instructional Design, hingewiesen und die Fundierung des Arbeitsfeldes durch empirische Forschung betont. Die Rolle der Medien war hier offenbar noch nebensächlich.

1977 propagierte die mittlerweile entstandene AECT (*Association for Educational Communication and Technology*) eine neue, wiederum weit gefasste Definition des Feldes, zusammengefasst:

„Educational technology is a complex, integrated process involving people, procedures, ideas, devices, and organization, for analyzing problems and devising, implementing, evaluating, and managing solutions to those problems, involved in all aspects of human learning." (AECT 1977, S. l)

Die AECT beschäftigte sich weiter mit der Definition der Disziplin und publizierte 1994 das Buch *Instructional Technology: The Definitions and Domains of the Field* (Seels und Richey 1994). Das Buch enthält eine detaillierte Beschreibung des Feldes, aber auch eine kurze Definition:

„Instructional Technology is the theory and practice of design, development, utilization, management, and evaluation of processes and resources for learning." (Seels und Richey 1994, S. 1)

*Resources for learning* umfasst dabei sowohl Personen (Lehrende) als auch Medien. Ziel der Bildungstechnologie ist die Verbesserung des Lernens (Prozess und Ergebnis) durch Instruktion (im weitesten Sinne, s. u.).

Ein weiteres Buch zur Explikation des Fachgebiets legte die AECT 2008 vor (AECT Definition and Terminology Committee 2008). Die zusammenfassende Definition lautet nun:

„Educational technology is the study and ethical practice of facilitating learning and improving performance by creating, using, and managing appropriate technological processes and resources." (AECT Definition and Terminology Committee 2008, S. 1)

Diese Definition stellt wiederum instruktionale Interventionen in den Mittelpunkt, deren Funktion es jetzt aber ist das Lernen zu erleichtern statt es zu bewirken oder zu steuern. Damit wird der jeweiligen Eigenleistung der Lernenden, ihrer Wissenskonstruktion, Rechnung getragen. Verstärkt wird auch die Kompetenzorientierung (performance) und die instruktionale Intervention als Mittel zum Zweck wird betont weit gefasst, sie entspricht damit praktisch Resnicks Definition von *Instruction* als

"… any set of environmental conditions that are deliberately arranged to foster increases in competence. Instruction thus includes demonstrating, telling, and explaining, but it equally includes physical arrangements, structure of presented material, sequences or task demands, and responses to the learners' actions." (Resnick 1976, S. 51)

Ein vergleichbar weit gefasster Begriff für nahezu alles, was Lehren, Training und jede Art der gezielten Beeinflussung von Lern- und Bildungsprozessen ausmacht, gibt es im Deutschen offenbar nicht, am ehesten entspricht Achtenhagens *Arrangement von Lerngelegenheiten* (Achtenhagen 1992) diesem Konzept von *instruction*, während *Instruktion* im Deutschen zunächst eher an Bedienanleitungen oder mehr oder minder harsche Anweisungen denken lässt.

Bildungstechnologie im Sinne der AECT-Definition von 2008 umfasst explizit (a) alle Schritte und Prozesse von Bildungsinterventionen von der Analyse der Bedingungen über die Konzeption, die Entwicklung, die Implementation und die Evaluation, (b) die Auswahl, Einführung und Umsetzung von Lehrmethoden und Materialien und (c) Projektmanagement, Personalplanung und Informationsmanagement.

Die Systematik bzw. Systematisierung der Bildungsprozesse in jeder Form an jedem Lernort einerseits und die Entwicklung und der Einsatz technischer Ressourcen sind gleichermaßen konstitutiv für die Disziplin (Reiser 2018).

Wenig sinnvoll erscheint uns in der Definition von 2008 die Klausel *and ethical practice*: Eine ausschließlich *ethische* Anwendung ist sicher wünschenswert, aber generell nicht sinnvoll als Bestandteil einer Definition. Man wird auch bei der Definition von Küchenmessern, Baseballschlägern, Jagdwaffen oder Medikamenten nicht deren ethischen Gebrauch zum definierenden Merkmal machen: Auch als Mordwaffe bleibt ein Küchenmesser ein Küchenmesser.

Ethische bzw. generell normative Aspekte spielen selbstverständlich dennoch in der Praxis eine Rolle, die Normsetzung selbst ist aber gerade nicht das Thema von Technologie als Disziplin, sondern eine Domäne der Bildungsphilosophie, deren Grundzüge einem Bildungstechnologen geläufig sein sollten. Die Beziehungen zwischen normativen, deskriptiv-nomologischen und technologischen (präskriptiven) Ansätzen der Erziehungs- bzw. Bildungswissenschaften hat Klauer (1973) ausführlich dargelegt.

Das hier zugrunde gelegte Verständnis von Technologie wird in den Bildungswissenschaften nicht allgemein geteilt. Lange Zeit galt in der geisteswissenschaftlichen Pädagogik im Gegensatz zur Didaktik die *Methodik* als nicht wissenschaftswürdig und spielte dementsprechend in der deutschsprachigen Ausbildung der Gymnasiallehrkräfte lange Zeit keine Rolle.

Auch die Ingenieurwissenschaften wurden bis in die 60er-Jahre des letzten Jahrhunderts von vielen Philologen erst nach und nach als universitätswürdig akzeptiert. Die Einschätzung *technologisch* zu argumentieren ist in den Bildungswissenschaften heute noch zum Teil abschätzig gemeint und wird gelegentlich mit dem mahnenden Hinweis versehen, dass es doch *um den Menschen* ginge. Dabei wird u. a. übersehen, dass es sich auch bei der evidenzbasierten Humanmedizin um eine technologische Disziplin handelt und es fehlt auch eine Begründung, wieso in den

Humanwissenschaften Technologie unerwünscht wäre. Die Beziehung zwischen Technologie und Wissenschaft ist dabei wechselseitig. Zum einen werden viele wissenschaftliche Erkenntnisse durch die Anwendung von Technologie erzeugt, indem z. B. Bedingungen in einer Lernumgebung systematisch variiert werden. Technologie ist zum anderen die Anwendung wissenschaftlicher Erkenntnisse.

„Technology is a rational discipline designed to assure the mastery of man over physical nature, through the application of scientifically determined laws." (Simon 1983, S. 173 zit. nach (Gentry 2011, S. 2)
und
„The word technology ... does not necessarily imply the use of machines, as many seem to think but refers to ‚any practical art using scientific knowledge." (Saettler 1968 zit. nach Gentry 2011, S. 2)

Wissenschaftstheoretisch lassen sich technologische Aussagen und Theorien relativ klar von deskriptiven (nomologischen) Theorien abgrenzen. Bunge (Bunge 1998) unterscheidet dabei substanzielle und operative technologische Theorien: Substanzielle technologische Theorien (ST-Theorien) liefern Wissen über die Handlungsobjekte, während operative technologische Theorien (OT-Theorien) sich auf die Entscheidungen und Handlungen selbst beziehen. ST-Theorien sind im Wesentlichen Anwendungen nomologischer Theorien (Bunge 1998, S. 136).

Beide Arten technologischer Theorien erlauben Handlungsplanungen und können Kriterien für Handlungsentscheidungen liefern. Ein Beispiel aus dem Bildungsbereich für eine ST-Theorie wären die auf einer nomologischen Motivationstheorie beruhende Konzepte für die Re-Attribuierung ungünstiger Attribuierungsmuster (Rheinberg und Krug 1993). Ein Beispiel für eine OT-Theorie ist demgegenüber Kounins Konzept zum *Classroom-Management* (Kounin 1976).

Gute OT-Theorien zeichnen sich zumindest durch folgende Merkmale aus:

- Sie beziehen sich nicht unmittelbar auf Realitätsausschnitte, sondern auf mehr oder weniger idealisierte Modelle davon,
- sie verwenden theoretische Konzepte,
- sie integrieren empirische Informationen und können die Erfahrung bereichern indem sie Prognosen und Erklärungen liefern,
- sie sind empirisch überprüfbar, wenn auch nicht so *hart* wie nomologische Theorien (Bunge 1998, S. 137).

Bunge (und sich auf ihn beziehend auch Herrmann 1979) weist nachdrücklich darauf hin, dass Technologie nicht als direkte Anwendung grundlagenwissenschaftlicher Theorien bzw. bewährter grundlagenwissenschaftlicher Hypothesen verstanden werden sollte: Entsprechende Aussagen der Grundlagenwissenschaft sind oft für die Lösung praktischer Probleme nicht brauchbar, da zu wenig effizient, zu wenig praktisch relevant oder unerwünschte Nebenwirkungen hervorrufend. Während die Gütekriterien für die Ergebnisse *reiner* Wissenschaft *Wahrheit* und Präzision sind, steht bei den Ergebnissen technologischer Disziplinen die Effizienz als Gütekriterium im Vordergrund. Auch überkommene und vielleicht in Teilen fehlerhafte

Theorien können durchaus zu effizienten praktischen Problemlösungen führen. Selbst auf der Basis vor-Newtonscher Modelle können praktische (z. B. handwerkliche) Problemlösungen effizient sein. Im Vergleich zum Stand der Physik verwenden Ingenieure nicht selten theoretisch veraltete Theorien mit Erfolg. Vielen Instruktionspsychologen ist durchaus bewusst, dass in der Cognitive-Load-Forschung verwendete Gedächtnismodelle im Vergleich zu denen der Neuro-Kognitionswissenschaft zumindest Vereinfachungen sind. Viele handwerkliche, also technologisch-praktische Vorgehensweisen sind effizient ohne wissenschaftlich fundiert zu sein. Die Wirksamkeit einer Technik in der Praxis lässt keinen direkten Rückschluss auf die Wahrheit der bei den Akteuren dahinterstehenden Theorien zu. Der volkstümliche Satz *Wer heilt* (= das Problem löst) *hat recht* ist wissenschaftslogisch nicht begründbar. Zumindest einen Grund für das Scheitern einer direkten Ableitung technologischer Regeln aus gesetzmäßigen Aussagen der Grundlagenwissenschaften sieht Herrmann (1979, S. 143 ff.) in der Komplexität der Realität, die für wissenschaftliche Forschung durch Kontrolle (oft Eliminierung) aller nicht infrage stehender Variablen reduziert wird. Ein stark vereinfachtes Beispiel aus der Medizin ist die Herleitung einer technologischen Regel aus grundlagenwissenschaftlichen Befunden:

Das Fehlen (bzw. die zu geringe Produktion) eines Hormons kann den Erfolg einer In-vitro-Fertilisation verhindern. Um den Erfolg dieser Behandlung sicherzustellen wurde das fehlende Hormon gespritzt. Als Nebenwirkung trat teilweise Eierstockkrebs auf.

Ein Beispiel für die naive *Anwendung* einer grundlagenwissenschaftlichen Erkenntnis liefert auch die Pädagogische Psychologie:

Skinners Herleitung der Programmierten Unterweisung aus der bei Tauben gut fundierten Theorie des operanten Konditionierens schien zunächst durchaus erfolgreich: Auf der Basis der Präsentation des Lehrstoffs als in kleinen Schritten klar formulierter Text, gefolgt von einer einfachen Frage und einer Bestätigung der richtigen Antwort, konnten durchaus Lernerfolge verzeichnet werden. Erst etwas später hat sich die Einsicht durchgesetzt, dass für die Lernprozesse hier nicht die Bekräftigung ursächlich war, sondern eher die erleichterte kognitive Verarbeitung des Texts.

Während im Medizinbeispiel die unterschätzte Komplexität der Realität für die Nebenwirkungen verantwortlich war, war es bei Skinner die von der Theorie gänzlich ausgeklammerten Variablen der Bedingungen erfolgreicher Textverarbeitung, die unabhängig von der Theorie praktisch realisiert waren.

Über Bunge hinausgehend betont Herrmann (Herrmann 1979) die Bedeutung einschlägigen Hintergrundwissens, auch wenn sich daraus nicht unmittelbar Handlungsregeln herleiten lassen. Ein eher außerwissenschaftliches Beispiel für die Bedeutung von Hintergrundwissen i. S. wissenschaftlicher Theorien:

*Mit Hilfe eines klar beschriebenen Rezepts wird jeder, der ein wenig Kocherfahrung hat, in der Lage sein, ein chinesisches Gericht anhand der Zutatenliste und der Handlungsanweisungen (operativ-technologische Regeln) erfolgreich nachzukochen. Wenn in dem Rezept aber Lotusmehl und Reiswein verwendet werden und diese Zutaten nicht verfügbar sind, scheitert das Vorhaben. Verfügt der Hobbykoch jedoch über Hintergrundwissen, das besagt, dass Lotusmehl nichts anderes ist als Stärke, also problemlos durch Mais- oder Kartoffelmehl ersetzt werden kann und der Reiswein wegen einer milden Säuerungswirkung verwendet wird, die annähernd auch durch trockenen Sherry erzielt werden kann, dann ist das Kochprojekt gerettet.*

Das Hintergrundwissen liefert hier direkt keine Handlungsregeln, ermöglicht aber offensichtlich die Flexibilisierung der starren Regeln des Rezepts.

Ein Konzept, das in Bildungskontexten unangemessene Rezepte vermeidet ohne auf Handlungsorientierung zu verzichten, stellen *Design Patterns* (*Entwurfsmuster*) dar. Die Idee stammt aus dem Bereich der Architektur, wo Alexander Prinzipien formulierte, die Orientierungshinweise geben ohne die Gestaltungsfreiheit stark zu beeinträchtigen (Alexander 1979; Alexander et al. 1977). Die Idee wurde später im Bereich des Softwareengineering aufgegriffen (Gamma et al. 1998). U. a. im Rahmen eines EU-Projekts wurde die Idee für den Bereich des E-Learning nutzbar gemacht (Goodyear und Retalis 2010). Ein Design Pattern gibt an, worauf bei der Konzeption – hier eines Lernangebots – zu achten ist, wenn bestimmte Ziele erreicht werden sollen. Während die Patterns in der Architektur mit teilweise jahrhundertelangen Erfahrungen begründet wurden, wäre für Instructional Design Patterns empirische Evidenz die optimale Legitimation.

In Osers Konzept einer *Choreografie des Unterrichts* (Oser und Baeriswyl 2001) erfüllen die *Basismodelle* nahezu die gleichen Funktionen wie *Instructional Design Patterns*.

Wo Bunge von Technologie spricht, verwendet Simon den *Begriff Design* im Sinne von *Entwurf*. In der deutschen Übersetzung seines Buchs *The Sciences of the Artificial* (Simon 1996) wird *Science of Design* mit Entwurfswissenschaft übersetzt.

„Everyone designs who devises courses of action aimed at changing existing situations into preferred ones. The intellectual activity that produces material artifacts is not different fundamentally from the one that prescribes remedies for a sick patient or the one that devises a new sales plan for a company or a social welfare policy for a state. Design, so construed, is the core of all professional training; it is the principal mark that distinguishes the professions from the sciences. Schools of engineering, as well as schools of architecture, business, education, law, and medicine, are all centrally concerned with the process of design." (Simon 1996, S. 111)

Simon stellt fest, dass im technologischen Kontext oft statt der bestmöglichen Alternative für die Lösung eines Problems, eine zufriedenstellende angestrebt wird, da wir vielfach praktisch gar keine Möglichkeit haben, die theoretisch bestmögliche Lösung zu bestimmen (Simon 1996, S. 118 ff.).

Im Zentrum technologischen Tuns steht zunächst die heuristische Suche nach möglichen Alternativen. Gefundene oder kreierte Alternativen müssen jeweils vergleichbar gemacht (u. a. Kosten, Nutzen, Nebenwirkungen, Nachhaltigkeit) und nach allgemeinen und domänenspezifischen Kriterien bewertet werden, was dann eine Entscheidung ermöglicht. Wichtig für die Bildungstechnologie ist dabei, dass keineswegs – wie oft von Kritikern technologischer Ansätze im Bildungsbereich behauptet – alleine ein Kosten-Nutzen-Kalkül die Entscheidung festlegt, sondern alle vernünftig begründbaren Kriterien in Betracht kommen. Möglichst viele Kriterien können berücksichtigt werden, wenn bei bildungstechnologischen Vorhaben frühzeitig allen Anspruchsberechtigten (stakeholders) die Möglichkeit gegeben wird, ihre Sichtweisen und Bewertungen in den Diskurs einzubringen.

## 2 Bildungstechnologie als Wissenschaftsdisziplin

Weder in Nordamerika noch in Europa lässt sich u. W. eine eindeutige Quelle für die erstmalige Verwendung der Bezeichnungen *Instructional Technology* oder *Educational Technology* bzw. *Unterrichtstechnologie* oder schließlich *Bildungstechnologie* ausfindig machen (für den englischen Sprachraum s. Saettler 1990, S. 4). In beiden Sprachbereichen wird auf die erste Hälfte der 1960er-Jahre verwiesen. Anders als in USA sind Lehrstühle bzw. Universitäts-Professuren mit der Denomination *Unterrichtstechnologie* oder *Bildungstechnologie* in Deutschland, Österreich und der Schweiz bis heute rar (ca. fünf oder sechs), eine erste *Lehrkanzel* wurde 1971 an der neu gegründeten Universität für Bildungswissenschaften in Klagenfurt eingerichtet. Mehrere Forschungs- und Entwicklungsinstitute wurden gegründet (z. B. FeoLL in Paderborn, Bildungstechnologisches Zentrum (BTZ) in Wiesbaden) und eine 1964 gegründete Vereinigung, zunächst *Arbeitsgemeinschaft Programmierte Instruktion e. V.*, später (1966) umbenannt in *Gesellschaft für Programmierte Instruktion und Mediendidaktik e. V.* und schließlich 1980 in *Gesellschaft für Pädagogik und Information e. V. (GPI)* organisierte mehrere große bildungstechnologische Symposien (u. a. Boeckmann und Lehnert 1975; Rollett und Weltner 1971; Stachowiak 1973). Spätestens Mitte der 1980er-Jahre war der kurze Aufschwung der Bildungstechnologie jedoch schon wieder beendet, Institute wurden geschlossen bzw. in andere Einrichtungen integriert. Trotz rasanter Verbreitung des PCs ab 1980 und des Internet (ab 1990) gab es im deutschsprachigen Bereich kaum eine Institutionalisierung der Bildungstechnologie als wissenschaftlicher Disziplin, weder durch Professuren noch durch eine visible Organisation (die GPI existiert zwar weiter, wird jedoch in den etablierten Wissenschaftsbereichen kaum wahrgenommen).

Es gibt mehrere Gründe für diese Entwicklung. Anders als im englischsprachigen Raum entwickelten sich im deutschsprachigen Bereich der *geisteswissenschaftlich* orientierte Mainstream der Pädagogik bzw. Erziehungswissenschaft und die Pädagogische Psychologie etwa seit dem ersten Weltkrieg nebeneinander; ausgenommen (seit den späten 1960er-Jahren) die empirisch arbeitende pädagogische Forschung. Erst seit den 1990er-Jahren, nach dem *PISA-Schock*, gibt es Annäherungen der *fremden Schwestern* (Terhart 2002). Eine ideologische Abneigung von älteren Vertretern der traditionellen Pädagogik gegenüber *Technik* und *Technologie* ist durch entsprechende Publikationen hinreichend belegt (u. a. Klauer 1973, S. 102 f.). Dennoch ist bildungstechnologische Forschung im deutschsprachigen Bereich sehr aktiv und international anerkannt; nur eben noch nicht als eigene etablierte Disziplin wie etwa in USA, Kanada, Australien und den Niederlanden.

Höhere Wertschätzung als in der deutschen Erziehungswissenschaft erfahren bildungstechnologische Forscher in Deutschland in der Informatik durch eine eigene Fachgruppe (DELFI) in der Gesellschaft für Informatik e. V. und in mehreren SIGs (special interest groups) der European Association for Research in Learning and Instruction (EARLI), in denen deutschsprachige Forscher stark vertreten sind. Auch innerhalb der Fachgruppen Pädagogische Psychologie und Medienpsychologie der Deutschen Gesellschaft für Psychologie sind Forscher, die an bildungstechnologischen Themen arbeiten gut vertreten. Mit dem Tübinger Institut für Wissensmedien (IWM) besteht seit über 15 Jahren ein international renommiertes Forschungszentrum für bildungstechnologische Fragestellungen.

In Nordamerika existieren abgesehen von mehreren hundert Professuren für Instructional Technology, Educational Technology oder Instructional Design und entsprechend vielen BA/BSc, MA/MSc und PhD Programmen mehrere unabhängige Wissenschaftsorganisationen (u. a. AECT – Association for Educational Communication and Technology; AACE – Association for the Advancement of Computing in Education), die bedeutsame Fachzeitschriften herausgeben und jährlich internationale Kongresse organisieren. Innerhalb der American Educational Research Association (AERA) gibt es mehrere Special Interest Groups (SIGs), die sich explizit mit Instruktionstechnologie befassen. Auch in der ISLS (International Society of the Learning Sciences) und der APSCE (Asia-Pacific Society for Computers in Education) ist die Bildungstechnologie ein wichtiger Themenbereich.

Außerhalb des deutschsprachigen Bereichs spielt die Bildungstechnologie in der europäischen Forschungslandschaft vor allem in den Niederlanden, in Spanien und in Skandinavien eine bedeutende Rolle (van Merriënboer et al. 2018).

## 3 Bildungstechnologie und Technik für Bildungsprozesse

Bildungstechnologie sieht sich als wissenschaftliche Disziplin wie u. a. die empirische Bildungsforschung, die Instruktionspsychologie und die Neuropsychologie soweit möglich als unabhängig von bestimmten Wertsetzungen.

Gesucht werden Aussagen dazu, wie bestimmte *Ziele* unter bestimmten Randbedingungen und unter Einhaltung bestimmter *Kriterien* (z. B. keine unerwünschten Nebenwirkungen, Aufwand, Einhaltung bestimmter Normen) am besten zu erzielen sind. Die *Ziele* und die Festlegung der *Kriterien* orientieren sich an Wertsetzungen, die der individuelle Bildungstechnologe bei seinen Entscheidungen ethisch zu reflektieren hat.

Als wissenschaftliche Disziplin kann die Bildungstechnologie ihre Nutzung für inhumane Zwecke genauso wenig verhindern wie dies die Ingenieurwissenschaften, die Biotechnologie, die Medizin oder jede andere *science of design* (Simon 1996) vermögen. Es gibt keinen Weg den ethischen Diskurs durch Schranken oder Wegweisungen innerhalb des Wissensgebäudes einer Disziplin zu ersetzen. Auch die *scientific community* kann dies nicht leisten; man kann sich ihr leicht entziehen. Technologien wenden sich aber nicht automatisch selbst an. Die entsprechende

Verantwortung tragen die Experten, welche über die jeweiligen praktischen Anwendungen entscheiden oder entsprechende Entscheidungen realisieren sollen.

Inwieweit sie dazu individuell befähigt sind, hängt von ihrer jeweiligen Erziehung, ihrer Sozialisation und damit der Persönlichkeitsentwicklung ab, die sie durchlaufen, in weiten Teilen bevor sie spezielle bildungstechnologische Kompetenzen erwerben.

Im günstigen Fall (so unsere Wertsetzung) entsprechen die Werte, an denen sich der Bildungstechnologe persönlich orientiert, einer humanistischen Weltsicht. Und es steht zu vermuten, dass ein Grundmotiv von Bildungstechnologen sein dürfte, Bildungsprozesse zu unterstützen, so wie man Medizinern für gewöhnlich unterstellen darf, Menschen heilen zu wollen. Von vornherein sicher sind individuelle Motivlage und Wertesystem jedoch nie. Es hängt von den Wechselwirkungen vielfältiger Erfahrungen der Individuen ab, zu denen eben auch ihre Erziehungs- und Bildungsprozesse gehören.

*Wie* Bildungstechnologen – ebenso wie andere Wissenschaftler, Ärzte und Ingenieure – am besten so (aus)gebildet werden, dass sie Entscheidungen und deren mögliche Folgen ethisch reflektieren und verantwortlich treffen können, ist definitionsgemäß selbst eine bildungstechnologische Frage.

## 4 Arbeitsfelder der Bildungstechnologie

Was sind nun typische Arbeitsfelder und Aufgaben von Bildungstechnologen? Spätestens bei dieser Frage wird deutlich, dass Bildungstechnologie kontinuierlich und wechselseitig von Praxis und Wissenschaft beeinflusst wird. Denn entscheidend für die Bestimmung der Kompetenzen, die durch die Ausbildung zum Bildungstechnologen erworben werden sollten, sind Arbeitsfelder aus Forschung und Praxis (Seels und Glasgow 1990), denen wiederum unterschiedliche Kompetenzprofile zugrunde gelegt werden können (Seels und Richey 1994). In diesen frühen Arbeiten werden sowohl Arbeitsfelder, wie z. B. formale Bildungsinstitutionen, Gesundheitswesen, Industrie und Wirtschaft sowie weitere staatliche und gemeinnützige Organisationen, als auch typische Produkte von Bildungstechnologen systematisiert, von der einzelnen Unterrichtsstunde, über Workshops, Kurse, Module, bis hin zu Curricula oder allen Formen von (digitalen) Lernumgebungen. Im Folgenden sollen exemplarische und typische Arbeits- und Berufsfelder von Bildungstechnologen beschrieben und auf deren zentrale Kompetenzen bezogen werden.

Fasst man den Begriff der Bildungstechnologie so weit, wie im ersten Teil dieses Beitrags skizziert, so ist nahezu jede praktische (methodische) Arbeit im Bildungsbereich bildungstechnologisches Handeln. Das wird hier auch nicht infrage gestellt. Pragmatisch wird man sich jedoch für die Ausbildung auf einen deutlich begrenzteren Bereich konzentrieren und den gesellschaftlichen Erwartungen Rechnung tragen müssen, für die Bildungstechnologie im Kern mit (medien)technikunterstütztem Lehren und Lernen (technology-enhanced instruction) identifiziert wird.

Bildungstechnologie *im engeren Sinne* des allgemeinen Sprachgebrauchs steht daher für *evidenzbasierte Forschung und Lehre zu den Bedingungen, Formen und*

*Konsequenzen der Anwendung von Informations- und Kommunikationstechnologien in Bildungsprozessen aller Art, insbesondere auch die systematische Konzeption, Entwicklung und Evaluation (multi)medialer und kooperativer Lernangebote.*

Die Arbeitsfelder der Bildungstechnologie i. e. S. umschließen zunächst die Konzeption, Gestaltung und technische Weiterentwicklung von Lernsoftware, wie sie von Verlagen, aber auch spezialisierten Unternehmen oder entsprechenden Abteilungen von Großunternehmen hergestellt und vertrieben wird. Entsprechend können auch Beratung, Training und Verkauf von Lernsoftware als typische und anspruchsvolle Arbeitsfelder von Bildungstechnologen gelten. Bildungstechnologie-Unternehmen bieten mitunter nicht nur Lern-Management-Software an, sondern auch inhaltsspezifische Lernsoftware, z. B. Online-Kurse zum Fremdspracherwerb, zum Programmieren und zu Querschnittsthemen wie *Compliance in Unternehmen* oder Datenschutz. Gerade in *Verlagen* können Bildungstechnologen sich auf die Autorenschaft von multimedialen Lernangeboten fokussieren.

Ein weiteres Arbeitsfeld der Bildungstechnologie sind unabhängige oder auch in Bildungsinstitutionen verortete *Trainer*, die Lernveranstaltungen konzipieren und umsetzen. Dabei können Medien und Software in Präsenzveranstaltungen eingesetzt werden oder Online-Lernumgebungen bzw. auch Mischformen im Sinn eines Blended Learning vorgesehen sein.

Größere *Unternehmen* verfügen mitunter über eigene Weiterbildungsabteilungen bzw. angegliederte Sub-Unternehmen, die die betriebliche Weiterbildung für das eigene und auch weitere Unternehmen anbieten. Bildungstechnologen sollen hier zur systematischen Personalentwicklung beitragen, indem sie Kompetenzbereiche definieren und entsprechende Bedarfe analysieren sowie insbesondere das *Assessment* von Kompetenzen und Lernfortschritten übernehmen. Bildungstechnologen unterstützen damit das Wissensmanagement in Organisationen und setzen entsprechende Personal- und Lern-Management-Software ein, um diese Aufgaben umzusetzen. Darüber hinaus bestehen die Arbeitsfelder der Bildungstechnologie in größeren Unternehmen auch darin, Entwicklungen im Bereich der Bildungstechnologie zu verfolgen und für die Bedarfe der jeweiligen Unternehmen mitzugestalten. Dies kann die Auswahl und Entwicklung von Lernsoftware und Lernumgebungen beinhalten, aber auch die Durchführung und Begleitung von Trainings im Unternehmen, einschließlich dem Training von Fachausbildern.

Ein vergleichbares Aufgabenprofil haben Bildungstechnologen in *öffentlichen Bildungsinstitutionen* hinsichtlich der Verwaltung von Kursteilnehmern über die Entwicklung und Auswahl spezifischer Medien und Methoden für die Bildungsinstitution, die Betreuung und Ausbildung technischer Umgebungen im Sinn des Train-the-Trainer-Ansatzes bis hin zur Planung und Durchführung eigener Seminare.

*Selbstständige Bildungstechnologen* übernehmen oben genannte Aufgaben teilweise, wenn sie in beratender Funktion von kleineren und mittelständischen Unternehmen hinzugezogen werden oder wenn sie Lernumgebungen und Lernsoftware selbst entwickeln und anbieten.

*Journalistische Arbeitsfelder* im Bereich Bildungstechnologie umfassen insbesondere die Information über und Beurteilung von Lernsoftware und Lernumgebungen sowie die Aufbereitung und das verständlich machen aktueller Trends und Forschungsrichtungen für ein interessiertes Publikum. Dabei können hier unterschiedliche Veröffentlichungsformen unterschieden werden, von der Selbstpublikation über Fachzeitschriften bis hin zu Sektionen in größeren Zeitschriften.

Nicht zuletzt besteht ein hoher Bedarf an Forschung und Evaluation im Bereich der Bildungstechnologie, der von bildungs- und computerwissenschaftlichen Lehrstühlen und Forschungsinstitutionen adressiert wird. Ein entsprechend zu differenzierendes Arbeitsfeld der *Bildungstechnologieforschung* beinhaltet daher die Planung und Durchführung von Studien zur Wirksamkeit von technologieunterstützten Lehr-Lern-Arrangements sowie die Entwicklung innovativer Ansätze zur Gestaltung von Lernsoftware. Da Medien eine zunehmend wichtigere Funktion im gesamten Bildungssystem spielen, müssen Lehrkräfte und Ausbilder entsprechend vorbereitet werden, was bildungstechnologische Kompetenzen in der Lehrerbildung wie in der Ausbilderqualifizierung erfordert.

Von diesen bildungstechnologischen Arbeitsfeldern lassen sich unterschiedliche Zielkompetenzen ableiten. Die Zielkompetenzen der Bildungstechnologie kann man grob unterscheiden in solche, die Forschungskompetenzen und in solche die Anwendungskompetenzen voraussetzen (s. Abb. 1). Dies entspricht der Unterscheidung von forschungs- und praxisbezogenen Berufen bei Seels und Glasgow (1990), die unterschiedliche Kompetenzstufen erfordern. Die bildungstechnologischen Kompetenzen lassen sich nach diesem Modell nicht trennscharf für Forschungs- und Praxisberufe unterscheiden, sondern sie sind je nach Berufsbild unterschiedlich gewichtet.

Bildungstechnologen sollen also in der Lage sein, technologisch gestützte Bildungsangebote aller Art zu konzeptualisieren und im Sinne instruktionalen Designs

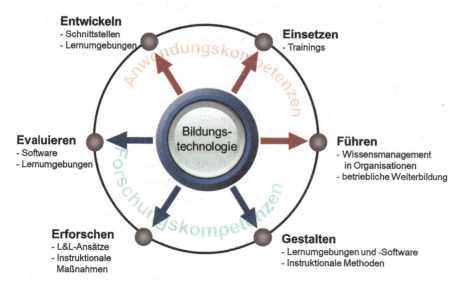

**Abb. 1** Zielkompetenzen der Bildungstechnologie

zu gestalten. Darüber hinaus umfasst das Kompetenzspektrum von Bildungstechnologen aber auch, technologie-unterstützte Lernumgebungen bis hin zur softwaremäßigen Realisierung selbst zu entwickeln bzw. bei der Entwicklung mitzuwirken. Der Einsatz von Bildungsmedien erfordert auch eine pädagogische wie technische Betreuung. Die Evaluation des Einsatzes von Bildungsmedien und erst recht die Erforschung bildungstechnologischer Fragestellungen setzen qualitative und quantitative sozialwissenschaftliche Methodenkenntnisse voraus. Empirische Studien müssen verständig rezipiert, aber auch selbst gestaltet, durchgeführt, ausgewertet und interpretiert werden können. Für die Evaluation der Wirkung von Bildungsmedien und medialer Lehr-Lern-Arrangements, z. B. im Kontext systematischer Personalentwicklung, müssen Bildungstechnologen über Kenntnisse diagnostischer Verfahren verfügen, zumal im der Bereich der Messung von Leistungen und Einstellungen technische Entwicklungen eine wichtige Rolle spielen (u. a. sequenzielles und adaptives Assessment).

Weitere Schlüsselkompetenzen, etwa für Beratung, Verkauf und laien-orientierte Darstellung von Lernsoftware umfassen soziale und Kommunikationskompetenzen sowie Kompetenzen zur Gestaltung multimedialer Nachrichten.

Die Ausbildung zum Bildungstechnologen kann daher mehrere Disziplinen umfassen. Während Bildungstechnologie sich wesentlich aus bildungswissenschaftlich Erkenntnissen speist und auch sozialwissenschaftliche Methoden umfasst, so sind Informatik- und Programmier-Kenntnisse zumindest soweit notwendig, um technologie-unterstützte Lernumgebungen bzw. Lernsoftware mit entsprechenden Software-Tools realisieren zu können bzw. um in entsprechenden Entwicklerteams mitarbeiten zu können. Kenntnisse und Kompetenzen aus weiteren akademischen Disziplinen sind u. a. betriebswirtschaftliche und rechtliche Aspekte der Bildungstechnologie. Neben dem Instruktionsdesign (Niegemann 2019, in diesem Band) ergänzen auch Fähigkeiten und Kenntnisse von Produkten, Software und Grafikdesign das Kompetenzprofil der Bildungstechnologie.

## Literatur

Achtenhagen, F. (1992). Mehrdimensionale Lehr-Lern-Arrangements – Innovationen in der kaufmännischen Aus- und Weiterbildung. In F. Achtenhagen & E. G. John (Hrsg.), *Mehrdimensionale Lehr-Lern-Arrangements.: Innovationen in der kaufmännischen Ausbildung* (S. 3–11). Wiesbaden: Gabler.

AECT. (1977). *Educational technology: Definition and glossary of terms*. Washington, DC: Association for Educational Communication and Technology.

AECT Definition and Terminology Committee (2008). Definition. In A. Januszewski & M. Molenda (Hrsg.), *Educational Technology: A definition with commentary*. New York: Lawrence Erlbaum.

Alexander, C. (1979). *A timeless way of building*. New York: Oxford Univesity Press.

Alexander, C., Ishikawa, S., Silverstein, M., Jacobson, M., Fiksdahl-King, I., & Angel, S. (1977). *A pattern language: Towns, buildings, construction*. New York: Oxford University Press.

Boeckmann, K., & Lehnert, U. (Hrsg.). (1975). *Fortschritte und Ergebnisse der Unterrichtstechnologie 3. Referate des 12. Symposiums der Gesellschaft für Programmierte Instruktion 1974*. Hannover: Schroedel.

Bunge, M. (1998). *Philosophy of science: From problem to theory* (Revised ed., Bd. 1). New Brunswick/London: Transaction Publishers.
Edelstein, W. & Hopf, D. (1973). Auf dem Wege zu einer Ökologie schulischen Lernens. In W. Edelstein & D. Hopf (Hrsg.), *Bedingungen des Bildungsprozesses. Psychologische und pädagogische Forschungen zum Lehren und Lernen in der Schule.* (S. 7–12). Stuttgart: Ernst Klett Verlag.
Ely, D. P. (1963). The changing role of the audiovisual process in education: A definition and a glossary of related terms. *AV Communication Review, 11*(1), iv–148.
Gamma, E., Helm, R., Johnson, R., & Vlissides, J. (1998). *Design patterns CD. Elements of reusable object oriented software.* New York: Addison-Wesley Longman.
Gentry, C. G. (2011). Instructional technology. A question of meaning. In G. J. Anglin (Hrsg.), *Instructional technology. Past, present, and future* (3. Aufl., S. 1–9). Santa Barbara: Libraries Unlimited.
Goodyear, P., & Retalis, S. (Hrsg.). (2010). *Technology-enhanced learning. Design patterns and pattern languages.* Rotterdam: Sense Publishers.
Herrmann, T. (1979). *Psychologie als Problem. Herausforderungen der psychologischen Wissenschaft.* Stuttgart: Klett-Cotta.
Klauer, K. J. (1973). *Revision des Erziehungsbegriffs. Grundlagen einer empirisch-rationalen Pädagogik.* Düsseldorf: Schwann.
Kounin, J. S. (1976). *Techniken der Klassenführung.* Bern: Huber.
Merriënboer, J. J. G. van, Gros, B., & Niegemann, H. (2018). Instructional design in Europe: Trends and issues. In R. A. Reiser & J. V. Dempsey (Hrsg.), *Trends and issues in instructional design and technology* (4. Aufl., S. 192–198). New York: Pearson.
Niegemann, H. M. (2019). Instruktionsdesign. In H. M. Niegemann & A. Weinberger (Hrsg.), *Handbuch Bildungstechnologie.* Heidelberg: Springer.
Oser, F., & Baeriswyl, F. J. (2001). Choreographies of teaching: Bridging instruction to learning. In V. Richardson (Hrsg.), *Handbook of research on teaching* (4. Aufl., S. 1031–1065). Washington, DC: American Educational Research Association.
Reiser, R. A. (2018). What field did you say you were in? In R. A. Reiser & J. V. Dempsey (Hrsg.), *Trends and issues in instructional design and technology* (4. Aufl., S. 1–7). New York: Pearson.
Resnick, L. B. (1976). Task analysis in instructional design: Some cases from mathematics. In D. Klahr (Hrsg.), *Cognition and instruction* (S. 51–80). Hillsdale: L. Erlbaum.
Rheinberg, F., & Krug, S. (1993). *Motivationsförderung im Schulalltag. Konzeption, Realisation und Evaluation* (Bd. 8). Göttingen: Hogrefe.
Rollett, B., & Weltner, K. (Hrsg.). (1971). *Fortschritte und Ergebnisse der Unterrichtstechnologie. Referate des 8. Symposiums der Gesellschaft für Programmierte Instruktion 1970.* München: Ehrenwirth.
Saettler, P. (1968). *A history of instructional technology.* New York: McGraw-Hill.
Saettler, P. (1990). *The evolution of American educational technology.* Englewood: Libraries unlimited, INC.
Seels, B. & Glasgow, Z. (1990). *Exercises in Instructional Technology.* Columbus, OH: Merrill Publishing Co.
Seels, B. B., & Richey, R. (1994). *Instructional technology: The definition and domains of the field.* Washington, DC: Association for Educational Communications and Technology.
Simon, Y. R. (1983). Pursuit of happiness and lust for power in technological society. In C. Mitcham & R. Mackey (Hrsg.), *Philosophy and technology.* New York: Free Press.
Simon, H. A. (1996). *The sciences of the artificial* (3. Aufl.). Cambridge, MA: The MIT Press.
Stachowiak, H. (1973). Gedanken zu einer Wissenschaftstheorie der Bildungstechnologie. In B. Rollett & K. Weltner (Hrsg.), *Fortschritte und Ergebnisse der Unterrichtstechnologie 2. Referate des 10. Symposiums der Gesellschaft für Programmierte Instruktion 1972* (S. 45–57). München: Ehrenwirth.
Terhart, E. (2002). Fremde Schwestern – Zum Verhältnis von Allgemeiner Didaktik und empirischer Lehr-Lern-Forschung. *Zeitschrift für Pädagogische Psychologie, 16*(2), 77–86.

# Lernen mit Medien: ein Überblick

Maria Opfermann, Tim N. Höffler und Annett Schmeck

## Inhalt

| | | |
|---|---|---|
| 1 | Einleitung | 18 |
| 2 | Lernen mit Medien, Neue Medien, Multimedia – eine begriffliche Annäherung | 19 |
| 3 | Merkmale und Potenziale technologiebasierter Lernmedien | 21 |
| 4 | Formen technologiebasierten Lernens | 24 |
| 5 | Einsatzgebiete technologiebasierten Lernens | 26 |
| 6 | Zusammenfassung und Fazit | 27 |
| | Literatur | 28 |

**Zusammenfassung**

Das Lernen mit Medien ist im Bildungsbereich geradezu zu einem geflügelten Wort geworden. Es ist jedoch kein einheitlicher und klar definierter Begriff, sondern kann aus verschiedenen sowohl kognitiven als auch instruktionalen Perspektiven betrachtet werden. Dieses Kapitel erläutert die verschiedenen Klassifikationsmöglichkeiten für Lernen mit Medien und geht anschließend aus einer technologiebasierten Perspektive auf die Merkmale, Potenziale und Einsatzgebiete von so genannten Neuen Medien ein. Diese zeichnen sich insbesondere durch ihre Möglichkeiten zum interaktiven, adaptiven und multimedialen Lernen

M. Opfermann (✉)
Institut für Erziehungswissenschaft, Ruhr-Universität Bochum, Bochum, Deutschland
E-Mail: maria.opfermann@rub.de

T. N. Höffler
Leibniz-Institut für die Pädagogik der Naturwissenschaften und Mathematik, Kiel, Deutschland
E-Mail: hoeffler@leibniz-ipn.de

A. Schmeck
Ruhr-Universität Bochum, Bochum, Deutschland
E-Mail: annett.schmeck@rub.de

aus, was wiederum Selbstregulations- und metakognitive sowie soziale Fähigkeiten fördern und aufgrund der hohen Akzeptanz solcher technologiebasierter Lernmedien die Motivation zum Lernen steigern kann.

**Schlüsselwörter**

Lernen mit Medien · Neue Medien · E-Learning · Technologiebasiertes Lernen · Multimedia

## 1 Einleitung

Walter H. ist engagierter Mathematik- und Physiklehrer an einem deutschen Gymnasium, der mit der Zeit geht und wissenschaftlichen Erkenntnissen und neuen Bildungstechnologien gegenüber sehr aufgeschlossen ist. Seine Schülerinnen und Schüler für seine beiden Fächer zu begeistern ist allerdings gelegentlich eine Herausforderung. Um die Neugierde seiner Klasse zu wecken, kündigt er deshalb am Ende einer Unterrichtsstunde an: *Passt auf, morgen lernen wir mit Medien!* Die Schülerinnen und Schüler sind begeistert, dass es endlich mal etwas Neues gibt. Schnell entstehen lebhafte Diskussionen darüber, welche Medien wohl am nächsten Tag zum Einsatz kommen werden. Der lang ersehnte Klassensatz Tablets mit dem interaktiven Lernprogramm für Kurvendiskussionen? Oder doch die mobilen Blickbewegungsmessgeräte, die aussehen wie Brillen und von denen Walter H. seiner Klasse mal ganz begeistert erzählt hatte? Andere vermuten, dass man vielleicht in den Computerraum der Schule geht und dort selbst etwas programmiert. Die Vielfalt an Möglichkeiten ist groß. Medien sind cool, modern, und *irgendwas mit Technik ist immer gut* (Jeromé, 16 Jahre).

Umso größer ist die Überraschung, als Walter H. am nächsten Morgen seine Klasse darum bittet, das Lehrbuch aufzuschlagen, sich den Text zu allgemeinen quadratischen Funktionen durchzulesen und dann ein Diagramm zu zeichnen, in dem die Funktion $f(x) = 6x^2 + 2x + 4$ eingetragen ist. *Wollten wir heute nicht mit Medien lernen?* wird der Lehrer unisono gefragt. *Ja, und genau das macht Ihr auch gerade!* erwidert Walter H. schmunzelnd. Dann klärt er seine Schülerinnen und Schüler auf: Das Lernen mit Medien ist heutzutage ein geläufiger und vielfach genutzter Ausdruck, der jedoch je nach Kontext völlig unterschiedlich verstanden werden kann. Viele Menschen denken, so wie die Schülerinnen und Schüler von Walter H., dabei zunächst an Computer, Tablets, Videos oder Ähnliches, also an technologiegestütztes Lernen (vgl. Leutner et al. 2014). Diese häufig auch als Lernen mit Neuen Medien (Fischer et al. 2010; Zumbach 2010) oder Digitales Lernen (McElvany 2018; Wecker und Stegmann 2019) bezeichneten Lernmöglichkeiten sind aber nur eine von vielen Varianten, die unter dem Sammelbegriff *Lernen mit Medien* subsummiert werden. Im folgenden Kapitel soll daher ein kurzer Überblick über Definitionsmöglichkeiten für das Lernen mit Medien gegeben werden, bevor dann im Hinblick auf den Fokus des vorliegenden Handbuchs insbesondere Einsatzbereiche und Potenziale technologiebasierter Lernmedien umrissen werden.

## 2 Lernen mit Medien, Neue Medien, Multimedia – eine begriffliche Annäherung

Möchte man einen Überblick über einschlägige Literatur zum Lernen mit Medien gewinnen, so fällt auf, dass hiermit keineswegs nur technologische und digitale Medien im Sinne von Gegenständen gemeint sind, mit denen man lernen kann. Als Medium kann vielmehr auf einer sehr grundlegenden Ebene alles verstanden werden, was als Informationsträger fungieren kann (Leutner et al. 2014), und in diesem Sinne ist das von Walter H. eingesetzte Lehrbuch ein ganz klassisches Medium, das den Schülerinnen und Schülern Informationen mithilfe von auf Papier gedrucktem Text und Bildern vermittelt. Die gleichen Informationen könnten von Walter H. auch auf einer Power-Point-Präsentation dargestellt werden, die er begleitend erklärt – eine vor allem an Universitäten weit verbreitete Methode der Wissensvermittlung. Schließlich könnten sich Schülerinnen und Schüler oder Studierende die Informationen aber auch mit einem computerbasierten interaktiven und adaptiven Lernprogramm selbst erarbeiten.

Diese drei Möglichkeiten sind Beispiele, die auch die drei Perspektiven des Lernens mit Medien beinhalten, die es laut Mayer (2009) zu differenzieren gilt. Diese drei Perspektiven sind in Tab. 1 dargestellt. Grundsätzlich lassen sich vom Lernen mit Medien im heutigen Sprachgebrauch das Lernen mit Neuen Medien, digitales Lernen (Schwan und Cress 2017) oder auch E-Learning (Clark und Mayer 2016) dahingehend abgrenzen, dass Ersteres auch traditionelle Lehrmedien wie Bücher und den Frontalunterricht haltenden Lehrer umfasst, während sich Neue Medien vor allem auf das Einbinden technischer Errungenschaften der letzten zwei bis drei Jahrzehnte in den Lehr-Lernprozess beziehen (s. Niegemann und Weinberger 2019 in diesem Handbuch). Multimediales Lernen hingegen, welches häufig in einem Atemzug mit neuen Medien genannt wird, bezieht sich zunächst einmal *nur* auf das Lernen mit Texten plus Bildern jeglicher Art, egal ob diese statisch oder bewegt, in einem Buch oder über einen Computer oder anderweitig dargeboten werden (Kognitive Theorie Multimedialen Lernens; Mayer 2014; s. Niegemann et al. 2008).

**Tab. 1** Drei Perspektiven des Lernens mit Medien (Leutner et al. 2014; Mayer 2009)

| Perspektive | Konstituierender Aspekt | Beispiele |
| --- | --- | --- |
| Sensorische Modalität | Art der Sinnesmodalität, über die Informationen aufgenommen werden (visuell bzw. auditiv) | Dem Lehrer (mit den Ohren) zuhören und gleichzeitig (mit den Augen) die Power-Point-Präsentation betrachten |
| Repräsentationsmodus | Art der Repräsentation, mit der Informationen dargestellt werden (verbal bzw. bildhaft) | Bebilderter Lehrbuchtext Computeranimation mit gesprochenen Erläuterungen |
| Präsentationsmedium | Art des Präsentationsinstrumentes, über das Informationen vermittelt werden | Lehrer, der zur Power-Point-Präsentation erläuternd spricht Lehrbuch, Computer, Tablet |

*Sensorische Modalität:* Diese erste grundlegende Klassifikation betrifft nicht das Medium an sich, das Informationen vermittelt, sondern die Frage, über welche Kanäle des Arbeitsgedächtnisses diese aufgenommen und verarbeitet werden. Dabei gehen gängige Modelle von so genannter dualer Kodierung aus (Baddeley 1999; Paivio 1986; Mayer 2014). Informationen werden beim Lernen demnach primär über die Augen und die Ohren aufgenommen und im jeweiligen visuellen und auditiven Kanal unterschiedlich verarbeitet (s. Scheiter et al. 2019, in diesem Handbuch). Da die Kapazität des Arbeitsgedächtnisses und somit beider Kanäle begrenzt ist, sollten die Repräsentationen, mit deren Hilfe Informationen dargestellt werden, entsprechend gestaltet werden, so dass z. B. beide Kanäle optimal genutzt werden und nicht ein Kanal überlastet wird, während der andere beim Lernen ungenutzt bleibt (vgl. Cognitive Load Theory; Sweller et al. 2011; Integrated Model of Text and Picture Comprehension; Schnotz 2005).

*Repräsentationsmodus:* Während die Klassifikation nach sensorischer Modalität die Frage betrifft, über welche Gedächtniskanäle Informationen aufgenommen werden, geht es bei der Klassifikation nach Repräsentationsmodus (auch Kodalität genannt; Weidenmann 2006) um die Frage, wie Informationen präsentiert werden. Dies kann z. B. verbal oder piktorial erfolgen. Verbale Repräsentationen umfassen dabei alle sprachlich dargebotenen Informationen: dies kann der geschriebene Text im Lehrbuch sein, die Stichpunkte auf der Power-Point-Folie, aber auch die gesprochenen Erklärungen von Walter H. im Unterricht. Piktoriale Repräsentationen beziehen sich auf bildhafte Darbietungen jeglicher Art, beginnend von Illustrationen in Lehrbüchern über computerbasierte Animationen bis hin zu Fotografien oder realistischen Filmen. Hierbei bieten gerade technologiebasierte Medien die Möglichkeit einer vielfältigen Kombination multipler Repräsentationen, die die verschiedenen sensorischen Kanäle ansprechen und tiefergreifendes Verständnis anregen können (Ainsworth 2006). Besonders lernförderlich kann dabei unter anderem der Einbezug dynamischer Visualisierungen (Höffler et al. 2013) oder das Lernen in interaktiven Lernumgebungen sein (Bodemer et al. 2005).

*Präsentationsmedium:* Die dritte Klassifikationsmöglichkeit nach Mayer (2009) bezieht sich schließlich auf das Präsentationsmedium selbst und damit explizit auf die auch technische Perspektive, welches *Instrument* zur Wissensvermittlung genutzt wird. Als Medium gelten wie eingangs erwähnt dabei z. B. sowohl der klassische gedruckte Text im Lehrbuch, das Lehrvideo, das man sich auf dem Fernseher anschaut als auch das Tablet, auf dem man sich mithilfe einer interaktiven App Lerninhalte erarbeitet. Auch Walter H. ist in diesem Sinne ein Präsentationsmedium, genau wie der Beamer, mit dem er seine Power-Point-Folien im Klassenraum an die Leinwand projiziert.

Während zunächst in kognitionspsychologisch orientierten Theorien wie der Kognitiven Theorie Multimedialen Lernens (Mayer 2009, 2014) davon ausgegangen wurde, dass für den Lernerfolg nicht das Präsentationsmedium ausschlaggebend sei, sondern die Frage, wie Lernende die ihnen wie auch immer dargebotenen Informationen aufnehmen und in den begrenzten Kanälen ihres Arbeitsgedächtnisses verarbeiten, widmet sich die Forschung mittlerweile auch dieser Seite des Lehrens und Lernens und damit der Frage, welche Potenziale insbesondere verschiedene technologiebasierte Formen von Präsentationsmedien im Bildungsbereich haben. Diese sollen im folgenden Abschnitt beschrieben werden.

## 3 Merkmale und Potenziale technologiebasierter Lernmedien

Fasst man das Lernen mit Medien also im oben beschriebenen engeren Sinn als technologiebasiertes Lernen auf und bewegt sich damit auch im Rahmen der in Kapitel 1 dieses Handbuchs beschriebenen Auffassung von Bildungstechnologie als *Anwendung von Informations- und Kommunikationstechnik im Bereich der Bildung* (Niegemann und Weinberger 2019, in diesem Handbuch), als englischer Begriff mit *Information and Communication Technology* (ICT; van den Dool und Kirschner 2003) auch im Deutschen gebräuchlich, so kann man gegenüber traditionellen Lehrmedien wie Büchern von drei Merkmalen und damit besonderen Potenzialen dieser Lernformen sprechen. Diese umfassen die Interaktivität, die Adaptivität und die Multimedialität technologiebasierter Lernmedien (Klauer und Leutner 2012; Leutner et al. 2014; Niegemann und Heidig 2019, in diesem Handbuch).

*Interaktivität:* Lernmedien wie Computer, Tablets oder Smartphones bieten Lernenden im Gegensatz zu traditionellen Lehrmaterialien wie Büchern eine weitaus größere Bandbreite an Interaktionsmöglichkeiten. So kann man in Büchern zwar vor- und zurückblättern; die Möglichkeit, gezielt und nichtlinear auf Informationen zuzugreifen, wie es z. B. bei webbasierten Lernprogrammen Standard ist, ist hier jedoch eher begrenzt. Über Zoomfunktionen kann man sich Informationen verschieden groß, klein, umfangreich oder fokussiert anschauen und über Play-, Stopp- und Pause-Tasten den Zeitpunkt, Umfang und die Geschwindigkeit des Lernprozesses selbst steuern (Leutner et al. 2014). In diesem Sinne können technologiebasierte Lernmedien die Selbstregulationsfähigkeit von Lernenden anregen, da durch den hohen Grad an Eigenständigkeit, den sie beim Lernen ermöglichen, im Optimalfall verstärkt metakognitive Prozesse wie Monitoring und Regulation initiiert werden (s. Perels und Dörrenbacher 2019, in diesem Handbuch). Gleichzeitig kann bei weniger erfahrenen Lernenden die Selbstregulationsfähigkeit auch dezidert gefördert werden, indem z. B. Monitoring (d. h. das Überwachen des eigenen Lernvorgehens) über standardisierte oder adaptiv eingeblendete *Prompts* explizit gefordert wird (Bannert und Reimann 2011; Opfermann et al. 2012; Thillmann et al. 2009).

Dieses Potenzial interaktiver technologiebasierter Lernmedien spiegelt sich dann auch darin wieder, dass kognitive Prozesse wie die Selektion, Organisation und Integration relevanter Lerninhalte leichter fallen und verstärkt auftreten, was in der Konsequenz wiederum zu elaborierteren Lernstrategien und damit zu tiefgreifenderem Verständnis führt (Graesser et al. 2005; Mayer 2014; Niegemann und Heidig, in diesem Handbuch). In einer mittlerweile als Klassiker geltenden Studie konnten Mayer und Chandler (2001) diese Annahmen dadurch stützen, dass sie bei einem computerbasierten Lernprogramm zur Entstehung von Gewittern und Blitzen einer Hälfte der teilnehmenden Studierenden die Animationen entweder nur vorspielten, ohne dass sie in irgendeiner Art Einfluss nehmen konnten, während die andere Hälfte der Studierenden die Animationen mithilfe einfacher Pause- und Play-Tasten zumindest geringfügig steuern konnte. Schon für dieses geringe Ausmaß an Interaktivität zeigte sich bei den Studierenden dieser Gruppe eine bessere Wiedergabe- und Transferleistung. Auch bei höherer Interaktivität zeigen sich positive Effekte. Schwan und Riempp (2004) zeigten Lernenden Videos zum Binden eines Seemannsknotens. Die Lernenden konnten das Video entweder nur anschauen (so oft sie wollten) oder hatten die Möglichkeit, dieses zu pausieren, vor- und zurückzuspulen und auch die Geschwindigkeit zu steuern und z. B. in Slow-Motion abzuspielen. In der zweiten Bedingung lernten die Studierenden den (korrekten) Knoten wesentlich schneller zu binden.

Bodemer und Kollegen (2004) ließen Lernende in zwei Experimenten zur Funktionsweise von Luftpumpen bzw. zu statistischen Konzepten mit computerbasierten Lernumgebungen arbeiten. Im Fall der Luftpumpe sollten die Lernenden dabei mittels Drag and Drop relevante Begriffe den entsprechenden Stellen einer instruktionalen Abbildung zuordnen. Im Fall der statistischen Konzepte konnten die Lernenden in einem Diagramm eine Funktionskurve durch die die Eingabe von Werten für die x- und y-Achse selbstständig manipulieren. In beiden Fällen erzielten Lernende, die auf diese Weise interaktiv agiert hatten, bessere Ergebnisse als Lernende, denen die Informationen schon vorab strukturiert präsentiert wurden, allerdings waren die Differenzen teilweise relativ gering. In anderen Studien (z. B. Gerjets et al. 2009) zeigte sich sogar eine Überlegenheit von präsentierten, vorgegebenen Lernbedingungen zugunsten von Lernbedingungen, die sich durch höhere Interaktivität und Lernerkontrolle auszeichneten. Dies weist darauf hin, dass Interaktivität in technologiebasierten Lernmedien eben nicht per se positiv wirkt, sondern in Abhängigkeit von Vorwissen, Erfahrung mit dem Lernmedium und selbstregulatorischen Fähigkeiten auch lernhinderlich sein kann, so z. B., wenn Lernende mit den vielfältigen Möglichkeiten, die ihnen ein digitales Lernprogramm bietet oder allein schon mit der Bedienoberfläche mobiler Geräte überfordert sind, was in der Konsequenz zu Desorientierung und kognitiver Überlastung führen kann oder dazu, dass sich Lernstrategien nur auf bestimmte Bereiche des Lernprogramms oder Lerninhaltes beziehen und damit oberflächlich bleiben (Leutner et al. 2014). In diesem Zusammenhang weisen Perels und Dörrenbacher (2019, in diesem Handbuch) darauf hin, dass selbstreguliertes Lernen nicht nur durch den Einsatz technologiebasierter Lernmedien gefördert wird, sondern dass umgekehrt auch ein höheres Ausmaß an Selbstregulationsfähigkeiten mit dem Einsatz geeigneter kognitiver, metakognitiver und motivationaler Lernstrategien einhergeht, was wiederum die Bewältigung der Anforderungen, die solche Lernmedien an Lernende stellen, erleichtert. In ähnlicher Weise betont auch Mayer (2009) schon die Relevanz individueller Voraussetzungen auf Seiten der Lernenden, indem er in seinem Individual Differences Principle konstatiert, dass instruktionales Design (gerade in multimedialen Lernumgebungen, die mit dynamischen Visualisierungen arbeiten) je nach Vorwissen und räumlichen Fähigkeiten der Lernenden unterschiedlich lernförderlich ist.

*Adaptivität:* Gerade wenn wie eben beschrieben Lernende mit den vielfältigen Möglichkeiten, die ihnen technologiebasierte Lernmedien bieten, anfangs überfordert sind, zeigt sich das Potenzial solcher Medien wiederum in ihrer Adaptivität. Diese ermöglicht eine individuelle Förderung, wie sie zwar einerseits schon in aktuellen Bildungsstandards gefordert ist (KMK 2015), sich aber in traditionellen Unterrichtssettings kaum realisieren lässt (Trautmann und Wischer 2011). Technologiebasierte Lernmedien wie z. B. interaktive Computerlernprogramme können auf die verschiedenen Voraussetzungen auf Seiten der Lernenden eingehen, indem diese z. B. je nach persönlichen Präferenzen verschiedene Varianten von Lerninhalten wählen können, oder indem das Lernprogramm die Darstellung und Verfügbarkeit von Inhalten an das Vorwissen, Lernverhalten und den Lernfortschritt der Lernenden anpasst (Niegemann und Heidig 2019, in diesem Handbuch). Auf diese Weise wird insbesondere Lernenden mit geringem Vorwissen zunächst ein gewisses Maß an Strukturierung ermöglicht, ihre kognitive Belastung wird reduziert (Kalyuga 2009), und die freien kognitiven Kapazitäten können für sinnentnehmendes Lernen genutzt werden. Registriert das Programm zunehmenden Lernerfolg oder z. B. zunehmenden gezieltes Lernverhalten, kann die Strukturierung zugunsten zunehmender Lernerkontrolle und Interaktivität entsprechend reduziert werden. Ein solches schrittweises Vorgehen der zunehmenden Selbstständigkeit beim Erarbeiten von Lerninhalten, auch *Fading* genannt, hat sich auch schon in klassischen textbasierten Lernsettings als erfolgreich erwiesen (Renkl et al. 2002), wobei hier das Fading generell für alle Lernenden und nicht angepasst an den individuellen Lernfortschritt erfolgte.

In Anlehnung an Klauer und Leutner (2012) kann Adaptivität in technologiebasierten Lernmedien zudem auf verschiedene Arten implementiert werden. So können je nach Voraussetzungen auf Seiten der Lernenden die Aufgabenmenge und die zur Verfügung stehende Lernzeit variiert werden. Es kann zudem die Aufgabenschwierigkeit an den Lernfortschritt angepasst werden. Dieses Vorgehen erweist sich insbesondere im Zusammenhang mit Lösungs- oder Fähigkeitsfeedback als wirksam (Dresel et al. 2001; Leutner et al. 2014). Eng verwandt mit dieser Art Feedback sind die schon eingangs genannten *Prompts*, welche ebenfalls angepasst an Lernfortschritt und Lernverhalten gegeben bzw. eingeblendet werden können. Je adaptiver dabei die *Prompts* sind, desto expliziter können sie dem oder der Lernenden Hinweise darauf geben, was zu beachten ist oder was noch einmal reflektiert werden sollte. Auch ein solches Vorgehen erweist sich beim technologiebasierten Lernen als ausgesprochen wirksam (Azevedo et al. 2005).

*Multimedialität:* Technologiebasierte Lernmedien unterstützen in besonderem Maße die Nutzung multimedialer Lernmaterialien, welche im Sinne der beiden erstgenannten Kriterien interaktiv und adaptiv eingesetzt werden können (Leutner et al. 2014; Niegemann und Heidig 2019, in diesem Handbuch). So können Texte sowohl geschrieben als auch gesprochen dargeboten werden, zusätzlich zu statischen Bildern können Animationen oder realistische Filme eingebunden werden, es lassen sich Diagramme, Tabellen und unzählige andere Repräsentationsformen simultan in solche Lernprogramme und Lernmedien einfügen und von den Lernenden je nach Präferenz, Lernziel oder Wissensstand abrufen. Dass die vielfältige Kombination von Texten, Bildern, Animationen, Tabellen und Ähnlichem nicht per se lernwirksam ist, wurde eingangs schon erwähnt. Einschlägige Theorien zur Frage, wie technologiebasierte Lernmedien in diesem Zusammenhang zu gestalten sind, geben jedoch eine Reihe von etablierten Designempfehlungen an die Hand, welche im weiteren Verlauf dieses Handbuchs ausführlich erläutert werden und auf die deshalb an dieser Stelle nur hingewiesen wird (Niegemann 2019, in diesem Handbuch; Scheiter et al. 2019, in diesem Handbuch).

## 4 Formen technologiebasierten Lernens

So vielfältig wie die gerade beschriebenen Varianten, die als *Lernen mit Medien* verstanden werden, so vielfältig ist mittlerweile auch die Bandbreite der Einsatzmöglichkeiten, welche technologiebasiertes Lernen bietet. Systematische Klassifikationen gibt es hierbei jedoch bislang kaum. Einen grundlegenden Ansatz bieten hier Klauer und Leutner (2012; s. Leutner et al. 2014) mit der Unterscheidung in Informationsmedien und Lehrmedien. *Informationsmedien*, die nicht zwingend technologiebasiert sein müssen, sind dabei zunächst jegliche Medien, die einen Zugriff auf Informationen ermöglichen. Nach dieser Definition ist das klassische Lehrbuch ein Informationsmedium, das bei alleiniger Nutzung Zugriff auf Informationen in begrenztem Umfang (nämlich auf die im Buch gedruckten Inhalte) erlaubt. Auch Walter H. ist ein Informationsmedium – seine Schülerinnen und Schüler können auf die Informationen zugreifen, die er ihnen im Unterricht präsentiert, dies beinhaltet z. B. auch das Antworten auf Fragen von Schülerinnen und Schülern und damit eine gewisse Form der Interaktivität und Adaptivität. Ein auch im Sinne technologiebasierten Lernens besonderes Informationsmedium ist zudem das Internet, denn hier ist bei Nutzung entsprechender Suchmaschinen, Online-Enzyklopädien wie Wikipedia und Kenntnis der für die Suche jeweils einschlägigen Internetportale die Menge an Informationen, auf die zugegriffen werden kann, nahezu unbegrenzt (Leutner et al. 2014). Es zeigt sich jedoch hier auch, dass diese Vielfalt nicht zwingend dazu führen muss, dass dann tatsächlich auf relevante Informationen zugegriffen wird (Stadtler et al. 2017).

Unter *Lehrmedien* subsummieren Klauer und Leutner (2012) analog alle Medien, die neben dem reinen Zugriff auf Informationen noch weitere lernrelevante Funktionen erfüllen, wie z. B. das schon angesprochene selbstregulierte Lernen oder die Förderung von Transferfähigkeiten. Dabei werden Lehrmedien weiter unterteilt in Übungssysteme, tutorielle Systeme und Simulationssysteme.

*Übungssysteme:* Als Übungssysteme werden „vergleichsweise einfache Lehrmedien mit Rückmeldungsfunktion" (Leutner et al. 2014, S. 302) bezeichnet. Darunter fallen nach dieser Definition die oben erwähnten Lernprogramme, die mit Fähigkeitsfeedback oder *Prompting* arbeiten. Auch frühere Übungsprogramme z. B. für die Führerscheinprüfung oder für das Lernen von Vokabeln können den Übungssystemen zugerechnet werden. Solche Programme erwiesen sich auch schon in Zeiten, in denen die technologische Entwicklung noch nicht so fortgeschritten war als lernwirksam, insbesondere wenn sie wie in *Abschnitt 3. Merkmale und Potenziale technologiebasierter Lernmedien* beschrieben adaptiv gestaltet waren (Leutner 2004; Niegemann 1995).

*Tutorielle Systeme:* Der Übergang vom Übungssystem zu einem tutoriellen System ist vergleichsweise fließend. Während Erstere primär auf das Speichern und Abrufen bereits erworbener Informationen abzielen (Klauer und Leutner 2012), haben tutorielle Systeme die Vermittlung und den Erwerb neuen Wissens zum Ziel (Leutner et al. 2014). So wäre das eben erwähnte Programm zur Vorbereitung auf die Führerscheinprüfung ein Übungssystem, wenn man mithilfe dessen, was man in den Theoriestunden gelernt hat, Inhalte z. B. mithilfe von Aufgaben wiederholt. Tutoriell wäre das Programm, wenn man sich diese Inhalte auch im Programm selbst zunächst erarbeiten könnte. Solche Programme haben ihren Ursprung bereits in den 1980er-Jahren in Forschung und instruktionalem Design zur Künstlichen Intelligenz und der Entwicklung so genannter Intelligenter Tutorieller Systeme (Kunz und Schott 1987; Wenger 1987). Auch bei tutoriellen Systemen stehen Adaptivität und Interaktivität im Fokus. Sie gehen über das einfache Feedback der Übungssysteme hinaus, indem Lernenden die Lerninhalte häufig sinnvoll bzw. kleinschrittig portioniert angeboten werden und anhand des systembasierten Lernfortschrittes bzw. Lernverhaltens weitere Inhalte präsentiert bzw. das weitere sinnvolle Vorgehen vorgeschlagen werden. Gerade zur Förderung selbstregulierten Lernens und metakognitiver Aktivitäten haben sich tutorielle Systeme als lernwirksam erwiesen, so z. B. das Programm MetaTutor (Azevedo et al. 2019), bei welchem Lernende zwischen verschiedenen (virtuellen) pädagogischen Agenten wählen können, die sie anschließend beim Arbeiten mit der computerbasierten und hypermedial strukturierten Lernumgebung unterstützen, z. B. mithilfe von *Prompts* und adaptivem Feedback.

Auch die im weiteren Verlauf dieses Handbuchs beschriebenen computer-unterstützten kooperativen Lernszenarien (Weinberger et al. 2019, in diesem Handbuch) und viele Formen mobilen Lernens (Döring und Mohseni 2019, in diesem Handbuch) können als tutorielle Systeme aufgefasst werden. Dies wird am Beispiel des multimedialen Lernens im Museum (Schwan und Lewalter 2019, in diesem Handbuch) deutlich. So könnten mobile Geräte wie PDAs oder funkgesteuerte Audioguides anhand des Bewegungsmusters eines Besuchers analysieren und entsprechend auf die nächsten Orte der Ausstellung hinweisen, die zum gerade besuchten Objekt passen. Auf diese Weise wird Lernen nicht nur kleinschrittiger, sondern auch kohärenter ermöglicht.

*Simulationssysteme:* Schließlich können Lernende Informationen mithilfe technologiebasierter Medien nicht nur aufnehmen und ihr Wissen mithilfe der vielfältigen Möglichkeiten und des adaptiven Feedbacks gezielt steigern, sie können auch lernen, indem sie Informationen selbst gezielt oder explorierend steuern und manipulieren. Solche Simulationssysteme fördern entsprechend insbesondere Anwendungs- und Transferfähigkeiten. Die oben beschriebene Lernumgebung von Bodemer et al. (2004), in welcher Lernende verschiedene Variablen bei Funktionskurven manipulieren und aus den sich entsprechend verändernden Kurven lernen konnten, ist ein Beispiel für ein solches System. Auch die in einem späteren Kapitel beschriebenen Lernspiele und Gamification-Varianten (Schuldt 2019, in diesem Handbuch) funktionieren in der Regel simulationsbasiert. Simulationssysteme können in Anlehnung an Klauer und Leutner (2012) dabei noch einmal weiter in Prozess-Simulationen, simulierte Experimente, simulierte Planspiele und Mikrowelten differenziert werden, die sich dahingehend unterscheiden, wie komplex die Simulationen sind und welche Anforderungen an die Lernenden gestellt werden.

## 5 Einsatzgebiete technologiebasierten Lernens

So vielfältig wie die Formen technologiebasierten Lernens im heutigen Zeitalter sind und so schwierig eine systematische Klassifikation gerade aufgrund der rasanten technischen Entwicklung und immer wieder neu hinzukommender Lernmedien und -technologien ist, so breitgefächert ist mittlerweile auch ihr Einsatzgebiet. An Schulen und Universitäten finden technologiebasierte Lernmedien längst nicht mehr nur in Form von PC-Pools Anwendung. Im Sinne eingesetzter Hardware (Kohls 2019, dieses Handbuch) kommen von Beamern über interaktive Whiteboards bis hin zu Tablets oder auch Smartphones vielfältige Lernmedien zum Einsatz, deren Nutzen sich unter anderem auch daraus speist, dass Schülerinnen und Schüler heutzutage mit einem Großteil der gängigen Technik vertraut sind und ihre Akzeptanz (s. Nistor 2019, in diesem Handbuch) entsprechend hoch ist. Auch softwareseitig (Kohls 2019, in diesem Handbuch) ist längst nicht mehr nur ein reines Präsenz- oder Frontalsetting im Lernalltag zu finden. Vielmehr ermöglichen technologiebasierte Lernmedien es Schülerinnen und Schülern, Informationen nicht nur allein, sondern kollaborativ zu erarbeiten und Wissen damit gemeinsam zu konstruieren (Weinberger et al. 2019, in diesem Handbuch) und sich unabhängig vom Lernort auch über die kaum noch aus dem Lern- und persönlichen Alltag wegzudenkenden sozialen Medien auszutauschen (Holtz et al. 2019, in diesem Handbuch). Zunehmende Verbreitung im universitären Kontext finden zudem auch so genannte Massive Open Online Courses (MOOCs; Littlejohn et al. 2016), die es Lernenden über webbasierte Angebote ermöglichen, Seminare oder Vorlesungen zu belegen und selbstgesteuert zu bestimmen, wann, von wo aus und in welchem Umfang sie auf die Lernangebote zugreifen; dies beinhaltet auch den Abschluss des Kurses mit entsprechenden Prüfungen.

Aber auch außerhalb der klassischen schulischen und universitären Kontexte findet Lernen mittlerweile zunehmend dank der Möglichkeiten statt, die technologiebasierte Lernmedien bieten. Statt im Klassenraum oder im Hörsaal wird das Wissen direkt im Feld erworben, ein prominentes Beispiel ist hier sicherlich das Lernen im Museum (Reussner 2007; Töpper und Schwan 2008). Museen arbeiten schon vergleichsweise lange mit verschiedensten Formen digitaler Medien zur Informations- und Wissensvermittlung (Schwan und Lewalter 2019, in diesem Handbuch) und decken so entsprechend ihrer Ausrichtung von kulturellen über naturwissenschaftliche bis hin zu historischen Inhalten alle Wissensbereiche ab, die auch in eher traditionellen Settings gelehrt und gelernt werden können. Diese Liste ließe sich beliebig fortsetzen und findet sich im weiteren Verlauf dieses Handbuchs in den einzelnen Kapiteln wieder, die sich mit den verschiedenen Formen und Einsatzgebieten technologiebasierter Lernmedien beschäftigen.

## 6 Zusammenfassung und Fazit

Das Lernen mit Medien kann, wie in diesem Kapitel veranschaulicht wurde, als breitgefächertes Feld und von verschiedenen Perspektiven aus betrachtet werden. So kann man auf einer basalen Ebene zunächst einmal das Präsentationsmedium fokussieren, über das zu lernende Informationen vermittelt werden sollen. Dies kann dann auch das im Fallbeispiel von Walter H. zur Überraschung seiner Klasse genutzte klassische Lehrbuch sein. Aus einer kognitionspsychologischen Perspektive hätte es übrigens keinen Unterschied gemacht, ob die Schülerinnen und Schüler den Lehrtext und die Diagramme im Buch oder z. B. auf dem Tablet lesen – in beiden Fällen wäre (z. B. nach Mayer 2009) multimediales Lernen im Sinne einer kognitiven Verarbeitung von statischen und visuellen Text-Bild-Kombinationen erfolgt.

Betrachtet man den Medienbegriff jedoch aus der Perspektive des Technologisierungsgrades, können Lernmedien den Lernenden mit zunehmenden technischen Finessen auch zunehmende Freiheiten und Präsentationsmöglichkeiten bieten. So kann der Lehrtext zu Kurvendiskussionen auf dem Tablet möglicherweise nicht mehr nur als gedruckter Text abgerufen werden, sondern man könnte ihn sich anhören, während man gleichzeitig verschiedene quadratische Funktionen und die daraus resultierenden Graphen anschaut oder interaktiv sogar selbst manipuliert. Die über technologiebasierte Lernmedien dargebotenen oder abrufbaren Informationen werden demnach zwar genauso in den beiden in ihrer Kapazität begrenzten Kanälen des Arbeitsgedächtnisses verarbeitet. Die Möglichkeiten, visuelle und verbale Informationen zu kombinieren, zu portionieren und auch an die individuellen Voraussetzungen der Lernenden zu adaptieren, sind mit solchen Medien aber weitaus größer, so dass letztendlich, ein *gutes* instruktionales Design vorausgesetzt, die beiden Kanäle optimaler genutzt werden und das Arbeitsgedächtnis entsprechend kognitiv entlastet werden kann. Zudem zeigt sich aufgrund der hohen Akzeptanz moderner Bildungstechnologien gerade bei jüngeren Lernenden (die mit diesen Technologien auch im privaten Bereich quasi schon aufgewachsen sind) die Lernförderlichkeit nicht nur über die in diesem Kapitel angesprochene Förderung selbstregulativer und metakognitiver Fähigkeiten, sondern birgt insbesondere auch soziales und motivationales Potenzial. Dies macht sich auch Walter H. zunutze und überrascht seine Schülerinnen und Schüler in der auf den Mathematikunterricht folgenden Physikstunde, indem er sie dort dann doch mit den neuen Tablets ein interaktives Lernprogramm zum Zusammenhang zwischen Beschleunigung und Zeit ausprobieren lässt, in welchem sie die Graphen nicht mehr wie in Mathematik selbst zeichnen müssen, sondern durch die Eingabe unterschiedlicher Werte manipulieren können.

Dieses Kapitel hat die verschiedenen Formen technologiebasierten Lernens, ihre Klassifikationsmöglichkeiten, ihre Potenziale und Grenzen sowie ihre Einsatzgebiete nur überblicksartig umreißen können. Die in diesem Handbuch folgenden Kapitel geben über diese Punkte jeweils ausführliche Informationen und praktische Implikationen.

## Literatur

Ainsworth, S. (2006). DeFT: A conceptual framework for learning with multiple representations. *Learning and Instruction, 16*, 183–198.

Azevedo, R., Cromley, J. G., Winters, F. I., Moos, D. C., & Greene, J. A. (2005). Adaptive human scaffolding facilitates adolescents' self-regulated learning with hypermedia. *Instructional Science, 33*, 381–412.

Azevedo, R., Mudrick, N. V., Taub, M., & Bradbury, A. (2019). Self-regulation in computer-assisted learning systems. In J. Dunlosky & K. Rawson (Hrsg.), *Handbook of cognition and education*. Cambridge, MA: Cambridge University Press.

Baddeley, A. D. (1999). *Essentials of human memory*. Hove: Psychology Press.

Bannert, M., & Reimann, P. (2011). Supporting self-regulated hypermedia learning through prompts. *Instructional Science, 1*, 193–211.

Bodemer, D., Plötzner, R., Feuerlein, I., & Spada, H. (2004). The active integration of information during learning with dynamic and interactive visualisations. *Learning and Instruction, 14*, 325–341.

Bodemer, D., Plötzner, R., Bruchmüller, K., & Häcker, S. (2005). Supporting learning with interactive multimedia through active integration of representations. *Instructional Science, 33*, 73–95.

Clark, R. C., & Mayer, R. E. (2016). *E-learning and the science of instruction* (4. Aufl.). Hoboken: Wiley.

Dool, P. van den, & Kirschner, P. A. (2003). Integrating the educative functions of ICT in ‚the teachers and learners toolboxes': A reflection on pedagogical benchmarks for ICT in teacher education. *Technology, Pedagogy and Education, 12*, 161–179.

Döring, N., & Mohseni, M. (2019). Mobiles Lernen. In H. Niegemann & A. Weinberger (Hrsg.), *Handbuch Bildungstechnologie*. Berlin/Heidelberg: Springer.

Dresel, M., Ziegler, A., & Heller, K. A. (2001). *MatheWarp 5/6. Ein Mathematik-Lern- und Übungsprogramm mit integrierter Motivationsförderung und ein Handbuch für Schüler(innen) [Computer Software, Version 2]*. München: BTA. http://www.mathewarp.de.

Fischer, F., Mandl, H., & Todorova, A. (2010). Lehren und Lernen mit neuen Medien. In R. Tippelt & B. Schmidt (Hrsg.), *Handbuch Bildungsforschung* (S. 753–771). Wiesbaden: Springer VS.

Gerjets, P., Scheiter, K., Opfermann, M., Hesse, F. W., & Eysink, T. H. S. (2009). Learning with hypermedia: The influence of representational formats and different levels of learner control on performance and learning behavior. *Computers in Human Behavior, 25*, 360–370.

Graesser, A. C., McNamara, D., & Van Lehn, K. (2005). Scaffolding deep comprehension strategies through Point&Query, AutoTutor, and iSTART. *Educational Psychologist, 40*, 225–234.

Höffler, T., Schmeck, A., & Opfermann, M. (2013). Static and dynamic visual representations: Individual differences in processing. In G. Schraw, M. T. McCrudden & D. Robinson (Hrsg.), *Learning thru visual displays: Current perspectives on cognition, learning, and instruction* (S. 133–163). Charlotte: Information Age Publishing.

Holtz, P., Cress, U., & Kimmerle, J. (2019). Lernen in sozialen Medien. In H. Niegemann & A. Weinberger (Hrsg.), *Handbuch Bildungstechnologie*. Berlin/Heidelberg: Springer.

Kalyuga, S. (2009). Knowledge elaboration: A cognitive load perspective. *Learning and Instruction, 19*, 402–410.

Klauer, K. J., & Leutner, D. (2012). *Lehren und Lernen. Einführung in die Instruktionspsychologie*. Weinheim: Beltz.

KMK (Sekretariat der Ständigen Konferenz der Kultusminister der Länder in der Bundesrepublik Deutschland) (2015). Förderstrategie für leistungsstarke Schülerinnen und Schüler. Beschluss der Kultusministerkonferenz vom 11.06.2015.

Kohls, C. (2019). Bildungstechnologie in der Schule. In H. Niegemann & A. Weinberger (Hrsg.), *Handbuch Bildungstechnologie*. Berlin/Heidelberg: Springer.

Kunz, G. C., & Schott, F. (1987). *Intelligente tutorielle Systeme: Neue Ansätze der computerunterstützten Steuerung von Lehr-Lern-Prozessen*. Göttingen: Hogrefe.

Leutner, D. (2004). Instructional-design principles for adaptivity in open learning environments. In N. M. Seel & S. Dijkstra (Hrsg.), *Curriculum, plans and processes of instructional design: international perspectives* (S. 289–307). Mahwah: Lawrence Erlbaum.

Leutner, D., Opfermann, M., & Schmeck, A. (2014). Lernen mit Medien. In T. Seidel & A. Krapp (Hrsg.), *Pädagogische Psychologie* (S. 297–322). Weinheim: Beltz.

Littlejohn, A., Hood, N., Milligan, C., & Mustain, P. (2016). Learning in MOOCs: Motivations and self-regulated learning in MOOCs. *Internet and Higher Education, 29*, 40–48.

Mayer, R. (2009). *Multimedia learning* (2. Aufl.). New York: Cambridge University Press.

Mayer, R. E. (2014). *The Cambridge handbook of multimedia learning*. New York: Cambridge University Press.

Mayer, R. E., & Chandler, P. (2001). When learning is just a click away: Does simple user interaction foster deeper understanding of multimedia messages? *Journal of Educational Psychology, 93*, 390–397.

McElvany, N. (2018). Digitale Medien in den Schulen: Perspektive der Bildungsforschung. In N. McElvany, F. Schwabe, W. Bos & H. G. Holtappels (Hrsg.), *Digitalisierung in der schulischen Bildung: Chancen und Herausforderungen* (S. 99–106). Münster: Waxmann.

Niegemann, H. (1995). *Computergestützte Instruktion in Schule, Aus- und Weiterbildung*. Frankfurt a. M.: Lang.

Niegemann, H. (2019). Instructional design. In H. Niegemann & A. Weinberger (Hrsg.), *Handbuch Bildungstechnologie*. Berlin/Heidelberg: Springer.

Niegemann, H., & Heidig, S. (2019). Interaktivität und Adaptivität in multimedialen Lernumgebungen. In H. Niegemann & A. Weinberger (Hrsg.), *Handbuch Bildungstechnologie*. Berlin/Heidelberg: Springer.

Niegemann, H., & Weinberger, A. (Hrsg.) (2019). Was ist Bildungstechnologie? In *Handbuch Bildungstechnologie*. Berlin/Heidelberg: Springer.

Niegemann, H. M., Domagk, S., Hessel, S., Hein, A., Hupfer, M., & Zobel, A. (2008). *Kompendium multimediales Lernen*. Heidelberg: Springer.

Nistor, N. (2019). Akzeptanz von Bildungstechnologien. In H. Niegemann & A. Weinberger (Hrsg.), *Handbuch Bildungstechnologie*. Berlin/Heidelberg: Springer.

Opfermann, M., Azevedo, R., & Leutner, D. (2012). Metacognition and hypermedia learning: How do they relate? In N. M. Seel (Hrsg.), *Encyclopedia of the sciences of learning* (S. 2224–2228). New York: Springer.

Paivio, A. (1986). *Mental representations: A dual coding approach*. Oxford: Oxford University Press.

Perels, F., & Dörrenbacher, L. (2019). Selbstreguliertes Lernen und (technologiebasierte) Bildungsmedien. In H. Niegemann & A. Weinberger (Hrsg.), *Handbuch Bildungstechnologie*. Berlin/Heidelberg: Springer.

Renkl, A., Atkinson, R., Maier, U. H., & Staley, R. (2002). From example study to problem solving: Smooth transitions help learning. *Journal of Experimental Education, 70*, 293–315.

Reussner, E. (2007). *Learning in Museums: The role of digital media*. VSA (Visitor Studies Association) e-Newsletter Mai 07, 4–6.

Scheiter, K., Richter, J., & Renkl, A. (2019). Multimediales Lernen: Lehren und Lernen mit Texten und Bildern. In H. Niegemann & A. Weinberger (Hrsg.), *Handbuch Bildungstechnologie*. Berlin/Heidelberg: Springer.

Schnotz, W. (2005). An integrated model of text and picture comprehension. In R. E. Mayer (Hrsg.), *The Cambridge handbook of multimedia learning* (S. 49–70). New York: Cambridge University Press.

Schuldt, J. (2019). Lernspiele und Gamification. In H. Niegemann & A. Weinberger (Hrsg.), *Handbuch Bildungstechnologie*. Berlin/Heidelberg: Springer.

Schwan, S., & Cress, U. (2017). *The psychology of digital learning: Constructing, exchanging, and acquiring knowledge with digital media*. Cham: Springer International Publishing.

Schwan, S., & Lewalter, D. (2019). Multimediales Lernen in öffentlichen Bildungseinrichtungen am Beispiel von Museen und Ausstellungen. In H. Niegemann & A. Weinberger (Hrsg.), *Handbuch Bildungstechnologie*. Berlin/Heidelberg: Springer.

Schwan, S., & Riempp, R. (2004). The cognitive benefits of interactive videos: Learning to tie nautical knots. *Learning and Instruction, 14*, 293–305.

Stadtler, M., Winter, S., Scharrer, L., Thomm, E., Krämer, N., & Bromme, R. (2017). Selektion, Integration und Evaluation: Wie wir das Internet nutzen, wenn wir uns über Wissenschaft informieren wollen. *Psychologische Rundschau, 68*, 177–181.

Sweller, J., Ayres, P., & Kalyuga, S. (2011). *Cognitive load theory.* New York: Springer.

Thillmann, H., Künsting, J., Wirth, J., & Leutner, D. (2009). Is it merely a question of ‚what' to prompt or also ‚when' to prompt? – The role of presentation time of prompts in self-regulated learning. *Zeitschrift für Pädagogische Psychologie, 23*, 105–115.

Töpper, J., & Schwan, S. (2008). *Filmische Personalisierung von Ausstellungsinhalten und ihr Einfluss auf den Wissenserwerb.* Lernen im Museum: Die Rolle digitaler Medien. Rückblick und Bilanz – Ausblick und Perspektiven. Workshop im Deutschen Museum, München.

Trautmann, M., & Wischer, B. (2011). *Heterogenität in der Schule. Eine kritische Einführung.* Wiesbaden: Springer VS.

Wecker, C., & Stegmann, K. (2019). Medien im Unterricht. In D. Urhahne, M. Dresel & F. Fischer (Hrsg.), *Psychologie für den Lehrerberuf* (S. 373–393). Berlin: Springer.

Weidenmann, B. (2006). Lernen mit Medien. In A. Krapp & B. Weidenmann (Hrsg.), *Pädagogische Psychologie: Ein Lehrbuch* (S. 423–476). Weinheim: Beltz.

Weinberger, A., Hartmann, C., Schmitt, L., & Rummel, N. (2019). Computer-unterstützte kooperative Lernszenarien. In H. Niegemann & A. Weinberger (Hrsg.), *Handbuch Bildungstechnologie.* Berlin/Heidelberg: Springer.

Wenger, E. (1987). *Artificial intelligence and tutoring systems.* Los Altos: Morgan Kaufmann.

Zumbach, J. (2010). *Lernen mit Neuen Medien. Instruktionspsychologische Grundlagen.* Stuttgart: Kohlhammer.

# Multimediales Lernen: Lehren und Lernen mit Texten und Bildern

Katharina Scheiter, Juliane Richter und Alexander Renkl

## Inhalt

| | | |
|---|---|---|
| 1 | Einleitung | 32 |
| 2 | Theoretische und empirische Grundlagen multimedialen Lernens | 33 |
| 3 | Schwierigkeiten beim Lernen mit Multimedia | 38 |
| 4 | Instruktionale Unterstützung | 40 |
| 5 | Lehren mit Multimedia | 50 |
| 6 | Fazit | 51 |
| Literatur | | 52 |

### Zusammenfassung

Das Lernen mit Multimedia (Kombinationen aus Text und Bild) stellt eine Erfolg versprechende Lernmethode dar. Im Beitrag werden zunächst verschiedene Theorien zum Lernen mit Multimedia beschrieben. Diese betonen die Wichtigkeit einer angemessenen kognitiven Verarbeitung multimedialen Lernmaterials. Allerdings haben Lernende oftmals Schwierigkeiten, Multimedia sinnvoll und effektiv für Lernprozesse zu nutzen. Nach einer Beschreibung dieser Schwierigkeiten werden daher im Beitrag unterschiedliche Formen der instruktionalen Unterstützung beim Lernen mit Multimedia vorgestellt. Diese beziehen sich entweder auf eine Optimierung der Gestaltung multimedialen Lernmaterials oder auf lernerzentrierte Maßnahmen, mit denen die Verfügbarkeit und Anwendung von geeigneten Lernstrategien gewährleistet werden kann. Diese können auch sinnvoll

---

K. Scheiter (✉) · J. Richter
AG Multiple Repräsentationen, Leibniz-Institut für Wissensmedien, Tübingen, Deutschland
E-Mail: k.scheiter@iwm-tuebingen.de; j.richter@iwm-tuebingen.de

A. Renkl
Institut für Psychologie, Universität Freiburg, Freiburg, Deutschland
E-Mail: renkl@psychologie.uni-freiburg.de

© Springer-Verlag GmbH Deutschland, ein Teil von Springer Nature 2020
H. Niegemann, A. Weinberger (Hrsg.), *Handbuch Bildungstechnologie*,
https://doi.org/10.1007/978-3-662-54368-9_4

durch Lehrkräfte im Unterricht eingesetzt werden. Insgesamt gibt es bislang im Vergleich zu der umfangreichen Forschung zum Lernen mit Multimedia kaum Forschungsarbeiten zum Lehren mit Multimedia oder zu dessen Anwendung in der Praxis.

**Schlüsselwörter**
Multimedia · Visualisierung · Gestaltungsprinzipien · Lernstrategien · Instruktionsdesign

## 1  Einleitung

Den Begriff ‚Multimedia' verbinden viele mit der kombinierten Verwendung aufwändiger Bildungstechnologien wie computergenerierten zwei- und dreidimensionalen dynamischen Visualisierungen (Animationen), interaktiven Simulationen, Narration und anspruchsvollen Soundeffekten. Bei dieser Betrachtung steht die technologische Dimension von Multimedia – also die Verwendung multipler Technologien – für die Informationsdarbietung im Vordergrund.

In der Lehr-Lernforschung üblicher ist dagegen eine Definition von Multimedia über die Modalität und Kodalität der verwendeten Darstellungsformate oder Repräsentationen. Der Begriff der Modalität bezieht sich dabei auf die Sinnesmodalität, die durch eine Repräsentation adressiert wird, wobei im Kontext von Lehr-Lernprozessen vor allem die Unterscheidung zwischen visueller (über die Augen) und auditorischer (über die Ohren) Informationsaufnahme zentral ist. Moderne digitale Bildungstechnologien bedienen sich darüber hinaus zunehmend der haptischen Modalität, indem beispielsweise touch-basierte Eingaben, aber auch haptisches Feedback ermöglicht werden.

Der im Deutschen unübliche Begriff der Kodalität bezieht sich dagegen auf die Art der Zeichen, die zur Informationsvermittlung genutzt werden. Hier wird zwischen symbolisch-abstrakten Repräsentationsformen wie Sprache oder Ziffern und analogen Formaten wie Bildern unterschieden. Die Bedeutung analoger Repräsentationen ergibt sich aus der (physikalischen) Ähnlichkeit zu dem Objekt oder Phänomen, was dargestellt wird. Wir erkennen also ein Bild eines Baums als Darstellung eines Baums, indem wir Ähnlichkeiten zwischen der Abbildung und dem Objekt in der Welt feststellen. Diese Art der Repräsentation wird auch als depiktional bezeichnet (Schnotz 2014). Dagegen ist die Bedeutung symbolischer Repräsentationen durch Konvention festgelegt. Beispielsweise besteht im Deutschen eine Einigung darüber, dass die Buchstabenabfolge ‚B-A-U-M' einen Baum bezeichnet, ohne dass eine physikalische Ähnlichkeit zwischen dieser Buchstabenabfolge und dem Objekt besteht (deskriptionale Repräsentation nach Schnotz 2014). Die Zuordnung zwischen Symbolen und dem Dargestellten wird auch als willkürlich (arbiträr) bezeichnet und muss im Rahmen sprachlicher Aneignungsprozesse erlernt werden.

Vor diesem Hintergrund bezeichnet der Begriff Multimedia in der Lehr-Lernforschung die Verwendung multipler Repräsentationsformate zur Informationsdarbietung, die durch Verwendung unterschiedlicher Modalitäten (visuell, akustisch) und Kodalitäten (symbolisch, analog) gekennzeichnet sind. Die üblichste Kombination besteht dabei in der gemeinsamen Darbietung gesprochener oder geschriebener Texte mit bildhaften Darstellungen wie z. B. statischen Bildern, Animationen oder Videos.

Entsprechend dieser technologieunabhängigen Definition kann man die vermutlich früheste Verwendung multimedialen Lernmaterials im Bildungskontext bis in das 17. Jahrhundert zurückdatieren, auf das Jugend- und Schulbuch *Orbis sensualium pictus* (Die sichtbare Welt) von Johann Amos Comenius (1658). Comenius illustriert darin verbal beschriebene konkrete und abstrakte Sachverhalte anhand von korrespondierenden bildhaften Darstellungen. Das Schulbuch fand bis in das 19. Jahrhundert Verwendung im Schulunterricht (wikipedia.org/wiki/Orbis_sensualium_pictus). Dieses Beispiel zeigt, dass der Einsatz von multimedialem Lernmaterial im Sinne der Definition der Lehr-Lernforschung kein neuartiges Phänomen ist. Zunehmend haben multimediale Lehr-/Lerninhalte einen festen Platz im Unterricht, insbesondere in naturwissenschaftlichen Fächern. Das hängt damit zusammen, dass naturwissenschaftliche Phänomene sich aufgrund des in ihnen enthaltenen hohen Anteils visuellräumlicher Aspekte durch den kombinierten Einsatz von geschriebenem Text und statischen sowie dynamischen bildhaften Darstellungen sehr viel lernförderlicher vermitteln lassen als lediglich mit geschriebenem Text (vgl. Larkin und Simon 1987).

## 2 Theoretische und empirische Grundlagen multimedialen Lernens

In der Literatur finden sich unterschiedliche Theorien, die Aussagen zum Lernen mit Multimedia machen. Die Cognitive Theory of Multimedia Learning von Richard E. Mayer (CTML, Mayer 2001, 2014) sowie das Integrated Model of Text and Picture Comprehension von Wolfgang Schnotz (ITPC, Schnotz 2014) betonen vor allem die beim Lernen mit Multimedia ablaufenden Informationsverarbeitungsprozesse, während der DeFT-Ansatz von Shaaron Ainsworth (Design, Functions, Cognitive Tasks, Ainsworth 2006) eine funktionale Betrachtung des Lernens mit multiplen Repräsentationen wie z. B. Text und Bild liefert. In den folgenden Kapiteln wird aufgrund der Prominenz der entsprechenden Ansätze der Fokus auf Informationsverarbeitungstheorien zum Lernen mit Multimedia gelegt.

### 2.1 Cognitive Theory of Multimedia Learning (CTML)

Das Grundgerüst der CTML (Mayer 2014) bildet das in der Kognitionspsychologie etablierte Dreispeichermodell des Gedächtnisses von Atkinson und Shiffrin (1968). Danach müssen (in Text und Bild dargebotene) Informationen zunächst wahrgenommen und somit im sensorischen Gedächtnis verarbeitet werden. Das sensorische Gedächtnis verfügt lediglich über sehr kurze Speichermöglichkeiten, da die dort abgelegten Informationen immer wieder durch nachkommende Informationen überschrieben werden. Daher muss die Aufmerksamkeit auf relevante Informationen gelenkt werden, um diese für eine spätere Weiterverarbeitung zur Verfügung zu stellen. Auch das Arbeitsgedächtnis stellt jedoch keine längerfristige Speicherung von Informationen sicher, sondern kennzeichnet lediglich jenen Teil des Gedächtnisses, in dem Informationen aktiv verarbeitet werden. In der CTML dient das Arbeitsgedächtnis dazu, die Informationen aus Text und Bild in – voneinander getrennte – Gedächtnisstrukturen für Text und Bild zu organisieren (als *verbal* und *pictorial mental model* bezeichnet, Mayer 2014). Diese beiden getrennten mentalen Strukturen werden dann unter Zuhilfenahme von Vorwissen in einer integrierten mentalen Struktur, dem so genannten integrierten mentalen Modell, zusammengeführt, um die darin enthaltenen Informationen im Langzeitgedächtnis dauerhaft zu speichern. Beim Langzeitgedächtnis handelt es sich um die dritte Gedächtnisstruktur im Modell von Atkinson und Shiffrin (1968), welche anders als die beiden anderen Gedächtnisstrukturen eine unbegrenzte Kapazität für die Speicherung von Informationen aufweist. Allerdings können wir uns nur an dort abgelegte Informationen erinnern, wenn diese hinreichend stark aktiviert sind, beispielsweise weil wir diese Informationen häufig nutzen.

Die CTML (Mayer 2014) macht drei wesentliche Grundannahmen: Erstens geht sie von zwei Kanälen der Informationsverarbeitung aus, die zunächst (im sensorischen Gedächtnis) durch Unterschiede in der Verarbeitungsmodalität definiert sind (visuell vs. akustisch) und später (im Arbeitsgedächtnis) durch Unterschiede in der Kodalität (verbal vs. bildhaft) (siehe Abb. 1). Diese Grundannahme bezieht sich laut Mayer auf die Theorie der dualen Kodierung von Paivio (1986). Nach dieser Theorie resultiert die Verarbeitung von verbalen und bildhaften externen Repräsentationen in den zwei Kanälen in entsprechenden internen Repräsentationen: einer verbalen und einer analog-bildhaften Repräsentation. Zudem führt Mayer (2014) als Grundlage für diese Annahme das Arbeitsgedächtnismodell von Baddeley (1999) an. Das Modell postuliert getrennte Arbeitsgedächtniskomponenten für die Verarbeitung verbaler (phonologische Schleife) und visuell-räumlicher Informationen (visuell-räumlicher Notizblock). Die Informationsverarbeitung findet also bis zur Integration getrennt in einem visuell-bildhaften und einem akustisch-sprachlichen Kanal statt.

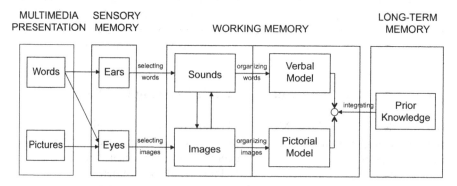

**Abb. 1** Cognitive Theory of Multimedia Learning (CTML, Mayer 2014, S. 52), Richard E. Mayer (Ed.) The Cambridge Handbook of Multimedia Learning, 2nd Edition © Cambridge University Press 2005, 2014, reproduziert mit freundlicher Genehmigung des Verlags

Zweitens wird in Einklang mit Befunden aus der gedächtnispsychologischen Forschung davon ausgegangen, dass die Kapazität beider Kanäle stark beschränkt ist und eine Überlastung der Kanäle dementsprechend zu Leistungseinbußen beim Lernen führen kann. Drittens ist für bedeutungsvolles multimediales Lernen eine aktive Verarbeitung der Informationen Voraussetzung, welche in der Ausführung der oben beschriebenen kognitiven Prozesse – Selektion, Organisation und Integration – zum Ausdruck kommt. Lernende müssen also einerseits Kohärenz innerhalb einer Repräsentation herstellen, indem sie beispielsweise die Bezüge zwischen einzelnen Elementen eines Textes oder innerhalb eines Bildes identifizieren (vgl. intra-repräsentationale bzw. lokale Kohärenzbildung, Seufert 2003). Andererseits müssen sie korrespondierende Text- und Bildinformationen miteinander verknüpfen und so Kohärenz zwischen der verbalen und der analog-bildhaften Repräsentation herstellen (vgl. inter-repräsentationale bzw. globale Kohärenzbildung, Seufert 2003). Insbesondere dem Integrationsprozess bzw. der globalen Kohärenzbildung wird eine bedeutsame Rolle zugesprochen, da erst die Verknüpfung von Text- und Bildinformationen unter Zuhilfenahme von Vorwissen zu einem tiefer gehenden Verständnis der Inhalte als Voraussetzung für die Fähigkeit, das Gelernte auf neuartige Problemstellungen anwenden zu können (Transfer), führt.

## 2.2 Integrated Model of Text and Picture Comprehension (ITPC)

Eine alternative Informationsverarbeitungstheorie zum Lernen mit Multimedia ist das ITPC von Schnotz (2014) (siehe Abb. 2). Wie auch die CTML baut das ITPC auf dem Dreispeichermodell des Gedächtnisses von Atkinson und Shiffrin (1977), dem Arbeitsgedächtnismodell von Baddeley (1999) und der Theorie der dualen Kodierung von Paivio (1986) auf. Informationen aus Text und Bild werden zunächst im sensorischen Gedächtnis über einen akustischen und visuellen Kanal aufgenommen und in das Arbeitsgedächtnis weitergeleitet. Das sensorische Gedächtnis sowie auch das Arbeitsgedächtnis unterliegen bezüglich der Verarbeitung und Weiterleitung von Informationen Kapazitätsbegrenzungen. Akustisch-sprachliche und analog-bildhafte Repräsentationen werden initial in unterschiedlichen Subsystemen im Arbeitsgedächtnis verarbeitet (vgl. Arbeitsgedächtnismodell, Baddeley 1999): dem deskriptiven Subsystem für akustisch-sprachliche Informationen und dem depiktionalen Subsystem für analog-bildhafte Informationen. Anders als in der CTML postuliert das ITPC, dass die Informationsverarbeitung im Arbeitsgedächtnis integriert zwischen beiden Subsystemen stattfindet. Das bedeutet, dass akustisch-sprachliche Informationen nicht nur im deskriptiven sondern auch im depiktionalen Subsystem (weiter)verarbeitet werden. Umgekehrt werden analog-bildhafte Informationen initial im depiktionalen und dann auch im deskriptiven Subsystem verarbeitet. Laut dem ITPC entsteht das integrierte mentale Modell somit bereits im Arbeitsgedächtnis und wird dann mit Vorwissen aus dem Langzeitgedächtnis zusammengeführt.

Wie auch die CTML hebt das ITPC den Integrationsprozess als zentralen Prozess beim Lernen mit Multimedia hervor. Des weiteren definiert das ITPC, dass intra- und inter-repräsentationale Kohärenzbildungsprozesse zum einen bezogen auf Oberflä-

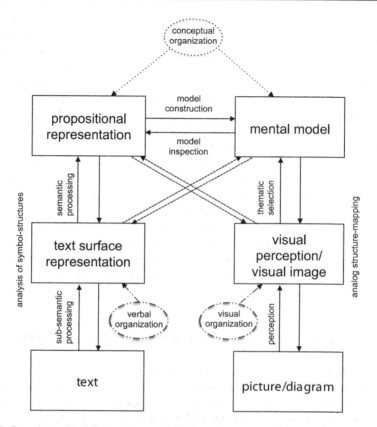

**Abb. 2** Integriertes Modell des Text- und Bildverstehens von Schnotz und Bannert (2003); (Schnotz 2014, S. 79), Richard E. Mayer (Ed.) The Cambridge Handbook of Multimedia Learning, 2nd Edition © Cambridge University Press 2005, 2014, reproduziert mit freundlicher Genehmigung des Verlags

chenmerkmale und zum anderen bezogen auf semantische Tiefenstrukturen der Repräsentationen stattfinden. Die Verknüpfung von Oberflächenmerkmalen bezieht sich auf verbale (z. B. Wörter) und analog-bildhafte Elemente (z. B. Formen) anhand nicht-bedeutungshaltiger Übereinstimmungen (z. B. der Darstellung der Elemente in gleicher Farbe), wohingegen die Verknüpfung von semantischen Tiefenstrukturen erfordert, dass Lernende beispielsweise Verbindungen zwischen konzeptuellen Strukturen und Eigenschaften dieser Strukturen bilden (Schnotz et al. 2014).

Forschungsbefunde stützen die Annahme, dass intensives integratives Verarbeiten von verbalen und analog-bildhaften Informationen ein zentraler Prädiktor für verbesserte Lernergebnisse beim Lernen mit Multimedia ist (Bodemer et al. 2004; Mason et al. 2013). Bodemer et al. (2004) zeigten, dass Lernende, die Informationen aus Text und Bild aktiv durch Zuordnungen integriert hatten, eine bessere Lernleistung zeigten als Lernende in einer Kontrollgruppe. Mason et al. (2013) erfassten mittels der Aufzeichnung von Blickbewegungen integratives Verhalten beim Lernen

 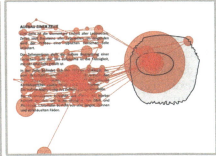

keine (kaum) integrative Verarbeitung     intensive integrative Verarbeitung

**Abb. 3** Beispiele für Blickbewegungsmuster von Lernenden mit geringen (links) und vielen Blickwechseln (rechts) bei der Verarbeitung multimedialen Lernmaterials

mit Multimedia. Ihre Ergebnisse weisen darauf hin, dass die besten Lernergebnisse von Lernenden erzielt wurden, die viele Blickwechsel zwischen Text und Bild ausgeführt hatten. Diese Blickwechsel können als Indikator für die Bemühungen der Lernenden interpretiert werden, Bezüge zwischen Text und Bild zu identifizieren (siehe Abb. 3).

## 2.3 Der Multimediaeffekt

Diverse empirische Untersuchungen belegen die Lernförderlichkeit multimedialen Instruktionsmaterials gegenüber einer monomedialen Darstellungsweise, die in der Regel aus der ausschließlichen Verwendung von Text besteht. So unterstützen Bilder sowohl das Erinnern und Verstehen von Prosatexten (Levin et al. 1987) als auch das Nachvollziehen vor allem naturwissenschaftlicher Sachverhalte (Butcher 2014). Die Vorteilhaftigkeit multimedialen gegenüber monomedialen Instruktionsmaterials wird in der Literatur als Multimediaeffekt bezeichnet (Mayer 2009).

Das Auftreten des Multimediaeffekts hängt jedoch von einer Reihe von Randbedingungen ab, die mit der Auswahl geeigneter Repräsentationen, Eigenschaften der Lernenden sowie mit spezifischen Merkmalen der Text-Bild-Kombinationen zusammenhängen. Ungünstige Randbedingungen können dazu führen, dass es zu Schwierigkeiten beim Lernen mit Multimedia kommt (vgl. Abschn. 3).

Im Hinblick auf die Auswahl geeigneter Repräsentationen zeigt die Mehrheit der empirischen Untersuchungen lernförderliche Effekte der zusätzlichen Darbietung von Bildern überhaupt nur dann, wenn diese einen inhaltlichen Bezug zum Lerninhalt haben bzw. lernrelevante Informationen vermitteln. Dagegen führen dekorative Bilder ohne inhaltlichen Bezug zum Lerninhalt eher zu Leistungsbeeinträchtigungen (Levin et al. 1987; Rey 2012). Darüber hinaus fördern zusätzliche Bilder Lernen vor allem dann, wenn ihre repräsentationalen Stärken ausgenutzt werden. Bilder sind sehr gut in der Lage, visuell-räumliche Sachverhalte zum Ausdruck zu bringen. Reduziert man die Beschreibung visuell-räumlicher Zusammenhänge im Text und verlagert die Vermittlung dieser Informationen auf das Bild, so führt dies zu einem stärkeren Multimediaeffekt als wenn auch der Text visuell-räumliche Zusammenhänge beinhaltet (Schmidt-Weigand und Scheiter 2011). Letzteres führt sogar zu schlechteren Lernergebnissen beim Lernen mit Multimedia, was darauf hinweist, dass die gleichzeitige Verarbeitung visuell-räumlicher Informationen auf der Basis des Textes und des Bildes zu lernhinderlichen Interferenzen führen kann (Schüler et al. 2012).

## 3    Schwierigkeiten beim Lernen mit Multimedia

Erfolgreiches Lernen mit Multimedia setzt voraus, dass Lernende die verfügbaren Informationen zielgerichtet und angemessen verarbeiten. Das bedeutet unter anderem, dass sie Text und Bild in ausgeglichener Weise berücksichtigen sowie relevante Elemente in beiden Repräsentationsformaten identifizieren und bei der Konstruktion eines integrierten mentalen Modells nutzen. Renkl und Scheiter (2015) identifizieren in ihrer Übersichtsarbeit verschiedene Schwierigkeiten, die das Lernen mit Multimedia beeinträchtigen können und die im Folgenden beschrieben werden.

### 3.1    Verzerrte Informationsverarbeitung

Verzerrungen der Informationsverarbeitung ergeben sich aus einer fehlerhaften (metakognitiven) Regulation des Lernprozesses. So zeigen verschiedene Untersuchungen, dass Lernende sich oftmals zu sehr auf die im Text dargebotene Information konzentrieren und Bildinhalte vernachlässigen (Hannus und Hyönä 1999; Hegarty und Just 1993; Schmidt-Weigand et al. 2010). Hegarty und Just (1993) konnten zeigen, dass diese übermäßige textbasierte Nutzung multimedialen Lernmaterials insbesondere für schwächere Lernende charakteristisch ist.

Fehleinschätzungen der Nützlichkeit von Bildern sind begleitet von einer Unterschätzung der kognitiven Anforderungen, die beim Lernen mit Multimedia resultieren. So zeigen Untersuchungen von Serra und Dunlosky (2010), dass Lernende ihren eigenen Wissensstand beim Lernen mit Multimedia im Vergleich zu Text eher überschätzen (siehe auch Eitel 2016; Jaeger und Wiley 2014). Dieser Effekt kann unter anderem darin begründet liegen, dass visuell ansprechende multimediale Informationsdarbietungen von Lernenden eher mit Unterhaltung als mit kognitiv anspruchsvollen Verarbeitungsprozessen assoziiert werden (Salomon 1984). Dies gilt insbesondere für dynamische Visualisierungen, die – vermutlich aufgrund ihres höheren Unterhaltungspotenzials im Vergleich zu statischen Visualisierungen – oftmals als einfacher zu verstehen beurteilt werden (Lewalter 2003; Kühl et al. 2011), auch wenn die Befundlage zum Lernen mit dynamischen und statischen Visualisierungen eher das Gegenteil belegt (vgl. underwhelming effect; Lowe 2004). Diese Fehleinschätzungen sind insofern problematisch als dass sie zu einer unangemessenen Regulation des Lernverhaltens führen können, indem Lernende beispielsweise zu wenig Anstrengung bzw. Lernzeit in den nachfolgenden Lernprozess investieren.

## 3.2 Fehlende Wissens- und Fertigkeitsvoraussetzungen

Domänenspezifisches Vorwissen stellt laut CTML (Mayer 2014) eine wesentliche Voraussetzung für die Integration von Text- und Bildinformation in ein kohärentes mentales Modell dar. In Einklang mit dieser Annahme zeigen beispielsweise Befunde von Reid und Beveridge (1986), dass Kinder mit geringen Kenntnissen im Bereich der Naturwissenschaften weniger lernten, wenn ein naturwissenschaftlicher Text zusätzlich mit Bildern angereichert wurde, während Kinder mit besseren Kenntnissen von der zusätzlichen Darbietung von Bildern profitierten.

Ebenso verlangt das Lernen mit Multimedia einen kompetenten Umgang mit dargebotenen Repräsentationsformaten. Auf einer allgemeinen Ebene beziehen sich entsprechende Fertigkeiten zunächst auf den kompetenten Umgang mit Text- und Bildinformation, also Lesefertigkeiten und Fertigkeiten der Bildinterpretation. Hier zeigen Untersuchungen, dass Multimedia Lesefertigkeiten in gleichem Ausmaß erfordert wie das Lernen nur aus Text (Scheiter et al. 2014). Auch wenn also Bilder den Textverstehensprozess erleichtern können (Levin et al. 1987), ist gleichzeitig die Fertigkeit zum sinnentnehmenden Lesen eine Voraussetzung auch beim Lernen mit Multimedia. Es ist bislang noch unklar, inwieweit auf dieser allgemeinen Ebene analoge Fertigkeiten für die Bildbetrachtung existieren, die für das Lernen mit Multimedia ausschlaggebend sein könnten. Insbesondere für domänenspezifische bildhafte Darstellungen gilt, dass hier zusätzliche domänenspezifische Fertigkeiten für den Umgang mit diesen Darstellungen benötigt werden. Die vor allem in den naturwissenschaftlichen Fachdidaktiken verortete Forschung zu diesem Thema ist häufig unter dem Stichwort repräsentationale Kompetenz (*representational competence*; Kozma und Russell 1997) zu finden. Repräsentationale Kompetenz umfasst ein Bündel von Fertigkeiten, die benötigt werden, um naturwissenschaftliche Darstellungen zu interpretieren, zu konstruieren, ineinander zu übersetzen sowie aufeinander abzustimmen und zu koordinieren. Studierende mit geringer repräsentationaler Kompetenz haben beispielsweise Schwierigkeiten, eine für eine Aufgabe geeignete Darstellung aus mehreren Repräsentationen auszuwählen (Stieff et al. 2011). Repräsentationale Kompetenz muss aufgrund ihrer Bedeutsamkeit für fachspezifisches Lernen gezielt vermittelt werden (Nitz et al. 2014).

## 3.3 Inadäquate kognitive Verarbeitung

Lernen mit Multimedia setzt eine angemessene kognitive Verarbeitung des Materials voraus. Studien belegen, dass Lernende jedoch Schwierigkeiten haben, relevante Informationen zu identifizieren und Information aus Text zu integrieren. Im Hinblick auf die Selektion relevanter Informationen zeigen Eyetracking-Studien, dass insbesondere Lernende mit geringem Vorwissen ihre Aufmerksamkeit auf saliente, aber nicht notwendigerweise relevante Informationen ausrichten (Canham und Hegarty 2010; Hegarty et al. 2010; Lowe 2004). Darüber hinaus belegen diverse Studien, dass Lernende Text und Bild nicht hinreichend miteinander integrieren und stattdessen beide Repräsentationen eher isoliert verarbeiten (Bodemer et al. 2004; Mason et al. 2013; Scheiter und Eitel 2015; Schwonke et al. 2009). Dies zeigt sich beispielsweise darin, dass Lernende nur wenige Blicksprünge (Sakkaden) zwischen Text und Bild ausführen (Mason et al. 2013). In Einklang mit der Annahme der CTML, dass Text-Bild-Integration einen zentralen Prozess beim Lernen mit Multimedia darstellt, ergeben verschiedene Untersuchungen, dass die Häufigkeit der Ausführung so genannter integrativer Sakkaden ein wesentlicher Prädiktor für den Lernerfolg ist (Johnson und Mayer 2012; Mason et al. 2013). Vor diesem Hintergrund konzentrieren sich viele der im Folgenden diskutierten instruktionalen Maßnahmen darauf, Lernende bei der Selektion und Integration von multimedial aufbereiteter Information zu unterstützen.

## 4 Instruktionale Unterstützung

Ein Großteil der Forschung zum Lernen mit Multimedia konzentriert sich darauf, Maßnahmen zu entwickeln, die eine effektive kognitive Verarbeitung des Lernmaterials sicherstellen. Diese Maßnahmen lassen sich danach unterteilen, inwieweit sie eher auf eine Optimierung der Gestaltung des Lernmaterials abzielen oder ob sie durch eine Förderung der Verfügbarkeit und Nutzung geeigneter Lernstrategien versuchen, Lernende besser in die Lage zu versetzen, effektiv zu lernen.

### 4.1 Optimierung des Lernmaterials

Maßnahmen in diesem Bereich setzen daran an, die Notwendigkeit der Ausführung von Verarbeitungsprozessen, die nicht lernförderlich sind, zu minimieren, um dadurch frei werdende kognitive Ressourcen gezielt auf lernförderliche Prozesse zu lenken. Diese Maßnahmen werden oftmals als Designprinzipien (Moreno und Mayer 1999) bezeichnet, wobei sich der damit verbundene Anspruch auf Allgemeingültigkeit in vielen Fällen nicht halten lässt.

#### 4.1.1 Modalitätsprinzip

Das Modalitätsprinzip empfiehlt eine Verwendung gesprochenen anstelle geschriebenen Textes für multimediale Lernmaterialien (Lowe und Sweller 2014). Dementsprechend zeigen Studien zumindest für Lerneinheiten mit wenig Textinformation (1-2 Sätze pro Bild) eine Überlegenheit von Multimedia bei Verwendung gesprochenen Texts. In der Literatur lassen sich drei verschiedene Erklärungen für dieses Phänomen identifizieren (vgl. Schüler et al. 2011). Die erste Erklärung beruht auf dem Effekt der geteilten Aufmerksamkeit (*split attention effect*, Chandler und Sweller 1991). Danach müssen Lernende bei Darbietung geschriebenen Texts ihre visuelle Aufmerksamkeit zwischen dem Lesen des Texts und der Bildbetrachtung teilen, während bei gesprochenem Text eine ungeteilte Aufmerksamkeitszuwendung auf das Bild möglich ist. Dies ermöglicht eine optimale Nutzung der zur Verfügung stehenden kognitiven Ressourcen, während häufige Blickwechsel zwischen Text und Bild Ressourcen vom eigentlichen Lernprozess abziehen und daher mit diesem interferieren sollten. Moreno und Mayer (1999) testen diese Erklärung in einer Studie und konnten zeigen, dass die Verwendung gesprochenen Texts selbst gegenüber einer Lernbedingung, in der ebenfalls nur wenige Blickwechsel notwendig waren, da der Text in das Bild integriert war, zu besseren Lernleistungen führte. Aus ihrer Sicht lässt sich daher der Modalitätseffekt nicht vollständig durch ein Ausbleiben geteilter Aufmerksamkeit erklären.

Als Alternativerklärung schlugen die Autoren daher vor dem Hintergrund der CTML vor, dass die Verwendung gesprochenen Texts zu einer besseren Nutzung von Ressourcen des visuell-räumlichen Arbeitsgedächtnisses führt. Sie ziehen hierfür Baddeley (1999) als Erklärung heran. Baddeley unterscheidet in der Ursprungsversion seines Arbeitsgedächtnismodells wie oben beschrieben zwischen drei Subsystemen des Arbeitsgedächtnisses: (a) die phonologische Schleife für die Verarbeitung verbaler Information, (b) der visuell-räumliche Notizblock für die Verarbeitung visueller und räumlicher Informationen sowie (c) die zentrale Exekutive als übergeordnetes System, welches die beiden anderen Systeme steuert und koordiniert. In der Interpretation des Baddeley-Modells durch Moreno und Mayer (1999) wird davon ausgegangen, dass bei Verwendung gesprochenen Texts eine ressourceneffizientere Verteilung multimedial aufbereiteter Informationen innerhalb des Arbeitsgedächtnisses möglich wird, indem der gesprochene Text in der phonologischen Schleife und das Bild im visuell-räumlichen Notizblock verarbeitet wird. Wird dagegen geschriebener Text verwendet, muss dieser laut Moreno und Mayer ebenso wie das Bild im visuell-räumlichen Notizblock verarbeitet werden, was zu einer Überlastung dieses Systems und damit zu schlechteren Lernleistungen führt. Leider beruht diese Erklärung des Modalitätseffekts auf einer Fehlinterpretation des Arbeitsgedächtnismodells von Baddeley (1999), da nach diesem Modell sowohl gesprochene als auch geschriebene Sprache in der phonologischen Schleife verarbeitet werden (vgl. Rummer et al. 2008, 2011).

Wahrscheinlicher ist daher eine dritte Erklärung, die den Modalitätseffekt nicht durch im Arbeitsgedächtnis, sondern im vorgeordneten sensorischen Gedächtnis verortet und die auf dem so genannten auditorischen Nachhall beruht (*auditory recency*-Erklärung, Rummer et al. 2010). Danach hinterlassen akustische Stimuli wie gesprochener Text länger anhaltende sensorische Spuren im Gedächtnis als visuelle Stimuli, so lange diese Spuren nicht durch neu eintreffende Informationen überschrieben werden. Dieser länger anhaltende sensorische Nachhall hat zur Folge, dass die entsprechenden Informationen auch mit großer Wahrscheinlichkeit ins Arbeitsgedächtnis übertragen werden können. Entsprechend dieser Überlegungen können Rummer et al. (2011) zeigen, dass ein multimedialer Modalitätseffekt auf einen (sensorisch bedingten) Gedächtnisvorteil für gesprochene Texte zurückgeht, der jedoch auf die zuletzt dargebotenen Elemente eines Textes beschränkt ist, da deren Nachhall nicht überschrieben wird. Diese Erklärung ist auch in Einklang mit der Beobachtung, dass ein multimedialer Modalitätseffekt vor allem für kurze Texteinheiten zu finden ist, bei denen man eher von einem sensorischen Nachhall profitieren sollte. Für längere Texte verschwindet der Modalitätseffekt bzw. kehrt sich sogar um (vgl. *transience information effect*, Leahy und Sweller 2011).

Die Entwicklung des Erkenntnisstands zum Modalitätseffekt zeigt deutlich, dass die Formulierung allgemeingültiger Designprinzipien problematisch ist, insbesondere dann, wenn die den jeweiligen Effekten zugrunde liegenden Prozesse nicht hinreichend geklärt sind.

### 4.1.2 Räumliches Kontiguitätsprinzip

Das Prinzip der räumlichen Kontiguität empfiehlt eine physikalische Integration geschriebener Texte in das zugehörige Bild, so dass Textelemente möglichst nah an den korrespondierenden Bildelementen platziert werden (Ayres und Sweller 2014; Moreno und Mayer 1999). Ebenso wie das Modalitätsprinzip liegt dem Prinzip der räumlichen Kontiguität das Problem der geteilten Aufmerksamkeit zugrunde. Wenn Text getrennt vom Bild präsentiert wird, müssen viele Blickwechsel zwischen Text und Bild stattfinden, um korrespondierende Text- und Bildelemente mittels aufwändiger visueller Suchprozesse zu identifizieren. Eine physikalische Integration des Textes in das Bild reduziert die Notwendigkeit dieser Suchprozesse und erleichtert das Auffinden von Text-Bild-Korrespondenzen (siehe Abb. 4).

Das Prinzip der räumlichen Kontiguität ist durch empirische Studien gut belegt, die zeigen, dass physikalisch integriertes Multimedia-Lernmaterial zu besseren Lernleistungen führt als eine räumliche getrennte Darbietung von Text und Bild (Cierniak et al. 2009; Johnson und Mayer 2012). Johnson und Mayer (2012) können darüber hinaus nachweisen, dass ein räumlich integriertes Format mehr Blickwechsel zwischen korrespondierenden Bildelementen im Sinne einer erfolgreich verlaufenden mentalen Integration von Text und Bild hervorruft.

### 4.1.3 Signaling-Prinzip

Das Signaling-Prinzip besagt, dass eine Hervorhebung der Korrespondenzen zwischen Text und Bild z. B. durch Verwendung gleicher Farben für die Darstellung sich entsprechender Informationen zu besseren Lernleistungen führt (van Gog 2014) (siehe Abb. 5).

**Abb. 4** Beispiel für das Prinzip der räumlichen Kontiguität mit räumlich naher Platzierung von korrespondierendem Text und Bild

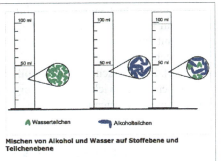

Die Abnahme des Volumens beim Mischen von Alkohol und Wasser kannst du mit Hilfe des Teilchenmodells erklären. Wasser und Alkohol sind Reinstoffe, die jeweils aus Teilchen aufgebaut sind. Je nach Anordnung der Teilchen bilden sich zwischen den Teilchen Lücken. Nach dem Teilchenmodell unterscheiden sich die Wasserteilchen von den Alkoholteilchen in ihrer Größe. Beim Vermischen von Alkohol und Wasser können sich die kleineren Wasserteilchen in die Lücken zwischen den größeren Alkoholteilchen schieben.

Mischen von Alkohol und Wasser auf Stoffebene und Teilchenebene

**Abb. 5** Beispiel für das Signaling-Prinzip mit farblichen Hervorhebungen von korrespondierenden Elementen in Text und Bild

Signaling unterstützt die Identifikation von Entsprechungen zwischen Text und Bild und damit den Prozess der Text-Bild-Integration. In einer Metaanalyse konnte gezeigt werden, dass Signaling einen kleinen bis mittleren Effekt auf die Förderung des tieferen Verständnisses beim Lernen hat (Richter et al. 2016a). Darüber zeigen verschiedene Eyetracking-Studien, dass Signaling zu einer effizienteren visuellen Suche und einer gezielteren Ausrichtung der visuellen Aufmerksamkeit auf korrespondierende Elemente führt, die ihrerseits tieferes Verständnis bewirken (Jamet 2014; Ozcelik et al. 2010; Scheiter und Eitel 2015).

### 4.1.4 Einschränkungen

Die oben beschriebenen Designempfehlungen gelten vor allem für Novizen in einer Inhaltsdomäne, die sich mithilfe multimedialen Lernmaterials neues Wissen in einem Bereich aneignen möchten. Lernende mit mehr Vorwissen profitieren hingegen nicht von einer Optimierung multimedialer Instruktion bzw. zeigen sogar schlechtere Leistungen, wenn die genannten Designempfehlungen befolgt werden. Dieses Phänomen des Ausbleibens positiver Effekte bzw. sogar deren Umkehr mit zunehmender inhaltlicher Expertise ist in der Literatur als so genannter Expertise-Reversal-Effekt bekannt (Kalyuga et al. 2003). Beispielsweise zeigt sich in der Metaanalyse zum Signaling-Effekt ein positiver Effekt von Signaling auf tiefer gehendes Verständnis nur für vorwissensarme, nicht aber für vorwissensreiche Lernende (Richter et al. 2016a). Erklären lassen sich Expertise-Reversal-Effekte damit, dass die dargebotenen Unterstützungsmaßnahmen aufgrund ihrer Redundanz mit dem, was Experten bereits können und wissen, zu Interferenzen beim Lernen führen. Ebenso kann es sein, dass Lernende mit hohem Vorwissen durch die Unterstützungsmaßnahmen zu einer oberflächlicheren Informationsverarbeitung verleitet werden. Sie verzichten damit darauf, sich durch Anwendung des eigenen Vorwissens Zusammenhänge im Lernmaterial selbst zu erklären oder zu elaborieren, was seinerseits zu schlechteren Lernleistungen führen kann (McNamara et al. 1996). Expertise-Reversal-Effekte weisen darauf hin, dass eine vermeintliche Optimierung multimedialen Lernmaterials nicht unbedingt für alle Lernende gleichermaßen hilfreich sein muss.

Eine Optimierung sämtlicher Multimedia-Angebote ist aus praktischen Gründen auch kaum realisierbar. In der Bildungspraxis sehen sich Lernende und Lehrende oftmals mit Instruktionsmaterialien konfrontiert, auf deren Gestaltung sie keinen Einfluss nehmen können (z. B. Schulbücher, kommerziell verfügbare E-Learning-Angebote). Daher erscheint es sinnvoll, auch solche instruktionalen Unterstützungsmaßnahmen zu entwickeln, die weniger an der Gestaltung des Lernmaterials als vielmehr an den Lernenden ansetzen.

## 4.2 Lernerzentrierte Unterstützungsmaßnahmen

Lernerzentrierte Unterstützungsmaßnahmen beruhen auf der Annahme, dass Lernende nicht in hinreichendem Ausmaß über geeignete Strategien beim Lernen mit Multimedia verfügen oder diese nicht anwenden (Veenman et al. 2006). Dementsprechend umfassen entsprechende Maßnahmen einerseits Trainings, um Strategien zu vermitteln und auf deren Anwendung vorzubereiten sowie andererseits Aufforderungen und Anregungen, bereits vorhandene Strategien auch tatsächlich während des Lernens zu nutzen.

### 4.2.1 Training von Strategien

Für die Vermittlung von Strategien für das effektive Lernen mit Multimedia finden sich in der Literatur verschiedene Ansatzpunkte. Einerseits gibt es Trainings, die sich auf eine möglichst umfassende Strategieförderung konzentrieren, indem sie Selektion, Organisation und Integration von Text-Bild-Informationen (Mayer 2014) – oftmals mit einem Fokus auf den als zentral angesehenen Integrationsprozess – unterstützen. Andererseits werden in der Literatur Trainings beschrieben, die vor allem den Umgang mit bildhaften Repräsentationen fördern sollen – als dasjenige Repräsentationsformat, welches Lernenden oftmals größere Schwierigkeiten bereitet.

Scheiter et al. (2015) untersuchten die Wirksamkeit eines umfassenden Multimedia-Strategietrainings im Vergleich zu einem Kontrolltraining an 64 Schülerinnen und Schüler der neunten Klasse. Die multimediaspezifischen Lernstrategien wurden aus einschlägigen Theorien und empirischen Befunden abgeleitet. Sie adressierten in Anlehnung an die Cognitive Theory of Multimedia Learning (CTML, Mayer 2014) die Selektion, Organisation und Integration von Text- und Bildinformation und Strategien, die sich auf eine frühzeitige Bildbetrachtung (vgl. Eitel et al. 2013) sowie auf den allgemeinen Umgang mit Verständnisschwierigkeiten bezogen. Insgesamt wurden den Lernenden neun Strategien an einem Beispielmaterial an einem Whiteboard demonstriert (kognitive Modellierung), diese sollten dann durch die Lernenden angewendet werden, wobei das Ausmaß an Unterstützung durch die trainierende Person schrittweise reduziert wurde. Anschließend erhielten die Lernenden ein zweites Übungsmaterial, auf das sie die Strategien eigenständig anwenden sollten, wobei sie über ihre Strategieanwendung in Kleingruppen reflektieren sollten und erneutes Feedback von der Lehrenden erhielten. Die Vorgehensweise während des Trainings orientierte sich damit an Methoden aus dem Cognitive-Apprenticeship-Ansatz (Collins et al. 1989). Das Kontrolltraining war hinsichtlich der Vorgehensweise identisch und unterschied sich lediglich in der Art der vermittelten Lernstrategien, die nicht spezifisch für das Lernen mit Multimedia waren. Im Anschluss an die Durchführung eines der beiden Trainings erhielten die Schülerinnen und Schüler statische Text-Bild-Materialien zur Funktionsweise der Zellteilung. Nach der Lernphase mussten die Schülerinnen und Schüler einen Wissenstest zur Mitose absolvieren. Als weitere abhängige Variable fungierte ein vor und nach der Trainingsphase durchgeführter Strategiewissenstest, in dem die Lernenden ihre Vorgehensweise beim Lernen mit Text und Bildern anhand eines Beispiels beschreiben sollten und darüber hinaus aufgefordert wurden, aus einer Liste möglicher Strategien die aus ihrer Sicht effektivsten Strategien auszuwählen. Die Ergebnisse zeigten, dass das multimediaspezifische Experimentaltraining im Gegensatz zum Kontrolltraining insbesondere bei Lernenden mit geringem Strategie-Vorwissen zu einer starken Zunahme des Strategiewissens führte, aber keinen Einfluss auf den Wissenserwerb in der anschließenden Lernphase hatte.

Eine wirksamere umfassende Strategieförderung besteht in der Verwendung sogenannter Eye Movement Modeling Examples (EMME). Lernende beobachten dabei vor der eigentlichen Lernphase die Blickbewegungen eines anderen Lernenden, der/die Text und Bild jeweils ausführlich betrachtet und Informationen aus Text und Bild integriert, illustriert durch Blickwechsel zwischen beiden Repräsentationen. Diese Maßnahme stützt sich auf die sozialkognitive Lerntheorie von Bandura (1986), welche die besondere Bedeutung eines Modells für die Aneignung von Vorgehensweisen betont, sowie auf die Forschung zum Lernen aus ausgearbeiteten Lösungsbeispielen (z. B. Renkl 2014; vgl. Van Gog und Rummel 2010). EMME sollen Lernenden multimediale Verarbeitungsstrategien aufzeigen und dadurch den Einsatz solcher Strategien beim Lernen fördern.

Mason et al. (2015) ließen Siebtklässler die Blickbewegung eines anderen Lernenden (Blickbewegungsmodell, EMME) beim Lernen eines illustrierten Texts beobachten. Das eingesetzte Blickbewegungsmodell zeigte häufige Blickwechsel zwischen Text und Bild, was insbesondere den Integrationsprozess von Text- und Bildinformationen hervorheben sollte. Nach diesem Training lernten die Siebtklässler mit einem anderen illustrierten Text als das Blickbewegungsmodell, während ihre Blickbewegungen aufgezeichnet wurden. In zwei Studien zeigten die Ergebnisse, dass Lernende der EMME-Bedingung Text- und Bildinformation visuell stärker integrierten und auch bessere Lernergebnisse zeigten als eine Kontrollgruppe ohne EMMEs (für weitere Studien zum erfolgreichen Einsatz von EMME bei Kindern siehe Mason et al. 2016, 2017).

In einer weiteren Studie von Scheiter et al. (2017) mit Studierenden wurde die Effektivität von EMMEs untersucht, in denen nicht nur primär der Integrationsprozess, sondern der gesamte Prozess des Lernens mit Multimedia illustriert wurde (vgl. Scheiter et al. 2015). Lernende in der EMME-Bedingung sahen auf den ersten vier Seiten eines multimedialen Lernmaterials zur Zellteilung die Blickbewegungen eines effektiven Lerners, bevor sie die Folgeseiten ohne weitere Unterstützung verarbeiteten. Die Ergebnisse zeigten, dass Lernende mit domänenspezifischem Vorwissen von einer Modellierung der Strategien bezüglich ihrer Lernleistung (bezogen auf Lerninhalte, für die sie keine Unterstützung erhalten hatten) im Vergleich zu einer Kontrollgruppe ohne EMME profitierten. Für Lernende mit geringem

Vorwissen waren EMME eher schädlich, da diese vermutlich mit der Anwendung bereits vorhandener, einfacher Strategien (z. B. Wiederholungsstrategien) interferierte.

Andere Trainingsansätze fokussieren auf die Verarbeitung bildhafter Repräsentationen. Hier findet man einerseits so genannte Pre-Trainings sowie Trainings, die spezifische Verarbeitungsprozesse im Umgang mit bildhaften Darstellungen unterstützen.

Bei sogenannten Pre-Training-Interventionen werden Lernenden vor der eigentlichen Lernphase Informationen zum Lerninhalt bereitgestellt. Dieses Vorgehen hat das Ziel, übermäßige kognitive Belastung während der eigentlichen Lernphase zu vermeiden und hat sich bereits als effektiv für das Lernen mit Multimedia erwiesen (z. B. Mayer et al. 2002; Pollock et al. 2002).

Ein Pre-Training basierend auf Blickbewegungen wurde von Skuballa et al. (2015) entwickelt. Die Autoren vermittelten Versuchsteilnehmern anhand von beschreibendem Text und statischen oder dynamischen Visualisierungen Wissen über eine Solaranlage. In zwei Experimenten erhielten Versuchsteilnehmer in der Experimentalbedingung ein Pre-Training, in dem sie vor der eigentlichen Lernphase darum gebeten wurden, mit ihren Augen einem sich bewegenden Kreis auf einem weißen Bildschirm zu folgen. Der Kreis auf dem weißen Bildschirm bewegte sich korrespondierend zu den Prozessen in der Solaranlage, die später im Lernmaterial erklärt wurden. Obwohl die Versuchsteilnehmer die Bewegungen des Kreises auf dem weißen Bildschirm zum Zeitpunkt des Pre-Trainings keinem Inhalt zuordnen konnten, verbesserte sich ihre Lernleistung und zwar unabhängig davon, ob statische oder dynamische Visualisierungen im Lernmaterial gezeigt wurden. Das von Skuballa und Kollegen entwickelte Pre-Training zeigt, dass visuelle Aufmerksamkeitsprozesse auch sehr subtil und ohne Einbeziehung domänenspezifischen Vorwissens gesteuert werden können.

Schwonke et al. (2009) entwickelten das kurze *Instructions-for-Use* Pre-Training (zwei Minuten), das Defizite bei der Integration von verbalen und analog-bildhaften Repräsentationen adressiert. Versuchsteilnehmer wurden gebeten anhand von verbal beschriebenen Problemen, Baumdiagrammen und Gleichungen zum Thema Wahrscheinlichkeitsrechnung zu lernen. Das Pre-Training vermittelte den Lernenden metakognitives Wissen darüber, wie sie die Baumdiagramme im Vergleich zu den anderen Repräsentationen beim Wissenserwerb einsetzen können. Die Experimentalgruppe wurde angewiesen, das Baumdiagramm metaphorisch als kognitive „Brücke" zu nutzen, um zu verstehen, wie der Text (der das Problem beschreibt) mit der Gleichung verbunden ist, anhand derer die Wahrscheinlichkeit berechnet wird. Lernende, die diese metakognitive Intervention erhalten hatten, nutzen die Baumdiagramme gezielter, was sich ebenfalls in verbesserten Lernleistungen im Vergleich zu einer Kontrollgruppe widerspiegelte.

Andere Trainings wie z. B. das sogenannte COD-Training (Convention-of-Diagrams; Cromley et al. 2013b) setzen an bestimmten Verarbeitungsprozessen beim Lernen mit visuellen Darstellungen an. Das COD-Training vermittelt Lernenden acht Konventionen der Gestaltung von Abbildungen, deren Kenntnis beispielsweise für die Interpretation von Pfeilen, Bildunterschriften oder Farben wichtig ist. Das COD-Training wurde in drei Kapiteln eines Biologieschulbuchs für die zehnte Klassenstufe in Form von 34 Arbeitsblättern umgesetzt. Die Lehrkräfte erhielten vorab eine zweistündige Schulung zum Einsatz des COD-Trainings. Im regulären Biologieunterricht wurde, wenn eine relevante Abbildung besprochen wurde, das COD-Training durchgeführt. Die Ergebnisse zeigen, dass das COD-Training im Vergleich zu einer Kontrollgruppe mit regulärem Biologieunterricht die Verstehensleistung von Biologieabbildungen signifikant verbessern konnte. Jedoch zeigte sich kein Effekt des COD-Trainings auf den Transfer des Wissens auf geowissenschaftliche Abbildungen. Dies weist darauf hin, dass weniger domänenunspezifisches Wissen im Umgang mit Repräsentationen als vielmehr für die Interpretation fachlicher Repräsentationen relevante Kenntnisse vermittelt wurden. Der fehlende Transfer des Effekts auf geowissenschaftliche Abbildungen könnte darin begründet liegen, dass die Lehrkräfte die Umsetzung des COD-Trainings nicht vollständig nach Anweisung durchgeführt hatten. Ein erweitertes Training der Lehrkräfte könnte daher möglicherweise zu stärker ausgeprägten Effekten des COD-Trainings führen. Insgesamt stellt das COD-Training jedoch eine effektive Intervention zur Förderung der Verstehens von Biologieabbildungen dar, die sich gut in Unterricht und Lehre einbinden lässt mit einer relativ kurzen Schulung der Lehrkräfte.

Schließlich können Trainings genutzt werden, um die Bildung von Schlussfolgerungen (Inferenzen) bei der Verarbeitung von Abbildungen zu unterstützen (Cromley et al. 2013a). Diese Art von Trainings basiert auf dem Modell des Visualisierungsverständnisses von Hegarty (Model of Visualization Comprehension, Hegarty 2005). Darin wird die Relevanz der Bildung von Inferenzen bei der Verarbeitung von analog-bildhaften Repräsentationen hervorgehoben, die von Cromley et al. (2013a) in verschiedenen Interventionen aufgegriffen wurde. Die Autoren forderten Lernende auf, Selbsterklärungen zu Abbildungen zu generieren oder diese zu vervollständigen, indem sie entweder eine verbale Ergänzung (durch Bezeichnungen von Bildelementen) oder visuelle Ergänzung (durch Zeichnen von fehlenden Abbildungsteilen) machten. Die Trainings zur Inferenzbildung wurden ähnlich wie das COD-Training im regulären Biologieunterricht getestet (Cromley et al. 2013b). Die Lehrkräfte setzten diese Intervention über einen Zeitraum von sechs Wochen in einem täglichen 90-minütigen Kurs ein. Auch hier erhielten die Lehrkräfte vorab eine zweistündige Schulung. Die unterschiedlichen Trainings zur Inferenzbildung erwiesen sich alle als effektiv für die Verstehensleistung von Biologieabbildungen mit signifikanten Zuwächsen der Verständnisleistung von Pre- zum Posttest. Allerdings förderte lediglich die Bedingung, die eine verbale Ergänzung der Abbildungen mit Bezeichnungen von Bildelementen erforderte, auch die Verständnisleistung bei geowissenschaftlichen Abbildungen und somit den Transfer.

Insgesamt wurde gezeigt, dass sich verschiedene effektive Trainingsansätze von Strategien bei der Verarbeitung von multimedialem Material in regulären Unterricht und die Lehre einbinden lassen. Dabei hält sich der Aufwand für die Implementierung der Trainings im Rahmen (z. B. zweistündige Schulung der Lehrkräfte).

## 4.2.2 Unterstützung der Strategienutzung

Das Wissen über relevante Strategien für das Lernen mit Multimedia bedeutet nicht notwendigerweise, dass diese Strategien während des Lernens auch eingesetzt werden. Daher befasst sich ein weiterer Aspekt lernerzentrierter Unterstützungsmaßnahmen mit der Strategienutzung während des Lernens. Forschungsbefunde haben gezeigt, dass multimediales Lernen durch Anleiten und Anregen relevanter Verarbeitungsprozesse (Selektion, Organisation und Integration von Informationen) während des Lernens gefördert werden kann (z. B. Kombartzky et al. 2010; Schlag und Ploetzner 2010). Im Folgenden werden verschiedene Maßnahmen zur Unterstützung der Strategienutzung während des Lernens vorgestellt.

**Arbeitsblätter.** Schlag und Ploetzner (2010) entwickelten und evaluierten eine Intervention, die auf der den Lernprozess begleitenden Verwendung von Arbeitsblättern beruht. Diese wurden den Lernenden während der Lernphase dargeboten und genutzt, um sechs verschiedene Lerntechniken anzuleiten: 1. Überblick verschaffen, 2. relevante Begriffe im Text unterstreichen, 3. relevante Elemente im Bild markieren, 4. die unterstrichenen Begriffe im Text für das Hinzufügen von Beschriftungen der Bildelemente nutzen, 5. Text- und Bildinformation in eigenen Worten zusammenfassen, 6. eine zusammenfassende Skizze anfertigen. In zwei Experimenten zeigten Schlag und Ploetzner (2010), dass Lernende mit Arbeitsblättern deutlich bessere Lernergebnisse erzielten als Lernende in der Kontrollgruppe (für eine Replikation siehe Kombartzky et al. 2010). Da die Lerntechniken generisch formuliert sind, können sie auf eine Vielzahl von multimedialen Lernmaterialien angewendet werden.

**Prompts.** Prompts sind Hinweise in Form von Fragen oder Anregungen, die während des Lernens erscheinen und die Anwendung relevanter Verarbeitungsstrategien fördern sollen. Prompts sollen Strategien aktivieren, die den Lernenden bereits bekannt sind, die sie jedoch nicht spontan während dem Lernen anwenden oder nur unzureichend ausführen. Prompts werden in der Multimediaforschung bislang vorrangig dazu eingesetzt, um den Integrationsprozess von Text- und Bildinformationen zu fördern. Allerdings zeigt die Forschung zur Effektivität von Prompts keine eindeutigen Ergebnisse. Neben positiven Effekten (z. B. Lin und Atkinson 2013) zeigen andere Studien keine Effekte (z. B. Bartholomé und Bromme 2009) oder sogar negative Effekte für bestimmte Lernmaße (z. B. Berthold und Renkl 2009). Die widersprüchliche Befundlage lässt sich auf die Unterschiedlichkeit der in den Studien verwendeten Prompts zurückführen (Renkl und Scheiter 2015). Beispielsweise unterscheiden sich die in Studien untersuchten Prompts in ihrer Spezifität. Zum Teil wurden generische Prompts untersucht, die für eine Vielzahl von Lernmaterialien genutzt werden können (z. B. Bartholomé und Bromme 2009), wohingegen andere Studien inhaltsspezifische Prompts einsetzten (z. B. Lin et al. 2014). Darüberhinaus sprechen manche Prompts mentale Prozesse an (z. B. Mayer et al. 2003), während andere Arten von Prompts Lernende dazu auffordern, eine Aktivität, wie beispielsweise das Hervorheben von Begriffen, auszuführen (z. B. Bodemer et al. 2004). Zudem können Prompts entweder nach Informationen fragen, die aktuell im Lernmaterial gegeben sind oder Lernende dazu auffordern, Vorhersagen zu machen (Lin et al. 2014).

Insgesamt gibt es momentan keine ausreichende empirische Evidenz, die eine systematische Analyse der Effektivität von Prompts in Gegenwart der Vielfalt von Prompts zulassen würde. Jedoch ermöglicht die Befundlage, Daumenregeln für den effektiven Einsatz von Prompts für das Lernen mit Multimedia abzuleiten (Renkl und Scheiter 2015). Die Autoren empfehlen Prompts so zu gestalten, dass sie vornehmlich korrekte Antworten der Lernenden hervorrufen, insbesondere wenn mögliche fehlerhafte Antworten der Lernenden nicht korrigiert werden (Bodemer und Faust 2006). Zudem sollten Prompts keine hohe kognitive Belastung der Lernenden auslösen (z. B. Horz et al. 2009), was sich beispielsweise durch die zeitgerechte Präsentation von Prompts zugeschnitten auf das jeweilige Lernmaterial und Lernziel adressieren lässt.

**Vorsätze.** Vorsätze oder Vornahmen (engl. *implementation intentions*, Gollwitzer und Sheeran 2006) setzen an dem zuletzt genannten Problem bei der Verwendung von Prompts an, dass diese nämlich zu einer hohen kognitiven Belastung bei der Regulation des Lernprozesses beitragen können. Lernende müssen im Hinblick auf die erfolgreiche Anwendung von Lernstrategien nicht nur wissen, was zu tun ist, sondern auch wann und wie bestimmte Strategien während des Lernens auszuführen sind (vgl. Veenman et al. 2006). Prompts vermitteln vor allem deklaratives Strategiewissen (Was), weniger aber konditionales (Wann) oder prozedurales (Wie) Strategiewissen. Damit bleiben beim Einsatz von Prompts bestimmte Anforderungen an die Selbstregulation des Lernprozesses erhalten, die zu einer (meta-)kognitiven Belastung beim Lernen beitragen können (Van Merriënboer und Sluijsmans 2009). Vorsätze stellen hier eine Alternative zu Prompts dar, die dieses Problem verringern können.

Bei Vorsätzen handelt es sich um Wenn-Dann-Pläne, bei denen eine günstige Gelegenheit zur Handlungsausführung mit einer konkreten zielgerichteten Handlung verknüpft wird („Wenn Situation X eintritt, dann führe ich Handlung Y aus"). Im Vergleich zu einfachen Zielintentionen – oder auch zu Prompts – wird in Vorsätzen auch das Wann, Wo und Wie der Handlungsausführung spezifiziert (Gollwitzer und Sheeran 2006). Vorsätze weisen eine hohe kognitive Effizienz auf. Wird ein Vorsatz gebildet, werden situationale Hinweisreize, die mit der im Wenn-Teil spezifizierten günstigen Gelegenheit assoziiert sind, kognitiv sehr leicht zugänglich und können so schnell wahrgenommen werden. Durch die enge Verknüpfung dieser situationalen Hinweisreize mit der Handlung wird letztere bei Wahrnehmen der günstigen Gelegenheit automatisch ausgelöst, ohne dass eine weitere willentliche und damit kognitiv beanspruchende Kontrolle des Verhaltens notwendig ist.

Stalbovs et al. (2015) konnten zeigen, dass Vorsätze eine wirksame Methode sind, um die Ausführung von multimediaspezifischen Lernstrategien zu unterstützen und damit den Lernerfolg zu steigern. Lernende mussten je nach Bedingung vor der Auseinandersetzung mit den multimedial aufbereiteten Lerninhalten einen oder mehrere vorgegebene Vorsätze internalisieren, indem sie diese mehrfach abschrieben. Die Vorsätze konnten sich dabei auf Textverarbeitungsstrategien, Bildverarbeitungsstrategien oder auf Strategien der Integration von Text und Bild beziehen. Ein Integrationsvorsatz lautete beispielsweise: „Wenn ich einen Absatz gelesen haben, dann suche ich im Bild die im Absatz beschriebenen Inhalte". Die Lernergebnisse aus zwei Studien zeigen, dass Vorsätze (unabhängig von Anzahl und Inhalt) zu besseren Lernleistungen führen als Lernen in einer Kontrollbedingung ohne Vorsätze. Die beste Lernleistung resultierte aus einer Bedingung mit gemischten Vorsätzen, die sich auf Textverarbeitung, Bildverarbeitung oder Integration bezogen. Während des Lernens erfasste Blickbewegungen der Studierenden zeigen darüber hinaus, dass in der Bedingung mit gemischten Vorsätzen Bildinformation stärker verarbeitet wurde und mehr Wechsel zwischen Text und Bild – als Indikator für Integrationsbemühungen – stattfanden.

Stalbovs (2016, Studie 4) konnte darüber hinaus nachweisen, dass Vorsätze im Vergleich zu Prompts insbesondere bei hoher kognitiver Belastung zu einer Steigerung der Lernleistung führen. In dieser Studie lernten Studierende entweder in einer Kontrollbedingung ohne Unterstützung der Strategieanwendung, mit Prompts oder mit Vorsätzen. Prompts und Vorsätze unterschieden sich nur in der spezifischen Formulierung (z. B. Integrationsprompt: „Bitte suche nach jedem Absatz die im Absatz beschriebenen Inhalte."). Jeweils die Hälfte der Probanden war während der Lernphase hoher oder niedriger kognitiver Beanspruchung ausgesetzt. Die Lernergebnisse zeigen, dass unter geringer kognitiver Belastung sowohl Prompts als auch Vorsätze zu besseren Lernleistungen als die Kontrollbedingung führten, während bei hoher kognitiver Belastung nur noch Vorsätze, aber nicht Prompts den Lernerfolg förderten. Die Studie stützt damit die oben angeführten Überlegungen, dass Prompts im Vergleich zu automatisch wirkenden Vorsätzen Anforderungen an die Selbstregulation stellen, die im Fall stark beanspruchender Lernaufgaben nicht hinreichend gut bewältigt werden können, so dass sich Prompts in diesem Fall nicht mehr als lernförderlich erweisen.

Zusammenfassend zeigen die Ergebnisse, dass Vorsätze eine lernwirksame und einfach zu implementierende Strategieinstruktion darstellen, mit der multimediales Lernen gefördert werden kann.

## 5 Lehren mit Multimedia

Im Unterricht können Lehrkräfte maßgeblich dazu beitragen, effektive Prozesse beim Lernen mit Multimedia zu fördern. Wie bereits in Abschn. 4.2 vorgestellt, können Lehrkräfte hierzu lernerzentrierte Unterstützungsmaßnahmen zum Strategieerwerb und der Strategienutzung (z. B. Trainings und Vorsätze) einsetzen. Allerdings erfordert der Einsatz dieser Unterstützungsmaßnahmen diagnostische Kompetenz der Lehrkräfte. Zum einen müssen Lehrkräfte die Fähigkeiten der Lernenden einschätzen, um passende Unterstützungsmaßnahmen präsentieren zu können. Zum anderen müssen sie in der Lage sein, den Schwierigkeitsgrad des multimedialen Lernmaterials zu bestimmen (Ohle et al. 2015). Je besser das Lernmaterial und mögliche Unterstützungsmaßnahmen auf die Bedürfnisse der Lernenden abgestimmt sind, desto besser sollte auch deren Lernergebnis ausfallen. Ohle et al. (2015) untersuchten anhand von Daten aus dem BiTe-Projekt (Schnotz et al. 2010) kognitive Merkmale (z. B. Einstellung zur Diagnostik, Motivation diagnostisch zu handeln) und nichtkognitive Merkmale von Lehrkräften (z. B. unterrichtetes Schulfach) in Zusammenhang mit diagnostischer Aktivität. Die Studienergebnisse zeigten, dass die Lehrerfahrung der Lehrkräfte positiv mit deren Motivation zu Diagnostik zusammenhing. Zudem verbrachten Lehrkräfte mehr Zeit mit diagnostischer Aktivität, wenn sie die Diagnostik als wichtige Aktivität bezogen auf das Lehren und Lernen mit Multimedia einschätzten. Die nichtkognitiven Merkmale standen in keinem Zusammenhang mit den kognitiven Merkmalen der Lehrkräfte.

Da die Befundlage bezüglich des Lehrens mit Multimedia aktuell noch sehr begrenzt ist, können bislang kaum verlässliche praktische Empfehlungen für Lehrkräfte abgeleitet werden. In jedem Fall kann aber der Einsatz lernerzentrierter Unterstützungsmaßnahmen in Unterricht und Lehre empfohlen werden, wenn die Lehrkräfte in der Lage sind, diese auf die Fähigkeiten der Lernenden und den Schwierigkeitsgrad des multimedialen Lernmaterials abzustimmen.

## 6 Fazit

Das Lehren und Lernen mit Texten und Bildern ist nach wie vor – oder sogar mehr denn je – ein zentrales Thema für den gesamten Bildungsbereich. Mit der zunehmenden Digitalisierung der Bildung sind Lehrkräfte vermehrt damit konfrontiert, Lernende beim Wissenserwerb mit Texten und statischen/dynamischen Visualisierungen anzuleiten. Auf der anderen Seite ist die empirische Befundlage zum effektiven Lehren mit Multimedia sehr begrenzt. Zukünftige Forschung sollte daher die Lehrkraft und deren diagnostische Kompetenz stärker in den Fokus rücken. Nur durch akkurate Diagnostik können Lehrkräfte Lernende bei den Herausforderungen der Verarbeitung von verbalen und bildhaften Darstellungen unterstützen, beispielsweise in Form des Einsatzes von optimiertem Lernmaterial oder lernerzentrierten Unterstützungsmaßnahmen wie Trainings oder Vorsätzen.

Des Weiteren wurde in diesem Kapitel gezeigt, dass die Befundlage zur Optimierung von multimedialem Lernmaterial sowie zum Einsatz lernerzentrierter Maßnahmen relativ umfassend ist (siehe Abb. 6). Jedoch finden evidenzbasierte Gestaltungsprinzipien bislang kaum Anwendung in kommerziellem Lehr-/Lernmaterial. Daran wird deutlich, dass der Wissenstransfer von der Forschung in die Bildungspraxis deutlich verbessert werden kann und sollte. Einen Ansatz für die evidenzbasierte Gestaltung eines digitalen Schulbuchs in Kooperation mit der Bildungspraxis lieferte das *eChemBook-Projekt* (Richter et al. 2016b). Darin wurden unter anderem Gestaltungsempfehlungen für multimediales Lernmaterial in einem Prototyp eines digitalen Chemie-Schulbuchs umgesetzt, aber auch für Schulbuchautoren zusammengefasst. Die Kommunikation von gut abgesicherten Forschungsbefunden kann durch derartige Projekte gefördert werden und dadurch einen langfristigen Einfluss auf die Gestaltung von Lehr-/Lernmaterial in Bildungseinrichtungen nehmen.

Auch Erkenntnisse zu effektiven lernerzentrierten Unterstützungsmaßnahmen müssen ihren Weg in die Bildungspraxis zunächst noch finden. Viele der hier beschriebenen Maßnahmen zur Förderung des Strategieerwerbs und der Strategienutzung lassen sich einfach in Unterrichtsabläufe integrieren, setzen aber voraus,

| **Allgemeines zur Gestaltung von multimedialem Lernmaterial** (Kapitel 2.3) |
|---|
| ☐ Bilder verwenden, die lernrelevante Informationen vermitteln |
| ☐ visuell-räumliche Zusammenhänge in Bildern darstellen |

| **Optimierung von Lernmaterial**<br>*insb. für Lernende mit geringem Vorwissen*<br>(Kapitel 4.1) | **Lernerzentrierte Unterstützung**<br>(Kapitel 4.2) |
|---|---|
| ☐ Modalitätsprinzip: Verwendung gesprochener anstelle geschriebener Texte | ☐ Training von Strategien für das Lernen mit Multimedia |
| ☐ Räumliches Kontiguitätsprinzip: möglichst nahe Platzierung von korrespondierenden Texten und Bildern | • Demonstration von relevanten Lernprozessen (z.B. Cognitive-Apprenticeship Ansatz und Eye Movement Modeling Examples) |
| ☐ Signalingprinzip: Hervorhebung von korrespondierenden Elementen in Text und Bild z.B. durch Farbe | ☐ Strategienutzung unterstützen durch |
|  | • Arbeitsblätter, die den Lernprozess begleiten |
|  | • Prompts, die während des Lernens Hinweise liefern |
|  | • Vorsätze (Wenn-Dann-Pläne), die die automatische Ausführung einer Lernstrategie in einer bestimmten Situation unterstützen |

| **Lehren mit Multimedia** (Kapitel 5) |
|---|
| ☐ Einsatz lernerzentrierter Unterstützungsmaßnahmen, wenn Abstimmung auf die Fähigkeiten der Lernenden und die Schwierigkeit des multimedialen Lernmaterials möglich |

**Abb. 6** Zusammenfassung der Empfehlungen zur Unterstützung multimedialen Lehrens und Lernens

dass Lehrpersonen mit den Maßnahmen vertraut sind. Entsprechend müssten Lehramtsstudierende über effektive Instruktionsansätze im Studium informiert werden, damit sie später das so erworbene pädagogische Wissen flexibel im Unterricht einsetzen können.

# Literatur

Ainsworth, S. (2006). DeFT: A conceptual framework for considering learning with multiple representations. *Learning and Instruction, 16*, 183–198.

Atkinson, R. C., & Shiffrin, R. M. (1968). Human memory: A proposed system and its control processes. In K. W. Spence & J. T. Spence (Hrsg.), *The psychology of learning and motivation* (2. Aufl., S. 89–195). New York: Academic Press. https://doi.org/10.1016/s0079-7421(08)60422-3.

Ayres, P., & Sweller, J. (2014). The split-attention principle in multimedia learning. In R. E. Mayer (Hrsg.), *The Cambridge handbook of multimedia learning* (2. Aufl., S. 206–226). New York: Cambridge University Press.

Baddeley, A. D. (1999). *Human memory*. Boston: Allyn & Bacon.

Bandura, A. (1986). *Social foundations of thought and action: A social cognitive theory*. Englewood Cliffs: Prentice-Hall.

Bartholomé, T., & Bromme, R. (2009). Coherence formation when learning from text and pictures: What kind of support for whom? *Journal of Educational Psychology, 101*, 282–293.

Berthold, K., & Renkl, A. (2009). Instructional aids to support a conceptual understanding of multiple representations. *Journal of Educational Psychology, 101*, 70–87.

Bodemer, D., & Faust, U. (2006). External and mental referencing of multiple representations. *Computers in Human Behavior, 22*, 27–42.

Bodemer, D., Ploetzner, R., Feuerlein, I., & Spada, H. (2004). The active integration of information during learning with dynamic and interactive visualisations. *Learning & Instruction, 14*, 325–341.

Butcher, K. R. (2014). The multimedia principle. In R. E. Mayer (Hrsg.), *The Cambridge handbook of multimedia learning* (2. Aufl., S. 174–205). New York: Cambridge University Press.

Canham, M., & Hegarty, M. (2010). The effect of knowledge and display design on comprehension of complex graphics. *Learning & Instruction, 20*, 155–166.

Chandler, P., & Sweller, J. (1991). Cognitive load theory and the format of instruction. *Cognition and Instruction, 8*, 293–332.

Cierniak, G., Scheiter, K., & Gerjets, P. (2009). Explaining the split-attention effect: Is the reduction of extraneous cognitive load accompanied by an increase in germane cognitive load? *Computers in Human Behavior, 25*, 315–324. https://doi.org/10.1016/j.chb.2008.12.020.

Collins, A., Brown, J. S., & Newman, S. E. (1989). Cognitive apprenticeship: Teaching the crafts of reading, writing, and mathematics. In L. B. Resnick (Hrsg.), *Knowing, learning, and instruction* (S. 453–494). Hillsdale: Erlbaum.

Cromley, J. G., Bergey, B. W., Fitzhugh, S. L., Newcombe, N., Wills, T. W., Shipley, T. F., & Tanaka, J. C. (2013a). Effectiveness of student-constructed diagrams and self-explanation instruction. *Learning & Instruction, 26*, 45–58.

Cromley, J. G., Perez, A. C., Fitzhugh, S., Newcombe, N., Wills, T. W., & Tanaka, J. C. (2013b). Improving students' diagrammatic reasoning: A classroom intervention study. *Journal of Experimental Education, 81*, 511–537.

Eitel, A. (2016). How repeated studying and testing affects multimedia learning: Evidence for adaptation to task demands. *Learning and Instruction, 41*, 70–84.

Eitel, A., Scheiter, K., & Schüler, A. (2013). How inspecting a picture affects processing of text in multimedia learning. *Applied Cognitive Psychology, 27*, 451–461.

Gog, T. van. (2014). The signaling (or cueing) principle in multimedia learning. In R. E. Mayer (Hrsg.). *The Cambridge handbook of multimedia learning* (2. Aufl., S. 263–278). New York: Cambridge University Press.

Gollwitzer, P. M., & Sheeran, P. (2006). Implementation intentions and goal achievement: A meta-analysis of effects and processes. In M. P. Zanna (Hrsg.), *Advances in experimental social psychology* (Bd. 38, S. 69–119). San Diego: Elsevier Academic Press.

Hannus, M., & Hyönä, J. (1999). Utilization of illustrations during learning of science textbook passages among low- and high-ability children. *Contemporary Educational Psychology, 24*, 95–123.

Hegarty, M. (2005). Multimedia learning about physical systems. In R. E. Mayer (Hrsg.), *The Cambridge handbook of multimedia learning* (S. 447–465). New York: Cambridge University Press.

Hegarty, M., & Just, M. A. (1993). Constructing mental models of machines from text and diagrams. *Journal of Memory and Language, 32*, 717–742.

Hegarty, M., Canham, M. S., & Fabrikant, S. I. (2010). Thinking about the weather: How display salience and knowledge affect performance in a graphic inference task. *Journal of Experimental Psychology. Learning, Memory, and Cognition, 36*, 37–53.

Horz, H., Winter, C., & Fries, S. (2009). Differential benefits of situated instructional prompts. *Computers in Human Behavior, 25*, 818–828.

Jaeger, A. J., & Wiley, J. (2014). Do illustrations help or harm metacomprehension accuracy? *Learning & Instruction, 34*, 58–73.

Jamet, E. (2014). An eye-tracking study of cueing effects in multimedia learning. *Computers in Human Behavior, 32*, 47–53.

Johnson, C. I., & Mayer, R. E. (2012). An eye movement analysis of the spatial contiguity effect in multimedia learning. *Journal of Experimental Psychology. Applied, 18*, 178–191.

Kalyuga, S., Ayres, P., Chandler, P., & Sweller, J. (2003). The expertise reversal effect. *Educational Psychologist, 38*, 23–31.

Kombartzky, U., Ploetzner, R., Schlag, S., & Metz, B. (2010). Developing and evaluating a strategy for learning from animations. *Learning & Instruction, 20*, 424–433.

Kozma, R. B., & Russell, J. (1997). Multimedia and understanding: Expert and novice responses to different representations of chemical phenomena. *Journal of Research in Science Teaching, 34*, 949–968.

Kühl, T., Scheiter, K., Gerjets, P., & Gemballa, S. (2011). Can differences in learning strategies explain the benefits of learning from static and dynamic visualizations? *Computers & Education, 56*, 176–187.

Larkin, J. H., & Simon, H. A. (1987). Why a diagram is (sometimes) worth ten thousand words. *Cognitive Science, 11*, 65–99.

Leahy, W., & Sweller, J. (2011). Cognitive load theory, modality of presentation, and the transient information effect. *Applied Cognitive Psychology, 25*, 943–951.

Levin, J. R., Anglin, G. J., & Carney, R. N. (1987). On empirically validating functions of pictures in prose. In D. M. Willows & H. A. Houghton (Hrsg.), *The psychology of illustration* (Bd. 1, S. 51–85). New York: Springer.

Lewalter, D. (2003). Cognitive strategies for learning from static and dynamic visuals. *Learning & Instruction, 13*, 177–189.

Lin, L., & Atkinson, R. K. (2013). Enhancing learning from different visualizations by self-explanation prompts. *Journal of Educational Computer Research, 49*, 83–110.

Lin, L., Atkinson, R. K., Savenye, W. C., & Nelson, B. C. (2014). Effects of visual cues and self-explanation prompts: Empirical evidence in a multimedia environment. *Interactive Learning Environments, 24*, 799–813.

Lowe, R., & Sweller, J. (2014). The modality principle in multimedia learning. In R. E. Mayer (Hrsg.), *The Cambridge handbook of multimedia learning* (2. Aufl., S. 227–246). New York: Cambridge University Press.

Lowe, R. (2004). Interrogation of a dynamic visualization during learning. *Learning & Instruction, 14*, 257–274.

Mason, L., Tornatora, M. C., & Pluchino, P. (2013). Do fourth graders integrate text and picture in processing and learning from an illustrated science text? Evidence from eye-movement patterns. *Computers & Education, 60*, 95–109.

Mason, L., Pluchino, P., & Tornatora, M. C. (2015). Eye-movement modeling of integrative reading of an illustrated text: Effects on processing and learning. *Contemporary Educational Psychology, 41*, 172–187.

Mason, L., Pluchino, P., & Tornatora, M. C. (2016). Using eye-tracking technology as an instruction tool to improve text and picture processing and learning. *British Journal of Educational Technology, 47*, 1083–1095.

Mason, L., Scheiter, K., & Tornatora, M. C. (2017). Using eye movements to model the sequence of text-picture processing for multimedia comprehension. *Journal of Computer Assisted Learning, 33*, 443–460. https://doi.org/10.1111/jcal.12191.

Mayer, R. E. (2001). *Multimedia learning*. Cambridge: Cambridge University Press.

Mayer, R. E. (2009). *Multimedia learning* (2. Aufl.). Cambridge: Cambridge University Press.

Mayer, R. E. (Hrsg.). (2014). *The Cambridge handbook of multimedia learning* (2. Aufl.). New York: Cambridge University Press.

Mayer, R. E., Mathias, A., & Wetzel, K. (2002). Fostering understanding of multimedia messages through pre-training: Evidence for a two-stage theory of mental model construction. *Journal of Experimental Psychology: Applied, 8*, 147–154.

Mayer, R. E., Dow, G. T., & Mayer, S. (2003). Multimedia learning in an interactive self-explaining environment: What works in the design of agent-based microworlds? *Journal of Educational Psychology, 95*, 806–812.

McNamara, D. S., Kintsch, E., Butler Songer, N., & Kintsch, W. (1996). Are good texts always better? Interactions of text coherence, background knowledge, and levels of understanding in learning from text. *Cognition and Instruction, 14*, 1–43.

Moreno, R., & Mayer, R. E. (1999). Cognitive principles of multimedia learning: The role of modality and contiguity. *Journal of Educational Psychology, 91*, 358–368.

Nitz, S., Ainsworth, S. E., Nerdel, C., & Prechtl, H. (2014). Do student perceptions of teaching predict the development of representational competence and biological knowledge? *Learning & Instruction, 31*, 13–22.

Ohle, A., McElvany, N., Horz, H., & Ullrich, M. (2015). Text-picture integration – Teachers' attitudes, motivation and self-related cognitions in diagnostics. *Journal of Educational Research Online, 7*, 11–33.

Ozcelik, E., Arslan-Ari, I., & Cagiltay, K. E. (2010). Why does signaling enhance multimedia learning? Evidence from eye movements. *Computers in Human Behavior, 26*, 110–117.

Paivio, A. (1986). *Mental representations: A dual coding approach.* Oxford, UK: Oxford University Press.

Pollock, E., Chandler, P., & Sweller, J. (2002). Assimilating complex information. *Learning & Instruction, 12*, 61–86.

Reid, D. J., & Beveridge, M. (1986). Effects of text illustration in children's learning of a school science topic. *British Journal of Educational Psychology, 56*, 294–303.

Renkl, A. (2014). Towards an instructionally-oriented theory of example-based learning. *Cognitive Science, 38*, 1–37. https://doi.org/10.1111/cogs.12086.

Renkl, A., & Scheiter, K. (2015). Studying visual displays: How to instructionally support learning. *Educational Psychology Review*, 1–23. https://doi.org/10.1007/s10648-015-9340-4.

Rey, G. D. (2012). A review of research and a meta-analysis of the seductive detail effect. *Educational Research Review, 7*, 216–237.

Richter, J., Scheiter, K., & Eitel, A. (2016a). Signaling text-picture relations in multimedia learning: A comprehensive meta-analysis. *Educational Research Review, 17*, 19–36.

Richter, J., Ulrich, N., Scheiter, K., & Schanze, S. (2016b). eChemBook: Gestaltung eines digitalen Schulbuchs. Lehren & Lernen. *Zeitschrift für Schule und Innovation aus Baden-Württemberg, 7*, 23–29.

Rummer, R., Schweppe, J., Scheiter, K., & Gerjets, P. (2008). Lernen mit Multimedia: die kognitiven Grundlagen des Modalitätseffekts. *Psychologische Rundschau, 59*, 98–107.

Rummer, R., Schweppe, J., Fürstenberg, A., Seufert, T., & Brünken, R. (2010). Working memory interference during processing texts and pictures: Implications for the explanation of the modality effect. *Applied Cognitive Psychology, 24*, 164–176.

Rummer, R., Schweppe, J., Fürstenberg, A., Scheiter, K., & Zindler, A. (2011). The perceptual basis of the modality effect in multimedia learning. *Journal of Experimental Psychology: Applied, 17*, 159–173.

Salomon, G. (1984). Television is „easy" and print is „tough": The differential investment of mental effort in learning as a function of perceptions and attributions. *Journal of Educational Psychology, 76*, 647–658.

Scheiter, K., & Eitel, A. (2015). Signals foster multimedia learning by supporting integration of highlighted text and diagram elements. *Learning & Instruction, 36*, 11–26.

Scheiter, K., Schüler, A., Gerjets, P., Huk, T., & Hesse, F. W. (2014). Extending multimedia research: How do prerequisite knowledge and reading comprehension affect learning from text and pictures. *Computers in Human Behavior, 31*, 73–84.

Scheiter, K., Schubert, C., Gerjets, P., & Stalbovs, K. (2015). Does a strategy training foster students' ability to learn from multimedia? *Journal of Experimental Education, 83*, 266–289.

Scheiter, K., Schubert, C., & Schüler, A. (2017). *Self-regulated learning from illustrated text: Eye Movement Modeling to support use and regulation of cognitive processes during learning from multimedia.* Manuscript submitted for publication.

Schlag, S., & Ploetzner, R. (2010). Supporting learning from illustrated texts: conceptualizing and evaluating a learning strategy. *Instructional Science, 39*, 921–937. https://doi.org/10.1007/s11251-010-9160-3.

Schmidt-Weigand, F., & Scheiter, K. (2011). The role of spatial descriptions in learning from multimedia. *Computers in Human Behavior, 27*, 22–28.

Schmidt-Weigand, F., Kohnert, A., & Glowalla, U. (2010). Explaining the modality and contiguity effects: New insights from investigating students' viewing behavior. *Applied Cognitive Psychology, 24*, 226–237.

Schnotz, W. (2014). Integrated model of text and picture comprehension. In R. E. Mayer (Hrsg.), *The Cambridge handbook of multimedia learning* (2. Aufl., S. 72–103). New York: Cambridge University Press.

Schnotz, W., & Bannert, M. (2003). Construction and interference in learning from multiple representation. *Learning and Instruction, 13*, 141–156. https://doi.org/10.1016/s0959-4752(02)00017-8.

Schnotz, W., Horz, H., McElvany, N., Schroeder, S., Ullrich, M., Baumert, J., Hachfeld, A., & Richter, T. (2010). Das BITE-Projekt: Integrative Verarbeitung von Bildern und Texten in der Sekundarstufe. Projekt BITE. In E. Klieme, D. Leutner & M. Kenk (Hrsg.), *Kompetenzmodellierung. Zwischenbilanz des DFG-Schwerpunktprogramms und Perspektiven des Forschungsansatzes* (S. 143–153). Weinheim: Beltz.

Schnotz, W., Ludewig, U., Ullrich, M., Horz, H., McElvany, N., & Baumert, J. (2014). Strategy shifts during learning from texts and pictures. *Journal of Educational Psychology, 106*, 974–989. https://doi.org/10.1037/a0037054.

Schüler, A., Scheiter, K., & Schmidt-Weigand, F. (2011). Boundary conditions and constraints of the modality effect. *German Journal of Educational Psychology, 25*, 211–220.

Schüler, A., Scheiter, K., & Gerjets, P. (2012). Verbal descriptions of spatial information can interfere with picture processing. *Memory, 20*, 682–699.

Schwonke, R., Berthold, K., & Renkl, A. (2009). How multiple external representations are used and how they can be made more useful. *Applied Cognitive Psychology, 23*, 1227–1243.

Serra, M. J., & Dunlosky, J. (2010). Metacomprehension judgements reflect the belief that diagrams improve learning from text. *Memory, 18*, 698–711.

Seufert, T. (2003). Supporting coherence formation in learning from multiple representations. *Learning & Instruction, 13*, 227–237.

Skuballa, I. T., Fortunski, C., & Renkl, A. (2015). An eye movement pre-training fosters the comprehension of processes and functions in technical systems. *Frontiers in Psychology, 6*, 598.

Stalbovs, K. (2016). *Supporting cognitive processing in multimedia learning: The use of implementation intentions*. Unveröffentlichte Dissertation. Eberhard Karls Universität Tübingen.

Stalbovs, K., Scheiter, K., & Gerjets, P. (2015). Implementation intentions during multimedia learning: Using if-then plans to facilitate cognitive processing. *Learning & Instruction, 35*, 1–15.

Stieff, M., Hegarty, M., & Deslongchamps, G. (2011). Identifying representational competence with multi-representational displays. *Cognition & Instruction, 29*, 123–145.

Van Gog, T., & Rummel, N. (2010). Example-based learning: Integrating cognitive and social-cognitive research perspectives. *Educational Psychology Review, 22*, 155–174.

Van Merriënboer, J. J. G., & Sluijsmans, D. M. A. (2009). Toward a synthesis of cognitive load theory, four- component instructional design, and self-directed learning. *Educational Psychological Review, 21*, 55–66.

Veenman, M. J. V., Van Hout-Wolters, B., & Afflerbach, P. (2006). Metacognition and learning: Conceptual and methodological considerations. *Metacognition & Learning, 1*, 3–14.

# Computerunterstütztes kollaboratives Lernen

Freydis Vogel und Frank Fischer

## Inhalt

| | | |
|---|---|---|
| 1 | Einleitung | 58 |
| 2 | Lernziele computerunterstützten kollaborativen Lernens | 58 |
| 3 | Mechanismen des kollaborativen Lernens | 60 |
| 4 | Herausforderungen beim computerunterstützten kollaborativen Lernen | 65 |
| 5 | Computerunterstützte Förderung des kollaborativen Lernprozesses | 68 |
| 6 | Fazit: Entwicklung und Trends zum computerunterstützten kollaborativen Lernen | 72 |
| 7 | Verwendung von computerunterstütztem kollaborativem Lernen in der Lehrpraxis | 75 |
| | Literatur | 76 |

### Zusammenfassung

Computerunterstütztes kollaboratives Lernen, bei dem zwei oder mehr Lernende beim gemeinsamen Lernen durch Computer unterstützt werden, wird in nahezu allen Bildungsbereichen genutzt. Das folgende Kapitel behandelt, welche theoretischen Grundlagen es zum kollaborativen Lernen gibt, welche Herausforderungen beim kollaborativen Lernen durch Computerunterstützung überwunden werden können und welche Entwicklungen und Trends hierzu aktuell erforscht werden. Abschließend werden Tipps für den Einsatz computerunterstützten kollaborativen Lernens in der Lehrpraxis gegeben.

### Schlüsselwörter

Computerunterstütztes kollaboratives Lernen · Soziale Ko-Konstruktion · Kollaborationsskripts · Awareness tools · Peer-feedback

---

F. Vogel (✉)
TUM School of Education, Technische Universität München, München, Deutschland

F. Fischer
Department Psychologie, Ludwig-Maximilians-Universität München, München, Deutschland
E-Mail: frank.fischer@psy.lmu.de

# 1 Einleitung

Computerunterstütztes kollaboratives Lernen ist ein fester Bestandteil des technologiebasierten Lernens. Dabei arbeiten zwei oder mehr Lernende gemeinsam an Aufgaben oder Fallproblemen und werden von Computer und Internet unterstützt. Computerunterstützte kollaborative Lernumgebungen wurden anfangs vor allem aus zwei Gründen entwickelt und erforscht: Zum einen aus der Hoffnung, mit der Computertechnologie neue Möglichkeiten erschaffen zu können, um effektiver zu lernen. Zum anderen waren es die Anforderungen, die sich mit den durch die Technologie neu entstehenden Kommunikationsmöglichkeiten ergaben. So war beispielsweise der Umgang mit fehlenden nonverbalen Signalen wie Mimik und Gestik in synchroner schriftlicher Kommunikation (z. B. in Chats) oder die Frage, wie asynchrone Kommunikationsformen (z. B. Diskussionsforen) idealerweise zum Lernen genutzt werden sollen, nicht geklärt. Heute begegnet uns computerunterstütztes kollaboratives Lernen in nahezu allen Bildungsbereichen und Altersgruppen. In der internationalen Forschergemeinschaft, verkörpert durch die International Society of the Learning Sciences (ISLS), die sich im Kern mit einem breiten Spektrum von Fragen des Lehrens und Lernens beschäftigt, stellt die Gruppe der CSCL-Forscher (CSCL = Computer-Supported Collaborative Learning) die größte Untergruppe dar. Aktuelle Forschung zum computerunterstützten kollaborativen Lernen wird auf der eigenen zweijährlich stattfindenden Konferenz (International Conference on Computer-Supported Collaborative Learning) präsentiert und in der Zeitschrift „International Journal of Computer-Supported Collaborative Learning" publiziert. In dem vorliegenden Kapitel sind Theorien zum computerunterstützten kollaborativen Lernen, Herausforderungen, typische Forschungsdesigns und Fördermaßnahmen dargestellt. Abschließend werden aktuelle Entwicklungen und Trends zum computerunterstützten kollaborativen Lernen aufgegriffen und Hinweise für die Lehrpraxis abgeleitet.

# 2 Lernziele computerunterstützten kollaborativen Lernens

Das computerunterstützte kollaborative Lernen wird zum Erreichen individueller und kollaborativer Lernziele eingesetzt. Individuelle Lernziele sind die Verbesserung von Wissen und Fähigkeiten der einzelnen Lernenden. Kollaborative Lernziele zielen darauf ab, dass Lernende in einer Gruppe so zusammenarbeiten, dass sie ein bestmögliches gemeinsames Ergebnis erzielen. Im Folgenden werden die individuellen und kollaborativen Lernziele genauer definiert und anhand von Beispielen dargestellt. Zudem wird beschrieben, wie sich das Erreichen von individuellen und kollaborativen Lernzielen wechselseitig bedingen kann.

## 2.1 Individuelle Lernziele beim computerunterstützten kollaborativen Lernen

Das Erreichen individueller Lernziele hängt von der Entwicklung jedes einzelnen Lernenden ab und wird entsprechend durch die Bewertung der Leistung eines

Einzelnen beurteilt. Individuelle Lernziele können sich auf domänenspezifisches sowie domänenübergreifendes Wissen und Fertigkeiten der Lernenden beziehen.

Domänenspezifisches Wissen und Fertigkeiten beziehen sich auf die Domäne bzw. das Fach, in dem das Lernen stattfindet. Typische Domänen sind beispielsweise Mathematik, Physik, Soziologie oder Informatik. Domänen lassen sich noch genauer spezifizieren, wie zum Beispiel Geometrie als Teilbereich der Mathematik oder Mechanik als Teilbereich der Physik. Wissen in den Domänen kann explizites Faktenwissen beinhalten (Axiome, Definitionen, allgemeine Prinzipien und Sätze wie z. B. der Wechselwinkelsatz in der Geometrie oder die Newtonschen Gesetze in der Mechanik). Domänenspezifische Fertigkeiten hingegen lassen sich dadurch erkennen, dass Lernende ihr Wissen in entsprechenden Problemsituationen anwenden können (z. B. die Anwendung des Wechselwinkelsatzes bei der Durchführung eines geometrischen Beweises).

Als domänenübergreifend werden allgemeineres Wissen und Fertigkeiten bezeichnet, die gleichsam in unterschiedlichen Domänen bzw. Fachbereichen übergreifend angewendet werden können. Hierbei geht es um Wissen und Fähigkeiten, welche häufig mit Begriffen wie *Schlüsselqualifikationen, soziale Kompetenzen, 21st century skills* oder *kollaborative Problemlösefähigkeiten* in Verbindung gebracht werden. Ein viel untersuchtes Beispiel für domänenübergreifendes Wissen und Fertigkeiten ist die Argumentationskompetenz. Diese beinhaltet explizites Wissen um den Aufbau von Argumenten (beispielsweise nach dem Argumentschema von Toulmin (1958), in dem Argumente aus Komponenten wie Behauptung, Begründung etc. bestehen) und die Fähigkeit, dieses Wissen in Diskursen in unterschiedlichen Domänen anzuwenden. Trotz der inhaltlichen Unterschiede in den Domänen kann jedoch das Wissen um den Aufbau von Argumenten in gleicher Weise angewendet werden.

## 2.2 Kollaborative Lernziele beim computerunterstützten kollaborativen Lernen

Kollaborativ ausgerichtete Lernziele beziehen sich auf die Entwicklung und Verbesserung der Leistung einer Gruppe als Gesamtheit. Diese Lernziele können entweder auf den Gruppenprozess oder letztlich auf das Ergebnis einer Gruppenarbeit fokussiert sein.

Lernziele, welche auf die Entwicklung und Verbesserung von Gruppenprozessen ausgerichtet sind, werden während der Zusammenarbeit der Gruppe bewertet. So kann es beispielsweise für eine gute Gruppenarbeit wichtig sein, dass sich alle Gruppenteilnehmer in gleichem Maße einbringen. Es kann für einen guten Gruppenprozess aber auch nützlich sein, dass bestimmte Rollen innerhalb der Gruppe aufgeteilt werden und sich die Gruppenteilnehmer ihren Rollen entsprechend verhalten.

Auf das Ergebnis einer Gruppenarbeit fokussierte Lernziele werden nicht im Gruppenprozess bewertet, sondern anhand dessen, was ein Gruppenprozess am Ende hervorbringt. Dies manifestiert sich meist in der Erreichung eines Ziels, das sich die Gruppe gesetzt hat, z. B. das gemeinsame Lösen eines komplexen Problems, das Finden einer Entscheidung oder die kollaborative Entwicklung von Produkten.

Betrachtet man Gruppenarbeiten in spezifischen Domänen, so kann ein Produkt der Kooperation von Medizinern beispielsweise ein Behandlungsplan für einen Patienten sein, das Produkt der Kooperation von Mathematikern ein Beweis für ein mathematisches Problem.

## 2.3 Zusammenhang zwischen individuellen und kollaborativen Lernzielen

Individuelle und kollaborative Lernziele und das Erreichen dieser Lernziele stehen nicht isoliert nebeneinander, sondern hängen zusammen und bedingen sich wechselseitig. Lernziele können so gesetzt werden, dass der individuelle Erfolg vom Erfolg der gesamten Gruppe abhängt, was als positive Interdependenz bezeichnet wird (Johnson und Johnson 2009). Der Erfolg der Gruppe ist wiederum abhängig vom Erfolg der einzelnen Gruppenmitglieder, da dieser sich erst einstellt, wenn die individuellen Leistungen jedes Gruppenmitglieds genügend dazu beitragen. Wenn beispielsweise das Produkt eines kollaborativen Lernszenarios eine Wiki-Seite zu einem bestimmten Thema sein soll, dann wird das Gruppenziel, eine qualitativ hochwertige Wiki-Seite zu entwickeln, erst erfüllt sein, wenn alle Gruppenmitglieder ihre Lernziele bezüglich der Inhalte der Seite erreicht haben. In Kap. ▶ „Computerunterstützte kooperative Lernszenarien" dieses Handbuchs gehen Weinberger, Hartmann, Schmitt und Rummel ausführlicher auf verschiedene Aufgabenmerkmale (z. B. Ziele) vor dem Hintergrund konkreter Szenarien ein und kategorisieren diese. Wie in den folgenden Ausführungen weiter beschrieben, hängt das Erreichen individueller Lernziele stark davon ab, wie die Gruppe zusammenarbeitet und wie das einzelne Gruppenmitglied sich in den kollaborativen Aktivitäten engagiert (Zhao und Chan 2014). Einen Schritt weiter geht Stahl (2006), indem er sowohl individuelles als auch kollaboratives Lernen immer als ein soziales Geschehen auffasst und von *„Group Cognition"* spricht, in dem individuelle und kollaborative Anteile der Kognition untrennbar miteinander verwoben sind.

## 3 Mechanismen des kollaborativen Lernens

Den Erwartungen an die lernförderliche Wirksamkeit von kollaborativem Lernen liegen unterschiedliche theoretische Annahmen zu Grunde. Diese Annahmen reichen von einem Verständnis des Lernens als relativ dauerhafte kognitive Veränderung von Individuen, hin zum Verständnis des Lernens als Entwicklung einer Gemeinschaft und das graduelle Hineinwachsen Einzelner in diese Gemeinschaft. Im Folgenden werden drei häufig vertretene theoretische Perspektiven auf Mechanismen des kollaborativen Lernens erläutert, nämlich das Lernen als individuell-kognitive Veränderung, Lernen als soziale Ko-Konstruktion und Lernen als Partizipation in so genannten *„communities of practice"*.

## 3.1 Lernen als individuell-kognitive Veränderung

Das Verständnis des Lernens als individuell-kognitive Veränderung legt den Fokus auf das Individuum, das während und durch die Interaktionen mit anderen Wissen und Fertigkeiten weiterentwickelt. Im Folgenden werden hierzu zwei Ansätze dargestellt. Der dialektische Ansatz beschreibt die kognitive Entwicklung als Überwindung sozio-kognitiver Konflikte, die beim Aufeinandertreffen von Individuen mit unterschiedlichen Anschauungen entstehen. Der dialogische Ansatz beschreibt die kognitive Entwicklung, die durch eine gegenseitige Unterstützung von Individuen gefördert wird.

### 3.1.1 Überwindung sozio-kognitiver Konflikte (dialektischer Ansatz)

Nach Piagets (1969) Theorie wird neues Wissen von Lernenden in Situationen konstruiert, in denen die eigenen kognitiven Strukturen nicht zur wahrgenommenen Umwelt passen. Es kommt dann zu einer Reorganisation und Neukonstruktion von Wissen, bis das Ungleichgewicht zwischen den bisherigen kognitiven Strukturen und der wahrgenommenen Umwelt aufgelöst ist (Wadsworth 2004). Beim gemeinschaftlichen Lernen führen vor allem die unterschiedlichen Sichtweisen der Anderen dazu, erst einmal ein Ungleichgewicht bzw. einen sozio-kognitiven Konflikt zu schaffen, nach dessen Auflösung ein Individuum dann strebt (Mugny und Doise 1978). Je mehr Aufwand Lernende in die Auflösung dieses Konflikts investieren müssen, desto größer ist die entsprechende individuelle kognitive Veränderung, die ein Einzelner vollziehen kann (Dillenbourg und Hong 2008). Computerunterstützte Instruktion, die das Konzept der Überwindung sozio-kognitiver Konflikte zur individuellen Entwicklung von Wissen und Fertigkeiten zu Grunde legt, ist so gestaltet, dass sie einen eher kritischen oder dialektischen Diskurs unter Lernenden anregt. Dies kann beispielsweise dadurch erfolgen, dass Lernende mit möglichst unähnlichem Vorwissen bzw. Meinungen in Gruppen zusammengesetzt werden (Clark und Sampson 2007). Studien legen nahe, dass diese eher dialektische, konfliktbehaftete Auseinandersetzungen mit Lerninhalten in der Gruppe den individuellen Lernerfolg fördert (Asterhan und Schwarz 2009; Vogel et al. 2016).

### 3.1.2 Gegenseitige Unterstützung (dialogischer Ansatz)

Überlegungen zur individuellen Entwicklung von Wissen und Fertigkeiten, die auf einer eher dialogischen und auf Übereinstimmung basierenden gegenseitigen Unterstützung beruhen, können von Vygotskys (1978) Konzept der so genannten *Zone der nächsten Entwicklung* (engl. *zone of proximal development*) abgeleitet werden. In diesem Konzept wird beschrieben, dass individuelles Lernen in kollaborativen Situationen dann stattfindet, wenn es dem Lernenden durch Unterstützung von anderen ermöglicht wird, Leistungen zu zeigen, die auf der nächsthöheren Entwicklungsstufe liegen und zu denen er alleine noch nicht in der Lage wäre. Dem Lernprozess folgt dann die individuelle Entwicklung in die Zone der nächsten Entwicklung, in der der Lernende dann die Leistung eigenständig erbringen kann. Um gemeinsames Lernen anzuregen, eignen sich aus der Perspektive dieses Konzepts Instruktionen, die Lernende dazu auffordern, sich gegenseitig Hilfestellungen und Erklärungen anzubieten. Diese sollten so gestaltet sein, dass sie weniger die komplette Lösung bereitstellen als vielmehr Informationen, die dem Lernenden helfen, eine Aufgabe mit der Hilfestellung selbst zu lösen (Webb und Mastergeorge 2003). Studien, die das Geben von Hilfestellungen und Erklärungen beim kollaborativen Lernen unterstützen, zeigen, dass auch die dialogische, auf Übereinstimmung abzielende, und nicht nur eine konfliktorientierte Interaktion, die individuelle Veränderung von Wissen und Fertigkeiten unterstützen kann (Webb et al. 1995). Ob der dialektische oder der dialogische Ansatz (Wegerif 2008) oder eine Kombination der beiden Ansätze die beste Wahl für die computerunterstützte Förderung von kollaborativem Lernen ist, könnte von Faktoren beeinflusst sein, die noch nicht gänzlich erforscht sind.

## 3.2 Lernen als soziale Ko-Konstruktion

Beim Verständnis des Lernens als soziale Ko-Konstruktion stehen gemeinsame und wechselseitige Gruppenprozesse während des Lernens im Vordergrund, die den gemeinsamen und individuellen Erwerb von Wissen und Fähigkeiten fördern. Prozesse der sozialen Ko-Konstruktion können sich (i) auf die gemeinsamen Aushandlungsprozesse von Bedeutungen innerhalb einer Gruppe beziehen oder (ii) die gemeinsame oder gegenseitige Regulation von Lernprozessen in der Gruppe steuern.

### 3.2.1 Aushandlungsprozess und gemeinsames meaning making

In einem wegweisenden Artikel zum kollaborativen Lernen hat Roschelle (1992) festgestellt, dass die so genannte kognitive Konvergenz einer der bedeutsamsten Aspekte des kollaborativen Lernens ist. Kognitive Konvergenz wird dabei in Anlehnung an die Kooperations- und Aushandlungsprozesse von Wissenschaftlern beschrieben, die ihre unterschiedlichen fachlichen Standpunkte miteinander aushandeln und dabei zunehmend zu neuen, gemeinsam generierten Erkenntnissen konvergieren. In ähnlicher Weise treffen zwei Lernende aufeinander, um sich das für sie selbst neue Wissen in einer Domäne zu erarbeiten. In beiden Fällen geht es darum, Bedeutungen auszuhandeln bis man zu einer gemeinsam geteilten Wissensbasis gelangt bzw. konvergiert. Roschelle (1992) verknüpft diesen Prozess auch mit dem Begriff des „*convergent conceptual change*". Roschelle und Teasley (1995) haben das kollaborative Lernen, die gemeinsame Aushandlung von Bedeutungen und die kognitive Konvergenz von Lernenden untersucht. In ihrer Studie konnten die in Paaren lernenden Schülerinnen und Schüler in einer computerunterstützten Simulation mit der Geschwindigkeit und Beschleunigung eines bewegten Objektes experimentieren, um sich gemeinsam neues physikalisches Wissen anzueignen (Roschelle und Teasley 1995). Wie auch weitere Studien zum kollaborativen Lernen herausfanden, war für ein funktionierendes kollaboratives Lernen besonders wichtig, dass die Lernenden ihre Konversation und Aktivitäten darauf ausrichten, zu gemeinsam geteiltem Wissen zu gelangen (Oliveira und Sadler 2008; Roschelle und Teasley 1995). Auch verweisen Clark und Brennan (1991) in der *Common Ground Theory* auf die Aushandlung einer gemeinsamen Wissensbasis als fundamentale Voraussetzung für gelingende Kooperation. Die Computerunterstützung spielt bei den Aushandlungsprozessen eine vermittelnde Rolle. Durch diese können die Lernenden auf die Aufgabe fokussiert bleiben, sich über Aktivitäten in der Simulation in einer eindeutigen Sprache unterhalten, non-verbal über Dinge kommunizieren, für die sie noch nicht das richtige Vokabular besitzen und Einigung über die Durchführung von Experimenten erzielen. Zudem kann die computerunterstützte Simulation das explorative Experimentieren und das Interpretieren der Ergebnisse anregen (Roschelle und Teasley 1995). Wenn man kognitive Konvergenz nicht als die Zustimmungen der Lernenden im Lernprozess operationalisiert, sondern als den Grad übereinstimmenden Wissens in einem Nachtest, findet man ein geringeres Niveau an Wissenskonvergenz (Fischer und Mandl 2005; Jeong und Chi 2007). Eine Gruppe kann zwar im Prozess übereinstimmende Sichtweisen äußern, dies muss aber noch nicht bedeuten, dass alle Lernenden der Gruppe sich das gleiche Wissen dazu angeeignet haben (Jeong und Chi 2007). Während sich die gemeinsame Wissenskonstruktion und konstruktive Konflikte (van den Bossche et al. 2011) positiv auf die Wissenskonvergenz auswirken, fördert die Verteilung spezifischer Rollen wie z. B. Tutor und Schüler eher die Wissensdivergenz (Jeong und Chi 2007).

### 3.2.2 Gemeinsame Regulation von Gruppenprozessen (self-, co-, shared regulation)

Selbstreguliertes Lernen heißt, auf einer meta-kognitiven Ebene die eigene Motivation und das eigene Verhalten so steuern zu können, dass der Lernprozess zum Erwerb von Wissen und Fähigkeiten führt. So kann sich zum Beispiel ein Lernender selbst dazu bringen, für ein neu zu erarbeitendes Thema die Informationen in einer *Concept Map* zu strukturieren, um die neuen Informationen besser zu verarbeiten (Zimmerman 1989). Regulation beim kollaborativen Lernen reicht von der individuellen Ich-Perspektive (*Selbstregulation*: ich reguliere *mein* Lernen) über die individuelle Du-Perspektive (Ko-Regulation: ich reguliere *dein* Lernen) hin zu einer geteilten Wir-Perspektive (Geteilte Regulation: wir regulieren *unser* Lernen) (Järvelä und Hadwin 2013). Die verschiedenen Konstellationen des gemeinsamen Regulierens können für das kollaborative Lernen hilfreich sein (Schoor et al. 2015). Alle drei Arten der Regulation werden für erfolgreiches kollaboratives Lernen benötigt. Zunächst sollte jeder Lernende durch Selbstregulation die selbst gesteckten Lernziele verfolgen können. Lernende sollten sich auch der Lernziele der anderen bewusst sein und sie im Sinne von Ko-Regulation unterstützen können. Schließlich ist es für das kollaborative Lernen essenziell, dass die Lernenden zusammen Lernziele entwickeln können und den Lernprozess gemeinsam hinsichtlich der Erreichung dieser Lernziele regulieren (Järvelä und Hadwin 2013). Da computerunterstütztes kollaboratives Lernen häufig auf selbstständiges Lernen ausgelegt ist, kommt der Fähigkeit zur Selbstregulation verstärkt Bedeutung zu (Järvelä und Hadwin 2013). Darüber hinaus wird computerunterstütztes kollaboratives Lernen auch genutzt, um die Bedeutung der gemeinsamen Regulation genauer zu erforschen (Hadwin et al. 2010) oder Maßnahmen zu entwickeln, welche die gemeinsame Regulation beim Lernen unterstützen (Molenaar et al. 2012; Saab et al. 2012). So untersuchten Molenaar et al. (2012) die Wirkung von adaptiven kognitiven sowie metakognitiven Hilfestellungen, welche die gemeinsame Regulation beim Lernen fördern sollten. Angepasst an die Eingaben der Lernenden in der computerunterstützten Lernumgebung wurden den Lernenden kognitive Hilfestellungen (z. B. Hinweise dazu, wo weitere Informationen zu dem aktuellen Thema nachgelesen werden können) oder metakognitive Hilfestellungen (z. B. Hinweise, dass und wie man gemeinsame Ziele in der Lernumgebung formulieren kann) angezeigt. Ergebnisse der Studie zeigen, dass die Hilfestellungen positive Effekte auf domänenübergreifende Lernleistung haben können, jedoch nicht in Bezug auf domänenspezifisches Wissen.

## 3.3 Lernen als Partizipation in *Communities of Practice*

Der Ansatz des Lernens als Partizipation in so genannten *communities of practice* (CoPs) versucht, Lernen nicht als die kognitive Aneignung von Faktenwissen aufzufassen, sondern vielmehr als einen ganzheitlichen Prozess zu verstehen, der die Entwicklung des Individuums, dessen soziale Einbindung und Hineinwachsen in eine CoP umfasst (Lave und Wenger 1991). CoPs stellen Gruppen dar, deren Mitgliedern das Interesse an einem bestimmten Thema gemein ist, und die versuchen, gemeinsam Wissen und Kompetenzen zu diesem Thema zu erweitern (Wenger et al. 2002). Die Mitgliedschaft in der CoP ist durch die Art der Partizipation des Mitglieds in der CoP gekennzeichnet. So gibt es Kernmitglieder (so genannte „core members" oder „old timers"), die sich im Kern der CoP befinden und als deren zentrale Personen die CoP leiten, indem sie die Schlüsselthemen der CoP definieren, für Treffen der CoP-Mitglieder verantwortlich sind und die Veranstaltungen der CoP organisieren. Weitere Aufgaben, welche die Kernmitglieder einer CoP übernehmen, sind beispielsweise die Vernetzung der Mitglieder, das Sammeln und Bereitstellen von Wissen sowie Hilfestellungen zur Integration neuer Mitglieder.

Das Lernen und damit die Entwicklung von Expertise erfolgt in CoPs durch die *legitimierte periphere Partizipation*. Damit ist die Eingliederung eines neuen Mitglieds gemeint, das am Rande (in der Peripherie) der CoP beginnt und schrittweise durch sein Engagement in der CoP und die Interaktion mit anderen Mitgliedern in die CoP hineinwächst bis zur Erreichung des Status eines Experten im Kern der CoP (Lave und Wenger 1991). Auf diesem Weg werden verschiedene Stadien durchlaufen, die von einer eher beobachtenden Rolle von außerhalb der CoP über Rollen mit zunehmendem Engagement und Verantwortlichkeiten innerhalb der CoP bis zur Rolle eines Kernmitglieds reichen. Dieser Weg lässt sich als sozialer Lernprozess auffassen. Das neue Mitglied bekommt auf seinem Weg unterschiedliche Arten von Unterstützung, um in die CoP hineinzuwachsen und Expertise zu entwickeln. Dies ist beispielsweise die Hilfestellung des Eintritts in die CoP durch „*old timers*", die bei der Vernetzung mit anderen Mitgliedern behilflich sind. Oder auch die Teilnahme an Aktivitäten und die Übernahme von zunehmend komplexen Aufgaben durch das neue Mitglied, die von fortgeschrittenen Mitgliedern der CoP begleitet und weitergegeben werden (Eberle et al. 2014). Bei genauerer Betrachtung der Zusammensetzung der Mitglieder einer CoP lässt sich aber auch feststellen, dass nicht unbedingt alle Mitglieder den Weg von der Peripherie bis zum Kernmitglied durchlaufen müssen. Es sind auch Mitglieder einer CoP vorstellbar, deren Expertise beispielsweise in einem anderen Kernbereich liegt oder die einer anderen CoP zuzuordnen sind und sich lediglich für einen Austausch mit anderen Experten zum selben Thema interessieren. So könnten beispielsweise in einer CoP, die das Ziel der Heilung einer bestimmten Erkrankung hat, vor allem Mediziner relevanter Fachbereiche partizipieren. Des Weiteren könnten sich auch Experten anderer Fachbereiche, wie beispielsweise Wirtschaftsexperten pharmazeutischer Unternehmen, dauerhaft in der Peripherie dieser CoP befinden ohne das Ziel, sich in das Zentrum dieser CoP bewegen zu wollen. Auch wenn sie gleichermaßen das Ziel haben, Heilungsmöglichkeiten für die Erkrankung zu finden, werden sie sich nicht gleichermaßen wie ein Mediziner Expertise in der CoP entwickeln.

Hinsichtlich des computerunterstützten kollaborativen Lernens ist der Ansatz des Lernens als Partizipation in CoPs in zweierlei Weise bedeutend. Zum einen gibt es eine Vielzahl von CoPs, deren Interaktion und Kommunikation zum größten Teil online und technologiegestützt erfolgt. Hierzu zählen beispielsweise *communities* um Online-Rollenspiele (so genannte „*massively multiplayer online role-playing games*"), welche Beachtung in der Forschung um CoPs finden (Nistor 2016). Zum anderen kann Computertechnologie dafür verwendet werden, Interaktionen in den CoPs zu unterstützen, Wissen der CoP ihren Mitgliedern zugänglich zu machen und die Struktur von CoPs und das Verhalten ihrer Mitglieder zu untersuchen.

## 4 Herausforderungen beim computerunterstützten kollaborativen Lernen

Beim computerunterstützten kollaborativen Lernen werden per Definition zwei Aspekte des Lernens miteinander kombiniert, nämlich die Verwendung von Computertechnologie, die das Lernen unterstützen oder zumindest ermöglichen soll, und die kollaborativen Handlungen, die während des Lernprozesses stattfinden sollen. Die Kombination von Computerunterstützung mit kollaborativem Lernen hat nicht nur Potenzial für die Lernförderlichkeit beider Aspekte, sondern bringt auch Herausforderungen mit sich, die spezifisch für die beiden Aspekte sind.

### 4.1 Motivation beim computerunterstützten kollaborativen Lernen

Bezüglich motivationaler Aspekte des Lernens bringen sowohl die Computerunterstützung als auch die Kollaboration eigene Herausforderungen mit. Hierbei kann zwischen Mechanismen intrinsischer (also unmittelbar mit der Lernhandlung zusammenhängender) Lernmotivation und extrinsischer (auf außerhalb der Lernhandlung befindliche Ziele gerichteter) Lernmotivation unterschieden werden. Legt man für die intrinsische Lernmotivation die Selbstbestimmungstheorie von Ryan und Deci (2000) zugrunde, so sind es das Kompetenzerleben, das Autonomieerleben und die soziale Eingebundenheit des Lernenden, die die Lernmotivation beeinflussen können. Auch wenn beim Gedanken an computerunterstütztes Lernen die Vorstellung von individualisiertem und weniger sozial eingebundenem Lernen im Vordergrund stehen mag, kann erwartet werden, dass der kollaborative Aspekt das Bedürfnis der sozialen Eingebundenheit der Lernenden zumindest teilweise befriedigt. Da computerunterstütztes Lernen oft viel Freiheit darin bietet, wann, wo, wie und mit wem gelernt wird, ist ein eher hohes Autonomieerleben zu erwarten, welches eine positive Wirkung auf die Lernmotivation hat (Rohlfs 2011). Gleichzeitig verlangt die angebotene Freiheit aber auch ein hohes Maß an Selbststeuerungsfähigkeit der Lernenden (Järvelä und Hadwin 2013) und bietet ohne weitere Unterstützung wenig Struktur und damit die Gefahr, dass Lernende sich als weniger kompetent erleben, was sich negativ auf die Lernmotivation auswirken kann (Rienties et al. 2012; Rohlfs 2011). Daher ist eine Strukturierung des kollaborativen Lernens erstrebenswert, die vor allem das Kompetenzerleben fördert (Boekaerts und Minnaert 2006). Für eine zu starke Strukturierung wird befürchtet, dass das Autonomieerleben und damit Lernmotivation und Lernerfolg reduziert werden könnte (Dillenbourg 2002), eine Befürchtung, die theoretisch plausibel ist, für die aber bislang die empirische Evidenz fehlt. Es erscheint dennoch ratsam, das Ausmaß an Strukturierung und die verfügbaren Freiheitsgrade beim computerunterstützten kollaborativen Lernen in einer guten Balance zu halten (Rienties et al. 2012).

Betrachtet man die Möglichkeit der Beeinflussung der extrinsischen Motivation beim computerunterstützten kollaborativen Lernen, stellt sich vor allem die Frage, in welcher Weise Anreize für erfolgreiches kollaboratives Lernen von außen gesetzt werden sollten. Auch wenn es nicht immer einen direkten Zusammenhang mit der individuellen Lernleistung gibt, kann sich computerunterstütztes kollaboratives Lernen positiv auf die Lernmotivation auswirken, wenn auf der Grundlage der Leistung der gesamten Gruppe belohnt wird, anstelle von Belohnungen, die von der individuellen Lernleistung abhängig gemacht werden (Johnson und Johnson 2009).

## 4.2 Inhaltliches Verständnis beim computerunterstützten kollaborativen Lernen

Wenn zwei oder mehr Lernenden kollaborativ in einer computerunterstützten Lernumgebung Fertigkeiten und Wissen erwerben sollen, ist es unabdingbar, dass sie ein gemeinsames inhaltliches Verständnis entwickeln. Wie bereits in Abschn. 3 beschrieben, wird individuelles Lernen dann erwartet, wenn unterschiedliche Sichtweisen mehrerer Lernender aufeinandertreffen und in der Diskussion überwunden werden (Mugny und Doise 1978). Falls jedoch die unterschiedlichen Sichtweisen nicht erkannt und überwunden werden, ist das kollaborative Lernen auch kaum förderlich. Deshalb werden hohe Erwartungen an die Computerunterstützung gestellt, durch welche das Erkennen von Divergenzen und die Überwindung soziokognitiver Konflikte angeregt werden kann (Clark und Sampson 2007; Dillenbourg und Hong 2008). Aber auch wenn das individuelle inhaltliche Lernen nicht im

Vordergrund steht, sondern das kollaborative Problemlösen, ist eine Aushandlung des gemeinsamen Verständnisses und die Nutzung einer gemeinsamen Wissensbasis eine essenzielle Herausforderung, deren Bewältigung technisch unterstützt werden kann (Meier et al. 2007). Insbesondere wenn Lernende aus unterschiedlichen Domänen kollaborative Problemlösefähigkeiten erwerben und trainieren sollen, ist das wechselseitige Verstehen erschwert. Wenn beispielsweise Mediziner und Psychologen zusammenarbeiten, um gemeinsam eine Diagnose oder einen Therapieplan zu erstellen, so treffen unterschiedliches Wissen und Perspektiven aufeinander. Um den jeweiligen Kooperationspartnern die eigene Perspektive verständlich zu machen, ist es notwendig, die eigenen komplexen Wissens- und Argumentationsstrukturen nachvollziehbar darzustellen. Hier kann die Computerunterstützung die entsprechend notwendigen Handlungen der Kooperationspartner anleiten, indem spezifische Aufforderungen auf dem Computerbildschirm angezeigt werden (Noroozi et al. 2013; Rummel et al. 2009).

## 4.3 Verständnis der Lernprozesse beim computerunterstützten kollaborativen Lernen

Neben dem im vorherigen Abschnitt beschriebenen gemeinsamen inhaltlichen Verständnis müssen kollaborativ Lernende auch ein gemeinsames Verständnis bezüglich des kollaborativen Lernprozesses entwickeln. Lernende können unterschiedliche Vorstellungen davon haben, was die Lernziele sind oder wie sie ihre Rolle und die Rollen anderer im Beziehungsgefüge der Lerngruppe sehen. Die Lernleistung der Gruppe wird aber wesentlich von der Übereinkunft zwischen den Lernpartnern beeinflusst. Hierzu gehören eine gemeinsame Zielsetzung, eine gemeinsame Lernzielorientierung, eine hohe Identifikation mit der Gruppe und interpersonelle Beziehungen der Gruppenmitglieder (Johnson und Johnson 2009; Pearsall und Venkataramani 2015). Daher bringt das kollaborative Lernen die Herausforderung mit sich, dass die Mitglieder einer Lerngruppe sich der Relevanz der Zielsetzung, der Identifikation mit der Gruppe etc. bewusst sein müssen und entsprechend handeln sollten. Auch ist es dem Lernen zuträglich, wenn alle Mitglieder einer Lerngruppe wissen, welche Lernprozesse und Strategien während des gemeinsamen Lernens genutzt werden sollen und sie ihr Verhalten daran ausrichten (Raes et al. 2015). Diese Herausforderungen, die das kollaborative Lernen mit sich bringt, werden nicht zwingend selbstständig von kollaborativ Lernenden gelöst, was zu einer geringeren Effektivität des kollaborativen Lernens im Vergleich zum individuellen Lernen führen kann. An dieser Stelle kann die Computerunterstützung dazu beitragen, dass die durch das kollaborative Lernen erzeugten Herausforderungen bezüglich des Lernprozesses gelöst werden. Beispielsweise kann eine computerbasierte adaptive Unterstützungsmaßnahme einer Lerngruppe zum entsprechenden Zeitpunkt einen Hinweis geben, dass eine gemeinsame Zielsetzung formuliert werden muss. Weitere Hinweise können noch genauer erklären, wie man optimal bei der gemeinsamen Zielformulierung vorgehen sollte (Järvelä und Hadwin 2013).

## 5 Computerunterstützte Förderung des kollaborativen Lernprozesses

Die Frage, ob kollaboratives Lernen durch computerunterstützte Fördermaßnahmen strukturiert werden soll oder ob kollaboratives Lernen nur dann wirklich gelingt, wenn die Lernenden mit möglichst wenig Unterstützung von außen ihr Wissen konstruieren, wird kontrovers diskutiert (Dillenbourg 2002; Kirschner et al. 2006). Entwicklungen in jüngster Zeit legen nahe, dass sich die beiden Sichtweisen annähern und es im Kern um die Frage geht, wie durch Computerunterstützung das kollaborative Lernen optimal gefördert werden kann, ohne die Vorteile konstruktivistischer Lernszenarien mit ihren vielen Freiheitsgraden zu verlieren (Bereiter et al. 2017; Hmelo-Silver et al. 2007). Im Folgenden werden vier beispielhafte computerunterstützte Fördermaßnahmen für kollaboratives Lernen beschrieben, die von stärkerer Strukturierung des Lernprozesses (a. Kollaborationsskripts, b. Strukturierung von Peer-Feedback) zu weniger starken Strukturierung (c. *awareness tools*, d. *Knowledge Building*) reichen. Die Fördermaßnahmen werden auf der Grundlage theoretischer Annahmen zu den Wirkmechanismen kollaborativen Lernens (Abschn. 3) und zur Begegnung spezifischer Herausforderungen des computerunterstützten kollaborativen Lernens (Abschn. 4) diskutiert. Während im vorliegenden Abschnitt explizit computerunterstützte Fördermaßnahmen beschrieben werden, schlagen Weinberger et al. in Kap. ▶ „Computer-unterstützte kooperative Lernszenarien" dieses Handbuchs eine Systematisierung kollaborativer Lernszenarien vor.

### 5.1 Computerunterstütztes Scaffolding der kollaborativen Lernprozesse mit Kollaborationsskripts

Eine Möglichkeit der computerunterstützten Förderung des kollaborativen Lernens ist das Lernen mit so genannten Kollaborationsskripts (engl. *scripts for computer-supported collaborative learning, CSCL scripts*). Die Kollaborationsskripts strukturieren den kollaborativen Lernprozess, in dem sie den Lernenden auf verschiedenen Aktivitätsebenen bestimmte Rollen und damit verknüpfte Handlungen zuweisen und die Abfolge der Handlungen vorgeben. Die Aktivitätsebenen beinhalten zunehmend spezifischere Handlungsanweisungen und reichen von der eher übergeordneten Play-Ebene (z. B. „Diskutiere mit deinem Lernpartner!") über die spezifischere Scene-Ebene (z. B. „Kritisiere das Argument deines Lernpartners!") zu der spezifischsten Scriptlet-Ebene (z. B. „Formuliere für dein Argument eine Behauptung und eine Begründung!") (Fischer et al. 2013; Kollar et al. 2006; Vogel et al. 2017). Zur Anleitung der kollaborativ Lernenden eignen sich computerunterstützte Lernumgebungen, da diese so programmiert werden können, dass die jeweiligen Handlungshinweise in einer bestimmten Abfolge und zum idealen Zeitpunkt auf dem Computerbildschirm der jeweiligen Lernpartner erscheinen (Weinberger et al. 2003). Kollaborationsskripts können auf den in Abschn. 3 vorgestellten Mechanismen des kollaborativen Lernens aufbauen. Neben den Handlungshinweisen auf der Play-, Scene- und Scriptlet-Ebene kann ein Kollaborationsskript auch verstärkt auf der Zuweisung spezifischer Rollen beruhen. Ein Kollaborationsskript kann beispielsweise Lernenden unterschiedliche Rollen und damit unterschiedliche Ressourcen zuweisen (z. B. Texte, die unterschiedliche Standpunkte unterstützen). Die unterschiedlichen Ressourcen, auf die die Lernenden sich während der Kooperation stützen, lösen sozio-kognitive Konflikte aus, deren Überwindung dann wiederum den Lernerfolg fördert (Dillenbourg und Hong 2008). Ein Kollaborationsskript kann aber auch so aufgebaut sein, dass es gemeinsame Aushandlungs- oder Regulationsprozesse an bestimmten Stellen des kollaborativen Lernprozesses anleitet. Die Strukturierung des kollaborativen Lernens mit Kollaborationsskripts kann somit zur Lösung der Probleme des wechselseitigen Verstehens, zu einem gemeinsamen Verständnis des kollaborativen Lernprozesses und zur Aushandlung von Bedeutungen beitragen. Falls durch die vorgegebene Strukturierung und den damit eingeschränkten Freiheitsgraden das Autonomieerleben nicht zu sehr vermindert wird, können Kollaborationsskripts einen positiven Einfluss auf das Kompetenzerleben und damit auf die Motivation der Lernenden haben (Boekaerts und Minnaert 2006). In Kap. ▶ „Kooperationsskripts beim technologieunterstützten Lernen" dieses Handbuchs beschreiben Kollar et al. das Lernen mit computerunterstützten Kollaborationsskripts ausführlicher.

## 5.2 Strukturierung von Peer-Feedback beim computerunterstützten kollaborativen Lernen

Die Anleitung zu Peer-Feedback (oder auch Peer-Assessment) ist eine weitere Maßnahme zur Förderung kollaborativen Lernens, die sich auch in computerunterstützten Lernumgebungen gut umsetzen lässt. Dem Peer-Feedback liegt die Sichtweise auf das Lernen als individuelle kognitive Entwicklung zugrunde und es setzt die lernförderlichen Prozesse um, die durch die wechselseitige Unterstützung der Lernpartner entstehen. Peer-Feedback wird durch computerunterstützte Hilfestellungen so angeleitet, dass Lernende die Lösungen von Aufgaben und Problemen ihrer Lernpartner beurteilen, indem sie diese gegenseitig erklären und vereinfachen, Unklarheiten beseitigen und Wissen zusammenfassen und neu strukturieren. Durch die Interaktion mit den Lernpartnern wird darüber hinaus neues Wissen konstruiert und es werden soziale Fähigkeiten entwickelt (Lai 2016). Mechanismen des Peer-Feedbacks können auch durch die in Abschn. 5.1 vorgestellten Kollaborationsskripts computerunterstützt angeleitet werden. Hierbei hat sich gezeigt, dass sich das Angebot einer Strukturierung des Vorgehens beim Peer-Feedback positiv auf den Lernerfolg auswirkt (Gielen und De Wever 2015). Der Einsatz von Peer-Feedback löst also Probleme des wechselseitigen Verstehens und kann Kompetenzerleben durch Strukturierung fördern.

## 5.3 Verbesserung der Wahrnehmung der Lerngruppe mit *awareness tools*

Die so genannten *awareness tools* wurden aus der Annahme heraus entwickelt, dass kollaboratives Lernen erfolgreich ist, wenn die Lernenden gemeinsam ihre Lernprozesse regulieren, Bedeutungen gemeinsam aushandeln und eine gemeinsame Wissensbasis erschaffen. Prinzipiell fördern die *awareness tools* beim computerunterstützten kollaborativen Lernen die Wahrnehmung von kognitiven Merkmalen einer Lerngruppe, also z. B. über Wissen und Kenntnisse der Gruppenmitglieder sowie zu sozialen Merkmalen der Gruppe, also inwieweit die Gruppenmitglieder zum gemeinsamen Lernprozess beitragen (Janssen und Bodemer 2013). Ohne den Einsatz intelligenter Computertechnologie wäre man für die Darstellung der Gruppenmerkmale in den *awareness tools* auf die Eingabe entsprechender Daten durch beispielsweise die Lehrperson angewiesen. Diese Art der Sammlung von Daten stellt sich als aufwändig dar und ist ab einer gewissen Anzahl an Lernenden für eine Lehrperson auch kaum durchführbar. Der Einsatz aktueller Computertechnologie macht es möglich, soziale Interaktionen während des kollaborativen Lernprozesses automatisch zu analysieren, was eine Darstellung der kognitiven und sozialen Gruppenmerkmale in Echtzeit ermöglicht (Erkens et al. 2016). Diese Information kann den Lernenden zur Verfügung gestellt werden. Das Bewusstmachen von sozialen und kognitiven Merkmalen der Lerngruppe im Lernprozess sowie das Angebot von passenden Strategien zum Umgang mit den Gruppenmerkmalen und -prozessen kann den kollaborativen Lernprozess vor allem im Hinblick auf die Lernregulation unterstützen (Järvelä et al. 2015). Nachweise von Effekten auf den Wissenserwerb sind hingegen rar. In Kap. ▶ „Group Awareness-Tools beim technologieunterstützen Lernen" dieses Handbuchs geht Bodemer genauer auf *awareness tools* für Lerngruppen beim technologieunterstützten Lernen ein.

## 5.4 Technologiebasierte Unterstützung von Knowledge Building

Knowledge Building baut auf Prinzipien des Lernens als soziale Ko-Konstruktion (Abschn. 3.2) und Partizipation in Gruppen wie den communities of practice (Abschn. 3.3) auf. Hierbei wird das kollaborative Lernen genutzt, um gemeinsam Bedeutungen auszuhandeln und neues Wissen zu generieren (Scardamalia und Bereiter 2006). Die Wikipedia-Webseite ist ein prominentes Beispiel dafür, wie Wissen im Sinne des Knowledge Building gemeinsam generiert, gespeichert und anderen dauerhaft zugänglich gemacht werden kann. Schon in den Anfängen des computerunterstützten kollaborativen Lernens entwickelten Scardamalia und Bereiter (1994) ein Programm, das ähnlich wie die später entwickelte Wikipedia Enzyklopädie funktioniert. Dieses Programm ist in seiner aktuellen Entwicklungsstufe immer noch unter dem Namen Knowledge Forum® (http://www.knowledgeforum. com/) frei verfügbar. Das Computerprogramm baut auf den Prinzipien des Knowledge Building auf und unterstützt Gruppen darin, gemeinsam Wissen zu generieren, indem es eine Plattform zu Verfügung stellt, auf der kleine Texte verfasst und von allen Lernenden mit Kommentaren versehen werden können. Des Weiteren können die Lernenden Verknüpfungen zwischen den unterschiedlichen Texten grafisch darstellen, Texte und Verknüpfungen kritisch diskutieren und somit zu einer wachsenden Menge von geteiltem Wissen beitragen. In einer Studie zum kollaborativen Lernen mit Unterstützung durch die Knowledge Building-Plattform zeigt Lipponen (2000), wie eine Schulklasse, deren Lehrerinnen und Lehrer sowie auch alle Schülerinnen, Schüler und Lehrkräfte der dazugehörigen Schule sich am Knowledge Building zum Thema Energie beteiligen. Neben Diskussionen im Klassenzimmer, unterschiedlichen Lernressourcen und der Durchführung von Experimenten wurde in dieser Studie die Knowledge Building-Plattform dafür verwendet, den Prozess des forschenden Lernens zu unterstützen. Die Schülerinnen und Schüler lernten in Zweiergruppen an jeweils spezifischen Unterthemen zum Thema Energie und wurden dazu angeregt, ihre Forschungsfragen, Erklärungen und Kommentare in der Knowledge Building-Plattform der ganzen Klasse zugänglich zu machen. Entscheidend ist hierbei, dass es nicht um die Reproduktion von Wissen ging, sondern darum, dass die Schülerinnen und Schüler durch ihre Beiträge in den Diskussionen und der Knowledge Building-Plattform gemeinsam Wissen konstruierten und so selbst zum gemeinsam geteilten Wissen beitrugen. Die von den Schülerinnen und Schülern geschaffenen Artefakte in der Knowledge Building-Plattform sprechen dafür, dass erfolgreich gemeinsam Wissen konstruiert wurde (Lipponen 2000). Was zudem an dem Beispiel des gemeinsamen Lernens in der Knowledge Building-Plattform ersichtlich wird, ist, dass es bei dieser Art des Lernens und Generierens neuen Wissens um mehr als den individuellen Erwerb von Wissen und Fertigkeiten oder die kognitive Veränderung eines Individuums geht. Wie von Kimmerle et al. (2015) erläutert, geht das Produkt solcher kollaborativer Lernprozesse wie beispielsweise die in der Knowledge Building-Plattform gespeicherten Artefakte und Erkenntnisse zum Thema Energie oder, im Beispiel von Wikipedia die entstandene Enzyklopädie, über das hinaus, was ein Einzelner aus der Gruppe der Kooperierenden je leisten oder wissen könnte. Hierbei stellt sich auch die Frage, inwiefern gewöhnliche individuelle Leistungstests sinnvoll eingesetzt werden können, um die Effektivität von kollaborativem Lernen nach dem Prinzip des Knowledge Building in adäquater Weise zu erfassen (Lipponen 2000). Die Bewertung der Artefakte und Gruppenprodukte, die während des Lernprozesses entstehen, lassen dabei genauere Rückschlüsse auf die Effektivität des Knowledge Building zu, aber nicht für den individuellen Lernerfolg.

Knowledge Building sollte durch die vielen Freiheitsgrade, die den Lernenden überlassen werden, ein hohes Autonomieerleben fördern, was sich positiv auf die Lernmotivation auswirken kann. Die Nutzung einer gemeinsamen Wissensbasis und die vielfältigen Möglichkeiten zu diskutieren sollten zu einem gemeinsam geteilten Verständnis der Inhalte führen. Lediglich die teilweise geringe Strukturierung der Knowledge Building-Lernszenarien könnte das Kompetenzerleben der Lernenden schmälern, wenn Lernende durch zu wenig Unterstützung sich in der Vielzahl der Freiheitsgrade verlieren. Das Angebot einer Strukturierung des Lernprozesses erscheint daher eine relevante Frage bei der Entwicklung von computerunterstützten Fördermaßnahmen für den Einsatz in Knowledge Building-Lernszenarien zu sein.

## 6 Fazit: Entwicklung und Trends zum computerunterstützten kollaborativen Lernen

### 6.1 Entwicklung der Forschung zum computerunterstützten kollaborativen Lernen

Die Erforschung und insbesondere die praktische Anwendung von computerunterstütztem kollaborativem Lernen haben sich seit Mitte der 80er-Jahre des 20. Jahrhunderts dramatisch weiterentwickelt. Von Beginn an gab es ein großes Interesse daran, die neuen Technologien zu nutzen, um bewährte Fördermaßnahmen für das computerunterstützte kollaborative Lernen umzusetzen. Neben der schon ohne die Computertechnologie erwiesenen Lernförderlichkeit der Maßnahmen stand vor allem die Bewertung der Handhabbarkeit der neuen Technologie im Fokus der Forschung (McManus und Aiken 1995). Eine weitere Forschungslinie beschäftigte sich eher mit den Möglichkeiten, die sich durch die Computertechnologie erst ergeben haben. Hierbei geht es darum, die Computertechnologie zu nutzen, um neue Unterstützungsmaßnahmen für das kollaborative Lernen zu entwickeln, wie die Nutzung von Hypermedien zur kollaborativen Erstellung von *concept maps* (Gaines und Shaw 1995). Man erkannte schnell, dass Computer nicht per se einen Einfluss auf den Lernerfolg haben, sondern es daran liegt, welche Art der Unterstützung sinnvoll mit dem Computer umgesetzt werden kann. Daher gab es schon früh Bemühungen darum, die Umsetzung von Fördermaßnahmen für computerunterstütztes kollaboratives Lernen zu erforschen (Koschmann et al. 1993). Des Weiteren wurden Chancen und Herausforderungen der Computertechnologie als Mittel zur Kommunikation zwischen Lernenden sowie zwischen Lernenden und Lehrenden erkannt und in den Fokus weiterer Forschung gestellt. So fanden Järvelä et al. (1999), dass computerunterstützte Lernumgebungen erfolgreich eingesetzt werden können, um das gegenseitige Verständnis und die Kommunikation zwischen Schülerinnen und Schülern sowie Lehrerinnen und Lehrern positiv zu unterstützen. Gerade für die neu aufkommenden Kommunikationsformen über asynchrone Diskussionsforen, Chats oder Webkonferenzen wurde klar, dass Unterstützungsmaßnahmen notwendig sind, die den Verlauf der neuen noch unbekannten Form der Kommunikation anleiten (Bodzin und Park 2000). Neuere Forschungsrichtungen beschäftigen sich mit den Möglichkeiten, die sich durch intelligente Technologien und maschinelles Lernen (d. h. das Lernen von Computern durch Mustererkennung) ergeben. Hierzu zählt die adaptive Gestaltung von Lernumgebungen, bei der die Computerunterstützung auf Grundlage einer automatischen Echtzeitanalyse der kollaborativen Lernprozesse angepasst wird (Diziol et al. 2010). Da die adaptive Gestaltung von Lernumgebungen für computerunterstütztes kollaboratives Lernen intelligente Technologien benötigt, die Lernprozesse in kürzester Zeit automatisch auswerten können, wurde auch die Forschung in diesem Bereich weiterentwickelt. So setzten Rosé et al. (2008) in ihren Pionierarbeiten in diesem Feld aktuelle Methoden aus der Computerlinguistik ein, um Lerndialoge zu analysieren. Die Forschung hierzu zeigt, dass die Computeranalyse der Lerndialoge mindestens auf dem qualitativen Niveau von menschlichen Beurteilern erfolgen kann, jedoch in wesentlich kürzerer Zeit. Darauf aufbauend werden sogenannte „*learning analytics*" verwendet, um den Lernerfolg einer großen Anzahl individueller Teilnehmer zu überprüfen. Bei den *learning analytics* geht es darum, die Computertechnologie zu nutzen, um möglichst aufschlussreiche Daten der Lernenden zu sammeln. Hierbei kann der Lernerfolg auf unterschiedlichen Dimensionen erfasst und bewertet werden, wie z. B. die Aktivität der Lernenden oder die konkreten Eingaben, die die Lernenden in der computerunterstützten Lernumgebung machen (Goggins et al. 2016). Intelligente Systeme und maschinelles Lernen (Rosé et al. 2008) können dann verwendet werden, um die Daten in ihrer ganzen Komplexität zu analysieren. In einer weiteren Forschungsrichtung werden computerunterstützte Tests entwickelt, in denen kollaborative Problemlösefertigkeiten von Schülerinnen und Schülern individuell im Zusammenspiel mit computerbasierten Agenten standardisiert ausgewertet werden können (Rosen und Foltz 2014). Diese Art von Tests wurden beispielsweise in der PISA-Studie 2015 verwendet, deren Erhebung vollständig computerbasiert durchgeführt wurde und in der zum ersten Mal in PISA kollaboratives Problemlösen (collaborative problem solving) erhoben wurde (OECD 2017; Rosen und Foltz 2014).

## 6.2 Trends zu computerunterstützten Fördermaßnahmen kollaborativen Lernens

In den aktuellen Trends zur Entwicklung und Erforschung von computerunterstützten Fördermaßnahmen für das kollaborative Lernen werden die historisch gewachsenen Felder weiter fortgeführt und neu entstehende Möglichkeiten und Herausforderungen aufgegriffen. Ein Trend liegt in der Gestaltung von Lehre für größere Gruppen, wie z. B. MOOCs (Massive Open Online Courses). MOOCs sind Online-Kurse, die meist von großen Universitäten mit renommierten Dozenten für alle Personen zur Verfügung gestellt werden, die Zugriff auf ein internetfähiges Endgerät haben. Dadurch erreichen MOOCs schnell mehrere Tausend Teilnehmerzahlen. In MOOCs können die im vorherigen Kapitel beschriebenen im vorherigen Abschnitt „Learning Analytics" verwendet werden, um trotz der hohen Teilnehmerzahl möglichst effizient und genau den individuellen Lernerfolg zu überprüfen. Auch ist noch wenig darüber bekannt, wie man Kurse dieser Größe gestalten soll. Erste Studien untersuchen die Effektivität verschiedener Designmerkmale wie die Verwendung von Quiz- oder Ratespielen und deren Zusammenhang mit der Motivation der Lernenden, vorgegebene Texte zu lesen (Rayyan et al. 2016).

Der neueren Idee des „*crowd teaching*" liegt die Erkenntnis zugrunde, dass große Gruppen mit heterogener Zusammensetzung oft besser Probleme lösen können als Gruppen mit homogener Zusammensetzung oder einzelne Experten, da das Wissen der Einzelpersonen ebenfalls heterogener und damit vielfältiger ist. Wendet man diese Erkenntnis auf das Lehren und Lernen an, würde dies bedeuten, dass bessere Lernumgebungen entwickelt werden können, wenn unterschiedliche Personengruppen sich an der Entwicklung beteiligen, z. B. nicht nur unterschiedliche Lehrende, sondern auch Schülerinnen und Schüler, Eltern, Personen aus der Wirtschaft etc. (Klieger 2016).

Ein weiterer Trend der aktuellen Forschung zum computerunterstützten kollaborativen Lernen liegt in einer veränderten methodischen Herangehensweise. In den Anfängen der Forschung zu computerunterstütztem kollaborativem Lernen wurden quantitative experimentelle Studien durchgeführt, in denen eine bestimmte computerunterstützte Fördermaßnahmen für kollaboratives Lernen mit einer anderen Fördermaßnahme in Bezug auf den mittleren individuellen Lernerfolg verglichen wurde. Gleichzeitig gab es vor allem in den USA und Skandinavien eine starke qualitative Forschungstradition, die die Bedeutungsaushandlung und Koordination in computerunterstützten kollaborativen Lernumgebungen im Detail analysierte (Roschelle und Teasley 1995). Mittlerweile hat sich ein weiterer Forschungsschwerpunkt entwickelt, in dem die Wirksamkeit spezifischer Aktivitäten *während* des kollaborativen Lernprozesses in der Kleingruppe überprüft wird (Stahl 2006). Die spezifischen Aktivitäten, die im kollaborativen Lernprozess eine entscheidende lernförderliche Rolle spielen, werden von Chi und Wylie (2014; auch Chi 2009) in passive, aktive, konstruktive und interaktive Aktivitäten unterteilt. Dabei vertreten sie die Hypothese, dass die Aktivitäten für die Lernenden von passiv bis zu interaktiv einen zunehmend positiven Einfluss auf das Lernergebnis haben. In passiven Aktivitäten rezipieren Lernende lediglich Informationen aus dem Lernmaterial (z. B. das Betrachten eines Videos). Bei aktiven Aktivitäten manipulieren sie darüber hinaus das Lernmaterial (z. B. das Vor- und Zurückspulen des Videos). Konstruktive Aktivitäten zeichnen sich dadurch aus, dass die Lernenden etwas erschaffen, das über das vorhandene Lernmaterial hinausgeht (z. B. die Beschreibung des Inhalts des Videos in eigenen Worten). In interaktiven Aktivitäten kombinieren Lernende das vorhandene Lernmaterial und die Äußerungen der Lernpartner, so dass sie etwas erschaffen, das über beides hinausgeht (z. B. eine Kritik an der Interpretation des Videos, die ein Lernpartner geäußert hat). Die Einordnung der lernförderlichen Aktivitäten im (kollaborativen) Lernprozess, wie sie von Chi und Wylie (2014) vorgestellt wurde, hat auch die quantitative Auswertung bezüglich kollaborativer Lernprozesse angeregt (Vogel et al. 2016). Da in solchen Auswertungsverfahren Daten auf mehreren Ebenen (Individuum, Lerngruppe, Schulklasse, Schule etc.) verwendet werden, muss durch angemessene statistische Verfahren die Abbildung dieser Mehrebenenstruktur sichergestellt werden (Cress 2008). Ein Verfahren, durch das sowohl der direkte Effekt der computerunterstützten kollaborativen Intervention auf den Lernerfolg als auch die Vermittlung des Lernerfolgs durch spezifische Gruppenprozesse aufgeklärt werden kann, ist die Verwendung von sogenannten „*mixed methods*", bei denen sich quantitative und qualitative Methoden gegenseitig ergänzen (z. B. Martinez et al. 2006).

In weiteren neueren wissenschaftlichen Beiträgen wird der Frage nachgegangen, wie Lehrkräfte kollaboratives Lernen in der Unterrichtspraxis einsetzen können und wie sie dabei durch Computertechnik unterstützt werden können. Basierend auf Forschungsergebnissen zu positiven Effekten der Interaktionen zwischen den kollaborativ Lernenden beschreiben Kaendler et al. (2015) fünf Kompetenzen, die relevant für die Lehrkraft sind, um kollaboratives Lernen erfolgreich anzuleiten. Dies sind die Fähigkeiten, Interaktionen der Lernenden zu planen, zu überprüfen, zu unterstützen, zusammenzuführen und zu reflektieren. Verschiedene computerbasierte Ansätze zur Unterstützung der Lehrkraft sind hierbei denkbar. So könnten die Lehrkräfte beispielsweise bei der Überprüfung der Interaktionen der Lernenden von den in Abschn. 5.3 beschriebenen *awareness tools* unterstützt werden. Kaendler et al. (2015) nennen auch die Verwendung videobasierter Lernumgebungen, um die oben genannten Kompetenzen der Lehrenden zu trainieren.

## 7 Verwendung von computerunterstütztem kollaborativem Lernen in der Lehrpraxis

Kollaborative Aktivitäten und Lernprozesse, die in positivem Zusammenhang mit dem Lernerfolg stehen, sind beispielsweise die positive Interdependenz zwischen den Lernpartnern, sozio-kognitive Konflikte und deren Überwindung, gegenseitiges Fragestellen und Erklären, gemeinsames Aushandeln von Bedeutungen oder die gemeinsame Regulation von Gruppenprozessen. Zur Anregung oder zumindest zur Ermöglichung dieser Aktivitäten und Prozesse ist eine Vielzahl von Gestaltungsmöglichkeiten von Lernumgebungen denkbar. So kann die Lehrkraft positive Interdependenz zwischen den Lernpartnern erzielen, indem sie von vornherein festlegt, dass individuelle Belohnungen auf der Grundlage des Erfolgs der Gruppe vergeben werden (z. B. wenn Lernende ihre Note für das Gruppenergebnis erhalten) oder sie die Lerngruppe dazu auffordert, ein gemeinsames Lernziel zu definieren. Soziokognitive Konflikte und Diskussionen können dadurch angeregt werden, dass die Lehrkraft mittels eines Fragebogens die Meinungen der Lernenden zu einem kontroversen Thema (z. B. zum Einsatz grüner Gentechnik) zunächst abfragt und auswertet und sie dann Lernende mit möglichst weit auseinanderliegenden Meinungen einer Lerngruppe zuweist. Falls keine ausgeprägten Meinungs- oder Wissensunterschiede vorhanden sind, kann die Lehrkraft Diskussionen auch dadurch anregen, dass sie den Lernenden konträre Rollen zuweist (z. B. Greenpeace-Aktivist, Landwirt, Biologe), durch die Meinungsunterschiede didaktisch gefördert werden. Für gegenseitiges Fragestellen und Erklären kann die Lehrkraft zur Durchführung von Peer-Feedback anleiten. Dabei weist sie den Lernenden zu verschiedenen Zeitpunkten unterschiedliche Rollen und Aktivitäten zu, die sie in einer bestimmten Reihenfolge durchführen müssen.

Um computerunterstützte Maßnahmen für die Anregung und Ermöglichung der gewählten kollaborativen Aktivitäten und Lernprozesse auszuwählen, kann die Lehrkraft auf Funktionen bewährter computervermittelter Kommunikation (z. B. Chats, E-Mail, Diskussionsforen) zurückgreifen, sie kann Funktionen von gewerblich vertriebenen oder frei zugänglichen Lernplattformen (z. B. Moodle) verwenden oder speziell auf das kollaborative Lernen ausgerichtete computerbasierte Lernumgebungen (z. B. Knowledge Forum®) nutzen bzw. eigens erstellen. So bietet die open-source-Lernplattform Moodle für die Durchführung von Peer-Feedback einen mehrstufigen Prozess namens „gegenseitige Beurteilung" (früher: „Workshop") an, in dem die Lehrkräfte Parameter einstellen können wie die Hinterlegung von Beschreibungen (Aufgabenstellung, Beurteilungskriterien etc.), Zuordnung von Einreichungen, den zeitlichen Ablauf oder Regeln für die Punktevergabe. In mehreren Phasen werden dann Lernende dazu aufgefordert, Lösungen einzureichen, die Einreichungen anderer zu bewerten, erhaltenes Feedback einzureichen oder auch die eigene Einreichung zu bewerten. Die Computertechnologie unterstützt die Lehrkraft, den Prozess des Peer-Feedbacks für die Lernenden klar darzustellen und die Einreichungen und Verteilungen der Aufgaben zu koordinieren.

Zusammenfassend lassen sich aus den theoretischen Überlegungen und empirischen Forschungsergebnissen Hinweise ableiten, die beim Einsatz computerunterstützten kollaborativen Lernens in Unterricht und Lehre beachtet werden können, um den Lernerfolg positiv zu beeinflussen. Während sich jedoch die lernförderlichen kollaborativen Prozesse und Aktivitäten relativ stabil zeigen, unterliegt die Art, wie diese durch computerunterstützte Maßnahmen gefördert werden können, dem ständigen, nicht vorhersehbaren technologischen Wandel. Für den sinnvollen Einsatz computerunterstützter Fördermaßnahmen für kollaboratives Lernen in der Lehrpraxis ist es essenziell, die Lernziele, die angestrebten kollaborativen Lernprozesse und die Computerunterstützung gut aufeinander abzustimmen. Um dies zu erreichen, kann man zunächst die Frage stellen, welche kollaborativen Prozesse und Aktivitäten gefördert werden sollen und danach erst die Frage anschließen, ob und wie dies technologisch umgesetzt werden kann. Ein anderer Weg ist, sich regelmäßig über die neuesten Lerntechnologien zu informieren und darin, in Abstimmung mit den eigenen Lehr- und Lernzielen, neue Anwendungsmöglichkeiten für das kollaborative Lernen zu entdecken.

## Literatur

Asterhan, C. S. C., & Schwarz, B. B. (2009). Argumentation and explanation in conceptual change: Indications from protocol analyses of peer-to-peer dialog. *Cognitive Science, 33*(3), 374–400. https://doi.org/10.1111/j.1551-6709.2009.01017.x.

Bereiter, C., Cress, U., Fischer, F., Hakkarainen, K., Scardamalia, M., & Vogel, F. (2017). Scripted and unscripted aspects of creative work with knowledge. In B. K. Smith, M. Borge, E. Mercier & K. Y. Linn (Hrsg.), *Making a difference: Prioritizing equity and access in CSCL, 12th international conference on Computer-Supported Collaborative Learning (CSCL) 2017* (Bd. 1, S. 751–759). Philadelphia: International Society of the Learning Sciences.

Bodzin, A. M., & Park, J. C. (2000). Dialogue patterns of preservice science teachers using asynchronous computer-mediated communications on the World Wide Web. *Journal of Computers in Mathematics and Science Teaching, 19*(2), 161–194.

Boekaerts, M., & Minnaert, A. (2006). Affective and motivational outcomes of working in collaborative groups. *Educational Psychology, 26*(2), 187–208. https://doi.org/10.1080/01443410500344217.

Bossche, P. van den, Gijselaers, W., Segers, M., Woltjer, G., & Kirschner, P. (2011). Team learning: Building shared mental models. Instructional Science, 39(3), 283–301. https://doi.org/10.1007/s11251-010-9128-3

Chi, M. T. H. (2009). Active–constructive–interactive: A conceptual framework for differentiating learning activities. *Topics in Cognitive Science, 1*(1), 73–105. https://doi.org/10.1111/j.1756-8765.2008.01005.x.

Chi, M. T. H., & Wylie, R. (2014). The ICAP framework: Linking cognitive engagement to active learning outcomes. *Educational Psychologist, 49*(4), 219–243. https://doi.org/10.1080/00461520. 2014.965823.

Clark, H., & Brennan, S. (1991). Grounding in Communication. In L. B. Resnick, J. M. Levine & S. D. Teasley (Hrsg.), *Perspectives on socially-shared cognition*. Washington, DC: APA.

Clark, D. B., & Sampson, V. D. (2007). Personally-seeded discussions to scaffold online argumentation. *International Journal of Science Education, 29*(3), 253–277. https://doi.org/10.1080/09500690600560944.

Cress, U. (2008). The need for considering multilevel analysis in CSCL research – An appeal for the use of more advanced statistical methods. *International Journal of Computer-Supported Collaborative Learning, 3*(1), 69–84. https://doi.org/10.1007/s11412-007-9032-2.

Dillenbourg, P. (2002). Over-scripting CSCL: The risks of blending collaborative learning with instructional design. In P. A. Kirschner (Hrsg.), *Three worlds of CSCL. Can we support CSCL* (S. 61–91). Heerlen: Open University Nederland.

Dillenbourg, P., & Hong, F. (2008). The mechanics of CSCL macro scripts. *International Journal of Computer-Supported Collaborative Learning, 3*(1), 5–23. https://doi.org/10.1007/s11412-007-9033-1.

Diziol, D., Walker, E., Rummel, N., & Koedinger, K. R. (2010). Using intelligent tutor technology to implement adaptive support for student collaboration. *Educational Psychology Review, 22*, 89–102. https://doi.org/10.1007/s10648-009-9116-9.

Eberle, J., Stegmann, K., & Fischer, F. (2014). Legitimate peripheral participation in communities of practice – participation support structures for newcomers in faculty student councils. *Journal of the Learning Sciences, 23*, 216–244. https://doi.org/10.1080/10508406.2014.883978.

Erkens, M., Bodemer, D., & Hoppe, U. (2016). Improving collaborative learning in the classroom: Text mining based grouping and representing. *International Journal of Computer-Supported Collaborative Learning, 11*, 387–415. https://doi.org/10.1007/s11412-016-9243-5.

Fischer, F., & Mandl, H. (2005). Knowledge convergence in computer-supported collaborative learning: The role of external representation tools. *Journal of the Learning Sciences, 14*(3), 405–441. https://doi.org/10.1207/s15327809jls1403_3.

Fischer, F., Kollar, I., Stegmann, K., & Wecker, C. (2013). Toward a script theory of guidance in computer-supported collaborative learning. *Educational Psychologist, 48*(1), 56–66. https://doi.org/10.1080/00461520.2012.748005.

Gaines, B. R., & Shaw, M. L. G. (1995). Concept maps as hypermedia components. *International Journal of Human-Computer Studies, 43*(3), 323–361. https://doi.org/10.1006/ijhc.1995.1049.

Gielen, M., & De Wever, B. (2015). Structuring peer assessment: Comparing the impact of the degree of structure on peer feedback content. *Computers in Human Behavior, 52*, 315–325. https://doi.org/10.1016/j.chb.2015.06.019.

Goggins, S. P., Galyen, K. D., Petakovic, E., & Laffey, J. M. (2016). Connecting performance to social structure and pedagogy as a pathway to scaling learning analytics in MOOCs: An exploratory study. *Journal of Computer Assisted Learning, 32*, 244–266. https://doi.org/10.1111/jcal.12129.

Hadwin, A. F., Oshige, M., Gress, C. L. Z., & Winne, P. H. (2010). Innovative ways for using gStudy to orchestrate and research social aspects of self-regulated learning. *Computers in Human Behavior, 26*(5), 794–805. https://doi.org/10.1016/j.chb.2007.06.007.

Hmelo-Silver, C. E., Duncan, R. G., & Chinn, C. A. (2007). Scaffolding and achievement in problem-based and inquiry learning: A response to Kirschner, Sweller, and Clark. *Educational Psychologist, 42*(2), 99–107. https://doi.org/10.1080/00461520701263368.

Janssen, J., & Bodemer, D. (2013). Coordinated computer-supported collaborative learning: Awareness and awareness tools. *Educational Psychologist, 48*(1), 40–55. https://doi.org/10.1080/00461520.2012.749153.

Järvelä, S., & Hadwin, A. F. (2013). New frontiers: Regulating learning in CSCL. *Educational Psychologist, 48*(1), 25–39. https://doi.org/10.1080/00461520.2012.748006.

Järvelä, S., Kirschner, P. A., Panadero, E., Malmberg, J., Phielix, C., Jaspers, J., & Järvenoja, H. (2015). *Enhancing socially shared regulation in collaborative learning groups: Designing* for CSCL regulation tools. *Educational Technology Research and Development, 63*(1), 125–142.

Järvelä, S., Bonk, C. J., Lehtinen, E., & Lehti, S. (1999). A theoretical analysis of social interactions in computer-based learning environments: Evidence for reciprocal understandings. *Journal of Educational Computing Research, 21*(3), 363–388. https://doi.org/10.2190/1JB6-FC8W-YEFW-NT9D.

Jeong, H., & Chi, M. T. H. (2007). Knowledge convergence and collaborative learning. *Instructional Science, 35*(4), 287–315. https://doi.org/10.1007/s11251-006-9008-z.

Johnson, D. W., & Johnson, R. T. (2009). An educational psychology success story: Social interdependence theory and cooperative learning. *Educational Researcher, 38*(5), 365–379. https://doi.org/10.3102/0013189X09339057.

Kaendler, C., Wiedmann, M., Rummel, N., & Spada, H. (2015). Teacher competencies for the implementation of collaborative learning in the classroom: A framework and research review. *Educational Psychology Review, 27*(3), 505–536. https://doi.org/10.1007/s10648-014-9288-9.

Kimmerle, J., Moskaliuk, J., Oeberst, A., & Cress, U. (2015). Learning and Collective Knowledge Construction With Social Media: A Process-Oriented Perspective. *Educational Psychologist, 50*(2), 120–137. https://doi.org/10.1080/00461520.2015.1036273.

Kirschner, P. A., Sweller, J., & Clark, R. E. (2006). Why minimal guidance during instruction does not work: An analysis of the failure of constructivist, discovery, problem-based, experiential, and inquiry-based teaching. *Educational Psychologist, 41*(2), 75–86. https://doi.org/10.1207/s15326985ep4102_1.

Klieger, A. (2016). The use of social networks to employ the wisdom of crowds for teaching. *TechTrends, 60*, 124–128. https://doi.org/10.1007/s11528-016-0020-0.

Kollar, I., Fischer, F., & Hesse, F. W. (2006). Collaboration scripts – A conceptual analysis. *Educational Psychology Review, 18*(2), 159–185. https://doi.org/10.1007/s10648-006-9007-2.

Koschmann, T. D., Myers, A. C., Feltovich, P. J., & Barrows, H. S. (1993). Using technology to assist in realizing effective learning and instruction: A principled approach to the use of computers in collaborative learning. *The Journal of the Learning Sciences, 3*(3), 227–264. https://doi.org/10.1207/s15327809jls0303_2.

Lai, C.-Y. (2016). Training nursing students' communication skill with online video peer assessment. *Computers & Education, 97*(1), 21–30. https://doi.org/10.1016/j.compedu.2016.02.017.

Lave, J., & Wenger, E. (1991). *Situated learning. Legitimate peripheral participation.* Cambridge: Cambridge University Press.

Lipponen, L. (2000). Towards knowledge building: From facts to explanations in primary students' computer mediated discourse. *Learning Environments Research, 3*(2), 179–199. https://doi.org/10.1023/A:1026516728338.

Martinez, A., Dimitriadis, Y., Gomez-Sanchez, E., Rubia-Avi, B., Jorrin-Abellan, I., & Marcos, J. A. (2006). Studying participation networks in collaboration using mixed methods. *International Journal of Computer-Supported Collaborative Learning, 1*(3), 383–408. https://doi.org/10.1007/s11412-006-8705-6.

McManus, M. M., & Aiken, R. M. (1995). Monitoring computer-based colaborative problem solving. *Journal of Artificial Intelligence in Education, 6*(4), 307–337.

Meier, A., Spada, H., & Rummel, N. (2007). A rating scheme for assessing the quality of computer-supported collaboration processes. *International Journal of Computer-Supported Collaborative Learning, 2*(1), 63–86. https://doi.org/10.1007/s11412-006-9005-x.

Molenaar, I., Roda, C., van Boxtel, C., & Sleegers, P. (2012). Dynamic scaffolding of socially regulated learning in a computer-based learning environment. *Computers & Education, 59*(2), 515–523. https://doi.org/10.1016/j.compedu.2011.12.006.

Mugny, G., & Doise, W. (1978). Socio-cognitive conflict and structure of individual and collective performances. *European Journal of Social Psychology, 8*, 181–192. https://doi.org/10.1002/ejsp.2420080204.

Nistor, N. (2016). Newcomer integration in knowledge communities: Development of the strat-I-Com questionnaire for MMORPG-based communities. *Smart Learning Environments, 3*(1), 3. https://doi.org/10.1186/s40561-016-0027-1.

Noroozi, O., Teasley, S. D., Biemans, H. J. A., Weinberger, A., & Mulder, M. (2013). Facilitating learning in multidisciplinary groups with transactive CSCL scripts. *International Journal of Computer-Supported Collaborative Learning, 8*(2), 189–223. https://doi.org/10.1007/s11412-012-9162-z.

OECD. (2017). *Programme for international student assessment.* http://www.oecd.org/pisa/. Zugegriffen am 28.05.2017.

Oliveira, A. W., & Sadler, T. D. (2008). Interactive patterns and convergence of meaning during student collaborations in science. *Journal of Research in Science Teaching, 45*, 634–658. https://doi.org/10.1002/tea.20211.

Pearsall, M. J., & Venkataramani, V. (2015). Overcoming asymmetric goals in teams: The interactive roles of team learning orientation and team identification. *Journal of Applied Psychology, 100*(3), 735–748. https://doi.org/10.1037/a0038315.

Piaget, J. (1969). *The psychology of the child.* New York: Basic Books.

Raes, E., Kyndt, E., Decuyper, S., Van den Bossche, P., & Dochy, F. (2015). An exploratory study of group development and team learning. *Human Resource Development Quarterly, 26*(1), 5–30. https://doi.org/10.1002/hrdq.21201.

Rayyan, S., Fredericks, C., Colvin, K. F., Liu, A., Teodorescu, R., Barrantes, A., Pritchard, D. E. et al. (2016). A MOOC based on blended pedagogy. *Journal of Computer Assisted Learning, 32*, 190–201. https://doi.org/10.1111/jcal.12126.

Rienties, B., Giesbers, B., Tempelaar, D., Lygo-Baker, S., Segers, M., & Gijselaers, W. (2012). The role of scaffolding and motivation in CSCL. *Computers & Education, 59*(3), 893–906. https://doi.org/10.1016/j.compedu.2012.04.010.

Rohlfs, C. (2011). Autonomie, Kompetenz und soziale Eingebundenheit. Die Selbstbestimmungstheorie der Motivation von Deci und Ryan. In *Bildungseinstellungen* (S. 93–102). Wiesbaden: VS Verlag für Sozialwissenschaften. https://doi.org/10.1007/978-3-531-92811-1_6.

Roschelle, J. (1992). Learning by collaborating: Convergent conceptual change. *The Journal of the Learning Sciences, 2*(3), 235–276. https://doi.org/10.1207/s15327809jls0203_1.

Roschelle, J., & Teasley, S. D. (1995). The construction of shared knowledge in collaborative problem solving. In C. O'Malley (Hrsg.), *Computer supported collaborative learning* (S. 69–97). Berlin/Heidelberg: Springer. https://doi.org/10.1007/978-3-642-85098-1_5.

Rosé, C. P., Wang, Y. C., Arguello, J., Stegmann, K., Weinberger, A., & Fischer, F. (2008). Analyzing collaborative learning processes automatically: Exploiting the advances of computational linguistics in computer-supported collaborative learning. *International Journal of Computer-Supported Collaborative Learning, 3*, 237–271. https://doi.org/10.1007/s11412-007-9034-0.

Rosen, Y., & Foltz, P. W. (2014). Assessing Collaborative Problem Solving Through Automated Technologies. *Journal of Research and Practice in Technology Enhanced Learning, 9*(3), 389–410.

Rummel, N., Spada, H., & Hauser, S. (2009). Learning to collaborate while being scripted or by observing a model. *International Journal of Computer-Supported Collaborative Learning, 4*(1), 69–92. https://doi.org/10.1007/s11412-008-9054-4.

Ryan, R. M., & Deci, E. L. (2000). Intrinsic and extrinsic motivations: Classic definitions and new directions. *Contemporary Educational Psychology, 25*, 54–67. https://doi.org/10.1006/ceps.1999.1020.

Saab, N., van Joolingen, W., & van Hout-Wolters, B. (2012). Support of the collaborative inquiry learning process: Influence of support on task and team regulation. *Metacognition and Learning, 7*(1), 7–23. https://doi.org/10.1007/s11409-011-9068-6.

Scardamalia, M., & Bereiter, C. (1994). Computer support for knowledge-building communities. *The Journal of the Learning Sciences, 3*(3), 265–283. https://doi.org/10.1207/s15327809jls0303_3.

Scardamalia, M., & Bereiter, C. (2006). Knowledge building: Theory, pedagogy, and technology. In K. Sawyer (Hrsg.), *Cambridge handbook of the learning sciences* (S. 97–118). New York: Cambridge University Press.

Schoor, C., Narciss, S., & Koerndle, H. (2015). Regulation during cooperative and collaborative learning: A theory-based review of terms and concepts. *Educational Psychologist, 50*(2), 97–119. https://doi.org/10.1080/00461520.2015.1038540.

Stahl, G. (2006). *Group cognition: Computer support for building collaborative knowledge.* Cambridge, MA: MIT Press.

Toulmin, S. (1958). *The uses of argument.* Cambridge: Cambridge University Press.

Vogel, F., Kollar, I., Ufer, S., Reichersdorfer, E., Reiss, K., & Fischer, F. (2016). Developing argumentation skills in mathematics through computer-supported collaborative learning: The role of transactivity. *Instructional Science, 44*(5), 477–500. https://doi.org/10.1007/s11251-016-9380-2.

Vogel, F., Wecker, C., Kollar, I., & Fischer, F. (2017). Socio-cognitive scaffolding with computer-supported collaboration scripts: A meta-analysis. *Educational Psychology Review, 29*(3), 477–511. https://doi.org/10.1007/s10648-016-9361-7.

Vygotsky, L. S. (1978). *Mind and society: The development of higher mental processes.* Cambridge, MA: Harvard University Press.

Wadsworth, B. J. (2004). *Piaget's theory of cognitive and affective development.* Boston: Pearson Education.

Webb, N. M., & Mastergeorge, A. (2003). Promoting effective helping behavior in peer-directed groups. *International Journal of Educational Research, 39*(1–2), 73–97. https://doi.org/10.1016/S0883-0355(03)00074-0.

Webb, N. M., Troper, J. D., & Fall, R. (1995). Constructive activity and learning in collaborative small groups. *Journal of Educational Psychology, 87*(3), 406–423. https://doi.org/10.1037/0022-0663.87.3.406.

Wegerif, R. (2008). Dialogic or dialectic? The significance of ontological assumptions in research on educational dialogue. *British Educational Research Journal, 34*(3), 347–361. https://doi.org/10.1080/01411920701532228.

Weinberger, A., Fischer, F., & Mandl, H. (2003). Collaborative knowledge construction in computer-mediated communication: Effects of cooperation scripts on acquisition of application-oriented knowledge. *Zeitschrift für Psychologie, 211*(2), 86–97. https://doi.org/10.1007/0-387-24319-4_2.

Wenger, E., McDermott, R., & Snyder, W. M. (2002). *Cultivating communities of practice.* Boston: Harvard Business School Press.

Zhao, K., & Chan, C. K. K. (2014). Fostering collective and individual learning through knowledge building. *International Journal of Computer-Supported Collaborative Learning, 9*(1), 63–95. https://doi.org/10.1007/s11412-013-9188-x.

Zimmerman, B. J. (1989). A social cognitive view of self-regulated academic learning. *Journal of Educational Psychology, 81,* 329–339. https://doi.org/10.1037/0022-0663.81.3.329.

# Selbstreguliertes Lernen und (technologiebasierte) Bildungsmedien

Franziska Perels und Laura Dörrenbächer

## Inhalt

1 Einleitung ..... 81
2 Selbstreguliertes Lernen ..... 82
3 Selbstreguliertes Lernen mit Bildungsmedien ..... 85
4 Fazit ..... 90
Literatur ..... 90

### Zusammenfassung

Das vorliegende Kapitel gibt einen Überblick über selbstreguliertes Lernen und dessen Bedeutung in Bezug auf technologiebasierte Bildungsmedien. Es wird dargelegt, dass selbstreguliertes Lernen die effektive Nutzung technologiebasierter Bildungsmedien unterstützen kann, da der Lernende die Anforderungen durch die Anwendung geeigneter kognitiver, metakognitiver und motivationaler Lernstrategien systematisieren und strukturieren kann. Darüber hinaus wird erläutert, wie technologiebasierte Bildungsmedien genutzt werden können, um vor allem metakognitive SRL-Strategien zeitgemäß zu fördern.

### Schlüsselwörter

Selbstreguliertes Lernen · Bildungsmedien · Förderung · Technologiebasiert · Metakognitive Strategien

---

F. Perels (✉) · L. Dörrenbächer
Empirische Schul- und Unterrichtsforschung, Universität des Saarlandes, Saarbrücken, Deutschland
E-Mail: f.perels@mx.uni-saarland.de; laura.doerrenbaecher@uni-saarland.de

© Springer-Verlag GmbH Deutschland, ein Teil von Springer Nature 2020
H. Niegemann, A. Weinberger (Hrsg.), *Handbuch Bildungstechnologie*,
https://doi.org/10.1007/978-3-662-54368-9_5

# 1 Einleitung

Vor dem Hintergrund der kontinuierlichen Expansion technologiebasierter Medien zur Unterstützung von schulischen und außerschulischen Bildungsprozessen gewinnt selbstreguliertes Lernen (SRL) zunehmend an Bedeutung. Dabei wird SRL verstanden als zielgerichteter, zyklischer Prozess, in dessen Verlauf der Lernende systematisch kognitive, metakognitive und motivationale Strategien zur Planung, Durchführung und Reflexion des Lernprozesses anwendet und so seinen Lernprozess optimiert (siehe z. B. Zimmerman 2000).

Im Zusammenhang mit Bildungsmedien können zwei Zielrichtungen selbstregulierten Lernens unterschieden werden: (1) Zum einen kann SRL die effektive Nutzung technologiebasierter Bildungsmedien unterstützen, indem der Lernende die Fülle an gleichzeitig auftretenden Anforderungen durch die Anwendung geeigneter kognitiver, metakognitiver und motivationaler Lernstrategien systematisiert und strukturiert sowie für den eigenen Lernprozess nutzt. (2) Zum anderen können technologiebasierte Bildungsmedien genutzt werden, um vor allem metakognitive SRL-Strategien zeitgemäß zu fördern.

Zielsetzung des Beitrages ist es daher, basierend auf einer Definition und der Darstellung der theoretischen Grundlagen selbstregulierten Lernens auf den Zusammenhang von SRL und Bildungsmedien näher einzugehen und dabei die beiden oben genannten Zielrichtungen zu betrachten.

# 2 Selbstreguliertes Lernen

a. Definition und Komponenten selbstregulierten Lernens

Bezogen auf das Konstrukt des selbstregulierten Lernens (in der Literatur zum Teil auch als selbstgesteuertes oder eigenverantwortliches Lernen bezeichnet) ist in der Literatur eine Vielzahl von Definitionen zu finden (z. B. Pintrich 2000; Zimmerman 2000). Vielen dieser Definitionen ist jedoch die Beschreibung selbstregulierten Lernens durch die folgenden drei zentralen Komponenten gemeinsam (z. B. Landmann et al. 2015):

(1) *Kognitive Komponenten*: Dieser Bereich selbstregulierten Lernens bezieht sich auf die Anwendung von Strategien (z. B. kognitiven Lernstrategien) zur zielgerichteten Auseinandersetzung mit Lerninhalten bzw. der Informationsverarbeitung im Lernprozess.
(2) *Motivationale Komponenten*: Diese Komponenten selbstregulierten Lernens umfassen neben der Selbstwirksamkeit des Lernenden all die Aktivitäten, die der Initiierung (z. B. Motivationsstrategien) und dem Aufrechterhalten (volitionale Steuerungsstrategien) des Lernens sowie der lernförderlichen Attribution des Lernergebnisses dienen.

(3) *Metakognitive Komponenten*: Diese Komponenten selbstregulierten Lernens beinhalten neben der Planung und der Selbstbeobachtung auch die Selbstreflexion sowie die Adaption des Lernverhaltens in Bezug auf das angestrebte Lernziel.

In einigen Definitionen wird zudem der kumulative Prozesscharakter des (selbstregulierten) Lernens hervorgehoben (Zimmerman 2000, S. 16, „Self-regulation refers to self-generated thoughts, feelings, and actions that are planned and cyclically adapted to personal goals."), der gerade bei der Förderung selbstregulierten Lernens eine zentrale Rolle spielt (siehe z. B. Leidinger und Perels 2012). Bedeutsam in dieser Definition ist die adaptive Zielverfolgung als Kern des Selbstregulationsansatzes, bei dem der einzelne Lernprozess nicht statisch gesehen wird, sondern im Sinne eines zyklischen Vorgehens der Lernprozess zu t1 einen Einfluss auf den Lernprozess zu t2 hat (Feedbackschleife). Aufgrund seines prozesshaften, zyklischen und kumulativen Charakters werden Modelle zum selbstregulierten Lernen, die sich auf diese Prozessdefinition stützen, in der Forschung sowie in der Praxis häufig zur Konzeption von Fördermaßnahmen verwendet (siehe z. B. Dörrenbächer und Perels 2016a; Perels et al. 2009).

b. Modelle selbstregulierten Lernens

Bezogen auf die Modelle selbstregulierten Lernens wird allgemein zwischen Prozess- (z. B. Zimmerman 2000) und Komponentenmodellen (z. B. Boekaerts 1999) unterschieden (siehe dazu z. B. auch Landmann et al. 2015). Dabei fokussieren Komponentenmodelle die verschiedenen (Selbst-)Regulationsebenen (z. B. Regulation der Strategieanwendung, Regulation des Lernprozesses, Regulation des Selbst), während Prozessmodelle eher den phasen- bzw. prozessbezogenen Charakter der Selbstregulation betonen. Da im Kontext von Interventionen zur Förderung selbstregulierten Lernens sehr häufig auf Prozessmodelle rekurriert wird (z. B. Leidinger und Perels 2012), wird im Folgenden das Zimmerman-Modell (2000) zur Selbstregulation näher betrachtet (siehe Abb. 1).

Innerhalb des Modells wird der Lernprozess in drei Phasen – die Handlungsplanung, die Handlungsausführung und die Selbstreflexion – unterteilt, die als Bestandteile eines iterativen Prozesses zu sehen sind, bei dem das Ergebnis einer vorherigen Lernphase Einfluss auf die Zielsetzung bzw. Strategieanwendung der folgenden Lernphase hat.

Entsprechend dem Modell beginnt die Lernhandlung in der Planungsphase, die der eigentlichen Handlungsphase vorgeschaltet ist, mit einer Aufgabenanalyse, die Maßnahmen der Zielsetzung und Strategieplanung enthält. Darüber hinaus sind motivationale Aspekte, die die Selbstmotivation, Zielorientierung und Selbstwirksamkeit umfassen, zentral für die Planungsphase. In der eigentlichen Handlungsphase kommen neben kognitiven, aufgabenbezogenen Lernstrategien auch volitionale Strategien zum Einsatz. Damit soll erreicht werden, dass der Lernende sich nicht von der Aufgabe bzw. der Problemstellung ablenken lässt und unter Kontrolle der Umwelt die Aufgabe fokussiert. Zudem sind in dieser Phase Strategien der

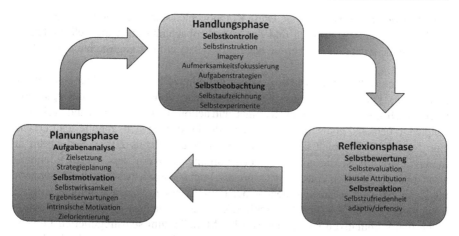

**Abb. 1** Phasen und Teilprozesse der Selbstregulation (modifiziert nach Zimmerman 2000)

Selbstbeobachtung von Bedeutung. Diese metakognitiven Strategien sollen den Lernenden dabei unterstützen, den eigenen Lernprozesses zu überwachen bzw. zu regulieren und so ggf. handlungsoptimierende Anpassungen vorzunehmen. Nach dem eigentlichen Lernen findet in der Reflexionsphase ein Abgleich des in der Planungsphase gesetzten Zieles mit dem Ergebnis der Lernhandlung statt. Dieser Vergleich hat aufgrund von Prozessen der Ursachenzuschreibung (Attributionsstil des Lernenden) Auswirkungen auf den emotional-motivationalen Zustand (z. B. Freude und Motivation über die Zielerreichung oder Enttäuschung bei Misserfolg) des Lernenden sowie auch auf den folgenden Lernprozess. Im Sinne des selbstregulierten Lernens sind vor allem Attributionen, die Ursachen von Lernergebnissen in internal-variablen Aspekten des Lernens sehen (veränderliche Aspekte, die in der Person selbst liegen, z. B. Anstrengung, Anwendung geeigneter Lernstrategien) lernförderlich. Das Ergebnis des Reflexionsprozesses hat zudem insofern Auswirkungen auf den folgenden Lernprozess, als je nach Zielerreichungsgrad Zielsetzung und Lernstrategien entsprechend adaptiert werden: Wird das Ziel nicht erreicht, so kann dies im nächsten Lernprozess zu einer Anpassung des Ziels (z. B. indem ein niedrigeres Ziel gesetzt wird) bzw. zu einer Veränderung der Strategie zur Zielerreichung (z. B. Anpassung der Lernstrategie) führen.

c. Relevanz für Lernen und Leistung

Selbstreguliertes Lernen hat eine große Bedeutung für die Gestaltung von effektiven Lernprozessen sowie deren Ergebnisse. So konnte der Zusammenhang von SRL und akademischer Leistung in zahlreichen Studien belegt werden (siehe z. B. Boekaerts und Cascallar 2006; Richardson et al. 2012). Dieses Ergebnis zeigt sich sowohl in jüngeren Altersstufen – in der Vorschule (z. B. Bryce und Whitebread 2012) und dem Primarbereich (z. B. Leidinger 2014) – als auch bei Schülern der Sekundarstufe (z. B. Perels et al. 2009) und Studierenden an Hochschulen (z. B. Dörrenbächer und Perels 2016b). Zudem zeigen sich in Interventionsstudien zur Förderung selbstregulierten Lernens in verschiedenen Altersstufen Effekte auch für die akademische Leistung der Trainingsteilnehmerinnen und Teilnehmer (siehe z. B. Otto 2007).

Selbstreguliertes Lernen wird zudem als eine Schlüsselkompetenz in Bezug auf die Anforderungen lebenslangen Lernens gesehen (z. B. Landmann et al. 2015). So zeigt sich z. B. in internationalen Leistungsvergleichsstudien (z. B. PISA – Programme for International Student Assessment; Prenzel et al. 2004), dass das Lernstrategiewissen zu einem der stärksten Prädiktoren der Lesekompetenz zählt und damit besonders relevant ist in Bezug auf mögliche Förderperspektiven (vor allem zur Verringerung sozialer Ungleichheiten; Artelt et al. 2010). Infolgedessen wurde selbstreguliertes Lernen als eine sogenannte „cross-curricular competence" in den Kanon der Bildungsindikatoren der Organisation für wirtschaftliche Zusammenarbeit und Entwicklung (OECD) aufgenommen (vgl. Köller und Schiefele 2003).

Darüber hinaus zeigen aktuelle Studien, dass diejenigen Lernenden, die bessere akademische Leistungen erbringen, gleichzeitig auch die besseren selbstregulativen Fähigkeiten besitzen (z. B. Lau et al. 2015). Diese Befunde gelten vor allem für den Bereich des mathematischen Problemlösens (Fuchs et al. 2003) und für das Leseverstehen (Glaser und Brunstein 2007). So konnte in der Studie von Fuchs et al. (2003) gezeigt werden, dass ein Training des selbstregulierten Lernens in Kombination mit einem mathematischem Problemlösetraining zu den deutlichsten Leistungsverbesserungen führte. Ähnliche Ergebnisse zeigen sich auch für Schüler der dritten und vierten Jahrgangsstufe (Otto et al. 2008).

Es wird deutlich, dass der positive Zusammenhang zwischen SRL, effektivem Lernen und akademischer Leistung wissenschaftlich und praktisch bedeutsam ist und mit Hilfe passender Interventionen auch zielgerichtet beeinflusst und verstärkt werden kann (siehe z. B. Dörrenbächer und Perels 2016a).

## 3 Selbstreguliertes Lernen mit Bildungsmedien

Nachdem der Begriff und die Relevanz des selbstregulierten Lernens erläutert wurden, wird im Folgenden darauf eingegangen, welche Rolle das Konstrukt beim Lernen mit technologiebasierten Bildungsmedien[1] spielt. Unter dem Begriff Bildungsmedien lassen sich dabei alle Lehr-Lernmaterialien fassen, die den Lernprozess unterstützen und im Rahmen eines pädagogischen Kontextes eingesetzt werden (Kübler 1997). Sie ermöglichen die Darstellung und didaktische Aufbereitung von Lehr- und Lerninhalten und dienen damit vorrangig zur Vermittlung von Fach- oder Methodenwissen (Ott 2015). Mit wachsenden technischen Möglichkeiten werden

---

[1]Im Folgenden werden unter dem Begriff „technologiebasierte Bildungsmedien" digitale Lernumgebungen aller Art zusammengefasst (computerbasiert, webbasiert, hypermedial), mit denen der Lernende sich selbst Inhalte jeglicher Art aneignen kann.

neben analogen Bildungsmedien wie Büchern, Materialsammlungen und Tafelbildern vermehrt digitale Bildungsmedien (Apps, Lernportale, Online-Tests) eingesetzt (Ott 2015).

Aufgrund des Wandels von eher lehrerzentrierten zu stärker lernerzentrierten Lernumgebungen und Instruktionsmethoden sowie der daraus resultierenden fehlenden Verstärkung durch Lehrkräfte oder Mitschüler bzw. Kommilitonen erfordert das Lernen mit technologiebasierten Bildungsmedien einen hohen Grad an Motivation, Anstrengung und Durchhaltevermögen seitens der Lernenden (Delen und Liew 2016). Daher haben SRL-Modelle gerade in der Forschung zu computerbasierten und Online-Lernumgebungen viel Aufmerksamkeit erhalten (Delen und Liew 2016): Individuen, die ihr Lernen effektiv planen, überwachen und reflektieren können, sind auch besser dazu in der Lage, mit den multiplen Repräsentationen der Lerninhalte und der hohen Autonomie in solchen Lernumgebungen umzugehen (Winters et al. 2008). Neben den besonderen Anforderungen, die technologiebasierte Bildungsmedien an die Lernkompetenzen des Individuums stellen, eröffnen sie aber auch neue Möglichkeiten der Förderung selbstregulierten Lernens. Im Folgenden soll daher einerseits erläutert werden, warum SRL für den Umgang mit technologiebasierten Bildungsmedien von besonderer Bedeutung ist. Andererseits wird dargestellt, wie diese Lernkompetenz mit digitalen Hilfswerkzeugen gefördert werden kann.

a. Selbstreguliertes Lernen beim Lernen mit technologiebasierten Bildungsmedien

Die eigenständige und effektive Nutzung technologiebasierter Bildungsmedien stellt eine besondere Herausforderung an den Lernenden dar, da dieser einerseits autonom entscheiden muss, was und wie viel er lernen will, wie er sich die Inhalte aneignen will, wie er sich weiterführende Materialien beschafft und wann er Pläne bzw. Strategien modifizieren muss. Andererseits muss er während all dieser Schritte Informationen aus verschiedenen Repräsentationen (Text, Bild, Audio) integrieren, die nicht-linear miteinander verknüpft sind (Jonassen 1996). Im Zusammenhang damit steht die inkonsistente Befundlage, der zufolge technologiebasierte Lernumgebungen nur teilweise zu einem tieferen, konzeptuellen Verständnis komplexer Themen beitragen (Azevedo und Hadwin 2005; Rashid und Asghar 2016). Basierend auf dieser Fülle an gleichzeitig auftretenden Anforderungen wird angenommen, dass Lernen mit technologiebasierten Bildungsmedien nur dann erfolgreich ist, wenn der Lernende sich selbst regulieren kann (Narciss et al. 2007). Lernende, die den Lernvorgang durch verschiedene SRL-Kompetenzen wie dem Aufstellen von Teilzielen, der Auswahl effektiver Strategien oder der Überwachung des Lernprozesses bzw. -fortschritts strukturieren können, zeigen durchaus Lernzuwächse beim Lernen mit technologiebasierten Bildungsmedien. Damit übereinstimmend erreichen hoch selbstregulierte Lernende bessere Lernleistungen als niedrig selbstregulierte Lernende in technologiebasierten Lernumgebungen, bei denen ein hoher Grad an Autonomie vorliegt (Eom und Reiser 2000; McManus 2000). Neben kognitiven und metakognitiven Kompetenzen haben sich auch motivationale Faktoren wie die

Selbstwirksamkeit als prädiktiv für den Erfolg beim Lernen mit technologiebasierten Bildungsmedien herausgestellt (Joo et al. 2000).

Generell wird (in Anlehnung an das oben beschriebene Phasenmodell des SRL) von mehreren Handlungsschritten ausgegangen, die der Lernende ausüben muss, um ein optimales Ergebnis beim Lernen mit technologiebasierten Bildungsmedien zu erzielen (Azevedo et al. 2008): In einem ersten Schritt sollte die Lernsituation analysiert werden, damit bedeutsame Lernziele gesetzt und adäquate Lernstrategien ausgewählt werden können. Die Nützlichkeit der gewählten Strategien muss vom Lernenden im Hinblick auf den jeweiligen Kontext bewertet werden, wobei hier vor allem die Vorwissensaktivierung einen bedeutsamen Einfluss auf den späteren Lernerfolg hat (Moos und Azevedo 2008). Der zweite Schritt sollte die Einschätzung des fortschreitenden Verständnisses des Themas und damit einhergehend eine Überwachung des Lernzuwachses durch den Lernenden umfassen. In einem dritten Schritt sollten zuvor gesetzte Ziele und anfangs gewählte Strategien sowie die investierte Anstrengung in Abhängigkeit der Aufgabenbedingungen modifiziert werden.

> Zur Überprüfung der Annahme, dass sich selbstregulative Lernfähigkeiten positiv auf das Lernen mit technologiebasierten Medien auswirken, untersuchten Azevedo und Cromley (2004), ob ein Training zu selbstregulativen Kompetenzen die Lernleistung von Studierenden in einer hypermedialen Lernumgebung positiv beeinflusst. In einem Kontrollgruppendesign analysierten sie die Lernleistung zweier Untersuchungsgruppen (Kontroll- und Trainingsgruppe), die eine hypermediale Lernumgebung zum Thema „Herz-Kreislaufsystem" bearbeiteten. Das SRL-Training dauerte 30 Minuten und umfasste die Erklärung eines SRL-Modells sowie verschiedener SRL-Komponenten, zu denen jeweils beispielhaft erklärt wurde, wie sie beim Lernen mit Hypermedia hilfreich sein können. Konkret umfassten die Komponenten dabei die Planung und Überwachung des Lernprozesses, die Auswahl und Anwendung von Strategien, die Abschätzung der Aufgabenanforderungen sowie das Interesse am Themengebiet. Die Ergebnisse zeigen, dass die Studierenden der Trainingsgruppe während der Bearbeitung der Lernumgebung mehr SRL-Strategien nutzten und im Posttest ein tieferes Verständnis des Themas sowie eine größere Veränderung ihres mentalen Modells des Herz-Kreislaufsystems zeigten als die Kontrollgruppe. Dieses Befundmuster deutet auf die Wirksamkeit des Trainings hin und unterstreicht die Relevanz von SRL für den Lernerfolg mit technologiebasierten Bildungsmedien.

Obwohl die oben beschriebene Studie einen umfassenden Trainingsansatz zur Förderung selbstregulierter Lernstrategien verfolgt, deuten verschiedene Studien auf die besondere Relevanz einzelner SRL-Strategien hin. Basierend auf ihren Ergebnissen sehen z. B. Greene und Azevedo (2007) vor allem die Nutzung effektiver Informationsverarbeitungsstrategien (d. h. kognitiver Lernstrategien) wie z. B. das

Zusammenfassen von Inhalten sowie die Koordination vorhandener Informationsquellen als verantwortlich für den Lernzuwachs durch eine hypermediale Lernumgebung (vgl. Greene et al. 2008). Neben diesen kognitiven Strategien haben sich auch motivationale Strategien wie Selbstwirksamkeit, Zielorientierung und intrinsische Motivation als bedeutsam für den Lernerfolg mit technologiebasierten Medien herausgestellt (Whipp und Chiarelli 2004).

b. Förderung von selbstreguliertem Lernen durch technologiebasierte Medien

Neben ihrer Funktion als Wissensvermittler können technologiebasierte Bildungsmedien auch genutzt werden, um SRL zu fördern und die Nutzung bestimmter Lernstrategien zu unterstützen (Delen und Liew 2016). Dazu gehören insbesondere metakognitive Strategien wie die Planung des Lernprozesses und eine angemessene Zielsetzung (Hadwin und Winne 2001) sowie Selbstreflexion und Selbstüberwachung (McMahon 2002). Obwohl sich verschiedene technologiebasierte Lernumgebungen zur Förderung von SRL eignen (Cerezo et al. 2010), müssen Lernende explizit über diese Funktion solcher Lernumgebungen informiert werden. In diesem Kontext haben Winters et al. (2008) eine Klassifizierung von SRL-Fördermöglichkeiten vorgeschlagen: Sie unterscheiden Hilfstools sowie konzeptuelle und metakognitive Unterstützungsangebote. Als Hilfstools werden dabei Unterstützungsmaßnahmen bezeichnet, die dem Lernenden eine Möglichkeit zur Manipulation der Lernumgebung bieten, wie z. B. das Anfertigen von Notizen oder das Anlegen eines Glossars. Konzeptuelle Unterstützungsangebote hingegen werden definiert als Hilfestellungen, die das Verstehen des Lernenden fördern, wie z. B. eine explizite Instruktion zur Strategienutzung. Metakognitive Unterstützungsangebote sind Werkzeuge, die die Kognitionen und das Reflexionsverhalten der Lernenden lenken und umfassen, z. B. die Methode des Prompting (siehe unten). In Übereinstimmung damit berichten Delfino et al. (2010), dass Online-Kurse sich positiv auf SRL-Kompetenzen auswirken können, wenn entsprechende Strategien wie Planung, Überwachung oder Reflexion explizit in der Instruktion verankert sind.

Zur Förderung von SRL mittels technologiebasierten Bildungsmedien wurden in den letzten Jahren verschiedene instruktionale Methoden vorgeschlagen. Im Folgenden werden daher die zentralen Methoden vorgestellt, deren Wirksamkeit bereits mittels Interventionsstudien überprüft wurde. Ein vielversprechender Ansatz stellen in diesem Zusammenhang sogenannte „teaching agents" dar (Chen 2009), die dem Lernenden interaktive Rückmeldungen über seinen Lernprozess und Lernfortschritt geben. So kann die Evaluation eigener Lernziele und der Lernleistung beispielsweise unterstützt werden, indem der Lernende mittels einer grafischen Übersicht Rückmeldung über die Nutzung selbstregulativer Strategien erhält (Chen 2009).

Ein weiterer relevanter Instruktionsansatz im Kontext der SRL-Förderung ist das sogenannte Scaffolding: Zu Beginn eines Lernprozesses wird die Komplexität einer Lernumgebung limitiert, um den Lernenden nicht zu überfordern. Wenn sich der Lernende im Zuge des Lernprozesses Wissen und Fähigkeiten aneignet und eine gewisse Sicherheit im Umgang mit dieser Komplexität gewinnt, werden die Limitierung immer mehr zurückgenommen (Dabbagh und Kitsantas 2005). Verschiedene

Studien unterstreichen die Wirksamkeit von Scaffolding-Maßnahmen zur Förderung von SRL in technologiebasierten Lernumgebungen (z. B. Clark und Kazinou 2001) und zeigen außerdem, dass verschiedene Hilfswerkzeuge auch unterschiedliche Selbstregulationskomponenten fördern können (Dabbagh und Kitsantas 2005). Hierbei kann die Zielsetzung am besten durch Kollaborations- und Kommunikationsmaßnahmen (Foren, Mailverkehr) gefördert werden, während die Strategienutzung am effektivsten durch inhaltsbezogene Werkzeuge (Bereitstellung von Lernmaterialien) unterstützt wird.

Neben Scaffolding stellt Prompting eine wichtige instruktionale Methode zur Förderung von SRL in technologiebasierten Lernumgebungen dar (Wirth 2009). Prompts werden dabei definiert als Abruf- und Verhaltenshilfen, die als generelle Fragen oder explizite Ausführungsinstruktion formuliert sein können (Bannert 2009). Instruktionale Prompts fördern die Ausführung kognitiver, metakognitiver, motivationaler und volitionaler Lernaktivitäten (Bannert 2009) sowie die Nutzung verschiedener Lernstrategien (Bannert und Reimann 2011). Sie vermitteln also keine neuen Informationen, sondern fördern den Abruf und die Ausführung bereits vorhandener, aber nicht spontan ausgeführter Fähigkeiten. Durch explizite Aussagen wird die Aufmerksamkeit des Lernenden dabei auf spezifische Aspekte des Lernprozesses, wie z. B. SRL-Strategien, gelenkt. Da davon ausgegangen werden kann, dass vor allem Studierende bereits über ein Repertoire an SRL-Strategien verfügen, diese aber nicht spontan anwenden (Bannert und Reimann 2011), können SRL-Prompts dazu genutzt werden, die Aufmerksamkeit des Lernenden auf eigene Kognitionen während des Lernprozesses zu lenken (Lin 2001) und die bereits vorhandenen Strategien zu aktivieren. Bannert und Reimann (2011) konnten in ihrer Studie übereinstimmend zeigen, dass Lernende, die in einer technologiebasierten Lernumgebung SRL-Prompts erhalten, mehr selbstregulierte Lerntätigkeiten ausführten und eine bessere Transferleistung zeigten als Lernende, die die Lernumgebung ohne diese Prompts bearbeiteten.

Einen weiteren Ansatz zur Förderung von SRL mittels technologiebasierter Medien stellen sogenannte webbasierte Trainingsprogramme dar. Hierbei werden Lernvorgänge nicht durch SRL-Prompts oder Scaffolding angereichert, sondern die Vermittlung von SRL-Strategien stellt den Selbstzweck solcher Trainings dar.

> Bellhäuser et al. (2016) entwickelten solch ein webbasiertes Training zur SRL-Förderung bei Studierenden und ordnen es in die oben beschriebene Kategorie der metakognitiven Unterstützung ein. Die Autoren untersuchten eine Stichprobe von 211 Studierenden, die randomisiert auf vier Untersuchungsgruppen aufgeteilt wurden (Kontrollgruppe, Lerntagebuchgruppe, Trainingsgruppe, Trainingsgruppe mit Lerntagebuch). Das Training umfasste drei interaktiv gestaltete Sitzungen zur Planungs-, Handlungs- und Reflexionsphase des Lernens (vgl. Zimmerman 2000). Die Ergebnisse sprechen für den positiven Effekt des webbasierten Trainings auf das Wissen über SRL-Strategien, die selbstberichtete SRL-Kompetenz und die Selbstwirksamkeit.

## 4 Fazit

Insgesamt zeigt sich die Bedeutsamkeit der Koppelung von Strategien selbstregulierten Lernens mit technologieunterstützten Bildungsmedien. So kann SRL die effektive Nutzung technologiebasierter Bildungsmedien unterstützen, indem der Lernende die Anforderungen dieser Medien durch die Anwendung geeigneter kognitiver, metakognitiver und motivationaler Lernstrategien systematisch für den eigenen Lernprozess nutzt. Zum anderen können technologiebasierte Bildungsmedien sinnvoll genutzt werden, um die SRL-Strategien der Lernenden zeitgemäß zu fördern. Dabei zeigen sich deutliche Ansatzpunkte zur Lernförderung, indem die Vorteile technologieunterstützter Bildungsmedien mit den Stärken des Selbstregulationsansatzes verknüpft werden.

## Literatur

Artelt, C., Naumann, J., & Schneider, W. (2010). Lesemotivation und Lernstrategien. In E. Klieme, C. Artelt, J. Hartig, N. Jude, O. Köller, M. Prenzel, W. Schneider & P. Stanat (Hrsg.), *PISA 2009. Bilanz nach einem Jahrzehnt* (S. 73–112). Waxmann: Münster.

Azevedo, R., & Cromley, J. G. (2004). Does training on self-regulated learning facilitate students' learning with hypermedia? *Journal of Educational Psychology, 96*(3), 523–535. https://doi.org/10.1037/0022-0663.96.3.523.

Azevedo, R., & Hadwin, A. F. (2005). Scaffolding self-regulated learning and metacognition – Implications for the design of computer-based scaffolds. *Instructional Science, 33*(5), 367–379. https://doi.org/10.1007/s11251-005-1272-9.

Azevedo, R., Moos, D. C., Greene, J. A., Winters, F. I., & Cromley, J. G. (2008). Why is externally-facilitated regulated learning more effective than self-regulated learning with hypermedia? *Educational Technology Research and Development, 56*(1), 45–72. https://doi.org/10.1007/s11423-007-9067-0.

Bannert, M. (2009). Promoting self-regulated learning through prompts. *Zeitschrift für Pädagogische Psychologie, 23*(2), 139–145. https://doi.org/10.1024/1010-0652.23.2.139.

Bannert, M., & Reimann, P. (2011). Supporting self-regulated hypermedia learning through prompts. *Instructional Science, 40*(1), 193–211. https://doi.org/10.1007/s11251-011-9167-4.

Bellhäuser, H., Lösch, T., Winter, C., & Schmitz, B. (2016). Applying a web-based training to foster self-regulated learning – Effects of an intervention for large numbers of participants. *The Internet and Higher Education, 31*, 87–100. https://doi.org/10.1016/j.iheduc.2016.07.002.

Boekaerts, M., & Cascallar, E. (2006). How far have we moved toward the integration of theory and practice in self-regulation? *Educational Psychology Review, 18*(3), 199–210. https://doi.org/10.1007/s10648-006-9013-4.

Boekaerts, M. (1999). Self-regulated learning: Where we are today. *International Journal of Educational Research, 31*(6), 445–457. https://doi.org/10.1016/S0883-0355(99)00014-2.

Bryce, D., & Whitebread, D. (2012). The development of metacognitive skills: Evidence from observational analysis of young children's behavior during problem-solving. *Metacognition and Learning, 7*(3), 197–217. https://doi.org/10.1007/s11409-012-9091-2.

Cerezo, R., Núñez, J. C., Rosário, P., Valle, A., Rodríguez, S., & Bernardo, A. (2010). New media for the promotion of self-regulated learning in higher education. *Psicothema, 22*(2), 306–315.

Chen, C. M. (2009). Personalized E-learning system with self-regulated learning assisted mechanisms for promoting learning performance. *Expert Systems with Applications, 36*(5), 8816–8829. https://doi.org/10.1016/j.eswa.2008.11.026.

Clark, R., & Kazinou, M. (2001). Promoting metacognitive skills among students in education. *Educational Technology, 64*, 1–13.

Dabbagh, N., & Kitsantas, A. (2005). Using web-based pedagogical tools as scaffolds for self-regulated learning. *Instructional Science, 33*(5–6), 513–540. https://doi.org/10.1007/s11251-005-1278-3.

Delen, E., & Liew, J. (2016). The use of interactive environments to promote self-regulation in online learning: A literature review. *European Journal of Contemporary Education, 15*, 24–33. https://doi.org/10.13187/ejced.2016.15.24.

Delfino, M., Dettori, G., & Persico, D. (2010). An online course fostering self-regulation of trainee teachers. *Psicothema, 22*(2), 299–305.

Dörrenbächer, L., & Perels, F. (2016a). More is more? Evaluation of interventions to foster self-regulated learning in college. *International Journal of Educational Research, 78*, 50–65. https://doi.org/10.1016/j.ijer.2016.05.010.

Dörrenbächer, L., & Perels, F. (2016b). Self-regulated learning profiles in college students: Their relationship to achievement, personality, and the effectiveness of an intervention to foster self-regulated learning. *Learning and Individual Differences, 51*, 229–241. https://doi.org/10.1016/j.lindif.2016.09.015.

Eom, W., & Reiser, R. A. (2000). The effects of self-regulation and instructional control on performance and motivation in computer-based instruction. *International Journal of Instructional Media, 27*(3), 247.

Fuchs, L. S., Fuchs, D., Prentice, K., Burch, M., Hamlett, C. L., Owen, R., & Schroeter, K. (2003). Enhancing third-grade students' mathematical problem solving with self-regulated learning strategies. *Journal of Educational Psychology, 95*(2), 306–331. https://doi.org/10.1037/0022-0663.95.2.306.

Glaser, C., & Brunstein, J. C. (2007). Improving fourth-grade students' composition skills: Effects of strategy instruction and self-regulation procedures. *Journal of Educational Psychology, 99*(2), 297. https://doi.org/10.1037/0022-0663.99.2.297.

Greene, J. A., & Azevedo, R. (2007). Adolescents' use of self-regulatory processes and their relation to qualitative mental model shifts while using hypermedia. *Journal of Educational Computing Research, 36*(2), 125–148.

Greene, J. A., Moos, D. C., Azevedo, R., & Winters, F. I. (2008). Exploring differences between gifted and grade-level students' use of self-regulatory learning processes with hypermedia. *Computers in Education, 50*, 1069–1083.

Hadwin, A., & Winne, P. (2001). CoNoteS2: A software tool for promoting selfregulation. *Educational Research and Evaluation, 7*(2/3), 313–334. https://doi.org/10.1076/edre.7.2.313.3868.

Jonassen, D. H. (1996). *Computers in the classroom: Mindtools for critical thinking*. Columbus: Merrill/Prentice-Hall.

Joo, Y. J., Bong, M., & Choi, H. J. (2000). Self-efficacy for self-regulated learning, academic self-efficacy, and Internet self-efficacy in Web-based instruction. *Educational Technology Research and Development, 48*(2), 5–17. https://doi.org/10.1007/BF02313398.

Köller, O., & Schiefele, U. (2003). Selbstreguliertes Lernen im Kontext von Schule und Hochschule: Editorial zum Themenschwerpunkt. *Zeitschrift für Pädagogische Psychologie, 17*(3/4), 155–157. https://doi.org/10.1024//1010-0652.17.3.155.

Kübler, H. D. (1997). Bildungsmedien. In J. Hüther, B. Schorb & C. Brehm-Klotz (Hrsg.), *Grundbegriffe Medienpädagogik* (S. 40–47). München: kopaed VerlagsGmbH.

Landmann, M., Perels, F., Otto, B., Schnick-Vollmer, K., & Schmitz, B. (2015). Selbstregulation und selbstreguliertes Lernen. In E. Wild & J. Möller (Hrsg.), *Pädagogische Psychologie* (S. 45–65). Berlin/Heidelberg: Springer.

Lau, C., Kitsantas, A., & Miller, A. (2015). Using microanalysis to examine how elementary students self-regulate in math: A case study. *Procedia – Social and Behavioral Sciences, 174*, 2226–2233. https://doi.org/10.1016/j.sbspro.2015.01.879.

Leidinger, M. (2014). Förderung von Strategien selbstregulierten Lernens und deren Einfluss auf die schulische Leistung sowie die Selbstwirksamkeitsüberzeugungen von Schülern im Primarbereich. Implementation einer Lernumgebung in den regulären Unterricht der vierten Klassenstufe (Dissertation). URN: urn:nbn:de:bsz:291-scidok-57678.

Leidinger, M., & Perels, F. (2012). Training self-regulated learning in the classroom: Development and evaluation of learning materials to train self-regulated learning during regular mathematics lessons at primary school. *Education Research International, 20.* https://doi.org/10.1155/2012/735790.

Lin, X. (2001). Designing metacognitive activities. *Educational Technology Research and Development, 49*(2), 23–40. https://doi.org/10.1007/BF02504926.

McMahon, M. (2002). Designing an on-line environment to scaffold cognitive self-regulation. In *Proceedings of 2002 HERDSA* (S. 457–464). Milperra: HERDSA.

McManus, T. F. (2000). Individualizing instruction in a web-based hypermedia learning environment: Nonlinearity, advance organizers, and self-regulated learners. *Journal of Interactive Learning Research, 11*(2), 219–251.

Moos, D. C., & Azevedo, R. (2008). Self-regulated learning with hypermedia: The role of prior domain knowledge. *Contemporary Educational Psychology, 33*(2), 270–298. https://doi.org/10.1016/j.cedpsych.2007.03.001.

Narciss, S., Proske, A., & Koerndle, H. (2007). Promoting self-regulated learning in web-based learning environments. *Computers in Human Behavior, 23*(3), 1126–1144. https://doi.org/10.1016/j.chb.2006.10.006.

Ott, C. (2015). Bildungsmedien als Gegenstand linguistischer Forschung. Thesen, Methoden, Perspektiven. In J. Kiesendahl & C. Ott (Hrsg.), *Linguistik und Schulbuchforschung. Gegenstände – Methoden – Perspektiven* (S. 19–38). Göttingen: V&R unipress.

Otto, B. (2007). *SELVES – Schüler-, Eltern- und Lehrertrainings zur Vermittlung effektiver Selbstregulation.* Berlin: Logos.

Otto, B., Perels, F., & Schmitz, B. (2008). Förderung mathematischen Problemlösens in der Grundschule anhand eines Selbstregulationstrainings. Evaluation von Projekttagen in der 3. und 4. Grundschulklasse. *Zeitschrift für Pädagogische Psychologie, 22,* 221–232. https://doi.org/10.1024/1010-0652.22.34.221.

Perels, F., Dignath, C., & Schmitz, B. (2009). Is it possible to improve mathematical achievement by means of self-regulation strategies? Evaluation of an intervention in regular math classes. *European Journal of Psychology of Education, 24*(1), 17–31. https://doi.org/10.1007/BF03173472.

Pintrich, P. R. (2000). The role of goal orientation in self-regulated learning. In M. Boekaerts, P. R. Pintrich & M. Zeidner (Hrsg.), *Handbook of self-regulation* (S. 451–502). San Diego: Academic.

Prenzel, M., Baumert, J., Blum, W., Lehmann, R., Leutner, D., Neubrand, M., Pekrun, R., Rolff, H.-G., Rost, J., & Schiefele, U. (Hrsg.). (2004). *PISA 2003. Der Bildungsstand der Jugendlichen in Deutschland – Ergebnisse des zweiten internationalen Vergleichs.* Münster: Waxmann.

Rashid, T., & Asghar, H. M. (2016). Technology use, self-directed learning, student engagement and academic performance: Examining the interrelations. *Computers in Human Behavior, 63,* 604–612. https://doi.org/10.1016/j.chb.2016.05.084.

Richardson, M., Abraham, C., & Bond, R. (2012). Psychological correlates of university students' academic performance: A systematic review and meta-analysis. *Psychological Bulletin, 138*(2), 353. https://doi.org/10.1037/a0026838.

Whipp, J. L., & Chiarelli, S. (2004). Self-regulation in a web-based course: A case study. *Educational Technology Research and Development, 52*(4), 5–22.

Winters, F. I., Greene, J. A., & Costich, C. M. (2008). Self-regulation of learning within computer-based learning environments: A critical analysis. *Educational Psychology Review, 20*(4), 429–444. https://doi.org/10.1007/s10648-008-9080-9.

Wirth, J. (2009). Promoting self-regulated learning through prompts. *Zeitschrift für Pädagogische Psychologie, 23*(2), 91–94. https://doi.org/10.1024/1010-0652.23.2.91.

Zimmerman, B. J. (2000). Attaining self-regulation: A social cognitive perspective. In M. Boekaerts, P. R. Pintrich & M. Zeidner (Hrsg.), *Handbook of self-regulation* (S. 13–41). San Diego: Academic.

# Teil II

# Modelle des Instruktionsdesigns zur Konzeption und Gestaltung technologieunterstützter Lernumgebungen

# Instructional Design

Helmut Niegemann

## Inhalt

| | | |
|---|---|---|
| 1 | ID Modelle | 95 |
| 2 | ID-Modelle für problembasiertes Lernen | 100 |
| 3 | Andere Ansätze | 103 |
| 4 | Aktuelle ID Modelle | 107 |
| 5 | Ein entscheidungsorientiertes Rahmenmodell: DO ID | 110 |
| 6 | Entwicklung und Realisierung | 142 |
| 7 | Instructional Design Modelle in der Praxis | 145 |
| | Literatur | 146 |

### Zusammenfassung

Der Beitrag gibt einen Überblick über die Grundlagen der bildungstechnologischen Teildisziplin *Instructional Design* (Instruktionsdesign), der systematischen Konzeption von Lernangeboten. Nach der Darstellung älterer und aktueller Instruktionsdesignmodelle werden das Rahmenmodell DO ID (*Decision Oriented Instructional Design Model*) vorgestellt und die erforderlichen Analyseschritte sowie die einzelnen Entscheidungsfelder skizziert. Kurz beschrieben werden mögliche Vorgehensweisen bei der Realisierung von Lernumgebungen bis zur Entwicklung eines Storyboards und der Nutzung von Autorentools.

### Schlüsselwörter

Instruktionsdesign · E-Learning · Didaktische Konzeption · Bildungstechnologie · ID Modelle · DO ID · Designentscheidungen

---

H. Niegemann (✉)
Fakultät HW, Bildungstechnologie, Universität des Saarlandes, Saarbrücken, Deutschland
E-Mail: helmut.niegemann@uni-saarland.de

# 1 ID Modelle

*Instructional Design* (ID) oder Instruktionsdesign als bildungswissenschaftliche Disziplin erforscht und lehrt, wie Lernangebote bzw. Lernumgebungen auf der Grundlage empirisch fundierter Theorien und Befunde systematisch konzipiert werden sollten, wenn bestimmte Bildungsziele unter bestimmten Bedingungen zu erreichen sind.

Es handelt sich damit um einen technologischen Wissenschaftszweig (Reiser und Dempsey 2018), basierend auf der Psychologie des Lehrens und Lernens (Instructional Psychology). Als Begründer gilt der amerikanische Bildungspsychologe Robert M. Gagné (1917–2002).

## 1.1 Gagnés Urmodell

Gagnés Ansatz des Instruktionsdesigns beruht im Wesentlichen auf der Überlegung, dass effiziente Lernprozesse nur erwartet werden können, wenn die *internen* Lernvoraussetzungen (die Eigenschaften der jeweiligen Lernenden) berücksichtigt werden und die *externen* Lernvoraussetzungen (die Eigenschaften des Lehrstoffs und der Umgebung, in der gelernt wird) allgemeinen und speziellen psychologischen Gesetzmäßigkeiten entsprechen (Gagné 1965; Gagné et al. 1988, 2005). Ein besonders wichtiger Aspekt der internen Lernvoraussetzungen ist die Gewährleistung der sachlogischen Lernvoraussetzungen. Zum Beispiel muss vor der Vermittlung der Multiplikation und der Division die Beherrschung der Addition sichergestellt sein. Diese Idee führte zur Entwicklung von Lernhierarchien, einer Vorläuferidee des aktuellen Ansatzes der Entwicklung von Kompetenzmodellen.

Die Berücksichtigung der internen und externen Lernvoraussetzungen führt logischerweise zu Differenzierungen: Für unterschiedliche Lehrstoffkategorien (Faktenlernen, Begriffslernen, Regellernen, etc.) einerseits und für unterschiedliche Merkmale der Lernenden (u. a. Vorwissen, Können, Motivation) andererseits, werden jeweils unterschiedliche Vorgehensweisen beim Lehren gefordert. Auch wenn die speziellen Lehrstoffkategorien Gagnés heute anders konzipiert würden, ist die Idee bis heute gültig, in der pädagogischen Praxis jedoch noch keineswegs selbstverständlich.

Gagné unterscheidet neun Lehrschritte (Abb. 1), die je nach Lehrzielkategorie unterschiedlich realisiert werden müssen.

## 1.2 Weitere ID Modelle der *ersten Generation*

In der Folgezeit, also vor allem in den späten 1960er- und den 1970er-Jahren des letzten Jahrhunderts, wurden orientiert an Gagné eine Vielzahl weiterer ID Modelle entwickelt, die sich in der Regel nicht als Konkurrenz zu Gagné verstanden, sondern eher als Spezifizierungen und Ergänzungen.

**Abb. 1** Gagnés Lehrschritte: Die Ausgestaltung ändert sich je nach Lehrstoffkategorie

Dick und Carey (1996; ursprünglich 1978) entwickelten auf der Grundlage von Gagnés Modell ein sehr erfolgreiches allgemeines ID Modell. Ein spezielles ID Modell für das Lernen von Begriffen entwarfen Tennyson und Park (1980, 1985). Von Reigeluth (Reigeluth et al. 1980; Reigeluth und Stein 1983) gibt es ein Modell für die Bestimmung der Reihenfolge (Sequenzierung) der einzelnen Lehrinhalte in einem Curriculum bzw. einer Lerneinheit.

Eine umfassende Übersicht über die wichtigsten dieser ID Modelle liefert Reigeluths erster von vier Sammelbänden (Reigeluth 1983). Als Rahmenmodell für die konkrete Umsetzung der Konzeption und Entwicklung von Kursen und Lerneinheiten im Sinne dieser ID-Modelle kann das ADDIE-Modell verstanden werden.

### 1.2.1 Das Rahmenmodell ADDIE

Kern des ADDIE-Modells (*A*nalyze-*D*esign-*D*evelop-*I*mplement and *E*valuate) ist eine systematische Koordination der Entwicklungsphasen: Analyse, Design (Konzeption), Entwicklung im engeren Sinne (Development), Implementierung sowie Evaluation (Allen 2018; Allen und Merrill 2018; Branch 2018; Gustafson und Branch 1997; Richey et al. 2011).

*Analyse:* Zu Beginn steht wie bei fast allen Modellen die Analyse der Zielgruppe, des Umfeldes, der Inhalte (Wissensanalyse) und der Aufgaben. Nach der Darstellung des ADDIE-Modells von Allen und Merrill 2018, S. 32) gehört auch die Entscheidung für ein Format (*instructional settings*) zur Analysephase.

*Design (Konzeption):* Zur Designphase gehören die Lehrzielbestimmung, die Entwicklung von Tests, die Beschreibung des Vorwissens und der vorhandenen Fähigkeiten (*entry behavior*) sowie die Bestimmung der Struktur und Sequenz der Vorgehensweise.

*Entwicklung (Development):* Die Entwicklung umfasst die Konzeption der Lernaktivitäten, die Lehrstrategie, gegebenenfalls die Auswahl vorhandenen Lehrmaterials sowie die Entwicklung des Lehr-Lern-Prozesses im engeren Sinn.

*Implementierung:* Nach der Entwicklungsphase beginnt die Implementierung: Die Einführung und Bereitstellung der neuen Technologie, Integration in die vorhandene Infrastruktur und die Durchführung des Lehr-Lern-Prozesses.

*Evaluation:* Die Evaluation umfasst formative und summative Evaluation und führt oft zu einer Revision des Systems.

Zum Teil (u. a. beim amerikanischen Militär) wurde die Vorgehensweise nach dem ADDIE-Modell offenbar sehr restriktiv vorgeschrieben, indem bei jedem Schritt umfangreiche Dokumentationspflichten obligatorisch gemacht wurden. Dies und das Fehlen der Stakeholder-Perspektive werden von Allen und Merrill (2018, S. 32–33) kritisiert. Ob diese Merkmale tatsächlich substanziell zum ADDIE-Modell gehören, kann auch bezweifelt werden. Allerdings ist das ADDIE-Modell sehr allgemein gehalten und viele Fragen zum konkreten Instruktionsdesign bleiben unbeantwortet.

### 1.3  *Konstruktivismus* und ID Modelle der *zweiten Generation*

Ende der 1980er-Jahre wurden die bisher entwickelten Instruktionsdesignmodelle als zu rigide und einschränkend für die didaktische Kreativität kritisiert: Sie würden zudem zur Produktion „trägen Wissen[s] beitragen" (Renkl 1996) – also Wissen, über das ein Lerner zwar verfügt, das er aber in praktischen Situationen zum Lösen von Problemen nicht anwenden kann. Tatsächlich standen bei den frühen ID Modellen Frontalunterricht-Szenarios bzw. wenig interaktive Abfolgen von Bildschirmdarstellungen im Vordergrund. Die kritisierte *Rigidität* der ID Modelle der ersten Generation hätte sich wohl besser an die Anwender gerichtet, die derartige Modelle unflexibel anwandten, was von den meisten Autoren nicht zwingend vorgesehen war.

Gleichzeitig wurden neue didaktische Modelle entwickelt, die auf selbstständiges Entdecken und Problemlösen, Aktivitäten der Lernenden, unmittelbare Rückmeldung, multiperspektivische Sichtweisen und kooperatives (collaborative) Lernen abzielten (Bransford et al. 1990; Brown et al.1989; Spiro und Jehng 1990).

Sie wurden bzw. werden teilweise bis heute als *konstruktivistische Modelle* bezeichnet, was jedoch auf einem verbreiteten Missverständnis beruht: Noch heute findet man immer wieder, auch in didaktischen Lehrbüchern, die Aussage, es gäbe drei Kategorien von Lerntheorien

- behavioristische,
- kognitivistische und
- konstruktivistische,

verbunden mit der Bewertung, dass die beiden erstgenannten heute überholt seien.

Tatsächlich werden dabei unterschiedliche Ebenen vermischt: Der Behaviorismus ist eine wissenschaftstheoretische *Schule*, die vor allem in den 1950er und bis weit in die 1960er-Jahre in der Lernpsychologie dominierte. Dabei sollten letztlich nur beobachtbare Äußerungen (Verhalten, Sprachäußerungen, etc.) von Menschen berücksichtigt werden dürfen, da Annahmen über interne, nicht-beobachtbare Prozesse (Denken, Motivation, Affekte) nur spekulativ sein könnten. Dies bedeutete keinesfalls, dass solche Prozesse nicht stattfänden, sie seien eben lediglich wissenschaftlicher Analyse nicht zugänglich. Skinners Theorie des operanten Lernens war innerhalb dieser wissenschaftstheoretischen Schule konzipiert. Im Laufe der 1970er-Jahre setzte sich dann zunehmend die Verwendung von Modellen und Theorien interner Informationsverarbeitung durch (Anderson 1983; Newell und Simon 1972; Norman und Rumelhart 1978). Schon seit Jahrzehnten folgt kein ernstzunehmender Wissenschaftler mehr behavioristischen Prinzipien.

Unabhängig davon lieferten neurobiologische Befunde (Pöppel 1993) Belege dafür, dass Wissen konstruiert wird. Auf diese Sichtweise hatte schon früher Piaget hingewiesen und sein für die Bildungswissenschaft bedeutendster Schüler Aebli hatte dies mehrfach thematisiert. Piaget hatte seine Sichtweise zu Recht als einen Beitrag zur Erkenntnistheorie ausgewiesen (Piaget 1973): Das, was wir Wissen nennen, sei nie ein Abbild der Realität, sondern eine konstruierte Anpassung an diese. Diese Sichtweise hat durchaus gravierende Folgen, insbesondere steht sie jedem Anspruch auf absolute Wahrheit im Wege. Im Kern wurde dies in der Psychologie nie infrage gestellt und es besteht auch kein Widerspruch zu der kognitionspsychologischen Forschung (die in der Allgemeinpsychologie wohl nie als *Kognitivismus* bezeichnet wurde). Mit einer Theorie des sukzessiven Aufbaus, also der Konstruktion von Wissensstrukturen hat sich Aebli in seinem noch immer sehr lesenswerten zweibändigen Werk „Denken – Das Ordnen des Tuns" (Aebli 1980, 1981) befasst. Er greift dabei gerade auf *kognitivistische* Theorien zurück (z. B. Norman und Rumelhart 1978, zu deren deutschsprachiger Ausgabe er das Vorwort schrieb).

Manche vereinfachte Sprechweise und die notwendigerweise vereinfachenden Modelle könnten die Vorstellung befördert haben, die *Kognitivisten*, also die Kognitionsforscher der sechziger bis achtziger Jahre seien der Idee angehangen, *Wissen könnte einfach in die Köpfe Lernender transportiert werden*. Tatsächlich finden sich hinreichend Aussagen, die dem widersprechen (Neisser 1974; Posner 1976). Bereits im 13. Jahrhundert hatte Thomas von Aquin in seiner Schrift „Über den Lehrer" (De Magistro) argumentiert:

> „Der Lehrer flößt dem Schüler nicht in dem Sinne Wissen ein, dass gleichsam ein und dasselbe Wissen aus dem Besitz des Lehrers in den des Schülers übergeht. Vielmehr ist die Sache so, dass aufgrund des Lehrens im Schüler durch Aktualisierung eines Vermögens ein Wissen entsteht, das dem des Lehrers ähnlich ist." (von Aquin 1988)

> „Aber gleichsam die Hauptursache des hervorgebrachten Wissens in uns ist der „tätige Verstand" (intellectus agens); ein Mensch jedoch, der uns von außen lehrt, ist gleichsam nur eine instrumentelle Ursache, und zwar dadurch, dass er dem „tätigen Verstand" die Mittel bereitstellt, mit denen dieser zum Wissen hinführt; also lehrt eher der „tätige Verstand" als ein Mensch von außen." (von Aquin 1988)

Es spricht manches dafür, dass mit dem *Kognitivismus* ein Popanz aufgebaut wurde, der den ihn überwindenden *didaktischen Konstruktivismus* in einem strahlenderen Licht erscheinen lassen sollte. Tatsächlich gab es in der Lernpsychologie keinen Paradigmenwechsel von einem angeblich beschränkten *Kognitivismus* zum *Konstruktivismus*. Dass *Wissen* stets ein Ergebnis komplexer konstruktiver Informationsverarbeitung ist, hat in der Lern- oder Instruktionspsychologie niemand je ernsthaft bestritten.

Wenn das so ist, bedeutet dies, dass wir Wissen immer konstruieren. Egal, ob dies auf der Grundlage eigener explorativer Erfahrungen, dem Zuhören, was andere Menschen sagen oder dem Lesen von Texten, geschieht. Die Rede von *konstruktivistischen* Lernumgebungen oder konstruktivistischen Lehrmethoden ist dann aber sinnlos. Es sei denn, diese Bezeichnung ist gemeint als eine Verkürzung für *Lernumgebungen, welche die Wissenskonstruktion in besonderem Maße fördern*, folglich für *effektive Lernumgebungen*. Da stets nur problembasiertes bzw. exploratives Lernen als *konstruktivistisch* bezeichnet wird, spricht dies für die Annahme, solche Lernformen bzw. Lernumgebungen seien anderen, insbesondere instruktiv-rezeptiven Lernumgebungen generell überlegen. Dies ist empirisch überprüfbar, wurde auch bereits empirisch überprüft und die Ergebnisse stützen keineswegs die Annahme, problembasiertes oder exploratives Lernen sei *direkter Instruktion* bzw. anderen Formen lehrerzentrierten Lernens überlegen. Mehr spricht dafür, dass bei der Vermittlung *neuen* Wissens expositorische (darbietende) Methoden effizienter sind (Weinert 1996; Helmke und Weinert 1997). Hinzu kommt, dass problembasiertes bzw. -orientiertes und expositorisches Lehren nicht notwendig in Widerspruch stehen und die Förderung der Konstruktion von Wissen durch das Handeln eines Lehrers oder Dozenten durchaus angeregt werden kann.

Die differenzierteste Darstellung der Missverständnisse und Fehlschlüsse beim Propagieren eines didaktischen Konstruktivismus lieferte Reusser (1999, 2006). Er macht auch deutlich, dass ein Konstruktivismus im Sinne Aeblis keineswegs mit kognitionswissenschaftlichen Theorien kollidiert. Reusser spricht daher auch von einem kognitiv-konstruktivistischem Lernverständnis, das keine Einengung auf bestimmte Lehrmethoden oder Lehrformen impliziert, sondern eine *Sichtweise* fordert, bei der die konstruktiven Prozesse der Lernenden im Mittelpunkt stehen und nicht die Lehrmethoden.

Von *konstruktivistischen* Lernumgebungen zu sprechen bzw. bestimmte Lehrmethoden als *konstruktivistisch* zu bezeichnen ist daher nicht sinnvoll, da im Sinne dieser Sichtweise Wissen immer (mehr oder weniger gut) konstruiert wird.

## 2  ID-Modelle für problembasiertes Lernen

Modelle für problembasiertes Lernen wurden Ende der 1980er, Anfang der 1990er-Jahre entwickelt, u. a. das *Cognitive Apprenticeship-Modell* und der Ansatz der *Goal Based Scenarios* (GBS). Da diese in der Literatur mehrfach ausführlich dargestellt sind, folgt hier nur ein knapper Überblick.

### 2.1  Anchored Instruction

*Anchored Instruction* wurde Anfang der neunziger Jahre von der Forschergruppe um Bransford entwickelt (Bransford et al. 1990; Cognition and Technology Group at Vanderbilt 1991a, b). Ziele von *Anchored Instruction* sind vor allem, dass Lehrende und Lernende sich auf das Wesentliche konzentrieren, Lerninhalte an das Vorwissen der Lernenden angepasst werden, die Neugier der Lernenden geweckt wird und diese ihre Lernfortschritte erkennen und reflektieren (Niegemann et al. 2008, S. 25).

Durch *narrative Anker* – kurze Spielfilmepisoden, später eigens hergestellt – soll *träges Wissen* vermieden und die Anwendbarkeit von Wissen verbessert werden. Die Problemsituationen sind hierbei komplexe, aber nachvollziehbare Kontexte in narrativer Form, die unterschiedliche Fachbereiche tangieren und verschiedene Perspektiven ermöglichen.

Die Lernumgebung soll audiovisuelle Medien nutzen, um realitätsnahe Probleme darzustellen, eine Geschichte erzählen, in der Informationen, Problemstellungen und Aufgaben eingebettet sind und unterschiedliche Wissensgebiete umfassen (Niegemann 2014; Niegemann et al. 2008).

## 2.2 Cognitive-Apprenticeship-Modell

Das *Cognitive-Apprenticeship-Modell* fordert für die Lernenden zunächst eine intensive Unterstützung, die dann sukzessive abnimmt. Sechs Schritte charakterisieren das Modell:

- Der *Experte (real oder animiert) zeigt und begründet eine Verhaltensweise oder eine Problemlösung*. Der Lerninhalt muss möglichst gut beobachtbar sein und die nicht sichtbaren Abläufe, Strategien und Techniken sollen anschaulich verbalisiert werden.
- Die *Lernenden sollen danach die gerade beobachteten Handlungen ausführen*, der Experte überprüft das Vorgehen, gibt Rückmeldungen und Tipps. Bei Bedarf macht der Experte einzelne Schritte noch einmal vor.
- In einem weiteren Schritt sollen die *Lernenden eine komplexere Aufgabe bearbeiten*, auch hier unterstützt der Experte, bei Bedarf zeigt und erklärt er einzelne Schritte noch einmal. Die Lerner sollen jedoch so selbstständig wie möglich arbeiten und die Hilfe soll sukzessive zurückgenommen werden.
- Die Lerner sollen die *Lernaktivitäten möglichst verbalisieren*, angeregt durch Fragen oder Aufforderungen, etwas mit eigenen Worten wiederzugeben.
- Die Lernenden sollen auch in die Lage versetzt werden, *ihr eigenes Wissen und ihre Vorgehensweise im Vergleich zum Experten oder anderen Lernenden zu bewerten*.
- Am Ende der Lernphase sollen Lerner selbstständig explorieren, nach dem sich der *Experte komplett zurückgezogen* hat. Sie sollten jetzt in der Lage sein, zu dem Lerninhalt Fragen zu stellen und Antworten zu geben.
(Umfassende Darstellungen liefern u. a. Collins 2006 und Collins et al. 1989).

## 2.3 Goal Based Scenarios (GBS)

Ziel von *Goal Based Scenarios* (GBS) ist die Förderung von Kompetenzen im Kontext möglicher Anwendungen. Dazu werden Aufgaben entwickelt, die den realen Problemen strukturell ähnlich sind. Das GBS-Modell liefert Anleitungen zu wesentlichen Aspekten multimedialen projektbasierten Lernens. Es umfasst sieben Komponenten:

- Unabdingbar sind *klare Vorstellungen* von dem, was gelernt werden soll: Was sollen Lernende am Ende können und welches Wissen benötigen sie dazu?
- Ein interessanter, möglichst realistischer *Arbeits- oder Erkundungsauftrag (mission)* wird erteilt, um eine Situation zu entwerfen, in der Lernende ein Ziel verfolgen und Pläne machen.
- Eine *interessante Rahmenhandlung (Cover Story)* sorgt für den Kontext eines Auftrags und vermittelt die Relevanz der Aufgabenstellung. Im Verlauf dieser Rahmenhandlung müssen Gelegenheiten geboten werden, um Fertigkeiten zu üben und Information zu beschaffen.
- Die *Rolle* des Lerners in der Rahmenhandlung muss so konzipiert werden, dass die notwendigen Fertigkeiten und das Wissen im Verlauf des Rollenhandelns genutzt werden können.
- Die *Szenario-Handlungen* müssen eng auf den Auftrag kritisiert und die Ziele bezogen sein. Im Handlungsverlauf müssen Entscheidungen vorkommen, deren Handlungsfolgen für die Lernenden Fortschritte in der Auftragserfüllung verdeutlichen. Auf rein ausschmückende Handlungsalternativen soll verzichtet werden.
- Alle *Informationen*, die der Lerner benötigt, um den Auftrag auszuführen, müssen leicht zugänglich und gut strukturiert zur Verfügung stehen.
- *Rückmeldungen* müssen situationsbezogen und *just-in-time* gegeben werden:
  - durch Konfrontation mit den Handlungsfolgen,
  - durch multimedial präsentierte *Coaches* (ein Experte erläutert, weshalb die Vorgehensweise nicht zum Erfolg führen kann bzw. weshalb der Weg richtig ist) und
  - durch Berichte von Inhaltsexperten über ähnliche Erfahrungen.

(Ausführlich dargestellt ist das Modell in Schank et al.1999; s. auch Niegemann et al. 2008)

## 2.4 Jonassens ID Modell für problembasiertes Lehren und Lernen

Ein speziell für problembasierte Lernumgebungen konzipiertes ID Modell lieferte Jonassen (er nannte problembasiertes Lernen meist „konstruktivistisches Lernen", s. o.). Die Vorgehensweise fasst er wie folgt zusammen (Jonassen 1999):

- Auswahl eines geeigneten Problems (auch Fragestellung, Fall, Projekt), auf das sich der Lernprozess konzentrieren soll. Die Problemstellung soll interessant, relevant und herausfordernd sein. Außerdem soll es sich eher um ein *offenes* Problem handeln, bei dem es unterschiedliche Lösungswege oder sogar Lösungsalternativen gibt. Das Problem sollte ferner *authentisch* sein, d. h. realitätsnah, und der Kontext und die Handlungsmöglichkeiten sollen sich in der Darstellung des Problems wiederfinden.

- Verwandte Fälle oder ausgearbeitete Lösungsbeispiele (worked examples) sollen zur Verfügung gestellt werden, um ein fallbasiertes Argumentieren zu ermöglichen und die kognitive Flexibilität zu fördern (kein Denken in eingefahrenen Bahnen).
- Informationen, die sich Lernende selbst auswählen können, sollen *just in time*, also dann, wenn sie benötigt werden, leicht zugänglich und verfügbar sein.
- *Cognitive Tools*, d. h. geeignete *Denkhilfen* zur Unterstützung des Problemlöseprozesses sollen ebenfalls verfügbar sein, z. B. Mindmap-Werkzeuge, Tabellenkalkulation, usw.
- Gleiches gilt für Werkzeuge für die Kommunikation und Kooperation in Gruppen Lernender.
- Die Lernumgebung soll personale und kontextbezogene Hilfen beinhalten. Das Modell sieht folgende instruktionale Aktivitäten zur Unterstützung des Lernens vor:
  – Modellierung (z. B. Simulation) der Aktivitäten und der nicht-beobachtbaren kognitiven Prozesse.
  – Lernende sollen *gecoacht* werden durch motivierende Hinweise, Überwachung und Regulierung der Aktivitäten, Reflexion soll angeregt werden und weniger geeignete Vorstellungen der Lernenden sollen infrage gestellt werden.
  – Unterstützung der Lernenden durch Adaption der Aufgabenschwierigkeit, Umstrukturierung von Aufgaben oder Verwendung alternativer Testaufgaben.

## 3 Andere Ansätze

### 3.1 Klauers Lehrfunktionen

Bereits 1985 von K. J. Klauer in einer amerikanischen Zeitschrift für Lehrerausbildung publiziert, liegt der Klauersche *Lehralgorithmus* einem verbreiteten Lehrbuch des Lehrens und Lernens zugrunde (Klauer 1985; Klauer und Leutner 2012). Klauer postuliert sechs *Lehrfunktionen*, die bei jeder Art von effektivem Lehren (einschließlich autodidaktischem Handeln) unabdingbar sind:

- Steuerung des Lehr-Lern-Prozesses,
- Motivierung,
- Informierung,
- Informationsverarbeitung (Verstehen),
- Speichern und Abrufen sowie
- Transfer.

Wenn auch nur eine dieser Lehrfunktionen außer Acht gelassen wird, kann Lehren nicht effektiv sein. Auch wenn es sich bei diesem Modell um kein typisches ID-Modell handelt, liefert es wichtige Kriterien für die Entwicklung und die Bewertung von ID-Modellen aller Art. Bei vielen didaktischen Designentscheidungen ist es nützlich, sich zu fragen, ob und inwiefern eine Designentscheidung eine oder mehrere der Lehrfunktionen erfüllt.

## 3.2 Instructional-Transaction-Theory

Die *Instructional Transaction Theory* (ITT, Merrill 1999) steht für den Versuch der Entwicklung eines Expertensystems für Instructional Design. Ein Expertensystem ist eine Anwendung von KI (*Künstliche Intelligenz*), die beim Lösen fachspezifischer Probleme helfen soll, indem das Programm auf der Grundlage einer Wissensbasis und Regeln Empfehlungen liefert, zum Teil auch mit Begründungen. Merrill und seine Forschergruppe (Merrill et al. 1996) konzipierten mit der ITT die Grundlagen eines solchen Systems, indem sie zunächst Beschreibungskategorien für Wissen unterschiedlicher Art erarbeiten. So werden u. a. vier Typen von *Wissensobjekten* unterschieden:

- *Entitäten* repräsentieren Objekte der realen Welt z. B. Personen, Tiere, Geräte, Plätze, Symbole usw., aber auch abstrakte Begriffe (bspw. Demokratie, Pressefreiheit, Unendlichkeit).
- *Eigenschaften* repräsentieren qualitative oder quantitative Merkmalausprägungen der Entitäten.
- *Aktivitäten* sind Handlungen, die ein Lerner ausführen kann, um Objekte zu manipulieren.
- *Prozesse* stehen für Ereignisse, die zu Veränderungen der Eigenschaften von Entitäten führen. Prozesse können beeinflusst werden durch Aktivitäten oder andere Prozesse.

Ferner werden 13 Klassen von *Transaktionen* unterschieden (ausführliche Erklärungen in (Merrill et al. 1991):

- *Identifizieren (identify)*: Teile einer Entität erinnern und benennen;
- *Ausführen (execute)*: Schritte einer Aktivität erinnern und ausführen;
- *Verstehen, Erklären (interpret)*: Erklären von Prozessen durch Gesetzmäßigkeiten (z. B. Naturgesetze);
- *Urteilen (judge)*: Bewerten, Rangfolgen bilden;
- *Klassifizieren (classify)*: Sortieren von Objekten, Beispielen (instances);
- *Verallgemeinern (generalize)*: Klassen bilden, Gruppieren von Objekten, Beispielen (*instances*);
- *Entscheiden (decide)*: Wählen zwischen Alternativen;
- *Transfer (transfer)*: Übertragen auf neue Situationen;

- *Ausbreiten (propagate)*: Erwerb von Fertigkeiten im Kontext des Erwerbs anderer Fertigkeiten; Generalisieren von Fertigkeiten;
- *Analogien (analogize)*: Erwerb von Wissen oder Können in Bezug auf Aktivitäten, Ereignissen oder Aktivitäten anhand der Ähnlichkeit zu anderen Aktivitäten usw.;
- *Ersetzen (substitute)*: Erweiterung einer bestimmten Aktivität um eine andere Aktivität zu erlernen;
- *Konzipieren (design)*: Eine neue Aktivität erfinden, einführen;
- *Entdecken (discover)*: Einen neuen Prozess entdecken.

Bei der Entwicklung einer interaktiven Lernumgebung wird zunächst im Rahmen der Wissensanalyse eine Art Begriffsnetz der *Prozesse*, *E*ntitäten (mit ihren Eigenschaften und deren Wertigkeiten) und *A*ktivitäten (*PEAnet*) entwickelt. Eine solche PEAnet-Darstellung ermöglicht es, einen Simulationsalgorithmus zu entwerfen (*simulation engine*), der die Grundlage aller Lernumgebungen sein kann, die auf einer entsprechenden PEAnet-Repräsentation basieren. Der Simulationsalgorithmus bzw. die *simulation engine* überwacht die Aktivitäten (z. B. Mausklicks oder andere Eingaben), interpretiert diese, prüft die Bedingungen des Prozesses, der durch die jeweilige Aktivität beeinflusst wird und führt gegebenenfalls den Prozess aus. Die geänderten Eigenschaftsausprägungen werden auf dem Bildschirm in geeigneter Form dargestellt. Die so entwickelten Simulationen erlauben den Lernern sowohl schwerwiegende Fehler als auch ein *Rückgängigmachen* von Handlungen.

Da sich bloßes Explorieren jedoch als ineffizient erwiesen hat, werden unterschiedliche Formen von Anleitung und Beratung implementiert: Propädeutische Instruktion, Demonstration, Handlungsunterstützung (*scaffolding*) sowie Erklärungen zu exploratorischem Lernerverhalten, Lernende können auch Fragen stellen. Schließlich werden Fähigkeiten zur Fehlererkennung und Fehlerbeseitigung (*trouble-shooting skills*) gefördert. Durch Konzeption unterschiedlicher Lehrstrategien für unterschiedliche Lernermerkmale (Motivation, Interesse, Vorwissen usw.) kann eine Lernumgebung, die auf der Basis der Instructional Transaction Theory entwickelt wurde, adaptiv gestaltet werden.

Das repräsentierte Wissen soll die jeweils aktuellen Forschungsbefunde zum Lehren und Lernen mit multimedialen Lernumgebungen integrieren; ein solches Expertensystem muss also ständig aktualisiert werden. Die Ziele von ITT waren:

- Design und Entwicklung wirksamer Instruktion durch präzise Aussagen über die zum Erreichen eines bestimmten Lehrziels erforderlichen Interaktionen,
- effiziente Instruktionsentwicklung durch kürzere Entwicklungszeiten auf der Grundlage der algorithmischen Struktur der Theorie und Nutzung der entwickelten Softwarewerkzeuge,
- Entwicklung hochinteraktiver Lernumgebungen mit Simulationsmöglichkeiten und Anleitungen für die Lernenden sowie
- die Konzeption und Produktion individuell adaptiver Instruktion.

Prototypen eines solchen Systems wurden in den 1990er-Jahren entwickelt, sie waren jedoch für die Entwicklung einfacher Lernumgebungen im Sinne von Gebrauchsanleitungen beschränkt.

Auch wenn die Entwicklung (teil)automatisierter ID Modelle in Form von Expertensystemen zunächst nicht weitergeführt wurde, können die Kategorien und Konzepte der ITT bei der Wissens- und Aufgabenanalyse auch im Rahmen anderer ID Modelle sehr nützlich sein.

## 3.3 Osers Basismodelle

Oser (Oser und Baeriswyl 2001) entwickelte in den 1990er-Jahren ein umfassendes ID Modell für den normalen Unterricht. Grundidee ist, dass es für unterschiedliche Lehrzielkategorien jeweils eine bestimmte Menge mentaler Operationen gibt, die Lernende zwingend ausführen müssen (bzw. zu deren Ausführung sie angeregt werden müssen), wenn das entsprechende Lehrziel erreicht werden soll.

Postuliert werden zwölf nicht hierarchisch geordnete Lehrzielkategorien, denen jeweils ein *Basismodell* zugeordnet ist. Ein Basismodell beschreibt jeweils ebendiese Operationen, die beim Verfolgen eines Lehrziels unabdingbar sind. Im Bereich des multimedialen Lernens relevante Lehrzielkategorien sind:

- *Faktenwissen* (z. B. Jahreszahlen in der Geschichte, Werte von mathematischen Konstanten, Wertigkeiten chemischer Elemente),
- *begriffliches Wissen* (z. B. geometrischer Begriff *Kongruenz*, biologischer Begriff *Wirbeltier*),
- Wissen über *begriffliche Zusammenhänge* (z. B. Gütekriterien pädagogisch-psychologischer Tests, Evolution),
- *prozedurales Wissen* (mathematische Beweisverfahren, Berechnung einer Varianzanalyse mittels SPSS, Transskription von Interviewdaten),
- *Routinebildung* (z. B. arithmetische Rechenverfahren, Autofahren, einfache Buchungen erledigen),
- *Problemlösen* (z. B. komplexe physikalische Aufgaben, eine multimediale Lerneinheit konzipieren),
- *Strategiewissen* (z. B. Wann setzt man am besten welches Verfahren der Kostenrechnung ein? Welches Statistische Verfahren ist bei gegebenen Daten am ehesten zielführend?) und
- *Einstellungen* (z. B. die Nützlichkeit statistischer Kenntnisse für das Studium der Sozialwissenschaft erkennen; bestimmte Einschränkungen aufgrund ökologischer Bedingungen akzeptieren).

Wichtig ist hierbei, dass die Elemente der Basismodelle auf ganz unterschiedliche Art und Weise umgesetzt werden können: sei es durch Vortrag, durch angeleitetes Explorieren, durch Lesen, durch Gruppenarbeit, durch Lernvideos, computerunterstütztes kooperatives (*collaborative*) Lernen (CSCL) oder durch ein Lernspiel.

Daraus erklärt sich auch die Bezeichnung *Choreografie des Lehrens*: So wie beim Ballett der Choreograf an den Rhythmus der Musik gebunden ist, den Bühnenraum aber frei gestalten kann, so sind Lehrende (einschließlich E-Learning-Entwickler) je nach beabsichtigtem Lehrziel nur an die psychologischen Gesetzmäßigkeiten gebunden, die im jeweiligen Basismodell beschrieben sind. Solange dies gewährleistet ist, kann das Format bzw. die Sozialform frei gestaltet werden.

In einer Unterrichtseinheit können mehrere Lehrzielkategorien gleichzeitig verfolgt werden.

Die Idee der Basismodelle ist (unbeabsichtigt) verwandt mit der Idee der didaktischen Entwurfsmuster (s. u.), die zunehmend als geeignete Repräsentationsform für bildungstechnologische Prinzipien adaptiert werden.

## 4 Aktuelle ID Modelle

Die bisher genannten Modelle sind keineswegs veraltet oder unwirksam, sie spielen jedoch – teilweise zu Unrecht – aktuell keine große Rolle in der Literatur zu Instructional Design.

### 4.1 Vier-Komponenten-Modell für komplexes Lernen/Zehn Schritte

*Das Vier-Komponenten-Modell* (4C/ID-Modell) von van Merriënboer eignet sich für die Konzeption von Lernumgebungen mit dem Ziel, komplexe kognitive Fähigkeiten zu fördern (van Merriënboer 1997; van Merriënboer und Kirschner 2018). Komplexe kognitive Fähigkeiten zeichnen sich dadurch aus, dass der Aufbau entsprechender Kompetenzen relativ viel Zeit benötigt und Experten sich in diesen Bereichen sehr deutlich von Laien unterscheiden. Typische Beispiele sind die Fähigkeiten von Fluglotsen, professionellen Softwareentwicklern oder die Fähigkeit von Ärzten.

Das 4C/ID-Modell gilt international als eines der erfolgreichsten und wissenschaftlich am besten fundierten ID-Modelle. Dieses Modell wird in einem eigenen Kapitel ausführlich dargestellt (van Merriënboer 2019).

### 4.2 Merrills *Pebble-in-the-Pond*

Merrill schlug 2002 eine Änderung der traditionellen Vorgehensweise entsprechend dem ADDIE-Modell vor. In Merrills Rahmenmodell steht der konkrete Lehrstoff im Vordergrund. Er beschreibt sein Modell als Analogie zu den Wellen, die sich ausbreiten, wenn man einen Stein in einen Teich wirft (*pebble in the pond*). Man beginnt mit der Konzeption der ersten Lernaufgabe, erledigt alle damit verbundenen Aktivitäten und weitet das Handlungsfeld dann sukzessive aus (Vertiefung; weitere, zunehmend kompliziertere Lernaufgaben). Die erste Lernaufgabe ist jeweils eine Art

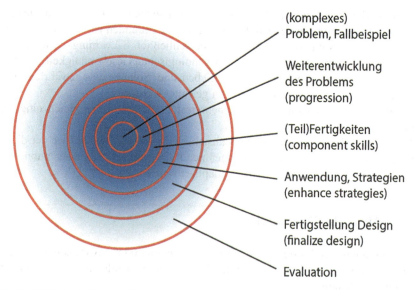

**Abb. 2** Pebble in the Pond (Allen und Merrill 2018)

Prototyp für die Gesamtkonzeption. Allen und Merrill (2018) skizzieren die Vorgehensweise wie folgt (s. Abb. 2):

- *Entwicklung einer Problemdarstellung* (*design a problem demonstration*): Es wird zunächst ein prototypisches Beispielproblem, eine prototypische ganzheitliche, aber nicht zu komplizierte Aufgabe ausgewählt,
- *Elaboration des Problems:* Erweiterung der Problemstellung (*design a progression of problems*), Ausbau der Lerneinheit,
- *Entwurf von Lernangeboten für Teilfähigkeiten* (*design instruction for component skills*),
- *Entwurf von Anwendungen:* Maßnahmen zur Verbesserung der Lehrstrategie (*design instructional strategy enhancements*),
- *Fertigstellung* der Konzeption (*finalize instructional design*): Grafik-Design; Programmierung
- *Testentwicklung und Evaluation*

Die Analyse des Lehrinhalts, der Lernvoraussetzungen, des Kontexts usw. sind in dem Modell nicht explizit aufgeführt, sie werden als bereits durchgeführt angenommen.

Die *Kiesel-ins-Wasser-Metapher* steht vor allem im Gegensatz zu einer strikt linearen Vorgehensweise, wie sie von den Autoren für die Anwendung des ADDIE-Modells beim amerikanischen Militär beschrieben wird. Die inneren Kreise schwingen weiter (sind nicht abgeschlossen) wenn der Wellenkreis sich ausdehnt.

Beim *Pebble-in-the-Pond-Modell* steht am Anfang die Konzeption eines funktionstüchtigen Prototyps der Lernumgebung, der dann als Vorlage für die eigentliche

Entwicklung dient. Die Implementation und die Feldevaluation von Lerneinheiten sind eigenständige Prozesse und nicht in dem Modell enthalten.

*Entwicklung einer Problemdarstellung:* Die traditionelle Lehr-Lern-Forschung empfiehlt die Formulierung von Lehrzielen zu Beginn der Konzeption einer Lerneinheit, die genaue Festlegung der Inhalte und Lernaufgaben ist häufig erst später in der Entwicklungsphase vorgesehen. Da Lehrziele abstrakte Repräsentationen der Lerninhalte sind, haben viele Entwickler Schwierigkeiten sinnvolle Lehrziele in einer frühen Planungsphase zu formulieren. In der Entwicklungsphase werden dann oft die vorher erstellten Lehrziele fallen gelassen oder geändert in Ziele, die spezifischer auf den Lehrstoff bezogen sind. Das kostet Zeit.

*Pebble-in-the-Pond* vermeidet dieses Problem, indem es vorschlägt mit dem Lehrstoff und nicht mit den abstrakten Lehrzielen zu beginnen. Vorausgesetzt wird jedoch, dass bereits grobe Ziele festgelegt wurden und die Adressaten der Lerneinheit bekannt sind.

Die erste Welle im Teich entspricht dem Entwurf einer beispielhaften Problemdarstellung, die das gesamte Problem repräsentiert. Im weiteren Verlauf lernen die Adressaten das Problem zu lösen.

*Entwicklung einer Erweiterung der Problemdarstellung:* Nachdem die beispielhafte Problemdarstellung entwickelt wurde, folgt in der nächsten *Welle* die Erweiterung des Problems. Die Komplexität und die Schwierigkeit der Aufgabe werden erhöht und die Anzahl der zu vermittelnden Teilfähigkeiten steigt. Jede Beispielaufgabe soll sehr genau beschrieben werden, einschließlich der Bedingungen, der Lösung und der Schritte, die notwendig sind um die Aufgabe zu lösen.

Die Teilfähigkeiten (*component skills*) sollten klar formuliert und überprüft sein, um sicherzugehen, dass die Lernenden beim Bearbeiten der Aufgabe alle Fähigkeiten und Fertigkeiten erwerben, um das Lehrziel zu erreichen.

Die Vermittlung des gesamten notwendigen Wissens und aller erforderlichen Fähigkeiten zur Lösung der Aufgabe müssen in dieser Phase hinzugefügt werden.

Mit zunehmendem Lernfortschritt sollten die Lernenden immer mehr Aufgaben selbstständig bearbeiten. Für jede der aufeinanderfolgenden Beispielaufgaben wird eine Demonstration der Bearbeitung bzw. Anwendung entwickelt.

*Entwurf von Lernangeboten für Teilfähigkeiten:* Für die dritte Welle im Teich muss ein beispielhaftes Lehr-Lern-Scenario (prototypische Instruktion) für die Teilfähigkeiten entwickelt werden, die für die Bewältigung der Aufgaben erforderlich sind. Diese Teilfähigkeiten sind oft auch für andere Problemlösungen notwendig (z. B. die Handhabung eines Drehmomentschlüssels als Teilfähigkeit). In der Regel ist es sinnvoll die zu erlernende Fähigkeit vorzuführen und sie dann vom Lernenden ausführen zu lassen. Alle Teilfähigkeiten, die für die Aufgabenbewältigung notwendig sind, sollen auf diese Weise vermittelt werden.

*Entwicklung von verbesserten Instruktionsstrategien:* Nach den ersten drei Phasen des Modells liegt ein Prototyp der Lernumgebung vor, der sowohl die Darstellung als auch die Anwendungen (Lernaufgaben), einschließlich aller Teilfähigkeiten, umfasst. Die weiteren Phasen (*Wellenkreise* im Modell) verfeinern die Instruktionsstrategien; sie sollen Wirksamkeit, Effizienz und Motivation verbessern, u. a. durch Angebote eines Coachings beim Üben und Anwenden. Auch Lerngruppen bieten Möglichkeiten, die erlernten Fähigkeiten zu zeigen. Eine Gruppe von Lernenden kann entweder an einer gemeinsamen Lösung arbeiten oder jeder Lernende präsentiert der Gruppe seine Lösung, die dann jeweils in der Gruppe diskutiert wird. Das kann insbesondere sinnvoll sein, wenn es mehr als eine richtige Lösung gibt.

*Instruktionsdesign abschließen:* In der nächsten Phase wird der Prototyp in eine endgültige Form gebracht, danach beginnen Produktion, Evaluation und Implementation. Wichtig ist dabei die Navigation, d. h. die Funktionen, die es erlauben, sich in der digitalen Lernumgebung zu bewegen. Eine schwierige Navigation entspricht einer schlechten Usability und beeinträchtigt Motivation und Lernerfolg der Lernenden. Nach der Fertigstellung eines funktionierenden und ergonomischen Prototyps ist die Beratung durch einen Grafikdesigner sinnvoll, um auch eine ansprechende Benutzeroberfläche anbieten zu können. Außerdem soll die digitale Lernumgebung durch ein Benutzerhandbuch oder Zusatzmaterialien (auch gedruckt) ergänzt werden.

*Design-Evaluation:* Die letzte Welle befasst sich mit der Entwicklung einer geeigneten Datensicherung, der Durchführung einer formativen Evaluation und der abschließenden Überarbeitung des Prototyps. Die Übungs- und Lernaufgaben sollen auf ihre curriculare Validität geprüft werden, also daraufhin, ob sie geeignet sind, die angestrebten Kompetenzen bei den Teilaufgaben und den umfassenden Problemlösungen zu fördern.

Bereits der Prototyp soll in der Lage sein, Daten zu speichern, so dass Probeläufe Hinweise auf Schwachstellen liefern, die dann beseitigt werden müssen. Schließlich müssen Fragebögen, Interviewleitfäden und andere Instrumente für die formative Evaluation entwickelt werden. Teilweise können solche Funktionen in die Lerneinheit integriert werden.

*Bewertung:* Merrill hatte bei der Konzeption des *Pebble-in-the-Pond-Modells* offensichtlich eine bestimmte Kategorie von Lehrstoffen vor Augen. Das Modell ist besonders geeignet um technische Lehrinhalte im weiteren Sinn zu vermitteln, z. B. aus den Bereichen Installation, Wartung und Reparatur von Anlagen und Geräten, aber auch in Bereichen der Medizin kann das Modell angewandt werden. Diese Aufgaben können auch weniger komplex sein als diejenigen, auf die das 4C/ID Modell abstellt. Das Modell schlägt eine effiziente Vorgehensweise vor, es bleibt bewusst offen, welche Kriterien bei den Instruktionsdesign-Entscheidungen im Einzelnen berücksichtigt werden sollen.

## 5 Ein entscheidungsorientiertes Rahmenmodell: DO ID

Auch wenn Praktiker die unterschiedlichen ID-Modelle kennen, so haben sie häufig das Problem zu entscheiden, unter welchen Bedingungen, welche Aspekte welchen Modells am zweckmäßigsten wie anzuwenden sind. Selbst Absolventen von ID Masterstudiengängen fällt dies in der Praxis oft schwer, da relevante

Forschungsergebnisse in mehr als einem Dutzend unterschiedlicher renommierter Fachzeitschriften publiziert werden und außerhalb der Wissenschaft nur schwer gefunden werden. Rahmenmodelle können hier eine wichtige Aufgabe erfüllen, wenn sie aufzeigen, was bei didaktischen bzw. ID-Entscheidungen zu beachten ist. Das oben skizzierte ADDIE-Modell ist ein solches Rahmenmodell, es bleibt jedoch gerade beim ersten *D* (Design) sehr allgemein. Auch *Pebble-in-the-Pond* und das damit verwandte *SAM-Modell* (hier nicht dargestellt; Allen und Merrill 2018) verzichten weitgehend auf Aussagen, welche Entscheidungen beim Instruktionsdesign im Einzelnen zu treffen sind und welche Kriterien dabei herangezogen werden können.

## 5.1 ID-Entscheidungen (lernpsychologisch-didaktische Entscheidungen)

Da es um das Treffen von *Instruktionsdesign-Entscheidungen* geht, soll das Rahmenmodell verdeutlichen, welche Art Entscheidungen bei der Konzeption von multimedialen Lernangeboten jeweils zu treffen sind und wie diese Entscheidungen sich wechselseitig beeinflussen.

Über eine allgemeine Orientierung hinaus sollen jedoch auch zu jedem der im Modell repräsentierten Entscheidungsfelder einschlägige theoretische und vor allem empirische Befunde zusammengestellt werden (Niegemann et al. 2008).

Abb. 3 zeigt dieses *DO ID-Modell* (*Decision Oriented Instructional Design Model*) in der aktuellen Version.

Als Rahmenmodell steht das *DO ID Modell* nicht in Konkurrenz zu anderen ID Modellen, deren Prinzipien durchaus innerhalb der einzelnen Entscheidungsfelder angewendet werden können. Aufgabe des Modells ist es, die wichtigsten Entscheidungen beim Instruktionsdesign deutlich zu machen und jeweils Hinweise und wenn möglich Entwurfsmuster anzubieten, an denen sich Instruktionsdesigner orientieren können. Die Vorgehensweise bleibt offen, je nach Domäne kann man sich z. B. an *Pebble-in-the-Pond* oder dem 4C/ID-Modell orientieren.

## 5.2 Qualitätssicherung: Projektmanagement, Ziele, Evaluation und Usability-Testing

### 5.2.1 Projektmanagement und Ziele

Maßgeblich für die Qualität eines didaktischen Mediums ist ein effizientes Projektmanagement, dessen Verantwortliche nicht nur fachspezifische Kompetenzen benötigen, sondern auch Kompetenzen aus dem psychologisch-didaktischen Bereich (Morrison et al. 2004).

Um die Qualität des Lernangebots zu sichern, werden allgemeine Ziele festgelegt; zu beantworten sind die Fragen:

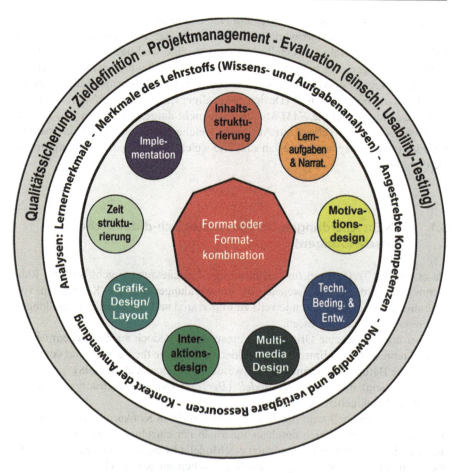

**Abb. 3** DO ID Modell v. 8.0 (nach Niegemann et al. 2008; erweitert und umstrukturiert)

- Welche Veränderungen erwartet die auftraggebende Organisation bzw. das Unternehmen?
- Gibt es strategische Vorab-Entscheidungen seitens des Auftraggebers, z. B. zu den einzusetzenden Medien?

### 5.2.2 Evaluation

Nach der Umsetzung von Instruktionsdesign-Entscheidungen werden Produktteile getestet und evaluiert. Bei umfangreichen ID Projekten werden gängige Verfahren und Methoden der Evaluationsforschung verwendet, in der betrieblichen Praxis sollte zumindest auch bereits während der Konzeption immer wieder *Anspruchsberechtigte* (*stakeholder*), insbesondere Vertreter der späteren Zielgruppe, zu Rate gezogen werden. Zur Evaluation im Bildungsbereich gibt eine Fülle an Literatur (vgl. Meyer und Stockmann 2019). Speziell für multimediale Lern Apps haben Niegemann und Niegemann (2017) ein Tool *Inventar zur Evaluation von Learning*

*Apps – IzELA* entwickelt. Es handelt sich um einen umfangreichen Leitfaden für die Befragung der Anspruchsberechtigten (Stakeholder) eines multimedialen Lernangebots. Der Leitfaden orientiert sich am DO ID Modell: Wenn man bestimmte Kriterien für das Instruktionsdesign empfiehlt, dann ist es folgerichtig genau diese Kriterien auch für die Evaluation zu verwenden.

### 5.2.3 Usability

Eine digitale Lernumgebung, bei der die Lernenden, jeweils viel Anstrengung in die Navigation von einer Seite zur anderen investieren müssen oder die durch ständig variierende Navigationselemente (z. B. Buttons zum Menü, zu Aufgaben, zu Lösungen, zur Letzten oder nächsten Seite) mal links oben, mal rechts unten, mal an der Seite verwirren: Derartige Lernumgebung verärgert nicht nur, sie behindert auch den Lernprozess (Hessel 2009) und fördert die Ablehnung des Lernangebots. Sie ist wenig gebrauchstauglich oder wenig *usable*. Usability beschreibt, inwieweit eine Software einfach, nutzerfreundlich und intuitiv zu handhaben ist und ist ein wichtiges Qualitätskriterium. Die Gewährleistung der Usability gehört immer zum systematischen Instruktionsdesign.

## 5.3 Analysen

Erhält ein Architekt den Auftrag, ein Haus zu planen, so ist es selbstverständlich, dass er zunächst weitere Informationen benötigt. Er muss wissen, welchem Zweck das Haus dienen soll (Wohnungen, Büros, Krankenhaus …), für wen es gebaut werden soll (Anforderungen, Wünsche, Erwartungen usw.), welcher finanzieller Rahmen gegeben ist, welche Kontextbedingungen vorliegen (Lage, Umgebung) und vieles mehr. Diese Art Informationen sollte auch die Basis einer jeden systematischen Konzeption multimedialer Lernumgebungen bilden. Dazu sind umfangreiche Analysen notwendig, die dann als Grundlage von Designentscheidungen dienen.

- Probleme und Bedarfe
- Lehrziele bzw. angestrebte Kompetenzen
- Eigenschaften der Lernenden (u. a. Alter, Bildung, Vorwissen, Motivation, evtl. Einstellungen zum Lehrstoff)
- Merkmale des Lehrstoffs (Wissens- und Aufgabenanalysen)
- Erforderliche und verfügbare Ressourcen (u. a. Budget, zu erwartende Kosten, Zeit)
- Einsatzkontext (räumliche und technische Bedingungen, personeller Kontext)

Wissens- und Aufgabenanalysen werden häufig vernachlässigt, auch weil die speziellen Verfahren im deutschsprachigen Bereich noch wenig bekannt sind (Niegemann et al. 2008). Es wird auch oft angenommen, dass sich Wissens- und Aufgabenanalysen erübrigen, da die Lehrenden bzw. Instruktionsdesigner Fachexperten seien. Diese Expertise ist notwendig, aber Ziel der Analysen ist es, eine Grundlage für Entscheidungen über didaktisch relevante Inhalte zu ermöglichen,

Voraussetzungsrelationen aufzuzeigen und wichtige Merkmale von Lernaufgaben deutlich zu machen.

Analysen, bzw. ihre Ergebnisse liefern die wichtigen Grundlagen für die Konzeption (design) einer multimedialen Lernumgebung. Dabei wird festgestellt welche Art von Lernumgebung entwickelt werden soll, wer die Adressaten sind und welche Umgebungsbedingungen zu berücksichtigen sind. Die Phase des Analysierens ist entscheidend für den Verlauf und den Erfolg eines Projekts. Wird auf die Analyse verzichtet, kann es zu verschiedenen Problemen kommen: das Produkt wird am Bedarf vorbei entwickelt, es ist für die entsprechende Zielgruppe zu einfach oder zu schwierig oder es vermittelt nicht die Kompetenzen, die es vermitteln soll. Um solche massiven Mängel weitgehend auszuschließen werden Analysen in unterschiedlichen Bereichen durchgeführt.

Für die jeweiligen Analysen stehen geeignete Analyseinstrumente zur Verfügung, häufig eingesetzt werden insbesondere die folgenden Verfahren:

- Fragebögen (wenn eine große Menge an Informationen von vielen Personen benötigt wird),
- Interviews (bei einer überschaubaren Personengruppe),
- Beobachtung (wenn sich Beteiligte nicht über die Relevanz der Informationen bewusst sind oder wenn davon auszugehen ist, dass bei Befragungen keine korrekten Antworten gegeben werden (können)).

### 5.3.1 Problem- und Bedarfsanalysen

Eine multimediale Lernumgebung wird oft konzipiert, um ein bestimmtes Problem (z. B. Qualitätsmängel eines Produkts, Unzufriedenheit von Kunden) zu lösen bzw. weil sonst ein entsprechender Bedarf besteht.

Der Bedarf entspricht jeweils der Differenz zwischen dem was gegeben bzw. vorfindbar ist und dem, was erwartet wird. Daraus ergibt sich folgende Vorgehensweise:

- Der Ist-Zustand wird ermittelt bzw. erhoben: Welche Kompetenzen sind tatsächlich vorhanden?
- Der erwünschte Soll-Zustand wird definiert: Welcher Grad an Kompetenzen, Fähigkeiten und Kenntnissen wird von den Adressaten erwartet?
- Die Ist-Soll Differenz ist zu ermitteln: Wie groß ist die Differenz zwischen den erwarteten und tatsächlichen Kompetenzen?

Um eine Bedarfsanalyse durchzuführen ist es nötig die Art des Bedarfs näher zu bestimmen. Dabei werden sechs Kategorien unterschieden:

- *Normativer Bedarf* liegt vor, wenn die Qualifikation der Zielgruppe hinter einem nationalen oder internationalen Standard zurückbleibt.
- *Relativer Bedarf* meint, dass eine Vergleichsgruppe, ein Konkurrenzunternehmen oder dergleichen bessere Werte aufweist. Dabei ist wichtig festzustellen, ob die erfassten Unterschiede auf Qualifikationsunterschiede zurückzuführen sind.

- *Subjektiv empfundener Bedarf* bedeutet, dass Individuen selbst den Wunsch äußern, ihre Qualifikation in bestimmter Weise zu verbessern.
- *Demonstrativer Bedarf* besagt, dass das Verhalten der Zielgruppe auf einen Bedarf hindeutet (Warteliste von Seminaren).
- *Zukünftiger Bedarf* meint, dass bevorstehende Veränderungen und deren Voraussetzungen, wie auch Konsequenzen erkannt werden müssen.
- *Qualifizierungsbedarf aufgrund kritischer Ereignisse* bedeutet, dass Schwachstellen entdeckt wurden und Mitarbeiter auf entsprechende Ereignisse nicht ausreichend vorbereitet sind.

Die unterschiedlichen Bedarfe bzw. Informationsquellen schließen sich gegenseitig nicht aus.

Bei Selbstlernmedien, die nicht speziell für eine Organisation entwickelt wurden, sondern frei vermarktet werden sollen, ist es in der Regel sinnvoll den Bedarf durch eine Marktanalyse zu ermitteln. Hierbei werden bereits vorhandene Produkte sowie die bisherige und prognostizierte Marktentwicklung analysiert.

## 5.3.2 Zielbestimmung

Ist der Bedarf ermittelt, muss das Ziel im Rahmen einer Lehr- bzw. Lernzielanalyse genauer definiert bzw. bestimmt werden, dabei werden Lehrziele festgelegt. Lehrziele beschreiben die Veränderungen in der Kompetenz, die ein Individuum nach der Wissensvermittlung aufzeigen soll. Viele Autoren unterscheiden nicht zwischen *Lehrziel* und *Lernziel*, es kann jedoch durchaus zweckmäßig sein, beide zu unterscheiden:

- *Lehrziele* sind Ziele, welche *Lehrende* setzen, sie beschreiben was als Resultat der Lehre bei den Lernenden angestrebt wird.
- *Lernziele* sind Ziele, die sich Lernende selbst setzen und die beschreiben, was sie von der Lehre für sich selbst an Kompetenzzuwachs erwarten.

Zumindest im Bereich der Erwachsenenbildung können Lehr- und Lernziele sich unterscheiden. Wir bevorzugen im Folgenden die Bezeichnung *Lehrziele*.

Sehr früh wurden bei der Erstellung von Lehrzielen schon jeweils zwei Aspekte unterschieden: Der Inhaltsaspekt (Lehrinhalt, Lehrgegenstand) und der Verhaltensaspekt, (was mit dem Lehrstoff zu tun ist, wie er anzuwenden ist).

Klauer (1974) definiert ein Lehrziel als ein Persönlichkeitsmerkmal. Es lassen sich dann der Ist-Zustand und der Soll-Zustand von Lernenden als verschiedene Ausprägungen des entsprechenden Persönlichkeitsmerkmals betrachten.

Wissen kann zunächst (vgl. Abschn. 5.3.4) unterschieden werden in

- *deklaratives* Wissen: Wissen, *dass* (Faktenwissen, Wissen über Sachverhalte, das verbalisiert werden kann)
- *prozedurales* Wissen: Wissen, *wie* (Handlungswissen, Können).

Entsprechend lassen sich deklarative und prozedurale Kompetenzen unterscheiden. Eine viel zitierte Definition bezeichnet Kompetenz als

> die „bei Individuen verfügbaren oder durch sie erlernbaren kognitiven Fähigkeiten und Fertigkeiten, um bestimmte Probleme zu lösen sowie die damit verbundenen motivationalen, volitionalen und sozialen Bereitschaften und Fähigkeiten, um die Problemlösungen in variablen Situationen erfolgreich und verantwortungsvoll nutzen zu können." (Weinert 2001, S. 27)

Kompetenzen lassen sich pragmatisch definieren durch die Aufgabenmengen, zu deren Lösung sie befähigen. Lehrzielvalide Tests (Tests, die messen, ob das entsprechende Lehrziel erreicht wurde) enthalten repräsentative Stichproben aus solchen Aufgabenmengen.

Zu Beginn einer systematischen Lehrzielbestimmung stehen der Lehrinhalt und die Situation, in der dieser Lehrinhalt eine Rolle spielt. Hinzu kommt die Frage, was Lernende im Zusammenhang mit diesem Lerninhalt tun können sollten.

> Ein Beispiel ist der Lehrinhalt *Schrauben* im Kontext einer beruflichen Ausbildung. Die Situation könnte als die Wartung oder die Reparatur einer Pumpe beschrieben werden. Lehrinhalt sind zunächst unterschiedliche Arten von Schrauben, das Prinzip der Verbindung von Materialien durch Schrauben, das Funktionsprinzip von Schrauben usw. Die Situation könnte zunächst das Lösen und später Anziehen von Schrauben bei der Wartung einer Pumpe sein. Die erwartete Handlung besteht im Lösen und späteren korrekten Festziehen der Schrauben, evtl. Wahl der richtigen Schrauben. Beide Komponenten beschreiben in der Regel Aufgabenmengen, nicht einzelne Aufgaben: Es gibt unterschiedliche Varianten von Pumpen und ähnlichen Geräten, bei denen die Aufgabe im Kern die gleiche ist. Die resultierende Aufgabenmenge ist der „Lehrstoff".

Für jede Lernergruppe lässt sich empirisch (relative Lösungshäufigkeit) die Wahrscheinlichkeit schätzen, mit der die Aufgaben des Lehrstoffs von Mitgliedern der Zielgruppe beantwortet werden können. Diese Lösungswahrscheinlichkeit entspricht dem Kompetenzgrad, den Lerner erreicht haben, z. B. „mit einer Wahrscheinlichkeit von .8 eine Aufgabe aus der Aufgabenmenge zum Umgang mit Schrauben im angegebenen Kontext bearbeiten zu können".

Um das Lehrziel abschließend zu bestimmen, muss ein Kriteriumswert für die Lösungswahrscheinlichkeit festgelegt werden, von dem an einem Lernenden eine ausreichende Kompetenz zugesprochen würde. Dieses Kriterium kann nur aufgrund inhaltlicher Überlegungen festgelegt werden: Wie viele Fehler (in Prozent) dürfen jeweils eine angehende Verkäuferin, ein Elektroniker, eine Ärztin, ein Kunsthandwerker, eine Buchhalterin, ein Pilot machen, damit man sein Leistungsvermögen, also seine Kompetenz, als *hinreichend* bezeichnen kann?

Die in der Ausbildung geforderte Kompetenz wird bei einem Piloten oder Chirurgen sicherlich höher angesetzt werden als bei einem Verkäufer oder einer Kunsthandwerkerin, deren Fehler weniger Schaden anrichten. Die geforderte Kompetenz zusammen mit der geforderten Ausprägung heißt Lehrziel (vgl. Klauer und Leutner 2012, S. 27 ff.).

Die Inhaltskomponenten von Lehrzielen sind von der Domäne (Fachgebiet) des Lehrstoffs abhängig. Die Verhaltenskomponenten dagegen lassen sich nach psychologischen Funktionsbereichen differenzieren. Mit Lehrzieltaxonomien befasst sich ein eigenes Kapitel in diesem Handbuch (Reichelt et al. 2019).

### 5.3.3 Adressatenanalyse

In der Praxis lassen sich die Bedarfs- und Adressatenanalyse nicht eindeutig voneinander trennen. Im Fokus der Adressatenanalyse liegt die Ermittlung der Lernvoraussetzungen der Zielgruppe. Um den Qualifikationsbedarf der Adressatengruppe zu ermitteln sind Kenntnisse über deren Personenmerkmale erforderlich. Neben den soziodemografischen Daten, wie z. B. Alter und Geschlecht sind weitere Personenmerkmale relevant, wie:

- *Vorwissen* und relevante *Erfahrungen*: Was kann an theoretischem Wissen und praktischer Erfahrung beim Lernenden vorausgesetzt werden?
- *Position* und *Funktion* im Betrieb: Welche Position und welche Aufgaben haben die Lernenden im Betrieb oder der Institution?
- *Lerngeschichte:* Welche Erfahrungen haben die Adressaten mit selbstkontrolliertem Lernen gemacht? Welche Erfahrungen haben sie mit Weiterbildungsmaßnahmen gemacht? Was sind ihre Erfahrungen mit Formen medienunterstützten Lernens?
- *Bildungsstand:* Welchen formalen Bildungsstand haben die Adressaten?
- *Lernmotivation* und *Einstellung* zum Inhalt: Von wem geht die Initiative zur Qualifizierung aus? Welche Transparenz weist der Qualifizierungszweck auf? Welche Konsequenzen haben Erfolg bzw. Misserfolg für den Lernenden?
- *Interessen* und persönliche *Zielsetzung:* Gibt es neben dem Beruf gemeinsame Interessen der Adressaten?

Weitere Aspekte sind Informationen über Adressaten aus *anderen Kulturkreisen*, da auf die vielfältigen kulturellen Besonderheiten Rücksicht genommen werden sollte. Auch sind Informationen über bestehende *Handicaps* der Adressaten von Bedeutung (Beeinträchtigung der Seh- oder Hörfähigkeit), da diese besondere Designentscheidungen erfordern.

In der Literatur werden nicht selten *Lernstile* genannt, die als Adressatenmerkmale zu berücksichtigen wären. Trotz einer gewissen Plausibilität auf den ersten Blick wird dies durch empirische Forschung jedoch nicht in der Weise gestützt, das sich klare Empfehlungen für das Instruktionsdesign ergäben (Creß 2006).

Neben den Personenmerkmalen der Adressaten sind gegebenenfalls auch die Merkmale der *Adressatengruppe* zu berücksichtigen. Gruppenspezifische Merkmale sind:

- *Homogenität* bzw. *Heterogenität* der Adressatengruppe,
- *Gruppendynamik* (Kennen sich die Mitglieder der Adressatengruppe?),
- *Statusprozesse* innerhalb der Gruppe (Hierarchien innerhalb der Gruppe, Gleichgestellte, Vorgesetzte und Untergebene in dem entsprechenden Betrieb),

## 5.3.4 Wissens- und Aufgabenanalyse

*Wissen* bezeichnet die von einer Person gespeicherten und reproduzierbaren Kenntnisse, Erkenntnisse, Daten und Fakten über die Beschaffenheit bestimmter Wirklichkeitsbereiche. Ziel ist es ist es, die Lerninhalte aus der Perspektive des Lernenden zu erfassen, um geeignete didaktische Strategien zur Vermittlung dieser, entwickeln zu können. Die Analyse des Lehrstoffs beinhaltet:

- Das *Wissen*, das die Adressaten mit Hilfe der zu entwickelnden Lehrmedien bzw. der zu konzipierenden Lernumgebung aufbauen sollen.
- Die *Arbeits- oder Lernaufgaben*, die bei erfolgreichem Lernprozess bewältigt werden sollen.
- Der *Kompetenzgrad*, der angestrebt werden soll.

Die Analyse des Lehrstoffs hat eine zentrale Funktion im Prozess der Konzeption von Lernmedien. Dabei sollen die folgenden Fragen beantwortet werden:

- Welche Fähigkeiten und welches Wissen sind nötig, um das in der Bedarfsanalyse festgestellte Problem zu lösen?
- Welche Inhalte sollen vermittelt werden?
- Wie können die Elemente des Lehrinhaltes organisiert werden?
- Wie können Aufgaben analysiert werden, um die Komponenten zu bestimmen und zweckmäßig zu sequenzieren?

Es lassen sich in diesem Kontext vier verschiedene Arten von Wissen unterscheiden:

- *Deklaratives Wissen – Wissen, was . . .* meint Fakten und Begriffe, die hinsichtlich ihres Abstraktionsgrades geordnet werden können. Deklaratives Wissen wird auch als Faktenwissen bezeichnet und in zwei unterschiedlichen Varianten repräsentiert, entweder als Inhalt einer sprachlichen Äußerung oder durch eine bildliche Darstellung.
- *Prozedurales Wissen – Wissen, wie . . .* besteht aus den Wenn-Dann-Regeln, die das Handlungswissen einer Person konstituieren, welches in einer Situation anwendbar ist. Das prozedurale Wissen steuert die Handlung einer Person.
- *Konditionales Wissen – Wissen, wann . . .* bezeichnet das Wissen wann und warum unter welchen Bedingungen eine bestimmte Strategie bzw. bestimmte Regel anzuwenden ist.
- *Negatives Wissen – Fehlerwissen* bezeichnet das Wissen, wie etwas nicht sein sollte (deklarativ) oder nicht funktioniert (prozedural), um zu verstehen, wie es ist (dialektisches Verfahren).

Mit Hilfe von Wissens- und Aufgabenanalysen kann der Instruktionsdesigner den Lehrstoff aus der Perspektive des Lernenden betrachten und so zu geeigneten Lernstrategien gelangen (Morrison et al. 2004, S. 63).

Eine gute Möglichkeit die Struktur eines Lerninhaltes darzustellen bieten grafische Begriffsnetzdarstellungen, so genanntes *concept mapping* (Erstellung eines Begriffsnetzwerks). Man entwickelt oder erläutert die Merkmale und Relationen eines komplexen Begriffes mit Hilfe einer grafischen Begriffsnetztechnik (Mandl und Fischer 2000). Die zentralen Begriffe werden als Knoten in einem Netz dargestellt und durch Verbindungslinien miteinander verbunden. Diese Verbindungslinien stellen dabei die benannten Relationen zwischen den Begriffen als Kanten oder Verbindungen zwischen diesen Knoten dar (Mandl und Fischer 2000, S. 4). Um Begriffsnetze darzustellen stehen verschiedene Softwaretools zur Verfügung.

Für die Analyse von *prozeduralem Wissen* müssen die jeweiligen Schritte des Prozesses identifiziert werden. Jonassen et al. (1993, 1999) differenzieren dabei nach der Beobachtbarkeit der ablaufenden Handlungen:

- komplett beobachtbare Handlungen,
- beobachtbare und nicht beobachtbare (mentale) Handlungen und Operationen,
- nicht beobachtbare Operationen.

Beim Analysieren von prozeduralem Wissen werden die einzelnen Schritte mit einem Inhaltsexperten durchgegangen. Wenn es sich um bestimmte Arbeitsabläufe handelt, dann geschieht dies in der Umgebung, in der die Handlung ausgeführt werden soll. Um dies näher zu definieren müssen verschiedene Fragen geklärt werden:
- Was müssen Lernende später tun? Welche Handlungen müssen dazu ausgeführt werden?
- Welcher Art sind diese Handlungen (physisch beobachtbar oder mental)?
- Was müssen Lernende wissen, um jeden Schritt ausführen zu können? Welches Hintergrundwissen muss vorausgesetzt werden?
- Welches Wissen über die Umgebung bzw. den Kontext des Handlungsschritts und evtl. Komponenten sind notwendig?
- Welche Hinweisreize informieren den Lernenden, dass es ein Problem gibt, dass er fertig ist oder eine andere Option erforderlich ist?

Um prozedurales Wissen darzustellen eignen sich vor allem Flussdiagramme (Abb. 4). Ausführliche Anleitungen zu Prozeduren der Aufgabenanalyse liefern Jonassen et al. (1999), u. a. die *Prozedurale Analyse* (PA) für überwiegend beobachtbare Handlungen und die *Informationsverarbeitungsanalyse* (IPA) für überwiegend nicht-beobachtbare mentale Operationen.

Als hilfreiche Technik zur Abbildung komplexer Handlungsabläufe hat sich auch ein Verfahren aus dem Bereich der Wirtschaftsinformatik (Business Process Modelling) erwiesen: BPMN (Business Process Model and Notation 2.0; Göpfert und Lindenbach 2013). Eine entsprechende Software findet man kostenlos im Web (Suchbegriff: *Yaoqiang*), die Handhabung erfordert etwas mehr Einarbeitung als Mind-mapping.

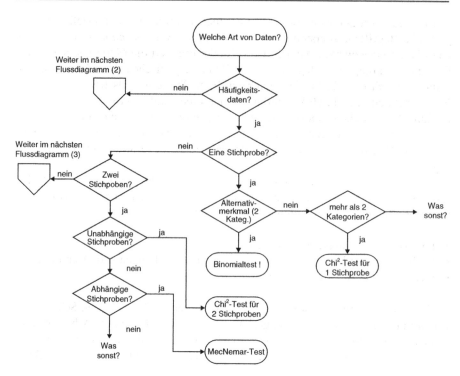

**Abb. 4** Beispiel eines Flussdiagramms im Rahmen einer Analyse prozeduralen Wissens. Hier: Finden eines geeigneten statistischen Testverfahrens (Niegemann et al. 2004, S. 62)

### 5.3.5 Analyse der Ressourcen

Spätestens bevor die Umsetzung der Konzeption stattfinden kann, muss festgestellt werden, welche Ressourcen zur Verfügung stehen. Dazu zählen:

- Geld (Budget),
- Personal (mit entsprechenden Kompetenzen),
- Zeit,
- Material, u. a. Software, auch Zugang zu nötigen Informationen,
- evtl. Rechte, Lizenzen.

Die Ressourcenanalyse sollte so früh wie möglich vorgenommen werden, die Ergebnisse können die Instruktionsdesignentscheidungen erheblich beeinflussen: Ohne hinreichendes Budget ist die Entscheidung für einen Videofilm oder ein grafisch anspruchsvolles Lernspiel als Format nicht haltbar. Ohne Personen mit speziellen Programmierkenntnissen läuft die Entscheidung für eine grafikbasierte Simulation ins Leere.

### 5.3.6 Kostenanalyse

Wie in fast allen Bereichen machen auch hier die Personalkosten bei der Entwicklung eines E-Learning-Produkts den größten Anteil der Kosten aus. Diese Personalkosten lassen sich differenzieren in verschiedene Kostenarten:

- Personalkosten im engeren Sinne: In dieser Kalkulation sind die Kosten der tatsächlichen Arbeitszeit und ein Stundensatz für das jeweilige Projekt anzusetzen. Zudem sind dabei die gesamten Personalkosten (Urlaub, durchschnittliche Fehlzeiten, Sozialleistungen usw.) zu berücksichtigen. Auch die Zeit der Projektakquisition und für die Präsentation muss in die Kalkulation eingehen.
- Personalkosten der Projektleitung: Die Gehälter bzw. Honorare der Personen, die an der Projektleitung beteiligt sind, müssen in die Kostenkalkulation einfließen.
- Personalkosten Verwaltung: Die Löhne und Gehälter für die Assistenzkräfte wie Sekretariat und Buchhaltung müssen ebenfalls anteilig in der Kalkulation berücksichtigt werden.
- Honorare: Auch die so genannten Einmalzahlungen für freie Mitarbeiter auf der Basis der aufgewendeten Zeit für eine Leistung oder Werkverträge müssen einkalkuliert werden. (Niegemann et al. 2008, S. 110)

Neben den Personalkosten müssen die Sachkosten und die sonstigen Kosten realistisch berechnet werden, wie z. B.:

- Einzusetzende bzw. eingesetzte Hardware und spezielles Equipment, dabei ist auch auf eventuelle anteilige Abschreibungen der Geräte bzw. Ausrüstung zu achten,
- Eingesetzte Software, auch hier müssen anteilige Abschreibungen oder Lizenzen Berücksichtigung finden,
- Dienstleistungen eines Fotolabors oder Tonstudios etc.,
- Kosten für Telefon und Internet,
- Fahrtkosten und Spesen,
- Miete der Büroräume (Mietäquivalent bei eigenen Räumen) und Kosten für die Reinigung der Räume, Wasserverbrauch,
- Spezielle und anteilige Büroausstattung,
- Sonstige Mieten (z. B. Räume für Filmaufnahmen, Lager),
- Anteilige Energiekosten,
- Anteilige Versicherungskosten,
- Bürobedarf,
- Anteilige eventuelle Reparaturkosten,
- Sonstiges.

Vom Kostenrechnungssystem des jeweiligen Unternehmens hängt es ab ob noch weitere Kostenarten vorzusehen sind. Die Kalkulation der Kosten eines Projekts gibt einen Überblick und dient zudem als Kontrollsystem. Bei der Analyse der Kosten ist eine Software für Projektmanagement zu empfehlen (Niegemann et al. 2008, S. 110).

## 5.3.7 Analyse der Kontextbedingungen

Wenn die Einsatzmöglichkeiten des medialen Lernangebotes zum Zeitpunkt der Konzeption feststehen, werden für das Instruktionsdesign gewisse Informationen benötigt (Niegemann et al. 2008, S. 111 f.):

- Soll später mit dem Programm zu Hause, unterwegs oder am Arbeitsplatz gelernt werden? Soll während eines Seminars, durch Anleitung eines Dozenten gelernt werden? Ist es realistisch, dass mit dem Programm am Arbeitsplatz gelernt werden kann (Störungen)?
- Soll das Produkt auch im Ausland eingesetzt werden? Muss das Produkt in verschiedenen Sprachen entwickelt werden? Welche kulturellen Begebenheiten sind dabei zu beachten?
- Hat jeder Lerner einen eigenen PC, Notebook oder Tablet zu Verfügung? Werden die Arbeitsplätze so beschaffen sein, dass es auch möglich ist, längere Texte konzentriert lesen zu können? Soll mobiles Lernen mit dem Smartphone ermöglicht werden? Welche Betriebssysteme sollen verwendet werden können?
- Welche Probleme können beim mobilen Lernen mit Smartphones auftreten (z. B. Unterbrechung vorgeschriebener Ruhezeiten, etwa bei Berufskraftfahrern)?
- Welche technischen Möglichkeiten, z. B. Audio, Tele-Tutoring, Tele-Conferencing, etc. sind möglich?
- Welche sonstigen Medien (Literatur, Geräte) stehen zur Verfügung?
- Können Arbeits- bzw. Lerngruppen gebildet werden? Sind separate Arbeitsplätze für die Lerngruppen vorhanden?

Es ist also nicht nur wichtig Fragen über die spezielle Technik zu stellen, sondern auch die Umgebungsstrukturen der Lernplätze zu erkunden. Dabei sind Merkmale wie Lärm, eventuell mangelndes Licht, Temperaturen, Sitzgelegenheiten und die Versorgung der Lernenden, an ihren Lernplätzen zu ermitteln. Wenn ein Produkt nicht speziell für ein Unternehmen konzipiert und entwickelt wird, ist die Ausstattung der Lernplätze natürlich nicht genau zu bestimmen.

## 5.4 Entscheidungsfelder

Das DO ID Modell unterscheidet zehn Entscheidungsfelder, in denen zum Teil mehrstufig Designentscheidungen zu treffen sind. Diese Entscheidungen sind keineswegs immer unabhängig voneinander und sie können auch nicht sukzessive so getroffen werden, wie dies im Text linear beschrieben ist. Ein *Zick-Zack-Verlauf* der Entscheidungen ist oft unumgänglich (vgl. auch van Merriënboer und Kirschner 2018, 46).

### 5.4.1 Formatentscheidung

Zentral ist die Entscheidung für ein bestimmtes Format, d. h. die typische Struktur des Lernangebots. Diese Entscheidung hat wesentliche Konsequenzen für die weiteren Entscheidungen. Wie der Begriff des Sendeformats (Radio, TV) ist auch im

Kontext multimedialer Lernumgebungen der Formatbegriff unscharf. Unterschiedliche Formate unterscheiden sich jedoch häufig in wenigstens einer der folgenden Beschreibungsdimensionen (Schnotz et al. 2004):

- *Organisation* der Informationsdarbietung: Die Pole der Ausprägung bewegen sich zwischen *kanonischer* Darstellung (an einer gängigen Systematik der entsprechenden Fachdisziplin oder der Phänomenologie des Gegenstandes orientiert) und *problembasierter* Darstellung,
- *Abstraktionsniveau*: Zwischen völlig *dekontextualisierter* (abstrakt) und ganz in einen bestimmten Kontext eingebetteter *situativer* Informationspräsentation,
- *Wissensanwendung*: Zwischen reiner Erklärung durch einen Lehrenden oder ein Medium bzw. bloßer Rezeption und aktiver Anwendung aufseiten der Lernenden,
- *Steuerungsinstanz*: Zwischen weitestgehend externaler (fremder) Regulierung des Lernprozesses und nahezu ausschließlicher Eigensteuerung,
- *Kommunikationsrichtung*: Zwischen reiner Ein-Weg-Kommunikation und permanenter Zwei-Weg-Kommunikation,
- Art der *Lerneraktivitäten*: Rein rezeptives Verhalten als ein Extrem, nahezu ständige Aktivitäten der Lernenden als anderes,
- *Sozialformen* des Lernens: Zwischen Individuellem, sozial isoliertem Lernen oder kollaborativem bzw. kooperativem Lernen.

In einzelnen Fällen werden auch darüber hinausgehende Unterscheidungen anhand von Oberflächenmerkmalen vorgenommen (z. B. Domäne, Lerngegenstand).

Es gibt weder empirisch noch theoretisch fundierte Aussagen, die es erlauben würden, eine bestimmte Ausprägung einer dieser Dimensionen oder eine bestimmte Kombination von Ausprägungen generell, d. h. unter allen Bedingungen, als ineffektiv oder als besonders effektiv lernwirksam zu qualifizieren.

Die Entscheidung für ein bestimmtes Format ist auf die Ergebnisse der Analysen, insbesondere der Ziel-, Wissens- und Aufgaben- sowie Adressatenanalysen angewiesen, wobei nicht immer auf empirische Befunde zurückgegriffen werden kann, die bei einem bestimmten Muster der Analysebefunde ein bestimmtes Format nahelegen. Die Berücksichtigung der Analysebefunde einerseits und der Merkmale der Formate andererseits lassen jedoch theoretische Begründungen für die Formatentscheidung zu, die zu besseren, d. h. lernwirksameren Entscheidungen führen sollten als weniger reflektierte Entscheidungen. Häufig verwendete Formate sind

- *E-Kompendium*: klassisches CBT, auch als multimediale Arbeitshilfe, Präsentation von Texten und Bildern auf dem Bildschirm,
- *Mini-Lectures*: Video-Kurzvorträge von 10–20 Minuten Dauer,
- *Erklärvideos:* kurze Videos zur Erklärung von Sachverhalten, Erläuterung von Problemlösungen, technische Instruktionen; auch Videos zur Erklärung technischer Problemlösungen, z. B. bei der Wartung von Maschinen sind Erklärvideos,
- *Fallbeispiele:* vor allem für medizinische Aus- und Weiterbildung, auch für juristische und wirtschaftliche Problemlösungen,

- *Planspiele:* BWL, Projektmanagement,
- *Serious Games:* Lernspiele in unterschiedlichen Sub-Formaten,
- *Simulationen:* u. a. sinnvoll für die Aus- und Weiterbildung von Piloten, Bootsführern, Berufskraftfahrern; auch VR Angebote sind oft Simulationen,
- *Micro-Learning-Einheiten* (*Learning-Nuggets*): Kurze (oft nur 3–5 Minuten) instruktive Darbietungen, z. B. für die Nutzung mit dem Smartphone oder Tablet,
- *Performance Support Systeme (PPS):* Kombinierte Informations-, Lern- und Arbeitsunterstützungssysteme zur Verwendung am Arbeitsplatz.

Diese Formate sind mit Präsenzformen der Lehre vielfältig kombinierbar (*blended learning*). Wie bei Sendeformaten ist die Anzahl der Formate nicht eng begrenzt und neue Merkmalkombinationen können jederzeit konzipiert und erprobt werden.

### 5.4.2 Inhaltsstrukturierung (Content-Strukturierung)

Die Strukturierung des Lehrstoffs umfasst eine ganze Reihe von Aspekten; angemessene Designentscheidungen sind hier von den Wissens- und Aufgabenanalysen abhängig: Die Wahl des Abstraktionsniveaus (eher Überblick oder Vertiefung), eine eher deduktive (vom Allgemeinen zum Speziellen) oder eine induktive (vom Einzelfall zur Verallgemeinerung) Darstellung, die Einteilung in Einheiten unterschiedlicher Informationsdichte (Segmentierung) und die didaktisch jeweils sinnvolle Reihenfolge (Sequenzierung) beeinflussen den Lernerfolg ebenso wie die Adaptierbarkeit bzw. Adaptivität der Präsentation an Lernermerkmale (z. B. Vorwissen).

Ebenso wichtig wie fundierte Kenntnisse der Sachstruktur sind wissens- und instruktionspsychologische Kompetenzen, wenn es darum geht, Lehrstoff inhaltlich zu strukturieren.

**Sachstruktur – Didaktische Struktur – Kognitive Struktur**

Die Wissens- und Aufgabenanalyse sollte ein klares Bild der Struktur des zu vermittelnden Wissens bzw. der von den Lernenden zu bewältigenden Lernaufgaben erbracht haben. Das Ergebnis ist allerdings nicht *die* Inhalts- oder Sachstruktur, sondern stets nur eine Möglichkeit, das Wissen eines Autors oder einer Autorengruppe zu strukturieren.

Noch immer scheint die Meinung weit verbreitet, eine fundierte Kenntnis der Sachstruktur sei notwendige und hinreichende Voraussetzung um Lehren bzw. multimediale Lernumgebungen konzipieren zu können. Tatsächlich ist das Fachwissen eine notwendige, aber keine hinreichende Voraussetzung. Es ist wichtig jeweils zwischen einer Sachstruktur einerseits und einer didaktischen Struktur andererseits zu unterscheiden (Niegemann und Treiber 1982):

Die Sachstruktur eines Lehrstoffs lässt sich einerseits beschreiben durch die (statischen und dynamischen) Begriffe, durch welche die entsprechende Domäne erfassbar gemacht wird und andererseits ist sie beschrieben durch die Relationen zwischen den Begriffen. Sollen Fähigkeiten bzw. Kompetenzen strukturiert werden, kommen noch Operationen hinzu, die auf der Basis der begrifflichen Strukturen ausgeführt werden können. (vgl. Niegemann und Treiber 1982)

Die Aufgabe, eine solche Sachstruktur im Rahmen eines Lehr-Lern-Arrangements zu vermitteln, verfolgt in der Regel das Ziel, dass bei den Lernenden innerhalb einer bestimmten Zeit eine Wissensstruktur entsteht, die in den wesentlichen Teilen der Wissensstruktur der Lehrenden oder Instruktionsdesigner möglichst ähnlich ist.

Das Problem besteht nun darin, dass weder die über- und nebengeordneten Begriffe noch die vielfältigen Relationen zwischen ihnen gleichzeitig von den Lernenden übernommen werden können. Die Grenzen unseres kognitiven Systems erlauben lediglich, dass jeweils eine eng beschränkte Menge von Informationseinheiten gleichzeitig verarbeitet werden kann. Das hat zur Folge, dass die jeweilige Struktur (Strukturierung) des Lehrstoffs zerlegt werden muss in kognitiv verarbeitbare Einheiten. Diese Einheiten wiederum müssen quasi linear in einer Reihenfolge dargeboten werden, die am ehesten geeignet erscheint, die Elemente der Sachstruktur im Langzeitgedächtnis der Adressaten wieder zu einem Netzwerk zusammenzufügen, welchem der anfangs erstellten Struktur des Lehrstoffs möglichst ähnlich ist.

Um dieses Problem zu lösen ist neben der Kenntnis der Sachstruktur kognitionspsychologisches Grundlagenwissen erforderlich, zumindest in Form wissenschaftlich begründeter Modellvorstellungen über das menschliche Arbeits- und Langzeitgedächtnis, Verarbeitungsprozesse sowie Prozesse des Aufbaus von Wissensstrukturen. Ferner besteht Bedarf an technologisch-didaktischem Wissen über bewährte Handlungsmuster des ID, die z. B. bewirken, dass Wissenseinheiten mit ausreichender Wahrscheinlichkeit untereinander bzw. mit den jeweils bereits im Gedächtnis der Adressaten vorhandenen verknüpft werden.

Nimmt man an, dass die möglichen Arten der Bildung von *Abschnitten* eines Lehrstoffs (Segmentierung) einerseits und die möglichen Reihenfolgen der Darbietung (Sequenzierung) der einzelnen Einheiten im Hinblick auf den Lernerfolg nicht beliebig sind, dann wird verständlich, weshalb Lehrmethoden, die ein hohes Maß an Selbstregulation fordern in empirischen Studien nahezu immer Methoden unterlegen sind, die eine gewisse Lenkung, Anleitung oder sonstige Beeinflussung durch pädagogisch-psychologische Experten beinhalten. Dies gilt zumindest bei geringen Vorkenntnissen der Lernenden (vgl. Kirschner et al. 2006; Mayer 2003, S. 288 f.; Sweller et al. 2007).

Aus dieser Überlegung folgt nun nicht, dass Lernumgebungen mit einer strikten Anleitung der Lernenden durch einen Dozenten oder ein entsprechendes Programm generell lernwirksamer sind als andere, die Eigenaktivitäten der Lernenden vorsehen. Entscheidend ist, dass bestimmte Prinzipien erfolgreichen Lehrens und Lernens berücksichtigt werden. Ob die Beeinflussung des Lernprozesses durch direkte Instruktion oder durch Arrangements erfolgt, bei denen die Anleitung oder Führung bzw. die didaktische Aufbereitung des Lehrstoffs in den relevanten Aspekten kaum sichtbar wird, spielt letztlich keine Rolle (vgl. Oser und Baeriswyl 2001).

Formatentscheidungen determinieren oder begrenzen teilweise die Möglichkeiten der Sequenzierung. Auch andere ID Entscheidungen werden durch die Wahl eines bestimmten Formats eingeschränkt. Die wechselseitigen Einflüsse der ID Entscheidungen in den unterschiedlichen Entscheidungsfeldern müssen stets bedacht werden.

**Deduktiv versus induktiv**
Eine deduktive Vorgehensweise bedeutet, dass zunächst abstraktere Begriffe, Regeln und Prinzipien Wissensstrukturen vermittelt werden und danach konkrete Anwendungen bzw. Beispiele aufgezeigt werden. Die Wissensvermittlung erfolgt also vom Allgemeinen zum Besonderen.

Induktiv vorgehen bedeutet in diesem Zusammenhang dagegen, dass zuerst Beispiele (Instanzen), Einzelfälle und Anwendungen gezeigt werden und danach die Regeln, Prinzipien und Konzepte abstrahiert werden. Hier verläuft die Wissensvermittlung vom Besonderen zum Allgemeinen.

Die Entscheidung für die eine oder die andere Vorgehensweise ist eine strategische, denn viele weitere Entscheidungen werden dadurch beeinflusst.

- Die Einführung in ein juristisches Thema, z. B. das Urheberrecht, könnte deduktiv vermittelt werden, indem man zuerst die gesetzlichen Regelungen vorstellt und diese anschließend durch Beispiele und Fälle erläutern. Denkbar wäre auch ein induktives Vorgehen, beginnend mit Fällen und Beispielen, aus denen dann die Regeln abstrahierend zu erschließen wären. Diese Option dürfte hier weniger sinnvoll sein.

  Bei der Vermittlung von naturwissenschaftlichen Gesetzmäßigkeiten werden dagegen oft sowohl deduktive als auch induktive Lehrstrategien verwendet.
- *Induktiv:* Über Beobachtungen bzw. Einstiegsexperimente werden die Lernenden zu Vermutungen (Hypothesen) über zugrundeliegende Regeln angeregt und mit ggf. notwendiger Unterstützung die Abstraktion der Regeln und Gesetzmäßigkeit erarbeitet. Diese Vorgehensweise kann auch der Strukturierung eines Vortrags zugrunde gelegt werden, in dem die Einzelfälle, Beispiele und Befunde dargestellt werden und dann die Abstraktion der Regeln und Prinzipien erläutert wird. Induktives Vorgehen bedeutet also nicht notwendigerweise auch ein entdecken lassendes Lehren (Mayer 2003, S. 298 f.).
- *Deduktiv:* Die naturwissenschaftlichen Gesetzmäßigkeiten werden systematisch vorgetragen oder dargeboten, anschließend werden Beispiele berichtet oder den Lernenden wird angeboten, nun selbst aktiv zu werden und die Regelmäßigkeiten an konkreten Beispielen zu erproben und nachzuvollziehen.

Vorteile der deduktiven Vorgehensweise liegen insbesondere in der Ökonomie: Überblickswissen ist auf deduktivem Weg meist rascher zu vermitteln als durch induktive Verfahren.

Für ein induktives Vorgehen spricht die *Nachhaltigkeit des Behaltens*, wenn nach entsprechenden Lerneraktivitäten eine Abstraktion tatsächlich selbst entdeckt wurde. Auch die Situierung des Lernprozesses kann erheblich zur Verbesserung des Behaltens beitragen. Wird der gleiche Sachverhalt unter variierten Rahmenbedingungen erarbeitet ist zudem eine bessere Transferleistung auf neue Sachverhalte zu erwarten.

Es ist klar, dass bei der Entscheidung für die inhaltliche Strukturierung fachdidaktische Überlegungen eine wichtige Rolle spielen, allerdings fehlen außerhalb der typischen Schulfächer und bestimmter berufspädagogischer Felder (z. B. Wirtschaftspädagogik) weitgehend empirische Forschungsergebnisse. Unabhängig davon, ob elaborierte empirisch geprüfte Konzepte zum Einsatz der induktiven oder deduktiven Vermittlungsstrategie vorliegen, ist die Reflexion des späteren Verwendungszusammenhangs ratsam, um sich je nach Wissensinhalts fundiert entscheiden zu können.

In der Praxis ist die Entscheidung *deduktiv oder induktiv* selten eine Entscheidung für eine gesamte Lernumgebung. In vielen komplexen Lernangeboten wechseln sich Einheiten, in denen deduktiv Lehrstoff vermittelt wird und mit induktiv gestalteten Einheiten ab.

**Segmentierung und Sequenzierung**
Hinter der Frage, wie ein umfangreicher Lehrstoff zweckmäßig in Abschnitte einzuteilen und in eine chronologische Abfolge (Sequenz) zu bringen ist, steckt ein Grundproblem jeder didaktischen Konzeption, von der Curriculumplanung bis zum Entwurf einer einzelnen Unterrichtsstunde oder Lehreinheit. In den sechziger Jahren haben Gagné und Briggs (1979) auf der Grundlage einer verhaltenspsychologischen Analyse von Lernarten eine hierarchische Anordnung vorgeschlagen:

Alle Elemente eines Lehrstoffs werden hinsichtlich ihrer lernpsychologischen Voraussetzungen analysiert. Allein auf dieser Grundlage werden die Elemente dann hierarchisch angeordnet:

- Vermittlung der grundlegenden Voraussetzungen,
- Vermittlung darauf aufbauender Inhalte, die wiederum die Voraussetzung und Grundlage für weitere Inhalte sind,
- usw.

Auch wenn eine Lernhierarchie auf unterschiedliche Art durchlaufen werden kann, wird leicht suggeriert, es müssten zunächst alle Grundlagen vermittelt werden, bevor die nächste Hierarchieebene behandelt wird.

Diese Vorgehensweise ist zunächst durchaus plausibel: Wenn es inhaltliche Voraussetzungen gibt, müssen sie logischerweise vor den Inhalten vermittelt werden, die sie voraussetzen. Nachteilig an diesem Verfahren ist aber, dass den Lernenden die Zusammenhänge oft nicht klar werden (Lehrerspruch: *Wozu das gut ist, werdet ihr später sehen!*). Im Kontext allgemeinbildender Schulen ist solche Grundlagenvermittlung kaum ersetzbar, allerdings ist es durchaus möglich, den Lernenden beispielhaft zu erklären, wozu ein Lehrstoff benötigt wird.

Voraussetzungsrelationen sind nicht die einzig relevanten Beziehungen zwischen den Komponenten eines Lehrinhalts: Zusammenhänge innerhalb komplexer Handlungen, Ähnlichkeiten, historische Zusammenhänge usw. können weitere Kriterien sein. Statt *auf Vorrat* zu Beginn eines Curriculums oder eines Kurses können Lehrinhalte, deren Kenntnis bei der Vermittlung eines anderen Inhalts vorausgesetzt werden, oft auch *just-in-time* gelehrt werden – also unmittelbar vor der Lehreinheit, in der sie benötigt werden (van Merriënboer und Dijkstra 1997; van Merriënboer und Kester 2014; van Merriënboer und Kirschner 2018; van Merriënboer 2019).

## Lehrstoff einteilen, Abschnitte bilden

Bevor ein Lehrstoff in eine bestimmte Reihenfolge gebracht werden kann, ist eine Segmentierung erforderlich: Die Einteilung in Segmente, also in Abschnitte oder Einheiten.

Dies mag auf den ersten Blick trivial erscheinen. Kann man sich nicht einfach *an der Sachlogik* orientieren? Außerdem ist der Lehrstoff in der Regel bereits in allen Lehrbüchern jeweils segmentiert. Letzteres ist sicher richtig, aber es gibt keinerlei Gewähr dafür, dass die Segmentierung in einem oder mehreren Lehrbüchern die einzig Richtige oder auch nur die zweckmäßigste für alle Adressaten wäre. *Die Sachlogik gibt es nur in seltenen Fällen; meist gibt es Alternativen.*

Mayer und Chandler (2001) stellten fest, dass es lernwirksamer ist, einen komplexen Sachverhalt nicht als Ganzes zu präsentieren, sondern in kleine sequenziell aufeinander folgende getrennte Lerneinheiten aufzusplitten, die gemeinsam den komplexen Sachverhalt erklären. Wobei die Lernenden selbst entscheiden konnten, wann sie zur nächsten kleinen Lerneinheit weitergingen. In der Untersuchung zum Lerninhalt *Entstehung von Blitzen* wurde der gesamte Lerninhalt in 16 kleine Einheiten zerteilt, die als Animationen sukzessive vom Lernenden abgerufen werden konnten (Mayer und Fiorella 2014, S. 284 ff.).

Da Segmentierung und Sequenzierung in engem Zusammenhang stehen, scheint es günstig, auf der Basis einer sorgfältigen Wissensanalyse (s. o.) zunächst möglichst kleine Einheiten zu bilden. Diese werden auch *Lernobjekte* genannt. Lernobjekte sind kleine, in sich sinnvolle Lerngegenstände: Ein Bild, eine Videosequenz, eine Testaufgabe, ein Lehrtext, ein Simulationsprogramm oder eine so genannte *Mini-Lecture*, eine Online-Vorlesung, die in 10 bis 20 Minuten eine *Idee* aus einem Lehrstoff behandelt. Da bei Festlegung der Sequenz zu kleine *learning objects* ohne Probleme wieder zusammengefügt werden können, gibt es hier kaum irreparable Fehler.

## Reihenfolge der Lehrstoffeinheiten

Eine Theorie der Sequenzierung haben Reigeluth et al. (1980) über mehr als zwanzig Jahre stetig (weiter)entwickelt. Kern der *Elaborationstheorie* von Reigeluth et al. (1980); Reigeluth und Stein (1983); Leshin et al. (1992) und Reigeluth (1999) sind Empfehlungen zur Segmentierung und Sequenzierung des Lehrstoffs für einzelne Kurse oder ganze Curricula. Sie liefern vor allem Antworten auf die Frage: In welcher Weise soll der Lehrstoff in Lerneinheiten eingeteilt werden (Segmentierung) und nach welchen Kriterien sollen diese Einheiten in eine zeitliche Abfolge gebracht werden?

## Sequenzierungsmöglichkeiten

Eine fast trivial erscheinende Regel besagt, dass es besser ist, mit dem Einfachen oder einer vereinfachten Darstellung zu beginnen *(sequencing principle*, van Merriënboer und Kester 2005, S. 77 ff.) und dann die Schwierigkeit sukzessive zu steigern. Allerdings gibt es auch begründete Abweichungen von diesem Prinzip.

Ob die Art der Sequenzierung relevant ist für den Lernerfolg hängt hauptsächlich von zwei Faktoren ab: Der Stärke der Beziehungen zwischen den einzelnen Themen und dem Kursumfang. Sequenzierung spielt umso mehr eine Rolle, je stärker die Beziehungen zwischen den einzelnen Themenbereichen sind. Wenn die Themenbereiche eng miteinander verknüpft sind, dann spielt der Umfang zunehmend eine Rolle: Bei einem Volumen von mehreren Stunden Kurs, Seminar oder Unterricht fällt es den Lernenden zunehmend schwerer, ungünstig angeordnete Lehreinheiten selbst hinsichtlich Logik und Bedeutung in Zusammenhang zu bringen; bei sehr kurzen Einheiten können entsprechende Mängel eventuell durch Gedächtnis und schlussfolgerndes Denken ausgeglichen werden.

Jede Sequenzierung basiert auf einem bestimmten Typ von Relationen zwischen den Themen: Das kann die chronologische Abfolge von Ereignissen (historische Sequenz) sein, die in der Praxis übliche Abfolge von Tätigkeiten (Prozeduren), die Lernvoraussetzungen oder das Ausmaß an Komplexität verschiedener Versionen einer komplexen Aufgabe. Wenn mehrere Themen zu vermitteln sind, können *zwei grundlegende Sequenzierungsmuster* unterschieden werden: *Linear-sukzessive* (topical) *Struktur* und *Spiralstruktur* (Abb. 5).

Bei der *linear-sukzessiven Struktur* wird ein Thema solange behandelt, bis der erwünschte Kompetenzgrad erreicht ist. Erst dann wird zu einem anderen Thema gewechselt. Der Vorteil dieser Vorgehensweise besteht darin, dass die Lernenden sich längere Zeit auf ein Thema konzentrieren können und evtl. benötigte Medien, Materialien oder sonstige Ressourcen innerhalb eines Zeitblocks leichter organisiert werden können. Andererseits passiert es oft, dass beim Wechsel zu einem neuen Thema vieles vergessen wird. Zudem bleibt das Verständnis für die Zusammenhänge zwischen den Teilthemen eines Lehrstoffs bei der linear-sukzessiven

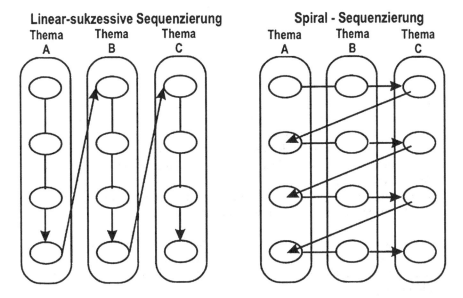

**Abb. 5** Linear-sukzessive Sequenzierung und Spiral-Sequenzierung (nach Reigeluth 1999, S. 432; aus: Niegemann 2001)

Vorgehensweise leicht auf der Strecke. Letzteres kann in einem gewissen Ausmaß ausgeglichen werden durch Überblicke, Rückblicke und vor allem explizite Querverweise.

Bei einer Spiralstruktur (vgl. auch Bruner 1960) wird jedes einzelne Thema in mehreren Durchläufen behandelt: zunächst werden die Grundlagen jedes Themas behandelt, dann werden jeweils nach und nach die einzelnen Themen vertieft, bis in allen Themen die erwünschte Tiefe und Breite des Verständnisses bzw. der Kompetenz erreicht ist. Hauptvorteil der Spiralsequenz ist die quasi eingebaute Synthese und der Rückblick, der bei jedem Themenwechsel unabdingbar ist. Die Beziehungen zwischen den einzelnen Themen können hier oft leichter vermittelt werden als beim linear-sukzessiven Vorgehen. Ein Nachteil des Verfahrens besteht darin, dass die Beschäftigung mit einem Thema immer wieder unterbrochen wird.

Die Frage, welches Vorgehen unter welchen Bedingungen vorzuziehen ist, stellt sich selten in voller Schärfe: Meist ist es die Frage, in welchem Ausmaß ein Thema vertieft werden soll, bevor zu einem anderen Thema übergegangen wird. Reigeluth (1999) betrachtet die beiden Sequenzierungsstrategien als die Pole eines Kontinuums. Zu entscheiden ist in der Regel, wo auf diesem Kontinuum ein bestimmter Kurs, ein Trainingsprogramm oder ein Curriculum verortet werden soll.

**Aufgabenkompetenz vs. Domänenkompetenz**
Unabhängig von diesen Unterscheidungen spielt eine weitere Dimension eine Rolle: Es wird gefragt, ob Aufgabenkompetenz (*task expertise*) oder Domänenkompetenz (*domain expertise*) vermittelt werden soll. Im ersten Fall sollen die Lernenden zu Experten für eine ganz spezielle Aufgabe werden, z. B. Projektmanagement, Verkauf eines bestimmten Produkts, Umgang mit einer bestimmten Maschine. Im Fall von Domänenkompetenz geht es um die Expertise in einem bestimmten Wissensbereich ohne Bindung an eine spezielle Aufgabe: Teilchenphysik, betriebswirtschaftliches Rechnungswesen, elektronische Steuerungen. Die Unterscheidung ist nicht gleichzusetzen mit der zwischen prozeduralem (*Wissen, wie...*) und deklarativem Wissen (*Wissen, was...*). Im Fall von Domänenkompetenz werden wiederum zwei Arten unterschieden: Begriffliche und theoretische Kompetenz. Obwohl beide in der Praxis oft nicht zu trennen sind, muss bei der Sequenzierung jeweils etwas anders vorgegangen werden, je nachdem, welche Art von Wissen dominiert.

Die Elaborationstheorie unterscheidet nun auf der Grundlage dieser Unterscheidungen drei wichtige Sequenzierungsmethoden:

(1) Begriffliche Elaborationssequenz (conceptual elaboration sequence)
(2) Theoretische Elaborationssequenz (theoretical elaboration sequence)
(3) Sequenzierung auf der Grundlage vereinfachter Bedingungen (simplifying conditions sequence)

(1) *Begriffliche Elaboration*
Eine begrifflich orientierte Sequenzierung ist am ehesten angebracht, wenn das Lehrziel das Lernen vieler semantisch verknüpfter Begriffe erfordert. Für diese Fälle wird eine zweischrittige Vermittlungsstrategie vom Einfachen zum Komplexen empfohlen:
– Vermittlung der Allgemeineren und weiteren Begriffe
– Vermittlung zunehmend engerer und spezieller Begriffe
Kontextinformationen sowie lernförderliche Fähigkeiten, z. B. Prinzipien, Verfahren, Informationen, Lerntechniken und Einstellungen, sollten jeweils zusammen mit den Begriffen vermittelt werden, zu denen der engste inhaltliche Bezug besteht.

Begriffe und die zugehörigen Kontextinformationen sollen zu Lernepisoden zusammengefasst werden, die nicht so klein sind, dass der Lernprozess jeweils unterbrochen wird und nicht so groß, dass es schwierig wird, sie zusammenzufassen und mit anderen Einheiten zu verknüpfen. Lernende sollten auf die Reihenfolge der Behandlung der einzelnen Begriffe Einfluss nehmen können.

(2) *Theoretische Elaboration*
Dieses Sequenzierungsmuster ist gedacht für Lehrinhalte, die sich als Geflechte regelartiger Aussagen (*Prinzipien*) kennzeichnen lassen, wie z. B. Lehrstoffe aus der Biologie, der Physik, der Volkswirtschaft aber auch im Bereich der betrieblichen Weiterbildung, wenn es um die Erklärung der Funktion von Geräten (nicht wie man sie bedient) geht, usw. Solche Prinzipien sind teils allgemeiner, teils spezifischer Art. Anders als bei Begriffen sind die allgemeineren Prinzipien meist leichter zu lernen als die spezifischeren. Aus diesem Grund bieten sich hier spiralförmige Sequenzen an. Wie beim Lernen von Begriffen werden spezifischere Prinzipien meist allgemeineren untergeordnet. Eine Besonderheit des Lernens von Prinzipien ist dagegen die Kombinierbarkeit zu Wirkmodellen, anhand deren sich die Komplexität, Systemhaftigkeit und manchmal chaotische Art vieler Phänomene vermitteln lassen.

Es können folgende *Phasen der theoretischen Elaboration* unterschieden werden:
– Vermittlung der allgemeinsten Prinzipien, die den Lernern noch nicht bekannt sind,
– Sukzessive Vermittlung spezifischerer Prinzipien und Inhalte,
– Vermittlung von Inhalten, die nicht zum Kernlehrstoff gehören, dessen Vermittlung jedoch fördern (*supporting content,* z. B. Lerntechniken, Exkurse). Sie werden zusammen mit den Prinzipien vermittelt, zu denen sie einen engen Bezug aufweisen; dadurch werden Lernepisoden geschaffen.

Der Gesamtzusammenhang darf dabei nie verloren gehen; wichtig sind daher Zusammenfassungen und ein Zurückgehen zur Perspektive der übergeordneten, allgemeineren Prinzipien. Wie bei begrifflichen Sequenzen sollen Lernende soweit es sinnvoll ist die Reihenfolge auch selbst bestimmen können.

Voraussetzung der Anwendung dieser Vorgehensweise ist wiederum eine sorgfältige Wissensanalyse, die in einer grafischen *map* (Strukturdarstellung) resultiert. Diese meist hierarchische *map* repräsentiert die Über-Unterordnungs-Beziehungen zwischen den einzelnen Prinzipien eines theoretischen Lehrstoffs. Eine Elaborationstechnik bei dieser Wissensanalyse ist das Beantworten von Fragen, wie: *Was geschieht noch? Was sonst kann zu diesem Ergebnis führen? Welches Vorgehen führt zu Veränderungen? Weshalb kommt es zu Veränderungen?* oder *Welches Ausmaß nehmen die Veränderungen an?* usw.

Theoretische Elaborationssequenzen können wie begriffliche Sequenzen spiralförmig strukturiert sein oder sukzessiv-linear (Reigeluth 1999, S. 439 ff.)

(3) *Vereinfachte Bedingungen (VB)*

Diese Sequenzierungsmethode kann einerseits für den Aufbau von Aufgabenexpertise, andererseits für die Auswahl der Abfolge von Handlungsschritten zu Lösung prozeduraler Aufgaben angewandt werden.

Wenn der *Aufbau von Aufgabenexpertise* angestrebt wird und dabei eher komplexe Lehrziele erreicht werden sollen, liegt der Focus auf der *Ganzheitlichkeit* der zu vermittelnden Aufgabenkompetenz. Wenn es für eine relativ komplexe Aufgabe Bedingungen gibt, unter denen die Aufgabe leichter auszuführen ist als unter anderen, dann beginnt eine solche VB-Sequenz mit der einfachsten Version für die Aufgabe als Ganzes; danach werden zunehmend komplexere Versionen bzw. die Ausführung unter schwierigeren Rahmenbedingungen vermittelt. Den Lernenden sollen dabei die Beziehungen zwischen den unterschiedlichen Aufgabenversionen explizit vor Augen geführt werden.

Jede Version soll für sich eine Klasse realistischer und vollständiger Aufgaben repräsentieren, also keine unrealistisch reduzierten Aufgaben, wie man sie nicht selten in Schulbüchern findet.

Diese Vorgehensweise unterscheidet sich deutlich von hierarchischen Sequenzierungsverfahren, bei denen zunächst alle Lernvoraussetzungen vermittelt werden und eine komplette, realistische Aufgabe erst ganz am Ende der Sequenz steht.

Für *prozedurale Aufgaben* liegt der Schwerpunkt auf den (physisch oder mental auszuführenden) *Schritten*, an denen sich Experten orientieren, um zu entscheiden, was wann zu tun ist. Demgegenüber liegt er bei heuristischen Aufgaben auf den *Prinzipien* und/oder den *Wirkmodellen*, die Experten zugrunde legen. Typisch für derartige Aufgaben ist eine größere Abhängigkeit der Expertenleistung von den jeweiligen Ausführungsbedingungen. Sie ist so groß, dass Experten bei der Bewältigung der Aufgabe oft nicht an einzelne Bearbeitungsschritte denken.

Beide Arten von *Vereinfachte-Bedingungen-Sequenzierung* können gleichzeitig verwendet werden, wenn die Aufgabe beide Kategorien von Wissen erfordert. Auch VB- und die bei Domänenkompetenz angebrachten Sequenzierungsmethoden können gleichzeitig angewendet werden.

Die *Vereinfachte-Bedingungen-Sequenzierung* (sowohl für prozedurale wie für heuristische Aufgaben) besteht im Wesentlichen aus zwei Teilen: Das Finden der Einstiegsaufgabe (*epitomizing*) und die *Elaboration*. Das Finden der Einstiegsaufgabe umfasst die Auswahl oder Konstruktion der einfachsten Version der in Frage stehenden Aufgabe, die noch repräsentativ ist für die entsprechende Kategorie. *Elaboration* ist der Prozess der Identifikation von zunehmend komplexeren Aufgabenversionen.

Das Finden der Einstiegsaufgabe orientiert sich an den Kriterien: (1) Vollständigkeit der Aufgabe (keine Teilaufgabe oder Komponente), (2) Einfachheit, (3) Realitätsbezug (soweit irgend möglich) und (4) Repräsentativität (gebräuchliche, typische Aufgabe). Der Unterschied zu komplexen Varianten der Aufgabe liegt lediglich darin, dass solche Aufgaben real von Experten unter vereinfachten Rahmenbedingungen bearbeitet werden, woraus sich der Name der Methode herleitet. Der Elaboration, also dem Finden oder der Konstruktion zunehmend komplexerer Aufgaben gleichen Typs liegen die Ideen des „ganzheitlichen" Lernens und des Prinzips der Schema-Assimilation (vgl. auch Aebli 1980; Mayer 1977) zugrunde.

Daher sollte für die jeweils folgende Elaboration gelten: (1) es handelt sich um eine weitere komplette Aufgabe, (2) diese Aufgabe ist etwas komplexer als die vorhergehende, (3) sie ist mindestens genauso authentisch und (4) ebenso oder höchstens geringfügig weniger repräsentativ (typisch oder gebräuchlich) für die Aufgabenkategorie. Die vereinfachten Bedingungen werden so nach und nach reduziert. Innerhalb jeder Sequenzierungsmethode kann eine linear-sukzessive oder eine Spiralstruktur verwendet werden (Reigeluth 1999).

**Weitere Kriterien für die Segmentierung und Sequenzierung des Lehrstoffs**
Einen Sequenzierungsansatz, der sich an der begrenzten Kapazität des menschlichen Arbeitsgedächtnisses orientiert, hat in den achtziger Jahren Case (1978, 1985) vorgeschlagen und insbesondere bei lernbehinderten Kindern und Erwachsenen erfolgreich erprobt. Bei diesem Ansatz wird jeweils strikt darauf geachtet, dass jedes neue Lehrstoffsegment nur so viele *Informationseinheiten* (*chunks*) enthält, wie die Lernenden gleichzeitig verarbeiten können. Das sollten in der Regel nicht mehr als fünf neue Informationseinheiten sein. Diese Beschränkung des Umfangs der einzelnen Abschnitte eines Kurses erfordert dann auch eine spezielle Sequenzierungsstrategie, die den sukzessiven Aufbau zusammenhängenden Wissens ermöglicht und fördert. Der Ansatz hat sich u. a. in einer vergleichenden Studie mit dem Lernhierarchie-Ansatz von Gagné als überlegen erwiesen (Sander 1986).

Cases Ansatz (1978, 1985) steht nicht generell im Widerspruch zu Reigeluths Theorie (1999). Es kann daher versucht werden, innerhalb des Reigeluth-Ansatzes die auf Vermeidung der Gedächtnisüberlastung zielenden Kriterien von Case zu berücksichtigen. Bei computer- und webbasiertem Lehren scheint dies generell ratsam, da hier durch die Handhabung des jeweiligen Systems kognitive Überlastungen leicht vorkommen können (Chandler und Sweller 1991).

### 5.4.3 Design von Lernaufgaben und Narration
In engem Zusammenhang mit der Content-Strukturierung steht die Entwicklung adäquaterLern- und Übungsaufgaben und – bei manchen Formaten (Lernspiele,

Erklärvideo) – die Einbettung des Lehrstoffs in eine geeignete Geschichte (Narration).

**Lernaufgaben**
Lernaufgaben sind Anforderungen an die Lernenden, deren Bewältigung im Sinne der Lehrziele erwünschte Lernprozesse initiiert (Seel 1981). Das Spektrum reicht von einfachen Rechenaufgaben bis zur Auswahl hochkomplexer Situationen beim Lernen mit Simulationen. Indikator für die Bewältigung einer Lernaufgabe sollte in der Regel eine Handlung bzw. Äußerung des Lernenden sein, die auf die Qualität der Aufgabenbewältigung schließen lässt und eine Rückmeldung ermöglicht.

Tatsächlich spielt die Konzeption von Lernaufgaben erst ab der zweiten Generation der ID-Modelle eine wichtige Rolle. In den frühen Modellen sind sicherlich (Übungs)Aufgaben vorgesehen, es wird ihnen aber keine besondere Aufmerksamkeit geschenkt, nicht mehr jedenfalls als der direkten instruktionalen Informationsvermittlung.

Bei den aufgaben- und problemorientierten Modellen *Anchored Instruction* und *Cognitive Apprenticeship* steht dagegen die Auswahl und Bearbeitung von komplexen, kompletten Lernaufgaben (*whole tasks*) durch die Lernenden im Mittelpunkt: Bei *Anchored Instruction* ist die Konzeption des *Ankervideos* bereits von den daran angeknüpften Lernaufgaben bestimmt und bei *Cognitive Apprenticeship* stehen von Beginn an ausgewählte, mit Unterstützung selbstständig zu bearbeitende Lernaufgaben. Beim 4C/ID-Modell ist die Auswahl und Konzeption der Lernaufgaben unterschiedlicher Art ebenfalls zentraler Bestandteil des ID Prozesses (van Merriënboer 2019). In all diesen Modellen geht es hauptsächlich um den Erwerb anwendbaren Wissens bzw. transferierbarer Fertigkeiten und Fähigkeiten. Entsprechendes Hintergrundwissen vorausgesetzt, wird der Erwerb des spezifischen Wissens, das zur Bewältigung der Aufgaben und Probleme erforderlich ist, während oder unmittelbar vor der Aufgabenbewältigung angeboten.

Voraussetzung einer effizienten Konzeption oder Auswahl von Lernaufgaben ist eine explizite Wissens- und Aufgabenanalyse, wobei die teils beobachtbaren, teils nicht-beobachtbaren (nur mentalen) Operationen eines Experten modelliert werden. Werkzeuge, wie die oben beschriebenen, sind in diesem Kontext sehr zu empfehlen. In Ermanglung eines speziellen Tools für das Instruktionsdesign (vgl. Koper und Tattersall 2005) erscheint die eigentlich für die Analyse von Geschäftsprozessen entwickelte Notations- und Modellierungssprache (BPMN 2.0) besonders interessant, da sie es einerseits erlaubt die Operationen und (auch verschachtelte) Prozesse abzubilden, es andererseits aber ermöglicht beliebige *Anmerkungen* einzufügen, z. B. um das für die Ausführung eines Prozesses erforderliche Wissen zu beschreiben oder zu bezeichnen. In vielen Fällen lassen sich die Probleme bzw. Aufgaben domänenspezifisch typisieren (z. B. für mathematische Textaufgaben: Mayer 2008).

Lernaufgaben können dann als kontextualisierte (z. B. *eingekleidete*) ganzheitliche Aufgabenrepräsentationen konstruiert oder ausgewählt werden oder es werden Teilaufgaben ausgewählt, die oft auch für andere Lernaufgaben relevant sind (van Merriënboer und Kirschner 2018).

Für die Konzeption von Lernaufgaben zur Schulung von Wartungstechnikern mit Hilfe des Einsatzes von VR-Brillen (Simulation) wurden folgende Schritte identifiziert (Niegemann und Niegemann 2017):

- Beschreibung des prototypischen Handlungsablaufs,
- Identifizierung von Teilaufgaben: Routinetätigkeiten versus Nicht-Routine-Tätigkeiten,
- bei technisch-synthetischen Aufgaben (Reparatur, Konstruktion): Toleranzen festlegen, die auf korrekte Ausführung schließen lassen (z. B. Passung von Teilen, die angefügt oder eingesetzt werden),
- Identifikation von Fehlermöglichkeiten und Fehlerbedingungen (Rückgriff auf Erfahrungen von Trainern, Experten),
- jeweilige natürliche Konsequenzen bestimmter Fehler bestimmen,
- Aufgaben definieren im engeren Sinn: Handlungsauftrag, Randbedingungen, die Fehler ermöglichen; Auswahl nach Fehlermöglichkeiten und Fehlerwahrscheinlichkeiten,
- Festlegen von Hilfen (Scaffolding) und *Fading* (sukzessive Rücknahme der Hilfen), Hervorhebungen im System,
- Zusammenstellung von Aufgaben zu *Sets*,
- Sequenzierung in der Regel vom Einfachen zum Komplexen.

Lernaufgaben müssen *kompetenzvalide* sein, d. h. die bei der Lösung der Aufgabe auszuführenden Operationen und Prozesse (mental oder beobachtbar) müssen einen relevanten Beitrag zum Aufbau bzw. der Festigung der angestrebten Kompetenz liefern. Das scheint nicht immer selbstverständlich, in der Praxis der beruflichen Bildung (aber nicht nur dort) finden sich nicht selten Aufgaben, die leicht *abfragbar* sind, deren Beitrag zur Kompetenzentwicklung jedoch wenig plausibel ist.

**Übungsaufgaben und Lösungsbeispiele (worked examples)**
Insbesondere Teil-Lernaufgaben lassen sich von Übungsaufgaben nicht klar abgrenzen. Bei Übungsaufgaben steht die Festigung bzw. Routinisierung von bestimmten Abläufen im Vordergrund, was aber in der Regel Bestandteil der zu fördernden Kompetenz ist. Gegenüber dem reinen Bearbeiten von Übungsaufgaben kann die Verwendung von ausgearbeiteten Lösungsbeispielen (*worked examples*) vorteilhaft sein.

Lösungsbeispiele bestehen aus der Problemformulierung und einer Lösung. Dabei sind in der Regel einzelne Lösungsschritte explizit aufgeführt und zum Teil mit Begründung versehen. Die Vorgehensweise sieht meist so aus (Renkl 2014):

- Das der Lösung zugrundeliegende Prinzip wird erklärt (im Unterricht, in der Vorlesung, Lernprogramme).
- Mehrere (sinnvoll variierte) ausgearbeitete Lösungsbeispiele werden dargeboten um die Anwendung des Lösungsprinzips zu verdeutlichen.
- Wenn die Lernenden die Anwendung verstanden haben, beginnen sie mit der Bearbeitung von Übungsaufgaben.

Wichtig für die Wirksamkeit des Verfahrens ist, dass sich die Lernenden den gezeigten Lösungsweg nachvollziehen und sich selbst erklären können (Renkl 2014; Wylie und Chi 2014). Dazu kann auch explizit aufgefordert werden.

**Selbsttest- und diagnostische Aufgaben**
Selbsttest- und diagnostische Aufgaben haben eine andere Funktion als Lernaufgaben, sie können jedoch die gleiche Form haben. Es kommt bei diesen Aufgaben darauf an, dass sie gute Indikatoren für das Erreichen des Lehrziels bzw. das Ausmaß an erworbener Kompetenz sind. Selbsttest-Aufgaben sollen Lernende informieren, inwieweit sie die gewünschten Ziele erreicht haben bzw. wo noch Lücken sind oder wo etwas missverstanden wurde.

**Narration**
Bei vielen Lernspielformaten, aber auch bei Erklärvideos, muss auch über die Art der narrativen Einbettung entschieden werden. Lernspielen vom Typ *Learning Adventure*, aber auch *Goal Based Scenarios* liegt bspw. jeweils eine Geschichte (cover story) zugrunde, in die der Lehrstoff und die Lernaufgaben integriert sind. Die lernförderliche Wirkung von *Geschichten* ist generell hinreichend belegt (Schank 1990, 2002). Das Problem ist jedoch, dass in vielen *Lernabenteuern* der Lehrstoff nicht derart in die *Story* integriert ist, dass die Anwendung in der Spielhandlung gefordert wird. Die Spielhandlung wird vielmehr unterbrochen durch eine kurze, grafisch oft sehr ansprechend gestaltete Lerneinheit. Außer der Thematik haben das Spiel und die Lerneinheiten nichts miteinander zu tun. Dass dies eher nicht lernförderlich sein muss, haben Grebe und Niegemann (2012) in einem Quasi-Experiment gezeigt. Die Lernenden fanden die Spielunterbrechungen zum Lernen bzw. die Unterbrechungen des Lernens um das Spiel fortzusetzen auch nicht sonderlich motivierend.

Bei technischen Erklärvideos kann die *Story* z. B. auch darin bestehen, dass von einem kniffligen (wahren oder fiktiven) Fall erzählt wird und wie die Lösung gefunden wurde.

### 5.4.4 Technische Bedingungen (Hardware und Software) und Entwicklung

Spätestens wenn wesentliche Entscheidungen über die Inhalte und Aufgaben sowie deren Struktur der Darbietung getroffen sind, stehen Entscheidungen über die technischen Aspekte des Instruktionsdesigns an: *Auf welchen Geräten mit welcher Displaygröße und in welchen Softwareumgebungen soll das Lernangebot verfügbar sein?* Diese Entscheidungen beeinflussen die weiteren Optionen oder sie müssen an Entscheidungen in den weiteren Feldern (Multimedia, Interaktivität) angepasst werden: Texte, Bilder, Tabellen oder komplexe Schaubilder lassen sich oft nicht beliebig für die Darbietung auf Smartphones verkleinern; auch der Umfang bestimmter Dateien muss bei bestimmten technischen Kontexten berücksichtigt werden.

Bei neueren Autorensystemen gibt es z. T. die Möglichkeit festzulegen, auf welche Art sich die Darbietung einem kleineren Display anpasst (Verzicht auf bestimmte weniger relevante Informationen; Anordnung von Textfeldern: *Fluid*

*Boxes*). Bei Augmented Reality Brillen (AR-Brillen) z. B. ist das Display oft so klein, dass sich erhebliche Einschränkungen bei der Informationsdarbietung ergeben: Es kann jeweils nur eine geringe Datenmenge gleichzeitig dargeboten werden, auch nur wenig Text; hohe Kontraste sind oft notwendig und die Positionierung der Informationen unterliegt (aus ergonomischen Gründen) Einschränkungen. Eine halbwegs komfortable Bedienung aktueller AR-Brillen erfordert u. a. für die Sprachsteuerung eine ständige Internetanbindung, die nicht an jedem Arbeitsplatz gewährleistet sein kann.

Wenn für die Entwicklung eines multimedialen Lernangebots eine bestimmte Autorensoftware verwendet wird, kann dies erhebliche Auswirkungen auf andere Entscheidungsfelder haben. Viele aktuelle Autorenprogramme erlauben keine Verwendung von Variablen und beinhalten weder eine eigene Scriptsprache noch ermöglichen sie es, auf unkomplizierte Art z. B. Javascript-Anweisungen einzubauen: Die Möglichkeiten des Interaktionsdesigns sind dann stark eingeschränkt, da z. B. (falsche) Aufgabenlösungen nicht für weitere Instruktionsschritte adaptiv genutzt werden können und auch keine nicht-banale Fehleranalyse möglich ist. Die Entscheidung für flexiblere Tools mit weniger Einschränkungen hat allerdings oft Auswirkungen auf das Finanzbudget und erfordert entsprechende personelle Kompetenzen. Auch wenn Instruktionsdesigner und Softwareentwickler (wie meist) unterschiedliche Personen sind und vielleicht unterschiedlichen Unternehmen angehören, sollten Instruktionsdesigner frühzeitig über die hard- und softwaretechnischen Möglichkeiten und Beschränkungen informiert sein.

### 5.4.5 Multimediadesign

**Grundlagen und Prinzipien**
Grundlagen multimedialen Lernens beschreiben in diesem Band Scheiter et al. (2019). Die in diesem Wissenschaftsbereich empirisch gefundenen *Prinzipien* sind eine wesentliche Grundlage dafür, welche Entscheidungen getroffen werden zu Fragen wie:

- Was und wieviel biete ich als geschriebenen Text dar, was als gesprochenen Text?
- Wann erhöhen Bilder die Lernwirksamkeit?
- Wie lassen sich Texte und Bilder am besten lernwirksam verknüpfen?
- Sind Video bzw. Animation oder eine Folge von Standbildern für eine bestimmte Instruktion lernwirksamer?
- Wie kann die Aufmerksamkeit Lernender am besten auf relevante Text- oder Bildinformationen gelenkt werden?
- Haben Dekoelemente oder motivierend gedachte Zusatzinformationen tatsächlich die gewünschte Wirkung?
- Ist Hintergrundmusik förderlich? Wenn ja: welche Musik in welcher Lautstärke?

Zunächst sind hier Entscheidungen bezüglich der einzelnen Codes (Symbolsysteme) zu treffen: Wie gestalte ich die Texte? Welche Art Bilder wähle ich für welche Adressaten? Zur Gestaltung von Lehrtexten und Bildern in Lehrmaterialien unabhängig von ihrer Kombination gibt es seit nahezu 50 Jahren reiche Forschungsbefunde, u. a. zu Überschriften, Textverständlichkeit, Layout, Schrifttypen usw. (Ballstaedt 1997, 2012; Ballstaedt et al. 1981). Hilfreich können hier die Prinzipien multimedialen Lehrens und Lernens sein (Mayer 2014), die auch von Scheiter et al. (2019) dargestellt und diskutiert werden.

**Kritik an Prinzipien multimedialen Lernens**
Obwohl alle Prinzipien multimedialen Lernens mehrfach experimentell mit z. T. hohen Effektstärken belegt sind, handelt es sich nicht um klare Gesetzmäßigkeiten, die ein *rezeptmäßiges* Vorgehen begründen könnten. Eine ganze Reihe von Mayers Prinzipien konnte unter veränderten Bedingungen nicht bestätigt werden: Insbesondere bei ausführlichem Lehrmaterial und deutlich längeren Lernepisoden blieben die Effekte des Öfteren aus oder zeigten sich nur schwach. Zum Teil zeigten sich auch differenzielle Effekte, wenn andere Zielgruppen untersucht wurden.

U. a. konnten Rummer und Mitarbeiter/innen den Modalitätseffekt in einigen Studien nicht replizieren (Lindow et al. 2011). Reichelt stellte fest, dass der Personalisierungseffekt keineswegs sicher auftritt (Reichelt et al. 2014). Kühl und Zander fanden eine Umkehrung des Effekts bei aversivem Inhalt (Kühl und Zander 2013). Auch das Kohärenzprinzip darf nicht rigide angewendet werden, Hinweise für Differenzierungen liefern der Forschungsüberblick von Rey (2012) und neuere Studien von Park und Kollegen (Park et al. 2015).

Gerade in den letzten Jahren zeigte sich, dass – ähnlich wie in der Medizin – auch in der Instruktionspsychologie verstärkt differenzielle Effekte untersucht werden müssen: Unterschiedliche interne (Merkmale der Lernenden) und externe Lernvoraussetzungen (Lehrstoff, Umgebungsbedingungen) bedingen offenbar auch im Detail unterschiedliche Entscheidungen des Instruktionsdesigns. Andererseits führen die abweichenden Resultate neuerer Studien in der Regel nicht zu gegenteiligen Effekten, eher zeigte sich, dass die Effekte unter bestimmten Bedingungen nicht auftraten. Dies bedeutet aber, dass eine Berücksichtigung der Effekte im Allgemeinen nicht zu negativen Ergebnissen führt. Für Praktiker heißt dies, dass es keine gravierenden Argumente dagegen gibt, im Zweifel die Befunde von Mayer, Sweller und anderen zu berücksichtigen.

### 5.4.6 Motivationsdesign
Die Motivation sich mit einem Lehrstoff zu beschäftigen und diese Beschäftigung aufrecht zu erhalten lässt sich nachweislich beeinflussen. Motivationspsychologische Grundlagen und Motivationsdesign behandeln Zander und Heidig (2018) in diesem Band. Bereits früh hat Keller Bedingungen und Möglichkeiten der Motivierung zusammengestellt und später um Aspekte der Volition erweitert (Keller 2007; Keller und Deimann 2018). Generell sind stets dabei auch die *basic needs* menschlichen Lernens zu berücksichtigen (Ryan und Deci 2000).

Kellers Instruktionsdesign-Modell (ARCS-Modell, Keller 1983) enthält Strategien zur systematischen und gezielten Förderung der Motivation der Lernenden. Unterschieden werden vier Hauptkategorien der Motivierung, nach deren Anfangsbuchstaben das Modell benannt ist: Aufmerksamkeit (*attention*), Relevanz (*relevance), Erfolgszuversicht (*c*onfidence) und Zufriedenheit (*s*atisfaction). Diesen Hauptkategorien sind jeweils Subkategorien zugeordnet, die spezifische Strategien enthalten.

Das Modell wurde ursprünglich für die Gestaltung schulischer Instruktion und von Lehrveranstaltungen im Allgemeinen formuliert. Später wurden auf dieser Basis begründete Empfehlungen für die Konzeption multimedialer Lernumgebungen entwickelt (Keller und Suzuki 1988; Niegemann 1995, 2001).

### 5.4.7 Interaktionsdesign

In der Sozialwissenschaft werden Handlungen zweier Subjekte die wechselseitig aufeinander einwirken als *Interaktionen* bezeichnet. Im Bereich des technikbasierten Lernens meint Interaktivität die wechselseitige Aktivität zwischen einem Lernenden und einem Lernsystem, wobei die (Re)Aktionen des Lernenden auf die (Re)Aktionen des Lernsystems bezogen sein müssen und umgekehrt (Domagk et al. 2010). Die ideale Interaktivität von Lernsystemen käme der Interaktion zwischen Lernenden und kompetenten Privatlehrern (Tutoren) oder Coaches nahe.

Ein interaktives System ist kaum denkbar ohne ein Minimum an Adaptivität. Äußerungen des Systems sollen sich auf vorangegangene Äußerungen des Nutzers beziehen und sie nach Möglichkeit an Besonderheiten (z. B. Vorwissen, Interessen) des individuellen Lerners anpassen. Die Thematik der Interaktivität und Adaptivität in digitalen Lernumgebungen wird ausführlich in einem separaten Kapitel dieses Handbuchs dargestellt (Niegemann und Heidig 2019).

### 5.4.8 Zeitstrukturierung

Häufig vernachlässigt im Bildungsbereich wird die Zeitökonomie des Lehrens und Lernens. Lernende unterscheiden sich in der Zeit, die sie benötigen um bestimmte Lehrstoffe zu erfassen. Dieser Zeit stehen die für das Lernen verfügbare sowie die tatsächlich genutzte Zeit gegenüber (Carroll 1973, 1989).

Auch wenn multimedial vermitteltes Lehren und Lernen eine gewisse zeitliche Flexibilität ermöglicht, ist oft ein vorgegebenes Zeitraster zu beachten (z. B. Unterrichtsstunden). Beim Instruktionsdesign zu berücksichtigen sind auch Lernpausen, die Verteilung des Lernprozesses über mehrere Tage und evtl. zeitbezogene Hilfen für das selbstregulierte Lernen (wieviel absolviert, wieviel noch zu bewältigen). Instructional Designer sollten die Spannweite der benötigten Dauer der Bearbeitung einer Lehreinheit einschätzen oder empirisch ermitteln, so dass den Lernenden vorab die voraussichtlich benötigte Lernzeit mitgeteilt werden kann und diese Pausen oder Unterbrechungen einplanen können.

Im Kontext des Einsatzes von MOOCs (massive open online courses) wird nicht selten auf die *Aufmerksamkeitsspanne* von Lernern verwiesen, die eher kurz sei und daher sehr kurze Lehr-Lerneinheiten erfordere.

Eine Begrenzung der *Aufmerksamkeitsspanne* (der Begriff ist nicht klar definiert) auf ca. zwanzig Minuten, die z. T. in der Literatur behauptet wird, ist empirisch nicht belegt. Wie lange jemand z. B. einem Vortrag ohne Beeinträchtigung der Aufmerksamkeit durch kognitive Erschöpfung (*depletion*) folgen kann, hängt vermutlich von unterschiedlichen Variablen ab (Interesse, Interessantheit, ermüdungsrelevante physiologische Zustände des jeweiligen Lerners, physikalische Merkmale der Lernumgebung) (Bradbury 2016; Chen et al. 2017; Puma et al. 2018). Hier besteht noch erheblicher Forschungsbedarf.

### 5.4.9 Grafikdesign, Layout

Grafikdesign umfasst unterschiedliche Gestaltungsaspekte der Darbietung von Informationen, u. a. Typografie (Schrift) Illustration, Fotografie, Bewegtbild, Webdesign.

Kriterien *guten* Grafikdesigns resultieren teilweise aus der Ästhetik, teilweise aus der Beurteilung der Funktionalität. Letztere entsprechen weitgehend denen der Ergonomie bzw. Usability. Nicht immer korrelieren ästhetische Kriterien mit denen der Funktionalität: Müller (2016) konnte experimentell keine wesentlichen Unterschiede im Lernerfolg feststellen zwischen einem Lehrprogramm, das farblich in zwei Versionen nach ästhetischen Kriterien gestaltet war, in einer anderen Version so, dass es diesen Kriterien widersprach. Dennoch wird man sich bei der Gestaltung multimedialer Lernangebote sicher bemühen, ästhetischen Kriterien weitgehend zu folgen.

Die wichtigsten Prinzipien des Grafikdesigns hat Seidl (2019) in einem Beitrag zu diesem Band zusammengestellt. Bei der Entwicklung multimedialer Lernangebote mit professionellem Anspruch wird das Instruktionsdesign in der Regel auf die Kompetenz qualifizierter Grafikdesigner zurückgreifen müssen.

### 5.4.10 Implementation

**Organisatorische Probleme der Implementation**
Die Einführung eines E-Learning Produkts ist nicht nur mit einer hohen Anfangsinvestition und Aufwendung für die weitere Nutzung verbunden, sondern auch mit einigen organisatorischen Problemen bei der Implementation eines solchen Produkts.

Ein großes Problem ist die Bereitschaft der Lehrenden (Bildungspersonal). Wenn es um den neuen Einsatz von technikunterstützen Bildungsangeboten geht, kann man nicht von vornherein auf breite Zustimmung der Betroffenen (Ausbilder, Lehrer, Lernende) setzen. Skepsis und Ablehnung können unterschiedliche Gründe haben:

- Das erforderliche Wissen über Soft- und Hardware sowie über die Bedingungen des Lernens am Bildschirm ist oft nicht vorhanden, dafür aber Vorbehalte gegenüber der Technik im Allgemeinen und nicht selten schlechte Erfahrungen mit didaktisch mehr oder weniger schlechter Lernsoftware.
- Bei Trainern und Ausbildern gibt es gelegentlich noch Ängste hinsichtlich einer Dequalifizierung, Kontroll- oder gar Jobverlust.
- Nicht alle Lerner sind zudem ein selbstreguliertes, eher aktives Lernen gewohnt; es können Versagensängste auftreten, insbesondere bei wenig technikaffinen Personen.

Es ist daher unabdingbar, dass vor der Implementierung im engeren Sinne (vor dem Start des Lernens am Bildschirm) Weiterbildungsangebote für die Trainer, Dozenten und Ausbilder angeboten werden, um ihre Kompetenzen zu erweitern.

Für die Lernenden sollten zumindest zu Beginn Tele- oder E-Tutoren zur Verfügung stehen, die bei der Einführung in den Umgang mit Lernplattformen und Formen des technikbasierten Lernens unterstützen.

Auch indirekt betroffene Mitarbeiter von Unternehmen oder Organisationen sollten entsprechend informiert werden, z. B. über die Kosten des Einsatzes multimedialen Lernens und eventuelle organisatorische Veränderungen.

Die Mitsprache von Betriebs- bzw. Personalräten bei derartigen Maßnahmen ist in Deutschland gesetzlich vorgeschrieben, diese frühzeitig und umfassend zu informieren ist daher unumgänglich.

Die Abstimmung aller möglichen Maßnahmen zum Gelingen der Implementation erfordert eine Implementationsstrategie, die aktuelle Befunde zu *Change Management* aus der Organisationstheorie berücksichtigt. Eine ausführliche Darstellung liefert z. B. Lauer (2014). Spezifisch ID bezogene Beiträge liefern Morrison et al. (2004, Kap. 15), Smith und Ragan (2005, Kap. 17), Ponnusami (2015) sowie Davidson-Shivers et al. (2017).

## 5.5 Didaktische Entwurfsmuster/Instructional Design Patterns

Jedes der Entscheidungsfelder des DO ID Modells stellt den Instruktionsdesigner vor Probleme der Auswahl oder Umsetzung von Designalternativen bzw. der Wiederverwendbarkeit vorhandener Designlösungen. Offenbar werden die gleichen Probleme von unterschiedlichen Instruktionsdesignern immer wieder neu gelöst. Dieses Effizienzhindernis gab es auch in anderen *Entwurfswissenschaften* (technologischen Wissenschaften) (Simon 1996; siehe auch Niegemann und Weinberger 2019).

*Rezeptartige* Hilfen sind jedoch nicht nur im Bildungsbereich wenig nützlich, da die jeweiligen Situationen sich stets in einer Vielzahl von Variablen unterscheiden. Andererseits existieren bewährte Erkenntnisse im Sinne allgemeiner Prinzipien, deren situativ-angepasste Berücksichtigung zielführend ist, zumindest aber eine höhere Erfolgswahrscheinlichkeit erwarten lässt als starre Rezepte oder Ad-hoc-Lösungen.

Der Ansatz der *Entwurfsmuster* (*design patterns*) stellt eine Herangehensweise zum effizienten Umgang mit solchen Designproblemen dar. Er wurde im Bereich der Architektur entwickelt von Alexander et al. (1977) und später mit Erfolg in der Informatik aufgegriffen (Gamma et al. 1998). Von dort gelangte die Idee in den Bereich des E-Learning, wo von *pedagogical design patterns* (didaktischen Entwurfsmustern) gesprochen wird, wir sprechen auch von *Instructional Design Patterns* (IDP).

Instructional Design Patterns beschreiben, worauf beim Instruktionsdesign auf jeden Fall zu achten ist, ohne darüber hinausgehende Gestaltungsmöglichkeiten einzuschränken. Vereinbarungen zur Beschreibung von didaktischen Entwurfsmustern wurden im Rahmen eines EU-geförderten Projekts (*E-LEN* 2002–2004) entwickelt (Goodyear und Retalis 2010).

## 6 Entwicklung und Realisierung

Bevor ein E- Learning-Produkt endgültig produziert werden kann, sind nochmals operativ-technologische Aussagen gefragt. So müssen alle Ideen für die Umsetzung festgelegt und festgehalten werden. Wichtig hierbei ist, dass eine möglichst genaue Vorlage für die Umsetzung des jeweiligen Programms vorliegt: Ein Storyboard. Dieses entspricht etwa dem Drehbuch bei der Erstellung eines Films. Es wird den Softwareentwicklern und den Grafikdesignern übergeben als Grundlage für deren Arbeit. Als Vorlage bzw. Konzeption ist es auch nützlich für die Präsentation bei externen Auftraggebern, da so alle Gestaltungsideen manifestiert sind, präsentiert und diskutiert werden können. Spätere Veränderungen an der fertigen Software können sehr kostenintensiv werden.

### 6.1 Techniken der Medienentwicklung: Storyboard

Das Storyboard zeigt das Design und die Konzeption einer Lernumgebung, skizziert die Abläufe einer Multimedia-Entwicklung und gibt eine möglichst genaue Anleitung für die informationstechnische Umsetzung der Software. Für jede Bildschirmseite oder jede Phase einer Animation werden einfache Grafiken erstellt (so, dass der Grafikdesigner erkennt, was gewünscht ist).

Wenn alle Designentscheidungen getroffen sind, können diese im Storyboard festgehalten und realisiert werden. Folgende Designentscheidungen sollten zu Beginn der Entwicklung des Storyboards feststehen:

- Screen-Layout,
- Anordnung der Bedienelemente,
- Schriftart, Schriftgröße, Textgestaltung,
- Formate der Grafiken (JPEG, PNG, SVG, etc.),
- Layout-Raster und Hintergrundfarben,
- Farbtöne,
- Entwicklungstools (welche Autorensoftware und Grafikprogramme),
- Audioqualität,
- Videoqualität,
- Animationsqualität (Clipanimationen, Pfadanimation, Objektanimation usw.),
- Funktionen der Menüs und Bedienelemente.

Das Storyboard enthält ebenfalls alle Texte. Ladbare Dateien müssen eindeutig beschrieben werden oder sie werden als Anhang an das Storyboard beigefügt. Wenn Bilder noch nicht vorhanden sind, müssen die zu beschaffenden Bilder möglichst genau beschrieben werden:

- Die Platzierung von Texten und Bildern soll in realistischer Proportionalität dargestellt werden.
- Musik, Geräusche: Genaue Beschreibung; falls ein Kompositionsauftrag vergeben werden soll, Angabe der zu vermittelnden Stimmung, Länge der Stücke usw.
- Bei Videoeinblendungen ist zu klären, ob auf Archivmaterial zurückgegriffen werden soll oder ob noch Videos zu produzieren sind. Bei Archivmaterial ist die genaue Bezeichnung anzugeben. Für die noch zu produzierenden Videos ist das Drehbuch beizufügen bzw. nachzureichen.
- Falls Zeitsequenzen für die Präsentation des Lernmaterials vorgesehen sind, sollten diese exakt angegeben werden.
- Navigationsmöglichkeiten bzw. Hyperlinks: zu jedem Hyperlink bzw. Button sollte das Ziel der Verzweigung angegeben werden.
- Selbstablaufende Sequenzen von Bildschirmdarstellungen sollten gegebenenfalls durch mehrere Storyboardseiten repräsentiert werden.
- Besondere Funktionen von Links oder Buttons sollen ebenfalls beschrieben werden.
- Grobe Vorgaben für das grafische Screen-Design sollten vorhanden sein.
- Dem Storyboard sollten alle medialen Elemente beigefügt werden.

Anscheinend gibt es bis heute keine dedizierten Softwaretools für die Erstellung von Storyboards für multimediale Lernangebote. Häufig wird deshalb Präsentationssoftware wie Powerpoint oder Keynote dazu verwendet. Ein Vorteil gegenüber der Verwendung von Textverarbeitungssoftware liegt darin, dass Präsentationssoftware stets dem Bildschirm angepasst ist. Was auf einer Folie dargestellt wird, kann auch auf einem Bildschirm präsentiert werden.

Durch die Nutzung des *Folienmasters* (bei Powerpoint) kann das Layout definiert werden. Für Metadaten, Anweisungen, Linkbeschreibungen usw. können zum einen Kommentare verwendet werden, zum anderen wird in das Notizfeld geschrieben.

Eine Alternative sind Mockup-Tools für das Softwareengineering (z. B. von Balsamiq), die etwas Einarbeitung erfordern, aber oft den Programmierern der Lernsoftware entgegenkommen. Eine Reihe alternativer, teils kostenfreier Mockup-Tools sind auf der Website http://alternativeto.net/software/balsamiq-mockups/ (zugegriffen am 10.02.2019) beschrieben. Schließlich bieten auch einige Autorensysteme wie Adobe Captivate Tools für die Erstellung eines Storyboards bzw. für Rapid Prototyping an.

Ist die Erstellung des Storyboards beendet, kann mit der Softwareentwicklung, Herstellung von Fotos und Grafiken, wie auch Audio- und Videoproduktion begonnen werden.

## 6.2  Entwicklungswerkzeuge

Lernsoftware kann wie jedes andere Softwareprodukt nach allen Regeln des Softwareengineerings entwickelt werden. Dabei stehen alle Möglichkeiten dieses Fachgebiets zur Verfügung, Einschränkungen liegen nur an den aktuellen Grenzen der

Programmierkunst. In der Regel ist dies allerdings relativ kostenaufwändig und bedeutet, dass die Programmierung an spezialisierte Experten delegiert wird.

Schon früh gab es deshalb Versuche auch Lernprogramm-Entwicklern mit wenig oder keinen Programmierkenntnissen mithilfe spezieller Softwaretools die selbstständige Erstellung der von ihnen konzipierten Programme zu ermöglichen. Es handelt sich bei diesen Softwaretools um so genannte Autorenwerkzeuge oder Autorensysteme (*authoring systems*).

Die Arbeit mit aktuellen Autorenwerkzeugen ähnelt auf den ersten Blick oft der Erstellung der Folien eines Powerpoint- oder Keynote-Vortrags: Bilder und Texte werden an den Stellen auf dem Bildschirm platziert, an denen sie dem Lerner präsentiert werden. Hinzu kommen Tests mit unterschiedlichen Aufgabenformen und Feedback für korrekte und falsche Antworten. Videosequenzen und Bilder können eingefügt oder verlinkt werden, die Steuerung des Ablaufs wird dem Lernenden überlassen, meist durch eine *Weiter*-Taste. Bei unterschiedlichen Eingaben des Lernenden kann das Programm auch zu verschiedenen Seiten verzweigen.

Ein wesentlicher Unterschied zwischen den Autorensystemen besteht darin, dass einige keinerlei Programmierung vorsehen um programmierunkundige Instruktionsdesigner anzusprechen. Andere Systeme besitzen entweder eine eigene einfache Skriptsprache oder sie ermöglichen es Module einer Skriptsprache wie Javascript einzufügen.

Wer etwas fortgeschrittene Interaktivität in seinen Lernangeboten plant ist sicher gut beraten sich für ein Autorensystem mit dieser Möglichkeit zu entscheiden. Schon die Verwendung des Namens des jeweiligen Lernenden (zu Beginn abgefragt) erfordert die Verwendung einer Variablen, der dieser Namen zugewiesen wird um dann an geeigneter Stelle für die personalisierte Anrede benutzt zu werden. Erst recht werden Funktionen einer Skriptsprache benötigt, wenn nicht-triviale Fehleranalysen vorgesehen sind. In einem Lernprogramm zur kaufmännischen Kostenrechnung kann eine Zahleneingabe nicht nur auf Korrektheit geprüft werden (das ist wohl bei allen Autorensystemen möglich), sondern es kann auch geprüft werden, welche Art (Denk)Fehler zu einer falschen Eingabe geführt hat: Die Eingabe wird dann mit möglichen Antworten verglichen, die bei typischen Denkfehlern zu erwarten sind (z. B. Division durch zwölf statt durch 52 oder durch 365 bei der Berechnung von bestimmten Abschreibungen) und das Feedback informiert über den wahrscheinlich zugrundeliegenden Denkfehler.

Einige Autorensysteme bieten für Interaktionen fertige *Aktionen* (vorprogrammierte Elemente) oder Schemata zur Veränderung von Eigenschaften der Objekte (Bilder, Texte, Seiten) an.

Zu den Autorensystemen kommen weitere, teilweise nicht ausschließlich für Lernprogramme entwickelte Softwaretools:

- Software zum Aufzeichnen von Bildschirminhalten als Video (z. B. Camtasia© für die Aufzeichnungen von Mini-Lectures) oder als Bild (z. B. SnagIt©),
- Mal- und Zeichensoftware,
- Foto- und Filmbearbeitungswerkzeuge,
- Tools zum Konvertieren von Video-, Bild- oder Musikformaten und
- gängige Office-Anwenderprogramme.

Auch die besten Werkzeuge ermöglichen keine lernwirksamen multimedialen Lernangebote, wenn die systematische, lernpsychologisch-didaktische Konzeption und ein guter Anteil didaktischer Kreativität fehlt oder gravierende Mängel aufweist.

## 7 Instructional Design Modelle in der Praxis

ID Modelle werden in der Praxis sicherlich nicht viel öfter bzw. intensiver genutzt als Modelle der Unterrichtsvorbereitung. Beide sind aber wichtig für Anfänger und Quereinsteiger, die noch nie systematisch eine Instruktionseinheit vorbereitet und durchgeführt haben. Es ist eine offene Forschungsfrage, in welchem Umfang und welcher Intensität welche ID Modelle oder Schemata zur Unterrichtsvorbereitung tatsächlich von wem verwendet werden und wie ihr Nutzen von Praktikern jeweils eingeschätzt wird. Instruktionsdesignmodelle sind im deutschsprachigen Raum bisher wenig bekannt, da sie überhaupt erst seit Kurzem und erst in wenigen Studiengängen und Weiterbildungsangeboten vermittelt werden.

Die Tatsache, dass das Wort *E-Learning* in vielen Unternehmen bis heute negativ besetzt ist, geht auf schlechte Erfahrungen mit E-Learning-Produkten zurück, die offensichtlich nicht anhand aktueller bildungstechnologischer Kriterien entwickelt waren. Instruktionspsychologen und Bildungstechnologen sind sich darin einig, dass die der Konzeption vorausgehenden Analysen unabdingbar sind. Sie werden erfahrungsgemäß jedoch am ehesten vernachlässigt. Vermutlich, weil sie aufwendig sind, insbesondere die Wissens- und Aufgabenanalysen. Sie erfordern gleichermaßen instruktionspsychologische und fachwissenschaftliche bzw. fachpraktische Kompetenzen, was in der Praxis eine Kooperation von Fachexperten und Bildungstechnologen bzw. Lehr-Lern-Experten erfordert. Spezielle Arbeitshilfen und Werkzeuge wie Checklisten und spezialisierte Mapping-Tools sowie Instrumente zur Wissens- und Aufgabenanalyse können hilfreich sein, eine positive Einstellung zur Notwendigkeit von Analysen vorausgesetzt.

Auch zwanzig Jahre nach der Adaption der Idee der Entwurfsmuster (*pedagogical* oder *instructional design patterns*, s.o.) ist die Realisierung bestenfalls rudimentär, auch wenn klar ist, dass *Rezepte*, also wenig differenzierte Vorschriften, keine Lösung sein können. Offensichtlich fehlt ein benutzerfreundlicher Zugriff auf ein Repository mit einer hinreichenden Menge wissenschaftlich fundierter, praxistauglicher Patterns. Es existiert bisher aber nicht einmal ein entsprechendes umfassendes Lehrbuch.

Die Verfügbarkeit von Design Patterns ersetzt allerdings kein *instruktionspsychologisches Grundwissen* über Prozesse des Lehrens und Lernens, des Erwerbs von Wissen und Kompetenzen unterschiedlicher Art in unterschiedlichen Szenarien, Motivation und Motivieren, Gedächtnisprozesse und Aspekte sozialer Kooperation und Steuerung. Auch *handwerkliche* Aspekte der systematischen Konzeption (nicht nur digitaler) Lehr-Lern-Arrangements sind oft defizitär: Die Konzeption guter Lernaufgaben, d. h. solcher, die den Lernern relevante Erfahrungen und Einsichten vermitteln, gelingt ohne entsprechendes Training meist genauso wenig wie die Entwicklung und Formulierung guter, d. h. valider Testaufgaben, die sich an den Kernideen des zu vermittelnden Lehrstoffs und nicht an der leichten Abfragbarkeit orientieren. Solches Grundwissen muss in die Lage versetzen, Patterns und so genannte *Prinzipien* angemessen flexibel einzusetzen und wenn nötig zu modifizieren. Instructional Design erfordert in gleichem Maße Kreativität wie andere technologische Disziplinen (Niegemann und Weinberger 2019), wie u. a. Architektur, Ingenieurwissenschaften, Medizin. Wie in diesen Disziplinen erfordert Kreativität fundiertes Wissen.

Die Professionalisierung des Instruktionsdesigns hat zumindest im deutschsprachigen Bereich mit den technischen Aspekten der Bildungstechnologie nicht Schritt gehalten. Ohne instruktionspsychologisch-didaktische Kompetenzen sind auch digitale Techniken wie Virtual/Augmented oder Mixed Reality und Künstliche Intelligenz in der Bildung so nützlich wie in der Medizin Laser, CT, fMRT etc. ohne biologisch-medizinische Kompetenzen. Die Entwicklung auf dem Arbeitsmarkt lässt für die Zukunft hoffen: In den letzten Jahren hat die Nachfrage nach Bildungstechnologen und damit Instruktionsdesignern erheblich zugenommen. Es kommt nun darauf an, diesem Bedarf durch wissenschaftlich fundierte Aus- und Weiterbildungsangebote gerecht zu werden.

## Literatur

Aebli, H. (1980). *Denken: Das Ordnen des Tuns* (Bd. 1). Stuttgart: Klett-Cotta.
Aebli, H. (1981). *Denken: Das Ordnen des Tuns* (Bd. 2). Stuttgart: Klett-Cotta.
Alexander, C., et al. (1977). *A pattern language: Towns, buildings, construction*. New York: Oxford University Press.
Allen, M. W. (2018). The successive approximation model (SAM): A closer look. In R. A. Reiser & J. V. Dempsey (Hrsg.), *Trends and issues in instructional design and technology* (4. Aufl., S. 42–51). New York: Pearson.
Allen, M. W., & Merrill, M. D. (2018). SAM and Pebble-in-the-Pond: Two alternatives to the ADDIE model. In R. A. Reiser & J. V. Dempsey (Hrsg.), *Trends and issues in instructional design and technology* (4. Aufl., S. 31–41). New York: Pearson.
Anderson, J. R. (1983). *The architecture of cognition*. Cambridge, MA: Harvard University Press.
Aquin, T. von. (1988). *Über den Lehrer. De magistro: Quaestiones disputatae de veritate, quaestio IX (lat.-dt.)* (Herausgegeben, übersetzt u. kommentiert von G. Jüssen. Hamburg: Felix Meiner.
Ballstaedt, S.-P. (1997). *Wissensvermittlung. Die Gestaltung von Lernmaterial*. Weinheim: Beltz/Psychologie Verlags Union.
Ballstaedt, S.-P. (2012). *Visualisieren*. Konstanz: UVK.
Ballstaedt, S.-P., Mandl, H., Schnotz, W., & Tergan, S.-O. (1981). *Texte verstehen, Texte gestalten*. München/Wien/Baltimore: Urban & Schwarzenberg.
Bradbury, N. A. (2016). Attention span during lectures: 8 seconds, 10 minutes, or more? *Advantages in Physiology Education, 40*, 509–513.
Branch, R. M. (2018). Characteristics of foundational instructional design models. In R. A. Reiser & J. V. Dempsey (Hrsg.), *Trends and issues in instructional design and technology* (4. Aufl., S. 23–30). New York: Pearson.
Bransford, J. D., Sherwood, R. D., Hasselbring, T. S., Kinzer, C. K., & Williams, S. M. (1990). Anchored instruction: Why we need it and how technology can help. In D. Nix & R. Spiro (Hrsg.), *Cognition, education, and multimedia: Exploring ideas in high technology* (S. 115–141). Hillsdale: Erlbaum.
Brown, J. S., Collins, A., & Duguid, P. (1989). Situated cognition and the culture of learning. *Educational Researcher, 18*, 32–41.
Bruner, J. S. (1960). *The process of education*. Cambridge, MA: Harvard University Press.

Carroll, J. B. (1973). Ein Modell schulischen Lernens. In W. Edelstein & D. Hopf (Hrsg.), *Bedingungen des Bildungsprozesses* (S. 234–250). Stuttgart: Klett.

Carroll, J. B. (1989). The Carroll Model. A 25-year retrospective and prospective view. *Educational Researcher, 18*(1), 26–31.

Case, R. (1978). A developmentally based theory and technology of instruction. *Review of Educational Research, 48*, 439–463.

Case, R. (1985). A developmentally based approach to the problem of instructional design. In S. Chipman, J. Segal & R. Glaser (Hrsg.), *Thinking and learning skills – research and open questions* (Bd. 2, S. 537–545). Hillsdale: Erlbaum.

Chandler, P., & Sweller, J. (1991). Cognitive load theory and the format of instruction. *Cognition and Instruction, 8*(4), 293–332.

Chen, O., Castro-Alonso, J. C., Paas, F., & Sweller, J. (2017). Extending cognitive load theory to incorporate working memory resource depletion: Evidence from the spacing effect. *Educational Psychology Review.* https://doi.org/10.1007/s10648-017-9426-2.

Cognition and Technology Group at Vanderbilt. (1991a). Technology and the design of generative learning environments. *Educational Technology, 31*, 34–40.

Cognition and Technology Group at Vanderbilt (1991b). The Jasper series as an example of anchored instruction: Theory, program description, and assessment data. *Educational Psychologist, 27*, 291–315.

Collins, A. (2006). Cognitive apprenticeship. In R. K. Sawyer (Hrsg.), *The Cambridge handbook of the learning sciences* (S. 47–60). Cambridge: Cambridge University Press.

Collins, A., Brown, J. S., & Newman, S. S. (1989). Cognitive apprenticeship: Teaching the crafts of reading, writing and mathematics. In L. B. Resnick (Hrsg.), *Knowing, learning and instruction* (S. 453–494). Hillsdale: Erlbaum.

Creß, U. (2006). Lernorientierung, Lernstile, Lerntypen und kognitive Stile. In H. Mandl & H. F. Friedrich (Hrsg.), *Handbuch Lernstrategien* (S. 365–377). Göttingen: Hogrefe.

CTGV, C. a. T. G. a. V (1991). The Jasper series as an example of anchored instruction: Theory, program description, and assessment data. *Educational Psychologist, 27*, 291–315.

Davidson-Shivers, G. V., Rasmussen, K. L., & Lowenthal, P. R. (2017). *Web-based learning: Design, implementation and evaluation.* New York: Springer.

Dick, W., & Carey, L. (1996). *The systematic design of instruction.* New York: HarperCollins/College Publishers.

Domagk, S., Schwartz, R., & Plass, J. (2010). Interactivity in multimedia learning: An integrated model. *Computers in Human Behavior, 26*, 1024–1033.

Gagné, R. (1965). *The conditions of learning.* New York: Rinehart & Winston.

Gagné, R. M., & Briggs, L. J. (1979). *Principles of instructional design.* New York: Holt, Rinehart & Winston.

Gagné, R. M., Briggs, L. J., & Wager, W. W. (1988). *Principles of instructional design* (3. Aufl.). New York: Holt, Rinehart & Winston.

Gagné, R. M., Wager, W. W., Golas, K. C., & Keller, J. M. (2005). *Principles of instructional design* (5. Aufl.). Belmont: Wadsworth/Thomson.

Gamma, E., et al. (1998). *Design patterns CD. Elements of reusable object oriented software.* New York: Addison-Wesley Longman.

Goodyear, P., & Retalis, S. (Hrsg.). (2010). *Technology-enhanced learning. Design patterns and pattern languages.* Rotterdam: Sense Publishers.

Göpfert, J., & Lindenbach, H. (2013). *Geschäftsprozessmodellierung mit BPMN 2.0. Business Process Model and Notation.* München: Oldenbourg.

Grebe, C., & Niegemann, H. M. (2012). Lern-Adventures sind cool – oder doch nicht (immer)? *Empirische Pädagogik, 26*(3), 409–420.

Gustafson, K. L., & Branch, R. M. (1997). *Survey of instructional development models* (3. Aufl.). Syracuse/New York: ERIC Clearinghouse on Information & Technology.

Helmke, A., & Weinert, F. E. (1997). Bedingungsfaktoren schulischer Leistungen. In F. E. Weinert (Hrsg.), *Psychologie des Unterrichts und der Schule* (Bd. 3, S. 71–176). Göttingen: Hogrefe.

Hessel, S. (2009). *Die Bedeutung von Usability und Cognitive Load auf die Informationssuche beim multimedialen Lernen*. Dr. phil. Dissertation, Universität Erfurt, Erfurt. Available from FIS-Bildung Literaturdatenbank.

Jacobsen, J., & Meyer, L. (2017). *Praxisbuch Usability und UX*. Bonn: Rheinwerk.

Jonassen, D. H. (1999). Designing constructivist learning environments. In C. M. Reigeluth (Hrsg.), *Instructional-design theories and models. A new paradigm of instructional theory* (S. 215–239). Mahwah: L. Erlbaum.

Jonassen, D. H., Beissner, K., & Yacci, M. (1993). *Structural knowledge: Techniques for representing, conveying, and acquiring structural knowledge*. Hillsdale/Hove/London: Lawrence Erlbaum Associates.

Jonassen, D. H., Tessmer, M., & Hannum, W. H. (1999). *Task analysis methods for instructional design*. Mahwah: L. Erlbaum.

Keller, J. M. (1983). Motivational design of instruction. In C. M. Reigeluth (Hrsg.), *Instructional design theories and models: An overview of their current studies*. Hillsdale: Erlbaum.

Keller, J. M. (2007). In Hrsg, R. A. Reiser, & J. V. Dempsey (Hrsg.), *Motivation and performance. Trends and issues in instructional design and technology* (2. Aufl., S. 82–92). Upper Saddle River/Columbus: Pearson/Merrill Prentice Hall.

Keller, J. M., & Deimann, M. (2018). Motivation, volition, and performance. In R. A. Reiser & J. V. Dempsey (Hrsg.), *Trends and issues in instructional design and technology* (4. Aufl., S. 78–86). New York: Pearson.

Keller, J. M., & Suzuki, K. (1988). Use of the ARCS motivation model in courseware design. In D. H. Jonassen (Hrsg.), *Instructional designs for microcomputer courseware* (S. 401–434). Hillsdale: Erlbaum.

Kirschner, P. A., Sweller, J., & Clark, R. E. (2006). Why minimal guidance during instruction does not work: An analysis of the failure of constructivist, discovery, problem-based, experiential, and inquiry-based teaching. *Educational Psychologist, 41*, 75–86.

Klauer, K. J. (1974). *Methodik der Lehrzieldefinition und Lehrstoffanalyse*. Düsseldorf: Schwann.

Klauer, K. J. (1985). Framework for a theory of teaching. *Teaching and Teacher Education, 1*(1), 5–17.

Klauer, K. J., & Leutner, D. (2012). *Lehren und Lernen. Einführung in die Instruktionspsychologie* (2. Aufl.). Weinheim: Beltz/PVU.

Koper, R., & Tattersall, C. (Hrsg.). (2005). *Learning design. A handbook on modelling and delivering networked education and training*. Berlin/Heidelberg: Springer.

Kühl, T., & Zander, S. (2013). Ein invertierter Personalisierungseffekt bei aversiven Lerninhalten: Was bei (D)einer Hirnblutung geschieht. Vortrag bei der 14. Fachtagung Pädagogische Psychologie der Deutschen Gesellschaft für Psychologie (DGPs) in Hildesheim.

Lauer, T. (2014). *Change Management: Grundlagen und Erfolgsfaktoren*. Berlin: Springer Gabler.

Leshin, C. B., Pollock, J., & Reigeluth, C. M. (1992). *Instructional design strategies and tactics*. Englewood Cliffs: Educational Technology Publications.

Lindow, S., Fuchs, H. M., Fürstenberg, A., Kleber, J., Schweppe, J., & Rummer, R. (2011). On the robustness of the modality effect: attempting to replicate a basic finding. *Zeitschrift für Pädagogische Psychologie, 25*(4), 231–243.

Mandl, H., & Fischer, F. (Hrsg.). (2000). Mapping-Techniken und Begriffsnetze in Lern- und Kooperationsprozessen. In *Wissen sichtbar machen. Wissensmanagement mit Mapping-Techniken* (S. 3–12). Göttingen: Hogrefe.

Mayer, R. E. (1977). The sequencing of instruction and the concept of assimilation-to-schema. *Instructional Science, 6*, 369–388.

Mayer, R. E. (2003). *Learning and instruction*. Upper Saddle River/Columbus: Merrill/Prentice Hall.

Mayer, R. E. (2008). *Learning and instruction* (2. Aufl.). Upper Saddle River: Pearson Merrill Prentice Hall.

Mayer, R. E. (Hrsg.). (2014) Cognitive theory of multimedia learning. In *The Cambridge handbook of multimedia learning* (S.43–71) Cambridge/New York: Cambridge University Press.

Mayer, R. E., & Fiorella, L. (2014). Principles for managing essential processing in multimedia learning: Segmenting, pretraining, and modality principles. In R. E. Mayer (Hrsg.), *The Cambridge handbook of multimedia learning* (S. 316–344). Cambridge: Cambridge University Press.

Mayer, R. E., & Chandler, P. (2001). When learning is just a click away: Does simple user interaction foster deeper understanding of multimedia messages? *Journal of Educational Psychology, 93*(2), 390–397.

Merriënboer, J. J. G. van. (1997). *Training complex cognitive skills. A four-component instructional design model for technical training*. Englewood Cliffs: Educational Technology Publications.

Merriënboer, J. J. G. van. (2019). Das 4C/ID Modell. In H. M. Niegemann & A. Weinberger (Hrsg.), *Handbuch Bildungstechnologie*. Heidelberg: Springer.

Merriënboer, J. J. G. van, & Dijkstra, S. (1997). The four-component instructional design model for training complex cognitive skills. In R. D. Tennyson, F. Schott, N. Seel & S. Dijkstra (Hrsg.), *Instructional design. International perspective. Vol 1: Theory, research, and models* (S. 427–445). Mahwah: L. Erlbaum.

Merriënboer, J. J. G. van, & Kester, L. (2005). The four-component instructional design model: multimedia principles in environments for complex learning. In R. E. Mayer (Hrsg.), *Cambridge handbook of multimedia learning* (S. 71–93). Cambridge: Cambridge University Press.

Merriënboer, J. J. G. van, & Kester, L. (2014). The four-component instructional design model: multimedia principles in environments for complex learning. In R. E. Mayer (Hrsg.), *The Cambridge handbook of multimedia learning. 2*. (S. 104–148). New York: Cambridge University Press.

Merriënboer, J. J. G. van, & Kirschner, P. A. (2018). *Ten steps to complex learning. A systematic approach to four-component instructional design (3)*. New York: Routledge.

Merrill, M. D. (1999). Instructional transaction theory (ITT): Instructional design based on knowledge objects. In C. M. Reigeluth (Hrsg.), *Instructional-design – Theories and models. A new paradigm of instructional theory* (S. 397–424). Mahwah: Erlbaum.

Merrill, M. D., Li, Z., Jones, M. J., & Hancock, S. W. (1991). *Instructional transaction theory*. New York: Transaction shells.

Merrill, M. D., et al. (1996). Instructional transaction theory: Instructional design based on knowledge objects. *Educational Technology, 36*(3), 30–37.

Morrison, G. R., Ross, S. M., & Kemp, J. E. (2004). *Designing effective instruction* (4. Aufl.). New York: Wiley.

Neisser, U. (1974). *Kognitive Psychologie*. Stuttgart: Klett-Cotta.

Newell, A., & Simon, H. A. (1972). *Human problem solving*. Englewood Cliffs: Prentice Hall.

Niegemann, H. M. (1995). *Computergestützte Instruktion in Schule, Aus- und Weiterbildung. Theoretische Grundlagen, empirische Befunde und Probleme der Entwicklung von Lehrprogrammen*. Frankfurt a. M.: Peter Lang.

Niegemann, H. M. (2001). *Neue Lernmedien. Konzipieren, entwickeln, einsetzen*. Bern/Göttingen: Hans Huber.

Niegemann, H. M. (2014). Interaktionsdesign. In K. Wilbers (Hrsg.), *Handbuch E-Learning* (50. Erg.-Lieferung). Köln: DWD-Verlag/Wolters-Kluwer Deutschland.

Niegemann, H. M., Domagk, S., Hessel, S., Hein, A., Zobel, A., & Hupfer, M. (2008). *Kompendium multimediales Lernen*. Heidelberg: Springer.

Niegemann, H. M., & Heidig, S. (2019). Interaktivität und Adaptivität in digitalen Lernumgebungen. In H. M. Niegemann & A. Weinberger (Hrsg.), *Handbuch Bildungstechnologie*. Heidelberg: Springer.

Niegemann, H. M., Hessel, S., Hochscheid-Mauel, D., Aslanski, K., Deimann, M., & Kreuzberger, G. (2004). *Kompendium E-Learning*. Heidelberg: Springer.

Niegemann, H. M., & Niegemann, L. (2017). Design digitaler Aus- und Weiterbildungsszenarien. In O. Thomas, D. Metzger & H. Niegemann (Hrsg.), *Digitalisierung der Aus- und Weiterbildung: Virtuelle Lernumgebungen für industrielle Geschäftsprozesse*. Berlin: Springer.

Niegemann, H. M., & Treiber, B. (1982). Lehrstoffstrukturen, Kognitive Strukturen, Didaktische Strukturen. In B. Treiber & F. E. Weinert (Hrsg.), *Lehr-Lern-Forschung. Ein Überblick in Einzeldarstellungen* (S. 37–65). München/Wien/Baltimore: Urban & Schwarzenberg.

Niegemann, H. M., & Weinberger, A. (Hrsg.). (2019). Bildungstechnologie. In *Handbuch Lernen mit Bildungstechnologien*. Heidelberg: Springer.

Norman, D. A., & Rumelhart, D. E. (Hrsg.). (1978). *Strukturen des Wissens*. Stuttgart: Klett-Cotta.

Nye, B. D., Graesser, A. C., & Hu, X. (2014). Multimedia learning with intelligent tutoring systems. In R. E. Mayer (Hrsg.), *The Cambridge handbook of multimedia learning* (2. Aufl., S. 705–728). New York: Cambridge University Press.

Oser, F., & Baeriswyl, F. J. (2001). Choreographies of teaching: Bridging instruction to learning. In V. Richardson (Hrsg.), *Handbook of research on teaching* (4. Aufl., S. 1031–1065). Washington, DC: American Educational Research Association.

Park, B., Flowerday, T., & Brünken, R. (2015). Cognitive and affective effects of seductive details in multimedia learning. *Computers in Human Behavior, 44*, 267–278.

Piaget, J. (1973). *Einführung in die genetische Erkenntnistheorie*. Frankfurt: Suhrkamp TBW.

Ponnusami, V. (2015). *Impact of implementation of e-learning in an organization*. Riga: LAP Lambert Academic Publishing.

Pöppel, E. (1993). *Lust und Schmerz. Über den Ursprung der Welt im Gehirn*. München: Siedler.

Posner, M. I. (1976). *Kognitive Psychologie*. München: Juventa.

Puma, S., Matton, N., Paubel, P.-V., & Tricot, A. (2018). Cognitive load theory and time considerations: Using the time-based resource sharing model. *Educational Psychology Review, 30*, 1199–1214. https://doi.org/10.1007/s10648-018-9438-6.

Reichelt, M., Kämmerer, F., & Finster, L. (2019). Lehrziele und Kompetenzmodelle beim E-Learning. In H. M. Niegemann & A. Weinberger (Hrsg.), *Handbuch Lernen mit Bildungstechnologien*. Heidelberg: Springer.

Reichelt, M., Kämmerer, F., Niegemann, H. M., & Zander, S. (2014). Talk to me personally: Personalization of language style in computer-based learning. *Computers in Human Behavior, 35*, 199–210.

Reigeluth, C. M. (Hrsg.). (1983). *Instructional-design theories and models: An overview of their current status*. Hillsdale: L. Erlbaum.

Reigeluth, C. M. (Hrsg.). (1999). The elaboration theory: Guidance for scope and sequence decisions. In *Instructional-design theories and models. A new paradigm of instructional theory* (S. 425–453). Mahwah: L. Erlbaum Associates, Publishers.

Reigeluth, C. M., Merrill, M. D., Wilson, B. G., & Spiller, R. T. (1980). The elaboration theory of instruction: A model for structuring instruction. *Instructional Science, 9*, 125–219.

Reigeluth, C. M., & Stein, F. S. (1983). The elaboration theory of instruction. In C. M. Reigeluth (Hrsg.), *Instructional design theories and models: An overview of their current status*. Hillsdale: Erlbaum.

Reiser, R. A. (2018). A history of instructional design and technology. In R. A. Reiser & J. V. Dempsey (Hrsg.), *Trends and issues in instructional design and technology* (4. Aufl., S. 8–22). New York: Pearson.

Reiser, R. A., & Dempsey, J. V. (Hrsg.). (2018). Introduction. In *Trends and issues in instructional design and technology* (4. Aufl., S. x). New York: Pearson.

Renkl, A. (1996). Träges Wissen. Wenn Erlerntes nicht genutzt wird. *Psychologische Rundschau, 47*(1), 78–92.

Renkl, A. (2014). The worked examples principle in multimedia learning. In R. E. Mayer (Hrsg.), *The Cambridge handbook of multimedia learning* (2. Aufl., S. 391–412). New York: Cambridge University Press.

Reusser, K. (1999). *Konstruktivismus – vom epistemologischen Leitbegriff zur „Neuen Lernkultur"*. Redefassung des Plenarvortrags anlässlich der 7. Tagung Entwicklungspsychologie und Pädagogische Psychologie der DGPs an der Universität Fribourg (CH), September 1999. Redefassung des Plenarvortrags anlässlich der 7. Tagung Entwicklungspsychologie und Pädagogische Psychologie der DGPs an der Universität Fribourg (CH), September 1999.

Reusser, K. (2006). Konstruktivismus – vom epistemologischen Leitbegriff zur Erneuerung der didaktischen Kultur. In M. Baer, M. Fuchs, P. Füglister, K. Reusser & H. Wyss (Hrsg.), *Didaktik auf psychologischer Grundlage. Von Hans Aeblis kognitionspsychologischer Didaktik zur modernen Lehr- und Lernforschung* (S. 151–168). Bern: h.e.p.

Rey, G. D. (2012). A review of research and a meta-analysis of the seductive detail effect. *Educational Research Review, 7*, 216–237.

Richey, R. C., Klein, J. D., & Tracey, M. W. (2011). *The instructional design knowledge base. Theory, research, and practice.* New York/London: Routledge.

Ryan, R., & Deci, E. (2000). Self-determination theory and the facilitation of intrinsic motivation, social development, and well-being. *American Psychologist, 55*, 68–78.

Sander, E. (1986). *Lernhierarchien und kognitive Lernförderung.* Göttingen, Toronto, Zürich: Hogrefe.

Schank, R. C. (1990). *Tell me a story: A new look at real and artificial memory.* New York: Scribner.

Schank, R. C. (2002). *Designing world-class e-learning.* New York/Chicago: McGraw-Hill.

Schank, R. C., Berman, T. R., & Macpherson, K. A. (1999). Learning by doing). In C. M. Reigeluth (Hrsg.), *Instructional-design – theories and models. A new paradigm of instructional theory* (S. 161–182). Mahwah: Erlbaum.

Scheiter, K., et al. (2019). Multimediales Lernen: Lehren und Lernen mit Texten und Bildern. In H. Niegemann and A. Weinberger (Hrsg.), *Handbuch Bildungstechnologie.* Heidelberg: Springer.

Schnotz, W., Eckhardt, A., Molz, M., Niegemann, H. M., & Hochscheid-Mauel, D. (2004). Deconstructing instructional design models: Toward an integrative conceptual framework for instructional design research. In H. Niegemann, D. Leutner & R. Brünken (Hrsg.), *Instructional design for multimedia learning* (S. 71–90). Münster/New York: Waxmann.

Seel, N. M. (1981). *Lernaufgaben und Lernprozesse.* Stuttgart: Kohlhammer.

Seidl, R. (2019). Grafikdesign: Eine Einführung im Kontext multimedialer Lernumgebungen. In H. M. Niegemann & A. Weinberger (Hrsg.), *Handbuch Bildungstechnologie.* Heidelberg: Springer.

Simon, H. A. (1996). *The sciences of the artificial.* Cambridge, MA: The MIT Press.

Smith, P. L., & Ragan, T. J. (2005). *Instructional design* (3. Aufl.). Hoboken: Wiley/Jossey-Bass.

Spiro, J. R., & Jehng, J. C. (1990). Cognitive flexibility and hypertext: Theory and technology for the nonlinear and multidimensional traversal of complex subject mater. In D. Nix & J. R. Spiro (Hrsg.), *Cognition, Education and multimedia: Exploring ideas in high technology* (S. 163–205). Hillsdale: Erlbaum.

Sweller, J., Kirschner, P. A., & Clark, R. E. (2007). Why minimally guided teaching techniques do not work: A reply to commentaries. *Educational Psychologist, 42*(2), 115–121.

Tennyson, R. D., & Park, O.-C. (1980). The teaching of concepts. A review of instructional design research literature. *Review of Educational Research, 50*(1), 55–70.

Tennyson, R. D., & Park, S. I. (1985). Interactive effect of process learning teime and ability level in concept learning using computer-based instruction. *Journal of Structural Learning, 8*, 241–260.

Weinert, F. E. (1996). Für und Wider die „neuen Lerntheorien" als Grundlagen pädagogisch-psychologischer Forschung. *Zeitschrift für Pädagogische Psychologie, 10*(1), 1–12.

Weinert, F. E. (Hrsg.). (2001). Vergleichende Leistungsmessung in Schulen – Eine umstrittene Selbstverständlichkeit. In *Leistungsmessungen in Schulen* (S. 27). Weinheim: Beltz.

Wylie, R., & Chi, M. T. H. (2014). The self-explanation principle in multimedia learning. In R. E. Mayer (Hrsg.), *The Cambridge handbook of multimedia learning* (2. Aufl., S. 413–432). New York: Cambridge University Press.

Zander, S., & Heidig, S. (2018). Motivationsdesign. In H. M. Niegemann & A. Weinberger (Hrsg.), *Handbuch Bildungstechnologie.* Heidelberg: Springer.

# Das Vier-Komponenten Instructional Design (4C/ID) Modell

Jeroen J. G. van Merriënboer

## Inhalt

1 Die vier Komponenten des 4C/ID Modells .................................................. 154
2 Integriertes Curriculum und Lerntransfer .................................................. 159
3 Design-Prozess und Prinzipien ................................................................ 160
4 Diskussion ........................................................................................... 168
Literatur ................................................................................................. 169

### Zusammenfassung

Das Vier-Komponenten Instructional Design Modell (four-component instructional design model: 4C/ID) wird derzeit viel beachtet, da es aktuellen Trends im Bereich der Bildung entspricht: (a) Schwerpunkt auf der Entwicklung komplexer Fähigkeiten bzw. beruflicher Kompetenzen, (b) zunehmender Transfer dessen was in der Schule gelernt wird auf neue Situationen, insbesondere am Arbeitsplatz und (c) die Entwicklung von Schlüsselkompetenzen, also Fähigkeiten, die für das lebenslange Lernen unabdingbar sind. Das 4C/ID Modell wurde in mehreren wissenschaftlichen Publikationen ausführlich beschrieben (z. B. van Merriënboer et al. 2002; Vandewaetere et al. 2015) sowie zwei englischsprachigen Büchern: *Training Complex Cognitive Skill*s (van Merriënboer 1997) und *Ten Steps to Complex Learning* (van Merriënboer und Kirschner 2018). Ziel dieses Beitrags ist eine kurze Beschreibung der Hauptmerkmale des 4C/ID Modells. Als Erstes werden die vier Komponenten beschrieben, aus denen sich kompetenzbasierte Bildung zusammensetzt. Zweitens wird kurz erklärt, wie ein integriertes, auf den vier Komponenten basierendes Curriculum

---

Übersetzung: Helmut M. Niegemann

J. J. G. van Merriënboer (✉)
School of Health Professions Education, Maastricht University, Maastricht, Niederlande
E-Mail: j.vanmerrienboer@maastrichtuniversity.nl

dabei hilft den Lerntransfer zu fördern. Drittens folgt eine Beschreibung eines systematischen 4C/ID Design Prozesses mit dem Fokus auf den wesentlichen Prinzipien des Instructional Design, die das Modell vorsieht. Der Beitrag endet mit einer kurzen Diskussion des Stellenwerts des 4C/ID Modells in den Bildungswissenschaften.

**Schlüsselwörter**

Instruktionsdesign · Komplettaufgaben · Teilaufgaben · Routine · Transfer · Lernaufgaben

## 1 Die vier Komponenten des 4C/ID Modells

Das 4C/ID Modell soll Instruktionsdesignern helfen bei der Entwicklung von Bildungsprogrammen zur Vermittlung komplexer Fähigkeiten bzw. beruflicher Kompetenzen. Es beschreibt die Struktur von Bildungsprogrammen als zusammengesetzt aus vier Komponenten: (1) Lernaufgaben, (2) unterstützende Information, (3) prozedurale Information und (4) Üben von Teilaufgaben (siehe Abb. 1).

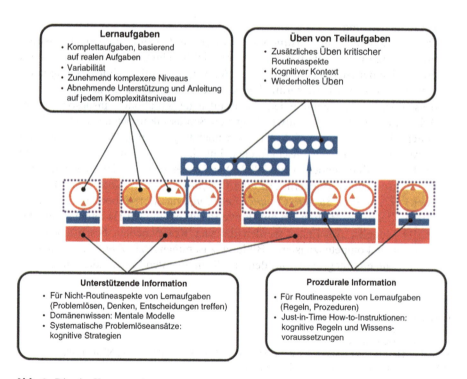

**Abb. 1** Die vier Komponenten

## 1.1 Erste Komponente: Lernaufgaben

Lernaufgaben werden als Rückgrat jedes Bildungsprogramms gesehen (vgl. die großen Kreise in Abb. 1). Es kann sich um Fälle, Projekte, Arbeitsaufgaben, Probleme oder andere Aufgaben handeln, an denen die Lernenden arbeiten. Sie bearbeiten diese Aufgaben in einer simulierten oder realen Arbeitsumgebung (z. B. am Arbeitsplatz). Eine simulierte Arbeitsumgebung kann eine geringe Realitätsnähe aufweisen, zum Beispiel, wenn ein Fallbeispiel auf Papier präsentiert ist (*Angenommen Sie sind ein Arzt und ein Patient kommt …*) oder wenn im Unterrichtsraum ein Rollenspiel durchgeführt wird. Es kann aber auch sehr wirklichkeitsnah sein, z. B. ein hoch-realistischer Flugsimulator zum Training von Piloten oder ein Notfallraum für die Ausbildung von Teams zur Behandlung von Traumata. Lernaufgaben basieren vorzugsweise auf *komplexen, ganzheitlichen* Aufgaben (*whole tasks: Komplettaufgaben*), die Anforderungen stellen an das Wissen, die Fähigkeiten und die Einstellungen, die für die Bewältigung von Aufgaben im zukünftigen Beruf oder Alltagsleben benötigt werden. Zusätzlich erfordern sie sowohl nicht-routinisierbare Fähigkeiten wie Problemlösen, Abwägen und Entscheidungen treffen und Routine-Fähigkeiten, die immer auf die gleiche Art ausgeführt werden (van Merriënboer 2013). Lernaufgaben befördern grundlegende Lernprozesse, die als *induktives Lernen* bezeichnet werden – Lerner lernen durch Tun und durch die Konfrontation mit konkreten Erfahrungen.

*Variabilität:* Effektives induktives Lernen ist nur möglich, wenn die Lernaufgaben untereinander eine gewisse Variation aufweisen (dargestellt durch kleine Dreiecke in den Lernaufgaben in Abb. 1). Lernaufgaben sollten sich daher untereinander in allen Dimensionen unterscheiden, in denen entsprechende Aufgaben später im Berufs- oder Alltagsleben variieren. Nur dann können die Lerner kognitive Schemata aufbauen und über die konkreten Erfahrungen beim Lernen hinaus generalisieren und abstrahieren; derartige Schemata sind unabdingbar für den Lerntransfer (van Merriënboer 2012). Sie liefern die Information über die Merkmale einer Lernaufgabe, welche für die Art der Aufgabenbewältigung irrelevant sind (Oberflächenmerkmale) und welche relevant sind für die Art der Herangehensweise (Strukturmerkmale).

*Ebenen der Komplexität:* Um eine kognitive Überlastung auszuschließen, sollten Lerner typischerweise mit relativ einfachen Lernaufgaben beginnen und mit zunehmender Expertise an immer komplexeren Aufgaben arbeiten (van Merriënboer und Sweller 2005, 2010). Es werden daher Komplexitätsebenen unterschieden, die jeweils etwa gleich schwierige Aufgaben umfassen (s. gepunktete violette Linien, die in Abb. 1 jeweils eine Menge gleich schwieriger Lernaufgaben einschließen). Aufgaben auf gleichem Komplexitätsniveau müssen aber jeweils über alle Dimensionen variiert werden, in denen sich auch reale Aufgabenstellungen unterscheiden können, d. h. die Übungsaufgaben müssen auf jedem Komplexitätsniveau variiert werden. Auf der unteren Komplexitätsebene werden die Lerner konfrontiert mit Lernaufgaben, die sich an den einfachsten Aufgaben orientieren, mit denen ein Berufstätiger zu tun haben kann; auf dem obersten Niveau müssen sich die Lerner mit den schwierigsten Aufgaben auseinandersetzen, die ein Berufsanfänger bewältigen muss. Die weiteren Aufgaben liegen im Schwierigkeitsgrad dazwischen, so dass ein gradueller Anstieg der Komplexität zwischen den Ebenen gewährleistet ist.

*Unterstützung und Anleitung:* Lerner erhalten oft Unterstützung und Anleitung, wenn sie die Lernaufgaben bearbeiten (siehe die Füllung der großen Kreise in Abb. 1). Wenn die Lerner beginnen an schwierigeren Aufgaben zu arbeiten, also fortschreiten zu einem höheren Komplexitätsniveau, erhalten sie zunächst viel Unterstützung und Anleitung. Ab einem bestimmten Ausmaß an Komplexität, werden Unterstützung und Anleitung dann nach und nach verringert in einem *Scaffolding* genannten Prozess – analog zu einem Gerüst (*scaffold*), das erst auf- und dann nach und nach abgebaut wird, wenn das Haus fertig wird (van Merriënboer et al. 2003). Wenn Lerner in der Lage sind die Lernaufgaben auf einem bestimmten Komplexitätsniveau selbstständig, ohne Unterstützung oder Anleitung auszuführen (dargestellt in Abb. 1 als Kreise ohne Füllung), sind sie bereit für die nächste Komplexitätsebene. Das *Scaffolding* beginnt dann erneut, entsprechend einem Zickzack-Muster von Unterstützung und Anleitung durch das gesamte Bildungsprogramm. Unterstützung kann auf unterschiedliche Art geleistet werden, zum Beispiel können die Lerner auf einem bestimmten Komplexitätsniveau zunächst Lösungsbeispiele oder Fallstudien durcharbeiten, dann zunehmend größere Teile vorgegebener unvollständiger Lösungen fertigstellen und erst zuletzt komplette Aufgaben selbstständig lösen (Renkl und Atkinson 2003). Anleitung kann durch einen Lehrer gegeben werden, der den Lerner durch die Bearbeitung einer Aufgabe leitet oder durch externe Hilfen wie Arbeitsblätter mit *Leitfragen*, die den Lerner durch die Aufgabenbearbeitung leiten (Nadolski et al. 2006).

## 1.2 Zweite Komponente: Unterstützende Information

Lernaufgaben erfordern typischerweise sowohl nicht-routinisierbare wie Routinefähigkeiten, die eventuell gleichzeitig ausgeführt werden. *Unterstützende Informationen* (UI, dargestellt durch die roten L-förmigen Gebilde in Abb. 1) helfen Lernern beim Bewältigen der nicht-routinisierbaren Lernaufgaben, die Problemlösen, Denken oder das Fällen von Entscheidungen voraussetzen. Lehrer nennen solche Informationen oft „Theorie", da sie typischerweise über Lehrbücher, Vorlesungen und Online-Ressourcen vermittelt werden. Beschrieben wird dabei wie ein Aufgabenbereich organisiert ist und wie entsprechende fachliche Probleme systematisch angegangen werden können.

Die Struktur eines Aufgabenfeldes ist im Gedächtnis des Lernens repräsentiert durch kognitive Schemata, die auch mentale Modelle genannt werden. Im Bereich der Medizin zum Beispiel bezieht sich das auf Wissen über die Symptome bestimmter Krankheiten (Begriffsmodelle – *was ist das?*), das Wissen über den Aufbau des menschlichen Körpers (Strukturmodelle – *wie ist das aufgebaut?*) und das Wissen über die Arbeitsweise des Herz-Lungen-Systems sowie anderer Organsysteme (Kausalmodelle – *wie funktioniert das?*). Die Organisation eigener Handlungen im Aufgabenfeld wird durch kognitive Schemata repräsentiert, die kognitive Strategien genannt werden. Solche Strategien kennzeichnen die folgenden Phasen in einem systematischen Problemlöseprozess (d. h. Diagnosephase – Behandlungsphase – Nachsorgephase) wie auch Daumenregeln oder Heuristiken, die für den erfolgreichen Abschluss jeder Handlungsphase hilfreich sein können.

*Unterstützende Informationen* (UI) liefern die Verbindung zwischen dem, was Lerner bereits wissen (Vorwissen) und dem, was sie wissen müssen um die Nicht-Routineaspekte der Lernaufgaben bewältigen zu können. Instruktionsmethoden zur Darbietung der unterstützenden Informationen fördern die Konstruktion kognitiver Schemata in *Elaborationsprozessen*. Die Informationen werden so dargeboten, dass sie den Lernern helfen sinnvolle Beziehungen zwischen neuen Informationen und ihrem Vorwissen aufzubauen (van Merriënboer et al. 2003). Es handelt sich um eine Form von Tiefenverarbeitung, die zu informationsreichen kognitiven Schemata führt (mentale Modelle und kognitive Strategien) und so Lerner befähigt neue Phänomene zu verstehen und noch nicht vertraute Probleme anzugehen. Die Vermittlung von kognitivem Feedback spielt in diesem Prozess eine wichtige Rolle. Dieses Feedback regt Lerner an, ihre eigenen mentalen Modelle und kognitiven Strategie mit denen von anderen, einschließlich Experten, Lehrern und Mitlernern, kritisch zu vergleichen.

Die unterstützende Information ist identisch für alle Lernaufgaben eines Komplexitätsniveaus, weil diese Aufgaben alle gleich schwierig sind und daher die gleichen Wissensgrundlagen benötigen. Die Unterstützende Information in Abb. 1 ist deshalb nicht verbunden mit den einzelnen Lernaufgaben, sondern mit den Komplexitätsniveaus; sie kann dargeboten werden bevor Lerner mit der Bearbeitung der Lernaufgaben beginnen (unter dem Motto *Erst die Theorie, dann Start in die die Praxis*) oder sie kann von den Lernen während der Bearbeitung der Lernaufgaben abgerufen werden (nach dem Motto „*Frag nach der Theorie nur wenn du sie brauchst*"). Die unterstützende Information für das jeweils nächste Komplexitätsniveau ist eine Erweiterung oder Ergänzung der zuvor dargebotenen Information – Zusatzinformation, die es Lernern erlaubt komplexere Aufgaben zu bearbeiten, was sie vorher nicht hätten leisten können. Die Organisation von einfachen zu immer komplexeren Aufgaben, verbunden mit zunehmend detaillierterem Domänenwissen entspricht der Idee des *Spiralcurriculums* (Bruner 1960).

## 1.3 Dritte Komponente: Prozedurale Information

*Prozedurale Information* (in Abb. 1 der blaue Balken mit Pfeilspitze zu Lernaufgaben) hilft Lernern die *Routineaspekte der Lernaufgaben* zu bewältigen, das sind Aspekte, die immer auf die gleiche Art ausgeführt werden. Prozedurale Information wird auch Just-in-Time-Information genannt, weil sie am besten *während* der Bearbeitung bestimmter Lernaufgaben geliefert wird. Sie erfolgt typischerweise in der Form von *How-to* oder *Step-by-Step-Instruktionen*, die dem Lerner von einem Lehrer oder einer Benutzeranleitung während der Ausführung gegeben werden und sagen, wie ein Routineaspekt einer Aufgabe auszuführen ist. Der Vorteil eines Lehrers gegenüber einer Benutzeranleitung besteht darin, dass ein Lehrer gewissermaßen *über die Schulter schauen* kann und Anweisungen und korrektives Feedback genau dann geben kann, wenn es benötigt wird um die Aufgabe richtig zu lösen. Prozedurale Information für einen bestimmten Routineaspekt wird vorzugsweise dargeboten, wenn der Lerner diesen zum ersten Mal als Teil der Lernaufgabe ausführt. Für nachfolgende Aufgaben wird die Darbietung der prozeduralen Information nach und nach *ausgeschlichen* (*faded*), weil der Lerner sie zunehmend weniger benötigt, wenn er die Routine besser beherrscht.

*Prozedurale Information* ist immer auf einem Grundlagenniveau formuliert, so dass auch die schwächsten Lerner sie verstehen können. Instruktionsmethoden für die Darbietung der Prozeduralen Informationen (PI) zielen auf einen Lernprozess, der als *Wissenskompilation bezeichnet wird*: Lerner verwenden *How-to-Instruktionen* um kognitive Regeln aufzubauen, die bestimmte – kognitive – Aktionen mit bestimmten Bedingungen zu verbinden (z. B. *WENN du an einer elektrischen Installation arbeitest, DANN schalte zuerst die Sicherungsschalter aus!*). Nach extensivem Üben werden kognitive Regeln zu automatisierten Schemata, die es Lernern ermöglichen Routineaspekte schnell, fehlerfrei und ohne bewusste Steuerung auszuführen (Anderson 1987). Wissenskompilation wird erleichtert, wenn das für die korrekte Ausführung erforderliche Hintergrundwissen für *How-to-Instruktionen* zusammen mit diesen Instruktionen geliefert wird (z. B. gehört zum erforderlichen Hintergrundwissen für die genannte Regel: *Die Sicherungen befinden sich im Schaltkasten.*). Wenn ein Lerner eine Lernaufgabe ausführt, die Routinen aus dem sensomotorischen Bereich enthält, wird ein guter Lehrer den Lernern *just-in-time* sagen, worauf sie achten sollen und wie sie Instrumente und Objekte behandeln müssen sowie sicherstellen, so dass sie über das nötige Hintergrundwissen verfügen um die *How-to-Instruktionen* richtig umzusetzen.

## 1.4 Vierte Komponente: Üben von Teilaufgaben

Lernaufgaben umfassen sowohl Nicht-Routine- als auch Routineaspekte einer komplexen Fähigkeit oder professionellen Kompetenz. In der Regel liefern sie hinreichend Übung um die Routineaspekte zu lernen. Das Üben von Teilaufgaben der Routineaspekte (die kleinen blauen Kreise in Abb. 1) wird nur benötigt, wenn ein sehr hohes Niveau an Automatisierung der Routineaspekte gefordert ist und wenn die Lernaufgaben selbst nicht schon das erforderliche Ausmaß an Übung beinhalten. Bekannte Beispiele für das Üben von Teilaufgaben ist die Behandlung des kleinen Einmaleins in der Grundschule (zusätzlich zu komplexeren Arithmetikaufgaben wie das Bezahlen im Geschäft oder das Berechnen einer Bodenfläche), das Üben der Tonleiter beim Erlernen eines Musikinstruments (zusätzlich zu Komplexaufgaben wie das Spielen eines Musikstücks) oder das Üben der Fähigkeiten zur körperlichen Untersuchung in einer medizinischen Ausbildung (zusätzlich zu *Komplettaufgaben* wie das Verordnen einer Therapie).

Instruktionsmethoden für das Üben von Teilaufgaben zielen auf die Festigung (*strengthening*) kognitiver Regeln durch ausgedehntes und wiederholtes Üben. *Strengthening* ist ein grundlegender Lernprozess, der letztlich zu voll automatisierten kognitiven Schemata führt (Anderson 1993). Es ist wichtig mit dem Üben von

Teilaufgaben in einem geeigneten kognitiven Kontext zu beginnen, d. h. nachdem den Lernern die Routineaspekte im Kontext einer sinnvollen *Komplettaufgabe* klar gemacht wurden. Die Lerner sollen so verstehen wie das Üben der Routineaspekte ihnen hilft, ihre Leistung bei Komplettlernaufgaben zu verbessern. Die *Prozedurale Information (PI)* spezifiziert, welche Bedeutung der jeweilige Routineaspekt im Kontext einer *Komplettaufgabe* hat, zusätzlich kann dies auch während des Übens von Teilaufgaben vergegenwärtigt werden (in Abb. 1 entspricht das dem langen Aufwärtspfeil von prozedurale Information zu *Üben von Teilaufgaben*). Das Üben von Teilaufgaben wird am besten integriert in die Arbeit an Lernaufgaben (*intermix training*; Schneider 1985), das begünstigt eine hochgradig integrierte Wissensbasis.

## 2 Integriertes Curriculum und Lerntransfer

Die vier Komponenten zielen auf vier grundlegende Lernprozesse: (1) *Lernaufgaben* erleichtern induktives Lernen, (2) *unterstützende Informationen* fördern das Elaborieren, (3) *Prozedurale Informationen* fördern die Wissenskompilation und (4) das *Üben von Teilaufgaben* fördert die Festigung des Gelernten. In einem integrierten Curriculum spielen die Beziehungen zwischen den vier Komponenten und den damit verbundenen Lernprozessen eine herausragende Rolle. Die *unterstützende Information* ist jeweils verbunden mit einer Gruppe ungefähr gleich schwieriger Lernaufgaben, die hinsichtlich Oberflächen- und Strukturmerkmalen variiert sind und sie steht den Lernern vor und während ihrer Arbeit an den Lernaufgaben zur Verfügung. Die *prozedurale Information* ist verknüpft mit einzelnen Lernaufgaben und wird den Lernern vorzugsweise *just-in-time* dargeboten, genau dann, wenn diese die Information brauchen um die Routineaspekte von Aufgaben richtig ausführen zu können. Das Üben von Teilaufgaben findet nur statt für Routineaspekte, die automatisiert ausgeführt werden müssen und nachdem die Routineaspekte im Kontext einer sinnvollen Lernaufgabe dargestellt wurden, am besten kombiniert mit der Arbeit an weiteren Lernaufgaben. Ein integriertes Curriculum kann man sich als Skelett vorstellen: Die Lernaufgaben dienen als Wirbelsäule und die anderen drei Komponenten sind mit dieser so verbunden, dass sie die beste Unterstützung für die Entwicklung komplexer Fähigkeiten oder beruflicher Kompetenzen liefern. Unklare Beziehungen zwischen den vier Komponenten würden die Kohärenz des Bildungsprogramms aufs Spiel setzen und Schemaaufbau und Schemaautomation der Lerner stören.

Dem 4C/ID Modell zufolge ist ein integriertes Curriculum Voraussetzung für einen Transfer des Lernens, d. h. um sicherzustellen, dass Lerner später in der Lage sind, das was sie gelernt haben innerhalb und außerhalb des Bildungsprogramms auf neue Situationen anzuwenden, insbesondere am Arbeitsplatz.

Es gibt dafür drei Gründe (van Merriënboer et al. 2006): Erstens helfen komplette sinnvolle Lernaufgaben (Komplettaufgaben), welche gleichzeitig die Entwicklung von Wissen, Fähigkeiten und Einstellungen fördern (*integrative Lehrziele*, Gagne und Merrill 1990), Lernern beim Aufbau einer informationsreichen, integrierten Wissensbasis. Dies erhöht die Chance, dass sie bei neuen Anforderungssituationen das nützliche Wissen in ihrem Gedächtnis rasch aktivieren können. Zweitens hilft die Anordnung der Lernaufgaben von einfachen zu komplexen Aufgaben in Kombination mit einer sukzessiven Zurücknahme von Unterstützung und Anleitung auf jedem Komplexitätsniveau, den Lernern die verschiedenen Leistungsaspekte zu *koordinieren*. Eine solche Koordination wird auch benötigt um erworbene Fähigkeiten, Wissen und Einstellungen in neuen Problemsituationen abgestimmt anzuwenden. Drittens, die Unterscheidung zwischen Nicht-Routine- und Routineaspekten komplexer Fähigkeiten ermöglicht es Lernern die ausgewählten Routineaspekte nach einem Teilaufgabentraining schnell und mit wenig Anstrengung zu bewältigen. Im Ergebnis stehen ihnen mehr kognitive Ressourcen zur Verfügung für die Bewältigung der weniger vertrauten Aspekte neuer Problemsituationen (Denken, Problemlösen, Entscheidungen treffen) und die Reflektion der Qualität gefundener Lösungen (van Merriënboer 2013).

## 3 Design-Prozess und Prinzipien

Fünf Handlungsbereiche können bei der Konzeption von Bildungsprogrammen im Rahmen der vier Komponenten unterschieden werden (siehe Abb. 2). Für jede Handlung sieht 4C/ID eine Reihe evidenzbasierter Designprinzipien vor. Diese sind:

1. *Die Konzeption von Lernaufgaben (orangefarbene Elemente in* Abb. *2)*: Lernaufgaben werden typischerweise konzipiert auf der Basis von realen Aufgaben aus dem Berufs- oder Alltagsleben. Designprinzipien beziehen sich auf das jeweilige Niveau von Realismus, Umgebungsauthentizität (*fidelity*), Variabilität, Unterstützung und Anleitung. Verschiedene Arten von Lernaufgaben können unterschieden werden, wie etwa konventionelle Aufgaben (Lerner müssen eine Lösung finden), Vervollständigungsaufgaben (Lerner müssen eine teilweise vorgegebene Lösung vervollständigen) oder ausgearbeitete Lösungsbeispiele (*worked-out examples*), bei denen die Lerner eine gegebene Lösung studieren und sich selbst erklären müssen.
2. *Bestimmen von Standards für akzeptable Leistungen (grüne Elemente in* Abb. *2)*: Lerner, die an Lernaufgaben arbeiten, benötigen Feedback und ihre Leistung wird erfasst. Leistungsziele basieren auf einer Fähigkeitshierarchie und beschreiben für alle unterschiedlichen Aspekte die Standards (Kriterien, Werte, Einstellungen), welche die Lerner erreichen müssen. Erfassungsinstrumente enthalten Bewertungsschemata für alle diese Standards.
3. *Sequenzierung von Lernaufgaben (violette Elemente in* Abb. *2)*: Lernaufgaben werden zeitlich von einfachen zu immer komplexeren Niveaus angeordnet, wobei entweder ein Komplettaufgaben- oder Teilaufgabenansatz verwendet wird. Wenn Information über Lernfortschritte verfügbar ist (Schritt 2), kann sie verwendet werden um individualisierte Lernverläufe zu entwickeln oder selbstreguliert Lerner zu beraten, welche Lernaufgaben sie am besten wählen sollten.
4. *Konzeption der unterstützenden Information für Nicht-Routineaspekte (rote Elemente)*: Unterstützende Information hilft Lernern die Nicht-Routineaspekte von Lernaufgaben zu bewältigen und liefert ihnen Modellbeispiele (mit dem Ziel der Entwicklung mentaler Modelle), systematische Ansätze des Problemlösens (mit

Das Vier-Komponenten Instructional Design (4C/ID) Modell

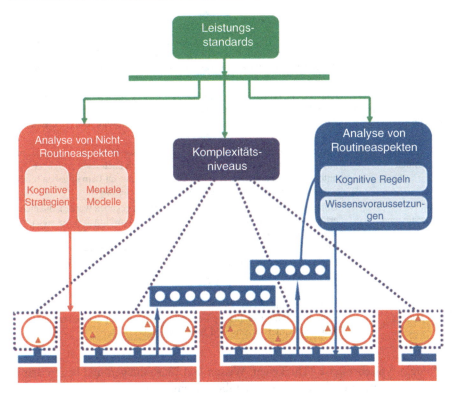

**Abb. 2** Fünf Gruppen von Aktivitäten im 4C/ID Designprozess

dem Ziel der Entwicklung kognitiver Strategien) und kognitives Feedback. Manchmal ist eine eingehende Analyse der zu erwerbenden mentalen Modelle und kognitiven Strategien notwendig.

5. *Konzeption prozeduraler Informationseinheiten und des Übens von Teilaufgaben für Routineaspekte (blaue Elemente):* Prozedurale Informationseinheiten sagen Lernern wie die Routineaspekte von Lernaufgaben auszuführen sind und liefert ihnen *How-to-Instruktionen* (mit dem Ziel der Entwicklung kognitiver Regeln) und *korrektives Feedback*. Manchmal ist auch hier eine eingehende Analyse der zu erwerbenden kognitiven Regeln und der notwendigen Wissensvoraussetzungen erforderlich. Das Üben von Teilaufgaben wird konzipiert, wenn ein hohes Ausmaß an Automatisierung bestimmter Routineaspekte erforderlich ist.

## 3.1 Konzeption von Lernaufgaben

Tab. 1 enthält die Hauptprinzipien für die Konzeption von Lernaufgaben. Zuerst (LA1) sollen realistische Aufgaben aus Beruf oder Alltag als Ausgangspunkt für die Konzeption (*design*) von Lernaufgaben gewählt werden. Solche realen Aufgaben

**Tab. 1** Designprinzipien für Lernaufgaben (LA)

| | |
|---|---|
| LA1 Realismus | Wähle sinnvolle Komplettaufgaben aus dem Berufsleben oder dem Alltag als Ausgangspunkt für die Konzeption von Lernaufgaben; diese Aufgaben sollen vorzugsweise Wissen, Fähigkeiten und Einstellungen ansprechen. |
| LA2 Kontextauthentizität (fidelity) | Durch das gesamte Bildungsprogramm gibt es einen weichen Übergang vom Arbeiten in einer sicheren simulierten Aufgabenumgebung zu Aufgabenumgebungen mit zunehmender Kontexttreue für realistisches Üben. |
| LA3 Variabilität | Lernaufgaben in einem Bildungsprogramm müssen sich untereinander in allen Dimensionen unterscheiden, in denen sich auch reale Aufgaben unterscheiden Aufgaben, d. h. die gesamte Menge an Lernaufgaben muss repräsentativ sein für die realen Aufgabenanforderungen. |
| LA4 Unterstützung | Unterstütze Lerner, indem ihnen Lernaufgaben gegeben werden, die nicht erfordern, dass sie diese unabhängig komplett bewältigen: Lass sie zum Beispiel Lösungsbeispiele durcharbeiten oder Demonstrationen nachvollziehen oder lass sie Teillösungen vervollständigen. |
| LA5 Anleitung | Liefere den Lernern Anleitung für die Bearbeitung der Lernaufgaben durch Vermittlung eines systematischen Problemlöseansatzes, Daumenregeln oder Ablaufschemata. |
| LA6 Scaffolding | Verringere graduell das Ausmaß an Unterstützung und Anleitung mit dem Erwerb an Expertise, bis die Lerner in der Lage sind die Lernaufgaben ohne jede Unterstützung und Anleitung zu bearbeiten. |

erfordern typischerweise Fähigkeiten, Wissen und Einstellungen und helfen damit Lernern komplexe Fähigkeiten bzw. berufliche Kompetenzen zu entwickeln. Zweitens (LA2) werden Lernaufgaben typischerweise von den Lernern entweder in einer simulierten oder einer realen Aufgabenumgebung bearbeitet. Um eine geschützte Lernumgebung sicherzustellen und Anfänger vor der Verarbeitung zu vieler irrelevanter Details zu bewahren kann mit geringer Kontextauthentizität begonnen werden (z. B. auf Papier dargestellte Fälle, Rollenspiele) und über authentischere Kontexte (computerbasierte Simulation, realitätsnahe Simulation) bis zu realen Aufgaben am Arbeitsplatz fortgeschritten werden. Drittens (LA3) ist wichtig, dass Lernaufgaben in einem Bildungsprogramm in allen Dimensionen, in denen sich auch reale Arbeitsaufgaben unterscheiden, variiert werden: die Menge der Lernaufgaben soll repräsentativ sein für die Menge der Aufgaben, denen man im realen Berufsleben begegnen kann. Dies gilt sowohl für Oberflächenmerkmale, die mit der Ausführung der Aufgaben nichts zu tun haben, wie für strukturelle Merkmale, die für die Art der Ausführung entscheidend sein können. Viertens (LA4) und fünftens (LA5) sollen Lernende bei der Bearbeitung von Lernaufgaben jeweils anfänglich beträchtliche Unterstützung bzw. Anleitung erhalten. Unterstützung ist in die Aufgaben integriert und bezieht sich auf die Verwendung von Lösungsbeispielen oder Fallstudien, Vervollständigungsaufgaben, zielfreie Probleme, *umgekehrte* Aufgaben, Imitationsaufgaben usw. Anleitungen sind *Zusätze* zu einer Aufgabe und beinhalten Hinweise und durch eine Lehrperson oder ein Arbeitsblatt mit Leitfragen. Sie helfen den Lernern eine wirksame kognitive Strategie anzuwenden, indem sie einem systematischen Problemlösungsansatz folgen. Schließlich sollte auf jedem Komplexitätsniveau ein

*Scaffolding-Prozess* angeboten werden, was bedeutet, dass Unterstützung und Anleitung sukzessive zurückgenommen werden, je mehr Expertise die Lerner entwickeln bis sie fähig sind die Lernaufgaben selbstständig, ohne jede Unterstützung und Anleitung, auszuführen. Danach können die Lerner fortfahren an Aufgaben auf einem höheren Komplexität zu arbeiten und das *Scaffolding* beginnt erneut – resultierend in einem Zickzack-Muster von Unterstützung und Anleitung durch das gesamte Bildungsprogramm.

## 3.2 Etablieren von Standards für akzeptable Leistungen

Tab. 2 stellt die wesentlichen Prinzipien für die Bestimmung von Mindest-Leistungsstandards (*standards for acceptable performance*) dar. Solche Standards sind notwendig um die Leistungen der Lerner beim Bearbeiten der Lernaufgaben zu erfassen und ihnen Feedback (Rückmeldung) zu geben. Zuerst (ST1) wird eine Fähigkeitshierarchie oder ein Kompetenzraster skizziert um alle konstituierenden Fähigkeiten zu erfassen, die eine effektive Aufgabenbewältigung ausmachen. Wesentliche Nicht-Routine-Fähigkeiten stehen an der Spitze der Hierarchie und relevante Routine-Fähigkeiten erscheinen im unteren Bereich. Diese Hierarchie oder das Raster liefern einen Überblick über alle Aspekte, in denen die Leistung der Lerner erfasst werden kann. Als Zweites (ST2) werden Leistungsziele formuliert für jede identifizierte Fähigkeit: Sie bestehen aus einem Tätigkeitswort um den gewählten Leistungsaspekt zu charakterisieren, den Bedingungen, unter denen die Leistung erbracht wird, die Gegenstände und Werkzeuge, die vom Bearbeiter einer Aufgabe verwendet werden und Mindest-Leistungsstandards. Drittens (ST3) können

**Tab. 2** Designprinzipien für die Bestimmung der Standards für Mindestleistungen (acceptable performance)

| | |
|---|---|
| ST1 Fertigkeitshierarchie | Erstelle eine Hierarchie oder Übersicht der Fähigkeiten die grundlegend sind für die komplexen Fähigkeiten oder beruflichen Kompetenzen, die vermittelt werden sollen. Ergebnis ist ein Überblick über alle relevanten Aspekte des gewünschten Lernergebnisses. |
| ST2 Leistungsziele | Formuliere Leistungsziele für alle grundlegenden Fähigkeiten der Fähigkeitshierarchie, so dass sie jeweils ein Handlungsverb, Bedingungen, zu verwendende Werkzeuge/Objekte und Standards für die mindestens zu erwartende Leistung umfassen. |
| ST3 Klassifikation von Zielen | Klassifiziere die Ziele als Nicht-Routine (erfordert unterstützende Information), Routine (erfordert prozedurale Information) oder automatisierte Routine (erfordert auch Üben von Teilaufgaben). |
| ST4 Spezifizierung von Standards | Für jedes Ziel spezifiziere die Mindeststandards in Form von Kriterien (z. B. erwartete Zeit, Genauigkeit), Wertmaßstäbe (z. B. entsprechenden bestimmten Konventionen) und Einstellungen. |
| ST5 Leistungserfassung | Entwickle ein Erfassungsinstrument mit einem Bewertungsschema für alle Standards, welches es erlaubt, sowohl die Lernleistung bei den Aufgaben zu bestimmen als auch den Lernfortschritt im Verlauf der Aufgabenbearbeitung. |

die Leistungsziele klassifiziert werden als Nicht-Routineaufgaben (erfordern schemabasiertes Problemlösen, Nachdenken und benötigen die Verfügbarkeit unterstützender Informationseinheiten); als Routineaufgaben (erfordern die Anwendung von Regeln oder Prozeduren und benötigen die Verfügbarkeit von prozeduralen Informationseinheiten) oder als automatisierte Routinen (erfordern die Verfügbarkeit von prozeduralen Informationseinheiten und vorangegangenes Teilaufgabentraining). Viertens (ST4) werden die Standards weiter spezifiziert im Hinblick auf *harte* Kriterien (Zeit, Fehler), Wertmaßstäbe (entsprechend bestimmten Regelungen oder Konventionen) sowie erwünschte Einstellungen. Schließlich können für alle spezifizierten Standards Bewertungsschemata entwickelt werden und in einem Erfassungswerkzeug als Entwicklungsportfolio zusammengefasst werden. Ein Entwicklungsportfolio ermöglicht es, die Leistung aller Lerner in allen Aspekten zu erfassen, die für eine bestimmte Lernaufgabe relevant sind und den Lernfortschritt der Lernenden über eine Serie von Lernaufgaben zu beobachten (van Merriënboer und van der Vleuten 2012).

## 3.3 Sequenzierung von Lernaufgaben

Tab. 3 beschreibt die wichtigsten Prinzipien für die zeitliche Anordnung der Lernaufgaben vom Einfachen zum Komplexen. Als Erstes (KN1) wird standardmäßig eine Komplettaufgabe ausgewählt. Lernaufgaben auf dem niedrigsten Komplexitätsniveau basieren auf den einfachsten Aufgaben, die sich einem Berufstätigen im realen Arbeitsleben stellen. Im *Vereinfachte-Bedingungen-Ansatz* (*simplifying conditions approach*) werden alle Bedingungen, die die Aufgabenbearbeitung vereinfachen, identifiziert und für die Konstruktion oder Auswahl von Aufgaben auf dem niedrigsten Komplexitätsniveau verwendet. Für zunehmend höhere Komplexitätsniveaus werden die Bedingungen gelockert. Falls es sich zweitens (KN2) als un-

**Tab. 3** Designprinzipien für die Sequenzierung von Lernaufgaben entsprechend dem Komplexitätsniveau (KN)

| KN1 Komplexaufgaben-Sequenzierung | Identifizieren der Bedingungen die simplify task performance, und Verwenden dieser Bedingungen um sequence Lernaufgaben vom untersten Niveau zu immer höheren Ebenen. |
|---|---|
| KN2 Rückwärts-Verketten | Falls nötig, verwende *Rückwärtsverkettung*; wenn die Komplexaufgabe ABC ist, lass zuerst C üben, wobei A und B vorgegeben sind, dann lass BC üben, wobei A vorgegeben ist und lass am Ende die Aufgabe ABC komplett üben. |
| KN3 Individualisierung | Verwende die Ergebnisse von Leistungstests der Lerner um individualisierte Lernverläufe anzuregen; Lernaufgaben werden ausgewählt auf einem Schwierigkeitsgrad und einem Ausmaß an Unterstützung bzw. Anleitung, die dem individuellen Bedarf entsprechen. |
| KN4 Selbstreguliertes Lernen | Überlass den Lernern die Kontrolle über die Auswahl der Lernaufgaben; Scaffolding zweiter Ordnung weist die Verantwortung über die Aufgabenwahl nach und nach den Lernern zu. |

möglich erweist Komplettaufgaben zu finden, die einfach genug sind um damit im jeweiligen Bildungsprogramm zu beginnen, verwendet man eine *Abfolge von Teilaufgaben*. Nach dem 4C/ID Modell ist *Rückwärtsverkettung* der bevorzugte Ansatz für eine Abfolge von Teilaufgaben. Angenommen, die Lerner sollen Programmieren lernen, so umfasst dies drei konstituierende Fähigkeiten: A = Programmdesign, B = Codieren und C = Debugging (Fehler finden und ausmerzen). Auf dem niedrigsten Komplexitätsniveau würden die Lerner fertig geschriebene Programme debuggen, Design und Codierung sind vorgegeben ($C_{AB}$); auf einem mittleren Komplexitätniveau, würden sie Programme kodieren und debuggen, bei denen das Design vorgegeben ist ($BC_A$), und erst auf dem höchsten Komplexitätsniveau würden sie das Programm von Beginn an selbst entwerfen (design), kodieren und debuggen (ABC). Drittens (KN3) muss die Sequenz der Lernaufgaben nicht für alle Lerner gleich sein. Liegen Ergebnisse einer Leistungsmessung vor, können individualisierte Lernverläufe entworfen werden. Lerner, welche die Standards schnell erreichen, bekommen dann komplexere Aufgaben mit weniger Unterstützung und Anleitung als Lerner, die mehr Zeit benötigen um diese Standards zu erreichen. Sie arbeiten sich schneller durch die Serie von Lernaufgaben und erreichen das finale Kursziel in kürzerer Zeit bzw. mit weniger Lernaufgaben (Salden et al. 2006). Viertens (KN4) können Testergebnisse auch verwendet werden um einen Prozess selbstregulierten Lernens zu fördern, eine wichtige Schlüsselkompetenz. Dabei sind die Lerner frei, selbst ihre Lernaufgaben zu wählen, entsprechend ihren Testergebnissen werden sie jedoch bei ihrem Auswahlprozess beraten (van Merriënboer und Sluijsmans 2009).

## 3.4 Konzeption *Unterstützender Information* für Nicht-Routine Aspekte

Tab. 4 beschreibt die Hauptprinzipien für die Konzeption der unterstützenden Information, die Lernern hilft die Nicht-Routine-Aspekte von Lernaufgaben zu bewältigen. Zunächst (UI1) wird unterschieden zwischen erforderlichen Lehrinhaltsmodellen, systematischen Problemlöseansätzen und kognitivem Feedback. Im Hinblick auf Lehrinhaltsmodelle wird zweitens (UI2) weiter unterschieden zwischen begrifflichen Modellen, die beschreiben, welche Dinge in einem Fachgebiet wichtig sind und wie sie benannt werden (*was ist das?*), Strukturmodellen, die beschreiben wir Dinge in der Domäne organisiert oder strukturiert sind (*wie aufgebaut?*), und Kausalmodellen, die beschreiben, wie Dinge in der Domäne funktionieren (*wie funktioniert das?*). Lehrinhaltsmodelle werden illustriert anhand konkreter Beispiele oder Fälle. Oft findet man Beschreibungen von Lehrinhaltsmodellen und Illustrationen in vorliegenden Lehrmaterialien. Falls nicht, kann es nötig sein, die mentalen Modelle von Experten mithilfe des Verfahrens der kognitiven Aufgabenanalyse (cognitive task analysis, CTA; s. Clark et al. 2008) für die Aufgabendomäne zu analysieren und auf dieser Grundlage ein Modell zu entwickeln. Drittens (UI3) wird im Hinblick auf systematische Ansätze des Problemlösens (*systematic approaches of problem solving*, SAP) eine Beschreibung der Phasen erstellt, die ein Aufgabenbearbeiter bei der systematischen Bearbeitung

**Tab. 4** Designprinzipien für *Unterstützende Information* (supportive information: SI)

| | |
|---|---|
| UI1<br>Unterstützende Information | Unterstützende Information hilft Lernern die Nicht-Routine Aspekte von Lernaufgaben auszuführen. Es enthält Lehrinhaltsmodelle, systematische Problemlöseansätze (SAPs) und kognitives Feedback. |
| UI2<br>Lehrinhaltsmodelle und mentale Modelle | Lehrinhaltsmodelle beschreiben wie der Lehrinhalt organisiert ist, einschließlich der begrifflichen Modelle, Strukturmodelle und Kausalmodelle. Die Spezifikation der Lehrinhaltsmodelle kann eine Analyse der mentalen Modelle von Experten bezüglich des Aufgabenbereichs erfordern. |
| UI3<br>SAPs und kognitive Strategien | SAPs beschreiben die aufeinander folgenden Phasen der Aufgabenbewältigung und die Daumenregeln, die helfen können, jede Phase erfolgreich abzuschließen. Die Spezifizierung der SAPs kann eine Analyse der kognitiven Strategien von Lehrinhaltsexperten erfordern. |
| UI4<br>Kognitives Feedback | Kognitives Feedback regt Lerner an, ihre eigenen mentalen Modelle und kognitiven Strategien kritisch zu vergleichen mit Lehrinhaltsmodellen oder SAPs bzw. mit den mentalen Modellen und kognitiven Strategien anderer Personen, einschließlich Lehrern, Experten und Mitlernern. |

der Aufgabe durchläuft. Für jede Phase werden Daumenregeln oder Heuristiken angeboten, die für eine erfolgreiche Bewältigung der jeweiligen Phase hilfreich sein können. SAPs werden illustriert durch *Demonstrationen*, was bedeutet, dass ein Experte vorführt, wie man das Problem systematisch angeht und jeweils erklärt warum er was tut. Hierbei ist es wichtig, den Lernern die latenten Problemlösungsprozesse bewusst zu machen (van Gog et al. 2006). Beschreibungen von SAPs und illustrative Demonstrationsbeispiele finden sich ebenfalls oft in vorhandenen Lehrmaterialien, anderenfalls hilft eine CTA sie zu erstellen. Viertens muss den Lernenden kognitives Feedback gegeben werden. Es ist Teil der unterstützenden Informationen, denn es soll das Elaborieren als wichtigsten Lernprozess fördern, bei dem neue Informationen mit den bereits vorhandenen verknüpft werden. Gut konzipiertes kognitives Feedback regt Lerner an, ihre eigenen mentalen Modelle mit den mentalen Modellen anderer (Experten, Lehrer, Mitlerner) kritisch zu vergleichen und es regt auch an, die eigenen kognitiven Strategien mit den dargebotenen SAPs oder den kognitiven Strategien anderer zu vergleichen.

## 3.5 Konzeption prozeduraler Information und das Üben von Teilaufgaben für Routineaspekte

Tab. 5 fasst die Hauptprinzipien zusammen (a) für die Konzeption der Einheiten prozeduraler Information, die Lernern hilft Routineaspekte von Lernaufgaben auszuführen und (b) für das Üben von Teilaufgaben, damit Lerner ausgewählte Routineaspekte völlig automatisch ausführen können. Zunächst (PIÜ1) wird hier unterschieden zwischen notwendigen *How-to-Instruktionen* und *korrektivem Feed-*

**Tab. 5** Designprinzipien für Einheiten *prozeduraler Information* und das *Üben von Teilaufgaben*

| | |
|---|---|
| PIÜ1<br>*Prozedurale Informationseinheiten* | *Prozedurale Informationseinheiten* helfen Lernern Routineaspekte von Lernaufgaben auszuführen. Sie enthalten *How-to-Instruktionen* und *korrektives Feedback*. |
| PIÜ2<br>*How-to-Instruktionen*, kognitive Regeln und Wissensvoraussetzungen | *How-to-Instruktionen* sagen just-in-time wie Routineaspekte von Lernaufgaben auszuführen sind. Die Spezifizierung von *How-to-Instruktionen* kann eine Analyse der kognitiven Regeln erfordern, die Lehrinhaltsexperten verwenden sowie des Wissens, das vorausgesetzt werden muss, damit die Regeln korrekt angewendet werden können. |
| PIÜ3<br>*Korrektives Feedback* | *Korrektives Feedback* verweist unmittelbar auf einen Fehler, erklärt dessen Ursache und liefert Hinweise, wie der Fehler zu beheben ist und die Aufgabenbearbeitung fortgesetzt werden kann. |
| PIÜ4<br>*Üben von Teilaufgaben* | *Üben von Teilaufgaben* hilft die Routineaspekte von Lernaufgaben zu automatisieren. Es ist zunächst auf Genauigkeit fokussiert, dann auf Geschwindigkeit und schließlich auf die Ausführung parallel zu anderen Aufgaben (time-sharing). |

*back*. Zweitens (PIÜ2), kann bezüglich *How-to-Instruktionen* weiter unterschieden werden zwischen der Darbietung der einzelnen Regeln, die angeben, was unter bestimmten Bedingungen zu tun ist und der Darstellung der Vorgehensweisen (procedures), welche die Abfolge der Schritte festlegen. Dies kann in Form von algorithmischen Flussdiagrammen erfolgen, die nicht verwechselt werden sollten mit heuristischen SAP. *How-to-Instruktionen* müssen genau dann dargeboten werden, wenn der Lerner sie braucht (*just-in-time*), sei es durch einen Lehrer oder Trainer, ein Handbuch, eine Schnellanleitung oder aktuell durch Microlearning-Einheiten über ein Smartphone. Die Instruktionen müssen unter Umständen *Wissensvoraussetzungen* einschließen, d. h. Dinge, die der Lerner wissen muss um die Regel oder das Verfahren korrekt anwenden bzw. ausführen zu können. Wenn zum Beispiel die Regel lautet *WENN du mit der Prozedur beginnst, DANN drücke den Einschaltknopf*, kann es nötig sein hinzuzufügen: *Der Einschaltknopf ist rot und befindet sich auf der Rückseite des Geräts*. *How-to-Instruktionen* werden repräsentiert durch konkrete Demonstrationen. *How-to-Instruktionen* und Demonstrationen sind häufig verfügbar in bereits existierenden Lehrmaterialien, anderenfalls hilft wiederum eine *kognitive Aufgabenanalyse* (CTA). Als Drittes (PIÜ3) muss den Lernern *korrektives Feedback* gegeben werden. Wenn eine Regel oder Prozedur nicht richtig angewandt wird, erfolgt unmittelbar eine Rückmeldung, die den Fehler kennzeichnet, seine Ursache erklärt und Hinweise liefert, wie der Fehler zu beheben ist und wie mit der Aufgabenbearbeitung fortgefahren werden kann. Wenn, viertens (PIÜ4), bestimmte Routineaspekte automatisiert ausgeführt werden sollen, müssen mit den Lernenden vorab Teilaufgaben geübt werden. Beim Üben von Teilaufgaben, üben die Lerner zunächst bis sie die Routine fehlerfrei ausführen können, dann fahren sie fort mit dem Üben unter zunehmendem Zeitdruck und schließlich üben sie unter Time-sharing-Bedingungen, d. h. sie führen die Routine aus, während sie gleichzeitig noch andere Aufgaben bearbeiten.

## 4 Diskussion

Dieses Kapitel lieferte eine kurze Beschreibung der wesentlichen Aspekte des 4C/ID Modells. Das Modell geht zurück auf die frühen 1990er-Jahre (van Merriënboer et al. 1992). Zu dieser Zeit wurden herkömmliche, lehrzielbasierte Instructional Design Modelle zunehmend kritisiert, weil Lerner ihre Bildungsangebote oft als eine unverbundene Menge von Themen und Kursen erlebten, mit unbestimmten Beziehungen zwischen den einzelnen Inhalten und unklarer Relevanz für ihren späteren Beruf. Diese Kritik weckte ein neues Interesse an Instruktionsdesign für *integrative Ziele* (Gagné und Merrill 1990), z. B., für das Lehren komplexer Fähigkeiten oder beruflicher Kompetenzen. Der herkömmliche atomistische Ansatz, in dem komplexe Inhalte und Aufgaben in einfachere Elemente zerlegt werden bis auf eine Ebene auf der die einzelnen Elemente den Lernern durch Darbietung und/oder Übung übermittelt werden können, wurde ersetzt durch einen ganzheitlichen Ansatz, bei dem komplexe Inhalte und Aufgaben vom Einfachen zum komplexen Ganzen so vermittelt werden, dass die Beziehungen zwischen den Elementen stets deutlich bleiben. Das 4C/ID Modell teilt diese Sicht mit anderen auf *Komplettaufgaben* basierenden Instruktionsdesign-Modellen, wie dem *Cognitive Apprenticeship Learning* (Brown et al. 1989) und Merrill's *First Principles of Instruction* (Merrill 2012; einen Überblick über Komplettaufgaben-Modelle geben van Merriënboer und Kester 2008).

Etwa zur gleichen Zeit, in den 1990er-Jahren wurde ein sozialkonstruktivistischer Ansatz zunehmend populärer und ist es bis heute. Das 4C/ID Modell entspricht einem moderat konstruktivistischen Ansatz. Grundlage für ein Bildungsprogramm ist das Üben von Komplettaufgaben (whole-task practice), mit einem Angebot an nicht-trivialen, realistischen und zunehmend komplexeren Aufgaben (Probleme, Projekte, Fälle), die von den Lernern, oft kollaborativ (kooperativ), bearbeitet werden. Schemaaufbau durch induktives Lernen und Elaboration sind die wichtigsten Lernprozesse. Diese Prozesse werden strategisch von den Lernenden selbst kontrolliert: Sie konstruieren aktiv Bedeutungen oder neue kognitive Schemata, die ein tieferes Verständnis und komplexe Aufgabenbewältigung ermöglichen. Das 4C/ID Modell verfügt jedoch auch eindeutig über *instruktivistische* Merkmale. Diese werden deutlich in den *How-to-Instruktionen* und dem *korrektiven Feedback* für Routineaspekte von Lernaufgaben sowie im *Üben von Teilaufgaben*, das bis zu einem hohen Grad an Automatisierung entwickelt werden muss. Aus meiner Sicht sollten die Bildungswissenschaften akzeptieren, dass sozialkonstruktivistische und traditionelle *instruktivistische* Ansätze auf gemeinsamen psychologischen Grundlagen beruhen und sich wechselseitig ergänzen können. Das 4C/ID Modell versucht, das Beste aus beiden Welten miteinander zu verbinden.

## Literatur

Anderson, J. R. (1987). Skill acquisition: Compilation of weak-method problem solutions. *Psychological Review, 94*, 192–210.

Anderson, J. R. (1993). Problem solving and learning. *American Psychologist, 48*(1), 35–44.

Brown, J. S., Collins, A., & Duguid, P. (1989). Situated cognition and the culture of learning. *Educational Researcher, 18*(1), 32–42.

Bruner, J. (1960). *The process of education*. Cambridge, MA: Harvard University Press.

Clark, R. E., Feldon, D. F., van Merriënboer, J. J. G., Yates, K. A., & Early, S. (2008). Cognitive task analysis. In J. M. Spector, M. D. Merrill, J. J. G. van Merriënboer & M. P. Driscoll (Hrsg.), *Handbook of research on educational communications and technology* (3. Aufl., S. 577–594). New York: Routledge.

Gagné, R. M., & Merrill, M. D. (1990). Integrative goals for instructional design. *Educational Technology Research and Development, 38*, 23–30.

Gog, T. van, Paas, F., & van Merriënboer, J. J. G. (2006). Effects of process-oriented worked examples on troubleshooting transfer performance. *Learning and Instruction, 16*, 154–164.

Merriënboer, J. J. G. van (1997). Training complex cognitive skills. Englewood Cliffs: Educational Technology Publications.

Merriënboer, J. J. G. van (2012). Variability of practice. In N. M. Seel (Hrsg.), Encyclopedia of the sciences of learning (S. 3389–3390). New York: Springer.

Merriënboer, J. J. G. van (2013). Perspectives on problem solving and instruction. *Computers and Education, 64*, 153–160.

Merriënboer, J. J. G. van, Clark, R. E., & de Croock, M. B. M. (2002). Blueprints for complex learning: The 4C/ID-model. *Educational Technology Research and Development, 50*, 39–64.

Merriënboer, J. J. G. van, Jelsma, O., & Paas, F. (1992). Training for reflective expertise: A four-component instructional design model for complex cognitive skills. *Educational Technology Research and Development, 40*, 23–43.

Merriënboer, J. J. G. van, & Kester, L. (2008). Whole-task models in education. In J. M. Spector, M. D. Merrill, J. J. G. van Merriënboer & M. P. Driscoll (Hrsg.), Handbook of research on educational communications and technology (3) (S. 441–456). Mahwah: Erlbaum/Routledge.

Merriënboer, J. J. G. van, Kester, L., & Paas, F. (2006). Teaching complex rather than simple tasks. Balancing intrinsic and germane load to enhance transfer of learning. *Applied Cognitive Psychology, 20*, 343–352.

Merriënboer, J. J. G. van, & Kirschner, P. A. (2018). *Ten steps to complex learning* (3., rev. Aufl.). New York: Routledge.

Merriënboer, J. J. G. van, Kirschner, P. A., & Kester, L. (2003). Taking the load of a learners' mind: Instructional design for complex learning. *Educational Psychologist, 38*(1), 5–13.

Merriënboer, J. J. G. van, & Sluijsmans, D. A. (2009). Toward a synthesis of cognitive load theory, four-component instructional design, and self-directed learning. *Educational Psychology Review, 21*, 55–66.

Merriënboer, J. J. G. van, & Sweller, J. (2005). Cognitive load theory and complex learning: Recent developments and future directions. *Educational Psychology Review, 17*, 147–177.

Merriënboer, J. J. G. van, & Sweller, J. (2010). Cognitive load theory in health professional education: Design principles and strategies. *Medical Education, 44*, 85–93.

Merriënboer, J. J. G. van, & van der Vleuten, C. P. M. (2012). Technology-based assessment in the integrated curriculum. In M. C. Mayrath, J. Clarke-Miruda, D. H. Robinson & G. Schraw (Hrsg.), *Technology-based assessments for 21st century skills* (S. 345–370). Charlotte: Information Age Publishing.

Merrill, M. D. (2012). *First principles of instruction*. San Francisco: Pfeiffer.

Nadolski, R. J., Kirschner, P. A., & van Merriënboer, J. J. G. (2006). Process support in learning tasks for acquiring complex cognitive skills in the domain of law. *Learning and Instruction, 16*(3), 266–278.

Renkl, A., & Atkinson, R. K. (2003). Structuring the transition from example study to problem solving in cognitive skill acquisition: A cognitive load perspective. *Educational Psychologist, 38*(1), 15–22.

Salden, R. J. C. M., Paas, F., & van Merriënboer, J. J. G. (2006). Personalised adaptive task selection in air traffic control: Effects on training efficiency and transfer. *Learning and Instruction, 16*, 350–362.

Schneider, W. (1985). Training high-performance skills: Fallacies and guidelines. *Human Factors, 27*, 285–300.

Vandewaetere, M., Manhaeve, D., Aertgeerts, B., Clarebout, G., van Merriënboer, J. J. G., & Roex, A. (2015). 4C/ID in medical education: How to design an educational program based on whole-task learning: AMEE Guide No. 93. *Medical Teacher, 37*, 4–20.

# Instruktionsdesign und Unterrichtsplanung

Carmela Aprea

## Inhalt

| | | |
|---|---|---|
| 1 | Einleitung | 172 |
| 2 | Unterrichtsplanung als Kernthema der deutschsprachigen Didaktik | 173 |
| 3 | Unterschiede und Gemeinsamkeiten zwischen Planungskonzepten der Didaktik und Ansätzen des Instruktionsdesigns | 177 |
| 4 | Grundlegung eines integrativen Ansatzes: Design Thinking als Bindeglied zwischen Unterrichtsplanung und Instruktionsdesign | 180 |
| 5 | Illustration der Überlegungen anhand von ausgewählten Forschungsbeispielen | 183 |
| 6 | Fazit | 186 |
| | Literatur | 186 |

### Zusammenfassung

In diesem Beitrag werden die in der Forschungsliteratur bislang eher wenig beachteten Parallelen zwischen Instruktionsdesign und Unterrichtsplanung aufgezeigt. Dazu wird zunächst die Unterrichtsplanung als Kernthema der deutschsprachigen Didaktik beschrieben. Sodann werden Unterschiede und Gemeinsamkeiten zwischen diesen Planungskonzepten und den Ansätzen des Instruktionsdesigns herausgearbeitet, um vor diesem Hintergrund die Grundlegung eines integrativen Ansatzes zu skizzieren, in dessen Mittelpunkt das ‚Design Thinking' als Bindeglied steht. Diese Überlegungen werden anhand von ausgewählten Forschungsbeispielen illustriert und es wird ein kurzes Fazit gezogen.

### Schlüsselwörter

Planungsmodelle · Design Thinking · Coaching · Hypervideos · Serious Games

---

C. Aprea (✉)
Lehrstuhl für Wirtschaftspädagogik – Design und Evaluation instruktionaler Systeme, Universität Mannheim, Mannheim, Deutschland
E-Mail: aprea@bwl.uni-mannheim.de

© Springer-Verlag GmbH Deutschland, ein Teil von Springer Nature 2020
H. Niegemann, A. Weinberger (Hrsg.), *Handbuch Bildungstechnologie*,
https://doi.org/10.1007/978-3-662-54368-9_10

## 1 Einleitung

Wirft man einen Blick in die Geschichte der Pädagogik, so lässt sich konstatieren, dass der Einsatz von jeweils als neu geltenden Technologien für Zwecke des Lernens und Lehrens einschließlich der hierdurch (vermeintlich oder tatsächlich) ausgelösten Wandlungsprozesse im Bildungswesen keineswegs ein modernes Phänomen darstellt, sondern die pädagogische und insbesondere didaktische Praxis und den auf diese Praxis bezogenen wissenschaftlichen Diskurs seit jeher durchzieht (z. B. Kiel und Zierer 2011; Laurillard 2012; Niegemann et al. 2008). Die bereits lange zurückliegende Erfindung der Schrift und des Buchdrucks oder die Sprachlabore und das Bildungsfernsehen aus der zweiten Hälfte des vergangenen Jahrhunderts sind hierfür ebenso Beispiele wie die Technologien der ‚digitalen Revolution' unserer Tage. Gemeinsam ist den technologischen Innovationen der verschiedenen Epochen dabei auch, dass sie nur in den wenigsten Fällen dem Bildungswesen selbst entstammen, sondern vielmehr durch Entwicklungen in anderen Bereichen (z. B. dem Militär, dem Handel und der Wirtschaft oder der Religion) induziert wurden und daher für den effektiven Gebrauch im Bildungswesen erst adaptiert werden müssen. Dies setzt unter anderem die Verfügbarkeit von theorie- und evidenzbasierten Erkenntnisbeständen zur systematischen Entwicklung von Bildungstechnologien sowie zu deren Implementation und Evaluation im Unterricht bzw. anderen Formen der formalen wie auch der informellen Lehr-Lernpraxis voraus (z. B. Betriebe, Museen, Freizeitaktivitäten). Im angloamerikanischen Sprachraum ist es vorrangig die Subdisziplin des ‚Instructional Design' (dt.: Instruktionsdesign), die solche Erkenntnisbestände vorgelegt hat. Im engeren Sinne wird Instruktionsdesign als Strategie zur Gestaltung von – zumeist technologiegestützten – Lehrressourcen aufgefasst (z. B. Reinmann 2011; Ifenthaler und Gosper 2014), während man in einem weiteren Sinne hierunter ein System von Prozeduren zur systematischen Konzipierung von Lernangeboten jeglicher Art subsumiert (z. B. Branch und Merrill 2011; Niegemann et al. 2008). In diesem umfassenden Begriffsverständnis weist das Instruktionsdesign eine gewisse Nähe zu Konzeptionen der Unterrichtsplanung auf, wie sie vor allem in der deutschsprachigen Didaktik vorgelegt wurden. Diese in der Forschungsliteratur bislang eher wenig beachtete Parallele (für Ausnahmen vgl. z. B. Hudson 2008 sowie Seel und Hanke 2011) soll im vorliegenden Kapitel aufgegriffen werden. Eine solche Gegenüberstellung ist dabei zum einen von wissenschaftlichem Interesse, denn Vergleichen ist nicht nur ein zentraler Lernmechanismus beim Aufbau von konzeptuellem Wissen (z. B. Ziegler und Stern 2016), sondern in vielen akademischen Disziplinen – auch und vor allem vor dem Hintergrund der zunehmenden Internationalisierung der Forschung – zugleich ein wesentlicher Modus der Erkenntnisgewinnung (z. B. Pickel et al. 2009; Ritter 1997). Zum anderen ist ein ‚Brückenschlag' zwischen den beiden Wissensgebieten auch aus praktischen Gründen relevant, denn wenn didaktische Innovationen – wie es Bildungstechnologien häufig sind – erfolgreich in die Bildungspraxis umgesetzt werden sollen, ist es von großer Bedeutung, die Lehrkräfte an den verschiedenen Lernorten (Schulen, Betriebe, Jugendarbeit etc.) zu erreichen. Dabei ist zu vermuten, dass dies am besten gelingen kann, wenn der Bezug zu ihrer Berufswissenschaft hergestellt wird, welche für den deutschen Sprachraum die Didaktik darstellt (z. B. Peterßen 2001).

Der Beitrag ist wie folgt aufgebaut: Im Abschn. 2 wird zunächst die Unterrichtsplanung als Kernthema der deutschsprachigen Didaktik beschrieben, wobei schwerpunktmäßig auf die dort entwickelten Planungskonzepte eingegangen wird. In einem weiteren Schritt werden dann im Abschn. 3 Unterschiede und Gemeinsamkeiten zwischen diesen Planungskonzepten und den Ansätzen des Instruktionsdesigns herausgearbeitet, um vor diesem Hintergrund in Abschn. 4 die Grundlegung eines integrativen Ansatzes zu skizzieren, in dessen Mittelpunkt das ‚Design Thinking' als Bindeglied zwischen Unterrichtsplanung und Instruktionsdesign steht. Im Abschn. 5 werden diese Überlegungen anhand von ausgewählten Forschungsbeispielen illustriert, bevor im Abschn. 6 ein kurzes Fazit gezogen wird.

## 2 Unterrichtsplanung als Kernthema der deutschsprachigen Didaktik

Als Unterrichtsplanung (synonym auch ‚Unterrichtsvorbereitung' (z. B. Meyer 2014) bzw. ‚Unterrichtsgestaltung' (z. B. Kiel und Zierer 2011)) bezeichnet man üblicherweise alle dem Unterricht vorausgehenden Maßnahmen, welche das Lernen und Lehren bei dessen Durchführung optimieren sollen (z. B. Sandfuchs 2009; Peterßen 2006). Dabei zählt die Unterrichtsplanung aus mehreren Gründen zu den zentralen Aufgaben im Lehrberuf (vgl. hierzu ausführlicher z. B. Aprea 2007 sowie Schorch 2001):

- Lehren und Lernen als zielgerichtete Handlungen sind ohne Planungsbemühungen der Lehrperson nicht denkbar, und es ist zu vermuten, dass sich eine unzureichende Planung nicht nur negativ auf die Qualität des Unterrichts auswirkt, sondern langfristig das gesamte pädagogische Arbeitsfeld stark beeinträchtigen wird. So erfüllt die Unterrichtsplanung wichtige Funktionen für die psychische Regulation der Lehrtätigkeit. Da die Lehrperson bei der Planung nicht unter unmittelbarem Handlungsdruck steht, kann sie Alternativen überdenken, deren Konsequenzen mental durchspielen und auf Basis dieser Erwägungen zu begründeten Entscheidungen kommen, statt der ersten Eingebung folgen zu müssen. Durch diese Vorentscheidungen kann sie sich bei der Unterrichtsdurchführung auf andere Aufgaben, wie beispielsweise die interaktive Feinsteuerung, konzentrieren. Dies erhöht in aller Regel die Verhaltenssicherheit der Lehrperson und trägt zu ihrer kognitiven und emotionalen Entlastung bei.
- Überdies kann die Lehrperson mit Hilfe ihrer Planung den Erfolg ihrer unterrichtlichen Tätigkeit beurteilen und so zu einer Optimierung ihres Handelns kommen. Damit eröffnet die Unterrichtsplanung Spielräume für berufsbezogene Lern- und Entwicklungsprozesse und ist deshalb auch unter dem Gesichtspunkt der Professionalitätsentwicklung im Lehrberuf von großer Bedeutung.

- Schließlich nimmt die Planung von Unterricht eine Schlüsselstellung als strategisches ‚Nadelöhr' in schulischen Change Managementprozessen ein, denn sie bildet die Schnittstelle, an der Unterrichtsreformen (z. B. neue Lehrpläne oder moderne Unterrichtskonzepte) in Handlungsentwürfe von Lehrkräften umgesetzt und damit im Schulalltag wirksam werden können.

Angesichts der hier skizzierten hohen berufspraktischen und strategischen Bedeutung der Unterrichtsplanung ist es nicht verwunderlich, dass diese nicht nur in der Bildungspolitik und -praxis (z. B. in den Standards zur Lehrerbildung der Kultusministerkonferenz (2005)) eine prominente Stellung einnimmt, sondern auch ein Kernthema der deutschsprachigen Didaktik konstituiert. Dabei entwickelte sich seit der Nachkriegszeit vor allem innerhalb der allgemeinen Didaktik – in deutlich geringerem Umfang jedoch auch in den fach- bzw. schultypenspezifischen Unterrichtslehren – das Teilgebiet der Planungslehre, in dessen Zentrum die Ableitung von Planungsempfehlungen steht. Diese Planungsempfehlungen werden mittels systematisierender Reflexion aus normativen Unterrichtsvorstellungen, den so genannten didaktischen Modellen, gewonnen und zu präskriptiven Planungskonzepten zusammengefasst. Vor dem Hintergrund der von den jeweiligen Konzeptentwicklerinnen und -entwicklern vertretenen Annahmen und Grundpositionen zum Planungsobjekt ‚Unterricht' enthalten diese Planungskonzepte idealisierte Beschreibungen des Planungsprozesses. Dabei werden Aussagen darüber getroffen, welche Aspekte bei der Planung von Unterricht besonders zu berücksichtigen sind und wie Lehrerinnen und Lehrer bei dieser Tätigkeit vorgehen sollen. Präskriptive Planungskonzepte nehmen aufgrund ihres anleitenden Charakters sowie ihrer Funktion als begrifflicher Rahmen zur Kommunikation über Unterricht eine zentrale Stellung in der Praxis der Ausbildung und, wenn auch in geringerem Maße, der Weiterbildung von Lehrpersonen ein (z. B. Bönsch 2011; Jank und Meyer 2002; Wiater 2009). Prominente Beispiele für präskriptive Planungskonzepte mit bis heute anhaltendem großen Einfluss im deutschsprachigen Raum sind vor allem die von Wolfgang Klafki Ende der 1950er-Jahre vorgelegte ‚Didaktische Analyse' (Klafki 1958, 1963) sowie das wenige Jahre später entwickelte ‚Berliner Modell' nach Heimann et al. (1965).

Die *Didaktische Analyse*, welche in der Tradition der geisteswissenschaftlichen Pädagogik steht und auf der daran orientierten bildungswissenschaftlichen Didaktik basiert, geht von der Annahme aus, dass Bildungsprozesse über die Auseinandersetzung der Lernenden mit ‚Kulturgütern' bewirkt werden. Dabei will sie den Lehrkräften vorrangig eine Hilfe bei der Auswahl geeigneter Unterrichtsinhalte liefern und sieht im Kern der Unterrichtsvorbereitung in ihrer ursprünglichen Fassung die Beantwortung von fünf Grundfragen vor, welche auf die exemplarische Bedeutung, die Gegenwartsbedeutung, die Zukunftsbedeutung, die Zugänglichkeit und die Struktur der Inhalte bezogen sind (Klafki 1958, 1963; siehe auch Bönsch 2011 sowie Jank und Meyer 2002). Nicht zuletzt in Auseinandersetzung mit den gesellschaftskritischen Strömungen der sechziger und siebziger Jahre des vergangenen Jahrhunderts und der damit verbundenen Kritik am tradierten Bildungsbegriff entwickelte Klafki (1985, 1991) die Didaktische Analyse Mitte der 1980er-Jahre dann basierend auf der kritisch-konstruktiven Didaktik zum so genannten Perspek-

# Instruktionsdesign und Unterrichtsplanung

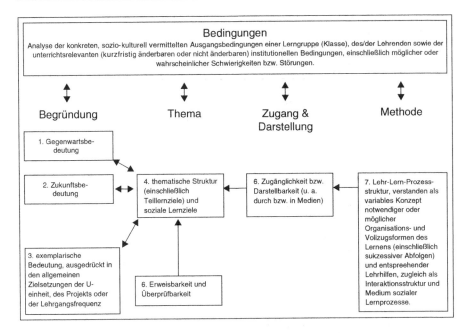

**Abb. 1** Perspektivenschema der Unterrichtsplanung nach Klafki (1985)

tivenschema der Unterrichtsplanung (siehe Abb. 1) weiter, das als Zielsetzung die Emanzipation der Lernenden im Sinne ihrer Selbst- und Mitbestimmungs- sowie Solidaritätsfähigkeit betont und zugleich zentrale Planungselemente des Berliner Modells integriert.

Eine ähnliche Breitenwirkung wie das Planungskonzept von Wolfgang Klafki entfaltete das *Berliner Modell,* dessen Kernstück die so genannte *Strukturanalyse des Unterrichts* bildet. Die Strukturanalyse basiert auf der Vorstellung, dass ein konkreter Unterricht sich als inhaltliche Variation einer formal konstanten Struktur beschreiben lässt, welche durch das Zusammenwirken von sechs Momenten konstituiert wird. Diese Momente sind zum einen die pädagogischen *Intentionen,* die *Themen* und *Methoden* des Unterrichts sowie die *Medien* der Verständigung zwischen den am Unterricht beteiligten Personen. Da die Lehrkräfte bei der Planung ihres Unterrichts in Bezug auf die vier soeben genannten Strukturmomente Entscheidungen treffen müssen, werden diese zusammenfassend als *Entscheidungsfelder* bezeichnet. Zum anderen sind die Lehrkräfte bei ihren Entscheidungen an bestimmte Voraussetzungen gebunden, die sich auf die am Unterricht beteiligten Menschen sowie die gesellschaftlichen Gegebenheiten, in denen der Unterricht stattfindet, beziehen. Die Entscheidungsfelder werden daher im Berliner Modell durch Bedingungsfelder ergänzt, welche entsprechend dieser Überlegungen die *anthropogenen* und die *sozial-kulturellen Voraussetzungen* umfassen, die bei der Planung des Unterrichts offen zu legen sind (Heimann et al. 1965; siehe auch Jank und Meyer 2002). Eine zusammenfassende Darstellung über das Strukturgefüge des Unterrichts nach dem Berliner Modell gibt Abb. 2.

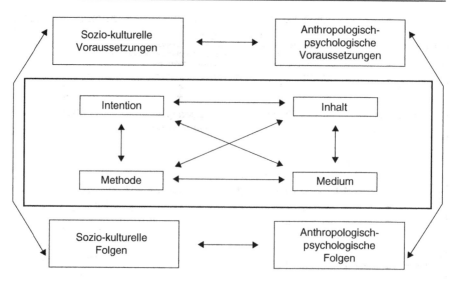

**Abb. 2** Strukturgefüge des Unterrichts nach Heimann (1962)

Paul Heimann und Kollegen sprachen von lerntheoretischer Didaktik, um ihr Planungsmodell von jenem der bildungstheoretischen Didaktik abzugrenzen, ohne allerdings streng an psychologische Lerntheorien bzw. empirische Befunde der Lehr-Lernforschung anzuschließen (Bönsch 2011). Eine solche Anknüpfung wurde nicht zuletzt unter dem Eindruck der von Georg Picht (1965) Mitte der 1960iger-Jahre ausgerufenen „deutschen Bildungskatastrophe" in der deutschsprachigen Didaktik immer wieder eingefordert und stellenweise auch einbezogen (z. B. durch die Rezeption der angelsächsischen Lernzieldiskussion im Anschluss an Mager (1965) oder die psychologische Flankierung der Allgemeinen Didaktik durch die Ansätze von Aebli (1963, 1981)), doch hatten diese Bestrebungen nie die Breitenwirkung der tradierten Modelle. Indes findet sich eine weitreichendere Umsetzung dieser Forderung in neueren Planungsansätzen wie z. B. dem kognitionspsychologisch orientierten Planungskonzept von Landwehr (2001) oder dem unter Lehrkräften verbreiteten ‚Leitfaden Unterrichtsvorbereitung' von Meyer (2014), der sich unter anderem auf das Angebot-Nutzungs-Modell von Helmke (2012) stützt (zu den möglichen Gründen dieses über weite Strecken eher distanzierten Verhältnisses der deutschsprachigen Didaktik und der empirischen Lehr-Lernforschung siehe auch Terhart (2002), der in diesem Zusammenhang von zwei „fremden Schwestern" spricht). Im engen Zusammenhanghang mit dieser Öffnung für die Lehr-Lernforschung steht auch die den neueren Ansätzen gemeinsame Hinwendung zu einer Perspektive, welche den Prozess des Lernens und mithin die Person des/der Lernenden zum Ausgangspunkt des Lehrens macht. Vor dem Hintergrund einer solchen, meist durch konstruktivistische Argumentationslinien geprägten Perspektive besteht die Planungsaufgabe von Lehrpersonen darin, eine Lernumgebung im Sinne eines Gefüges von Faktoren der sachlich-materiellen und personell-sozialen Umwelt so zu gestalten, dass Lernprozesse angeregt bzw. ermöglicht werden (z. B. Ebner 2000; Sacher 2006).

Des Weiteren ist – auch in Folge der zunehmenden Rezeptionsprobleme von theoretischen Planungskonzepten (vgl. hierzu das mittlerweile zum geflügelten Wort gewordene Diktum der ‚Feiertagsdidaktiken' von Meyer (2014)) – in der deutschsprachigen Unterrichtswissenschaft der vergangenen drei Jahrzehnte eine weitere empirische Wendung zu verzeichnen, nämlich jene in Richtung einer Erforschung des tatsächlichen Planungsvorgehens von Lehrkräften, wobei auch der Frage nachgegangen wird, welche Vorgehensweisen erfahrene bzw. erfolgreiche Lehrkräfte im Vergleich zu ihren unerfahrenen bzw. weniger erfolgreichen Kolleginnen und Kollegen auszeichnet. Wenngleich der Umfang der vorliegenden empirischen Studien sowohl international als auch im deutschen Sprachraum noch recht gering ist, so lassen diese doch gewisse Abweichungen von den idealisierten Vorstellungen der Planungsmodelle erkennen (für einen Überblick über vorliegende Studien vgl. Aprea 2007 sowie Seel 2011). Insbesondere lassen die Befunde vermuten, dass es sich bei der Planung von Unterricht um einen kognitiv anspruchsvollen, kreativen und rekursiven mentalen Prozess des ‚pedagogical reasoning' handelt, der Ähnlichkeiten zum Vorgehen von Expertinnen und Experten bei anderen Formen von Entwurfstätigkeiten aufweist. Auf diese Analogie wird in den folgenden Ausführungen noch näher einzugehen sein.

## 3 Unterschiede und Gemeinsamkeiten zwischen Planungskonzepten der Didaktik und Ansätzen des Instruktionsdesigns

Betrachtet man die Planungskonzepte der Didaktik und die Ansätze des Instruktionsdesigns in komparativer Perspektive, so beziehen sich Unterschiede und Gemeinsamkeiten unter anderem auf drei Aspekte: (1) den historischen Entstehungskontext, (2) die theoretische Fundierung und (3) den Gegenstandsbereich der beiden Wissensgebiete. Diese Aspekte sollen im Folgenden näher beleuchtet werden, wobei auf Ansätze des Instruktionsdesigns nur insoweit eingegangen wird, als es für den hier interessierenden Vergleich erforderlich ist (für einen systematischen Zugang zum Instructional Design vgl. die entsprechenden Kapitel dieses Handbuchs; zu dessen Geschichte siehe außerdem z. B. Reiser 2001 sowie Seel und Hanke 2011). Eine zusammenfassende Darstellung der Unterschiede und Gemeinsamkeiten beider Bereiche findet sich in Tab. 1.

(1) Der *historische Entstehungskontext* des Instruktionsdesigns, dessen Wurzeln in den 1930er-Jahren liegen, geht auf die Zeit während des Zweiten Weltkriegs zurück, wo in den USA zahlreiche Psychologen und Pädagogen damit beschäftigt waren, Programme und Instruktionsmaterialien für das Militärtraining zu entwickeln. Dabei zeigte sich eine hohe Affinität zu Bildungstechnologien bereits in den Anfängen der Disziplin, da es hier insbesondere um die Konzipierung und Produktion von Trainingsfilmen ging (Seel und Hanke 2011, S. 189 f.). Anders als bei den im vorangegangenen Abschnitt beschriebenen Konzepten der Unterrichtsplanung, die sich aus theoretischen, vorwiegend geisteswissenschaftlich geprägten Vorstellungen zum Unterricht und deren Reflexion entwickelten, war der Auslöser für das Instruktionsdesign zunächst

**Tab. 1** Unterschiede und Gemeinsamkeiten zwischen Planungslehren der Didaktik und Ansätzen des Instruktionsdesigns

|  | Instruktionsdesign | Unterrichtsplanung |
|---|---|---|
| | **Historischer Entstehungskontext** ||
| Unterschiede | Ausgangspunkt der Entstehung: praktisches Anliegen (Militärtraining) | Ausgangspunkt der Entstehung: theoretische Reflexion |
| | Entstehungszeitpunkt: 2. Weltkrieg | Entstehungszeitpunkt: Nachkriegszeit |
| Gemeinsamkeiten | • (Weiter-)Entwicklung des Fachgebiets wurde durch krisenhafte Umweltbedingungen angeregt ||
| | **Theoretische Fundierung** ||
| Unterschiede | Bereits zu Beginn Orientierung an der Lehr-Lernforschung, hier zunächst Behaviorismus, später Kognitionspsychologie und Kybernetik | Zunächst geisteswissenschaftliche Bildungstheorie; Öffnung für bzw. Rezeption von Erkenntnissen aus der Lehr-Lernforschung erfolgt erst später |
| Gemeinsamkeiten | • In den vergangenen 20 Jahren: verstärkte Hinwendung zu lernerzentrierten Modellvorstellungen und daraus resultierende Ausrichtung auf die Gestaltung von Lernumgebungen ||
| | **Gegenstandsbereich** ||
| Unterschiede | Ausgangspunkt des Planungsprozesses: Aufgabenanalyse | Ausgangspunkt des Planungsprozesses: Unterrichtsziele und -inhalte |
| Gemeinsamkeiten | • Entwicklung von Prozeduren zur Systematisierung von Planungsprozessen mit Fokus auf ein auf Praxisgestaltung orientiertes Erkenntnisinteresse<br>• Hinwendung zur empirischen Erforschung von Planungsprozessen<br>• Identifikation von ‚Design Thinking' als zentrales Merkmal von Planungsprozessen ||

also ein konkretes praktisches Anliegen. In Bezug auf das Instructional Design erfolgte eine weitergehende konzeptuell-theoretische Fundierung dann in den 1950er-Jahren und stand im Zeichen des programmierten Unterrichts (Skinner 1958), der Typisierung von Aufgaben und Lernzielen (Bloom et al. 1956) sowie der Forderung nach formativer und summativer Evaluation der entwickelten Produkte (Scriven 1967). Beeinflusst durch diese Bewegungen entstand Instructional Design in den frühen 1960er-Jahren dann als eigenständige Disziplin, wobei es Robert Glaser (1966) war, der den Begriff einführte und Robert Gagné (1962, 1965), der den Ausgangspunkt für die Weiterentwicklung mehrerer Modelle des Instruktionsdesigns mit einem vorwiegend kognitionspsychologischen Schwerpunkt legte, die bis in die heutige Zeit anhält. Ebenfalls in den 1960er-Jahren wurde außerdem eine systemtheoretische, an Prinzipien der Kybernetik orientierte Perspektive in Verbindung mit Instruktionsdesign gebracht. Auslöser für diese Elaborationen war wiederum eine problematische Situation im Bildungswesen, nämlich der so genannte Sputnik-Schock, bei dem die USA befürchteten, von der ehemaligen UdSSR in technologischer

Hinsicht überholt zu werden und entsprechende Konsequenzen für die Bildungspolitik gefordert wurden (Ifenthaler 2017; Seel und Hanke 2011). Nimmt man diese Entwicklungslinien in ihrer Gesamtheit in den Blick, so lässt sich festhalten, dass trotz der im Einzelnen unterschiedlichen Entstehungskontexte eine Gemeinsamkeit zwischen den Unterrichtsplanungskonzepten der Didaktik und den Ansätzen des Instruktionsdesigns darin zu bestehen scheint, dass der Ausbau und die Entfaltung des jeweiligen Fachgebiets vor allem durch krisenhafte Umweltbedingungen und/oder gesellschaftliche Umbrüche angeregt wurde.

(2) Wie sich im voranstehenden Aufzählungspunkt bereits andeutet, sind die Ansätze des Instruktionsdesigns im Hinblick auf ihre *theoretische Fundierung* seit ihrem Anbeginn eng an die Lehr-Lernforschung angebunden (wie oben erwähnt, erst am Behaviorismus, später dann an der Kognitionspsychologie und der Kybernetik), während die Planungskonzepte der deutschsprachigen Didaktik zunächst stark von der geisteswissenschaftlich orientierten Bildungstheorie geprägt waren und eine Öffnung für die Lehr-Lernforschung bzw. eine Rezeption der entsprechenden empirischen Befunde erst viel später erfolgte. Ebenso wie in den Planungskonzepten der Didaktik zeichnet sich jedoch auch dabei bei den Ansätzen des Instruktionsdesigns in den vergangenen beiden Jahrzehnten eine zunehmende Ausrichtung auf lernerzentrierte, die Anregung bzw. Ermöglichung von Lernprozessen ins Zentrum stellende und auf die Gestaltung entsprechender Lernumgebungen abzielende Modellvorstellungen ab (z. B. Reigeluth et al. 2017), wobei einige Autorinnen und Autoren (z. B. Maina et al. 2015) sogar dazu übergegangen sind, den Begriff des ‚Instructional Design' durch jenen des ‚Learning Design' zu ersetzen. Diese parallele Entwicklung von Planungsmodellen der Didaktik und Ansätzen des Instruktionsdesigns hat den Vorteil, dass beide Wissensgebiete unter eine gemeinsame Ausrichtung, nämlich der Gestaltung von Lernumgebungen, subsumiert werden können, wobei zwischen unterschiedlichen Graden der Steuerung durch die Lehrperson unterschieden werden muss. Smith und Ragan (2004) sprechen in diesem Zusammenhang von einem Kontinuum zwischen supplantiven Lehrstrategien im Sinne eines traditionellen Unterrichts mit einer persönlich präsenten, stark steuernden Lehrperson und solchen, die auf generatives, durch die Lernenden selbst-reguliertes Lernen setzen.

(3) Im Hinblick auf den Gegenstandsbereich besteht eine Gemeinsamkeit der Planungskonzepte der in der Fokussierung auf Planungssystematiken. Ungeachtet der Vielzahl unterschiedlicher Modelle des Instruktionsdesigns besteht in diesem Wissensgebiet weitgehend Konsens über die erforderlichen Phasen, die unter dem Akronym *ADDIE* subsumiert werden (z. B. Ifenthaler 2017; Seel und Hanke 2011):

- ‚**A**' steht für die Analyse der Anforderungen einer Lerngelegenheit bzw. Lernumgebung, welche oftmals Aufgabenanalysen umfasst. Der Startpunkt ist damit etwas anders gelagert als bei den Planungskonzepten der Unterrichtsplanung.
- Es folgt die Phase des ‚**Design**', bei der es darum geht, eine Art „Blaupause" zu entwickeln, die die Lernumgebung als Endprodukt skizziert.

- Die Phase des ‚**D**evelopment' beinhaltet die konkrete Umsetzung der Designentscheidungen durch Inhaltsexperten, Fachdidaktiker, Programmierer, Grafikdesigner und Textautoren etc.
- Mit ‚**I**mplementation' ist die konkrete Umsetzung oder Durchführung der geplanten Lernumgebung in einem spezifizierten Setting (Präsenz, Blended oder Online) gemeint.
- Der Prozess endet schließlich mit einer (formativen und/oder summativen) ‚**E**valuation'.

Unabhängig von dem jeweiligen Ausgangspunkt verbindet beide Bereiche auch das auf gestaltungsorientierte Erkenntnisinteresse, denn sowohl bei den Modellen des Instruktionsdesigns als auch bei den Konzepten der Unterrichtsplanung geht es darum, Handlungsempfehlungen für die Planungspraxis zu entwickeln. In beiden Wissensgebieten ist zudem eine Hinwendung zur empirischen Erforschung von Planungsprozessen zu konstatieren. Ähnlich wie die oben zitierten Studien zur Unterrichtsplanung kommen auch die hier vorliegenden Untersuchungen zum Vorgehen von erfahrenen bzw. erfolgreichen Instruktionsdesignerinnen und -designern (z. B. Ertmer et al. 2013) zu dem Ergebnis, dass deren Denken sehr große Ähnlichkeiten mit jenem von Berufstätigen in anderen ‚Designprofessionen' aufweist. ‚Design Thinking' kann damit als zentrales Bindeglied zwischen den beiden Wissensgebieten identifiziert werden und wird daher im folgenden Abschnitt vertieft.

## 4 Grundlegung eines integrativen Ansatzes: Design Thinking als Bindeglied zwischen Unterrichtsplanung und Instruktionsdesign

Unter dem Begriff des ‚Design Thinking' bzw. Synonymen wie ‚Bearbeitung von Designaufgaben' oder ‚Lösen von Designproblemen' wird in der einschlägigen Forschungsliteratur eine Herangehensweise an eine Klasse von Tätigkeiten subsumiert, die in vielen Bereichen des privaten Lebens, vor allem aber in der Arbeitswelt eine zentrale Rolle spielen. In modernen Gesellschaften ist nahezu jeder Gegenstand von jemandem ‚designed', der speziell für diese Aufgabe ausgebildet wurde, und eine Myriade von Berufstätigen der so genannten Designprofessionen – etwa Architekten, Ingenieure, Werbefachleute, Grafikdesigner sowie Software- und Produktentwickler – wird dafür bezahlt, Designtätigkeiten auszuführen (z. B. Jonassen 2002; Lawson und Dorst 2009). Trotz dieser Omnipräsenz von Design wurde der Vorgang des Entwerfens jedoch über lange Zeit als geheimnisvollen Mächten unterworfene, intuitionsbasierte und damit der wissenschaftlichen Untersuchung nicht zugängliche Aktivität des menschlichen Geistes mystifiziert. Mit der zunehmenden Technisierung aller Lebensbereiche, der wachsenden wirtschaftlichen Bedeutung von Designprodukten in der Industriegesellschaft und den damit verbundenen veränderten Anforderungen an die Qualifikation von professionellen Designern setzte indes in der Mitte des vergangenen Jahrhunderts eine Intensivierung der systematischen Auseinandersetzung mit diesem Tätigkeitsbereich ein (z. B. Lawson und Dorst

2009). Designtätigkeiten werden insbesondere in den klassischen Designprofessionen wie beispielsweise der Architektur, dem Ingenieurwesen, der Städte- und Landschaftsplanung sowie dem Industriedesign erforscht, bei denen es vorrangig um das Entwerfen materieller Objekt geht. Im Zuge des Wandels zur Informations- und Wissensgesellschaft wurde der Designbegriff jedoch auch auf die Entwicklung immaterieller Gegenstände angewendet. Dementsprechend finden sich Forschungsarbeiten zum Design in weiteren Disziplinen wie z. B. auf dem Gebiet der Softwareentwicklung oder im Management (zusammenfassend vgl. z. B. Dorst 2011 sowie Lawson und Dorst 2009) sowie – wie oben bereits erläutert – in jüngster Zeit verstärkt auch im Bereich des Instructional Design und der Unterrichtsplanung (z. B. Aprea 2007; Aprea et al. 2010; Ertmer et al. 2013; Goodyear 2015). Diese Entwicklungen gaben Anlass zur Formulierung einer ‚General Design Theory', mit deren Hilfe – ausgehend von den Spezifika dieses Tätigkeitstyps – Empfehlungen für effektive Bearbeitung von Designaufgaben abgeleitet werden können.

Designaufgaben stellen aufgrund ihrer Eigenschaften besondere Leistungsanforderungen an den Aufgabenbearbeiter bzw. die Aufgabenbearbeiterin. Design Thinking ist daher als spezifische Form geistiger Tätigkeit anzusehen (zur ausführlichen Fundierung dieser Sichtweise vgl. Aprea 2007, S. 78–91 sowie Aprea et al. 2010). Dabei sind Designaufgaben zunächst durch ihre spezifische Zielsetzung gekennzeichnet. Ausgehend von einem extern vorgegebenen Designauftrag besteht die Aufgabe eines Designers bzw. einer Designerin darin, einen Entwurf für ein funktionales – d. h. zweckmäßiges und zugleich umsetzbares – materielles oder immaterielles Artefakt zu entwickeln. Die Ausführung des Entwurfs soll zu einer Situation führen, in der erwünschte Effekte realisiert und unerwünschte Effekte so weit wie möglich vermieden werden. Dementsprechend lässt sich das Denken beim Designen als Transformationsprozess beschreiben, bei dem in einem Designauftrag formulierte Intentionen unter Beachtung kontextueller (insbesondere zeitlicher, finanzieller, juristischer) Einschränkungen zunächst in funktionale Eigenschaften zu überführen sind. Diese wiederum sollen so in Konfigurationen von Gestaltungsparametern übersetzt werden, dass eine funktionserfüllende Struktur des Artefakts entsteht (z. B. Hacker 1999). Design hat damit zwar gewisse Ähnlichkeiten zu künstlerischen Prozessen, ist aber anders als diese nicht völlig frei, sondern auftragsgebunden. So soll etwa eine Architektin ein Fenster entwerfen (Designauftrag), das genügend Tageslicht in den Raum lässt und zugleich unnötige Wärmeabfuhr verhindert (funktionale Eigenschaften). Dazu legt sie beispielsweise die Konfiguration der Gestaltungsparameter ‚Größe des Fensters' und ‚Material' fest. Analog besteht die Zielsetzung der Planungsaufgabe von Lehrkräften bzw. Instruktionsdesignern darin, eine Lernumgebung zu entwerfen, die so beschaffen sein sollte, dass sie die in curricularen Vorgaben der Lehrpläne und/oder andere Formen von Designaufträgen (z. B. ein Museum, welches ein multimediales Lernarrangement in Auftrag gibt) formulierten Intentionen spiegelt – also zweckmäßig ist – und unter den gegebenen Rahmenbedingungen (z. B. Entwicklungsstand der Lernenden, zeitliche und materielle Ressourcen, technische Ausstattung der Schule bzw. anderen Institution mit einem Lernanliegen) umgesetzt werden kann. Dabei sind die Funktionen der Lernumgebung (z. B. Unterstützung von Aufmerksamkeit, Informationsverarbeitung, Motivation und Wohlbefinden der Lernenden) so in Gestaltungsvariablen zu übersetzen, dass eine funktionserfüllende Struktur entsteht, die bei den Lernenden den Aufbau von fachlichen und überfachlichen Kompetenzen unterstützt. Dabei kommt der Gestaltung der Lernaufgaben eine besondere Bedeutung zu, den diese sind als Katalysatoren für Lernprozesse anzusehen (Thonhauser 2008). Weiter Gestaltungselemente sind die Sozialformen, die Medien sowie die Formen der Lerndiagnostik (Aprea et al. 2010; Goodyear 2015).

Der Transformationsprozess beim Design wird dadurch erschwert, dass Designaufträge typischerweise nur allgemeine, zumeist vage formulierte Angaben enthalten (Lawson 2005). Designaufgaben lassen sich daher der Gruppe der ‚offenen Probleme' subsumieren. Darüber hinaus sind diese Aufgaben in der Regel komplex und mehrdeutig, d. h. es sind einerseits mehrere, teilweise auch konfligierende Absichten und Einschränkungen sowie miteinander interagierende Gestaltungsparameter zu beachten. Beim Entwurf für das Fenster ist die Architektin unter Umständen mit der Situation konfrontiert, dass eine energiesparende Bauweise mit höheren Kosten bei den Materialien für das Fenster verbunden ist. Lehrkräfte und Instruktionsdesigner/innen müssen eventuell zwischen Lernzielen abwägen, welche mehr der Persönlichkeitsentwicklung dienen und solchen, die die Arbeitsmarktgängigkeit der Lernenden fokussieren. Aufgrund dieser aufgabentypischen Merkmale sind Designaufgaben mit Unsicherheit behaftet. Dies ist unter anderem der bedingten Planbarkeit von erfolgreichen Designlösungen geschuldet, denn wie bei anderen offenen Problemstellungen hängt deren Effektivität auch von nicht hundertprozentig voraussehbaren nutzerseitigen Konditionen ab. Die Architektin kann nicht mit Sicherheit sagen, inwieweit ihr Entwurf dem ästhetischen Empfinden und den Lebensgewohnheiten der künftigen Mieter entspricht. Die Lehrperson bzw. der/die Instruktionsdesigner/in unterbreitet mit einer Lernumgebung ein Lernangebot, das von den Lernenden jedoch auch wahrgenommen und adäquat genutzt werden muss. Wie Schön (1987) hervorhebt, ist die Designaufgaben innewohnende Unsicherheit jedoch nicht mit einem unsystematischen Versuchs-und-Irrtum Verfahren zu bewältigen, sondern erfordert einen erfahrungsbasierten Reflexionsprozess, bei dem Design, Umsetzung, Evaluation und Re-Design kontinuierlich rückgekoppelt werden.

Designaufgaben stellen schließlich hohe Ansprüche an das aufgabenbezogene Denken und Handeln, und ihre erfolgreiche Bearbeitung ist mit der Verfügbarkeit umfangreicher Leistungsvoraussetzungen verbunden. Wie sich in zahlreichen Studien mit Expertendesignerinnen und –designern zeigte (für einen Überblick vgl. Lawson und Dorst 2009 sowie zusammenfassend Aprea 2007), manifestiert sich deren designprozessbezogenes Wissen und Können in Form eines flexibelsystematischen Gesamtvorgehens, bei dem sie Intuition und Ratio ausbalancieren. Dieses Vorgehen umfasst: (a) eine Phase der Aufgabenklärung, in der sie die (zumeist vagen) Vorgaben des Designauftrags konkretisieren, (b) eine Phase der Aufgabenrahmung, in der sie Ziele fixieren sowie (c) eine Phase der Entwicklung von Designlösungen, in der sie die funktionalen Eigenschaften des Designobjekts bestimmen und eine hierzu passende Parameterkonfiguration entwerfen. Dabei erfolgt der Ablauf sowohl zwischen als auch innerhalb dieser Phasen nicht streng linear, sondern zumeist iterativ und auf Basis von Heuristiken. Diese wiederum operieren auf einer umfänglichen designproduktbezogenen Wissens- und Könnensbasis, welche beispielsweise Kenntnisse und Fähigkeiten bezüglich typischer Aufgabenkontexte sowie Funktionen und Gestaltungsvariablen des zu entwerfenden Artefakts umfasst. Für den Bereich der Architektur ist dies etwa Sachwissen aus den Fachgebieten der Statik und der Ergonomie oder Wissen über die Eigenschaften und Wirkungsweisen von Baustoffen und sonstigen Materialien (z. B. Lawson und Dorst 2009). Für die Unterrichtsplanung bzw. das Instruktionsdesign ist unter anderem fachliches, fachdidaktisches und pädagogisches Wissen von Bedeutung (z. B. Shulman 1986).

## 5 Illustration der Überlegungen anhand von ausgewählten Forschungsbeispielen

Um einen ersten Eindruck davon zu vermitteln, wie der oben beschriebene integrative Ansatz im Kontext der Unterrichtsplanung bzw. des Instruktionsdesigns genutzt werden kann, sollen im Folgenden exemplarisch drei Forschungsprojekte skizziert werden, in denen einzelne Aspekte des Ansatzes aufgegriffen und vertieft wurden. Im ersten Beispiel steht die übergreifende Frage im Mittelpunkt, wie das Konzept der Designaufgabe bzw. des Design Thinking genutzt werden kann, um angehende Gestalterinnen und Gestalter von Lernumgebungen beim ‚Planen Lernen' zu unterstützen. Das zweite und dritte Beispiel nehmen jeweils spezifischere Aspekte des Designs technologiebasierter Lernumgebungen in den Blick, wobei es um die instruktionale Integration von zwei unterschiedlichen Bildungstechnologien – zum einen Hypervideos und zum anderen Serious Games – in verschiedene Lernkontexte, nämlich die berufliche Bildung (Sekundarstufe II) und die finanzielle Allgemeinbildung (Sekundarstufe I) geht. Allen Projekten ist gemeinsam, dass sie gemäß dem hier im Mittelpunkt stehenden gestaltungsorientierten Erkenntnisinteresse einen design-basierten Forschungsansatz (z. B. McKenney und Reeves 2012) verfolgten.

(1) Aufbau von Designkompetenz: Coaching als Ausbildungskonzept für Gestalterinnen und Gestalter von Lernumgebungen

Die oben erläuterten Spezifika von Designaufgaben stellen nicht nur hohe Anforderungen an das Wissen und Können von Designerinnen und Designern, sondern führen gleichzeitig zu besonderen Herausforderungen im Zusammenhang mit dem Kompetenzaufbau für diesen Aufgabentypus. Nach Ansicht von Donald Schön (1987), einem der Protagonisten auf dem Gebiet der systematischen ‚Design Education' kann die für eine erfolgreiche Bearbeitung von Designaufgaben benötigte Kompetenz nicht direkt gelehrt werden, sie ist aber unter geeigneten Bedingungen im Tun lernbar: „Designing, both, in its narrower architectural sense and in the broader sense in which all professional practice is designlike, must be learned by doing. However much students may learn about designing from lectures or reading, there is a substantial component of design competence – in deed the heart of it – that they cannot learn in this way. A designlike practice is learnable, but is not teachable by classroom methods. And when students are helped to learn to design, the interventions most useful to them are more like coaching than teaching" (Schön 1987, S. 157). Coaching wird hier als eine individualisierte und situationsbezogene Form der Unterstützung des Lernens verstanden, in dessen Zentrum die Bearbeitung authentischer (realer oder realitätsnaher) Designaufgaben und der auf diese Aufgaben bezogene Dialog zwischen Coach und Coachee stehen. In Orientierung an diesen Überlegungen wurde ein Coachingkonzept für Gestalterinnen und Gestalter von Lernumgebungen entwickelt und mit angehenden Lehrpersonen an kaufmännischen Berufsschulen in mehreren Evaluationsstudien erprobt, wobei auch eine Planungsheuristik zur Unterstützung eines flexibel-systematischen Vorgehens zum Einsatz kam (Aprea 2007; Aprea et al. 2010). Die Befunde dieser Studien legen nahe, dass mit dem Coachingkonzept ein wirksamer Ansatz zur Ausbildung angehender Gestalterinnen und Gestalter von Lernumgebungen vorgelegt werden konnte. Insbesondere zeigte sich, dass neben dem Sichtbarmachen des Designprozesses durch geeignete Verbalisierungsmethoden (Modelling) vor allem das individualisierte Feedback eine zentrale Rolle für den Aufbau von Planungskompetenz zu spielen scheint (zusammenfassend vgl. Aprea 2014).

(2) Design von technologiebasierten Lernumgebungen in der beruflichen Bildung: Instruktionale Integration von Hypervideos

Wie im Abschn. 3 erwähnt, kommt dem Lernen mit Videos seit Anbeginn des Instructional Design eine zentrale Bedeutung zu. Dabei sind Videos im Unterricht jedoch keineswegs unumstritten, denn es wird unter anderem der Vorwurf erhoben, dass deren Einsatz häufig unreflektiert erfolgt und oftmals eher ein passivrezeptives Lernen gefördert wird (z. B. Merkt et al. 2011). Es stellt sich daher die Frage, in welcher Form Videos genutzt werden können, um Lernprozesse im oben genannten Sinne zu unterstützen. An dieser Stelle setzen Hypervideos an. Nach Sauli et al. (2018) handelt es sich hierbei um nicht-lineare Videos, die sowohl klassische (z. B. Play-, Pause-, Stop- und Spultasten) als auch komplexere Features (z. B. Inhaltsverzeichnisse und Indextabellen) zur Steuerung der Navigation des Videostreams enthalten und mittels Hyperlinks mit zusätzlichem Material (Dokumente, Audiodateien, Bilder etc.) angereichert werden können. Aufgrund dieser Merkmale ist zu vermuten, dass Hypervideos vor allem für die berufliche Bildung Vorteile bringen, bei der sowohl schulische als auch betriebliche Lernorte involviert sind, die von den Lernenden jedoch häufig nicht zusammengeführt werden können (z. B. Sappa und Aprea 2014). Mit Hypervideos steht hier ein Medium zur Verfügung, mittels dessen Erfahrungen der Lernenden im Betrieb dokumentiert und anschließend im schulischen Unterricht elaboriert sowie reflektiert werden können. Um diese Vermutung zu überprüfen, wurde eine Untersuchungsreihe durchgeführt, bei der insbesondere der Grad der Steuerung durch die Lehrperson variiert wurde. Die Ergebnisse der Untersuchungen zeigten, dass bei entsprechender Ausarbeitung der Lernumgebungen in Kooperation von Forschenden, Instruktionsdesignern und Lehrpersonen keine signifikanten lern- bzw. motivationsrelevanten Unterschiede bestehen zwischen einer lehrer-gesteuerten videobasierten Lernumgebung und einer, bei denen die Lernenden ihren Lernprozess selbst regulieren bzw. in Gruppenarbeit ein eigenes Hypervideo erstellen (Cattaneo et al. 2016). Diese Studien und ihre Befunde stützen die eingangs dargelegte These, dass Bildungstechnologien und Unterrichtsplanung zusammen geführt werden sollten ebenso wie die Bedeutung sorgfältiger Designprozesse, wie sie im Mittelpunkt des integrativen Ansatzes stehen.

(3) Design von technologiebasierten Lernumgebungen in der finanziellen Allgemeinbildung: Instruktionale Integration von Serious Games

Unter Stichworten wie finanzielle Allgemeinbildung, Financial Literacy oder Finanzkompetenz wird der Förderung von Fähigkeiten im Zusammenhang mit dem adäquaten Umgang mit Geld und dem Treffen sinnvoller Finanzentscheidungen derzeit in der öffentlichen und wissenschaftlichen Diskussion ein hoher Stellenwert beigemessen. Neben den Erschütterungen durch die weltweite Wirtschafts- und Finanzkrise sowie die jüngste Schuldenkrise in vielen europäischen Ländern wird der Bedeutungszuwachs dieser Thematik auf das Zusammenwirken einer Reihe von sozialen, politischen und ökonomischen Entwicklungstendenzen (z. B. demografischer Wandel, zunehmender Rückzug des Staates aus der sozialen Sicherung oder steigende Komplexität der Finanzmärkte) zurückgeführt (z. B. Aprea et al. 2016). Diese Entwicklungen gehen mit Anforderungen einher, die sich nicht mehr allein durch familiäre Sozialisation und Alltagserfahrungen bewältigen lassen, sondern systematisch organisierte Lern- und Bildungsprozesse erfordern. Legt man Befunde aus aktuellen Literaturübersichten und Meta-Analysen (z. B. Fernandes et al. 2014; Xu und Zia 2012) zugrunde, so zeichnet sich jedoch ab, dass traditionelle Interventionsprogramme nur beschränkt wirksam zu sein scheinen. Insbesondere zeigt sich, dass in der Mehrzahl der Fälle keine bzw. nur geringe Effekte von den Maßnahmen auf die Förderung von sinnvollen Finanzentscheidungen als letztendlicher Zielgröße finanzieller Allgemeinbildung zu erwarten sind. Eine Möglichkeit, den Schwachpunkten der bisherigen Maßnahmen zu begegnen, bieten digitale Lernspiele bzw. ‚Serious Games', da sie es erlauben, Finanzentscheidungen auf spielerische und damit vermutlich motivierende Art und Weise zu simulieren. Allerdings zeigt sich beim Einsatz von Serious Games in anderen Inhaltsbereichen, dass deren lern- und motivationsförderliche Wirkung sich nicht als Selbstläufer ergibt, sondern auch hier eine sorgfältige instruktionale Einbettung notwendig ist (z. B. Wouters et al. 2013). Vor dem Hintergrund dieser Überlegungen wurde in Zusammenarbeit eines Teams von Forschenden, Game Designern und Lehrkräften an Sekundarschulen der Stufe I ein Serious Game und auf dieses Game bezogene Lernumgebungen entwickelt, erprobt und evaluiert, wobei das Hauptaugenmerk auf der Gestaltung verschiedener Aufgabentypen lag. In den Ergebnissen der Evaluationsstudien zeigte sich, dass vor allem Reflexions- und Transferaufgaben maßgeblich für die Wirksamkeit der gamebasierten Förderung von Financial Literacy zu sein scheinen, dass deren Gestaltung den beteiligten Lehrkräften aber zugleich die größte Mühe bereitete (Aprea et al. im Druck). Ähnlich wie die Befunde aus den Untersuchungen zum Einsatz von Hypervideos lassen sich diese Ergebnisse als Indiz für die Fruchtbarkeit des integrativen Ansatzes werten.

## 6  Fazit

Ausgehend von der Überlegung, dass es sowohl aus wissenschaftlichen als auch aus praktischen Gründen sinnvoll ist, verschiedene Zugänge zur Planung von Lernangeboten miteinander zu vergleichen, wurden in diesem Kapitel zunächst zentrale Planungskonzepte der deutschsprachigen Didaktik beschrieben, um auf dieser Basis in einem zweiten Schritt Unterschiede und Gemeinsamkeiten zwischen diesen Planungskonzepten und den Ansätzen des Instruktionsdesigns herauszuarbeiten. Dies bildete die Grundlage für die Skizzierung eines integrativen Ansatzes, der auf dem Konzept der Gestaltung von Lernumgebungen beruht und in dessen Zentrum das ‚Design Thinking' als Bindeglied zwischen Unterrichtsplanung und Instruktionsdesign steht. Dieser Ansatz wurde schließlich anhand von drei Forschungsbeispielen illustriert. Die Beispiele legen die Vermutung nahe, dass der integrative Ansatz gewinnbringend im Zusammenhang mit der Ausbildung von angehenden Gestalterinnen und Gestaltern von Lernumgebungen ebenso wie bei der Integration von Bildungstechnologien im Kontext der Berufsbildung bzw. der finanziellen Allgemeinbildung angewandt werden kann. Indes dürfen diese positiven Erfahrungen nicht darüber hinwegtäuschen, dass die Entwicklung des integrativen Ansatzes noch in den Anfängen steckt und weitere theoretische Elaborationen und empirische Überprüfungen erforderlich sind. Wie im Zusammenhang mit den Gemeinsamkeiten und Unterschiede von Planungskonzepten der Didaktik und Ansätzen des Instruktionsdesigns erörtert wurde, sind es häufig Krisen und gesellschaftliche Umbrüche, die konzeptuelle Evolutionen vorantreiben. Dementsprechend stellt sich im Zusammenhang mit der Weiterentwicklung des integrativen Ansatzes auch die Frage, wie aktuelle Veränderungen, etwa die zunehmende Digitalisierung aller Lebensbereiche, perspektivisch fruchtbar gemacht werden können.

### Literatur

Aebli, H. (1963). *Psychologische Didaktik*. Stuttgart: Klett.
Aebli, H. (1981). *Grundformen des Lehrens* (12. Aufl.). Stuttgart: Klett.
Aprea, C. (2007). *Aufgabenorientiertes Coaching in Designprozessen: Fallstudien zur Planung wirtschaftsberuflicher Lernumgebungen*. München/Mering: Rainer Hampp Verlag.
Aprea, C. (2014). Design-Based Research in der Ausbildung von Lehrkräften an beruflichen Schulen. *Zeitschrift für Berufs- und Wirtschaftspädagogik* (Beiheft 27), 157–176.
Aprea, C., Ebner, H. G., & Müller, W. (2010). „Ja mach nur einen Plan" – Entwicklung und Erprobung eines heuristischen Ansatzes zur Planung kompetenzbasierter wirtschaftsberuflicher Lehr-Lern-Arrangements. *Wirtschaft und Erziehung, 62*(4), 91–99.
Aprea, C., Wuttke, E., Breuer, K., Keng, N. K., Davies, P., Greimel-Fuhrmann, B., & Lopus, J. (2016). Financial literacy in the 21st century. In C. Aprea, E. Wuttke, K. Breuer, N. K. Keng, P. Davies, B. Fuhrmann & J. Lopus (Hrsg.), *International handbook of financial literacy* (S. 1–4). Singapore: Springer.
Aprea, C., Schultheis, J. & Stolle, K. (im Druck). Instructional integration of digital learning games in financial literacy education. In T. A. Lucey & K. S. Cooter (Hrsg.), *Financial literacy for children and youth* (2. Aufl.). Frankfurt a. M.: Peter Lang.
Bloom, B. S., Engelhart, M. D., Furst, E. J., Hill, W. H., & Krathwohl, D. R. (1956). *Taxonomy of educational objectives: The classification of educational goals. Handbook 1: Cognitive domain*. New York: Longmans.

Bönsch, M. (2011). Unterrichtsgestaltung im Kontext der Allgemeinen Didaktik in Westdeutschland. In E. Kiel & K. Zierer (Hrsg.), *Geschichte der Unterrichtsgestaltung* (S. 161–184). Baltmannsweiler: Schneider.
Branch, R. M., & Merrill, M. D. (2011). Characteristics of instructional design models. In R. A. Reiser & J. V. Dempsey (Hrsg.), *Trends and issues in instructional design and technology* (3. Aufl., S. 8–16). Upper Saddle River: Merrill-Prentice Hall.
Cattaneo, A., Nguyen, A. T., & Aprea, C. (2016). Teaching and learning with hypervideo in vocational education and training. *Journal of Educational Multimedia and Hypermedia, 25*(1), 5–35.
Dorst, K. (2011). The core of ‚design thinking' and its application. *Design Studies, 32*, 521–532.
Ebner, H. G. (2000). Vom Übermittlungs- zum Initiierungskonzept: Lehr-Lernprozesse in konstruktivistischer Perspektive. In C. Harteis, H. Heid & S. Kraft (Hrsg.), *Kompendium Weiterbildung* (S. 111–120). Opladen: Leske & Budrich.
Ertmer, P., Parisio, M., & Wardak, D. (2013). The practice of educational/instructional design. In R. Luckin, S. Puntambekar, P. Goodyear, B. Grabowski, J. Underwood & N. Winters (Hrsg.), *Handbook of design in educational technology*. New York: Routledge.
Fernandes, D., Lynch, J. G., Jr., & Netemeyer, R. G. (2014). Financial literacy, financial education, and downstream financial behaviors. *Management Science, 60*(8), 1861–1883.
Gagné, R. M. (1962). The acquisition of knowledge. *Psychological Review, 69*, 355–365.
Gagné, R. M. (1965). *The conditions of learning*. New York: Holt, Rinehart & Winston.
Glaser, R. (1966). The design of instruction. In J. S. Goodland (Hrsg.), *The changing American school* (S. 215–242). Chicago: University of Chicago Press.
Goodyear, P. (2015). Teaching as design. *HERDSA Review of Higher Education, 2*, 27–50.
Hacker, W. (1999). Konstruktives Entwickeln als Tätigkeit. *Zeitschrift für Sprache und Kognition, 18*(3/4), 88–97.
Heimann, P. (1962). Didaktik als Theorie und Lehre. *Die Deutsche Schule, 54*, 407–427.
Heimann, P., Otto, G., & Schulz, W. (1965). *Unterricht – Analyse und Planung*. Hannover: Schroedel.
Helmke, A. (2012). *Unterrichtsqualität und Lehrerprofessionalität: Diagnose, Evaluation und Verbesserung des Unterrichts* (4., überarb. Aufl.). Seelze: Klett-Kallmeyer.
Hudson, B. (2008). Didaktic design for technology supported learning. *Zeitschrift für Erziehungswissenschaft, 10*(Sonderheft 9), 139–157.
Ifenthaler, D. (2017). Technologiebasiertes Instruktionsdesign. In S. Matthäus, C. Aprea, D. Ifenthaler & J. Seifried (Hrsg.), *Entwicklung, Evaluation und Qualitätsmanagement von beruflichem Lehren und Lernen. Digitale Festschrift für Hermann G. Ebner*. http://www.bwpat.de/profil5/ifenthaler_profil5.pdf. Zugegriffen am 31.05.2017.
Ifenthaler, D., & Gosper, M. (2014). Guiding the design of lessons by using the MAPLET Framework: Matching aims, processes, learner expertise and technologies. *Instructional Science, 42*(4), 561–578.
Jank, W., & Meyer, H. (2002). *Didaktische Modelle* (5., völlig überarb. Aufl.). Berlin: Cornelsen.
Jonassen, D. H. (2002). Integrating problem-solving into instructional design. In R. A. Reiser & J. Dempsey (Hrsg.), *Trends and issues in instructional design and technology* (S. 107–120). Upper Saddle River: Pearson.
Kiel, E., & Zierer, K. (2011). Einführung. In E. Kiel & K. Zierer (Hrsg.), *Geschichte der Unterrichtsgestaltung* (S. 9–10). Baltmannsweiler: Schneider.
Klafki, W. (1958). Didaktische Analyse als Kern der Unterrichtsvorbereitung. *Die Deutsche Schule, 50*(10), 450–471.
Klafki, W. (1963). *Studien zur Bildungstheorie und Didaktik*. Weinheim: Beltz.
Klafki, W. (1985). *Neue Studien zur Bildungstheorie und Didaktik*. Weinheim: Beltz.
Klafki, W. (1991). *Neue Studien zur Bildungstheorie und Didaktik* (2., erw. Aufl.). Weinheim: Beltz.
KMK (2005). Standards für die Lehrerbildung: Bildungswissenschaften. Beschluss der Kultusministerkonferenz vom 16.12.2004. *Zeitschrift für Pädagogik, 51*, 280–290.
Landwehr, N. (2001). *Neue Wege der Wissensvermittlung* (4., ak. Aufl.). Aarau.
Laurillard, D. (2012). *Teaching as a design science: Building pedagogical patterns for learning and technology*. New York/London: Routledge.

Lawson, B. (2005). *How designers think* (4. Aufl.). Oxford: Routledge.
Lawson, B., & Dorst, K. (2009). *Design expertise*. New York: Routledge.
Mager, R. F. (1965). *Lernziele und Programmierter Unterricht*. Weinheim: Beltz.
Maina, M., Craft, B., & Mor, Y. (2015). *The art and science of learning design*. Rotterdam: Sense Publishers.
McKenney, S., & Reeves, T. (2012). *Conducting educational design research*. London: Routledge.
Merkt, M., Weigand, S., Heier, A., & Schwan, S. (2011). Learning with videos vs. learning with print: The role of interactive features. *Learning and Instruction, 21*(6), 687–704.
Meyer, H. (2014). *Praxisbuch Meyer: Leitfaden zur Unterrichtsvorbereitung* (8. Aufl.). Berlin: Cornelsen.
Niegemann, H. M., Domagk, S., Hessel, S., Hein, A., Hupfer, M., & Zobel, A. (2008). *Kompendium multimediales Lernen*. Heidelberg: Springer.
Peterßen, W. H. (2001). *Lehrbuch Allgemeine Didaktik*. München: Oldenbourg.
Peterßen, W. H. (2006). *Handbuch Unterrichtsplanung* (9., ak. u. überarb. Aufl.). München: Oldenbourg
Picht, G. (1965). *Die deutsche Bildungskatastrophe*. München: DTV.
Pickel, S., Pickel, G., Lauth, H.-J., & Jahn, D. (2009). *Neue Entwicklungen und Anwendungen auf dem Gebiet der Methoden der vergleichenden Politik- und Sozialwissenschaft*. Wiesbaden: VS-Verlag.
Reigeluth, C. M., Beatty, B. J., & Myers, R. D. (Hrsg.). (2017). *Instructional-design theories and models, Vol. IV: The learner-centered paradigm of education*. New York: Routledge.
Reinmann, G. (2011). Didaktisches Design. In M. Ebner & S. Schön (Hrsg.), *Lehrbuch für Lernen und Lehren mit Technologien*. Version vom 08.06.2011. http://l3t.eu/homepage/. Zugegriffen am 15.05.2017.
Reiser, R. A. (2001). A history of instructional design and technology: Part II: A history of instructional design. *Educational Technology & Development, 49*(2), 57–67.
Ritter, U.-P. (1997). *Vergleichende Volkswirtschaftslehre* (2. Aufl.). München: Oldenbourg.
Sacher, W. (2006). *Didaktik der Lernökologie. Lernen und Lehren in unterrichtlichen und medienbasierten Lernarrangements*. Bad Heilbrunn: Klinckhardt.
Sandfuchs, U. (2009). Grundfragen der Unterrichtsplanung. In K.-H. Arnold, U. Sandfuchs & J. Wiechmann (Hrsg.), *Handbuch Unterricht* (2., ak. Aufl., S. 512–518). Bad Heilbrunn: Klinkhardt.
Sappa, V., & Aprea, C. (2014). Conceptions of connectivity: How Swiss teachers, trainers and apprentices perceive vocational learning and teaching across different learning sites. *Vocations and Learning, 7*(3), 263–287.
Sauli, F., Cattaneo, A., & van der Meij, H. (2018). Hypervideo for educational purposes: A literature review on a multi-faceted technological tool. Accepted for publication in *Technology, Pedagogy and Education, 27*(1), 115–134.
Schön, D. A. (1987). *Educating the reflective practitioner*. San Francisco: Jossey-Bass.
Schorch, G. (2001). Unterrichtsplanung und Unterrichtsvorbereitung. In L. Roth (Hrsg.), *Pädagogik – Handbuch für Studium und Praxis* (2., überarb. u. erw. Aufl., S. 789–800). München: Oldenbourg.
Scriven, M. (1967). The methodology of evaluation. In R. W. Tyler, R. M. Gagné & M. Scriven (Hrsg.), *Perspectives of curriculum evaluation* (Bd. 1, S. 39–83). Chicago: Rand McNally.
Seel, A. (2011). Wie angehende Lehrer/innen das Planen lernen. Empirische Befunde zur ausbildungsbezogenen Unterrichtsplanung. In K. Zierer (Hrsg.), *Jahrbuch für Allgemeine Didaktik* (S. 31–45). Baltmannsweiler: Schneider.
Seel, N., & Hanke, U. (2011). Unterrrichtsgestaltung als Instructional Design: The American Way. In E. Kiel & K. Zierer (Hrsg.), *Geschichte der Unterrichtsgestaltung* (S. 185–201). Baltmannsweiler: Schneider.
Shulman, L. S. (1986). Those who understand: Knowledge growth in teaching. *Educational Researcher, 15*(2), 4–14.
Skinner, B. F. (1958). Teaching machines. *Science, 128*, 969–977.

Smith, P. L., & Ragan, T. J. (2004). *Instructional design* (3. Aufl.). Hoboken: Wiley.
Terhart, E. (2002). Fremde Schwestern. Zum Verhältnis von Allgemeiner Didaktik und empirischer Lehr-Lern-Forschung. *Zeitschrift für Pädagogische Psychologie, 16*(3), 77–86.
Thonhauser, J. (Hrsg.). (2008). *Aufgaben als Katalysatoren von Lernprozessen: Eine zentrale Komponente organisierten Lehrens und Lernens aus der Sicht von Lernforschung, Allgemeiner Didaktik und Fachdidaktik*. Münster: Waxmann.
Wiater, W. (2009). Didaktische Theoriemodelle und Unterrichtsplanung. In K.-H. Arnold, U. Sandfuchs & J. Wiechmann (Hrsg.), *Handbuch Unterricht* (2., ak. Aufl., S. 505–512). Bad Heilbrunn: Klinkhardt.
Wouters, P., van Nimwegen, C., van Oostendorp, H., & van der Spek, E.-D. (2013). A meta-analysis of the cognitive and motivational effects of serious games. *Journal of Educational Psychology, 105*(2), 249–265.
Xu, L., & Zia, B. (2012). *Financial literacy around the world: An overview of the evidence with practical suggestions for the way forward*. Policy research working paper; no. 6107. Washington, DC: World Bank. https://openknowledge.worldbank.org/handle/10986/9322. Zugegriffen am 25.05.2017.
Ziegler, E., & Stern, E. (2016). Consistent advantages of contrasted comparisons: Algebra learning under direct instruction. *Learning and Instruction, 41*(1), 41–51.

# Lehrziele und Kompetenzmodelle beim E-Learning

Maria Reichelt, Frauke Kämmerer und Ludwig Finster

## Inhalt

1 Auf die Plätze fertig, Lehren! ............... 192
2 3, 2, 1 …. meine Kompetenzen! ............... 196
3 *Das Wichtigste in Kürze* – Highlights des Kapitels ............... 203
Literatur ............... 203

### Zusammenfassung

*Lernende können soziale Phänomene aus ihrer Lebenswelt anhand zentraler sozialpsychologischer Theorien erklären,* so oder so ähnlich könnte ein Lehrziel für ein Lehrangebot zum Thema *Sozialpsychologie* formuliert werden. In diesem Kapitel werden Lehrziele mit dem Fokus auf den E-Learning-Bereich behandelt und folgende Fragen beantwortet:

- Was sind Lehrziele? Welche Funktionen erfüllen sie? Warum sind sie wichtig bei der Konzeption von multimedialen und technologie-unterstützten Lehr-Lern-Angeboten? Was sollte bei ihrer Formulierung beachtet werden?
- Wie kann das mehrdimensionale Konstrukt *Kompetenz* fachlich verortet werden? Wie unterscheiden sich Kompetenzstrukturmodelle und Kompetenzniveaumodelle in ihrer praktischen Anwendung?

M. Reichelt (✉)
Zentrum für Qualität, Fachhochschule Erfurt, Erfurt, Deutschland
E-Mail: maria.reichelt@fh-erfurt.de

F. Kämmerer
FB Wirtschafts- und Sozialwissenschaften, Hochschule Nordhausen, Nordhausen, Deutschland
E-Mail: frauke.kaemmerer@hs-nordhausen.de

L. Finster
Prorektorat Bildung, StudiFLEX Curricularmanagement, Hochschule für Technik, Wirtschaft und Kultur Leipzig, Leipzig, Deutschland
E-Mail: ludwig.finster@htwk-leipzig.de

© Springer-Verlag GmbH Deutschland, ein Teil von Springer Nature 2020
H. Niegemann, A. Weinberger (Hrsg.), *Handbuch Bildungstechnologie*,
https://doi.org/10.1007/978-3-662-54368-9_15

Darüber hinaus werden praktische Tipps und Beispiele formuliert, um die gewonnenen theoretischen Erkenntnisse in der Praxis anwenden zu können. Am Ende des Kapitels werden wichtige Aspekte zusammengefasst. Das soll den Transfer der dargestellten Befunde in den jeweiligen Arbeits- und Forschungskontext erleichtern. Mit den Begriffen *Wissen, Anwenden* und *Transferieren* lassen sich die Lehrziele grob beschreiben, die wir für dieses Kapitel festgelegt haben.

**Schlüsselwörter**
Lehrziele · Kompetenzen · Kompetenzstrukturmodelle · Kompetenzniveaumodelle · Praxisbeispiele

## 1 Auf die Plätze fertig, Lehren!

Noch vor einiger Zeit war die *Umwelt* gleichsam das *Curriculum* und beinhaltete *natürliche* Phasen der Unterweisung und Erfolgskontrolle des richtigen Handelns (vgl. Schott et al. 1981), wie folgendes Beispiel deutlich machen soll: *Die Mutter zeigte der Tochter nach altbekannter Tradition, wie Getreide gesät wird. Die Tochter beobachtete, probiere selbst aus und die Mutter griff notfalls lenkend ein.* Eine Analyse des Lehrstoffs und eine Präzisierung des Lehrziels waren wohl in der beschriebenen Praxis gegenstandslos. Warum ist es trotzdem sinnvoll, sich mit dem Thema Lehrziele und Kompetenzmodelle auseinanderzusetzen? Nehmen wir als Beispiel eine größere Wanderung. Ausgangspunkt unserer Planungen werden in der Regel die Ziele sein, die wir uns gesetzt haben. Um uns nicht zu verlaufen, werden wir unsere Ziele vorab auf einer klassischen Wanderkarte oder via Smartphone fixieren. Am Ende unseres Weges gibt uns diese klare Zielsetzung Auskunft darüber, ob wir erfolgreich unseren Weg gegangen sind oder ob wir manche Hindernisse nicht bewältigen konnten. Ebenso müssen sich Lehrende oder Instruktionsdesigner vor der Konzeption ihres Unterrichts oder eines multimedialen, technologie-unterstützten Lehr-Lern-Angebots die Frage stellen: Was genau ist das Ziel, das durch dieses Angebot beim Adressaten (hier: beim Lernenden) erreicht werden soll?

### 1.1 Ein Ziel festlegen – Warum überhaupt?

Zur Überprüfung, was die Lernenden am Ende einer Lerneinheit können sollen (die Aufgabenmenge, der Lehrstoff), sind klare vorab definierte Zielsetzungen (u. a. Klauer 1987, 2001) sinnvoll. Dies gilt natürlich nicht nur für klassische Lernarrangements, sondern auch für multimediale Lernumgebungen, E-Learning- und Blended-Learning-Angebote. Auf Basis der allgemeinen Zielentscheidungen, die für das Instruktionsdesign vorab zu treffen sind, sollte für eine evidenzbasierte Gestaltung von multimedialen und technologie-unterstützten Lehr-Lern-Angeboten möglichst genau spezifiziert werden, welche nachweisbaren *Kompetenzen* (s. Abschn. 2) die Adressaten durch die Lerneinheit erwerben sollen. Dies kann durch die Formulierung von geeigneten

Lehrzielen umgesetzt werden (Klauer und Leutner 2012; Niegemann et al. 2008). Eine Orientierung an im Lernprozess erworbenen *Kompetenzen* ist wichtig, um eine hohe Lehrqualität zu erreichen, um Curricula (weiter-) zu entwickeln und multimediale, technologie-unterstützte Lehr-Lern-Angebote zu planen. Die Formulierung von Lehrzielen erfüllt demzufolge eine wesentliche *didaktische Funktion* für die Entwicklung von (multimedialen) Lehr-Lern-Angeboten und hat wiederum Einfluss auf Inhalte und Methodenwahl. Lernende profitieren von einer klaren Zielbeschreibung, um ihre eigenen Erwartungen mit denen des Angebots abzugleichen und Entscheidungen für den weiteren Verlauf ihres Lernprozesses zu treffen (u. a. Bremer 2001; Mager 1965; Niegemann et al. 2008). Fehlt im Vorfeld die Spezifizierung, welche Kompetenzen die Adressaten durch die Lerneinheit erwerben sollen, ist während und am Ende des Lernprozesses kein Nachweis möglich, ob die Instruktion oder das Selbstlernen im Sinne der gesetzten Ziele erfolgreich war. Insbesondere in Wissenschaftsgebieten der Pädagogischen Psychologie sind lehrzielorientierte (kriteriumsorientierte) Tests (Klauer 1987) bekannt und dienen der Feststellung, ob bzw. wie gut ein Lehrziel erreicht wurde (s. auch Klauer 2001). Um einen lehrzielvaliden Test zu konstruieren, spielt die eindeutige Definition von Lehrzielen eine konstitutive Rolle. Doch was genau sind Lehrziele und was sollte bei ihrer Formulierung berücksichtigt werden?

## 1.2 Lehrziele – Was ist das eigentlich?

Lehrziele sind im Allgemeinen von den Lehrenden gesetzte Ziele (Niegemann et al. 2008) – im Gegensatz zu Lernzielen, die sich Lernende z. B. beim selbstgesteuerten Lernen (u. a. Faulstich 1999; Kraft 1999) setzen. Oft werden beide Begriffe in der Praxis synonym verwendet (Klauer und Leutner 2012). In Instruktionsdesign und Bildungstechnologie wird von *Lehrzielen* gesprochen, da es sich meist um Ziele handelt, die durch einen Lehrenden oder Instruktionsdesigner festgelegt worden sind (Niegemann et al. 2008). Im Kontext des *organisierten Lernens* scheint der Begriff Lehrziele passend, da in Bildungsinstitutionen häufig die Ziele nicht direkt oder nur in begrenztem Umfang durch die Lernenden selbst formuliert werden (Klauer und Leutner 2012). In der Literatur wird kontrovers diskutiert, ob Lehrziele nicht zu Lernzielen werden müssten, um wirksam zu sein (kritische Reflexion: Brezinka 1974). Hingegen herrscht weitgehend ein Konsens darüber, dass für die Entwicklung von Lehrzielen eine zuvor erarbeitete Übersicht der Lerninhalte, die vermittelt werden sollen, eine wesentliche Grundlage darstellt. Nach Mager (1961, zitiert nach Klauer und Leutner 2012, S. 27) „wurden Lehrzielformulierungen auch im ganzen deutschen Sprachraum behavioristisch modifiziert". Außerdem wies Mager (1965) darauf hin, dass es nicht ausreichend ist, nur den Lerninhalt festzulegen, sondern auch, was der Lernende damit können soll. Er argumentiert weiter, dass dies am besten durch Verben anzugeben ist. Diese Auffassung wird kritisch reflektiert, da durch die behavioristische Lehrzieldefinition zwar Einzelaufgaben spezifiziert werden können, jedoch geht es meist um ganze Aufgabenmengen, die Lernende bewältigen müssen (u. a. Klauer und Leutner 2012). Im nächsten Abschnitt werden daher einige Praxistipps zu Lehrzielen in der Bildungstechnologie formuliert.

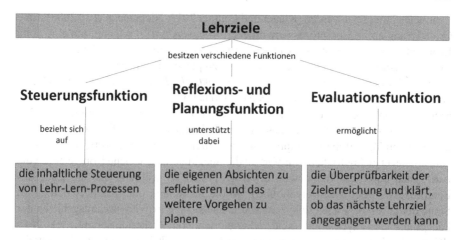

**Abb. 1** Concept Map zu Funktionen von Lehrzielen

## 1.3 Lehrziele und ihre Funktionen – Was sollte beachten werden?

Wenn Lehren nach Klauer und Leutner als ein „Prozess [betrachtet wird], in dem Ziele erreicht werden sollen" (2012, S. 24), scheint selbstverständlich, weshalb die Planung jedes Lernangebots mit der Bestimmung von Lehrzielen beginnen sollte.[1] Ziele sind dabei qualitativ und/oder quantitativ konkret beschriebene Arbeits- oder Verhaltenszustände und geben ein *Bewertungsraster* für alle weiteren Planungsschritte vor (Langosch 1993), d. h. sie erfüllen bestimmte Funktionen (Klauer und Leutner 2012). Abb. 1 zeigt, welche Funktionen Lehrzielen zugeschrieben werden.

Im E-Learning-Bereich kommt allen drei Funktionen von Lehrzielen eine wesentliche Bedeutung zu. Zum Beispiel dient die Evaluation des Lernerfolgs nicht nur den Lernenden als Erfolgskontrolle, sondern ist auch ein wichtiges Entscheidungskriterium für den Lehrenden oder Instruktionsdesigner. Wurde der Soll-Zustand (das Lehrziel) erreicht, gibt dies Rückschlüsse auf den Erfolg der Instruktion und der Gestaltung der Lernumgebung (s. auch Klauer und Leutner 2012).

> **Exkurs: Lehrzieltaxonomien**
> Lehrzieltaxonomien sind Ordnungsschemata und helfen Lehrenden, indem sie anhand bestimmter Ordnungskriterien Ziele so strukturieren, dass deren Unterschiede gut nachvollziehbar sind. Eine der wohl bekanntesten Taxonomien in der Literatur ist die von Bloom (1956). Dabei werden kognitive, affektive und
>
> *(Fortsetzung)*

---

[1] Wir möchten darauf hinweisen, dass allgemein formulierte Empfehlungen zur Gestaltung von Lehrzielen auch für den Bereich E-Learning sowie demzufolge bei der Konzeption von multimedialen und technologie-unterstützten Lehr-Lernangeboten angewendet werden können.

> psychomotorische Lehrziele unterschieden. Die kognitiven Lehrziele können differenziert werden in (a) Kenntnisse/Wissen, (b) Verständnis, (c) Anwendung, (d) Analyse, (e) Synthese und (f) Beurteilung/Bewertung. Bei der Lehrzieltaxonomie nach Anderson et al. (2001) wird nach Wissensarten unterschieden: (i) Deklaratives Wissen (Wissen um Fakten, Begriffe, Objekte oder Situationen; u. a. Klauer und Leutner 2012; Mayer et al. 2009; Niegemann et al. 2008), (ii) prozedurales Wissen (bezieht sich auf Handlungswissen; u. a. Mayer et al. 2009), (iii) konditionales/kontextuelles Wissen (umfasst situatives, fallbezogenes Wissen, z. B. Problemlösestrategien; u. a. Niegemann et al. 2008).

Was sollte bei der Formulierung von Lehrzielen beachtet werden?[2] Lehrziele sollten *vor* der Entwicklung des Lernmaterials festgelegt werden, um die Reflexions- und Planungsfunktion von Lehrzielen optimal zu nutzen (vgl. Abb. 1). Wenn Lehrziele vorab klar benannt werden, kann der Lernende zu Beginn entscheiden, ob die Lehrziele, auf die ein Lehr-Lern-Angebot hin entwickelt worden ist, seinen persönlichen Lernzielen entsprechen, was sich bei ausreichender Deckungsgleichheit der Lehr- und Lernziele positiv auf die Motivation auswirkt (Niegemann et al. 2008). Mager (1965) argumentiert, dass die Angabe von Lehrzielen nur dann sinnvoll ist, wenn diese auch operationalisierbar sind. „Die Operationalisierung von Lehrzielen stellt den Versuch dar, Ziele so genau zu formulieren, dass sie überprüfbar sind" (Mayer et al. 2009, S. 26), um Fehlinterpretationen vorzubeugen. Eine Operationalisierung von Lehrzielen zeigt demzufolge Indikatoren auf, anhand derer das Erreichen eines Lehrziels beurteilt werden kann (s. dazu Mayer et al. 2009). Für die Praxis leitet sich aus diesen Vorüberlegungen ab, dass Lehrziele möglichst konkret und eindeutig formuliert werden sollten. Zur Formulierung eignen sich Begriffe, die bei den Adressaten des Lehr-Lernangebots als bekannt vorausgesetzt werden können, nicht Fachbegriffe, die erst in der Lerneinheit erklärt werden. Wahrscheinlich werden Lernende die formulierten Lehrziele nicht vollständig als ihre Lernziele übernehmen (Klauer und Leutner 2012). Im besten Fall lassen sich Lehrziele an Bedürfnisse oder Erwartungen von Lernenden anpassen; wenn es möglich ist, können Lernende an der Formulierung von Lehrzielen beteiligt werden. Bei diesem Prozess ist es wichtig, dass die Lehrziele für die Lernenden so transparent und präzise wie möglich gestaltet sind (u. a. Jank und Meyer 1994). Lernförderliche Effekte von transparenten Zielvorgaben sind empirisch gut fundiert (z. B. Hager et al. 1989; Hager und Westermann 1986; Niegemann et al.

---

[2]Als *Gefahr* von vorgegebenen Lehrzielen wird in der Literatur diskutiert (u. a. Niegemann et al. 2003), dass sich die Lernenden möglicherweise nur mit den für die Lehrziele relevanten Inhalten beschäftigen, anstatt explorativ mit dem Lernmaterial zu arbeiten. Die Einübung von gezielten Faktoren, die auf dem Lehrziel basieren, kann jedoch durch die Beachtung der beschriebenen Hinweise zur geeigneten Formulierung von Lehrzielen entgegengewirkt werden. Ausführlichere Hinweise zur Formulierung findet man z.B. bei Oser und Baeriswyl (2001) oder Anderson et al. (2001).

2003). In Präsenzveranstaltungen in Bildungseinrichtungen kann der Lehrende die Ziele mit den Lernenden im Dialog abstimmen (Bremer 2001). Dies ist jedoch auch bei Blended-Learning- oder ausschließlichen Online-Angeboten nicht ausgeschlossen. Bei der Konzeption eines multimedialen, technologie-unterstützten Lernprogramms werden mit einer vorab durchgeführte Adressaten- sowie Wissens- und Aufgabenanalyse Rahmenbedingungen und zielgruppenspezifischen Merkmale identifiziert. Zudem besteht die Möglichkeit des Einbezugs online-basierter Kommunikationstools, wie beispielsweise Adobe Connect oder Big Blue Button. In vielen Bildungsinstitutionen sind Lernmanagementsysteme die informations- und kommunikationstechnische Grundlage einer E-Learning-Infrastruktur (z. B. Moodle, Ilias). Es können beispielsweise in Moodle *Lehrziele für den gesamten Kurs definiert und dann den Lehrzielen bestimmte Aktivitäten (z. B. Forumsdiskussion) zugeordnet werden*. In einer Lehrveranstaltung können Studierende z. B. aufgefordert werden, soziale Phänomene aus ihrem Alltag in einem Online-Forum zu beschreiben. In einer Forumsdiskussion können dann alle Studierenden der Lehrveranstaltung üben, die gesammelten Beispiele aus der sozialen Wirklichkeit mit sozialpsychologischen Theorien zu erklären. Um Lehrziele systematisch einzuordnen, können *Lehrzieltaxonomien* (Anderson et al. 2001) als Klassifikationsschemata herangezogen werden.

## 2    3, 2, 1 .... meine Kompetenzen!

„Früher wollte man mit dem Unterricht *Inhalte* vermitteln und *Lehrziele* erreichen, heute möchte man, dass Schüler *Kompetenzen* entwickeln. Wird hier nur das gleiche Anliegen in unterschiedliche Worte gekleidet, oder steht die neue Sprechweise für etwas substanziell Neues?" (Klieme 2004, S. 10). Seit dem im Bologna-Prozess verankerten Paradigmenwechsel von der Input- zur Output-Orientierung ist diese Frage aktueller denn je (Klieme 2004; Zawacki-Richter et al. 2010). Es geht demnach weniger um die Frage, was vermittelt werden soll, sondern darum, was Lernende *können* sollen, welche Kompetenzen sie nach einem Lernprozess erworben haben sollen.

### 2.1    Kompetenz – ein mehrdimensionales Konstrukt

Spätestens seit Veröffentlichung der ersten PISA-Ergebnisse Ende 2001 ist Kompetenz zu einem *Schlüsselbegriff* der politischen, bildungspraktischen und wirtschaftlichen Diskussion geworden (u. a. Gnahs 2007). Klieme et al. (2008) verweisen darauf, dass sich der Begriff und seine Verwendung in den unterschiedlichen Kontexten (z. B. Psychologie, Bildungsforschung, Linguistik und Betriebswirtschaftslehre) seit ca. 20 Jahren wachsender Beliebtheit erfreut (s. dazu auch Rychen und Salganik 2001, 2003; Sternberg und Grigorenko 2003). Weinert (2001) spricht von konzeptueller Inflation. Dies macht die Klärung des Begriffs praktisch zur Jagd nach einem *Phänomen*. Vermutlich sind die interdisziplinären Diskurse über Definitionen und Arten von Kompetenzen gerade deshalb so spannend (u. a. Hartig und Klieme 2006; Rychen und

Salganik 2001, 2003).[3] In diesem Abschnitt werden verschiedene Dimensionen des Konstrukts erläutert und vom Qualifikationsbegriff abgegrenzt.

Klieme postuliert, dass Weinerts Kompetenzdefinition „inzwischen in Deutschland zum Referenzzitat geworden [ist], auf das sich viele Bemühungen um Bildungsstandards und Kompetenzmodelle beziehen" (1999) unterscheidet in einem für die OECD erstellten Gutachten mehrere Definitionen von Kompetenz (s. auch Hartig und Klieme 2006). Danach sind Kompetenzen (a) funktional bestimmte, auf bestimmte Situationen und Anforderungen bezogene kognitiven Leistungsdispositionen, die sich auch als Fertigkeiten, Kenntnisse, Routinen oder Strategien charakterisieren lassen, (b) allgemeine intellektuelle Fähigkeiten im Sinne von kognitiven Leistungsdispositionen oder (c) motivationale Orientierungen, die Voraussetzung für die Lösung von komplexen Aufgaben sind. Ebenso führt Weinert (d) den Begriff der Handlungskompetenz ein, der diese Kompetenzkonzepte umschließt (s. auch Hartig und Klieme 2006; Klieme 2004; Klieme et al. 2003, 2008). Metakompetenzen (e) beschreiben nach Weinert Wissen, Strategien oder Motivationen, die den Erwerb und die Anwendung spezifischer Kompetenzen erleichtern. Schlüsselkompetenzen (f) versteht er ebenfalls als funktional. Sie können jedoch auf einen relativ breiten Bereich von Situationen und Anforderungen angewendet werden. Dazu zählen z. B. muttersprachliche oder mathematische Kenntnisse (Hartig und Klieme 2006). Weinert (1999, 2001) schlägt nach Abwägung diverser theoretischer Sichtweisen die Eingrenzung auf den Kompetenzbegriff (a) vor, der durch zwei Einschränkungen charakterisiert wird: (1) in dieser Definition wird ausschließlich auf kognitive Komponenten fokussiert und (2) Kompetenzen sind funktional bestimmt, d. h. auf einen begrenzten Sektor von Situationen und Kontexten bezogen. Trotz des Merkmals *bereichsspezifisch* werden Kompetenzen als Leistungsdispositionen betrachtet, die auch über *ähnliche Situationen generalisierbar* sind (s. auch Hartig und Klieme 2006; Klieme 2004). Die Abgrenzung von Kompetenzen zu motivationalen und emotionalen Verhaltensdispositionen schließt an Aeblis (1980) Konzept der Handlungskompetenz an und entspricht dem Kompetenzkonzept der Schulleistungsstudien (PISA, TIMSS, PIRLS) (Klieme et al. 2003). Hartig und Klieme (2006) argumentieren, dass Kompetenz als kontextspezifische kognitive Leistungsdisposition eine geeignete Arbeitsdefinition für die Bildungsforschung ist. Da motivationale und emotionale Komponenten bei der Konzeption und Umsetzung von multimedialen und technologie-unterstützen Lehr-Lern-Angeboten eine wichtige Rolle spielen (u. a. Moreno und Mayer 2007), sollten diese ebenso bei dem Kompetenzverständnis berücksichtigt werden. Weinert (2001) selbst liefert Gründe für eine Erweiterung des Kompetenzbegriffs um motivationale Komponenten. Zum einen hängt die Performanz in bestimmten Situationen von mehr als nur kognitiven Voraussetzungen ab, motivationale Einflüsse sind ebenfalls entscheidend. Bei der Betrachtung der Lang-

---

[3]Kompetenzbegriff in anderen Wissenschaftsgebieten: Für einen ausführlichen Diskurs über den Kompetenzbegriff, z. B. in den Bereichen Linguistik (Heydrich 1996, zitiert nach Arnold und Schüßler 2001, S. 57) oder Betriebswirtschaft (Arnold und Schüßler 2001, S. 62) verweisen wir auf Literaturempfehlungen (für eine Kurzreflexion: s. Münchhausen 2004).

zeitentwicklung von Kompetenzen fällt auf, dass sie von der bewussten Anwendung von gegebenen Lerngelegenheiten abhängig sind. Demzufolge setzt ein Erwerb oder eine Aktualisierung von spezifischen kognitiven Kompetenzen immer auch eine motivationale Bereitschaft zur Aneignung voraus. Die Erweiterung um motivationale Aspekte verdeutlicht nochmals die Mehrdimensionalität des Konstrukts (u. a. Weinert 2001). Den Ausführungen von Weinert (1999, 2001) und Klieme et al. (2003) folgend verstehen wir im Folgenden Kompetenz als Gegenbegriff zu generalisierten, kontextunabhängigen kognitiven Leistungsdispositionen wie z. B. Intelligenz.

> **Exkurs: *Arten* von Kompetenzen**
> Zahlreiche Spezifizierungen und Arten von Kompetenzen werden in der Bildungsforschung unterschieden. Forschungsarbeiten liegen z. B. zur Lesekompetenz (Jude et al. 2013; Weis et al. 2016), zu Kompetenzen in Mathematik (Hartig und Frey 2012; Hasselhorn et al. 2013; Paetsch et al. 2016; Perels et al. 2005), Naturwissenschaften (Rauch et al. 2016; Rönnebeck et al. 2010), Musik (Hasselhorn und Lehmann 2014; Jordan et al. 2012) und Geographie (Mehren et al. 2015, 2016) vor. Ebenso gibt es Arbeiten zur Problemlösekompetenz (Fleischer et al. 2010; Klieme 2005; Klieme et al. 2001).

Wie lässt sich der Kompetenzbegriff vom Qualifikationsbegriff abgrenzen? Nicht selten werden die beiden Begriffe in der Literatur synonym verwendet. Nach Gnahs werden unter Qualifikationen ein „Bündel von Wissensständen und Fähigkeiten verstanden, die in organisierten Qualifizierungs- bzw. Bildungsprozessen vermittelt werden" (Gnahs 2007, S. 22). Qualifikationen dienen nicht vordergründig dem Individuum selbst, sondern den Organisationen. Darunter zählen individuelle Fähigkeiten, Fertigkeiten und Kenntnisse, die es erlauben eine Arbeitsfunktion zu erfüllen. Bei Kompetenz hingegen ist der Ausgangspunkt das Individuum. Eine Erfolgskontrolle wird meist durch Prüfungen vorgenommen. Häufig ist es in Studium und Beruf so, dass komplexe Kompetenzen gefordert sind. Diese lassen sich theoretisch in Kompetenzmodellen darstellen, die im Folgenden erläutert werden.

## 2.2 *Wenn es komplex wird* ... – Kompetenzmodelle

Werden komplexe Kompetenzen, die Zusammenhänge und Strukturen zwischen den Teilkompetenzen analysiert, dann gelangen wir zu Kompetenzmodellen, die nicht nur bei der Kompetenzdiagnostik und -messung (s. dazu Gnahs 2007; Hartig und Klieme 2006; Shavelson 2010), sondern auch bei der Konzeption von (multimedialen) Lehr-Lernangeboten eine wesentliche Rolle spielen (Niegemann et al. 2008). Niegemann und Kollegen verstehen unter Kompetenzmodellen, Modelle, die „die Struktur komplexer Kompetenzen [beschreiben]: die Teilkompetenzen, aus denen sich eine komplexe Kompetenz zusammensetzt, und die Beziehungen zwischen diesen Teilkomponenten" (Niegemann et al. 2008, S. 115). Ein Kompetenzmodell[4] kann allgemein verstanden werden als eine geeignet aufbereitete und gestaltete Sammlung und Beschreibung von Kompetenzen, die als wichtig angesehen werden, um erfolgreich in einem spezifischen Kontext (z. B. in einer Organisation) zu agieren (u. a. Krumm et al. 2012).

Klieme (2004) sowie Klieme et al. (2003) verweisen darauf, dass die empirische Forschung die Entwicklung von Kompetenzmodellen, die nach kognitionspsychologischen Wissen fundiert sind, fokussieren sollte. Die psychologische Grundlagenforschung und Psychometrie sollten dabei ihre Modelle domänenspezifisch kontextualisieren, was vor allem eine Interdisziplinarität voraussetzt und somit die Zusammenarbeit verschiedener Wissenschaftsgebiete (u. a. Erziehungswissenschaften, Fachdidaktik) notwendig macht. In Anbetracht dieser Tatsache ist verständlich, dass dieses Thema im Rahmen des vorliegenden Kapitels nicht umfassend behandelt werden kann. Vielmehr möchten wir durch Anwendungsbezug und Praxisbeispiele eine Orientierung bieten, damit die theoretischen Inhalte auf den jeweiligen Arbeitsbereich transferiert werden können.

Es lassen sich z. B. zwei Arten von Kompetenzmodellen unterscheiden: Niveaumodelle (u. a. Klieme 2004) und Strukturmodelle (u. a. Fleischer et al. 2010). *Kompetenzstrukturmodelle* (s. Abschn. 2.2.1) beschreiben, welche und wie viele verschiedene Teilkompetenzen einer bestimmten Kompetenz unterschieden werden können. Mit *Kompetenzniveaumodellen* (s. Abschn. 2.2.2) lassen sich die Anforderungen, die Personen mit unterschiedlich stark ausgeprägten (Teil-)Kompetenzen bewältigen können, qualitativ und kriteriumsorientiert beschreiben (u. a. Fleischer et al. 2010).

### 2.2.1 Anwendungsbeispiel 1 – Kompetenzstrukturmodelle

Gerade in einem E-Learning- oder Blended-Learning-Angebot mit längeren Online-Phasen ist das selbstständige Lernen ein zentrales Thema. Neben der zeitlichen und räumlichen Flexibilität als Vorteil dieser Angebote, fordert ein weitgehend selbstständiges Lernen den Lernenden heraus, wofür eine hohe *Lernkompetenz* benötigt wird. Als Lernkompetenz können bezeichnet werden „alle Kenntnisse, Fähigkeiten, Fertigkeiten, Gewohnheiten und Einstellungen, die für individuelle und kooperative Lernprozesse benötigt und zugleich beim Lernen entwickelt und optimiert werden" (Czerwanski 2002, zitiert nach Born 2014, S. 11). Abb. 2 zeigt beispielhaft, wie diese Kompetenzen in wesentliche Teilkompetenzen – mit besonderen Blick auf ein E-Learning- bzw. Blended-Learning-Angebot – untergliedert werden können (s. dazu auch Born 2014).

---

[4]Krumm et al. (2012) verwenden die Bezeichnung Kompetenzrahmen oder Kompetenzprofil, da es sich in den meisten Fällen eher um eine Sammlung und Auflistung von Kompetenzen und deren Beschreibung handelt, als um ein direktes Modell. Jedoch ist der Begriff Kompetenzmodell in der Praxis deutlich gebräuchlicher.

**Abb. 2** Kompetenzstrukturmodell für Lernkompetenz im E-Learning/Blended Learning

| Urteilskompetenz: | Sachkompetenz: |
|---|---|
| – Fähigkeiten, Fertigkeiten und Bereitschaften, um Urteile selbstständig treffen und fremde Urteile hinterfragen zu können<br>– Teilkompetenz ist u. a. die Fähigkeit zur Prüfung von Urteilen sowie das Einbeziehen von Folgen und Auswirkungen | – Fähigkeiten, Fertigkeiten und Bereitschaften, politische Kategorien und Konzepte verstehen, über sie verfügen sowie sie kritisch weiterentwickeln zu können<br>– Teilkompetenz ist u. a. die Fähigkeit, Fachsprache deuten und Fachtermini einsetzen zu können |
| **Methodenkompetenz:** | **Handlungskompetenz:** |
| – Fähigkeiten, Fertigkeiten und Bereitschaften, die dazu beitragen, politische Äußerungen verstehen und hinterfragen zu können<br>– Teilkompetenz ist u. a. die Fähigkeit, eigene politische Meinungen aufbauen und durch nachvollziehbare Begründungen vertreten zu können | – Fähigkeiten, Fertigkeiten und Bereitschaften, politische Konflikte austragen, eigene Positionen vertreten, politische Positionen anderer verstehen und aufgreifen zu können sowie an der Lösung von gesellschaftlichen Problemen mitzuwirken<br>– Teilkompetenz ist u. a. die Entwicklung von Kompromissbereitschaft, Toleranz, Akzeptanz und Konfliktfähigkeit |

**Abb. 3** Kompetenzmodell für politische Bildung

Eine weitere Darstellungsform wird durch Abb. 3 veranschaulicht. Dieses Beispiel zeigt ein Kompetenzmodell für politische Bildung des österreichischen Bundesministeriums für Unterricht, Kunst und Kultur, was ursprünglich für die politische Bildung in Schulen konzipiert wurde. Mit dem Modell sollen Kompetenzbereiche benannt werden, die für eine umfassende politische Bildung bedeutsam sind. Dazu werden vier Kompetenzfelder unterschieden, die miteinander verzahnt und stichpunktartig beschrieben sind (Krammer et al. 2008).

Im nächsten Kapitel folgt ein Kompetenzniveaumodell aus dem Bereich Pflege, das auf Basis einer qualitativen Analyse hergeleitet wurde.

## 2.2.2 Anwendungsbeispiel 2 – Kompetenzniveaumodelle

Patricia Benner (2012) hat aus dem Modell des Kompetenzerwerbs von Dreyfus und Dreyfus (1980), das auf Grundlage der Forschung zum Kompetenzerwerb bei Schachspielern und Piloten entwickelt wurde, ein Modell des Kompetenzerwerbs in der Pflege abgeleitet. Kompetenz bedeutet nach Benner (2012, S. 58) „angewandtes pflegerisches Können in realen Praxissituationen". Benner betont hier die Kontextabhängigkeit (vgl. auch Abschn. 2.1 und 2.2) und postuliert, dass Pflegekompetenz durch Trainings erworben werden kann. Nach diesem Modell durchläuft ein Lernender beim Erwerb von Pflegekompetenz fünf verschiedene Stufen: (1) Anfänger, (2) fortgeschrittener Anfänger, (3) kompetente Pflegende, (4) erfahrene Pflegende und (5) Pflegeexperte.

Während des Erwerbs einer Kompetenz verändern sich mehrere Aspekte der Leistungsfähigkeit: Zu Beginn des Kompetenzerwerbs befolgt der Lernende weitgehend abstrakte Grundsätze, später greift er auf konkrete Erfahrungen zurück. Außerdem verändert sich die Wahrnehmung der Erfordernisse der Situation: Zunächst nimmt ein Lernender eine Situation als Summe von Einzelheiten wahr, die aus seiner Sicht die gleiche Wichtigkeit haben. Später erfasst er die Situation als Einheit, in der nur bestimmte Teile wichtig sind. Ein weiterer Aspekt fokussiert den Lernenden, der zunächst als unbeteiligter Beobachter agiert und später als engagierter Handelnder.

Um festzustellen, wie sich Anfänger und Pflegeexperten darin unterscheiden, wie sie Situationen wahrnehmen und ihre Aufgabenerfüllung beurteilen, führte Benner 21 paarweise Interviews mit einem Pflegeanfänger und einem erfahrenen Pflegenden. Jeder Interviewpartner wurde einzeln zu den Pflegesituationen befragt, in denen er zusammen mit dem anderen Interviewpartner gearbeitet hat. Außerdem wurden beide Partner befragt, welche Aspekte klinischen Wissens für sie besonders schwer zu vermitteln bzw. zu lernen waren. Damit sollten folgende Fragen beantwortet werden: Sind zwischen den Beschreibungen derselben Praxissituationen charakteristische Unterschiede zu erkennen abhängig davon, ob sie von Anfängern oder erfahrenen Pflegenden stammen? Worauf sind mögliche Unterschiede zurückzuführen? Zusätzlich zu den Partner-Interviews wurden weitere Interviews und/oder teilnehmende Beobachtungen mit 67 Probanden[5] durchgeführt (Benner 1982). Dabei sollte die Frage beantwortet werden, welche Merkmale krankenpflegerische Arbeit auf den verschiedenen Stufen des Kompetenzmodells hat.

Als Ergebnis dieser qualitativen Analyse wurden fünf Stufen mit zugehörigen Verhaltensmerkmalen identifiziert. Eine Zusammenfassung dieser zeigt Tab. 1.

In einem nächsten Schritt müssten die gefundenen Niveaustufen der Pflegekompetenz für ein testtheoretisch fundiertes Verfahren operationalisiert werden, um das Modell empirisch zu validieren (u. a. Hasselhorn und Lehmann 2014) und für die Praxis nutzbar zu machen.

---

[5]Davon waren: 51 erfahrene Pflegenden mit mindestens fünfjähriger klinischer Erfahrung, die direkt in der Pflege tätig waren, elf frisch examinierten Pflegenden und fünf Pflegeschüler*innen aus einer Abschlussklasse in sechs verschiedenen Krankenhäusern.

**Tab. 1** Stufen des Kompetenzerwerbs in der Pflege

| Stufen der Pflegekompetenz | Verhaltensmerkmale in klinischen Situationen (Benner 1982) |
|---|---|
| Stufe 1: **Anfänger/innen** | Anfänger haben keine Erfahrungen in klinischen Situationen. Sie orientieren sich häufig an messbaren Parametern, die Auskunft über den Zustand eines Patienten geben (z. B. Gewicht, Temperatur, Puls). Anfänger verfügen meist über gelernte kontextfreie Regeln, die sie je nach Wert des jeweiligen Parameters anwenden. Durch ihr regelgeleitetes Verhalten sind Anfänger nicht in der Lage zu entscheiden, welche Aufgabe in einer klinischen Situation die wichtigste ist oder ob eine Ausnahme anstatt der Regel notwendig ist. |
| Stufe 2: **Fortgeschrittene Anfänger/innen** | Fortgeschrittene Anfänger können einige bedeutende Aspekte klinischer Situationen erfassen. Diese Aspekte sind – anders als die kontextfreien Regeln eines Anfängers – allgemein und umfassend. Fortgeschrittene Anfänger erkennen diese Aspekte, weil sie bereits Erfahrungen in klinischen Situationen gesammelt haben. Sie benötigen Unterstützung um Prioritäten zu setzen, weil sie ihr Verhalten noch an kontextfreien Regeln ausrichten und erst beginnen, sich wiederholende bedeutungsvolle Muster in klinischen Situation zu erkennen. Fortgeschrittene Anfänger benötigen Unterstützung von kompetenten Pflegenden, damit Bedürfnisse der Patienten nicht übersehen werden. |
| Stufe 3: **Kompetente Pflegende** | Kompetente Pflegende sind Personen, die i. d. R. seit zwei bis drei Jahren in der Pflege tätig sind. Sie fangen an, ihre Handlungen in langfristige Pläne einzuordnen. Für kompetente Pflegende bilden Handlungspläne eine Perspektive und basieren auf einer bewussten, abstrakten und analytischen Betrachtung eines Problems. Kompetente Pflegende erreichen noch nicht die Geschwindigkeit und Flexibilität von erfahrenen Pflegenden, dennoch führt ihr bewusstes Planen zu effizienten Handlungsweisen. Kompetente Pflegende profitieren von Entscheidungsspielen und Simulationen, die ihnen die Gelegenheit geben, die Planung und Koordination komplexer Pflegeanforderungen zu üben. Standardisierte und routinierte Prozeduren sind charakteristisch für kompetente Pflegende. Bildungsangebote innerhalb von Pflegeeinrichtungen zielen meist auf dieses Kompetenzniveau. |
| Stufe 4: **Erfahrene Pflegende** | Mit kontinuierlicher Praxis erreichen kompetente Pflegende die Stufe der erfahrenen Pflegenden. Erfahrene Pflegende nehmen klinische Situationen umfassend wahr, nicht mehr die einzelnen Aspekte, die sich zu einer Situation zusammenfügen. Ihr Verhalten wird durch Handlungsmaximen geleitet. Durch umfangreiche Erfahrungen wissen erfahrene Pflegende, welche typischen Ereignisse in einer gegebenen Situation zu erwarten sind und wie sie ihre Pläne und Handlungsmaximen entsprechend anpassen können. |
| Stufe 5: **Pflegeexperten/innen** | Pflegexperten erfassen klinische Situationen intuitiv und ohne lange verschiedene Lösungsvarianten abzuwägen. In den meisten Situationen verlassen sie sich nicht auf analytische Prinzipien um ihr Verständnis von der Situation in geeignetes Handeln zu übertragen. Pflegexperten analysieren jedoch intensiv neue Situationen oder Situationen, in denen Ereignisse oder Verhalten nicht erwartungsgemäß eingetreten sind. Durch die Untersuchung des Verhaltens von erfahrenen Pflegenden und Pflegeexperten erhält man eine umfangreiche Beschreibung der Ziele und Wirkungen auf den Patienten, die in exzellenter Pflegepraxis möglich sind. |

## 3  *Das Wichtigste in Kürze* – Highlights des Kapitels

Zusammenfassend haben wir fünf Highlights formuliert, die dieses Kapitel abschließen:

- Sollen mit dem E-Learning-Angebot bestimmte Kompetenzen vermittelt werden, dann sind präzise definierte Lehrziele, die *vor* der Entwicklung des Angebots festgelegt werden, eine konstitutive Voraussetzung.
- Bei der Formulierung von Lehrzielen ist zu beachten: (a) Verständlichkeit und hoher Informationsgehalt, (b) Verzicht auf Fachbegriffe, die erst später erklärt werden und (c) Einbezug der Lernenden. Lehrzieltaxonomien können herangezogen werden, wenn Lehrziele spezifiziert werden sollen.
- Lehrziele übernehmen verschiedene Funktionen: (a) sie steuern den Lehr-Lernprozess (Steuerungsfunktion), (b) sie ermöglichen eine Überprüfung des Erfolgs (Evaluationsfunktion) und (c) bieten Lehrenden und Instruktionsdesignern bei der Inhaltserstellung die Möglichkeit, die eigenen Absichten zu reflektieren und zu planen (Reflexions- und Planungsfunktion).
- Kompetenz kann nach Weinert als kontextspezifische kognitive Leistungsdisposition verstanden werden. Jedoch sind gerade bei multimedialen und technologie-unterstützen Lehr-Lern-Angeboten auch motivationale und emotionale Komponenten des Konstrukts Kompetenz zu berücksichtigen.
- Theoretische Modelle zur Beschreibung und Erklärung von Kompetenzen lassen sich in Kompetenzstrukturmodelle und Kompetenzniveaumodelle einteilen. Verschiedene Kompetenzmodelle können ganz unterschiedliche Sichtweisen auf dasselbe Themenfeld aufzeigen, aber sich dennoch sinnvoll miteinander kombinieren lassen.

## Literatur

Aebli, H. (1980). *Denken: das Ordnen des Tuns*. Stuttgart: Klett-Cotta.
Anderson, L. W., Krathwohl, D. R., & Airasian, P. W. (Hrsg.). (2001). *A taxonomy for learning, teaching, and assessing: A revision of Bloom's taxonomy of educational objectives*. New York: Longman.
Arnold, R., & Schüßler, I. (2001). Entwicklung des Kompetenzbegriffs und seine Bedeutung für die Berufsbildung und für die Berufsbildungsforschung. In G. Franke (Hrsg.), *Komplexität und Kompetenz: Ausgewählte Fragen der Kompetenzforschung* (S. 52–74). Bielefeld: Bundesinstitut für Berufsbildung.
Benner, P. (1982). From novice to expert. *The American Journal of Nursing, 82*(3), 402–407. https://doi.org/10.2307/3462928.
Benner, P. (2012). *Stufen zur Pflegekompetenz. From novice to expert*. Bern: Huber.
Bloom, B. S. (1956). *Taxonomy of educational objectives. The classification of education goals. Handbook I. Cognitive domain*. New York: McKay.
Born, J. (2014). *Das eLearning-Praxisbuch: online unterstützte Lernangebote in Aus- und Fortbildung konzipieren und begleiten*. Baltmannsweiler: Schneider Hohengehren.
Bremer, C. (2001). Online Lehren leicht gemacht! Leitfaden für die Gestaltung und Planung von eLearning-Veranstaltungen in der Hochschullehre. In *Handbuch Hochschullehre* (S. 1–39). Bonn: Raabe.

Dreyfus, H., & Dreyfus, S. (1980). *A five-stage model of mental activities involved in directed skill acquisition*. Berkeley: University of California.
Faulstich, P. (1999). Einige Grundfragen zur Diskussion um „selbstgesteuertes Lernen". In S. Dietrich & E. Fuchs-Brüninghoff (Hrsg.), *Selbstgesteuertes Lernen – auf dem Weg zu einer neuen Lernkultur* (S. 24–39). Frankfurt a. M.: DIE.
Fleischer, J., Wirth, J., Rumann, S., & Leutner, D. (2010). Strukturen fächerübergreifender und fachlicher Problemlösekompetenz. Analyse von Aufgabenprofilen. Projekt Problemlösen. In E. Klieme, D. Leutner & M. Kenk (Hrsg.), *Kompetenzmodellierung Zwischenbilanz des DFGSchwerpunktprogramms und Perspektiven des Forschungsansatzes* (Bd. 56, S. 239–248). Basel/Weinheim: Beltz.
Gnahs, D. (2007). *Kompetenzen – Erwerb, Erfassung, Instrumente*. Bielefeld: Bertelsmann.
Hager, W., & Westermann, R. (1986). Zur Wirkungsweise von Zielvorgaben beim Lernen aus Texten. Experimentelle Prüfung zweier konkurrierender Hypothesen. *Psychologie in Erziehung und Unterricht, 33*(1), 17–25.
Hager, W., Barthelme, D., & Hasselhorn, M. (1989). Externe Zielvorgaben beim selbststeuerbaren Textlernen – Warum wirken sie (wenn sie wirken)? *Zeitschrift Für Pädagogische Psychologie, 3*(4), 265–274.
Hartig, J., & Frey, A. (2012). Validität des Tests zur Überprüfung des Erreichens der Bildungsstandards in Mathematik. *Diagnostica, 58*(1), 3–14. https://doi.org/10.1026/0012-1924/a000064.
Hartig, J., & Klieme, E. (2006). Kompetenz und Kompetenzdiagnostik. In K. Schweizer (Hrsg.), *Leistung und Leistungsdiagnostik* (S. 128–143). Heidelberg: Springer Medizin.
Hasselhorn, J., & Lehmann, A. C. (2014). Entwicklung eines empirisch überprüfbaren Modells musikpraktischer Kompetenz (KOPRA-M). In B. Clausen (Hrsg.), *Teilhabe und Gerechtigkeit* (S. 77–93). Münster/New York: Waxmann.
Hasselhorn, M., Heinze, A., Schneider, W., & Trautwein, U. (2013). *Diagnostik mathematischer Kompetenzen*. Göttingen: Hogrefe.
Jank, W., & Meyer, H. (1994). *Didaktische Modelle*. Frankfurt a. M.: Cornelsen Scriptor.
Jordan, A.-K., Knigge, J., Lehmann, A. C., Niessen, A., & Lehmann-Wermser, A. (2012). Entwicklung und Validierung eines Kompetenzmodells im Fach Musik. *Zeitschrift Für Pädagogik, 58*(4), 500–521.
Jude, N., Schipolowski, S., Hartig, J., Böhme, K., & Stanat, P. (2013). Definition und Messung von Lesekompetenz. PISA und die Bildungsstandards. *Zeitschrift Für Pädagogik. 59. Beiheft*, 200–228.
Klauer, K. J. (1987). *Kriteriumsorientierte Tests: Lehrbuch der Theorie und Praxis lehrzielorientierten Messens*. Göttingen: Hogrefe.
Klauer, K. J. (Hrsg.). (2001). Trainingsforschung: Ansätze, Theorien, Ergebnisse. In *Handbuch Kognitives Training* (S. 3–66). Göttingen: Hogrefe.
Klauer, K. J., & Leutner, D. (2012). *Lehren und Lernen: Einführung in die Instruktionspsychologie*. Weinheim: Beltz.
Klieme, E. (2004). Was sind Kompetenzen und wie lassen sie sich messen? *Pädagogik, 56*(6), 10–13.
Klieme, E. (2005). *Problemlösekompetenz von Schülerinnen und Schülern*. Wiesbaden: Springer.
Klieme, E., Funke, J., Leutner, D., Reimann, P., & Wirth, J. (2001). Problemlösen als fächerübergreifende Kompetenz. Konzeption und erste Resultate aus einer Schulleistungsstudie. *Zeitschrift Für Pädagogik, 47*(2), 179–200.
Klieme, E., Avenarius, H., Blum, W., Döbrich, P., Gruber, H., Prenzel, M., Reiss, K., Riquarts, K., Rost, J., Tenorth, H.-E., & Vollmer, H. J. (2003). *Zur Entwicklung nationaler Bildungsstandards: Expertise*. Berlin: Bundesministerium für Bildung und Forschung (BMBF).
Klieme, E., Hartig, J., & Rauch, D. (2008). The concept of competence in educational contexts. In J. Hartig, E. Klieme & D. Leutner (Hrsg.), *Assessment of competencies in educational contexts* (S. 3–22). Cambridge, MA: Hogrefe.
Kraft, V. (1999). Erziehung im Schnittpunkt von Allgemeiner Pädagogik und Sozialpädagogik. *Zeitschrift Für Pädagogik, 45*(4), 531–547.

Krammer, R., Kühberger, C., & Windischbauer, E. (2008). *Die durch politische Bildung zu erwerbenden Kompetenzen. Ein Kompetenz-Strukturmodell.* Wien: Bundesministerium für Unterricht, Kunst und Kultur.

Krumm, S., Mertin, I., & Dries, C. (2012). *Kompetenzmodelle.* Göttingen: Hogrefe.

Langosch, I. (1993). *Weiterbildung: Planen, Gestalten, Kontrollieren.* Stuttgart: Enke.

Mager, R. F. (1965). *Lernziele und programmierter Unterricht.* Weinheim/Berlin/Basel: Beltz.

Mayer, H. O., Hertnagel, J., & Weber, H. (2009). *Lernzielüberprüfung im eLearning.* München: Oldenbourg.

Mehren, R., Rempfler, A., Ulrich-Riedhammer, E. M., Buchholz, J., & Hartig, J. (2015). Validierung eines Kompetenzmodells zur Geographischen Systemkompetenz. In I. Gryl, A. Schlottmann & D. Kanwischer (Hrsg.), *Mensch:Umwelt:System* (S. 61–81). Berlin: LIT.

Mehren, R., Rempfler, A., Ullrich-Riedhammer, E.-M., Buchholz, J., & Hartig, J. (2016). Systemkompetenz im Geographieunterricht. *Zeitschrift Für Didaktik Der Naturwissenschaften, 22*(1), 147–163. https://doi.org/10.1007/s40573-016-0047-y.

Moreno, R., & Mayer, R. (2007). Interactive multimodal learning environments. *Educational Psychology Review, 19*(3), 309–326. https://doi.org/10.1007/s10648-007-9047-2.

Münchhausen, G. (2004). *Führung und Biografie. Ein Beitrag zur biografieorientierten Kompetenzentwicklung von Führungskräften in Organisationen.* Universität Bielefeld.

Niegemann, H. M., Hessel, S., Deimann, M., Hochscheid-Mauel, D., Aslanski, K., & Kreuzberger, G. (Hrsg.). (2003). *Kompendium E-Learning.* Berlin: Springer.

Niegemann, H. M., Domagk, S., Hessel, S., Hein, A., Hupfer, M., & Zobel, A. (2008). *Kompendium multimediales Lernen.* Berlin: Springer.

Oser, F. K., & Baeriswyl, F. J. (2001). Choreographies of teaching: Bridging instruction to learning. In V. Richardson (Hrsg.), *Handbook of research on teaching* (S. 1031–1065). Washington, DC: American Educational Research Association (AERA).

Paetsch, J., Radmann, S., Felbrich, A., Lehmann, R., & Stanat, P. (2016). Sprachkompetenz als Prädiktor mathematischer Kompetenzentwicklung von Kindern deutscher und nicht-deutscher Familiensprache. *Zeitschrift Für Entwicklungspsychologie und Pädagogische Psychologie, 48* (1), 27–41. https://doi.org/10.1026/0049-8637/a000142.

Perels, F., Schmitz, B., & Bruder, R. (2005). Lernstrategien zur Förderung von mathematischer Problemlösekompetenz. In C. Artelt & B. Moschner (Hrsg.), *Lernstrategien und Metakognition. Implikationen für Forschung und Praxis* (S. 155–175). Münster: Waxmann.

Rauch, D., Mang, J., Härtig, H., & Haag, N. (2016). Naturwissenschaftliche Kompetenz von Schülerinnen und Schülern mit Zuwanderungshintergrund. In K. Reiss, C. Sälzer, A. Schiepe-Tiska, E. Klieme & O. Köller (Hrsg.), *PISA 2015* (S. 317–347). Münster: Waxmann.

Rönnebeck, S., Schöps, K., Prenzel, M., Mildner, D., & Hochweber, J. (2010). Naturwissenschaftliche Kompetenz von PISA 2006 bis PISA 2009. In E. Klieme, C. Artelt, J. Hartig, N. Jude, O. Köller, M. Prenzel, P. Stanat, et al. (Hrsg.), *PISA 2009. Bilanz nach einem Jahrzehnt* (S. 177–198). Münster: Waxmann.

Rychen, D. S., & Salganik, L. H. (Hrsg.). (2001). *Defining and selecting key competencies.* Seattle: Hogrefe & Huber.

Rychen, D. S., & Salganik, L. H. (Hrsg.). (2003). *Key competencies for a successful life and a well-functioning society.* Cambridge, MA: Hogrefe & Huber.

Schott, F., Neeb, K.-E., & Wieberg, H.-J. (1981). *Lehrstoffanalyse und Unterrichtsplanung: Eine praktische Anleitung zur Analyse von Lehrstoffen, Präzisierung von Lehrzielen, Konstruktion von Lehrmaterialien, Überprüfung des Lehrerfolges.* Braunschweig: Westermann.

Shavelson, R. J. (2010). On the measurement of competency. *Empirical Research in Vocational Education and Training, 2*(1), 41–63.

Sternberg, R. J., & Grigorenko, E. (Hrsg.). (2003). *The psychology of abilities, competencies, and expertise.* Cambridge: Cambridge University Press.

Weinert, F. E. (1999). *Konzepte der Kompetenz.* Paris: OECD.

Weinert, F. E. (2001). Concept of competence: A conceptual clarification. In D. S. Rychen & L. H. Salganik (Hrsg.), *Defining and selecting key competencies* (S. 45–66). Seattle: Hogrefe & Huber.

Weis, M., Zehner, F., Sälzer, C., Strohmaier, A., Artelt, C., & Pfost, M. (2016). Lesekompetenz in PISA 2015. Ergebnisse, Veränderungen und Perspektiven. In K. Reiss, C. Sälzer, A. Schiepe-Tiska, E. Klieme & O. Köller (Hrsg.), *PISA 2015* (S. 249–283). Münster: Waxmann.

Zawacki-Richter, O., Bäcker, E. M., & Hanft, A. (2010). Denn wir wissen nicht, was sie tun ... Portfolios zur Dokumentation von Kompetenzen in einem weiterbildenden Masterstudiengang. *MedienPädagogik: Zeitschrift Für Theorie Und Praxis Der Medienbildung, 18*. https://doi.org/10.21240/mpaed/18.X.

# Teil III

# Szenarien und Formate technologieunterstützten Lernens

# Lernspiele und Gamification

Jacqueline Schuldt

## Inhalt

1 Lernspiele: Lernen durch Spielen .................................................. 210
2 Gamification: Ein Teil vom Ganzen ............................................... 218
3 Fazit: Gamification versus Lernspiele ............................................. 223
Literatur ................................................................................ 225

#### Zusammenfassung

Lernen ändert sich. Und gleichzeitig wandelt sich der Umgang mit – sowie der Zugang zu Wissen fundamental. Die Sonderstudie „Schule Digital" 2016 (Initiative D21 e. V. 2016) skizziert die Bedeutung der Digitalisierung für das Lernen und den Status Quo der digitalen Bildung. Digitale Technologien bestimmen zunehmend nicht nur unseren Alltag, sondern auch das Lernen und erfordern die Kompetenz für einen bewussten und reflektierten Umgang damit. Digitale Lernspiele und Gamification besitzen großes Potenzial für die Vermittlung von Wissen und stehen für flexiblere Formen des Lernens. Eingebettet in die Digitalisierung der Bildung liefern diese flexiblen Lernformen einen Baustein zur aktiven Teilhabe an der digitalen Welt. Angesichts des hohen Interesses, das Spiele für eine Vielzahl von Individuen generieren, und unter Berücksichtigung der Art der individuellen und sozialen Aktivitäten, die sie leisten, argumentieren Befürworter seit Jahrzehnten, dass Spiele ein ideales Medium für das Lernen sind (Gee 2007; Prensky 2001; Prensky und Thiagarajan 2007; Ritterfeld et al. 2009; Squire et al. 2011; Tobias et al. 2014). Zudem zeigt sich, dass eine große Klientel

J. Schuldt (✉)
Fakultät für Elektrotechnik und Informationstechnik, Fachgebiet Medienproduktion, Technische Universität Ilmenau, Ilmenau, Deutschland
E-Mail: jacqueline.schuldt@tu-ilmenau.de

© Springer-Verlag GmbH Deutschland, ein Teil von Springer Nature 2020
H. Niegemann, A. Weinberger (Hrsg.), *Handbuch Bildungstechnologie*,
https://doi.org/10.1007/978-3-662-54368-9_18

– nicht zuletzt Menschen, denen das Lernen schwerfällt bzw. die Vorbehalte haben oder etwa zur Verweigerungshaltung neigen – mit digitalen Spielen effektiv erreicht werden können.

**Schlüsselwörter**
Digitale Lernspiele · Serious Games · Game-Based Learning · Gamification · Lernspiele · Lernerlebnisse

## 1 Lernspiele: Lernen durch Spielen

Lernen mit digitalen Spielen kann zu einer Grundform des Lehrens und Lernens werden, genauso wie digitale Spiele den Freizeitbereich und den Markt der Unterhaltungsmedien durchdringen. Um Game-Based Learning (GBL) sinnvoll einzusetzen muss man lernen, es zu beherrschen (Jantke und Krebs 2015; Plass et al. 2016).

### 1.1 Nutzungsverhalten und Lernwirkung von Computerspielen

Mit der massiv angestiegenen Nutzung von Computerspielen im Alltag heutiger Kinder und Jugendlicher rückt dieses Medienangebot immer stärker in das Blickfeld pädagogischer Kontexte (die aktuelle JIM-Studie 2017 belegt den Stellenwert der Medien im Alltag, vgl. Medienpädagogischer Forschungsverbund Südwest 2017). Betrachtet man neben den Smartphone-Spielen auch die vier weiteren digitalen Spieloptionen – Computer (offline), Konsole, Online und Tablet – so zählen knapp zwei Drittel der Jugendlichen zu den regelmäßigen Spielern (täglich/mehrmals pro Woche) (vgl. JIM Studie 2017, S. 42 f.). Digitale Spiele sind heutzutage im Alltag der Jugendlichen fest verankert: Lediglich acht Prozent der Zwölf- bis 19-Jährigen spielen nie.

Die Jungen sind dabei deutlich affiner: Während nicht einmal jedes zweite Mädchen regelmäßig digitale Spiele nutzt, sind es bei den Jungen vier Fünftel. Besonders bei den Jüngsten ist die Faszination am größten: Zwischen zwölf und 13 Jahren spielen drei Viertel regelmäßig, bei den 18- bis 19-Jährigen sind es nur noch 61 Prozent. Jugendliche mit einem formal höheren Bildungsniveau (57 %) sind laut JIM-Studie 2017 etwas weniger spielaffin als Jugendliche mit niedrigerem Bildungshintergrund (64 %).

Derartige Studien (KIM, JIM, Studien der Initiative D21) bilden nicht nur aktuelle Entwicklungen und Trends hinsichtlich der alltäglichen Computernutzung ab, sondern sie dienen gleichsam zur Erarbeitung von Strategien und Ansatzpunkten für neue Konzepte in den Bereichen Bildung, Kultur und Arbeit. Computerspiele selbst werden zudem seit Jahren auf ihre Wirkungsfähigkeit für die Lehre und/oder für das Lernen untersucht. Digitale Spiele, die den Nutzer etwas lehren sollen, wurden konzipiert und entwickelt.

Ausgangspunkt für diese Bemühungen ist das Faktum, dass Spielen Spaß macht. Warum also sollte die hohe Motivation, die mit dem Spielen einhergeht, nicht genutzt werden, um zugleich auch Lerninhalte zu vermitteln (Egenfeldt-Nielsen 2005, 2007; Hawlitschek 2013).

Definitionen des spielbasierten Lernens betonen meist, dass diese Form des Lernens eine Art Spiel mit definierten Lernergebnissen ist (Shaffer et al. 2005). Normalerweise wird dabei angenommen, dass das Spiel ein digitales Spiel ist, aber dies ist nicht immer der Fall. In diesem Artikel stehen explizit die digitalen (Lern-) Spiele im Fokus.

Empirische Befunde deuten auf eine Lernwirkung von Computerspielen und Serious Games, sogenannte digitale Lernspiele, hin. Sie belegen beispielsweise positive Effekte von Computerspielen auf die Ausbildung lernförderlicher Kompetenzen (Gebel et al. 2005), auf die räumliche Denkfähigkeit (Sims und Mayer 2002), auf die Fähigkeit zur Problemlösung (Ohler und Nieding 2000) und auf das Verständnis systemischer Zusammenhänge und Grundstrukturen (Squire und Barab 2004). Computerspiele können entdeckendes sowie problemorientiertes als auch handlungsorientiertes Lernen unterstützen (Hawlitschek 2013).

Dennoch wird über Serious Games und deren Potenziale in der Forschung mitunter kontrovers diskutiert. Prensky, der beispielsweise das Lernen mit Serious Games als effiziente Form auch des schulischen Lernens und mithin als das Lernen der Zukunft preist (Prensky 2001), stehen Ohler/Nieding mit der Auffassung gegenüber, dass Serious Games nicht wirken, da die Nutzer keine Lernmotivation besäßen und daher die vermittelten Inhalte nicht lernen (Ohler und Nieding 2000, S. 198 f.).

Umstritten ist des Weiteren das generelle Potenzial von Serious Games zur Unterhaltung der Spielenden. Grundsätzlich besteht das Risiko, dass der Einsatz von Computerspielen in der Schule das Spielerleben beeinflussen und die Motivation erheblich verringern kann. Dies geschieht, wenn die Zweckfreiheit des Spielens im schulischen Kontext verloren geht und vornehmlich eine Fokussierung auf zu erreichende Lernziele erfolgt. Ein Spiel, das zu einem bestimmten Zweck gespielt werden muss, wird nicht mehr oder nur noch bedingt als Spiel wahrgenommen (Fritz 2004, S. 21 f.). Die Vorstellung, der Anteil des Lernens und der Anteil der Unterhaltung in einem Computerspiel ließe sich bestimmen und abbilden, führt in der Praxis zu Lernspielen, in denen die Lerninhalte und die Spielhandlung größtenteils unintegriert sind, was wiederum das Spielerleben der Rezipienten erheblich einschränkt, ohne auf der anderen Seite Lernerfolge zu verstärken (Jantke 2007).

Versteht man Computerspiele nicht nur als pures Unterhaltungsmedium sondern als alternative, weil digital vermittelte, Form des Spiels, könnte die vermeintliche Dichotomie des Serious Games als Medium der Unterhaltung und als Medium des Lernens aufgehoben werden (Lampert et al. 2009, S. 3 f.).

Die Frage, die sich unweigerlich stellt, ist folgende: Wie muss ein Serious Game konzipiert werden, um bestimmte Lehrziele innerhalb der Spielwelt zu transportieren, ohne das Spielerleben zu beeinträchtigen?

Um diese Frage zu beantworten, ist es notwendig sich vorab mit den Begriffen Spiel und Spielen näher auseinanderzusetzen.

## 1.2 Spiele und Spielen

Die Welt der digitalen Spiele muss man interdisziplinär sehen – solche Spiele sind gleichzeitig sowohl Unterhaltungsmedien als auch informationsverarbeitende Systeme (kurz: IT-Systeme). Man muss die digitalen Spiele als Computerprogramme sehen. Zugleich kann man digitale Spiele ganz und gar nicht auf komplexe IT-Systeme reduzieren; u. a. Fragen nach der sozialen Wirkung würden unbeantwortet bleiben. Was außerhalb des Computers, vor dem Monitor, vor den Konsolenbildschirmen oder Tablet Displays passiert, ist letztlich jenseits der Begrifflichkeit der Informatik (Jantke 2006, 2014).

Die drei offenkundigen Aspekte eines jeden digitalen Spiels lassen sich kurz zusammenfassen: Jedes digitale Spiel ist

- ein Unterhaltungsmedium,
- ein Computerprogramm,
- ein hochgradig interaktives System (Jantke 2014).

Spiele als Unterhaltungsmedien werden von Menschen rezipiert. Rezeption ist stets hochgradig subjektiv, hängt vom jeweiligen Kulturkreis, von den individuellen Erfahrungen, Interessen und Vorlieben und nicht zuletzt von physiologischen Faktoren ab. Medien erreichen demzufolge jeden Menschen anders und wirken entsprechend sehr unterschiedlich. Diese Tatsache zeigt, dass es verfehlt wäre danach zu fragen, was ein gutes Spiel ausmachen würde. Es gibt keine Spiele, die gleichermaßen für alle Spieler in allen Kontexten gut wären.

Die Sicht auf digitale Spiele als Computerprogramm ist unerlässlich, um sich über das Interface zum Medium Gedanken zu machen. Beim Spielen eines digitalen Spiels steuert man entweder mit einem Controller oder mit der Tastatur mittels WASD und der Maus oder auf einem touchfähigen Endgerät mit dem Finger selbst ein digitales System. Die Steuerung ist zunächst sekundär, da es primär um das Erleben des Spiel(en)s geht, um die Ereignisse in virtuellen Welten. Die Steuerung ist jedoch, wenn auch nur sekundär, unerlässlich und von immenser Bedeutung. Frustration und Reaktanz stellen sich schnell ein, wenn man beispielsweise nicht in der Lage ist ein Spiel zu steuern. Das Erleben beschränkt sich dann auf die Qual mit einer Steuerung die fremd ist, anstatt auf das Erleben einer virtuellen Welt des jeweiligen digitalen Spiels. Maßgebend für die Bindung an ein Spiel und für die Wirkung des Spielens ist, was Spieler letztendlich erleben.

Ein digitales System mit einer Schnittstelle zum Menschen ist immer interaktiv. Die hochgradige Interaktivität digitaler Spiele macht dabei keinen quantitativen Unterschied, sondern einen qualitativen; denn wer sich wirklich auf ein komplexes Spiel einlässt, führt beim Spielen zahlreiche Aktionen aus. Spielen bedeutet, sich im Rahmen gegebener antizipierter Regeln, welche im digitalen Spiel implementiert sind, freiwillig mit Herausforderungen auseinanderzusetzen. Spielen bedeutet außerdem das Bemühen des Spielers, die abstrakten Herausforderungen in den Griff zu bekommen, die oft auch emotionale Reaktion erzielen. Spielen fasziniert nicht nur, sondern jedes gute Spiel – gut für Spieler, die sich darauf einlassen, in Kontexten, die erfolgversprechend sind – hat Suchtpotenzial (Jantke und Krebs 2015).

Als Serious Games wird eine ständig wachsende Zahl von Computerspielen bezeichnet, deren primäres Ziel nicht die Unterhaltung sondern die Wissensvermittlung ist (Michael und Chen 2006, S. 4).

Klassische Titel, wie „Physikus" von Klett oder „Genius Unternehmen Physik" von Cornelsen, die als Serious Games wahrgenommen werden, integrieren die Lerninhalte allerdings nur insofern in das Spiel, als dass die zu lösenden Lernaufgaben im Spielverlauf gestellt werden. Die Phasen des Spielens und die Phasen des Lernens sind dabei optisch und teilweise auch inhaltlich voneinander getrennt (vgl. zur ausführlichen Analyse von Serious Games Jantke 2007).

Gute digitale Lernspiele mit der gewünschten Wirkung zum Beispiel im schulischen Lernprozess sind rar gesät. Oftmals sind es digitale Spiele, die zunächst nicht als Serious Game konzipiert wurden und letztlich doch einen interessanten Ansatz für das Lernen bieten. Ein Beispiel hierfür ist das Spiel „Bio Inc.", ein biomedizinischer Strategie-Simulator, in dem der Spieler das endgültige Schicksal der Welt durch die Entwicklung der tödlichsten Krankheit bestimmt. Der Spieler entwickelt Krankheiten, erhöht Risikofaktoren und verlangsamt die Genesung der Opfer, ehe ein Team von hoch motivierten Ärzten ein Heilmittel findet und die Opfer rettet. Der makabre Moment des Spiels lenkt geschickt davon ab, dass es sich bei näherer Betrachtung tatsächlich um ein Serious Game handelt. Informationen zu Krankheiten, deren Auswirkungen auf den menschlichen Organismus und das Zusammenspiel verschiedener Einflüsse auf Krankheitsverläufe werden spielerisch vermittelt. Erstaunlicherweise gibt es jede Menge digitale Spiele, die keinen Anspruch erheben, als Serious Games zu gelten, und die dennoch in vieler Hinsicht besser sind als solche, die unter der schweren Last, didaktisch wertvoll sein zu sollen, erschienen sind.

Zwei weitere Beispiele aus dem wissenschaftlichen Bereich sollen hier noch kurz Erwähnung finden: zum einen „Foldit" und zum anderen „EteRNA".

Zuerst genanntes ist ein experimentelles Computerspiel, das Wissenschaftlern bei der Optimierung von Proteinen helfen soll. Ziel des Spieles ist es, ein möglichst gut „gefaltetes" Protein zu erhalten, d. h. ein Modell des Proteins im Zustand des Energieminimums. Für das Spiel wird dabei eine grafische Entsprechung der Proteinstruktur angezeigt, die der Spieler mit verschiedenen Werkzeugen verändern kann. Dazu sind keinerlei Vorkenntnisse nötig, die Bewertung erledigt das Programm. Die Möglichkeiten, die der Spieler zur Proteinmanipulation hat, werden hierbei in einer Serie von Tutorialpuzzles erklärt.

„EteRNA" ist ein weiteres Serious Game, genauer gesagt ein Online-Spiel in dem Tausende Spieler motiviert werden, RNA-Moleküle zu bilden. Um neue Erkenntnisse über RNA-Moleküle zu erlangen, setzen amerikanische Biowissenschafter auf die Hilfe von Computerspielern. Das klingt zunächst abwegig, ist es aber nicht, denn Computerspieler sind gut im Lösen von Problemen. Egal, ob es darum geht, fallende Klötzchen so anzuordnen, dass sie sich zu möglichst lückenlosen Reihen gliedern („Tetris"), oder ob die Aufgabe lautet, eine Schweinefestung mit möglichst wenigen Vogel-Wurfgeschossen zu zerstören („Angry Bird") – Spielen bedeutet Probleme

**Abb. 1** Menschliches Spielverhalten (in Anlehnung an Fritz 2004 und Jantke 2007)

lösen. Die Wissenschafter erhoffen sich mit EteRNA zweierlei: Zum einen sollen bereits bestehende Computer-Algorithmen zur Berechnung von RNA-Strukturen optimiert werden können, zum anderen sollen die Spieler direkt zu Lösungen von RNA-Faltproblemen beitragen.

Wichtig für die Konzeption von digitalen Lernspielen ist, das enorme im Spielerlebnis enthaltene Potenzial des Lernens auszuschöpfen, ohne das Spielerlebnis zu zerstören.

Menschen erleben Spielen individuell sehr verschieden. Spieler stehen im Spiel fortwährend einer Balance von Selbstbestimmtheit und Unbestimmtheit gegenüber, stets darum bemüht, mehr Selbstbestimmtheit zu erlangen. Loftus und Loftus verwiesen bereits 1983 auf Arbeiten, die illustrieren, dass gute Spiele weder zu einfach sind, was darin resultiert, das die Spiele dann langweilig für Spieler sind, die dann aufhören zu spielen, noch zu schwierig, sodass die Spieler frustriert sind, und dann ebenso aufhören zu spielen (Loftus und Loftus 1983). Entscheidend für ein ergreifendes Spielerlebnis ist die Balance von Unbestimmtheit und Selbstbestimmtheit (siehe Abb. 1); wer jemals selbst ein Spiel geschaffen hat, weiß das. Nach der großen Spielidee geht viel Zeit und Mühe drauf, für das, was in der Branche „balancing" genannt wird. Da Spieler in unterschiedlichen Kontexten spielen, erleben sie diese Balance ganz verschieden. Was für den einen ambitioniert ist, mag dem anderen langweilig erscheinen. Wenn man aber ein spannendes Spiel gefunden hat, nicht zu einfach, nicht zu schwer – das kann am Gegner liegen, am Zufall, an der Spielmechanik usw. – dann macht Spielen Spaß. Die sogenannte Spielbalance ist der Schlüssel zu den möglichen Lerneffekten bei Erleben eines digitalen Spiels.

Gute Spiele zielen auf den idealen Punkt, wo Spieler ihr Ziel erreichen, aber nur mit einigen Anstrengungen. Ebendieser Zustand wurde von Csikszentmihalyi (2014) als ein Zustand des „Flusses", engl. „flow", beschrieben.

Jedes Spiel, das spielbar ist, enthält Instanzen von sich wiederholenden Mustern, im Fachjargon auch Patterns genannt. Diese erlernt ein Spieler meist unwissentlich und bekommt so das Spiel mehr und mehr in den Griff: die Faszination des Lernens und der Beherrschung des Spiels (Beherrschung/Lernen in Abb. 1). Der Spieler muss während der Spielhandlung die Regeln und Strukturen des Computerspiels verstehen lernen, um adäquat auf Handlungsnotwendigkeiten reagieren zu können. Dabei wird insbesondere das Explorationsverhalten zur Auseinandersetzung mit der Spielwelt gefördert. Der Spieler erfährt in aktiver Auseinandersetzung, wie das Spiel funktioniert. Was im Spiel Freude macht, ist zum großen Teil Freude am Lernen.

Ein weiterer Beleg für das Lernpotenzial digitaler Spiele ist deren Suchtpotenzial, denn es besteht doch kaum ein Zweifel daran, dass viele Menschen Erlebnisse, die ihnen Freude machen, gerne wiederholen. Jedes gute Spiel hat Suchtpotenzial. Aber digitale Spiele sind natürlich kein Allheilmittel, das auf magische Art und Weise den Frust der Schule in pure Lust verwandelt.

Was lässt sich überhaupt mit Hilfe digitaler Spiele lernen? Eine allumfassende Antwort kann hier nicht gegeben werden, wohl aber ein Hinweis in eine Denk- und Arbeitsrichtung, die bisher weitestgehend übersehen wurde: das Verhältnis von Realität und Virtualität (vgl. Jantke 2014)

### 1.3 Potenziale digitaler Spiele: Die Dichotomie von Realem und Virtuellem

Bedeutend für das Verständnis der Potenziale digitaler Spiele ist das Verhältnis von Virtuellem und Realem. In virtuellen Welten ist sehr vieles real, wie zum Beispiel Bilder, die man sieht, oder Geräusche, die man hört. Die Bilder mögen digital sein, aber eben nicht virtuell. Währungen sind virtuell, aber der Handel mit ihnen ist real. „Für das Lernen ist wichtig, was man real tut. Was man nicht tut, das kann man auch nicht üben und auch nicht lernen" (Jantke 2014). Wenn mein Avatar – z. B. Connor in „Assassin's Creed III" – im Spiel klettert, dann ist das nur virtuelles Klettern, kein reales. Klettern kann man in digitalen Spielen nicht lernen. Wenn man beispielsweise in „Rainbow Six Siege", ein Belagerungsspiel mit gewaltigen Feuergefechten, in seinem Team kooperiert, dann ist das reale Kooperation. Im Spiel werden einander mitunter vollkommen fremde Personen gezwungen, ihre Fähigkeiten im Team zur Geltung zu bringen, um ein gegnerisches Team taktisch und mit Einsatz von individuellem Geschick zu besiegen. Dies lässt sich durch Teamspeak und in-game-Chats noch verbessern. Wenn man in einem First-Person-Shooter (FPS) wie „Far Cry" oder „Call of Duty" zielt, dann ist das reales Zielen; das kann man im Spiel lernen. Ist nun aber das Töten im Spiel real oder nur virtuell? Was wird dabei in einem FPS gelernt? Erklärt die Balance von Realität und Virtualität, was lernbar ist?

Es ist letztlich weder das Reale noch das Virtuelle wichtiger, sondern auf die Integration von beidem kommt es an. Im Hinblick auf Serious Game Design ist diese Dichotomie fundamental. Das, was gelernt werden soll, muss im Spiel real vorkommen, beispielsweise strategisches Denken, das Führen von Teams, Kooperation oder das Lösen von kombinatorischen Problemen und jede Menge mehr.

Das Virtuelle kann als die Verpackung des Realen verstanden werden (vgl. Jantke 2014). Mit einer attraktiven virtuellen Verpackung kann das Reale den Lernern nahegebracht werden. Das Virtuelle vermag Interesse und Begeisterung zu wecken, es motiviert die Lernenden sich länger mit Inhalten auseinanderzusetzen oder gar die wiederholte Rückkehr in die virtuelle Welt. Digitale Spiele, in denen virtuelle Welt und realer Lerninhalt auseinanderfallen, werden wenig Zuspruch finden.

Gute Game Designer planen entsprechend die Erlebnisse der Spieler, insbesondere die Erlebnisse, die durch reales Handeln in virtuellen Welten erzielt werden sollen.

Nach Fritz (2004) kann man die Struktur von Computerspielen durch folgende Kriterien bestimmen:

- den Spielinhalt (Symbolstruktur), mit Spielrollen und verwendeten Symbolen,
- die Spielerscheinung (Oberflächenstruktur), als äußeres Erscheinungsbild des Spiels,
- die Regeldynamik (Spielstruktur) als auf Spielregeln basierender innerer Ablauf des Spiels und
- die Spieldynamik (Tiefenstruktur), als durch das Spiel angeregte handlungsleitende Grundmuster wie Wettkampf, Exploration oder Herausforderung und Bewährung.

Jeder dieser Bereiche kann einbezogen werden, um Lernen im Computerspiel zu ermöglichen.

Je mehr Nachdenken, je mehr mentale Anstrengung die Spieler beim Spielen eines digitalen Lernspiels aufwenden, um neue Informationen mit bestehenden Schemata zu verknüpfen, umso beständiger werden diese Informationen gespeichert (Anderson 1996, S. 188). Lernerfolg setzt eine aktive Verarbeitung des Individuums voraus. Die mentale Anstrengung kann man dabei als Intensität der Informationsverarbeitung verstehen.

## 1.4 Spiel- und Lernerlebnisse schaffen – Serious Games der Zukunft

Serious Games haben den Vorteil, dass sie Möglichkeiten zur Interaktion bieten, wodurch das Gefühl der Selbstwirksamkeit auf Seiten der Spieler geweckt wird. Computerspiele wirken nicht nur hoch motivierend, sondern passen sich zudem an das Niveau der Spieler an und können so Erfolgserlebnisse herbeiführen (Fritz 2009; Vollbrecht 2008). Spielen beinhaltet Formen von Lernen. Es dient somit dem Erwerb von Kompetenzen, Wissen und Erfahrungen, und gleichzeitig dem Experimentieren und Neuentdecken. Es gibt eine laufende Debatte unter den Gelehrten über die genaue Definition eines Spiels und vor allem was kein Spiel ist (Salen und Zimmerman 2004).

Ein Spiel ist nach Salen und Zimmermann (2004) ein „system in which players engage in an artificial conflict, defined by rules, that results in a quantifiable outcome". Eine einheitliche Begriffsdefinition zu „Serious Game" steht noch aus, jedoch lässt sich ein verbindendes Element bestimmen, nämlich, „dass diese Form der Lernspiele aufgrund ihres authentischen und sozialen Lernkontexts den Anforderungen einer lernförderlichen Lernumgebung gerecht wird" (Helm und Theis 2009). Legen wir die Auffassung von Swayer und Smith (2008) „All games are serious." zugrunde, so muss der Blick darauf gerichtet werden, für welche Zielgruppe, für welchen Zweck und unter welchen Maßgaben (vgl. Jantke 2011) ein Spiel entwickelt wird. Der Kontext des Spielens muss berücksichtigt werden, sofern Spiele mehr als nur Unterhaltungswert haben sollen und dem spielerischen Lernen dienen sollen.

Lernen beschreibt die Veränderung von Persönlichkeitsmerkmalen (u. a. Wissen, Fähigkeiten, Qualifikationen, Kompetenzen, Einstellungen, Interessen) aufgrund von Erfahrung (Klauer 1974, zit. nach Niegemann et al. 2008, S. 114). Das Lernen selbst kann man nicht beobachten, da man die Veränderung im Gehirn nicht sehen kann. Allerdings spiegelt sich das Lernen in der Leistung wieder. Zur Unterscheidung von Lernen und Leistung betrachtet man zum einen, was gelernt wurde, und zum anderen, was im beobachtbaren Verhalten zum Ausdruck kommt. Diese Definition schließt die Annahme ein, dass Lernen auch dann stattgefunden hat, wenn es sich zu einer bestimmten Zeit nicht in der Leistung zeigt. So kann eine lernende Person beispielsweise übermotiviert sein und dadurch eine optimale Leistung mindern. Wenngleich sich in einem solchen Fall die Leistung nicht sofort zeigt, hat die betreffende Person durch das Lernen eine Veränderung im Verhaltenspotenzial erworben. Erfahrung bedeutet in diesem Zusammenhang „Informationen aufzunehmen (und diese zu bewerten und zu transformieren) sowie Reaktionen zu zeigen, welche die Umwelt beeinflussen" (Gerrig et al. 2008, S. 193).

Shute et al. (2011) sehen Lernen in bester Form, wenn dies einen aktiven Prozess beschreibt, wenn es zielorientiert, kontextualisiert und interessant ist (vgl. Bransford 2002; Quinn 2005). Außerdem sollten Lehr-Lern-Umgebungen ihres Erachtens interaktiv sein, kontinuierliches Feedback anbieten, Aufmerksamkeit wecken und aufrechterhalten, sowie angemessene und adaptive Level von Herausforderung besitzen. Diese Merkmale wirken sich wiederum grundlegend auf die Motivation des Lernenden/Spielenden aus. Nach Schnotz (2006) beschreibt die Motivation einer Person die aktuelle Aktiviertheit und Handlungsbereitschaft des Individuums und stellt somit eine relevante Bedingung von Lern- und Bildungsprozessen dar. Bekanntermaßen kann Handeln unterschiedlich motiviert sein, also durch vielfache Bedingungen angeregt werden und auf verschiedenartige Ziele gerichtet sein.

Führt man die beiden Begrifflichkeiten Spiel und Lernen zusammen, lässt sich eine Liste von Kriterien zusammenstellen, sogenannte „must haves", die ein Serious Game beinhalten sollte (Shute et al. 2011) und die sich gleichzeitig zur Beurteilung der möglichen Lernwirksamkeit von Serious Games einsetzen lassen:

a. *einen Konflikt oder eine Herausforderung (z. B. ein zu lösendes Problem),*
b. *Einsatzregeln,*
c. *einzelne Ziele oder Ergebnisse, die es zu erreichen gilt,*
d. *Feedback (möglichst informationsreiche) Rückmeldung über eigenes Handeln,*
e. *Interaktion in der Umgebung und lernrelevante Handlungsmöglichkeiten,*
f. *Stringente/fesselnde Handlung bzw. Story,*

g. *Motivierungspotenzial, Interessengenese,*
h. *Information: Adäquater Umfang, Korrektheit,*
i. *Informationseffizienz (möglichst wenig überflüssige Information),*
j. *Transferförderung, und*
   *zusätzlich sollte das perfekte Serious Game (vgl. Hawlitschek 2013):*
k. *mentale Anstrengung beim Nutzer anregen,*
l. *das Vorwissen der Nutzer aktivieren um kognitive Überlastung (Cognitive Load) zu vermeiden und kognitive Anknüpfungspunkte zu nutzen und*
m. *dabei den Spielspaß nicht beeinträchtigen.*

Was immer jemand für Spielen hält – es hat mit Lernen zu tun. Als Zwischenfazit lässt sich also festhalten, dass Spiele und Lernen miteinander vereinbar sein können, wenn bestimmte Bedingungen berücksichtigt werden. Gee (2007) beschreibt das Geheimnis eines guten Spiels in seiner Architektur. „A good game is underlying architecture where each level dances around the outer limits of the player's abilities, seeking at every point to be hard enough to be just doable." Ein gutes Design hat das Potenzial bedeutungsvolles Lernen durch eine Vielzahl von inhaltlichen Spielräumen zu unterstützen.

Effektives Lernen im Sinne von Wissenskonstruktion lässt sich jedoch genauso wenig erzwingen wie der Spaß am Spielen: Man kann aber für beides günstige und anregende Bedingungen schaffen.

Serious Games wollen ebendieses Potenzial gezielt einsetzen. Digitale Lernspiele dienen als neues Bildungswerkzeug dort, wo die alten scheitern. Aber: Game-Based Learning ist kein Wundermittel; realistische Ziele statt Euphorie sind gefragt.

Plass et al. (2016) sehen Spiele als ein komplexes Genre von Lernumgebungen, die nicht verstanden werden können indem man nur eine Perspektive des Lernens berücksichtigt. Sie stützen sich daher auf sogenannte „Foundations of Game-Based Learning" und argumentieren, dass eine kognitive, motivationale, affektive und soziokulturelle Perspektive sowohl für das Spieldesign als auch für die Spiel-Forschung von Bedeutung sind, um vollständig zu erfassen, was Spiele für ein Potenzial für das Lernen bieten.

## 2    Gamification: Ein Teil vom Ganzen

Ziel dieses Kapitels ist es, sich dem Konzept Gamification theoretisch annähern. Dazu gehören eine Bestimmung des Begriffs, sowie eine Analyse einzelner Aspekte und Erscheinungsformen von Gamification. Darüber hinaus werden unterschiedliche Spielmechanismen und ihre Wirkung analysiert und diskutiert.

Der Begriff Gamification wurde erstmals im Jahr 2002 verwendet (Marczewski 2013; Sailer 2016). Doch erst im Jahr 2010 hat sich der Begriff durchgesetzt und beträchtlichere Beachtung in Forschung und Praxis erfahren (Deterding et al. 2011). Gamification ist ein neuartiger Trend, der die Idee des spielenden Lernens aufgreift. Dabei werden Spielmechanismen in nicht-spielerischen Kontexten verwendet, um den Nutzer intrinsisch zu motivieren und den Lernprozess positiv zu beeinflussen.

Der Begriff wurde vor allem im betriebswirtschaftlichen Kontext in Bezug auf Marketingmaßnahmen verwendet. Nach Jane McGonigals Verständnis ist Gamification ein Konzept, das ein neues Zeitalter beschreibt, in dem die Spieler nicht nur gemeinsam ihre Problemlösefähigkeiten nutzen, um Rätsel innerhalb eines digitalen Spiels zu lösen, sondern sich gleichzeitig mit sozialen und politischen Themen der realen Welt auseinandersetzen (McGonigal 2011). Fuchs und Kollegen verstehen den Begriff Gamification als ein Schlüsselwort unserer Zeit: „It seems that gamification is now the keyword for a generation of social entrepreneurs and marketing experts, in perfect and timely combination with the re-evaluation of participatory practices" (Fuchs et al. 2014).

Doch wie sieht Gamification heute aus? Was steckt dahinter bzw. da drin?

Spielerische Elemente sind im 21. Jahrhundert in nahezu allen Bereichen des Lebens zu finden. Verreist man, sammelt man Flugmeilen. Beim Einkauf im Supermarkt, erhält man Treuepunkte. Applikationen für das Smartphone ermöglichen es, die tägliche Laufrunde in eine Flucht vor Zombies zu verwandeln. Bezeichnet wird dieses Phänomen der Anwendung von Spielmechanismen auf nicht-spielerische Inhalte als Gamification. Dieser Trend fand in den letzten fünf Jahren sehr viel Anklang (Stampfl 2012). Gerade Unternehmen bedienen sich der Gamification. Häufig angestrebte Ziele sind dabei die Kundenbindung oder die Motivation der eigenen Mitarbeiter oder Schüler und Studenten.

Gamification wurde häufig als die Verwendung von Elementen aus Unterhaltungsspielen in einem spielfremden Kontext verstanden (Deterding et al. 2011), jedoch ist es produktiver die Gamification als die Verwendung eines alternativen pädagogischen Systems zu sehen. Gamification ist eine Form des Trainings, die auf Techniken aufsetzt, die in Spielen verwendet werden, und deren Erbe sind, statt herkömmlicher Pädagogik. In dieser Konzeptualisierung von Gamification ist der Schlüsselbegriff Erbe (Tulloch 2014).

„Gamification untersucht welche Rahmenbedingungen und Elemente unsere Aktionen wirklich freiwillig werden lassen und transferiert sie dann auf langweilige, eintönige und frustrierende Aufgaben. Mit dem Ziel, das Beste im Menschen zu entfalten.", so beschreibt es Roman Rackwitz recht sarkastisch (Rackwitz 2015); mehr noch: „Gamification ist selbst für viele Marketing- und Softwareagenturen und selbst manche ‚Gamificationexperten' nur ein Buzzwort. Als Ergebnis erhält man dann Konzepte und Ansätze, die sich auf das Verschleudern von Punkten und Badges fokussieren. Am besten noch verbunden mit einem bunten Avatar und einer Rangliste, die als motivierendes Tool verkauft werden" (ebd.). Das Geheimnis von Gamification liegt bei genauer Betrachtung nicht im trivialen Einsatz von Belohnungspunkten, Wettbewerben, Ranglisten, usw.

In der Literatur finden sich eine Vielzahl von Definitionsansätzen, die versuchen Gamification eine Begriffsbestimmung zu geben. Im Folgenden werden die Definitionsvorschläge dreier allgemein anerkannte Gamification-Experten und Autoren zitiert:

*„Gamification is using game-based mechanics, aesthetics, and game-thinking to engage people, motivate action, promote learning and solve problems."* (Kapp 2012)

*"The process of game-thinking and game mechanics to engage users and solve problems."* (Zichermann und Cunningham 2011)
*"Gamification is the use of game design elements in non-game contexts."* (Deterding et al. 2011)

Es gibt unzählige Auffassungen vom Begriff Gamification. Manche sind offenkundig wenig brauchbar, andere haben bedenkenswerte Aspekte. Es gibt weiche und umfassende Auffassungen und dem gegenüber strengere, detailliertere. Ein Ansatz, der erlaubt, in Gamification Tiefgang einzubringen, ist das, was wir brauchen.

Karl M. Kapp (2012) präzisiert seinen Definitionsversuch, indem er zwei Formen der Gamification einführt:

- *strukturelle Gamification:*

Diese Form bezeichnet die Anwendung der spielerischen Elemente auf das System ohne jegliche Veränderung des Inhaltes. Beispielsweise werden durch die Einführung eines Punktesystems Aktivitäten des Benutzers, wie das Ansehen eines Videos oder die Beschäftigung mit einem Text, belohnt. Das Sammeln der Punkte und das damit verbundene Feedback über den eigenen Fortschritt spornen den Nutzer an, sich länger mit dem Inhalt auseinanderzusetzen. Diese Art der Gamification wird meist mit Hilfe von Punkten, Auszeichnungen, Levels und Ranglisten umgesetzt.

- *inhaltliche Gamification:*

Bei dieser Form kommt es zu direkten Veränderungen des zu lernenden Inhaltes durch den Einsatz von Spielelemente und -denkweisen. Der Einbau einer Story in das Unterrichtsmaterial oder der Beginn eines Kurses mit einer Herausforderung anstatt einer Lernliste dienen als Beispiele für die inhaltliche Gamification (Kapp et al. 2014).

Die Gamification von heute ist vielmehr ein Transformationsprozess, der aus einem digitalen System oder einem Teil davon ein Spiel macht und damit das Erleben des Systems signifikant verändert (vgl. Jantke 2016).

Ein Entwickler von gamifizierten Anwendungen bedient sich dabei an spieltypischen Elementen, um so den Nutzer zu motivieren, sich ausdauernder mit einem nicht-spielerischen Thema oder einer Problematik auseinanderzusetzen, als dies ohne Spielmechanismen der Fall gewesen wäre.

Über Methoden des traditionellen User Experience Designs hinaus wird Gamification künftig ein eigenes Framework an Designtools und Methoden benötigen, das die Bedürfnisse und Ziele der Nutzer berücksichtigt und nicht nur Spielerbedürfnisse mit Nutzeranforderungen kombiniert (vgl. Popa 2013).

## 2.1 Gamification als Transformationsprozess

Vor dem Hintergrund hochkomplexer und vielfältiger Prozesse bedarf es eines geeigneten Design Prozesses, um funktionierende Gamification-Angebote zu schaf-

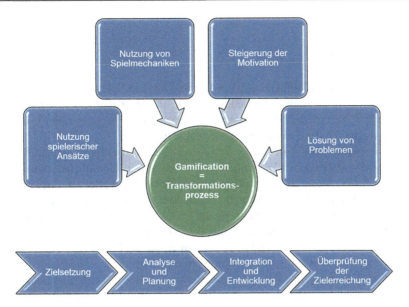

**Abb. 2** Gamification als Transformationsprozess

fen und angemessen in die schulischen oder betrieblichen Abläufe zu integrieren. Man sollte sich bewusst machen, dass Gamification der Regel eher ein mehrstufiger Design-Prozess ist als ein Produkt, das nachträglich einfach zu einem Prozess hinzugefügt werden kann (Niesenhaus 2013b). Abb. 2 veranschaulicht den Transformationsprozess grafisch.

Mit der fortschreitenden Entwicklung von digitalen Spielen und der Verbreitung von Gamification stieg die Anzahl der Theorien, welche Mechanismen für ein Spiel wesentlich sind. Die Menge bekannter Spielmechaniken ist äußerst groß, weshalb im Folgenden eine Einschränkung getroffen wird. Die verschiedenen Theorien von Gamification-Experten wie Kapp und Zichermann vergleichend sowie die Untersuchung von Gamification-Anwendungen erbrachte die Erkenntnis, dass generell fünf Mechanismen die Basis eines Gamification-Konzepts bilden:

- Punkte
- Level
- Ranglisten
- Auszeichnungen
- Herausforderungen

Diese Mechaniken gelten als charakteristisch für Spiele, wirken sich bei korrektem Einsatz positiv auf die subjektive Nutzungserfahrung eines Spielers aus und korrespondieren mit den individuellen Nutzungsmotiven (Blohm und Leimeister 2013).

Spiel-Dynamiken sind beispielsweise:

- Sammeln
- Wettbewerb

- Statuserwerb
- Zusammenarbeit
- Herausforderung

Sie werden durch die Interaktion des Spielers mit den Spiel-Mechaniken hervorgerufen. Es ist nicht notwendig, jedes Element in eine Gamification-Anwendung einzubauen. Eine an die Situation angepasste Auswahl ist ausreichend, um das Nutzungsverhalten der Anwender zu beeinflussen.

Die Zielstellung der Anwendung bzw. eines Systems bestimmt maßgeblich den Einsatz von spieltypischen Elementen und ist somit ein Grundbaustein der Konzeption von Gamification-Anwendungen. Spielen hat den Vorteil, intrinsisch motiviert zu sein. Intrinsische Motivation bedeutet, dass sich ein Individuum aus eigenem Antrieb einer Aktivität hingibt. Man spielt, weil damit positive Emotionen wie Spaß verknüpft werden. Da sich Menschen aus verschiedensten Gründen meist mit hoher Motivation Spielen widmen, bedient man sich typischen Bauelementen von Spielentwicklern, um den Grad der Motivation auf den Lerninhalt zu übertragen. Langweilige oder anstrengende Aufgaben werden mit diesen Mitteln zu spielerischen Herausforderungen oder lohnenswerten Problemstellungen transformiert. Gamification stellt einen geeigneten Ansatz dar, die Aufmerksamkeit auf notwendige, aber grundsätzlich nicht allzu motivierende Aufgaben zu lenken.

Wesentliche Schritte im mehrstufigen Gamification-Design-Prozess sind:

## (I) Zielsetzung

Es ist empfehlenswert, zunächst die Ausgangslage des betroffenen Systems genau zu beschreiben. Anschließend muss zu Beginn ein klares Ziel formuliert werden, was mit dem Einsatz von Gamification bezweckt werden soll (z. B. Stärkung der Nutzermotivation, Prozessoptimierung). Es kann von Vorteil sein, zwischen übergeordneten Zielen einerseits und konkreten Zielen, die Gamification auf Verhaltensebene bewirken soll, auf der anderen Seite zu unterscheiden. Nach Möglichkeit sollten Erfolge messbar sein, um die Maßnahmen später bewerten zu können (Quantifizierung der Ziele, wann und wie wurden diese erreicht?).

## (II) Analyse und Planung

Zur Planung eines geeigneten Gamification-Settings müssen vorab Rahmenbedingungen wie etwa nutzerseitige Anforderungen, betroffene Prozesse und konkreter Anwendungskontext bestimmt werden. Weiterhin ist es im Rahmen der Vorbereitungen unabdingbar, mit allen Stakeholdern die Art und Weise des Gamification-Einsatzes abzustimmen, um eine Akzeptanz auf allen Seiten sicherzustellen.

## (III) Integration und Entwicklung

Zunächst werden geeignete Spielmechanismen und Spielelemente ausgewählt, mit denen die Prozesse unterstützt und die gewünschten Effekte erzielt werden sollen. In der Umsetzungsphase muss ein Spielrahmen entwickelt werden, in welchen die Spielelemente eingebettet werden. Danach gilt es, unter Berücksichtigung der in der Analyse erfassten Rahmenbedingungen geeignete Technik auszuwählen und die Gamification-Anwendung zu implementieren. Bereits in frühen Planungs- bzw. Entwicklungs-Phasen sollten Prototypen zum Einsatz kommen. Auch die Spielmechaniken sollten auf ihre Funktionalität und Effekte im konkreten Einsatzfeld wiederholt überprüft werden. Insgesamt muss für eine stimmige User-Experience (UX) gesorgt werden, die ggf. von einschlägigen Experten geplant und formativ evaluiert werden sollte. Hilfreich bei der Erstellung eines nutzerzentrierten Gamification-Designs können dabei Instrumente wie bspw. spezielle Gamification-Persona cards (Popa 2013) sein. Auch erste Methodensammlungen können Unterstützung im Gamification-Design-Prozess bieten (z. B. enthält die Toolbox für UX-Designer von (Marache-Francisco und Brangier 2013) bzw. (Marache-Francisco und Brangier 2016) Gamification-Prinzipien, Entscheidungshilfen für Designer, ein Design-Raster mit (kategorisierten) Design-Elementen sowie Anwendungsbeispiele).

**(IV) Überprüfung der Zielerreichung**

In Abhängigkeit vom Gamification-Setting können sich für Evaluationszwecke verschiedene Methoden eignen (wie etwa Umfragen, ein Vorher-Nachher-Vergleich von Effizienzdaten oder die Analyse der Datenqualität).

## 2.2 Integration von Gamification

Die Integration von Gamification stellt einen iterativen Transformationsprozess dar. Gamification Design heißt dabei, die spielerischen (Erfolgs-)Erlebnisse zu antizipieren, die wiederum auf der selbstbestimmten Aktivität der Nutzer beruhen. Die Integration von Gamification in ein digitales System erfolgt in der Praxis in einem mehrstufigen Prozess, welcher ausführliche Analysen, kurze Entwicklungsschritte und frühzeitige Usability-Tests einschließen sollte (Günthner et al. 2015a, b).

Zusammenfassend ist ein strukturierter Ablauf der Integration von Gamification ist Abb. 3 dargestellt.

## 3 Fazit: Gamification versus Lernspiele

Gamification ist von Konzepten wie Serious Games abzugrenzen. Serious Games umfassen Spiele, die mit einem spezifischen Lernziel verknüpft sind (Simões et al. 2013, S. 345–346). Digitale Lernspiele beschreiben einen Ansatz, bei dem Probleme, die nicht befriedigend von Informationssystemen gelöst werden können, so aufbereitet werden, dass sie in Spielen von menschlichen Individuen bearbeitet werden können (Ahn 2006, S. 96).

Was genau mit dem Begriff Gamification gemeint ist, variiert stark, aber eine ihrer definierenden Qualitäten ist, dass Gamification die Verwendung von Spielelementen beinhaltet, wie Anreizsysteme, Spieler zu motivieren, sich an einer

**Abb. 3** Ablauf der Integration von Gamification

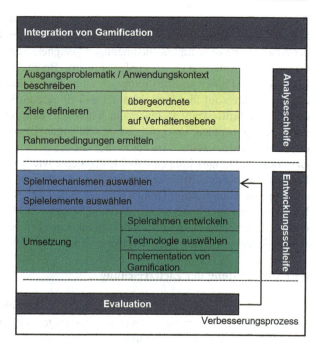

Aufgabe zu beteiligen, die sie sonst nur ungern ausüben würden. Gamification verwendet zudem spielbasierte Mechanik, Ästhetik und Spieldenken, um Menschen einzubinden, Aktionen zu motivieren, Lernen zu fördern und Probleme zu lösen (Kapp 2012; Kapp et al. 2014). Im Speziellen sind Gamification-Anwendungen durch ihren niedrigschwelligen Zugang und die motivierenden Elemente sowie die (didaktische) Aufbereitung in kleine Lern- bzw. strukturierte Arbeitseinheiten geeignet, die Vermittlung neuer Sachverhalte und zugehörige Lernprozesse der Nutzer zu unterstützen. In Abhängigkeit vom Spieldesign bieten spielerische Anwendungen den Nutzern u. a.

- *einen sicheren Platz zum Üben und Scheitern,*
- *Adaptivität des Spiels bzgl. individuellen Kompetenzen,*
- *die Möglichkeit zum (wiederholten) Üben und Anwenden verschiedener Skills,*
- *unmittelbares Feedback,*
- *Spaß und Motivation* (Schmidt 2015).

Dabei sollte jedoch nicht der bloße Gamification-Einsatz im Vordergrund stehen, sondern wie die Lernprozesse der jeweiligen Nutzer verbessert werden können und ob die eingesetzte Form des Lernens langfristig motivierend sein kann (in Anlehnung an Schmidt 2015). Werden fertigen Produkten oder bestehenden Prozessen einfach Spielelemente wie Punktelisten und Auszeichnungen hinzugefügt, werden die gewünschten Gamification-Effekte kaum erreicht werden (SEW-EURODRIVE GmbH & Co KG 2015).

Das Spiel wird im Erwachsenenalter im Gegensatz zum kindlichen Spiel „[...] häufiger für gezieltes Einüben bestimmter Fertigkeiten und als Mittel zur Erreichung individuell gesteckter privater oder beruflicher Ziele verwendet" (Schmidt et al. 2016) und ist daher auch als Medium im weiterbildenden oder betrieblichen Kontext denkbar.

Konkret wird Gamification sowohl im Hochschulsektor als auch in der Wirtschaft bereits erfolgreich zur Optimierung von Effizienz und Motivation (vgl. Niesenhaus 2013a, 2016) eingesetzt. Dabei kommen psychologische Effekte wie die positive Bestärkung oder das Erzeugen von Emotionen zur Verhaltensbeeinflussung und Lernförderung (Robson et al. 2015, zit. nach Müller und Jentsch 2015) zum Tragen.

Gamification ist ein emergenter Ansatz zur Instruktion, der das Lernen erleichtert und die Motivation durch den Einsatz von Spieleelementen, Mechanik und spielbasiertem Denken fördert. In Gamification wird nicht ein ganzes Spiel von Anfang bis Ende gespielt; sondern es werden Aktivitäten ausgeführt, die Elemente aus Spielen aufgreifen, wie das Verdienen von Punkten, die Überwindung einer Herausforderung oder das Erhalten von Abzeichen für die Erfüllung von Aufgaben. Die Idee ist, spielbasierte Elemente zu integrieren, die häufiger in Video-, unterhaltungsfokussierten oder mobilen Spielen in Unterrichtsumgebungen gesehen werden (Kapp 2012). Obwohl die Technologie nicht darauf angewiesen ist, hat das Aufkommen von technologischen Geräten die Entwicklung und den Einsatz von Gamification allgegenwärtig gemacht. Die Einführung von Gamification bedeutet, in der Interaktion mit einem digitalen System kleinere Spielerlebnisse zu ermöglichen. „Gamification ist eine operationale Transformation von nicht-spielerischen interaktiven Anwendungssystemen in der Form, dass die Mensch-System-Interaktion (oder einer ihrer Aspekte) spielerisch erlebt werden kann." (Jantke 2016)

Gamification ist im Vergleich zu einem digitalen Spiel wie:

- ein Teil zum Ganzen oder
- ein Puzzleteil zum Puzzle. (Kapp et al. 2014)

Gamification verwendet Teile von Spielen, aber genau genommen es ist kein Spiel.

## Literatur

Ahn, L. v. (2006). Games with a purpose. *Computer, 39*(6), 92–94. https://doi.org/10.1109/MC.2006.196.
Anderson, J. R. (1996). *Kognitive Psychologie* (Spektrum Lehrbuch, 2. Aufl.). Heidelberg: Spektrum Akademischer Verlag.
Blohm, I., & Leimeister, J. M. (2013). Gamification. *WIRTSCHAFTSINFORMATIK, 55*(4), 275–278. https://doi.org/10.1007/s11576-013-0368-0.
Bransford, J. D. (2002). *How people learn. Brain, mind, experience, and school* (erw. Aufl., 6. Druck). Washington, DC: National Academy Press.
Csikszentmihalyi, M. (Hrsg.). (2014). *Flow and the foundations of positive psychology. The collected works of Mihaly Csikszentmihalyi*. Berlin: Springer.

Deterding, S., Dixon, D., Khaled, R., & Nacke, L. E. (2011). *Gamification: Toward a Definition.* Vancouver.

Egenfeldt-Nielsen, S. (2005). *Beyond edutainment. Exploring the educational potential of computer games* ITU DS, D-2005/17, [1.oplag]. Copenhagen: IT University of Copenhagen, Department of Innovation.

Egenfeldt-Nielsen, S. (2007). *Educational potential of computer games.* London: Continuum.

Fritz, J. (2004). *Das Spiel verstehen. Eine Einführung in Theorie und Bedeutung* (Grundlagentexte soziale Berufe). Weinheim: Juventa-Verl.

Fritz, J. (2009). Virtuelle Spielwelten als Lernort. In K. Demmler, L. Klaus, M. Detlef & P.-K. Anja (Hrsg.), *Medien bilden – aber wie?! Grundlagen für eine nachhaltige medienpädagogische Praxis* (Reihe Medienpädagogik ). München: Kopaed. http://www.lmz-bw.de/medienbildung/bibliothek/buecher-und-texte/computerspiele.html?medium_id=1104. Zugegriffen am 10.02.2017.

Fuchs, M., Fizek, S., Ruffino, P., & Schrape, N. (Hrsg.). (2014). *Rethinking gamification.* Lüneburg: meson press.

Gebel, C., Gurt, M., & Wagner, U. (2005). Kompetenzförderliche Potenziale populärer Computerspiele. In Arbeitsgemeinschaft Betriebliche Weiterbildungsforschung e.V., (Hrsg.), *QUEM-report 92* (S. 241–376). Berlin. ESM Satz und Grafik GmbH.

Gee, J. P. (2007). *What video games have to teach us about learning and literacy* (rev. u. ak. Aufl.). New York: Palgrave Macmillan.

Gerrig, R. J., Zimbardo, P. G., & Graf, R. (2008). *Psychologie* (PS Psychologie, 18., akt. Aufl.). München: Pearson Studium.

Günthner, W. A., Mandl, H., Klevers, M., & Sailer, M. (Hrsg.). (2015b). Forschungsbericht zu dem IGF-Vorhaben GameLog – Gamification in der Intralogistik der Forschungsstellen Lehrstuhl für Fördertechnik Materialfluss Logistik. Technische Universität München und Lehrstuhl für empirische Pädagogik und pädagogische Psychologie, Ludwig-Maximilians-Universität München.

Günthner, W. A., Klevers, M., & Sailer, M. (2015a). Gamification in der Intralogistik. Prozesse spielerisch verbessern. http://www.fml.mw.tum.de/fml/images/Publikationen/gesamt_v4.pdf. Zugegriffen am 12.07.2016.

Hawlitschek, A. (2013). *Spielend lernen. Didaktisches Design digitaler Lernspiele zwischen Spielmotivation und Cognitive Load* (Wissensprozesse und digitale Medien, Bd. 20). Berlin: Logos Verlag.

Helm, M., & Theis, F. (2009). Serious Games als Instrument in der Führungskräfteentwicklung. In A. Hohenstein & K. Wilbers (Hrsg.), *Handbuch E-Learning* (29. Erg.-Lfg., 6.10-1–6.10-12). Köln.

Initiative D21 e. V. (2016). *Sonderstudie „Schule Digital". Lehrwelt, Lernwelt, Lebenswelt: Digitale Bildung im Dreieck SchülerInnen-Eltern-Lehrkräfte.* Berlin: Initiative D21.

Jantke, K. P. (2006). *Eine Taxonomie für Digitale Spiele* (Diskussionsbeiträge 26). Ilmenau: TU Ilmenau.

Jantke, K. P. (2007). In TU Ilmenau (Hrsg.), *Serious Games – eine kritische Analyse* (11. Workshop „Multimedia in Bildung und Wirtschaft", 20.–21.09.2007). Ilmenau: TU Ilmenau.

Jantke, K. P. (2011). Potenziale und Grenzen des spielerischen Lernens. In M. Helm & F. Theis (Hrsg.), *Digitale Lernwelt – Serious Games. Einsatz in der beruflichen Weiterbildung* (S. 77–84). Bielefeld: Bertelsmann.

Jantke, K. P. (2014). *Serious games.* Leipzig: Streifband.

Jantke, K. P. (2016). *Gamification.* Billerbeck: VIWIS Bildungsforum.

Jantke, K. P., & Krebs, J. (2015). *Serious Games – spielerisch digital lernen.* Chemnitz: Konferenz Digitale.Schule.

Kapp, K. M. (2012). *The gamification of learning and instruction. Game-based methods and strategies for training and education.* San Francisco: Pfeiffer.

Kapp, K. M., Blair, L., & Mesch, R. (2014). *The gamification of learning and instruction fieldbook. Ideas into practice.* San Francisco: Wiley.

Klauer, K. J. (1974). *Methodik der Lehrzieldefinition und Lehrstoffanalyse.* Düsseldorf: Schwann.

Lampert, C., Schwinge, C., & Tolks, D. (2009). Der gespielte Ernst des Lebens: Bestandsaufnahme und Potenziale von Serius Games (for Health). *MedienPädagogik: Zeitschrift für Theorie und Praxis der Medienbildung, 15*(0). http://www.medienpaed.com/article/view/104.

Loftus, G. R., & Loftus, E. F. (1983). *Mind at play. The psychology of video games.* New York: Basic Books.

Marache-Francisco, C., & Brangier, E. (2013). Process of gamification. From the consideration of gamification to its practical implementation. In *CENTRIC 2013: The sixth international conference on advances in human-oriented and personalized mechanisms, technologies, and services* (S. 126–131). Wilmington: IARIA.

Marache-Francisco, C., & Brangier, E. (2016). Validation of a gamification design guide: Does a gamification booklet help UX designers to be more creative? In A. Marcus (Hrsg.), *Design, user experience, and usability. Novel user experiences 2016* (Lecture notes in computer science, Bd. 9747, S. 284–293). Cham: Springer International Publishing.

Marczewski, A. (2013). *Gamification. A simple introduction,* (2. Aufl.). Raleigh: Lulu Press.

McGonigal, J. (2011*). Reality is broken. Why games make us better and how they can change the world,* (Updated Aufl.). New York: Penguin Group.

Medienpädagogischer Forschungsverbund Südwest. (Hrsg.). (2017). *JIM 2016 – Jugend, Information, (Multi-) Media. Basisstudie zum Medienumgang 12- bis 19-Jähriger in Deutschland.* https://www.mpfs.de/studien/jim-studie/2016/.

Michael, D., & Chen, S. (2006). *Serious games. Games that educate, train and inform.* Boston: Thomson Course Technology.

Müller, E., & Jentsch, D. (2015). Lernort Fabrik. Betriebliche Herausforderungen und aktuelle Lösungsansätze für eine moderne Arbeitswelt. In H. Meier (Hrsg.), *Lehren und Lernen für die moderne Arbeitswelt* (Schriftenreihe der Hochschulgruppe für Arbeits- und Betriebsorganisation e.V. (HAB), S. 97–109). Berlin: GITO.

Niegemann, H. M., Domagk, S., Hessel, S., Hein, A., Hupfer, M., & Zobel, A. (2008). *Kompendium multimediales Lernen.* Berlin: Springer.

Niesenhaus, J. (2013a). *Gamification as a design process,* Centigrade GmbH. http://www.centigrade.de/blog/en/article/gamification-as-a-design-process/. Zugegriffen am 12.07.2016.

Niesenhaus, J. (2013b). *Gamification als Designprozess.* http://www.centigrade.de/blog/de/article/gamification-als-designprozess/. Zugegriffen am 20.07.2016.

Niesenhaus, J. (2016). *Spielerisch mehr Motivation und Effizienz in der Industrie 4.0.* Gamescom Congress 2016, Köln.

Ohler, P., & Nieding, G. (2000). Was läßt sich beim Computerspielen lernen? Kognitions- und spielpsychologische Überlegungen. In *Hand- und Lehrbücher der Pädagogik. Computerunterstützes Lernen* (S. 188–215). München: Oldenbourg.

Plass, J. L., Homer, B. D., & Kinzer, C. K. (2016). Foundations of game-based learning. *Educational Psychologist, 50*(4), 258–283. https://doi.org/10.1080/00461520.2015.1122533.

Popa, D. M. (2013). Industry design case: Introducing gamification persona tool. In *Proceedings of the conference on human factors in computing systems* (CHI 2013). New York: ACM.

Prensky, M. (2001). *Digital game-based learning.* New York: McGraw-Hill.

Prensky, M., & Thiagarajan, S. (2007). *Digital game-based learning.* St. Paul: Paragon House.

Quinn, C. N. (2005). *Engaging learning: Designing e-learning simulation games.* San Francisco: Pfeiffer.

Rackwitz, R. (2015). *Wie du Gamification einfach deiner Mutter erklärst.* http://romanrackwitz.de/2015/05/wie-du-gamification-einfach-deiner-mutter-erklaerst/. Zugegriffen am 20.07.2016.

Ritterfeld, U., Cody, M., & Vorderer, P. (Hrsg.). (2009). *Serious games. Mechanisms and Effects.* New York: Routledge.

Robson, K., Plangger, K., Kietzmann, J. H., McCarthy, I., & Pitt, L. (2015). Is it all a game? Understanding the principles of gamification. *Business Horizons, 58*(4), 411–420. https://doi.org/10.1016/j.bushor.2015.03.006.

Sailer, M. (2016). *Die Wirkung von Gamification auf Motivation und Leistung.* Wiesbaden: Springer Fachmedien.

Salen, K., & Zimmerman, E. (2004). *Rules of play. Game design fundamentals.* Cambridge: MIT Press.

Sawyer, B., & Smith, P. (2008). *Serious games taxonomy.* Paper presented at the Game Developers Conference 2008, 18.–22.02.2008, San Francisco.

Schmidt, T. (2015). *MALL meets Gamification. Möglichkeiten und Grenzen neuer (digitaler) Zugänge zum Fremdsprachenlernen.* Lüneburg: Leuphana Universität. http://www.uni-potsdam.de/fileadmin01/projects/tefl/documents/Folien_KeynoteII_Torben_Schmidt.pdf. Zugegriffen am 11.07.2016.

Schmidt, T., Schmidt, I., & Schmidt, P. R. (2016). Digitales Spielen und Lernen – A Perfect Match? Pädagogische Betrachtungen vom kindlichen Spiel zum digitalen Lernspiel. In K. Dadaczynski, S. Schiemann & P. Paulus (Hrsg.), *Gesundheit spielend fördern. Potenziale und Herausforderungen von digitalen Spieleanwendungen für die Gesundheitsförderung und Prävention* (S. 18–49). Weinheim/Basel: Beltz.

Schnotz, W. (2006). *Pädagogische Psychologie. Workbook.* Weinheim: Beltz PVU.

SEW-EURODRIVE GmbH & Co KG. (2015). Maschine motiviert Mensch! Lean Instustrie 4.0 konkret – der SEW Eurodrive-Gamification-Case. In S. Pistorius, G. Kegel, B. Röhrig & W. Felser (Hrsg.), *Industrie 4.0 – Competence Book, Beiträge, Autoren und Partner zum Thema Industrie 4.0 II. Mensch und Maschine für die kooperative Produktion von morgen* (Competence Book, Nr. 19, S. 150–155). Köln: NetSkill Solutions.

Shaffer, D. W., Squire, K. R., Halverson, R., & Gee, J. P. (2005). Video games and the future of learning. *Phi Delta Kappan, 87*(2), 105–111. https://doi.org/10.1177/003172170508700205.

Shute, V. J., Rieber, L., & van Eck, R. (2011). Games and learning. In R. Reiser & J. Dempsey (Hrsg.), *Trends and issues in instructional design and technology* (S. 321–332). Upper Saddle River: Pearson Education.

Simões, J., Redondo, R. D., & Vilas, A. F. (2013). A social gamification framework for a K-6 learning platform. *Computers in Human Behavior, 29*(2), 345–353. https://doi.org/10.1016/j.chb.2012.06.007.

Sims, V. K., & Mayer, R. E. (2002). Domain specificity of spatial expertise: The case of computer game players. *Applied Cognitive Psychology, 16*(1), 97–115.

Squire, K., & Barab, S. (2004). Replaying history: Engaging urban underserved students in learning world history through computer simulation games. In *Proceedings of the 6th international conference on learning sciences* (ICLS '04, S. 505–512). International Society of the Learning Sciences. http://dl.acm.org/citation.cfm?id=1149126.1149188. Zugegriffen am 20.07.2016.

Squire, K., Gee, J. P., & Jenkins, H. (2011). *Video games and learning. Teaching and participatory culture in the digital age.* New York: Teachers College Press.

Stampfl, N. S. (2012). *Die verspielte Gesellschaft (TELEPOLIS). Gamification oder Leben im Zeitalter des Computerspiels* (Telepolis, Bd. 1, 1. Aufl.). Heidelberg: Heise Verlag.

Tobias, S., Fletcher, J. D., Bediou, B., Wind, A. P., & Chen, F. (2014). Multimedia learning with computer games. In R. E. Mayer (Hrsg.), *The Cambridge handbook of multimedia learning* (Cambridge handbooks in psychology, 2. Aufl., S. 762–784). Cambridge: Cambridge University Press.

Tulloch, R. (2014). Reconceptualising gamification: Play and pedagogy, *6*(4), 317–333. http://www.digitalcultureandeducation.com/cms/wp-content/uploads/2014/12/tulloch.pdf.

Vollbrecht, R. (2008). Computerspiele als medienpädagogische Herausforderung. In J. Fritz (Hrsg.), *Computerspiele(r) verstehen. Zugänge zu virtuellen Spielwelten für Eltern und Pädagogen* (S. 236–262). Bonn: bpb.

Zichermann, G., & Cunningham, C. (2011). *Gamification by design. Implementing game mechanics in web and mobile apps.* Sebastopol: O'Reilly Media.

# Computer-unterstützte kooperative Lernszenarien

Armin Weinberger, Christian Hartmann, Lara Johanna Kataja und Nikol Rummel

## Inhalt

1. Was ist CSCL? .................................................................. 230
2. Technische Unterstützung für Szenarien gemeinsamen Lernens .......................... 231
3. Aufgabenmerkmale und Sozialformen gemeinsamen Lernens ............................. 235
4. Modell zur Systematisierung von CSCL-Szenarien .................................... 240
5. Fazit zu Möglichkeiten und Grenzen eines Modells der CSCL-Szenarien ............... 242
Literatur ............................................................................ 244

### Zusammenfassung

Computer-unterstütztes kooperatives Lernen (CSCL) bedeutet, dass mehrere Lernende gemeinsam Lernaufgaben bearbeiten und dabei von Computern unterstützt werden. Basierend auf Merkmalen von Lernaufgaben sowie verschiedenen technischen Unterstützungsmöglichkeiten wird hier ein Modell von CSCL-Szenarien vorgestellt. Das Modell ermöglicht es Wirkzusammenhänge von Unterstützungsmaßnahmen für CSCL-Szenarien einschätzen und überdauernde Gestaltungsmerkmale für CSCL-Szenarien entwickeln zu können.

### Schlüsselwörter

Computer-unterstütztes kooperatives Lernen · CSCL · Peer-Tutoring · Kooperatives Lernen · Kollaboratives Lernen

---

A. Weinberger (✉) · L. J. Kataja
Universität des Saarlandes, Saarbrücken, Deutschland
E-Mail: a.weinberger@mx.uni-saarland.de

C. Hartmann · N. Rummel
Ruhr-Universität Bochum, Bochum, Deutschland
E-Mail: christian.hartmann@rub.de; nikol.rummel@rub.de

© Springer-Verlag GmbH Deutschland, ein Teil von Springer Nature 2020
H. Niegemann, A. Weinberger (Hrsg.), *Handbuch Bildungstechnologie*,
https://doi.org/10.1007/978-3-662-54368-9_20

## 1   Was ist CSCL?

Szenarien computer-unterstützten kooperativen Lernens (Computer-Supported Collaborative Learning – CSCL) sehen vor, dass Peers gemeinsam lernen (CL) und dabei von Computertechnologie (CS) unterstützt werden (Stahl et al. 2006).

In Bezug auf die technische Unterstützung durch Computer können computermediierte von ko-präsenten Szenarien unterschieden werden. *Computer-mediierte Szenarien* zeichnen sich dadurch aus, dass das gemeinsame Lernen von örtlich verteilten Lernenden über das Internet ermöglicht wird und Lernende über E-Mail, Diskussionsforen oder Videokonferenzen miteinander kommunizieren. *Ko-präsente CSCL-Szenarien* hingegen zeichnen sich dadurch aus, dass Lernende am selben Ort und in direkter Interaktion miteinander in einer technologie-unterstützten Lernumgebung arbeiten, z. B. an einem gemeinsam genutzten Desktop-Computer oder einem Tabletop. Ko-präsente Lernende können am Computer mit dynamischen Wissensrepräsentationen interagieren, Lerninhalte online recherchieren oder selbst Texte und Bilder am Rechner erstellen, um sie mit anderen zu teilen.

Auch Szenarien mit mobilen Geräten werden meistens ko-präsent bzw. ortsabhängig durchgeführt, etwa zum gemeinsamen Erforschen und Datensammeln auf einer Schulexpedition zu historischen Stätten oder Biotopen.

Neben der Vielfalt dessen, was Computerunterstützung technisch bedeuten kann, lassen sich CSCL-Szenarien auch hinsichtlich mehrerer Formen gemeinsamen Lernens unterscheiden. Szenarien gemeinsamen Lernens unterscheiden sich etwa darin, nach welchen Kriterien Lerngruppen zusammengestellt werden. *Peer-Tutoring*-Szenarien sehen beispielsweise heterogene Gruppen von Peers mit einer spezifischen Rollenverteilung von Tutoren und Tutees vor (Topping 1996). Die Rollenverteilung wird dabei durch das Wissens- bzw. Kompetenzgefälle zwischen Tutor und Tutee bestimmt. Formen gemeinsamen Lernens bei denen eher ein ‚gleichberechtigter' Handlungsspielraum besteht, werden als „kollaborativ" bzw. „kooperativ" bezeichnet (Dillenbourg 1999). Auch wenn in diesem Kapitel die im Deutschen gängige Bezeichnung „kooperatives Lernen" zunächst jede Form gemeinsamen Lernens einschließen soll, wird jedoch im internationalen Forschungsdiskurs zwischen kooperativen und kollaborativen Lernszenarien unterschieden (Damon und Phelps 1989). *Kooperative* Szenarien umfassen eher arbeitsteilige Prozesse, bei denen Lernende die Ergebnisse individueller Bearbeitung von additiven Aufgaben sammeln, ohne notwendigerweise intensiv miteinander zu interagieren. *Kollaborative* Lernszenarien wiederum sehen vor, dass komplexe Aufgaben gleichzeitig und gemeinsam, also in enger wechselseitiger Abstimmung miteinander, bearbeitet und diskutiert werden. Die Kategorisierung dieser Grundformen gemeinsamen Lernens wird in Bezug auf ihre Trennschärfe allerdings von einigen Autoren als problematisch angesehen (z. B. Dillenbourg 1999). So kann kooperatives und kollaboratives Lernen in stark heterogenen Gruppen Charakteristika von Peer-Tutoring annehmen, sofern Lernende mit hohem Vorwissen beispielsweise die Rolle des Erklärenden übernehmen. Des Weiteren beruhen kollaborative Lernszenarien auch auf individuellen Beiträgen bzw. können kooperative Lernszenarien in Diskussionen, Koordinationsprozessen und andauernden Interaktionen münden. Die Trennung der Begriffe lässt sich folglich durch das Aufgabenmerkmal der Arbeitsteilung allein nur schwer aufrechthalten.

Um die Trennschärfe zwischen diesen Grundformen gemeinsamen Lernens zu erhöhen und so eine genauere Systematisierung zu ermöglichen, wird in diesem Kapitel ein Modell vorgestellt, das zunächst Formen technischer Unterstützung und anschließend weitere Aufgabenmerkmale bzw. -typen differenziert, die den genannten Grundformen deutlicher zugeordnet werden können. So lassen sich je nach Aufgabentyp unterschiedliche CSCL-Szenarien systematisieren und je nach Intention gestalten. In Aufgaben mit einer definierten „besten Lösung" etwa kann es darum gehen, einen idealen Lösungsweg zu entdecken, um diesen innerhalb einer Lerngruppe zu teilen. Mit Aufgaben, die vielfältige Perspektiven und Lösungswege zulassen, können Lernende aufgefordert werden, miteinander zu diskutieren, um unterschiedliche Herangehensweisen zu explorieren und zu elaborieren.

Das in diesem Kapitel vorgestellte Modell soll dabei helfen, das definitorische Problem zu lösen, das sich aus der technischen wie pädagogischen Vielfalt von CSCL-Szenarien und der Unschärfe der Kooperation-Kollaboration-Unterscheidung ergibt. Darüber hinaus soll es einen Ansatz für das erkenntnistheoretische Problem bieten, systematisch Befunde zur Wirksamkeit von CSCL vor dem Hintergrund technischer sowie aufgabenspezifischer Charakteristika zu akkumulieren und letztlich, mithilfe dieser Einordnung CSCL-Szenarien gestalten zu können.

## 2 Technische Unterstützung für Szenarien gemeinsamen Lernens

Mit Hilfe von Informations- und Kommunikationstechnologie (IKT) kann sowohl das gemeinsame, ausschließlich computer-mediierte Lernen an unterschiedlichen Orten, als auch das ko-präsente computer-unterstützte Lernen an einem gemeinsamen Ort realisiert werden. Dabei wird davon ausgegangen, dass die Technologie die Lernenden darin unterstützt, ihre Ideen und ihr Wissen zu repräsentieren und zu teilen (Van Drie et al. 2005). Dieses externalisierte Wissen, das gemeinsam – beispielsweise in Form einer Mindmap – entwickelt wird, kann den Lernenden helfen, den Fokus auf relevante Konzepte zu legen, d. h. die Art der Wissensrepräsentation hilft dabei, kognitive Prozesse zu lenken (*representational guidance*; Toth et al. 2002).

In den folgenden Abschnitten werden Formen der technischen Unterstützung von ko-präsenten und computer-mediierten CSCL-Szenarien vorgestellt.

### 2.1 Ko-präsente technologie-unterstützte Lernszenarien

In ko-präsenten CSCL-Szenarien befinden sich die Lernenden zusammen an einem Ort und können unmittelbar miteinander sowie mit einer oder mehreren Technologien interagieren. Dabei soll sich die soziale Situation positiv auf Motivation und

Kommunikation der Lernenden auswirken (Roschelle und Teasley 1995), wodurch das gemeinsame Lernen unterstützt werden kann. Zur technologischen Unterstützung des Lernens können unter anderem Desktop-Computer, Tabletops, Tablets oder Hand-Helds eingesetzt werden.

### 2.1.1 Ko-präsentes Lernen am Desktop-Computer

Gemeinsames Lernen am Desktop sieht die Interaktion mehrerer Lernender mit einem stationären Desktop-Computer vor. Diese Art der Technologieunterstützung von ko-präsentem kooperativen Lernen hat eine lange Tradition und wird gerade in Schulen weiterhin auch aus praktischen Gründen eingesetzt, wenn es beispielsweise weniger Geräte als Nutzer gibt und die Schüler und Schülerinnen somit an einem Gerät zusammenarbeiten. Dies beinhaltet auch, dass die Lernenden typischerweise den Zugang zu den Eingabegeräten (Maus und Tastatur) teilen. Immer nur ein Lernender kann die Repräsentationen am Bildschirm manipulieren, während andere Lernende der Gruppe eine eher passive Rolle innehaben. Rollen und Aktivitäten müssen explizit koordiniert werden. Aufgaben der technischen und der inhaltlichen Koordination können ungleich verteilt sein, so dass z. B. ein Lernender mit Kontrolle über die Maus die gesamte Gruppe dominiert. Es gibt allerdings auch Ansätze, alle Lernenden gleichzeitig einzubeziehen, z. B. indem mehrere Mäuse an einen Computer angeschlossen werden (Stanton et al. 2002; Szewkis et al. 2011) oder der Bildschirm aufgeteilt wird (Moed et al. 2009).

Klassische Aktivitäten an einem geteilten Desktop-Computer sind unter anderem das gemeinsame Recherchieren von Unterrichtsinhalten, das Erstellen einer Präsentation oder die Interaktion mit Simulationen im Bereich der Naturwissenschaften, z. B. mit Hilfe der „Envisioning Machine" (Roschelle und Teasley 1995). Ein Beispiel für eine sogenannte Inquiry-Lernumgebung ist „Co-Lab", mit der man unter anderem den Treibhauseffekt simulieren und dadurch erforschen kann (Van Joolingen et al. 2005). Die Bereitstellung eines Regulationstools begünstigte hierbei Planungs- und Evaluationsprozesse bei kooperativ lernenden Schülerinnen und Schülern im Alter zwischen 16 und 18 Jahren (Manlove et al. 2009). Mit der Lernumgebung „WISE" (Web-based Inquiry Science Environment; Linn et al. 2003) können Lernende bei der Internetrecherche am PC unterstützt werden (Raes et al. 2016). Zweiergruppen teilen jeweils einen Computer, um im Internet Informationen über Themen wie globale Erwärmung und Klimawandel zu recherchieren. Einen Kernaspekt hierbei stellt die kritische Qualitätsbeurteilung von Internetquellen dar. Um vorteilhafte Interaktionen wie gleichmäßige Beteiligung zu unterstützen, kann zusätzlich ein Kooperationsskript eingesetzt werden (Fischer et al. 2013).

### 2.1.2 Ko-präsentes Lernen am Tabletop

Gemeinsames Lernen am Tabletop beschreibt ein Szenario, in dem eine kleinere Gruppe von Lernenden Inhalte gleichzeitig und ko-präsent mit Hilfe eines gemeinsam genutzten Tabletops erarbeitet. Ein Tabletop ist ein großer Oberflächen-Computer, der sich wie ein Tisch horizontal zwischen den Lernenden befindet und von mehreren Nutzern via direktem Multi-Touch-Input gleichzeitig bedient werden kann (Dillenbourg und Evans 2011).

Tabletops als Multi-Touch-Geräte erleichtern den simultanen Zugang zur Technologie. Mehrere Lernende können direkt (via Touch), gleichzeitig und gleichberechtigt eine geteilte Repräsentation manipulieren, was neue Arten der Interaktion miteinander und mit der Lernumgebung ermöglicht. Die körperlichen Aktivitäten können dabei die kognitiven Prozesse unterstützen (*embodied cognition*; Schneps et al. 2014). Im Kontext des Lernens bezieht sich *Embodiment* auf die Rolle des Körpers bei der Wissens-ko-konstruktion in einer Lernumgebung (Abrahamson 2017). In einem Tabletop-Szenario können etwa vier Lernende eine Gruppe bilden und zusammen komplexe Aufgaben lösen, sowie Verantwortlichkeiten innerhalb der Gruppe diskutieren und koordinieren (Mercier et al. 2014). Auch Tablets werden bereits als „kleine Tabletops" eingesetzt und ermöglichen jeweils zwei Lernenden, gemeinsam Lernaufgaben zu bearbeiten, etwa im Bereich der Mathematik (Rick et al. 2015).

### 2.1.3 Ko-präsentes Lernen mit mobilen Geräten

In einem ko-präsenten CSCL-Szenario teilen die Lernenden nicht notwendigerweise ein einziges Gerät. Gemeinsames Lernen mit mobilen Geräten kann beinhalten, dass die Lernenden mit einem individuell zu benutzendem Gerät ausgestattet werden, dennoch aber gemeinsam die Lerninhalte erarbeiten.

Im Rahmen der Studie von Roschelle et al. (2010) verwendeten Viertklässler die Lernumgebung „TechPALS" (Technology-mediated, Peer-Assisted Learning), um in Dreiergruppen Mathematikprobleme zu lösen, wobei jeder der Lernenden ein eigenes Hand-Held benutzte. Dabei mussten die Lernenden eng zusammenarbeiten, Lösungen abstimmen und Ressourcen teilen, um Fortschritte zu erzielen; auch das Feedback wurde nur auf Gruppenebene gegeben. Überdies kann es auch Sinn machen, individuelle und gemeinsame Lernphasen zu kombinieren. Zum Beispiel erstellten in einer Studie von Gijlers et al. (2013) Lernende im Alter zwischen 10 und 11 Jahren zunächst individuelle Repräsentationen naturwissenschaftlicher Phänomene wie Fotosynthese oder Wasserkreislauf auf separaten Tablets, teilten und verglichen dann ihre Zeichnungen online mit einem Peer, um sich abschließend auf eine gemeinsame Repräsentation zu einigen.

### 2.1.4 Sonstige Technologie für ko-präsentes Lernen

Eine neuartige Umsetzung ko-präsenten kooperativen Lernens stellt zum Beispiel das „STEP"-Projekt dar (Science Through Technology Enhanced Play; Danish et al. 2015). Um die Rolle von *Embodiment* beim Lernen zu berücksichtigen, wurden in STEP kollektive verkörperlichte Lernerfahrungen realisiert. Kinder im Alter zwischen sieben und acht Jahren konnten etwas über chemische Konzepte lernen, indem sie sich im gesamten Klassenzimmer bewegten. Ihre Position wurde mit Hilfe von Microsoft-Kinect-Kameras erfasst. Eine Projektion an der Wand zeigte ein chemisches Element, das seinen Aggregatzustand abhängig von der Bewegung der Kinder im Raum änderte.

## 2.2 Computer-mediierte Lernszenarien

Wie das *K* für *Kommunikation* in IKT bereits nahelegt, umfasst computer-mediiertes Lernen alle Arten des gemeinsamen Lernens von räumlich verteilten Lernenden. Computer-mediierte Kommunikation kann mehr oder weniger synchron bzw. asynchron sein, d. h. die online miteinander interagierenden Teilnehmenden können Plattformen nutzen, in denen eine unmittelbare Antwort erwartet wird (synchron), wie beispielsweise in Chats, virtuellen Welten oder Videokonferenzen, oder sie erwarten eine gewisse Verzögerung (asynchron), wie das zum Beispiel bei Foren oder E-Mails üblich ist. Darüber hinaus kann die Kommunikation mehr oder weniger stark durch die eingesetzten Medienformate angereichert werden, z. B. indem das Teilen von Texten oder Videos unterstützt wird (s. Weinberger und Mandl 2003). Manchmal bieten die Plattformen verschiedene Arten der Kommunikationsmedien an. Zum Beispiel gibt es auf der Plattform „Euroland" beides: asynchrone Diskussionsforen, sowie eine virtuelle Welt, in der die Lernenden ein lokales Klassenzimmer zu einer größeren Online-Community erweitern können (Ligorio und Van der Meijden 2008).

### 2.2.1 Synchrones computer-mediiertes Lernen

Synchrone computer-mediierte Lernszenarien beinhalten, dass sich die Lernenden gleichzeitig, jedoch räumlich voneinander getrennt, an einem Lernprozess beteiligen, indem sie gemeinsam die Aufgaben in einer Lernumgebung bearbeiten, z. B. bei der gemeinsamen Erstellung und Bearbeitung eines geteilten Dokuments (Van Bruggen et al. 2002). Obwohl Videos eine große Rolle bei der Übertragung von Vorlesungen oder der Bereitstellung von eins-zu-eins Tutorien spielen, gibt es relativ wenig systematische CSCL-Forschung zu Videokonferenzen (Ertl et al. 2006). In einem solchen Szenario kommunizieren die Lernenden via Videochat und arbeiten simultan in einem geteilten Arbeitsbereich, erstellen gemeinsam eine Concept-Map oder ko-konstruieren Argumente. Kleine Gruppen von Online-Lernenden können zusammengestellt werden, um gemeinsam eine wissenschaftliche Fragestellung zu erforschen, aber auch größere Online-Kurse und MOOCs (Massive Open Online Course) bauen zum Teil auf kooperativen Szenarien auf und beinhalten typischerweise eine Plattform für soziale Interaktionen. Die Lernumgebung Virtual Math Teams (Stahl 2006) verbindet Lernende über das Internet, sodass Mathematikprobleme mit Hilfe eines geteilten Whiteboards und eines Chats gemeinsam diskutiert und gelöst werden können, mit dem Ziel mathematische Prinzipien vertieft zu verstehen. Als lokal beschränkte Intervention beginnend, entwickelte sich dieses Projekt zu einer weltumspannenden Online-Mathematik-Community (Stahl 2006).

Auch virtuelle Welten können als computer-mediierte CSCL-Szenarien dienen: In einer virtuellen Welt steuern die Lernenden einen Avatar und können die Avatare von Peers treffen und mit ihnen interagieren. Diese Szenarien sind stark von MMORPGs (Massive Multiplayer Online Role-Playing Games) beeinflusst und bauen tatsächlich oft auch auf den entsprechenden Spielewelten auf. Zum Beispiel wurde die Spielewelt Second Life genutzt, um das Erlernen von Fremdsprachen (Chen 2016; Hsiao et al. 2015) oder MINT-Inhalten (August et al. 2016) zu unterstützen.

### 2.2.2 Asynchrones computer-mediiertes Lernen

In asynchronen computer-mediierten Lernszenarien wird nicht notwendigerweise gleichzeitig, sondern zeitversetzt gemeinsam gelernt, z. B. durch Diskussionen in Online-Foren oder sozialen Netzwerken. CSCL ist zwar als „synchrone Aktivität" definiert (Roschelle und Teasley 1995), allerdings kann asynchrones CSCL ebenfalls gemeinsames Lernen ansprechen, da die Lernprozesse zwar nicht zeitlich synchron, aber dennoch „transaktiv", d. h. unter hoher wechselseitiger Bezugnahme der Lernenden ablaufen können (Teasley 1997). Asynchrone computer-mediierte Lernszenarien sind üblicherweise text-basiert und wurden bereits in vielfältigen Plattformen und Kontexten eingesetzt (Clark et al. 2003). Asynchrone Szenarien bieten durchaus Vorteile. So können asynchrone Szenarien z. B. gleichberechtigte und qualitativ hochwertige Teilnahme am argumentativen Diskurs unterstützen, da Argumente sorgfältig vorbereitet und zusätzliche Informationsquellen recherchiert werden können.

Aktuell wird CSCL auch in ebenfalls asynchronen sozialen Netzwerken praktiziert und erforscht (Tsovaltzi et al. 2015). In sozialen Netzwerken werden die persönlichen Profile der Lernenden salient und Informationen können leicht innerhalb von verschiedenen Freundesgruppen und größeren Gemeinschaften geteilt werden (Kreijns et al. 2013).

## 3 Aufgabenmerkmale und Sozialformen gemeinsamen Lernens

CSCL-Szenarien umfassen unterschiedliche Formen des gemeinsamen Lernens. Neben der Form des Peer-Tutorings (Topping 1996), wird insbesondere die Unterscheidung zwischen „Kooperation" und „Kollaboration" innerhalb der CSCL-Forschung kontrovers diskutiert. Das Problem einer begrifflichen Trennung besteht insbesondere in dem großen Interpretationsspielraum beider Bezeichnungen und darin, dass die Unterscheidung zwischen Kooperation und Kollaboration eher als Kontinuum zu verstehen ist (Dillenbourg 1999). Aus bildungstechnologischer Perspektive stellt sich die Frage, wie Szenarien gemeinsamen Lernens auf dem Kontinuum zwischen „Kooperation" und „Kollaboration" gestaltet werden können, um bestimmte Interaktionsformen anzuregen. Dazu bieten sich Merkmale der Aufgabe an, die unterschiedliche Formen der Transaktivität bzw. Interaktivität hervorbringen und sich folglich an verschiedenen Stellen des Kontinuums bewegen. So verweist z. B. Dillenbourg (1999) auf die Bedeutung der Aufgabenteilung und sozialen Interdependenz, wenn geteilte Aufgaben den Austausch von Informationen bzw. Interaktionen notwendig machen. Neben dem Merkmal der Arbeitsteilung können weitere Strukturmerkmale von Aufgaben unterschieden werden, welche ebenfalls zur Differenzierung gemeinsamer Lernformen nutzbar gemacht werden können. Derartige Aufgabentaxonomien, also eine Einteilung von Aufgaben nach bestimmten Merkmalen, finden sich u. a. in der Sozialpsychologie hinsichtlich der Produktivität von Gruppen (siehe Steiner 1972), im Bereich der Kognitionspsychologie (Bloom et al. 1956), oder der Allgemeinen Didaktik (Mager 1965). Zur Kategorisierung von CSCL-Szenarien sind derartige

Kategorisierungssysteme unterrepräsentiert. Die Taxonomisierung nach Aufgabenmerkmalen bietet für die Systematisierung von CSCL-Szenarien entscheidende Vorteile einer genaueren Unterscheidung. Im Rahmen dieses Modells soll das Aufgabenmerkmal „Offenheit" als Ausgangspunkt genutzt werden, um Unterschiede hinsichtlich der Sozialformen „Peer-Tutoring", „Kooperation" und „Kollaboration" herauszuarbeiten, sowie die Verbindung zu weiteren Aufgabenmerkmalen zu diskutieren.

### 3.1 Offenheit der Aufgabe

Die „Offenheit der Aufgabe" schränkt ein, inwieweit Individuen selbstständig festlegen können, wie sie die Aufgabe bearbeiten wollen (Maier et al. 2010; Leuders 2015). Nach Newell und Simon (1972) bezeichnet die Offenheit einer Aufgabe das Ausmaß, in dem die Anfangssituation, der Lösungsweg sowie das Ziel einer Aufgabe vorgegeben sind. Maier et al. (2010) trennen diesbezüglich definierte von undefinierten Aufgaben.

Bei *definierten Aufgaben* gibt es einen klaren Ausgangszustand. Damit ist gemeint, dass die in der Aufgabe enthaltenden Frage- bzw. Problemstellung den Lernenden vorgegeben wird. Folglich handelt es sich bei *undefinierten Aufgaben* um Aufgaben, bei denen die Fragestellung eher offen ist, sodass die Frage- bzw. Problemstellung während der Aufgabenbearbeitung erst definiert werden muss.

Zudem unterscheidet Maier et al. (2010) zwischen konvergenten und divergenten Aufgaben. Während bei *konvergenten Aufgaben* nur eine bestimmte Lösung zugelassen ist, gibt es bei *divergenten Aufgaben* mehrere Lösungswege.

Kombiniert erhält man so insgesamt drei logische Aufgabentypen, die die Sozialformen gemeinsamen Lernens weitgehend festlegen: definiert-konvergente, definiert-divergente und undefiniert-divergente Aufgaben. Bei definiert-konvergenten Aufgaben gibt es eine klare Frage- bzw. Zielstellung sowie eine „richtige" Lösung. Bei definiert-divergenten Aufgaben ist zwar die Aufgabenstellung klar, jedoch existieren mehrere Lösungsmöglichkeiten. Gegensätzlich dazu ist bei undefiniert-divergenten Aufgaben die genaue Frage- bzw. Zielstellung unklar. Daraus folgt, dass undefinierte Aufgaben stets mehrere Lösungsmöglichkeiten zulassen. Der Typus undefiniert-konvergenter Aufgaben wird ausgeschlossen, da Aufgaben nicht offen sein und gleichzeitig nur eine konvergente Lösungsmöglichkeit zulassen können. Im Rahmen unseres Modells zielen diese spezifischen Aufgabentypen wiederum auf bestimmte Formen gemeinsamen Lernens ab.

### 3.2 Peer-Tutoring mit definiert-konvergenten Aufgaben

Peer-Tutoring-Szenarien sehen das Erklären und Modellieren als Aufgabe von Lernenden an. Während dabei typischerweise der Lernerfolg des Tutees im Mittelpunkt steht, vertiefen auch die Tutoren ihr Wissen durch Erklärungen (z. B. Webb 2013). CSCL-Szenarien können auch gegenseitiges Erklären mit abwechselnden Tutor- und Tutee-Rollen vorsehen. In einer Studie von Walker et al. (2011) wechselten sich Lernende in einem computer-mediierten Szenario darin ab, Gleichungen zu lösen und sich gegenseitig zu erklären. Dabei wurden sie zusätzlich durch Ressourcen, Hinweise und adaptive Hilfen, wie etwa vorgegebene Satzanfänge für Fragen und Aufforderungen unterstützt. Die mathematischen Aufgaben stellen dabei ein typisches Beispiel für definiert-konvergente Aufgaben dar. Solche Aufgaben sind eindeutig hinsichtlich der Aufgabenstellung, des Ausgangspunkts als auch des Zielzustandes, der Auflösung der Gleichung. Auch wenn mathematische Aufgaben mitunter unterschiedlich gelöst werden können, gibt es doch einen eindeutigen Zielzustand und nur begrenzte Möglichkeiten diesen zu erreichen.

### 3.3 Kooperatives Lernen mit definiert-divergenten Aufgaben

Das gemeinsame Ziel des kooperativen Lernens besteht darin, dass grundsätzlich alle Individuen einer Gruppe Wissen erwerben bzw. lernen sollen. Positive Abhängigkeit beschreibt dabei das „Herzstück" von Kooperation (Johnson und Johnson 2009). Kooperatives Lernen wird dann als erfolgreich angesehen, wenn alle Lernenden ein geteiltes Lernziel erreichen. Dabei sind eine Aufgabenteilung und entsprechende individuelle Leistungen allerdings durchaus vorgesehen. Gerade multidisziplinäre Lerngruppen können Aufgaben nach disziplinären Gesichtspunkten aufteilen. In einer Videokonferenz-Studie arbeiteten etwa Medizin- und Psychologiestudierende zusammen, um komplexe Patientenfälle zu bearbeiten (Meier et al. 2007). Die Lerngruppen identifizierten und bearbeiteten Unteraufgaben entsprechend ihres individuellen disziplinären Hintergrunds. Während die Aufgabe in diesem Fall hinsichtlich des Ausgangszustandes gut definiert war, konnten die Fallinformationen unterschiedlich interpretiert und entsprechend unterschiedliche Diagnosen erstellt werden. Die Studie zeigte, dass die Koordination von Teilaufgaben, Zeit und Technik wesentliche Merkmale erfolgreicher kooperativer Lerngruppen waren. Die Koordination und Kombination der jeweiligen disziplinären Perspektiven stellt dabei ein wesentliches Erfolgskriterium kooperativen Lernens dar.

### 3.4 Kollaboratives Lernen mit undefiniert-divergenten Aufgaben

Die überwiegende Mehrheit der in den vergangenen Jahren erforschten CSCL-Szenarien zielt auf kollaboratives Lernen ab und beruht entsprechend auf undefiniert-divergenten Aufgaben. Kollaboratives Lernen fokussiert auf die transaktive Interaktion der Lernenden, wobei sich insbesondere das Kriterium der Transaktivität auf einem Kontinuum bewegt, da sich Lernende in manchen Situationen mehr, in manchen weniger aufeinander beziehen können. Das Merkmal Transaktivität stellte sich in mehreren Studien als zentrales Erfolgskriterium von CSCL-Szenarien heraus (Teasley 1997; Weinberger et al. 2005). Es handelt sich folglich beim kollaborativen Lernen um eine Form des gemeinsamen Lernens, bei der eine Aufteilung von Aufgaben, Rollen und Ressourcen nur schwer möglich ist. Zudem entsteht dabei ein Produkt, welches nicht notwendigerweise auf individuelle Teilleistungen oder Zielsetzungen zurückführbar ist. Entsprechend kennzeichnen typische Beispiele für undefiniert-divergente Aufgaben wie sie in kollaborativen CSCL-Szenarien eingesetzt werden, die Diskussion kontroverser Themen. So diskutieren in einer Studie von Tsovaltzi et al. (2015) Lehramtsstudierende auf Facebook Ethik und Effizienz von Unterrichtsmethoden, die auf behavioristischen Prinzipien beruhen, und werden dabei durch Kooperationsskripts (Fischer et al. 2013) und Awareness Tools (Tsovaltzi et al. 2015) unterstützt.

## 3.5 Weitere Merkmale gemeinsamer Lernaufgaben

Das hier vorgestellte Modell zur Systematisierung von CSCL-Szenarien orientiert sich zunächst am Merkmal „Offenheit der Aufgabe" bzw. ist an der Offenheit von Ausgangszustand und Lösungsweg orientiert. Dieses Merkmal hängt allerdings mit zahlreichen weiteren Merkmalen zusammen. Im Folgenden werden ausgewählte Aufgabentaxonomien vorgestellt, in Bezug zur Offenheit der Aufgabe und den drei Ausprägungen (definiert/konvergent, definiert/divergent, undefiniert/divergent) gesetzt und vor dem Hintergrund von CSCL-Szenarien diskutiert.

### 3.5.1 Aufgabenziel

Ein entscheidendes Merkmal von Aufgaben ist das Ziel, das durch die Aufgabenbearbeitung erreicht werden soll. Für CSCL-Szenarien ist zunächst hervorzuheben, dass das Aufgabenziel meist ein gemeinsames Ziel mehrerer Individuen darstellt. Johnson und Johnson (2009) beschreiben das Verhältnis zwischen Zielen und Gruppenaufgaben mit dem Begriff der positiven Abhängigkeit. Lernende sind dann positiv voneinander abhängig, wenn die Aufgaben- und Zielstruktur nur dann den Erfolg des einzelnen Individuums ermöglicht, wenn alle Individuen einer Lerngruppe erfolgreich sind (Johnson und Johnson 2009). Eine typische Zielbedingung von CSCL-Szenarien ist dabei, dass sich Gruppenmitglieder auf ein gemeinsames Ergebnis des Zusammenarbeitens einigen müssen. Eine Besonderheit von CSCL-Szenarien ist, dass dieses gemeinsame Ziel nicht notwendigerweise ein „sichtbares Produkt" (z. B. eine Mind-Map) sein muss, da oftmals das Lernen bzw. der Wissenserwerb als Ziel vordergründig ist.

In Bezug auf das vorgestellte Modell und die Offenheit der Aufgabe steht im Vordergrund, inwieweit das Aufgabenziel definiert ist. Die Definiertheit der Aufgabe ist hier Voraussetzung für eine arbeitsteilige Aufgabe, wie es in Peer-Tutoring- und in kooperativen Szenarien vorgesehen ist. Beim Peer-Tutoring besteht zwischen Tutor und Tutee z. B. eine Form der Zielabhängigkeit durch ein definiertes Lernziel. Das gemeinsame Ziel besteht darin, dass die Vermittlung eines Sachverhaltes durch den Tutor gelingt. Dabei kann auch der Tutor eigene Wissensbestände aktivieren und somit (selbst-)erklärend verarbeiten (Webb 2013). Ist eine Aufgabe definiert und divergent – also „kooperativ", könnten mehrere Lösungsversuche arbeitsteilig vorgenommen werden. Die Besonderheit bei eher kollaborativ ausgerichteten, d. h. undefiniert-divergenten Aufgaben hingegen liegt darin, dass Produkte bzw. das Lernziel nur schwer auf ein einzelnes Individuum zurückgeführt werden können.

Ist der Zielzustand nicht klar definiert, ist es womöglich erforderlich, dass die Gruppe zunächst den Problemraum für sich definiert, was nur schwer arbeitsteilig vorstellbar ist. Hier zeigt sich, dass die Frage nach der Offenheit einer Aufgabe zwar als zentral erscheint, die weitere Unterscheidung von Aufgabenmerkmalen jedoch notwendig ist. Gerade bei undefiniert-divergenten Aufgaben, können Gruppen ihre Arbeitsprozesse selbstständig strukturieren oder zusätzliche unterstützende Strukturvorgaben erhalten, z. B. Skripts. Die Chance einer genauen Analyse von Aufgabenmerkmalen besteht darin, dass so CSCL-Szenarien konkret eingeteilt und analysiert werden können und die Frage, welche Interaktionen aus bestimmten Aufgaben hervorgehen, dann im Anschluss gestellt werden kann.

### 3.5.2 Aufgaben-, Rollen- und Ressourcenverteilung

In CSCL-Szenarien wird die Notwendigkeit des „gemeinsamen Arbeitens und Lernens" oftmals durch Strukturvorgaben des instruktionalen Designs hergestellt. Das heißt, dass durch die Strukturierung von Aufgaben Bedingungen geschaffen werden, durch die kooperatives (oder kollaboratives) Verhalten – im Sinne einer gemeinsamen Zielerreichung – erforderlich wird. Innerhalb der CSCL-Forschung wird eine solche Gestaltung mithilfe des Begriffs der „Kooperationsskripts" behandelt. Wie in einem „Drehbuch" legen Kooperationsskripts den Ablauf eines CSCL-Szenarios fest (Fischer et al. 2013). Durch die Strukturierung des Kooperationsprozesses sollen gezielt lernförderliche Interaktionen angeregt werden. Die Aufteilung des Arbeitsprozesses in verschiedene (oftmals komplementäre) Teile ist dabei zentral, was dem Merkmal der Arbeitsteilung und folglich eher kooperativ ausgerichteten Szenarien entspricht. Kooperatives Verhalten wird z. B. dadurch hergestellt, dass durch die Aufteilung von Lernmaterialien oder bestimmten Teilaufgaben wechselseitige Abhängigkeiten geschaffen werden. Lernende kooperieren, weil sie auf Informationen des jeweils anderen angewiesen sind und demnach nur gemeinsam erfolgreich sein können.

Im Kontext von CSCL-Szenarien können Kooperationsskripts Aufgabenteile, Rollen oder Ressourcen zwischen den Individuen aufteilen. Dabei ist zu betonen, dass Aufgaben, Rollen oder Ressourcen oftmals verbunden sind. Z. B. kann durch die Verteilung von Wissen als Ressource die Rolle des Experten hergestellt werden, mit der wiederum bestimmte Aufgaben, Handlungen oder Teilziele verbunden sind. Insofern können Kooperationsskripts Aufgabentypen ineinander überführen. Ein weit verbreitetes Kooperationsskript ist z. B. das „Gruppenpuzzle" oder auch „Jigsaw-Methode" genannt (Aronson et al. 1978; Renkl 2007). Beim Gruppenpuzzle durchlaufen Lernende unterschiedliche Phasen. In einem ersten Abschnitt bearbeiten Lernende ein bestimmtes Thema individuell. Dadurch erhalten sie Zugriff zu einer bestimmten Ressource bzw. bestimmten Informationen. Im Anschluss finden sich mehrere Individuen, die zuvor Zugang zu einer bestimmten Ressource hatten, in Expertengruppen zusammen und diskutieren die identischen Inhalte. In einer abschließenden Phase werden Stammgruppen gebildet, bei denen je ein Experte für jeden Inhaltsbereich vertreten ist. In den einzelnen Stammgruppen können dann unterschiedliche Aufgaben durchlaufen werden. Die Experten teilen ihr Wissen im Sinn des Peer-Tutoring. Einzelne Aufgabenbestandteile werden kooperativ zusammengeführt und die Stammgruppe kann eine gemeinsame Aufgabe bearbeiten, bei der sämtliche Ressourcen von allen Experten verwendet werden müssen, um das Ziel erfolgreich zu erreichen. Am Beispiel des Gruppenpuzzles zeigt sich eine wesentliche Schwierigkeit bei der Unterscheidung zwischen Peer-Tutoring, Kooperation und Kollaboration. Zwar ist der Arbeitsprozess des Gruppenpuzzles auf die Individuen verteilt, jedoch beinhaltet das Gruppenpuzzle ebenfalls Phasen, in denen ein hohes Maß an Interaktivität erreicht werden könnte.

### 3.5.3 Didaktische Funktion

Die Gestaltung von CSCL-Szenarien auf der Basis bestimmter Gruppenaufgaben dient der Förderung von Lernaktivitäten, durch die bestimmte kognitive Prozesse angeregt werden sollen. Leuders (2015) differenziert vor diesem Hintergrund unterschiedliche didaktische Funktionen von Lernaufgaben. So kann eine Aufgabe z. B. dafür ausgelegt sein, dass Lernende etwas erkunden, systematisieren, üben, anwenden oder überprüfen. Derartige Einteilungen scheinen für CSCL-Szenarien interessant, da so Interaktionen (sowie die unterschiedlichen Formen gemeinsamen Lernens) hinsichtlich konkreter Lernaktivitäten betrachtet werden können. Maier et al. (2010) unterscheiden verschiedene kognitive Prozesse, nach denen Aufgaben kategorisiert werden können. In Anlehnung an die Bloomsche Taxonomie (Bloom et al. 1956) trennen Maier et al. (2010) zwischen Reproduktions-, nahen und weiten Transfer- sowie kreativen Problemlöseaufgaben. Vor dem Hintergrund der Unterscheidung zwischen Peer-Tutoring, Kooperation und Kollaboration ließe sich argumentieren, dass z. B. kollaborativ ausgerichtete CSCL-Szenarien eher mit kreativen Problemlöseaufgaben assoziiert sind, da kreative Problemlösungen die Generierung neuen Wissens bzw. Problemlösungen erfordern. Entsteht eine solche Problemlösung durch transaktive Interaktionen, können einzelne Wissenselemente oder Beiträge – im Sinne von Arbeitsteilung – nur schwer auf einzelne Individuen zurückgeführt werden. Im Gegensatz dazu bieten sich kooperative, also arbeitsteilige Prozesse bei Aufgaben an, die durch bereits vorhandenes bzw. klar definiertes Wissen gelöst werden können (z. B. Reproduktion). Eine Teilung von Informationen oder Teilaufgaben setzt folglich voraus, dass die einzelnen Teile zu einem „Ganzen" komplementär zusammengesetzt werden können, was wiederum bedeutet, dass das „Ganze" zuvor definiert werden muss.

## 4 Modell zur Systematisierung von CSCL-Szenarien

Unser Modell zur Einordnung von CSCL Szenarien fügt beide Hauptdimensionen des Konzepts „CSCL" zusammen, nämlich die Formen technischer Unterstützung (**CS**) einerseits und die Sozialformen gemeinsamen Lernens (**CL**) andererseits (s. Tab. 1). Daraus ergibt sich eine Matrix, mit deren Hilfe Typen von CSCL-Szenarien identifiziert und systematisiert werden können.

**Tab. 1** Technisch-aufgabenbezogene Matrix der CSCL-Szenarien mit beispielhaften Szenarien

|  |  | Peer Tutoring – Definiert und konvergent | Kooperatives Lernen – Definiert und divergent | Kollaboratives Lernen – Undefiniert und divergent |
|---|---|---|---|---|
| **Ko-präsent** | | A) *Tutor im Computerraum* | B) *Aufgabenteilung am Computer* | C) *Gemeinsame Interaktion am Tabletop* |
| **Computer-mediiert** | synchron | D) *Tele-Tutor* | E) *Wissen teilen und Web-Rallye* | F) *Gemeinsames Problemlösen in Online-Gruppen* |
| | asynchron | | | |

Beispiele:

A) *Tutor im Computerraum.* Ein Tutor verwendet digitale Lernressourcen und Werkzeuge wie z. B. ein interaktives Whiteboard und erklärt Tutees am Computer einen Sachverhalt

B) *Aufgabenteilung am Computer.* Lernende schreiben unterschiedliche Teile eines Essays und fügen ihn an einem Rechner zusammen

C) *Gemeinsame Interaktion am Tabletop.* Lernende stehen um ein Tabletop und diskutieren, welche Variablen eines simulierten Ökosystems geändert werden sollen, um einen selbst gewählten Zielzustand zu erreichen.

D) *Tele-Tutor. Synchron*: In einer Videokonferenz gibt ein Tutor vor, wie eine Aufgabe am Rechner zu lösen ist. Dabei kann der Tutor z. B. den Computer des Tutees kurzfristig übernehmen.
*Asynchron*: Lernende bearbeiten eine Mathematikaufgabe mit einer eindeutigen Lösung und stellen einem Tutor per E-mail Fragen, wenn sie nicht mehr weiterkommen.

E) *Wissen teilen und Web-Rallye Synchron:* Lernende verabreden sich zu einem Chat, in dem sie die jeweiligen individuellen Lösungsansätze für die Hausaufgaben miteinander teilen.
*Asynchron*: Lernende sollen online so viele Webseiten zu einem Thema finden wie möglich und diese Webseiten auf einer Wiki-Seite in einer Tabelle sammeln.

F) *Gemeinsames Problemlösen in Online-Gruppen Synchron*: Lernende diskutieren Problemfälle in einer Videokonferenz und erstellen dabei eine gemeinsame Concept-Map.
*Asynchron*: Lernende sammeln in einem Diskussionsforum Argumente für oder gegen einen bestimmten Ansatz mit dem Ziel, zu einer gemeinsamen Einschätzung zu gelangen.

Neben dieser Matrix, die eine praktikable Unterscheidung und Kategorisierung von CSCL-Szenarien ermöglichen soll, werden im Folgenden weitere Dimensionen berücksichtigt, die Szenarien über technische Unterstützung und Grundformen gemeinsamen Lernens hinaus kennzeichnen, nämlich Größe der Lerngruppe, Zeitrahmen, Kommunikationsmodus und Gruppenzusammenstellung.

*Größe der Lerngruppe.* Ein Fokus von CSCL-Forschung und -Praxis liegt auf Kleingruppen mit drei bis etwa sieben Teilnehmenden. Diese Gruppengröße soll gewährleisten, dass Lernende ausreichend viele unterschiedliche Perspektiven einbringen und jedes Gruppenmitglied Gelegenheit erhält, diese Perspektiven zu diskutieren. Dabei treten auch Phänomene wie motivationale Vor- und Nachteile auf, wie etwa gegenseitiges Helfen aber auch soziales Trittbrettfahren. Die Dyade stellt einen Sonderfall einer Kleingruppe dar, indem sich Diskussionsbeiträge immer eindeutig auf den jeweils anderen beziehen. Ebenso als Sonderfall können größere Gruppen bzw. Lerngemeinschaften gelten, die Interessen teilen, Ressourcen zusammentragen und auch diskutieren. Hier ist eine geringe Beteiligung bzw. passive Teilnahme einzelner Mitglieder typisch und notwendig, um eine kohärente Diskussion zu ermöglichen.

*Zeitrahmen.* Insbesondere in computer-mediierten, text-basierten CSCL-Szenarien ist Zeit ein wichtiger Moderator für Gruppenprozesse (Weinberger und Mandl 2003). Während ko-präsente Lernende sich schneller miteinander abstimmen können, benötigen Koordinationsprozesse, z. B. das Vereinbaren eines Termins per E-Mail, in textbasierter Kommunikation mehr Zeit. Weiterhin ist davon auszugehen, dass Entwicklungsverläufe von Lerngruppen abhängig vom vorgesehenen Zeitrahmen zum Vorschein kommen können oder auch nicht. Bestimmte CSCL-Szenarien, insbesondere auch Lerngemeinschaften, sehen langfristiges und sogar generationenübergreifendes Lernen vor.

*Kommunikationsmodus.* In computer-mediierten Lernszenarien stehen sowohl schriftliche als auch Video- und Ton-basierte Kommunikationstechnologien zur Verfügung. Während schriftliche oder text-basierte CSCL-Szenarien weit verbreitet sind, gibt es nur wenige Studien zum Lernen über Videokonferenzen (Ertl et al. 2006).

*Gruppenzusammenstellung.* Die Gruppenzusammenstellung kann ein Lernszenario auf der Achse der Grundformen des gemeinsamen Lernens verändern. Z. B. können besonders heterogene Gruppen dazu neigen, von kooperativ/kollaborativen Szenarien hin zu Peer-Tutoring-Szenarien überzugehen. Diese Gruppenzusammenstellung kann Teil des instruktionalen Designs einer kooperativen Lernumgebung zusammen mit weiteren Struktur- und Unterstützungsmaßnahmen sein, z. B. Kooperationsskripts. Eine zufällige Gruppenzusammenstellung hingegen definiert ein CSCL-Szenario nicht a priori. Zwar ist davon auszugehen, dass die Gruppenzusammenstellung mit bestimmten Formen gemeinsamen Lernens einhergeht (z. B. beim heterogenen Peer-Tutoring), jedoch hängt das Verhältnis stark von der jeweiligen Situation des CSCL-Szenarios ab, da auch z. B. heterogene Lerngruppen mit unterschiedlichem Vorwissen in undefinierten sowie konvergenten Szenarien stark interaktiv arbeiten können.

## 5 Fazit zu Möglichkeiten und Grenzen eines Modells der CSCL-Szenarien

CSCL umfasst sowohl ko-präsente als auch computer-mediierte Szenarien, die wiederum auf synchroner oder asynchroner Kommunikation beruhen können. Zur Differenzierung unterschiedlicher Sozialformen können Aufgabenmerkmale herangezogen werden. Eine zentrale Rolle bei der Gestaltung von CSCL-Szenarien spielt das Merkmal „Offenheit der Aufgabe". Dieses Aufgabenmerkmal erfordert bestimmte Lernaktivitäten, die mehr oder weniger arbeitsteilig oder interaktiv durchgeführt werden. Während die Unterscheidung unterschiedlicher Sozialformen gemeinsamen Lernens (Peer-Tutoring, kooperativ, kollaborativ) oftmals erst post-hoc erfolgen kann, hilft eine geplante Aufgabenwahl und -gestaltung dabei, CSCL-Szenarien a priori zu klassifizieren.

Die Kategorisierung der CSCL-Szenarien auf technischer Basis sowie in Bezug auf die Aufgaben ermöglicht in einem weiteren, empirischen Schritt eine Einordnung von CSCL-Studien. Eine Cluster-Analyse von über 700 Studien zu MINT-bezogenen CSCL-Umgebungen auf der Basis zeigt (McKeown et al. 2017), dass sich ein Großteil der CSCL-Forschung mit undefiniert-divergenten Aufgaben in ko-präsenten Kontexten (34 %) oder in asynchronen, computer-mediierten Lernumgebungen (20 %) beschäftigt. Asynchrone (21 %) und synchrone (10 %) Tutor- bzw. Lehrkraft-geführte Diskussionen machen neben weiteren Sonderfällen allerdings ebenfalls große Teile der CSCL-Forschungskontexte aus. Diese Cluster-Analyse zielt nicht auf eine trennscharfe Unterscheidung von CSCL-Szenarien ab und es wird nicht zwischen kooperativen und kollaborativen Sozialformen unterschieden (s. a. Jeong und Hmelo-Silver 2016). Vielmehr wird die Lehrerrolle berücksichtigt, die CSCL-Szenarien in die Schulpraxis integriert. Dabei berichten die Autoren, dass Lehrkräfte über die unterschiedlichen Formen der CSCL-Szenarien hinweg Lernprozesse anleiten und Rückmeldungen geben.

Inwieweit dieser Überblick über die CSCL-Forschung die Einbettung von CSCL-Szenarien in die Schulpraxis abbildet, bleibt unklar. Deutlich wird jedoch, wie CSCL tatsächlich auf unterschiedlichen Formen der Computerunterstützung und unterschiedlichen Sozialformen kooperativen Lernens beruhen kann. Außerdem wird deutlich, dass CSCL so verstanden wird, dass unterschiedliche Formen zusätzlicher instruktionaler Unterstützung notwendig erscheinen und untersucht werden.

Daraus ergibt sich besondere Relevanz für ein Modell zur Systematisierung der vielfältigen CSCL-Szenarien, nämlich Wirkzusammenhänge von Unterstützungsmaßnahmen auch für zukünftige CSCL-Szenarien einschätzen zu können, sowie überdauernde Gestaltungsmerkmale für CSCL-Szenarien zu entwickeln. Für die CSCL-Praxis ergeben sich also folgende Möglichkeiten:

- Schnelle und systematische Einordnung von CSCL-Szenarien
- Differenzierung und Auswahl der Szenarien des Modells mit ihren jeweiligen Prozessannahmen und bekannten Wirkungen
- Identifikation von typischen und stark beforschten versus untypischen und wenig erforschten Lernszenarien
- Identifikation erfolgversprechender CSCL-Rahmenbedingungen
- Schematische Gestaltung von CSCL-Aufgaben auf der Basis von Merkmalen wie „Offenheit", „Ziel" und „didaktischer Funktion"
- Planung und Integration etwaiger zusätzlicher Hilfestellungen und Strukturvorgaben im jeweiligen Szenario
- Handreichung zur Gestaltung und Auswahl von Lernszenarien auf Basis der Szenario-spezifischen Erkenntnisse

Einschränkend muss ergänzt werden, dass, auch wenn das vorgestellte Modell die Trennschärfe zwischen unterschiedlichen CSCL-Szenarien erhöht, Unschärfe bleibt, wenn etwa im Sinn einer Orchestrierung (Weinberger 2017) mehrere unterschiedliche CSCL-Szenarien miteinander kombiniert werden und sowohl kooperative und kollaborative Phasen vorhanden sind. Zuletzt führen die genannten Aufgabenmerkmale zwar zu einer höheren Wahrscheinlichkeit, dass bestimmte Interaktionsformen in CSCL-Szenarien auftreten, jedoch existieren weitere Rahmenbedingungen die zu berücksichtigen sind. Dazu zählt z. B. die Strukturierung der Interaktion durch Kooperationsskripts (Fischer et al. 2013), mithilfe derer die Qualität der Sozialform gemeinsamen Lernens gesteigert werden kann. Ohne die Kategorisierung der CSCL-Szenarien bleibt Erforschung und der Einsatz von CSCL jedoch weitestgehend unsystematisch. Ein möglicher Ansatz für dieses Problem wäre, CSCL-Standardaufgaben und -szenarien zu entwickeln, wie es etwa die Aufgabe „Turm von Hanoi" in der frühen empirischen Lehr-Lernforschung darstellte. Dem entgegen steht jedoch, dass CSCL durch technische Innovationen beeinflusst stets neue Szenarien hervorbringt. Das vorgestellte Modell zielt darauf ab, auch diese zukünftigen CSCL-Szenarien einzuordnen, um damit CSCL-Forschung und Praxis zu unterstützen.

## Literatur

Abrahamson, D. (2017). Embodiment and mathematics learning. In K. Peppler (Hrsg.), *The SAGE encyclopedia of out-of-school learning* (S. 247–252). Thousand Oaks: Sage.

Aronson, E., Blaney, N., Stepan, C., Sikes, J., & Snapp, N. (1978). *The jigsaw classroom*. Beverley Hills: Sage.

August, S. E., Hammers, M. L., Murphy, D. B., Neyer, A., Gueye, P., & Thames, R. Q. (2016). Virtual engineering sciences learning lab: Giving STEM education a second life. *IEEE Transactions on Learning Technologies, 9*(1), 18–30.

Bloom, B. S., Engelhart, M. D., Furst, E. J., Hill, W. H., & Krathwohl, D. R. (1956). *Taxonomy of educational objectives: The classification of educational goals. Handbook I: Cognitive domain.* New York: David McKay Company.

Chen, J. C. (2016). The crossroads of English language learners, task-based instruction, and 3D multi-user virtual learning in Second Life. *Computers & Education, 102*, 152–171.

Clark, D., Weinberger, A., Jucks, I., Spitulnik, M., & Wallace, R. (2003). Designing effective science inquiry in text-based computer supported collaborative learning environments. *International Journal of Educational Policy, Research & Practice, 4*(1), 55–82.

Damon, W., & Phelps, E. (1989). Critical distinctions among three approaches to peer education. *International Journal of Educational Research, 13*(1), 9–19.

Danish, J. A., Enyedy, N., Saleh, A., Lee, C., & Andrade, A. (2015). Science through technology enhanced play: Designing to support reflection through play and embodiment. In O. Lindwall, P. Häkkinen, T. Koschman, P. Tchounikine & S. Ludvigsen (Hrsg.), *Exploring the material conditions of learning: The computer supported collaborative learning (CSCL) conference 2015* (Bd. 1, S. 332–339). Gothenburg: The International Society of the Learning Sciences.

Dillenbourg, P. (Hrsg.). (1999). What do you mean by „collaborative learning"? In *Collaborative learning. Cognitive and computational approaches*. Amsterdam/Boston: Elsevier.

Dillenbourg, P., & Evans, M. (2011). Interactive tabletops in education. *Computer-Supported Collaborative Learning, 6*, 491–514.

Ertl, B., Fischer, F., & Mandl, H. (2006). Conceptual and socio-cognitive support for collaborative learning in videoconferencing environments. *Computers & Education, 47*(3), 298–315.

Fischer, F., Kollar, I., Stegmann, K., Wecker, C., Zottmann, J., & Weinberger, A. (2013). Collaboration scripts in computer-supported collaborative learning. In C. E. Hmelo-Silver, A. Chinn, C. K. K. Chan & A. M. O'Donnel (Hrsg.), *The international handbook of collaborative learning* (S. 403–419). New York/London: Routledge.

Gijlers, H., Weinberger, A., van Dijk, A. M., Bollen, L., & van Joolingen, W. (2013). Collaborative drawing on a shared digital canvas in elementary science education: The effects of script and task awareness support. *International Journal of Computer-Supported Collaborative Learning, 8*(4), 427–453.

Hsiao, I. Y. T., Yang, S. J. H., & Chu, C. J. (2015). The effects of collaborative models in second life on French learning. *Educational Technology Research and Development, 63*(5), 645–670.

Jeong, H., & Hmelo-Silver, C. E. (2016). Seven affordances of computer-supported collaborative learning: How to support collaborative learning? How can technologies help? *Educational Psychologist, 51*(2), 247–265. https://doi.org/10.1080/00461520.2016.1158654.

Johnson, D. W., & Johnson, R. T. (2009). An educational success story. Social interdependence theory and cooperative learning. *Educational Researcher, 38*(5), 365–379.

Kreijns, K., Kirschner, P. A., & Vermeulen, M. (2013). Social aspects of CSCL environments: A research framework. *Educational Psychologist, 48*(4), 229–242.

Leuders, T. (2015). Aufgaben in Forschung und Praxis. In R. Bruder, L. Hefendehl-Hebeker, B. Schmidt-Thieme & H.-G. Weigand (Hrsg.), *Handbuch der Mathematikdidaktik* (S. 435–460). Heidelberg: Springer.

Ligorio, M. B., & Van der Meijden, H. (2008). Teacher guidelines for cross-national virtual communities in primary education. *Journal of Computer Assisted Learning, 24*(1), 11–25.

Linn, M. C., Clark, D., & Slotta, J. D. (2003). WISE design for knowledge integration. *Science Education, 87*(4), 517–538.

Mager, R. F. (1965). *Lernziele und Programmierter Unterricht*. Weinheim: Beltz.

Maier, U., Kleinknecht, M., Metz, K., & Bohl, T. (2010). Ein allgemeindidaktisches Kategoriensystem zur Analyse des kognitiven Potentials von Aufgaben. *Beiträge zur Lehrerbildung, 28*, 84–96.

Manlove, S., Lazonder, A. W., & de Jong, T. (2009). Trends and issues of regulative support use during inquiry learning: Patterns from three studies. *Computers in Human Behavior, 25*(4), 795–803.

McKeown, J., Hmelo-Silver, C. E., Jeong, H., Hartley, K., Faulkner, R., & Emmanuel, N. (2017). A meta-synthesis of CSCL literature in STEM education. In *Proceedings 12th CSCL 2017 conference* (S. 439–446). Philadelphia: International Society of the Learning Sciences.

Meier, A., Spada, H., & Rummel, N. (2007). A rating scheme for assessing the quality of computer-supported collaboration processes. *International Journal of Computer-Supported Collaborative Learning, 2*(1), 63–86. https://doi.org/10.1007/s11412-006-9005-x.

Mercier, E. M., Higgins, S. E., & da Costa, L. (2014). Different leaders: Emergent organizational and intellectual leadership in children's collaborative learning groups. *International Journal of Computer-Supported Collaborative Learning, 9*(4), 397–432.

Moed, A., Otto, O., Pal, J., Singh, U. P., Kam, M., & Toyama, K. (2009). Reducing dominance in multiple-mouse learning activities. *CSCL, 2009*, 360–364.

Newell, A., & Simon, H. A. (1972). *Human Problem Solving*. Engelwood Cliffs, NJ: Prentce-Hall.

Raes, A., Schellens, T., De Wever, B., & Benoit, D. F. (2016). Promoting metacognitive regulation through collaborative problem solving on the web: When scripting does not work. *Computers in Human Behavior, 58*, 325–342.

Renkl (2007). Kooperatives Lernen. In W. Schneider & Hasselhorn (Hrsg.), *Handbuch für Psychologie, Bd. Pädagogische Psychologie* (S. 84–94). Göttingen: Hogrefe.

Rick, J., Kopp, D., Schmitt, L., & Weinberger, A. (2015). Tarzan and Jane Share an iPad. In O. Lindwall, P. Häkkinen, T. Koschman, P. Tchounikine & S. Ludvigsen (Hrsg.), *Exploring the material conditions of learning: The computer supported collaborative learning (CSCL) conference 2015* (Bd. 1, S. 356–363). Gothenburg: The International Society of the Learning Sciences.

Roschelle, J., & Teasley, S. D. (1995). The construction of shared knowledge in collaborative problem solving. In C. O'Malley (Hrsg.), *Computer supported collaborative learning* (S. 69–97). Berlin: Springer.

Roschelle, J., Rafanan, K., Bhanot, R., Estrella, G., Penuel, B., Nussbaum, M., & Claro, S. (2010). Scaffolding group explanation and feedback with handheld technology: Impact on students' mathematics learning. *Educational Technology Research and Development, 58*(4), 399–419.

Schneps, M. H., Ruel, J., Sonnert, G., Dussault, M., Griffin, M., & Sadler, P. M. (2014). Conceptualizing astronomical scale: Virtual simulations on handheld tablet computers reverse misconceptions. *Computers & Education, 70*, 269–280.

Stahl, G. (2006). Supporting group cognition in an online math community: A cognitive tool for small-group referencing in text chat. *Journal of Educational Computing Research, 35*(2), 103–122.

Stahl, G., Koschmann, T., & Suthers, D. (2006). Computer-supported collaborative learning: An historical perspective. In R. K. Sawyer (Hrsg.), *Cambridge handbook of the learning sciences* (S. 409–426). Cambridge: Cambridge University Press.

Stanton, D., Neale, H., & Bayon, V. (2002). Interfaces to support children's co-present collaboration: multiple mice and tangible technologies. In G. Stahl (Hrsg.), *Computer support for collaborative learning: Foundations for a CSCL community* (S. 583–584). Mahwah: Lawrence Erlbaum Associates.

Steiner, I. D. (1972). *Group process and productivity.* New York: Academic.

Szewkis, E., Nussbaum, M., Rosen, T., Abalos, J., Denardin, F., Caballero, D., & Alcoholado, C., et al. (2011). Collaboration within large groups in the classroom. *International Journal of Computer-Supported Collaborative Learning, 6*(4), 561–575.

Teasley, S. D. (1997). Talking about reasoning: How important is the peer in peer collaboration. In L. B. Resnick, R. Säliö, C. Pontevorvo & B. Burge (Hrsg.), *Discourse, tools, and reasoning. Essays on situated cognition* (S. 361–384). Berlin: Springer.

Topping, K. J. (1996). The effectiveness of peer tutoring in further and higher education: A typology and review of the literature. *The International Journal of Higher Education, 32*(3), 321–345.

Toth, E. E., Suthers, D. D., & Lesgold, A. M. (2002). „Mapping to know": The effects of representational guidance and reflective assessment on scientific inquiry. *Science Education, 86*(2), 264–286.

Tsovaltzi, D., Judele, R., Puhl, T., & Weinberger, A. (2015). Scripts, individual preparation and group awareness support in the service of learning in Facebook: How does CSCL compare to social networking sites? *Computers in Human Behavior, 53*, 577–592.

Van Bruggen, J. M., Kirschner, P. A., & Jochems, W. (2002). External representation of argumentation in CSCL and the management of cognitive load. *Learning and Instruction, 12*(1), 121–138.

Van Drie, J., Van Boxtel, C., Jaspers, J., & Kanselaar, G. (2005). Effects of representational guidance on domain specific reasoning in CSCL. *Computers in Human Behavior, 21*(4), 575–602.

Van Joolingen, W. R., De Jong, T., Lazonder, A. W., Savelsbergh, E. R., & Manlove, S. (2005). Co-Lab: Research and development of an online learning environment for collaborative scientific discovery learning. *Computers in Human Behavior, 21*(4), 671–688.

Walker, E., Rummel, N., & Koedinger, K. R. (2011). Designing automated adaptive support to improve student helping behaviors in a peer tutoring activity. *International Journal of Computer-supported Collaborative Learning, 6*(2), 279–306. https://doi.org/10.1007/s11412-011-9111-2.

Webb, N. W. (2013). Information processing approaches to collaborative learning. In C. E. Hmelo-Silver, A. Chinn, C. K. K. Chan & A. M. O'Donnel (Hrsg.), *The international handbook of collaborative learning* (S. 19–40). New York/London: Routledge.

Weinberger, A. (2017). Orchestrierungsmodelle und -szenarien technologie-unterstützten Lernens. In S. Ladel, J. Knopf & A. Weinberger (Hrsg.), *Digitalisierung und Bildung* (S. 117–139). Wiesbaden: Springer Fachmedien.

Weinberger, A., & Mandl, H. (2003). Computer-mediated knowledge communication. *Studies in Communication Sciences, 3*(3), 81–105.

Weinberger, A., Ertl, B., Fischer, F., & Mandl, H. (2005). Epistemic and social scripts in computer-supported collaborative learning. *Instructional Science, 33*(1), 1–30.

# Erklärvideos als Format des E-Learnings

Steffi Zander, Anne Behrens und Steven Mehlhorn

## Inhalt

| | | |
|---|---|---|
| 1 | Überblick: Trends und Nutzung von Erklärvideos im Bildungsbereich | 248 |
| 2 | Merkmale von Erklärvideos | 249 |
| 3 | Checkliste | 257 |
| 4 | Zusammenfassung: Potenziale von Erklärvideos und offene Fragen | 257 |
| | Literatur | 258 |

### Zusammenfassung

Erklärvideos werden zunehmend in Bereichen des informellen und formellen Lernens genutzt, um Inhalte zu veranschaulichen und den Erwerb von Fertigkeiten und Wissen zu unterstützen. Sie bieten eine Vielzahl an Potenzialen, um neues Wissen und Informationen zielgruppenspezifisch zu präsentieren und dieses einer Vielzahl von Menschen zugänglich zu machen. Der Beitrag stellt verschiedene weit verbreitete Formen des Erklärvideos mit den jeweiligen Voraussetzungen für deren Produktion und den damit verbundenen Vor- und Nachteilen vor. Beispiele aktueller Produktionen des eLabs der Bauhaus-Universität Weimar visualisieren die vorgestellten Formate.

---

S. Zander (✉) · A. Behrens · S. Mehlhorn
Instructional Design, Bauhaus-Universität Weimar, Weimar, Deutschland
E-Mail: steven.mehlhorn@uni-weimar.de

**Schlüsselwörter**

Erklärfilm · Erklärvideo · Lehrvideo · Educational video · Filmproduktion

## 1 Überblick: Trends und Nutzung von Erklärvideos im Bildungsbereich

Eine beliebte und zunehmend genutzte Möglichkeit Wissen und Informationen zu unterschiedlichsten Themenbereichen abzurufen, ist das Schauen von Videos, Tutorials oder Filmen, welche im Internet frei verfügbar sind (vgl. Wolf 2015, S. 30).

Beispielhaft wird dies im Nutzungsverhalten von Jugendlichen in Bezug auf digitale Medien deutlich. Digitale Medien sind bei Jugendlichen weit verbreitet und ermöglichen zeit- und ortsunabhängig auf Informationen zuzugreifen. In fast jedem deutschen Haushalt befindet sich ein Handy oder Smartphone (99 %) und ein Computer oder Laptop (98 %) (vgl. MPFS 2016, S. 6). Der internetbasierte Anteil der Informationssuche von Jugendlichen beträgt laut aktueller Umfragen 10 %, wobei dabei 26 % der Jugendlichen täglich und 57 % regelmäßig die Videoplattform YouTube nutzen (vgl. MPFS 2016, S. 28/40). 21 % der Jugendlichen geben an, dort häufig Lehrvideos oder Tutorials anzuschauen (vgl. MPFS 2016, S. 38). Allerdings sehen sich nur 10 % der Mädchen und 9 % der Jungen explizite Erklärvideos für den schulischen Kontext an (vgl. MPFS 2016, S. 39). Im Zuge der schulischen Digitalisierung könnte das Potenzial von Erklärvideos auch in Schulen noch verstärkt genutzt werden (vgl. BMBF 2016). Auch im hochschulbezogenen Kontext oder in der beruflichen Weiterbildung werden Videos sehr häufig zur Wissensaneignung verwendet (vgl. Wolf 2015, S. 30–33). Mit Einzug einer Vielzahl an MOOCs (massive open online courses) innerhalb unterschiedlicher Online-Plattformen wie Coursera, Udacity oder auch Moodle zeichnet sich ein neuer Trend an Hochschulen ab, Studienmaterialien in digitalen Kursen bereitzustellen. Diese bieten weltweit verschiedene Kurse für Interessierte zu allen denkbaren Themenfeldern an (vgl. Giannakos 2013 S. 191; Hoogerheide et al. 2016, S. 22; Martin 2012, S. 26–28). Auf nationaler und Hochschulebene werden digitale Kurse, Brückenkurse oder mehrsprachige Onlinekurse diskutiert. Diese Angebote sind jeweils durch Erklärvideos als einem der zentralen Bestandteile charakterisiert.

Diese Entwicklung innerhalb unterschiedlicher Bildungskontexte bietet für die videobasierte Vermittlung von Fähigkeiten, Fertigkeiten und Kenntnissen erweiterte Möglichkeiten hinsichtlich der Erreichbarkeit, der zeit- und ortsunabhängigen Abrufbarkeit und damit der Individualisierung und Flexibilisierung von Bildungsangeboten. Dies gilt nicht nur für die Verfügbarkeit und Abrufbarkeit von Erklärvideos, sondern auch für die steigende Zahl unkomplizierter Möglichkeiten der Eigenproduktion von Erklärvideos, welche für die Aneignung von Wissen in Bildungskontexten zunehmend genutzt wird. Im Folgenden werden daher verschiedenen Formen von Erklärvideos und notwendige Voraussetzungen für deren Entwicklung und Produktion beschrieben.

## 2 Merkmale von Erklärvideos

Der Begriff des Erklärvideos kann aus unterschiedlichen Perspektiven betrachtet werden und eine einheitliche Definition existiert nicht. Einige Autoren[1] definieren den Begriff wie folgt:

„Erklärvideos werden [...] als Filme aus Eigenproduktion definiert, in denen erläutert wird, wie man etwas macht oder wie etwas funktioniert bzw. in denen abstrakte Konzepte und Zusammenhänge erklärt werden" (Wolf 2015, S. 1). Die folgende Definition geht zudem auf die typischen Techniken der Erstellung ein: „Erklärvideos können komplexe Sachverhalte innerhalb kürzester Zeit effektiv einer Zielgruppe vermitteln. Kennzeichnende Elemente sind das Storytelling und die Multisensorik. Die zumeist ein- bis dreiminütigen Videos erschöpfen Themen nicht, sondern zeigen die relevanten Zusammenhänge effizient auf. Die Visualisierung erfolgt über animierte Illustrationen, Grafiken oder Fotos. Verschiedene Formen wie der Papierlegetrick, der Live-Scribble oder die Animation werden auch den Erklärvideos zugeordnet" (Kropp 2015).

Kennzeichnende Merkmale von Erklärvideos sind diesen beiden Definition zufolge, dass meist ein komplexerer Sachverhalt auf einfache Weise erklärt wird, die Videos von sehr kurzer Dauer sind und überwiegend in Eigenproduktion des Erklärenden entstehen. Demnach wird hier als Erklärvideo solch ein Video verstanden, welches alle möglichen Themenkomplexe aufgreifen kann und in unterschiedlichen Stilen dem Zuschauer in kurzer Zeit einen umfassenden Inhalt vermittelt.

Innerhalb dieser übergreifenden Definitionen sind Erklärvideos durch folgende Merkmale klassifiziert. Zum einen zeichnen sie sich durch ihre (1) thematische Vielfalt aus. Jedes denkbare Themengebiet kann Zuschauern durch ein Erklärvideo nähergebracht werden. Ein besonderer Vorteil liegt hier darin, dass Prozesse, die mit bloßem Auge nicht leicht identifizierbar sind, durch Filme veranschaulicht werden können. Zum anderen sind Erklärvideos durch ihre (2) gestalterische Vielfalt gekennzeichnet. Diese bezieht sich beispielsweise auf die unterschiedlichen Produktionsmöglichkeiten, auf didaktische oder mediengestalterische Kompetenzen der Filmautoren sowie die Videolänge. Des Weiteren wird überwiegend ein (3) informeller Kommunikationsstil verwendet. Die Ansprache der Zuschauer erfolgt häufig auf einer personalisierten Ebene und es wird versucht eine positive, leichte Stimmung durch die Verwendung von humoristischen Akzenten sowie weniger hierarchischen Ansprachen zu schaffen. Als weiteres Merkmal kann (4) die Diversität der Autorenschaft angesehen werden. Die Produzenten solcher Videos reichen von Laien bis hin zu Inhaltsexperten. Daraus folgend variiert die inhaltliche Tiefe von Einführungen in ein Themengebiet bis hin zu detaillierten Erklärungen. Dies bietet allerdings auch ein großes Potenzial für die Zuschauer, da sich die Videos auf Grundlage ihres eigenen Wissensstandes auswählen können (vgl. Wolf 2015, S. 30–36).

---

[1]In der gesamten Arbeit wird aus Gründen der besseren Lesbarkeit bei geschlechtsspezifischen Begriffen die maskuline Form verwendet. Gemeint sind immer beide Geschlechter.

## 2.1 Formate von Erklärvideos

Erklärvideos zeichnen sich vor allem durch ihre vielfältigen gestalterischen Möglichkeiten aus, welche jeweils eigene Vor- und Nachteile in der Produktion, sowie Einsatzmöglichkeiten nahelegen und unterstützen.

### 2.1.1 Schiebetechnik und Legetrick

Eine gestalterische Variante von Erklärvideos ist die Schiebetechnik oder auch Papierlegetrick genannt. Hierbei werden ausgeschnittene Figuren oder Abbildungen mit Hilfe der Hände positioniert und gleichzeitig abgefilmt. Dabei kann die Hand während des Films sichtbar sein, um mögliche relevante Bewegungen und Prozesse zu verdeutlichen oder aber auch nur statische Bilder ohne die legende Hand gezeigt werden (siehe Abb. 1).

Zu den lernrelevanten Vorteilen dieser Technik gehören die mögliche emotionale Ansprache mittels fiktiver Figuren und der dabei möglichen Identifikation mit den Figuren, ebenso wie der persönliche und oft humorvolle Umgang mit dem Inhalt, wie in Abb. 2 ersichtlich ist. Dies kann sich positiv auf die Lernmotivation auswirken. In der Konzeptionsphase sollte berücksichtigt werden, dass die Präsentation von nur statischen Bildern auf Dauer eher eintönig wirken und hier auf einen sinnvollen, lernpsychologisch begründeten Wechsel statischer und dynamischer Darstellungsformen geachtet werden sollte.

Auch sollte der gezielte Einsatz von Sounds zur Fokussierung der Aufmerksamkeit auf bestimmte Inhalte von Vornherein in der Konzeption berücksichtigt werden. Die Legetechnik ist aufgrund ihrer Vorteile, die in der einfachen Visualisierung und vergleichsweise schnellen Produktion liegen, überwiegend zur Vermittlung von

**Abb. 1** Screenshot aus „Einführung Forschungsmethoden" eLab, Bauhaus-Universität Weimar, 2016

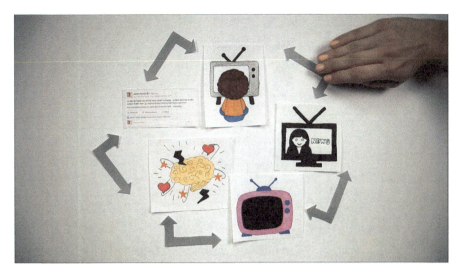

**Abb. 2** Screenshot aus „Kommunikationswissenschaft", eLab der Bauhaus-Universität Weimar in Kooperation mit Universität Erfurt, 2017

einfachen, nicht zu komplexen Themeninhalten geeignet (vgl. Koch 2016; Schön und Ebner 2013, S. 14; Videoboost 2016). Für die Erstellung von Legetrickfilmen bedarf es grundlegend der konzeptionellen Vorarbeit (Storyboard), vorgefertigter ausgeschnittener Zeichnungen oder Abbildungen und einer Videokamera. Der Film kann in Echtzeit realisiert werden, wodurch der Produktionsaufwand gering ist, im Umkehrschluss aber dazu führen kann, dass Änderungen im Nachgang erschwert sind.

Für die technische Ausstattung zur Produktion eines Legetrickfilms genügt ein modernes Smartphone, welches mit Apps kompatibel sein sollte, die neben einer Full-HD-Auflösung auch eine manuelle Fixierung der Funktionen Fokus, Blende und Weißabgleich ermöglichen. Hierzu zählen beispielsweise Apps wie Filmic Pro, MoviePro oder Camera FV-5. Besonders bewährt und verbreitet sind die Apps iStopMotion für IOS oder Stop Motion Studio und Clayframes für Android, die es ermöglichen Einzelbilder aufzunehmen und simultan zu einem Trickfilm zu verknüpfen. Unerlässlich ist ein passender Adapter, um das Smartphone mit einem Stativ zu verbinden, um klare Bildaufnahmen zu ermöglichen.

### 2.1.2 Zeichnung Whiteboard/Screencast

Eine weitere Variante von Erklärfilmen stellen Mitschnitte von Erklärungen am Whiteboard oder direkt vom Computerbildschirm (Screencasts) dar. Eine Software filmt dabei die Abläufe am Bildschirm/Whiteboard. Typische Einsatzgebiete sind hierbei zum einen das Abfilmen bei der Verwendung bestimmter Software und Programme, wie es in Abb. 3 zu sehen ist. Zum anderen können aber auch einzelne Themenkomplexe wie zum Beispiel die Entwicklung bzw. Anwendung von Formeln in naturwissenschaftlichen Fachdisziplinen Schritt für Schritt zeichnerisch erklärt

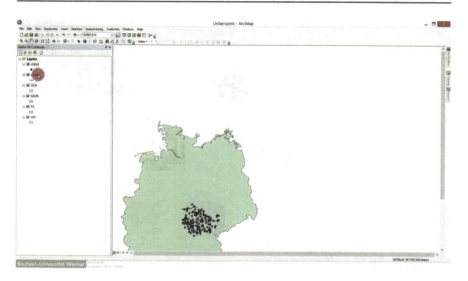

**Abb. 3** Screenshot aus „Introduction to GIS in Urban Planning", eLab in Kooperation mit den Masterprogrammen European Urban Studies und Advanced Urbanism, [Fakultät Architektur und Urbanistik] Bauhaus-Universität Weimar, 2016

werden. Im Unterschied zum Legetrick werden hierbei Zeichnungen, Zeichen und Abbildungen erst im Moment der Aufnahme skizziert. Dadurch kann der Zuschauer in den Denk- und Entwicklungsprozess leichter eingebunden werden und durch die Dynamik fällt es dem Zuschauer leichter aufmerksam zu folgen und unter Umständen auch emotional und motivational angesprochen zu werden. Komplexe Zusammenhänge können so auf einfache und anschauliche Art und Weise nähergebracht werden. Der Nachteil dieser Methode besteht dabei in der geringen Animationsmöglichkeit und einer geringen Individualisierung. Häufig wird dieses Format des Erklärvideos zur Einführung in neue Themen verwendet, wobei im Vordergrund die Erklärung zur Nutzung neuer Software steht (vgl. Koch 2016; Schön und Ebner 2013, S. 14; Videoboost 2016).

Ähnlich wie beim Legetrick besteht auch hier der Vorteil hinsichtlich der Produktion im geringen zeitlichen und preislichen Aufwand bei der Eigenproduktion. Für das Erstellen eines Screencasts ist die Voraussetzung eine entsprechende Screencast Software, ein professionelles Headset, beispielsweise von den Firmen Sennheiser oder Beyerdynamics, sowie ein leistungsstarker Computer mit den entsprechenden Systemanforderungen, die gerade bei der Marktführer Software „Camtasia" der Firma TechSmith recht hoch sind. Eine Aufzeichnung via Whiteboard kann beispielsweise mit der Tutorial Software „ShowMe" für das iPad vorgenommen werden.

### 2.1.3 Vortrag via (Web-)Cam

In dieser Form der Erklärvideos sitzt der Vortragende vor einem Computer und zeichnet sich selbst mit einer integrierten Kamera auf. Eine abgewandelte Variante ist der Live-Vortrag mittels PC-Kamera. Diese Form des Erklärfilms ist ohne großen

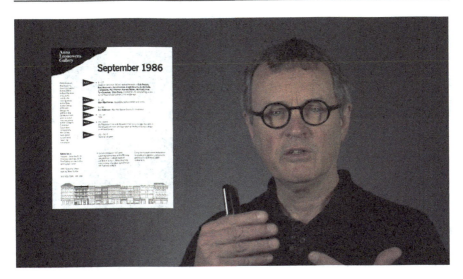

**Abb. 4** Screenshot aus „An Introduction to Visual Rhetoric", eLab in Kooperation mit Fachbereich Visuelle Kommunikation, Prof. (emer.) Jay Rutherford, Bauhaus-Universität Weimar, 2016

Aufwand umsetzbar und bietet die Chance ortsunabhängig Lehre durchzuführen. Aus diesem Grund wird ein Vortrag via (Web-)Cam vermehrt bei Online-Kursen in Hochschulen oder in Weiterbildungen eingesetzt.

Den Vortragenden steht dabei frei, ob sie lediglich sich selbst als Person aufzeichnen oder gleichzeitig Bezug zu einer Präsentation (z. B. PowerPoint Folien) nehmen. Eine Kombination beider Möglichkeiten ist in Abb. 4 dargestellt. Meist erfolgt keine Nachbereitung des Videomaterials, allerdings kann der Film bearbeitet oder verändert werden. Die Nachbearbeitung erfolgt üblicherweise beim Schnitt vom Vortrag auf die Folien oder der Integration beider Präsentationsformen (vgl. Schön und Ebner 2013, S. 15).

Das bekannteste und grundlegendste Format hierbei ist der Austausch oder Vortrag via Skype. Kombiniert man Skype mit dem Call Recorder der Firma Ecamm, kann man Gespräche und Vorträge problemlos als Audio- oder Video-File aufzeichnen und diese später weiterverwenden. Mit dem Blackmagic Design Mini Recorder können auch hochwertigere Camcorder oder DSLR Kameras mit Skype verbunden werden. Achtet man dabei zusätzlich auf eine ansprechende Ausleuchtung der abzulichtenden Person, wird die professionelle Erscheinung der vortragenden Person erhöht und die Seriosität des Vortrags angehoben. Diese Verfahrensweise kann man zudem noch erweitern und den Videostream in einem virtuellen Meetingraum, wie zum Beispiel von WebEx, Adobe Connect oder Google Hangouts, streamen.

### 2.1.4 Aufzeichnung von Live-Vorträgen/Konferenzen

Die Aufzeichnung von Vorträgen, Konferenzen oder anderen Gesprächen kann als eine Form der Dokumentation angesehen werden. Es wird dabei der Vortrag in

**Abb. 5** Screenshot aus „Introduction to New Urban Mobility", eLab in Kooperation mit Fachbereich Städtebau, Bauhaus-Universität Weimar, 2016

Echtzeit aufgenommen und meist ohne große Nachbereitung dem Publikum zur Verfügung gestellt (siehe Abb. 5). Für die Zuschauer eignet sich diese Variante vor allem zur Wiederholung des Themengebietes oder zur nachträglichen Betrachtung des Videomaterials bei Nichtanwesenheit. Dabei kann der Fokus des Videos entweder nur auf dem Sprecher liegen oder auch eine mögliche Präsentation im Hintergrund zusätzlich im Video zu sehen sein.

Nachteilig bei der Produktion dieser Form des Videos gestaltet sich der nachträgliche Einfluss auf den Inhalt: inhaltliche Fehler oder unzureichende Erklärungen können im Nachhinein nicht oder nur sehr eingeschränkt verändert werden ohne den Videofluss zu stark zu beeinflussen. Häufig wird die Aufzeichnung von Vorträgen in Hochschulen verwendet, um Vorlesungen auch einem anderen Publikum zur Verfügung zu stellen. Darüber hinaus werden Videoaufzeichnungen auch in Bezug auf Tagungen oder Konferenzen genutzt, um die Reichweite der Veranstaltungen zu erhöhen und die Vorträge zu dokumentieren (vgl. Schön und Ebner 2013, S. 15).

Vorträge sind allerdings auch Werbung und/oder Öffentlichkeitsarbeit. Aus diesem Grund und auch hinsichtlich der Einfachheit der Informationsaufnahme bei Zuschauern und -hörern sollte stets auf eine adäquate Produktionsqualität geachtet werden. Es empfiehlt sich mittels einer Audio-Funkstrecke, beispielsweise einem Sennheiser EW100 Funkset, den O-Ton des Referenten aufzunehmen und diesen direkt in die Kamera einzuspeisen. Das Funkset bietet dem Vortragenden mehr Bewegungsfreiraum. Natürlich kann auch ein Mikrofon auf einem Stativ fixiert werden, in diesem Fall sollte darauf geachtet werden, dieses so nah wie möglich an die Ausgangsquelle, den Mund des Referenten, zu positionieren, um störende Raumgeräusche zu verringern. Simultan zur Videoaufzeichnung durch eine Kamera, kann die Power-Point Präsentation auf dem zur Präsentation verwendeten Computer als Videostream, beispielsweise mit Camtasia, aufgezeichnet werden, um diesen anschließend in der Nachbereitung mit einer Videoschnitt-Software mit den Aufzeichnungen der Kameras zu integrieren. Es empfiehlt sich mit einer Kamera eine nahe Einstellung vom Referenten und mit einer zweiten Kamera eine totale Einstellung vom Referenten und der Projektion zu kadrieren. Somit erhält man, inklusive dem Präsentationsmitschnitt, drei mögliche Einstellungen, mit denen im Nachgang ein abwechslungsreiches Video geschnitten werden kann. Die größte Herausforderung bei der Aufzeichnung von Vorträgen ist der große Kontrastumfang zwischen Referenten und der Präsentation. Es empfiehlt sich daher, den Vortragenden auszuleuchten, um die Belichtung auf die Screens angleichen zu können.

### 2.1.5  2D und 3D-Animation

Aufwändigere Formate des Erklärvideos sind 2D- oder 3D-Animationen. Zur Produktion einer 2D-Animation gibt es diverse Varianten, wobei die bereits dargestellten Formen Lege- und Stopmotion-Trick die Grundlegendsten darstellen. Die 2D-Animation bietet darüber hinaus weitere gestalterische Möglichkeiten, da der Kreativität und individuellen Vorstellungen kaum Grenzen gesetzt sind. Durch die Verwendung von Grafiken, Icons oder auch Piktogrammen können inhaltliche Sachverhalte optisch ansprechend und einfach dem Zuschauer erklärt werden, wie beispielhaft in Abb. 6 zu sehen ist. Diese Form des Videos bietet die Möglichkeit durch Animation die verwendeten (schematischen) Abbildungen zu Abläufen zusammenzufügen. Dies ist für die Präsentation von Prozessen und Abläufen besonders geeignet. Auch können neben anregenden Formen der Visualisierung, Elemente des Storytellings und Sounds für einen, aufmerksamen, anhaltenden und motivierten Zugang der Lernenden zu den Inhalten eingearbeitet werden (vgl. Videodesign 2014).

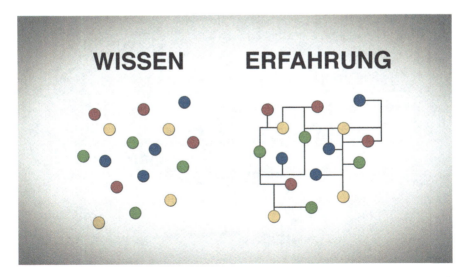

**Abb. 6** Screenshot aus „Projekte – Potenziale & Herausforderungen" eLab in Kooperation mit Universitätsentwicklung, Bauhaus-Universität Weimar, 2016

Bei der rein digitalen Erstellung kommt eine weitere Variante hinzu, die der animierten Typografie oder auch kinetic Typography genannt. Hierbei reduziert man sich auf das Animieren von Schlagworten in ansprechenden Schriftarten, die möglichst rhythmisch sowie stimmig erscheinen und wieder ausgeblendet werden. Dafür gibt es eine Vielzahl von Plugins für Videoschnittprogramme wie zum Beispiel für Final Cut X, Premiere Pro oder dem Programm Adobe After Effects. Mit diesen Plugins kann man den Zeitaufwand für den Erstellungsprozess deutlich verkürzen. Trotzdem setzt die Anwendung eher umfangreiche Erfahrungen im Umgang mit einer Videoschnitt-Software voraus. Will man aber neben Schriften auch Bilder, Figuren oder Prozessdarstellungen animieren und das möglichst in einzigartiger Erscheinung, muss auf die Kompetenz eines Mediengestalters zurückgreifen und mit Adobe After Effects animiert werden.

Die 3D-Animation bietet eine noch höhere gestalterische Freiheit. Der Mehrwert liegt in der Anwendung für alle denkbaren Themenfelder sowie die detaillierte Darstellung von komplexen Zusammenhängen, der realitätsnahen Präsentation von dynamischen Prozessen und räumlichen Informationen, welche häufig mit bloßem Auge nicht sichtbar sind (siehe Abb. 7).

Die zahlreichen Möglichkeiten bringen allerdings auch einen großen Nachteil mit sich, welcher durch den enormen zeitlichen Aufwand im Produktionsablauf gekennzeichnet ist (vgl. Videodesign 2014).

Durch den komplexen Produktionsprozess, der sich in mehrere Stadien und Produktionsbereiche gliedert, sind 3D-Animationen nur begrenzt in Einzelleistungen realisierbar und bedürfen daher meist der Zusammenarbeit mit professionellen Animationsstudios. Auch wenn der Nutzerkreis der Free & Open Source Software

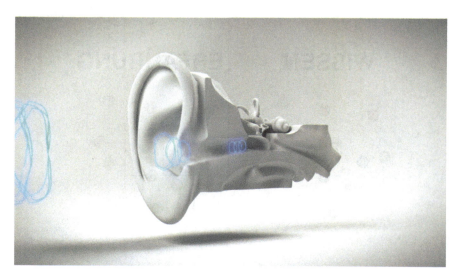

**Abb. 7** Screenshot aus „Hören", Christian Brinkmann, Medienkunst, Bauhaus-Universität Weimar, 2017

„Blender" wächst, so bleibt vorerst die Software „Maya", der Firma Autodesk, der Standard. Es gilt dabei allerdings immer den Kosten-Nutzen-Aufwand sowie den möglichen Verbreitungsgrad abzuwägen.

## 3 Checkliste

Die Entscheidung für den passenden Typ von Erklärvideo hängt ab von:

a) zu vermittelnden Inhalten und Vorwissen der Lernenden
b) Zielgruppe und strukturellen Rahmenbedingungen
c) verfügbarem Know-How
d) verfügbarerer Technik
e) verfügbaren finanzielle Ressourcen

Je nachdem, wie man diese Fragen beantworten kann, wird die Entscheidung für Legetrick, Screencast, Videomitschnitt oder 2D- bzw. 3D-Animation ausfallen.

## 4 Zusammenfassung: Potenziale von Erklärvideos und offene Fragen

Zu Beginn wurde bereits dargestellt, dass die Nutzung von Erklärvideos für das Aneignen von Wissen im privaten und Freizeitbereich weit verbreitet ist und zunehmend auch für die Begleitung schulischen und hochschulischen Lernens und Lehrens genutzt wird. Das große Potenzial von Erklärvideos liegt dabei darin, dass sowohl die Art der Informationspräsentation (z. B. dokumentarisch vs. schematisch, statisch vs. dynamisch) auf die Zielgruppen angepasst werden kann und dass die unkomplizierte, persönliche Art der Ansprache als motivierend empfunden wird. Darüber hinaus wird gerade im Freizeitbereich besonders motiviert und interessiert und nach persönlichen Vorlieben gelernt. Dies stärkt die Verbreitung von Erklärvideos für das informelle Lernen enorm. Für den formellen Bereich des Lernens bleibt zu untersuchen wie sehr diese Eigenschaften des Lernens mit Erklärfilmen genutzt werden können.

Im Bereich des Trainings von grundlegenden Fähigkeiten und Fertigkeiten ist der Einsatz von Videos sowohl in der Schule als auch in der Hochschule sehr gut denkbar, da zudem individuelle Lerngeschwindigkeit, Interessen, Leistungsfähigkeit und Vorlieben beim Lernen mit Erklärvideos berücksichtigt werden können. Die Wissensaneignung über den Einsatz von Erklärfilmen kann dabei sowohl im Präsenzunterricht, als auch in der individuellen computerbasierten Lehre stattfinden (vgl. Schön und Ebner 2013, S. 12).

Die Berücksichtigung gestalterischer und ästhetischer Prinzipien bei der Produktion von Erklärfilmen muss verstärkt in den Fokus der Forschung genommen werden, wenig ist aktuell darüber bekannt, wie sich gestalterische Mittel wie etwa

Tiefenschärfe, Belichtung oder die Qualität von Kontrasten und Schnitt auf die kognitiven und motivational-affektiven Prozesse der Lernenden auswirken (vgl. Schimamura 2013)

In der konsequenten Erweiterung dieser Forschungsperspektiven, sollte verstärkt untersucht werden, inwiefern das eigenständige Produzieren von Erklärvideos – vom Storyboard bis zum Schnitt – als eine aktivierende Lernmethode verstanden werden kann und zum tieferen Verständnis von Lehrinhalten beiträgt.

## Literatur

[BMBF] Bundesministerium für Bildung und Forschung. (2016). *Sprung nach vorn in der digitalen Bildung*. Bundesministerin Wanka stellt Bildungsoffensive des BMBF für die digitale Wissensgesellschaft vor: „Entscheidendes Zukunftsthema". Pressemitteilung 117/2016. https://www.bmbf.de/de/sprung-nach-vorn-in-der-digitalen-bildung-3430.html. Zugegriffen am 08.02.2017.

Giannakos, M. N. (2013). Exploring the video-based learning research: A review of the literature. *British Journal of Educational Technology, 44*(6), 191–195.

Hobbs, R., Frost, R., Davis, A., & Stauffer, J. (1988). How first-time viewers comprehend editing conventions. *Journal of Communication, 38*(4), 50–60.

Hoogerheide, V., van Wermeskerken, M., Loyens, S. M. M., & van Gog, T. (2016). Learning from video modeling examples: Content kept equal, adults are more effective models than peers. *Learning and Instruction, 44*, 22–30.

Koch, D. (2016). Die 5 verschiedenen Erklärfilm Stile. 5 verschiedene Stile – welcher eignet sich am besten? http://www.erklaervideo24.de/erklaerfilm-stile/. Zugegriffen am 08.02.2017.

Kropp, M. (2015). Studie zur digitalen Transformation: 90 % der DAX Unternehmen nutzen Erklärvideos. https://www.connektar.de/informationen-medien/studie-zur-digitalen-transformation-90-der-dax-unternehmen-nutzen-erklaervideos-30442. Zugegriffen am 08.02.2017.

Martin, F. G. (2012). Will massive open online courses change how we teach? *Communications of the ACM, 55*(8), 26–28.

[MPFS] Medienpädagogischer Forschungsverbund Südwest. (Hrsg.). (2016). *JIM-Studie 2016. Jugend, Information, (Multi-)Media. Basisuntersuchung zum Medienumgang 12- bis 19-Jähriger*. https://www.mpfs.de/fileadmin/files/Studien/JIM/2016/JIM_Studie_2016.pdf. Zugegriffen am 06.01.2017.

Shimamura. A. (2013). *Psychocinematics: Exploring cognition at the movies*. New York: Oxford Univiversity Press.

Schön, S., & Ebner, M. (2013). Gute Lernvideos ... so gelingen Web-Videos zum Lernen! http://bimsev.de/n/userfiles/downloads/gute-lernvideos.pdf. Zugegriffen am 08.02.2017.

Schwan, S., & Riempp, R. (2004). The cognitive benefits of interactive videos: learning to tie nautical knots. *Learning and Instruction, 14*, 293–305.

Videoboost. (2016). Die verschiedenen Erklärvideo Stile: Ein Überblick. http://www.videoboost.de/die-verschiedenen-erklaerfilm-stile-ein-ueberblick. Zugegriffen am 08.02.2017.

Videodesign. (2014). Erklärvideos. Stile und Arten. http://blog.videodesign.ch/erklaervideos-animationen-stile/. Zugegriffen am 08.02.2017.

Wolf, K. (2015). Bildungspotenziale von Erklärvideos und Tutorials auf YouTube: Audio-Visuelle Enzyklopädie, adressatengerechtes Bildungsfernsehen, Lehr-Lern-Strategie oder partizipative Peer Education? *merz, 1*(59), 30–36.

# Mobiles Lernen

Nicola Döring und M. Rohangis Mohseni

## Inhalt

| | | |
|---|---|---|
| 1 | Einleitung | 260 |
| 2 | Definition des Mobilen Lernens | 260 |
| 3 | Typen des Mobilen Lernens | 261 |
| 4 | Verbreitung des Mobilen Lernens | 263 |
| 5 | Chancen des Mobilen Lernens | 264 |
| 6 | Risiken der Digitalen Ablenkung | 265 |
| 7 | Zukunft des Mobilen Lernens | 266 |
| 8 | Fazit und Handlungsempfehlungen zum Mobilen Lernen | 267 |
| | Literatur | 269 |

### Zusammenfassung

Mit Mobilem Lernen sind unterschiedlichste Lehr-Lern-Settings gemeint, die zielgerichtet durch mobile Informations- und Kommunikationstechniken unterstützt und ergänzt werden. Bisherige Wirkungsanalysen zeichnen insgesamt ein positives Bild des M-Learning. Dennoch ist es in Deutschland nicht besonders populär. Im pädagogischen Kontext könnte dies an fehlenden technischen Voraussetzungen sowie an mangelnden pädagogisch-didaktischen Kenntnissen hinsichtlich der Gestaltung von M-Learning-Szenarien liegen, aber auch am realen Risiko der Digitalen Ablenkung durch Mobilgeräte. Der vorliegende Beitrag fasst den aktuellen Forschungsstand zusammen und liefert Handlungsempfehlungen für Lehrende und Lernende, aber auch auch für Forschende.

---

N. Döring (✉) · M. R. Mohseni
IfMK (Institut für Medien und Kommunikationswissenschaft), Technische Universität Ilmenau, Ilmenau, Deutschland
E-Mail: nicola.doering@tu-ilmenau.de; rohangis.mohseni@tu-ilmenau.de; rmohseni@rmohseni.de

© Springer-Verlag GmbH Deutschland, ein Teil von Springer Nature 2020
H. Niegemann, A. Weinberger (Hrsg.), *Handbuch Bildungstechnologie*,
https://doi.org/10.1007/978-3-662-54368-9_22

**Schlüsselwörter**

M-Learning · M-Education · Mobile Informations- und Kommunikationstechniken · Digitale Ablenkung · Mediales Multitasking

## 1 Einleitung

*Mobile Informations- und Kommunikationstechniken* sind heute in Deutschland und international stark verbreitet: In vielen Ländern der Welt nutzt die Bevölkerungsmehrheit portable Computer und/oder Mobiltelefone mit drahtlosem Internetzugang (ITU 2016). Dies wird im Hinblick auf Lehren und Lernen zwiespältig bewertet: Einerseits gelten die flexibel einsetzbaren Mobilgeräte als Chance zur Verbesserung von Lehr-Lern-Prozessen – man spricht vom *Mobilen Lernen* oder *M-Learning* (Mentor 2016). So werden an manchen Schulen ganze Klassen mit Laptops oder Tablet-PCs ausgestattet oder die Mobiltelefone bzw. Smartphones der Schüler_innen als Lerngeräte in den Unterricht einbezogen. Andererseits gelten Mobilgeräte aber auch als Störfaktoren, die durch unterrichtsferne, ablenkende Nebenbei-Nutzung ein konzentriertes Lehren und Lernen verhindern – man spricht von *Digitaler Ablenkung* bzw. *Digital Distraction* (McCoy 2016). Daher verbieten viele Schulen eine Nutzung von Mobilgeräten im Unterricht.

Aus Perspektive der *Bildungstechnologie* kann es nicht darum gehen, sich *pauschal* für oder gegen den Einsatz von Mobilgeräten zu positionieren. Vielmehr muss theorie- und empiriebasiert herausgearbeitet werden, wie und für wen es unter welchen Umständen zweckmäßig ist, Mobilgeräte in der Bildung einzusetzen oder bewusst auf sie zu verzichten.

Der vorliegende Beitrag beginnt mit einer *Definition des Mobilen Lernens*. Anschließend beschreibt er verschiedene *Typen von M-Learning* und deren *Verbreitung*. Schließlich fasst er den aktuellen Forschungsstand zu *Chancen des Mobilen Lernens* und zu *Risiken der digitalen Ablenkung* zusammen. Er endet mit einem *Ausblick* auf die zukünftige Entwicklung des M-Learning und einem *Fazit* mit Handlungsempfehlungen für Forschung und Praxis.

## 2 Definition des Mobilen Lernens

*Mobiles Lernen* (Mobile Learning, kurz: M-Learning) ist ein Sammelbegriff für *unterschiedliche Lehr-Lern-Prozesse* in formalen und informellen Bildungskontexten, die zielgerichtet durch *mobile Informations- und Kommunikationstechniken* unterstützt und ergänzt werden (Traxler 2007). Neben portablen Computern (Laptops, Netbooks, Tablet-PCs etc.) und Mobiltelefonen (Feature-Phones, Smartphones) kommen beim M-Learning auch mobile Spielkonsolen, digitale Life Tracker, E-Book-Reader, MP3/MP4-Player usw. zum Einsatz. M-Learning ist demnach eine *Unterform bzw. Erweiterung des E-Learning*, das Lehren und Lernen mit sämtlichen Digitalgeräten umfasst. Die Besonderheit des M-Learning im Unterschied zum

E-Learning liegt darin, dass mobile, drahtlos vernetzte Geräte es den Nutzenden erlauben, in hohem Maße individualisiert sowie *orts- und zeitunabhängig* zu lernen (UNESCO 2013, S. 6). Das schließt die Möglichkeit ein, ad hoc orts-, zeit- und tätigkeitsspezifische Unterstützung beim Problemlösen zu erhalten (z. B. im Klassenraum, in der Autowerkstatt, am Krankenbett, auf dem Sportplatz; vgl. De Witt 2013).

Manchmal wird Mobiles Lernen auch weiter gefasst als *Mobile Bildung* (Mobile Education, kurz: M-Education), wozu dann auch administrative und sonstige organisatorische Prozesse gehören (z. B. wenn an einer Schule die Elternarbeit mittels Mobilkommunikation organisiert wird; UNESCO 2013, S. 6).

Das Konzept des M-Learning darf nicht technikdeterministisch verkürzt werden: Zwar spielen mobile Informations- und Kommunikationstechniken in Form entsprechender digitaler Geräte und Dienste eine zentrale Rolle, doch ihr Einsatz wird nach etablierten Definitionen nur dann zum M-Learning, wenn auch die jeweiligen Lehr-Lern-Prozesse passend gestaltet sind. *Medientechnische* und *pädagogisch-didaktische* (z. B. instruktionales Design mobiler Lernsysteme) sowie *organisatorische* Aspekte (z. B. Bereitstellung und Wartung drahtloser Internet-Infrastruktur in Bildungseinrichtungen) stehen beim M-Learning in enger *Wechselwirkung* miteinander (Traxler 2007).

Verschiedene *M-Learning-Szenarien* unterscheiden sich gemäß dem Gestaltungsraster von Göth und Schwabe (2012) nicht nur im Hinblick auf die jeweils eingesetzte Mobilkommunikationstechnik (womit?), sondern maßgeblich auch hinsichtlich der Lehrenden und Lernenden (wer?), der Lerninhalte und Lernziele (was?), der Steuerung (wie?), des Kontexts (wann und wo?) sowie der Kommunikation und Kollaboration (mit wem?).

Daher kann die pädagogisch-didaktische Gestaltung von M-Learning-Szenarien kaum auf einer einzigen *M-Learning-Theorie* basieren, auch wenn eine solche zuweilen vorgeschlagen wird (z. B. Sharples et al. 2005). Forschungsübersichten zeigen, dass heutige M-Learning-Projekte auf ganz unterschiedlichen Theoriemodellen basieren: Behaviorismus, Kognitivismus, Konstruktivismus, Situiertes Lernen, Problembasiertes Lernen, Kontext-bewusstes Lernen, Soziokulturelle Theorie, Kollaboratives Lernen, Konversationales Lernen, Lebenslanges Lernen, Informelles Lernen, Tätigkeitstheorie, Konnektivismus/Navigationismus sowie Ortsbezogenes Lernen (Keskin und Metcalf 2011).

## 3 Typen des Mobilen Lernens

Es lassen sich sechs verschiedene *Typen von M-Learning* mit jeweils spezifischen medientechnischen, pädagogisch-didaktischen und organisatorischen Merkmalen differenzieren (Traxler 2007). Sie sind in unterschiedlichen Bildungskontexten anzutreffen.

Für (Hoch-)Schulen sind vor allem drei Typen einschlägig:

*Typ 1: Technology-Driven M-Learning.* Eine spezifische technische Innovation im Bereich mobiler Informations- und Kommunikationstechniken wird im akademischen Kontext eingesetzt, um die Brauchbarkeit für Bildungszwecke zu erproben (z. B. wird in einem Pilotprojekt an einer Pädagogischen Hochschule der Einsatz *Digitaler Fitness-Tracker* im Sportunterricht erprobt).

*Typ 2: Miniature but Portable E-Learning.* Konventionelle Formen des E-Learning werden auch für Mobilgeräte verfügbar gemacht (z. B. greifen Lehrende und Lernende auf die moodle-*App* zurück, um die E-Learning-Plattform moodle ihrer (Hoch-)Schule mobil zu nutzen).

*Typ 3: Connected Classroom Learning.* Mobilgeräte werden im Unterricht verwendet, um kollaboratives Lernen zu fördern (z. B. nutzen Arbeitsgruppen beim Problembasierten Lernen im Klassenraum Mobilgeräte für Online-Recherchen und Expertenkonsultationen, um gemeinsam die Aufgaben zu lösen).

Im Rahmen der beruflichen Aus- und Weiterbildung können Mobilgeräte dem Lernen am Arbeitsplatz dienen:

*Typ 4: Mobile Training/Performance Support.* Mobilgeräte werden zu Bildungszwecken in Arbeitskontexten eingesetzt, um die Effizienz und Produktivität der Beschäftigten durch Just-in-Time Information und Unterstützung zu steigern (z. B. greift medizinisches Personal in der Ausbildung während der Visite zwecks Training der Diagnosestellung per Smartphone auf Datenbanken zurück).

Mittels Mobilgeräten lassen sich informelle, personalisierte und situierte Lehr-Lern-Kontexte gestalten:

*Typ 5: Informal, Personalized, Situated M-Learning.* Das Spektrum reicht hier von der Nutzung individueller Lernprogramme auf dem Mobilgerät (z. B. merkt sich ein Vokabeltrainer individuell gelernte Vokabeln) bis zu aufwändig gestalteten situierten Lernszenarien (z. B. werden bei einem Museumsbesuch oder historischen Stadtrundgang interaktive Hintergrundinformationen und Quiz zu den Exponaten bzw. Sehenswürdigkeiten mobil zugänglich gemacht).

Wo die lokale oder regionale Verfügbarkeit von Bildungseinrichtungen und Computertechnik limitiert ist, werden Mobilgeräte als niedrigschwellige Lehr-Lern-Infrastruktur herangezogen:

*Typ 6: Remote/Rural/Developmental M-Learning.* Mobilgeräte werden zu Bildungszwecken eingesetzt, wo in ländlichen Regionen, in Entwicklungs- und Schwellenländern oder in Krisen- und Kriegsregionen andere Bildungsmöglichkeiten fehlen (z. B. wird Handy-Kommunikation genutzt, weil stationärer Internetzugang fehlt und keine lokale Schule erreichbar ist, um Mädchen aus ländlichen Regionen in Pakistan nach einem Alphabetisierungskurs regelmäßig zum Lesen und Schreiben zu motivieren und anzuleiten; UNESCO 2013, S. 14).

## 4 Verbreitung des Mobilen Lernens

Obwohl in Deutschland die meisten Privathaushalte und Bildungseinrichtungen über mobile Informations- und Kommunikationstechniken verfügen, ist M-Learning im Unterschied zum klassischen E-Learning bislang in der Praxis nicht besonders stark verbreitet. Repräsentative Daten zur Verbreitung fehlen, allerdings lässt sich aus der Praxiserfahrung ein grobes Bild des Status quo in Deutschland zeichnen:

- An *Schulen* ist das Erproben innovativer M-Learning-Szenarien nur punktuell in Pilotprojekten üblich (siehe oben M-Learning Typ 1). Bereitstellung und Wartung von drahtloser Internet-Infrastruktur und Laptop-/Tablet-Klassensätzen sind für viele Schulen eine große personelle und finanzielle Herausforderung. Konzepte wie *Bring your own Device* (BYOD), bei denen mit den Mobilgeräten der Schüler_innen gearbeitet wird (s. o. M-Learning Typ 3), überwinden Infrastruktur-Probleme der Schulen, werfen aber neue Probleme auf (z. B. kann die ungleiche Ausstattung der Lernenden digitale Ungleichheiten erzeugen oder festigen). Zudem sind Lehrkräfte an Schulen pädagogisch-didaktisch mangels einschlägiger Weiterbildung oft nicht auf die Gestaltung von M-Learning-Szenarien vorbereitet. Schüler_innen nutzen Mobilkommunikation schulbezogen primär, um sich untereinander über Hausaufgaben auszutauschen.
- An *Hochschulen* sind E-Learning und Blended Learning (z. B. über E-Learning-Plattformen wie moodle) unter Lehrenden recht etabliert; M-Learning-Szenarien sind dagegen selten Teil der Hochschullehre. Studierende nutzen Mobilgeräte vielfältig für Bildungszwecke: Sie nutzen E-Learning-Content mittels mobiler Geräte (z. B. werden Vorlesungsaufzeichnungen in Bus und Bahn angesehen oder Lehrvideos auf YouTube genutzt, s. o. M-Learning Typ 2). Sie dokumentieren Lehrveranstaltungen mit Mobilgeräten per Mitschriften oder Fotos, tauschen sich mit Mitstudierenden über Hausaufgaben aus, organisieren online ihre Lerngruppen.
- In der *beruflichen Aus- und Weiterbildung* ist organisiertes M-Learning insofern begrenzt, als nur sehr wenige Großunternehmen spezifische Trainings-Apps für ihre Mitarbeitenden entwickeln und anbieten (s. o. M-Learning Typ 4).
- Für das *informelle Lernen* stehen eine Reihe von *Bildungs- und Lern-Apps* in den jeweiligen *App-Stores* zur Verfügung (s. o. M-Learning Typ 5). Gemäß Menge des Angebotes und Abrufzahlen scheinen mobile Sprach- und Vokabeltrainer sowie Apps für die Führerscheinprüfung besonders beliebt zu sein. Dabei richtet sich das Angebot im Sinne lebenslangen Lernens an alle Altersgruppen: Es gibt Apps, mit denen Vorschulkinder spielerisch das Lesen lernen, ebenso wie Apps, mit denen Senior_innen im Sinne von „Gehirn-Jogging" kognitive Fähigkeiten trainieren und Demenz vorbeugen können. Lehrziele verfolgen nicht nur die dezidierten Bildungs-Apps, sondern auch diverse *Gesundheits-Apps*, die z. B. das Training in unterschiedlichen Sportarten oder eine gesundheitsbewusste Ernährungsweise anleiten (Dute et al. 2016).

## 5 Chancen des Mobilen Lernens

Die internationale Forschung zu Mobilem Lernen setzte etwa ab dem Jahr 2000 ein. So startete auch die jährliche *mLearn-Konferenzreihe* der *International Association for Mobile Learning* (IAMLearn.org) bereits 2002. Seitdem wächst die Zahl der Publikationen zum Mobilen Lernen Jahr für Jahr. Führende wissenschaftliche Literaturdatenbanken weisen mehr als 1200 peer-reviewed Fachzeitschriftenartikel zum Stichwort „Mobile Learning" aus (https://eric.ed.gov: 1261; WebOfKnowledge.com: 2724; Stand: Mai 2018). Diverse *Forschungssynthesen* existieren, sei es in Form aktueller Handbücher (z. B. Zhang 2015; Mentor 2016), systematischer Forschungsreviews oder Metaanalysen (Beispiele dafür siehe unten). Zudem existieren internationale Sammlungen von M-Learning-Fallstudien (Crompton und Traxler 2016).

Will man den Wert und Nutzen bestimmter M-Learning-Szenarien bewerten, so sind *Evaluationsstudien* einschlägig (Döring und Bortz 2016), die einerseits *prozessorientiert* untersuchen, wie M-Learning abläuft und gestaltet ist und andererseits *ergebnisorientiert* bewerten, ob M-Learning kausal zu positiven Lerneffekten beiträgt (Effektivität).

Eine Überblicksarbeit nationaler und internationaler wissenschaftlicher Begleitstudien zum *Tablet-Einsatz in Schule und Unterricht* berichtete überwiegend positive Lerneffekte, u. a. durch gesteigerte Motivation und selbstständigeres Lernen (Aufenanger 2017). Eine Zusammenfassung von 36 Einzelstudien zum *M-Learning-Einsatz in der Gymnasialbildung* zeigte, dass instruktionale Ansätze überwiegen und positive Effekte vor allem daraus resultieren, dass Schüler_innen über ihre Mobilgeräte im Push-Modus häufiger zu Lernaktivitäten angeregt werden, dass sie über mobile Voting-Systeme aktiver am Unterricht partizipieren und dass sie mit ihren Mobilgeräten elaboriertere Hausaufgaben (z. B. Videos) erstellen und in den Unterricht mitbringen können (Pimmer et al. 2016).

Vorliegende Metaanalysen zum *Fremdsprachenlernen mit Mobilgeräten* (Mobile Device Assisted Language Learning: MALL) zeichnen ebenfalls ein positives Bild: Von 19 MALL-Studien zeigten 15 ausschließlich positive Lerneffekte im Hinblick auf Lesen, Hören und Sprechen, 4 Studien zum Vokabellernen zeigten keine signifikanten Unterschiede (Burston 2015). In 44 MALL-Studien mit insgesamt $N = 9154$ Teilnehmenden zeigte sich ein mittlerer positiver Effekt ($g = 0{,}55$) zugunsten von M-Learning im Vergleich zum herkömmlichen Lernen (Sung et al. 2015).

Auch wenn man andere Bildungskontexte als die Gymnasialbildung und andere Lerninhalte als das Fremdsprachenlernen fokussiert (z. B. Mathematiklernen in der Grundschule), zeigen M-Learning-Studien überwiegend positive Ergebnisse (Crompton und Burke 2015; Wu et al. 2012). Dies wird teilweise kritisch dahingehend diskutiert, dass Studien oft nur kurzfristig angelegt sind und sich auf Novizen beziehen, so dass die positive Bewertung auch ein *Novitätseffekt* sein kann (Frohberg et al. 2009). Zudem werden problematische Aspekte des M-Learning wie Digitale Ablenkung oft nicht einbezogen, und auch eine *Kosten-Nutzen-Abwägung* unterbleibt. M-Learning-Forschung bezieht sich als Evaluationsforschung meist auf (Pilot-)Projekte in formalen Bildungskontexten; das informelle M-Learning (s. o. Typ 5) ist deswegen weitgehend unerforscht (Wright und Parchoma 2011).

Mit der Non-Profit-Initiative *One Laptop per Child* (OLPC; one.laptop.org) wird seit 2005 das Ziel verfolgt, Kinder in Entwicklungs- und Schwellenländern mit einem besonders preisgünstigen und robusten Laptop auszustatten, um ihnen informell Zugang zu Bildung zu verschaffen (s. o. M-Learning Typ 6). Zahlreiche Evaluationsstudien zu diesem Projekt liegen vor, die neben den Chancen auch diverse Probleme aufzeigen. So eignen sich Kinder die Laptops oftmals nicht primär aktiv-produktiv (lesen, schreiben, programmieren), sondern passiv-konsumierend (Musik hören, Games spielen, Videos schauen) an. Die Laptop-Zeit kann auf Kosten der Zeit für Hausaufgaben und Outdoor-Aktivitäten gehen und hängt nicht automatisch positiv mit den Schulleistungen zusammen (Ames 2016; Meza-Cordero 2016). Eine umfassende Evaluation des Projekts thematisiert neben den Lernprozessen und Lernergebnissen auch übergeordnete Fragen (z. B. Rolle der Technikunternehmen, die entsprechende Projekte in Entwicklungsländern sponsern). Schließlich muss auch hier betont werden, dass allein vom technischen Artefakt „Laptop" keine Bildungseffekte zu erwarten sind, sondern dass die Einbettung in Lehr-Lern-Kontexte und lokale Erziehungs- und Freizeit-Kulturen wichtig ist.

## 6   Risiken der Digitalen Ablenkung

Es ist empirisch gut belegt, dass ein Großteil der Lernenden Mobilgeräte in formalen Bildungssettings an Schulen und Hochschulen recht umfassend für unterrichtsfremde Aktivitäten nutzt: In einer Befragung von $N = 672$ Studierenden in den USA gaben 97 % unterrichtsfremden Mobilgerätegebrauch an, der im Durchschnitt 21 % der Unterrichtszeit in Anspruch nahm (McCoy 2016). Eine Beobachtung in fünf Vorlesungen in Deutschland zeigte, dass die Studierenden Mobilgeräte (Laptops, Smartphones) doppelt so häufig für unterrichtsfremde wie für unterrichtsbezogene Zwecke nutzten (Gehlen-Baum und Weinberger 2014): Während des Unterrichts werden private Textnachrichten und E-Mails geschrieben, Social Networking Plattformen und andere Websites besucht, Fotos und Videos angeschaut, digitale Games gespielt usw. Als Hauptmotive geben Lernende an, dass sie mit ihren sozialen Kontaktpersonen in Verbindung bleiben, Ablenkung und Unterhaltung suchen, Langeweile vertreiben wollen. Den Lernenden ist dabei durchaus bewusst, dass sie durch die unterrichtsfremde Nebenbei-Nutzung vom Lernen abgelenkt werden (McCoy 2016).

Man spricht von *Medialem Multitasking* (Media Multitasking), um auszudrücken, dass neben der nominellen Hauptaktivität des Lernens im Unterricht sachfremde Nebenaktivitäten auf dem Mobilgerät stattfinden (Chen und Yan 2016). Multitasking äußert sich dabei in einem *ständigen Wechsel* zwischen den Aktivitäten (z. B. der Lehrkraft zuhören, eine private Textnachricht schreiben, auf die Tafel schauen, ein Facebook-Profil besuchen usw.). Dadurch werden Aufmerksamkeit, Konzentration, Behaltensleistung usw. beeinträchtigt. Die beim Medialen Multitasking auftretende *Digitale Ablenkung* (Digital Distraction) betrifft dabei nicht nur die Person selbst, sondern auch Sitznachbar_innen und andere Unterrichtsteilnehmende, die visuell und/oder akustisch gestört werden (Gehlen-Baum und Weinberger 2014;

Sana et al. 2013). Nicht zuletzt wird die Lehrkraft in ihrer Unterrichtssteuerung und Motivation beeinträchtigt durch die unkonzentrierte Atmosphäre und dadurch, dass die Lernenden zwar körperlich, aber durch die sachfremde Mobilgerätenutzung sozial und geistig nicht präsent sind (sog. *Absent Presence*: Aagaard 2016).

Mediales Multitasking und Digitale Ablenkung sind nicht nur Störfaktoren im Unterricht, sondern auch beim eigenständigen Lernen zu Hause (etwa beim Bearbeiten von Hausaufgaben, beim Lesen und Schreiben). Eine Beobachtungsstudie in den USA zeigte, dass Schüler_innen der Mittelstufe sich im Durchschnitt nur maximal sechs Minuten am Stück den *Hausaufgaben* widmeten, bevor sie wieder für themenfremde Computer- oder Handynutzung unterbrachen (Rosen et al. 2013).

Zum jetzigen Zeitpunkt ist nicht ausreichend erforscht, wie man die offenbar großen und weit verbreiteten Risiken Digitaler Ablenkung durch Mobilgeräte in Lehr-Lern-Kontexten am wirkungsvollsten reduzieren kann. Diskutiert werden Nutzungsregeln, die einen unterrichtsfremden Gebrauch unterbinden sollen, ebenso wie verstärkte Anstrengungen, den Gebrauch in den Unterricht einzubeziehen sowie generell Medien- und Selbstlernkompetenz sowie Selbstregulation zu fördern (siehe unten Handlungsempfehlungen für Lehrende und Lernende).

Weitere Risiken des Mobilgerätegebrauchs in Bildungskontexten beziehen sich darauf, dass Geräte für Täuschung und Betrug bei Prüfungen eingesetzt werden, dass beim Erstellen und Nutzen mobiler Inhalte Urheberrechte (z. B. illegaler Download) oder Persönlichkeitsrechte (z. B. Cybermobbing) verletzt werden können und dass beim M-Learning Datenspuren anfallen, so dass Datenschutzprobleme auftreten können.

## 7 Zukunft des Mobilen Lernens

Die Entwicklung mobiler Kommunikations- und Informationstechnik schreitet fortwährend voran: Gerätetypen und Vernetzungstechnologien differenzieren sich einerseits aus und verschmelzen andererseits miteinander (Medienkonvergenz). Auch wenn technikgestütztes Lehren und Lernen auf sinnvollen pädagogisch-didaktischen Konzepten basieren sollte und vor einem „Technikeinsatz um des Technikeinsatzes Willen" zu warnen ist, so ist andererseits ein Erschließen der Bildungspotenziale technischer Innovationen nur möglich, wenn man sich frühzeitig auf neue Techniken einlässt und diese praktisch in unterschiedlichen Bildungskontexten erprobt, durchaus mit einer offenen, neugierigen und spielerischen Haltung. Die Perspektive der „kritischen Distanz" führt nämlich oft nicht zu sinnvoller Technikaneignung, da es dann an praktischer Erfahrung und kreativer Mitgestaltung fehlt.

Erweiterungen und Weiterentwicklungen des Mobilen Lernens werden aktuell unter verschiedenen Schlagworten und mit Blick auf ganz unterschiedliche technische Entwicklungspfade diskutiert: Um die Allgegenwart von IT-Unterstützung und deren Einbettung in realweltliche Bildungskontexte zu betonen, wird von *Pervasive Learning* und *U-Learning* (*Ubiquitous Learning*) gesprochen. In dem Maße, in dem über Mobilgeräte und entsprechende Datenbrillen Zugang zu Augmented-Reality- und Virtual-Reality-Szenarien besteht, schließt M-Learning an *AR-Learning*

(Augmented Reality Learning) und *VR-Learning* (Virtual Reality Learning) an. Wenn mobile Lernanwendungen spielerischen Charakter haben, wird M-Learning zum *Game-based Learning*. Wenn das mobile Lerngerät ein Roboter ist, bewegt man sich im Feld des *Robot-based Learning*.

## 8 Fazit und Handlungsempfehlungen zum Mobilen Lernen

Die hier vorgelegte Darstellung des Forschungs- und Entwicklungsstandes im Bereich M-Learning verdeutlicht, dass diese technikgestützte Lehr-Lernform sowohl spezifische Chancen als auch Risiken birgt. Viele Fragen der praktischen Gestaltung und Wirksamkeit von Mobilem Lernen sind noch offen. Dabei ist das Feld aufgrund der rasanten Entwicklung mobiler Informations- und Kommunikationstechniken äußerst dynamisch. Allen an Bildungstechnologie Interessierten kann deswegen nur empfohlen werden, sich eingehender theoretisch wie praktisch mit der Thematik zu befassen und zum gemeinsamen Erkenntnisgewinn beizutragen. Abschließend seien einige Handlungsempfehlungen für Forschende, Erziehende und Lehrende sowie Lernende zusammengetragen.

### 8.1 Handlungsempfehlungen für Forschende

Um an den bisherigen Forschungsstand anzuknüpfen und die Fachcommunity kennen zu lernen, sind die *wissenschaftlichen Institutionen* empfehlenswert, die sich auf internationaler Ebene auf M-Learning spezialisiert haben. Orientierung und Kollaborationsmöglichkeiten bieten:

- Fachgesellschaften wie die International Association for Mobile Learning (IAML),
- Fachzeitschriften wie das International Journal of Mobile Learning and Organisation (IJMLO, InderScience Pubishers) und das International Journal for Mobile and Blended Learning (IJMBL, IGI Global) sowie
- Konferenzreihen wie die *mLearn* der IAML (2017 in Lanarca, Zypern: iamlearn. org/mlearn/), die *Mobile Learning Conference* (2017 in Budapest, Ungarn: mlearning-conf.org) und die *Mobile Learning Week* der UNESCO (2017 in Paris, Frankreich).

Offene Forschungsfragen, die es anzugehen gilt, beziehen sich nicht nur auf die Gestaltung und Wirkung der jeweils neuesten M-Learning-Varianten (z. B. mobiles VR-Learning), sondern auch auf relativ einfache etablierte M-Learning-Formen (z. B. Sprachlern-Apps). Hier fehlen oft Kontrollgruppen- und Längsschnittstudien, so dass bis heute teilweise nicht gesichert ist, welche mittel- und langfristigen Lerneffekte tatsächlich kausal auf M-Learning zurückgehen (Effektivität) und ob sich der Aufwand für M-Learning (auch angesichts möglicher Nachteile) wirklich lohnt (Effizienz).

## 8.2 Handlungsempfehlungen für Erziehende und Lehrende

Für *Erziehende* geht es darum, Kinder frühzeitig zu einem sachgerechten und sicheren Gebrauch von Mobilgeräten anzuleiten (*Mobilmedienkompetenz*) und *altersgerechte Bildungs-Apps* herauszusuchen sowie deren Nutzung zu begleiten. Hierzu stehen im deutschsprachigen Raum die Online-Elternratgeber *https://schau-hin.info* und *https://www.klicksafe.de* zur Verfügung. Sie besprechen im Zusammenhang mit dem Mobilgerätegebrauch auch relevante Sicherheitsfragen (Altersfreigabe, Kosten, Datenschutz, Cybermobbing, Urheberrecht usw.). Durchgängig wird Erziehenden empfohlen, Kinder und Jugendliche mit den Mobilgeräten nicht allein zu lassen, sondern sie in ihrer Nutzung vertrauensvoll und kompetenzfördernd zu begleiten.

*Lehrende* erleben Mobilgeräte im herkömmlichen Präsenz-Unterricht an Schulen, Hochschulen und anderen Bildungseinrichtungen oft zunächst primär als Störfaktoren, die für Ablenkung und Unruhe im Unterricht sorgen. Tatsächlich zeigt die Forschung zu *Digitaler Ablenkung*, dass unterrichtsfremde Nutzungsweisen von Mobilgeräten bei Lernenden im Präsenzunterricht deutlich überwiegen und dass dies die Lehr-Lern-Situation und die Lernergebnisse beeinträchtigt. Empfehlenswert ist deswegen bei herkömmlichem Unterricht ein Unterbinden von unterrichtsfremder Nebenbei-Nutzung von Smartphones, Laptops, Tablets und anderen Mobilgeräten (z. B. indem man über die negativen Wirkungen aufklärt, Nutzungsregeln und entsprechende Sanktionen festlegt und umsetzt).

Wenn Lehrende Mobilgeräte zur Förderung des Lehrens und Lernens im Unterricht einsetzen wollen, so müssen sie *M-Teaching bzw. M-Learning* aktiv gestalten, denn es ist kein Selbstläufer. Niedrigschwellige Einsatzformen bestehen darin, Mobilgeräte als Feedback-Systeme zu nutzen (z. B. Abfrage in großen Gruppen), in Phasen des Problembasierten Lernens und in Gruppenarbeitsphasen Mobilgeräte für Recherchen einzusetzen oder auch Hausaufgaben mit dem Smartphone erstellen zu lassen und diese im Unterricht zu zeigen (z. B. Foto- und Video-Dokumentationen). Lehrenden ist zu empfehlen, sich mit Kolleginnen und Kollegen ihrer Bildungseinrichtung zusammenzuschließen und auszutauschen sowie Weiterbildungsangebote zu nutzen. Einschlägige *Informationsportale für Lehrende*, die auch Fragen des M-Teaching und M-Learning praxisnah behandeln, sind unter anderem *E-Teaching.org*, *Checkpoint-Elearning.de* sowie *http://www.eCULT.me*.

## 8.3 Handlungsempfehlungen für Lernende

Im Mobilzeitalter besteht eine zentrale Herausforderung für Lernende aller Generationen darin, angesichts ständiger Verfügbarkeit diverser mobiler Informations- und Kommunikationstechniken immer wieder *ausreichend lange Phasen konzentrierter Lernaktivität* (sei es im Präsenz- oder Fernunterricht, zu Hause oder unterwegs, allein oder in Gruppen) sicherzustellen. Hier geht es darum, dysfunktionale Nutzungsweisen von Mobilgeräten zu überwinden (bei zwanghafter oder suchtähnlicher Nutzung ist psychotherapeutische Intervention indiziert) und sich konstruktive

(z. B. zielorientierte, dosierte, reflektierte) Nutzungsweisen anzugewöhnen. Dabei spielt die *Selbstregulation* angesichts allgegenwärtiger Digitaler Ablenkung eine wichtige Rolle. Ratgeber zur Medienkompetenz und der Austausch mit anderen können hier hilfreich sein.

All diejenigen, die ihre Mobilgeräte (allen voran das Smartphone) im Zuge informellen Lernens verstärkt zu Bildungszwecken nutzen wollen, benötigen Orientierung auf dem unübersichtlichen Feld der Lern- und Bildungs-Apps: Mit welcher App kann man am besten Spanisch, Meditieren oder Differenzialrechnung lernen? Hier helfen Produktrezensionen und Auszeichnungen für besonders gute Apps, die sich mittels Online-Recherchen finden lassen. Neben der Auswahl einer hochwertigen App müssen Lernende sich aber auch mit der passenden Einsatzweise befassen: Wann, wo und wie wollen und können sie mit der App lernen? Die Vision, dass dank Bildungs-Apps alle möglichen Nischen- und Wartezeiten im Alltag automatisch zu Bildungszeiten werden, hat sich jedenfalls nicht bestätigt: Wer abends müde an der Bushaltestelle steht, chattet lieber mit Freunden als eine Lern-App zu öffnen. Hier ist also Erfahrungsaustausch unter Peers über kurz-, mittel- und langfristig erfolgreiche Nutzungsweisen wichtig.

## Literatur

Aagaard, J. (2016). Mobile devices, interaction, and distraction: A qualitative exploration of absent presence. *AI & Society, 31*(2), 223–231. https://doi.org/10.1007/s00146-015-0638-z.

Ames, M. G. (2016). Learning consumption: Media, literacy, and the legacy of one laptop per child. *The Information Society: An International Journal, 32*(2), 85–97. https://doi.org/10.1080/01972243.2016.1130497.

Aufenanger, S. (2017). Zum Stand der Forschung zum Tableteinsatz in Schule und Unterricht aus nationaler und internationaler Sicht. In J. Bastian & S. Aufenanger (Hrsg.), *Tablets in Schule und Unterricht* (S. 119–138). Wiesbaden: Springer VS. https://doi.org/10.1007/978-3-658-13809-7_6.

Burston, J. (2015). Twenty years of MALL project implementation: A meta-analysis of learning outcomes. *ReCALL, 27*(1), 4–20. https://doi.org/10.1017/S0958344014000159.

Chen, Q., & Yan, Z. (2016). Does multitasking with mobile phones affect learning? A review. *Computers in Human Behavior, 54*, 34–42. https://doi.org/10.1016/j.chb.2015.07.047.

Crompton, H., & Burke, D. (2015). Research trends in the use of mobile learning in mathematics. *International Journal of Mobile and Blended Learning, 7*(4), 1–15. https://doi.org/10.4018/IJMBL.2015100101.

Crompton, H., & Traxler, J. (2016). *Mobile learning and STEM: Case studies in practice*. New York: Routledge.

De Witt, C. (2013). Vom E-Learning zum Mobile Learning – wie Smartphones und Tablet PCs Lernen und Arbeit verbinden. In C. De Witt & A. Sieber (Hrsg.), *Mobile Learning: Potenziale, Einsatzszenarien und Perspektiven des Lernens mit mobilen Endgeräten* (S. 13–26). Wiesbaden: Springer VS. https://doi.org/10.1007/978-3-531-19484-4_2.

Döring, N., & Bortz, J. (2016). *Forschungsmethoden und Evaluation* (5. Aufl.). Heidelberg: Springer.

Dute, D. J., Bemelmans, W. J. E., & Breda, J. (2016). Using mobile apps to promote a healthy lifestyle among adolescents and students: A review of the theoretical basis and lessons learned. *JMIR mHealth and uHealth, 4*(2), e39. https://doi.org/10.2196/mhealth.3559.

Frohberg, D., Göth, C., & Schwabe, G. (2009). Mobile learning projects – A critical analysis of the state of the art. *Journal of Computer Assisted Learning, 25*(4), 307–331. https://doi.org/10.1111/j.1365-2729.2009.00315.x.

Gehlen-Baum, V., & Weinberger, A. (2014). Teaching, learning and media use in today's lectures. *Computers in Human Behavior, 37*, 171–182. https://doi.org/10.1016/j.chb.2014.04.049.

Göth, C., & Schwabe, G. (2012). Mobiles Lernen. In J. Haake, G. Schwabe & M. Wessner (Hrsg.), *CSCL-Kompendium 2.0: Lehr- und Handbuch zum computerunterstützten, kooperativen Lernen* (S. 283–293). München: Oldenbourg.

ITU (International Telecommunication Union). (2016). ICT facts and figures 2016. https://www.itu.int/en/ITU-D/Statistics/Pages/facts/default.aspx.

Keskin, N. O., & Metcalf, D. (2011). The current perspectives, theories and practices of mobile learning. *TOJET: The Turkish Online Journal of Educational Technology, 10*(2), 202–208.

McCoy, B. R. (2016). Digital distractions in the classroom phase II: Student classroom use of digital devices for non-class related purposes. *Journal of Media Education, 7*(1), 5–32.

Mentor, D. (Hrsg.). (2016). *Handbook of research on mobile learning in contemporary classrooms.* Hershey: IGI Global.

Meza-Cordero, J. A. (2016). Learn to play and play to learn: Evaluation of the one laptop per child program in Costa Rica. *Journal of International Development.* Online First. https://doi.org/10.1002/jid.3267.

Pimmer, C., Mateescu, M., & Gröhbiel, U. (2016). Mobile and ubiquitous learning in higher education settings. A systematic review of empirical studies. *Computers in Human Behavior, 63*, 490–501. https://doi.org/10.1016/j.chb.2016.05.057.

Rosen, L., Carrier, L., & Cheever, N. A. (2013). Facebook and texting made me do it: Media-induced task-switching while studying. *Computers in Human Behavior, 29*(3), 948–958. https://doi.org/10.1016/j.chb.2012.12.001.

Sana, F., Weston, T., & Cepeda, N. J. (2013). Laptop multitasking hinders classroom learning for both users and nearby peers. *Computers & Education, 62*, 24–31. https://doi.org/10.1016/j.compedu.2012.10.003.

Sharples, M., Taylor, J., & Vavoula, G. (2005). Towards a theory of mobile learning. ResearchGate. https://www.researchgate.net/publication/228346088_Towards_a_theory_of_mobile_learning. Zugegriffen am 04.01.2017.

Sung, Y.-T., Chang, K.-E., & Yang, J.-M. (2015). How effective are mobile devices for language learning? A meta-analysis. *Educational Research Review, 16*, 68–84. https://doi.org/10.1016/j.edurev.2015.09.001.

Traxler, J. (2007). Defining, discussing, and evaluating mobile learning: The moving finger writes and having writ.... *International Review of Research in Open and Distributed Learning, 8*(2), 1–12. http://www.irrodl.org/index.php/irrodl/article/view/346/875.

UNESCO. (2013). Policy guidelines for mobile learning. http://unesdoc.unesco.org/images/0021/002196/219641E.pdf.

Wright, S., & Parchoma, G. (2011). Technologies for learning? An actor-network theory critique of ‚affordances' in research on mobile learning. *Research in Learning Technology, 19*(3), 247–258. https://doi.org/10.1080/21567069.2011.624168.

Wu, W.-H., Jim Wu, Y.-C., Chen, C.-Y., Kao, H.-Y., Lin, C.-H., & Huang, S.-H. (2012). Review of trends from mobile learning studies: A meta-analysis. *Computers & Education, 59*(2), 817–827. https://doi.org/10.1016/j.compedu.2012.03.016.

Zhang, Y. (Hrsg.). (2015). *Handbook of mobile teaching and learning.* Berlin: Springer.

# Videos in der Lehre: Wirkungen und Nebenwirkungen

Malte Persike

## Inhalt

1  Videos in der Lehre .................................................................. 272
2  Begriffsbestimmung ................................................................. 273
3  Ein typischer Produktionsprozess .................................................. 280
4  Einsatzszenarien für Lernvideos .................................................... 289
5  Wirkungen und Nebenwirkungen ................................................... 292
6  Empfehlung .......................................................................... 296
Literatur ................................................................................. 297

### Zusammenfassung

Lernvideos zählen zu den wichtigsten digitalen Medien in der Hochschullehre. Kein anderes multimediales Format ist so unkompliziert herzustellen und zu publizieren wie das Lernvideo. Überdies ist keines so gut wissenschaftlich untersucht. Dieses Kapitel nimmt zunächst eine Begriffsbestimmung der verschiedenen Videoformate für die Lehre vor, beginnend bei der Vorlesungsaufzeichnung bis zum 360° Virtual Reality Video. Anschließend wird der typische Produktionsprozess eines Lernvideos beschrieben, Herausforderungen identifiziert und Lösungen benannt. Nach der Vorstellung verschiedener Einsatzmöglichkeiten in Präsenzveranstaltungen, Blended Learning Szenarien und kollaborativen Lernformaten wird ein ausführlicher Blick auf die vielfältige und nicht immer ganz widerspruchsfreie Wirkungsforschung zum Einsatz von Videos in der Hochschullehre geworfen.

### Schlüsselwörter

Lernvideos · E-Lectures · SAMR Modell · Digitalisierung · Wirkungsforschung

---

M. Persike (✉)
Psychologisches Institut, Johannes Gutenberg-Universität Mainz, Mainz, Deutschland

© Springer-Verlag GmbH Deutschland, ein Teil von Springer Nature 2020
H. Niegemann, A. Weinberger (Hrsg.), *Handbuch Bildungstechnologie*,
https://doi.org/10.1007/978-3-662-54368-9_23

# 1 Videos in der Lehre

Im Jahr 1964 hielt der berühmte Physiker und spätere Nobelpreisträger Richard Feynman eine Serie von sieben Vorlesungen über grundlegende Gesetze der Physik an der Cornell University. Das allein wäre kaum eine Randnotiz in der Geschichte von Feynmans Tätigkeit als Hochschullehrer wert gewesen, hätte nicht die BBC diese Vorlesungen aufgezeichnet und im Wissenschaftsprogramm des Senders BBC-2 einem breiten Fernsehpublikum zugänglich gemacht. Jeder britische Haushalt mit einem Fernsehapparat hatte plötzlich die Möglichkeit, physikalische Phänomene wie Gravitation oder Quantenmechanik von einem renommierten Hochschullehrer erklärt zu bekommen. Bei großzügiger Auslegung des Fernsehens als modernes Streaming-Medium waren Feynman und die BBC ihrer Zeit um 50 Jahre voraus, denn sie haben eine der ersten videobasierten Vorlesungsreihen der Geschichte produziert. Ein halbes Jahrhundert später hätte man die wie einen Hochschulkurs aufbereitete Sammlung der Aufzeichnungen wohl als MOOC bezeichnet. Der Begriff MOOC steht für *Massive Open Online Course* und bezeichnet eine Lehrveranstaltung auf Hochschulniveau, zu der jede und jeder Interessierte rund um den Globus Zugang hat, die in elektronischer Form vorliegt und die zu jeder Zeit abrufbar ist. Fanden die Feynman-Aufnahmen noch analog auf monochromem Filmmaterial statt, sind Lernvideos heute digital und in Farbe. Ansonsten aber reiht sich das Videomaterial der BBC beinahe nahtlos in den reichhaltigen Fundus moderner Lernvideos ein. Dies umso mehr, da die Feynman Lectures der BBC inzwischen restauriert worden sind und, verpackt als digitale Online Videos, jederzeit zugänglich sind (Project Tuva, Microsoft Research 2009).

Mit dem Beginn der digitalen Transformation von Hochschullehre ist die Bedeutung des Lernvideos zur Vermittlung akademischer Inhalte dramatisch gewachsen. Lernvideos sind für viele Dozierende an Universitäten und Hochschulen gleich aus mehreren Gründen attraktiv. Ihre Erstellung erfordert im besten Fall kaum besondere technische Fertigkeiten, ist mit vergleichsweise geringem Zeitaufwand zu leisten, und vor allem sind die Anforderungen an Hard- und Software so niedrig, dass die Produktion eines Lernvideos mit nahezu jedem modernen Rechner und sogar Mobilgerät problemlos möglich ist (Handke 2015). Ausgestattet mit einem Mikrofon und preisgünstiger Software ist die Produktion eigener Lernvideos für viele Lehrende deshalb eine realistische Option zur Digitalisierung geworden, während nur wenige in der Lage wären, eine digitale Simulation oder ein Educational Game zu programmieren. Einmal erstellt, sind Lernvideos flexibel handhabbare Medien, die in verschiedenen Blended-Learning-Szenarien eingesetzt werden können. Zudem ist der Aufwand bei der Erstellung eines Lernvideos in sehr weiten Grenzen skalierbar – vom der minimal aufwendigen Vorlesungsaufzeichnung bis hin zur professionellen Studioproduktion.

Dieses Kapitel nimmt zunächst eine Begriffsbestimmung verschiedener Formen von Lernvideos vor, deren Aufwand im Anschluss grob skizziert und mit einem Abriss verfügbarer Technologien unterlegt wird. Danach werden Einsatzszenarien für Lernvideos klassifiziert, um schließlich ausführlich auf wissenschaftliche Erkenntnisse zu Wirkungen und Nebenwirkungen von Videos in der Lehre einzugehen.

## 2 Begriffsbestimmung

Allen Videoformaten für die Lehre ist gemeinsam, dass sie audiovisuell aufbereitete Lerninhalte transportieren. In der Hochschullehre lassen sich Lernvideos nach der Art ihres Inhalts in zwei übergreifende Kategorien einteilen, die sich nicht notwendigerweise gegenseitig ausschließen, gleichwohl aber eine hilfreiche Orientierung bieten: Erklärvideos und Demonstrationsvideos (siehe Abb. 1).

Digitale Erklärvideos, im Englischen meist Digital Lectures genannt, sind Lernvideos mit einem bewusst instruktional angelegten Charakter. Sie werden zum Zweck der Inhaltsvermittlung hergestellt und haben die primäre didaktische Aufgabe, Fachinhalte zu transportieren, die explizit im Video formuliert werden. Digital Lectures sind deckungsgleich mit den historisch als Erklärstück oder Erklärfilm bezeichneten Lernmedien für die Hochschullehre, nur hat bei der Digital Lecture das technische Format vom analogen Film zum digitalen Datenstrom gewechselt. Wenngleich stark vereinfachend, ist es deshalb eine probate Merkhilfe, Digitale Erklärvideos als das elektronische Pendant zum klassischen Lehrvortrag zu begreifen. Der Oberbegriff der Digital Lecture umfasst eine Reihe von Unterformen, die weiter unten ausgeführt werden. Sie unterscheiden sich vor allem in ihrem Produktionssetting sowie der Darstellungsweise ihrer Inhalte.

Vom Erklärvideo abzugrenzen ist das Demonstrationsvideo. Hier handelt es sich um Lernvideos ohne primären Erklärcharakter. Typische Beispiele sind Aufnahmen von Unterrichtssituationen in den Erziehungswissenschaften (Baltruschat 2018), Videos von Therapiegesprächen in der klinischen Psychologie (Haggerty und Hilsenroth 2011) oder Mitschnitte sozialer Situationen zum Zweck der Videographie in der Soziologie (Tuma et al. 2013). Auch studentisch erzeugte Filme werden als Demonstrationsvideos dank der Ubiquität digitaler Videotechnologien immer

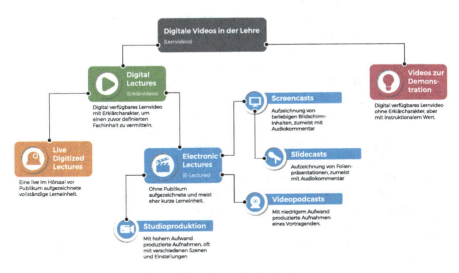

**Abb. 1** Benennungskonvention für Videos in der Hochschullehre

beliebter. Studierende filmen dabei ihr eigenes Verhalten in bestimmten Situationen, z. B. bei einer Lehrprobe in der Lehrerbildung oder einer schwierigen Gesprächssituation in der Medizinerausbildung. Lerninhalte sind im Demonstrationsvideo zumeist nicht explizit formuliert, sondern werden durch Analyse und Reflektion von den Lernenden konstruiert (Lave und Wenger 1991). Das Lernmaterial erhält seinen instruktionalen Wert also erst durch eine ergänzende didaktische Rahmung und kann meist nur mit dieser lernwirksam werden (Berk 2009).

Die Grenzlinie zwischen Erklärvideo und Demonstrationsvideo ist nicht immer eindeutig zu ziehen. So finden sich z. B. in den Filmwissenschaften Lernvideos, die zunächst einen filmtheoretischen Inhalt lehrbuchartig einführen, dann eine Sequenz aus einem Spielfilm zeigen, um diese Sequenz schließlich mit dem zuvor erläuterten Wissensinhalt zu verknüpfen. Hier wechseln sich Erklär- und Demonstrationscharakter ab. Die Spielfilmsequenz ist nicht per se lernwirksam, sondern qualifiziert sich erst durch die Rahmung als Lerninhalt.

Das vorliegende Kapitel konzentriert sich auf den Bereich der Digital Lectures und deckt darin das gesamte Feld von ihrer Produktion über Einsatzszenarien bis hin zur Wirksamkeitsforschung in der Hochschullehre ab. Für die verschiedenen Formate von Digital Lectures hat sich im Laufe der Jahre eine Vielzahl an Bezeichnungen entwickelt, die nicht immer konsistent verwendet werden. Je nach Quelle werden mal verschiedene Begriffe für dasselbe Videoformat eingeführt, mal dieselben Begriffe für verschiedene Formate gebraucht. Zur klaren Strukturierung wird deshalb nachfolgend ein durchgängiges Benennungsschema angelegt, das auf eine in der Literatur etablierte englischsprachige Klassifikation zurückgeht (Demetriadis und Pombortsis 2007) und inzwischen auch in Deutschland einschlägig ist (Wannemacher et al. 2016).

---

**Arbeitsdefinitionen für Lernvideoformate**

*Digital Lectures (Erklärvideos, Lernvideos):* Oberbegriff für jede Art von digital verfügbarem Lernvideo mit Erklärcharakter. Die Auslieferung solcher Lernvideos findet in der Regel online statt und kann entweder synchron im Sinne einer Live-Übertragung oder asynchron als Streaming-Video erfolgen.

*Live Digitized Lectures (LDL):* Mitschnitt einer zumeist vollständigen Lerneinheit, d. h. eine im Hörsaal aufgezeichnete Vorlesung. Die Lerninhalte werden während der Aufzeichnung vor einem realen Publikum präsentiert. Das Präfix *Live* bezieht sich dabei auf die Aufnahmesituation, nicht die Ausspielung. Eine Live Digitized Lecture wurde also live im Hörsaal aufgezeichnet. Ihre Ausspielung findet aber eher selten ebenfalls live als Videostream statt, sondern meistens als reguläre digitale Videokonserve.

*E-Lectures:* In einem Office-Setting oder einem speziell eingerichteten Aufnahmestudio ohne Publikum aufgezeichnete Lerneinheit. Der typische Bildaufbau entspricht einer üblichen Nachrichtensendung, bei der das Sprecherbild (*Talking Head*) um Zusatzinformationen wie Stichworte oder Bilder ergänzt wird.

(Fortsetzung)

*Videopodcasts:* Unterform der E-Lecture, die mit niedrigem Aufwand und in kurzer Zeit produziert wird. Zu sehen ist meist ausschließlich das Sprecherbild ohne weitere Einblendungen.

*Videos in Lege- und Zeichentechnik:* Unterform von E-Lectures, bei denen auf eine horizontale Schreibfläche geschrieben wird oder ausgeschnittene, flache Objekte aus Papier oder Pappe auf der Fläche platziert oder bewegt werden. Eine senkrecht darüber montierte Videokamera zeichnet die Animationsabfolgen auf. Der Sprecher ist in der Regel nicht im Bild zu sehen, sondern nur zu hören.

*Screencasts:* Unterformen von E-Lectures, die meist in einem Office-Setting entstehen. Screencasts dienen der Darstellung von Bildschirmabläufen. Dabei werden beliebige Bildschirminhalte wie beispielsweise die Bedienung einer Software oder eine digitale Präsentation aufgenommen und meistens auch ein gesprochener Audiokommentar hinzugefügt.

*Slidecasts:* Bei Slidecasts handelt es sich um eine Unterkategorie von Screencasts. Slidecasts sind mit PowerPoint oder vergleichbaren Präsentationsprogrammen abgespielte Sequenzen von Folien (*Slides*), nahezu immer mit gesprochenem Dozierendentext.

*Demonstrationsvideos:* Oberbegriff für jede Art von Video, das in der Lehre eingesetzt wird, ohne primär einen Erklärcharakter zu haben. Bei Demonstrationsvideos gibt es deshalb in der Regel keinen Sprecher, der als Wissensvermittler auftritt. Stattdessen werden die im Video gezeigten Szenen erst durch Kontextualisierung in einer Lehr-/Lernsituation zu einem Lernmedium mit instruktionalem Wert. Es kann sich um Videos handeln, die dezidiert für die Lehre produziert worden sind oder Videos für andere Zielgruppen, die aber aufgrund ihres Inhalts als Lerngegenstand geeignet sind. Typische Beispiele für Demonstrationsvideos sind z. B. abgefilmte Unterrichtssituationen in den Erziehungswissenschaften, Therapievideos in der Psychologie, Videos aus Wettkampfveranstaltungen in den Sportwissenschaften oder Nachrichtenmitschnitte in der Journalistik.

## 2.1 Live Digitized Lectures

Der Begriff Live Digitized Lecture bezeichnet die klassische Vorlesungsaufzeichnung. Die typische Aufnahmesituation ist ein Live-Setting, traditionell ein Hörsaal mit studentischem Auditorium. Im Ergebnis entsteht eine meist 90-minütige Videoaufnahme, die über so genanntes Authoring mit Zusatzfunktionen angereichert werden kann. Unter den Begriff Authoring fällt z. B. das Hinzufügen einfacher Navigationsmöglichkeiten wie Kapitelmarken mit Kapitelüberschriften, Vorschaubilder, klickbare Schlagwortindices oder eine beschriftete Timeline, um das direkte Anspringen bestimmter Stellen im Video zu ermöglichen. Authoring umfasst zudem Aspekte wie das Hinzufügen von Untertiteln oder das Ergänzen von Quizzes zur Aufzeichnung, häufig implementiert als Single- oder Multiple-Choice Fragen.

Die Aufzeichnung einer Live Digitized Lecture kann durch festinstallierte Aufzeichnungsgeräte im Hörsaal oder über bedarfsweise aufgebaute mobile Aufzeichnungseinheiten erfolgen. Audioseitig wird gewöhnlich nur der Sprechtext des Dozierenden aufgenommen, videoseitig das Bild des Dozierenden und oft auch die Bildschirminhalte auf dem Dozierenden-PC, mehrheitlich in Form einer digitalen Präsentation. Aufwendigere Installationen erlauben zudem die Nahaufnahme von Experimentalaufbauten mithilfe von Pultkameras oder den Mitschnitt von Zeichen- und Schreibabläufen auf digitalen oder selten auch analogen Zeichenboards.

Der Produktionsaufwand für Live Digitized Lectures ist für Lehrende zunächst sehr gering. Sie halten weiterhin eine klassische Vorlesung ohne nennenswerte Mehrarbeit. Auch eine Postproduktion des aufgezeichneten Videomaterials ist nicht zwingend notwendig, denn Aufzeichnungen werden meist komplett unverändert online gestellt oder nur am Beginn oder Ende der Aufnahme gekürzt. Dies bedeutet auch, dass Störungen, Unterbrechungen oder Versprecher des Dozierenden Teil der Aufzeichnung werden.

Die Anwesenheit von Publikum bei der Aufnahme von Live Digitized Lectures führt unmittelbar auf rechtliche Herausforderungen. Finden Kameraschwenks ins Auditorium statt oder werden studentische Wortbeiträge Teil einer Aufzeichnung, sind Persönlichkeitsrechte der Studierenden berührt (§§ 823, 1004 analog BGB). Wird nun durch die unerlaubte Veröffentlichung einer Aufnahme das Recht der Studierenden am gesprochenen Wort (§ 201 StGB) oder das Recht am eigenen Bild (§ 33 StGB) verletzt, kann dies unabhängig vom Urheberrecht eine strafbare Handlung darstellen. Eine unerlaubte Veröffentlichung liegt immer dann vor, wenn nicht alle in Bild oder Ton festgehaltenen Studierenden eine schriftliche Einwilligung zur Veröffentlichung abgegeben haben. Juristisch umstritten sind Fälle, in denen Studierende durch eigenes Verhalten Teil einer Aufnahme geworden sind und sie dies hätten vermeiden können. Ein typisches Beispiel sind zu spät kommende Studierende, die durch den Aufnahmekegel der Kamera gehen, obschon sie vorher informiert worden sind, welche Bereiche des Hörsaals von der Aufzeichnung erfasst werden.

Die Aufnahme einer Live Digitized Lecture kann somit Eingriffe in die Lehrsituation erfordern, vor allem dann, wenn Lehrende ihre Veranstaltungen interaktiv angelegt haben. Sollen während einer Aufzeichnung studentische Beiträge abgegeben werden, müssen die jeweiligen Studierenden explizit ihr Einverständnis erklären, je nach Rechtsauslegung sogar schriftlich. In jedem Fall ist vor der Aufnahme einer Live Digitized Lecture die ausführliche Informierung der Studierenden geboten. Ferner sind im Hörsaal Bereiche auszuweisen, die nicht im Aufzeichnungskegel der Kamera liegen.

## 2.2 E-Lectures

E-Lectures bilden den Oberbegriff für jede Art von Lernvideos, die ohne Publikum aufgenommen werden. Typische Aufnahmesituationen sind das Office-Setting oder ein dediziertes Aufnahmestudio. Im Ergebnis entstehen bei der E-Lecture-Aufzeichnung Videos, die auf einen speziellen Themenschwerpunkt bezogen und damit meist kürzer sind als Live Digitized Lectures.

Der Produktionsaufwand für E-Lectures ist gewöhnlich höher als bei Live Digitized Lectures. Die Aufnahmen werden von Lehrenden eigens eingesprochen und können erheblichen Aufwand für die Postproduktion nach sich ziehen. Nur wenige Lehrende sind in der Lage, den natürlichen Fluss ihres Hörsaalvortrags auf eine Produktionsumgebung ohne Publikum zu übertragen. Allein das Wissen darum, dass eine Audio- oder Videoaufzeichnung des eigenen Vortrags stattfindet, führt bei unerfahrenen Sprechern oft zum wiederholten Ansetzen, um den Sprechtext möglichst flüssig und fehlerfrei zu produzieren. Sobald sich also die Aufnahmeumgebung vom Hörsaal mit Publikum in einen eigens eingerichteten Raum ohne Publikum verschiebt, sind Lehrende oft überrascht, dass es ihnen nicht gelingt, einen bereits mehrfach gehaltenen Vortrag „einfach nur" ins Mikrofon zu sprechen. Ferner verlangt die Aufnahmeumgebung häufig nach geeigneten Maßnahmen, um eine günstige Lichtsituation und einwandfreie Akustik für die Aufnahme herzustellen.

### 2.2.1 Screencasts, Slidecasts, Videopodcasts

Screencasts, Slidecasts und Videopodcasts sind Unterformen der E-Lecture. Sie werden üblicherweise in einem Office-Setting aufgenommen. Screencasts sind Aufzeichnungen beliebiger Bildschirminhalte. Häufig führen sie in die Verwendung von Softwaresystemen ein oder demonstrieren dynamische Inhalte wie Simulationen oder komplexe Visualisierungen. Zu den verbreitetsten Unterformen von Screencasts gehören Slidecasts und so genannte Khan-Style-Videos. Bei Slidecasts wird eine digitale Präsentation gemeinsam mit dem zugehörigen Sprechertext aufgenommen. Khan-Style-Videos sind kurze Lernvideos im Stil der Khan Academy (https://www.khanacademy.org), bei denen der Lehrende Problemlösungen demonstriert, die meist auf einem Grafiktablett entwickelt werden. Alle Formen von Screencasts enthalten ein Sprechervideo nur optional, bei Videopodcasts hingegen bildet das Sprechervideo den Hauptinhalt der Darstellung. In solchen Videopodcasts erläutern Lehrende mit nur wenigen Hilfsmitteln ihre Fachinhalte im Sinne eines One-on-one Tutoriums, ähnlich den von bekannten Videoplattformen bekannten *How-To-Videos*.

### 2.2.2 Lege- und Zeichentechnik

Auch die Lege- und Zeichentechnik ist eine Unterform der E-Lecture. Die Aufnahmen erfolgen in einem Office- oder Studiosetting. Aufgezeichnet wird eine horizontal ausgerichtete Arbeitsfläche mithilfe einer senkrecht darüber installierten Kamera. Auf der Arbeitsfläche werden flache Objekte, z. B. ausgeschnittene Formen aus Papier oder Pappe platziert und bewegt. Zusätzlich kann mit Stiften auf der Arbeitsfläche geschrieben und gezeichnet werden. Im Ergebnis zeigt ein solcherart produziertes Video die zeitliche Entwicklung der Visualisierung eines Fachinhaltes.

Eine Besonderheit der Lege- und Zeichentechnik ist die Asynchronizität der Video- und Audioaufnahme. Während bei nahezu allen anderen Formen von Digital Lectures der Sprecherton gemeinsam mit dem bildlichen Hauptinhalt aufgezeichnet wird, finden Videoaufnahme und deren Vertonung bei der Lege- und Zeichentechnik häufig nacheinander statt. Zunächst wird das Video bis zu einem weitgehend finalen

Stadium produziert, so dass die gezeigte Sequenz von Ereignissen in ihrer zeitlichen Abfolge und Länge dem finalen Produkt entspricht. Danach findet die Audioaufzeichnung statt, die dann als Tonspur unter das vorproduzierte Video gelegt wird. Diese Serialisierung des Produktionsprozesses ist bei der Lege- und Zeichentechnik meist unumgänglich, da sich ein simultan eingesprochener Text live nur sehr schwer mit Lege- bzw. Zeichenaktionen synchronisieren lässt. Bereits kleine Fehler in Vortrag oder Handlung können eine neuerliche Aufnahme notwendig machen, weshalb der Gesamtaufwand bei der getrennten Video- und Audioaufzeichnung nicht selten deutlich kleiner ist.

### 2.3 Virtual, Augmented und Mixed Reality

Aktuell entwickeln sich Videoformate mit virtueller und augmentierter Realität zu einem Trendthema in der Hochschullehre (Horizon Report, Becker et al. 2016). Als Virtual Reality, Augmented Reality oder Mixed Reality werden generell Technologien zur multimedialen Präsentation von Szenen bezeichnet, die vollständig oder teilweise im Computer generiert werden.

Virtual Reality (VR) meint die immersive Darstellung von vollständig computergenerierten Umgebungen. Das Schlüsselwort *immersiv* wird benutzt, um VR Anwendungen von konventionellen digitalen Formaten zu unterscheiden, deren Anzeige auf einem handelsüblichen Computermonitor geschieht. Für die Präsentation von VR Anwendungen ist spezielle Technik notwendig, üblicherweise so genannte Virtual Reality Brillen. Solche Brillen vermitteln dem Betrachter den Eindruck, sich tatsächlich in der dargestellten Szene zu befinden. Bewegt der Betrachter den Kopf, wandert die Darstellung entsprechend mit, um die Veränderung des Sehfeldes bei Kopfbewegungen zu simulieren. Ergänzt werden VR Brillen oft durch spezielle Eingabegeräte wie Datenhandschuhe oder am Finger getragene Sensoren, die eine Interaktion des Betrachters mit seiner virtuellen Umgebung erlauben.

Augmented Reality (AR) fasst Technologien zusammen, bei denen eine reale Umgebung in Echtzeit mit computergenerierten Darstellungen ergänzt wird, die sich kongruent zur realen Szene bewegen. Oft sind dies grafische Symbole, Textboxen, Bilder oder klickbare Elemente, die auf Basis von Benutzereingaben bestimmte Aktionen auslösen. Die Anzeige von AR Anwendungen kann auf normalen Computerbildschirmen oder auf portablen Endgeräten stattfinden. So sind einige Navigationsanwendungen auf Smartphones in der Lage, virtuelle Orientierungshinweise über dem mit der Smartphonekamera aufgenommenen Livebild einzublenden.

Mixed Reality (MR) verknüpft Konzepte von VR und AR. Die Darstellung von Mixed Reality Anwendungen geschieht immersiv mithilfe von VR Brillen, wobei die dargestellte Szene eine Mischung aus realer Umgebung und computergenerierten Objekten ist. Die virtuellen Objekte fügen sich nahtlos in die reale Szene ein und können mit dieser interagieren, indem z. B. ein computersimulierter Ball einen echten Hügel hinunter gerollt wird.

Eine technisch recht einfach herzustellende Variante von VR bzw. MR Anwendungen sind 360° Fotos und Videos. Spezielle 360° Kameras erfassen bei der Aufnahme den gesamten Bereich rund um die Kamera und fügen das Bild dann zu einem 360° Panorama zusammen. Die Aufnahmen können durch virtuelle Elemente wie Pfeile, Beschriftungen oder klickbare Buttons ergänzt werden, die nachträglich in das Panorama eingefügt werden. Die Betrachtung von 360° Aufnahmen geschieht häufig mit VR Brillen, so dass der Betrachter den Bildausschnitt realitätsnah über Kopfbewegungen verändern kann.

Erste größere Beachtung in der Hochschullehre ist VR und AR Technologien in der Mitte der 1990er-Jahre zuteil geworden (Pantelidis 1993). Mit dem Einsatz immersiver Technologien wurde die Erwartung verknüpft, nicht nur wissensbezogene und kognitive Lerndimensionen (Krathwohl und Anderson 2001), sondern auch affektive (Krathwohl et al. 1964) und psychomotorische (Simpson 1966) Ebenen ansprechen zu können. Tatsächlich zeigt sich, dass Studierende von immersiven digitalen Lernmedien auf mehreren Dimensionen profitieren können. So etablieren sich bei Medizinstudierenden psychomotorische Fertigkeiten durch die Arbeit mit virtuellen Patienten wesentlich schneller und besser als mit konventionellen Übungsmethoden (Seymour et al. 2002). Auch unterscheiden sich physiologische und affektive Reaktionen von Akteuren in simulierten Operationssälen oder virtuellen Fahrzeugen nicht von denen unter vergleichbaren Realbedingungen (Jang et al. 2002). Gleichwohl wurde in den 1990er-Jahren schnell klar, dass sowohl die Kosten als auch die technische Leistungsfähigkeit der verfügbaren Gerätegenerationen für realitätsnahe Darstellungen nicht ausreichten, so dass der anfängliche Enthusiasmus zunächst wieder abebbte.

Technische wie auch kostenbezogene Einschränkungen haben sich inzwischen deutlich verschoben. Soft- und Hardware wurden nicht nur professionalisiert, sondern sind preislich auf ein Consumer-Niveau gefallen. Damit hat sich auch in der Hochschullehre ein neues Interesse entwickelt. Anwendungen von VR, AR und MR in der Medizin (Moro et al. 2017), der Astronomie (Liou et al. 2017) oder den Ingenieurwissenschaften (Dinis et al. 2017) entwickeln sich zu festen Bestandteile des Curriculums.

Besonders 360° Videos kommen als immersive Lernmedien bereits heute für den Breiteneinsatz in Betracht, sowohl mit Blick auf den Aufwand bei ihrer Produktion als auch die zur Rezeption notwendigen Geräte. Der Einsatz von 360° Videokameras erfordert nur noch geringem technischen und budgetärem Aufwand, auch die Postproduktion von 360° Videos ist mit gängigen Videobearbeitungsprogrammen möglich. Die Wiedergabe solcher Videos kann häufig auf mobilen Endgeräten wie Smartphones oder preisgünstigen VR Brillen stattfinden. 360° Videos kommen aktuell bereits in verschiedenen Fächern wie der Psychologie, Medizin und Chemie zum Einsatz (Cochrane et al. 2018). Obwohl systematische Wirkungsforschung noch selten ist, erscheinen erste Studienresultate zum Einsatz von 360° Videos in der Hochschullehre durchaus positiv. 360° Videos können durch ihren immersiven Charakter den Wissensgehalt steigern (Virtanen et al. 2017), die Identifikation mit der Lernsituation intensivieren (Lee et al. 2017) oder auch die fachbezogene Aufmerksamkeit verbessern (Harrington et al. 2017).

> **Exkurs: Videodauer als obsoletes Kriterium**
> Traditionell diente die Dauer eines Videos als wichtiges Unterscheidungskriterium zwischen verschiedenen Formen von Lernvideos. So handelt es sich bei Live Digitized Lectures in der Regel um Aufzeichnungen einer gesamten Vorlesung von neunzig Minuten Dauer, während im Studio produzierte E-Lectures meist kürzere Lerneinheiten von höchstens zwanzig Minuten Dauer zeigen. Dieser Unterschied hatte in der Vergangenheit unmittelbare didaktische Implikationen, da 90-minütige Vorlesungsaufzeichnungen schwierig zu navigieren waren, Inhalte schlecht aufgefunden werden konnten und die Wahrscheinlichkeit, dass ein Lernender das Abspielen abbricht, mit steigender Videodauer stetig wächst (Kim et al. 2014).
>
> Der technische Fortschritt bei den Aufzeichnungssystemen für Lernvideos lässt diese Grenze zwischen Live Digitized Lectures und E-Lectures verschwimmen, denn Aufzeichnungssysteme erlauben inzwischen die automatische Anreicherung eines Videos mit Komfortfunktionen wie der vereinfachten Navigation über Kapiteleinteilungen oder der Möglichkeit des Durchsuchens des Videos auf Basis von Stichworten. Im Anschluss an ein solches Authoring sind selbst mehrstündige Aufzeichnungen von herkömmlichen Playlisten mit mehreren kurzen Videos oft nicht mehr zu unterscheiden (siehe Abb. 2). Beide ermöglichen die einfache und zielgenaue Navigation zu den gesuchten Inhalten. Lange Videos sind somit nicht mehr zwangsläufig mit didaktischen Nachteilen belegt. Die Dauer eines Videos ist deshalb als Unterscheidungskriterium für die Einordnung von Lernvideos mittlerweile obsolet.

## 3 Ein typischer Produktionsprozess

Alle genannten Videoformate bieten weiten Raum für Professionalisierung, sowohl auf technischer wie auch auf mediengestalterischer und konzeptioneller Seite. Neben der Zeit für die reine Aufnahme planen Lehrende für die Produktion von Digital Lectures oftmals längere Zeiten für Vorbereitung und Nachbearbeitung ein. Die Phasen eines typischen Produktionsprozesses werden im Folgenden beschrieben.

### 3.1 Konzeptbildung

In vielen Fällen wird vor der Aufnahme einer Lehreinheit ein Konzept angefertigt, das die wesentlichen Inhalte der Aufnahme, ihre zeitliche Abfolge und die ergänzenden Materialien beschreibt. Deshalb kann es sinnvoll sein, vor der Aufnahme ein Skript anzufertigen, um den Vortrag und seine Bestandteile vorzustrukturieren. Eine solche Konzeptbildung, von Medienschaffenden oft auch als Treatment bezeichnet, muss dabei nicht unbedingt zeitaufwendig sein. Oft genügt es schon, wenn Lehrende ihren

Videos in der Lehre: Wirkungen und Nebenwirkungen

**Abb. 2** Äquivalenz zwischen Sequenzen mehrerer kurzer Lernvideos, manuell organisiert in einer Playlist (oben) und einer einzigen langen Videoaufzeichnung, die automatisch mit Titelmarken und Miniansichten ergänzt wurde (unten). (Quelle: https://youtube.com/methodenlehre und https://panopto.com/resources/video-recordings/)

Vortrag vor der Aufnahme noch einmal bewusst auf seine Sinneinheiten abklopfen. Sind die einzelnen Sinneinheiten nicht zu lang und finden sich klare Trennungsmarker sowohl im Vortrag als auch in den zusätzlich aufgezeichneten Materialien, ist ein großer Schritt für eine mediendidaktisch günstige Aufbereitung bereits getan. Für umfangreichere Produktionen mündet die Konzeptbildung oft in ein Dokument, das die Sinneinheiten und ihre wesentlichen Bestandteile dokumentiert (siehe Abb. 3).

## 3.2 Optional: Sprecherskript oder Drehbuch

Für professionelle Produktionen wird in der Regel ein Drehbuch oder mindestens ein Sprecherskript angelegt. Während das Sprecherskript nur den Vortrag enthält, umfasst das Drehbuch weitere Regieanweisungen wie Gestik und Mimik des Sprechers oder Beschreibungen der Requisite. Enthält das Sprecherskript vollständige

| Kapitel | 1: Einführung Kombinatorik | | | | | | | |
|---|---|---|---|---|---|---|---|---|
| | | **Grundgerüst** | | | | **Eigenschaften** | | |
| Einheit | Titel | Lerninhalt | Lernziele | Lernmethode | Lernmedium | Sprechtext | Beschreibung Medium / Tool | Dauer | Zusatzmaterial | ... |
| | Titel, den die TN sehen | Kurze Inhaltsbeschreibung | z.B. gemäß bloomscherTaxonomie | Methode zur Erreichung der Lernziele | Video, Bild, Dokument etc. | Stichworte oder ausformuliert | Visueller Aufbau des Lernmediums | Für Abspielen/ Anzeige | z.B. Quiz, Skript, Links |
| 1 | Kombinatorik für Einsteiger: Schlauer Zählen | Auftaktvideo mit zwei Botschaften: 1. Keine Angst 2. Mitarbeit erforderlich | Wissen aufbauen | Beschreiben | Video | ... | Sprechervideo; Sprecherton; Einblendungen von Illustrationen | 04:30min | - |
| 2 | Kombinatorik für Einsteiger: Kursorganisation | Beschreibung von 1. Kursplan, 2. Quizzes und Übungsaufgaben, 3. Assessments, 4. Optionalen Inhalten und Referenzen | Wissen aufbauen | Beschreiben | Video; Dokument | ... | Sprechervideo; Sprecherton; Einblendungen von Illustrationen | 11:00min | PDF-Dokument mit Kursplan; Beispiel-Link und -Quiz |
| 3 | Kombinatorik für Einsteiger: Einführendes Beispiel | Gegenüberstellung der Beispiele "7 Geburtstagsgäste auf 9 Stühle verteilen" vs. "5 Reifen auf vier | Verständnis erzeugen | Erklären | Video | | Sprechervideo; Sprecherton; Einblendungen von Illustration | 08:30min | Quiz mit gleichartigen Aufgaben |
| 4 | ... | | | | | | | | |

**Abb. 3** Beispiel für ein Konzeptdokument (sog. Treatment) zur Lernvideoproduktion

Vortragstexte, so kann dieses mithilfe eines Teleprompters angezeigt und vom Sprecher wörtlich abgelesen werden. Der Einsatz eines Teleprompters ist erfahrungsgemäß nicht ohne Probleme. Zwar wird die Anzahl der Aufnahmewiederholungen erheblich reduziert, da Fehler oder Versprecher im Vortrag weitgehend vermieden werden können, gleichzeitig aber steigen die Anforderungen an die Vorbereitung von Text und Sprecher. Zunächst muss der Text sprechfähig geschrieben werden, was eine deutliche Abkehr von üblicher Schriftsprache erfordert. Die mit dem Wechsel von Schriftsprache zu geschriebener Sprechsprache verbundenen Herausforderungen können nicht hoch genug eingeschätzt werden. Sprechsprache ist kürzer, oft kolloquialer, enthält Pausen, arbeitet mit kürzeren Sätzen und zum Teil anderen Grammatikkonstruktionen als Schriftsprache. Zudem ist Sprechsprache hochindividuell durch den Sprecher geprägt. Um einen abgelesenen Vortrag lebendig wirken zu lassen, ist deshalb erhebliche Übung sowohl beim Schreibenden als auch beim Sprecher notwendig. Letzteres gilt umso mehr, wenn der Duktus eines Textes nicht zur natürlichen Vortragssprache eines Sprechers passt. Alles in allem steht die mehrfache Wiederholung eines nicht geskripteten Vortrags in keinem eindeutig günstigen oder ungünstigen Verhältnis zur kompletten Vorformulierung eines Sprechertextes. Für die meisten Digital Lectures hat sich deshalb ein Mittelweg gut bewährt: der Sprechertext wird in Stichworten skizziert und dann in der Aufnahmesituation durch den Lehrenden spontan ausformuliert.

**Exkurs: Muss ein Lernvideo perfekt sein?**
Viele Lehrende neigen zu einem überhöhten Anspruch an die Produktionsqualität von Digital Lectures, wenn sie ihre ersten Gehversuche mit dem Videomedium unternehmen. Als die Welle der Massive Open Online Courses (MOOCs) ihren Höhepunkt erreichte, gipfelte dies unter anderem in dem Anspruch, bei der Produktion von Lernvideos solle *ein Hauch von Hollywood* durchs Videostudio wehen. Empirisch wird dieser Anspruch nicht gestützt. Studierende nehmen ein Video mit echten Lehrenden als akademisch authentischer wahr (Thompson 2003), ungeachtet des Vorhandenseins von Wortfehlern oder Füll-Lauten. Ebenso wenig konnte ein Einfluss der medialen Professionalität auf die Lernwirksamkeit nachgewiesen werden. Solange der zu vermittelnde Inhalt visuell gut erkennbar und akustisch verständlich ist, sind Inhaltsverständnis und Informationsaufnahme auf Seiten der Lehrenden eher von der didaktischen als der technischen oder filmischen Qualität beeinflusst (Morales et al. 2001).

Daraus erwachsen förderliche Konsequenzen für die Produktion von Digital Lectures durch Lehrende. Als der Autor selbst seinen ersten Slidecast aufgenommen hat, geriet dies zu einem mittleren Desaster, war doch nach geschlagenen zwei Stunden noch nicht einmal der Text bis zur dritten Folie eingesprochen. Dies ist eine typische Erfahrung, die Lehrende bei ihren ersten Gehversuchen mit selbst produzierten Lernvideos machen. Sobald das Auf-

(Fortsetzung)

nahmegerät läuft, gerät der Vortrag ins Stocken und es mehren sich die Aufnahmeversuche derselben Inhaltssequenz. Dies widerfährt selbst Lehrenden mit vielen Jahren Sprecherfahrung vor großen Auditorien. Ein Patentrezept zur Lösung gibt es hier nicht. Manche Lehrende werden erst mit einem vollständig vom Teleprompter eingelesenen Text wieder sicher in ihrem Vortrag, andere profitieren bereits von einer gründlichen Vorstrukturierung des Sprechtextes in Stichworten. In jedem Fall hilft jede Minute an Übung und vor allem das Wissen darum, dass eine Digital Lecture nicht perfekt sein muss und trotzdem ihre intendierte Wirkung entfalten kann.

## 3.3 Aufnahme

Die Aufnahme von Digital Lectures kann in einer Vielzahl von Umgebungen erfolgen. Keine davon eignet sich per se besser oder schlechter für die Produktion eines Lernvideos. Viel eher ist das Lernvideoformat eine entscheidende Determinante für die Aufzeichnungsumgebung. Live Digitized Lectures entstehen üblicherweise im Hörsaal, Screencasts im Büro des Dozierenden und Lege- und Zeichentrickvideos an eigens eingerichteten Tischen und Live Digitized Lectures nicht selten in professionellen Aufnahmestudios universitärer Medienzentren.

Dementsprechend ist auch die technische Basis für die Aufnahme von Digital Lectures kaum allgemeingültig zu definieren. Jede Form der Digital Lecture, von der im Hörsaal aufgezeichneten Live Digitized Lecture bis hin zur im Aufnahmestudio produzierten E-Lecture, erlaubt eine weite Bandbreite an Professionalisierung. Auf der Videoseite reicht das Spektrum von Webcams bis zu professionellen Studiokameras. Sollen für die Aufzeichnung einer Digital Lecture erweiterte Funktionen wie die Handschrifteneingabe oder vorgeschriebene Sprechertexte genutzt werden, ist entsprechende Hard- und Software einzuplanen, beispielsweise ein Grafiktablett oder ein Teleprompter.

Langjährige Erfahrungen des Autors legen allerdings nahe, dass Investitionen zur Verbesserung der technischen Qualität eines Lernvideos im Zweifel eher auf der Audio- als auf der Videoseite erfolgen sollten. Wenn der Ton eines Lernvideos aufgrund der Raumgröße zu viel Hall enthält oder von einem minderwertigen Mikrofon nur verzerrt aufgenommen wird, kann die Verständlichkeit bei Rezipienten immens leiden. Zudem sind Unzulänglichkeiten beim Ton im Rahmen einer Postproduktion oft nur sehr viel schwerer auszugleichen als Bildfehler.

Auf der Audioseite kann mit preisgünstigen Kragen-, Tisch- oder Headsetmikrofonen über mittelpreisige Podcasting Mikrofone bis zu mehreren hundert Euro teuren professionellen Studiomikrofonen gearbeitet werden. Die Eignung wird dabei nicht allein durch den Preis bestimmt. Aufnahmen im Freien können andere Mikrofone notwendig machen als solche in einem kleinen schallarmen Raum. Auch die Sprechsituation beeinflusst die Wahl des Mikrofons. Während Aufnahmen mit nur einem Sprecher gut über Tischmikrofon erledigt werden können, sind bei Interviewsituationen andere Mikrofontypen wie Kragen- oder Überkopfmikrofone günstiger. Audiotechniker tun sich deshalb oft schwer, generelle Empfehlungen für einen bestimmten Mikrofontyp zur Erstellung von Lernvideos zu geben. Gleichwohl zeigt die Praxis, dass Kragenmikrofone, oft auch als Lavaliermikrofone bezeichnet, für den größten Teil von Lernvideos zu den besten Universallösungen zählen.

Bei vielen Lernvideos ist es üblich, Bildschirminhalte eines Computers zu zeigen, oft sogar als visueller Hauptinhalt des Videos. Eine solche Bildschirmaufnahme geschieht üblicherweise mithilfe spezieller Software, seltener auch über Hardware. Verbreitete Programme zur Bildschirmaufnahme sind Camtasia oder Open Broadcaster (OBS). Auch viele Videoserver-Systeme bieten Apps zur einfachen Erstellung von Videoaufnahmen, z. B. Matterhorn oder Panopto. In vielen Fällen bieten solche Pakete nicht nur Funktionen zur Aufzeichnung, sondern direkt auch zur Nachbearbeitung der Aufnahmen an. Tab. 1 gibt eine Übersicht der gängigsten Lösungen zur Bildschirmaufnahme.

## 3.4 Optional: Postproduktion

Zur Postproduktion einer Digital Lecture gehören unter anderem die Nachbearbeitung der Videoaufnahmen im Computer, der Video- und Audioschnitt sowie das Authoring. Die Arbeitsumfänge unterscheiden sich je nach Videoformat immens. Während bei der Live Digitized Lecture im Extremfall nicht einmal überflüssige Aufnahmesequenzen vor dem Beginn und nach dem Ende der Veranstaltung weggeschnitten werden, kann die Erstellung eines professionellen Lernvideos viele Stunden Nachbearbeitung erfordern. Entsprechende Unterschiede eröffnen sich bei Funktion und Preis der Software zur Postproduktion, so dass allgemein gültige Empfehlungen kaum zu geben sind. Gleichwohl seien Lehrende zur Vorsicht gemahnt: Postproduktion wird sehr schnell sehr aufwendig. Sobald die Postproduktion einer aufgezeichneten Digital Lecture mehr als nur der Beschnitt des Anfangs und Endes des Videos sein soll, nimmt die Nachbearbeitung in den meisten Fällen ein Vielfaches der eigentlichen Abspielzeit in Anspruch.

> **Der Produktionsaufwand von Lernvideos**
> Der Produktionsaufwand für Lernvideos umfasst sämtliche Ressourceneinsätze während des kompletten Produktionsprozesses, angefangen von der konzeptuellen Planung über die Videoaufnahme bis hin zur Postproduktion und Publikation des Videomaterials. Dieser Aufwand kann allgemeingültig für die verschiedenen Videoformate in der Lehre nicht seriös quantifiziert werden. Jedes Videoformat öffnet Optionen für beliebig aufwendige Vor- oder Nacharbeiten. So kann auch die Live Digitized Lecture, deren eigentliche Aufnahme für Lehrende praktisch ohne Mehraufwand verläuft, mit Zusatzarbeiten flankiert werden. Eine 90-minütige Aufzeichnung lässt sich in kürzere Sinn-

(Fortsetzung)

**Tab. 1** Verbreitete Softwarelösung für Aufzeichnung und Hosting von Online-Videos

**Aufzeichnungssoftware**

| Name | Lizenz | Betriebssystem | Postproduktion |
|---|---|---|---|
| Adobe Captivate www.adobe.com/de/products/captivate.html | kommerziell | Windows, Mac, iOS, Android | ja |
| Active Presenter www.atomisystems.com/activepresenter | kostenlos & kommerziell | Windows, Mac | ja |
| Apowersoft Online Bildschirm Recorder www.apowersoft.de/kostenloser-online-bildschirm-recorder | kostenlos | Windows, Mac | ja |
| CamStudio www.camstudio.org | kostenlos | Windows | ja |
| Camtasia www.techsmith.de/camtasia.html | kommerziell | Windows, Mac | ja |
| ezvid www.ezvid.com/ezvid_for_windows | kostenlos | Windows | ja |
| iSpring Suite www.ispringsolutions.com/ispring-suite | kostenlos & kommerziell | Windows | ja |
| Kazam www.launchpad.net/kazam | kostenlos | Linux | nein |
| Open Broadcaster Software www.obsproject.com | kostenlos | Windows, Mac, Linux | nein (nur Liveschnitt) |
| Screencastomatic www.screencast-o-matic.com | kostenlos & kommerziell | Windows, Mac | ja (nur kommerziell) |
| ScreenFlow www.telestream.net/screenflow | kostenlos | Mac | ja |

**Videoserver mit Aufzeichnungsfunktion**

| Name | Lizenz | Recorder | Postproduktion |
|---|---|---|---|
| Kaltura www.kaltura.org | kostenlos & kommerziell | Windows | ja |
| Mediasite www.sonicfoundry.com/mediasite | kommerziell | Windows, Mac | ja |
| Opencast (Matterhorn) www.opencast.org | kostenlos | Windows, Mac, Linux | ja |
| Panopto www.panopto.com | kommerziell | Windows, Mac, iOS, Android | ja |
| Ubicast www.ubicast.eu/ | kommerziell | n.a. (Hardware Rekorder) | ja |
| Valt www.ipivs.com/products/valt-software | kommerziell | Windows, Mac, iOS | ja |

einheiten schneiden, mit Animationen versehen, um Quizzes anreichern oder mit fremdsprachigen Untertiteln ergänzen.

Zielführender als der Versuch, eine universelle Aufwandsschätzung für verschiedene Videoformate zu leisten, ist die Bewertung der Formate nach dem minimalen Produktionsaufwand, der noch zu technisch akzeptablen Ergebnissen führt. Technisch akzeptabel bedeutet hier, dass für den Videozuschauer alle relevanten Bildinhalte ohne Anstrengung zu erkennen sind und der Ton einwandfrei akustisch verständlich ist. Dies erscheint als eine sehr niedrige Messlatte für die Qualität von Videos in der Lehre, gleichwohl ist selbst die Angabe eines solchermaßen definierten minimalen Produktionsaufwandes nicht immer einfach. Teilarbeiten während des Produktionsprozesses können durch den Lehrenden getragen werden, durch seine Mitarbeiter oder durch die Institution. Ein typisches Beispiel ist die Postproduktion des aufgenommenen Videomaterials und dort insbesondere der Videoschnitt, der nicht nur zeitintensiv ist, sondern zudem fundierte medientechnische Fachkenntnisse erfordert. Eine Reihe deutscher Hochschulen verfügt über Unterstützungsstrukturen in Form von Medienzentren oder dezidierten Servicestellen, die solche Arbeiten bei der Produktion von Lernvideos übernehmen können. Stehen solche Supporteinheiten nicht oder nur mit enger Personaldecke zur Verfügung, wächst der Eigenarbeitsanteil auf Seiten der Lehrenden nicht selten massiv an.

## 3.5 Publikation

Bei der Publikation eines Lernvideos ist zunächst zwischen dem *Hosting* und dem *Embedding* zu unterscheiden. Beide Aspekte sind aus Sicht des Videokonsumenten oft unsichtbar miteinander verwoben, stellen auf technischer Ebene aber klar unterscheidbare Funktionsbereiche dar.

### 3.5.1 Hosting

Hosting bezeichnet den Prozess der Speicherung und Verwaltung eines Videos nach der Aufzeichnung sowie der späteren Auslieferung an die Videokonsumenten. Meistens werden diese Aufgaben von dezidierten Videoserver-Systemen übernommen. Oft findet im Rahmen des Hostings auch eine so genannte Transkodierung des Originalvideos statt. Damit wird gewährleistet, dass ein Video auf möglichst vielen Endgeräten abgespielt werden kann, oft auch in unterschiedlichen Qualitätsstufen, um die Verbindungsgeschwindigkeit zu berücksichtigen. Systeme zum Hosting von Videos beinhalten in aller Regel auch einen Player, mit dem die Abspielung des Videos auf dem Endgerät des Videokonsumenten gesteuert werden kann.

Für das Hosting existieren eine Reihe kommerzieller wie auch nicht kommerzieller Angebote. Im Kontext von Lernvideos sind kommerzielle Anbieter wie YouTube oder iTunes U verbreitet. Sie bieten ein weitgehend kostenfreies Full-Service Hosting, bei dem sämtliche Komponenten des Hosting-Prozesses durch den Anbieter übernommen werden. Für Hochschulen ist dies in vielen Fällen ebenso bequem wie problematisch, denn die eigenen Lernvideos befinden sich sowohl physikalisch wie auch nutzungs- und datenschutzrechtlich nicht länger im alleinigen Verfügungsbereich der Hochschule.

Deshalb haben sich alternative Angebote etabliert, die lediglich die für das Hosting erforderliche Software bereitstellen. Die Software wird im Rechenzentrum der Hochschule eingespielt, um das Hosting komplett mit eigener Servertechnik durchzuführen. Entsprechende Produkte finden sich im kommerziellen Bereich (z. B. Panopto, MediaSite), nicht-kommerziell (z. B. Matterhorn) und auch als Hybridangebote aus Open Source und kostenpflichtigen Bestandteilen (z. B. Kaltura). Eine Übersicht der Anbieter im Videoserverbereich ist in Tab. 1 dargestellt.

### 3.5.2 Embedding

Neben dem Hosting ist vor der Publikation eines Lernvideos auch über das Embedding zu entscheiden. Darunter versteht man die Einbindung eines Videos auf einer Plattform, über die es für den User überhaupt erst zugänglich wird. Die meisten Videoserver bieten eigene Homepages an, auf der Videos für Konsumenten möglichst benutzerfreundlich auffindbar gemacht werden. Die YouTube-Website ist ein typisches Beispiel.

Die Eignung solcher Allzweck-Plattformen stößt jedoch rasch an Grenzen, wenn Online-Videos als Bestandteil eines umfassenderen didaktischen Konzeptes eingesetzt werden. In den meisten Lehr-/Lernszenarien müssen Online-Videos dann als Medienelement in ein Lernmanagementsystem (LMS) eingebunden werden. Obschon eine fließende Integration von Hosting und LMS in einer gemeinsamen Software die naheliegendste Lösung wäre, wird diese Kombination derzeit nur von einschlägigen MOOC-Anbietern wie Udacity, Coursera oder edX angeboten. Mit Open edX existiert hier sogar eine kostenlose Open-Source-Alternative zur Installation auf eigenen Servern. Die an deutschen Hochschulen meistverbreiteten LMS (z. B. Moodle, OpenOLAT, ILIAS) bieten keine vergleichbar nahtlose Integration von Hostingfunktionen. Sie erlauben gleichwohl über Schnittstellen ein einfaches Embedding von Online-Videos in bestehende Kurse. Bei Verwendung bestimmter Produkte ermöglichen diese Schnittstellen sogar einen erweiterten Datenaustausch, bei dem das LMS beispielsweise Daten über die vom Lernenden angesehen Videominuten erhält.

### 3.5.3 Wartung und Revision

Selbst wenn die Publikation eines Lernvideos stattgefunden hat und Lernende das Video für ihr Studium verwenden, ist der Produktionsprozess in den meisten Fällen noch nicht an seinem Ende angelangt. Studierende finden oft noch nach Jahren Fehler oder Unklarheiten in den Lernvideos und melden diese an den Ersteller zurück. Ebenso wie Lehrbücher oder Skripte in mehreren Auflagen wiederholt überarbeitet werden, sollte auch bei Lernvideos ein kontinuierlicher Prozess von

Wartung und Revision eingeplant werden. Dieser kann sich im Hinzufügen schriftlicher Annotationen erschöpfen, um auf Fehler im Video hinzuweisen, oder so weit gehen, dass eine Überarbeitung oder Neuproduktion des Materials erfolgt.

> **Wie, an wen und wie lange ausspielen?**
> Die übliche Ausspielung von Lernvideos findet browserbasiert mithilfe eines von der Videoplattform bereitgestellten Players statt. Für einige Videoplattformen existieren zudem mobile Apps, mit denen ein vereinfachter Zugriff auf die Videos möglich ist. In der Praxis begegnet man häufig der Frage von Lehrenden, ob ein Download der Videos durch die Lernenden möglich ist. Hintergrund ist die Befürchtung, dass sich Videos aus den eigenen Lehrveranstaltungen unkontrolliert verbreiten könnten. Obgleich der Mitschnitt eines Online-Videos technisch niemals vollständig verhindert werden kann, bieten die meisten Videoserver die Möglichkeit an, einen Download wenigstens für den Großteil an Nutzern mit normaler technischer Versiertheit erheblich zu erschweren.
> Die Frage nach der Downloadmöglichkeit berührt unmittelbar auch den Aspekt der Zugriffsbeschränkungen. Vor der Publikation eines Lernvideos müssen Lehrende festlegen, welche Personenkreise Zugriff auf das Video haben sollen. Übliche LMS erlauben hier verschiedene Stufen der Begrenzung, beginnend bei den Studierenden der Veranstaltung über alle Mitglieder der eigenen Institution bis hin zum vollständig öffentlichen Zugriff. Die Erfahrung zeigt, dass die bloße Möglichkeit öffentlichen Zugriffs und dessen tatsächliche Inanspruchnahme zwei sehr unterschiedliche Paar Schuhe sind. Werden Lernvideos nicht gezielt auf prominenten Plattformen wie YouTube oder iTunes U eingestellt, finden veranstaltungsfremde Personen nur in Einzelfällen ihren Weg zu einem Lernvideo, das zwar offen zugänglich, aber unter vielen anderen Kursen in einem großen universitären LMS verborgen ist. Stichhaltigere Gründe gegen den unbeschränkten Zugriff liegen vor allem im Urheberrecht. Sobald urheberrechtlich geschütztes Material gleich welcher Art im Video zu sehen ist, wählen viele Lehrende eher einen geschützten Zugriff, um sich innerhalb der Schranken des Urheberrechts zu bewegen.
> Neben den Zugriffsbeschränkungen ist die Zugriffsdauer eine wichtige Entscheidung für Lehrende. Je nach didaktischem Szenario kann es sinnvoll sein, Lernvideos unbegrenzt zur Verfügung zu stellen oder die Sichtbarkeit an einen bestimmten Zeitraum zu binden.

## 4 Einsatzszenarien für Lernvideos

Das SAMR Modell (Hamilton et al. 2016) eignet sich als einfache Systematisierungshilfe für die Einsatzszenarien von Videos in der Lehre. Das Modell definiert eine aufsteigende Folge von vier Stufen des Wandels klassischer Lehre durch digitale Inhalte. Der Modellname SAMR ergibt sich als Akronym aus den Anfangsbuchstaben der Stufen: *Substitution, Augmentation, Modifikation* und *Redefinition*. Jede Stufe implementiert einen höheren Grad an Veränderung der klassischen, analogen Lehr-/Lernsituation als die vorangegangene. Während die ersten beiden Stufen, Substitution und Augmentation, eher den Charakter einer Anreicherung haben, geschieht in den folgenden beiden Stufen, Modifikation und Redefinition, eine echte Transformation des Lehrens und Lernens, die ohne den Einsatz von Technologie nicht möglich wäre.

## 4.1 Substitution

Auf der untersten Stufe wird mit der einfachen Ersetzung analoger Lernmaterialien durch digitale Lernvideos begonnen. Typische Beispiele wären Live Digitized Lectures oder ein als Screencast eingesprochenes Vorlesungsskript, das an die Stelle der Präsenzvorlesung tritt. Die Substitution bringt noch keine maßgeblichen funktionalen oder didaktischen Verbesserungen des Lernszenarios mit sich, denn vor allem verändert sich hier das Medium des Wissenstransports. Studierende sind weiterhin passive Akteure im Prozess der Wissensvermittlung. Dabei muss Substitution nicht notwendigerweise obligatorischen Charakter haben. Auch dann also, wenn eine Lehrveranstaltungsaufzeichnung schlicht zusätzlich zum Skript angeboten wird, findet bereits Substitution statt, da Studierende das alte Lernmedium wahlweise durch ein neues ersetzen können. Der Einsatz von Videos auf dieser Stufe führt noch nicht automatisch zu erhöhter Lernwirksamkeit. Im Gegenteil kann das Lernvideo bei einfacher Substitution sogar zur Hemmschwelle für Lernprozesse werden. So berichtet eine britische Studie im Rahmen problembasierten Lernens von einer Verflachung der Lerntiefe infolge der Substitution klassischer Texte durch Videomaterial (Basu Roy und McMahon 2012). Ferner ist, anders als beispielsweise beim Lehrbuch, die Rezeptionsgeschwindigkeit beim Video nicht durch den Lernenden regulierbar, solange das Wiedergabegerät keine Manipulation der Abspielgeschwindigkeit zulässt, was insbesondere bei schwierigeren Inhalten zu Überforderungen führen kann (Li et al. 2015).

## 4.2 Augmentation

Auf der nächsten Ebene werden Videos mit funktionalen Anreicherungen versehen, die in klassischen Lehr-/Lernsituationen nicht ohne weiteres umzusetzen wären. Beispiele für eine solche Augmentation sind das bereits beschriebene Authoring des Videomaterials oder auch das Vorhandensein eines Reglers zur Veränderung der Abspielgeschwindigkeit. Einsatzszenarien für Lernvideos auf dieser Stufe bewirken eine funktionale Verbesserung der Lernsituation, bedeuten noch immer keine echte Transformation, denn auch hier fungieren Lernende primär als Rezipienten mit nur geringen aktiven Anteilen. Gleichwohl kann Augmentation bereits helfen, Lernprozesse zu erleichtern oder zu verbessern. So steigert bereits die bloße Aufteilung einer 90-minütigen Aufzeichnung in kleinere Sinneinheiten die Beständigkeit der Studierenden beim Videoabruf (Sinha et al. 2014), das Vorhandensein klickbarer Indices führt zu einer messbaren Flexibilisierung der Lernwege von Studierenden (Chambel et al. 2006) und die individuelle Regelbarkeit der Abspielgeschwindigkeit verbessert die Rezeption von Inhalten durch Studierende (Ronchetti 2010; siehe auch Fischer et al. 2008 zum Einfluss der Abspielgeschwindigkeit einer Präsentation). Durch das Hinzufügen von Untertiteln in eigener oder einer fremden Sprache können zudem Hauptforderungen der Internationalisierung und Diversität recht einfach berücksichtigt werden (Danan 2004).

## 4.3 Modifikation

Auf der dritten Stufe findet eine strukturelle Veränderung einer traditionellen Lernsituation statt, die ohne den Einsatz digitaler Medien nicht möglich wäre. Erst hier beginnt die Transformation vom Lernenden als passivem Rezipienten hin zum aktiv engagierten Studierenden. Lernprozesse werden flexibilisiert, individualisiert, stärker kollaborativ und der eigene Lernstand wird transparent gemacht. Auf dieser Stufe sind viele einfache Blended-Learning-Szenarien anzusiedeln, unter anderem der Flipped Classroom (Lage et al. 2000). Im Flipped Classroom wird die Aneignung von Informationen in die Eigenstudiumszeit verlegt. Studierende erarbeiten sich Wissensinhalte oft mithilfe von Online-Videos ohne Anwesenheit des Dozierenden. In der Präsenzphase werden die zuvor gelernten Wissenselemente dann analysiert, reflektiert, vertieft und um Anwendungskompetenz erweitert. Insbesondere das Inverted Classroom Mastery Model nähert sich dem Kerngedanken der Modifikation (Handke 2014). Es ergänzt das Video in der Online-Phase um automatisierte formative Assessments, die den Studierenden zum Weiterarbeiten motivieren und zusätzlich eine unmittelbare Rückmeldung über den eigenen Leistungsstand erlauben (Wachtler und Ebner 2015). Zusätzlich können kollaborative Elemente zum Einsatz kommen wie die gemeinsame Videoannotation durch Studierende oder der Aufbau eines Wikis aus frei verfügbaren Videoressourcen.

Auf der Stufe der Modifikation ist in vielen Fällen auch der Einsatz von Demonstrationsvideos zu verorten. So werden in der Lehrerbildung vorab aufgenommene Unterrichtsvideos eingesetzt, um Studierende mit realen Unterrichtssituationen zu konfrontieren, bei denen eine persönliche Hospitation aufgrund der großen Menge von Studierenden nicht möglich gewesen wäre (Kleinknecht et al. 2014).

## 4.4 Redefinition

Auf der vierten Stufe führt der Einsatz von Video und anderen digitalen Medien nicht mehr allein zu einer inhaltlichen oder formalen Modifikation einer früheren Präsenzveranstaltung, sondern es entstehen vollkommen neuartige studentische Aktivitäten. Ein Beispiel ist die Produktion von Digital Lectures durch Studierende. Studierende werden hier selbst zu Produzenten von Wissensmedien, die sie gemeinsam konzipieren, erstellen und didaktisch sinnvoll zu einer Wissensressource verknüpfen. Die produzierten Lerneinheiten können dann von späteren Semestern zum Lernen genutzt und gegebenenfalls erweitert werden. Die Grenzlinie zwischen Lehrenden als alleinigen Trägern der Kompetenzvermittlung und Studierenden als Empfängern verschwimmt auf dieser Stufe. Zwar hat der Lehrende weiterhin die Verantwortung für die Gestaltung einer Lernumgebung, tritt aber dann im Prozess der Kompetenzvermittlung in den Hintergrund und betätigt sich vor allem noch als Begleiter und Kurator. Redefinition kann auch über den Einsatz von Demonstrationsvideos erfolgen, wenn beispielsweise Studierende ihr eigenes Agieren in berufsrelevanten Situationen per Video dokumentieren, anschließend unter Supervision durch Lehrende oder andere Studierenden analysieren und reflektieren, um daraus die eigene Verhaltenskompetenz zu verbessern (z. B. Kleinknecht und Poschinski 2014).

## 5 Wirkungen und Nebenwirkungen

### 5.1 Lernwirksamkeit

Lernförderliche Effekte durch den Einsatz von Video im Vergleich zu klassischen Lernmedien stellen sich in den meisten empirischen Studien nur unter bestimmten Bedingungen ein. Mit der Produktion von Lernvideos wird zuweilen die Erwartung verknüpft, dass die didaktische Qualität der gefilmten Lernsequenz allein durch die nahezu immer stattfindende Überarbeitung der Lernmaterialien steigt (Santos-Espino et al. 2016). Deshalb ist es nicht ganz trivial, dass eine höhere Lernwirksamkeit durch den Videoeinsatz in vielen Studien nicht notwendigerweise eintritt. Unterschiede bei den Lerneffekten zwischen video- und textbasiertem Material zugunsten des Videos sind manchmal schwach messbar (Brecht 2012), manchmal gar nicht (Hill und Nelson 2011; Chen 2012), wirken je nach Kursdesign nur bei besonders leistungsstarken (Sage 2014) oder leistungsschwachen Studierenden (Owston et al. 2011) oder stellen sich nur unter bestimmten Zusatzbedingungen wie z. B. der Einbindung weiterer interaktiver Elemente ein (Zhang et al. 2006). Als weitgehend gesichert kann hingegen die Erkenntnis gelten, dass Video aufgrund seiner multimodalen Natur die kognitive Belastung sogar erhöhen kann. Wenn gesprochenes Wort mit simultan präsentierter Schrift und Bewegtbildern kombiniert wird, können die Anforderungen an Aufmerksamkeit und Verarbeitungskapazität erheblich ansteigen (Homer et al. 2008).

Angesichts dieser heterogenen Befundlage nimmt es nicht wunder, dass eine eingehendere Beschäftigung mit konkreten Formateigenschaften von Lernvideos noch kaum stattgefunden hat. Eine einfache Hörsaalaufzeichnung oder eine professionelle Studioproduktion, Sprechervideo oder nur Screencast, PowerPoint oder per Grafiktablett digitalisierte Schrift – nur wenige Studien untersuchen die Wirksamkeit solcher Merkmale (Guo et al. 2014; Meisel 1998). Eine umfassende Meta-Analyse aus den Niederlanden fasst Resultate zur Effektivität von Digital Lectures zusammen. Sie kommt zu dem eindeutigen Schluss, dass in der Breite praktisch keine höhere Lernwirksamkeit von E-Lectures gegenüber klassischen Präsenzvorlesungen gefunden werden (Bos 2016).

Vergleichsweise belastbare Ergebnisse existieren zum Einfluss der reinen technischen Qualität von Videoinhalten. Solange der zu vermittelnde Inhalt klar erkennbar und akustisch verständlich ist und die Verbindungsgeschwindigkeit für eine flüssige Wiedergabe ausreicht (Klass 2003), mag zwar die Lernfreude Einbußen erleiden (Procter et al. 1999), das Inhaltsverständnis und die Informationsaufnahme bleiben aber weitgehend unbeeinträchtigt (Ghinea und Thomas 2005).

### 5.2 Motivation zum Besuchen von Veranstaltungen

*Dann kommt ja keiner mehr!* Der Schwund von Anwesenden in der Präsenzveranstaltung zählt wohl zu den größten Sorgen beim Einsatz von Lernvideos. Dies gilt insbesondere auf den unteren beiden Stufen des SAMR Modells, wo Lernvideos nicht zur Transformation der Präsenzveranstaltung eingesetzt werden, sondern nur als Ersatz oder Anreicherung. Live Digitized Lectures sind ein typisches Beispiel. Viele Lehrende sind überzeugt, dass Vorlesungsaufzeichnungen für Studierende gleichbedeutend seien mit dem Wegfall der Notwendigkeit des Vorlesungsbesuches. Wenig überraschend hat sich Forschung besonders in der Anfangsphase der videobasierten Digitalisierung von Hochschullehre mit der Frage des Teilnahmeschwundes beschäftigt. Die durchgeführten experimentellen Untersuchungen und Feldstudien konvergieren auf dasselbe Ergebnis: die Sorge ist weitgehend unbegründet. Werden zusätzlich zu der Präsenzveranstaltung Lernvideos angeboten, die den Inhalt der Lehrveranstaltungen in identischer Weise abbilden, steigt die Abwesenheit bei Studierenden entweder gar nicht (Ellis und Mathis 1985; Bongey et al. 2006; Frydenberg 2006; Hove und Corcoran 2008; Von Konsky et al. 2009) oder nur in beschränktem Ausmaß (Grabe und Christopherson 2008; Larkin 2010; Figlio et al. 2013). Eine experimentelle Studie an der Universität Texas kommt ferner zu dem Schluss, dass die Verfügbarkeit von klassischen Online-Ressourcen wie PowerPoint-Folien zu einer stärkeren Reduktion der Teilnehmerzahlen in den zugehörigen Präsenzveranstaltungen führt als Lernvideos (Traphagan et al. 2010).

Abwesenheit wird durch die Verfügbarkeit von Lernvideos also nicht maßgeblich verstärkt, sondern kann bei Studierenden als weitgehend normales Verhalten in jeder auf Freiwilligkeit basierenden Lehrveranstaltungsform gelten (Friedman et al. 2001; Moore et al. 2008). Eine Untersuchung der Harvard Medical School an allen Studierenden des ersten und zweiten Fachsemesters stellt fest, dass Studierende zwar etwa ein Drittel ihrer Präsenzveranstaltungen nicht besuchen, die Gründe für das Fernbleiben aber nicht in der Verfügbarkeit von Digital Lectures liegen. Ausschlaggebend für einen Veranstaltungsbesuch sind vielmehr ganz klassische Aspekte wie Vorerfahrungen mit dem Dozierenden, Erwartungen an den Inhalt der Veranstaltung, individuelle Lernstile und situationale Lernbedürfnisse (Billings-Gagliardi und Mazor 2007).

Lernvideos sind also kein wesentlicher Auslöser für das Fernbleiben von Studierenden, im Gegenteil tragen sie eher dazu bei, lernhinderliche Effekte bei absenten

Studierenden zu mindern (Traphagan et al. 2010), indem verpasste Vorlesungen nachgearbeitet oder im Rahmen der Prüfungsvorbereitung wiederholt werden können (Cardall et al. 2008). So verwundert es nicht, dass sich die Mehrzahl von Studierende bei der Wahl für ein bestimmtes Veranstaltungsformat für das gleichzeitige Angebot von Präsenzveranstaltung und Online-Materialien ausspricht, gefolgt von der alleinigen Präsenzveranstaltung und erst an dritter Stelle dem reinen Online-Kurs (Jensen 2011).

## 5.3 Studentische Vorbereitung

In vielen Fällen geht mit dem Einsatz von Lernvideos eine Transformation der Lernsituation im Sinne der dritten oder vierten Stufe des SAMR Modells einher. Teil dieser Transformation ist in vielen Blended Learning Szenarien wie dem Flipped Classroom die Verlagerung des Wissenserwerbs in die Phase des Eigenstudiums. Studierende sollen sich die Inhalte mithilfe von Lernvideos oder anderen digitalen Materialien erarbeiten und nutzen dann die Präsenzphasen, um ihr erworbenes Wissen zu prüfen, zu konsolidieren oder im Anwendungskontext zu erweitern. Hier besteht ein Bruch mit der Erfahrung vieler Lehrender aus nicht-digitalisierten Lernszenarien. So dürften die meisten Lehrenden wohlvertraut sein mit der Schwierigkeit, Studierende eines Seminars zur regelmäßigen Vorbereitung von Texten anzuhalten. Warum sollte das Eigenstudium mit Lernvideos verlässlicher funktionieren als mit konventionellen Materialien?

Einer der Gründe könnte in der Möglichkeit für Lehrende liegen, auch in der Eigenstudiumszeit mit den Studierenden in Kontakt zu treten, z. B. über Chatfunktionen oder Forumsbeiträge in Online-Lernumgebungen. Bislang gibt es kaum Anhaltspunkte für die Existenz solcher Effekte. Interventionen durch Lehrende scheinen kaum auf das Eigenstudium zu wirken oder mindern das studentische Engagement sogar (Mazzolini und Maddison 2003). Erst wenn das instruktionale Design der Online-Umgebung auf eine aktive Verarbeitung der digitalen Materialien ausgerichtet ist, können sich studentische Selbstlernprozesse intensivieren (Garrison und Cleveland-Innes 2005). Insbesondere in Flipped-Classroom-Szenarien kann sich das Eigenstudium der digital bereitgestellten Videos und übrigen Medien deutlich erhöhen (Gross et al. 2015). Dies geschieht durch flankierende Maßnahmen, die in klassischen Lernsettings nicht realisierbar gewesen wären. Ein Beispiel für solche Maßnahmen sind Quizzes und formative Assessments, die automatisch ausgewertet werden und den Studierenden noch in der Eigenstudiumsphase eine Orientierung darüber liefern, ob sie bereit für den Besuch der Präsenzveranstaltung sind (Handke 2014). Solche Quizzes verbessern in den meisten Fällen sowohl den Vorbereitungsgrad als auch den Lernerfolg (Connor-Greene 2000; Kibble 2007). Studierende nutzen formative Assessments, um zu prüfen, ob ihr Leistungsstand den Anforderungen der Präsenzveranstaltung entspricht und erhöhen gegebenenfalls ihr Eigenstudium (Marks 2002). Eine weitere Option zur Erhöhung studentischen Engagements liegt in Elementen der Gamifizierung

(Reiners et al. 2012), bei denen Studierende für bestimmte Aspekte des Eigenstudiums Abzeichen (*Badges*) oder Fortschrittspunkte bekommen (Boulet 2012). Gamifizierung scheint das Eigenstudium positiv zu beeinflussen (Denny 2013), wobei der Effekt stark von der spezifischen Lernsituation sowie von Persönlichkeitsvariablen und Lernstilen moduliert wird (Hamari et al. 2014; Codish und Ravid 2014; Buckley und Doyle 2016).

Der Einsatz von Video in der Lehre allein ist also kein Garant für die Erreichung eines hinreichenden Vorbereitungsgrades bei Studierenden. Videogestützte Blended Learning Formate können vollständig scheitern, insbesondere wenn bestimmte *Bedingungen zum Misslingen* vorliegen. Wenn die Teilnahme an der Lehrveranstaltung zwingend ist, aber ohne Abschlussprüfung stattfindet, wenn der Fachinhalt eher unbeliebt ist, wenn der Videoeinsatz nicht um flankierende Maßnahmen ergänzt wird, wenn der Neuheitswert des Videoeinsatzes nachlässt oder wenn formale Aspekte des Videos wie die Videolänge oder die Navigierbarkeit ungünstig sind, reicht der bloße Einsatz von Video als Treiber studentischer Vorbereitung erfahrungsgemäß nicht aus.

## 5.4 Motivation, Lernerfahrung und Workload

Der Einsatz von Video in der Lehre schlägt sich neben der Lernwirksamkeit in anderen positiven Wirkungen nieder. Studierende sind höher motiviert als beim Lernen mit klassischen Lernmedien (Bolliger et al. 2010), insbesondere wenn der Einsatz von Lernvideos mit einem instruktionalen Redesign der Lehrveranstaltung einhergeht, wie z. B. bei der Umstellung einer klassischen Lehrveranstaltungen auf das Flipped Classroom Szenario (Abeysekera und Dawson 2015). Studierende berichten überdies von positiveren Lernerfahrungen durch den Einsatz von Videomedien in der Hochschullehre (Choi et al. 2008). Hierbei umfasst der Begriff Lernerfahrung im Sinne des angloamerikanischen Konzeptes der *learning experience* Aspekte wie den Grad intellektueller Herausforderung und die Zugänglichkeit von Lernressourcen (Griffin et al. 2003). Zudem verbessern sich in einzelnen Studien das studentischen Engagement (Sherer und Shea 2011) und die Einstellung zum Lernprozess. Nicht nur unbegründet, sondern schlichtweg als falsch erweist sich die Befürchtung, Lernvideos könnten mitverantwortlich sein für eine soziale Isolation von Studierenden. Im Gegenteil fördern Lernvideos die Bildung studentischer Lerngruppen und ermöglichen darin einen kollaborativen Prozess der Wissenskonstruktion, der in klassischen Präsenzveranstaltungen nur schwer realisierbar wäre (Li et al. 2014). Hinsichtlich der Veränderung studentischen Workloads durch Lernvideos berichten mehrere Studien übereinstimmend von zwei gegenläufigen Trends: Lernvideos erhöhen die von Studierenden für das Eigenstudium aufgewendete Zeit (Kukulska-Hulme et al. 2004), gleichzeitig aber stößt das neue Format bei den Lernenden auf hohe Akzeptanz, so dass die studentische Zufriedenheit trotz höheren Workloads eher ansteigt (Copley 2007).

## 5.5 Videos in der Lehre und der Novelty Effect

Vielen der im Bereich der Wirkungsforschung zitierten Studien ist gemeinsam, dass sie Ergebnisse aus wenigen Kursen über einen begrenzten Zeitraum berichten – oft aus einem einzigen Kurs, der über nur ein Semester empirisch begleitet wurde. Es ist also zunächst nicht auszuschließen, dass viele der zuvor berichteten positiven Wirkungen im Kern auf einen *Novelty Effect* zurückgehen (Tulving und Kroll 1995). Damit wäre weniger das didaktische Potenzial von Videos in der Hochschullehre, sondern vielmehr allein ihre Neuheit für die positiven kognitiven, emotionalen und motivationalen Effekte verantwortlich. Ergebnisse aus Längsschnittstudien stützen diese Vermutung nicht. Zwar existieren mehrjährige längsschnittliche Untersuchungen über die Wirksamkeit von Lernvideos, mit denen sich der Einfluss des Novelty Effects schlüssig beurteilen ließe, noch nicht in hinreichender Zahl; die verfügbaren Studien geben aber Anlass zur Hoffnung, dass Effekte von Videos in der Hochschullehre nicht allein der Neuheit des Mediums geschuldet sind. Studien, in denen die Videonutzung und ihre Wirkungen über ein gesamtes Semester verfolgt wurden, finden zumeist keine stetige Abnahme positiver Wirkungen über den Betrachtungszeitraum (z. B. Day und Foley 2006; Giannakos et al. 2015). Dasselbe gilt für Blended Learning Szenarien wie den Flipped Classroom, die Videos als zentrales Lernmedium einsetzen. Hier existieren eine Reihe von längsschnittlichen Studien, die keine systematische Abnahme der Nutzungshäufigkeit oder anderer Wirkmaße der eingesetzten digitalen Medien anzeigen (Übersicht in O'Flaherty und Phillips 2015).

## 6 Empfehlung

Empirische Resultate, individuelle Erfahrungen und anekdotische Berichte zum Einsatz von Videos in der Hochschullehre sind vielfältig und alles andere als widerspruchsfrei. Lehrende, die eine Digitalisierung ihrer Lehrinhalte in audiovisueller Form planen, sollten sich durch das Dickicht möglicher Wirkungen und Nebenwirkungen gleichwohl nicht beirren lassen. Lernvideos haben sich bereits heute zu einem der wichtigsten digitalen Medien in der Hochschullehre entwickelt. Auch mit einfachen Mitteln lassen sich didaktisch hervorragende und gleichzeitig professionell anmutende Lernvideos erstellen, deren Produktion selbst unerfahrene Lehrende kaum noch vor technische Herausforderungen stellt. Die heterogene Forschungslage darf dabei keinesfalls als Innovationshindernis verstanden werden. Lernvideos – besonders im Kontext der Einführung von Blended-Learning-Szenarien – gehören zu den am besten erforschten digitalen Lernmedien und sind gleichzeitig aufgrund ihrer Vielfältigkeit in der Gestaltung ein methodisch komplexes Forschungsfeld. Auch wenn der bloße Ersatz von klassischen Lernmaterialien durch Video oft noch keine überwältigenden Effekte auf Lernleistungen zeigt, sind die Befunde klarer bei Lernszenarien aus dem Blended Learning Bereich, in denen der Videoeinsatz kreativ um weitere didaktisch sinnvolle Lernformate ergänzt wird. Je mehr Kontrolle Lernende durch den Einsatz von Lernvideos über ihren eigenen

Lernprozess erhalten, je interaktiver das Lernszenario wird, je mehr Feedback den Videoinhalt rahmt, desto höher wird die Chance auf positive Effekte nicht nur auf die Lernwirksamkeit, sondern auch auf Aspekte wie Motivation, studentisches Engagement oder Lernfreude. Das Ende der Fahnenstange bei der Transformation von Hochschullehre mit Hilfe von Digital Lectures ist deshalb noch lange nicht erreicht. Wir haben erst begonnen, das Potenzial von innovativen videobasierten Lernformaten wie *student generated video*, Videos als Prüfungsleistung, kollaboratives Video-Editing oder kreatives Mixing und Remixing von bestehenden Videoinhalten zu erschließen.

## Literatur

Abeysekera, L., & Dawson, P. (2015). Motivation and cognitive load in the flipped classroom: Definition, rationale and a call for research. *Higher Education Research and Development, 34*(1), 1–14.

Baltruschat, A. (2018). Exkurs 2: Videos und Filme in der Lehrerbildung. In *Didaktische Unterrichtsforschung* (S. 155–172). Wiesbaden: Springer VS.

Basu Roy, R., & McMahon, G. T. (2012). Video-based cases disrupt deep critical thinking in problem-based learning. *Medical Education, 46*(4), 426–435.

Becker, S. A., Freeman, A., Hall, C. G., Cummins, M., & Yuhnke, B. (2016). *NMC Horizon Report: 2016 K* (S. 1–52). Austin: The New Media Consortium.

Berk, R. A. (2009). Multimedia teaching with video clips: TV, movies, YouTube, and mtvU in the college classroom. *International Journal of Technology in Teaching & Learning, 5*(1), 1–21.

Billings-Gagliardi, S., & Mazor, K. M. (2007). Student decisions about lecture attendance: Do electronic course materials matter? *Academic Medicine, 82*(10), 73–76.

Bolliger, D. U., Supanakorn, S., & Boggs, C. (2010). Impact of podcasting on student motivation in the online learning environment. *Computers & Education, 55*(2), 714–722.

Bongey, S., Cizadlo, G., & Kalnbach, L. (2006). Explorations in course-casting: Podcasts in higher education. *Campus-Wide Information Systems, 23*(5), 350–367.

Bos, N. R. (2016). *Effectiveness of blended learning: Factors facilitating effective behavior in a blended learning environment*. Doctoral dissertation, Maastricht.

Boulet, G. (2012). Gamification: The latest buzzword and the next fad. *eLearn, 12*, 3.

Brecht, H. D. (2012). Learning from online video lectures. *Journal of Information Technology Education, 11*, 227–250.

Buckley, P., & Doyle, E. (2016). Gamification and student motivation. *Interactive Learning Environments, 24*(6), 1162–1175.

Cardall, S., Krupat, E., & Ulrich, M. (2008). Live lecture versus video-recorded lecture: Are students voting with their feet? *Academic Medicine, 83*(12), 1174–1178.

Chambel, T., Zahn, C., & Finke, M. (2006). Hypervideo and cognition: Designing video-based hypermedia for individual learning and collaborative knowledge building. In *Cognitively informed systems: Utilizing practical approaches to enrich information presentation and transfer* (S. 26–49). Hershey: IGI Global.

Chen, Y. T. (2012). The effect of thematic video-based instruction on learning and motivation in e-learning. *International Journal of Physical Sciences, 7*(6), 957–965.

Choi, I., Lee, S. J., & Jung, J. W. (2008). Designing multimedia case-based instruction accommodating students' diverse learning styles. *Journal of Educational Multimedia and Hypermedia, 17*(1), 5.

Cochrane, T. D., Stretton, T., Aiello, S., Britnell, S., Cook, S., & Narayan, V. (2018). Authentic interprofessional health education scenarios using mobile VR. *Research in Learning Technology, 26*.

Codish, D., & Ravid, G. (2014). Personality based gamification-Educational gamification for extroverts and introverts. In *Proceedings of the 9th CHAIS conference for the study of innovation and learning technologies: Learning in the technological era* (Bd. 1, S. 36–44). Ra'anana, Israel.

Connor-Greene, P. A. (2000). Assessing and promoting student learning: Blurring the line between teaching and testing. *Teaching of Psychology, 27*(2), 84–88.

Copley, J. (2007). Audio and video podcasts of lectures for campus-based students: Production and evaluation of student use. *Innovations in Education and Teaching International, 44*(4), 387–399.

Danan, M. (2004). Captioning and subtitling: Undervalued language learning strategies. *Meta: Journal des traducteurs/Meta:Translators' Journal, 49*(1), 67–77.

Day, J., & Foley, J. (2006). Evaluating web lectures: A case study from HCI. In *CHI'06 extended abstracts on human factors in computing systems* (S. 195–200). New York: ACM.

Demetriadis, S., & Pombortsis, A. (2007). E-lectures for flexible learning: A study on their learning efficiency. *Journal of Educational Technology & Society, 10*(2), 147–157.

Denny, P. (2013). The effect of virtual achievements on student engagement. In *Proceedings of the SIGCHI conference on human factors in computing systems* (S. 763–772). New York: ACM.

Dinis, F. M., Guimarães, A. S., Carvalho, B. R., & Martins, J. P. P. (2017). Virtual and augmented reality game-based applications to civil engineering education. In *Global Engineering Education Conference (EDUCON) 2017 IEEE* (S. 1683–1688). New York: IEEE.

Ellis, L., & Mathis, D. (1985). College student learning from televised versus conventional classroom lectures: A controlled experiment. *Higher Education, 14*(2), 165–173.

Figlio, D., Rush, M., & Yin, L. (2013). Is it live or is it internet? Experimental estimates of the effects of online instruction on student learning. *Journal of Labor Economics, 31*(4), 763–784.

Fischer, S., Lowe, R. K., & Schwan, S. (2008). Effects of presentation speed of a dynamic visualization on the understanding of a mechanical system. *Applied Cognitive Psychology, 22*(8), 1126–1141.

Friedman, P., Rodriguez, F., & McComb, J. (2001). Why students do and do not attend classes: Myths and realities. *College Teaching, 49*(4), 124–133.

Frydenberg, M. (2006). Principles and pedagogy: The two P's of podcasting in the information technology classroom. In *Proceedings of the information systems education conference 2006, v23* (Dallas).

Garrison, D. R., & Cleveland-Innes, M. (2005). Facilitating cognitive presence in online learning: Interaction is not enough. *The American Journal of Distance Education, 19*(3), 133–148.

Ghinea, G., & Thomas, J. T. (2005). Quality of perception: User quality of service in multimedia presentations. *IEEE Transactions on Multimedia, 7*(4), 786–789.

Giannakos, M. N., Chorianopoulos, K., & Chrisochoides, N. (2015). Making sense of video analytics: Lessons learned from clickstream interactions, attitudes, and learning outcome in a video-assisted course. *The International Review of Research in Open and Distributed Learning, 16*(1), 260–283.

Grabe, M., & Christopherson, K. (2008). Optional student use of online lecture resources: Resource preferences, performance and lecture attendance. *Journal of Computer Assisted Learning, 24*(1), 1–10.

Griffin, P., Coates, H., Mcinnis, C., & James, R. (2003). The development of an extended course experience questionnaire. *Quality in Higher Education, 9*(3), 259–266.

Gross, D., Pietri, E. S., Anderson, G., Moyano-Camihort, K., & Graham, M. J. (2015). Increased preclass preparation underlies student outcome improvement in the flipped classroom. *CBE Life Sciences Education, 14*(4), ar36.

Guo, P. J., Kim, J., & Rubin, R. (2014). How video production affects student engagement: An empirical study of mooc videos. In *Proceedings of the first ACM conference on Learning@ scale conference* (S. 41–50). New York: ACM.

Haggerty, G., & Hilsenroth, M. J. (2011). The use of video in psychotherapy supervision. *British Journal of Psychotherapy, 27*(2), 193–210.

Hamari, J., Koivisto, J., & Sarsa, H. (2014). Does gamification work? -a literature review of empirical studies on gamification. In *System sciences (HICSS) 2014, 47th Hawaii international conference on* (S. 3025–3034). Piscataway: IEEE.

Hamilton, E. R., Rosenberg, J. M., & Akcaoglu, M. (2016). The substitution augmentation modification redefinition (SAMR) model: A critical review and suggestions for its use. *TechTrends, 60*(5), 433–441.

Handke, J. (2014). The inverted classroom mastery model-A diary study. In E.-M. Großkurth & J. Handke (Hrsg.), *The inverted classroom model: The 3rd German ICM-conference proceedings*. Oldenburg: De Gruyter.

Handke, J. (2015). *Handbuch Hochschullehre Digital. Leitfaden für eine moderne und mediengerechte Lehre*. Marburg: Tectum.

Harrington, C. M., Kavanagh, D. O., Ballester, G. W., Ballester, A. W., Dicker, P., Traynor, O., Hill, A., & Tierney, S. (2017). 360° Operative videos: A randomised cross-over study evaluating attentiveness and information retention. *Journal of Surgical Education, 75*(4), 993–1000.

Hill, J. L., & Nelson, A. (2011). New technology, new pedagogy? Employing video podcasts in learning and teaching about exotic ecosystems. *Environmental Education Research, 17*(3), 393–408.

Homer, B. D., Plass, J. L., & Blake, L. (2008). The effects of video on cognitive load and social presence in multimedia-learning. *Computers in Human Behavior, 24*(3), 786–797.

Hove, M., & Corcoran, K. (2008). If you post it, will they come? Lecture availability in introductory psychology. *Teaching of Psychology, 35*(2), 91–95.

Jang, D. P., Kim, I. Y., Nam, S. W., Wiederhold, B. K., Wiederhold, M. D., & Kim, S. I. (2002). Analysis of physiological response to two virtual environments: Driving and flying simulation. *Cyberpsychology & Behavior, 5*(1), 11–18.

Jensen, S. A. (2011). In-class versus online video lectures: Similar learning outcomes, but a preference for in-class. *Teaching of Psychology, 38*(4), 298–302.

Kibble, J. (2007). Use of unsupervised online quizzes as formative assessment in a medical physiology course: Effects of incentives on student participation and performance. *Advances in Physiology Education, 31*(3), 253–260.

Kim, J., Guo, P. J., Seaton, D. T., Mitros, P., Gajos, K. Z., & Miller, R. C. (2014). Understanding in-video dropouts and interaction peaks inonline lecture videos. In *Proceedings of the first ACM conference on Learning@ scale conference* (S. 31–40). New York: ACM.

Klass, B. (2003). *Streaming media in higher education: Possibilities and pitfalls*. Campus Technology. https://campustechnology.com/articles/2003/05/streaming-media-in-higher-education-possibilities-and-pitfalls.aspx.

Kleinknecht, M., & Poschinski, N. (2014). Eigene und fremde Videos in der Lehrerfortbildung. *Zeitschrift für Pädagogik, 60*(3), 471–490.

Kleinknecht, M., Schneider, J., & Syring, M. (2014). Varianten videobasierten Lehrens und Lernens in der Lehrpersonenaus- und -fortbildung – Empirische Befunde und didaktische Empfehlungen zum Einsatz unterschiedlicher Lehr-Lern-Konzepte und Videotypen. *Beiträge zur Lehrerinnen- und Lehrerbildung, 32*(2), 210–220.

Krathwohl, D. R., & Anderson, L. W. (2001). *A taxonomy for learning, teaching, and assessing*. New York: David McKay Company.

Krathwohl, D. R., Bloom, B. S., & Masia, B. B. (1964). *Taxonomy of educational objectives: Handbook II: Affective domain*. New York: David McKay Co.

Kukulska-Hulme, A., Foster-Jones, J., Jelfs, A., Mallett, E., & Holland, D. (2004). Investigating digital video applications in distance learning. *Journal of Educational Media, 29*(2), 125–137.

Lage, M. J., Platt, G. J., & Treglia, M. (2000). Inverting the classroom: A gateway to creating an inclusive learning environment. *The Journal of Economic Education, 31*(1), 30–43.

Larkin, H. E. (2010). „But they won't come to lectures ..." The impact of audio recorded lectures on student experience and attendance. *Australasian Journal of Educational Technology, 26*(2).

Lave, J., & Wenger, E. (1991). *Situated learning: Legitimate peripheral participation*. New York: Cambridge University Press.

Lee, S. H., Sergueeva, K., Catangui, M., & Kandaurova, M. (2017). Assessing Google Cardboard virtual reality as a content delivery system in business classrooms. *Journal of Education for Business, 92*(4), 153–160.

Li, N., Verma, H., Skevi, A., Zufferey, G., & Dillenbourg, P. (2014). MOOC learning in spontaneous study groups: Does synchronously watching videos make a difference? Proceedings of the European MOOC Stakeholder Summit 2014 (No. EPFL-CONF-196608, S. 88–94). PAU Education.

Li, N., Kidziński, Ł., Jermann, P., & Dillenbourg, P. (2015). *MOOC video interaction patterns: What do they tell us? Design for teaching and learning in a networked world* (S. 197–210). Barcelona: Springer International Publishing.

Liou, H. H., Yang, S. J., Chen, S. Y., & Tarng, W. (2017). The influences of the 2D image-based augmented reality and virtual reality on student learning. *Journal of Educational Technology & Society, 20*(3), 110–121.

Marks, B. P. (2002). Web-based readiness assessment quizzes. *Journal of Engineering Education, 91*(1), 97–102.

Mazzolini, M., & Maddison, S. (2003). Sage, guide or ghost? The effect of instructor intervention on student participation in online discussion forums. *Computers & Education, 40*(3), 237–253.

Meisel, S. (1998). Videotypes: Considerations for effective use of video in teaching and training. *Journal of Management Development, 17*(4), 251–258.

Microsoft Research. Project Tuva (2009). http://research.microsoft.com/apps/tools/tuva/index.html.

Moore, S., Armstrong, C., & Pearson, J. (2008). Lecture absenteeism among students in higher education: A valuable route to understanding student motivation. *Journal of Higher Education Policy and Management, 30*(1), 15–24.

Morales, C., Cory, C., & Bozell, D. (2001). A comparative efficiency study between a live lecture and a web-based live-switched multi-camera streaming video distance learning instructional unit. In *Proceedings of 2001 information resources management association international conference* (S. 63–66). Toronto, Ontario.

Moro, C., Stromberga, Z., & Stirling, A. (2017). Virtualisation devices for student learning: Comparison between desktop-based (Oculus Rift) and mobile-based (Gear VR) virtual reality in medical and health science education. *Australasian Journal of Educational Technology, 33*(6), 1–10.

O'Flaherty, J., & Phillips, C. (2015). The use of flipped classrooms in higher education: A scoping review. *The Internet and Higher Education, 25*, 85–95.

Owston, R., Lupshenyuk, D., & Wideman, H. (2011). Lecture capture in large undergraduate classes: Student perceptions and academic performance. *The Internet and Higher Education, 14*(4), 262–268.

Pantelidis, V. S. (1993). Virtual reality in the classroom. *Educational Technology, 33*(4), 23–27.

Procter, R., Hartswood, M., McKinlay, A., & Gallacher, S. (1999). An investigation of the influence of network quality of service on the effectiveness of multimedia communication. In *Proceedings of the international ACM SIGGROUP conference on Supporting group work* (S. 160–168). New York: ACM.

Reiners, T., Wood, L. C., Chang, V., Gütl, C., Herrington, J., Teräs, H., & Gregory, S. (2012). *Operationalising gamification in an educational authentic environment.* IADIS Press.

Ronchetti, M. (2010). Perspectives of the application of video streaming to education. In *Streaming media architectures, techniques, and applications: Recent advances* (S. 411). Hershey.

Sage, K. (2014). What pace is best? Assessing adults' learning from slideshows and video. *Journal of Educational Multimedia and Hypermedia, 23*(1), 91–108.

Santos-Espino, J. M., Afonso-Suárez, M. D., & Guerra-Artal, C. (2016). Speakers and boards: A survey of instructional video styles in MOOCs. *Technical Communication, 63*(2), 101–115.

Seymour, N. E., Gallagher, A. G., Roman, S. A., O'brien, M. K., Bansal, V. K., Andersen, D. K., & Satava, R. M. (2002). Virtual reality training improves operating room performance: Results of a randomized, double-blinded study. *Annals of Surgery, 236*(4), 458.

Sherer, P., & Shea, T. (2011). Using online video to support student learning and engagement. *College Teaching, 59*(2), 56–59.

Simpson, B. J. (1966). The classification of educational objectives: Psychomotor domain. *Illinois Journal of Home Economics, 10*(4), 110–144.

Sinha, T., Jermann, P., Li, N., & Dillenbourg, P. (2014). Your click decides your fate: Inferring information processing and attrition behavior from MOOC video clickstream interactions. arXiv preprint arXiv:1407.7131.

Thompson, S. E. (2003). Text-structuring metadiscourse, intonation and the signalling of organisation in academic lectures. *Journal of English for Academic Purposes, 2*(1), 5–20.

Traphagan, T., Kucsera, J. V., & Kishi, K. (2010). Impact of class lecture webcasting on attendance and learning. *Educational Technology Research and Development, 58*(1), 19–37.

Tulving, E., & Kroll, N. (1995). Novelty assessment in the brain and long-term memory encoding. *Psychonomic Bulletin & Review, 2*(3), 387–390.

Tuma, R., Schnettler, B., & Knoblauch, H. (2013). *Videographie.* Wiesbaden: Springer Fachmedien.

Virtanen, M. A., Kääriäinen, M., Liikanen, E., & Haavisto, E. (2017). Use of Ubiquitous 360 learning environment enhances students' knowledge in clinical histotechnology: A Quasi-Experimental study. *Medical Science Educator, 27*(4), 589–596.

Von Konsky, B. R., Ivins, J., & Gribble, S. J. (2009). Lecture attendance and web based lecture technologies: A comparison of student perceptions and usage patterns. *Australasian Journal of Educational Technology, 25*(4).

Wachtler, J., & Ebner, M. (2015). Impacts of interactions in learning-videos: A subjective and objective analysis. In *EdMedia: World conference on educational media and technology* (S. 1611–1619). Association for the Advancement of Computing in Education (AACE). Norfolk, Virginia.

Wannemacher, K., von Imke Jungermann, U. M., Scholz, J., Tercanli, H., & von Villiez, A. (2016). Digitale Lernszenarien im Hochschulbereich. Im Auftrag der Themengruppe „Innovationen in Lern-und Prüfungsszenarien" koordiniert vom CHE im Hochschulforum Digitalisierung, Arbeitspapier, (15).

Zhang, D., Zhou, L., Briggs, R. O., & Nunamaker, J. F. (2006). Instructional video in e-learning: Assessing the impact of interactive video on learning effectiveness. *Information & Management, 43*(1), 15–27.

# Teil IV

# Strukturierung technologieunterstützten Lernens

# Kooperationsskripts beim technologieunterstützten Lernen

Katharina Kiemer, Christina Wekerle und Ingo Kollar

## Inhalt

1 Einleitung .................................................................................. 306
2 Was sind Kooperationsskripts? ........................................................ 307
3 Wie wirken technologiegestützte Kooperationsskripts? ........................... 309
4 Wann sind technologiegestützte Kooperationsskripts besonders effektiv? ..... 311
5 Flexibilisierung von technologiegestützten Kooperationsskripts ................ 313
6 Schlussfolgerungen und praktische Implikationen .................................. 315
Literatur ........................................................................................ 315

### Zusammenfassung

Um positive Effekte auf den Wissens- und Kompetenzerwerb von Lernenden zu bewirken, bedarf technologiegestütztes Lernen häufig einer sorgfältigen instruktionalen Anleitung. In kooperativen Lernsettings kann diese über die Vorgabe von Kooperationsskripts realisiert werden, die den Lernenden innerhalb einer Kleingruppe unterschiedliche Lernaktivitäten und/oder Kooperationsrollen vorgeben und auf diese Weise die Zusammenarbeit strukturieren. Dieser Beitrag gibt einen Überblick über die empirische Forschung zu Kooperationsskripts für das technologiegestützte Lernen.

### Schlüsselwörter

Kooperationsskripts · Kooperatives Lernen · Wissenserwerb · Script Theory of Guidance · Scaffolding

K. Kiemer (✉) · C. Wekerle · I. Kollar
Lehrstuhl für Psychologie m.b.B.d. Pädagogischen Psychologie, Universität Augsburg, Augsburg, Deutschland
E-Mail: katharina.kiemer@phil.uni-augsburg.de; christina.wekerle@phil.uni-augsburg.de; ingo.kollar@phil.uni-augsburg.de

## 1 Einleitung

Die ungebrochen rasante Entwicklung von digitalen und virtuellen Technologien und Anwendungen ermöglicht Formen des Lernens, die noch vor zwanzig oder dreißig Jahren wie Science-Fiction gewirkt hätten. So ist es heute möglich, sich orts- und zeitungebunden interessengeleitet und selbstgesteuert mit Lerninhalten auseinanderzusetzen, die zum Beispiel über das Internet frei verfügbar sind. Ebenso kann man relevantes Wissen aber auch gemeinsam mit anderen unbekannten Personen konstruieren. Dies kann sowohl völlig selbstgesteuert geschehen, etwa im Kontext der Teilhabe an Online-Foren zu einem bestimmten Thema, für das sich viele Menschen interessieren (etwa zum Thema „Gesundheit"), aber auch stärker angeleitet im Rahmen von MOOCs (*massive open online courses*; Perna et al. 2014), in denen Onlinevorlesungen mit Möglichkeiten zum interaktiven Austausch zwischen den Teilnehmenden und der/dem Präsentierenden, aber auch unter den Teilnehmenden selbst kombiniert werden können.

Aus lehr-lernpsychologischer Sicht bergen derartige technologieunterstützte Lernumgebungen ein großes Potenzial zur Auslösung hochwertiger Lernprozesse. Wie die Forschung zum kooperativen Lernen zeigt, kann dabei gerade der Austausch mit anderen Lernenden als eine wichtige Triebfeder für das Lernen der beteiligten Individuen angesehen werden. So wird mit dem Einsatz von kooperativem Lernen die Hoffnung verbunden, dass sich Lernende „quasi natürlich" in lernförderlichen Lernaktivitäten engagieren, da sie sich mit einem oder mehreren Anderen auseinandersetzen (müssen). Dazu gehören etwa das Geben von Erklärungen (Webb 1989), das Stellen von Fragen (King 2007), das Argumentieren (Andriessen et al. 2003) sowie das Geben und Erhalten von Peer Feedback (Strijbos und Sluijsmans 2010). Über das Engagement in diesen und ähnlichen Aktivitäten vermittelt können dann sowohl kognitive als auch nicht-kognitive Lernergebnisse gefördert werden, wie z. B. der Aufbau und die Anwendung von domänenspezifischem Wissen (Pai et al. 2015), Lernmotivation (Järvelä et al. 2008, 2010), Argumentationsfertigkeiten (Asterhan und Schwarz 2010; Noroozi et al. 2012; Weinberger et al. 2010) oder sozialen Kompetenzen (Vogel et al. 2017).

Die empirische Forschung zum kooperativen Lernen zeigt jedoch auch, dass Lernende häufig Schwierigkeiten haben, produktiv in kooperativen Lernphasen zu arbeiten. Häufig halten sich einzelne Gruppenmitglieder zurück und lassen die anderen „die ganze Arbeit machen" („Trittbrettfahrer-Effekt"; Strijbos und De Laat 2010) oder die Gruppendiskussionen verbleiben auf einem oberflächlichen Niveau (Laru et al. 2012). Derartige Probleme verschwinden nicht einfach, wenn kooperatives Lernen technologieunterstützt abläuft. Im Gegenteil: manche Probleme können dadurch, dass nonverbale Hinweisreize zumindest mit einigen digitalen Medien nicht übertragen werden können, sogar noch deutlicher hervortreten (Kreijns et al. 2003). Die erhofften positiven Effekte auf den individuellen Lernerfolg bleiben somit auch beim technologieunterstützten kooperativen Lernen häufig aus. Entsprechende Befunde (z. B. Weinberger et al. 2010) machen deutlich, dass bei der Gestaltung und Umsetzung kooperativer Lernszenarios auf eine angemessene Anleitung kooperativer Lernprozesse geachtet werden muss. Hierfür hat sich der Kooperationsskriptansatz (z. B. Fischer et al. 2013) als besonders effektiv und insbesondere auch im technologieunterstützten kooperativen Lernen als gut umsetzbar erwiesen.

Ziel dieses Kapitels ist, einen Überblick über die Forschung zu technologieunterstützten Kooperationsskripts zu geben und daraus praktische Implikationen abzuleiten. In einem ersten Schritt entwickeln wir daher eine genauere Konzeptualisierung von Kooperationsskripts und grenzen sie von anderen Fördermaßnahmen (*Scaffolds*; Wood et al. 1976) ab. Danach beschreiben wir unterschiedliche Formen von Kooperationsskripts für das technologieunterstützte Lernen, die in der Literatur beschrieben werden. Im Anschluss daran geben wir einen Überblick über die empirische Befundlage zur Wirksamkeit derartiger Kooperationsskripts auf zentrale Lernprozesse und Lernergebnisse. Wie zu zeigen sein wird, sind nicht alle in der Literatur beschriebenen Kooperationsskripts (gleich) effektiv. Deshalb beschreiben wir in Abschn. 4 anhand der *Script Theory of Guidance* (Fischer et al. 2013), worauf bei ihrer Gestaltung zu achten ist. Zum Abschluss werden neue Forschungstrends in den Bereichen Adaptivität und Adaptierbarkeit von Kooperationsskripts dargestellt und ihre Bedeutung für die Praxis ausgeführt.

## 2 Was sind Kooperationsskripts?

Kooperationsskripts sind instruktionale Maßnahmen zur Strukturierung und Sequenzierung von Kooperationsprozessen. Sie geben den Lernenden Aktivitäten vor, bringen diese in eine bestimmte Reihenfolge und verteilen sie unter den Mitgliedern einer Kleingruppe. Oftmals werden die vorgegebenen Aktivitäten auch an bestimmte Kooperationsrollen geknüpft (z. B. „Analytiker" vs. „Kritiker"; Weinberger et al. 2010) und dabei für jede Kooperationsrolle genauere Vorgaben gemacht, welche Aktivitäten mit ihr verbunden sind. Kooperationsskripts stellen somit Unterstützungsmaßnahmen dar, die es Lernenden innerhalb ihrer Zone der proximalen Entwicklung (Vygotsky 1978) ermöglichen sollen, Aufgaben oder Aktivitäten zu bewältigen, die ohne diese Unterstützung noch zu herausfordernd wären. Im Unterschied zu anderen Instruktionsmaßnahmen (z. B. ausgearbeitete Lösungsbeispiele; Renkl und Atkinson 2003) beziehen sich Kooperationsskripts jedoch weniger auf die Art und Weise, wie sich die Lernenden mit dem eigentlichen Lerninhalt auseinandersetzen sollen, sondern darauf, wie sie während der Kooperation miteinander interagieren sollen.

Kooperationsskripts lassen sich dahingehend unterscheiden, wie stark sie den Kooperationsprozess strukturieren. Diesbezüglich werden in der Literatur sogenannte „Makroskripts" von sogenannten „Mikroskripts" unterschieden (Dillenbourg und Jermann 2007), die im Folgenden anhand einschlägiger Beispiele differenzierter betrachtet werden sollen.

*Makroskripts.* Diese Form von Kooperationsskripts fokussiert die Sequenzierung von kooperativen Lernphasen über komplette Lerneinheiten (z. B. in einem ein Semester dauernden Kurs) hinweg. Ein Beispiel für ein derartiges Makroskript wurde von De Wever et al. (2010) beschrieben. Das von ihnen entwickelte Makroskript wurde in einem universitären Kurs eingebettet. Dabei sollten Gruppen à 10 Personen über das Semester verteilt vier Diskussionsaufgaben bearbeiten. Die Diskussionen fanden asynchron im Kontext webbasierter Diskussionsforen statt. Das Makroskript sah so aus, dass jede Gruppe dazu angehalten wurde, während jeder Diskussion fünf Rollen zu realisieren: Ein(e) Student(in) in der „Starter"-Rolle war dafür verantwortlich, die Diskussion zu eröffnen und dafür zu sorgen, dass sie nicht ins Stocken geriet. Die Aufgabe der/des „Moderatorin/Moderators" war, die Diskussion zu überwachen und kritische Fragen einzuwerfen. Als „Theoretiker/in" hatte der/die betreffende Studierende die Aufgabe, theoretische Inhalte in die Diskussion einzubringen, die zuvor im Kurs behandelt worden waren. Die/der „Informationssucher/in" hatte die Aufgabe, bei Bedarf weitere wissenschaftliche Quellen ausfindig zu machen, mit denen die Diskussion inhaltlich auf ein höheres Niveau gebracht werden könnte. Die/der Studierende in der „Zusammenfasser/in"-Rolle war schließlich dafür verantwortlich, die Diskussion inhaltlich immer wieder zusammenzufassen und am Ende der vierwöchigen Diskussion eine Synopse über den Diskussionsverlauf zu erstellen. Wie die Studierenden die einzelnen Rollen aufteilten und wie sie sie konkret ausfüllten, wurde überdies nicht weiter vorgegeben. Die Ergebnisse der Studie von De Wever et al. (2010) zeigten, dass eine frühe im Vergleich zu einer späteren Einführung dieser Rollenvorgaben eine signifikante Verbesserung der Diskussionsqualität bewirkte. Weitere Beispiele für technologiegestützte Makroskripts sind u. a. ArgueGraph (Dillenbourg und Jermann 2007), ConceptGrid (Dillenbourg und Hong 2008); COLLAGE (Hernández-Leo et al. 2006) und Gridcole (Bote-Lorenzo et al. 2008).

*Mikroskripts.* Mikroskripts realisieren eine deutlich engere Anleitung des Kooperationsprozesses. Oft machen sie Vorgaben bis hinunter auf die Ebene einzelner Sprechakte (Kobbe et al. 2007), indem sie den Lernenden beispielsweise Satzanfänge vorgeben, die diese vervollständigen sollen. Mikroskripts fokussieren dementsprechend stärker auf eine Förderung spezifischer Lernaktivitäten der individuellen Lernenden als auf eine pädagogische Orchestrierung von Lernaktivitäten im Unterrichtsverlauf. Ein Beispiel hierfür stammt aus einer Studie von Noroozi et al. (2013): In dieser Studie wurden Paare von Studierenden gebeten, online über Problemfälle zu diskutieren, in denen es um die Effekte bestimmter Marketingstrategien für die Einführung einer Umweltschutzmaßnahme ging. Zur Strukturierung der Online-Diskussionen erhielten die Studierenden Satzanfänge wie „Du behauptest also, dass …", „… ist mir noch unklar. Bitte erkläre dies noch einmal" oder „Mein Gegenargument lautet …", die sie beim Erstellen einer neuen Nachricht nutzen sollten. Im Vergleich zu einer ungeskripteten Kontrollbedingung führte das Lernen mit diesem Kooperationsskript zu einem höheren Niveau des argumentativen Diskurses sowie zu einem erhöhten Wissenserwerb der Studierenden. Ähnliche Mikroskripts wurden u. a. von Haake und Pfister (2010), Kollar et al. (2007) sowie von Stegmann et al. (2012) eingesetzt.

## 3 Wie wirken technologiegestützte Kooperationsskripts?

In Anlehnung an Wecker und Fischer (2014) kann die Wirkweise von technologieunterstützten Kooperationsskripts wie folgt beschrieben werden: Durch die Vorgabe von derartigen Strukturierungsmaßnahmen werden aufseiten der Lernenden Lernprozesse angeschoben, deren Ausführung wiederum mit spezifischen Lernergebnissen in Zusammenhang steht. Hinsichtlich der Prozessebene kann dabei zwischen Lernaktivitäten und Lernprozessen unterschieden werden (Chi und Wylie 2014). Bezüglich der Lernergebnisse werden üblicherweise einerseits der Erwerb domänenspezifischen Wissens (Wissen über die Inhalte, über die in der Gruppe diskutiert wird) und andererseits eher generelle Fertigkeiten (etwa zum Kommunizieren, Kooperieren oder Argumentieren; siehe z. B. Rummel und Spada 2005) unterschieden.

### 3.1 Lernaktivitäten und Lernprozesse

*Lernaktivitäten* bezeichnen Verhaltensweisen von Lernenden, die „sichtbar", d. h. einer äußerlichen Betrachtung unmittelbar zugänglich sind. Mit *Lernprozessen* sind demgegenüber die unsichtbaren kognitiven Prozesse gemeint, die im Gedächtnis der Lernenden ablaufen. Chi und Wylie (2014) haben mit dem ICAP-Modell einen theoretischen Ansatz entwickelt, der unterschiedliche Typen „sichtbarer" Lernaktivitäten unterscheidet (passive vs. aktive vs. konstruktive vs. interaktive Aktivitäten) und annimmt, dass ein Engagement in diesen unterschiedlichen Lernaktivitäten unterschiedlich eng mit der Ausführung hochwertiger kognitiver Prozesse verbunden ist. So initiieren *passive* Lernaktivitäten wie z. B. das Zuhören bei einem Vortrag eher basale Lernprozesse, die lediglich auf die Speicherung von Informationen abzielen. „*Aktive*" Aktivitäten (z. B. das Unterstreichen von Text in einem Dokument) machen demgegenüber auf kognitiver Ebene bereits Integrationsprozesse nötig, durch die die aufgenommenen Informationen in stärkerem Maße mit bestehenden Wissensstrukturen im Langzeitgedächtnis verknüpft werden müssen. *Konstruktive* Lernaktivitäten (z. B. das Lösen von Transferproblemen) erfordert auf kognitiver Ebene darüber hinausgehend bereits das Ziehen von Inferenzen auf Basis der vorliegenden Lernmaterialien. Das besondere Potenzial kooperativer Lernformen liegt darin, dass sie *interaktive* Lernaktivitäten ermöglichen, in denen Lernende aufeinander Bezug nehmen und auf ihr jeweiliges Vorwissen und Verständnis des Lerngegenstands aufbauen (Chi und Wylie 2014). Einem Engagement in solchen interaktiven (bei Teasley 1997: transaktiven) Lernaktivitäten wird von Chi und Wylie (2014) in der Folge das größte Potenzial zur Auslösung hochwertiger kognitiver Prozesse zugeschrieben. Beispiele für derartige interaktive Lernaktivitäten sind u. a. das Argumentieren, das Geben von Peer Feedback und die gemeinsame Regulation des Lernprozesses.

*Argumentieren.* Das Generieren stichhaltiger Argumente und Gegenargumente sowie deren Unterstützung durch theoretische Annahmen, empirische Befunde oder auch logische Verknüpfungen hat sich in vielen Studien als lernwirksam gezeigt (z. B. Asterhan et al. 2012). Dementsprechend wurden eine Reihe von Kooperationsskripts entwickelt, die darauf abzielen, die Qualität der Argumentation zwischen Lernenden zu unterstützen und zu verbessern (z. B. Noroozi et al. 2013; Rummel et al. 2012; Stegmann et al. 2007). Tsovaltzi et al. (2014) entwickelten zur Unterstützung des Argumentierens beispielsweise eine Facebook App, die es Lernenden (Universitätsstudenten) während Kleingruppendiskussionen zu studienrelevanten Inhalten erlaubt, ihre Beiträge gemäß dem Argumentationsmodell von Toulmin (1958) als „Argument", „Gegenargument", „Beweis/Beleg" oder „Gegenbeweis/Widerlegung" zu markieren. Lernende, die die Möglichkeit erhielten, ihre Beiträge zu markieren, steuerten Argumente zur Diskussion bei, die sich deutlich positiv hinsichtlich der Qualität und dem Grad der Elaboration von den Argumenten anderer Lernender unterschieden, die diese Möglichkeit nicht erhielten.

*Peer Feedback.* Die große Bedeutung konstruktiver Rückmeldungen für den Lernerfolg einzelner Lerner wurde wiederholt in wissenschaftlichen Untersuchungen gezeigt (z. B. Hattie und Timperley 2007; Kluger und DeNisi 1996). Dabei können diese Rückmeldungen sowohl vom Lehrenden als auch von Mitlernenden (sog. „Peers") stammen. Jedoch zeigt sich, dass es Lernenden ohne Unterstützung oft schwerfällt, qualitativ hochwertige Rückmeldungen zu geben (Patchan und Schunn 2015; Strijbos 2011). Durch den Einsatz von Beurteilungsschemata (Hovardas et al. 2014) und Feedbackvorlagen (Gielen und De Wever 2015) können Lernende aber darin unterstützt werden, hochwertiges Feedback zu geben, das den Empfänger zu einer tieferen Auseinandersetzung mit dem Lerngegenstand anregt. Konkrete Kooperationsskripts, die sich auf Peer Feedback beziehen, sind unter anderem bei Ronen et al. (2006); Miao und Koper (2007) und Seidel (2013) zu finden.

*Gemeinsame Regulation.* Die Regulation des Lernprozesses stellt eine wichtige metakognitive Lernstrategie dar (Boekaerts 1999), die eng mit dem Lernerfolg zusammenhängt (zusammenfassend Zimmerman und Schunk 2011). Während des (technologiegestützten) kooperativen Lernens kann sich eine derartige Regulation auf drei Ebenen manifestieren: a) Selbstregulation; d. h. die Regulation der eigenen Person und des eigenen Lernprozesses während der Kooperationsphase, b) Ko-Regulation; d. h. die Regulation eines Lernenden durch einen anderen und c) gemeinsame Regulation; d. h. die Regulation des Gruppenprozesses durch die Gruppe (Järvelä und Hadwin 2013). Mit dem Shared Planning Tool stellten beispielsweise Hadwin et al. (2013) ein Kooperationsskript vor, welches Lernende durch Prompts dazu auffordert, gemeinsam Aufgabeneigenschaften, Zielsetzungen und einen Plan für die Zusammenarbeit aufzustellen (Miller und Hadwin 2015). Sowohl in dieser Untersuchung als auch in einer Studie von Järvelä et al. (2016) konnte gezeigt werden, dass derartige Kooperationsskripts zur gemeinsamen Regulation von hoher Bedeutung für die Effektivität des Kooperationsprozesses sind, indem sie z. B. dazu beitragen, dass Lernende ein gemeinsames Verständnis von der Aufgabe entwickeln, auf die Interpretationen anderer Gruppenmitglieder aufbauen und mehr Interaktivität während des Aushandlungsprozesses der Aufgabe zeigen.

## 3.2 Lernergebnisse

Wie beschrieben sollte gemäß des ICAP-Modells (Chi und Wylie 2014) ein Engagement in interaktiven Aktivitäten und den sie begleitenden kognitiven Lernprozessen letztlich dazu beitragen, dass auch die Lernergebnisse der Lernenden positiv beeinflusst werden. Aus psychologischer Sicht sind dabei insbesondere Veränderungen in der Wissensbasis der beteiligten Lernenden interessant. Entsprechende empirische Studien fokussieren dabei meist auf (a) den domänenspezifischen Wissenserwerb, d. h. den Erwerb von Wissen über die Inhalte, über die in Gruppen diskutiert und/oder (b) den Erwerb von eher domänenübergreifenden Fertigkeiten (z. B. Argumentations-, Kooperations- und Kommunikationsfertigkeiten).

Eine kürzlich publizierte Metaanalyse (Vogel et al. 2017) auf der Basis von 24 Studien zeigt, dass technologiegestützte Kooperationsskripts im Vergleich zu unstrukturierter Kooperation im Hinblick auf beide Arten von Lernergebnissen signifikant positivere Effekte erzielen, wobei der Effekt auf den Erwerb von domänenübergreifenden Fertigkeiten mit einer durchschnittlichen Effektstärke von $d = 0{,}95$ deutlich höher ausfällt als der Effekt auf den Erwerb domänenspezifischen Wissens (durchschnittliche Effektstärke $d = 0{,}20$). Auch konnte ganz im Sinne des ICAP-Modells von Chi und Wylie (2014) gezeigt werden, dass Kooperationsskripts, die stärker auf die Auslösung interaktiver Aktivitäten abzielen, günstigere Effekte auf den Wissens- und Fertigkeitserwerb ausüben als Skripts, die dies in geringerem Maße tun.

## 4 Wann sind technologiegestützte Kooperationsskripts besonders effektiv?

Das letztgenannte Ergebnis deutet darauf hin, dass technologieunterstützte Kooperationsskripts keine eingebaute Garantie haben, den individuellen Lernerfolg zu fördern. Dazu passt die Beobachtung aus der Metaanalyse von Vogel et al. (2017), der zufolge die Effektstärken in elf der 24 Studien zu Kooperationsskripts beim technologiegestützten kooperativen Lernen Werte nahe Null aufwiesen. Dies wirft die Frage auf, unter welchen Bedingungen genau Kooperationsskripts effektiv sind. Dabei scheint ein entscheidender Faktor die Passung zwischen den momentanen Kooperationsfertigkeiten der Lernenden und dem verwendeten Kooperationsskript zu sein. Die momentanen Kooperationsfertigkeiten der Lernenden können als „internale Kooperationsskripts" bezeichnet werden.

In ihrer Script Theory of Guidance (SToG) gehen Fischer et al. (2013) aufbauend auf den Arbeiten von Roger Schank (z. B. Schank 1999) davon aus, dass Lernende Wissen über Situationen, Phasen, Aktivitäten und Akteure beim kooperativen Lernen in ihrem dynamischen Gedächtnis gespeichert haben. Internale Kooperationsskripts, so die Annahme, bestehen entsprechend aus vier hierarchisch organisierten Komponenten. Auf der obersten Ebene, dem sog. (1) *Stück* (engl. *play*), ist generalisiertes Wissen über unterschiedliche Situationen repräsentiert. Auf Basis dieses Wissens, das erfahrungsbasiert erworben wird, entscheiden sich Personen typischerweise unbewusst und sehr schnell für eine erste grobe Kategorisierung der

Situation, in der sie sich gerade befinden. Werden etwa Studierende gebeten, in Zweiergruppen über die Vor- und Nachteile von Grüner Gentechnik zu diskutieren, ist es wahrscheinlich, dass sie das Stück „Debatte" auswählen. Die Auswahl dieses Stücks führt in der Folge zu Erwartungen hinsichtlich des Ablaufs bzw. der Phasen der Debatte. Wissen über derartige Phasen ist in sog. (2) *Szenen* (engl. scene) gespeichert. Beispielsweise mag ein Lernender erwarten, dass während der Debatte zunächst eine Seite ihre Argumente vorbringt, bevor dann die andere Seite Gegenargumente produziert und am Ende beide Seiten versuchen, eine gemeinsame Position zu entwickeln. Die Aktualisierung einer bestimmten Szene bringt wiederum Erwartungen hinsichtlich der in der entsprechenden Phase auszuführenden Aktivitäten mit sich. Das Wissen über derartige Aktivitäten ist in Form sog. (3) *Scriptlets* (engl. scriptlet) gespeichert. Beispielsweise könnte ein Lernender über Scriptlets verfügen, die ihn darin anleiten, bei der Konstruktion eines Arguments stets erst Evidenzen zu liefern, mit Hilfe derer dann die eigene Behauptung unterstützt wird. Das in Scriptlets gespeicherte Wissen kann sich zudem sowohl auf die eigenen Aktivitäten als auch auf die Aktivitäten des Interaktionspartners beziehen. Das Wissen über die verschiedenen Akteure innerhalb eines Stücks ist in sog. (4) *Rollen* (engl. role) repräsentiert.

Gemäß der SToG sind externe Kooperationsskripts nun genau dann effektiv, wenn sie diejenige Ebene des Skripts ansprechen, die ein Lernender bereits durch darunter liegende Skriptkomponenten ausfüllen kann. Verfügt ein Lernender beispielsweise bereits über hochwertiges Wissen auf der Szenenebene (d. h. er weiß, in welchen Phasen Debatten üblicherweise ablaufen), so würde es bereits genügen, schlicht und einfach das Stück zu benennen, in dem sich der Lernende im Folgenden engagieren soll („Bitte führt eine Debatte!"). Ist ein derartiges Wissen auf der Szenenebene dagegen nicht vorhanden, so wird ein externales Kooperationsskript dann effektiv sein, wenn es vorgibt, in welchen Phasen die Debatte ablaufen soll (z. B. Phase 1: „Trage deine Argumente vor", Phase 2: „Höre dir die Gegenargumente an", Phase 3: „Versucht, gemeinsam einen Kompromiss zu finden"). Verfügt der Lernende schließlich bereits über Wissen, welche Aktivitäten er in den einzelnen Phasen unternehmen muss, um in einer Diskussion seine Argumente darzulegen (d. h. er verfügt bereits über die nötigen Scriptlets in seinem Skriptrepertoire), so wäre für diesen Lernenden eine bloße Nennung der Szenen ausreichend. Möglich ist jedoch, dass sein Lernpartner noch nicht über funktionales Wissen auf Skriptletebene verfügt. Dementsprechend würde dieser ein externales Kooperationsskript benötigen, welches zusätzlich auch Hinweise darauf gibt, wie die einzelnen Aktivitäten innerhalb der unterschiedlichen Kooperationsphasen optimal durchzuführen sind, um ebenfalls effektiv am Kooperationsprozess teilnehmen zu können.

Erste empirische Befunde stützen die Annahme der StoG, dass die Effektivität von externalen Kooperationsskripts durch die internalen Kooperationsskripts der Lernenden moderiert wird (Vogel et al. 2017). Es ist jedoch noch weitere Forschung in diese Richtung nötig. Unter anderem sind derzeit noch Instrumente Mangelware, mit denen internale Kooperationsskripts objektiv, reliabel und valide gemessen werden können (Noroozi et al. 2017). Entsprechende Fortschritte bzgl. der Messung von internalen Kooperationsskripts sind insbesondere auch deswegen nötig, weil internale Kooperationsskripts nicht als stabil erachtet werden, sondern angenommen wird, dass Lernende sie im Lichte wahrgenommener situationaler Anforderungen und eigener Zielsetzungen kontinuierlich anpassen. Solche Anpassungen können in den meisten Fällen als Rekonfigurationen der gerade aktiven Skriptkomponenten aufgefasst werden. Das heißt zu jeder Zeit prüft der Lernende (in den meisten Fällen wiederum unbewusst), ob die aktuell ausgewählte Konfiguration von Stück, Szenen, Scriptlets und Rollen subjektiv Erfolg verspricht, um die aktuelle Situation erfolgreich entsprechend der eigenen Ziele zu meistern. Ist dies nicht der Fall, muss diese Skriptkonfiguration modifiziert werden, indem etwa Szenen oder Scriptlets ausgetauscht werden (Fischer et al. 2013). Auch ist davon auszugehen, dass internale Kooperationsskripts durch Erfahrung und Übung kontinuierlich verfeinert und verbessert werden (Lai und Law 2006). Daraus folgt, dass externale Kooperationsskripts optimalerweise so zu gestalten sind, dass sie flexibel an die Bedürfnisse und den Kenntnisstand der Lernenden angepasst werden, um eine Unter- aber vor allem auch eine Überstrukturierung des kooperativen Lernprozesses (*over-scripting*; Dillenbourg und Tchounikine 2007) zu vermeiden.

## 5 Flexibilisierung von technologiegestützten Kooperationsskripts

Zu einer angesprochenen Flexibilisierung von technologiegestützten Kooperationsskripts bieten sich vor dem Hintergrund der entsprechenden Forschungsliteratur drei Möglichkeiten an: (a) das schrittweise Ausblenden (Fading) von Skriptkomponenten nach einer bestimmten, vorher festgelegten Anzahl von Wiederholungen der Durchführung angezielter Lernaktivitäten, (b) eine adaptive Gestaltung von Kooperationsskripts, durch die sich die Skriptvorgaben auf Basis einer kontinuierlichen systemseitigen Überwachung des Lernprozesses automatisch an die aktuellen Lernerbedürfnisse anpassen, oder (c) eine adaptierbare Gestaltung von Kooperationsskripts, durch die die Lernenden die Möglichkeit erhalten, eigenständig Entscheidungen über die Beschaffenheit der Strukturvorgaben zu treffen.

### 5.1 Fading

Das Konzept des *Fading* ist als integraler Bestandteil effektiver instruktionaler Unterstützungsmaßnahmen bezeichnet worden (z. B. Pea 2004; Puntambekar und Hübscher 2005). *Fading* bezeichnet die graduelle Rücknahme der instruktionalen Unterstützung, die ein Lernender erhält. Beispielsweise können Lernende nach einer bestimmten, vorher festgelegten Anzahl von Wiederholungen einer skriptbasierten Diskussion nach und nach weniger Skriptvorgaben erhalten, bis sie ihre Diskussionen schließlich völlig ohne Strukturierung von außen führen. Die bisherige Forschung zum Fading auf Basis solcher a-priori festgesetzten Rücknahmemechanismen hat allerdings gemischte Befunde erbracht (Wecker und Fischer 2011). Ein naheliegender Grund hierfür ist, dass nicht für jede Lerngruppe a priori bestimmt werden kann, wie viele Wiederholungen der angezielten Aktivitäten nötig sein werden, um entsprechende internale Kooperationsskripts aufzubauen, die dann auch ohne Anleitung von außen ein hohes Kooperationsniveau garantieren. So kann es sein, dass für manche Lernenden die Rücknahme der Komponenten des externalen Kooperationsskripts schlicht zu früh kommt, für andere aber wiederum zu spät.

## 5.2 Adaptivität

Eine Möglichkeit, um sicherzustellen, dass Lerngruppen genau die instruktionale Unterstützung erhalten, die sie im Moment benötigen, ist der Einsatz von adaptiven Kooperationsskripts. Ein externales Kooperationsskript ist dann adaptiv, wenn es sich automatisch an das derzeitig vorherrschende Fähigkeitsniveau des Lernenden, also an sein internales Kooperationsskript, anpasst. Grundsätzlich fällt hierunter zum Beispiel jede didaktisch-instruktionale Entscheidung, die ein Lehrender in Bezug auf Veränderungen des internalen Kooperationsskripts eines Lernenden trifft. Gerade in Situationen, in denen mehrere Gruppen gleichzeitig lernen, sind Lehrende allerdings schnell damit überfordert, die kooperativen Lernprozesse zu überwachen und adäquate Anpassungen an den externalen Kooperationsskripts vorzunehmen. Zur Diagnostik internaler Kooperationsskripts bieten neueste technologische Entwicklungen hervorragende Möglichkeiten. Hierzu zählen u. a. Verfahren des Natural Language Processing (z. B. Bär et al. 2012; Weimer et al. 2007) mit deren Hilfe verbale Kooperationsprozesse mit hinreichender Qualität maschinell kodiert und im Anschluss adäquate Anpassungen an externalen Skriptvorgaben vorgenommen werden können. Erste empirische Befunde hierzu sind vielversprechend (z. B. Mu et al. 2012). Der Schritt zur „Marktreife" steht allerdings erst noch bevor.

## 5.3 Adaptierbarkeit

Im Gegensatz zur Adaptivität von Kooperationsskripts, die eine automatische Anpassung des externalen Kooperationsskripts an die internalen Kooperationsskripts der Lernenden vorsieht, legen adaptierbare Kooperationsskripts die Entscheidung darüber, ob und inwiefern das Skript angepasst werden soll, in die Hände der Lernenden selbst. Die Anpassung der externalen Skriptvorgaben an die eigenen Lernbedürfnisse kann dabei als Akt des selbstregulierten Lernens aufgefasst werden, da die Lernenden durch die Aufforderung, das Skript für die folgende Lernphase anzupassen, dazu angeregt werden, ihren bisherigen Lernprozess zu reflektieren und den kommenden Lernprozess zu planen (Wang et al. 2017). Unterstützt werden kann dieser Prozess beispielsweise durch Reflexionsaufgaben während des Lernprozesses oder die Verwendung von Awareness-Tools, die dem Lernenden Informationen über das Wissen, die Meinungen und die Aktivitäten der einzelnen Gruppenmitglieder rückspiegeln (Bodemer, in diesem Band). Von den Lernenden könnte dann etwa angepasst werden, welche Skriptvorgaben im nächsten Lernschritt angezeigt werden sollten und in welchem Detailliertheitsgrad dies geschehen sollte. Forschungsergebnisse in diesem Bereich sind noch sehr rar. Allerdings konnten Wang et al. (2017) zeigen, dass Lernende, die mit einem adaptierbaren Kooperationsskript gelernt hatten, in stärkerem Umfang Kooperationsfähigkeiten erwarben, als Lernende, die mit Hilfe eines nicht-adaptierbaren Kooperationsskripts gelernt hatten. Darüber hinaus lieferten Diskursanalysen Hinweise darauf, dass die Lernenden in der adaptierbaren Bedingung ihren Kooperationsprozess stärker reflektierten.

## 6 Schlussfolgerungen und praktische Implikationen

Damit kooperatives Lernen in technologiegestützten Lernszenarios gelingt, ist in den meisten Fällen Unterstützung von außen notwendig. Diese kann in Form von Kooperationsskripts gegeben werden, die hochwertige Lernaktivitäten und Lernprozesse auf Seite der Lernenden anregen. Wenn dies gelingt, ist ein effektiver Wissens- und Fertigkeitserwerb wahrscheinlich.

Grundsätzlich bleibt jedoch festzuhalten, dass die häufig auftretenden und in der Forschung gut dokumentierten Probleme von kooperativen Lernsettings nicht rezeptartig dadurch gelöst werden können, dass sie technologiegestützt realisiert werden. Das Potenzial technologiegestützter Kooperationsskripts liegt nicht in der Anwendung der Technologie, sondern in den zusätzlichen Unterstützungsmöglichkeiten, die diese dem Lernenden bietet. Wie wir gezeigt haben, ist gerade bei Lernenden mit wenig funktionalen internalen Kooperationsskripts (z. B. Anfänger (innen) im Bereich des kooperativen Lernens) eine systematische Strukturierung von außen eminent wichtig. Allerdings ergibt sich für die Entwickler von technologiegestützten Kooperationsskripts die Notwendigkeit, bei der Gestaltung von technologiegestützten Kooperationsskripts die internalen Kooperationsskripts der Lernenden einzubeziehen (Fischer et al. 2013). Es geht also darum, Möglichkeiten zu schaffen, die geeignet sind, den jeweils aktuellen Entwicklungsstand der internalen Kooperationsskripts objektiv, reliabel und valide zu diagnostizieren und anschließend entsprechende systemseitige Anpassungen am externalen Kooperationsskript vorzunehmen (Adaptivität) oder den Lernenden die Möglichkeit zu geben, selbst Anpassungen am externalen Kooperationsskript vornehmen zu können (Adaptierbarkeit). Wie wir gezeigt haben, sind beide Möglichkeiten der Flexibilisierung vielversprechend. Mehr Entwicklungsarbeit ist aber nötig, damit funktionierende adaptive und adaptierbare Systeme entwickelt werden und Einzug in die Bildungspraxis halten können.

## Literatur

Andriessen, J., Baker, M., & Suthers, D. D. (Hrsg.). (2003). Argumentation, computer support, and the educational context of confronting cognitions. In *Arguing to learn: Confronting cognitions in computer-supported collaborative learning environments* (S. 1–25). New York: Springer.

Asterhan, C. S., & Schwarz, B. B. (2010). Online moderation of synchronous e-argumentation. *International Journal of Computer-Supported Collaborative Learning, 5*(3), 259–282.

Asterhan, C. S., Schwarz, B. B., & Gil, J. (2012). Small-group, computer-mediated argumentation in middle-school classrooms: The effects of gender and different types of online teacher guidance. *British Journal of Educational Psychology, 82*(3), 375–397.

Bär, D., Biemann, C., Gurevych, I., & Zesch, T. (2012). Ukp: Computing semantic textual similarity by combining multiple content similarity measures. *Proceedings of the first joint conference on lexical and computational semantics-volume 1: Proceedings of the main conference and the shared task, and volume 2: Proceedings of the sixth international workshop on semantic evaluation* (S. 435–440). Association for Computational Linguistics.

Boekaerts, M. (1999). Self-regulated learning: Where we are today. *International Journal of Educational Research, 31*(6), 445–457.

Bote-Lorenzo, M. L., Gómez-Sánchez, E., Vega-Gorgojo, G., Dimitriadis, Y. A., Asensio-Pérez, J. I., & Jorrín-Abellán, I. M. (2008). Gridcole: A tailorable grid service based system that supports scripted collaborative learning. *Computers & Education, 51*(1), 155–172.

Chi, M. T. H., & Wylie, R. (2014). The ICAP framework: Linking cognitive engagement to active learning outcomes. *Educational Psychologist, 49*(4), 219–243.

De Wever, B., Van Keer, H., Schellens, T., & Valcke, M. (2010). Structuring asynchronous discussion groups: Comparing scripting by assigning roles with regulation by cross-age peer tutors. *Learning and Instruction, 20*(5), 349–360.

Demetriadis, S., Egerter, T., Hanisch, F., & Fischer, F. (2011). Peer review-based scripted collaboration to support domain-specific and domain-general knowledge acquisition in computer science. *Computer Science Education, 21*(1), 29–56.

Dillenbourg, P. (2002). Over-scripting CSCL: The risks of blending collaborative learning with instructional design. In P. A. Kirschner (Hrsg.), *Three worlds of CSCL. Can we support CSCL* (S. 61–91). Heerlen: Open Universiteit Nederland.

Dillenbourg, P., & Hong, F. (2008). The mechanics of CSCL macro scripts. *International Journal of Computer-Supported Collaborative Learning, 3*(1), 5–23.

Dillenbourg, P., & Jermann, P. (2007). Designing integrative scripts. In F. Fischer, I. Kollar, H. Mandl & J. M. Haake (Hrsg.), *Scripting computer-supported collaborative learning* (S. 275–301). New York: Springer.

Dillenbourg, P., & Tchounikine, P. (2007). Flexibility in macro-scripts for computer-supported collaborative learning. *Journal of Computer Assisted Learning, 23*(1), 1–13.

Dillenbourg, P., Järvelä, S., & Fischer, F. (2009). The evolution of research on computer-supported collaborative learning. In N. Balacheff, S. Ludvigsen, T. de Jong, A. Lazonder & S. Barnes (Hrsg.), *Technology-enhanced learning* (S. 3–19). Dordrecht: Springer.

Fischer, F., Kollar, I., Stegmann, K., & Wecker, C. (2013). Toward a script theory of guidance in computer-supported collaborative learning. *Educational Psychologist, 48*(1), 56–66.

Gielen, M., & De Wever, B. (2015). Structuring peer assessment: Comparing the impact of the degree of structure on peer feedback content. *Computers in Human Behavior, 52*, 315–325.

Haake, J. M., & Pfister, H. R. (2010). Scripting e distance-learning university course: Do students benefits from net-based scripted collaboration? *International Journal of Computer-Supported Collaborative Learning, 5*(2), 191–210.

Hadwin, A. F., Miller, M., & Webster, E. A. (2013). *CSCL group planner (version 3.0)*. Victoria: University of Victoria.

Hattie, J. (2009). *Visible learning: A synthesis of over 800 meta-analyses relating to achievement*. London: Routledge.

Hattie, J., & Timperley, H. (2007). The power of feedback. *Review of Educational Research, 77*(1), 81–112.

Hernández-Leo, D., Villasclaras-Fernández, E. D., Asensio-Pérez, J. I., Dimitriadis, Y., Jorrín-Abellán, I. M., Ruiz-Requies, I., & Rubia-Avi, B. (2006). COLLAGE: A collaborative learning design editor based on patterns. *Journal of Educational Technology and Society, 9*(1), 58.

Hovardas, T., Tsivitanidou, O. E., & Zacharia, Z. C. (2014). Peer versus expert feedback: An investigation of the quality of peer feedback among secondary school students. *Computers & Education, 71*, 133–152.

Järvelä, S., & Hadwin, A. (2013). New frontiers: Regulating learning in CSCL. *Educational Psychologist, 48*(1), 25–39.
Järvelä, S., Järvenoja, H., & Veermans, M. (2008). Understanding the dynamics of motivation in socially shared learning. *International Journal of Educational Research, 47*(2), 122–135.
Järvelä, S., Volet, S., & Järvenoja, H. (2010). Research on motivation in collaborative learning: Moving beyond the cognitive-situative divide and combining individual and social processes. *Educational Psychologist, 45*(1), 15–27.
Järvelä, S., Järvenoja, H., Malmberg, J., Isohätälä, J., & Sobocinski, M. (2016). How do types of interaction and phases of self-regulated learning set a stage for collaborative engagement? *Learning and Instruction, 43,* 39–51.
King, A. (2007). Scripting collaborative learning processes: A cognitive perspective. In F. Fischer, I. Kollar, H. Mandl & J. M. Haake (Hrsg.), *Scripting computer-supported collaborative learning: Cognitive, computational and educational perspectives* (S. 14–37). New York: Springer.
Kluger, A. N., & DeNisi, A. (1996). The effects of feedback interventions on performance: A historical review, a meta-analysis, and a preliminary feedback intervention theory. *Psychological Bulletin, 119*(2), 254–284.
Kobbe, L., Weinberger, A., Dillenbourg, P., Harrer, A., Hämäläinen, R., Häkkinen, P., & Fischer, F. (2007). Specifying computer-supported collaboration scripts. *International Journal of Computer-Supported Collaborative Learning, 2*(2), 211–224.
Kollar, I., & Fischer, F. (eingereicht). Methoden des Lernens. Erscheint. In D. Urhahne, M. Dresel & F. Fischer (Hrsg.), *Psychologie für den Lehrerberuf.* Berlin: Springer.
Kollar, I., Fischer, F., & Hesse, F. W. (2006). Collaboration scripts–a conceptual analysis. *Educational Psychology Review, 18*(2), 159–185.
Kollar, I., Fischer, F., & Slotta, J. D. (2007). Internal and external scripts in computer-supported collaborative inquiry learning. *Learning and Instruction, 17*(6), 708–721.
Kollar, I., Ufer, S., Reichersdorfer, E., Vogel, F., Fischer, F., & Reiss, K. (2014). Effects of collaboration scripts and heuristic worked examples on the acquisition of mathematical argumentation skills of teacher students with different levels of prior achievement. *Learning and Instruction, 32,* 22–36.
Kollar, I., Wecker, C., & Fischer, F. (2018). Scaffolding and scripting (computer-supported) collaborative learning. In F. Fischer, C. Hmelo-Silver, S. Goldman & P. Reinmann (Hrsg.), *International handbook of the learning sciences.* New York: Routledge/Taylor & Francis.
Kreijns, K., Kirschner, P. A., & Jochems, W. (2003). Identifying the pitfalls for social interaction in computer-supported collaborative learning environments: A review of the research. *Computers in Human Behavior, 19*(3), 335–353.
Lai, M., & Law, N. (2006). Peer scaffolding of knowledge building through collaborative groups with differential learning experiences. *Journal of Educational Computing Research, 35*(2), 123–144.
Laru, J., Järvelä, S., & Clariana, R. B. (2012). Supporting collaborative inquiry during a biology field trip with mobile peer-to-peer tools for learning: A case study with K-12 learners. *Interactive Learning Environments, 20*(2), 103–117.
Miao, Y., & Koper, R. (2007). An efficient and flexible technical approach to develop and deliver online peer assessment. In C. A. Chinn, G. Erkens & S. Puntambekar (Hrsg.), *Proceedings of the 7th computer supported collaborative learning (CSCL 2007) conference 'Mice, Minds, and Society',* July (S. 502–511). New Jersey: International Society of the Learning Sciences.
Miller, M., & Hadwin, A. (2015). Scripting and awareness tools for regulating collaborative learning: Changing the landscape of support in CSCL. *Computers in Human Behavior, 52,* 573–588.
Mu, J., Stegmann, K., Mayfield, E., Rosé, C., & Fischer, F. (2012). The ACODEA framework: Developing segmentation and classification schemes for fully automatic analysis of online discussions. *International Journal of Computer-Supported Collaborative Learning, 7*(2), 285–305.

Noroozi, O., Weinberger, A., Biemans, H. J., Mulder, M., & Chizari, M. (2012). Argumentation-based computer supported collaborative learning (ABCSCL): A synthesis of 15 years of research. *Educational Research Review, 7*(2), 79–106.

Noroozi, O., Teasley, S. D., Biemans, H. J., Weinberger, A., & Mulder, M. (2013). Facilitating learning in multidisciplinary groups with transactive CSCL scripts. *International Journal of Computer-Supported Collaborative Learning, 8*(2), 189–223.

Noroozi, O., Kirschner, P. A., Biemans, H. J., & Mulder, M. (2017). Promoting argumentation competence: Extending from first- to second-order scaffolding through adaptive fading. *Educational Psychology Review*, 1–24.

Pai, H. H., Sears, D. A., & Maeda, Y. (2015). Effects of small-group learning on transfer: A meta-analysis. *Educational Psychology Review, 27*(1), 79–102.

Patchan, M. M., & Schunn, C. D. (2015). Understanding the benefits of providing peer feedback: How students respond to peers' texts of varying quality. *Instructional Science, 43*(5), 591–614.

Pea, R. (2004). The social and technological dimensions of scaffolding and related theoretical concepts for learning, education, and human activity. *The Journal of the Learning Sciences, 13*(3), 423–451.

Perna, L. W., Ruby, A., Boruch, F. R., Wang, N., Scull, J., Seher, A., & Evans, C. (2014). Moving through MOOCs: Understanding the progression of users in massive open online courses. *Educational Researcher, 43*(9), 421–432.

Puntambekar, S., & Hübscher, R. (2005). Tools for scaffolding students in a complex learning environment: What have we gained and what have we missed? *Educational Psychologist, 40*(1), 1–12.

Renkl, A., & Atkinson, R. K. (2003). Structuring the transition from example study to problem solving in cognitive skill acquisition: A cognitive load perspective. *Educational Psychologist, 38*(1), 15–22.

Ronen, M., Kohen-Vacs, D., & Raz-Fogel, N. (2006). Adopt & adapt: Structuring, sharing and reusing asynchronous collaborative pedagogy. In *ICLS '06: Proceedings of the 7th international conference on learning sciences* (S. 599–605). Bloomington: International Society of the Learning Sciences.

Rummel, N., & Spada, H. (2005). Learning to collaborate: An instructional approach to promoting collaborative problem-solving in computer-mediated settings. *The Journal of the Learning Sciences, 14*(2), 201–241.

Rummel, N., Mullins, D., & Spada, H. (2012). Scripted collaborative learning with the cognitive tutor algebra. *International Journal of Computer-Supported Collaborative Learning, 7*(2), 307–339.

Schank, R. C. (1999). *Dynamic memory revisited.* Cambridge: Cambridge University Press.

Seidel, N. (2013). Peer Assessment und Peer Annotation mit Hilfe eines videobasierten CSCL-Scripts. *DeLFI 2013–Die 11. e-Learning Fachtagung Informatik der Gesellschaft für Informatik e.V.*, 83–94. Bonn: gesellschaft für informatik.

Stegmann, K., Weinberger, A., & Fischer, F. (2007). Facilitating argumentative knowledge construction with computer-supported collaboration scripts. *International Journal of Computer-Supported Collaborative Learning, 2*(4), 421–447.

Stegmann, K., Weinberger, C., Weinberger, A., & Fischer, F. (2012). Collaborative argumentation and cognitive elaboration in a computer-supported collaborative learining environment. *Instructional Science, 40*(2), 297–323.

Strijbos, J. W. (2011). Assessment of (computer-supported) collaborative learning. *IEEE Transactions on Learning Technologies, 4*(1), 59–73.

Strijbos, J. W., & De Laat, M. F. (2010). Developing the role concept for computer-supported collaborative learning: An explorative synthesis. *Computers in Human Behavior, 26*(4), 495–505.

Strijbos, J. W., & Sluijsmans, D. (2010). Unravelling peer assessment: Methodological, functional, and conceptual developments. *Learning and Instruction, 20*(4), 265–269.

Teasley, S. D. (1997). Talking about reasoning: How important is the peer in peer collaboration? In L. Resnick, R. Säljö, C. Pontecorvo & B. Burge (Hrsg.), *Discourse, tools and reasoning* (S. 361–384). Berlin/Heidelberg: Springer.
Toulmin, S. E. (1958). *The uses of argument*. Cambridge: Cambridge University Press.
Tsovaltzi, D., Puhl, T., Judele, R., & Weinberger, A. (2014). Group awareness support and argumentation scripts for individual preparation of arguments in Facebook. *Computers & Education, 76*, 108–118.
Vogel, F., Wecker, C., Kollar, I., & Fischer, F. (2017). Socio-cognitive scaffolding with computer-supported collaboration scripts: A meta-analysis. *Educational Psychology Review, 29*(3), 477–511.
Vygotsky, L. S. (1978). *Mind and society*. Cambridge: Harvard University Press.
Walker, E., Rummel, N., & Koedinger, K. R. (2011). Designing automated adaptive support to improve student helping behaviors in a peer tutoring activity. *International Journal of Computer-Supported Collaborative Learning, 6*, 279–306.
Wang, X., Kollar, I., & Stegmann, K. (2017). Adaptable scripting to foster regulation processes and skills in computer-supported collaborative learning. *International Journal of Computer-Supported Collaborative Learning, 12*, 153–172.
Webb, N. M. (1989). Peer interaction and learning in small groups. *International Journal of Educational Research, 13*, 21–39.
Wecker, C., & Fischer, F. (2011). From guided to self-regulated performance of domain-general skills: The role of peer monitoring during the fading of instructional scripts. *Learning and Instruction, 21*(6), 746–756.
Wecker, C., & Fischer, F. (2014). Lernen in Gruppen. In T. Seidel & A. Krapp (Hrsg.), *Pädagogische Psychologie* (S. 277–296). Weinheim: Beltz.
Weimer, M., Gurevych, I., & Mühlhäuser, M. (2007). Automatically assessing the post quality in online discussions on software. *Proceedings of the 45th annual meeting of the ACL on interactive poster and demonstration sessions* (S. 125–128). Stroudsburg: Association for Computational Linguistics.
Weinberger, A., Stegmann, K., & Fischer, F. (2010). Learning to argue online: Scripted groups surpass individuals (unscripted groups do not). *Computers in Human Behavior, 26*(4), 506–515.
Wood, D., Bruner, J. S., & Ross, G. (1976). The role of tutoring in problem solving. *Journal of Child Psychology and Psychiatry, 17*(2), 89–100.
Zimmerman, B., & Schunk, D. H. (Hrsg.). (2011). *Handbook of self-regulation of learning and performance*. New York: Taylor & Francis.

# Group Awareness-Tools beim technologieunterstützen Lernen

Daniel Bodemer und Lenka Schnaubert

## Inhalt

1 Einleitung .................................................................. 322
2 Unterstützung von Lernprozessen durch Group Awareness-Tools .................... 323
3 Empirische Group Awareness-Forschung ............................................ 325
4 Trends und Entwicklungspotenzial ................................................ 328
5 Fazit ...................................................................... 329
Literatur ..................................................................... 329

#### Zusammenfassung

Group Awareness bezeichnet die individuelle Wahrnehmung bestimmter Eigenschaften einer Gruppe oder ihrer Mitglieder. Sie erleichtert kollaborative Lernaktivitäten und kann durch spezifische Tools unterstützt werden, die Informationen erfassen, transformieren und darstellen. Empirische Studien haben insbesondere für kognitive Group Awareness-Tools gezeigt, dass Lernprozesse und -ergebnisse auf individueller und sozialer Ebene verbessert werden können. Eine systematischere Differenzierung von Tool-Funktionen und ihrer Effekte kann den Einsatz in unterschiedlichen Bildungskontexten erleichtern.

#### Schlüsselwörter

Group Awareness · Kollaboratives Lernen · Repräsentationale Tools · Selbstreguliertes Lernen · Soziale Lerntechnologien

---

D. Bodemer (✉) · L. Schnaubert
Psychologische Forschungsmethoden – Medienbasierte Wissenskonstruktion, Universität Duisburg-Essen, Duisburg, Deutschland
E-Mail: bodemer@uni-due.de; lenka.schnaubert@uni-due.de

© Springer-Verlag GmbH Deutschland, ein Teil von Springer Nature 2020
H. Niegemann, A. Weinberger (Hrsg.), *Handbuch Bildungstechnologie*,
https://doi.org/10.1007/978-3-662-54368-9_30

## 1 Einleitung

Das Konzept Group Awareness (GA) bezieht sich auf die Wahrnehmung bestimmter Merkmale von Gruppenmitgliedern oder einer gesamten Gruppe, zum Beispiel deren Aufenthaltsort, Handlungen, Wissen, Meinungen, Interessen oder Gefühle (Bodemer und Dehler 2011; Gross et al. 2005). GA bereitet damit einen sozialen Kontext für individuelle und kollaborative Aktivitäten (vgl. Dourish und Bellotti 1992).

In der ursprünglichen Verwendung des Konzepts im Bereich des computerunterstützten kooperativen Arbeitens, bezieht sich GA im Wesentlichen auf behaviorale Variablen. Im Bildungsbereich dagegen wird eine große Bandbreite gruppen- oder personenspezifischer Informationen betrachtet, die den Kontext für zielgerichtete individuelle oder kollaborative Aktivitäten innerhalb und außerhalb der Gruppe bilden. Dabei werden neben behavioralen auch soziale und vor allem kognitive Informationen fokussiert. Neben der inhaltlichen Ausrichtung können GA-Informationen stabile Charakteristika der Lernenden umfassen, wie beispielsweise Interessen, Vorwissen oder Einstellungen, aber auch situationale Aspekte, wie beispielsweise aktuelle Verfügbarkeit, Leistung oder Engagement.

Auch wenn es unterschiedliche Konzeptionen von GA gibt, so besteht doch weitgehend Einigkeit darüber, dass es sich um ein Konzept handelt, das im Individuum zu verorten ist und ein Mindestmaß an bewusster Wahrnehmung der GA-Information bedarf. Durch die Verarbeitung interner und externer Hinweise bilden Lernende eine mentale Repräsentation der GA-Informationen und können damit darauf zugreifen. Interne Hinweise können dabei beispielsweise aus dem Langzeitgedächtnis abgerufen werden (z. B. ein Modell eines Lernpartners, das aufgrund vorhergehender Erfahrung mit diesem gebildet wurde); externe Hinweise kommen aus der Umgebung des Lernenden und können während des Kollaborationsprozesses wahrgenommen werden (z. B. durch Interaktion mit einem Lernpartner). In Kollaborationssituationen, in denen sich die Gruppenmitglieder am selben Ort befinden, kann ein relativ hohes Ausmaß an GA durch Beobachtung und Grounding-Aktivitäten (vgl. Clark und Brennan 1991) erworben werden. In computervermittelten Szenarien dagegen ist der Aufbau von GA durch die Einschränkung der sensorischen Kanäle erschwert. Insbesondere hier sind die verfügbaren Hinweise oft unzureichend, um GA aufzubauen, die Lernende für eine effektive und effiziente Durchführung kollaborativer Lernprozesse benötigen. Diesen besonderen Herausforderungen computervermittelter Kommunikation stehen Chancen der Computerunterstützung durch sogenannte Group Awareness-Tools (GATs) gegenüber: diese können relevante Daten über Gruppenmitglieder sammeln, transformieren und visuell aufbereitet den Gruppenmitgliedern zur Verfügung stellen und damit implizit Denk-, Kommunikations- und Verhaltensweisen nahelegen (z. B. Auswahl von Gesprächsinhalt und Tonfall). Aus diesem Grund beschäftigt sich die GA-Forschung in erster Linie mit der Entwicklung und wissenschaftlichen Untersuchung solcher GATs, die Lernende dabei unterstützen, relevante Informationen über Lernpartner wahrzunehmen und zu verarbeiten.

## 2 Unterstützung von Lernprozessen durch Group Awareness-Tools

GATs als Bildungstechnologie werden entwickelt, um bedeutsame Lern- und Kollaborationsprozesse zu unterstützen. Dabei wird zwischen sozialen und kognitiven GATs unterschieden (vgl. Janssen und Bodemer 2013). Soziale GATs informieren über sozio-behaviorale (z. B. Partizipation oder Lernaktivitäten), sozio-emotionale (z. B. Wohlbefinden oder wahrgenommene Freundlichkeit) oder sozio-motivationale Aspekte (z. B. Motivation oder Engagement). Kognitive GATs umfassen insbesondere die Darstellung inhaltsbezogener Informationen wie Wissen und Meinungen oder deren metakognitive Evaluation.

Unabhängig von der spezifischen Art der Awareness, die ein GAT unterstützen soll, verarbeitet es GA-Informationen üblicherweise in drei aufeinanderfolgenden Schritten (vgl. Buder und Bodemer 2008): Erfassen der GA-Informationen, Transformieren der erfassten Informationen und Darstellen der transformierten Informationen.

Hinsichtlich der Erfassung und Datensammlung, können GA-Informationen sowohl absichtlich und bewusst von den Lernenden zur Verfügung gestellt werden (z. B. indem sie Texte oder Eigenschaften von Lernpartnern bewerten oder ihr eigenes Vorwissen zu einem bestimmten Thema einschätzen) als auch aus dem Verhalten abgeleitet werden, ohne dass dies von den Lernenden intendiert ist (z. B. indem aufgezeichnet wird, wie Informationen gesucht und ausgewählt werden). Das bewusste und absichtliche Bereitstellen von Informationen ermöglicht den Lernenden, sich selbst bzw. ihre Annahmen in gewünschter Weise darzustellen, andererseits gehen sie häufig mit einem zusätzlichen Aufwand (vgl. Erkens et al. 2016) und einer geringeren Objektivität einher. Dies kann insbesondere dann problematisch sein, wenn die darzustellende Information ein objektivierbares Konzept darstellt, wie beispielsweise das Wissen des Lernenden.

Wenn Informationen gesammelt wurden, können sie einzelnen Lernenden, Lerngruppen oder ganzen Communities zur Verfügung gestellt werden. Jedoch ist die unaufbereitete Darstellung oft zu komplex, um lernförderlich genutzt zu werden. Besonders wenn große Datensätze erfasst werden (beispielsweise im Social-Media-Bereich), müssen GATs die gesammelten Informationen gezielt aufbereiten und transformieren, um die Komplexität zu reduzieren und die Identifikation spezifischer Datenmuster zu erleichtern. Die Transformation von GA-Informationen kann von einfacher Aggregation über gebräuchliche statistische Analysen (z. B. varianzbasierte Verfahren) bis hin zu aufwändigeren Verfahren wie Text Mining oder Netzwerkanalysen reichen.

Wenn GA-Informationen gesammelt und verarbeitet wurden, können sie den Lernenden zur Verfügung gestellt werden. Abhängig von der Komplexität und Stabilität der sozialen Kontextinformation kann diese direkt mit einem Lerninhalt bzw. einer Aufgabe integriert oder getrennt davon als zusätzliche Information dargestellt werden. Letzteres bedarf entsprechender Aufmerksamkeit während der

Aufgabenbearbeitung und kann somit von der Primäraufgabe ablenken. Design-Entscheidungen können auch abhängig von den Zielen sein, die mit dem Tool verfolgt werden. Beispielsweise kann ein GAT Informationen eines Lernenden in räumlicher Nähe zu den Informationen der Gruppe darstellen und so die Vergleichbarkeit zwischen den Ausprägungen auf der Zieldimension zwischen Individuum und Gruppe unterstützen. Auf der anderen Seite können Informationen auch so dargestellt werden, dass sie eher ipsative Vergleiche oder Vergleiche zwischen anderen Gruppenmitgliedern nahelegen und unterstützen (vgl. Buder 2011). Dieselbe Information kann somit – je nach Darstellung – unterschiedliche Verarbeitungsprozesse nahelegen und so die Interpretation durch die Lernenden lenken.

Die zentrale erwartete Wirkweise von GATs basiert somit auf der Repräsentation erfasster und transformierter Informationen, die von den Lernenden erkannt, interpretiert und lernförderlich genutzt werden können, jedoch nicht müssen. Im Vergleich zu expliziten Strukturierungsmaßnahmen wie Kooperationsskripts oder Prompts gehen GATs in höherem Ausmaß mit selbstregulierten Lernprozessen einher aber auch mit der Gefahr, dass die implizit nahegelegten Denk-, Kommunikations- und Verhaltensweisen nicht erkannt oder umgesetzt werden. Fehlen den Lernenden beispielsweise entsprechende Regulationskompetenzen, verfehlt ein GAT seine lernförderliche Wirkung.

Die Effektivität eines GATs für kollaboratives Lernen wird üblicherweise auf Tool-Ebene gemessen und evaluiert. Mit einem differenzierteren Ansatz können jedoch verschiedene Funktionen eines GATs identifiziert und unterschieden werden. Eine Kernfunktion kognitiver GATs ist es beispielsweise, wissensbezogene Informationen über Lernpartner darzustellen, um Prozesse des Grounding und der Partnermodellierung während des kollaborativen Lernens zu unterstützen. Solche Informationen beinhalten jedoch nicht nur personenbezogene Informationen, sondern beziehen sich meist auch auf spezifische und oft auch vorausgewählte Inhalte (z. B. die Hypothese eines Lernpartners zu einem bestimmten Element des Lernmaterials). GA-Information beinhaltet damit häufig eine Auswahl bedeutsamer Inhalte, die den (inhaltsbezogenen) Kommunikationsraum einschränken und so die Lernpartner in lernförderlicher Weise fokussieren können. Eine weitere potenzielle Wirkweise von GATs ist die Unterstützung von Vergleichen. Hierbei werden Informationen von Lernpartnern so dargestellt, dass interindividuelle Vergleiche nahegelegt werden und Lernende dadurch auf besonders nützliche Inhalte aufmerksam gemacht werden, wie beispielsweise auf unterschiedliches Wissen oder konfligierende Annahmen. Darüber hinaus können GATs auch rein individuelle Lernprozesse fördern: die Darstellung eigener Informationen kann von den Lernenden als individuelles Feedback über eigene Ansichten oder Leistungen genutzt werden; die Datensammlung kann Lernende dazu anregen, ihren eigenen Lernprozess zu evaluieren oder zu refokussieren, wenn Lernende beispielsweise beim Bearbeiten von Testaufgaben eigene Wissenslücken wahrnehmen oder aufgefordert werden, ihren eigenen Kenntnisstand einzuschätzen (Schnaubert und Bodemer 2017).

## 3 Empirische Group Awareness-Forschung

Da GATs theoretisch wie empirisch einen vielversprechenden Ansatz darstellen, kollaboratives Lernen zu unterstützen, wird ihr Einfluss auf Lernprozesse und Lernergebnisse in unterschiedlichen Forschungsansätzen untersucht. Dabei zeigen sich relativ stabile, positive Effekte besonders kognitiver GATs auf Lernprozesse und auch Lernergebnisse. Ein Großteil der Studien nutzt kontrollierte Laborexperimente, um Effekte systematisch und intern valide in einem begrenzten Zeitraum untersuchen zu können. Es gibt jedoch auch zahlreiche Beispiele für Bestrebungen, die externe Validität der Studien zu erhöhen, indem GA-Forschung in tatsächlichen Bildungskontexten durchgeführt wird, wie beispielsweise in Schulen (z. B. Erkens et al. 2016; Janssen et al. 2011a; Phielix et al. 2011) oder Universitäten (z. B. Lin et al. 2016; Puhl et al. 2015), oftmals auch über mehrere Sitzungen hinweg oder einen längeren Zeitraum. Auch gibt es Beispiele für Studien im Social-Media-Bereich (z. B. Buder et al. 2015). Die Wirkung von GATs wird meist in computervermittelten Kommunikationsszenarien untersucht (z. B. Buder und Bodemer 2008; Sangin et al. 2011), aber auch in Face-to-Face (z. B. Alavi und Dillenbourg 2012; Bodemer 2011) und Blended Learning (z. B. Puhl et al. 2015) Settings. Gruppengrößen reichen dabei von Dyaden (z. B. Dehler et al. 2011) über Kleingruppen von drei bis sechs Personen (z. B. Engelmann und Hesse 2011) bis hin zu ganzen Seminargruppen oder Klassen (z. B. Puhl et al. 2015). Diese Forschungsarbeiten werden ergänzt durch Pseudo-kollaborative Studien, in denen die Dynamik tatsächlicher sozialer Interaktionen eliminiert wird, um spezifische Tool-Effekte systematisch und detailliert untersuchen zu können (z. B. Kimmerle und Cress 2008, 2009; Schnaubert und Bodemer 2016).

Die Mehrheit der Studien fokussiert auf den Einsatz von GATs zur Unterstützung einer Form von GA und damit bestimmter Lernprozesse und Lernergebnisse. Entsprechend vergleichen solche Studien meist Gruppen, die mit und ohne GAT kollaborieren. Nur wenige Studien gehen über diesen wichtigen, aber rudimentären Ansatz hinaus und untersuchen systematisch spezifische Tool-Eigenschaften und -Funktionen.

Während der Fokus der meisten Studien auf der dargestellten Information liegt, wird die eigentliche GA weniger diskutiert. Häufig wird angenommen, dass die dargestellte Information eine entsprechende GA fördert ohne dass diese erfasst wird. Es gibt jedoch auch verschiedene Beispiele für Versuche, die vorhandene GA und deren verhaltenslenkende Wirkung zu erfassen. Beispielsweise wird von einer Veränderung der GA ausgegangen, wenn die dargestellten Informationen zu Verhaltensänderungen führen, die direkt mit den GA-Visualisierungen in Verbindung gebracht werden können (z. B. verstärkte Betrachtung und Diskussion von Wissenslücken oder konflikthaften Annahmen, wie in Bodemer 2011; Dehler et al. 2011; Schnaubert und Bodemer 2016). Andere Forschungsarbeiten versuchen, GATs mit Verhaltensänderungen in Verbindung zu bringen, indem sie die Lernenden explizit nach dem wahrgenommenen Einfluss der GA-Information oder ihrer Tool-Nutzung fragen (z. B. Jermann und Dillenbourg 2008). Während solche indirekten Ansätze der Erfassung von GA es ermöglichen, Einblicke in die von Lernenden wahrgenommenen Kausalzusammenhänge zwischen GAT und Verhalten zu bekommen, bleibt der Schluss auf GA unklar. Versuche, GA direkt zu erfassen, überprüfen meist, ob die Lernenden die visualisierte GA-Information nach dem kollaborativen Lernprozess abrufen konnten (z. B. Engelmann und Hesse 2011) oder wie sehr individuelle Modelle der Lernpartner mit tatsächlichen Partnereigenschaften übereinstimmen (z. B. Sangin et al. 2011). Diese Vorgehensweisen ermöglichen die objektive Erfassung der Verfügbarkeit gruppen- oder partnerbezogener Informationen nach der Kollaboration, vernachlässigen jedoch deren Präsenz in der Kollaborationssituation („awareness"). Ansätze, die wahrgenommene GA über Selbsteinschätzungsskalen erfassen (z. B. Janssen et al. 2011a), beziehen diesen Awareness-Aspekt zwar ein, unterliegen jedoch potenziell Verzerrungen beispielsweise durch unterschiedliche subjektive Wahrnehmung oder Erinnerung. Somit existieren zwar verschiedene Ansätze zur Messung von GA, eine objektive Erfassung insbesondere der tatsächlichen „Awareness" der GA-Informationen innerhalb der Kollaborationssituation bleibt bisher jedoch aus.

Neben GA selbst werden in der empirischen GA-Forschung verschiedene abhängige Variablen erfasst, von denen erwartet wird, dass sie von GATs beeinflusst sind. Meist werden innerhalb einer Studie Prozess- und Ergebnisvariablen berichtet. Erfasste Lernprozesse beziehen sich dabei u. a. auf Kommunikation (z. B. Dehler et al. 2011; Gijlers und de Jong 2009; Sangin et al. 2011), Navigation und Selektion (z. B. Bodemer 2011; Buder et al. 2015) sowie Partizipation (z. B. Janssen et al. 2011a). Dabei werden Prozessdaten teilweise auf individueller Ebene betrachtet (z. B. Dehler et al. 2011), wobei besonders in stark interaktiven Lernszenarien eine Auswertung auf Gruppenebene sinnvoll sein kann. Lernergebnisse hingegen werden meist auf individueller Ebene durch individuelle Wissenstests oder Problemlöseleistung nach der Kollaboration erfasst (z. B. Bodemer 2011; Sangin et al. 2011). Alternativ werden jedoch auch Artefakte der Kollaboration ausgewertet, z. B. die Qualität von produzierten Texten oder einer kollaborativ konstruierten Concept Map (z. B. Engelmann und Hesse 2011). Aus statistischer Perspektive kann die Analyse individueller Daten aufgrund von Abhängigkeiten zwischen interagierenden Lernpartnern problematisch sein (Cress 2008; Kenny et al. 2006). Umgekehrt kann auch die Zusammenfassung von Individual- zu Gruppendaten zu unerwünschten Verzerrungen führen (Janssen et al. 2011b). Während verschiedene Analyseebenen durchaus ihre Berechtigung haben, ist dabei ein offener Umgang mit den Schwächen einzelner Verfahren zentral. Während dies mitunter ignoriert wird, wird in vielen Studien beispielsweise auf lokale Unabhängigkeit getestet, bevor ein angemessenes Analyseverfahren ausgewählt wird. Dies schließt auch Methoden wie Mehrebenenanalyse ein, welche die hierarchische Datenstruktur explizit berücksichtigen können (z. B. Janssen et al. 2011a; Phielix et al. 2011).

Während eine Vielzahl von Variablen in der GA-Forschung betrachtet wird, bleibt der angenommene Zusammenhang meist unklar. So wird GA stellenweise als Mediator zwischen Tool-Unterstützung und Lernprozessen oder Lernergebnissen in das experimentelle Design integriert (z. B. Sangin et al. 2011), im Sinne eines Treatment-Check genutzt (und damit als unabhängige Variable verwendet; Engelmann und Hesse 2011), oder als direkte abhängige Variable (z. B. Janssen et al. 2011a) analysiert. Auch wenn theoretisch angenommen wird, dass die durch den Einsatz von GATs erzielten positiven Lernergebnisse über eine Verbesserung der GA und eine darauf aufbauende Veränderung von Lernprozessen vermittelt sind (Mediationsannahme), gehen nur wenige Studien explizit methodisch darauf ein (z. B. Heimbuch und Bodemer 2017; Janssen et al. 2011a; Sangin et al. 2011).

Aufgrund der Vielfalt an Methoden, die in der GA-Forschung eingesetzt werden, konnten positive Effekte von GATs mit verschiedenen GA-Informationen für verschiedene Lernprozesse und Lernergebnisse in sehr unterschiedlichen Bildungssettings für verschiedene Gruppengrößen und unterschiedliche Szenarien (z. B. face-to-face vs. online) wiederholt bestätigt werden. Folglich scheinen GATs generalisierbare positive Effekte zu haben. Dieselbe methodische Vielfalt, die diese Generalisierung ermöglicht, macht es jedoch schwer, die dahinterliegenden Mechanismen und die verantwortlichen Tool-Eigenschaften genau zu lokalisieren. Darum ist es auch wenig überraschend, dass – obwohl sich einige Effekte als ziemlich stabil erwiesen haben – Studienergebnisse stark variieren. So zeichnet sich eine relativ konstante, lenkende Wirkung fein-granularer kognitiver GATs auf Selektionsstrategien von zu diskutierendem Material ab (z. B. Bodemer 2011; Bodemer und Scholvien 2014; Buder et al. 2015; Dehler et al. 2011; Engelmann und Hesse 2011; Gijlers und de Jong 2009; Schnaubert und Bodemer 2016), und auch Effekte solcher Tools auf die Gestaltung des Kommunikationsverhaltens konnten wiederholt gefunden werden (z. B. Dehler et al. 2011; Sangin et al. 2011). Allerdings sind Replikationsstudien leider selten. Auch positive Effekte auf Lernergebnisse sind beim Einsatz kognitiver GATs häufig zu finden (z. B. Bodemer 2011; Engelmann und Hesse 2011; Gijlers und de Jong 2009; Sangin et al. 2011), jedoch nicht immer (z. B. Buder und Bodemer 2008; Dehler et al. 2011). Kognitive GATs scheinen des Weiteren eine akkurate Modellierung der Lernpartner zu unterstützen (z. B. Sangin et al. 2011). Mit Bezug auf soziale und verhaltensbezogene GATs scheint v. a. die Visualisierung von Partizipation einen Einfluss auf die tatsächliche Partizipation der Lernenden zu haben – sowohl in Bezug auf die Menge als auch die Ausgeglichenheit zwischen Lernpartnern (z. B. Janssen et al. 2011a; Jermann und Dillenbourg 2008), dies kann jedoch von der Art der Visualisierung abhängen (Kimmerle und Cress 2008, 2009). Effekte auf Lern- oder Kollaborationsergebnisse stehen hierbei weniger im Fokus und werden oftmals nicht gefunden (z. B. Janssen et al. 2011a; Jermann und Dillenbourg 2008; Phielix et al. 2011). Auch scheinen soziale GATs positive Effekte auf die Wahrnehmung der Gruppe und Gruppenkohäsion zu haben (z. B. Phielix et al. 2011).

Wie bereits diskutiert, können GATs sehr unterschiedliche Funktionen im Lernprozess haben. Jedoch gibt es nur wenige Studien, die spezifische Funktionen oder Aspekte des Tool-Designs untersuchen. Ein positives Beispiel sind Studien von Kimmerle und Cress (2008, 2009), in denen verschiedene Arten der Datenaufbereitung und Visualisierung verglichen und Effekte auf die Beteiligung der Gruppenmitglieder gefunden wurden. Bodemer und Scholvien (2014) führten eine Reihe von Studien durch, die spezifische Wirkmechanismen von GATs systematisch untersuchten. Dabei fanden sie separate Effekte der Hervorhebung inhaltsbezogener Informationen und der Verfügbarkeit von Partnerinformationen, jedoch nicht der vergleichenden Gegenüberstellung von GA-Informationen. Andere Studien versuchten, die Effekte der Datenvisualisierung von Effekten der Datensammlung zu trennen, indem die potenzielle Reaktivität der Datensammlung explizit untersucht wurde (z. B. Buder und Bodemer 2011). Um global aussagekräftigere Erkenntnisse zu erlangen, ist es jedoch wesentlich, die Wirkung von GATs systematisch in Studienreihen zu untersuchen und dabei auf verschiedene Aspekte der Datensammlung, -transformation und -visualisierung explizit einzugehen.

Neben spezifischen Aspekten von GAT-Eigenschaften sollten auch die Zielgruppen der Unterstützung differenzierter und systematischer betrachtet werden. Es existieren zwar vereinzelt Studien, die differenzielle Effekte von GATs untersuchen (z. B. Heimbuch und Bodemer 2017; Kimmerle und Cress 2008, 2009), allerdings erlaubt diese Forschungsbasis noch keine universellen Aussagen darüber, welche Lernenden (mehr oder weniger) von bestimmten GA-Unterstützungen profitieren.

## 4    Trends und Entwicklungspotenzial

Wie bereits dargelegt, konnten im letzten Jahrzehnt große Fortschritte in der GAT-Forschung erzielt und vielversprechende Effekte in verschiedenen Bildungssettings gefunden werden. Dennoch gibt es auch noch großen Forschungsbedarf. Die systematische Erforschung von Tool-Eigenschaften und Wirkmechanismen steht noch am Anfang. Ähnlich unbeleuchtet sind differenzielle und Langzeiteffekte innerhalb stabiler Gruppen. Entsprechend sollte zukünftige Forschung die Aufmerksamkeit von der Entwicklung immer neuer Tools und deren Effektivitätsüberprüfung hin zu einem Vergleich spezifischer Tool-Eigenschaften und der präzisen Extrahierung von Wirkmechanismen verlagern. Nur so können GATs kontinuierlich verbessert und an die spezifische Lernsituation sowie die individuellen Eigenschaften der Lernenden angepasst werden. Die Entwicklung solcher adaptiven, effektiven und effizienten Tools ist dabei eine Grundvoraussetzung für den breiten Einsatz in verschiedenen Bildungskontexten. Dazu wird empirische, aber auch theoretische Arbeit benötigt. Noch fehlen Theorien, die verschiedene Arten der GA in Lernmodelle integrieren. Zusätzlich bedarf es weiterer theoretischer und empirischer Arbeit, um die bisherigen Einzelerkenntnisse so zu verbinden, dass sie die gesamte Wirkungskette von der Bereitstellung eines GATs bis hin zum Lernergebnis beleuchten.

Dabei ist auch die Verbindung zu Ansätzen in anderen bildungsrelevanten Forschungsgebieten zu betrachten, die die GA-Forschung in Bezug auf theoretische Modelle, empirische Erkenntnisse und die (Weiter-)Entwicklung von GATs bereichern können. Hierbei zeigen sich in jüngster Zeit erfolgversprechende Ansätze, verschiedene Forschungsfelder, aber auch Unterstützungsmaßnahmen zu integrieren, wie beispielsweise die wechselseitige Ergänzung mit expliziten Strukturierungsmaßnahmen (z. B. Kooperationsskripts; vgl. Fischer et al. 2013), die Bedeutung der Wahrnehmung selbstregulativer Prozesse und metakognitiver Aspekte beim kollaborativen Lernen (Miller und Hadwin 2015) oder die Verknüpfung der GA-Forschung mit Forschung zu multiplem, dynamischem und interaktivem Lernmaterial (Bodemer 2011; Gijlers und de Jong 2009).

Natürlich gibt es auch Forschungsfelder außerhalb der Lernwissenschaften, die bildungsbezogene Forschungsarbeiten zu GA ergänzen und bereichern können. Dabei wurden bisher besonders die wissensbasierten Aspekte von GA mit anderen Ansätzen verknüpft, die sich mit Wissen über das Wissen anderer beschäftigen (z. B. Engelmann et al. 2009; Schmidt und Randall 2016), beispielsweise Transactive Memory, Common Ground oder Team Mental Models. Fortschritte im Bereich Informatik und Learning Analytics bieten darüber hinaus neue Möglichkeiten, Daten niederschwellig zu erfassen. Hierbei können große Datenmengen geloggt, aufbereitet und miteinander in Beziehung gesetzt werden und dabei als Datenbasis für GATs dienen (z. B. Text Mining: Erkens et al. 2016; Social Network Analyses: Lin und Lai 2013). So kann nicht nur die Validität der dargestellten Informationen verbessert, sondern auch der Aufwand für Lernende und Lehrende reduziert werden. Damit wird der Weg für eine breite Anwendung von GATs bereitet. Gleichzeitig können die genannten Methoden auch genutzt werden, um Logfiles oder Artefakte des Lernprozesses effizient zu analysieren.

## 5 Fazit

In diesem Kapitel haben wir GA definiert als valide Information über den Partner oder die Gruppe eines Individuums, welche gegenwärtig mental präsent („aware") ist. Diese Information kann gruppen- oder partnerbezogen sein, kann situationale und/oder stabile Eigenschaften beinhalten und eine große Breite psychologischer Konzepte abdecken (z. B. sozial, motivational, emotional, kognitiv, behavioral). Des Weiteren haben wir GATs vorgestellt, die solche Informationen sammeln, transformieren und visualisieren, um sie Gruppenmitgliedern beim computerunterstützten kooperativen Lernen zur Verfügung zu stellen. Während positive Effekte solcher GATs in einer Vielzahl unterschiedlicher Studien und Settings gefunden werden konnten, hängt die zukünftige Erforschung und Anwendung von GATs von der Zusammenarbeit verschiedener Disziplinen ab, um unser Wissen über die Wirkmechanismen von GATs im Verlauf des Lernens zu stärken (z. B. Psychologie), um die Potenziale technologischer Entwicklungen zur Weiterentwicklung von GATs in Bezug auf Effektivität und Effizienz zu nutzen (z. B. Informatik) und um diese Tools letztendlich breit in spezifische Bildungsszenarien zu integrieren (z. B. Bildungswissenschaften).

## Literatur

Alavi, H. S., & Dillenbourg, P. (2012). An ambient awareness tool for supporting supervised collaborative problem solving. *IEEE Transactions on Learning Technologies, 5*(3), 264–274. https://doi.org/10.1109/TLT.2012.7.

Bodemer, D. (2011). Tacit guidance for collaborative multimedia learning. *Computers in Human Behavior, 27*(3), 1079–1086. https://doi.org/10.1016/j.chb.2010.05.016.

Bodemer, D., & Dehler, J. (2011). Group awareness in CSCL environments. *Computers in Human Behavior, 27*(3), 1043–1045. https://doi.org/10.1016/j.chb.2010.07.014.

Bodemer, D., & Scholvien, A. (2014). Providing knowledge-related partner information in collaborative multimedia learning: Isolating the core of cognitive group awareness tools. In C.-C. Liu, H. Ogata, S. C. Kong & A. Kashihara (Hrsg.), *Proceedings of the 22nd international conference on computers in education ICCE 2014* (S. 171–179). Nara, Japan.

Buder, J. (2011). Group awareness tools for learning: Current and future directions. *Computers in Human Behavior, 27*(3), 1114–1117. https://doi.org/10.1016/j.chb.2010.07.012.

Buder, J., & Bodemer, D. (2008). Supporting controversial CSCL discussions with augmented group awareness tools. *International Journal of Computer-Supported Collaborative Learning, 3*(2), 123–139. https://doi.org/10.1007/s11412-008-9037-5.

Buder, J., & Bodemer, D. (2011). Group awareness tools for controversial CSCL discussions: Dissociating rating effects and visualized feedback effetcs. In H. Spada, G. Stahl, N. Miyake & N. Law (Hrsg.), *Connecting computer-supported collaborative learning to policy and practice: CSCL2011 conference proceedings* (Bd. 1, S. 358–365). Hong Kong.

Buder, J., Schwind, C., Rudat, A., & Bodemer, D. (2015). Selective reading of large online forum discussions: The impact of rating visualizations on navigation and learning. *Computers in Human Behavior, 44*, 191–201. https://doi.org/10.1016/j.chb.2014.11.043.

Clark, H. H., & Brennan, S. E. (1991). Grounding in communication. In L. B. Resnick, J. M. Levine & S. D. Teasley (Hrsg.), *Perspectives on socially shared cognition* (S. 127–149). Washington, DC: American Psychological Association.

Cress, U. (2008). The need for considering multilevel analysis in CSCL research – An appeal for the use of more advanced statistical methods. *International Journal of Computer-Supported Collaborative Learning, 3*(1), 69–84. https://doi.org/10.1007/s11412-007-9032-2.

Dehler, J., Bodemer, D., Buder, J., & Hesse, F. W. (2011). Guiding knowledge communication in CSCL via group knowledge awareness. *Computers in Human Behavior, 27*(3), 1068–1078. https://doi.org/10.1016/j.chb.2010.05.018.

Dourish, P., & Bellotti, V. (1992). Awareness and coordination in shared workspaces. In M. Mantel & R. Baecker (Hrsg.), *Proceedings of the 1992 ACM conference on computer-supported cooperative work* (S. 107–114). Toronto: ACM Press. https://doi.org/10.1145/143457.143468.

Engelmann, T., & Hesse, F. W. (2011). Fostering sharing of unshared knowledge by having access to the collaborators' meta-knowledge structures. *Computers in Human Behavior, 27*, 2078–2087. https://doi.org/10.1016/j.chb.2011.06.002.

Engelmann, T., Dehler, J., Bodemer, D., & Buder, J. (2009). Knowledge awareness in CSCL: A psychological perspective. *Computers in Human Behavior, 25*(4), 949–960. https://doi.org/10.1016/j.chb.2009.04.004.

Erkens, M., Bodemer, D., & Hoppe, H. U. (2016). Improving collaborative learning in the classroom: Design and evaluation of a text mining based grouping and representing. *International Journal of Computer-Supported Collaborative Learning, 11*(4), 387–415. https://doi.org/10.1007/s11412-016-9243-5.

Fischer, F., Kollar, I., Stegmann, K., & Wecker, C. (2013). Toward a script theory of guidance in computer-supported collaborative learning. *Educational Psychologist, 48*(1), 56–66. https://doi.org/10.1080/00461520.2012.748005.

Gijlers, H., & de Jong, T. (2009). Sharing and confronting propositions in collaborative inquiry learning. *Cognition and Instruction, 27*(3), 239–268. https://doi.org/10.1080/07370000903014352.

Gross, T., Stary, C., & Totter, A. (2005). User-centered awareness in computer-supported cooperative work-systems: Structured embedding of findings from social sciences. *International Journal of Human-Computer Interaction, 18*(3), 323–360. https://doi.org/10.1207/s15327590ijhc1803_5.

Heimbuch, S., & Bodemer, D. (2017). Controversy awareness on evidence-led discussions as guidance for students in wiki-based learning. *The Internet and Higher Education, 33*, 1–14. https://doi.org/10.1016/j.iheduc.2016.12.001.

Janssen, J., & Bodemer, D. (2013). Coordinated computer-supported collaborative learning: Awareness and awareness tools. *Educational Psychologist, 48*(1), 40–55. https://doi.org/10.1080/00461520.2012.749153.

Janssen, J., Erkens, G., & Kirschner, P. A. (2011a). Group awareness tools: It's what you do with it that matters. *Computers in Human Behavior, 27*(3), 1046–1058. https://doi.org/10.1016/j.chb.2010.06.002.

Janssen, J., Erkens, G., Kirschner, P. A., & Kanselaar, G. (2011b). Multilevel analysis in CSCL research. In S. Puntambekar, G. Erkens & C. Hmelo-Silver (Hrsg.), *Analyzing interactions in CSCL* (S. 187–205). Boston: Springer. https://doi.org/10.1007/978-1-4419-7710-6_9.

Jermann, P., & Dillenbourg, P. (2008). Group mirrors to support interaction regulation in collaborative problem solving. *Computers & Education, 51*(1), 279–296. https://doi.org/10.1016/j.compedu.2007.05.012.

Kenny, D. A., Kashy, D. A., & Cook, W. L. (2006). *Dyadic data analysis*. New York: Guilford Press.

Kimmerle, J., & Cress, U. (2008). Group awareness and self-presentation in computer-supported information exchange. *International Journal of Computer-Supported Collaborative Learning, 3*(1), 85–97. https://doi.org/10.1007/s11412-007-9027-z.

Kimmerle, J., & Cress, U. (2009). Visualization of group members' participation: How information-presentation formats support information exchange. *Social Science Computer Review, 27*(2), 243–261. https://doi.org/10.1177/0894439309332312.

Lin, J.-W., & Lai, Y.-C. (2013). Online formative assessments with social network awareness. *Computers & Education, 66*, 40–53. https://doi.org/10.1016/j.compedu.2013.02.008.

Lin, J.-W., Lai, Y.-C., Lai, Y.-C., & Chang, L.-C. (2016). Fostering self-regulated learning in a blended environment using group awareness and peer assistance as external scaffolds. *Journal of Computer Assisted Learning, 32*(1), 77–93. https://doi.org/10.1111/jcal.12120.

Miller, M., & Hadwin, A. (2015). Scripting and awareness tools for regulating collaborative learning: Changing the landscape of support in CSCL. *Computers in Human Behavior, 52*, 573–588. https://doi.org/10.1016/j.chb.2015.01.050.

Phielix, C., Prins, F. J., Kirschner, P. A., Erkens, G., & Jaspers, J. (2011). Group awareness of social and cognitive performance in a CSCL environment: Effects of a peer feedback and reflection tool. *Computers in Human Behavior, 27*(3), 1087–1102. https://doi.org/10.1016/j.chb.2010.06.024.

Puhl, T., Tsovaltzi, D., & Weinberger, A. (2015). Blending Facebook discussions into seminars for practicing argumentation. *Computers in Human Behavior, 53*, 605–616. https://doi.org/10.1016/j.chb.2015.04.006.

Sangin, M., Molinari, G., Nüssli, M.-A., & Dillenbourg, P. (2011). Facilitating peer knowledge modeling: Effects of a knowledge awareness tool on collaborative learning outcomes and processes. *Computers in Human Behavior, 27*(3), 1059–1067. https://doi.org/10.1016/j.chb.2010.05.032.

Schmidt, K., & Randall, D. (Hrsg.). (2016). Reconsidering „Awareness" in CSCW [Special Issue]. *Computer Supported Cooperative Work (CSCW), 25*(4–5), 229–423.

Schnaubert, L., & Bodemer, D. (2016). How socio-cognitive information affects individual study decisions. In C.-K. Looi, J. Polman, U. Cress & P. Reimann (Hrsg.), *Transforming learning, empowering learners: The International Conference of the Learning Sciences (ICLS) 2016* (S. 274–281). Singapore: International Society of the Learning Sciences.

Schnaubert, L., & Bodemer, D. (2017). Prompting and visualising monitoring outcomes: Guiding self-regulatory processes with confidence judgments. *Learning and Instruction, 49*, 251–262. https://doi.org/10.1016/j.learninstruc.2017.03.004.

# Lernen mit Bewegtbildern: Videos und Animationen

Martin Merkt und Stephan Schwan

## Inhalt

1 Einleitung .................................................................... 334
2 Begriffsklärung ............................................................... 334
3 Eignen sich Bewegtbilder als Lehr-Lern-Medium? ................................ 335
4 Didaktische Aufbereitung von Bewegtbildern für Lernkontexte ................... 336
5 Fazit ......................................................................... 339
Literatur ....................................................................... 340

### Zusammenfassung

Der vorliegende Beitrag beschäftigt sich nach einer kritischen Würdigung der grundsätzlichen Eignung von Bewegtbildern für den Wissenserwerb mit deren sinnvollem Einsatz in Lernsituationen. Ausgehend von kognitionspsychologischen und pädagogisch-psychologischen Forschungsergebnissen werden Strategien vorgestellt, wie Videos und Animationen durch Produktionstechniken (z. B. Kameraperspektive, Schnitte), Charakteristika der Darbietungssituation (z. B. Pausen) oder Methoden der Aufmerksamkeitslenkung (Cueing) für den Wissenserwerb optimiert werden können.

### Schlüsselwörter

Video · Animation · Bewegtbilder · Lernen · Kognitionspsychologie · Medien

---

M. Merkt (✉)
NG Audiovisuelle Wissens- und Informationsmedien, Deutsches Institut für Erwachsenenbildung (DIE), Bonn, Deutschland
E-Mail: merkt@die-bonn.de

S. Schwan
AG Realitätsnahe Darstellungen, Leibniz-Institut für Wissensmedien (IWM), Tübingen, Deutschland
E-Mail: s.schwan@iwm-kmrc.de

## 1 Einleitung

Eine Vielzahl von Lerninhalten umfasst dynamische Veränderungen in der Zeit: Das Themenspektrum reicht von historischem Geschehen über manuelle Tätigkeiten und Funktionsweisen von Maschinen bis zu biologischen Prozessen. Für die Vermittlung solcher Abläufe bieten sich Bewegtbilder als Darstellungsmedium an, beispielsweise Filme, Videos oder Animationen. Dementsprechend wurde bereits in den zwanziger Jahren des 20. Jahrhunderts eine Vielzahl von Lehr- und Unterrichtsfilmen produziert und im Unterricht eingesetzt (Orgeron et al. 2012). Die Attraktivität von Bewegtbildern als Unterrichtsmaterialien ist auch weiterhin ungebrochen. In einer Umfrage aus dem Jahr 2003 zur Nutzung von Medien im Unterricht benannten Lehrerinnen und Lehrer Videokassetten als das von ihnen am häufigsten genutzte Unterrichtsmedium (Feierabend und Klinger 2003) und auch nach dem Einzug digitaler Medien in die Schulen führen Videos und Filme die Liste der beliebtesten Medien an (Institut für Demoskopie Allensbach 2013). Darüber hinaus haben dynamische Bildmedien (Videos und Animationen) durch die Entwicklungen im Internet (z. B. Videoplattformen wie YouTube) ebenso wie durch neue didaktische Vermittlungskonzepte (z. B. xMOOCs, eLectures, flipped classroom; im Überblick vgl. e-teaching.org) in den vergangenen Jahren eine enorme Verbreitung als Medium der Wissensvermittlung erfahren.

Bewegtbilder als Wissensmedien stehen in einem Spannungsverhältnis zwischen ihrer besonderen Eignung für die Darstellung dynamischer Sachverhalte und der Transienz (Flüchtigkeit) und Dichte des Informationsflusses, die hohe Anforderungen an die kognitiven Ressourcen der Lerner stellen. In diesem Beitrag werden deshalb empirische Befunde zur grundsätzlichen Eignung von Bewegtbildern als Lehr-Lern-Medium vorgestellt. Im Anschluss daran wird diskutiert, welche didaktischen Gestaltungsmaßnahmen Bewegtbilder für Lernprozesse optimieren können.

## 2 Begriffsklärung

Die nachfolgend beschriebenen Forschungsbefunde beziehen sich sowohl auf Videos, als auch auf Animationen. Dabei besteht die Gemeinsamkeit der beiden Präsentationsformen in der dynamischen Darbietung von Informationen, während sich Unterschiede vor allem im Realitätsgrad der Bilder ausmachen lassen. So sind Videos in der Regel durch eine fotorealistische Darstellung der Inhalte gekennzeichnet, während in Animationen entweder Zeichnungen oder in jüngerer Zeit auch am Computer erzeugte Bilder zum Einsatz kommen. Damit eignen sich Animationen besser zur schematischen Vereinfachung komplexer Sachverhalte. In diesem Zusammenhang hat sich gezeigt, dass eine schematische Vereinfachung von visuellen Lerninhalten im Vergleich zu realistischen Darstellungen dem konzeptuellen Wissenserwerb zuträglich ist (z. B. Scheiter et al. 2009). Andererseits wird (foto)realistischen Bildern ein hohes Potenzial zugesprochen, wenn es darum geht, die dargestellten Objekte in der Realität wieder zu erkennen (Bétrancourt und Tversky 2000). Dieser Befund wird unter anderem dadurch erklärt, dass es einfacher ist, fotorealistische Bilder im Gedächtnis zu enkodieren (Tatler und Melcher 2007). Vermutlich wird aus diesem Grund in Lehr-/Lernfilmen häufig nicht auf reine Formen von Videos oder Animationen, sondern auf Hybridformate zurückgegriffen, die fotorealistische Videoaufnahmen mit animierten Inhalten kombinieren.

## 3 Eignen sich Bewegtbilder als Lehr-Lern-Medium?

Die Eignung von Bewegtbildern als Lehr-Lern-Medium war lange Zeit umstritten. Zweifel an der instruktionalen Eignung von Bewegtbildern nährten sich hierbei aus frühen Studien, in denen der Lernerfolg mit Videos mit dem Lernerfolg mit Texten verglichen wurde. So befand beispielsweise Salomon (1984) in seiner Arbeit „Television is easy and print is tough", dass Videos durch ihre vermeintliche Einfachheit im Gegensatz zu Texten oberflächlichere Verarbeitungsstrategien induzieren und somit zu einem suboptimalen Lernerfolg führen. Auch Studien von Furnham und Kollegen (Furnham und Gunter 1987; Gunter et al. 1986) weisen auf eine entsprechende Überlegenheit von Texten gegenüber inhaltsgleichen Videos hin. Problematisch an besagten Untersuchungen ist jedoch, dass die Texte in selbstgesteuerter Art und Weise bearbeitet werden konnten, während die Videos ohne entsprechende Interaktionsmöglichkeiten dargeboten wurden. Entsprechend zeigte sich zwischen Videos und Texten, die im Umfang der Interaktionsmöglichkeiten vergleichbar waren, kein Unterschied im Hinblick auf die Erschließung von Informationen (Merkt und Schwan 2014; Merkt et al. 2011).

Neben einem Vergleich mit Texten wurden Bewegtbilder auch häufig mit Serien von statischen Bildern verglichen (z. B. Schnotz und Lowe 2008). Auch hier fiel das Fazit zunächst wenig vorteilhaft aus. Zum Beispiel stellten Tversky, Bauer-Morrison und Bétrancourt (Tversky et al. 2002) fest, dass die Vorteile zu Gunsten von Animationen im Vergleich zu statischen Bildserien häufig darauf zurückzuführen seien, dass Animationen den Lernenden mehr Informationen verfügbar machen und somit aus methodischer Sicht einen unfairen Vorteil hatten. Während dieses Argument methodisch sicherlich zutreffend ist, stellt sich jedoch die Frage nach der praktischen Relevanz, da es sich im Falle von verfügbaren Bewegtbildern allein aus ökonomischen Gründen anbieten sollte, Bewegtbilder zu verwenden anstatt in mühevollen Verfahren inhaltsgleiche statische Bildserien herzustellen. Neben diesen pragmatischen Gründen weisen auch zwei Meta-Analysen darauf hin, dass Bewegtbilder im Vergleich zu statischen Bildserien den Wissenserwerb positiv beeinflussen (Berney und Bétrancourt 2016; Höffler und Leutner 2007). Interessanterweise bestätigte sich in der Meta-Analyse von Höffler und Leutner (2007) auch die intuitiv nachvollziehbare Annahme, dass der positive Effekt von Bewegtbildern im Vergleich zu statischen Bildern für motorisch-prozedurale Inhalte am größten ist, sich jedoch auch geringere positive Effekte für deklaratives Wissen und Problemlöseaufgaben zeigten. Insbesondere ist dieser Befund vereinbar mit dem Postulat, dass der Einsatz von Animationen vor allem dann sinnvoll ist, wenn die dynamische Form der Informationsvermittlung im Einklang mit den Prozessen steht, die zur erfolgreichen Verarbeitung des vermittelten Wissens erforderlich sind (*congruency principle*, Tversky et al. 2002) und zudem an die kognitiven Erfordernisse der Lernenden angepasst sind (*apprehension principle*, Tversky et al. 2002). Vor diesem Hintergrund ist es umso erstaunlicher, dass eine neuere Meta-Analyse von Berney und Bétrancourt (2016) ausgerechnet bei der Vermittlung von prozeduralem Wissen keinen statistisch bedeutsamen Effekt von Bewegtbildern im Vergleich zu statischen Bildserien zeigte, während sich ein Vorteil von Bewegtbildern für den Erwerb von Faktenwissen und konzeptuellem Wissen zeigte. Einschränkend ist bei dieser Analyse jedoch anzumerken, dass die Effektstärke bei prozeduralen Inhalten deskriptiv am größten war und die fehlende statistische Signifikanz vermutlich auf eine große Varianz zwischen den in die Analyse eingehenden Einzelstudien zurückzuführen ist, auf die die Autorinnen jedoch bedauerlicherweise nicht weiter eingehen.

Weiterhin zeigen die Befunde von Höffler und Leutner (2007), dass dekorative Bewegtbilder im Vergleich zu dekorativen statischen Bildern keinen zusätzlichen Wissensgewinn mit sich bringen. Dieser Befund schließt sinnvoll an Forschungsliteratur an, die rein dekorativen Bildern (Levie und Lentz 1982) keinen größeren positiven Einfluss auf den Wissenserwerb zuspricht und teilweise gar von einem negativen Effekt ausgeht, sofern die dekorativen Bilder von den Wissensinhalten ablenken oder falsche Erwartungen wecken (*seductive detail effect*, Harp und Mayer 1998; Rey 2012).

Auch wenn die oben genannten Befunde zunächst für den Einsatz von Bewegtbildern sprechen, sei darauf verwiesen, dass die Präsentation von Bewegtbildern an Stelle von statischen Bildserien sorgfältig abgewogen werden sollte. So argumentieren zum Beispiel Schnotz und Lowe (2008), dass die dynamische Präsentation von Inhalten zwar das Verstehen zeitlicher Strukturen erleichtern, jedoch das Verstehen von räumlichen Strukturen erschweren kann. Gerade wenn es zentral ist, verschiedene Zustände eines Prozesses im Hinblick auf räumliche Veränderungen miteinander zu vergleichen, kann die Präsentation von statischen Bildserien vorteilhaft sein.

## 4 Didaktische Aufbereitung von Bewegbildern für Lernkontexte

Durch die dynamische Präsentation von Inhalten stellen Bewegtbilder hohe Anforderungen an die Lernenden. So verlangen sie kontinuierliche Aufmerksamkeit, um neue Inhalte nicht zu verpassen. Dabei müssen die neuen Inhalte nicht nur wahrgenommen, sondern mit dem Vorwissen und den vorhergehenden Inhalten integriert werden (Mayer und Pilegard 2014; Moreno 2007). Hinzu kommt, dass Dynamik zusätzlich Aufmerksamkeit auf sich ziehen kann. Dies ist vor allem dann kontraproduktiv, wenn die Darstellungen komplex sind und die durch die Dynamik salienten Bildinhalte nicht zentral für den dargestellten Prozess sind (Lowe und Boucheix 2008).

Zwar zeichnen sich im Prinzip alle Formen von Bewegtbildern durch diese Merkmale aus, das Spektrum der lernbezogenen Gestaltung von Bewegtbildern ist aber sehr breit. In einer umfassenden Analyse haben Ploetzner und Lowe (2012) lernrelevante Gestaltungsdimensionen von Animationen beschrieben, die sich auch auf andere Formen von Bewegtbildern (z. B. Videos) anwenden lassen. Sie umfassen erstens die Art der visuellen Präsentation, beispielweise den Abstraktionsgrad der Bilder (Scheiter et al. 2009), deren räumliche (z. B. zweidimensionale vs. dreidimensionale Darstellung; vgl. Schwan und Papenmeier 2017) und zeitliche Organisation (z. B. Verwendung von Filmschnitten oder Ellipsen, vgl. Schwan und Garsoffky 2004) sowie ihre Koppelung mit begleitenden Textinformationen (Eitel und Scheiter 2015). Zweitens gibt es Möglichkeiten der interaktiven Steuerung der Bewegtbilder (Merkt et al. 2011). Drittens kann man mit visuellen oder auditiven Hinweisreizen und Signalen die Aufmerksamkeit lenken (de Koning et al. 2009). Viertens besteht die Möglichkeit, Bewegtbilder in einen umfassenderen Lernkontext einzubetten (z. B. durch Kombination mit weiteren Lernmaterialien, Merkt et al. 2017). In Anlehnung an diese Taxonomie werden im Folgenden drei Gestaltungsbereiche vorgestellt, die Lernende bei der Bewältigung der kognitiven Anforderungen von Bewegtbildern unterstützen.

**Raumzeitliche Organisation von Bewegtbildern**
In Vergleich mit realen Abläufen bietet deren Aufzeichnung und mediale Präsentation die Möglichkeit, eine Vielzahl von kinematografischen Techniken einzusetzen, um die Betrachter bei der Verarbeitung der Lerninhalte zu unterstützen.

Die räumliche Organisation des Bewegtbildes lässt sich durch die Wahl des Kamerastandpunkts beeinflussen. Beispielsweise ist es für das Lernen von Handlungsabläufen vorteilhaft, wenn die Handlung aus der Perspektive des Handelnden statt aus der gegenüber liegenden Sicht gezeigt wird (Fiorella et al. 2017). Dies stimmt mit Befunden zur sogenannten „kanonischen Perspektive" überein. Sie zeigen, dass für einfache Bewegungsmuster von Ereignissen besonders geeignete (kanonische) Perspektiven bestehen, von denen aus ein Ereignisabschnitt für die Betrachter besonders leicht zu enkodieren und wiederzuerkennen ist (Garsoffky et al. 2009). Im Verlauf eines komplexen Ereignisses kann sich die optimale Perspektive ändern, sodass es sinnvoll ist, den Kamerastandpunkt zu wechseln. Hierfür haben sich kontinuierliche Kamerabewegungen (Schwenks, Kamerafahrten) im Vergleich zu abrupten Filmschnitten für das Enkodieren und Wiedererkennen des Geschehens als überlegen erwiesen (Garsoffky et al. 2007).

In ähnlicher Weise lassen sich Filmtechniken nutzen, um die zeitliche Organisation des gezeigten Geschehens zu beeinflussen. Sehr schnell oder sehr langsam ablaufende Ereignisse können durch Zeitlupen- oder Zeitrafferaufnahmen an die perzeptuellen und kognitiven Verarbeitungsmechanismen der Lernenden angepasst werden. Beispielsweise fanden Fischer et al. (2008), dass Lernende die wesentlichen Mechanismen einer Pendeluhr besser erkannten und ein angemesseneres mentales Modell entwickelten, wenn das Uhrwerk in einer Zeitrafferaufnahme präsentiert wurde.

Darüber hinaus können Ereignisabläufe auch durch das Weglassen redundanter oder nicht informativer Abschnitte zusammengefasst werden. Dadurch kann die Effizienz der Vermittlung der Lerninhalte gesteigert werden. Voraussetzung ist allerdings eine angemessene Auswahl der präsentierten Ereignisausschnitte, beispielsweise auf der Grundlage kognitiver Modelle der Ereigniswahrnehmung (Schwan und Garsoffky 2004).

**Interaktivität und Pausen**
Inhalte von Bewegtbildern sind flüchtig und verlangen daher kontinuierliche Aufmerksamkeit. Um die kognitive Belastung zu reduzieren, schlagen verschiedene Theorien zum Lernen mit Multimedia vor, Lernenden im Umgang mit Bewegtbildern Möglichkeiten an die Hand zu geben, um die kontinuierliche Präsentation der Information zu unterbrechen (Mayer und Pilegard 2014; Moreno 2007). Dabei wurde die Wirksamkeit von Pausen in verschiedenen Studien sowohl mit selbstbestimmten Pausen (Stopp-Funktion; Hasler et al. 2007; Schwan und Riempp 2004), als auch mit Pausen an vorher definierten Stellen (Animation unterbrechen; Hasler et al. 2007; Spanjers et al. 2011) experimentell nachgewiesen. Interessanterweise war der positive Effekt von Pausen in einigen Studien entweder auf schwierigere Inhalte oder auf Lernende mit niedrigeren kognitiven Voraussetzungen beschränkt. So beschränkte sich der positive Effekt von Pausen in der Untersuchung von Hasler et al. (2007) auf die schwierigeren Inhalte eines Wissenstests, während hinsichtlich der Charakteristika von Lernenden in verschiedenen Studien ausschließlich Lernende mit geringem Vorwissen (Khacharem et al. 2013; Spanjers et al. 2011) und einer geringeren Arbeitsgedächtniskapazität (Lusk et al. 2009) von Pausen profitieren. Somit scheinen Pausen in der Tat dazu geeignet zu sein, den Lernprozess mit Bewegtbildern zu unterstützen. Dabei sind Pausen vor allem dann sinnvoll, wenn sie dazu genutzt werden, die gerade präsentierten Inhalte noch einmal aktiv zu reproduzieren (Cheon et al. 2014).

Neben der Reduktion der negativen Folgen der Flüchtigkeit der präsentierten Lerninhalte wird zunehmend auch ein weiterer Wirkmechanismus diskutiert, der einen positiven Effekt von Pausen auf den Wissenserwerb begünstigen könnte. Dabei bleibt dieser Wirkmechanismus jenen Pausen vorbehalten, die durch ein vom System bestimmtes Anhalten des Videos bzw. der Animation entstehen. In diesem Fall können Pausen die in den Bewegtbildern vermittelten Lerninhalte gliedern und dadurch die Lernenden bei der mentalen Strukturierung des erworbenen Wissens unterstützen (Merkt und Schwan 2016; Spanjers et al. 2010). Während bei Bewegtbildern in Lernkontexten bis dato ausschließlich eine geringere kognitive Belastung bei Lernenden ohne einen Anstieg des Wissenserwerbs beobachtet werden konnte (Spanjers et al. 2012), deuten Studien mit Wortlisten oder kurzen narrativen Texten darauf hin, dass die Strukturierung von Lerninhalten sich positiv auf den Wissenserwerb auswirken kann (Pettijohn et al. 2016).

Eine Strukturierung der Lerninhalte kann nicht nur durch vorgegebene Pausen, sondern auch durch interaktive Inhaltsverzeichnisse oder Register erreicht werden. Neben einer Strukturierung der Lerninhalte erfüllen entsprechende Verzeichnisse auch die Funktion, einen einfachen Zugriff auf den Inhalt von umfangreicheren Bewegtbildern zu ermöglichen (Merkt und Schwan 2014; Merkt et al. 2011). Hierbei zeigt sich zwar, dass entsprechende Verzeichnisse effizient genutzt werden können (Merkt und Schwan 2014), jedoch scheint bei umfassenderen Informationsrecherchen die Gefahr zu bestehen, dass der Suchhorizont in für die Aufgabe unangemessener Art und Weise eingeschränkt wird (Merkt et al. 2011). Ein Training zur erfolgreichen Nutzung entsprechender Verzeichnisse für die umfangreichere Informationsrecherche scheint dieser Gefahr jedoch entgegen zu wirken (Merkt und Schwan 2014). Dennoch ist bei der Erstellung solcher Verzeichnisse darauf zu achten, dass die einzelnen Kapitel mit möglichst aussagekräftigen Titeln versehen werden, um einen effizienten Zugriff auf Informationen in Videos zu ermöglichen (van der Meij und van der Meij 2013).

**Cueing**
Die dynamische Darstellung von Informationen in Bewegtbildern stellt Lernende vor die Schwierigkeit, dass die durch die Dynamik salienten Inhalte mit den konzeptuell relevanten Lerninhalten um die Aufmerksamkeit der Lernenden konkurrieren (Lowe und Boucheix 2008). Da die konzeptuell relevanten Lerninhalte nicht zwingend mit den salienten Inhalten der Bewegtbilder übereinstimmen, sind Maßnahmen erforderlich, um die Aufmerksamkeit der Lernenden auf die relevanten Lerninhalte zu lenken. Hierfür wird hauptsächlich auf visuelle Formen der Aufmerksamkeitslenkung zurückgegriffen. Dazu zählen grafische Einfügungen wie Pfeile, Farbkodierungen oder Symbole (de Koning et al. 2009), aufmerksamkeitslenkende Kameratechniken wie Kamerafahrten oder Zooms (Glaser et al. 2017), sowie simultan gesprochene Hinweise (Glaser und Schwan 2015).

Bei der Verwendung von Methoden der Aufmerksamkeitslenkung ist zu beachten, dass unterschiedliche Methoden unterschiedliche Affordanzen mit sich bringen, die ihrerseits die Wirksamkeit der entsprechenden Methoden beeinflussen. So zeigten zum Beispiel Jarodzka und Kollegen (Jarodzka et al. 2012), dass ein Blurring (Erzeugen von Unschärfe) der irrelevanten Bildinhalte Lernende beim Erwerb von medizinischen Diagnosefertigkeiten besser unterstützte als eine kreisförmige Umrahmung der relevanten Bildinhalte. Die Autoren diskutieren eine unangemessene Fokussierung der Aufmerksamkeit durch die kreisförmige Umrahmung, da diese die Lernenden zum Hindurchschauen und Ignorieren des Gesamtkontextes veranlassen kann. Auch eine Untersuchung von Merkt und Sochatzy (2015) deutet darauf hin, dass visuelle Hinweisreize, die nicht den Anforderungen einer Aufgabe entsprechen, einen negativen Effekt auf die Bearbeitung einer Aufgabe haben können.

## 5 Fazit

Ausgehend von den einleitend dargestellten Entwicklungen hinsichtlich der Verbreitung von Bewegtbildern als instruktionale Materialien (zum Beispiel über das Internet) ist es zwingend erforderlich, dass sich Forschung und Praxis nicht ausschließlich mit der grundsätzlichen Eignung entsprechender Materialien für den Wissenserwerb auseinandersetzen. Vielmehr gilt es Methoden zu entwickeln, mit denen Bewegtbilder für den Einsatz in Lernsituationen optimiert werden können. In diesem Beitrag wurde vor dem Hintergrund kognitionspsychologischer und pädagogisch psychologischer Forschungsergebnisse aufgezeigt, wie solche Optimierungen auf verschiedenen Ebenen von der Produktion (z. B. Kameraperspektive) bis hin zur Präsentation (z. B. Strukturierung durch Pausen) aussehen können. Damit bietet der vorliegende Beitrag eine grundlegende Übersicht über Gestaltungsprinzipien, die beim Einsatz von Bewegbildern in Lehr-Lern-Situationen berücksichtigt werden sollten.

## Literatur

Berney, S., & Bétrancourt, M. (2016). Does animation enhance learning? A meta-analysis. *Computers & Education, 101*, 150–167.

Bétrancourt, M., & Tversky, B. (2000). Effect of computer animation on users' performance: A review. *Le Travail Humain, 63*, 311–329.

Cheon, J., Chung, S., Crooks, S. M., Song, J., & Kim, J. (2014). An investigation of the effects of different types of activities during pauses in a segmented instructional animation. *Journal of Educational Technology & Society, 17*, 296–306.

Eitel, A., & Scheiter, K. (2015). Picture or text first? Explaining sequence effects when learning with pictures and text. *Educational Psychology Review, 27*, 153–180.

Feierabend, S., & Klinger, W. (2003). *Lehrer/-Innen und Medien 2003*. Baden-Baden: Medienpädagogischer Forschungsverbund Südwest.

Fiorella, L., van Gog, T., Hoogerheide, V., & Mayer, R. E. (2017). It's all a matter of perspective: Viewing first-person video modeling examples promotes learning of an assembly task. *Journal of Educational Psychology, 109*(5), 653–665.

Fischer, S., Lowe, R. K., & Schwan, S. (2008). Effects of presentation speed of a dynamic visualization on the understanding of a mechanical system. *Applied Cognitive Psychology, 22*, 1126–1141.

Furnham, A., & Gunter, B. (1987). Effects of time of day and medium of presentation on immediate recall of violent and non-violent news. *Applied Cognitive Psychology, 1*, 255–262.

Garsoffky, B., Huff, M., & Schwan, S. (2007). Changing viewpoints during dynamic events. *Perception, 36*(3), 366–374.

Garsoffky, B., Schwan, S., & Huff, M. (2009). Canonical views of dynamic scenes. *Journal of Experimental Psychology: Human Perception and Performance, 35*, 17–27.

Glaser, M., & Schwan, S. (2015). Explaining pictures: How verbal cues influence processing of pictorial learning material. *Journal of Educational Psychology, 107*, 1006–1018.

Glaser, M., Lengyel, D., Toulouse, C., & Schwan, S. (2017). Designing computer-based learning contents: Influence of digital zoom on attention. *Educational Technology Research and Development, 65*(5), 1135–1151.

Gunter, B., Furnham, A., & Leese, J. (1986). Memory for information from a party political broadcast as a function of the channel of communication. *Social Behaviour, 1*, 135–142.

Harp, S. F., & Mayer, R. E. (1998). How seductive details do their damage: A theory of cognitive interest in science learning. *Journal of Educational Psychology, 90*, 414–434.

Hasler, B. S., Kersten, B., & Sweller, J. (2007). Learner control, cognitive load and instructional animation. *Applied Cognitive Psychology, 21*, 713–729.

Höffler, T. N., & Leutner, D. (2007). Instructional animation versus static pictures: A meta-analysis. *Learning and Instruction, 17*, 722–738.

Institut für Demoskopie Allensbach. (2013). Digitale Medien im Unterricht – Möglichkeiten und Grenzen. http://www.ifd-allensbach.de/uploads/tx_studies/Digitale_Medien_2013.pdf. Zugegriffen am 13.04.2017.

Jarodzka, H., Balslev, T., Holmqvist, K., Nyström, M., Scheiter, K., Gerjets, P., & Eika, B. (2012). Conveying clinical reasoning based on visual observation via eye-movement modelling examples. *Instructional Science, 40*, 813–827.

Khacharem, A., Spanjers, I. E., Zoudji, B., Kalyuga, S., & Ripoll, H. (2013). Using segmentation to support the learning from animated soccer scenes: An effect of prior knowledge. *Psychology of Sport and Exercise, 14*, 154–160.

Koning, B. B. de, Tabbers, H. K., Rikers, R. M. J. P., & Paas, F. (2009). Towards a framework for attention cueing in instructional animations: Guidelines for research and design. *Educational Psychology Review, 21*, 113–140.

Levie, W. H., & Lentz, R. (1982). Effects of text illustrations: A review of research. *Educational Communication & Technology Journal, 30*, 195–232.

Lowe, R. K., & Boucheix, J.-M. (2008). Learning from animated diagrams: How are mental models built? In G. Stapleton, J. Howse & J. Lee (Hrsg.), *Diagrammatic representation and inference* (S. 266–281). Berlin: Springer.

Lusk, D. L., Evans, A. D., Jeffrey, T. R., Palmer, K. R., Wikstrom, C. S., & Doolittle, P. E. (2009). Multimedia learning and individual differences: Mediating the effects of working memory capacity with segmentation. *British Journal of Educational Technology, 40*, 636–651.

Mayer, R. E., & Pilegard, C. (2014). Principles for managing essential processing in multimedia learning: Segmenting, pre-training, and modality principles. In R. E. Mayer (Hrsg.), *The Cambridge Handbook of multimedia learning* (S. 316–344). New York: Cambridge University Press.

Meij, H. van der, & van der Meij, J. (2013) Eight guidelines for the design of instructional videos for software training. *Technical Communication, 60*, 205–228.

Merkt, M., & Schwan, S. (2014). Training the use of interactive videos: Effects on mastering different tasks. *Instructional Science, 42*, 421–441.

Merkt, M., & Schwan, S. (2016). Lernen mit digitalen Videos: Der Einfluss einfacher interaktiver Kontrollmöglichkeiten. *Psychologische Rundschau, 67*, 94–101.

Merkt, M., & Sochatzy, F. (2015). Becoming aware of cinematic techniques in propaganda: Instructional support by cueing and training. *Learning and Instruction, 39*, 55–71.

Merkt, M., Weigand, S., Heier, A., & Schwan, S. (2011). Learning with videos vs. learning with print: The role of interactive features. *Learning and Instruction, 21*, 687–704.

Merkt, M., Werner, M., & Wagner, W. (2017). Historical thinking skills and mastery of multiple document tasks. *Learning and Individual Differences, 54*, 135–148.

Moreno, R. (2007). Optimising learning from animations by minimising cognitive load: Cognitive and affective consequences of signalling and segmentation methods. *Applied Cognitive Psychology, 21*, 765–781.

Orgeron, D., Orgeron, M., & Streible, D. (2012). *Learning with the lights off. Educational film in the United States.* Oxford: Oxford Univeristy Press.

Pettijohn, K. A., Thompson, A. N., Tamplin, A. K., Krawietz, S. A., & Radvansky, G. A. (2016). Event boundaries and memory improvement. *Cognition, 148*, 136–144.

Ploetzner, R., & Lowe, R. (2012). A systematic characterization of expository animations. *Computers in Human Behavior, 28*, 781–794.

Rey, G. D. (2012). A review of research and a meta-analysis of the seductive detail effect. *Educational Research Review, 7*, 216–237.

Salomon, G. (1984). Television is „easy" and print is „tough": The differential investment of mental effort in learning as a function of perceptions and attribution. *Journal of Educational Psychology, 76*, 647–658.

Scheiter, K., Gerjets, P., Huk, T., Imhof, B., & Kammerer, Y. (2009). The effects of realism in learning with dynamic visualizations. *Learning and Instruction, 19*, 481–494.

Schnotz, W., & Lowe, R. K. (Hrsg.). (2008). A unified view of learning from animated and static graphics. In *Learning with animation* (S. 304–356). New York: Cambridge University Press.

Schwan, S., & Garsoffky, B. (2004). The cognitive representation of filmic event summaries. *Applied Cognitive Psychology, 18*, 3–55.

Schwan, S., & Papenmeier, F. (2017). Learning from Animations: From 2D to 3D? In R. Plötzner & R. Lowe (Hrsg.), *Learning from dynamic visualizations: Innovations in research and application* (S. 31–49). Berlin: Springer.

Schwan, S., & Riempp, R. (2004). The cognitive benefits of interactive videos: Learning to tie nautical knots. *Learning and Instruction, 14*, 293–305.

Spanjers, I. E., van Gog, T., & van Merriënboer, J. G. (2010). A theoretical analysis of how segmentation of dynamic visualizations optimizes students' learning. *Educational Psychology Review, 22*, 411–423.

Spanjers, I. E., Wouters, P., van Gog, T., & van Merriënboer, J. G. (2011). An expertise reversal effect of segmentation in learning from animated worked-out examples. *Computers in Human Behavior, 27*, 46–52.

Spanjers, I. E., van Gog, T., Wouters, P., & van Merriënboer, J. G. (2012). Explaining the segmentation effect in learning from animations: The role of pausing and temporal cueing. *Computers & Education, 59*, 274–280.

Tatler, B. W., & Melcher, D. (2007). Pictures in mind: Initial encoding of object properties varies with the realism of the scene stimulus. *Perception, 36*, 1715–1729.

Tversky, B., Morrison, J. B., & Bétrancourt, M. (2002). Animation: Can it facilitate? *International Journal of Human-Computer Studies, 57*, 247–262.

# Interaktivität und Adaptivität in multimedialen Lernumgebungen

Helmut Niegemann und Steffi Heidig

## Inhalt

| | | |
|---|---|---|
| 1 | Was ist Interaktivität? | 344 |
| 2 | Ist Interaktivität messbar? | 345 |
| 3 | Funktionen von Interaktivität | 345 |
| 4 | Interaktionsformen und ihre Realisierung | 347 |
| 5 | Wann ist Interaktivität effizient? | 352 |
| 6 | Forschungsfragen zur Effektivität bzw. Effizienz von Interaktivität | 357 |
| 7 | Die Media-Equation-Annahme | 360 |
| 8 | Adaptivität | 362 |
| 9 | Fazit und Ausblick | 363 |
| | Literatur | 364 |

### Zusammenfassung

Der Begriff *Interaktivität* bezeichnet einen dynamischen Prozess zwischen einem Lernenden und einem Lernsystem. Dabei sollte mindestens eine der Grundfunktionen des Lehrens (Klauer 1985; Klauer und Leutner 2012) unterstützt werden: Motivation, Information, Förderung von Behalten, Verstehen und Transfer sowie Regulation und Organisation des Lernprozesses. Sowohl auf Seiten der Lernenden als auch des Lernsystems ist eine Reihe von Aktionen möglich, die in diesem Kapitel dargestellt und diskutiert werden. Zur Frage, inwieweit Interaktivität

---

H. Niegemann (✉)
Fakultät HW, Bildungstechnologie, Universität des Saarlandes, Saarbrücken, Deutschland
E-Mail: helmut.niegemann@uni-saarland.de

S. Heidig
Kommunikationspsychologie, Hochschule Zittau/Görlitz, Görlitz, Deutschland
E-Mail: steffi.heidig@hszg.de

lernwirksam bzw. effizient sein kann, werden drei Modelle vorgestellt, die zu weiteren Forschungen in diesem Bereich anregen können. Am Ende des Beitrags wird der Zusammenhang von Interaktivität und Adaptivität thematisiert und es werden Beispiele adaptiver Lernumgebungen genannt.

**Schlüsselwörter**

Interaktivität · Interaktion · Adaptivität · Instruktionsdesign · E-Learning · Designentscheidungen

## 1  Was ist Interaktivität?

Technikunterstützte Lernangebote werden seit circa 50 Jahren mit dem Hinweis beworben, dass sie *interaktiv* seien, über Interaktivität verfügten. Dabei wird unterstellt, dass Interaktivität Lernprozesse generell positiv beeinflussen kann. Unklar ist allerdings, bei welchen Aktionen der Lernenden oder des Lernsystems von Interaktivität gesprochen werden kann. Begründet allein die Möglichkeit, bestimmte Seiten im Lernprogramm anzuwählen schon das Prädikat *interaktiv*? Inwieweit sollte das Lernsystem in der Lage sein, auf Eingaben des Lernenden zu reagieren, um von Interaktivität sprechen zu können? Inwieweit wirkt sich Interaktivität tatsächlich generell positiv auf das Lernen aus und unter welchen Bedingungen ist es sinnvoll ein Lernangebot mit Interaktivität auszustatten?

Als *Interaktion* bezeichnen wir aus sozialwissenschaftlicher Perspektive das wechselseitig handelnde aufeinander Einwirken zweier Subjekte. Seit Computer Funktionen menschlicher Kommunikationspartner übernehmen können, kann diese Definition (metaphorisch) erweitert werden auf Fälle, in denen eines der Subjekte durch ein entsprechendes technisches System ersetzt wird. Handeln meint stets ein zielgerichtetes Verhalten und schließt kommunikative Akte ein.

Im Bereich des technikunterstützten Lernens haben wir es in der Regel mit Interaktionsketten zu tun, deren Idealtyp (außer beim kooperativen bzw. kollaborativen Lernen: diese Formate werden in diesem Band separat behandelt, s. Weinberger et al. 2018) der Situation eines einzelnen Lernenden mit einem kompetenten Privatlehrer oder Coach nahekommt. In solchen Situationen initiiert eine Aktion des Interaktionspartners A (z. B. des Lehrenden) bestimmte mentale Operationen beim Partner B (z. B. dem Lernenden). Als Ergebnis oder Begleitphänomen dieser Operationen agiert B seinerseits und dieses Agieren hat dann zweierlei Funktion: Zum einen liefert es A eine Rückmeldung bzw. *Antwort* zu seiner vorangegangenen Aktion (wurde sie aufgenommen/verstanden?), zum anderen werden nun durch die Aktion von B bei A mentale Operationen ausgelöst.

Interaktivität im Bereich des technikbasierten Lernens meint demnach die wechselseitige Aktivität zwischen einem Lernenden und einem Lernsystem, wobei die (Re)Aktionen des Lernenden auf die (Re)Aktionen des Lernsystems bezogen sein müssen und umgekehrt (Domagk et al. 2010).

## 2 Ist Interaktivität messbar?

Wird Interaktivität als dynamischer Prozess zwischen einem Lerner und einem Lernsystem aufgefasst, so kann eine Lernumgebung nicht per se interaktiv sein. *Interaktivität* bezeichnet vielmehr das Ausmaß, in dem eine Lernumgebung Interaktionen ermöglicht und fördert.

Nimmt man an, Interaktionen seien grundsätzlich lernförderlich, scheint es auf den ersten Blick durchaus zweckmäßig, Interaktivität zu messen. Dies wurde auch versucht. Es gibt oder gab Maße für die Interaktivität, die auf einer Zählung der Dateneingaben (Tastenanschläge, Wörter oder Mausklicks) der Lernenden beruhen (US Military Handbook 29612, Definitions; zit. nach Shook 2002) und dementsprechend z. B. vier oder fünf Niveaus von Interaktivität unterscheiden. Offensichtlich wird dabei die Menge der Eingaben als Maß für die Qualität des Lernsystems betrachtet. Das entspräche einer Zählung der Wörter und Zeigehandlungen eines Lehrers als Qualitätsmerkmal seiner Lehre.

Komplexere Taxonomien aus technologischer Perspektive klassifizieren Interaktivität anhand der Übertragungsmedien (z. B. Web, Videokonferenz, VoIP), der Eingabemedien (z. B. Tastatur, Maus, Touchscreen) oder der angebotenen Funktionen (z. B. Hypertext, Simulationen, Multimedia) (Johnson et al. 2006; Sims 1997; Schwier und Misanchuk 1993). Sie sind jedoch für die Konzeption von technikgestützten Lernangeboten ebenfalls wenig hilfreich, da die Beziehung zwischen den Kategorien einerseits und den kognitiven Prozessen der Lernenden andererseits in keinem Fall erläutert werden.

Auch aus psychologischer Perspektive wurde versucht Interaktivität zu klassifizieren (z. B. Moreno und Mayer 2007; Kalyuga 2007). Hier werden zwar die kognitiven Operationen der Lernenden in den Blick genommen, die resultierenden Taxonomien unterscheiden sich jedoch nicht wesentlich von denen aus technologischer Perspektive. Auch hier wird versucht eine Lernumgebung als mehr oder weniger interaktiv einzustufen und auch hier liegt die Annahme zugrunde, dass ein Mehr an Interaktivität die Qualität einer Lernumgebung und die Lernergebnisse positiv beeinflusst. Tatsächlich ist eine Quantifizierung von Interaktivität wenig hilfreich. Interaktivität ist weder eine Funktion der Angebote einer Lernumgebung noch eine Funktion der kognitiven Aktivitäten der Lernenden. Vielmehr handelt es sich um einen dynamischen Prozess zwischen dem Lernsystem und dem Lernenden (Domagk et al. 2010).

Worauf es alleine ankommt, ist der Beitrag, den die (Inter)Aktionen auf Seiten der Lernenden und der Lernumgebung jeweils mittelbar oder unmittelbar zum erwünschten Lernergebnis beitragen können (Sims 1997).

## 3 Funktionen von Interaktivität

Interaktivität hat im Bereich der Lernmedien zweifellos eine ausgesprochen positive Konnotation. Nicht selten wird computer- bzw. webbasiertes Lernen in der Werbung und in nichtwissenschaftlichen Publikationen von vornherein gleichgesetzt mit *interaktivem* Lernen. Dabei sind etliche der so charakterisierten Lernprogramme etwa so interaktiv wie ein Buch: Man kann an jeder beliebigen Stelle beginnen, man kann von hinten nach vorne lesen, es gibt ein Inhaltsverzeichnis, vielleicht sogar ein Glossar und Querverweise im Text.

Die entscheidende Frage für das Instruktionsdesign ist, welche Funktion die einzelnen Merkmale dialogähnlicher Kommunikation haben. Angestrebt werden sicher oft die Funktionen der Kommunikation mit einem menschlichen Tutor oder Trainer:

- Motivieren,
- Informieren,
- Verstehen fördern,
- Behalten und Abrufen fördern,
- Anwenden bzw. Transfer fördern und
- den Lernprozess organisieren und regulieren.

Dies sind die Grundfunktionen jedes Lehrens (Klauer und Leutner 2012). Interaktivität, die keine dieser Funktionen unterstützt ist wahrscheinlich überflüssig, wenn nicht kontraproduktiv.

Eine motivierende Funktion von *Interaktivität* (ohne nähere Spezifikation) wird recht häufig reklamiert, ähnlich wie dies von farbigen Grafiken, Bildern, Animationen und Filmsequenzen behauptet wird. Tatsächlich spricht Vieles dafür, dass es oft weniger effektiv ist, wenn Lernende bloß rezeptiv Informationen aufnehmen, als wenn sie stimuliert werden, aktiv zu werden. Diese Aktivitäten müssen dann aber den Prozess des Wissensaufbaus unterstützen und es muss eine theoretische Vorstellung verfügbar sein, in welcher Art dies geschieht. Im Folgenden werden einige Möglichkeiten genannt, wie *Interaktivität* zu den einzelnen Lehrfunktionen beitragen kann.

*Motivationsfördernde Interaktionen.* Eine leicht implementierbare Möglichkeit sind ermutigende Äußerungen, die darauf abzielen, mit dem Lernen zu beginnen oder weiter zu lernen. Wichtig ist vor allem, jede potenziell demotivierende Interaktion zu vermeiden (Prenzel 1997). Dies sind alle Äußerungen, die in irgendeiner Weise geeignet sind, den Selbstwert, die Selbsteinschätzung Lernender zu beeinträchtigen: Auch *scherzhaft gemeinte* Herabwürdigungen in Rückmeldungen (*Du lernst es anscheinend nie!*) sind tabu: Beim Design von Bildungsmedien kennen wir die Adressaten nicht, wir haben bestenfalls statistische Informationen über durchschnittliche Nutzer und können daher nicht einschätzen, was im Einzelfall durch Herabwürdigungen angerichtet wird. Angriffe auf den Selbstwert Lernender sind in Schule, Aus- und Weiterbildung stets schwere Kunstfehler, die leider nur selten sanktioniert werden. Eine ausführliche Darstellung motivationaler Aspekte multimedialen Lernens geben Zander und Heidig (2019).

*Information liefernde Interaktionen:* Hinweise auf die jeweils noch zu bearbeitenden Kapitel oder Abschnitte erleichtern das selbstgesteuerte Lernen. Fehlerdiagnostische Rückmeldungen mit Erläuterungen bezüglich der Fehler liefern wertvolle Hinweise auf Wissenslücken und Denkfehler. Auch Fragemöglichkeiten für Lernende gehören hierzu.

*Verstehen fördernde Interaktionen: Verstehen* bedeutet, dass neue Informationen in bestehende individuelle Wissensstrukturen eingeordnet werden können, dass

Bezüge hergestellt werden. Verstehen fördernde Interaktionen können z. B. adaptiv unterschiedliche Darstellungen, alternative Erklärungen oder spezielle Hilfen bereitstellen und eventuell entsprechende Empfehlungen geben. Zu den wichtigsten Möglichkeiten, das Verstehen zu fördern, gehören sicherlich Fragen, und zwar sowohl seitens des Systems als auch seitens der Lernenden.

*Behalten und Abrufen fördernde Interaktionen:* Neben vielfältigen Verknüpfungen mit anderen Gedächtnisinhalten wird das Behalten durch Üben (Memorieren) gefördert. Multimediale Lernumgebungen können das Behalten fördern, indem sie Tools bereitstellen, die geeignete Mnemotechniken unterstützen und lernerfolgsabhängige Übungsmöglichkeiten anbieten. Neben dem Behalten ist das Abrufen des Behaltenen wichtig: Es bedarf spezifischer Trainingsmaßnahmen um das Abrufen (Erinnern) zu fördern (Roediger und Karpicke 2006; Klauer und Leutner 2012, S. 83).

*Interaktionen, die das Anwenden und den Transfer fördern:* Aufgaben- bzw. Problemstellungen, deren Lösung die Verwendung des zuvor vermittelten bzw. angeeigneten Wissens erfordert, können den Transfer unterstützen. Anwendungs- und Transferförderung lassen sich praktisch nicht trennen, da jede Abweichung von den Aufgaben, die bei der Vermittlung des Lehrstoffs verwendet wurden, bereits einen (nahen) Transfer beinhaltet.

Das Ausmaß des automatisch zu erwartenden Lerntransfers wird von Lehrenden oft deutlich überschätzt. Transfer kann explizit gefördert werden, in dem auf Anwendungsmöglichkeiten und Besonderheiten der Anwendung des Gelernten in bestimmten Situationen ausdrücklich hingewiesen wird. Im Kontext multimedialen Lernens sind spezielle Verweise (Links) möglich, die z. B. beim Anklicken in einem eigenen Fenster solche Hinweise enthalten. Eine weitere Möglichkeit der Transferförderung besteht in der systematischen Variation von Aufgaben und Problemstellungen. Beim situierten Lernen sollte zu jedem Thema mehr als eine Aufgabenstellung angeboten werden (s. auch van Merriënboer 2019).

*Interaktionen, die den Lernprozess regulieren:* Übersichten (site-maps) zu Inhalten, die Anzeige noch nicht bearbeiteter Kapitel, Rückmeldungen, Empfehlungen für bestimmte Lernwege, Hinweise auf Übungsangebote, Lernhilfen, Tipps und integrierte Tools zur Lernplanung und zum Zeitmanagement sind Möglichkeiten, den Prozess der Selbstregulation zu unterstützen. Es ist aber auch zu bedenken, dass es durchaus legitim und von Lernenden oft erwünscht ist, Entscheidungshilfen von Experten zu erhalten. Wer sich auf eigenen Wunsch beraten oder anleiten lässt, fühlt sich keineswegs gegängelt, vorausgesetzt, er kann die Führung jederzeit wieder verlassen.

## 4 Interaktionsformen und ihre Realisierung

### 4.1 Aktionen Lernender

Die Aktionen des Lernenden und des Lehrsystems müssen zwar aufeinander bezogen sein, sie sind jedoch nicht notwendigerweise symmetrisch. Aus instruktionstechnologischer Sicht lassen sich u. a. folgende Aktionsformen der Lernenden unterscheiden:

Die selbstständige *Auswahl von Lehrinhalten:* Sie darf natürlich nicht fehlen, obwohl es fast lächerlich wirkt, wenn diese Möglichkeit bei der Beschreibung eines Lernprogramms als Beleg für „Interaktivität" aufgeführt wird und sich später als einzige erweist. Die Umsetzung erfolgt meist durch einfache Hyperlinks. Dabei empfiehlt es sich, jeweils die gesamte Überschrift in einem Inhaltsverzeichnis als Link zu definieren und nicht nur ein vorangestelltes Aufzählungszeichen. Wenn Überschriften nicht selbsterklärend sind, empfiehlt sich ein Pop-up-Fenster mit einer kurzen Erläuterung (öffnen bei Berührung mit dem Mauscursor). Auch kurze Kapitelzusammenfassungen können auf diese Weise angeboten werden.

Die selbstständige *Wahl einer Reihenfolge* (Sequenz) des Lehrstoffs ist für sich genommen trivial. Falls bestimmte Sequenzen für bestimmte Nutzergruppen (z. B. je nach Vorkenntnissen oder Interessen) besonders günstig sind, empfiehlt sich das Angebot von „guided tours". Die Realisierung ist innerhalb einer Website bereits mit sehr einfachen Mitteln möglich. Bei der Entscheidung eines Nutzers für eine bestimmte „guided tour" sollte er die Freiheit zu Abstechern haben, also anderen Links folgen können. „Tour maps", die über den Verlauf der „guided tour" informieren, können solchen Nutzern helfen gegebenenfalls wieder in die Spur zu kommen. Eine „Tour-map" kann z. B. analog einer hervorgehobenen Strecke innerhalb der Darstellung eines städtischen Verkehrsnetzes präsentiert werden. Solche maps sollten während einer „tour" jederzeit verfügbar sein.

*Auswahlentscheidungen bezüglich Beispielen und Aufgaben* betonen das Angebot selbstgesteuerten Lernens: Die Auswahl zwischen unterschiedlichen Schwierigkeitsniveaus dürfte für die meisten Lerner unproblematisch sein, manche benötigen allerdings Aufforderungen oder geeigneten Zuspruch, damit sie sich für höhere Schwierigkeitsgrade entscheiden. Wenn sich die Beispiele und vor allem Aufgaben anders als nach Schwierigkeit unterscheiden, sind die meisten Lerner allerdings überfordert, es sei denn das Programm liefert Entscheidungshilfen. Zur technischen Umsetzung genügen meist einfache Links und Pop-up-Fenster.

Das Treffen *stellvertretender Handlungsentscheidungen* ist erfahrungsgemäß für Lernende besonders reizvoll, wenn anschließend die Konsequenzen beobachtet werden können. Hier können interaktive Videosequenzen didaktisch sinnvoll eingesetzt werden. Die Verzweigungen einer Filmstory müssen allerdings aus Gründen des Speicherplatzes und des Umfangs der Dreharbeiten in der Regel eng begrenzt bleiben. Ein interaktives Video, bei dem eine stellvertretende Handlungsentscheidung jeweils Konsequenzen für alle weiteren Handlungsverläufe hat, dürfte auch vom Drehbuch her kaum realisierbar sein: Eine gute Dramaturgie für viele Verlaufsvarianten gleichzeitig zu entwickeln hat wohl noch kein Drehbuchautor geschafft.

Das *Bearbeiten und Lösen von Aufgaben und Problemen* erfordert einigen Programmieraufwand, wenn die Aktivitäten der Lerner aus mehr bestehen sollen als dem Anklicken oder Verschieben von Objekten auf dem Monitor. Problemorientierte Lernumgebungen sind meist sehr aufwändig in der technischen Realisierung, sie erfordern häufig eine größere Zahl Video- und Audio-Assets. Wünschenswert ist eine möglichst „intelligente" Auswertung komplexer Lerner-Inputs:

- Sortieraufgaben,
- Erstellung von concept-maps und
- (pseudo)natürlichsprachige Eingaben.
- Das *Anfordern und Nutzen von Hilfen* (= passive Hilfen) stellt insbesondere ergonomische Anforderungen: Es sollte von einem Benutzer nicht erwartet werden, dass er die genaue Bezeichnung des Gesuchten kennt. Benutzerfreundliche Hilfen sind kontextsensitiv, d. h. es wird in der Regel Hilfe zu dem Inhalt der aktuellen Bildschirmseite angeboten. Hilfe zur Handhabung des Programms generell kann ein spezieller Menüpunkt innerhalb der lokalen Hilfe sein oder es sollte dafür einen eigenen Button geben.
- Die Möglichkeit des *Vervollständigens oder Modifizierens* angebotener Lernmaterialien kann genutzt werden, um Lernende zu aktivieren und die Aufmerksamkeit aufrecht zu erhalten; z. B. indem beim Teleteaching Schaubilder angeboten werden, die von den Lernenden während der Instruktion grafisch oder textlich zu vervollständigen sind. Besonders interessant ist die Möglichkeit, Lehrtexte mit Annotationen zu versehen, ähnlich wie die Kommentarfunktion in gängigen Textverarbeitungssystemen.
- Das Stellen von *Fragen* durch Lernende bezeichnet einen der massivsten Schwachpunkte computer- und webbasierter Lernmedien: Obwohl die „Interaktivität" von technikgestütztem Lernen in der Werbung stets besonders herausgestellt wird, ist diese elementare Lehrer-Lerner-Interaktion oft nicht einmal ansatzweise vorgesehen. Tatsächlich ist eine echte natürlichsprachige Interaktion, wenn überhaupt, nur mit großem Aufwand möglich. Es gibt jedoch mehrere Möglichkeiten Lernenden auch im Kontext technikunterstützter Lernumgebungen das Fragenstellen zu ermöglichen: Eine technisch einfach realisierbare Art besteht darin, vorgefertigte Fragen anzubieten, etwa in einem speziellen Fragenfenster (Graesser et al. 1992). Es kommt darauf an, dass diese Fragen dem Fragebedarf der Lernenden entsprechen; erfahrene Lehrer bzw. Trainer des jeweiligen Fachgebiets sollten hierzu herangezogen werden. Eine aufwändigere Art besteht darin, eine Art „Fragenparser" zu programmieren: Eine Prozedur, die es erlaubt aus einer vorgegebenen Menge von Begriffen und fachgebietsbezogenen „Fragestämmen" Fragen zu generieren. Nicht sinnvolle Kombinationen werden mit der Aufforderung zu einer „Umformulierung" zurückgewiesen. Beispiele für „Fragestämme" sind: Wie hängen X und Y zusammen? Was ist die Ursache von X? Wie kann Y verstärkt werden? Für X und Y können durch „drag and drop" oder in Form von Schieberegistern Begriffe aus einer umfangreichen Liste eingesetzt werden; die Flexibilität dieser Form ist etwas größer als bei vorgegebenen Fragen. Eine dritte Form sind *pseudo-natürlichsprachige Fragen*: Hierbei ist eine freie Eingabe möglich, die Eingaben werden hinsichtlich des Vorkommens von Frage- und Schlüsselwörtern bzw. deren Wortstämmen sowie der Sequenz der Wörter ausgewertet; irrelevante Wörter werden ignoriert. Je nach Fachgebiet kann dies sehr vielfältige Fragen ermöglichen. Technisch steht für die Beantwortung der Fragen bei allen Formen eine Matrix im Hintergrund, die

alle Begriffskombinationen präsentiert und mit einer geeigneten Antwort verknüpft. Didaktisch interessant ist in diesem Zusammenhang die Idee einer fragebasierten Navigation: Programme können so organisiert werden, dass bestimmte Verzweigungen nur über Fragen zugänglich sind. Lernende müssen sich dann an bestimmten Stellen überlegen, was sie wissen möchten, anstatt einfach einen *Weiter*-Button anzuklicken. Die bewusste Entscheidung für eine Frage kann sich positiv auf das Behalten des Lehrstoffs auswirken.

- Die Eingabe von Antworten auf *systemseitig gestellte Fragen* ist in der Regel unproblematisch, wenn es sich um das Markieren korrekter Alternativen von Mehrfachwahlaufgaben, um Lückentexte oder *drag and drop*-Aktionen handelt: Hierzu gibt es in allen guten Autorensystemen vorgefertigte Routinen. Werden ganze Sätze erwartet, kann eine pseudo-natürlichsprachige Verarbeitung (s. o.) verwendet werden. Bei mehreren Sätzen oder Kurzaufsätzen ist eine automatische Verarbeitung derzeit nur sehr eingeschränkt möglich. Hier können dem Lerner Musterantworten zum Vergleich angeboten werden. Möglichkeiten einer automatischen Bewertung von Kurzaufsätzen beim webbasierten Lernen bestehen, sind aber verhältnismäßig aufwendig.
- Die Steuerung bzw. Regelung von Systemen ist ein Standardfall hoher Interaktivität bei *Simulationen und Lernspielen* (modell-anwendende Simulationen). Aus didaktischer Sicht ist es hierbei wünschenswert, dass die Gründe für ein bestimmtes Systemverhalten transparent gemacht werden, wenn die Wirkung einer Eingabe nicht trivial ist: Es sollte möglichst erkennbar werden, welche Wechselwirkung von Bedingungen den entsprechenden Effekt bewirkt hat. Geeignet dazu sind insbesondere spezielle Diagramme, die den Einfluss der Eingabe erläutern. Ausführlicher behandelt werden Simulationen in Niegemann (2019). Besonders interessante und vielfältige Möglichkeiten virtueller Handlungen bieten VR-Brillen bzw. -systeme (Thomas et al. 2018).
- Ein didaktisch weitergehender Ansatz besteht darin, die Lernenden *selbst Simulationsmodelle erstellen* zu lassen (modell-bildende Simulationen). Entsprechende Versuche unternahmen Hillen et al. (2000; auch Hillen et al. 2002). Beispiele didaktisch orientierter Software, die vom Kindergarten bis zur Universität solche Modellbildung fördert sind u. a. AgentSheets (Informationen unter: http://www.agentsheets.com), NetLogo (https://ccl.northwestern.edu/netlogo/) und Scratch (http://scratch-dach.info/wiki/Mit_Scratch_programmieren).
- Eine bisher nur sehr selten umgesetzte Form von Interaktivität betrifft *Hilfen zur Planung* und Regelung des eigenen Lernens (Ziele, Zeit): Vor allem bei umfangreichen Lernwebsites wäre es für manche Lerner hilfreich, zu Beginn des Lernprozesses einen Plan aufzustellen, z. B. anhand einer Folge von Fragen nach Zielen und verfügbarer Zeit. Das Programm könnte dann später an die ursprünglich genannten Ziele und Zeitvorstellungen erinnern, z. B. wenn ein Lerner sich im Web weit weg von seinen Zielen bewegt hat. Dabei sollte selbstverständlich stets die Möglichkeit gegeben sein, Ziele und Zeiten anzupassen. Ein derartiges Hilfesystem ließe sich auch um weitere lerntechnische Tools und Tipps erweitern.

## 4.2 Aktionen des Lehrsystems

Vom Lehrsystem ausgehend sind insbesondere folgende Aktionen realisierbar:

- Die *Darbietung von Informationen* in Form von Texten, Bildern, Tönen, Filmen und Animationen kann dann als interaktiv bezeichnet werden, wenn sie auf der Basis von Informationen über den jeweiligen Lernenden variabel gestaltet wird. Dies war und ist ein wesentliches Ziel *intelligenter tutorieller Systeme* (Nye et al. 2014; Wenger 1987), deren Entwicklungsmöglichkeiten Ende der achtziger Jahre zunächst überschätzt wurden. Adaptivität ist jedoch nach wie vor ein wichtiger Faktor der Effektivität von Lehrmedien. Die Informationen für die Anpassung (z. B. Niveau von Aufgaben, Darbietung von Zusatztexten usw.) können durch Fragen an den Lerner, durch Input eines Trainers oder durch den Aufbau eines Lernermodells auf der Grundlage einer mehr oder weniger raffinierten Diagnosefunktion des Systems gewonnen werden.
- Das *Stellen von Fragen, Aufgaben und Problemen* ist im Allgemeinen technisch unproblematisch. Umso mehr Aufwand kann die Bereitstellung von Eingabemöglichkeiten und eine angemessene Auswertung der Antworten erfordern. Am häufigsten zu finden sind bisher die Standardformen von Fragen und Antworten: Multiple-Choice, Lückentext, Drag and Drop und Eingabe einzelner Wörter, evtl. auch Sätze. Interessante Möglichkeiten können aber auch Techniken der Begriffsnetzdarstellung bieten (Eckert 1999). Es ist dabei möglich, ein von Lernenden erzeugtes Begriffsnetz (*concept-map*) automatisch mit dem Netz eines Experten zu vergleichen.
- *Fehlertolerante Verarbeitung und Rückmeldung auf Eingaben:* Es ist immer wieder ärgerlich, wenn ein Lernender die Antwort auf eine Frage oder die Lösung einer Aufgabe eingibt und trotz inhaltlich richtiger Antwort die Rückmeldung *falsch* bekommt. Die Eingabeprozedur muss zumindest in der Lage sein, vor oder hinter einer Antwort eingegebene Leerzeichen zu ignorieren. Schwieriger ist die Gestaltung (rechtschreib)fehlertoleranter Eingaberoutinen. Fehlertolerant heißt dabei nicht, dass der Rechtschreibfehler unkommentiert hingenommen wird, sondern, dass die Eingabe inhaltlich dennoch korrekt interpretiert wird. Zweckmäßigerweise wird der Lerner dann auf den Fehler hingewiesen, eventuell kann das Programm auch rückfragen, ob die vermeintlich korrekte Schreibweise das vom Lerner Gemeinte wiedergibt (z. B. *Meinten Sie RichtigeSchreibweise?*). Problematisch ist hier die Abgrenzung dessen, was noch toleriert werden kann und was zurückgewiesen werden muss. Es gilt hier den erforderlichen Programmieraufwand gegen den Nutzen des Erkennens seltener Falschschreibungen abzuwägen.

Das Problem beim aktiven Anbieten von Hilfen (*aktive Hilfen*) besteht darin, Indikatoren dafür zu finden, wann eine derartige Hilfe erwünscht sein könnte. Hierzu gibt es seit langem Arbeiten im Bereich der KI-Forschung (Künstliche Intelligenz). Es hat sich allerdings gezeigt, dass hier auch psychologische Aspekte eine wichtige Rolle spielen. Auch objektiv nützliche Hilfsangebote werden aus verschiedenen Gründen nicht selten abgelehnt. Indikatoren für Hilfebedarf können sein: Längeres Verweilen auf einer Bildschirmseite ohne Input (Mausklicks, Tastatureingaben), wiederholte typische Fehler oder ungünstige Handlungsfolgen. Wichtig ist, dass jedes Hilfeangebot vom Lerner sofort abgelehnt werden kann (Aleven et al. 2003).

Ohne *Rückmeldungen* (Feedback) auf Lerneraktivitäten kann auch in der dreistesten Werbung kein Lernprogramm als *interaktiv* bezeichnet werden. Entscheidend ist jedoch hier die Qualität. Ein bloßes *Falsch* oder *Schade* als Feedback zu einer unrichtigen Aufgabenbearbeitung ist didaktisch meist unzureichend: Zumindest die korrekte Antwort, möglichst mit Erläuterungen sollte unmittelbar folgen, damit der Fehler Ausgangspunkt eines Lernprozesses sein kann. Eine ausführliche Darstellung zum Thema Feedback liefert Narciss (2006, 2008, 2017). Vorteilhaft ist, wenn Rückmeldungen jeweils auf einer Fehleranalyse basieren. Fehleranalysen zu planen und zu programmieren kann ziemlich aufwendig sein. Sie sind eher einfach, wenn die Aufgaben feststehen. In diesem Fall kann jeder kategorisierbare Fehler als spezieller *Eingabefall* vorgesehen werden. Wenn aber, wie z. B. bei einem Rechentrainer, die Aufgaben jeweils zufällig erzeugt werden, muss das entsprechende Programm in der Lage sein, für jede Fehlerkategorie die typische Antwort zur Laufzeit zu generieren um bei Eingabe einer falschen Antwort entsprechend zu reagieren. Da gelegentlich der gleichen falschen Antwort unterschiedliche Denkfehler zugrunde liegen können, müssen alternative Fehlererklärungen ausgegeben werden. Um geeignete Fehlerkategorien zu finden, können eigene Felduntersuchungen nötig sein, in vielen Fällen genügen zunächst Interviews mit erfahrenen Lehrern, Dozenten und Trainern. Bei webbasierten Lernumgebungen empfiehlt es sich, alle Antworten zu speichern und von Zeit zu Zeit zu analysieren, ob und welche falschen Antworten aufgrund systematischer *Denkfehler* bzw. unangemessener Vorstellungen vom jeweiligen Lerngegenstand zustande gekommen sind. Bei jeder Fehleranalyse bleibt natürlich eine Restkategorie für Tippfehler und andere nicht kategorisierbare Fehler.

Generell ist bei allen wertenden Rückmeldungen darauf zu achten, dass das Selbstwertgefühl der Lerner in keiner Weise beeinträchtigt wird. Gerade weil der Autor den Lernenden nicht kennt, ist äußerste Zurückhaltung bei tadelnden Äußerungen angebracht.

## 5 Wann ist Interaktivität effizient?

Bisher wurden hauptsächlich Funktionen und Formen von Interaktionen beschrieben und Gestaltungsmöglichkeiten aufgezeigt. Wann ist aber nun Interaktivität besser, wann sind Interaktionen mit einer multimedialen Lernumgebung effektiv (lernwirksam) bzw. (unter Berücksichtigung des Aufwands) effizient?

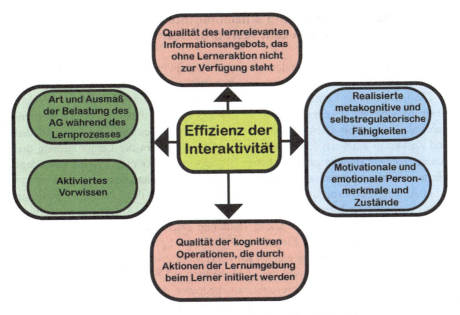

**Abb. 1** Relevante Variablen für effiziente Interaktivität in multimedialen Lehr-/Lernprozessen

Die Lernwirksamkeit der Interaktivität multimedialer Lernumgebungen wird zumindest beeinflusst von folgenden Variablen (Abb. 1):

- von der Qualität der lehrzielrelevanten Information, die Lernende durch spezifische Einwirkung auf die Lernumgebung gewinnen können und die ihnen ohne diese Einwirkung nicht zur Verfügung steht,
- von der Qualität der kognitiven Operationen, die durch Einwirkungen der Lernumgebung auf Lernende initiiert werden,
- von Art und Ausmaß der Belastung des Arbeitsgedächtnisses der Lernenden während des Lernprozesses,
- vom aktivierten Vorwissen der jeweiligen Lernenden,
- den in der jeweiligen Lernsituation realisierten metakognitiven bzw. selbstregulatorischen Fähigkeiten des jeweiligen Lernenden sowie
- von Persönlichkeitsmerkmalen, motivationalen und emotionalen Zuständen der Lernenden während des Lernprozesses.

Akzeptiert man, dass diese Variablen die Effektivität der Interaktionen eines Lernenden mit einer multimedialen Lernumgebung beeinflussen, stellt sich die Frage, wie dies geschieht und wie die Variablen funktionell zusammenhängen. Im Folgenden werden zwei Modelle vorgestellt, die Interaktivität bei multimedialen Lernprozessen beschreiben und eine Grundlage für Forschung in diesem Bereich bilden.

## 5.1 Modell zur Erklärung effizienter Interaktivität in multimedialen Lehr-/Lernprozessen

Gegeben sei jeweils ein Lernender mit einem bestimmten Vorwissen sowie bestimmten motivationalen und emotionalen Eigenschaften und Zuständen (Abb. 2).

Die multimediale Lernumgebung präsentiert ein bestimmtes Informationsangebot sowie Aktionsmöglichkeiten. In Wechselwirkung mit dem durch das Informationsangebot aktivierten Vorwissen sowie den motivationalen und emotionalen Eigenschaften und Zuständen kann das Informations- und Aktionsangebot der Lernumgebung den Anreiz zu einem Handlungsimpuls liefern (Rheinberg und Vollmeyer 2019). Grundlage können Neugier oder auch die Erwartung bestimmter Handlungskonsequenzen sein.

In Abhängigkeit von den metakognitiven Fähigkeiten des Lernenden wird nun vom Lernenden (selbstregulativ) eine Handlung (oder eine Abfolge von Handlungen) geplant und ausgeführt. Diese Handlung (technisch realisiert z. B. durch Mausklick oder -bewegung, Eingabe von Text oder Sprache, technisch registrierte Bewegung der Hand oder des ganzen Körpers) resultiert in einer mehr oder weniger komplexen Informationseingabe und -verarbeitung auf Seiten des Lehrsystems. Die Lernumgebung *agiert* dann ihrerseits, was bedeutet, dass sich ihr Informationsangebot ändert. Wenn das Lernsystem gut konzipiert ist, zielt das neue Informationsangebot bzw. dessen kognitive (mentale) und emotionale Verarbeitung auf die

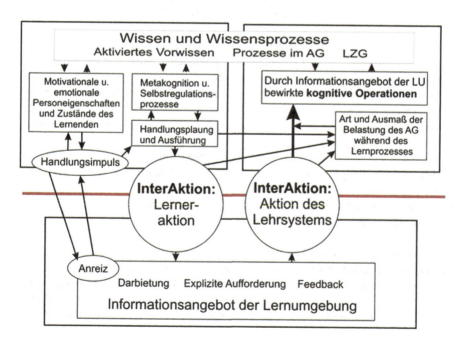

**Abb. 2** Modell zur Erklärung effizienter Interaktivität in multimedialen Lehr-/Lernprozessen (AG: Arbeitsgedächtnis, LZG: Langzeitgedächtnis, LU_ Lernumgebung)

Initiierung oder Veränderung kognitiver Operationen und Wissensstrukturen des Lernenden im Langzeitgedächtnis.

Diese Initiierung bzw. Veränderung kognitiver Operationen und Strukturen (Begriffe und Relationen) ist entscheidend für die Effektivität von Interaktionen. Bei der Modellierung kognitiver Operationen gibt es allerdings erheblichen Forschungsbedarf. Eine für das multimediale Lernen wichtige Kategorie von Operationen hat Salomon (1979) als *Supplantation* bezeichnet.

Die Effizienz des Lernprozesses hängt u. a. vom Ausmaß der Belastung des Arbeitsgedächtnisses während der Verarbeitung der neuen Informationen ab (Mayer 2014; Plass et al. 2010; Sweller et al. 2011). Die Belastung des Arbeitsgedächtnisses ist dabei zu einem erheblichen Teil von der Konzeption der Lernumgebung abhängig, nicht zuletzt gerade auch von den Bedingungen, die Interaktionen zwischen Lernumgebung und Lernenden ermöglichen bzw. den Formen der Interaktion selbst.

## 5.2 INTERACT – Integriertes Modell der Interaktivität beim multimedialen Lernen

Ein weiteres Modell, dass sowohl die Lernumgebung als auch die kognitiven Aktivitäten der Lernenden integriert und Interaktivität als dynamischen Prozess beschreibt, ist INTERACT, das integrierte Modell der Interaktivität beim multimedialen Lernen (Domagk et al. 2010; s. Abb. 3). Das INTERACT-Modell beschreibt Interaktivität als komplexen und dynamischen Prozess zwischen den Lernsystem und dem Lernenden. Es betont, dass eine Lernumgebung an sich nicht interaktiv sein

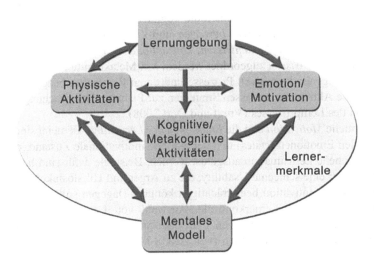

**Abb. 3** INTERACT – Integriertes Modell der Interaktivität beim multimedialen Lernen (Domagk et al. 2010)

kann. Interaktivität entsteht vielmehr durch das gegenseitige Aufeinanderbeziehen der (Re)aktionen des Lernsystems und des Lernenden.

Das INTERACT-Modell unterscheidet sechs Komponenten:

(1) Die *Lernumgebung* mit ihren Interaktionsmöglichkeiten und ihrem Instruktionsdesign. Hier können Taxonomien aus technologischer Perspektive eingeordnet werden (z. B. Sims 1997) und Charakteristiken wie der Grad der Lernerkontrolle (Kalyuga 2007) oder die Antwortgeschwindigkeit (Steuer 1995). Innerhalb des INTERACT-Modells wird dann ihr Einfluss im interaktiven Prozess analysiert.

(2) Die *physischen Aktivitäten* (behavioral activities) der Lernenden, die zur Interaktion mit dem Lernsystem ausgeführt werden. Sie sind durch die vorhandenen Eingabegeräte vorgegeben und umfassen bspw. Text auf einer Tastatur eingeben, mit der Maus klicken, einen Controller schwenken oder über einen Bildschirm wischen. Im Gegensatz zu anderen Modellen werden physische Aktivitäten des Lernenden hier als eigene Kategorie unterschieden, um sie von Systemeigenschaften einerseits und (meta)kognitiven Aktivitäten der Lernenden andererseits abzugrenzen. So gelingt eine genaue Zuordnung von Aktivitäten, die in anderen Modellen (z. B. Kennedy 2004; Sims 1997) konfundiert wurden. Wird z. B. ein Button geklickt, um eine Frage zu beantworten, so ist das *Klicken* als physische Aktivität einzuordnen, während die Frage eine Interaktionsmöglichkeit des Systems darstellt. Es bleibt zu klären, ob der Lernenden über die Antwort nachgedacht hat (kognitive Aktivität) oder willkürlich einen Button auswählt.

(3) Die *kognitiven und metakognitiven Aktivitäten* der Lernenden. Die kognitiven Aktivitäten der Lernenden umfassen die mentalen Operationen und Prozesse, die ausgeführt werden, um Informationen auszuwählen, zu organisieren und in vorhandene Wissensstrukturen zu integrieren. In Anlehnung an Anderson und Krathwohls (2001) Revision der klassischen Taxonomie von Lehr- und Lernzielen nach Bloom (1972) können die kognitiven Aktivitäten *erinnern, verstehen, anwenden, analysieren, bewerten* und *erzeugen* unterschieden und den Wissensdimensionen *Faktenwissen, konzeptionelles Wissen, prozedurales* und *metakognitives Wissen* zugeordnet werden. Mit Metakognition wird das Wissen über die eigenen kognitiven Prozesse und deren Regulation bezeichnet. Metakognitive Aktivitäten umfassen Strategien zur Planung, Überwachung und Evaluation des Lernprozesses (Vrugt und Oort 2008).

(4) die aktuelle *Motivation* und die *Emotionen der Lernenden*. Gemeint sind hier die aktuellen Emotionen (states) und der aktuelle motivationale Zustand, die durch die gegebene Lernsituation ausgelöst werden. Beispiele dafür sind lange Ladezeiten oder eine schlechte Usability, die zu Ärger und Hilflosigkeit führen und die aktuelle Motivation beeinträchtigen können. Dagegen sollten Interaktionsmöglichkeiten wie Lernerkontrolle, Auswahl von Lernweg und Lernzielen sowie angebotene Simulationen und Lernspiele die aktuelle Motivation der Lernenden positiv beeinflussen (vgl. ARCS-Modell: Keller 1983; Zander und Heidig 2019).

(5) das *mentale Modell* des Lernenden bezeichnet die Lernergebnisse, die aus der gegebenen Interaktion hervorgehen. Es werden bestehende Wissensstrukturen

der Lernenden verändert und erweitert sowie neue Wissensstrukturen angelegt. Die Lernergebnisse sind dabei nicht als Endprodukt der Interaktion zu betrachten, sondern fließen kontinuierlich in den Prozess mit ein. Sie beeinflussen ihrerseits das folgende Lernerverhalten (physische Aktivitäten), die kognitiven Aktivitäten und den emotional-motivationalen Zustand.

(6) die *Lernermerkmale* umfassen neben soziodemografischen Merkmalen, wie Alter und Geschlecht, die relativ stabilen Persönlichkeitsmerkmale des Lernenden (*traits*). Dies sind u. a. das Vorwissen und die Selbstregulationsfähigkeiten des Lernenden (im Gegensatz zu aktuellen (meta)kognitiven Aktivitäten, die separat im Modell vorgesehen sind) sowie motivationale und emotionale Traits, wie Selbstwirksamkeitserwartung und Ängstlichkeit (im Gegensatz zur aktuellen Motivation/Emotion, den *states*). Es wird angenommen, dass die zugrundeliegenden Lernermerkmale den gesamten Interaktionsprozess beeinflussen.

Der interaktive Prozess zwischen dem Lernsystem und dem Lernenden wird im INTERACT-Modell durch Feedbackschleifen dargestellt, die die einzelnen Komponenten verbinden (Abb. 3). Notwendige Voraussetzung für Interaktivität sind physische Aktivitäten des Lernenden, durch die er Eingaben in das Lernsystem vornimmt, auf das dieses wiederum reagieren kann. Das Stellen einer Frage an den Lernenden, das ihn zwar zu kognitiven Aktivitäten anregt, jedoch keine Eingabe (physische Aktivität) nach sich zieht, auf die das System reagieren könnte, ist demnach nicht als Interaktivität anzusehen. Eine Anwendung des INTERACT-Modells zur Analyse von Forschungsarbeiten zur Effektivität von Interaktivität beim multimedialen Lernen wird im folgenden Abschnitt erläutert (am Beispiel Lernerkontrolle). Weitere Anwendungsbeispiele finden sich bei Domagk et al. (2010).

## 6 Forschungsfragen zur Effektivität bzw. Effizienz von Interaktivität

Einige Forschungsfragen zur Effektivität bzw. Effizienz der Interaktivität multimedialer Lernumgebungen sind zumindest teilweise weiterhin ungeklärt:

*Lernerkontrolle:* Möglichkeiten das Lerntempo, den Lerninhalt oder die Art der Darstellung selbst zu bestimmen bzw. auszuwählen, zählen unter dem Stichwort *Lernerkontrolle* zu den am häufigsten untersuchten Interaktionsangeboten (Kalyuga 2007; Scheiter und Gerjets 2007). Es wird angenommen, dass ein höherer Grad an Lernerkontrolle vorteilhaft ist, da er es ermöglicht die Instruktion an die Bedürfnisse des Lernenden anzupassen. Gleichzeitig stellt die Lernerkontrolle jedoch höhere Anforderungen an die (meta)kognitiven Aktivitäten der Lernenden. Sogar empirische Studien zur selben Art der Lernerkontrolle (z. B. Kontrolle des Lerntempos) variieren deutlich in den untersuchten Interaktionsmöglichkeiten. Beispielsweise hatten die Lernenden in einer Studie nur die Möglichkeit durch das Klicken eines Buttons auf die nächste Bildschirmseite zu wechseln (Mayer und Chandler 2001), während die Lernenden in einer anderen Studie Videos starten, stoppen, wiederholen, rückwärts ansehen und die Geschwindigkeit anpassen konnten, indem sie

Buttons und Schieberegler bedienten (Schwan und Riempp 2004). In beiden Studien fielen die Lernergebnisse besser aus, wenn die Lernenden das Lerntempo beeinflussen konnten. Wird das INTERACT-Modell angewendet, wird deutlich, dass sich die Studien jedoch nicht nur im Hinblick auf die angebotenen Interaktionsmöglichkeiten unterscheiden. Sie unterscheiden sich auch in den möglichen physischen Aktivitäten (Button klicken, Schieberregler bedienen), den notwendigen metakognitiven Aktivitäten (deutlich niedrigere Anforderungen, wenn nur bestimmt werden kann, wann die nächste Seite angezeigt werden soll) und in den Lernergebnissen. Bei Mayer und Chandler (2001) wurde der Prozess der Entstehung von Blitzen vermittelt (Faktenwissen, konzeptionelles Wissen) und bei Schwan und Riempp (2004) das Knüpfen nautischer Knoten (prozedurales Wissen). Somit ergeben sich neben der Frage nach den Lernergebnissen weitere Fragen: Welche Art der Lernerkontrolle ist unter welchen Bedingungen motivierend? Welche wirkt sich positiv auf die Emotionen der Lernenden aus? Sollten für Lernende mit geringem Vorwissen weniger Möglichkeiten der Lernerkontrolle angeboten werden oder sogar mehr? Werden komplexere Angebote wie im Beispiel der zweiten Studie effizient genutzt? Wie kann dies unterstützt werden?

*Perspektivenwechsel bei interaktiven Videopräsentationen:* Mehrperspektivische interaktive Videoformate ermöglichen es, dass Lernende selbstreguliert die Perspektive wählen: Es stehen unterschiedliche Videodarstellungen parallel zur Verfügung und Lernende entscheiden, ob und in welcher Sequenz sie zwischen den unterschiedlichen Perspektiven wechseln. Derartige Angebote werden in der Annahme entwickelt, dass die Möglichkeit des eigenständigen Perspektivenwechsels zu einem höheren Ausmaß an Differenziertheit in der Meinungsbildung beitragen könnte (Lucht 2007). Dabei sind noch mehrere Fragen unbeantwortet: Unter welchen internen und externen Bedingungen wird eine höhere Differenziertheit des Wissens und der Meinung gefördert? Welche Merkmale metakognitiver Prozesse sind ausschlaggebend für die Art und Weise, mit der Lernende bei diesem Format die Perspektive wechseln? Wovon hängt es ab, ob und wann ein Perspektivenwechsel vorgenommen wird? Unter welchen Bedingungen ist es zweckmäßig Perspektivenwechsel zu fördern? Für welche Themen ist ein solches Format geeignet?

*Pädagogische Agenten* sind Figuren, die durch multimediale Lernprogramme führen. Entgegen der Annahme, dass Pädagogische Agenten die Motivation der Lernenden und deren Lernerfolg fördern, zeigten empirische Studien bisher keinen generellen lernförderlichen Effekt (Heidig und Clarebout 2011). Es müssen vielmehr die Gestaltung der Figur, ihre Funktion, die Eigenschaften der Lernumgebung und des Lernenden mit in Betracht gezogen werden. Unter welchen Bedingungen sind *Pädagogische Agenten* lernwirksam? Welche Rolle spielen das Aussehen (im Hinblick auf Sympathie der Lernenden) und die Stimme solcher Agenten (Domagk 2008, 2010)? Welche Rolle spielt der durch die Beobachtung des Agenten verursachte *Cognitive Load* beim Lernprozess? Welche Art der Unterstützung (Funktion) durch Pädagogische Agenten ist lernwirksam? Wie sollten Pädagogische Agenten in Serious Games gestaltet werden (Schuldt 2017)?

*Fragen Lernender an das Lehrsystem (Lernerfragen):* Welche Formen von Fragemöglichkeiten werden von Lernenden unter welchen Bedingungen akzeptiert und genutzt (s. o.)? Unter welchen Bedingungen (einschließlich Antwortformen des Lehrsystems) sind Lernerfragen an ein informationstechnisches Lehrsystem lernwirksam?

*Informatives selbstreguliertes Feedback (ISF):* Komplexe Lern- und Übungsaufgaben (z. B. Antwort erfordert Texteingabe) werden beim multimedial unterstützten Selbstlernen oft nicht gestellt, weil eine Prüfung und Rückmeldung der eingegebenen Antwort ohne aufwendige Verwendung von KI nicht möglich ist. Eine noch nicht hinreichend untersuchte Methode besteht in der Anforderung an den Lernenden, die eigene Antwort bzw. Lösung anhand einer Musterlösung und/oder einer Kriterienliste selbst zu überprüfen und zu dokumentieren. Welche Faktoren beeinflussen die Compliance der Lernenden? Unter welchen Bedingungen ist dieses Verfahren lernwirksam? Welcher Art sind die Lernprozesse bei der Prüfung der eigenen Lösungen bzw. Antworten? Können diese ggfls. gefördert werden?

*Nutzung von Interaktionsmöglichkeiten:* Werden in multimedialen Lernmaterialien Interaktionsmöglichkeiten, wie die Auswahl verschiedener Lernmaterialien (z. B. Texte, Videos, Simulationen), die Bearbeitung der Lernmaterialien (z. B. Hervorheben, Notizen) oder Lernaufgaben zum Selbsttests angeboten, so stellt sich dennoch die Frage, wie diese von den Lernenden angenommen werden. Studien zum *Studierplatz 2000* an der TU Dresden zeigten, dass nur 40 % der Lernenden die Interaktionsangebote ernsthaft nutzten (Narciss et al. 2007). Diejenigen, die sie nutzten, zeigten jedoch auch bessere Lernergebnisse (Proske et al. 2007). Wie kann sichergestellt werden, dass angebotene Interaktionsmöglichkeiten wahrgenommen und sinnvoll genutzt werden? Wie können Lernende bei der Auswahl von Angeboten und Hilfen unterstützt werden?

*Edutainment (Spielend lernen/Lernen beim Spielen):* Die *Cognitive Load* Theorie (Mayer 2014; Plass et al. 2010; Sweller et al. 2011) sagt für Edutainment-Produkte schlechtere Lernleistungen voraus als für *Entertainment*-freie Lernumgebungen. Ist diese Hypothese empirisch haltbar oder gibt es doch einen *trade-off* zwischen cognitive load und Motivierung?

*Exer-Learning-Games:* Dieses Genre von digitalen Lernspielen kombiniert nicht nur Spielen und Lernen, sondern zusätzlich Bewegung (exercise) und betont damit die physischen Aktivitäten im Interaktionsprozess. Ein Beispiel dafür ist *Hopscotch*, ein Spiel, bei dem die Eingaben über eine Tanzmatte erfolgen, die einer Handytastatur nachempfunden ist (Lucht und Heidig 2013; Lucht 2017). Ein weiteres Beispiel ist ein Kinect-basiertes Bilderbuch, mit dem Kinder beim Lesenlernen durch Gesten und Bewegungen interagieren können (Homer et al. 2014). Es wird angenommen, dass die physischen Aktivitäten (das Springen auf der Matte, die Gesten und Bewegungen) sich nicht nur positiv auf die Motivation, sondern auch auf die kognitiven Aktivitäten auswirken können. Für welche Lerninhalte und welche Zielgruppen sind Exer-Learning-Games geeignet? Wirkt sich die *Exercise*-Komponente tatsächlich positiv auf das Lernen aus oder wirkt sie eher ablenkend? Wie ist die Akzeptanz von Exer-Learning-Games über den Neuigkeitseffekt hinaus?

*Multimedial angeleitetes selbstreguliertes Lernen (MaSL):* MASL als Lehrformat orientiert sich an Ideen von Weltner (*Leitprogramme*, Weltner 1975) und Keller (PSI – *Personalized System of Instruction*, Keller 1968) und leitet insbesondere zum selbstständigen Lernen anhand von Lehrtexten oder heute Microlearning-Einheiten auf dem Smartphone an, unterstützt durch die Verwendung von Lerntagebüchern und interaktiven Selbsttests mit informativer Rückmeldung. Welchen Einfluss haben selbstregulatorische Fähigkeiten auf Akzeptanz und Lernwirksamkeit der Methode? Inwieweit sind integrierte Hilfen zum selbstregulierten Lernen effektiv?

*Statische Bilder vs. Animationen zur Förderung des Aufbaus angemessener mentaler Modelle* (dynamischer Sachverhalte): Empirische Befunde zeigen, dass es keine generelle Überlegenheit von Bewegtbildern gegenüber Standbildern bei der Wissensvermittlung gibt (Schnotz und Lowe 2008; Höffler und Leutner 2007). Die jeweilige Überlegenheit des einen oder des anderen Bildformats hängt ab vom Vorwissen des jeweiligen Lernenden und den sachlogischen Erfordernissen für den Aufbau eines angemessenen mentalen Modells. Bilder können auf unterschiedliche Art und Weise animiert werden und die Lernenden können ein unterschiedliches Maß an Kontrolle über den Ablauf erhalten. Unter welchen Bedingungen sind Lernende in der Lage, die Art und Weise der Animation von Bildern lernwirksam selbst zu regulieren? Welche Rolle spielt dabei der *Cognitive Load*?

*Simulationen* können sehr effizient zum Aufbau mentaler Modelle komplexer Lerngegenstände beitragen (Plass und Schwartz 2014). Dazu können die Simulationen mehr oder weniger stark selbst reguliert werden. Lernende können die Wirkungen bestimmter Operationen stärker frei explorieren oder sie sind gehalten anhand eines Simulationsmodells bestimmte Lernaufgaben zu bewältigen. Das Ausmaß an Informationen zum Lerngegenstand, das sie jeweils erhalten, kann variiert werden. Unter welchen Bedingungen sind mehr oder weniger strukturierte Lernaufgaben beim Lernen mit Simulationsmodellen einem mehr oder weniger freien Explorieren hinsichtlich der Lernwirksamkeit überlegen (z. B. Homer und Plass 2014; Plass et al. 2012)?

*Die Entwicklung von Simulationsmodellen* als Lernaufgabe kann ebenfalls in verschiedenen Domänen (Wirtschaft, Technik) lernwirksam sein. Unterschiedliche *Simulationsbaukästen* stehen zur Verfügung (z. B. VenSim, Stella, Netlogo, Agent Sheets). Die Anforderungen an die kognitiven und metakognitiven Fähigkeiten der Lernenden sind dabei relativ hoch, ebenso der zeitliche Aufwand. Unter welchen Bedingungen (z. B. Vorwissen der Lernenden) ist diese Instruktionsmethode effizient? Inwieweit beeinträchtigt die für die Konstruktionsleistung erforderliche Belastung des Arbeitsgedächtnisses (Cognitive Load) den Aufbau eines angemessenen mentalen Modells des Lerngegenstands? Wie kann diese Belastung ggfls. reduziert werden?

## 7 Die Media-Equation-Annahme

Weitgehend unabhängig von den Inhalten spielen bei der Interaktion mit einem Medium sozial-emotionale Aspekte eine meist unterschätzte Rolle. Die Kommunikationspsychologen Reeves und Nass fanden in einer langen Reihe replizierter Experimente die *Media Equation*-Annahme bestätigt: „Menschen verhalten sich gegenüber Medien genauso wie sie sich gegenüber anderen Menschen verhalten"

(Reeves und Nass 1996). Auch wenn die These überspitzt klingt: Die Experimente zeigten, dass Menschen unbewusst bzw. unreflektiert soziale Verhaltensmuster auf die Interaktion mit Medien übertragen. Befunde liegen u. a. vor für

- *Höflichkeitsregeln:* Versuchspersonen verhielten sich höflich gegenüber einem Computer. Wenn ein Computer um Bewertung *seiner Leistung* bat (Bewertung eines Lehrprogramms), so waren die Antworten positiver und homogener als wenn die gleiche Frage von einem anderen Computer kam. Analog dem Unterschied, ob ein Redner selbst einen Zuhörer fragt *Wie war ich* oder ob jemand anderes fragen würde, wie gut der Redner war. Den Versuchspersonen war die Tendenz zu höflichen Antworten nicht bewusst.
- *Zwischenmenschliche Distanz – Persönlicher Raum:* Kulturabhängig lehnen wir es ab, wenn uns fremde Menschen physikalisch zu nahekommen. Leute, die uns weniger sympathisch sind, finden wir noch weniger sympathisch, wenn sie im Gespräch die Grenze des *persönlichen Nahraums* überschreiten. Bei Medien entspricht dies *Ganznah-* bzw. Detailaufnahmen auf einem großen Bildschirm.
- *Reaktionen auf Lob und Schmeicheleien:* Personen, die einem schmeicheln, werden tendenziell positiver bewertet. Dieses Prinzip gilt auch für Software, die einem Nutzer schmeichelt; die Gesetzmäßigkeit gilt sowohl im realen Leben wie im Umgang mit Medien offenbar auch dann, wenn die Schmeicheleien als solche durchschaut werden.
- *Wirkung von und Reaktionen auf Lob und Kritik:* Kritikern wird z. B. eine höhere Intelligenz zugesprochen als lobenden Personen. Wenn Lob oder Kritik von einem Computer kommen, werden analoge Zuschreibungen gemacht.
- *Wahrgenommene Persönlichkeitsmerkmale:* Bestimmte wahrgenommene Persönlichkeitsmerkmale von Interaktionspartnern führen zu bestimmten Zuschreibungen (Attribuierungen). Dies gilt auch für Medien (Computer), bei denen aufgrund ihres Verhaltens (Formulierungen, Ausdrucksweise) bestimmte Persönlichkeitsmerkmale wahrgenommen werden (u. a. Dominanz vs. Unterwürfigkeit, Offenheit vs. Verschlossenheit, Gewissenhaftigkeit, Emotionale Stabilität vs. Instabilität).
- *Wahrnehmung von und Verhalten gegenüber Experten:* Informationen über Titel, besondere Kompetenz usw. führen zu Veränderungen im zwischenmenschlichen Verhalten und analog im Verhalten gegenüber Medien.
- *Geschlechtsbezogene Stereotype:* Einem Computerprogramm, das mit weiblicher Stimme über Technik spricht, wird, entsprechend dem gängigen Stereotyp, das Frauen weniger technische Kompetenz zuschreibt, als weniger kompetent eingeschätzt als das gleiche Programm, das mit männlicher Stimme spricht.

Dies sind nur einige der sozialpsychologischen Mechanismen, von denen Reeves und Nass (1996) zeigen konnten, dass sie auf interaktive Medien übertragen werden. Die plausibelste Erklärung bisher ist, dass Menschen über bestimmte schematische Verhaltensmuster verfügen, auf die wir mangels Alternativen auch in Situationen zurückgreifen, die den zwischenmenschlichen ähneln.

Trotz der experimentellen Bestätigung der *Media Equation*-Theorie stellt sich die Frage, ob bzw. inwieweit diese Befunde zeit- und kulturabhängig sind. Für die Höflichkeit gegenüber dem Computer konnte eine ziemlich genaue Replikation der Studie im Jahre 2003 mit deutschen Studierenden die Ergebnisse nicht bestätigen (Krannich 2003). Ein Grund könnte sein, dass etwa zehn Jahre nach den Studien in Stanford der PC bereits zu einem so alltäglichen und vertrauten Gebrauchsgegenstand geworden war, dass der Effekt nicht länger auftritt. Eine alternative Erklärung könnte mit der unterschiedlichen Bedeutung von Höflichkeit in Nordamerika und in Deutschland zusammenhängen: Höflichkeit spielt in der Tat in der amerikanischen Gesellschaft eine andere Rolle und zeigt andere Ausprägungen als hierzulande (Watts 2003). Hier sind weitere Studien erforderlich und auch die übrigen Befunde gehören auf den Prüfstand.

## 8 Adaptivität

Ein interaktives System ist kaum denkbar ohne ein Minimum an Adaptivität. Äußerungen des Systems sollen sich auf vorangegangene Äußerungen des Nutzers beziehen und sie nach Möglichkeit an Besonderheiten (z. B. Vorwissen, Interessen) des individuellen Lerners anpassen.

Adaptivität ist in dem Maße gegeben, in dem eine Lernumgebung *ihr Verhalten* an veränderte Bedingungen, d. h. insbesondere die individuell unterschiedlichen Lernvoraussetzungen bzw. Lernfortschritte Lernender anpasst oder sich anpassen lässt (Leutner 1992, 2002).

Variablen Lernender, die eine Anpassung der externen Lernbedingungen erfordern oder zweckmäßig erscheinen lassen, sind u. a.:

- Kognitive Lernvoraussetzungen (Vorwissen bzw. vorhandenes Kompetenzprofil), insbesondere auch spezielle Fehlerprofile (Fehlkonzepte, falsche oder übersimplifizierte mentale Modelle),
- Sprache, Sprachniveau,
- Benötigte Lernzeit, Lerntempo,
- Motivationale Lernvoraussetzungen der Lernenden,
- Kulturelle Unterschiede der Lernenden,
- Spezielle Beeinträchtigungen Lernender.

Genannt wird in diesem Kontext häufig der *Lerntypus* oder *Lernstil*, was nach dem Stand empirischer Forschung allerdings wenig zweckmäßig erscheint (Plass et al. 1998; Pashler et al. 2008; Willingham et al. 2015).

Anpassungen können sich u. a. beziehen auf eine oder mehrere der Variablen: Instruktionsumfang, Lernzeit, Sequenz, Zeit der Aufgabenpräsentation oder Aufgabenschwierigkeit (Leutner 2002), aber auch spezielle methodische Vorgehensweisen oder Veranschaulichungen, z. B. beim Vorliegen von Fehlkonzepten und unangemessenen mentalen Modellen (*conceptual change*, s. Vosniadou 2008).

Adaptive Lernumgebungen haben sich durchaus als effektiv erwiesen, ihre Entwicklung erfordert einschlägige Kenntnisse der Wechselwirkungen zwischen Persönlichkeitsmerkmalen von Lernenden und Merkmalen von Lernumgebungen (vgl. Leutner 1992, 2002). Aus technischer Sicht ist Adaptivität ein wichtiger Aspekt Intelligenter Tutorieller Systeme (ITS).

Einfacher ist die Entwicklung adaptierbarer Lernangebote, die vom Lernenden oder einem Lehrenden an die aktuellen Lernvoraussetzungen angepasst werden. Ein Beispiel ist ein Schieberegler, mit dem in einem Sprachlernprogramm die Sprechgeschwindigkeit dargebotener Dialoge an die Fähigkeit der Lernenden angepasst werden kann.

Nachdem es um die Idee adaptiver Lernsysteme eine Zeitlang relativ ruhig war, scheint die Thematik wieder an Attraktivität in der Forschung zu gewinnen (Shute und Towle 2003). Tatsächlich handelt es sich um einen zentralen Aspekt des E-Learning. Wenn man *nicht* überzeugt ist, dass die meisten Lerner in der Lage sind, sich ihre Informationen selbst zu besorgen und angemessen aufzubereiten, selbstständig hinreichend zu üben und für Transferförderung zu sorgen, dann können individuell angepasste Lernangebote am ehesten mittels technikunterstützter Lernumgebungen bereitgestellt werden.

Ansätze, ein adaptives E-Learning außerhalb universitärer Forschungslabors zu realisieren gibt vergleichsweise wenige, Beispiele sind:

- LearningBrands.com
  (http://216.247.191.87/clients/LBR/site/solutions/alearning.htm)
- AdaptiveTutoring.com
  (http://www.adaptivetutoring.com/)
- Learning Machines, Inc.
  (http://www.learningmachines.com)
- Math-Bridge
  (http://www.mathe-online.at/projekte/math-bridge.html)
- ActiveMath (Melis und Siekmann 2004)
- AutoTutor (Nye et al. 2014).

## 9  Fazit und Ausblick

Der Begriff *Interaktivität* bezeichnet einen dynamischen Prozess zwischen einem Lernenden und einem Lehrsystem. Dabei sollte mindestens eine der Grundfunktionen des Lehrens (Klauer 1985; Klauer und Leutner 2012) unterstützt werden: Motivation, Information, Förderung von Behalten, Verstehen und Transfer sowie Regulation und Organisation des Lernprozesses. Diese Lehrfunktionen können für die Praxis Grundlage einer kritischen Prüfung des Designs von Interaktivität in multimedialen Lernangeboten liefern: Welchen Beitrag liefert die jeweilige Konzeption einer Interaktionsmöglichkeit tatsächlich für den Lernprozess?

*Adaptivität* findet man in einigen digitalen Lernprogrammen durchaus, allerdings meist auf bestimmte, leicht diagnostizierbare Aspekte des Vorwissens Lernender bezogen. Die Diagnose relevanter Bedingungen für eine effektive Adaption während des Lehr-Lern-Prozesses ist sicherlich der Schwachpunkt entsprechender Ansätze. Dies soll verbessert werden durch Learning Analytics (Ifenthaler 2015; Ifenthaler und Drachsler 2018).

## Literatur

Aleven, V., Stahl, E., Schworm, S., Fischer, F., & Wallace, R. (2003). Help seeking and help design in interactive learning environments. *Review of Educational Research, 73*(3), 277–320.

Anderson, L. W., & Krathwohl, D. R. (Hrsg.). (2001). *A taxonomy for learning, teaching, and assessing. A revision of Bloom's taxonomy of educational objectives.* New York: Longman.

Bloom, B. S. (Hrsg.). (1972). *Taxonomie von Lernzielen im kognitiven Bereich* (4. Aufl.). Weinheim: Beltz.

Creß, U. (2006). Lernorientierung, Lernstile, Lerntypen und kognitive Stile. In H. Mandl & H. F. Friedrich (Hrsg.), *Handbuch Lernstrategien* (S. 365–377). Göttingen: Hogrefe.

Domagk, S. (2008). *Pädagogische Agenten in multimedialen Lernumgebungen. Empirische Studien zum Einfluss der Sympathie auf Motivation und Lernerfolg* (Band 9 der Reihe Wissensprozesse und digitale Medien). Berlin: Logos.

Domagk, S. (2010). Do pedagogical agents facilitate learner motivation and learning outcomes? The role of the appeal of the agent's appearance and voice. *Journal of Media Psychology, 22*(2), 84–97.

Domagk, S., Schwartz, R. N., & Plass, J. L. (2010). Interactivity in multimedia learning: An integrated model. *Computers in Human Behavior, 26*, 1024–1033.

Eckert, A. (1999). Die „Mannheimer Netzwerk-Elaborierungs-Technik (MaNET)" – Ein computerunterstütztes Instrument zur Analyse vernetzten Wissens. In W. K. Schulz (Hrsg.), *Aspekte und Probleme der didaktischen Wissensstrukturierung* (S. 93–111). Frankfurt a. M.: Peter Lang.

Graesser, A. C., Langston, M. C., & Lang, K. L. (1992). Designing educational software around questioning. *Journal of Artificial Intelligence in Education, 3*, 235–243.

Heidig, S., & Clarebout, G. (2011). Do pedagogical agents make a difference to student motivation and learning? A review of empirical research. *Educational Research Review, 6*(1), 27–54.

Hillen, S., Berendes, K., & Breuer, K. (2000). Systemdynamische Modellbildung als Werkzeug zur Visualisierung, Modellierung und Diagnose von Wissensstrukturen. In H. Mandl & F. Fischer (Hrsg.), *Wissen sichtbar machen. Begriffsnetze als Werkzeuge für das Wissensmanagement* (S. 95–102). Göttingen: Hogrefe.

Hillen, S., Paul, G., & Puschhof, F. (2002). *Systemdynamische Lernumgebungen. Modellbildung und Simulation im kaufmännischen Unterricht.* Frankfurt a. M.: Peter Lang.

Höffler, T. N., & Leutner, D. (2007). Instructional animation versus static pictures: A meta-analysis. *Learning and Instruction, 17*, 722–738.

Homer, B. D., & Plass, J. L. (2014). Level of interactivity and executive functions as predictors of learning in computer-based chemistry simulations. *Computers in Human Behavior, 36*, 365–375.

Homer, B. D., Kinzer, C. K., Plass, J. L., Letourneau, S. M., Hoffman, D., Bromley, M., Hayward, E. O., Turkey, S., & Kornak, Y. (2014). Moved to learn: The effects of interactivity in a Kinect-based literacy game for beginning readers. *Computers & Education, 74*, 37–49.

Ifenthaler, D. (2015). Learning analytics. In J. M. Spector (Hrsg.), *The SAGE encyclopedia of educational technology* (Bd. 2, S. 447–451). Thousand Oaks: Sage.

Ifenthaler, D., & Drachsler, H. (2018). Learning analytics. In H. M. Niegemann & A. Weinberger (Hrsg.), *Handbuch Bildungstechnologie.* Heidelberg: Springer.

Johnson, G. J., Bruner, G. C., & Kumar, A. (2006). Interactivity and its facets revisited. *Journal of Advertising, 35*(4), 35–52.

Kalyuga, S. (2007). Enhancing instructional efficiency of interactive e-learning environments: A cognitive load perspective. *Educational Psychology Review, 19*, 387–399.

Keller, F. S. (1968). Goodbye teacher. *Journal of Applied Behavior Analysis, 1*, 79–89.

Keller, J. M. (1983). Motivational design of instruction. In C. M. Reigeluth (Hrsg.), *Instructional design theories and models: An overview of their current studies* (S. 383–434). Hillsdale: Erlbaum.

Kennedy, G. E. (2004). Promoting cognition in multimedia interactivity research. *Journal of Interactive Learning Research, 15*, 43–61.

Klauer, K. J. (1985). Framework for a theory of teaching. *Teaching & Teacher Education, 1*(1), 5–17.

Klauer, K. J., & Leutner, D. (2012). *Lehren und Lernen. Einführung in die Instruktionspsychologie* (2. Aufl.). Weinheim: Beltz/PVU.

Krannich, C. (2003). *Soziale Interaktion mit einem interaktiven Medium: Replikation eines Experimentes zur Media Equation Theorie (Höflichkeit)*. Unveröffentlichte Diplomarbeit, Institut für Medien- und Kommunikationswissenschaft, Technische Universität Ilmenau.

Leutner, D. (1992). *Adaptive Lehrsysteme: Instruktionspsychologische Grundlagen und experimentelle Analysen*. Weinheim: Psychologie Verlags Union.

Leutner, D. (2002). Adaptivität und Adaptierbarkeit multimedialer Lehr- und Informationssysteme. In L. J. Issing & P. Klimsa (Hrsg.), *Information und Lernen mit Multimedia und Internet* (3. Aufl., S. 115–125). Weinheim: Beltz.

Lucht, M. (2007). *Erfüllung der Informations- und Meinungsbildungsfunktion im Fernsehen: Eine experimentelle Studie zum Vergleich von herkömmlicher Dokumentation und Multiperspektivendokumentation*. Saarbrücken: VDM Verlag Dr. Müller.

Lucht, M., & Heidig, S. (2013). Applying HOPSCOTCH as an exer-learning game in English lessons: Two exploratory studies. *Educational Technology Research and Development, 61*(5), 767–792.

Mayer, R. E. (2011). Does styles research have useful implications for educational practise? *Learning and Individual Differences, 21*(3), 319–320.

Mayer, R. E. (Hrsg.). (2014). Cognitive theory of multimedia learning. In *The Cambridge handbook of multimedia learning* (2. Aufl., S. 43–71). New York: Cambridge University Press.

Mayer, R. E., & Chandler, P. (2001). When learning is just a click away: Does simple user interaction foster deeper understanding of multimedia messages? *Journal of Educational Psychology, 93*(2), 390–397.

Melis, E., & Siekmann, J. (2004). ActiveMath: An intelligent tutoring system for mathematics. In L. Rutkowski, J. H. Siekmann, R. Tadeusiewicz & L. A. Zadeh (Hrsg.), *Artificial intelligence and soft computing – ICAISC 2004* (Lecture notes in computer science, Bd. 3070). Berlin/Heidelberg: Springer.

Merriënboer, J. van (2019). Das Vier-Komponenten Instructional Design Modell. In H. Niegemann & A. Weinberger (Hrsg.), *Lernen mit Bildungstechnologien*. ISBN: 978-3-662-54373-3.

Moreno, R., & Mayer, R. E. (2007). Interactive multimodal learning environments. *Educational Psychology Review, 19*, 309–326.

Narciss, S. (2006). *Informatives tutorielles Feedback*. Münster: Waxmann.

Narciss, S. (2008). Feedback strategies for interactive learning tasks. In J. M. Spector, M. D. Merrill, J. Van Merriënboer & M. P. Driscoll (Hrsg.), *Handbook of research on educational communications and technology* (3. Aufl., S. 125–143). New York: Lawrence Erlbaum Associates.

Narciss, S. (2017). Feedback. In H. M. Niegemann & A. Weinberger (Hrsg.), *Handbuch Bildungstechnologie*. Heidelberg: Springer.

Narciss, S., Proske, A., & Körndle, H. (2007). Promoting self-regulated learning in web-based learning environments. *Computers in Human Behavior, 23*, 1126–1144.

Niegemann, H. M. (2019). Instructional Design. In H. M. Niegemann & A. Weinberger (Hrsg.), *Handbuch Bildungstechnologie*. Heidelberg: Springer.

Nye, B., Graesser, A., & Hu, X. (2014). AutoTutor and family: A review of 17 years of natural language tutoring. *International Journal of Artificial Intelligence in Education, 24*(4), 427–469.

Pashler, H., McDaniel, M., Rohrer, D., & Bjork, R. (2008). Learning styles: Concepts and evidence. *Psychological Science in the Public Interest, 9*(3), 105–119.

Plass, J. L., & Schwartz, R. N. (2014). Multimedia learning with simulations and microworlds. In R. E. Mayer (Hrsg.), *Cambridge handbook of multimedia learning* (S. 729–761). Cambridge: Cambridge University Press.

Plass, J. L., Chun, D. M., Mayer, R. E., & Leutner, D. (1998). Supporting visual and verbal learning preferences in a second-language multimedia learning environment. *Journal of Educational Psychology, 90*(1), 25–36.

Plass, J., Moreno, R., & Brünken, R. (Hrsg.). (2010). *Cognitive load theory*. Cambridge: Cambridge University Press.

Plass, J. L., Milne, C., Homer, B. D., Schwartz, R. N., Hayward, E. O., Jordan, T., Verkuilen, J., Ng, F., Wang, Y., & Barrientos, J. (2012). Investigating the effectiveness of computer simulations for chemistry learning. *Journal of Research in Science Teaching, 49*, 394–419.

Prenzel, M. (1997). Sechs Möglichkeiten, Lernende zu demotivieren. In H. Gruber & A. Renkl (Hrsg.), *Wege zum Können. Determinanten des Kompetenzerwerbs* (S. 32–44). Bern: Hans Huber.

Proske, A., Narciss, S., & Körndle, H. (2007). Interactivity and learners' achievement in web-based learning. *Journal of Interactive Learning Research, 18*(4), 511–531.

Reeves, B., & Nass, C. (1996). *The media equation. How people treat computers, televisions, and new media like real people and places*. New York: Cambridge University Press.

Rheinberg, F., & Vollmeyer, R. (2019). *Motivation* (9. Aufl.). Stuttgart: Kohlhammer.

Roediger, H. L., & Karpicke, J. D. (2006). Test-enhanced learning: Taking memory tests improves long-term retention. *Psychological Science, 17*(3), 249–255.

Rohrer, D., & Pashler, H. (2012). Learning styles: Where's the evidence? *Medical Education, 46*(7), 634–635.

Salomon, G. (1979). *Interaction of media, cognition, and learning*. San Francisco: Jossey Bass.

Scheiter, K., & Gerjets, P. (2007). Learner control in hypermedia environments. *Educational Psychology Review, 19*, 285–307.

Schnotz, W., & Lowe, R. K. (Hrsg.). (2008). A unified view of learning from animated and static graphics. In *Learning with animation* (S. 304–356). New York: Cambridge University Press.

Schuldt, J. (2017). Serious Games und Gamification. In H. M. Niegemann & A. Weinberger (Hrsg.), *Handbuch Bildungstechnologie*. Heidelberg: Springer.

Schwan, S., & Riempp, R. (2004). The cognitive benefits of interactive videos: Learning to tie nautical knots. *Learning and Instruction, 14*, 293–305.

Schwier, R. A., & Misanchuk, E. R. (1993). *Interactive multimedia instruction*. Englewood Cliffs: Educational Technology Publications.

Shook, B. (2002). Measuring levels of interactivity in computer based training. http://www.aicc.org/docs/meetings/04feb2002/online.htm. Zugegriffen am 01.05.2003.

Shute, V., & Towle, B. (2003). Adaptive e-learning. *Educational Psychologist, 38*(2), 105–114.

Sims, R. (1997). Interactivity: A forgotten art? *Computers in Human Behavior, 13*(2), 157–180.

Steuer, J. (1995). Defining virtual reality: Dimensions determining telepresence. In F. Biocca & M. R. Levy (Hrsg.), *Communication in the age of virtual reality*. Hillsdale: Lawrence Erlbaum Associates.

Sweller, J., Ayres, P., & Kalyuga, S. (2011). *Cognitive load theory*. New York: Springer.

Thomas, O., Metzger, D., & Niegemann, H. M. (Hrsg.). (2018). *Digitalisierung der Aus- und Weiterbildung. Virtuelle Lernumgebungen für industrielle Geschäftsprozesse*. Heidelberg: Springer.

Vosniadou, S. (Hrsg.). (2008). *International handbook of research on conceptual change*. New York/London: Routledge.

Vrugt, A., & Oort, F. J. (2008). Metacognition, achievement goals, study strategies and academic achievement. *Metacognition and Learning, 30*, 123–146.

Watts, R. J. (2003). *Politeness*. Cambridge: Cambridge University Press.

Weinberger, A., Hartmann, C., Schmitt, L. J., & Rummel, N. (2018). Computer-unterstützte kooperative Lernszenarien. In H. Niegemann & A. Weinberger (Hrsg.), *Lernen mit Bildungstechnologien.* https://doi.org/10.1007/978-3-662-54373-3_20-1.

Weltner, K. (1975). Das Konzept des integrierenden Leitprogramms – Ein Instrument zur Förderung der Studienfähigkeit. *Informationen zur Hochschuldidaktik,* (12), 292–305.

Wenger, E. (1987). *Artificial intelligence and tutoring systems – Computational and cognitive approaches to the communication of knowledge.* Los Altos: Morgan Kaufmann.

Willingham, D. T., Hughes, E. M., & Dobolyi, D. G. (2015). The scientific status of learning styles theories. *Teaching of Psychology, 42*(3), 266–271.

Zander, S., & Heidig, S. (2019). Motivationsdesign. In H. M. Niegemann & A. Weinberger (Hrsg.), *Handbuch Bildungstechnologie.* Heidelberg: Springer.

# Feedbackstrategien für interaktive Lernaufgaben

## Susanne Narciss

### Inhalt

1 Einleitung .................................................................... 370
2 Feedback – Feedback-Strategien – Forschungsstand ..................... 372
3 Interactive-Two-Feedback-Loops-Model ................................... 377
4 Fazit: Feedbackstrategien gestalten und evaluieren ...................... 386
Literatur ........................................................................ 390

#### Zusammenfassung

Feedback ist ein zentraler Faktor für das (technologiegestützte) Lernen. Die Effekte einer Feedbackstrategie hängen jedoch von zahlreichen situativen und individuellen Faktoren ab, und können auf mehreren Ebenen und zu unterschiedlichen Zeitpunkten erfolgen. Mit Hilfe eines heuristischen Modells, dem ITFL-Modell (Interactive-Two-Feedback-Loops-Modell; Narciss 2008) wird ein Überblick über die Faktoren und Effekte von Feedbackstrategien gegeben sowie Herausforderungen und Lösungsansätze aufgezeigt für das Design und die Evaluation von Feedbackstrategien für interaktive Lernaufgaben.

#### Schlüsselwörter

Formatives Feedback · Elaboriertes Feedback · Interaktive Tutorielle Feedbackstrategie · Peer-Feedback · Monitoring · Internes Feedback · Summatives Feedback

---

S. Narciss (✉)
Psychologie des Lehrens und Lernens, Technische Universität Dresden, Dresden, Deutschland
E-Mail: Susanne.Narciss@tu-dresden.de

## 1 Einleitung

Feedback gilt als ein zentraler Faktor, der wesentlich zum Potenzial technologiegestützter Lernumgebungen und insbesondere technologiegestützter Lern- und Übungsaufgaben beiträgt. Hattie betrachtet auf der Grundlage verschiedener Reviews und Meta-Analysen Feedback als einen der wirkungsvollsten Faktoren für erfolgreiches Lernen (z. B. Hattie 2009; Hattie und Gan 2011). Allerdings machen die vorliegenden Reviews, Meta-Analysen und Synthesen zum Stand der Forschung zu Feedback und Lernen auch deutlich, dass Feedback auf sehr vielfältige Weise eingesetzt wird und es eine große Bandbreite von Feedback-Effekten gibt (z. B. Butler und Winne 1995; Evans 2013; Kluger und DeNisi 1996; Narciss 2006, 2008, 2012b, 2017; Shute 2008; Van der Kleij et al. 2015). Moderne Informationstechnologien erweitern das Spektrum an möglichen Feedbackstrategien zusätzlich. Betrachtet man jedoch die Feedbackstrategien technologiegestützter Lernumgebungen fällt auf, dass häufig nur einfaches evaluatives Feedback angeboten wird (z. B. Kennzeichnen, ob eine Aufgabenlösung richtig oder falsch ist; und wenn sie falsch ist, sofort die Angabe der korrekten Lösung), oder dass technische Möglichkeiten genutzt werden, um komplexere Feedbackstrategien umzusetzen, dabei aber Erkenntnisse aus der Feedback- und Instruktionsforschung nur bedingt berücksichtigt werden (s. das Beispiel in Tab. 1).

Ein Grund für das Nicht-Berücksichtigen von Forschungserkenntnissen könnte darin liegen, dass die Befundlage aus der empirischen Feedbackforschung sehr inkonsistent, ja zum Teil sogar widersprüchlich ist. Grob zusammengefasst, kann man auf der Grundlage des aktuellen Forschungsstandes zurzeit allenfalls festhalten, dass sich die Wirkungen einer Feedbackstrategie nicht generell, sondern nur unter bestimmten situativen und individuellen Bedingungen entfalten können (Narciss 2006, 2008, 2013, 2017; Shute 2008; s. auch Fyfe und Rittle-Johnson 2016). Wie stark sich beispielsweise eine lernende Person von der in Tab. 1 skizzierten Feedback-Strategie verwirren und demotivieren lässt, hängt unter anderem davon ab, wie hoch ihr Vorwissen und ihr Vertrauen in die eigenen Fähigkeiten, also ihr Fähigkeitsselbstkonzept sind.

Angesichts der komplexen Befundlage sehen sich Bildungstechnologen und -forscher mit zahlreichen Herausforderungen konfrontiert, wenn sie Feedbackstrategien für technologiegestützte Lernaufgaben gestalten und untersuchen. In diesem Kapitel werden zunächst zentrale Begriffe erläutert und ein zusammenfassender Überblick über Forschungsansätze der Feedbackforschung gegeben. Danach wird das Interactive-Two-Feedback-Loop-Model (Narciss 2006, 2008, 2013, 2017) als Rahmenmodell genutzt, um einerseits den aktuellen Forschungsstand zu bündeln, andererseits aufzuzeigen, welche Herausforderungen sich Designern und Forschern stellen, wenn man systematisch interaktive Feedbackstrategien entwickelt und evaluiert. Abschließend werden in einem Fazit Implikationen für Instruktionsdesign und -forschung festgehalten.

# Feedbackstrategien für interaktive Lernaufgaben

**Tab. 1** Mehrstufige Feedback-Strategie aus einem Rechenübungsprogramm für Klasse 5 (Screenshots aus Lernsoftware Lambacher Schweizer Mathematik 5, Ausgabe Sachsen ab 2010, © Ernst Klett Verlag GmbH)

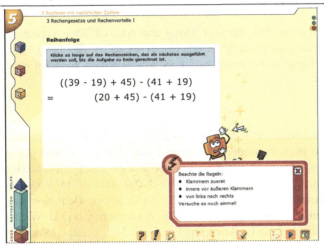

Feedbackfenster nachdem die übende Person auf das Pluszeichen in der rechten Klammer geklickt hat:
• Der rote Blitz und der rote Rahmen signalisieren, dass etwas falsch ist.
• Für die Korrektur werden Hinweise zu den Regeln, die bei dieser Aufgabenart zu beachten sind angeboten.
Bei einem richtigen Schritt gibt es kein bestätigendes Feedback, sondern man kann einfach mit dem nächsten Schritt weitermachen.

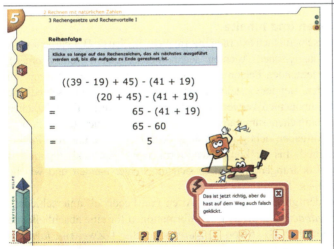

Feedbackfenster nach dem letzten Aufgabenschritt. Dieses Fenster erscheint nicht automatisch, sondern muss durch Anklicken des Buttons mit dem Haken aufgerufen werden.
Obwohl alle weiteren Aufgabenschritte korrekt erfolgten, erscheint das Feedback wieder mit rotem Blitz und rotem Rahmen.
Wenn kein Fehler in der Aufgabe gemacht wurde, erscheint das Feedback in einem grünen Rahmen und mit grünem Haken.

## 2 Feedback – Feedback-Strategien – Forschungsstand

### 2.1 Begriffsbestimmungen

Feedback gehört zu den Begriffen, die sehr häufig und sehr vielfältig verwendet werden. Um Missverständnissen vorzubeugen, bedarf es daher für die gezielte Entwicklung und Forschung zu Feedback und Feedbackstrategien zunächst einer Klärung dieser Begriffe.

#### 2.1.1 Feedback

In Instruktionskontexten bezeichnet man mit dem Begriff „Feedback" alle Informationen, die einer Person nach dem oder auch beim Bearbeiten von Lernaufgaben über ihren aktuellen Lern- oder/und Leistungsstand angeboten werden, mit dem Ziel, dass diese Informationen für die Regulation des Lernprozesses in Richtung erwünschter Ziele genutzt werden (Narciss 2006, 2008). Diese Definition von Feedback geht zurück auf ein systemtheoretisches Begriffsverständnis (z.B. Wiener 1954) und betont, dass die zentrale Funktion von Feedback darin besteht, lernenden Personen Informationen anzubieten, die sie darin unterstützen, mögliche Lücken zwischen ihrem aktuellen sowie dem angestrebten Lern- und Leistungsstand zu identifizieren und zu reduzieren (Ramaprasad 1983; Sadler 1989; Shute 2008; Hattie 2009).

#### 2.1.2 Feedback-Arten und Inhalte

Feedback kann von unterschiedlichen externen Informationsquellen (z. B. Lehrpersonen, Mitschülern, Eltern, Pädagogischen Agenten, technologiegestützten Lernsystemen), oder aber auch von der lernenden Person selbst bei oder nach der Bewältigung von Aufgaben generiert werden. Bei der Gestaltung von Feedback können unterschiedliche inhaltliche Feedback-Komponenten verwendet werden. Das Spektrum der möglichen Inhalte reicht hier von einfachen summativen Feedbackinformationen (z. B. farbige Markierung, wie viele Aufgaben richtig gelöst sind – s. Tab. 1 grüne und rote Punkte am rechten Bildschirmrand) bis zu komplexen, formativen Feedbackkomponenten (z. B. Hinweisen oder Erklärungen, warum es sich um Fehler handelt und welche Regeln zu beachten sind – s. Tab. 1).

In der Literatur werden grundsätzlich zwei Arten von Feedback unterschieden: Erstens *summatives Feedback*, das evaluative Informationen für eine abschließende Leistungsbeurteilung liefert (z. B. 15 von 20 Aufgaben richtig). Zweitens, *formatives Feedback*, das im Verlauf eines Aufgabenbearbeitungs- oder eines Lernprozesses neben evaluativen auch elaborierte Informationen liefert, die zur iterativen Optimierung des Prozesses genutzt werden können (z. B. Hinweise auf Regeln wie in Tab. 1 oder Erklärungen). Sowohl die evaluativen als auch die elaborierten Informationen können mit Hilfe unterschiedlicher inhaltlicher Feedback-Komponenten angeboten werden. Zur Organisation der vielfältigen Feedback-Inhalte schlägt Narciss (2006) eine inhaltsorientierte Klassifikation mit drei evaluativen und fünf elaborierten Feedback-Kategorien vor:

- Leistungsbezogenes Feeback = „*knowledge of performance*" (KP):
  Liefert summatives Feedback bzgl. einer erbrachten Leistung (z. B. 10 von 20 Aufgaben richtig).
- Ergebnis- bzw. antwortbezogenes Feedback = „*knowledge of result/response*" (KR): Gibt an, ob die Lösung, das Ergebnis oder die Antwort bei einer Aufgabe richtig oder falsch ist.
- Lösungsbezogenes Feedback = „*knowledge of the correct response*" (KCR): Gibt an, wie die korrekte Lösung bzw. Antwort lautet.
- Aufgabenbezogenes Feedback = „*knowledge on task constraints*" (KTC): Feedback-Komponenten, die Informationen zur Art der Aufgaben, zu Aufgabenanforderungen und/oder Teilaufgaben sowie zu aufgabenspezifischen Regeln liefern (z. B. Beachte die Regeln: (...) vgl. Tab. 1).
- „knowledge about concepts" (KC):
  Feedback-Komponenten, die sich auf aufgabenrelevantes konzeptuelles Wissen beziehen (z. B. Du hast die Fachbegriffe x und y verwechselt).
- „*knowledge about mistakes*" *(KM)*.
  Feedback-Komponenten, die sich auf Fehler beziehen (z. B., Anzahl, Ort, Art und Ursachen von Fehlern)
- „*knowledge on how to proceed*" oder kurz „*know-how*"-Feedback (KH)
  Feedback-Inhalte, die sich auf strategisches Wissen beziehen, das für die Aufgabenlösung relevant ist (z. B. Beachte, dass die Regeln: (...) vgl. Tab. 1).
- „*knowledge on meta-cognition*" (KMC)
  Feedback-Inhalte, die Informationen liefern, die für die Regulation Lernprozesses relevant sind, sich also auf meta-kognitives Wissen beziehen (z. B. Kontrolliere Dein Ergebnis mit einer Umkehrrechnung)

### 2.1.3 Feedbackstrategie

Bei der Gestaltung von Feedback für technologiegestützte Lernumgebungen werden mehrere inhaltliche Komponenten kombiniert. Im Beispiel von Tab. 1 wird nach fehlerhaften Lösungsschritten evaluative Information (KR über Rot und Blitz) mit elaborierten (KTC über Hinweis zu Regeln) präsentiert bis die Aufgabe korrekt beantwortet ist und das abschließende bestätigende Feedback erfolgt. Nach einem korrekten Aufgabenschritt gibt es nur implizit Feedback (man kann in der Aufgabenbearbeitung fortschreiten, ohne durch ein Feedback-Fenster unterbrochen zu werden). Man kann jedoch durch Klicken auf den grünen Haken Feedback erhalten (grüner Haken und Rahmen). Die Bestätigung der insgesamt korrekt gelösten Gesamtaufgaben erfolgt automatisch, indem am rechten oberen Bildschirmrand ein Punkt sich grün färbt (s. Tab. 1).

Moderne Informationstechnologien öffnen zahlreiche Möglichkeiten, formatives Feedback für Lernprozesse anzubieten (vgl. z. B. Goldin et al. 2017; Shute 2008; Whitelock 2015). Diese können jedoch nur dann sinnvoll genutzt werden, wenn Instruktionsdesigner gezielt Strategien, also einen gut begründeten koordinierten Plan entwickeln, wie das Feedback gestaltet und angeboten werden soll. Eine Feedbackstrategie beinhaltet nach Narciss (2012b) möglichst begründete Aussagen darüber,

(a) unter welchen *Feedback-Bedingungen*,
(b) mit welchen Zielsetzungen (*Feedback-Funktionen*),
(c) welche *Feedback-Inhalte*,
(d) nach welchen Ereignissen (*Feedback-Timing*),
(e) in welcher Präsentationsform (*Form und Modus der Feedback-Präsentation*) angeboten werden sollen.

Die Beantwortung dieser Fragen sieht auf den ersten Blick nicht besonders kompliziert aus. Welche Herausforderungen sich jedoch stellen, insbesondere wenn man nicht nur einfache Feedbackstrategien, sondern formative, tutorielle Feedbackstrategien entwickeln und untersuchen möchte, wird jedoch deutlich, wenn man den aktuellen Forschungsstand zu Feedback und Lernen näher betrachtet.

## 2.2 Theoretischer und Empirischer Erkenntnisstand zu Feedback und Lernen

Die Bedingungen und Wirkungen von Feedback in Lehr-Lernsituationen sind seit nahezu einem Jahrhundert Gegenstand zahlreicher Studien. Wie in der Einleitung bereits erwähnt, ist die Befundlage jedoch sehr komplex: Insgesamt belegen Meta-Analysen und Reviews zu Feedbackeffekten beim Lernen zwar, dass Feedback sich positiv auf das Lernen auswirken kann. Sie zeigen jedoch auch, dass positive Feedbackeffekte nicht generell auftreten, sondern von zahlreichen Faktoren abhängen (s. z. B. Bangert-Drowns et al. 1991; Kluger und DeNisi 1996; Mory 1996, 2004; Hattie und Timperley 2007; Narciss 2006, 2008, 2012a; Shute 2008). Die folgenden Abschnitte liefern je einen zusammenfassenden Überblick über Forschungsperspektiven und – ansätze, sowie theoretische Modelle der Forschung zu Feedback und Lernen. Aus Platzgründen wird an dieser Stelle auf detailliertere Darstellungen z. B. in Mory (2004), Narciss (2006, 2014), Hattie und Gan (2011) oder auch Shute (2008) verwiesen.

### 2.2.1 Forschungsperspektiven, – fragen, und methodische Ansätze zu Feedback und Lernen

Die Untersuchung von Feedbackeffekten und -faktoren erfolgt(e) aus unterschiedlichen theoretischen Perspektiven, wobei neue Perspektiven angeregt wurden u. a. durch wissenschaftliche und technische Weiterentwicklungen. Als theoretische Perspektiven dienten u. a. behavioristische Lerntheorien (z. B. Adams 1968; Annett 1969), kognitionspsychologische Modelle (z. B. Kulhavy und Stock 1989; Hancock et al. 1995), instruktionspsychologische Ansätze (z. B. Bangert-Drowns et al. 1991; Dempsey und Sales 1993), Modelle des selbstregulierten Lernens (Butler und Winne 1995), sozial-konstruktivistische Ansätze (z. B. Price et al. 2007), sowie integrative Rahmenmodelle, die auf der Basis meta-analytischer Befunde und umfangreicher Reviews entwickelt wurden (z. B. Hattie und Gan 2011; Hattie und Timperley 2007; Kluger und DeNisi 1996; Narciss 2006, 2008, 2013, 2017).

In Abhängigkeit der theoretischen Perspektive liegt der Fokus des Forschungsinteresses auf unterschiedlichen Feedback-Funktionen, die mit unterschiedlichen Forschungsfragen und – strategien einhergehen. Im Fokus behavioristischer Feedback-Untersuchungen standen beispielsweise formale und technische Bedingungen, die bei der Verstärkung korrekter Antworten durch informatives Feedback eine Rolle spielen. Der Fokus kognitions- und instruktionspsychologischer Untersuchungen liegt dagegen auf der korrigierenden Funktion von Feedback und es interessieren insbesondere Fragen wie, unter welchen kognitiven Voraussetzungen auf Seiten der lernenden Person, welche Feedback-Inhalte am besten die Korrektur von Fehlern unterstützen. Mit Blick auf Modelle des selbstregulierten Lernens sowie sozialkonstruktivistische Ansätze rücken zunehmend Fragen zu den Bedingungen und Wirkungen von Feedback hinsichtlich der Unterstützung einer aktiven Wissenskonstruktion in das Blickfeld des Interesses. Integrative Rahmenmodelle lenken die Aufmerksamkeit auf multiple Faktoren, die die Wirksamkeit von Feedback auf multiplen Ebenen beeinflussen können.

Je nach theoretischer Perspektive gibt es auch erhebliche Unterschiede im methodischen Vorgehen von Feedback-Untersuchungen. Einerseits unterscheiden sich beispielsweise die Art der Lehr-Lernsituationen (z. B. programmierter Unterricht, computerunterstützte Lernumgebungen, Lernen mit Lehrtexten und Aufgaben; Peer-to-Peer Lernen, Kollaboratives oder Kooperatives Lernen), die Art der Lerninhalte (z. B. Paar-Assoziations-Lernen, Fakten-Lernen, Konzepterwerb; Lernen von expositorischen Texten; Fremdsprachen-Lernen; Lernen auf schulischem oder universitärem Niveau), die Art der Lernaufgaben (das Spektrum reicht von einfachen Diskriminationsaufgaben bis zu komplexen Lernaufgaben), sowie die Art der Feedbackinhalte und -formen. Andererseits werden unterschiedliche Lern- und/oder Leistungsmaße zur Untersuchung der Wirksamkeit des eingesetzten Feedbacks verwendet (s. Übersicht in Mory 1996; Shute 2008).

### 2.2.2 Theoretische Modelle und Ansätze zu Feedback und Lernen

Zur Erklärung der komplexen zum Teil widersprüchlichen Befundlage der Forschung zu Feedback beim Lernen sowie als Basis für künftige Forschung und Instruktionsdesign entwickelten verschiedene Forschergruppen theoretische Ansätze. Im Folgenden werden die Ansätze kurz skizziert, die für Feedback in technologiegestützten Lernumgebungen relevant sind (für eine ausführliche Darstellung, s. Narciss 2006, 2014):

Kulhavy und seine Mitarbeiter formulierten ein kybernetisch orientiertes Modell der Feedback-Verarbeitung, das Response-Certitude Model (auch Response-Confidence Model). Bei diesem Modell wird als zentraler individueller Faktor die Antwortsicherheit der lernenden Person nach Beantwortung einer Lernaufgabe in den Mittelpunkt des Interesses gerückt (Kulhavy und Stock 1989). Die korrigierenden Effekte von Feedback hängen nach diesem Modell davon ab, inwiefern es eine Diskrepanz zwischen der Antwortsicherheit der lernenden Person und dem extern angebotenen Feedback gibt, und diese Diskrepanz im Falle eines Fehlers dazu genutzt wird, den Fehler zu suchen und zu beheben. In Studien zum Response-Certitude Modell wurden daher Daten zur Antwortsicherheit und Post-Feedback

Bearbeitungszeiten, sowie Maße zur Berechnung der Korrektureffizienz von Feedback erfasst. Die Ergebnisse aus Studien zum Response-Certitude Modell belegen, dass eine höhere Diskrepanz zwischen Antwortsicherheit und Leistung tatsächlich mit einer höheren Feedback-Bearbeitungszeit einhergeht. Sie zeigen auch, dass erklärende Feedback-Komponenten zu falschen Antworten dann besonders wirksam sind, wenn die Person eine hohe Antwortsicherheit hatte, also fälschlicherweise dachte, dass sie korrekt geantwortet hat (z. B. Hancock et al. 1992; Swindell 1992; siehe auch aktuellere Forschung zum Hypercorrection-Effekt, z. B. Butterfield und Mecalfe 2001).

Bangert-Drowns und ihre Koautoren formulierten ein fünfstufiges Modell, das die aktive Feedbackverarbeitung durch den Feedback-Nehmer in das Blickfeld des Interesses rückt (Bangert-Drowns et al. 1991). Als Ausgangspunkt für ihr Modell nutzten die Autoren Erkenntnisse über die Bedingungen und Wirkungen von Feedback, die einerseits aus vorhandenen Reviews (z. B. Kulhavy 1977; Kulik und Kulik 1988) abgeleitet wurden. Andererseits führten sie eine eigene Meta-Analyse zu Feedback-Effekten in testähnlichen Lernsituationen durch und fanden dabei Effektstärken von –0,83 bis 1,42 (13 % negativ; mittlere Effektstärke 0,26). Mit Hilfe einer Moderatorenanalyse leiten die Autoren ab, dass das „mindful processing" – also die zielgerichtete, aktive Verarbeitung von Feedback einerseits von individuellen Faktoren (z. B. Vorwissen, Motivation, Lernstrategien, Antwortsicherheit), andererseits von situativen Faktoren (z. B. Art der Lernaufgaben, Inhalt und Form des Feedbacks, Art der Lehr-Lernsituation, Kontrolle der „presearch availability"[1]) beeinflusst wird.

Butler und Winne (1995) betrachten die Bedingungen und Wirkungen von Feedback ausgehend von Modellen des selbstregulierten Lernens und heben die Bedeutung des Feedbacks für die Regulation und Überwachung (= „monitoring") des Lernprozesses hervor. Mit Blick auf die Strukturen und Prozesse, die beim Monitoring und bei der Feedback-Verarbeitung eine Rolle spielen, postuliert dieses Modell folgende Annahmen: Beim Bearbeiten von Lernaufgaben generieren Lernende zunächst auf der Basis ihres deklarativen, prozeduralen, strategischen und meta-kognitiven Wissens sowie ihrer motivationalen Dispositionen eine subjektive Repräsentation der Aufgabenanforderungen. Auf der Basis dieser Aufgabenrepräsentation setzen sie dann Ziele und wählen Bearbeitungsstrategien aus. Die Anwendung der ausgewählten Strategien führt zu Lernprodukten, und zwar sowohl zu mentalen Produkten (z. B. kognitive und/oder affektiven Veränderungen des individuellen Zustands), als auch zu Handlungsergebnissen (z. B. Aufgabenlösungen). Beim Monitoring der Strategieauswahl und -anwendung sowie bei der Evaluation dieser Produkte wird internes Feedback erzeugt. Dieses interne Feedback dient als Grundlage dafür, die subjektive Repräsentation der Aufgabenanforderungen zu überdenken, Ziele und/oder die Strategieauswahl bzw. -anwendung falls notwendig anzupassen. Wenn zusätzlich externes Feedback angeboten wird, kann dieses

---

[1]Presearch availability liegt vor, wenn jederzeit, also auch vor dem eigenen Bearbeiten der Lernaufgabe, auf Feedback, das die korrekte Antwort liefert zugegriffen werden kann. Ist dies der Fall, resultieren negative Feedbackeffekte.

externe Informationsangebot das interne Feedback bestätigen oder ergänzen, es kann aber auch Diskrepanzen aufzeigen. Im Fall von Diskrepanzen kann der Feedback-Nehmer unterschiedlich reagieren (z. B. internes Feedback korrigieren und Lernverhalten optimieren oder Ziele anpassen, externes Feedback ignorieren, abwerten oder umdeuten).

Kluger und DeNisi (1996) konzipierten auf der Basis eines historischen Reviews und einer umfangreichen Meta-Analyse, die weitgehend die Meta-Analyse von Bangert-Drowns et al. (1991) bestätigte, ihre Feedback- Intervention-Theorie. Diese Theorie betrachtet kognitive, motivationale und (selbstbezogene) meta-kognitive Effekte von Feedback als sich ergänzende Wirkungsweisen und postuliert, dass Feedback, das die Aufmerksamkeit auf die selbstbezogene Meta-Ebene lenkt, leistungsmindernde Effekte hat, im Gegensatz zu Feedback, das die Aufmerksamkeit auf die aufgabenbezogenen Lern- und Motivationsebenen lenkt. Anknüpfend an Kluger und DeNisis Meta-Analyse entwerfen Hattie und seine Mitarbeiter ebenfalls ein Feedbackmodell mit mehreren Wirkungsebenen (Hattie und Timperley 2007; Hattie und Gan 2011). Für dieses Modell sind drei Leitfragen zentral. Erstens, was sind meine Ziele? Zweitens, welche Fortschritte in Richtung Ziel sind zu verzeichnen? Drittens, welche Schritte sind notwendig, um das Ziel noch besser zu erreichen? Außerdem differenziert dieses Modell vier Wirkungsebenen, eine aufgabenbezogene, eine prozessbezogene, eine selbstregulationsbezogene sowie eine auf das eigene Selbst bezogene Ebene. Für Feedback, das sich auf das Selbst bezieht (z. B. Begabungslob), postuliert auch dieses Modell ungünstige Effekte.

Um eine heuristische Basis für das Design und die Evaluation von Feedbackstrategien für interaktive Aufgaben zu liefern, integrierte Narciss (2006, 2008) die Erkenntnisse der skizzierten Forschungsansätze mit Hilfe eines multidimensionalen interaktiven Feedback-Modells. Mit Hilfe dieses Modells wird im Folgenden das Zusammenwirken individueller und situativer Faktoren beim Lernen mit Feedback beschrieben.

## 3 Interactive-Two-Feedback-Loops-Model

Wie das Beispiel in Tab. 1 zeigt, kann eine Feedbackstrategie, die ungünstig gestaltet ist, zur Verwirrung und Demotivation bei Lernaufgaben beitragen. Feedbackstrategien sollten daher so gestaltet werden, dass sie eine hohe inhaltliche und formale Qualität haben. Als theoretische Basis für die Entwicklung und Evaluation qualitativ hochwertiger Feedbackstrategien hat Narciss (2006) ein integratives Feedback-Modell entwickelt, das Erkenntnisse aus der Forschung zu Feedback, formativem Assessment, und zum Selbstregulierten Lernen mit zentralen Annahmen der Systemtheorie verbindet. Die englische Bezeichnung des Modells – „Interactive-Two-Feedback-Loops-Model" (Narciss 2008) macht dessen Grundkonzeption deutlich (vgl. Abb. 1) und soll daher im Folgenden in seiner abgekürzten Form genutzt werden (ITFL- Modell).

Bisher diente das ITFL-Modell einerseits als Grundlage für die Entwicklung und Evaluation computer-basierter interaktiver Feedbackstrategien z. B. für experimen-

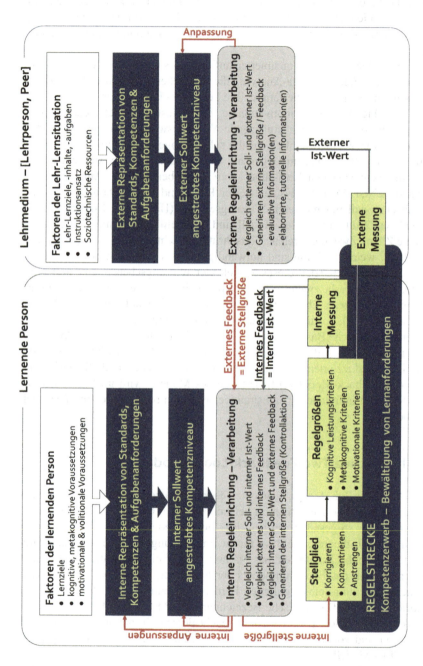

**Abb. 1** Interactive two feedback-loops Model – ITFL-Modell (aktualisiert, Narciss 2006, S. 70; vgl. auch Narciss 2013, 2017)

telle Konzepterwerbsaufgaben (Narciss 2004; Kalifah et al. 2016), Mathematikaufgaben (z. B. Narciss und Huth 2006; Narciss et al. 2014) oder Psychologie-Aufgaben (Narciss et al. 2004). Andererseits lieferte es die Basis für die die Untersuchung von Peer-Feedbackstrategien (Strijbos et al. 2010; Peters et al. 2018) und von kompetenzorientierten Feedbackstrategien (e. g., Reimann 2016; Narciss 2017).

### 3.1 Grundannahmen des ITFL-Modells

Mit Blick auf die zentrale Funktion von Feedback, nämlich lernende Personen darin zu unterstützen, Lücken zwischen ihrem aktuellen und dem angestrebten Wissens- bzw. Kompetenzzustand zu schließen, postuliert das ITFL-Modell, dass ein qualitativ hochwertiges Feedback so gestaltet sein sollte, dass es lernende Personen zur aktiven Konstruktion von Wissen anregt. Im Falle von Schwierigkeiten oder Fehlern sollte Feedback demnach nicht nur evaluative Informationen präsentieren, sondern wie ein Tutor strategische Informationen zur Korrektur von Fehlern oder zur Überwindung von Hürden im Lernprozess liefern, ohne unmittelbar die Lösung anzubieten. Narciss (2006) verwendet für diese Art von Feedback den Begriff „informatives tutorielles Feedback (ITF)". Informative tutorielle Feedbackstrategien haben das Ziel, so zur Regulation eines Lernprozesses beizutragen, dass Lernende die Kompetenzen erwerben, die sie benötigen, um die Anforderungen einer Lernsituation zu meistern. Narciss betrachtet sie daher als instruktionale Maßnahme und nutzt neben systemtheoretischen auch instruktionspsychologische Erkenntnisse, um das komplexe Zusammenspiel situativer und individueller Faktoren beim Lernen mit Feedback zu modellieren (Narciss 2006, 2008, 2014).

Die Organisation der zahlreichen Faktoren erfolgt beim ITFL-Modell auf der Basis der Bestimmungsstücke zweier interagierender Regelkreise, da auf diese Weise sehr gut deutlich wird, wie situative und individuelle Faktoren zur Regulation eines Lernprozesses mit externem Feedback beitragen (s. Abb. 1). In einem Regelkreis werden *Regelgrößen*, d. h. Indikatoren für die Güte der Regulation eines Prozesses, fortlaufend *gemessen*, das Ergebnis dieser Messung, also der *Ist-Wert der Regelgrößen*, an eine informationsverarbeitende Instanz, die sogenannte *Regeleinrichtung* rückgemeldet (= *feed back*). Dort wird geprüft, inwiefern der Ist-Wert den für den Prozess angestrebten Standards bzw. Soll-Werten entspricht. Im Falle einer Diskrepanz zwischen Ist- und Soll-Wert werden dort außerdem Korrekturgrößen oder – maßnahmen (= *Stellgrößen*) spezifiziert, die den Prozess in Richtung Soll-Wert(e) verändern sollen. Diese Korrekturmaßnahmen müssen dann mit Hilfe der korrigierenden Instanz des Systems (= *Stellglied*) umgesetzt werden, und die dadurch hervorgerufenen Änderungen der Regelgrößen erneut erfasst werden. Wie erfolgreich Feedback zur Regulation eines Prozesses beitragen kann, hängt demnach nicht nur von der Qualität des Feedbacks sondern auch von der Qualität aller Funktionseinheiten des Regelkreises ab.

Das ITFL-Modell postuliert, dass in Lehr-Lernsituationen mit einer externen Feedbackquelle (z. B. Lernprogramm, Lehrperson, Mitschüler) einerseits bei der lernenden Person selbst, andererseits bei der externen Feedbackquelle die zentralen Prozesskomponenten eines Regelkreises bedeutsam sind (vgl. Abb. 1).

Sowohl für die lernende Person, also den internen Feedback-Loop, als auch den externen Feedback-Loop besteht der zu regulierende Prozess aus dem Erwerb von Wissen und Kompetenzen, die für die Bearbeitung von Lernaufgaben bzw. die Bewältigung der mit Lernaufgaben verknüpften Anforderungen notwendig sind. In Anlehnung an instruktionspsychologische Modelle unterscheidet das ITFL-Modell drei Anforderungsebenen, nämlich eine kognitive, motivationale und metakognitive Ebene und greift damit auch die von Butler und Winne (1995) sowie Kluger und DeNisi (1996) getroffene Annahme auf, dass Feedback Effekte auf mehreren Ebenen haben kann.

Für die Regulation von Wissens- bzw. Kompetenzerwerbs-Prozessen mit Hilfe von Feedback in Richtung angestrebter Standards, bedarf es entsprechend des ITFL-Modells der Spezifikation der folgenden Komponenten in den beiden Feedback-Loops:

- *Regelgrößen*, also sorgfältig definierte Indikatoren, die so spezifiziert sind, dass man möglichst verhaltensnah messen kann, welchen Kompetenzzustand eine Person bzgl. des relevanten Kompetenzbereichs hat (z. B. Rechengesetze korrekt anwenden, s. Tab. 1; Verständlich Schreiben).
- *Standards bzw. Soll-Werte*, die so spezifiziert sind, dass deutlich wird, wie die Regelgrößen ausgeprägt sind, wenn eine Person die Anforderungen optimal bewältigt, also die Lernanforderungen meistert.
- Das ITFL- Modell postuliert, dass der interne Soll-Wert auf der Basis einer *subjektiven Repräsentation* der für die Bewältigung von Lernaufgaben notwendigen Anforderungen generiert wird, während der externe Soll-Wert auf einer *externen Repräsentation der Aufgabenanforderungen* beruht. Die subjektive Aufgabenrepräsentation hängt dabei wesentlich von individuellen Lernvoraussetzungen wie z. B. Vorwissen, metakognitiven und motivationalen Strategien sowie individuellen Lernzielen ab. Die externe Repräsentation der Aufgaben-Anforderungen ist eng mit situativen Merkmalen der Lehr-Lernsituation verknüpft (z. B. Curricularen Lehr-Lernzielen).
- *Messungen* zur Erfassung des aktuellen Zustands der Regelgrößen erfolgen einerseits von der lernenden Person selbst (z. B. in Form mehr oder weniger gezielten Monitorings), andererseits durch die externe Feedbackquelle (z. B. beim technologiegestützten Lernen über Verhaltensdaten, die beim Bearbeiten von Lernaufgaben erfasst werden).
- *Informationsverarbeitungsprozesse*, wie Vergleiche zwischen Soll- und Ist-Werten sowie Ableitungen von Korrekturmaßnahmen sind ebenfalls einerseits auf Seiten der lernenden Person wie der externen Feedbackquelle notwendig. Auf Seiten der externen Feedbackquelle bilden sie die Grundlage für die Gestaltung des externen Feedbacks, das der lernenden Person angeboten wird. Auf Seiten der lernenden Person fallen daher mehrere Vergleichsprozesse an, nämlich Vergleiche zwischen internem Ist- und Sollwert, externem Feedback und internem Sollwert, externem und internem Feedback.

- Auf der Grundlage dieser Vergleichsprozeduren kann die lernende Person konkrete Korrektur- bzw. Optimierungsmaßnahmen ableiten, also eine *interne Stellgröße generieren*. Sie kann außerdem ihren Soll-Wert anpassen oder ihre subjektive Repräsentation der Aufgabenanforderungen.

## 3.2 Bedingungen für die Effizienz von Feedback beim Lernen

Narciss (2006, 2008, 2013, 2014, 2017) hat aus den Annahmen des ITFL-Modells zentrale Bedingungen abgeleitet, die erfüllt sein müssen, damit externes Feedback optimal zur Regulation von Prozessen des Wissens- und Kompetenzerwerbs beitragen kann. Hierzu gehören (a) die präzise Bestimmung der Anforderungen, die mit der Bewältigung der Lernaufgaben verknüpft sind sowie die präzise Angabe von Sollwerten bzgl. dieser Anforderungen (Bestimmung von Regelgrößen und Sollwerten der Regelgrößen), (b) die Qualität der Informationsverarbeitung auf Seiten der externen Feedbackquelle, sowie (c) die Qualität der Informationsverarbeitung auf Seiten der lernenden Person.

### 3.2.1 Präzise Bestimmung der Aufgabenanforderungen und Lehr-Lernziele

Eine wesentliche Voraussetzung für die erfolgreiche Regulation eines Systems ist die sorgfältige und präzise Bestimmung und Beschreibung der Eigenschaften des zu regulierenden Prozesses. Mit Blick auf die Gestaltung von Feedbackstrategien für (technologiegestützte) Lernumgebungen bedeutet dies, dass zunächst einmal genau analysiert werden muss, welche kognitiven, motivationalen und metakognitiven Anforderungen mit den in dieser Situation relevanten Lehr-Lernzielen, mit den relevanten Lerninhalten und mit den Lernaufgaben verknüpft sind. In einem weiteren Schritt müssen dann Indikatoren spezifiziert werden, die dazu geeignet sind, unterschiedliche Grade der Anforderungsbewältigung reliabel und valide zu messen. Für die Identifikation möglicher Korrekturmaßnahmen muss des Weiteren analysiert werden, welche typischen, systematischen Fehler und Probleme bei der Bewältigung der Aufgabenanforderungen auftreten können, und welche Informationen bzw. Strategien notwendig sind, um diese Fehler bzw. Probleme zu beheben (vgl. z. B. Eichelmann et al. 2012; Narciss und Huth 2004, 2006).

Als Ausgangspunkt für diese Analysen und Spezifikationen kann man einerseits Lernziel-Taxonomien (z. B. Anderson et al. 2001), andererseits Bildungsstandards, Kompetenzmodelle oder – raster nutzen, oder auf vorhandene Anforderungs- und Fehleranalysen zurückgreifen. Des Weiteren kann man hierfür auch mit Hilfe moderner Computertechnologie auf (semi-)automatisierte Verfahren zurückgreifen (z. B. Green 2017; Ramachandran et al. 2017; Whitelock 2015). Je höher jedoch der Komplexitätsgrad der Lernaufgaben desto schwieriger sind diese Analyse- und Spezifikationsschritte.

### 3.2.2 Qualitätsfaktoren des externen Feedback-Loop

Die Komponenten des externen Feedback-Loop lenken die Aufmerksamkeit auf die Faktoren, welche die Qualität des externen Feedbacks beeinflussen (Narciss 2006, 2008, 2013, 2014, 2017). Hierzu gehören:

- die präzise externe Repräsentation der Aufgabenanforderungen und der Regelgrößen,
- präzise Bestimmung der Standards bzw. Soll-Werte für die Regelgrößen,
- die Qualität der externen Diagnose der Regelgrößen,
- die Qualität der Generierung von externen Feedbackkomponenten,
- die Qualität der Kommunikation oder Präsentation von externen Feedbackkomponenten.

Um passend zu den Anforderungen eines Lernprozesses Feedbackstrategien für eine technologiegestützte Lernumgebung zu entwickeln, müssen Instruktionsdesigner auf der Basis von Anforderungsanalysen eine *präzise Repräsentation der Aufgabenanforderungen und Regelgrößen* sowie angemessene *Standards bzw. Soll-Werte* für die Regelgrößen spezifizieren. Des Weiteren müssen sie Verfahren zur *Diagnose* der aktuellen Ausprägungen der Regelgrößen auswählen oder entwickeln, und so einsetzen, dass möglichst reliable und valide Messungen des aktuellen Kompetenzzustandes erfolgen können. Außerdem müssen sie das Ergebnis dieser Messungen als Informationsbasis für die Generierung von externen Feedback-Komponenten nutzen und Strategien für deren Präsentation durch die Lernumgebung entwickeln.

### 3.2.3 Qualitätsfaktoren des internen Feedback-Loop

Die optimale Ausprägung der externen Feedback-Loop-Faktoren ist zwar eine notwendige aber keine hinreichende Bedingung für die Effektivität von externem Feedback. Inwiefern das von einer externen Feedbackquelle angebotene Feedback seine Wirkungen entfalten kann, hängt nämlich wesentlich auch davon ab, wie die lernende Person dieses Feedback verarbeitet. Auf der Basis des ITFL-Modells rücken mit Blick auf die Feedbackverarbeitung durch die lernende Person die folgenden Faktoren in das Blickfeld des Interesses (Narciss 2006, 2008, 2013, 2014, 2017):

- Die interne Repräsentation der Aufgabenanforderungen durch die lernende Person (= Qualität der internen Aufgabenrepräsentation);
- die Fähigkeiten der lernenden Person, ihren Lernprozess und/oder Lernprodukte zu überwachen (= Qualität des internen Sensors, des internen Feedbacks);
- die Fähigkeiten und Fertigkeiten der lernenden Person, zur Verfügung stehende Informationen zu vergleichen und zu verarbeiten sowie für die Auswahl oder Generierung von Korrekturmaßnahmen zu nutzen (= Qualität der internen Regeleinrichtung & Stellgröße),
- die Fähigkeiten sowie die Motivation und der Willen der lernenden Person, Informationen zu nutzen und korrigierende Maßnahmen umzusetzen.

Auch die lernende Person muss ein möglichst präzises Verständnis davon haben, welche Anforderungen sich beim Bearbeiten von Lernaufgaben stellen und wie man diese bewältigen kann. Wie präzise *diese interne Repräsentation der Aufgabenanforderungen* erfolgt, hängt einerseits von der Komplexität der Aufgaben ab, andererseits von individuellen Faktoren, wie Vorwissen, Metakognitives Wissen, Lernstrategien sowie Lernmotivation. Auch die Festlegung der *individuellen Standards* wird von diesen Faktoren beeinflusst. Um zu überprüfen, inwiefern sie in der Lage sind, ihre internen Standards zu erfüllen, müssen lernende Personen einerseits ihren Lernprozess selbst überwachen, also *internes Feedback* generieren, andererseits externes Feedback einholen bzw. nutzen. Wie gut die Generierung des *internen Feedbacks* gelingt, hängt wesentlich von den metakognitiven Fähigkeiten und Fertigkeiten der lernenden Person ab (z. B. self-assessment skills; vgl. Narciss 2008, 2013, 2017). Wie gut die Verarbeitung von externem Feedback in Relation zum intern generierten Feedback gelingt, wird wiederum einerseits beeinflusst von kognitiven Fähigkeiten und Fertigkeiten der lernenden Person, Informationen aus unterschiedlichen Quellen zu verarbeiten und zu integrieren. Andererseits kann diese Verarbeitung unterstützt werden, wenn das externe Feedback passend zum Vorwissen dargeboten wird (z. B. Wiese und Koedinger 2017).

Inwiefern all die aufgelisteten Prozesse von der lernenden Person überhaupt ausgeführt werden, hängt des Weiteren wesentlich von der Motivation und dem Willen der lernenden Person ab, ihr Wissen und ihre Kompetenzen im Sinne der Standards weiter zu entwickeln. Auch gut gestaltetes externes Feedback kann nutzlos sein, wenn die Lernenden ihm keine Aufmerksamkeit schenken (z. B. Aleven et al. 2003; Narciss et al. 2004), oder nicht willens sind, Zeit und Anstrengung zu investieren, um Fehler zu korrigieren oder Hindernisse zu überwinden.

## 3.3 Wirkungsebenen und Funktionen

Wie in Abschn. 3.1 erläutert, unterscheidet das ITFL-Modell ausgehend von instruktionspsychologischen Erkenntnissen drei Ebenen, die bei der Regulation von Lernprozessen eine Rolle spielen, eine kognitive, motivationale und meta-kognitive Ebene. Feedback kann sich demnach auf Anforderungen dieser drei Ebenen beziehen und damit Wirkungen auf diesen Ebenen entfalten. Eine detaillierte Betrachtung der möglichen Wirkungen und Funktionen von Feedback für diese drei Ebenen liefert wichtige Anhaltspunkte für das Design und die Evaluation von Feedbackstrategien (Narciss 2006, 2008).

### 3.3.1 Kognitive Feedback-Wirkungen und Funktionen

Das Bewältigen von Aufgabenanforderungen kann aus ganz unterschiedlichen Gründen misslingen. Beispielsweise können das zur Bewältigung der Anforderungen notwendige Wissen fehlen, falsch oder ungenau sein. Des Weiteren können die notwendigen Wissenselemente falsch verknüpft sein oder die Bedingungen für ihre Anwendung falsch oder unklar sein. Da Feedback zu all diesen Aspekten Informationen anbieten kann, unterscheidet Narciss (2006) die folgenden kognitiven Feedback-Funktionen:

- Informieren über Diskrepanzen zwischen Ist- und Soll-Wert, d. h. informieren über Kriterien, die für das Erfüllen von Standards relevant sind, sowie über Anzahl, Ort, Art der Fehler und/oder Fehlerursachen sofern diese unbekannt sind,
- Ergänzen von inhaltlichen, prozeduralen oder auch strategischen Wissenselementen sofern die diagnostizierte Diskrepanz darauf hindeutet, dass die lernende Person Wissenslücken hat,
- Korrigieren von inhaltlichen, prozeduralen oder auch strategischen Wissenselemente sofern die diagnostizierte Diskrepanz darauf hindeutet, dass die bei der lernenden Person falsches Wissen vorhanden ist (z. B. Fehlkonzepte).
- Diskriminieren bzw. Präzisieren von inhaltlichen, prozeduralen oder auch strategischen Wissenselementen sofern die diagnostizierte Diskrepanz darauf hindeutet, dass bei der lernenden Person das Wissen bisher zu grob vorhanden ist, um die Anforderungen zu bewältigen.
- Restrukturieren der Verknüpfungen der inhaltlichen, prozeduralen oder auch strategischen Wissenselemente sofern die diagnostizierte Diskrepanz darauf hindeutet, dass bei der lernenden Person Wissenselemente falsch verknüpft wurden.

Ergänzende, korrigierende, diskriminierende und restrukturierende Funktionen werden z. T. mit dem Oberbegriff instruierende Feedback-Funktion zusammengefasst (vgl. hierzu Narciss 2006, 2008).

### 3.3.2 Metakognitive Feedback-Wirkungen und Funktionen

Feedback kann auf der meta-kognitiven Ebene einerseits Hinweise auf meta-kognitive Strategien und ihre Einsatzmöglichkeiten, sowie auf zielrelevante Kriterien für das Monitoring und die Evaluation liefern. Andererseits kann es die Lernenden dazu anregen, selbst Informationen für das Monitoring zu generieren. Darüber hinaus kann es als Grundlage für Reflexionen über die Angemessenheit der angewandten Lösungsstrategien, oder über die Angemessenheit der Fehlersuch- und Korrekturstrategien dienen. Im Hinblick auf die Bewältigung meta-kognitiver Anforderungen kann man daher mindestens folgende Feedback-Funktionen unterscheiden (vgl. Butler und Winne 1995):

- Informieren über meta-kognitive Strategien sofern deutlich wird, dass die lernende Person relevante meta-kognitive Strategien nicht eingesetzt hat.
- Ergänzen meta-kognitiver Wissenselemente, z. B. zu den Einsatzbedingungen von meta-kognitiven Strategien.
- Korrigieren von Fehlern, die beim Einsatz meta-kognitiver Strategien aufgetaucht sind.
- Lenken bzw. Anleiten des Einsatzes von meta-kognitiven Strategien z. B. durch Feedback-Prompts, falls die lernende Person noch zu wenig Übung in der Anwendung der Strategien hat.

### 3.3.3 Motivationale Feedback-Wirkungen und Funktionen

Auf motivationaler Ebene muss die lernende Person gerade dann, wenn das Bewältigen der Anforderungen misslingt oder Schwierigkeiten bereitet, ihre Zielgerichtetheit, Anstrengung sowie Ausdauer regulieren. Von zentraler Bedeutung sind hierbei einerseits die evaluativen Feedback-Komponenten, also Feedback-Informationen über die Richtigkeit oder Güte der Aufgabenbearbeitung, andererseits elaborierte Feedback-Komponenten, die das Bewältigen der Aufgabenanforderungen unterstützen, aber nicht unmittelbar die Lösung oder den Lösungsweg liefern, also tutorielle Feedback-Komponenten.

Evaluative Feedback-Komponenten machen sichtbar, inwiefern eine Aufgabe erfolgreich oder nicht -erfolgreich bearbeitet wurde. Dadurch wird ein für die Lernmotivation zentrales Anreizfeld aktiviert wird, nämlich das Anreizfeld, das sich auf das eigene Kompetenzerleben bezieht. Wird dieses Anreizfeld aktiviert, erhöht sich der Leistungsanreiz einer erfolgreichen Aufgabenbearbeitung (z. B. Vollmeyer und Rheinberg 2005).

Tutorielle Feedback-Komponenten liefern ergänzend zu evaluativen auch strategische Informationen, die für die Korrektur von Fehlern oder zur Überwindung von Problemen nützlich sind. Sie unterstützen das Bewältigen von Anforderungen gerade dann, wenn lernende Personen auf Schwierigkeiten bei Lernaufgaben stoßen und tragen damit dazu bei, dass auch schwierige Aufgaben als bearbeitbar erlebt werden, also die subjektive Aufgabenschwierigkeit reduziert wird. Da tutorielle Feedback-Komponenten strategische Informationen anbieten, ohne gleichzeitig die Lösung anzugeben, bieten sie außerdem Gelegenheiten, Lernerfolge zu erleben, die intern attribuiert werden können. Im Gegensatz dazu verhindern elaborierte Feedback-Komponenten, die dem Lernenden das Nachdenken über den Fehler und das Suchen nach Lösungen abnehmen, solche intern attribuierbaren Erfolgsgelegenheiten. Das Erleben von Lernerfolg sowie die interne Attribution dieses Erfolgs sind nach kognitiven Modellen der Lernmotivation die zentralen Voraussetzungen für eine positive Selbstbewertung (z. B. Heckhausen und Rheinberg 1980). Man kann also nicht nur durch die evaluative, sondern auch durch tutorielle Feedback-Komponenten das Anreizfeld positiven Kompetenz-Erlebens aktivieren.

Auf der Basis dieser Überlegungen hält Narciss (2006) die folgenden motivierenden Funktionen von Feedback allgemein, sowie tutoriellen Feedbackstrategien im Besonderen fest:

- Feedback aktiviert das mit dem subjektiven Kompetenzerleben verknüpfte Anreizfeld, indem es Ergebnisse der Aufgabenbearbeitung sichtbar macht.
- Tutorielle Feedbackstrategien reduzieren die (subjektive) Aufgabenschwierigkeit, da sie Informationen anbieten, die zur Bewältigung der Aufgabenanforderungen genutzt werden können.
- Tutorielle Feedbackstrategien erhöhen die subjektive Erfolgswahrscheinlichkeit, da sie tutorielle Komponenten, aber nicht die Lösung anbieten,
- Tutorielle Feedbackstrategien ermöglichen es, Erfolge der eigenen Anstrengung zuzuschreiben, also intern zu attribuieren, weil sie zwar unterstützende Informationen, jedoch nicht die Lösung anbieten.
- Tutorielle Feedbackstrategien erhöhen damit die Chance auf internal attribuierbare Erfolgserlebnisse, was wiederum das Erleben eines positiven Kompetenz-Zuwachses befördert (empirische Belege für diese Wirkungen finden sich z. B. in Narciss 2004; Narciss und Huth 2006).

## 4 Fazit: Feedbackstrategien gestalten und evaluieren

Das ITFL-Modell macht deutlich, dass man bei der Gestaltung und Erforschung der Bedingungen und Wirkungen von (tutoriellen) Feedbackstrategien sowohl die situativen wie die individuellen Faktoren, als auch die Multidimensionalität und Multifunktionalität von (tutoriellem) Feedback beachten sollte. Im Folgenden sollen daher zunächst grundlegende Implikationen für die Gestaltung sowie für die Evaluation tutorieller Feedback-Strategien aus dem ITFL-Modell dargestellt werden.

### 4.1 Gestaltung von (tutoriellen) Feedbackstrategien

Um eine Feedbackstrategie im Sinne des in Abschn. 2.1.3 dargestellten Begriffsverständnis zu gestalten, muss man einerseits mehrere Feedback-Facetten, nämlich eine funktionale, inhaltliche und formale Facette berücksichtigen, andererseits für mehrere Passungsprobleme Lösungsvorschläge erarbeiten. Hierzu gehören die Passung zwischen Feedbackstrategie und situativen Faktoren der Lehr-Lernsituation, die Passung zwischen Feedbackstrategie und individuellen Faktoren der lernenden Person sowie auch die Passung zwischen Feedbackstrategie und Faktoren der externen Feedbackquelle (z. B. technische Möglichkeiten einer Lernumgebung).

**Spezifikation funktionaler, inhaltlicher und formaler Feedbackaspekte**
Für die Gestaltung einer Feedbackstrategie müssen unter Berücksichtigung der genannten Passungsprobleme für jede der drei Feedback-Facetten Spezifikationen erfolgen:

1. Bei der funktionalen Facette gilt es zu klären, welche Wirkungen soll das Feedback wann und wie lange entfalten? Soll es beispielsweise dazu beitragen, möglichst schnell, eine inkorrekte Aufgabenlösung zu korrigieren? Oder soll es dazu beitragen, dass die lernende Person, Strategien erwirbt, ihre Fehler selbst zu finden und zu beheben. Man muss also mögliche kognitive, motivationale und metakognitive Funktionen der Feedbackstrategie spezifizieren. Dabei kann man die in Abschn. 3.3 dargestellte, differenzierte Analyse von Feedbackfunktionen nutzen.
2. Bei der Spezifikation der inhaltlichen Facette stellt sich die Frage, welche Informationen passend zu den angestrebten Feedback-Funktionen sowie zu den ermittelten Feedback-Bedingungen angeboten werden können. Dabei können eine Vielzahl evaluativer und elaborierter inhaltliche Feedback-Komponenten kombiniert werden (vgl. Abschn. 2.1.2).
3. Mit Blick auf die formale Facette, gilt es u. a. zu spezifizieren, wann (feedbacktiming), wie häufig und in welchen Zeitabständen (feedback scheduling), in welchem Kodierungsformat (z. B. Text, Symbole, Gesten, Bilder), über welche

Sinnesmodalität(en) (z. B. visuell, auditiv, taktil; multimodal) die ausgewählten Feedback-Inhalte präsentiert werden. Des Weiteren stellt sich die Frage, auf welche Weise die Feedbackstrategie an die individuellen Faktoren der lernenden Person sowie die situativen Faktoren adaptiert werden kann (z. B. adaptiv, also systemgesteuert, wie in adaptiven intelligenten tutoriellen Systemen; adaptierbar, also lernerkontrolliert; oder auch durch Verteilung der Kontrolle auf Lernsystem und lernende Person = shared-control, vgl. Narciss 2008).

**Passung Feedbackstrategie – situative Faktoren der Lehr-Lernsituation**
Bei der Spezifikation der Funktionen, Inhalte und formalen Aspekte der Feedbackstrategie muss man die situativen Faktoren einer Lehr-Lernsituation, insbesondere die Lehr-Lernziele, Lerninhalte, Art der Lernaufgaben, sowie mögliche Quellen für Fehlkonzepte und Fehler berücksichtigen. In einer Lehr-Lernsituation, die auf den Erwerb deklarativen Wissens abzielt, stehen andere Lerninhalte im Fokus und es werden auch andere Lernaufgaben gestellt, als in einer Lehr-Lernsituation, die auf den Schwerpunkt auf den Erwerb prozeduralen Wissens oder metakognitiver Strategien legt. Mit unterschiedlichen Lernaufgaben gehen jedoch auch unterschiedliche Anforderungen und Fehlerquellen einher. Man muss demzufolge eine Passung zwischen Feedback und Lernaufgaben bzw. Lernanforderungen, Feedback und Fehlern bzw. Fehlerquellen, sowie Feedback und Lehr-Lernzielen herstellen (Narciss 2006).

**Passung Feedbackstrategie – individuelle Faktoren der lernenden Person**
Individuellen Lernvoraussetzungen beeinflussen, wie Feedback genutzt wird und welche Wirkungen es entfalten kann (z. B. Fyfe und Rittle-Johnson 2016; Narciss 2004). Bei Lernenden mit einem hohen Kenntnisniveau gelingt die Fehlerkorrektur beispielsweise bereits, wenn man den Fehlerort kennzeichnet, während bei Lernenden mit geringem Kenntnisniveau häufig noch Hinweise zu möglichen Korrekturstrategien notwendig sind, damit sie ihre Fehler beheben können. Wie in Abschn. 3.2.2 dargestellt, beeinflussen neben kognitiven Faktoren auch motivationale und metakognitive Faktoren, wie Lernende Feedback-Informationen nutzen und verarbeiten. Das Herstellen einer Passung zwischen Feedbackstrategie und Lernerfaktoren kann über verschiedene Adaptationsstrategien erfolgen (s. Narciss 2008; Narciss et al. 2014).

**Passung Feedbackstrategie – Faktoren der externen Feedbackquelle**
In technologiegestützten Lernumgebungen ergeben sich je nach deren technischen Eigenschaften unterschiedliche Möglichkeiten wie formative und summative Feedbackstrategien entwickelt und implementiert werden können. Multimediale Lernumgebungen erlauben beispielsweise die audiovisuelle Präsentation von Feedback-Inhalten. Außerdem ermöglichen sie es, Feedback-Inhalte über pädagogische Agenten zu kommunizieren. In Serious Games oder auch Virtuellen Simulations-Lernumgebungen kann Feedback über unmittelbare Effekte einer Aktion erfolgen (z. B. schmerzhaftes Stöhnen eines virtuellen Patienten). Wie man

die technischen Möglichkeiten einer Feedbackquelle bei der Feedbackgestaltung sinnvoll nutzen kann, hängt jedoch wesentlich auch von den bereits beschriebenen individuellen und situativen Faktoren ab.

## 4.2 Evaluation von (tutoriellen) Feedbackstrategien

Das ITFL-Modell hebt hervor, dass (tutorielle) Feedbackstrategien ihre Wirkungen in Interaktion mit der lernenden Person, also einem komplexen informationsverarbeitenden System, entfalten. Dies bedeutet, dass die Wirkungen von ITF nicht generell, sondern nur unter bestimmten situativen und individuellen Bedingungen zum Tragen kommen. Bei der Evaluation von (tutorielle) Feedbackstrategien in Lehr-Lernsituationen ist daher zu berücksichtigen, dass

- Feedback multidimensional ist und daher die verschiedenen Dimensionen und Facetten der entwickelten Feedbackstrategien sorgfältig beschrieben werden sollten.
- Feedback auf verschiedenen Wirkungsebenen effektiv sein kann und daher nicht nur kognitive, sondern möglichst auch motivationale sowie metakognitive Wirkungen untersucht werden sollten.
- Feedback zu unterschiedlichen Zeitpunkten Wirkungen entfalten kann und daher nicht nur Daten in einem Posttest, sondern auch Daten während des gesamten Lernprozesses erfasst werden sollten.
- Formatives Feedback insbesondere dann seine Wirkungen entfalten kann, wenn es eine Diskrepanz zwischen Ist- und Soll-Wert gibt und demnach eher bei Lernenden mit niedrigem Vorwissen oder Kompetenzniveau und/oder bei komplexen Aufgaben förderlich ist.
- Formatives Feedback nur dann seine Wirkungen entfalten kann, wenn die Lernenden es zielgerichtet und aktiv verarbeiten.

Bei der Evaluation tutorieller Feedbackstrategien müssen daher nicht nur globale, sondern sehr differenzierte Analysen der Bedingungen und Wirkungen der einzelnen Feedbackstrategien durchgeführt werden. Es geht dabei nicht um die Frage, welche Feedbackstrategie die Beste ist, sondern vielmehr um Fragen wie (vgl. Narciss 2008):

1. Unter welchen individuellen und situativen Bedingungen haben welche inhaltlichen Feedback-Komponenten einen hohen Informationswert für die Lernenden?
2. Wie kann man formale Feedback-Aspekte nutzen, um Feedback-Inhalte so zu präsentieren, dass eine zielgerichtete aktive Verarbeitung auf Seiten der Lernenden anregt?
3. Welche kognitiven, metakognitiven und motivationalen Wirkungen haben unterschiedliche Feedbackstrategien in Abhängigkeit von individuellen und situativen Faktoren?
4. Zu welchem Zeitpunkt und mit welcher Zeitdauer treten diese Effekte auf?

Abb. 2 fasst die Implikationen für Gestaltung und Evaluation grafisch zusammen.

# Feedbackstrategien für interaktive Lernaufgaben

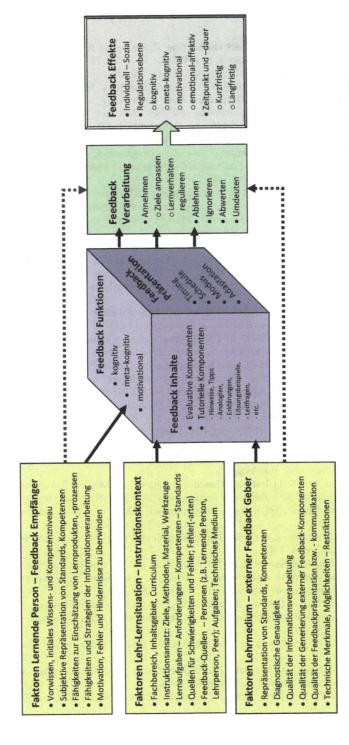

**Abb. 2** Übersicht über Faktoren und Effekte, die bei der Gestaltung und Evaluation von Feedbackstrategien relevant sind (vgl. Narciss 2013)

## Literatur

Adams, J. A. (1968). Response feedback and learning. *Psychological Bulletin, 70*, 486–504.

Aleven, V., Stahl, E., Schworm, S., Fischer, F., & Wallace, R. (2003). Help seeking and help design in interactive learning environments. *Review of Educational Psychology, 62*, 148–156.

Anderson, L. W., Krathwohl, D. R., Airasian, P. W., Cruikshank, K. A., Mayer, R. E., Pintrich, P. R., Raths, J., & Wittrock, M. C. (2001). *A taxonomy for learning, teaching, and assessing. A revision of Bloom's taxonomy of educational objectives*. New York: Longman.

Annett, J. (1969). *Feedback and human behavior*. Oxford: Penguin Books.

Bangert-Drowns, R. L., Kulik, C. C., Kulik, J. A., & Morgan, M. T. (1991). The instructional effect of feedback in test-like events. *Review of Educational Research, 61*, 213–238.

Butler, D. L., & Winne, P. H. (1995). Feedback and self-regulated learning: A theoretical synthesis. *Review of Educational Research, 65*, 245–281.

Butterfield, B., & Mecalfe, J. (2001). Errors committed with high confidence are hypercorrected. *Journal of Experimental Psychology: Learning, Memory & Cognition, 27*, 1491–1494.

Dempsey, J. V., & Sales, G. C. (Hrsg.). (1993). *Interactive instruction and feedback*. Englewood Cliffs: Educational Technology Publications.

Eichelmann, A., Narciss, S., Schnaubert, L., & Melis, E. (2012). Typische Fehler und Fehlerquellen bei der Addition und Subtraktion von Brüchen – Ein Review zu empirischen Fehleranalysen. *Journal für Mathematik-Didaktik, 33*, 29–57.

Evans, C. (2013). Making sense of assessment feedback in higher education. *Review of Educational Research, 83*(1), 70–120.

Fyfe, E. R., & Rittle-Johnson, B. (2016). Feedback both helps and hinders learning: The causal role of prior knowledge. *Journal of Educational Psychology, 108*(1), 82–97.

Goldin, I., Narciss, S., Foltz, P., & Bauer, M. (2017). New directions in formative feedback in interactive learning environments. *International Journal of Artificial Intelligence in Education, 27*(3), 385–392.

Green, N. L. (2017). Argumentation scheme-based argument generation to support feedback in educational argument modeling systems. *International Journal of Artificial Intelligence in Education, 27*(3), 515–533. https://doi.org/10.1007/s40593-016-0115-y.

Hancock, T. E., Stock, W. A., & Kulhavy, R. W. (1992). Predicting feedback effects from response-certitude estimates. *Bulletin of the Psychonomic Society, 30*, 173–176.

Hancock, T. E., Thurman, R. A., & Hubbard, D. C. (1995). An expanded control model for the use of instructional feedback. *Contemporary Educational Psychology, 20*, 410–425.

Hattie, J. A. (2009). *Visible learning. A synthesis of over 800 meta-analyses relating to achievement*. London/New York: Routledge.

Hattie, J. A., & Gan, M. (2011). Instruction based on feedback. In R. Mayer & P. Alexander (Hrsg.), *Handbook of research on learning and instruction* (S. 249–271). New York: Routledge.

Hattie, J., & Timperley, H. (2007). The power of feedback. *Review of Educational Research, 77*, 81–112.

Heckhausen, H., & Rheinberg, F. (1980). Lernmotivation im Unterricht, erneut betrachtet. *Unterrichtswissenschaften, 8*, 7–47.

Kalifah, L., Prescher, C., & Narciss, S. (2016). *Internal and external feedback fosters achievement, strategies, and motivation in experimental concept learning tasks*. Paper presented at the International Conference on Motivation, Thessaloniki, 2016.

Kluger, A. N., & DeNisi, A. (1996). Effects of feedback interventions on performance: A historical review, a meta-analysis, and a preliminary feedback intervention theory. *Psychological Bulletin, 119*, 254–284.

Kulhavy, R. W. (1977). Feedback in written instruction. *Review of Educational Research, 47*, 211–232.

Kulhavy, R. W., & Stock, W. A. (1989). Feedback in written instruction: The place of response certitude. *Educational Psychology Review, 1*, 279–308.

Kulik, J. A., & Kulik, C. C. (1988). Timing of feedback and verbal learning. *Review of Educational Research, 58*, 79–97.

Mory, E. H. (1996). Feedback research. In D. H. Jonassen (Hrsg.), *Handbook of research for educational communications and technology* (S. 919–956). New York: Simon & Schuster Macmillan.

Mory, E. H. (2004). Feedback research revisited. In D. H. Jonassen (Hrsg.), *Handbook of research on educational communications and technology* (2. Aufl., S. 745–783). Mahwah: Lawrence Erlbaum Associates.

Narciss, S. (2004). The impact of informative tutoring feedback and self-efficacy on motivation and achievement in concept learning. *Experimental Psychology, 51*(3), 214–228.

Narciss, S. (2006). *Informatives tutorielles Feedback. Entwicklungs- und Evaluations-prinzipien auf der Basis instruktionspsychologischer Erkenntnisse.* Münster: Waxmann.

Narciss, S. (2008). Feedback strategies for interactive learning tasks. In J. M. Spector, M. D. Merrill, J. J. G. van Merrienboer & M. P. Driscoll (Hrsg.), *Handbook of research on educational communications and technology* (3. Aufl., S. 125–144). Mahaw: Lawrence Erlbaum Associates.

Narciss, S. (2012a). Feedback in instructional contexts. In N. Seel (Hrsg.), *Encyclopedia of the learning sciences* (Bd. F(6), S. 1285–1289). New York: Springer Science & Business Media, LLC.

Narciss, S. (2012b). Feedback strategies. In N. Seel (Hrsg.), *Encyclopedia of the learning sciences* (Bd. F(6), S. 1289–1293). New York: Springer Science & Business Media.

Narciss, S. (2013). Designing and evaluating tutoring feedback strategies for digital learning environments on the basis of the interactive tutoring feedback model. *Digital Education Review, 23*, 7–26 http://greav.ub.edu/der. Zugegriffen am 27.02.2017.

Narciss, S. (2014). Modelle zu den Bedingungen und Wirkungen von Feedback in Lehr-Lernsituationen. In A. Müller & H. Ditton (Hrsg.), *Rückmeldungen und Feedback: Theoretische Grundlagen, empirische Befunde, praktische Anwendungsfelder.* Münster: Waxmann.

Narciss, S. (2017). Conditions and effects of feedback viewed through the lens of the interactive tutoring feedback model. In D. Carless, S. M. Bridges, C. K. Y. Chan & R. Glofcheski (Hrsg.), *Scaling up assessment for learning in higher education* (S. 173–189). Singapore: Springer.

Narciss, S., & Huth, K. (2004). How to design informative tutoring feedback for multi-media learning. In H. M. Niegemann, D. Leutner & R. Brünken (Hrsg.), *Instructional Design for Multimedia learning* (S. 81–195). Münster: Waxmann.

Narciss, S., & Huth, K. (2006). Fostering achievement and motivation with bug-related tutoring feedback in a computer-based training on written subtraction. *Learning and Instruction, 16*, 310–322.

Narciss, S., Körndle, H. Reimann, G., & Müller. C. (2004). Feedback-seeking and feedback efficiency in web-based learning – How do they relate to task and learner characteristics? In P. Gerjets, P. A. Kirschner, J. Elen & R. Joiner (Hrsg.), *Instructional design for effective and enjoyable computer- supported learning.* (S. 377–388). Tübingen: Knowledge Media Research Center. https://www.iwm-tuebingen.de/workshops/SIM2004/pdf_files/Narciss_et_al.pdf.

Narciss, S., Schnaubert, L., Andres, E., Eichelmann, A., Goguadze, G., & Sosnovsky, S. (2014). Exploring feedback and student characteristics relevant for personalizing feedback strategies. *Computers & Education, 71*, 56–76.

Peters, O., Körndle, H., & Narciss, S. (2018). Effects of a formative assessment script on how vocational students generate formative feedback to a peer's or their own performance. *European Journal of Psychology of Education, 33*(1), 117–143.

Price, M., O'Donovan, B., & Rust, C. (2007). Putting a social-constructivist assessment process model into practice: Building the feedback loop into the assessment process through peer review. *Innovations in Education and Teaching International, 44*(2), 143–150.

Ramachandran, L., Gehringer, E. F., & Yadav, R. K. (2017). Automated assessment of the quality of peer reviews using natural language processing techniques. *International Journal of Artificial Intelligence in Education.* https://doi.org/10.1007/s40593-016-0132-x.

Ramaprasad, A. (1983). On the definition of feedback. *Behavioral Science, 28*, 4–13.

Reimann, G. (2016). Interaktives Feedback. In J. Biondi (Hrsg.), *Das iCiF Modell: Individuelles Coaching und interaktives Feedback in der Tanzausbildung* (S. 21–32). Berlin: Logos Verlag.

Sadler, D. R. (1989). Formative assessment and the design of instructional systems. *Instructional Science, 18*, 119–144.

Shute, V. J. (2008). Focus on formative feedback. *Review of Educational Research, 78*, 153–189.

Strijbos, J. W., Narciss, S., & Duennebier, K. (2010). Peer feedback content and sender's competence level in academic writing revision tasks: Are they critical for feedback perceptions and efficiency? *Learning and Instruction, 20*, 291–303.

Swindell, L. K. (1992). Certitude and the constrained processing of feedback. *Contemporary Educational Psychology, 17*, 30–37.

Van der Kleij, F. M., Feskens, R. C., & Eggen, T. J. (2015). Effects of feedback in a computer-based learning environment on students' learning outcomes: A meta-analysis. *Review of Educational Research, 85*(4), 475–511.

Vollmeyer, R., & Rheinberg, F. (2005). A surprising effect of feedback on learning. *Learning and Instruction, 15*(6), 589–602.

Whitelock, D. (2015). Maximising student success with automatic formative feedback for both teachers and students. In M. Kalz & E. Ras (Hrsg.), *Computer assisted assessment. Research into E-Assessment* (S. 142–148). Chem: Springer International Publishing.

Wiener, N. (1954). *The human use of human beings: Cybernetics and society.* Oxford: Houghton Mifflin.

Wiese, E. S., & Koedinger, K. R. (2017). Designing grounded feedback: Criteria for using linked representations to support learning of abstract symbols. *International Journal of Artificial Intelligence in Education, 27*(3), 448–474. https://doi.org/10.1007/s40593-016-0133-9.

# Motivationsdesign bei der Konzeption multimedialer Lernumgebungen

## Steffi Zander und Steffi Heidig

**Inhalt**

| | | |
|---|---|---|
| 1 | Grundlagen | 394 |
| 2 | Person – Lernvoraussetzungen berücksichtigen | 396 |
| 3 | Situation – Motivation ermöglichen (Das ARCS-Modell) | 403 |
| 4 | Zusammenfassung | 412 |
| 5 | Ausblick und Forschungsperspektiven | 412 |
| | Literatur | 413 |

### Zusammenfassung

Motivation ist ein facettenreiches Phänomen. Besonders im Bezug auf das Lernen und somit auch auf e-Learning wird der Motivation eine bedeutende Rolle zugeschrieben, da die Stärke der Motivation über die Richtung, Ausdauer und Intensität unserer Handlungen entscheidet. Im folgenden Beitrag werden im ersten Teil für das Lernen bedeutsame Aspekte der Motivation – Interesse, intrinsische und extrinsische Motivation sowie das Leistungsmotiv – theoretisch beschrieben. Im zweiten Teil wird das ARCS-Modell vorgestellt, welches basierend auf den theoretischen Grundlagen Empfehlungen für die motivierende Gestaltung von Lernumgebungen gibt. Diese Empfehlungen werden in vier Kategorien eingeteilt: Aufmerksamkeit, Relevanz, Erfolgszuversicht und Zufriedenheit. Zu diesen Kategorien stellt der Beitrag neben den Einzelmaßnahmen aktuelle Beispiele aus der Forschung dar, welche die Wirk-

---

S. Zander (✉)
Instructional Design, Bauhaus-Universität Weimar, Weimar, Deutschland

S. Heidig
Kommunikationspsychologie, Hochschule Zittau/Görlitz, Görlitz, Deutschland
E-Mail: steffi.heidig@hszg.de

samkeit der Maßnahmen aus dem ARCS-Modell näher untersuchen und differenzieren.

> **Schlüsselwörter**
> Motivation · Motivierung · Interesse · ARCS-Modell · Lernmotivation

# 1 Grundlagen

## 1.1 Motivation

Alltagssprachlich wird häufig angenommen, dass Motivation etwas Einheitliches ist, ein fassbarer Begriff unter dem sich jeder etwas vorstellen kann. Sätze, wie „Ich habe keine Lust" oder „Ich bin motiviert". lassen den Eindruck entstehen, dass Motivation eine Einheit ist, die in ihrer Intensität variiert.

Wissenschaftlich betrachtet, handelt es sich bei der Motivation jedoch um einen facettenreichen Begriff, der ganz grundsätzlich erklären soll, warum Menschen sich für Handlungen entscheiden und diese mit einer bestimmten Ausdauer und Intensität ausführen. Es soll erklärt werden, was genau der „Motor" ihres Tuns ist. Dies legt nahe, dass verschiedene „Motivationen" sich in ihrer Struktur und Qualität unterscheiden. So kann man etwas tun, weil man ein bestimmtes Ziel erreichen will, oder einfach weil die Handlung Spaß macht. Gleichermaßen kann eine Handlung auch ausgeführt werden, um etwas Unangenehmes zu vermeiden.

Motivation ist nicht unmittelbar beobachtbar. Sie kann nur über Anzeichen im menschlichen Handeln erschlossen werden. Deshalb spricht man auch davon, dass es sich bei Motivation, um ein hypothetisches Konstrukt handelt, also eine Hilfsgröße, die bestimmte Verhaltensbesonderheiten erklären soll (zu hypothetischen Konstrukten s. Beck und Krapp 2006, S. 58 ff.).

Nach Rheinberg (2008, S. 15) ist Motivation definiert als „aktivierende Ausrichtung des momentanen Lebensvollzuges auf einen als positiv bewerteten Zielzustand". Zimbardo und Gerrig (2004, S. 503) verstehen Motivation als „allgemeinen Begriff für alle Prozesse, die der Initiierung, der Richtungsgebung und der Aufrechterhaltung physischer und psychischer Aktivitäten dienen". Zusammenfassend kann also festgehalten werden, dass der Begriff „Motivation" die Richtung, Ausdauer und Intensität von Verhalten erklären soll.

## 1.2 Das Grundmodell der Motivationspsychologie

Wie also entsteht die Motivation eine bestimmte Aktivität oder Handlung auszuführen? Eine Grundannahme ist, dass die jeweilige in der Situation auftretende Motivation aus einer Wechselbeziehung zwischen Person und Situation entsteht. Diese Annahme stammt bereits aus den 30er-Jahren von Lewin (1936) und Murray (1938). Das Grundmodell der klassischen Motivationspsychologie in Abb. 1 stellt

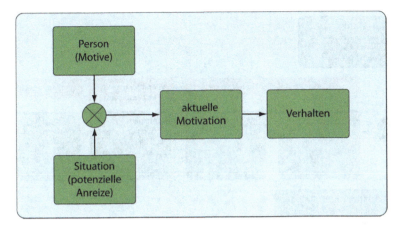

**Abb. 1** Das Grundmodell der klassischen Motivationspsychologie (nach Rheinberg 2008, S. 70)

die Interaktion von Situation und Person schematisch dar, aus der sich die aktuelle Motivation ergibt (s. Rheinberg 2008). Die aktuelle Motivation beeinflusst dann das Verhalten und Erleben.

## 1.3 Besonderheiten der Lernmotivation

Da an dieser Stelle im Besonderen auf die Bedeutung von Motivation für das Lernen mit Medien eingegangen wird, stellt sich die Frage, welche Aspekte von Motivation für das Lernen von Bedeutung sind. Rheinberg und Fries (1998) haben das Modell der klassischen Motivationspsychologie für die Erklärung von Lernhandeln angepasst (Abb. 2). Es soll im Folgenden als Grundlage für die Einordnung wichtiger Aspekte der Lernmotivation dienen. Lernmotivation ist definiert als:

> „... der Wunsch bzw. die Absicht (...), bestimmte Inhalte oder Fertigkeiten zu lernen ... Die vorgeschlagene Definition lässt offen, aus welchen Gründen, oder mit welcher Zielstellung eine Person zu lernen beabsichtigt. Die Absicht zu lernen kann z. B. auf Interesse an einer Sache oder aber auf die Ankündigung einer Prüfung zurückzuführen sein. Lernmotivation als solche besagt also nur, dass eine Person den aktuellen oder wiederkehrenden Wunsch hat, Wissen zu erwerben ....." (Schiefele 1996, S. 50)

Mit dieser Definition im Hintergrund lässt sich das Modell einfach verstehen und wichtige Aspekte der Lernmotivation auch auf das Lernen mit Medien übertragen.

In diesem Modell ist erkennbar, dass auch für Lernhandlungen grundlegend wichtig ist, dass die Motivation, die letztendlich in der Lernsituation zum Tragen kommt, von persönlichen Faktoren und situativen Faktoren abhängt.

Im Folgenden werden zunächst, die für die Lernmotivation relevanten Personvariablen besprochen. Anschließend wird auf situative Faktoren eingegangen, indem

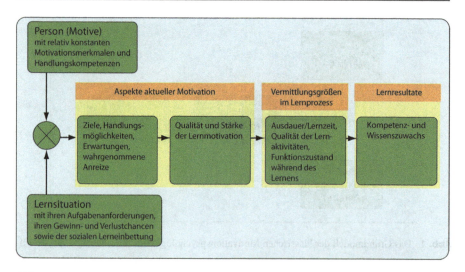

**Abb. 2** Das Rahmenmodell zu Bedingungen und Auswirkungen der Lernmotivation (Rheinberg und Fries 1998)

anhand des ARCS-Modells erläutert wird, wie eine Lernsituation motivationsförderlich gestaltet werden kann.

## 2 Person – Lernvoraussetzungen berücksichtigen

Warum handelt eine Person so und nicht anders? Welche Ziele verfolgt sie und warum? In der Auswahl und Verfolgung von Zielen gibt es große Unterschiede zwischen Personen. Dieselbe Person dagegen handelt über verschiedene Situationen hinweg beachtlich konstant. Deshalb werden dispositionelle – überdauernde – Neigungen als Personvariablen angenommen. Für die Lernmotivation besonders relevante Dispositionen sind persönliche (überdauernde) Interessen und die Motive einer Person, insbesondere das Leistungsmotiv.

Je nachdem welche Ziele mit einer Lernhandlung verfolgt werden, ergeben sich unterschiedliche Arten der Lernmotivation (Wild et al. 2001): Interesse, intrinsische und extrinsische Motivation und Leistungsmotivation. Diese werden im Folgenden näher beleuchtet.

### 2.1 Interesse

Wenn jemand interessiert lernt, so tut er dies aufgrund einer besonderen Beziehung zu einem Gegenstandsfeld, einem Interessensgegenstand, der für die Person zentral ist (Rheinberg und Vollmeyer 2012). Interesse stellt damit eine besondere Beziehung einer Person zu einem (Lern-)Gegenstand dar. Es ist dadurch gekennzeichnet, dass a) während der Lernhandlung positive emotionale Zustände erlebt, b) dem Interessengegenstand eine hohe subjektive Bedeutung beigemessen und c) die Lernhandlung als frei von äußeren Zwängen erlebt wird. Interessiert sich ein Lernender für eine Sache, so will er sein Wissen erweitern und mehr darüber erfahren (Wild et al. 2001).

Im Modell in Abb. 2 wird deutlich, dass Interesse auf der einen Seite etwas zeitlich Überdauerndes sein kann. Andererseits kann Interesse aber auch vorübergehend sein und speziell in einer Situation auftreten. Dann spricht man von situationalem Interesse (Schiefele 1996; Krapp et al. 1992).

Sowohl überdauerndes als auch situationales Interesse haben einen positiven Einfluss auf das Lernen und die Lernergebnisse. Diese positiven Effekte entstehen dadurch, dass interessierte Lernende mehr Zeit und Ausdauer in die Auseinandersetzung mit einem Thema investieren und tiefer gehende Lernstrategien einsetzen (Schiefele und Krapp 1996). Sie beschäftigen sich mit fokussierter, andauernder und relativ anstrengungsfreier Aufmerksamkeit mit dem Lerngegenstand (Krapp et al. 1992). Die starke Wertschätzung des Interessegegenstandes ermöglicht eine fokussierte Aufmerksamkeitsteuerung auf den Lerninhalt, so dass kaum Raum für Ablenkung durch aufgabenirrelevante Reize besteht (Hasselhorn und Gold 2013).

Interessegeleitetes Lernen erscheint aufgrund dieser positiven Effekte auf Lernhandlungen besonders erstrebenswert.

## 2.2 Intrinsische & extrinsische Motivation

Obwohl die Begriffe intrinsische und extrinsische Motivation häufig gebraucht werden, besteht keineswegs Einigkeit darüber, was damit gemeint ist. Im Folgenden werden deshalb drei verschiedene Auffassungen dieser Begriffe erläutert.

### 2.2.1 Interesse als gegenstandszentrierte Form der intrinsischen Motivation

Im vorherigen Abschnitt wurde Interesse als ein bedeutender Aspekt der Lernmotivation vorgestellt. Dabei ist das zentrale Merkmal des Interesses, dass Lernende ein Sachgebiet, ein Thema besonders wertschätzen und sich diesem motiviert zuwenden. Da die Motivation, sich mit einem Gegenstand zu beschäftigen in diesem Fall von innen kommt, kann Interesse auch als eine Form der intrinsischen Motivation angesehen werden (vgl. Rheinberg 2008). Intrinsische Motivation wird häufig im Gegensatz zur extrinsischen Motivation gesehen. Aus dem Englischen abgeleitet, beziehen sich die beiden Begriffe auf „innen" (intrinsic) und „außen" (extrinsic). In der Verwendung dieser wissenschaftlichen Fachausdrücke gibt es jedoch einige Unklarheiten, weil „innen" und „außen" auf unterschiedliche Sachverhalte angewendet wird. Das Interesse als gegenstandszentrierte Form der intrinsischen Motivation (Schiefele 1996), wurde bereits angesprochen.

### 2.2.2 Spaß an der Handlung als tätigkeitszentrierte Form der intrinsischen Motivation

Neben der „inneren" Motivation sich mit einem Thema bzw. Gegenstand zu beschäftigen, unterscheidet man auch tätigkeitszentrierte Formen der intrinsischen Motivation. Hiermit sind Handlungen gemeint, die aufgrund der Freude an der Tätigkeit selbst ausgeführt werden. Typischerweise werden hierunter sportliche Aktivitäten (z. B. Motorradfahren, Bergsteigen, Laufen) gefasst. Auch Aktivitäten wie das Musizieren, Lesen und Malen sind typische Beispiele. Bei der tätigkeitszentrierten Form der intrinsischen Motivation ist der Bezugspunkt, der Grund für die Aufnahme einer Handlung, also die Tätigkeit selbst. Eine Handlung wird ausgeführt, weil sie Spaß macht (siehe hierzu auch Flowerleben: Csikszentmihalyi 1975, 1985).

Extrinsisch motivierte Handlungen dagegen werden um der erwarteten Folgen willen ausgeführt. Die Handlung dient in diesem Fall einem Zweck, einer bestimmten Absicht. Beim Lernen für eine Klausur kann dies z. B. das Erreichen einer guten Note, das Abschließen eines Studienmoduls oder die Erfüllung der Erwartungen der Eltern sein.

Für das Design virtueller Lernumgebungen bedeutet dies, dass sowohl Anreize geschaffen werden können, die die Handlung an sich attraktiv erscheinen lassen (z. B. Lernspiele) bzw. das Interesse der Lernenden wecken (z. B. Lebensweltbezug) als auch solche Anreize, die positive Folgen hervorheben (z. B. gute Berufsaussichten, Abschließen einer Lerneinheit).

### 2.2.3 Selbstbestimmungstheorie der Motivation

Eine dritte Auffassung der Begriffe intrinsische und extrinsische Motivation findet sich bei Deci und Ryan (1985, 1993). Hier ist der Bezugspunkt für die Bestimmung von „innen" und „außen" das Selbst. Menschen können sich demnach hier mehr oder weniger selbstbestimmt handelnd erleben. Intrinsische und extrinsische Motivation stehen sich somit nicht wie Pole gegenüber, sondern können über verschiedene Stufen ineinander übergehen. Deci und Ryan (1985) haben versucht zu erklären, warum Menschen ohne erkennbare äußere Gründe Handlungen ausführen, die sie als herausfordernd erleben. Um dies zu erklären, postulieren sie drei menschliche Grundbedürfnisse: Selbstbestimmung (Autonomie), Kompetenzerleben und sozialer Eingebundenheit. Sie gehen davon aus, dass deren Befriedigung von allen Menschen intrinsisch angestrebt wird.

Für die Gestaltung von Lernumgebungen ist dies relevant, da es im Umkehrschluss bedeutet, dass intrinsisch motiviertes Verhalten nur auftreten kann, wenn es den handelnden Personen ermöglicht wird, sich selbst als kompetent, selbstbestimmt handelnd und sozial eingebunden zu erleben. Dies führt zu höherem Wohlbefinden, tieferem Verständnis und höherem Engagement für das Lernen (Ryan und Deci 2009). Hierfür sollten in jeglicher Form von Lernumgebungen die Rahmenbedingungen geschaffen werden. Auf spezifische Möglichkeiten die Grundbedürfnisse im e-Learning zu berücksichtigen, wird in Bezug auf das ARCS-Modell unter den Punkten Erfolgswahrscheinlichkeit und Zufriedenheit eingegangen.

### 2.3 Motive

Neben dem Interesse zählen auch die Motive einer Person zu den einflussreichen Faktoren auf Personenseite. Unter dem Begriff „Motiv" wird die Neigung verstanden, bestimmte Klassen von Zielzuständen, Themen oder Gegenständen positiv bzw. negativ zu bewerten. Bestimmte Handlungs- und Erlebnischancen werden bevorzugt wahrgenommen. Motive sind eine „spezifisch eingefärbte Brille, die ganz bestimmte Aspekte von Situationen auffällig macht und als wichtig hervorhebt" (Rheinberg und Vollmeyer 2012). Sie sind individuell unterschiedlich und werden als zeitstabile Personenmerkmale konzipiert. Es lassen sich vor allem drei Motive unterscheiden, die bisher am meisten erforscht wurden: das Leistungs-, das Macht- und das Anschlussmotiv (Heckhausen 1998; McClelland 1987 zit. nach Vollmeyer 2003).

Jedes Motiv besteht aus den beiden unabhängigen Komponenten Hoffnung und Furcht: Hoffnung darauf, dass sich ein Wunsch erfüllt, etwas Angestrebtes erreicht wird und Furcht davor, dies nicht zu erreichen oder etwas Unangenehmes zu erleben. Unterschiedliche Motive thematisieren dabei verschiedene Handlungsziele wie zum Beispiel das Verhältnis zu anderen Personen, zu sozialen Situationen oder zur Erbringung von Leistungen. Das Machtmotiv beschreibt den Antrieb, das Verhalten und Erleben anderer Menschen zu beeinflussen (Hoffnungskomponente) und auf der anderen Seite Kontrollverlust zu vermeiden (Furchtkomponente). Das Anschlussmotiv wiederum beschreibt den Antrieb wechselseitig positive Beziehungen zwischen sich und den anderen herzustellen (Hoffnungskomponente) und Zurückweisung aus dem Weg zu gehen (Furchtkomponente). Das Leistungsmotiv fokussiert auf die Bereitschaft, sich mit einem Gütemaßstab auseinanderzusetzen, seine Handlungsergebnisse zu überprüfen (Hoffnungskomponente) und auf der anderen Seite Misserfolg zu vermeiden (Furchtkomponente).

Aufgrund seiner besonderen Bedeutung für die Lernmotivation werden das Leistungsmotiv und die daraus folgende Leistungsmotivation im Folgenden näher besprochen.

Bei der didaktischen Gestaltung von Lernangeboten sollte jedoch auch das Anschluss- und Machtmotiv berücksichtigt werden. Auf diesen Punkt wird unter dem Punkt Relevanz im ARCS-Modell eingegangen.

### 2.3.1 Leistungsmotivation
Durch die Aktivierung des Leistungsmotivs entsteht Leistungsmotivation als eine Form der Lernmotivation.

> „Leistungsmotiviert im psychologischen Sinn ist ein Verhalten nur dann, wenn es auf die Selbstbewertung der eigenen Tüchtigkeit zielt, und zwar in Auseinandersetzung mit einem Gütemaßstab, den es zu erreichen oder zu übertreffen gilt. Man will wissen, was einem in einem Aufgabenfeld gerade noch gelingt und was nicht, und strengt sich deshalb besonders an … Als Anreiz der Zielerreichung genügen also der Stolz etwas persönlich Anspruchsvolles geschafft zu haben und die daraus resultierende Zufriedenheit mit der eigenen Tüchtigkeit." (Rheinberg und Vollmeyer 2012, S. 60)

Im Mittelpunkt der Leistungsmotivation steht demzufolge die Auseinandersetzung mit einem subjektiv relevanten Gütemaßstab (McClelland et al. 1953). Gütemaßstäbe legen fest, in welchem Fall ein Handlungsergebnis einen Erfolg oder Misserfolg darstellt. Beispiele für Gütemaßstäbe wären, die richtige Lösung zu finden, etwas in einer bestimmten Zeit und/oder Qualität zu schaffen. Leistungsmotivation stellt also die Bereitschaft dar, dass eigene Handlungsergebnis einer Qualitätsprüfung zu unterziehen. Je nach der persönlich beigemessenen Bedeutung dieses Gütemaßstabs, resultiert das Anspruchsniveau des Lernenden, d. h. was er oder sie schaffen will (Rheinberg und Vollmeyer 2012). Anhand dieses Anspruchsniveaus werden später Erfolg oder Misserfolg gemessen. Entspricht das Handlungsergebnis dem Anspruch, kann Erfolg erlebt werden, im gegenteiligen Fall kommt es zum Misserfolgserleben.

Um Lernverhalten im Rahmen von Leistungsmotivation zu verstehen, ist es günstig, die Entstehung von Anspruchsniveaus genauer zu betrachten: Welche Ergebnisse als persönlich anspruchsvoll erlebt werden – welches Anspruchsniveau – gewählt wird, hängt von verschiedenen Faktoren ab.

(1) *Subjektive Erfolgswahrscheinlichkeit:* Diese beschreibt die wahrgenommene Wahrscheinlichkeit, mit der man ein Ziel erreichen kann. Sie hängt von der Einschätzung der eigenen Fähigkeiten ab. Die eigene wahrgenommene Erfolgswahrscheinlichkeit steigt mit sinkender Aufgabenschwierigkeit. Je leichter das Ziel zu erreichen scheint, umso höher schätzt die Person die Möglichkeit ein, Erfolg zu haben. Die Erfolgswahrscheinlichkeit sinkt hingegen, umso schwieriger die Aufgabe zu erledigen ist. Der Erfolg rückt dann in die Ferne.

(2) Der *Anreiz:* Der Wert, den Lernende dem Erfolg bei der Erreichung eines angestrebten Ziels beimessen, beeinflusst das selbst gesetzte Anspruchsniveau ebenfalls stark. Je nachdem wie wichtig und wertvoll Lernenden das Ziel erscheint, umso besser wollen sie abschneiden. Je schwieriger die Aufgabe ist, umso höher ist der Anreiz bzw. Wert des Erfolgs, wenn man sie bewältigt hat. Umgekehrt sinkt der Anreiz Erfolg zu haben, je einfacher es ist in einer Aufgabe Erfolg zu haben.

Subjektive Erfolgswahrscheinlichkeit und Anreiz – die zwei Komponenten der Anspruchsniveausetzung – sind multiplikativ miteinander verknüpft (Erwartungs x Wert-Modelle, z. B. Atkinson 1964).

*Schwierige Aufgaben:* Da das Bewältigen einer sehr schwierigen Aufgabe einen großen Erfolg darstellen würde, ist der Anreiz/Wert der Aufgabe hoch. Die subjektive Erfolgswahrscheinlichkeit hingegen, eine sehr schwierige Aufgabe tatsächlich zu schaffen ist gering. Das Risiko eines Misserfolgs ist hoch und somit sind negative Auswirkungen auf den Selbstwert zu erwarten. Aufgrund der multiplikativen Verknüpfung von Erfolgswahrscheinlichkeit und Anreiz, fällt die Leistungsmotivation für das Erledigen einer sehr schwierigen Aufgabe gering aus.

*Leichte Aufgaben:* Demgegenüber ist eine leichte Aufgabe zwar mit relativer Leichtigkeit zu schaffen, die subjektive Erfolgswahrscheinlichkeit ist demzufolge hoch. Der Anreiz des Erfolges ist aber gering, da die Erledigung der Aufgabe keinen großen Erfolg darstellt. Es ist kein Gewinn für den Selbstwert zu erwarten. In der Folge fällt – auch hier auf der Basis der multiplikativen Verknüpfung – die aktuelle Motivation sich für einen Erfolg zu engagieren gering aus.

*Mittelschwere Aufgaben:* Diese Aufgaben hingegen gelten als besonders motivierend. Sowohl Erfolg als auch Misserfolg sind als Handlungsergebnisse möglich. Die Aufgabenschwierigkeit ist zwar anspruchsvoll, aber dennoch erreichbar. Subjektiv mittelschwere Aufgaben stellen eine Herausforderung dar, da sie am besten Auskunft über den eigenen Tüchtigkeitstand, die eigene Leistungsfähigkeit auf einem Gebiet geben (Rheinberg und Vollmeyer 2012; Hasselhorn und Gold 2013).

Wenn man diese Erkenntnisse bei der Realisierung von Lernangeboten berücksichtigt, sollte Lernenden die Bearbeitung von Aufgaben verschiedener Anspruchsniveaus (z. B. leicht, mittel, schwer) ermöglicht werden. Den beschriebenen Annahmen zufolge sollten sie diejenigen Aufgaben wählen, die sie gerade noch erledigen können. Erfolgserlebnisse sind dann möglich und der Selbstwert wird bei Erfolg gestärkt (Rheinberg und Vollmeyer 2012). Hierauf nimmt auch das später vorgestellte ARCS-Modell unter dem Punkt Erfolgszuversicht (Confidence) Bezug.

### 2.3.2 Leistungsmotiv und Ursachenzuschreibungen

Es ist jedoch zu beobachten, dass nicht alle Menschen mittelschwere Aufgaben wählen. Im Gegenteil werden bisweilen auch sehr leichte oder sehr schwere Aufgaben bevorzugt. Menschen in Leistungssituationen haben also offensichtlich nicht nur den Erfolg vor Augen und gehen zuversichtlich darauf zu. Es gibt auch Menschen, deren Gedanken in Leistungssituationen um einen drohenden Misserfolg kreisen und um mögliche negative Konsequenzen (vgl. Rheinberg und Vollmeyer 2012). In diesem Fall werden eher zu leichte oder zu schwere Aufgaben gewählt, um einen Rückschluss auf die eigenen Fähigkeiten zu vermeiden. Wählt man zu leichte Aufgaben, hat man gute Chancen auf eine erfolgreiche Bewältigung. Die eigenen Leistungspotenziale werden aber nicht ausgelotet. Wählt man zu schwere Aufgaben ist die Chance auf Erfolg gering. Dies stellt allerdings keine potenzielle Gefahr für den Selbstwert dar, da aufgrund der hohen Aufgabenschwierigkeit auch für viele andere die Chance auf Erfolg gering ist.

Das zuvor besprochene Leistungsmotiv – die Bereitschaft sich mit einem Gütemaßstab auseinanderzusetzten – wird aufgrund dieser Erkenntnisse in zwei Komponenten zerlegt: (1) Das Erfolgsmotiv: Dies wird auch als „Hoffnung auf Erfolg" bzw. Erfolgszuversicht bezeichnet. (2) Das Misserfolgsmotiv: Dies wird auch als „Furcht vor Misserfolg" bzw. Misserfolgsängstlichkeit bezeichnet.

Woher kommen diese unterschiedlichen Ausprägungen des Leistungsmotivs? Es wird angenommen, dass Ursachenzuschreibungen (Attributionen), hier eine wichtige Rolle spielen, also die Erklärungen, die Menschen für ihre Erfolge und Misserfolge heranziehen.

Die Varianten der Ursachenzuschreibungen (Attributionsstile) sind von Weiner (1972) im folgenden Schema zusammengefasst worden (s. Tab. 1).

**Tab. 1** Dimensionen subjektiv wahrgenommener Ursachen von Erfolg und Misserfolg (nach Weiner 1972)

| Ursachen | Stabil | variabel |
|---|---|---|
| Intern | Fähigkeiten | Anstrengung |
| extern | Schwierigkeit | Glück/Pech |

Die Erklärungen, die Personen für ihren Erfolg und Misserfolg heranziehen, sind hier zwei Dimensionen zugeordnet: (1) zeitliche Stabilität (stabil, variabel) und (2) Lokation (intern, extern).

Die Dimension *Lokation* beschreibt, ob Menschen bei der Suche nach Erklärungen für Erfolg oder Misserfolg auf Ursachen zurückgreifen, die in ihrer Person oder eher außerhalb ihrer Person liegen. Eigene Fähigkeiten oder Anstrengungen liegen dabei innerhalb der Person und werden als interne Ursachen angesehen. Die Schwierigkeit der Aufgabe oder Zufallseinflüsse (Glück oder Pech) zählen zu den äußeren, externen Ursachen.

Die Dimension *Stabilität* bezeichnet, inwieweit die Ursachen für Erfolg und Misserfolg als zeitlich überdauernd oder situativ angesehen werden. Die persönlichen Fähigkeiten und die Schwierigkeit der Aufgabe werden dabei den stabilen Ursachen zugeordnet. Anstrengung, Pech und Glück zählen zu den variablen Ursachen.

Eine dritte Dimension – die Kontrollierbarkeit – beschreibt außerdem, inwieweit Menschen davon überzeugt sind, die Ursachen für die Handlungsergebnisse selbst in der Hand zu haben (s. auch DeCharms 1968). Sieht man sich die Ursachen, die typischerweise für Erfolg und Misserfolg angenommen werden (Tab. 1) noch einmal vor dem Hintergrund der Kontrollierbarkeit an, so wird deutlich, dass die eigenen Fähigkeiten, die sich bei der aktuellen Bearbeitung einer Aufgabe nur unwesentlich verändern, durch die Person aktuell nicht kontrollierbar, veränderbar sind. Im Gegensatz dazu ist die eigene Anstrengung durch die Person kontrollierbar, da das Individuum Anstrengung investieren kann. Die Anstrengung bei der Bearbeitung kann aber auch nachlassen oder die Aufgabe gänzlich abgebrochen werden. Die Aufgabenschwierigkeit, Glück und Pech sind nicht durch die Person kontrollierbar (Weiner 1972).

Menschen, die Misserfolge mit ihren nicht vorhandenen Fähigkeiten (intern, stabil) erklären, sehen kaum eine Möglichkeit, ihre Handlungsergebnisse durch eigene Anstrengung zu verändern. Verstärkt wird dies dadurch, dass Misserfolgsängstliche eigene Erfolge lediglich externen, variablen Faktoren wie z. B. Glück zuschreiben, auf die sie kaum Einfluss haben, da auch diese durch sie selbst nicht kontrollierbar sind. Der Attributionsstil der Misserfolgsängstlichen lässt kein besonders gutes Selbstbild (Selbstkonzept) entstehen und kann langfristig in Motivationsdefiziten münden. Lernende werden möglicherweise langfristig keine Anstrengung mehr investieren, da sie das Erreichen von guten Ergebnissen für nicht erreichbar bzw. kontrollierbar halten. Dies kann in der Folge zu schlechteren Leistungen führen, welche den eigentlichen Fähigkeiten nicht entsprechen (Hasselhorn und Gold 2013; Rheinberg und Krug 2004).

Wie stark die Folgen auf Anstrengung, Ausdauer und Lernerfolg tatsächlich ausfallen, hängt von der Stärke der Misserfolgsängstlichkeit ab. Nicht alle Misserfolgsängstlichen vermeiden Leistungssituationen und wählen zu leichte oder zu schwere Aufgaben. Viele Misserfolgsängstliche nutzen kompensatorische Strategien, wie z. B. erhöhte Anstrengung oder besonders gute Vorbereitung, welche dann wiederum zu hohen Leistungen führen (Rheinberg und Vollmeyer 2012).

Die Erkenntnisse zu Attributionsmustern sind besonders für Überlegungen zu Leistungsrückmeldungen relevant und für die Bereitstellung von Aufgaben unterschiedlicher Niveaus. Auch diese motivationspsychologischen Ansätze finden sich im ARCS-Modell wieder und werden unter dem Punkt Erfolgszuversicht (Confidence) adressiert.

## 3 Situation – Motivation ermöglichen (Das ARCS-Modell)

Bisher ist bereits deutlich geworden, dass die jeweilige aktuelle Motivation einerseits von Merkmalen, Charakteristika und Motiven der Person abhängt, andererseits aber auch von situativen Faktoren bestimmt wird. Für das Design virtueller Lernumgebungen ist dies von besonderer Bedeutung, da didaktische Designentscheidungen die aktuelle (Lern-)Motivation beeinflussen und somit Auswirkungen auf die Ausdauer, die investierte Anstrengung, das Wohlbefinden und Engagement haben können. Dies kann sich langfristig auch auf den Lernerfolg auswirken.

Im Rahmen der bisher dargestellten motivationalen Personmerkmale wurden bereits einige situative Faktoren, die bei der Konzeption von E-Learning-Angeboten berücksichtigt werden sollten, angesprochen. So spielen etwa die Form des Feedbacks, die Anreize und die Aufgabenschwierigkeit bei der Konzeption eine wichtige Rolle.

Aus diesen motivationspsychologischen Erkenntnissen können jedoch nicht ohne Weiteres Gestaltungsempfehlungen abgeleitet werden (Domagk und Niegemann 2008), da sich die Interesseschwerpunkte aus wissenschaftlicher und praktischer Sicht voneinander unterscheiden (Rheinberg 2005). Während aus der wissenschaftlichen Perspektive die Erklärung von Verhalten im Vordergrund steht, sind für Praktiker eher konkrete Maßnahmen für das Regulieren von Lernverhalten besonders wichtig. Speziell für diesen zweiten Fall wird ein Modell benötigt, welches Aussagen darüber macht, wie motiviertes Verhalten gefördert werden kann. Inwieweit und unter welchen Bedingungen die darin enthaltenen Ableitungen für die motivierende didaktische Gestaltung von Lernumgebungen tatsächlich motivationsförderlich sind, muss dann einer empirischen Prüfung unterzogen werden.

Ein solches grundlegendes Modell für die Ableitung konkreter Gestaltungsempfehlungen ist das „ARCS-Modell" (Keller 1983), welches den Rahmen für die folgende Darstellung der Situationsmerkmale darstellt. Das ARCS-Modell (Keller 1983) wurde bereits in den 80er-Jahren entwickelt und befasste sich ursprünglich mit der Gestaltung von schulischer Instruktion und von Lehrveranstaltungen im Allgemeinen. Auf dieser Basis wurden begründete Empfehlungen für die Konzeption multimedialer Lernumgebungen entwickelt (Keller 2007; Keller und Kopp 1987; Keller und Suzuki 1988; Niegemann 2001; Zander und Niegemann 2014). Die theoretischen Überlegungen des ARCS-Modells wurden bereits mehrfach empirisch geprüft (u. a. Astleitner und Hufnagl 2003; Feng und Tuan 2005; Huett et al. 2008; Means et al. 1997; Visser und Keller 1990; Visser et al. 2002).

Im Folgenden werden anhand des ARCS-Modells die grundlegenden Maßnahmen dargestellt, welche bei der Konzeption von Lernumgebungen beachtet werden sollten. Sie basieren auf den motivationspsychologischen Ansätzen zu den Aspekten der Lernmotivation, die im ersten Teil dieses Beitrags dargestellt wurden.

Die Abkürzung ARCS repräsentiert hierbei die vier übergeordneten Komponenten des Modells:

- A: Attention steht dabei für die Unterstützung der Aufmerksamkeit,
- R: Relevance für das Verdeutlichen der Bedeutsamkeit des Lerninhalts,
- C: Confidence für die Förderung der Erfolgszuversicht und
- S: Satisfaction für die Förderung der Zufriedenheit in der Lernumgebung.

Jede dieser Komponenten kann durch ein Set von Maßnahmen zur Motivierung adressiert werden, die im Folgenden dargestellt werden.

## A: Aufmerksamkeit

Die Lernumgebung soll die Aufmerksamkeit der Lernenden gewinnen und aufrechterhalten. Dies kann durch die Integration neuer, überraschender, widersprüchlicher oder ungewisser Ereignisse in das Lernangebot erreicht werden. Im Einzelnen empfiehlt Keller (2007, siehe auch Zander und Niegemann 2014) folgende Maßnahmen:

Orientierungsverhalten provozieren

- *Verwendung audiovisueller Effekte*: Hierzu zählen die Nutzung von animierten Grafiken, Tönen & Sprache.
- *Unübliche oder unerwartete Ereignisse oder Inhalte*: Hierbei können provokative oder widersprüchliche Aussagen bzw. Bildinhalte genutzt werden, um die Aufmerksamkeit zu erregen.
- *Vermeiden von Ablenkungen*: Der übertriebene Einsatz von Mitteln zur Erlangung von Aufmerksamkeit stört die Konzentration der Lernenden und kann den Lernprozess beeinträchtigen.

**Exkurs: Das richtige Maß: Aufmerksamkeit gewinnen und aufrechterhalten ohne abzulenken**

**Seductive Details** Einerseits belegen mehrere Metaanalysen, dass sich illustrierte Texte besser zum Lernen eignen, als Texte ohne Bilder (Carney und Levin 2002; Levie und Lentz 1982; Levin et al. 1987). Andererseits wurde das Hinzufügen ansprechender, aber irrelevanter Bilder, die Lernmaterialien interessant erscheinen lassen, kritisch diskutiert. Es wird zwar angenommen, dass diese „seductive details" (z. B. Garner et al. 1989; Harp und Mayer 1998) die Emotionen und die Motivation der Lernenden positiv beeinflussen, aber auch eine zusätzliche kognitive Belastung mit sich bringen und damit das Lernen beeinträchtigen können. Der Begriff „seductive details" bezieht sich dabei nicht nur auf dekorative Bilder, sondern auch auf inhaltlich irrelevante Anekdoten, Videos oder Hintergrundmusik. Eine Metaanalyse von Rey (2012) berichtet einen lernhinderlichen Effekt dekorativer Elemente auf Behalten und Transfer. Dieser ist jedoch insbesondere dann zu erwarten, wenn die Lernzeit begrenzt wird. Neuere Studien betonen weniger die kognitive, sondern stärker die motivationale und emotionale Wirkung dekorativer Elemente (z. B. Park et al. 2015).

**Emotional Design** Unter dem Stichwort „Emotional Design" wird diskutiert, dass Lernmaterialien nicht nur lerneffektiv, sondern auch ansprechend gestaltet werden sollten. Dies erfolgt in Analogie zu Entwicklungen im Web Design, das sich zunächst hauptsächlich mit der Usability beschäftigte und nun zunehmend die User Experience in den Blick nimmt. Im Gegensatz zu den „Seductive details" geht es hier nicht darum zusätzliche interessante oder dekorative Elemente hinzuzufügen, sondern darum das vorhandene Layout ansprechend zu gestalten. Erste Studien zeigten positive Effekte von warmen Farben und runden Formen auf Emotionen und Lernerfolg (Um et al. 2012; Plass et al. 2014). Es ist jedoch noch offen, welche konkreten Designfaktoren vorteilhaft sind und wie genau sich der Zusammenhang zwischen Emotionen und Lernen gestaltet (Heidig et al. 2015; Stark et al. 2016) (vgl. auch Kap. ▶ „Emotionen beim technologiebasierten Lernen").

**Didaktische Gestaltung von Bildern, Animationen und Simulationen** Praxisnahe Hinweise und Beispiele zur didaktischen Gestaltung von Bildern und Animationen in multimedialen Lernumgebungen geben Niegemann et al. (2008). Einen Überblick zum aktuellen Forschungsstand zur effektiven Gestaltung von Animationen und Simulationen liefern Plass et al. (2009a, b) sowie Lowe und Schnotz (2014) (s. auch Kap. ▶ „Lernen mit Bewegtbildern: Videos und Animationen").

Neugier bzw. Fragehaltungen anregen

- *Entdecken und Erforschen lassen:* Dies wird durch das Darbieten von Problemlösesituationen in einem Kontext, der das Explorieren ermöglicht und unterstützt, erreicht.
- *Lernerreaktionen herausfordern:* Hierzu zählt zum Beispiel die Implementierung von „Frage-Antwort-Rückmeldung"-Sequenzen, die ein Mitdenken erfordern. Diese können das Interesse und Fragen der Lernenden anregen.
- *Die Lernenden veranlassen, sich selbst Aufgaben zu stellen:* Die Lösungen können dann vom Programm bewertet werden. Ein Beispiel hierfür sind Simulationsprogramme, in denen Lernende selbst die Parameter für die Aufgabenstellungen auswählen oder eingeben können.

Abwechslung und Variation der Instruktionselemente

- *Verwendung kurzer Instruktionseinheiten*
- *Abwechslung zwischen darstellenden und interaktiven Angeboten*
- *Variation des Bildschirmformates:* Generell soll ein bestimmtes Bildschirmformat beibehalten werden, um eine möglichst anstrengungsfreie Orientierung im Lernangebot zu ermöglichen; gelegentliche Abweichungen von diesem Standard können jedoch die Aufmerksamkeit erhalten; die Abweichungen sollen allerdings stets zweckmäßig sein.
- *Abwechslung verschiedener Codes oder Modi:* Diese Wechsel sollten jedoch didaktisch sinnvoll sein und nicht zur Überlastung der Lernenden führen.

**Exkurs: Interaktion abwechslungsreich gestalten – gestenbasierte Technologien (Abb. 3)**

Interaktion die auf der Steuerung durch natürliche Gesten beruht, wird als besonders intuitiv und motivierend angesehen. Hierin wird einer der großen Vorteile im Hinblick auf das Lernen mit mobilen Medien gesehen. Dass die Nutzung von Gesten für das Lösen von räumlichen Aufgaben

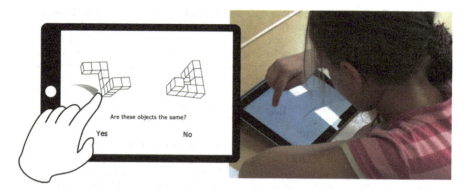

**Abb. 3** 3D-Rotation auf der Basis von 2D-Touch-Input - Die App Rotate It! – Eine Trainingsapp für räumliches Vorstellungsvermögen (entwickelt in einem gemeinsamen Projekt der Bauhaus-Universität Weimar und der Universität Erfurt verantwortlich Bertel, S., Niegemann, H., Halang, C & Zander, S.)

förderlich ist, wurde in zahlreichen Studien gezeigt (Chu und Kita 2011; Goldin-Meadow et al. 2009) Ob sich dieser förderliche Effekt auch auf die Nutzung von Touchgesten auf Tablets übertragen lässt, wurde zum Beispiel von Zander et al. (2016) im Mathematikunterricht der Grundschule untersucht. Sie konnten zeigen, dass sowohl der Lösungserfolg, als auch Motivation und mentale Anstrengung positiv beeinflusst wurden.

### R: Relevanz

Unter Relevanz wird im ARCS-Modell das Vermitteln der Bedeutung bzw. Relevanz des Lehrstoffs verstanden. Es sollte darauf geachtet werden, dass Lernende eine Vorstellung davon bekommen, warum die gezeigten Inhalte für sie persönlich bedeutsam sind und wie diese in der eigenen Lebenswelt angewendet werden können (siehe auch Abschn. 3.1 zu Interesse).

Vertrautheit

- *Personalisierte Sprache*: Empfehlenswert ist es, Personalpronomen und den Namen des Lernenden zu verwenden, wenn er oder sie angesprochen wird.
- *Verwendung einer sympathischen Figur*: Personen oder Tiere, die abgebildet oder gezeichnet sind, können zur Vermittlung bestimmter Informationen anstelle von unpersönlichen Erklärungstexten eingesetzt werden.
- *Analogien und Metaphern:* Diese können eingesetzt werden, um abstrakte Begriffe in einem vertrauten Kontext darzustellen.
- *Vertraute Beispiele und Situationen*: Bei der Auswahl von Beispielen sollten die jeweiligen Erfahrungen und Bezüge zur Lebenswelt der Lernenden berücksichtigt werden.

#### Exkurs: Pädagogische Agenten

Figuren, die durch Lernprogramme führen und den Lernprozess unterstützend begleiten, werden als Pädagogische Agenten bezeichnet. Einen Überblick über deren Wirksamkeit und die lernförderliche Gestaltung Pädagogischer Agenten gibt ein Review von Heidig und Clarebout (2011) sowie eine Metaanalyse von Schroeder et al. (2013). Diese widersprechen sich in den Aussagen darüber, inwieweit eine menschliche einer computergenerierten Stimme sowie geschriebener Text einem gesprochenen Text vorzuziehen ist. Heidig und Clarebout (2011) kommen zu dem Schluss, dass gesprochener Text und eine menschliche Stimme besser geeignet sind und beziehen sich dabei auf Studien, die in der Metaanalyse (Schroeder et al. 2013) nicht berücksichtigt wurden. Übereinstimmend kommen Review und Metaanalyse zu dem Schluss, dass allein die Präsentation einer Figur nicht ausreicht, um Motivation und Lernerfolg zu fördern. Stattdessen muss die Gestaltung der Figur und ihre Funktion im Lernprozess der jeweiligen Lernumgebung, den Lernzielen und den Eigenschaften der Lernenden (Zielgruppe) angepasst werden. Als Richtlinien für den Designprozess Pädagogischer Agenten und zur Festlegung ihrer Funktion können die Modelle „Pedagogical Agents – Levels of Design (PALD)" und „Pedagogical Agents – Conditions of Use (PACU)" verwendet werden (vgl. Heidig und Clarebout 2011).

**Pädagogische Agenten und Lebensweltbezug in Serious Games** In Serious Games können Nonplayer-Charaktere die Rolle von Pädagogischen Agenten übernehmen. Im Serious Game „SERENA", das darauf abzielt 13–15-jährige Mädchen für technische Berufe zu begeistern, stellt Frau Falke (links in Abb. 4) als Pädagogische Agentin Aufgaben und gibt anschließend Feedback. „Serena" bietet außerdem ein Beispiel für eine gelungene Anpassung an die Lebenswelt der Zielgruppe. So konnten Jugendliche Fotos von ihrer Kleidung einschicken, die dann als Vorlage für die Kleidung der Figuren im Spiel diente. Vorschläge für den Namen der im Urlaub zu besuchenden Insel kamen ebenfalls von den Jugendlichen. Weiterhin kann die Hauptfigur innerhalb des Spieles jederzeit per Handy mit ihren virtuellen Freundinnen chatten (vgl. www.serenasupergreen.de).

**Persönliche Ansprache** In einer Reihe von Experimenten hat sich gezeigt, dass die persönliche Ansprache mit Hilfe von Personal- oder Possessivpronomen (z. B. „Du" und „Dein") im Vergleich zur formalen Ansprache (z. B. „man") bereits förderliche Wirkung auf Motivation und Lernerfolg haben kann. Einen Überblick über die verfügbaren Ergebnisse gibt die Metaanalyse von Ginns et al. (2005). Die Metaanalyse zeigt aber auch offene Forschungsbereiche: So ist es zum Beispiel noch ungeklärt, ob die förderliche Wirkung für unterschiedliche Zielgruppen (Reichelt et al. 2014) und Lerninhalte (Kühl und Zander 2017) gleichermaßen zutrifft. Die Studien von Kühl und Zander (2017) zum Beispiel zeigen, dass die personalisierte Ansprache in potenziell beängstigenden bzw. aversiven Lerninhalten (Entstehung und Symptome ernsthafter Krankheiten) zu nachteiligen Effekten von persönlicher

**Abb. 4** Beispiel für eine Lernaufgabe des Auditorium Mobile Classroom System (AMCS) (links, # Jasmin Mühlbach) und die Darstellung eines Evaluationsergebnisses

Ansprache auf den Lernerfolg und situativer Ängstlichkeit führen. Die Nutzung der personalisierten Ansprache sollte demzufolge stets hinsichtlich des Inhalts und der Zielgruppe abgewogen werden.

Lehrzielorientierung

- *Hinweise auf die Wichtigkeit und den Nutzen der Lehrziele:* Diese sollten zu Beginn des Lernangebotes präsentiert werden.
- *Auswahl verschiedener Lernziele:* Um den Lernzielen verschiedener Adressaten gerecht zu werden, sollte eine Auswahl angeboten werden, die sich hinsichtlich der Lernmethoden oder des Anwendungsbereichs unterscheiden (z. B. Einsteigerkurs, verschiedene Level von Prüfungen, Vertiefungskurs).
- *Angebot von Simulationen und Spielen:* Die Vermittlung der Ziele kann auch durch geeignete Spiele oder Simulationen erfolgen.

Anpassung an Motivationsprofile (siehe auch Motive in Abschn. 2.3)

- *Übungsaufgaben in unterschiedlichen Schwierigkeitsgraden:* Diese ermöglichen die Wahl eines individuellen Anspruchsniveaus. (Leistungsmotiv)
- *Verwendung eines transparenten Bewertungssystems (z. B. Punkte):* Rückmeldungen sollten auf einem transparenten Bewertungssystem basieren, so dass den Lernenden ein nachvollziehbarer Gütemaßstab zur Verfügung steht. (Leistungsmotiv)
- *Wettbewerbsspiele nur als Option:* Unterschiedliche Motivationsprofile können dadurch berücksichtigt werden, dass im Sinne misserfolgsbefürchtender Lernender Wettbewerbsspiele in Lernprogrammen lediglich als Option angeboten werden. (Leistungsmotiv)
- *Kooperatives Lernens ermöglichen:* Wenn technisch und situativ möglich, sollte kooperatives Lernen mit Lernpartnern (z. B. durch das Angebot kollaborativer Aufgaben in Adobe Connect) angeboten werden. (Anschlussmotiv)
- *Verantwortung übertragen:* Machtmotivierten Lernenden können bestimmte Aufgaben, wie z. B. die Leitung eines Diskussionsforums übertragen werden.

## C: Erfolgszuversicht

„Confidence" meint die Unterstützung der Erfolgszuversicht. Lernende sollten darin unterstützt werden, mit Zuversicht hinsichtlich des eigenen Lernerfolgs im Lernangebot agieren zu können.

Lernanforderungen

- *Struktur und Lernziele angeben:* Ein Überblick über die Struktur des Lernangebots und die Lernziele sollten dargeboten werden. Möglicherweise empfiehlt es sich sowohl textliche als auch visuelle Darstellungen dafür zu nutzen.
- *Bewertungskriterien erläutern*
- *Lernervoraussetzungen angeben:* Notwendige Fähigkeiten, Fertigkeiten und Vorwissen zur Bewältigung der Lernaufgaben sollten vorab genannt werden.

# Motivationsdesign bei der Konzeption multimedialer Lernumgebungen

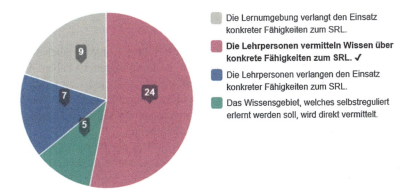

**Abb. 5** Frau Falke (links) als Pädagogische Agentin im Serious Game „Serena". (Quelle: The Good Evil GmbH)

- *Umfang und ggf. Zeitbegrenzung bei (Selbst)–Tests angeben:* Es sollte den Lernenden zuvor mitgeteilt werden, wie viele Aufgaben sie erwarten und ob eine Zeitbeschränkung vorgesehen ist oder nicht. Ersteres kann durch eine Fortschrittsanzeige unterstützt werden (Abb. 5).

### Beispiel: Orientierung in Onlinekursen

Erfolgszuversicht kann zum Beispiel dadurch unterstützt werden, dass Lernenden klare Übersichten über die Leistungsanforderungen gegeben werden. In diesem Online-Kurs zum Umgang mit Geoinformationssystemen im international ausgerichteten Studiengang „European Urbanism" an der Bauhaus-Universität Weimar ist dies durch die übersichtliche Navigation mit der darunterliegenden Angabe der Lernziele für jede Lektion realisiert. (Quelle: „Introduction to GIS", learnLAB Bauhaus-Universität Weimar)

Gelegenheiten für Erfolgserlebnisse bieten

- *"Vom Einfachen zum Komplexen":* In der Einführungsphase in einen neuen Lehrstoff sollte nach dem Prinzip „vom Einfachen zum Komplexen" vorgegangen werden. Rückmeldungen zum Lernstand sollten in dieser Phase besonders häufig gegeben werden.
- *Individuelle Einstiegsmöglichkeiten anbieten:* Soweit sinnvoll und möglich, sollten je nach Vorwissen individuell passende Einstiegsmöglichkeiten in das Lernprogramm und verschiedene Lernwege angeboten werden. Als Grundlage entsprechender Empfehlungen sollte ein Einstiegstest offeriert werden.
- *Unterschiedliche Schwierigkeitsniveaus anbieten:* Diese sollten in Bezug auf Komplexität und Dauer variabel gestaltet werden, um den Lernenden Herausforderungen zu bieten. (siehe hierzu auch Abschn. 3.3.1 zu Leistungsmotivation)

Selbstkontrolle

- *Lernerkontrolle über das Lerntempo:* Lernende sollten Kontrolle über die Unterbrechung und das Überspringen von Kapiteln des Lernprogramms haben. Auch ein beliebiges Zurückspringen, -blättern und ggf. -spulen sollte jederzeit möglich sein. Auf automatische Wechsel zwischen Bildschirmseiten sollte verzichtet werden.
- *Lernerkontrolle über den Lerninhalt:* Lernende sollten selbst entscheiden können, welchen Teil des Lehrstoffs sie aktuell bearbeiten.
- *Anstrengung als (Miss)Erfolgsursache betonen:* Bei der Gestaltung von Rückmeldungen sollte darauf geachtet werden, dass die Ursachen für Erfolg oder Misserfolg in erster Linie der Anstrengung des Lernenden zugeschrieben werden.

## S: Zufriedenheit

Lernende können schnell demotiviert werden, wenn ihre Anstrengungen nicht zu den erwünschten oder erwarteten Zielen führen. Um Lernenden in Teilen dennoch das Gefühl der Zufriedenheit zu vermitteln, werden folgende Strategien empfohlen:
Natürliche Konsequenzen

- *Übungen, die die Anwendung neuen Wissens ermöglichen:* Übungsaufgaben sollten angeboten werden, in denen neu erworbenes Wissen und Fähigkeiten angewendet werden können.
- *Nachfolgende Einheiten greifen auf zuvor Gelerntes zurück:* Insofern dies möglich und sinnvoll ist, sollte auch explizit darauf verwiesen werden, dass neues Wissen bzw. neue Fähigkeiten angewendet werden.
- *Lernspiele oder Simulationen anbieten:* Nach der erfolgreich absolvierten Einführung in Grundlagenwissen sollte eine Simulation oder ein Lernspiel angeboten werden, in denen eine Anwendung des Gelernten ermöglicht und gefordert wird.

**Exkurs: Übungsaufgaben und andere Interaktionsmöglichkeiten anbieten**
Vorlesungen an Universitäten laufen klassischerweise dozentenzentriert ab. Hier bieten Audience Response Systeme zahlreiche Möglichkeiten Interaktionen mit den Lernenden zu gestalten. Das

Motivationsdesign bei der Konzeption multimedialer Lernumgebungen        411

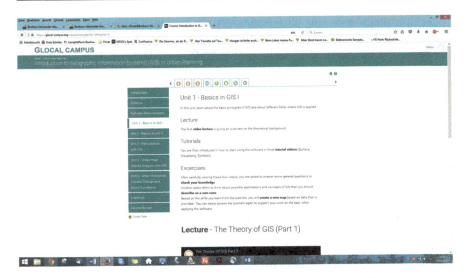

**Abb. 6** Screenshot aus dem Kurs „Introduction to GIS" im internationalen Studiengang European Urbanism, Bauhaus-Universität Weimar (learnLAB, Bauhaus-Universität Weimar)

Auditorium Mobile Classroom System (AMCS), das an der TU Dresden entwickelt wurde, bietet u. a. Lernaufgaben mit individuellem Feedback, Befragungen zu Vorwissen und Zielen, adaptive inhaltliche Hinweise oder auch Fragen zur Evaluation der Lehrveranstaltung an. Die Informationen werden auf die Smartphones oder Laptops der Studierenden gesendet und direkt in der Lehrveranstaltung ausgewertet (Kapp et al. 2013). Einen Überblick zur Gestaltung von Lernaufgaben in der universitären Lehre bieten Kapp und Proske (2013) (Abb. 6).

Positive Folgen

- *Erfolgserlebnisse ermöglichen:* In einführenden Lernangeboten können positive Rückmeldungen nach jeder richtigen Antwort gegeben werden, um zunächst Motivation und Vorwissen aufzubauen. In aufbauenden Teilen des Lernangebotes (z. B. bei anwendungsbezogenen Übungen) sollte Feedback weniger häufig gegeben werden und erst nach Abschluss einer sinnvollen Aufgabeneinheit implementiert werden.
- *Auf übertriebenes Lob verzichten:* Übertriebenes Lob für einfache Aufgaben kann sich negativ auswirken, weil Lernende annehmen könnten, es würde ihnen nichts zugetraut und sie würden wegen Kleinigkeiten gelobt (paradoxer Effekt von Lob und Tadel, z. B. Hasselhorn 2016).
- *Belohnungsformen selbst wählen lassen:* Belohnungen, wie z. B. Spielangebote sollten adaptiv gestaltet werden und im besten Fall auch vom Lerner selbst vorab gewählt werden können, um unbeabsichtigte Effekte einer Fremdsteuerung zu vermeiden (siehe Selbstbestimmungstheorie im Abschn. 3.2).

Gleichheit, Gerechtigkeit

- *Stimmigkeit der Lernziele und Überblicksdarstellungen:* Inhalt und Struktur jeder Lektion wie auch des ganzen Programms sollten mit den angegebenen Zielen und

der Überblicksdarstellung übereinstimmen, um kognitive Belastung durch unnötiges Orientierungsverhalten zu vermeiden.
- *Übereinstimmung von Übungen und Testaufgaben:* Diese sollten zueinander passend und auf die Lernziele abgestimmt sein.
- *Bewertungsmaßstäbe transparent gestalten:* Bei Bewertungen müssen die Bewertungsmaßstäbe und ihre Anwendung transparent und nachvollziehbar sein (informatives Feedback).

## 4 Zusammenfassung

Lernmotivation stellt eine wesentliche Bedingung für erfolgreiches Lernen mit digitalen Bildungsangeboten dar. Sowohl Eigenschaften der Lernenden als auch die Gestaltung der Lernsituation sind ausschlaggebend dafür, ob Lernende sich engagiert, ausdauernd und mit fokussierter Aufmerksamkeit einer Lernhandlung widmen. Motivationspsychologische Ansätze zu verschiedenen Arten der Lernmotivation, wie Interesse, Leistungsmotivation, Attributionen sowie intrinsische und extrinsische Motivation wurden vorgestellt. Aufbauend auf diesen Erkenntnissen wurden Möglichkeiten aufgezeigt, Motivation in digitalen Bildungsangeboten zu fördern. Hierzu wurde das ARCS-Modell als Grundlage genutzt und zu den theoretischen Ansätzen in Beziehung gesetzt.

## 5 Ausblick und Forschungsperspektiven

Im vorliegenden Beitrag sind neben den theoretischen Grundlagen zur Bedeutung von Motivation im Lernprozess und möglichen motivierenden Maßnahmen im e-Learning auch aktuelle Forschungsperspektiven vorgestellt worden. Die Beispiele aus der Forschung zeigen dabei vielversprechende Ansätze im Zusammenhang mit dem ARCS-Modell. Ebenso wird aber deutlich, dass es keine klaren motivationsbezogenen Rezepte gibt, welche aus den empirischen Befunden abgeleitet werden können. Vielmehr zeigen die Befunde, dass die Wirksamkeit motivierender Maßnahmen einerseits in Abhängigkeit von der Zielgruppe variieren, andererseits aber auch von den vermittelten Inhalten (z. B. Komplexität und emotionaler Gehalt) abhängen. Hierzu fehlen noch weiterführende Studien, welche diese Faktoren genauer in den Fokus nehmen. Ebenso sind aufgrund des experimentellen Charakters der Studien nur wenige Ergebnisse vorhanden, welche zum Beispiel langfristige Effekte motivationaler Interventionen in den Blick nehmen oder die Kombination verschiedener Methoden in komplexen Lernsettings analysieren. Zukünftige Forschung sollte hier ansetzen und mit Mixed-Method-Ansätzen, welche qualitative und quantitative Methoden verbinden, zum einen die Mikrobedingungen von Lernen und Motivation beim Lernen mit Medien untersuchen. Zum anderen sollten aber auch komplexere Rahmenbedingungen in realitätsnahen Lernumgebungen untersucht werden.

## Literatur

Astleitner, H., & Hufnagl, M. (2003). The effects of situation-outcome-expectancies and of ARCS-strategies on self-regulated learning with web-lectures. *Journal of Educational Multimedia and Hypermedia, 12*(4), 361–376.

Atkinson, J. W. (1964). *An introduction to motivation*. Princeton/New York: van Nostrand.

Beck, K., & Krapp, A. (2006). Wissenschaftstheoretische Grundfragen der Pädagogischen Psychologie. In A. Krapp & B. Weidenmann (Hrsg.), *Pädagogische Psychologie* (5. Aufl., S. 33–74). Weinheim/Basel: Beltz.

Carney, R. N., & Levin, J. R. (2002). Pictorial illustrations still improve students' learning from text. *Educational Psychology Review, 14*, 5–26.

Chu, M., & Kita, S. (2011). The nature of gestures' beneficial role in spatial problem solving. *Journal of Experimental Psychology. General, 140*(1), 102–116.

Csikszentmihalyi, M. (1975). *Beyond boredom and anxiety*. San Francisco: Jossey-Bass.

Csikszentmihalyi, M. (1985). *Das Flow-Erlebnis*. Stuttgart: Klett Cotta.

DeCharms, R. (1968). *Personal causation*. New York: Academic Press.

Deci, E. L., & Ryan, R. M. (1985). *Intrinsic motivation and self-determination in human behavior*. New York: Plenum Publishing Co.

Deci, E. L., & Ryan, R. M. (1993). Die Selbstbestimmungstheorie der Motivation und ihre Bedeutung für die Pädagogik. *Zeitschrift für Pädagogik, 39*, 223–238.

Deci, E. L., & Ryan, R. M. (2000). Self-determination theory and the facilitation of intrinsic motivation, social development and well-being. *American Psychologist, 55*, 68–78.

Domagk, S., & Niegemann, H. M. (2008). Motivationsdesign im Hochschulunterricht. In J. Zum-bach & H. Mandl (Hrsg.), *Pädagogische Psychologie in Theorie und Praxis* (S. 205–211). Göttingen: Hogrefe.

Feng, S. L., & Tuan, H. L. (2005). Using ARCS model to promote 11th graders' motivation and achievement in learning about acids and bases. *International Journal of Science and Mathematics Education, 3*(3), 463–484.

Garner, R., Gillingham, M. G., & White, C. S. (1989). Effect of „seductive details" on macroprocessing and microprocessing in adults and children. *Cognition and Instruction, 6*(1), 41–57.

Ginns, P. (2005). Meta-analysis of the modality effect. *Learning and Instruction, 15*, 313–331.

Goldin-Meadow, S., Cook, S. W., & Mitchell, Z. a. (2009). Gesturing gives children new ideas about math. *Psychological Science, 20*(3), 267–272.

Harp, S. F., & Mayer, R. E. (1998). How seductive details do their damage: A theory of cognitive interest in science learning. *Journal of Educational Psychology, 90*, 414–434.

Hasselhorn, M., & Gold, A. (2013). *Pädagogische Psychologie. Erfolgreiches Lernen und Lehren* (3. Aufl.). Stuttgart: Kohlhammer.

Heckhausen, H. (1998). *Motivation und Handeln*. Berlin: Springer.

Heckhausen, H., & Rheinberg, F. (1980). Lernmotivation im Unterricht, erneut betrachtet. *Unterrichtswissenschaft, 8*, 7–47.

Heidig, S., & Clarebout, G. (2011). Do pedagogical agents make a difference to student motivation and learning? A review of empirical research. *Educational Research Review, 6*(1), 27–54.

Heidig, S., Müller, J., & Reichelt, M. (2015). Emotional design in multimedia learning: Differentiation on relevant design features and their effects on emotions and learning. *Computers in Human Behavior, 44*, 81–95.

Helmke, A. (1992). *Selbstvertrauen und schulische Leistungen*. Göttingen: Hogrefe.

Huett, J. B., Kalinowski, K. E., Moller, L., & Huett, K. C. (2008). Improving the motivation and retention of online students through the use of ARCS-based e-mails. *The American Journal of Distance Education, 22*(3), 159–176.

Kapp, F., & Proske, A. (2013). Lernaufgaben in der universitären Lehre – Seminarbegleitend, in der Vorlesung oder webbasiert auf Lernplattformen. In B. Berendt, B. Szcyrba, P. Tremp, H.-P. Voss & J. Wildt (Hrsg.), *Neues Handbuch Hochschullehre. Lehren und Lernen effizient gestalten* (C 2.26, S. 1–26). Berlin: Raabe Fachverlag für Wissenschaftsinformation.

Kapp, F., Braun, I., & Körndle, H. (2013). Metakognitive Unterstützung durch Smartphones in der Lehre – wie man Studierende in der Vorlesung unterstützen kann. In C. Bremer & D. Krömker (Hrsg.), *E-Learning zwischen Vision und Alltag* (S. 290–295). Münster: Waxmann.

Keller, J. M. (1983). Motivational design of instruction. In C. M. Reigeluth (Hrsg.), *Instructional design theories and models: An overview of their current studies*. Hillsdale: Erlbaum.

Keller, J. M. (2007). Motivation and performance. In R. A. Reiser & J. V. Dempsey (Hrsg.), *Trends and issues in instructional design and technology* (2. Aufl., S. 82–92). Upper Saddle River.

Keller, J. M., & Kopp, T. W. (1987). An application of the ARCS model of motivational design. In C. M. Reigeluth (Hrsg.), *Instructional theories in action. Lessons illustrating selected theories and models* (S. 289–320). Hillsdale: Erlbaum.

Keller, J. M., & Suzuki, K. (1988). Use of the ARCS motivation model in courseware design. In D. H. Jonassen (Hrsg.), *Instructional designs for microcomputer courseware* (S. 401–434). Hillsdale: Erlbaum.

Krämer, N. C., & Bente, G. (2010). Personalizing e-Learning. The social effects of pedagogical agents. *Educational Psychology Review, 22*, 71–87.

Krapp, A., Hidi, S., & Renninger, K. A. (1992). Interest, learning and development. In K. A. Renninger, S. Hidi & A. Krapp (Hrsg.), *The role of interest in learning and development* (S. 3–25). Hillsdale: Erlbaum.

Kühl, T., & Zander, S. (2017). When a personalized multimedia message hampers learning: The case of emotionally aversive content. *Computers and Education*.

Levie, W. H., & Lentz, R. (1982). Effects of text illustrations: A review of research. *Educational Communication & Technology Journal, 30*, 195–232.

Levin, J. R., Anglin, G. J., & Carney, R. N. (1987). On empirically validation functions of picture in prose. In D. M. Willows & H. A. Houghton (Hrsg.), *The Psychology of illustration. Vol. 2: Basic research* (Bd. 2, S. 51–85). New York: Springer.

Lewin, K. (1936). Psychology of success and failure. *Occupations, 14*, 926–930.

Lowe, R. K., & Schnotz, W. (2014). Animation principles in multimedia learning. In *The Cambridge handbook of multimedia learning* (2. Aufl., S. 513–546).

McClelland, D. C., Atkinson, J. W., Clark, R. A., & Lowell, E. L. (1953). *The achievement motive*. New York: Appleton-Century-Crofts.

Means, T. B., Jonassen, D. H., & Dwyer, F. M. (1997). Enhancing relevance: Embedded ARCS strategies vs. purpose. *Educational Technology Research and Development, 45*(1), 5–17.

Moschner, B., & Dickhäuser, O. (2010). Intrinsische und extrinsische Motivation. In D. H. Rost (Hrsg.), *Handwörterbuch Pädagogische Psychologie* (S. 336–344). Weinheim: Beltz.

Murray, H. A. (1938). *Explorations in personality*. New York: Oxford University Press.

Niegemann, H. M. (2001). *Neue Lernmedien. Entwickeln, Konzipieren, Einsetzen*. Bern: Huber.

Niegemann, H. M., Domagk, S., Hessel, S., Hein, A., Zobel, A., & Hupfer, M. (2008). *Kompendium Multimediales Lernen*. Berlin/Heidelberg: Springer.

Ozdemir, D., & Doolittle, P. (2015). Revisiting the seductive details effect in multimedia learning: Context-dependency of seductive details. *Journal of Educational Multimedia and Hypermedia, 24*(2), 101–119.

Park, B., Flowerday, T., & Brünken, R. (2015). Cognitive and affective effects of seductive details in multimedia learning. *Computers in Human Behavior, 44*, 267–278.

Plass, J. L., Homer, B. D., & Hayward, E. (2009a). Design factors for educationally effective animations and simulations. *Journal of Computing in Higher Education, 21*(1), 31–61.

Plass, J. L., Homer, B. D., Milne, C., Jordan, T., Kalyuga, S., Kim, M., & Lee, H. (2009b). Design factors for effective science simulations: Representation of information. *International Journal of Gaming and Computer-Mediated Simulations, 1*(1), 16–35.

Plass, J. L., Heidig, S., Hayward, E. O., Homer, B. D., & Um, E. (2014). Emotional design in multimedia learning: Effects of shape and color on affect and learning. *Learning and Instruction, 29*, 128–140.

Reichelt, M., Kämmerer, F., Niegemann, H. M., & Zander, S. (2014). Talk to me personally: Personalization of language style in computer-based learning. *Computers in Human Behavior, 35*, 199–210.
Rey, G. D. (2012). A review of research and a meta-analysis of the seductive detail effect. *Educational Research Review, 7*, 216–237.
Rheinberg, F. (1989). *Zweck und Tätigkeit*. Göttingen: Hogrefe.
Rheinberg, F., (2005). Motivationsprobleme. Sieben Stufen der Diagnose. *Schulmagazin 5 bis 10, 9*, 10–12.
Rheinberg, F. (2008). *Motivation* (7. Aufl.). Stuttgart: Kohlhammer.
Rheinberg, F., & Fries, S. (1998). Förderung der Lernmotivation: Ansatzpunkte, Strategien und Effekte. *Psychologie in Erziehung und Unterricht, 44*, 168–184.
Rheinberg, F., & Krug, S. (2004). *Motivationsförderung im Schulalltag: Psychologische Grundlagen und praktische Durchführung* (3. Aufl.). Göttingen: Hogrefe.
Rheinberg, F., & Vollmeyer, R. (2012). *Motivation* (8. Aufl.). Stuttgart: Kohlhammer.
Ryan, R. M., & Deci, E. L. (2009). Promoting self-determined school engagement: Motivation, learning, and well-being. In K. R. Wentzel & A. Wigfield (Hrsg.), *Handbook on motivation at school* (S. 171–196). New York: Routledge.
Schiefele, U. (1996). *Motivation und Lernen mit Texten*. Göttingen: Hogrefe.
Schiefele, U., & Köller, O. (2010). Intrinsische und extrinsische Motivation. In D. H. Rost (Hrsg.), *Handwörterbuch Pädagogische Psychologie* (S. 336–344). Weinheim: Beltz.
Schiefele, U., & Krapp, A. (1996). Topic interest and free recall of expository texts. *Learning and Individual Differences, 8*, 141–160.
Schiefele, U., & Rheinberg, F. (1997). Motivation and knowledge acquisition: Searching for mediating processes. In M. L. Maehr & P. R. Pintrich (Hrsg.), *Advances in motivation and achievement* (Bd. 10, S. 251–301). Greenwich: JAI Press.
Schroeder, N. L., Adesope, O. O., & Gilbert, R. B. (2013). Hoe effective are pedagogical agents for learning? A meta-analytic review. *Journal of Educational Computing Research, 49*(1), 1–39.
Stark, L., Brünken, R., & Park, B. (2016). Facilitators or suppressors: Effects of experimentally induced emotions on multimedia learning. *Learning and Instruction, 44*, 97–107.
Um, E., Plass, J. L., Hayward, E. O., & Homer, B. D. (2012). Emotional design in multimedia learning. *Journal of Educational Psychology, 104*(2), 485–498.
Valentine, J. C., DuBois, D. L., & Cooper, H. (2004). The relation between self-beliefs and academic achieveme: A meta-analytic review. *Educational Psychologist, 39*, 111–133.
Visser, J., & Keller, J. M. (1990). The clinical use of motivational messages: An inquiry into the validity of the ARCS model of motivational design. *Instructional Science, 19*(6), 467–500.
Visser, L., Plomp, T., Amirault, R. J., & Kuiper, W. (2002). Motivating students at a distance: The case of an international audience. *Educational Technology Research and Development, 50*(2), 94–110.
Vollmeyer, R., & Rheinberg, F. (2003). Aktuelle Motivation im Lernverlauf. In J. Stiensmeyer-Pelster & F. Rheinberg (Hrsg.), *Diagnostik von Motivation und Selbstkonzept* (S. 281–295). Göttingen: Hogrefe.
Weiner, B. (1972). *Theories of motivation*. Chicago: Markham.
Wild, E., Hofer, M., & Pekrun, R. (2001). Psychologie des Lerners. In A. Krapp & B. Weidenmann (Hrsg.), *Pädagogische Psychologie*. Weinheim: Beltz.
Zander, S., & Niegemann, H. M. (2014). Motivationsdesign. In A. Hohenstein & K. Wilbers (Hrsg.), *Handbuch E-Learning*. Neuwied: Wolters Kluwer.
Zander, S., Wetzel, S., & Bertel, S. (2016). Rotate it! – Effects of touch-based gestures on elementary school students' solving of mental rotation tasks. *Computers in Education, 103*, 158–169.
Zimbardo, P. G., & Gerrig, R. J. (2004). *Psychologie*. Mänchen: Pearson Studium.

# Emotionen beim technologiebasierten Lernen

Kristina Loderer, Reinhard Pekrun und Anne C. Frenzel

## Inhalt

| | | |
|---|---|---|
| 1 | Emotionstheoretische Grundlagen | 418 |
| 2 | Ursachen und Wirkungen von Emotionen | 421 |
| 3 | Anregungen zur emotionsgünstigen Gestaltung von technologiebasierten Lernumgebungen | 428 |
| 4 | Zusammenfassung und Ausblick | 431 |
| | Literatur | 432 |

### Zusammenfassung

Mit der zunehmenden Verbreitung von Lerntechnologien in schulischen, universitären und betrieblichen Kontexten ist auch das wissenschaftliche Interesse an der Rolle von Emotionen beim technologiebasierten Lernen gestiegen. Diese Entwicklung ist eng mit dem Ziel verbunden, emotional anregende Lernumgebungen zu entwickeln, die Lernende nachhaltig motivieren und somit Lernen fördern können. Dieses Kapitel trägt nach einer kurzen Zusammenfassung emotionstheoretischer Grundlagen Erkenntnisse bisheriger Forschung zu Ursachen und Wirkungen von Emotionen in technologiebasierten Lernsettings zusammen. Hierzu wird basierend auf Pekruns Kontroll-Wert-Ansatz zu Lern- und Leistungsemotionen (Pekrun (2006), Pekrun (2016)) ein Rahmenmodell vorgeschlagen, das die Rolle verschiedener Arten von Emotionen (z. B. Leistungsemotionen, epistemische Emotionen, soziale Emotionen) beim technologiebasierten Lernen aufgreift und weitere relevante Erklärungsansätze wie das kognitiv-affektive Modell multimedialen Lernens (Plass und Kaplan 2015) integriert. Anschließend werden auf Basis des Modells Gestaltungsprinzipien für emotionsgünstige technologiebasierte Lernumgebungen vorgeschlagen.

K. Loderer (✉) · R. Pekrun · A. C. Frenzel
Department Psychologie, Ludwig-Maximilians-Universität München, München, Deutschland
E-Mail: pekrun@lmu.de; frenzel@psy.lmu.de

**Schlüsselwörter**

Emotion · Lernen · Leistung · Technologie · Kontroll-Wert-Theorie

Dass Emotionen in diesem zweiten Nachfolger des *Kompendium E-Learning* (Niegemann et al. 2004) ein eigenes Kapitel gewidmet wird, ist sicher auf die zunehmende Zahl theoretischer und empirischer Arbeiten zurückzuführen, die deren Bedeutung für Lernen in schulischen, universitären und betrieblichen Kontexten zeigen. Dabei hat sich der lange vorherrschende Fokus auf der Emotion Prüfungsangst in den letzten Jahren auf weitere, nicht minder relevante Emotionen wie Langeweile, Scham, Stolz oder Freude erweitert.

Auch im Bereich des technologiebasierten Lernens ist ein ähnlicher Trend zu verzeichnen. Während bereits in den 1970ern reges Forschungsinteresse an Angst im Kontext computergestützter Übungsprogramme aufkam (z. B. O'Neil und Richardson 1977), ist die Vielfalt emotionalen Erlebens beim Lernen mit verschiedenen Technologien wie Online-Kursmanagementsystemen oder intelligent tutoriellen Systemen erst jüngst in den Vordergrund gerückt (D'Mello 2013). Zudem hat sich in den 1990ern mit der Verbreitung des Computers als Lernmittel und -gegenstand sowie damit verbundenen Kompetenzanforderungen an Lehrende und Lernende ein für dieses Feld besonderer Forschungsstrang etabliert, der sich mit auf die jeweilige Technologie gerichteten Emotionen befasst. Während das Konstrukt der Computerangst hier zunächst im Vordergrund stand (Powell 2013), ist inzwischen gut belegt, dass Lerntechnologien ganz verschiedene negative wie auch positive emotionale Reaktionen hervorrufen können (Butz et al. 2015; Cohen 2014). Gerade letzterer Aspekt hat Technologien zu einem wahren Hoffnungsträger für die Entwicklung ansprechender und nachhaltig motivierender Lernumgebungen gemacht (Tettegah und McCreery 2015).

Dieses Kapitel trägt nach einer Zusammenfassung emotionstheoretischer Grundlagen Erkenntnisse bisheriger Forschung zu Ursachen und Wirkungen von Emotionen in technologiebasierten Lernsettings zusammen. Hierzu wird basierend auf Pekruns Kontroll-Wert-Ansatz zu Lern- und Leistungsemotionen (Pekrun 2006) ein Rahmenmodell vorgeschlagen, das eine technologieübergreifende Grundlage für die Ableitung emotionsorientierter Gestaltungsprinzipien für technologiebasierte Lernumgebungen bieten soll.

## 1 Emotionstheoretische Grundlagen

### 1.1 Definition des Emotionsbegriffs

Emotionen sind innere, psychische Prozesse, die durch einen „gefühlten", *affektiven Kern* gekennzeichnet sind. Je nach Ausprägung bzw. Valenz dieses subjektiven Erlebens lassen sich Emotionen als „positiv" (angenehm) oder „negativ" (unangenehm) kategorisieren (vgl. Abschn. 1.2). Darüber hinaus umfassen Emotionen aktuellen Definitionen zufolge auch *kognitive* (emotionstypische Gedanken; z. B. Sorgen, zu versagen), *physiologische* (z. B. Veränderungen der Herzschlagfrequenz oder Atmung), *expressive* (non-/verbaler Ausdruck) und *motivationale* (Auslösung bestimmter Verhaltenstendenzen; z. B. aus Angst flüchten) Komponenten (vgl. Shuman und Scherer 2014). Aus dieser Sicht bestehen Emotionen aus koordinierten Prozessen in den fünf genannten Subsystemen und stellen mehrdimensionale Konstrukte dar. Dies bedeutet auch, dass Emotionen über verschiedene Kanäle erfasst werden können (z. B. Selbstbericht für affektives Erleben; physiologische Messung von Aktivierung; siehe z. B. Harley 2016, zur Emotionsmessung n in technologiebasierten Lernumgebungen).

## 1.2 Klassifikation von Emotionen

Multikomponentielle Definitionen des Emotionskonstrukts gehen häufig mit kategorialen oder diskreten Emotionsansätzen einher, die verschiedene Kategorien von Emotionen anhand der für sie typischen Komponentenausprägungen differenzieren. Beispiele hierfür sind Freude, Neugier, Angst oder Ärger, die als qualitativ unterschiedliche Formen emotionalen Erlebens aufgefasst werden. Dimensionale Ansätze hingegen beschreiben emotionale Zustände anhand einer begrenzten Anzahl von Eigenschaften, wobei meist die Dimensionen Valenz (positiv, negativ) und Aktivierung bzw. Erregung (aktivierend, deaktivierend) herangezogen werden (Linnenbrink 2007; Russell 1980). Die vier resultierenden Emotionsgruppen (positiv aktivierend, positiv deaktivierend, negativ aktivierend, negativ deaktivierend) bieten eine Möglichkeit, diskrete Emotionen anhand basaler gemeinsamer Merkmale zu klassifizieren (Tab. 1; Pekrun 2006).

Des Weiteren können Emotionen anhand ihres Objektfokus, d. h. der Art des auslösen den Ereignisses, gruppiert werden. So lassen sich in Lehr-Lern-Kontexten hervorgerufene Emotionen folgende zentrale Emotionsgruppen unterscheiden (Pekrun 2016):[1] (1) Leistungsemotionen, die auf leistungsbezogene Aktivitäten bzw. das Erleben von Erfolg oder Misserfolg bezogen sind (z. B. Stolz über eine gemeisterte Prüfung); (2) epistemische Emotionen, die auf kognitive Anforderungen einer Aufgabe sowie Wissensgenerierungen bezogen sind (z. B. Neugier oder Verwirrung fokussiert auf widersprüchliche Informationen); (3) themenbezogene Emotionen, die direkt auf Lerninhalte gerichtet sind (z. B. Traurigkeit bezogen auf das Schicksal einer Romanfigur); und (4) soziale Emotionen, die sowohl leistungs- (z. B. Freude über den Erfolg eines Mitschülers) als auch beziehungsbezogen (z. B. Erleben von Sympathie oder Antipathie) sein können.

---

[1]Darüber hinaus können auch inzidentelle, auf Ereignisse außerhalb der Lehr-Lern-Situation bezogene Emotionen (z. B. Ärger über Geschwister) oder allgemeine Stimmungen, die im Gegensatz zu Emotionen nicht zwingend auf konkrete Ereignisse gerichtet sind, in pädagogische Kontexte getragen werden und somit Lernen beeinflussen (Pekrun 2016).

**Tab. 1** Klassifikation diskreter Emotionen nach Valenz und Aktivierung

| Aktivierung | Valenz | |
|---|---|---|
| | Positiv (angenehm) | Negativ (unangenehm) |
| Aktivierend | Freude<br>Hoffnung<br>Neugier<br>Stolz<br>Überraschung[a] | Angst<br>Ärger<br>Frustration[b]<br>Scham<br>Verwirrung<br>Überraschung[a] |
| Deaktivierend | Erleichterung<br>Zufriedenheit<br>Entspannung | Frustration[b]<br>Enttäuschung<br>Langeweile<br>Hoffnungslosigkeit<br>Traurigkeit |

*Anmerkung.* Die dargestellte Kategorisierung basiert auf etablierten Taxonomien von Lern- und Leistungs- (Pekrun 2016) sowie epistemischen Emotionen (Pekrun et al. 2016)
[a]Valenz kann je nach auslösendem Ereignis (positiv-zielkongruent, negativ-zielinkongruent) variieren (z. B. Reisenzein und Meyer 2009)
[b]Frustration umfasst emotionale Qualitäten von Ärger (aktivierende Emotion) und Enttäuschung (deaktivierende Emotion) (Clore et al. 1993)

Diese Gruppierung lässt sich um die Kategorie der (5) direkt auf die verwendete Technologie gerichteten Emotionen erweitern. Bereits in den 80ern gewannen Informationstechnologien als Emotionsquelle aufgrund deren Verbreitung im akademischen, beruflichen und privaten Alltag wissenschaftliches Interesse. Dies spiegelt sich in den zahlreichen Arbeiten zu Computerangst (siehe Powell 2013, für einen Überblick) sowie emotional-affektiv begründeten Modellen zur Prognose von Technologieakzeptanz und -nutzung wider (Venkatesh 2000). Dass Unsicherheit und damit verbundene Emotionen wie Angst, Ärger oder Frustration im Umgang mit Technologien neben positivem Erleben von ‚joy of use' auch von heutigen Generationen berichtet werden, zeigen Untersuchungen zu technologiebezogenen Emotionen von Schülern und Studierenden (Butz et al. 2015, 2016; Wosnitza und Volet 2005). Zudem wirkt sich auch das visuell-auditive Design technologiebasierter Lernumgebungen auf die (6) ästhetischen Emotionen von Lernenden aus. So können Farbschemata, visuelle Effekte oder musikalische Elemente z. B. bei Lernspielen hervorgerufene ästhetische Emotionen wie Bewunderung, Ekel oder auch Traurigkeit hervorrufen und dabei ablaufende Lernprozesse beeinflussen (Plass und Kaplan 2015; Scherer und Coutinho 2013).

Emotionen können also verschiedenartig orientiert sein. Das Erleben von Frustration beim technologiebasierten Lernen z. B. kann auf Misserfolg und eigene Unfähigkeit bei wiederholt missglückenden Problemlöseversuchen (leistungsbezogen), auf die aus dem ungelösten Problem resultierende kognitive Inkongruenz (epistemisch), auf Inhalte wie Umweltverschmutzung (themenbezogen) oder auch auf technische Probleme (technologiebezogen) gerichtet sein. Unabhängig vom Objektfokus fungieren diese Emotionen nicht nur als bloße Begleiterscheinungen technologiebasierten Lernens, sondern können neben psychischem Wohlbefinden auch die Qualität des Wissenserwerbs beeinflussen.

## 2 Ursachen und Wirkungen von Emotionen

In diesem Abschnitt wird ein Rahmenmodell vorgeschlagen, das die zuvor beschriebene emotionale Vielfalt technologiebasierten Lernens abbildet, gleichzeitig aber gemeinsame funktionale Entstehungs- und Wirkmechanismen berücksichtigt (Abb. 1). Das Modell stellt eine Erweiterung der Kontroll-Wert-Theorie zu Leistungsemotionen (KWT; Pekrun 2006) auf weitere Emotionsgruppen sowie technologiebasierte Lernumgebungen dar, die relevante theoretische Ansätze wie das integrierte kognitiv-affektive Modell multimedialen Lernens (IKAM; Plass und Kaplan 2015) sowie Arbeiten zu emotionalen Effekten kognitiver Inkongruenz (Graesser et al. 2014; Muis et al. 2015a) und zur Gestaltung motivierender intelligenter tutorieller Systeme (McNamara et al. 2010) integriert.

### 2.1 Ursachen von Emotionen

#### 2.1.1 Appraisal

Im Einklang mit anderen Appraisaltheorien (Moors et al. 2013) geht die KWT davon aus, dass neben genetischer Veranlagung sowie neurophysiologischen Prozessen vor allem kognitive Vermittlungsmechanismen – d. h. subjektive, jedoch nicht zwingend bewusste Bewertungen einer Situation („Appraisal") – zentral für die Entstehung von Emotionen sind (Pekrun 2006). Individuell wahrgenommene Kontrolle über Lernaktivitäten oder Leistungsergebnisse sowie deren persönliche Bedeutsamkeit stellen der KWT zufolge zentrale Appraisaldimensionen für Leistungsemotionen dar. *Kontrollkognitionen* umfassen zukunftsgerichtete Kausalerwartungen („Wenn ich mich anstrenge, kann ich die Prüfung meistern!" im Fall von Hoffnung), Kontrollerleben in Bezug auf aktuelle Anforderungen („Diese Aufgabe ist so komplex, dass ich sie nicht lösen kann" verbunden mit Frustration) und rückblickende Kausalattributionen eingetretener Erfolge und Misserfolge („Die Prüfung habe ich bestanden, weil ich mich gut vorbereitet habe." verbunden mit Stolz). *Wertkognitionen* beziehen sich hingegen auf die subjektive Wichtigkeit als positiv oder negativ wahrgenommener Lernaktivitäten oder Leistungsergebnisse. Sie können dabei auf intrinsischen (z. B. eine Aufgabe erscheint interessant) oder extrinsischen (z. B. Gefährdung von Zukunftsperspektiven durch schlechte Leistungen) Faktoren basieren.

Wie in der KWT postuliert zeigen Studien zu verschiedenen Lerntechnologien sowie eine aktuelle metaanalytische Auswertung dieser Untersuchungen (Loderer et al. 2018), dass hohe Kontrollüberzeugungen mit starken Ausprägungen positiver (z. B. Freude, Hoffnung, Stolz) und geringeren Ausprägungen negativer Emotionen (z. B. Angst, Ärger, Frustration, Hoffnungslosigkeit, Langeweile) einhergehen (z. B. Artino und Jones 2012; Noteborn et al. 2012). Ähnliche Patterns zeigen sich auch für Wert-Appraisals, die in der Regel als subjektive Bedeutsamkeit *positiver* Werte von Lernen und Leistung gemessen werden, sodass sich erwartungskonform positive Zusammenhänge mit positiven Emotionen und negative Zusammenhänge mit negativen Emotionen ergeben. Im Kontrast hierzu sollte subjektive Bedeutsamkeit des Vermeidens von Misserfolg oder Nicht-Verstehens von Inhalten (negativer

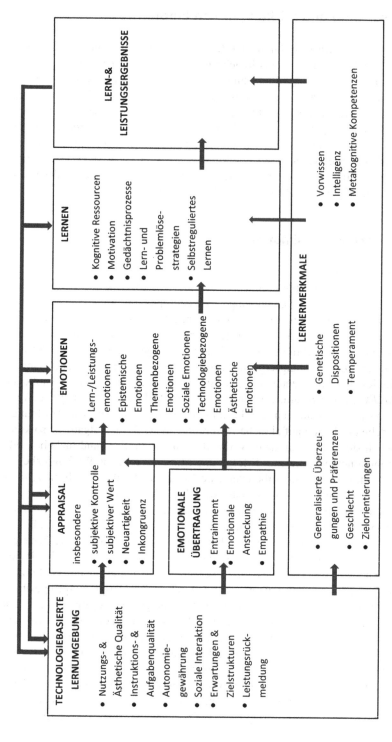

**Abb. 1** Rahmenmodell zu Ursachen und Wirkungen von Emotionen in technologiebasierten Lernumgebungen basierend auf der Kontroll-Wert Theorie (Loderer et al. (2020); Pekrun 2006, 2016)

Wert-Fokus) die Intensität negativer Emotionen wie Angst oder Frustration erhöhen, Langeweile hingegen jedoch abschwächen (s. a. Loderer et al. (2020), zu Appraisalprofilen von Leistungsemotionen).

Wie Butz et al. (2015) berichten, spielen Kontroll-Wert-Appraisals auch eine zentrale Rolle bei der Entstehung technologiebezogener Emotionen. In ihrer Befragung von Studierenden aus Online-Wirtschaftskursen korrelierte Freude in Bezug auf die Nutzung der Lernplattform positiv mit subjektiver Kontrolle über sowie Wert (z. B. Nützlichkeit) der eingesetzten Technologie, während sich für Ärger oder Langeweile in Bezug auf die Technologienutzung negative Zusammenhänge mit Kontroll- und Werterleben ergaben. Somit lassen sich zentrale Appraisalannahmen der KWT auf diese Emotionsgruppe erweitern.

Ähnliches gilt auch für epistemische Emotionen, die auf wissensgenerierende Prozesse fokussiert und eng an wahrgenommene kognitive Inkongruenz gekoppelt sind. Solche Inkongruenz wiederum kann durch unerwartete, widersprüchliche oder komplexe Informationen ausgelöst werden (Meier 2013; Pekrun 2011). Muis und Kollegen postulieren, dass neben solchen Inkongruenz-Appraisals auch die wahrgenommene Kontrolle bezüglich der Komplexität und der eigenen Kompetenzen zur Bewältigung einer kognitive Aufgabe sowie deren positiver intrinsischer Wert oder extrinsischer Nutzwert das Erleben epistemischer Freude und Neugier fördern, negative epistemische Emotionen wie Verwirrung, Frustration, Angst und Langeweile hingegen abschwächen sollten (Muis et al. 2015b). In einer Untersuchung zu Zusammenhängen zwischen epistemischen Emotionen und Kontroll-Wertkognitionen von Medizinstudierenden bei der Bearbeitung klinischer Diagnosefälle mittels einer speziell entwickelten computerbasierten Lernumgebung konnten Vogl et al. (2016) empirische Belege für diese Zusammenhangsmuster liefern (vgl. auch Pekrun et al. 2016).

Kontroll-Wert-Appraisals tragen auch zur Entstehung sozialer Leistungsemotionen bei. So wird Neid auf den Erfolg anderer im Kontrast zu eigenem Misserfolg dann erlebt, wenn persönliche Kontrolle in Bezug auf ein subjektiv bedeutsames Leistungsergebnis als niedrig empfunden wird (Forster et al. 2015; Weiner 2007). Solche Bewertungen werden über soziale Leistungsvergleiche ausgebildet. Im Kontext technologiebasierten Lernens ist diese Emotionsgruppe bisher wenig erforscht, aber explorative Untersuchungen zeigen, dass sie in computergestützten kooperativen Lernumgebungen häufig erlebt werden (Robinson 2013; Wosnitza und Volet 2005).

Auch für ästhetische Emotionen wird angenommen, dass die subjektive Wahrnehmung verschiedener ästhetischer Elemente eine zentrale Rolle in deren Entstehung spielt. Scherer und Coutinho (2013) postulieren, dass intrinsische Annehmlichkeit (z. B. als harmonisch wahrgenommene Musikkompositionen), Kontrolle über Designelemente (z. B. Wahlmöglichkeiten bzgl. Farbschemata), aber auch Neuartigkeit (z. B. Grad der Vertrautheit mit bestimmten Designfeatures) wichtige evaluative Dimensionen darstellen. Positive Emotionen wie Freude oder Bewunderung werden zum Beispiel dann erlebt, wenn musikalische oder visuelle Elemente als harmonisch wahrgenommen werden, Neugier hingegen dann, wenn solche Elemente für ein Individuum neuartig erscheinen (Silvia 2012).

Zusammengefasst zeigt sich, dass subjektive Bewertungsprozesse auch beim technologiebasierten Lernen maßgeblich für individuelles emotionales Erleben sind. Umgekehrt können Emotionen jedoch auch auf Appraisals zurückwirken und somit wiederum zukünftiges emotionales Erleben beeinflussen. Beispielsweise kann aufkommende Freude an einer spannenden Lernaufgabe dazu führen, dass ähnliche Aufgaben oder Inhalte an sich positiv bewertet werden (Wertappraisals).

### 2.1.2 Emotionale Übertragungsprozesse

Emotionen können auch durch sogenannte Übertragungsprozesse wie „Entrainment", Emotionsansteckung und Empathie entstehen. Ersteres bezeichnet eine Art „emotionales Einschwingen" bzw. Angleichung physiologischer (z. B. Herz-/Atemrhythmus) und motorischer Rhythmen mit externen Reizen wie Musik oder auch physiologisch-motorischen Rhythmen anderer Personen (Trost et al. 2017). Veränderungen im emotionalen Erleben werden hier über physiologische und expressive Komponenten geleitet.

In sozial-interaktiven Lernumgebungen können Emotionen anderer auch eine „ansteckende" Wirkung haben und über unbewusst ablaufende Mimikry des non-/verbalen Ausdrucks das eigene emotionale Erleben beeinflussen, wie Studien zu emotionaler Ansteckung zwischen Schülern (Forster et al. 2017) oder zwischen Lehrern und Schülern zeigen (Becker et al. 2014; Frenzel et al. 2009, 2018). Inzwischen belegen auch einige Arbeiten, dass sich von virtuellen Agenten ausgedrückte Emotionen auf Lernende übertragen können (siehe Beale und Creed 2009, für einen Überblick).

Werden Emotionen anderer dagegen auch im Hinblick auf deren Ursachen aktiv analysiert und nachempfunden, spricht man von Empathie (Hatfield et al. 2009). Im Bereich technologiebasierten Lernens wurde Empathie bisher primär aus der Perspektive der Entwicklung intelligenter empathischer Agenten betrachtet, die aus Informationsquellen wie Lernfortschritt oder direkten Äußerungen von Lernenden auf deren Emotionen schließen und durch entsprechendes Ausdrucksverhalten zu optimieren versuchen (z. B. McQuiggan und Lester 2007). Umgekehrt ist es jedoch denkbar, dass Lernende über Mimikry des emotionalen Ausdrucks hinaus versuchen, die offenkundige Freude eines virtuellen Lernpartners bei der Bearbeitung einer Aufgabe nachzuvollziehen und sich dadurch „einzufühlen".

### 2.1.3 Merkmale von Lernenden und Lernumgebungen

Die Intensität und Qualität des Erlebens von Emotionen beim technologiebasierten Lernen werden durch individuelle Lernermerkmale sowie durch die Lernumgebung geprägt (siehe Abb. 1, linke Hälfte). Neben physiologisch-bedingten Temperamentunterschieden (Bates et al. 2016), die Schüler für das Erleben positiver oder negativer Emotionen während des Lernens prädisponieren können, gehören zu den Lernermerkmalen auch generalisierte Überzeugungen zur Entstehung, Struktur und Stabilität von Wissen (epistemische Überzeugungen; Muis et al. 2015a) oder zur Veränderbarkeit versus Stabilität eigener Fähigkeiten (Romero et al. 2014), aber auch das Geschlecht, welches die Sozialisation stereotyper fachspezifischer Kompetenzüberzeugungen von Lernenden beeinflusst (Chang und Beilock 2016; Frenzel et al. 2007a). Solche Lernmerkmale wirken sich auf Kontroll-Wert-Überzeugungen aus, die wiederum das emotionale Erleben formen. Gut erforscht ist dies auch für unterschiedliche Zielorientierungen von Lernenden. So konnte mehrfach gezeigt werden, dass Annäherungs-Lernziele den Fokus auf die Kontrollierbarkeit und positive Wertigkeit von Lernen lenken und somit positive Emotionen wie Lernfreude stärken, negative Emotionen wie Langeweile hingegen reduzieren, während Annäherungs- bzw. Vermeidungs-Leistungsziele den Fokus auf Erfolg und positive Kontroll-Wert-Appraisals respektive Vermeiden von Misserfolg und negative Appraisals lenken, was wiederum positive (z. B. Hoffnung) respektive negative (z. B. Angst) ergebnisbezogene Emotionen begünstigt (Goetz et al. 2016; Pekrun et al. 2009). Die Rolle verschiedener Lernermerkmale wird in Loderer et al. (2018) ausführlicher diskutiert.

Zudem stellt die Lernumwelt eine zentrale Determinante der Emotionen von Lernenden dar, da diese je nach Gestaltung subjektive Bewertungen oder auch die Herausbildung generalisierter Überzeugungen beeinflusst (Frenzel et al. 2007b; Goetz et al. 2013), aber auch Gelegenheiten für emotionale Übertragung bieten kann. Dies ist zentral für didaktische Überlegungen zur Gestaltung emotionsgünstiger Lernumgebungen.

## 2.2 Wirkungen von Emotionen auf Lernen und Leistung

Basierend auf Befunden aus der Stimmungs- und Gedächtnisforschung sowie Überlegungen zum Zusammenhang zwischen Emotion und Motivation postulieren die KWT (Pekrun 1992, 2006) sowie das IKAM (Plass und Kaplan 2015), dass Wirkungen von Emotionen auf Leistung über deren Einfluss auf kognitive Ressourcen, Motivation, Gedächtnisprozesse und Regulation des Lernens vermittelt werden (siehe Abb. 1, rechte Hälfte). Dabei ist anzunehmen, dass nicht nur emotionale Valenz, sondern auch die Dimension der Aktivierung sowie spezifische Qualitäten diskreter Emotionen deren Funktionen bestimmen.

### 2.2.1 Kognitive Ressourcen

Emotionen wie Langeweile, Angst vor Misserfolg oder technologiebedingter Frust lenken Aufmerksamkeit auf aufgabenexterne Aspekte und verbrauchen so kognitive Ressourcen, die für die Bearbeitung komplexer Lernaufgaben benötigt werden. Besonders positive aufgabenbezogene Emotionen wie Lernfreude oder Neugier können hingegen dazu beitragen, die Aufmerksamkeit auf die Aufgabe zu fokussieren und völlig in dieser aufzugehen (Flow), was wiederum leistungsfördernd wirkt. Arbeiten zu multimedialem Lernen berichten z. B. positive Zusammenhänge zwischen aufgabenbezogenem, eng mit der Emotion Neugier verbundenem situativem Interesse und in die Lösung der Aufgabe investierter kognitiver Ressourcen (Plass et al. 2014; Um et al. 2012). Pauschal gilt jedoch nicht „positive Emotionen – positive Wirkung"; vielmehr ist davon auszugehen, dass das intensive Erleben jeglicher, auch positiver aufgabenirrelevanter Emotionen, kognitive Ressourcen verbraucht und so leistungsabträglich wirken kann. So konnten zum Beispiel Park und Kollegen mittels Eyetracking zeigen, dass positive Emotionen, die vor der Lernphase mittels autobiografischem Erinnern induziert wurden, zu einer geringeren Aufmerksamkeit auf relevante Lerninhalten führen können (Park et al. 2015b; weiterführend s. a. Meinhardt und Pekrun 2003; Park et al. 2015a).

### 2.2.2 Motivation

Dass positive Emotionen, insbesondere positive aktivierende, Motivation steigern und somit Lernen antreiben können, erscheint intuitiv schlüssig. Positive aktivitätsbezogene Emotionen wie Freude am Lernen oder auch Neugier können dazu beitragen, dass Lernende intrinsisch motiviert an Aufgaben herantreten und sich intensiv mit Inhalten beschäftigen, sodass lernförderliche Effekte zu erwarten sind. Entsprechend zeigte sich in unserer Metaanalyse ein relativ starker Zusammenhang ($r = 0{,}45$) zwischen Freude und Motivation beim technologiebasierten Lernen (Loderer et al. 2018). Auch positiv aktivierende ergebnisbezogene Emotionen wie Stolz über eine gemeisterte Aufgabe können dazu führen, dass Lernende zuversichtlich an zukünftige Aufgaben herangehen und beflügelt sind, Anstrengung als Mittel zum Zweck (gute Leistung und ihre Folgen) zu investieren. Dies entspricht einer verstärkenden Wirkung auf extrinsische Motivation, die auch durch positive soziale Leistungsemotionen wie Bewunderung der Erfolge anderer genährt werden kann (Loderer et al. 2020).

Negativ deaktivierende Emotionen wie Langeweile oder Hoffnungslosigkeit senken sowohl intrinsische als auch extrinsische Motivation zu lernen. Untersuchungen im Bereich technologiebasierten Lernens zeigen, dass Langeweile zu sogenanntem *off-task behavior* (z. B. Herumspielen mit Gestaltungsfeatures für den eigenen Avatar) oder auch *gaming the system* (Schummeln im Sinne eines systematischen Ausnutzens von Hilfsmitteln der Lernumgebung) führen kann, um so Lernen zu vermeiden (Sabourin et al. 2013).

Positiv deaktivierende sowie negative aktivierende Emotionen schließlich haben komplexe und variable motivationale Folgen. Beispielsweise senken Angst oder Scham intrinsische Motivation zu lernen, können aber extrinsische Motivation und Anstrengungsbereitschaft zur Vermeidung von Misserfolg erhöhen (z. B. Turner und Schallert 2001; Zeidner 2014).

### 2.2.3 Gedächtnisprozesse und Einsatz von Lern- und Problemlösestrategien

Befunde aus der Stimmungsforschung zeigen, dass positive affektive Zustände divergentes, heuristisches und damit auch flexibles und kreatives Denken begünstigen, während negative affektive Zustände mit konvergenter, analytischer und detailorientierter Verarbeitung einhergehen (Fiedler und Beier 2014). Daraus lässt sich zum einen ableiten, dass Emotionen die Speicherung und Abrufbarkeit gelernter Inhalte beeinflussen können: Positive Emotionen können dabei die Integration von Wissenseinheiten im Gedächtnis fördern, wohingegen negative Emotionen zu einer genaueren Speicherung einzelner Details führen (Spachtholz et al. 2014).

Zum anderen können emotionsbedingte Unterschiede in Verarbeitungsstilen auch den Einsatz von Lern- und Problemlösestrategien beeinflussen. Positiv aktivierende

Emotionen wie Freude oder Neugier sollten entsprechend mit verständnisorientierten und flexiblen Strategien (Elaboration, kritisches Denken), negativ aktivierende hingegen mit rigideren Ansätzen (Auswendiglernen) einhergehen, wobei Verwirrung eine potenzielle Ausnahme darstellt, da diese unter Umständen ebenfalls dazu führen kann, dass Inhalte, die als erwartungswidrig oder unlogisch wahrgenommen werden, weiter kritisch evaluiert und anhand von Vorwissen analysiert werden, um kognitive Inkongruenz aufzulösen (z. B. D'Mello et al. 2014b). Je nach Anforderung der spezifischen Aufgabe können somit auch negative Emotionen Lernen stützen. Deaktivierende Emotionen hingegen, und vor allem negative wie Langeweile oder Hoffnungslosigkeit, sollten strategisches Lernen und Problemlösen allgemein erschweren.

### 2.2.4 Selbstreguliertes versus fremdreguliertes Lernen

Selbstreguliertes Lernen umfasst die *eigenständige* Planung und Durchführung von Lernhandlungen sowie die fortlaufende Überwachung des eigenen Lernfortschritts. Hierfür ist ein flexibler Einsatz kognitiver, motivationaler und emotionaler Strategien unerlässlich, um Lernverhalten effektiv an Lernziele sowie spezifische Aufgabenanforderungen anzupassen (z. B. Azevedo et al. 2012). Da positive aktivierende Emotionen Flexibilität in Denken und Verhalten fördern (siehe Abschn. 2.2.3), sind positive Effekte auf Selbstregulation des Lernens zu erwarten. Negative Emotionen sollten hingegen mit dem Befolgen extern vorgegebener Regeln und Anleitung (Fremdregulation) einhergehen. Im Einklang hiermit berichten Studien zu Onlinekursen und webbasierten Fernstudiengängen, die eine hohe Eigeninitiative des Lernenden verlangen, positive Zusammenhänge zwischen Lernfreude und aktivem, selbstreguliertem Lernen, für negative Emotionen wie Angst oder Langeweile hingegen negative Korrelationen (Walker und Fraser 2005; You und Kang 2014).

### 2.2.5 Leistung

Insgesamt beruhen die Wirkungen von Emotionen auf Wissenserwerb und Leistung auf einem komplexen Zusammenspiel von spezifischen Aufgabenanforderungen, individuellen Lernermerkmalen (z. B. auch Intelligenz, Gedächtniskapazität) und kognitiv-motivationalen Prozessen. Die Rückkopplungsschleifen in Abb. 1 zeigen zudem, dass Leistungen ihrerseits wiederum das Lernverhalten sowie Motivation und das emotionale Erleben rückwirkend beeinflussen. Auf Basis der vorherigen Überlegungen sind für positiv aktivierende aufgaben-fokussierte Emotionen positive, für negativ deaktivierende Emotionen hingegen negative Effekte auf die Lernleistung zu erwarten, wohingegen klare Vorhersagen für positiv deaktivierende und negativ aktivierende Emotionen schwieriger zu treffen sind. Vergleicht man jedoch die Befunde bisheriger Studien zu Emotionen und Lernen, so sind modal positive Effekte ersterer und negative Effekte letzterer auf kognitive Leistung (z. B. Prüfungen) zu verzeichnen (Goetz und Hall 2013). Diese Muster bestätigt auch unsere Metastudie zur Rolle von Emotionen beim technologiebasierten Lernen (Loderer et al. 2018): Freude und Neugier korrelieren über Studien hinweg positiv mit Leistung, während Angst und Leistung negativ zusammenhängen.

## 3 Anregungen zur emotionsgünstigen Gestaltung von technologiebasierten Lernumgebungen

Aus den oben beschriebenen Bedingungsfaktoren für das Erleben von Emotionen beim technologiebasierten Lernen lassen sich Empfehlungen für die Gestaltung emotionsgünstiger Lernumgebungen ableiten (siehe auch Astleitner und Leutner 2014). Im Folgenden tragen wir zentrale Prinzipien zusammen (vertiefend Loderer et al. (2020); McNamara et al. 2010; Plass et al. 2015).

### 3.1 Nutzungs- und ästhetische Qualität

Eines der ersten Merkmale der Lernumgebung, die Lernenden gleichsam ins Auge springt, ist deren visuelle Gestaltung, die eine wichtige Rolle für deren emotionale Färbung und die Bewertung der Attraktivität der Lernumgebung spielt. Dieser Designaspekt lässt sich somit konzeptuell mit der wahrgenommenen Valenz (positiver versus negativer Wert) einer Lernumgebung verknüpfen. In unserer Metaanalyse hat sich gezeigt, dass die Qualität des ästhetischen Designs technologiebasierter Lernumgebungen in positivem Zusammenhang mit Neugier während des Lernens in den entsprechenden Lernumgebungen stand (Loderer et al. 2018). Hierzu zählte zum Beispiel der Einsatz heller und warmer gesättigter Farben (gelb, orange) im Kontrast zu Graustufen oder auch rundlicher anstatt kantiger Formen, die sich als emotionsförderlich erwiesen (z. B. Plass et al. 2014; Um et al. 2012; siehe auch Wolfson und Case 2000).

Auch die visuelle Erscheinung pädagogischer Agenten ist emotionsrelevant. So reagieren Lernende emotional positiver auf lebensnah gestaltete Agenten, die ihnen in Alter und Geschlecht ähnlich sind (also eher Peers als Experten darstellen; z. B. Domagk 2010; Youssef et al. 2015). Je nach Lernumgebung können auch auditive Elemente emotionales Erleben beeinflussen. Hierzu gehört der verbale Ausdruck von Agenten, der je nach Sprechtempo, Stimmlage und Lautstärke in Annehmlichkeit variieren und auch verschiedene Emotionen wie Ärger oder Freude transportieren kann, die Lernende wiederum „anstecken" können (Baylor 2011; Patel et al. 2011). Kim et al. (2004) konnten beispielsweise zeigen, dass starker bzw. fester stimmlicher Ausdruck im Vergleich zu schwachen, zarteren Stimmen virtueller Agenten zu positiveren emotionalen Reaktionen (Freude) von Lernenden führen kann. Zudem dient die musikalische Untermalung von Lernspielen häufig dazu, Lernende emotional in die Geschichte des Spiels zu involvieren (Plass et al. 2015; s. a. Loderer et al. (2020)). Befunde aus musikpsychologischen Untersuchungen legen nahe, dass die Tonlage musikalischer Stücke die Valenz-, das Tempo hingegen die Aktivierungsdimension emotionalen Erlebens beeinflusst: Dabei führen Stücke in Moll (versus Dur) zu positiveren Emotionen und schnelleres Tempo zu höherer Aktivierung (Husain et al. 2002).

Schließlich wirkt sich auch die Benutzerfreundlichkeit der Lernumgebung emotional auf Lernende aus. Besonders komplexe, nicht-lineare Formate bergen das Risiko der Orientierungslosigkeit, während andauernde technische Schwierigkeiten mit Gefühlen des Kontrollverlusts einhergehen können, was zu Verwirrung, Ärger oder auch völliger Ablehnung der Lerntechnologie führen kann (Beasley und Waugh 1995; Butz et al. 2015). Entsprechend sollte darauf geachtet werden, dass Lernende mit dem Format vertraut sind und Hilfsmittel bereitgestellt werden (z. B. visuelle Organizer, Supportmenüs), um Kontrollerleben zu ermöglichen und dadurch positive Emotionen zu fördern.

### 3.2 Instruktions- und Aufgabenqualität

Gelungene Instruktion in Form von klar strukturierten und verständlichen Lernaktivitäten beeinflusst neben dem realen Wissens- und Kompetenzzuwachs auch subjektive Kontrollüberzeugungen. Eine besondere Herausforderung besteht darin, Aufgaben komplex und neuartig genug zu gestalten, um den intrinsischen Anreiz (Wert) hoch zu halten, gleichzeitig aber Überforderung zu vermeiden. Da dies stark vom individuellen Lernstand abhängt, der sich im Verlauf der Interaktion mit der Lernumgebung verändern sollte, erscheint die Entwicklung intelligenter, intraindividuell adaptiver Systeme besonders vielversprechend. Die Induktion von Verwirrung zur Anregung kritischen Denkens und einer tieferen Auseinandersetzung mit Lerninhalten, beispielsweise durch die Vermittlung widersprüchlicher Meinungen zweier pädagogischer Agenten, ist zudem dann produktiv, wenn die Auflösung der kognitiven Inkongruenz für Lernende nicht völlig aussichtslos erscheint (Graesser et al. 2014). Häufig können die spezifischen Designmöglichkeiten technologiebasierter Umgebungen dafür genutzt werden, Klarheit (z. B. durch farbliche Kontraste in der Informationsrepräsentation; allgemeine Nutzung unterschiedlicher Repräsentationsmodalitäten) zu stützen und die Aufmerksamkeit auf wichtige Lerninhalte zu lenken (s. a. Plass et al. 2009); dadurch erhöhtes Kompetenz- bzw. Kontrollerleben sollte sich positiv auf Emotionen von Lernenden auswirken.

### 3.3 Autonomiegewährung

Lernumgebungen können nicht nur adaptiv im Sinne automatischer Anpassung an Lernende sein, sondern auch adaptierbar, indem sie Lernenden selbst Handlungsspielraum und Selbstständigkeit erlauben. Dies kann von der optischen Gestaltung des eigenen Avatars oder bestimmter Belohnungen (z. B. virtuelle Güter) in einem Lernspiel über die Bearbeitungsreihenfolge bis hin zur eigenen Auswahl von Lernaktivitäten reichen, sodass hier viel Gestaltungsspielraum besteht. Bereits Cordova und Lepper (1996) konnten zeigen, dass digitale Lernspiele mit Wahlmöglichkeiten die Freude am Lernen erhöhen können. Solches Autonomieerleben kann den intrinsischen Wert des Lernens erhöhen und die Ausbildung von Kontrollüberzeugungen und damit positive Emotionen beim Lernen in technologiebasierten Umgebungen fördern. Trotzdem befindet man sich mit der Einbeziehung von Wahlmöglichkeiten und Lerner-Selbstständigkeit bei der Gestaltung von Lernumgebungen auf einem schmalen Grad – es kann leicht passieren dass Lernende durch zu viele Freiheitsgrade überfordert sind und eine Lernumgebung die selbstregulatorische Kompetenz von Lernenden übersteigt, mit ungünstigen emotionalen Folgen und abträglichen Effekten auf das Lernergebnis.

## 3.4 Soziale Interaktion

Der Selbstbestimmungstheorie (Ryan und Deci 2000) zufolge ist soziale Eingebundenheit eine zentrale Voraussetzung für intrinsische Motivation und Freude am Lernen. In der Literatur wird vor allem im Bereich des *Distance Learning* (Fernunterricht) häufig diskutiert, inwiefern dieses Grundbedürfnis nach sozialem Austausch in technologiebasierten Kontexten erfüllt werden kann (z. B. Chen und Jang 2010). Der Einsatz möglichst lebensechter pädagogischer Agenten mittels virtueller Lernpartner wird in diesem Zusammenhang oft damit begründet, das Gefühl sozialer Präsenz zu intensivieren (Domagk 2010; Lester et al. 1997). Andere Lernplattformen wiederum ermöglichen Kollaboration und Austausch unter realen Lernenden oder auch mit Lehrenden über Diskussionsforen oder Videokonferenzen. Aus emotionaler Sicht ist dabei aber nicht nur die Quantität des Kontakts, sondern auch die Qualität der digital gestützten Interaktion entscheidend (siehe Abschn. 3.5). Auch die emotionale Ansteckung und das Modelllernen nehmen hier eine tragende Rolle ein. So können Lehrende, aber auch virtuelle Lernpartner durch das Vorleben günstiger Wertüberzeugungen (z. B. „Das sieht aber spannend aus!") und positiver tätigkeits- bzw. themenbezogener Emotionen Lernenden dazu verhelfen, selbst mehr positive Emotionen zu erleben (Arroyo et al. 2014; Krämer et al. 2013).

## 3.5 Erwartungs- und Zielstrukturen

Erwartungen bestimmen maßgeblich, ob Leistungsergebnisse als Erfolge oder Misserfolge bewertet werden. Auch innerhalb technologiebasierter Lernumgebungen sollten deshalb angemessen dosierte Erwartungen und Lern- anstatt von Leistungszielen kommuniziert werden, um negativen Emotionen vorzubeugen. Letzteres kann mitunter über entsprechende Leistungsrückmeldungen geschehen, die den Fokus auf lernzielorientiert („Du hast diese geometrische Regel verstanden!") anstatt leistungszielorientiert („Du hast die Aufgabe schneller gelöst als die anderen Spieler!", Biles und Plass 2016).

Kompetitive Interaktionsformen, die normative Vergleiche zwischen Lernenden beinhalten und den Fokus auf soziale Leistungsvergleiche lenken, können zu Angst oder Ärger führen, insbesondere wenn schlechter als andere zu sein eine hohe Bedeutung zugeschrieben wird (Murayama und Elliot 2009). Beim sozialvergleichenden Leistungszielkontext gibt es neben den (wenigen) Gewinnern immer eine Reihe an Verlierern und der Lerner ist von seiner Wettbewerbsgruppe abhängig und kann seine eigenen Erfolgsaussichten damit nur bedingt kontrollieren, was somit eine relativ große Zahl an Lernern für negative Emotionen prädestiniert. Bei individuellen Lernzielen (sich selbst in der Leistung steigern) hingegen hat jeder einzelne

Lerner Aussicht auf Erfolg, wenn Übung und Anstrengung zu Lernfortschritt führt. Auch kooperatives Lernen hat sich im digitalen Bereich als förderlich für intrinsisches Interesse an Inhalten oder bestimmten Aufgabenformaten erwiesen (Plass et al. 2013). Kurze Wettkampfphasen zwischen Kleingruppen anstatt Individuen könnten hier wiederum für Abwechslung sorgen und somit Motivation steigern, wenn Konsequenzen des Verlierens nicht überbewertet werden.

## 3.6 Leistungsrückmeldungen

Leistungsrückmeldungen sind eine wichtige Informationsquelle für Lernende und zentral für die Entwicklung von Kompetenzüberzeugungen. Diese hängen in großem Maße von vorherigen Erfolgs- und Misserfolgserlebnissen ab. Dabei spielt aber auch die Qualität von Leistungsrückmeldungen eine zentrale Rolle für die Entstehung von Emotionen. In Anlehnung an die Literatur zu Reattributionstrainings (Perry et al. 2014) können lernzielorientierte Rückmeldungen durch Anreicherung mit attributionalen Botschaften, die die Kontrollierbarkeit von Lernen und Bedeutung von Anstrengung betonen, positiven Einfluss auf Lerneremotionen nehmen. Arroyo und Kollegen zeigen beispielsweise, dass solche Botschaften (z. B. „Gut gemacht! Siehst du, wie hilfreich es sein kann, sich Zeit für die Aufgaben zu nehmen und genau zu arbeiten?", oder bei inkorrekten Lösungen: „Das sind wirklich schwierige Fragen und du hast es trotzdem probiert! Lass uns noch mal nachlesen.") helfen können, negative Emotionen wie Frustration oder Angst zu verringern (Arroyo et al. 2014).

Darüber hinaus ist auch die Häufigkeit von Rückmeldung innerhalb einer Lerneinheit bedeutsam. So können regelmäßige Leistungsrückmeldungen oder gar konstant sichtbare Fortschrittsanzeigen (*progress bars*) den Wert von Leistung übermäßig betonen, was intrinsischen Wertzuschreibungen abträglich und gerade für schwächere Lerner emotional schädlich sein kann (Abramovich et al. 2013). Hier liegt auch eine besondere Stärke von Lernspielen: Rückmeldungen können niederschwellig, wie etwa in Form von Veränderungen in der narrativen Struktur oder virtuellen Lernumwelt (z. B. Zugang zu neuen Bereichen oder Levels) gegeben werden, was zudem Raum für *graceful failure* (Plass et al. 2015) und exploratives Lernen bietet, da Konsequenzen von Fehlern weniger gravierend erscheinen. Weitere Anregungen zur Implementierung emotionsgünstiger Feedback- und spielerischer Anreizsysteme finden sich in McNamara et al. (2010); s. a. Loderer et al. (2020).

## 4 Zusammenfassung und Ausblick

In diesem Kapitel wurden Ursachen und Wirkungen von Emotionen im Rahmen technologiebasierten Lernens anhand eines erweiterten Kontroll-Wert-Ansatzes herausgearbeitet. Dabei wurde deutlich, dass Lernen durch eine breite Vielfalt an Emotionen beeinflusst wird, die durch subjektive Bewertungs- sowie emotionale

Übertragungsprozesse entstehen können. Diese Entstehungsmechanismen werden wiederum durch Merkmale von Lernenden wie auch der Lernumgebung beeinflusst. Hieraus ergibt sich die grundlegende Möglichkeit der Einflussnahme auf Emotionen von Lernenden. Der Einsatz von Technologien im Bildungsbereich eröffnet insgesamt neue und einzigartige Möglichkeiten zur Gestaltung emotionsgünstiger und damit lernförderlicher Lernumgebungen. Besonders spannend sind Fortschritte in der Entwicklung emotional-intelligenter Lernumgebungen, die emotionale Veränderungen fortlaufend überwachen und ihre Konfiguration individuellen Lernerpräferenzen oder Lernfortschritten anpassen können (z. B. D'Mello et al. 2014a). Wichtig ist, dass die bloße Einführung von Lerntechnologien im Vergleich zu traditionelleren Formaten an sich nicht automatisch zu einer Steigerung positiver Emotionen wie Lernfreude oder Neugier führt (Plass et al. 2015; s. a. Loderer et al. 2018, für metaanalytische Evidenz); vielmehr kommt es auch hier auf die Qualität des jeweiligen didaktischen Designs an.

## Literatur

Abramovich, S., Shunn, C., & Higashi, R. M. (2013). Are badges useful in education?: It depends upon the type of badge and expertise of learner. *Educational Technology Research and Development, 61*(2), 217–232. https://doi.org/10.1007/s11423-013-9289-2.

Arroyo, I., Muldner, K., Burleson, W., & Woolf, B. P. (2014). Adaptive interventions to address students' negative activating and deactivating emotions during learning activities. In R. A. Sottilare, A. C. Graesser, X. Hu & B. S. Goldberg (Hrsg.), *Design recommendations for intelligent tutoring systems Vol. 2: Instructional management* (S. 79–91). Orlando: U.S. Army Research Laboratory.

Artino, A. R. J., & Jones, K. D. (2012). Exploring the complex relations between achievement emotions and self-regulated learning behaviors in online learning. *The Internet and Higher Education, 15*(3), 170–175. https://doi.org/10.1016/j.iheduc.2012.01.006.

Astleitner, H., & Leutner, D. (2014). Designing instructional technology from an emotional perspective. *Journal of Research on Computing in Education, 32*(4), 497–510. https://doi.org/10.1080/08886504.2000.10782294.

Azevedo, R., Behnagh, R. F., Duffy, M. C., Harley, J. M., & Trevors, G. J. (2012). Metacognition and self-regulated learning in student-centered learning environments. In D. H. Jonassen & S. Land (Hrsg.), *Theoretical foundations of learning environments* (2. Aufl., S. 171–179). New York/London: Taylor and Francis.

Bates, J. E., Goodnight, J. A., & Fite, J. E. (2016). Temperament and emotion. In L. Feldman Barrett, M. Lewis & J. M. Haviland-Jones (Hrsg.), *Handbook of emotions* (4. Aufl., S. 485–496). New York/London: Guilford.

Baylor, A. L. (2011). The design of motivational agents and avatars. *Educational Technology Research and Development, 59*(2), 291–300. https://doi.org/10.1007/s11423-011-9196-3.

Beale, R., & Creed, C. (2009). Affective interaction: How emotional agents affect users. *International Journal of Human-Computer Studies, 67*(9), 755–776. https://doi.org/10.1016/j.ijhcs.2009.05.001.

Beasley, R. E., & Waugh, M. L. (1995). Cognitive mapping architectures and hypermedia disorientation: An empirical study. *Journal of Educational Multimedia and Hypermedia, 4*(2–3), 239–255.

Becker, E. S., Goetz, T., Morger, V., & Ranellucci, J. (2014). The importance of teachers' emotions and instructional behavior for their students' emotions: An experience sampling analysis. *Teaching and Teacher Education, 43*, 15–26. https://doi.org/10.1016/j.tate.2014.05.002.

Biles, M. L., & Plass, J. L. (2016). Good badges, evil badges: The impact of badge design on cognitive and motivational outcomes. In L. Y. Muilenburg & Z. L. Berge (Hrsg.), *Digital badges in education: Trends, issues, and cases* (S. 39–52). New York/London: Taylor and Francis.

Butz, N. T., Stupnisky, R. H., & Pekrun, R. (2015). Students' emotions for achievement and technology use in synchronous hybrid graduate programmes. *Research in Learning Technology, 23*(0), 1629. https://doi.org/10.3402/rlt.v23.26097.

Butz, N. T., Stupnisky, R. H., Pekrun, R., Jensen, J. L., & Harsell, D. M. (2016). The impact of emotions on student achievement in synchronous hybrid business and public administration programs: A longitudinal test of control-value theory. *Decision Sciences Journal of Innovative Education, 14*(4), 441–474. https://doi.org/10.1111/dsji.12110.

Chang, H., & Beilock, S. L. (2016). The math anxiety-math performance link and its relation to individual and environmental factors: A review of current behavioral and psychophysiological research. *Current Opinion in Behavioral Science, 10*, 33–38. https://doi.org/10.1016/j.cobeha.2016.04.011.

Chen, K.-C., & Jang, S.-J. (2010). Motivation in online learning: Testing a model of self-determination theory. *Computers in Human Behavior, 26*, 741–752. https://doi.org/10.1016/j.chb.2010.01.011.

Clore, G. L., Ortony, A., Dienes, B., & Fuijta, F. (1993). Where does the anger dwell? In R. S. J. Wyer & T. K. Skull (Hrsg.), *Perspectives on anger and emotion* (S. 57–87). New York/London: Psychology Press.

Cohen, E. L. (2014). What makes a good game go viral? The role of technology use, efficacy, emotion and enjoyment in players' decision to share a prosocial digital game. *Computers in Human Behavior, 33*, 321–239. https://doi.org/10.1016/j.chb.2013.07.013.

Cordova, D. I., & Lepper, M. R. (1996). Intrinsic motivation and the process of learning: Beneficial effects of contextualization, personalization, and choice. *Journal of Educational Psychology, 88*(4), 715. https://doi.org/10.1037/0022-0663.88.4.715.

D'Mello, S. (2013). A selective meta-analysis on the relative incidence of discrete affective states during learning with technology. *Journal of Educational Psychology, 105*(4), 1082–1099. https://doi.org/10.1037/a0032674.

D'Mello, S. K., Blanchard, N., Baker, R., Ocumpaugh, J., & Brawner, K. (2014a). I feel your pain: A selective review of affect-sensitive instructional strategies. In R. A. Sottilare, A. C. Graesser, X. Hu & B. S. Goldberg (Hrsg.), *Design recommendations for intelligent tutoring systems Vol. 2: Instructional management* (S. 35–48). Orlando: U.S. Army Research Laboratory.

D'Mello, S. K., Lehman, B., Pekrun, R., & Graesser, A. C. (2014b). Confusion can be beneficial for learning. *Learning and Instruction, 29*, 153–170. https://doi.org/10.1016/j.learninstruc.2012.05.003.

Domagk, S. (2010). Do pedagogical agents facilitate learner motivation and learning outcomes? The role of the appeal of the agent's appearance and voie. *Journal of Media Psychology, 2*(2), 84–97. https://doi.org/10.1027/1864-1105/a000011.

Fiedler, K., & Beier, S. (2014). Affect and cognitive processes in educational contexts. In R. Pekrun & L. Linnenbrink-Garcia (Hrsg.), *International handbook of emotions in education* (S. 36–55). New York/London: Taylor and Francis.

Forster, P. G., Bradley, F. M., & Pekrun, R. (2015). Antecedents of envy in academic settings. Presented at the conference of the Junior Researchers of EARLI (JURE). Limassol.

Forster, P. G., Shao, K., & Pekrun, R. (2017). How perceived emotions of classmates affect students' emotions. Presented at the 17th biennale conference of the European Association for Research on Learning and Instruction (EARLI). Tampere.

Frenzel, A. C., Pekrun, R., & Goetz, T. (2007a). Girls and mathematics – A „hopeless" issue? A control-value approahc to gender differences in emotions towards mathematics. *European Journal of Psychology of Education, 22*(4), 497–514. https://doi.org/10.1007/BF03173468.

Frenzel, A. C., Pekrun, R., & Goetz, T. (2007b). Perceived learning environment and students' emotional experiences: A multilevel analysis of mathematics classrooms. *Learning and Instruction, 17*(5), 478–493. https://doi.org/10.1016/j.learninstruc.2007.09.001.

Frenzel, A. C., Goetz, T., Lüdtke, O., Pekrun, R., & Sutton, R. E. (2009). Emotional transmission in the classroom: Exploring the relationship between teacher and student enjoyment. *Journal of Educational Psychology, 101*(3), 705–716.

Frenzel, A. C., Becker-Kurz, B., Pekrun, R. Goetz, T., & Lüdtke, O. (2018). Emotion transmission in the classroom revisited: A reciprocal effects model of teacher and student enjoyment. *Journal of Educational Psychology, 110*(5), 628–639. https://doi.org/10.1037/edu0000228.

Goetz, T., & Hall, N. C. (2013). Emotion and achievement in the classroom. In J. Hattie & E. M. Anderman (Hrsg.), *International guide to student achievement* (S. 123–166). Bingley: Emerald.

Goetz, T., Lüdtke, O., Nett, U. E., Keller, M. M., & Lipnevich, A. A. (2013). Characteristics of teaching and students' emotions in the classroom: Investigating differences across domains. *Contemporary Educational Psychology, 38*(4), 383–394. https://doi.org/10.1016/j.cedpsych.2013.08.001.

Goetz, T., Sticca, F., Pekrun, R., Murayama, K., & Elliot, A. J. (2016). Intraindividual relations between achievement goals and discrete achievement emotions: An experience sampling approach. *Learning and Instruction, 41*, 115–125. https://doi.org/10.1016/j.learninstruc.2015.10.007.

Graesser, A. C., D'Mello, S. K., & Strain, A. C. (2014). Emotions in advanced learning technologies. In R. Pekrun & L. Linnenbrink-Garcia (Hrsg.), *International handbook of emotions in education* (S. 473–493). New York/London: Taylor and Francis.

Harley, J. M. (2016). Measuring emotions: A survey of cutting edge methodologies used in computer-based Learning environment research. In S. Y. Tettegah & M. Gartmeier (Hrsg.), *Emotions, technology, design, and learning* (S. 87–114). London: Elsevier Academic Press.

Hatfield, E., Rapson, R. L., & Le, Y.-C. L. (2009). Emotional contagion and empathy. In J. Decety & C. Lamm (Hrsg.), *The social neuroscience of empathy* (S. 19–30). Cambridge, MA: MIT Press.

Husain, G., Forde Thompson, W., & Schellenberg, E. G. (2002). Effects of musical tempo and mode on arousal, mood, and spatial abilities. *Music Perception, 20*(2), 151–171.

Kim, Y., Baylor, A. L., & Reed, G. (2004). The impact of image and voice with pedagogical agents. Presented at the annual conference of association for educational communications and technology (AECT). Chicago.

Krämer, N., Kopp, S., Becker-Arsano, C., & Sommer, N. (2013). Smile and the world will smile with you – The effects of a virtual agents' smile on users' evaluation and behavior. *International Journal of Human-Computer Studies, 71*(3), 335–349. https://doi.org/10.1016/j.ijhcs.2012.09.006.

Lester, J. C., Converse, S. A., Kahler, S. E., Barlow, S. T., Stone, B. A., & Bhogal, R. S. (1997). The persona effect: Affective impact of animated pedagogical agents. *Proceedings of the SIGCHI conference on human factors in computing systems*. Alanta.

Linnenbrink, E. A. (2007). The role of affect in student learning: A multi-dimensional approach to consiering the interaction of affect, motivation, and engagement. In P. A. Schutz & R. Pekrun (Hrsg.), *Emotion in education* (S. 107–124). San Diego: Academic.

Loderer, K., Pekrun, R., & Lester, J. C. (2018). Beyond cold technology: A meta-analysis on emotions in technology-based learning. *Learning and Instruction*.

Loderer, K., Pekrun, R., & Plass, J. L. (2020). Emotional foundations of game-based learning. In J. L. Plass, B. D. Homer & R. E. Mayer (Hrsg.), *Handbook of game-based learning*. Cambridge, MA: MIT Press.

McNamara, D. S., Jackson, G. T., & Graesser, A. C. (2010). Intelligent tutoring and games (ITaG). In Y. K. Baek (Hrsg.), *Gaming for classroom-based learning: Digital role-playing as a motivator of study* (S. 44–65). Hershey: IGI Global.

McQuiggan, S. W., & Lester, J. C. (2007). Modeling and evaluating empathy in embodied companion agents. *International Journal of Human-Computer Studies, 65*(4), 348–360.

Meier, E. (2013). *Antecedents and effects of epistemic emotions*. Munich: University of Munich (LMU).

Meinhardt, J., & Pekrun, R. (2003). Attentional resource allocation to emotional events: An ERP study. *Cognition and Emotion, 17*, 477–500. https://doi.org/10.1080/02699930244000039.

Moors, A., Ellsworth, P. C., Scherer, K. R., & Frijda, N. H. (2013). Appraisal theories of emotion: State of the art and future development. *Emotion Review, 5*(2), 119–124. https://doi.org/10.1177/1754073912468165.

Muis, K. R., Pekrun, R., Sinatra, G. M., Azevedo, R., Trevors, G. J., Meier, E., & Heddy, B. C. (2015a). The curious case of climate change: Testing a theoretical model of epistemic beliefs, epistemic emotions, and complex learning. *Learning and Instruction, 39*, 168–183. https://doi.org/10.1016/j.learninstruc.2015.06.003.

Muis, K. R., Psaradellis, C., Lajoie, S. P., Di Leo, I., & Chevrier, M. (2015b). The role of epistemic emotions in mathematics problem solving. *Contemporary Educational Psychology, 42*, 172–185. https://doi.org/10.1016/j.cedpsych.2015.06.003.

Murayama, K., & Elliot, A. J. (2009). The joint influence of personal achievement goals and classroom goal structures on achievement-relevant outcomes. *Journal of Educational Psychology, 101*(2), 432–447. https://doi.org/10.1037/a0014221.

Niegemann, H. M., Hessel, S., Hochscheid-Mauel, D., Aslanski, K., Deimann, M., & Kreuzberger, G. (2004). *Kompendium E-learning*. Berlin/Heidelberg: Springer.

Noteborn, G., Bohle Carbonell, K., Dailey-Hebert, A., & Gijselaers, W. (2012). The role of emotions and task significance in virtual education. *The Internet and Higher Education, 15*(3), 176–183. https://doi.org/10.1016/j.iheduc.2012.03.002.

O'Neil, H. F., & Richardson, F. C. (1977). Anxiety and learning in computer-based learning environments: An overview. In J. E. Sieber, H. F. O'Neil & S. Tobias (Hrsg.), (S. 133–146). New York/London: Routledge.

Park, B., Flowerday, T., & Brünken, R. (2015a). Cognitive and affective effects of seductive details in multimedia learning. *Computers in Human Behavior, 44*, 267–278. https://doi.org/10.1016/j.chb.2014.10.061.

Park, B., Knörzer, L., Plass, J. L., & Brünken, R. (2015b). Emotional design and positive emotions in multimedia learning: An eyetracking study on the use of anthropomorphisms. *Computers & Education, 86*, 30–42. https://doi.org/10.1016/j.compedu.2015.02.016.

Patel, S., Scherer, K. R., Björkner, E., & Sundberg, J. (2011). Mapping emotions into acoustic space: The role of voice production. *Biological Psychology, 87*(1), 93–98. https://doi.org/10.1016/j.biopsycho.2011.02.010.

Pekrun, R. (1992). The impact of emotions on learning and achievement: Towards a theory of cognitive/motivational mediators. *Applied Psychology, 41*(4), 359–376. https://doi.org/10.1111/j.1464-0597.1992.tb00712.x.

Pekrun, R. (2006). The control-value theory of achievement emotions: Assumptions, corollaries, and implications for educational research and practice. *Educational Psychology Review, 18*(4), 315–341. https://doi.org/10.1007/s10648-006-9029-9.

Pekrun, R. (2011). Emotions as drivers of learning and cognitive development. In R. A. Calvo & S. K. D'Mello (Hrsg.), *New perspectives on affect and learning technologies* (S. 23–39). New York: Springer.

Pekrun, R. (2016). Academic emotions. In K. R. Wentzel & D. B. Miele (Hrsg.), *Handbook of motivation at school* (2. Aufl., S. 120–144). New York/London: Routledge.

Pekrun, R., Elliot, A. J., & Maier, M. A. (2009). Achievement goals and achievement emotions: Testing a model of their joint relations with academic performance. *Journal of Educational Psychology, 101*(1), 115–135.

Pekrun, R., Vogl, E., Muis, K. R., & Sinatra, G. M. (2016). Measuring emotions during epistemic activities: The epistemically-related emotion scales. *Cognition and Emotion, 31*(6), 1268–1276. https://doi.org/10.1080/02699931.2016.1204989.

Perry, R. P., Chipperfield, J. G., Hladkyj, S., Pekrun, R., & Hamm, J. M. (2014). Attribution-based treatment interventions in some achievement settings. In S. A. Karabenick & T. C. Urdan (Hrsg.), *Advances in motivation and achievement* (Bd. 18, S. 1–35). Bingley: Emerald.

Plass, J. L., & Kaplan, U. (2015). Emotional design in digital media for learning. In S. Y. Tettegah & M. P. McCreery (Hrsg.), *Emotions, technology, and learning* (S. 131–161). London: Academic.

Plass, J. L., Homer, B. D., & Hayward, E. O. (2009). Design factors for educationally effective animations and simulations. *Journal of Computing in Higher Education, 21*(1), 31–61. https://doi.org/10.1007/s12528-009-9011-x.

Plass, J. L., O'Keefe, P. A., Homer, B. D., Case, J., Hayward, E. O., Stein, M., & Perlin, K. (2013). The impact of individual, competitive, and collaborative mathematics game play on learning, performance, and motivation. *Journal of Educational Psychology, 105*(4), 1050–1066. https://doi.org/10.1037/a0032688.

Plass, J. L., Heidig, S., Hayward, E. O., Homer, B. D., & Um, E. (2014). Emotional design in multimedia learning: Effects of shape and color on affect and learning. *Learning and Instruction, 29*, 128–140. https://doi.org/10.1016/j.learninstruc.2013.02.006.

Plass, J. L., Homer, B. D., & Kinzer, C. K. (2015). Foundations of game-based learning. *Educational Psychologist, 50*(4), 258–283. https://doi.org/10.1080/00461520.2015.1122533.

Powell, A. L. (2013). Computer anxiety: Comparison of research from the 1990s and 2000s. *Computers in Human Behavior, 29*(6), 2337–2381. https://doi.org/10.1016/j.chb.2013.05.012.

Reisenzein, R., & Meyer, W.-U. (2009). Surprise. In D. Sander & K. Scherer (Hrsg.), *Oxford companion to the affective sciences* (S. 386–387). Oxford: Oxford University Press.

Robinson, K. (2013). The interrelationship of emotion and cognition when students undertake collaborative group work online: An interdisciplinary approach. *Computers & Education, 62*, 298–307. https://doi.org/10.1016/j.compedu.2012.11.003.

Romero, C., Master, A., Paunesku, D., Dweck, C. S., & Gross, J. J. (2014). Academic and emotional functioning in middle school: The role of implicit theories. *Emotion, 14*(2), 227–234. https://doi.org/10.1037/a0035490.

Russell, J. A. (1980). A circumplex model of affect. *Journal of Personality and Social Psychology, 39*(6), 1161–1178.

Ryan, R. M., & Deci, E. L. (2000). Self-determination theory and the facilitation of intrinsic motivation, social development, and well-being. *American Psychologist, 55*, 68–78. https://doi.org/10.1037/0003-066X.55.1.68.

Sabourin, J. L., Rowe, J. P., Mott, B. W., & Lester, J. C. (2013). Considering alternate futures to classify off-task behavior as emotion self-regulation: A supervised learning approach. *JEDM-Journal of Educational Data Mining, 5*(1), 9–38.

Scherer, K. R., & Coutinho, E. (2013). How music creates emotion: A multifactorial process approach. In T. Cochrane, B. Fantini & K. R. Scherer (Hrsg.), *The emotional power of music: Multidisciplinary perspectives on musical arousal, expression, and social control* (S. 121–145). Oxford: Oxford University Press.

Shuman, V., & Scherer, K. R. (2014). Concepts and structures of emotions. In R. Pekrun & L. Linnenbrink-Garcia (Hrsg.), *International handbook of emotions in education* (S. 13–35). New York/London: Taylor and Francis.

Silvia, P. J. (2012). Human emotions and aesthetic experience: An overview of empirical aesthetics. In A. P. Shimamura & S. E. Palmer (Hrsg.), *Aesthetic science: Connecting minds, brains, and experience* (S. 250–275). New York: Oxford University Press.

Spachtholz, P., Kuhbandner, C., & Pekrun, R. (2014). Negative affect improves the quality of memories: Trading capacity for precision in sensory and working memory. *Journal of Experimental Psychology: General, 143*(4), 1450–1456. https://doi.org/10.1037/xge0000012.

Tettegah, S. Y., & McCreery, M. P. (Hrsg.). (2015). *Emotions, technology, and learning*. London: Academic.

Trost, W. J., Labbé, C., & Grandjean, D. (2017). Rhythmic entrainment as a musical affect induction mechanism. *Neurpsychologia, 96*, 96–110. https://doi.org/10.1016/j.neuropsychologia.2017.01.004.

Turner, J. E., & Schallert, D. L. (2001). Expectancy-value relationships of shame reactions and shame resiliency. *Journal of Educational Psychology, 93*(2), 320–329. https://doi.org/10.1037/0022-0663.93.2.320.

Um, E. R., Plass, J. L., Hayward, E. O., & Homer, B. D. (2012). Emotional design in multimedia learning. *Journal of Educational Psychology, 104*(2), 485–498. https://doi.org/10.1037/a0026609.

Venkatesh, V. (2000). Determinants of perceived ease of use: Integrating control, intrinsic motivation, and emotion into the technology acceptance model. *Information Systems Research, 11*(4), 342–365. https://doi.org/10.1287/isre.11.4.342.11872.

Vogl, E., Stegmann, K., & Pekrun, R. (2016). Epistemic emotions in medical education. Presented at the annual meeting of the American Educational Research Association. Washington, DC.

Walker, S. L., & Fraser, B. J. (2005). Development and validation of an instrument for assessing distance education learning environments in higher education: The Distance Education Learning Environments Survey (DELES). *Learning Environments Research, 8*(3), 289–308. https://doi.org/10.1007/s10984-005-1568-3.

Weiner, B. (2007). Examining emotional diversity in the classroom: An attributon theorist considers the moral emotions. In P. A. Schutz & R. Pekrun (Hrsg.), *Emotion in education* (S. 73–88). San Diego: Academic.

Wolfson, S., & Case, G. (2000). The effects of sound and colour on responses to a computer game. *Interacting with Computers, 13*, 183–192.

Wosnitza, M., & Volet, S. (2005). Origin, direction and impact of emotions in social online learning. *Learning and Instruction, 15*, 449–464. https://doi.org/10.1016/j.learninstruc.2005.07.009.

You, J. W., & Kang, M. (2014). The role of academic emotions in the relationship between perceived academic control and self-regulated learning in online learning. *Computers & Education, 77*, 125–133. https://doi.org/10.1016/j.compedu.2014.04.018.

Youssef, S., Schelhorn, I., Jobst, V., Hörnlein, A., Puppe, F., Pauli, P., & Mühlberger, A. (2015). The appearance effect: Influences of virtual agent features on performance and motivation. *Computers in Human Behavior, 49*, 5–11. https://doi.org/10.1016/j.chb.2015.01.077.

Zeidner, M. (2014). Anxiety in education. In R. Pekrun & L. Linnenbrink-Garcia (Hrsg.), *International handbook of emotions in education* (S. 265–288). New York/London: Taylor and Francis.

# Grafikdesign: eine Einführung im Kontext multimedialer Lernumgebungen

Ramona Seidl

## Inhalt

1 Einleitung – Der Begriff des Grafikdesigns ................................................. 440
2 Gestaltungsgrundlagen ................................................................. 442
3 Schrift ................................................................................ 451
4 Bilder ................................................................................ 463
5 Raster ................................................................................ 468
6 Schlusswort ........................................................................... 476
Weiterführende Literatur .................................................................. 477

### Zusammenfassung

Dieses Kapitel befasst sich mit grafischer Gestaltung im Bezug auf didaktische Materialien.

Zu Beginn wird der Begriff des Grafikdesigns beleuchtet und dessen Nutzen für die Erstellung didaktischer Materialien aufgezeigt. Im Anschluss an einige Gestaltungsgrundlagen werden die Teilgebiete Typografie und Bildgestaltung näher betrachtet ebenso wie der Einsatz unterschiedlicher Bildtypen in der Wissensvermittlung. Abschließend wird das Gestaltungsraster als Hilfsmittel zur Koordination verschiedener Medientypen betrachtet.

### Schlüsselwörter

Grafikdesign · Visuelle Struktur · Typografie · Gestaltungsgrundlagen · Farblehre · Gestaltungsraster

R. Seidl (✉)
Universitätsentwicklung, Bauhaus-Universität Weimar, Weimar, Deutschland
E-Mail: ramona.seidl@uni-weimar.de

# 1 Einleitung – Der Begriff des Grafikdesigns

Grafikdesign umfasst viele verschiedenartige Disziplinen – Typografie, Illustration, Fotografie, Bewegtbild und Webdesign, um nur einige zu nennen. Abstrakter gesprochen, meint es die Aufbereitung und Übersetzung von Information in visuelle Form (Wäger 2010, S. 17 ff.). Dabei liegt der Schwerpunkt oft darin, einer Fülle an Information Struktur zu verleihen.

Bei der Erstellung eines botanischen Nachschlagewerks beispielsweise (ob online oder in gedruckter Form), sind verschiedenste Informationsträger einzuarbeiten – fotografische Abbildungen, schematische Darstellungen sowie Texte in Form von Kapitelüberschriften, Benennungen, erläuternden Abschnitten und Merksätzen. Diese gilt es in einem sinnvollen Ordnungssystem zusammenzustellen und auffindbar zu machen.

Unterschiedliche Tätigkeitsfelder bringen unterschiedliche Anforderungen an Grafikdesign mit sich, die schon bei grundlegenden Entscheidungen berücksichtigt werden müssen. Die Vermittlung von Wissen und Fähigkeiten fordert andere Prioritäten in der Gestaltung, als etwa eine emotionsbasierte Werbekampagne, bei der das Augenmerk vielmehr auf der positiven Besetzung der Marke liegt, als den unmittelbar erzählten Inhalten der Werbung.

Die Eindeutigkeit der zu vermittelnden Information und durchgängige Kohärenz in der Gestaltung sind für das Design didaktischer Materialien von noch größerer Bedeutung als an anderer Stelle.

Dies ist im Besonderen zu berücksichtigen, wenn Inhalte über mehrere unterschiedliche Kanäle transportiert werden sollen, beispielsweise mittels einer Kombination aus schematisch-illustrativer Darstellung und geschriebenem Text. Die Zusammenhänge zwischen den einzelnen Informationsträgern müssen für die Lernenden klar erkennbar und verständlich sein.

## 1.1 Grafikdesign in der Erstellung didaktischer Materialien

Der unmittelbare Nutzen von Grafikdesign für die Erstellung didaktischer Materialien liegt in der Erleichterung der Informationsaufnahme und -verarbeitung für den Lernenden. Ausgehend von einem Gedächtnismodell, das sich in Arbeits- und Langzeitgedächtnis unterteilt sowie der *Cognitive Load Theory* (u. a. nach Sweller 2005 sowie Mayer und Chandler 2001), wird die Bedeutung von Grafikdesign für die Didaktik klar ersichtlich.

In der, von Sweller (Hasler et al. 2007) auch kritisch reflektierten, CLT werden drei Formen kognitiver Belastung des Arbeitsgedächtnisses unterschieden. Grafikdesign spielt eine wesentliche Rolle, wenn es darum geht, den sogenannten *Extraneous Cognitive Load* zu minimieren, der sich aus dem Aufbau und der Gestaltung der Lernmaterialien ergibt (Niegemann et al. 2008, S. 45 f.).

„Müssen Lernende beim Durcharbeiten einer multimedialen Lerneinheit viele irrelevante, wenig zielführende und ineffektive kognitive Anstrengung aufbringen, um die relevante Information aus dem Lernmaterial zu extrahieren, ist der ‚Extraneous Cognitive Load' hoch." (Niegemann et al. 2008, S. 46)

Grafikdesign: eine Einführung im Kontext multimedialer Lernumgebungen 441

Wird der ECL dagegen gering gehalten, stehen dem Arbeitsgedächtnis der Lernenden mehr Kapazitäten zur Verfügung, um den Lektionsinhalt zu verarbeiten und in das Langzeitgedächtnis zu überführen (Niegemann et al. 2008, S. 43 f.).

Die nachfolgende Abbildung stellt zwei Varianten einer inhaltlich identischen Lektion gegenüber. Schon auf den ersten Blick wird deutlich, dass der Inhalt durch die grafische Aufbereitung effizienter verarbeitet werden kann, als über die Darstellung in reiner, ungegliederter Textform.

Lektionsinhalt – unformatierter Text

Lektionsinhalt – grafisch aufbereitet

Dies ist nicht nur förderlich für eine schnellere Aufnahme und bessere Verständlichkeit der Inhalte, sondern kann darüber hinaus die Einprägsamkeit der Lektion steigern. Hinzu kommt, dass der kombinierte Einsatz von Text- und Bildinhalten, laut Mayers Multimediaprinzip, den Lernprozess begünstigt (Mayer 2001, S. 63 ff.; Hegarty 2014, S. 691 ff.).

Um dies ausreizen zu können, ist es nützlich sich zu vergegenwärtigen, welche kognitiven Teilprozesse des Lernvorgangs mittels Grafikdesign angesprochen werden können.

Zum einen kann es eingesetzt werden, um den Teilprozess der Decodierung zu erleichtern, zum anderen kann es genutzt werden, um Aufmerksamkeit zu erregen, aufrecht zu erhalten und zu lenken. Dies steht in Abhängigkeit der Klarheit und Eindeutigkeit der visuellen Struktur, ebenso wie der Qualität der Darstellungen und der Leserlichkeit der Textelemente.

## 2 Gestaltungsgrundlagen

Einführend sollen einige grundlegende Gestaltungsprinzipien aufgezeigt werden. Ihre Beherrschung ist elementar – sie kommen in sämtlichen gestalterischen Disziplinen zum Tragen und sind unabhängig von Ausgabemedien wie Print- und Displaydarstellung.

### 2.1 Gestaltgesetze nach Wertheimer 1923

Sobald mehrere grafische Elemente – seien es Bilder, Textabschnitte, Buchstaben oder einfache grafische Formen – auf einer vordefinierten Fläche zusammentreffen, gehen sie eine optische Beziehung zueinander ein. Im Rahmen der Gestaltpsychologie formulierte Max Wertheimer (1923, S. 303–350) die sogenannten Gestaltgesetze, die diese Beziehungen beschreiben:

Gesetz der Prägnanz (auch Gesetz der guten Form genannt)

Figuren werden als einfachste mögliche Form wahrgenommen.

# Grafikdesign: eine Einführung im Kontext multimedialer Lernumgebungen

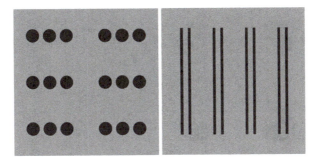

Gesetz der Nähe

Figuren, die in Abgrenzung zu anderen, näher zusammenstehen, werden als zusammengehörig wahrgenommen.

Gesetz der Ähnlichkeit

Figuren, die sich ähnlichsehen, werden eher als zusammengehörig empfunden, als solche, die sich stark unterscheiden.

Gesetz der guten Fortsetzung

Die Wahrnehmung von Linien folgt immer dem einfachsten Weg.

Gesetz der Geschlossenheit

Geschlossene Figuren werden als Einheit wahrgenommen. Figuren, die unvollständig abgebildet sind, werden in der Wahrnehmung ergänzt.

Das Gesetz der Geschlossenheit ist stärker als das Gesetz der Nähe.

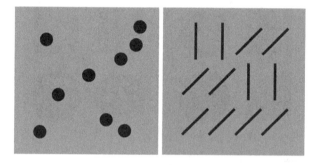

Gesetz des gemeinsamen Schicksals

Figuren, die sich in eine gemeinsame Richtung bewegen oder eine gleichförmige Bewegung bilden, werden als Einheit wahrgenommen.

## 2.2 Figurative Kontraste

Neben selbsterklärenden figurativen Kontrasten – wie z. B. dem Größen-Kontrast oder dem Form-Kontrast – verdient der Figur-Grund-Kontrast eine gesonderte Betrachtung. Entsprechend dem Gestaltgesetz der Prägnanz, werden einfach aufgebaute Formen viel mehr als Figur, denn als Hintergrund wahrgenommen – und andersherum. Dies geschieht unabhängig von der Farbgebung. Das wohl bekannteste Beispiel hierfür ist die Rubin'sche Vase (Wäger 2010, S. 47).

Weiße Figuren auf schwarzem Grund überstrahlen. Das heißt, sie wirken größer als schwarze Figuren auf weißem Grund. Hierauf ist besonders im Umgang mit Schrift zu achten (Wäger 2010, S. 47).

# Grafikdesign: eine Einführung im Kontext multimedialer Lernumgebungen 445

Größenkontrast

Formkontrast

Rubinsche Vase

Weiß auf schwarz und schwarz auf weiß

## 2.3 Farben

Farben spielen eine wesentliche Rolle in der visuellen Aufbereitung von Informationen. Dies gilt für illustrative Darstellungen ebenso wie für geschriebenen Text oder interaktive Schaltflächen. Bei der Erstellung didaktischer Materialien sollte die Frage nach der Auswirkung der Farben auf die Wahrnehmung der Lernenden das entscheidende Kriterium der Farbwahl bilden.

**Farbwirklichkeit und -symbolik**
Wahrnehmung und Deutung von Farben stehen in engem Zusammenhang mit der eigenen Erfahrungswelt und sind daher sehr subjektiv (Itten 2009).

Ebenso wie die Farbwirklichkeit, ist die Farbsymbolik stark abhängig vom Zielpublikum, da es sich hierbei um Konventionen handelt, die sich über lange Zeiträume hinweg in unterschiedlichen Kulturkreise auf unterschiedliche Weise entwickelt haben (Heller 1989, S. 13 ff.). So gilt die Farbe Weiß in den meisten Kulturkreisen des Westens als Symbol der Reinheit, während sie in östlichen Kulturkreisen mit Trauer in Verbindung gebracht wird (Cousins 2012).

Im Zweifelsfall ist es am besten an bekannten Konventionen festzuhalten. Im Kontext von Lernumgebungen wird Rot mit Begriffen wie Fehler oder Korrektur verbunden, Grün dagegen ist positiv besetzt. Rot und Gelb wirken alarmierend, Blau oder Grün strahlen eher Ruhe aus, – abhängig davon, wie satt oder gedeckt die Farben sind.

**Farbräume**
Die Darstellung von Farben am Bildschirm funktioniert über ein anderes Farbmodell – also einen anderen Farbraum – als in der Printproduktion. Das heißt, Farben werden aus unterschiedlichen Grundfarben errechnet bzw. gemischt. Im Print kommt CMYK zum Einsatz: Die Grundfarben bilden Cyan, Magenta, Gelb (yellow) und Schwarz (key-colour). Bildschirmdarstellungen basieren dagegen auf RGB mit Rot, Grün und Blau als Grundfarben. Ein weiteres relevantes Farbmodell ist das HSL-Modell. Während der RBG- und der CMYK-Farbraum von der anteiligen

Mischung verschiedener Buntfarben ausgehen, setzt sich das HSL-Modell aus den drei Komponenten Farbton (hue), Sättigung (saturation) und Leuchtkraft (luminance/lightness) zusammen.

CMYK

RGB

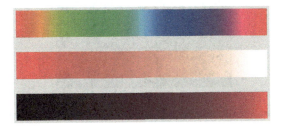

HSL

## Farbkontraste

Die Beherrschung der Farbkontraste ist, sowohl für die Erstellung ausgewogener Farbpaletten als auch für die visuelle Aufbereitung von Information im Allgemeinen essenziell. In der konstruktiven Farblehre nach Itten (1961 aufgestellt), die von einem zwölfteiligen Farbkreis ausgeht [Grafik], ist von sieben Farbkontrasten die Rede.

Farbkreis

„Die konstruktive Farblehre umfaßt die Grundgesetze der Farbenwirkungen, wie sie sich aus der Anschauung ergeben." (Itten 2009, S. 29)

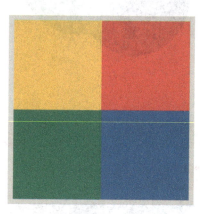

Farbe-an-sich-Kontrast, auch Bunt-Kontrast genannt, wirkt bunt, laut und energetisch

Grafikdesign: eine Einführung im Kontext multimedialer Lernumgebungen 449

Hell-Dunkel-Kontrast

Kalt-Warm-Kontrast, Rot- und Gelbtöne werden als warm wahrgenommen, Blautöne als dagegen als kalt

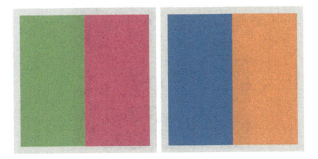

Komplementär-Kontrast, auf dem Farbkreis gegenüberliegende Farben, Farben wirken besonders kräftig

Simultan-Kontrast, beschreibt den Einfluss, den angrenzende Farbflächen auf die Wahrnehmung der jeweils anderen haben

Qualitäts-Kontrast, ergibt sich aus der Sättigung der Farben

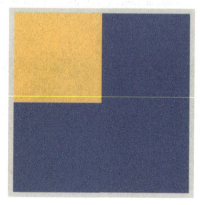

Quantitäts-Kontrast, bezieht sich auf das Verhältnis unterschiedlich großer Farbflächen und ihrer Intensität. Gelb hat mehr Leuchtkraft als Violett, deshalb reicht eine kleine Fläche Gelb, um eine größere violette optisch auszugleichen

Bei der Gestaltung von Lernmaterial ist darauf zu achten, dass die Farbgebung die Decodierbarkeit der Information nicht beeinträchtigt.

## 3 Schrift

Geschriebener Text, ebenso wie gesprochener, ist linear. Im Gegensatz zu gesprochenem Text ist Schrift nicht zeitgebunden. Das heißt die Lernenden können den Text in einer selbst bestimmten Geschwindigkeit lesen, überfliegen oder wiederholen (Hegarty 2014, S. 684 f.).

Text ist besonders gut geeignet, um Lerninhalte zu vermitteln, die selbst eine lineare Struktur aufweisen – beispielsweise Abläufe – ebenso wie abstrakte Ideen und nicht sichtbare Dinge – wie Mikroorganismen oder Luftdruck (Hegarty 2014, S. 692).

### 3.1 Leserlichkeit

Um Schrift in einer Art und Weise gestalten zu können, die einen Zugewinn für die Lesenden bewirkt, ist es hilfreich sich zunächst Klarheit darüber zu verschaffen, wie der Lesevorgang funktioniert.

„Lesen besteht aus einer Abfolge von visuellen Schnappschüssen." (Ballstaedt 1997, S. 32)

Das Auge erfasst nicht jedes Zeichen für sich, sondern vielmehr Wortbilder. Ein schlecht gesetzter Text, der beispielsweise sehr geringe Wortabstände aufweist, erschwert das Lesen und kann zu Lesefehlern und zur Ermüdung der Augen führen (Ballstaedt 1997, S. 33). Leserlichkeit ist ein zentraler Begriff der Typografie. Er beschreibt nicht bloß, ob ein Text entzifferbar ist, sondern wie schnell und wie flüssig er gelesen werden kann.

Leserlichkeit ist abhängig von einer Vielzahl von Faktoren. Sie kann fördernd oder einschränkend beeinflusst werden – durch die Wahl der Schriftart und -größe, die Satzart, Zeilenlänge und -abstand sowie die Farbigkeit der Zeichen und des Hintergrunds (Willberg und Forssmann 2010, S. 74 ff.).

### 3.2 Arten des Lesens

In „Lesetypografie" (Willberg und Forssmann 2010, S. 14–65) wird zwischen folgenden Arten des Lesens unterschieden:

- Typografie für Lineares Lesen
  von Anfang bis Ende, streng nacheinander
    z. B. Erzählungen

- Typografie für Informierendes Lesen
  überfliegend, tendenziell gleichzeitiges Abtasten der dargebotenen Informationen
   z. B. Sachbücher, Zeitungen
- Differenzierende Typografie
  ausgeprägte visuelle und inhaltliche Struktur
   z. B. Lehrbücher
- Typografie für konsultierendes
  Suchen bestimmter Textpassagen oder Schlagwörter
   z. B. Lexika
- Typografie nach Sinnschritten
  Zeilenumbruch nach Sinnschritten, hilfreich für Leseanfänger oder besonders komplexe Beschreibungen
   z. B. Bilderbücher, Lehrbücher für Fremdsprachen

Jeder Lesevorgang kann als linear bezeichnet werden – die Notwendigkeit einer Unterscheidung der Lesearten zeigt sich, wenn ein Roman einem Sachbuch gegenüber gestellt wird. Während Typografie für lineares Lesen besonders unauffällig sein sollte, muss das Augenmerk bei differenzierender Typografie auf der Eindeutigkeit und bei konsultierender Typografie auf der Übersichtlichkeit liegen.

### 3.3 Schriftwahl

Die Auswahl einer geeigneten Schrift für ein Projekt erfordert umfangreiches Fachwissen und viel Erfahrung. An dieser Stelle soll nur ein kurzer Abriss der zu beachtenden Kriterien gegeben werden. Neben einigen technischen Aspekten, sowie der Frage nach der Lizenzierung, sollten die Funktion bzw. Aufgabe der Schriftart und darüber hinaus ihr Charakter entscheidend für die Auswahl sein.

**Schriftcharakter**

> „Schrift ist nicht einfach nur zum Lesen da, man sieht sie auch." (Willberg und Forssmann 1999, S. 12)

Der Charakter einer Schrift – oder anders ausgedrückt, die Wirkung, die ihre Erscheinung auf den Lesenden hat – entsteht einerseits durch die unmittelbare Formgebung der Zeichen, zum anderen wird sie durch das kulturelle Gedächtnis geprägt.

Der Charakter einer Schrift kann beeinflussen, welche Erwartungshaltungen in Lesern geweckt werden, noch bevor er den Textinhalt kennt.

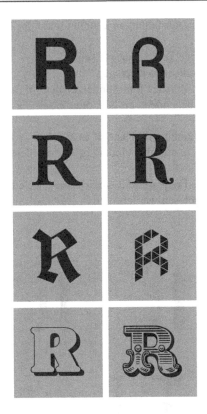

Schriftcharakter

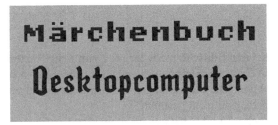

Schriftcharakter 2

**Aufgaben und Anforderungen an Schrift**
Die Frage nach der Aufgabe eines Textes und den Voraussetzungen, die diese mit sich bringt, kann vielgestaltige und sogar unvorhergesehene Entscheidungen notwendig machen und sollte für jedes Projekt individuell ermittelt werden.

Einige grundlegende Fragestellungen könnten wie folgt lauten:

- Soll die Schrift für lange Texte geeignet sein?
- Soll die Schrift Aufmerksamkeit erregen?
- Sind alle notwendigen Zeichen und Sonderzeichen im Schriftsatz enthalten?
- Muss die Schrift in besonders großen oder besonders kleinen Schriftgraden leserlich sein?
- Für wen ist der Text konzipiert? Handelt es sich um ungeübte Leser oder sogar Leseanfänger sollte u. a. auf eine eindeutige Unterscheidbarkeit der Buchstaben geachtet werden.
- Nicht zuletzt sollte die Frage gestellt werden, über welches Ausgabemedium der Text voraussichtlich gelesen werden wird.

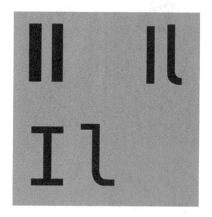

L und I

**Besonderheiten bei der Bildschirmwiedergabe von Schriftarten**
Die Darstellung am Bildschirm bringt teils andere Anforderungen an Schrift mit sich als die Printproduktion. Die Auffassungen darüber, was genau ein Typeface bildschirmtauglich macht, sind recht gestreut.

Das sprichwörtliche A und O bei der Wahl einer bildschirmtauglichen Schrift ist die Eindeutigkeit ihrer Formen. Dies betrifft in besonderem Maß Text in kleinen Schriftgraden. Daher empfiehlt es sich, für Bildschirmanwendungen Schriften mit leicht angehobener x-Höhe und tendenziell offeneren Punzen einzusetzen. Hierdurch kann das optische Zulaufen der Pixel reduziert werden (Kemmer und Hartwich 2016).

x-Höhe

Punzen

Darüber hinaus ist auf eindeutige Kontraste – beispielsweise in den Strichstärkenunterschieden – zu achten. Schriften mit allzu feinen Linien sollten vermieden werden, da sie möglicherweise vom Hintergrund überstrahlt oder verschluckt werden können (Kemmer und Hartwich 2016, S. 46 f.).

Einige verlässliche Schriften für Fließtext sind FF Meta und FF Meta Serif (von FontFont)

PT Sans (ParaType) und Kepler (Adobe Originals).

Weniger gut geeignet sind stark stilisierte Schriften wie Futura oder Courier New.

Gleiches gilt für sehr enge Typefaces wie Arial Bold Narrow.

Derartige Schriften eignen sich wiederum besonders gut, um Aufmerksamkeit zu erregen.

wenn sie sparsam eingesetzt werden, z. B. in Form von Überschriften.

## 3.4 Das Zusammenspiel Typografischer Parameter

Dies ist ein Typoblindtext. An ihm kann man sehen, ob alle Buchstaben

Dies ist ein Typoblindtext. An ihm kann man sehen, ob alle Buchstaben da sind und wie sie aussehen. Manchmal benutzt man Worte wie Hamburgefonts, Rafgenduks oder Handgloves

Dies ist ein Typoblindtext. An ihm kann man sehen, ob alle Buchstaben

Dies ist ein Typoblindtext. An ihm kann man sehen, ob alle Buchstaben da sind und wie sie aussehen. Manchmal benutzt man Worte wie Hamburgefonts, Rafgenduks oder Handgloves

Dies ist ein Typoblindtext. An ihm kann man sehen, ob alle Buchstaben

Dies ist ein Typoblindtext. An ihm kann man sehen, ob alle Buchstaben da sind und wie sie aussehen. Manchmal benutzt man Worte wie Hamburgefonts, Rafgenduks oder Handgloves

Dies ist ein Typoblindtext. An ihm kann man sehen, ob alle Buchstaben da sind und wie sie aussehen. Manchmal benutzt man Worte wie Hamburgefonts, Rafgenduks oder Handgloves, um Schriften zu testen. Manchmal Sätze, die alle Buchstaben des Alphabets enthalten - man nennt diese Sätze »Pangrams«.

Dies ist ein Typoblindtext. An ihm kann man sehen, ob alle Buchstaben da sind und wie sie aussehen. Manchmal benutzt man Worte wie Hamburgefonts, Rafgenduks oder Handgloves, um Schriften zu testen. Manchmal Sätze, die alle Buchstaben des Alphabets enthalten - man nennt diese Sätze »Pangrams«.

Dies ist ein Typoblindtext. An ihm kann man sehen, ob alle Buchstaben da sind und wie sie aussehen. Manchmal benutzt man Worte wie Hamburgefonts, Rafgenduks oder Handgloves, um Schriften zu testen. Manchmal Sätze, die alle Buchstaben des Alphabets enthalten - man nennt diese Sätze »Pangrams«.

Typografische Parameter

Um einen Textabschnitt in eine tadellose, leserliche Form zu bringen, bedarf es sehr viel Übung, ein geschultes Auge und vor allem ein Gespür dafür, wie verschiedene typografische Größen zusammenwirken.

Das Verhältnis zwischen Schriftgrad, Zeilenlänge, Zeilenabstand sowie Wort- und Zeichenabstand muss sorgfältig austariert werden (Willberg und Forssmann 1999). Natürlich haben auch die Schriftart sowie die Farbigkeit von Text und Grund Einfluss auf diese Wechselbeziehung und damit auf die Leserlichkeit.

Zu lange Zeilen ermüden das Auge. Zu kurze Zeilen dagegen können das Finden und Anknüpfen an den nächsten Zeilenanfang erschweren. Selbes gilt für Textabschnitte mit zu großem oder zu geringem Zeilenabstand (Willberg und Forssmann 1999, S. 30 f.).

Um ein Gespür für diese Zusammenhänge entwickeln zu können, ist es hilfreich eine Versuchsreihe mit unterschiedlichen Verhältnissen anzulegen und diese vergleichend gegenüberzustellen.

**Besonderheiten bei der Bildschirmwiedergabe von Texten**
Wie bereits an früherer Stelle erwähnt, bringt die Darstellung am Bildschirm zu Teilen andere Anforderungen an die Textgestaltung mit sich als die Printproduktion.

Die gängige Praxis, Texte, die ursprünglich als Printversion erarbeitet wurden, ebenso als Bildschirmversion einzusetzen (oder andersherum), spart zwar Zeit, kann aber eine Minderung der Leserlichkeit nach sich ziehen.

Vielen Leuten fällt das Lesen am Bildschirm weniger leicht, als das Lesen von gedruckten Texten (Kretzschmar et al. 2013).

Daher ist es im Fall von Bildschirmtexten von noch größerer Wichtigkeit, auf gute Leserlichkeit zu achten, um die Motivation des Lesenden aufrechtzuerhalten.

Bildschirmanwendungen müssen auf eine Vielzahl von Displaygrößen und -auflösungen reagieren können. Responsive Gestaltung bedeutet zwar ein Mehr an Aufwand, stellt jedoch auch sicher, dass Inhalte in adäquater Form bei Nutzen ankommen.

Dabei bilden der zur Verfügung stehende Platz am Bildschirm sowie dessen Abstand zum Auge entscheidende Faktoren bei der Gestaltung der Texte. Zeilenlänge und -abstand, ebenso wie Schriftgrad und Satzart müssen an die Gegebenheiten angepasst werden (Kemmer und Hartwich 2016, S. 49 ff.).

Handelt es sich um webbasierte Anwendungen, die mittels CSS in Form gebracht werden, ist die Textgestaltung verhältnismäßig eingeschränkt.

Zwar gibt es mittlerweile die Möglichkeit einzelne Textteile und sogar einzelne Buchstaben über CSS-Eigenschaften anzupassen, die ganze Bandbreite der Werkzeuge aus der Printproduktion und ihre Akribie können durch die ständige Veränderlichkeit jedoch nicht erreicht werden.

CSS-Eigenschaften werden von verschiedenen Browsern teils immer noch unterschiedlich interpretiert und ausgegeben (Selfhtml 2016).

Es ist sehr zu empfehlen, Texte während der Entwurfsphase auf mehreren Ausgabegeräten mit unterschiedlichen Auflösungen, und im Fall von webbasierten Anwendungen, in unterschiedlichen Browsern zu testen.

## 3.5 Formen der Auszeichnung

Die Hervorhebung kurzer Textpassagen oder einzelner Wörter werden in der Typografie *Auszeichnung* genannt. Hierbei wird zwischen *integrierter* und *aktiver* Auszeichnung unterschieden (Forssman und De Jong 2014, S. 259 ff.).

Zu den Formen der integrierten Auszeichnung, die sich optisch in den Text einfügen und erst beim tatsächlichen Lesen ins Auge fallen, zählen unter anderem:

- Kursive Schriftschnitte
- Kapitälchen
- Sperrung
- ...

Aktive Auszeichnung soll schon beim ersten Betrachten auffallen. Sie kann eingesetzt werden, um Zwischenüberschriften und Stichwörter deutlich zu kennzeichnen. Beispiele hierfür sind:

- Schriftschnitte, die sich in der Fette unterscheiden, z. B. Bold-Schnitte
- unterschiedliche Schriftgrade
- Zeichenfarbe oder farbige Hinterlegung
- Unterstreichungen, Rahmen o. Ä. grafische Hervorhebungen
- ...

Auszeichnungsarten

## 3.6 Satzarten

Die Satzart bezeichnet die Ausrichtung der Textzeilen. Zu unterscheiden sind Blocksatz, Flattersatz, Axial- und Formsatz.

Im *Blocksatz* weisen alle Zeilen dieselbe Länge auf. Dies wird erreicht, indem der Weißraum am Ende einer Zeile gleichmäßig auf ihre Wort-zwischenräume verteilt wird. Guter Blocksatz zeichnet sich durch die Gleichmäßigkeit des Absatzes aus. Sind die Wortabstände zu groß, wirkt der Text fleckig, sind die zu klein, leidet die Eindeutigkeit der Wortbilder. Für besonders schmale Absätze eignet sich Blocksatz daher eher schlecht. Je weniger Wortzwischenräume, desto weniger optischer Ausgleich ist möglich.

Blocksatz

Blocksatz mit Gässchen

Im *Flattersatz* sind die Zeilen von unterschiedlicher Länge, die Wortzwischenräume dagegen gleich groß. Gelungener Flattersatz weist eine regelmäßige Flatterzone auf. Bäuche oder Spitzen [Grafik] sollten vermieden werden. Flattersatz ist auch für besonders schmale Zeilen geeignet. Für Gewöhnlich wird Text am linken Rand ausgerichtet. Rechts ausgerichteter Text erschwert das Anknüpfen an den nächsten Zeilenanfang, wodurch das Auge schneller ermüdet.

Dies ist ein Typoblindtext. An ihm kann man sehen, ob alle Buchstaben da sind und wie sie aussehen. Manchmal benutzt man Worte wie Hamburgefonts, Rafgenduks oder Handgloves, um Schriften zu testen. Manchmal Sätze, die alle Buchstaben des Alphabets enthalten - man nennt diese Sätze »Pangrams«. Sehr bekannt ist dieser: The quick brown fox jumps over the lazy old dog.

Flattersatz

Dies ist ein Typoblindtext. An ihm kann man sehen, ob alle Buchstaben da sind und wie sie aussehen. Manchmal benutzt man Worte wie Hamburgefonts, Rafgenduks oder Handgloves, um Schriften zu testen. Manchmal Sätze, die alle Buchstaben des Alphabets enthalten - man nennt diese Sätze »Pangrams«. Sehr bekannt ist dieser: The quick brown fox

Flattersatz mit Bauch

Beim *Axialsatz* handelt es sich um einen an der Mittelachse zentrierten Satz. Ebenso wie Formsatz [Grafik] und rechts ausgerichteter Flattersatz ist er für längere, informative Texte aufgrund seiner Unregelmäßigkeit und Unruhe eher ungeeignet.

Axialsatz

Formsatz

## 3.7 Typografische Hierarchie

Neben der Verbesserung der Leserlichkeit ist das Ziel typografischer Aufbereitung dem Text optische Struktur zu verleihen. Hierzu ist es hilfreich, ein typografisches System bzw. eine typografische Hierarchie anzulegen. Bevor eine derartige Hierarchie erarbeitet werden kann, ist es notwendig, den Text auf seine inhaltliche Struktur zu untersuchen – ihn sozusagen in seine Bestandteile zu zerlegen und nach Art und Wichtigkeit zu sortieren. Ein simples Beispiel könnte wie folgt aussehen:

# ÜBERSCHRIFT 1. GRADES

## Überschrift 2. Grades

**Merksatz:**
**Dies ist ein**
**Typoblindtext.**

Erklärtext: Dies ist ein Typoblindtext. An ihm kann man sehen, ob alle Buchstaben da sind und wie sie aussehen.

Beispieltext:   Manchmal benutzt man Worte wie Hamburgefonts, Rafgenduks oder Handgloves, um Schriften ...

Zusatzinfo:   Manchmal benutzt man Worte wie Hamburgefonts, Rafgenduks oder Handgloves, um Schriften ...

*Bildunterschrift: Hamburgefonts, Rafgenduks oder Handgloves*

Fußnote: (1) Dies ist ein Typoblindtext.

Typografische Hierarchie

Gerade im Fall didaktischer Texte kann sich die Auflistung sehr umfangreich gestalten.

Neben der Platzierung auf der Seite und dem Einsatz von Absätzen und Einzügen, wird die Visualisierung der Hierarchie durch die Zuweisung unterschiedlicher Absatz- und Zeichenformate erreicht. Ein Schriftformat bestimmt Schriftart und -größe, Schriftschnitt, die Zeichenart, Zeilenabstand, Zeichenfarbe und dergleichen Eigenschaften. Dabei ist es nicht sinnvoll, jedem Absatzformat eine andere Schriftart zuzuweisen. Zwar sollten sich Überschriften auf den ersten Blick von Fließtexten unterscheiden, doch wie so oft in der Gestaltung gilt auch bei der Schriftformatierung: Weniger ist mehr.

## 4 Bilder

Bilder sind Zeichen – visuelle Übersetzungen von Ideen, Konzepten, Dingen oder Lebewesen – die als Kommunikations- und Speichermedium genutzt werden können. Dabei ist zu beachten, dass nicht alle Bilder von jedem, jederzeit und -orts intuitiv verstanden werden können. Manche Bildzeichen setzen das Erlernen einer spezifischen Decodierweise voraus. Ein anschauliches Beispiel hierfür stellen Strickmuster dar – während geübte Stricker problemlos eine Anleitung erkennen, erschließt sich diese Information für jemanden, der nie Stricken gelernt hat nicht ohne Weiteres.

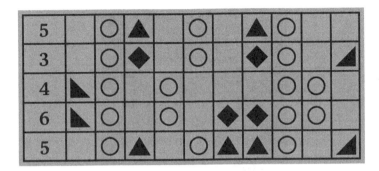

Strickmuster

### 4.1 Zeichen

**Symbole**
Symbole stehen stellvertretend für eine Idee, ohne diese abzubilden (Rösner und Kroh 1996, S. 25). Die Rose z. B. kann für Liebe stehen, aber auch für Schmerz oder Trauer. Die Bedeutung ist kontextabhängig. Ein oft genutztes Symbol im Kontext didaktischer Materialien stellt die Glühbirne dar. Sie kann für Erkenntnis stehen, für Idee oder Kreativität. Im Unterschied zu Indizes, sind Symbole „historisch gewachsen" (Rösner und Kroh 1996, S. 25).

Symbol

**Indizes**
Ein Index dient der Orientierung. Er ist ein eindeutig definierter Verweis auf eine Sache oder Funktion (Rösner und Kroh 1996, S. 25). Ein Beispiel hierfür wäre die hochgestellte Nummer, die auf eine Fußnote verweist. Ein anderes Beispiel bilden die mit spezifischen Funktionen belegten Schaltflächen einer Bildschirmanwendung. Die Funktion „Schließen" wird oft mit einem X auf rotem Grund indiziert. Während dieses Zeichen als allgemein verständlich angesehen werden kann, gilt dies z. B. nicht für die Schaltfläche „Zeichenflächenwerkzeug" aus Adobe Illustrator. Jemand, der das Programm und seine Funktionen nicht kennt, wird das Zeichen vermutlich nicht entziffern können.

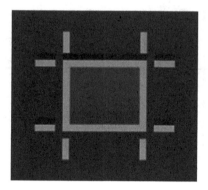

Index

**Abbilder**
Dem entgegen ist ein Abbild selbsterklärend und damit für jeden verständlich – unabhängig von Sprache, Kulturkreis oder Bildung.

## 4.2 Auswahl einer geeigneten Darstellungsmethode

Für einen gezielten Einsatz von Bildern sollte zu Beginn eines Projekts die Frage stehen, welche Information es an wen zu vermitteln gilt und daraus folgend, welche Darstellungsweisen für das Vorhaben am besten geeignet ist.

**Unterscheidung zwischen statischen und bewegten Bildern**
Statische und bewegte Darstellungen eignen sich in unterschiedlichem Maß für unterschiedliche Aufgaben.

Zur Repräsentation nicht bewegter Inhalte – wie beispielsweise die Darstellung von Bestandteilen, Aufzählungen oder Gegenüberstellungen – eignen sich statische Bilder im Besonderen. Ein Vorteil statischer Darstellungen besteht darin, dass Lernende ihre Geschwindigkeit selbst bestimmen und einzelne Bereiche intensiver oder wiederholt betrachten können (Hegarty 2014, S. 683).

Bewegte Bilder ermöglichen es, Bewegungen wirklichkeitsgetreu abzubilden. Sie eignen sich besonders gut, wenn es darum geht, Prozesse darzustellen (Hegarty 2014, S. 687).

Dabei ist zu unterscheiden, ob die Animation von den Nutzern gesteuert werden kann oder nicht (Hegarty 2014, S. 688 ff.).

Sind Geschwindigkeit und Abfolge der Animation nicht festgelegt, können die Nutzer ähnlich wie bei statischen Bildern den Lernvorgang selbst regulieren.

Stehen den Nutzern interaktive Bedienoptionen – wie Slidebars, Pause-Buttons oder Geschwindigkeitsregulierung – zur Verfügung müssen diese auch als solche erkennbar gemacht werden.

Bewegungen erregen Aufmerksamkeit. Bewegung kann als Mittel der Blicklenkung genutzt werden. Wird es allerdings unachtsam eingesetzt, kann es zu einer Hürde für die Konzentration der Lernenden werden (Hegarty 2014, S. 688 ff.).

Auch statische Abbildungen bieten die Möglichkeit Bewegung darzustellen, beispielsweise durch Pfeile. Hierbei handelt es sich um Darstellungskonventionen, die erst erlernt werden müssen (Hegarty 2014, S. 678).

Wird Bewegung mittels statischer Bilder visualisiert, muss auf Mentale Animation (Hegarty 2014, S. 685 ff.) zurückgegriffen werden – Betrachter müssen die statisch indizierte Bewegung decodieren und in der Vorstellung modellieren. Dieser Vorgang erfordert zwar zusätzliche mentale Fähigkeiten, kann aber als eine Form der Deduktion den Lernprozess auch fördern (Hegarty 2014, S. 696).

**Der Einfluss des Abstraktionsgrades**
Egal ob es sich um statische oder bewegte Bilder handelt, der Abstraktionsgrad einer Darstellung nimmt unmittelbaren Einfluss auf die zu erschließende Information sowie die benötigten Kenntnisse der Decodierung.

Wirklichkeitsgetreue Abbildungen können unmittelbarer verstanden werden. Sie sind allerdings weniger gut geeignet, um komplexe Sachverhalte oder ungegenständliche bzw. geistige Begriffe und Ideen darzustellen.

Während abstrakte Darstellungsweisen in dieser Hinsicht mehr Möglichkeiten bieten und gleichzeitig mehr einen höheres Decodiervermögen voraussetzen.

*Fotografien* sind das Mittel der Wahl, wenn es darum geht, Objekte oder Lebewesen so wirklichkeitsgetreu wie möglich abzubilden. Für die Darstellung komplexer Zusammenhänge sind sie dagegen tendenziell ungeeignet. Inszenierte (im Gegensatz zu situativer) Fotografie erfordert größeren Aufwand, ermöglicht aber auch mehr Einfluss auf die Bildgestaltung und damit auf die kommunizierten Inhalte.

*Illustrationen* eignen sich im Besonderen, um Konzepte, Ideen, Objekte oder Lebewesen darzustellen, die nicht greifbar sind bzw. über die Grenzen der Wirklichkeit hinausgehen.

Der Comic, als Unterart der Illustration, kann dabei zur statischen sequenziellen Wiedergabe von Geschehnissen eingesetzt werden.

Zu den *schematischen Darstellungen* zählen u. a. Diagramme, technische Zeichnungen, Zeitstränge, Landkarten und Schritt-für-Schritt-Anleitungen.

Sie erfordern oft einen hohen Grad an Decodierung. Durch das Weglassen nicht relevanter Inhalte ermöglichen schematische Darstellungen, die intendierte Information auf den Punkt zu bringen. Während Illustrationen vage oder uneindeutige Darstellungen enthalten können, sind schematische Darstellungen zur Visualisierung konkreter Information besser geeignet.

## 4.3 Das Zusammenspiel von Text und Bild

Die Kombination von Bildern und Text kann den Lernerfolg zusätzlich fördern. Dabei ist darauf zu achten, Redundanz zu vermeiden. Text kann Bilder ergänzen oder unterstützen. (Hegarty 2014, S. 61 ff.), zum Beispiel in Form von Bildbenennung, nicht abgebildeter Zusatzinformation oder der sequenziellen Beschreibung von abgebildeten Prozessen (Hegarty 2014, S. 696). Um lernförderlich zu sein, sollten die zusammengehörigen Text und Bildelemente gleichzeitig sichtbar sein, um den Lernenden zu ermöglichen zwischen den Informationsträgern hin und her zu wechseln (Hegarty 2014, S. 693). Eine besondere Form der Kombination von Text und Bild stellen Infografiken dar.

Der Begriff der *Infografik* umfasst jede Art von informierender, erklärender oder differenzierender Grafik. Anders als in der Fotografie und Illustration ist Text ein integrierter Bestandteil von Infografiken. Infografiken können sowohl in statischer als auch in bewegter Form vorkommen.

Besonders im Rahmen didaktischer Formate sind die Möglichkeiten interaktiver Infografiken von großem Wert. Der Betrachter kann das Tempo bei einer interaktiven Infografik selbst bestimmen. Da durch die Bildschirmtechnologie und die Möglichkeiten der Animation quasi unendlich viel Platz zur Verfügung steht, können interaktive Infografiken komplexe Sachverhalte transportieren, ohne dabei an Übersichtlichkeit zu verlieren.

Illustrationen, Fotografien und auch Animationen können als Bestandteile einer Infografik eingesetzt werden, um diese zu ergänzen oder aufzulockern.

## 4.4 Werkzeuge der Bildgestaltung

Jedem Bilderstellungsprozess liegt ein Auswahl- und Aufbereitungsvorgang zugrunde, egal ob dieser bewusst oder unbewusst abläuft. Der tatsächliche Bildinhalt – nicht der intendierte – und die Art und Weise der Darstellung bestimmen, wie die Information vom Betrachter wahrgenommen bzw. verstanden wird.

Zu den Werkzeugen der Bildgestaltung zählen Komposition, Farbgebung, Räumlichkeit, Materialität sowie der Grad der Abstraktion, um nur einige zu nennen.

Diese können eingesetzt werden, um den Blick der Betrachter zu lenken, Aufmerksamkeit zu erregen und aufrecht zu erhalten, und so Lernende durch die Lektion zu führen.

Ein Konzept der Bildgestaltung, das sich speziell im didaktischen Kontext als hilfreich erweisen kann, ist die Unterscheidung verschiedener Zwecke der Farbgebung.

## Lokal- Ausdrucks- und Signalfarbe

In Bezug auf gegenständliche Abbildungen ist es sinnvoll, zwischen Lokal-, Ausdrucks- und Signalfarbe zu unterscheiden.

*Lokalfarben* bilden sozusagen die Wirklichkeit ab – sie geben wieder, welche Farbe ein Gegenstand erwartungsgemäß haben würde. Beispielsweise würden Betrachter erwarten, dass das Laubwerk eines Baumes grün dargestellt wird und der Stamm braun (Pawlik 1988, S. 135).

Lokalfarbe

*Ausdrucksfarben* – auch Stimmungsfarben genannt – entsprechen nicht der zu erwartenden Wirklichkeit, sondern machen sich die subjektive, emotionale Komponente der Farbwirkung und die Farbsymbolik zu nutzen. Wie etwa in Stankowski und Duschek Kapitel zur Empfindung von Farben (Stankowski und Duschek 1989, S. 164) beschrieben.

Ausdrucksfarbe

*Signalfarben* dagegen dienen der Hervorhebung oder Kenntlichmachung einer bestimmten Information, wie etwa der Zugehörigkeit zu einer vordefinierten Gruppe.

Für die Visualisierung von Information ist der Einsatz von Signalfarben von besonderem Wert. Strukturierung, Hierarchisierung, und Blicklenkung durch farbliche Abhebungen, ermöglichen es, einfache Zusammenhänge schnell und intuitiv verständlich zu machen.

Signalfarbe 1

Signalfarbe 2

## 5 Raster

### 5.1 Das Gestaltungsraster

Während der Layoutphase werden die Bild- und Textelemente eines Projekts auf dem gegebenen Format angeordnet und damit zueinander ins Verhältnis gesetzt. Das Raster ist ein hilfreiches Gestaltungsmittel bei der Erarbeitung von Print- und Display-Produkten. Es handelt sich dabei um ein gitterförmiges Ordnungssystem, das genutzt werden kann, um Inhalte zu organisieren, Strukturen zu visualisieren und umfangreichen Projekten Einheitlichkeit zu verleihen (Müller-Brockmann 2015, S. 11 f.).

Für die Erstellung didaktischer Materialien kann das Gestaltungsraster von besonderem Nutzen sein. Werden Inhalte von gleicher Art – z. B. Merksätze oder unterstützende Illustrationen in einem Lehrbuch – durchgängig in einer wiedererkennbaren Anordnung platziert, wird der Betrachter keine zusätzliche Zeit aufwenden müssen, um sich auf den Folgeseiten zurecht zu finden.

„Eine Information mit klar und logisch gegliederten Titeln, Untertiteln, Texten, Bildern und Bildlegenden wird nicht nur schneller und müheloser gelesen, die Information wird auch besser verstanden und im Gedächtnis behalten." (Müller-Brockmann 2015, S. 13)

Das Raster unterteilt den verfügbaren Platz durch vertikale und gegebenenfalls horizontale Linien in Spalten bzw. Felder. Texte, Bilder und grafische Formen werden entlang des Rasters ausgerichtet und in ihrer Größe daran angepasst, wobei vordefinierte Zwischenräume verhindern sollen, dass einzelne Inhaltselemente aneinanderstoßen.

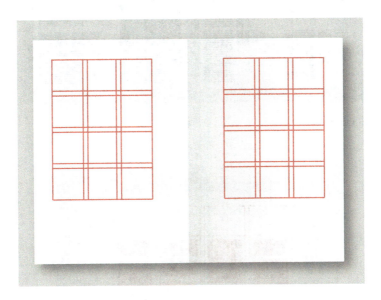

Raster Print

Raster Print Beispiele

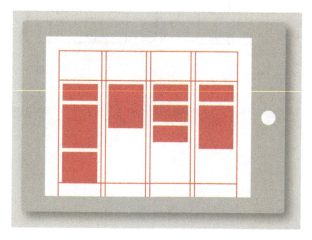

Raster Bildschirm

# Grafikdesign: eine Einführung im Kontext multimedialer Lernumgebungen

Raster Bildschirm Beispiele

Im Fall von Bildschirmanwendungen kann es sich als sinnvoll erweisen, ausschließlich mit Spalten zu arbeiten, da die Inhalte im Gegensatz zu Druckprodukten stets veränderlich bleiben.

Content Management Systeme, wie etwa Typo3, sortieren Inhalte in sogenannten Containern. Diese werden spaltenweise direkt untereinander dargestellt, ohne eine gezielten vertikalen Ausrichtung zu ermöglichen.

Handelt es sich um responsive Gestaltung, werden Textabschnitte mit annähernd gleichbleibender Schriftgröße auf kleineren Bildschirmen beispielsweise schmaler und damit auch über mehr Zeilen dargestellt. Die übrigen Inhalte müssen sich nach unten hin verschieben.

Bildschirmgrößen

## Blicklenkung

Durch die gezielte Anordnung der Inhaltselemente kann die Blickfolge der Betrachter beeinflusst werden, z. B. durch einen klar erkennbaren Einstiegs- und Endpunkt (Heber 2016, S. 110 ff.). Die Lese-Konventionen (von links nach rechts, von oben nach unten) ebenso wie die Gestaltgesetze sollten dabei nicht außer Acht gelassen werden.

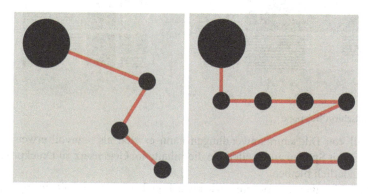

Blicklenkung

## Weißraum

Textbausteine ebenso wie Bilder brauchen Platz, um zu wirken. Der bewusste Einsatz von Weißraum bringt Informationen in den Fokus (Wäger 2010, S. 218) und unterstützt die strukturierte Wirkung der Seite. Dies ist in besonders für Medien mit informierender oder didaktischer Funktion von Nutzen. Werden zu viele Inhalte auf engem Raum zusammen gesetzt, wird die Seite sehr schnell unübersichtlich und die Fülle an Information wirkt überfordernd auf Betrachter.

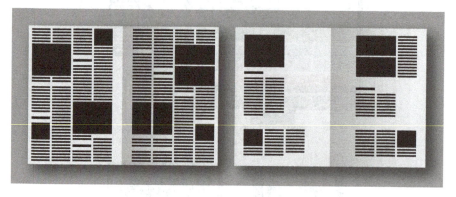

Weißraum

Bevor die Inhalte auf der Seite angeordnet werden können – ganz gleich ob es sich dabei um eine Buchseite oder eine Website handelt – sollte eine Übersicht aller

Elemente erstellt werden, die unterzubringen sind. Vergleichbar mit dem Vorgehen bei der Erstellung einer typografischen Hierarchie, können Texte und Bilder auf ihre Funktion analysiert und sortiert werden. Dies könnte beispielsweise so aussehen:

- Überschrift 1. Grades
- Überschrift 2. Grades
- Erklärtext
- Bespieltext
- Text in Tabelle
- Bildunterschrift 1
- Bildunterschrift 2
- Illustration
- Karte
- Schematische Darstellung
- ...

## 5.2 Bilder und Texte im Raster

**Platzierung von Bildern im Raster**
Wie anhand der nachfolgenden Grafik deutlich wird, kann sich die Platzierung von Bildern im Format stark auf die Wahrnehmung des Dargestellten auswirken (Willberg und Forssmann 2010, S. 272 ff.).

Platzierung von Bildern im Raster 1

Platzierung von Bildern im Raster 2

Bei der Anordnung im Raster ist abzuwägen, ob freigestellte Bilder mit einer (dezenten) Farbfläche hinterlegt werden sollen, um die „aufgeräumte" Wirkung, die das Raster ermöglicht, zu unterstützen (Müller-Brockmann 2015, S. 98 f.).

**Bilder und Texte im Gestaltungsraster**
Es kommt häufig vor, dass sich Bilder und Texte gegenseitig ergänzen, wie beispielsweise im Fall von Bildunterschriften oder Legenden. Diese Beziehung sollte für den Betrachter sofort und eindeutig erkennbar sein – besonders in Fällen, in denen Verwechslungen nicht auszuschließen sind.

Auch hier finden Wertheimers Gestaltgesetze Anwendung. Räumliche Nähe ist ein verlässliches Mittel bei der Kenntlichmachung von Zusammengehörigkeit. Wobei die Bildunterschrift nicht zwangsläufig unterhalb der Abbildung platziert werden muss.

Text und Bild im Raster

## Besonderheiten bei der Bildschirmwiedergabe von Rasterlayouts

Obwohl Gestaltungsraster bei der Erstellung von Drucksachen und Bildschirmanwendungen gleichermaßen von Bedeutung sind, gibt es grundlegende Unterschiede in der Anwendung. Eine Abweichung ergibt sich aus Art und Funktion von möglichen Inhaltselementen: So erfordern Printmedien andere Mittel der Orientierung bzw. Navigation als ihre digitalen Gegenstücke.

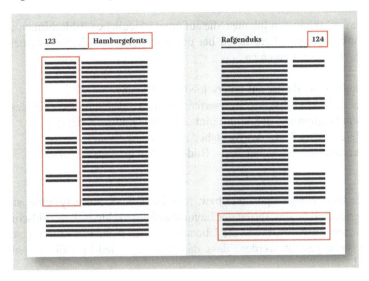

Orientierung im Buch: von links nach rechts: Marginalienspalte, Kolumnentitel, Seitenzahl, Fußnoten, etc

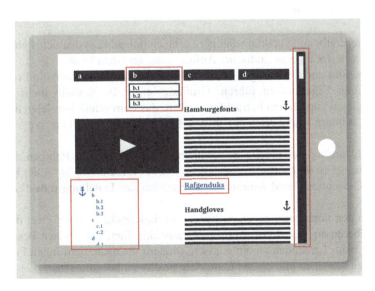

Orientierung in Bildschirmanwendung: von links nach rechts: site-interne Ankerpunkte, Navigationsleiste mit Dropdownmenü, Hyperlinks, Scrollbar, etc

Während im Print ein unveränderliches Format definiert wird, ist der am Bildschirm zur Verfügung stehende Platz quasi unendlich. Es besteht also keine Notwendigkeit, Inhalte platzsparend anzuordnen.

Das *Above-the-fold-Prinzip* (RyteWiki 2016) besagt jedoch, dass wichtige Inhalte sichtbar sein müssen, ohne weiter zu scrollen. Wo der *fold* liegt, ist abhängig von der Größe des Bildschirms und muss bei der Erarbeitung von responsiven Designs bedacht werden.

Für die Gestaltung von Inhalten, die auf unterschiedlichen Bildschirmen gleichermaßen funktionieren sollen, fallen bei der Erstellung von Rastersystemen einige zusätzliche Fragestellungen an.

- Wie reagiert das Raster auf unterschiedliche Displaygrößen?
- Passt es sich der Größe des Browserfensters fließend an oder wechselt das Design an einem bestimmten Breaking-Point sein Erscheinungsbild?
- Wie viele Spalten kann das Ausgabegerät adäquat darstellen?
- Wie verschieben sich dabei Text-, Bild- und Navigationselemente?
- ...

Für die Gestaltung responsiver bzw. reaktionsfähiger Rastersysteme ist genaue Planung erforderlich, das Testen der Layouts auf unterschiedlichen Bildschirmen in verschiedenen Browsern sowie die Überarbeitung in mehreren Korrekturschleifen. So kann sichergestellt werden, dass das Design in jedem Fall korrekt dargestellt wird.

## 6  Schlusswort

Gerade die Erarbeitung reaktionsfähiger Lernmaterialien, lässt deutlich werden, wie komplex sich der Prozess grafischer Aufbereitung gestalten kann.

Fachwissen und Grundlagen allein sind nicht ausreichend, um ein Projekt zu einem guten Ergebnis zu führen. Grafikdesign sollte deshalb nicht als das sogenanntes i-Tüpfelchen betrachtet werden, das dem Inhalt den letzten Schliff verleiht, sondern muss vielmehr in den Prozess der Erarbeitung eingebunden werden.

Obwohl nicht jedes Projekt den zeitlichen und finanziellen Rahmen aufweist, Grafikdesigner zu beschäftigen, sollte die grafische Aufbereitung ein fester Bestandteil der Konzeptions- und Ausarbeitungsphase bei der Erstellung didaktischer Inhalte sein.

Wie in den vorangegangenen Ausführungen beschrieben wurde, dient die grafische Aufbereitung von Information nicht ausschließlich dazu, einen bestimmten Eindruck beim Lernenden zu hinterlassen, sondern vielmehr, dem Inhalt Form und Struktur zu verleihen und so den Lernerfolg positiv zu beeinflussen.

## Weiterführende Literatur

### Typografie

Kemmer, J., & Hartwich, T. (2016). *Overlap: digitale Typografie*. Zürich: Niggli Verlag.
Willberg, H. P. (2001). *Wegweiser Schrift*. Mainz: Hermann Schmidt Verlag.
Willberg, H. P., & Forssman, F. (2010). *Lesetypo*. Mainz: Verlag Hermann Schmidt.
Zillgens, C. (2013). *Responsive Webdesign – Reaktionsfähige Websites gestalten und umsetzen*. München: Carl Hanser Verlag.

### Bildgestaltung

Heber, R. (2016). *Infografik: Gute Geschichten erzählen mit komplexen Daten: Fakten, Daten, zahlen spannend präsentieren!* Bonn: Rheinwerk Design.
Mante, H. (2010). *Das Foto – Bildaufbau und Farbdesign*. Gilching: Verlag Photographie.
Swiczinsky, N. (2014). *Grundkurs Digitale Illustration: Digital Zeichnen verständlich erklärt*. Bonn: Rheinwerk Design.
Wäger, M. (2010). *Grafik und Gestaltung – Das umfassende Handbuch*. Bonn: Galileo Design.
Williams, R. (2012). *The Animator's Survival Kit: A manual of methods, principles and formulas for classical, computer, games, stop motion and internet animators*. London: Faber & Faber.

### Responsives Webdesign

Christoph, Z. C. (2013). *Responsive Webdesign – Reaktionsfähige Websites gestalten und umsetzen*. München: Carl Hanser Verlag.

### Nachschlagewerk

Klanten, R., Mischler, M., & Bilz, S. (2011). *Der kleine Besserwisser – Grundwissen für Gestalter*. Berlin: Gestalten Verlag.

### Literatur

Ballstaedt, S. (1997). *Wissensvermittlung: Die Gestaltung von Lernmaterial*. Weinheim: Beltz Psychologie-Verlags-Union.
Cousins, C. (2012). Color and cultural design considerations. http://www.webdesignerdepot.com/2012/06/color-and-cultural-design-considerations/. Zugegriffen am 22.12.2016.
Forssman, F., & De Jong, R. (2014). *Detailtypografie – Nachschlagewerk für alle Fragen zu Schrift und Satz*. Mainz: Verlag Hermann Schmidt.
Hasler, B. S., Kersten, B., & Sweller, J. (2007). Learner control, cognitive load, and instructional animation. *Applied Cognitive Psychology*. Published online in Wiley InterScience. www.interscience.wiley.com. https://doi.org/10.1002/acp.1345.

Hegarty, M. (2014). Multimedia learning and the development of mental models. In R. E. Mayer (Hrsg.), *Multimedia learning*. Cambridge: Cambridge University Press.

Heber, R. (2016). *Infografik: Gute Geschichten erzählen mit komplexen Daten: Fakten, Daten, zahlen spannend präsentieren!* Bonn: Rheinwerk Design.

Heller, E. (1989). *Wie Farben wirken – Farbpsychologie, Farbsymbolik, kreative Farbgestaltung.* Hamburg: Rowohlt Verlag (1. Aufl. 1970).

Itten, J. (2009). *Kunst der Farben – Studienausgabe.* Freiburg: Christophorus Verlag (1. Aufl. 1970).

Kemmer, J., & Hartwich, T. (2016). *Overlap: Digitale Typografie.* Zürich: Niggli Verlag.

Kretzschmar, F., Pleimling, D., Hosemann, J., Füssel, S., Bornkessel-Schlesewsky, I., & Schlesewsky, M. (2013). Subjective impressions do not mirror online reading effort: Concurrent EEG-Eyetracking evidence from the reading of books and digital media. http://journals.plos.org/plosone/article?id=10.1371/journal.pone.0056178#s3. Zugegriffen am 23.12.2016.

Mayer, R. E. (2001). *Multimedia learning.* Cambridge: Cambridge University Press.

Mayer, R. E., & Chandler, P. (2001). When learning is just a click away: Does simple user interaction foster deeper understanding of multimedia messages? *Journal of Educational Psychology, 93*(2), 390–397.

Müller-Brockmann, J. (2015). *Raster Systeme – Ein Handbuch für Grafiker, Typografen und Ausstellungsgestalter.* Zürich: Niggli Verlag.

Niegemann, H. M., Domagk, S., Hessel, S., Hein, A., Hupfer, M., & Zobel, A. (2008). *Kompendium multimediales Lernen.* Berlin: Springer.

Pawlik, J. (1988). *Goethe Farbenlehre – Didaktischer Teil.* Köln: DuMont Buchverlag.

Rösner, H., & Kroh, I. (1996). *Visuelles Gestalten: von der Idee zur Produktion.* Frankfurt a. M.: Polygraph-Verlag.

RyteWiki. (2016). Above the fold. https://de.onpage.org/wiki/Above_the_fold. Zugegriffen am 23.12.2016.

Selfhtml. (2016). CSS/Eigenschaften/Textformatierung. https://wiki.selfhtml.org/wiki/CSS/Eigenschaften/Textformatierung. Zugegriffen am 23.12.2016.

Stankowski, A., & Duschek, K. (1989). *Visuelle Kommunikation.* Berlin: Dietrich Reimer Verlag.

Sweller, J. (2005). Implications of cognitive load theory for multimedia learning. In R. E. Mayer (Hrsg.), *The Cambridge handbook of multimedia learning.* New York: Cambridge University Press.

Wäger, M. (2010). *Grafik und Gestaltung – Das umfassende Handbuch.* Bonn: Galileo Design.

Wertheimer, M. (1923). Psychologische Forschung – Zeitschrift für Psychologie und ihre Grenzwissenschaften. In K. Koffka, W. Köhler, M. Wertheimer, K. Goldstein & H. Gruhle (Hrsg.), *Festschrift für Carl Stumpf* (Bd. 4). Berlin: Springer.

Willberg, H. P., & Forssmann, F. (1999). *Erste Hilfe in Typografie.* Mainz: Hermann Schmidt Verlag.

Willberg, H. P., & Forssmann, F. (2010). *Lesetypo.* Mainz: Hermann Schmidt Verlag.

# Teil V

# Qualitätssicherung, Evaluation und Forschungsmethoden

# Qualitätssicherung multimedialer Lernangebote

## Lutz Goertz

**Inhalt**

1 Comeback für das Thema „Qualität im E-Learning" .................................... 482
2 Aktuelle Maßstäbe zur Qualitätssicherung ................................................ 484
3 Resümee – Vor- und Nachteile der vier Bewertungsverfahren ......................... 489
Literatur ....................................................................................... 490

### Zusammenfassung

In diesem Beitrag werden aktuell verfügbare Ansätze zur Qualitätsbeurteilung von digitalen Lernanwendungen (Stand 2017) miteinander verglichen und bewertet.

Von vielen ambitionierten Ansätzen zur Qualitätsbeurteilung Mitte der 2000er-Jahre werden zur Zeit nur noch wenige Verfahren aktiv gepflegt. Bei den vier bestehenden Verfahren ist man in zwei Fällen auf eine Begutachtung durch externe Experten angewiesen, die mit Aufwand und Kosten verbunden ist (ZWH und vebn). In einem weiteren Fall (Stiftung Warentest) trifft der Gutachter eine eigene Auswahl der Lernangebote.

Bei der Berücksichtigung der bestehenden E-Learning-Landschaft ist das eLQe-System am weitreichendsten – es deckt fast alle Lernformen und Lernwerkzeuge bis auf Social Media ab. Außerdem verzichtet es auf externe Zertifzierer und gibt stattdessen den Nutzerinnen und Nutzern Kriterien an die Hand, um die Bewertung selbst vorzunehmen.

---

Die Analyse stellt den Stand der Qualitätsmessverfahren im Jahr 2017 dar. Neuere Entwicklungen konnten nicht berücksichtigt werden.

---

L. Goertz (✉)
Bildungsforschung, mmb Institut – Gesellschaft für Medien- und Kompetenzforschung GmbH, Essen, Deutschland
E-Mail: goertz@mmb-institut.de

**Schlüsselwörter**

Qualität von digitalen Lernangeboten · Messverfahren · Zertifizierung · Lerninhalte · Didaktik

## 1 Comeback für das Thema „Qualität im E-Learning"

Spricht man über Qualität im digitalen Lernen, so stellt man sich die Leitfrage *Wann ist E-Learning gutes E-Learning?* Hierbei ist natürlich *gut* eine vieldimensionale Bewertung, die in verschiedenster Weise definiert werden kann. Der Begriff der Qualität kann von verschiedenen Personen unterschiedlich aufgefasst werden – und was noch wichtiger ist: Er kann je nach Zielgruppe und Rahmenbedingungen unterschiedlich gefüllt werden.

Man könnte meinen, dass die Frage nach *gutem E-Learning* inzwischen erschöpfend beantwortet wurde, denn immerhin war *Qualität im E-Learning* bereits vor rund 15 Jahren ein großes Thema: Mitte der 2000er-Jahre fragte die Bildungs-Fachöffentlichkeit, wie sich die Qualität von Angeboten des digitalen Lernens sicherstellen ließe. Sie stieß damit eine Debatte an, die sogar auf die Qualitätsbeurteilung des Lernens allgemein zurückschlug. Angestoßen wurde die Diskussion seinerzeit auch durch neu aufkommende Qualitätsmanagementsysteme in der Erwachsenenbildung (vgl. Stracke 2006; Euler und Seufert 2005; Ehlers 2004) und nicht zuletzt durch neue Entwicklungen im digitalen Lernen. Auch auf internationaler Ebene wurde der Diskurs rund um Qualität im europäischen E-Learning geführt (vgl. Ehlers und Pawlowski 2006; Ehlers et al. 2005).

Das EU-Projekt *European Quality Observatory EQO* hat in den Jahren 2003 bis 2005 weit über 100 verschiedene Leitlinien und Kriteriensysteme erfasst, die ganz unterschiedliche Aspekte abdeckten und so ein gutes Nachschlagewerk boten (vgl. Researching Virtual Initiatives in Education (Re.ViCa) o. J.). Nach Ende des Projekts wurde diese Website allerdings gelöscht. Eine europaweite Nachfolgeinitiative, *EFQUEL* (European Foundation for Quality in e-Learning), die durch Publikationen und Kongresse viel zum Austausch unterschiedlicher Akteure auf dem Gebiet des Digitalen Lernens beigetragen hat, löste sich im Jahr 2014 auf (Wikipedia 2016). Auch ihre Website ist im Internet nicht mehr zu finden.

Weitere etablierte Verfahren und Institutionen zur Sicherstellung der Qualität von digitalen Lernangeboten, die in dieser Zeit entstanden sind, sind trotz guter theoretischer Vorarbeit und ersten Erfolgen inzwischen eingestellt worden. Eines dieser Verfahren wurde vom *DelZert* entwickelt – einer eigenständigen Organisation von Mitgliedern des E-Learning-Verbands D-ELAN e.V. (mittlerweile aufgegangen im IT-Verband bitkom). Eine andere Zertifizierung (TU-Label oder E-Label) war am e-learningcenter der TU Darmstadt angesiedelt (vgl. e-teaching.org o. J.). Dieses Angebot ist auf der Homepage der TU Darmstadt nicht mehr zu finden.

Dass die Qualität des digitalen Lernens aus dem Blickfeld geriet, lag sicherlich daran, dass andere Themen wie beispielsweise *E-Learning 2.0* oder *Mobile Learning* ab circa 2006/2007 mit größerem Interesse verfolgt wurden. Seitdem hat sich zwar das digitale Lernen technisch, didaktisch und rechtlich weiterent-

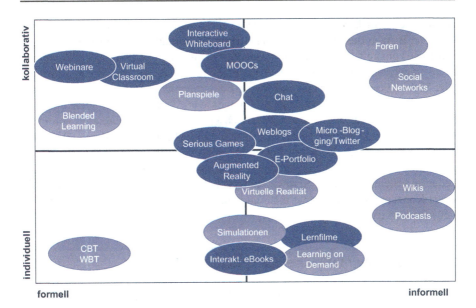

**Abb. 1** Vielfalt der Formen für das Digitale Lernen. (Quelle: © mmb Institut 2017)

wickelt, der Diskurs zur Qualität wurde jedoch nur sehr sporadisch wieder aufgenommen.

Es gilt also, die bestehenden Quellen im Internet neu aufzubereiten[1] und zu prüfen, inwieweit diese Kriteriensysteme den heutigen Ansprüchen und Erscheinungsformen des Digitalen Lernens gerecht werden. Nicht berücksichtigt werden hier das Gütesiegel der ZFU – staatliche Zentralstelle für Fernunterricht in Köln, die in erster Linie klassische Fernlernangebote zertifiziert, ebenso die weltweit gültige Norm ISO/IEC 19796-1, die einen Referenzrahmen für die Erstellung und Nutzung von E-Learning-Angeboten bietet, die in der Fachöffentlichkeit allerdings kaum rezipiert und angewandt wurde, sowie die Kriterien verschiedener Awards für digitale Lernangebote, u. a. den *delina* oder den *Comenius-EduMedia-Award*.

Das folgende Unterkapitel stellt ausgewählte Systematiken vor. Gleichzeitig wird geprüft, inwieweit sich durch diese Kriteriensysteme die Qualität von digitalen Lernangeboten feststellen lässt und welchen Verbindlichkeitsgrad diese Überprüfungen haben.

Was hat sich in der Landschaft des digitalen Lernens seit Mitte der 2000er-Jahre geändert? Wie Abb. 1 zeigt, sind seit dem Jahr 2008 viele Formen und Technologien des digitalen Lernens hinzugekommen (hier dunkelblau dargestellt), die von den früheren Ansätzen zur Qualitätsmessung noch nicht berücksichtigt werden konnten.

---

[1]Einen guten Überblick hierzu bieten auch Bratengeyer et al. 2013 und die e-teaching.org-Redaktion (e-teaching.org 2015).

Dominierten damals eher formale Angebote, die vor allem zum Selbstlernen gedacht waren (z. B. Web Based Trainings oder Blended Learning), so sind inzwischen viele Angebote zum kollaborativen Lernen und zum informellen Lernen hinzugekommen. Diese integrieren auch Bewegtbilder (z. B. Serious Games, Augmented Learning oder Virtual Learning sowie Social Media-Funktionen).

Gleichzeitig konnten Bildungseinrichtungen wie Akademien, kommerzielle Bildungsanbieter, Hochschulen oder Volkshochschulen von der Verbreitung von intuitiv bedienbaren, mobilen Endgeräten profitieren: Die Kurse sind nun flexibler, moderner und stärker am Lernenden ausgerichtet. Die Rede ist von einem *neuen Lernen mit Medien* anstelle des (althergebrachten) *Lernens mit neuen Medien* (vgl. Seiler und Schneider 2016, S. 48). Geändert haben sich dadurch auch die didaktischen Konzepte. Es geht immer mehr auch um eigenverantwortliches und selbstgesteuertes Lernen.

## 2 Aktuelle Maßstäbe zur Qualitätssicherung

Von den Qualitätsansätzen aus den 2000er-Jahren werden einige heute immer noch angewandt, weitere sind in der Zwischenzeit hinzugekommen. Doch werden diese Ansätze und Bewertungsmaßstäbe den eben genannten Entwicklungen beim Lernen mit digitalen Medien gerecht? Eine Auswahl von Bewertungsmaßstäben wird in diesem Kapitel vorgestellt und daraufhin überprüft, inwieweit dort die oben beschriebenen *neuen* Lernformen berücksichtigt werden.

### 2.1 Prüfung von Sprachkursen durch die Stiftung Warentest

Die Stiftung Warentest betrachtet die Güte von Produkten aus Verbrauchersicht. Aus diesem Grund testet die Stiftung im Bildungssektor ausschließlich kommerzielle Angebote, die von Privatnutzern angewendet werden können – und dieses für klar umrissene Produktsegmente. Der letzte Test zum Thema *Digitales Lernen*, in dem Apps zum Deutschlernen speziell für Flüchtlinge geprüft wurden, stammt aus dem Jahr 2016. Besser geeignet zur Identifikation von Qualitätsmerkmalen im E-Learning sind Tests für Englisch-Lernangebote aus dem Jahr 2013. Die ausführliche Dokumentation ist inzwischen kostenlos erhältlich.

Was wurde geprüft? Die fünf ausgewählten Lernportale sollten a) online erreichbar sein sowie b) genuine – also selbst erstellte – interaktive Inhalte enthalten und c) Techniken des Web 2.0 verwenden.

Die Bewertungskriterien: Der Inhalt der Lernanwendung geht mit 40 Prozent in die Gesamtbewertung ein und umfasst die „Quantität und Qualität der Lerninhalte beim Sprechen, Schreiben Hören und Lesen sowie bei Grammatik, Wortschatztraining und kulturellen Aspekten" (Stiftung Warentest 2013, S. 5). Die Didaktik – ebenfalls mit 40 Prozent gewichtet – betrachtet u. a. Aspekte des selbst-gesteuerten Lernens, die Schaffung von Lernmotivation und die Möglichkeit zur Kommunikation mit anderen Lernern.

Zu jeweils zehn Prozent gehen Bedienbarkeit und Kundeninformation ein. Dies sind typische Kriterien der Stiftung Warentest, die auch in anderen Produktsegmenten eine Rolle spielen und die die Verständlichkeit der Begleitinformationen sowie die Usability betonen. Hinzu kommt eine generelle Prüfung der AGBs, die bei unzulässigen Klauseln zur Abwertung führen kann, die aber sonst nicht weiter in die Note eingeht.

Mit dieser Produktauswahl und den Kriterien wird immerhin der Kreis von digitalen Lernangeboten ausgeweitet und bewusst *E-Learning 2.0*, also auch die Integration von Social Media berücksichtigt. Die Bewertung erfolgt innerhalb der Kategorien eher subjektiv – sowohl durch Experten als auch durch potenzielle Nutzer. Immerhin gelingt es durch diese Kriterien, bei den getesteten fünf Angeboten die *Spreu vom Weizen zu trennen*: Nur ein Angebot erreichte die Note *gut*, drei *befriedigend* und eines wegen deutlicher Mängel in den AGBs *ausreichend*.

Inzwischen hat die Stiftung Warentest mitgeteilt, dass sie keine Tests mehr zu einzelnen Produktsegmenten in der Weiterbildung durchführt. Stattdessen liefert sie einen Online-Guide, bei dem Lerner ihre eigenen Lernbedarfe prüfen können. Mit Hilfe dieser Prüfung werden sie auf andere Weiterbildungsportale geleitet (vgl. Siebert 2017). Die Begründung hierfür lautet:

„Weil es eben jährlich ungefähr 600.000 Weiterbildungsangebote gibt, wir haben ja viele Jahre uns immer einzelne Angebote rausgepickt und die auch getestet, aber der Markt ist eben so groß und so vielfältig, das ist wie die Stecknadel im Heuhaufen, man schafft das nicht, deshalb ist es für uns die richtige Schlussfolgerung gewesen, zu sagen: wir geben dem Verbraucher eine Art Checkliste an die Hand, nach der er selber entscheiden kann." (Siebert 2017)

## 2.2 Bewertung von Neuaufnahmen in das Portal WebKollegNRW

Seit 2004 bietet das *WebKollegNRW* ein Online-Portal an, auf dem digitale Lernangebote Dritter dargestellt und über die Plattform gebucht werden können. Das Portal wird seit 2006 von der Zentralstelle für die Weiterbildung im Handwerk (ZWH) betrieben.

Der Faktor Qualität der Lernangebote spielt in diesem Portal insofern eine Rolle, als die Lerninhalte von externen Anbietern – zumeist Blended Learning Kurse – bestimmten Qualitätskriterien genügen müssen:

„Die Zulassungsordnung beinhaltet 55 Prüfkriterien. 14 davon sind Ausschlusskriterien, die auf jeden Fall vom jeweiligen Angebot erfüllt sein müssen. Ansonsten kann keine Freigabe für die Einstellung des Angebots in das Portal erfolgen. Die restlichen Kriterien sind sogenannte Qualitätskriterien, die zu 70 % erfüllt sein müssen. Kann ein neues Angebot die Ausschlusskriterien und mindestens 70 % der Qualitätskriterien erfüllen, kann das Angebot in das Portal WebKollegNRW aufgenommen werden. Alternativ kann ein Angebot eingestellt werden, wenn die Ausschlusskriterien erfüllt sind und eine ZFU-Zulassung vorliegt." (WebkollegNRW o. J.)

Die ZWH führt in ihrer Zulassungsordnung 10 Kriteriengruppen auf (vgl. WebkollegNRW 2003):

1. Rahmenbedingungen (u. a. Vorhandensein einer tutoriellen Betreuung, Vorhandensein eines Konzepts für Selbstlern- und Präsenzphasen als Ausschlusskriterien, aber auch *Vorhandensein einer Demoversion*)
2. Funktionale/Technische Gesichtspunkte (u. a. Eignung für eine Internetanbindung von 56 kB/s Bandbreite als Ausschlusskriterium, *intuitive Nutzung möglich*, läuft unter Standard Browsern)
3. Interaktionsmöglichkeiten innerhalb des Lernprogramms (u. a. ausreichende Erläuterung der Funktionen, Vorhandensein interaktiver Elemente, Vorhandensein einer Online-Hilfe)
4. Kontrolle des Lernerfolges (u. a. Verfügung über Lern- und Leistungskontrollen, Feedback auf Lösungen der Lernenden)
5. Fachdidaktische Kriterien (u. a. Übersicht über die zu vermittelnden Inhalte und Lernziele, sinnvolle Gliederung, Angabe der Lernzielgruppe)
6. Ergonomie und Design (u. a. Verständlichkeit der Funktions- und Bedienelemente, übersichtliche Navigation)
7. Tutorielle Begleitung (u. a. zertifizierter Abschluss der tutoriellen Begleitung)
8. Präsenzphasen (u. a. Präsenzstätten entsprechen dem Standard anerkannter Weiterbildungseinrichtungen in NRW)
9. Zertifikate (u. a. Möglichkeit zum Abschluss mit Teilnahmebestätigungen oder Zertifikaten)
10. Wirtschaftliche Voraussetzungen (u. a. Identifizierbarkeit des Anbieters, eindeutige Angabe des Nutzungsentgelts).

Der Kriterienkatalog fällt gegenüber dem der Stiftung Warentest deutlich differenzierter aus, weist aber auch viele Parallelen auf. Eine zentrale Rolle bei der Bewertung spielt hier die rechtliche Absicherung der Lernenden sowie die Transparenz und Nutzerfreundlichkeit. Durch die Anforderungen an die Präsenzphasen und die tutorielle Betreuung wird der Kreis der potenziellen Lernangebote allerdings auf Blended-Learning-Kurse eingeengt.

Inzwischen hat das WebKollegNRW sein Produktportfolio auch auf CD- und DVD-Angebote sowie Fernstudiengänge ausgeweitet. Nicht abgedeckt sind hingegen Simulationen, Serious Games oder Virtual Learning-Angebote.

Unklar bleibt, ob sich das WebKollegNRW hier neuen Formen, wie sie oben beschrieben wurden, öffnen würde. Der Kriterienkatalog wird seit 2003 unverändert eingesetzt, deckt allerdings auch das aktuelle Angebot von Blended-Learning-Kursen noch angemessen ab.

## 2.3 Vergabe eines Gütesiegels durch den Verband eLearning Business

Als unabhängiger Verband von Bildungsinstitutionen und -produzenten vergibt der Verband eLearning Business (vebn) ein Gütesiegel für E-Learning-Angebote. War dieses Siegel bis vor einigen Jahren Mitgliedsunternehmen (zudem aus dem norddeutschen Raum) vorbehalten, so ist es nun offen für alle Anbieter, die ihre Lerninhalte und -systeme gegen eine Gebühr zertifizieren lassen möchten (vgl. Eißner 2016). Hierzu zählen auch Anwenderunternehmen, die sich ihre Lerninhalte haben *maßschneidern* lassen.

Geprüft werden die Einreichungen von einer unabhängigen Expertenjury anhand eines von Fachleuten entwickelten Kriterienkatalogs. Das Institut für Ökonomische Bildung der Universität Oldenburg übernimmt die wissenschaftliche Begleitung.

Basis für die Vergabe des Gütesiegels sind insgesamt rund neunzig Kriterien aus neun Bereichen (vgl. Eißner o. J.):

1. Die Inhalte selbst (u. a. fachliche Richtigkeit der Inhalte, fachliche Qualifizierung von Kursleitern),
2. die methodisch-didaktische Aufbereitung (u. a. Betreuung bei Präsenzveranstaltungen, Abstimmung von Lernelementen aufeinander, Eignung des didaktischen Konzepts für die Zielgruppe),
3. der Einsatz der Medien und die Mediengestaltung (u. a. aktiver Einbezug der Lernenden durch Interaktivität, Verständlichkeit der Lern- und Sprechtexte),
4. die Technik (u. a. technische Fehlerfreiheit, Nennung von Systemvoraussetzungen, Verständlichkeit der Installationsanleitung),
5. die Kommunikation und die Lernbegleitung (u. a. Vorhandensein eines flexiblen Betreuungskonzepts, motivierende Lernbegleitung, Feedback durch Tutoren),
6. die institutionelle und betriebliche Integrationsfähigkeit (u. a. Regelung der Lernzeiten und -orte, Einbettung des Lernens in den Arbeitsalltag, Vorhandensein eines Qualitätsmanagementsystems bei Unternehmen),
7. das Kosten-Nutzen-Verhältnis und die Zielerreichung (u. a. Verhältnis von Zielgruppengröße, Aktualität der Inhalte und Erstellungskosten),
8. die Evaluation (u. a. Bewertung des Angebots durch die Lernenden selbst)
9. spezifische Kriterien für anerkannte Abschlüsse (u. a. vorherige Information der Lernenden über Stoffangebot, Lern- und Prüfungsleistungen sowie Kompetenzen der Ansprechpartner).

Der Kriterienkatalog ist teilweise öffentlich (vgl. vebn 2015). Die vollständigen Kriterien erhalten die Einreicher zu Beginn des Prüfungsprozesses, damit sie die Zertifizierung vorbereiten können.

Der Kriterienkatalog ist gegenüber dem des WebKollegsNRW noch umfangreicher und der Zertifizierungsprozess durch die Arbeit von geschulten Auditoren sehr aufwändig. Es zeigen sich zahlreiche Parallelen zu den beiden ersten Kriteriensystemen. Bei Stiftung Warentest und Webkolleg nicht vorhanden sind hingegen Kriterien wie die Passung des Angebots zur Zielgruppe, die Einbettung in den Arbeitsalltag, die Evaluationsangebote sowie eine ökonomische Beurteilung des Produktionsaufwands, die das vebn-Siegel berücksichtigt. Es handelt sich also zusätzlich um Bewertungsmaßstäbe, die die Beschaffung des Contents sowie die kontinuierliche Qualitätsprüfung – also nicht nur eine Momentaufnahme – betreffen.

Das Spektrum der zu zertifizierenden Lernformen ist deutlich größer als beim WebKollegNRW. Berücksichtigt werden auch Game Based Learning, informelles kollaboratives E-Learning, Rapid E-Learning, Simulationen sowie synchrone Online-

Konferenzen. Damit sind bis auf die relativ neuen Formen wie Augmented und Virtual Learning alle Formen abgedeckt. Es fehlen außerdem reine videobasierte Angebote (z. B. Erklärvideos). Unberücksichtigt bleiben ferner reine Software-Anwendungen, die keinen eigenen Lerninhalt bieten (z. B. Autorentools).

## 2.4 Selbstevaluationstool eLQe Österreich

Haben die beiden Kriteriensysteme von WebKollegNRW und vebn ihre Wurzeln in den 2000er-Jahren, als das Thema Qualität von E-Learning in Bildungsfachkreisen sehr intensiv diskutiert wurde, so ist das folgende Bewertungssystem deutlich jünger.

Dieses *eLearning Qualitäts-Evaluationstool* (eLQe) wurde vom eLearning Center der Donau-Universität Krems in Kooperation mit common sense – eLearning & training consultants entwickelt (vgl. Bratengeyer et al. 2013). Ziel dieses vom Forum Neue Medien Austria geförderten Projekts ist ein Selbsteinschätzungstool für Angebote zum digitalen Lernen. Es geht also nicht darum, einen Lerninhalt extern zertifizieren zu lassen, sondern selbstständig eigene (oder fremde) Angebote zu bewerten. Gründe hierfür können beispielsweise die kritische Selbstreflexion eines Lernangebots aus dem eigenen Hause sein – oder die vergleichende Bewertung von verschiedenen Lernangeboten als Entscheidungsgrundlage für die Anschaffung. Gedacht ist dieses Bewertungswerkzeug für den Gebrauch an Hochschulen. Eine Anwendung in anderen lernenden Institutionen ist damit aber nicht ausgeschlossen.

Da sich das online-basierte Instrument an Praktiker, also Lernende und Bildungsentscheider wendet, sind die Kriterien bewusst übersichtlich gehalten (vgl. Bratengeyer et al. 2013):

I. Didaktische Planung – Didaktisches Szenario, Didaktische Methode, Lehr/Lernziele und Leistungsüberprüfung, Medien- und Materialienauswahl, Auswahl der Werkzeuge
II. Lernmaterialien/Content – Statische Inhalte, Dynamische Inhalte, Inhalte externer Quellen, Von Studierenden erzeugte Materialien, Ergänzende Materialien
III. Lehr/Lernprozesse – Moderation und Beratung, Monitoring und Feedback, Kommunikation, Vertiefung, Lernerfolgskontrolle
IV. Kompetenzen – Medien/Informationskompetenz (Digital Literacy), IT-Kompetenz, eModerationskompetenz, Inhaltserstellungskompetenz
V. Information & Administration – Programm/Kurs/Modul/LV Information, Formalkriterienerfüllung, Nutzerverwaltung, Lernportal

Jedes dieser Kriterien wird durch mehrere Unterkriterien als Zielformulierung beschrieben, z. B. „I.1 Didaktisches Szenario – Der gesamte Lernprozess ist in seinem Ablauf dem zugrunde liegenden Curriculum entsprechend strukturiert. Präsenz- und E-Learningphasen sind didaktisch begründet abgestimmt." (vgl. Bratengeyer et al. 2013).

Eingestuft wird die Erreichung dieses Ziels durch das zu bewertende Lernangebot mit Hilfe eines Schiebereglers. Diesen Regler kann ein Nutzer auf einer Prozentskala von 0 Prozent (nicht erfüllt) bis 100 Prozent (gänzlich erfüllt) einstellen. Zuvor muss der Benutzer noch das passende Lehr-/Lernszenario auswählen:

- Präsenzunterricht mit eLearning Ergänzung
- Blended Learning
- E-Learning betreut
- Selbstlernprogramm unbetreut.

Die Kriterien sind bei allen vier Kategorien vergleichbar.

Die eingegebenen Werte werden in der Auswertung als *Spinnennetzdiagramm* mit den fünf Kriterien dargestellt. Verglichen werden die individuellen Angaben des Nutzers mit den Durchschnittwerten der bisherigen Eingaben aller Nutzer als *Benchmarking*.

Die Bewertung ist als Web-Service unter http://www.elqe.at/ erreichbar.

Der große Vorzug dieses Systems ist es, dass es als Tool zur Selbsteinschätzung anwendbar und nicht an das Urteil externer Zertifizierer gebunden ist. Dadurch fallen praktisch keine Kosten für die Einschätzung an. Es ist wissenschaftlich sehr fundiert und durch die Aufbereitung als interaktives Online-Werkzeug auch äußerst innovativ. Das Spektrum von E-Learning-Formen wird gut abgedeckt, allerdings sind rein kollaborative Lerntools als Lehr-/Lernszenario nicht vorgesehen (z. B. Foren, Communities of Practice).

## 3 Resümee – Vor- und Nachteile der vier Bewertungsverfahren

Die Auswertung zeigt, dass von vielen ambitionierten Ansätzen zur Qualitätsbeurteilung des digitalen Lernens nur noch wenige Verfahren aktiv eingesetzt und gepflegt werden. Wer eine Überprüfung des eigenen Lernangebots wünscht, ist in den meisten Fällen auf eine Begutachtung durch externe Experten angewiesen, die mit Aufwand und Kosten verbunden ist.

Die drei Zertifizierer Stiftung Warentest, ZWH und vebn verfolgen dabei unterschiedliche Geschäftsmodelle. Die Stiftung Warentest wird aus Abgaben der Industrie finanziert und behält sich selbst die Auswahl der zu testenden Lernangebote vor – dieses Modell wurde für das digitale Lernen 2016 beendet. Die ZWH trägt die Kosten selbst, um so durch ihr Portfolio von wertigen Angeboten eine Vertrauensbasis zu den zahlenden Kunden aufzubauen. Im Falle des vebn erhebt der Verband für sein Gütesiegel eine Schutzgebühr von 600.- Euro (für Mitglieder 400.- Euro).

Für alle E-Learning-Anbieter und -Nutzer bietet die Einschätzung anhand des eLQe-Kriterienkatalogs für Anbieter die größten Vorteile, nur dass die externe Validierung der Bewertung fehlt.

Bei der Auswahl der Bewertungskritierien setzen die vier Verfahren unterschiedliche Schwerpunkte. Hier fokussiert sich das eLQe ausschließlich auf inhaltliche und didaktische Kriterien, während die drei anderen Verfahren auch ökonomische Aspekte (z. B. eine Kosten-Nutzen-Analyse) berücksichtigen, die Stiftung Warentest zusätzlich noch verbraucherrechtliche Kriterien.

Bei der Berücksichtigung der bestehenden E-Learning-Landschaft ist das eLQe-System am weitreichendsten – es deckt fast alle Lernformen und Lernwerkzeuge bis auf Social Media ab.

Welches Verfahren man letztlich als Grundlage zur Bewertung des eigenen bzw. genutzten digitalen Lernangebots anwendet, hängt natürlich vom Bewertungsinteresse ab – welche Kriterien einem wichtig sind, welche didaktischen Konzepte man verfolgt und letztlich auch, wieviel man für diese Bewertung ausgeben möchte.

Alles in allem würde es sich lohnen, das Verfahren eLQe von Bratengeyer et al. (2013) weiter auszubauen. Dadurch, dass es erst 2012/2013 entwickelt wurde, ist es im Vergleich zu den anderen drei am ehesten *auf der Höhe der Zeit*.

Eine wichtige Basis für diese Weiterentwicklung ist sicherlich auch, das Verfahren eLQe noch bekannter zu machen. Einen Beitrag hierzu können Multiplikatoren des digitalen Lernens leisten, z. B. das Bundesinstitut für Berufsbildung (BIBB), verschiedene Bildungsserver sowie einschlägige Konferenzen, Messen, Blogs und Zeitschriften.

## Literatur

Bratengeyer, E., Bubenzer, A., Jäger, J., & Schwed, G. (2013). eLearning Qualitäts – Evaluationstool. Endbericht. Gefördert von Forum Neue Medien Austria, F&E Call 2012. Krems. http://www.donau-uni.ac.at/imperia/md/content/e-learning/elqe_endbericht.pdf. Zugegriffen am 05.03.2017.

Ehlers, U.-D. (2004). Erfolgsfaktoren für E-Learning. In S.-O. Tergan (Hrsg.), *Was macht E-Learning erfolgreich? Grundlagen und Instrumente der Qualitätsbeurteilung* (S. 30–49). Berlin: Springer.

Ehlers, U.-D., & Pawlowski, J. M. (2006). *Handbook on quality and standardisation in e-learning. With . . . 51 tables*. Berlin: Springer.

Ehlers, U.-D., Goertz, L., Hildebrandt, B., & Pawlowski, J. M. (2005). *Quality in e-learning. Use and dissemination of quality approaches in European e-learning* (Cedefop panorama series, Bd. 110). Luxembourg: Office for Official Publications of the European Communities. http://digitool.hbz-nrw.de:1801/webclient/DeliveryManager?pid=1619743&custom_att_2=simple_viewer. Zugegriffen am 31.07.2017.

Eißner, A. (o. J.). Qualität auf dem Prüfstand. Verband eLearning Business – vebn. http://www.vebn.de/vebn-guetesiegel/pruefungsprozess.html. Zugegriffen am 30.07.2017.

Eißner, A. (2016). Der Weg zum vebn-Gütesiegel. Verband eLearning Business – vebn. Oldenburg. http://www.vebn.de/vebn-guetesiegel/einreichung.html. Zugegriffen am 30.07.2017.

e-teaching.org. (o. J.). E-Learning mit Qualität: Das TU Label der Universität Darmstadt. [Interview mit Dr. Julia Sonnberger]. https://www.e-teaching.org/praxis/erfahrungsberichte/tulabel. Zugegriffen am 20.07.2017.

e-teaching.org. (o. J.). Qualität im E-Learning. https://www.e-teaching.org/projekt/nachhaltigkeit/qualitaet. Zugegriffen am 05.03.2017.

e-teaching.org. (2015). Qualität im E-Learning. https://www.e-teaching.org/projekt/nachhaltigkeit/qualitaet/index_html. Zugegriffen am 20.07.2017.

Euler, D., & Seufert, S. (2005). *Nachhaltigkeit von eLearning-Innovationen. Fallstudien zu Implementierungsstrategien von eLearning als Innovationen an Hochschulen* (SCIL Arbeitsbericht 4). St. Gallen: Universität St. Gallen.

ISO/IEC 19796-1, 21.12.2006. How to use the new quality standard for learning, education, and training.

Researching Virtual Initiatives in Education (Re.ViCa). (o. J.). European Quality Observatory. http://www.virtualschoolsandcolleges.eu/index.php/European_Quality_Observatory. Zugegriffen am 30.07.2017.

Seiler, G., & Schneider, J. (2016). Programmieren lernen heißt für das Leben lernen. In P. Otto (Hrsg.), *Das Netz 2016–2017. Jahresrückblick Digitalisierung und Gesellschaft* (S. 47–49). Berlin: iRights.Media.

Siebert, D. (2017). Stiftung Warentest startet Weiterbildungsguide. [Interview mit Alrun Jappe von der Stiftung Warentest]. Deutschlandradio. http://www.deutschlandfunk.de/internetangebot-stiftung-warentest-startet.680.de.html?dram:article_id=377293. Zugegriffen am 30.07.2017.

Stiftung Warentest. (2013). Themenpaket Englisch lernen. Berlin. https://www.test.de/filestore/4635298_themenpaket_englisch_lernen_112013.pdf?path=/protected/44/07/0b5be55c-2bb7-478f-8848-474676c31c44-. Zugegriffen am 30.07.2017.

Stracke, C. (2006). Qualitätsmanagement und Qualitätsinstrumente – Innovatives Prozessmanagement und Quality Management Support Systems (QSS). In L. P. Michel (Hrsg.), *Digitales Lernen. Forschung – Praxis – Märkte: Ein Reader zum E-Learning* (S. 127–135). Norderstedt: Books on Demand GmbH.

Verband eLearning Business – vebn. (2015). Kriterienkatalog „vebn-Gütesiegel". Verband eLearning Business – vebn. http://www.vebn.de/fileadmin/user_upload/images/guetesiegel/Kriterienkatalog_2015_Auszug.pdf. Zugegriffen am 30.07.2017.

WebkollegNRW. (o. J.). Die Einstellung neuer Angebote in das WebKollegNRW – eine kurze Anleitung für Anbieter, Hrsg. ZWH – Zentralstelle für die Weiterbildung im Handwerk e.V. http://www.webkolleg.de/anbieter-info/einstellen-neuer-kurse.html. Zugegriffen am 30.07.2017.

WebkollegNRW. (2003). *Zulassungsordnung*. Düsseldorf: ZWH – Zentralstelle für die Weiterbildung im Handwerk e.V. Düsseldorf. http://www.webkolleg.de/fileadmin/Daten/Anbieter-Info/WebKolleg-Zulassungsordnung-Gesamt_060315.pdf. Zugegriffen am 30.07.2017.

Wikipedia. (2016). European Foundation for Quality in e-Learning. https://en.wikipedia.org/wiki/European_Foundation_for_Quality_in_e-Learning. Zugegriffen am 20.07.2017.

# Technologiegestütztes Assessment, Online Assessment

Sarah Malone

## Inhalt

1 Einleitung .................................................................................. 494
2 Typen Technologiegestützen Assessments ................................................. 494
3 Technologiebasiertes Assessment: Anwendung und Innovationspotenzial ............... 500
4 Fazit ........................................................................................ 511
Literatur ...................................................................................... 511

### Zusammenfassung

Computer und Laptops aber auch kleinere, leistungsstarke mobile Endgeräte wie Mobiltelefone und Tablets werden häufig gewinnbringend zum Lernen genutzt. Vielversprechend erscheint daher auch der Einsatz solcher Technologien in der Diagnostik, auch wenn dieser bisher noch deutlich seltener erfolgt. Technologiegestütztes Assessment allgemein und Online Assessment im Speziellen weisen zahlreiche Vorteile gegenüber herkömmlichen Verfahren auf. So können technologiebasierte Testverfahren zum einen ökonomischer sein, zum anderen unterstützen sie die Durchführung spezieller Assessmentstrategien wie beispielsweise Adaptives Testen und Ambulantes Assessment und ermöglichen die Integration reichhaltigen Stimulusmaterials und lebensnaher Antwortformate. Die Verwendung von Informationstechnologien beim Assessment bringt aber auch Herausforderungen mit sich. So sind die entstehenden Kosten dem Nutzen kritisch gegenüber zu stellen. Insbesondere beim Online Assessment ist zudem zu überprüfen, inwieweit eine Kontrolle der Testsituation notwendig ist bzw. gewährleistet werden kann.

S. Malone (✉)
Saarland University, Saarbrücken, Deutschland
E-Mail: s.malone@mx.uni-saarland.de

**Schlüsselwörter**

Technologiebasiertes Assessment · Internetbasiertes Assessment · Adaptivität · Interaktivität · Ökologische Validität

# 1 Einleitung

*Technologiegestütztes* oder *-basiertes Assessment* (TBA, engl. *Technology Based Assessment;* Synonyme: *Electronic Assessment, E-Assessment*) meint den Einsatz von Informationstechnologien in der Diagnostik und wird häufig als Oberbegriff gebraucht. Die Verwendung von TBA steigt seit den letzten Jahren besonders in der Bildungsdiagnostik stetig an, was nicht zuletzt damit zusammenhängt, dass die digitale Kluft – also Unterschiede beim Zugang zu Informations- und Kommunikationstechnologien z. B. zwischen Nationen, Gesellschaftsschichten oder Altersgruppen – geringer wird. So wurde z. B. im Jahre 2015 das Testmedium der PISA-Studie vom Papier-Bleistift-Verfahren auf Computertestung umgestellt, um die erwarteten Vorteile technologiebasierten Assessments für Large Scale Assessments (z. B. nationale und internationale Schulleistungsstudien) zu nutzen. Auch von standardisierten (pädagogisch-)psychologischen Verfahren, die der Individualdiagnostik dienen, liegen immer öfter auch Computerversionen vor. Weiterführend werden auch komplexe Testformate entwickelt, die ohne den Einsatz von Technologie nicht realisierbar währen (z. B. adaptive Tests und Simulationen).

Diese Entwicklungen sind sicher zu einem großen Teil der immer bedeutender werdenden Rolle neuer Medien beim Lernen geschuldet. Allerdings bleibt das TBA noch hinter den Lerntechnologien zurück, was den Einsatz in der Praxis in Schule und Weiterbildung, sowie die empirische Erforschung betrifft. So bleiben mögliche Innovationspotenziale und spezifische Vorteile TBAs gegenüber den konventionellen Methoden weitgehend ungenutzt und selten erforscht.

In diesem Kapitel werden zunächst einige wichtige Unterbegriffe von TBA definiert und die spezifischen Vor- und Nachteile computer- und netzwerkbasierten Testens dargestellt. Anschließend werden Bereiche vorgestellt, in denen Informations- und Kommunikationstechnologien zum Assessment genutzt werden. Zum Schluss wird der Einsatz spezifischer Darstellungsformen und Aufgabenformate, die ausschließlich durch TBA realisiert werden können, diskutiert.

# 2 Typen Technologiegestützen Assessments

Computer und andere technische Medien werden beim Assessment zu unterschiedlichen Zwecken eingesetzt. Dazu gehören die computerbasierte Testentwicklung, -durchführung, -auswertung und -evaluation. Außerdem können Teilnehmer aus elektronischen Datenbanken gezogen werden und das Internet als Rekrutierungsmedium genutzt werden.

Der Sammelbegriff Technologiebasiertes Assessment umfasst im vorliegenden Kontext sämtliche (pädagogisch-) psychologisch diagnostische Verfahren, die durch den Einsatz von Informationstechnologie in irgendeiner Form unterstützt oder erstermöglicht werden. Dieser allgemeine Begriff hat den in älterer Literatur verwendeten Terminus *Computerbasiertes Assessment* als Sammelbegriff abgelöst, da nicht mehr nur Computer (z. B. PCs oder Laptops), sondern zunehmend auch kleinere Mobilgeräte zur Diagnostik eingesetzt werden (z. B. Mobiltelefone, Tablet-PCs). Eine Vielzahl von Begriffen liegt vor, um diese Anwendungen näher zu spezifizieren. Begriffen, die zuweilen synonym gebraucht werden, liegt eine hierarchische Struktur zugrunde (vgl. Conole und Warburton 2005; Jurecka und Hartig 2007; Saul 2015). Abb. 1 veranschaulicht diese Staffelung für einige zentrale Begriffe des TBAs, die im Weiteren näher erläutert werden.

## 2.1 Allgemeine Vor- und Nachteile technologiebasiertem Assessments

Die meisten TBAs schließen die Verwendung von Computern (z. B. PCs, Laptops) ein. Beim *Computergestützten Assessment* (engl. *Computer-Assisted Assessment*, CAA) dienen Computer zumindest der Unterstützung und Vereinfachung verschiedener Prozesse beim Assessment, wie z. B. der Datenerhebung und -auswertung. Die dabei eingesetzten Verfahren könnten jedoch auch ohne die Unterstützung durch Computer, z. B. als Papier-Bleistift-Verfahren durchgeführt werden. Der Begriff *Computerbasiertes Assessment* oder *Computerbasiertes Testen* (engl. *Computer-*

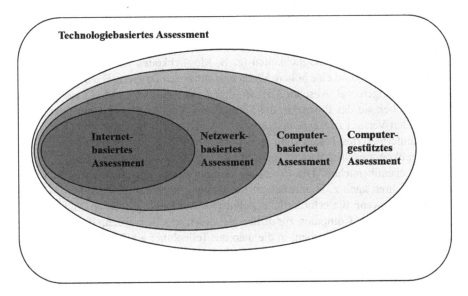

**Abb. 1** Hierarchische Struktur zentraler Begriffe des Technologiebasierten Assessments (angelehnt an Conole und Warburton (2005) und Jurecka und Hartig (2007))

*Based* Assessment, *CBA* oder *Computer-Based Testing*, CBT) sollte hingegen nur dann verwendet werden, wenn z. B. die Art der Vorgabe des Testmaterials oder der Erfassung der Reaktionen der Teilnehmer die Nutzung von Computern unbedingt erfordern. Dabei wird gelegentlich nur das Stimulusmaterial am Bildschirm präsentiert (z. B. Videos oder Animationen), oft erfolgen aber auch die Datenerfassung, die Datenauswertung und das Ergebnisfeedback an die Teilnehmer computerbasiert.

Der Einsatz von Computern in der Diagnostik bietet zahlreiche Vorteile. So können Papier- und Druckkosten sowie Personalkosten, die für die Dateneingabe (bzw. Scannen der Tests oder Fragebögen) und -auswertung anfallen würden, eingespart werden. Möglicherweise ist auch die elektronische Speicherung und Archivierung kostensparender als die Lagerung von Papierbögen. Weitere Vorteile computerbasierten Testens bestehen darin, dass Teil- oder Gesamtleistungen und -ergebnisse sofort berechnet werden können. Dies erlaubt zum einen eine schnelle Rückmeldung an den Benutzer während oder direkt nach dem Test. Zum anderen werden dadurch die Voraussetzungen zum *Computerisierten Adaptiven Testen* – dem, an den individuellen Leistungsstand angepasstem Testen – geschaffen, auf das in Abschn. 3.2 näher eingegangen wird.

Ein weiterer, wichtiger Vorteil besteht darin, dass computerbasierte Verfahren in einem höheren Maße standardisierbar sind als Papier-Bleistift-Assessments. Hohe Standardisierung kann dabei in allen Phasen der Diagnostik erreicht werden, z. B. kann über den Computer eine genauere Zeitsteuerung erfolgen als durch einen Versuchsleiter. Damit ist eine Erhöhung der Durchführungsobjektivität gewährleistet. Die maschinelle Ergebnisauswertung ist weniger fehleranfällig als die manuelle, was sich positiv auf die Auswertungsobjektivität und damit auch auf die Reliabilität der computergestützten Verfahren auswirken sollte.

Verglichen mit Papier-Bleistift Tests ermöglichen computerbasierten Verfahren zudem reichhaltigeres Stimulusmaterial (z. B. audiovisuelle Elemente, Videos), komplexere Interaktionsmöglichkeiten (z. B. Möglichkeiten zur Modifikation des Stimulusmaterials) und eine höhere Vielfalt an nutzbaren Daten (z. B. Antwortzeiten, Blickbewegungen, vgl. Abschn. 3.5). Werden diese spezifischen Merkmale optimal genutzt, haben sie das Potenzial, die Validität der Verfahren gegenüber ihrer konventionellen Version zu steigern.

Computerbasiertes Testen kann jedoch auch mit Nachteilen verbunden sein. So kommen ökonomischen Vorteile nicht immer zum Tragen, da ihnen zum Teil hohe Kosten gegenüberstehen. Die Erstellung computerbasierter (adaptiver) diagnostischer Verfahren kann z. B. mit hohem Entwicklungsaufwand einhergehen. Außerdem müssen, wenn die erforderliche technische Ausstattung z. B. an einer Schule nicht gegeben ist, Computer zur Erhebung bereitgestellt werden, bzw. spezielle Testlabore eingerichtet werden, in die man die Teilnehmer einlädt. Hinsichtlich der Testökonomie ist es somit keinesfalls durch den Einsatz von Technologien garantiert, dass es zu Kosteneinsparungen gegenüber dem Einsatz von Papier-Bleistift-Verfahren kommt. Gerade wenn es darum geht Verfahren einzusetzen, die auch ohne Technologieeinsatz zu realisieren wären, sei angeraten, Kosten und Nutzen beider Durchführungsvarianten gegenüber zu stellen.

Eine weitere Schwierigkeit beim computerbasierten Testen kann die *Äquivalenzproblematik* darstellen. Bei vielen computergestützten Tests, die derzeit genutzt werden, handelt es sich um beinahe direkte Übertragungen standardisierter Testverfahren, die zuvor bereits in einer Papier-Bleistift-Form vorlagen. In Äquivalenzuntersuchungen geht es um die Fragestellung, ob die Computerversion eines Papier-Bleistiftverfahrens zu vergleichbaren Ergebnissen führt wie ihre ursprüngliche Form. Um die Äquivalenz zu prüfen werden Korrelationen zwischen den beiden Testversionen gebildet und außerdem die Reliabilitäten, die Korrelationen mit externen Kriterien und gegebenenfalls die Faktorenstruktur verglichen. Zufriedenstellend sind z. B. hohe Korrelationen der beiden Testvarianten, die auf ihre Parallelität hindeuten. Enthält ein Test mehrere Unterskalen werden auch Korrelationen auf der Ebene dieser Subskalen untersucht. Insgesamt erbringen Studien zur Äquivalenz von Papier-Bleistift-Verfahren und den jeweiligen Computerversionen gemischte Ergebnisse, teilweise sogar für einzelne Untertests eines diagnostischen Verfahrens. Äquivalenzstudien zum Leistungsprüfsystem (Horn 1983) zeigen z. B., dass Personen bei verbalen Untertests besser abschnitten wenn sie die Papier-Bleistift-Version bearbeiteten als wenn ihnen die computergestützte Version des Tests vorlag (Kreuzpointner 2010). In allen anderen Subtests zeigte sich allerdings eine gegenläufige Tendenz.

Wichtig für die Äquivalenz von Tests in unterschiedlichen Modi erscheint, dass die verschiedenen Testvarianten hinsichtlich ihrer *Flexibilität* übereinstimmen (Bodmann und Robinson 2004). Das bedeutet, dass die Interaktionsmöglichkeiten, die die Teilnehmer mit dem Testmaterial haben (z. B. Antworten überspringen oder korrigieren, Zurückblättern, etc.) ähnlich sind.

Bei nichtzufriedenstellender Äquivalenz muss eine Normierung speziell für das computergestützte Verfahren erfolgen. Bei originär computerbasierten Verfahren erübrigt sich die Äquivalenzproblematik. Wie bei konventionellen diagnostischen Verfahren sollte eine umfassende Validierung und regelmäßige Normierung stattfinden.

## 2.2 Spezifische Vor- und Nachteile von Netzwerk- und Internetbasiertem Assessment

Beim *Netzwerkbasierten Assessment* werden Computernetzwerke zur Durchführung von Tests und Fragebögen genutzt. Während bei der Testvorgabe an Einzelcomputern die entsprechende Software meist auf der lokalen Festplatte gespeichert wird, erfolgt die Testadministration beim Netzwerkbasierten Testen von einem zentralen Server aus. Mehrere Personen können dabei parallel mit der gleichen Testsoftware arbeiten. Die Testauswertung wird selten auf den einzelnen Computern selbst durchgeführt, sondern die Daten aller Netzwerkcomputer werden auf einem zentralen Rechner zusammengeführt und ausgewertet. Weitere administrative Schritte werden ebenfalls von dort gesteuert.

Das *Internetbasierte Assessment* ist eine Spezialform des Netzwerkbasiertes Assessments, bei dem die Teilnehmer an einem mobilen oder stationären Endgerät arbeiten, das über einen Internetzugang und Webbrowser verfügt. Dabei ist zu beachten, dass manche Testverfahren bestimmte Browser zur Darstellung ihrer Inhalte erfordern. Von einem zentralen Server aus werden über das Internet Aufgaben vorgegeben, Antworten gespeichert, ausgewertet und bei Bedarf auch Ergebnisse an die Nutzer zurückgemeldet. Als Erhebungsmethoden werden Fragebögen, Leistungstests, Interviews, Gruppendiskussionen und Beobachtungen (über Webcam) genutzt. Einen Überblick über verschiedene Arten von internetbasierter Diagnostik geben z. B. Gnambs et al. (2011). Wenn Persönlichkeitsfragebögen oder Leistungstests den Teilnehmern internetbasiert vorgegeben werden, dienen diese meist dem Online Self Assessment (z. B. zur Berufswahlorientierung) oder es handelt sich um Screeningverfahren zur Vorauswahl geeigneter Bewerber für die Teilnahme an wissenschaftlichen Studien etc. Je nachdem welchem dieser Zwecke die Verfahren dienen, bleiben die Nutzer entweder vollkommen anonym oder sie sind dem Diagnostiker bekannt. Im Bildungskontext überwiegen derzeit Verfahren, die fragebogenbasiert Persönlichkeitsmerkmale und Interessen erfassen. Die Ergebnisse werden hinsichtlich der Eignung oder Passung zu Bildungsgängen oder Studienfächern interpretiert und den Teilnehmern entsprechend zurückgemeldet. Die Verfahren werden in der Regel im Rahmen von Self Assessments durchgeführt und dienen auch der Selbstselektion z. B. bei der Studienwahl. Selten werden neben weitverbreiteten informellen Verfahren auch standardisierte und normierte Intelligenz- und Leistungstests internetbasiert vorgegeben.

Neben den allgemeinen Vor- und Nachteilen Computerbasierten Assessments, wie sie in Abschn. 2.1 beschrieben wurden, haben netzwerk- und internetbasierte Assessments spezifische Merkmale, die einerseits zu deutlichen Vorteilen gegenüber anderen diagnostischen Settings führen, die andererseits aber auch kritisch betrachtet werden können.

Der Einsatz netzwerk- und internetbasierter Diagnostik kann in vielerlei Hinsicht mit ökonomischen Vorteilen verbunden sein. Personelle Kosten werden eingespart, wenn viele Personen gleichzeitig untersucht werden und dabei die Erhebung und Auswertung systemgesteuert, das heißt ohne Testleiter, erfolgt. Bei der internetbasierten Testadministration wird sogar ermöglicht, Personen am heimischen Computer, bei der Arbeit oder unterwegs (mithilfe mobiler Technik) zu testen. Es fallen dann keine Kosten für Testräume mit entsprechender technischer Ausstattung an. Außerdem sind kooperative und kompetitive Testszenarien leicht zu ermöglichen (z. B. *Online Peer Assessment*). Dabei bearbeiten zwei oder mehr Personen Aufgaben gemeinsam oder im Wettstreit. Durch Internetbasiertes Assessment können auch Teams zusammenarbeiten, die örtlich getrennt sind. Die Teilnehmer können dabei entweder synchron (gleichzeitig) oder asynchron (zeitversetzt) arbeiten. Ebenso werden Interviews (häufig mit Sichtkontakt) ermöglicht, ohne dass die Interviewpartner sich leibhaftig begegnen.

Auch für die Teilnehmer selbst bietet die internetbasierte Testvorgabe einige Vorteile. So müssen sie nicht anreisen, sondern nehmen in der Regel von zu Hause aus teil, wobei sie oft sogar die Untersuchungszeit selbst wählen können. Mithilfe von Logfile-Analysen (Zugriffsstatistiken) wird ermittelt, wann und wie oft die Teilnehmer den Test und einzelne Seiten des Untersuchungsmaterials aufgerufen haben.

Gegenüber der Versendung von Fragebögen per Post, hat sich gezeigt, dass internetbasierte Befragungen zu höheren Rücklaufquoten führen können (Wolgast et al. 2014). Die Autoren nennen als Gründe für dieses Ergebnis die starke Nutzung des Internets zu privaten Zwecken. Außerdem bestehe bei papierbasierten Fragebögen die Gefahr, dass sie zwar komplett ausgefüllt, danach aber verlorenen, vergessen oder verspätet abgegeben werden.

Internetbasiertes Assessment kann allerdings auch mit Problemen behaftet sein. Alle potenziellen Nachteile haben ihren Ursprung in der geringen Kontrollierbarkeit der Testsituation, wenn die Teilnahme im privaten Umfeld stattfindet bzw. wenn Teilnehmer und Testleiter räumlich getrennt sind. Bei der Vorgabe computer- oder netzwerkbasierter Tests an sogenannten Testzentren, beaufsichtigt qualifiziertes Personal die Testdurchführung. Möchte man jedoch den Vorteil des internetbasierten Testens optimal nutzen, um beispielsweise in kurzer Zeit einen Test zu validieren und an einer großen Stichprobe zu normieren, greift man aber in der Regel auf freiwillige Teilnehmer zurück, die den Test alleine am eigenen Computer absolvieren. Allerdings kann es hierbei zu hohen Abbruchquoten kommen (Preckel und Thiemann 2003). Die Selbstselektion und die resultierenden anfallenden Stichproben schränken die Verwertbarkeit der erhobenen Daten zudem deutlich ein (Gnambs et al. 2011).

Bearbeiten die Teilnehmer die Verfahren zu Hause, ist außerdem zu beachten, dass die dort vorherrschenden technischen Gegebenheiten kaum kontrollierbar und damit zwischen den Teilnehmern sehr unterschiedlich sein können. So können sich beispielsweise bestimmte Hardwarekomponenten deutlich auf die Exaktheit einer Reaktionszeitmessung auswirken (z. B. Computermaus, Prozessor). Problematisch sind in diesem Zusammenhang auch Updates anderer auf dem Gerät befindlicher Software, die vom Teilnehmer unbemerkt im Hintergrund ablaufen. Auch Downloadgeschwindigkeiten können infolge von Zugriffsschwankungen stark variieren, sodass der Testablauf zu Hauptverkehrszeiten gestört sein kann. Gnambs et al. (2011) nennen als weitere mögliche technische Einflussfaktoren Bildschirmtyp, -größe und -auflösung, Darstellung der Farben und Schriftgröße.

Andere nicht-technische Kontextgegebenheiten des heimischen Umfeldes können ebenfalls zu Verzerrungen der Testergebnisse führen. Anwesende Personen könnten den Teilnehmern helfen, sie beraten oder beeinflussen. Bei Leistungstests könnten auch unerlaubte Hilfsmaterialien (z. B. Taschenrechner, Bücher) benutzt werden. Zudem kann das private Umfeld ablenkend wirken, wenn andere Personen die Teilnehmer ansprechen oder die Nutzer nebenbei Musik hören oder fernsehen.

Ein weiteres Problem der internetbasierten Testung besteht in der Authentifizierung der Teilnehmer. Auch wenn registrierte Teilnehmer mit Benutzernamen und Passwort teilnehmen, kann ihre Identität oft nicht eindeutig verifiziert werden. Kontrolle erlauben hier biometrische Verfahren zur Personenidentifikation, die es ermöglichen, Personen auf der Grundlage individueller Körpermerkmale zu erkennen. Bisher sind erst wenige Verfahren so gängig, dass sie auch im privaten Setting verfügbar wären (z. B. Fingerprintsensoren). Verschiedene Verfahren, wie z. B. die automatische Gesichtserkennung oder Irisscans werden in anderen Kontexten bereits häufig angewendet, um nur ausgewählten Personen Zugang zu Rechnern oder

Räumlichkeiten zu gewähren. Aufgrund des enormen Aufschwungs, den biometrische Personenidentifikationstechnologien derzeit auch zur privaten Nutzung erfahren (z. B. Mobiltelefone mit Fingerabdrucksensor oder entsprechender Anwendungssoftware), ist es wahrscheinlich, dass in Zukunft auch bei der internetbasierten Diagnostik davon Gebrauch gemacht wird.

Zu einem Großteil sind die Schwierigkeiten, die mit dem unkontrollierbaren Setting der internetbasierten Diagnostik einhergehen, für papierbasierte Fragebögen, die den Teilnehmer/innen mitgegeben oder zugeschickt werden, ebenso relevant. Kontrollaspekte erlangen insbesondere bei der Leistungsmessung Bedeutung und wenn die Ergebnisse weiterverwendet werden sollen. Daher kann bei internetbasierter Diagnostik angeraten werden, die Probanden offen bzgl. der Schwierigkeiten zu informieren, wenn möglich Commitment der Teilnehmer zu erzeugen und wenn notwendig, ein Höchstmaß an Kontrolle zu gewährleisten (z. B. durch Testleiter, Beobachtung oder biometrische Personenidentifikation). Durch vollständig kontrollierte Testbedingungen wird eine hochstandardisierte Testvorgabe auch bei internetbasiertem Testen ermöglicht. Allerdings ist zu beachten, dass gleichzeitig auch die meisten Vorteile ökonomischer Art unwirksam werden.

## 3 Technologiebasiertes Assessment: Anwendung und Innovationspotenzial

### 3.1 Internationale Richtlinien für computerbasiertes und internetbasiertes Testen

Die starke Weiterentwicklung und steigende Popularität technologiebasierten Assessments und insbesondere der verstärkte Einsatz internetbasierter Verfahren hat dazu geführt, dass die International Test Commission im Jahre 2006 eine Zusammenstellung spezifischer Richtlinien veröffentlicht hat (dt. Fassung 2012), die eine Sicherung der Qualität technologiegestützten Testens in der professionellen Praxis gewährleisten sollen. Dabei wurden die bestehenden *Internationalen Richtlinien für Testanwendung* um die spezifischen Anforderungen, die an Assessments gestellt werden, die computer- und internetbasiert erfolgen, ergänzt. Insbesondere sollten dabei Standards entwickelt werden, die sich auf die Testvorgabe, die Sicherheit von Teilnehmerdaten und Testergebnissen sowie auf die Kontrolle des Testverlaufs beziehen.

Die erarbeiteten Richtlinien werden für vier Themenbereiche getrennt dargestellt: Technologie, Qualität, Kontrolle und Sicherheit. Der Aspekt Technologie beinhaltet dabei Richtlinien, die sich z. B. auf die Beachtung der speziellen Hard- und Softwareanforderungen eines Testverfahrens beziehen. Unter Qualität des Verfahrens werden z. B. Aspekte der psychometrischen Güte und ggf. die Äquivalenz zu entsprechenden Papier-Bleistift-Versionen angesprochen. Kontrolle bezieht sich auf Maßnahmen zur Standardisierung der Testbedingungen. Der Aspekt Sicherheit schließt sowohl den Datenschutz als auch den Schutz der Testmaterialien ein. Für alle Unterpunkte werden differenzierte Richtlinien mit konkreten Beispielen formuliert, die wiederum nach drei Zielgruppen untergliedert werden: Testentwickler, Testverlage und Testanwender.

Es wird zudem dargestellt, dass die Richtlinien in ihrer Gesamtheit insbesondere für High Stakes Testen (wenn wichtige Entscheidungen durch Dritte aufgrund eines Testergebnisses getroffen werden, z. B. Eignungsauswahl) gelten; einige der Richtlinien sind ebenfalls relevant für Low Stakes Kontexte (Testteilnehmer nutzt Rückmeldungen über Testergebnis nur für sich selbst, z. B. Tests zur Berufs- oder Studienberatung). Für ein konkretes Testvorhaben sollten die internationalen Richtlinien überdies gemäß lokalen Bedingungen (z. B. rechtlichen Vorgaben) modifiziert werden.

### 3.2 Computerisiertes Adaptives Testen

Das *Computerisierte Adaptive Testen* (CAT) ist eines der ältesten Verfahren der Leistungsdiagnostik, bei dem Computer genutzt werden (Wainer 2000).

Allgemein wird bei adaptivem Testen die Darbietung der Testitems an die Fähigkeit des jeweiligen Teilnehmers angepasst. Die Idee adaptiver Tests basiert auf frühen Vertretern der adaptiven Teststrategie im Bereich der pädagogischen Diagnostik – den *sequenziellen Tests* (z. B. Sixtl 1978). Sequenzielle Testverfahren wurden bei kriteriumsorientierten bzw. lehrzielorientierten Testverfahren eingesetzt, bei denen das Ziel einer Testung darin bestand, die Teilnehmer als Könner oder Nicht-Könner zu klassifizieren. Die Voraussetzungen für sequenzielles Testen sind, dass 1. das gesamte Stoffgebiet durch eine endliche Menge an Items dargestellt werden kann und, dass 2. der Anteil gelöster Items an dargebotenen Items ein valider Indikator für die Beherrschung des Stoffgebietes ist. Ziel ist, dass der Test genau dann abgebrochen wird, sobald (mit einer zuvor festgelegten Irrtumswahrscheinlichkeit) eindeutig angenommen werden kann, dass es sich bei dem Prüfling um einen Könner oder einen Nicht-Könner bezüglich des Stoffgebietes handelt. Im Gegensatz zu Verfahren mit festgelegter Itemzahl (*fixed item tests*, FIT), ist die Anzahl der Fragen weder für alle Teilnehmer gleich, noch im Vorhinein bestimmbar, sondern hängt vom individuellen Testverhalten ab. Nach der Bearbeitung jeder Frage wird anhand der bisherigen Testlänge und dem Likelihoodquotienten (Wahrscheinlichkeit des beobachteten Treffer-Fehler-Verhältnisses wenn Teilnehmer in Wirklichkeit ein Könner ist/Wahrscheinlichkeit des beobachteten Treffer-Fehler-Verhältnisses wenn Teilnehmer in Wirklichkeit ein Nicht-Könner ist) entschieden, ob die Prüfung mit Sicherheit bestanden ist, nicht bestanden ist, oder mindestens eine weitere Frage dargeboten werden muss.

Statt die Teilnehmer lediglich zwei Leistungskategorien zuzuordnen, soll mithilfe von CAT in der Regel die Fähigkeit der Teilnehmer sehr genau bestimmt werden. Dabei wird angestrebt, jedem möglichst wenige Aufgaben zuzuteilen, deren Schwierigkeit sein oder ihr tatsächliches Leistungsniveau deutlich unter- oder überschreitet. Dadurch wird auf der einen Seite vermieden, dass Frustration durch zu schwierige bzw. Langeweile durch zu einfache Aufgaben entsteht. Auf der anderen Seite ist adaptives Testen auch aus testökonomischer Sicht von Vorteil, da eine vergleichsweise geringe Anzahl an Testitems vorgegeben werden kann, wobei hohe Messgenauigkeit dennoch gewährleistet ist. Die Anwendung von CAT statt FIT führt im Durchschnitt zu einer Reduktion der Anzahl dargebotener Items um die Hälfte, bei gleichbleibender Reliabilität (Frey und Seitz 2009; Weiss und Kingsbury 1984). Beim adaptiven Testen wird in der Regel nach jeder Aufgabe oder nach einer bestimmten Anzahl an Aufgaben immer wieder geschätzt, wie hoch die Merkmalsausprägung ist. Entsprechend dieser Schätzung wird eine nächste Aufgabe ausgewählt, die in ihrer Schwierigkeit der Fähigkeit des Teilnehmers in etwa entsprechen sollte. Somit wird gewährleistet, dass die Person nur solche Aufgaben erhält, die hinsichtlich der Merkmalsschätzung noch informativ sind. Der Testwert nähert sich damit dem wahren Wert immer weiter an. Dieses Verfahren ermöglicht, die Fähigkeitsmessung sehr fein abgestuft vorzunehmen. Als Messmodelle liegen IRT-(Item-Response-Theorie) Modelle vor. Somit sind die Testleistungen der Teilnehmer vergleichbar, auch wenn Items unterschiedlicher Schwierigkeit bearbeitet wurden.

Eine schnelle Auswertung, Schätzung der Merkmalsausprägung und Zuteilung informativer Aufgaben aus einem i. d. R. sehr großen Aufgabenpool erfordert gewissermaßen den Einsatz von Computern. Adaptive Testmethoden, die auf den Einsatz von Computern verzichten, werden sehr selten genutzt und beruhen statt auf individuellen Merkmalsschätzungen auf der Vorgabe von starren Itemsets die aufgrund von manuellen Zwischenauswertung ausgewählt werden.

### 3.3 Large Scale Assessment

TBA bietet diverse ökonomische Vorteile konventionellen diagnostischen Verfahren gegenüber. Da die Entwicklung solcher Verfahren allerdings auch mit hohen Kosten verbunden sein kann, lohnt sich ihre Implementierung besonders bei Testungen an großen Teilnehmergruppen und wenn wiederholte Testungen mit dem Instrument geplant sind. Ein vielversprechender Anwendungskontext von TBA sind daher Large Scale Assessments. Daher wurde eine der bedeutendsten international vergleichenden Schulleistungsstudien – die PISA (*P*rogramme for *I*nternational *S*tudent *A*ssessment)-Studie – für die Testung im Jahre 2015 auf das Testmedium Computer umgestellt. Dazu wurden verschiedene schulbezogene Kompetenzen (Lese-, Mathematik und naturwissenschaftliche Kompetenzen, sowie kollaboratives Problemlösen als eine zentrale Kompetenz) 15-jähriger Schülerinnen und Schüler an einer repräsentativen Auswahl von Schulen der teilnehmenden Staaten erfasst. Die notwendige Software sollte von USB-Sticks auf die in den Schulen vorhandenen Computer übertragen werden. Alle Teilnehmer erhielten Log-in-Daten, mit denen sie die Testvorgabe beginnen konnten. Laut Köller (2016) versprach man sich zunächst von einer Umstellung vom konventionellen Format auf computerbasiertes Assessment verschiedene Vorteile. So ermöglichte das neue Testmedium die Implementierung neuartiger Aufgabenformate, die die Erfassung komplexer Fähigkeiten gewährleisten sollten (z. B. Problemlöseaufgaben, die im virtuellen Team bearbeitet werden). Allerdings wurde in der Realität bisher doch weitgehend auf solche neuartigen Formate verzichtet. Auch adaptives Testen, durch das die Effizienz gesteigert werden sollte, kam 2015 noch nicht zum Einsatz. Automatisch aufgezeichnete Protokolldaten (Logfiles) könnten außerdem Einsicht in die individuellen Abläufe der Testung gewähren (z. B. Bearbeitungszeiten einzelner Aufgaben). Inwiefern diese Möglichkeit letztendlich genutzt wird ist im gegenwärtigen Auswertungsstadium der Studie noch ungewiss.

Der ökonomische Vorteil, dass Daten aus den Testheften nicht mehr für die Auswertung per Hand eingegeben oder gescannt werden müssen ist bei derart umfangreichen Erhebungen natürlich zentral.

Zuletzt hat man auch erwartet, dass sich der Computer als Testmedium motivational förderlich auf die Leistungsbereitschaft auswirkt.

In Deutschland zumindest hat es sich als Hemmnis erwiesen, dass hinreichende Quantität und Qualität der Testhardware nicht an allen Schulen gegeben war. Die notwendige Anschaffung von Notebooks zur Testung kann die erwarteten ökonomischen Vorteile eingeschränkt haben. Ein weiteres Problem war zuweilen die Inkompatibilität von Testsoftware und vorhandener Hard- und Software.

Die Ergebnisse der PISA-Untersuchung werden unter anderem auch hinsichtlich zeitlicher Veränderungen untersucht. Als Risiko der Computertestung formuliert Köller in diesem Zusammenhang, dass mögliche Leistungsunterschiede zwischen PISA-2015 und früheren PISA-Untersuchungen durch den Wechsel auf Computertestung (mit)bedingt sein könnten. Diese Gefahr der Konfundierung schätzt Köller allerdings als eher gering ein.

### 3.4 Ambulantes Assessment

Mobile Technologien kommen beim *Ambulanten Assessment* zum Einsatz. Unter diesem Begriff verstehen Fahrenberg et al. (2007) „Die Verwendung spezieller feldtauglicher, heute meist elektronischer Geräte und computer-unterstützter Erhebungsmethoden, um Selbstberichtdaten, Verhaltensbeobachtungsdaten, psychometrische Verhaltensmaße, physiologische Messwerte, sowie situative und Setting-Bedingungen im Alltag der Untersuchten zu erfassen" (S. 13).

Um objektive Verhaltensdaten zu erfassen, kommen dabei oft sogenannte *Wearables* (wearable technologies) zum Einsatz. Dazu gehören z. B. Pulsarmbänder, Brust- oder Knöchelbänder, Smartwatches und Datenbrillen. Elektronische Fragebögen, Tests und Tagebücher können über mobile Endgeräte wie Smartphones, Handheld Computer (PDA) oder Tablets bearbeitet werden.

Die Datenerfassung und -auswertung kann kontinuierlich oder stichprobenartig erfolgen. Randomisier- und Kontrollierbarkeit werden oft als Schwachpunkte von Feldstudien aufgefasst. Mithilfe spezieller Assessmentstrategien und Untersuchungsplänen für Ambulantes Assessment kann laut Fahrenberg et al. (2007) die Problematik der internen Validität solcher Studien teilweise behoben werden kann.

Motiviert wird diese Art des Assessments vor allem durch die fragliche Generalisierbarkeit von Ergebnissen aus der Labordiagnostik. Eine deutliche Steigerung der ökologischen Validität von Assessments kann durch ihre Vorgabe im Feld, also in Alltagssituationen, erreicht werden. Felduntersuchungen stellen derzeit aufgrund des hohen Aufwandes was Material und Personal anbelangt eine Seltenheit in der psychologischen Forschung dar. Die bereits genannten Vorteile technologiebasierten Testens ermöglichen hier deutliche Einsparungen.

Einerseits können technologiebasierte Assessments Verbalauskünfte z. B. mittels computerbasierter Fragebögen und elektronischer Tagebücher erfassen aber Ambulantes Assessment ermöglicht es auch echte Verhaltensdaten im Feld zu sammeln, die anders als Verbalauskünfte, nicht von subjektiven Einschätzungen der Teilnehmer über ihr eigenes Verhalten verzerrt sind. Kanning et al. (2012) nutzten in ihrer Studie Ambulantes Assessment um Verbalauskünfte zur affektiven Befindlichkeit (Einträge in ein elektronisches Tagebuch) und Verhaltensmaße zur körperlichen Aktivität in Beziehung zu bringen.

In der Medizin und insbesondere in der Rehabilitationswissenschaft (*Ambulantes Monitoring*) gehört es seit langem zu den gängigen diagnostischen Verfahren, den Patienten tragbare Geräte mit integriertem Speicher zur Erhebung von Körperfunktionsdaten (z. B. Langzeit-EKG, Blutdruck-Monitoring) im Alltag zu überlassen. Zunehmend machen auch gesunde Menschen privat von Ambulantem Assessment Gebrauch (z. B. Mobile Apps; Smart Watches) und erhalten so Feedback z. B. bezüglich ihrer körperlichen Aktivität (z. B. Schritt- und Kilometerzähler), ihres Schlafrhythmus, ihrer Trainingsaktivitäten und Körperfunktionen.

Sogenannte *Naturalistic Driving Studies* verbinden Ambulantes Assessment mit Large-scale Assessment. Dabei interagieren nicht (nur) die Teilnehmer selbst mit Erhebungstechnik, sondern auch die Fahrzeuge, mit denen Sie sich im Alltag bewegen. In der Regel wird eine große Anzahl an privaten Fahrzeugen oder eine Flotte von Studienfahrzeugen mit technischen Geräten ausgestattet, die kontinuierlich und möglichst unauffällig Daten bei alltäglichen Autofahrten erfassen. Bis zu acht Kameras werden in den Fahrzeugen verbaut, die unter anderem auch auf Fahrer und Mitfahrer gerichtet sein können. Die Studie UDRIVE (European naturalistic Driving and Riding for Infrastructure & Vehicle Safety and Environment) hat z. B. zum Ziel, zu erfassen, wie sich europäische Verkehrsteilnehmer (Auto-, LKW- und Motorradfahrer) im Realverkehr verhalten und diese Daten hinsichtlich Fragestellungen zu Risikofaktoren im Verkehr sowie Bedingungen umweltschonenden Fahrens auszuwerten (Barnard et al. 2016). Hierzu werden Bewegungsdaten des Fahrzeuges (Bremsen, Beschleunigen, Geschwindigkeit und Spurhalten), Verhaltensdaten des Fahrzeugführers (Augen- und Kopfbewegungen, Gestik) und Umgebungsdaten (z. B. Verkehrsdichte, Wetter) aufgenommen. Die Datenaufzeichnung für dieses Forschungsprojekt erstreckt sich in Deutschland z. B. über 15 Monate. Im Abstand von wenigen Monaten werden die Datenträger im Fahrzeug ausgetauscht und bisher erhobene Daten stehen zur Analyse zur Verfügung

Während bei Naturalistic Driving Studies die Datenauswertung weitestgehend rückblickend erfolgt, analysieren neuartige Fahrassistenzsysteme verschiedene Fahrerdaten online. So zeichnen kamerabasierte Eye-Tracking-Systeme den Grad der Augenöffnung sowie Lidschluss- und Pupillendaten auf. Die Daten werden sofort ausgewertet, sodass eine frühzeitige Warnung des Fahrers bei Anzeichen auf Müdigkeit erfolgen kann.

Trotz seines Potenzials wird Ambulantes Assessment mithilfe von Technologien in der Psychologie noch eher selten genutzt. Fragebogen- und Booklet-Methoden überwiegen noch bei der Erfassung von Feldverhaltensdaten, die oft auf subjektive Einschätzungen begrenzt sind. Eine Ausnahme im Bildungskontext bildet die Erfassung und Interpretation von Daten zum Lernverhalten und zu Lernfortschritten, die als *Learning Analytics* bezeichnet wird. Dabei wird einer großen Anzahl von Lernenden z. B. allen Schülern einer Schulklasse) Lernmaterial auf tragbaren Endgeräten zur Verfügung gestellt, das zur Vor- und Nachbereitung des Unterrichts aber auch während des Unterrichts genutzt werden kann. Insbesondere Daten über das Nutzungsverhalten wie z. B. Nutzungszeiten und -dauern werden dabei erfasst.

## 3.5 Multimedia Stimulusmaterial und Interaktives Assessment

Großes innovatives Potenzial bietet der Technologieeinsatz in der Diagnostik durch die Möglichkeit neuartige Aufgabenformate zu kreieren und einzusetzen, die weit über das hinausgehen, was herkömmlichen Verfahren zulassen. So erlauben computerbasierte Testverfahren einerseits die Integration innovativer Darstellungsformen wie z. B. audiovisuellen Materials und andererseits auch komplexe Interaktionsmöglichkeiten zwischen Benutzer und Computer. Auch wenn innovative Aufgabenformate möglich sind, ist es nicht trivial solche zu konstruieren. Generelle Prinzipien zur Test- und Aufgabengestaltung betreffen z. B. die Formulierung von Fragen, die Auswahl geeigneter Antwortformate und die Auswahl und Sequenzierung der Items zur Zusammenstellung des Gesamttests. Diese generellen Hinweise können zwar auch hilfreich bei der Konzeption von Computertests sein, allerdings liegen derzeit noch keine expliziten, empirisch überprüften Prinzipien für die Gestaltung technologiebasierter Aufgaben vor. Dies birgt die Gefahr, dass Testdesigner dazu verleitet werden, aufgrund der Vielzahl an Mitteln, die ihnen dank neuer Technologien zur Verfügung stehen, allerhand raffinierte Features zu verwenden. Vernachlässigt wird dabei, dass sich die Wahl von Darstellungsformen und Interaktionsmöglichkeiten auf Verarbeitungsprozesse und auch auf Aspekte der Testreliabilität und -validität auswirken kann.

Auf der einen Seite können computerbasierte Testaufgaben reichhaltige Darstellungsformen enthalten, die mithilfe konventioneller Papier-Bleistift-Diagnostik nicht realisierbar wären. Dazu gehören insbesondere Audiomaterialien und dynamische Visualisierungen wie Videoaufnahmen oder Animationen. Diese werden zumeist in den Aufgabenstamm bzw. Stimulusteil eines Items und seltener auch in den Antwortteil einer Aufgabe integriert. Reichhaltige Darstellungsformen können dazu führen, dass das Testmaterial ansprechender und somit motivierender für die Teilnehmer wird. Zudem haben sie das Potenzial die Inhaltsvalidität eines Tests zu steigern, wenn wesentliche Aspekte des zu messenden Konstruktes durch bewegte Bilder oder Ton besser dargestellt werden können als ohne diese Darbietungsformen.

Nicht zu vernachlässigen ist außerdem, dass sich die Art und Kombination verschiedener Elemente von Multimediamaterial auf die kognitive Verarbeitung auswirken kann. Für das Multimedialernen liegen bereits zahlreiche theoretisch und empirisch gut abgesicherte Gestaltungsprinzipien vor, die vor Allem auf dem Prinzip beruhen, das in seiner Kapazität begrenzte Arbeitsgedächtnis zu entlasten. So zeigt sich z. B., dass audiovisuelles Material oft leichter zu verarbeiten ist und somit effizienter zum Lernen genutzt werden kann als rein visuelles Lernmaterial (*Modalitätseffekt*, Mousavi et al. 1995). Kirschner et al. (2017) stellen allerdings dar, dass sich Gestaltungsprinzipien, die für das Multimedia*lernen* entwickelt wurden, nicht unbedingt direkt auf das *Testen* mit Multimediamaterial übertragen lassen. Diese Ansicht begründen die Autoren damit, dass das Ziel von Assessments nicht darin besteht, alle Teilnehmer bestmöglich zu entlasten. Vielmehr sollte durch die Gestaltung des Testmaterials begünstigt werden, dass die Testwerte von Personen mit hoher Merkmalsausprägung sich deutlich von denen der Personen mit niedriger Merkmalsausprägung unterscheiden. Gegen eine unreflektierte Anwendung vorhandener Gestaltungsrichtlinien auf die Leistungsmessung spricht der Befund, dass überwiegend Lerner mit geringer Expertise von den Gestaltungsprinzipien des Multimedialernens profitieren. Bei Lernern mit hoher Expertise kann mitunter sogar ein gegenteiliger Effekt beobachtet werden (*expertise reversal effect*; Kalyuga et al. 2003). Kirschner et al. (2017) schlagen daher vor, eine eigene Theorie für Multimedia Assessment (*Cognitive Theory of Multimedia Assessment, CTMMA*) zu entwickeln und stellen einigen Gestaltungsprinzipien für multimediales Lernen entsprechende Prinzipien für die Gestaltung von Testmaterial gegenüber. Diese Prinzipien besagen, dass verschiedene Merkmale des Testmaterials (z. B. Kohärenz, Segmentierung, Redundanz) so gewählt werden sollten, dass authentische Anforderungen an die Informationsverarbeitung – ähnlich denen bei realen Problemstellungen – entstehen. So kann es z. B. sinnvoll sein, Lerner zu entlasten, indem man ihnen ein Video über einen dynamischen Prozess zunächst in sinnvollen Abschnitten segmentiert präsentiert. Zur Leistungsmessung sollte der Prozess hingegen so dargestellt werden, wie er in der Realität abläuft, ganzheitlich und kontinuierlich. Eine empirische Überprüfung der einzelnen Gestaltungprinzipien zum Multimedia Assessment steht allerdings noch aus.

Mithilfe von Technologien können beim Testen aber nicht nur komplexere und reichhaltigere Darstellungsformen verwendet werden, sondern gleiche Inhalte können auch in mehr als einer Darstellungsform präsentiert werden (z. B. als Text, Grafik und Video). Während konventionelle Verfahren hier eingeschränkt sind, was die Menge und Art der Darstellungsformen angeht, die einen Sachverhalt repräsentieren, ermöglicht die Nutzung von Technologien es, dass die Teilnehmer sich z. B. Repräsentationen selbst aussuchen, die sie nutzen möchten, um eine Aufgabe zu lösen. Seit kurzem beschäftigt sich auch die Forschung mit dem Einfluss multipler Repräsentationen von Testinhalten. In diesem Zusammenhang verwendete Ainsworth (2014) erstmals den Begriff *Multirepresentational Assessment*. Die Autorin stellte dar, dass die Vorteile multipler Repräsentationen beim Lernen eingehend erforscht werden und in der Praxis häufig Anwendung finden. Im Gegenzug dazu werden multiple Repräsentationen beim Testen eher selten genutzt. Laut Ainsworth (2014) unterschätzt man aber den Nutzen multipler Repräsentationen beim Lernen und auch dadurch erworbene Kompetenzen des Lerners, wenn man sich beim Testen des Lernerfolgs nur auf eine einzige Repräsentation (z. B. rein textbasierten

Aufgaben) begrenzt. Zudem ist auch der Umgang mit multiplen Repräsentationen (d. h. jede einzeln zu verstehen, sie zu integrieren, zu manipulieren und selbst erstellen zu können) als eine eigene Kompetenz (*representational competence*) zu verstehen (vgl. z. B. Kozma und Russel 2005). Diese Kompetenz wird in vielen Domänen (z. B. in Naturwissenschaften) als essenziell für erfolgreiches Problemlösen angesehen. Daher ist hier der Einsatz von multiplen Repräsentationen beim Assessment von besonderer Relevanz.

Neben zahlreichen Variationen bei der Darbietung des Testmaterials, eröffnet der Einsatz Technologiebasierten Assessments auch die Möglichkeit offene Antworten objektiv zu bewerten und auch innovative Aufgabenformate zu kreieren. Computerbasierte Aufgaben sind in der Regel so gestaltet, dass neben der Vorgabe auch die Auswertung computerbasiert erfolgen kann, was auch ein direktes automatisches Feedback ermöglicht. Was die verwendeten Antwortformate betrifft, scheinen aktuell noch die geschlossenen Antwortformate und insbesondere konventionelle Multiple Choice (MC) Aufgaben zu überwiegen. Viele davon könnten aber auch problemlos als Papier-Bleistift-Version umgesetzt werden. Somit stellt dabei lediglich die vereinfachte Datenerfassung und -auswertung einen Vorteil einer computerbasierten MC-Aufgabe dar.

Eine Möglichkeit durch den Einsatz von Computern auch die Auswertung offener Antwortformate zu unterstützen, besteht in der automatischen Bewertung (*automated scoring* oder *automated grading*) von Essays. Textanalysen zur automatischen Bewertung von Aufsätzen beruhen zumeist auf Latenter Semantischer Analyse (*Latent Semantic Analysis*, LSA), die auch z. B. als Grundlage intelligenter Suchmaschinen eingesetzt wird. Bei der LSA wird Textmaterial in großem Umfang statistisch analysiert, wobei vieldimensionale sogenannte semantische Räume generiert werden (z. B. Foltz et al. 1999). Begriffe und Textausschnitte sind in diesen semantischen Räumen als Vektoren repräsentiert. Der Kosinus des gemeinsamen Winkels zweier Begriffsvektoren in einem semantischen Raum kann dabei als ein Maß für die inhaltliche Ähnlichkeit der beiden Begriffe genutzt werden. Auf diesen Ähnlichkeitsmessungen beruht die automatische Bewertung von Aufsätzen z. B. beim Intelligent Essay Assessor (Foltz et al. 1999). Dieses Programm wird dazu zunächst mithilfe von LSA an relevanten Fachtexten trainiert. Auf der Grundlage der LSA können Schüleraufsätze dann mit einem oder mehreren Musteraufsätzen verglichen und – anhand ihrer inhaltlichen Ähnlichkeit mit dem Ideal – bewertet werden. Hervorzuheben ist dabei, dass eine hohe gemessene Ähnlichkeit zweier Aufsätze nicht unbedingt eine identische Wortwahl erfordert, da die Vektoren von Synonymen einen besonders geringen Zwischenwinkel aufweisen sollten; vorausgesetzt natürlich, das Programm wurde mit hinreichend großen Textmengen trainiert.

Neue Technologien ermöglichen zudem durch die Vorgabe innovativer Aufgabenformate die ökologische Validität eines Tests – also die Lebensnähe der Testanforderungen – bedeutend gegenüber herkömmlichen Papier-Bleistift-Verfahren zu steigern. Dies kann insbesondere durch Interaktionsmöglichkeiten zwischen Teilnehmer und System realisiert werden. Scalise und Gifford (2006) sehen das Potenzial technologiegestützter Aufgabenformate insbesondere darin, dass Aufgaben entwickelt werden können, die einerseits standardisiert genug sind, um eine objektive und effiziente Auswertung zu ermöglichen aber andererseits auch im Sinne der ökologischen Validität das Kriterium gut repräsentieren. Dazu kommt die allgemeine Forderung, dass Assessments sowohl in komplexen Domänen als auch im Schulkontext nicht mehr eng und unflexibel sein sollten, sondern reichhaltiger und näher an Lern- und Lebenserfahrungen. In diesem Zusammenhang tauchen Begriffe wie *Performance Assessment* und *Authentic Assessment* auf (Palm 2008). Diese Ansätze basieren auf der Annahme, dass Testaufgaben deutlich am Lernkriterium ausgerichtet sein sollen. Die Aufgaben sollen nicht mehr nur erfassen können, *ob* eine Aufgabe erfolgreich gelöst wurde, sondern auch *wie* sie gelöst wurde. So liefert beispielsweise die Erfassung von Reaktionszeiten, Blickbewegungen, Interaktionen mit den Medien (z. B. Anzahl an Zugriffen auf Videos) etc. reichhaltige Daten über die Benutzer, die wichtige Verhaltensmaße für die Kompetenzmessung darstellen können. Hierbei sind Überlegungen dazu essenziell, in welcher Art die Testsoftware interaktionsbasierte Daten aufnehmen und verarbeiten sollte.

Scalise und Gifford (2006) kritisieren explizit die Validität von geschlossenen Antwortformaten wie MC und alternative (teil-)offene Formate werden favorisiert. Die Autoren betonen in diesem Zusammenhang den Nutzen von sogenannten *Intermediate Constraint*-Aufgaben. Diese zeichnen sich vor allem durch Interaktivität aus. Statt lediglich Antworten auswählen zu lassen, erlaubt man den Teilnehmern z. B. Grafiken anzupassen oder grafische Elemente oder Begriffe an passende Stellen zu ziehen (*drag and drop*). Abb. 2 stellt ein Beispiel für eine Intermediate Constraint-Aufgabe dar.

Von offenen Aufgabenformaten (z. B. Essayaufgaben) unterscheiden sich Intermediate Constraint-Aufgaben dadurch, dass der Aktionsspielraum durch das Testprogramm limitiert wird, was die Auswertung und die Feedbackvergabe erleichtert. Scalise und Gifford (2006) stellen eine Vielzahl von Beispielen computerbasierter Itemformate vor und ordnen sie in eine Taxonomie mit den Dimensionen Antwortrestriktion (*constraint*: fully selected bis fully constructed) und Komplexität (*complexity*: less complex bis more complex) ein. Die Autoren geben aber zu bedenken, dass je freier und komplexer die Antwortformate sind, desto eingeschränkter sind die Möglichkeiten einer validen automatischen Auswertung. Deshalb sollte man interaktive Elemente im Assessment nur dort einsetzen, wo durch sie ein deutlicher Zuwachs an Validität des Verfahrens zu erwarten ist.

Laut Saul (2015) wird dies am besten durch Simulationen erreicht, die komplexe und zugleich bedeutsame Interaktivität gewährleisten. Simulationen sind interaktive, oft immersive Programme, die es ermöglichen, wirklichkeitsnahe Erfahrungen zu machen. Sie werden in Lernkontexten, zur Unterhaltung aber auch in zunehmendem Maße zur Kompetenzerfassung genutzt. Gerade in komplexen Domänen scheint die ökologische Validität eines Testverfahrens – also die Ähnlichkeit von Testanforderungen und den typischen Anforderungen in der entsprechenden Domäne – in einem direkten Zusammenhang mit der kriteriumsbasierten Validität des Assessments zu stehen. Hodges et al. (2007) berichten in diesem Kontext, dass steigende ökologische Validität von Assessments im Sport (durch Technologieeinsatz ermöglicht) Experten-Novizen-Unterschiede vergrößert. Simulationen sind besonders geeignet, ökologisch valide Testsituationen zu kreieren, da sowohl lebensnahes Stimulusma-

Technologiegestütztes Assessment, Online Assessment

**Abb. 2** Beispiel für eine Intermediate Constraint-Aufgabe

terial (durch Animation, Dynamik, Audio, 3D) als auch Interaktionsmöglichkeiten geboten werden, die dem natürlichen Verhalten ähneln.

Gegenüber der Beobachtung von Verhalten im Feld als Assessmentmethode haben Computersimulationen eine Vielzahl von Vorteilen. Erstens kann eine standardisierte Vorgabe bestimmter Anforderungen und Situationen erfolgen. Zweitens besteht die Möglichkeit der exakten Wiederholung von Testbedingungen und Aufgaben, sowie der gezielte Variation einzelner Simulationsparameter. Drittens kann auch Verhalten in sehr seltenen bzw. schwer zugänglichen oder nur mit großem finanziellen Aufwand zu realisierenden Situationen überprüft werden. Viertens bieten Simulationen ein sicheres Umfeld zum Abprüfen von Szenarien, in denen Fehler fatale Konsequenzen hätten.

Simulationen werden häufig in Lernkontexten eingesetzt, so im Naturwissenschaftsunterricht z. B. zur Simulation chemischer Experimente, in der Medizin bei der Facharztausbildung und beim Piloten- und Fluglotsentraining. Aufgrund ihrer zahlreichen Vorteile werden Simulationen auch zum Assessment genutzt. Ein klassisches Beispiel ist Dörners Lohhausen-Simulation zur Messung der komplexen Problemlösefähigkeit (Dörner et al. 1983). Die Teilnehmer der Studie sollten als Bürgermeister eine fiktive Kommune (Lohhausen) über zehn (simulierte) Jahre hinweg leiten. Dabei traten komplexe und vernetzte Probleme auf, die die Teilnehmer durch Anpassung einer Vielzahl unterschiedlicher Parameter lösen sollten. Ein Beispiel für ein simulationsbasiertes Testverfahren zur beruflichen Problemlösefähigkeit stammt aus dem Bereich der KFZ-Mechatronik (Gschwendtner et al. 2009). Mithilfe einer Computersimulation wird die Kfz-Fehlerdiagnosekompetenz gemessen. Dabei wird zunächst eine Problemstellung vorgegeben und wie bei der realen Kfz-Fehlerdiagnostik sind zur Lösung Sichtkontrollen und eine Vielzahl von Messungen am simulierten Fahrzeug möglich, die korrekt durchgeführt und interpretiert werden müssen.

Ein Höchstmaß an Interaktivität, Immersivität und ökologischer Validität bieten Assessments, die Virtual Reality (VR) Simulationen beinhalten. So wird z. B. an der Universität des Saarlandes eine 3D-Video-Brille (Oculus Rift) bei der simulatorbasierten Messung der Gefahrenwahrnehmung im Straßenverkehr eingesetzt (siehe Abb. 3). Während die Teilnehmer mithilfe eines computerbasierten Fahrsimulators und Spielehardware (Lenkrad und Pedalerie) verschiedene standardisierte Verkehrsszenarien durchfahren, müssen sie aufkommende Gefahren erkennen und Unfälle durch angepasstes Fahrverhalten vermeiden. Als relevante Fahrverhaltensparameter werden Geschwindigkeitswahl, Bremsverhalten, Spurhalten und Blickverhalten (Kopfrotation) automatisch geloggt.

Während die obigen Beispiele eher der Messung von kognitiven und prozeduralen Fähigkeiten dienen, ist auch die simulations- und VR-basierte Messung kommunikativer und sozialer Fähigkeiten denkbar. Dazu kann die Beobachtung von Personen und ihren Interaktionen z. B. beim kooperativen Problemlösen in einer virtuellen Welt dienen. Essentiell dafür sind eine genaue Definition der zu messenden Fähigkeiten sowie ihre korrekte Operationalisierung als Aufgaben in der Simulation. Leistungsparameter müssen zudem festgelegt und hinsichtlich ihrer Validität überprüft werden.

**Abb. 3** Einsatz der Oculus Rift zur simulationsbasierten Messung der Gefahrenwahrnehmung

## 4 Fazit

Technologiebasiertes Assessment ist auf dem Vormarsch, denn dem Einsatz von Kommunikations- und Informationstechnologien in der Diagnostik werden zahlreiche Vorteile gegenüber herkömmliche Verfahren zugeschrieben. Was ökonomische Aspekte betrifft, können die Kosten von TBAs die von Papier-Bleistift-Verfahren allerdings sogar übersteigen. Genaue Kosten-Nutzen-Analysen vor einer Entscheidung für ein TBA sind daher unverzichtbar. In verschiedenen Bereichen, z. B. beim adaptiven Testen haben TBAs sich aber schon seit langem bewährt, weil sie die Testdurchführung erheblich erleichtern und die Testgüte positiv beeinflussen. Bezüglich der Gestaltung von Testmaterial mithilfe von Multimedia und der Implementierung komplexer Aufgabenformate, haben Technologien besonderes Innovationspotenzial für die Diagnostik. Inwiefern ihr Einsatz die Informationsverarbeitung und damit die Leistung der Teilnehmer und letztendlich die Validität diagnostischer Verfahren beeinflusst ist derzeit noch weitgehend ungeklärt.

## Literatur

Ainsworth, S. (2014). The multiple representation principle in multimedia learning. In R. E. Mayer (Hrsg.), *The Cambridge handbook of multimedia learning* (2. Aufl., S. 464–486). New York: Cambridge University Press.

Barnard, Y., Utesch, F., van Nes, N., Eenink, R., & Baumann, M. (2016). The study design of UDRIVE: The naturalistic driving study across Europe for cars, trucks and scooters. *European Transport Research Review, 8*(2), 1–10.

Bodmann, S. M., & Robinson, D. H. (2004). Speed and performance differences among computer-based and paper-pencil tests. *Journal of Educational Computing Research, 31*(1), 51–60.

Conole, G., & Warburton, B. (2005). *A review of computer-assisted assessment. 13*(1), 17–31. https://doi.org/10.3402/rlt.v13i1.10970.

Dörner, D., Kreuzig, H., Reither, F., & Stäudel, T. (1983). *Lohausen. Vom Umgang mit Unbestimmtheit und Komplexität.* Bern: Huber.

Fahrenberg, J., Myrtek, M., Pawlik, K., & Perrez, M. (2007). Ambulantes Assessment – Verhalten im Alltagskontext erfassen. *Psychologische Rundschau, 58*(1), 12–23.

Foltz, P. W., Laham, D., & Landauer, T. K. (1999). The intelligent essay assessor: Applications to educational technology. *Interactive Multimedia Electronic Journal of Computer-Enhanced Learning, 1*(2).

Frey, A., & Seitz, N.-N. (2009). Multidimensional adaptive testing in educational and psychological measurement: Current state and future challenges. *Studies in Educational Evaluation, 35*(2), 89–94.

Gnambs, T., Bartinic, B., & Hertel, G. (2011). Internetbasierte Psychologische Diagnostik. In L. F. Hornke, M. Amelang & M. Kersting (Hrsg.), *Verfahren zur Leistungs-, Intelligenz- und Verhaltensdiagnostik. Enzyklopädie der Psychologie, Themenbereich B., Methodologie und Methoden, Serie II, Psychologische Diagnostik* (Bd. 3, S. 448–498). Göttingen: Hogrefe.

Gschwendtner, T., Abele, S., & Nickolaus, R. (2009). Computersimulierte Arbeitsproben: Eine Validierungsstudie am Beispiel der Fehlerdiagnoseleistungen von Kfz-Mechadronikern. *Zeitschrift für Berufs- und Wirtschaftspädagogik, 105*, 557–578.

Hodges, N. J., Huys, R., & Starkes, J. L. (2007). Methodological review and evaluation of research in expert performance in sport. In G. Tenenbaum & R. C. Eklund (Hrsg.), *Handbook of sport psychology* (Bd. 3, S. 161–183). Hoboken: Wiley.

Horn, W. (1983). *LPS. Leistungsprüfsystem. Handanweisung* (2., erw. u. verb. Aufl.). Göttingen: Hogrefe.

Jurecka, A., & Hartig, J. (2007). Computer- und netzwerkbasiertes Assessment. In J. Hartig & E. Klieme (Hrsg.), *Möglichkeiten und Voraussetzungen technologiebasierter Kompetenzdiagnostik* (S. 37–48). Bonn/Berlin: Bundesministerium für Bildung und Forschung (BMBF).

Kalyuga, S., Ayres, P., Chandler, P., & Sweller, J. (2003). The expertise reversal effect. *Educational Psychologist, 38*, 23–32.

Kanning, M., Ebner-Priemer, U., & Brand, R. (2012). Autonomous regulation mode moderates the effect of actual physical activity on affective states: An ambulant assessment approach to the role of self-determination. *Journal of Sport & Exercise Psychology, 34*(2), 260–269.

Kirschner, P. A., Park, B., Malone, S., & Jarodzka, H. (2017). Towards a cognitive theory of multimedia assessment (CTMMA). In J. M. Spector, B. B. Lockee & M. D. Childress (Hrsg.), *Learning, design, and technology. An international compendium of theory, research, practice, and policy.* Cham: Springer.

Köller, O. (2016). Editorial – Hat sich die Prohezeiung erfüllt? Computerbasierte Testung in PISA 2015. *Diagnostica, 62*(1), 1–2.

Kozma, R. B., & Russel, J. (2005). Students becoming chemists: Developing representational competence. In J. Gilbert (Hrsg.), *Visualization in science education.* London: Kluver.

Kreuzpointner, L. (2010). *Bedingungen für die Äquivalenz von Papier-Bleistift-Version und Computerversion bei Leistungstests.* Universität Regensburg.

Mousavi, S. Y., Low, R., & Sweller, J. (1995). Reducing cognitive load by mixing auditory and visual presentation modes. *Journal of Educational Psychology, 87*(2), 319–334.

Palm, T. (2008). Performance assessment and authentic assessment: A conceptual analysis of the literatur. *Practical Assessment, Research and Evaluation, 13*(4), 1–11.

Preckel, F., & Thiemann, H. (2003). Online- versus paper-pencil-version of a high potential intelligence test. *Swiss Journal of Psychology, 62*, 131–138.

Saul, C. (2015). *Technology-enhanced Assessment of Thinking Skills in Engineering Sciences.* Veröffentlichte Dissertation. http://nbn-resolving.de/urn:nbn:de:gbv:ilm1-2015000483. Zugegriffen am 16.05.2017.

Scalise, K., & Gifford, B. (2006). Computer-based assessment in e-learning: A framework for constructing „intermediate constraint" questions and tasks for technology platforms. *The Journal of Technology, Learning, and Assessment, 4*(6), 1–45.

Sixtl, F. (1978). Sequentielles Testen in der Pädagogischen Diagnostik. In K. J. Klauer (Hrsg.), *Handbuch der Pädagogischen Diagnostik* (S. 137–144). Düsseldorf: Pädagogischer Verlag Schwann.

The International Test Commission (2006). International guidelines on computer-based and Internet-delivered testing. *International Jounal of Testing, 6*(2), 143–171.

Wainer, H. (2000). *Computerized adaptive testing: A primer* (Bd. 2). Mahwah: Lawrence Erlbaum Associates.

Weiss, D. J., & Kingsbury, G. G. (1984). Application of computerized adaptive testing to educational problems. *Journal of Educational Measurement, 21*(4), 361–375.

Wolgast, A., Stiensmeier-Pelster, J., & von Aufschnaiter, C. (2014). Papierbasierte oder internetbasierte Skalen zur Erfassung von Motivation (SELLMO) und Selbstkonzept (SESSKO)? *Diagnostica, 60*(1), 46–58.

# Learning Analytics

## Spezielle Forschungsmethoden in der Bildungstechnologie

Dirk Ifenthaler und Hendrik Drachsler

**Inhalt**

| | | |
|---|---|---|
| 1 | Einleitung | 516 |
| 2 | Learning Analytics | 516 |
| 3 | Learning Analytics im pädagogischen Kontext | 523 |
| 4 | Anwendungsszenarien | 526 |
| 5 | Fazit | 529 |
| Literatur | | 532 |

**Zusammenfassung**

Der Forschungsbereich um Learning Analytics hat sich in den vergangenen fünf Jahren rasant entwickelt. Learning Analytics verwenden statische Daten von Lernenden und dynamische in Lernumgebungen gesammelte Daten über Aktivitäten (und den Kontext) des Lernenden, um diese in nahezu Echtzeit zu analysieren und zu visualisieren, mit dem Ziel der Modellierung und Optimierung von Lehr-Lernprozessen und Lernumgebungen. Learning Analytics kann sowohl auf Kursebene als auch auf curricularer Ebene sowie institutionsweit bzw. -übergreifend implementiert werden. Trotz der großen Aufmerksamkeit für das Thema Learning Analytics in der Wissenschaft steckt die praktische Anwendung von Learning Analytics noch in den Anfängen. Dennoch müssen Bildungsinstitutionen bereits jetzt Kapazitäten entwickeln, um der aktuellen Entwicklung folgen zu können. Es bleibt zu erwarten, dass neben datenschutzrechtlichen Regelungen in

---

D. Ifenthaler (✉)
Learning, Design and Technology, Universität Mannheim, Mannheim, Deutschland
E-Mail: dirk@ifenthaler.info; ifenthaler@bwl.uni-mannheim.de; ifenthaler@uni-mannheim.de

H. Drachsler
Deutsches Institut für Internationale Pädagogische Forschung, Goethe Universität Frankfurt am Main, Frankfurt, Deutschland
E-Mail: drachsler@dipf.de

der Verwendung von Learning Analytics auch technische Standards zum Austausch von Daten aus dem Bildungskontext entwickelt werden.

**Schlüsselwörter**

Learning Analytics · Educational Data Mining · Datenanalyse · Big Data · Academic Analytics

## 1  Einleitung

Im wirtschaftlichen Kontext werden nutzergenerierte Daten bereits vielfältig für datenevidente Entscheidungen genutzt. Auch im Bildungsbereich insbesondere durch die Bereitstellung und Nutzung von digitalen Lernangeboten nimmt die Datenfülle kontinuierlich zu. Aktuell werden die Möglichkeiten von Daten in Bildungsinstitutionen jedoch nur gering ausgeschöpft (Ifenthaler und Schumacher 2016a; Drachsler und Greller 2016; Drachsler et al. 2014).

Konzepte wie Educational Data Mining, Academic Analytics und Learning Analytics finden derzeit vor allem in den USA, den Niederlanden, Großbritannien und Australien starke Beachtung. Educational Data Mining bereitet aus der Menge aller verfügbaren Daten relevante Informationen für den Bildungsbereich auf (Berland et al. 2014). Academic Analytics beziehen sich vornehmlich auf die Leistungsanalyse von Bildungsinstitutionen, indem institutionelle, lernendenbezogene und akademische Daten verwendet werden und für Vergleiche genutzt werden (Long und Siemens 2011). Bei Learning Analytics stehen Lernende, Lernprozesse und in Echtzeit verfügbare Rückmeldungen im Vordergrund (Greller und Drachsler 2012; Ifenthaler 2015).

Im Folgenden soll ein Überblick über Learning Analytics, insbesondere im Hochschulkontext, gegeben sowie zukünftige Entwicklungsmöglichkeiten aufgezeigt werden. Zunächst werden vor dem Hintergrund von Rahmenkonzepten die grundlegenden Annahmen von Learning Analytics erarbeitet. Anschließend werden Learning Analytics im pädagogischen Kontext eingeordnet. Des Weiteren werden fünf Anwendungsszenarien von Learning Analytics vorgestellt. Schließlich wird ein Fazit gezogen und es werden zukünftige Entwicklungen aufgezeigt.

## 2  Learning Analytics

### 2.1  Definition

Der Forschungsbereich um Learning Analytics hat sich in den vergangenen fünf Jahren rasant entwickelt. Diese Entwicklung ist vorallem der engen Verbindung von Learning Analytics und sogenannten *Massive Open Online Courses (MOOCs)* zuzuordnen (Drachsler und Kalz 2016), sowie der schnell voranschreitenden Digitalisierung der Gesellschaft im Allgemeinen (Ifenthaler et al. 2015). Die Frage nach einer einheitlichen Definition, was Learning Analytics sind, konnte jedoch noch nicht zufriedenstellend geklärt werden. Eine weit verbreitete Definition wurde im Rahmen der ersten internationalen Konferenz um Learning Analytics und Knowledge (LAK 2011) postuliert: *Learning Analytics sind das Messen, Sammeln, Analysieren und Auswerten von Daten über Lernende und ihren Kontext mit dem Ziel, das Lernen und die Lernumgebung zu verstehen und zu optimieren.* Um die Dynamik der generierten Daten aus dem Bildungsbereich sowie die Vorteile der Echtzeitanalyse, -visualisierung und -rückmeldung von Learning Analytics einzubeziehen schlagen Ifenthaler und Widanapathirana (2014) folgende Definition vor: *Learning Analytics verwenden statisch und dynamisch generierte Daten von Lernenden und Lernumgebungen, um diese in Echtzeit zu analysieren und zu visualisieren, mit dem Ziel der Modellierung und Optimierung von Lehr-Lernprozessen und Lernumgebungen.*

Learning Analytics kann auf verschiedenen Ebenen verwendet werden. Sowohl auf Kursebene als auch auf curricularer Ebene sowie institutionsweit bzw. -übergreifend (Ifenthaler 2015). Greller und Drachsler (2012) bezeichnen die unterschiedlichen Ebenen als Micro-, Meso- und Macro-Ebenen (siehe Abb. 1). Die Ebenen unterscheiden sich hinsichtlich verwendeter Daten, Analysefunktionen, Nutzerkreis und Einsichten. Die Micro-Ebene befasst sich hauptsächlich mit den Bedürfnissen von Lehrenden und Lernenden und zielt auf einzelne Kurse ab. Die Meso-Ebene zielt auf eine Sammlung von Kursen oder ein Curriculum ab und bietet vor allem Informationen für Entscheidungsträger. Die Macro-Ebene hält Informationen für eine ganze Organisation oder eine wissenschaftliche Disziplin bereit.

## 2.2 Sechs Dimensionen von Learning Analytics

Während der Begriff Learning Analytics den Eindruck vermittelt, dass er vor allem auf die Berechnung, Aggregation und Analyse von gesammelten Daten ausgerichtet ist, ist das Gegenteil der Fall. Learning Analytics erfordern einen ganzheitlichen Ansatz für bestehende Prozesse im Bildungsbereich, sowie für das Lernen und Lehren selbst. Greller und Drachsler (2012) haben dies in einem Learning Analytics Framework beschrieben. Das Learning Analytics Framework zeigt, dass die Vielfalt der Themen für Learning Analytics sehr unterschiedlich sind und einander beeinflussen. Greller und Drachsler (2012) identifizierten sechs kritische Dimensionen für Learning Analytics (siehe Abb. 2).

### 2.2.1 Stakeholder: Zielgruppen von Learning Analytics

Die Stakeholder-Dimension umfasst vor allem Lernende und Lehrende, jedoch sind hier auch alle anderen Beteiligten gemeint wie zum Beispiel Eltern, Bildungsmanagement oder politische Entscheidungsträger. Greller und Drachsler (2012) klassifizieren die Learning Analytics-Zielgruppen in sogenannten Data-Subjects und Data-Clients. Data-Subjects sind die Personen, deren Daten informationstechnisch gesammelt und ausgewertet werden, während die Data-Clients diese Daten verarbeiten und Rückschlüsse ziehen. Auf der Micro-Ebene, also dem klassischen Klassen- oder

**Abb. 1** Unterschiedliche Ebenen von Learning Analytics (Greller und Drachsler 2012)

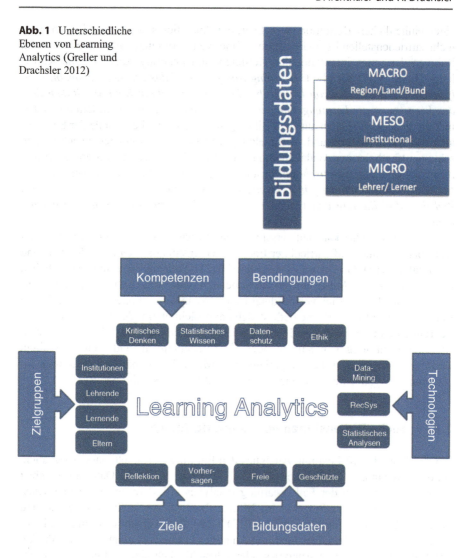

**Abb. 2** Das Learning Analytics Framework aus dem Englischen übersetzt von Greller und Drachsler 2012

Kursraum, werden Lernende als Data-Subjects und Lehrende als Data-Clients bezeichnet. Allerdings können unter bestimmten Bedingungen sowie auf höheren Learning Analytics-Ebenen (Meso- oder Macro-Ebene) auch Lehrende oder eine ganze Institution zu Data-Subjects werden. Die Begriffe Data-Subjects und Data-Clients sind daher nicht direkt als synonyme für Lernende und Lehrende zu nutzen. Auf bestimmten Ebenen oder bei nicht traditionellen Lehrkonzepten können auch Lehrende zu Data-Subjects werden (z. B. Teaching Analytics) oder Lernende zu Data-Clients (z. B. Peer-Feedback).

### 2.2.2 Objectives: Ziele von Learning Analytics

Der innovative Charakter von Learning Analytics liegt vor allem in der Möglichkeit bisher unbekannte Zusammenhänge durch Visualisierungen oder Data Mining-Techniken aus bestehenden Bildungsdaten darzustellen und verschiedenen Zielgruppen zur Verfügung zu stellen. Diese neuartigen Informationen versprechen sowohl individuelle Lern- oder Lehrprozesse als auch Gruppenprozesse mit neuen Erkenntnissen zu unterstützen, sowie Adaptionen von Lernmaßnahmen an individuelle Bedürfnisse durchzuführen. Die Hauptziele von Learning Analytics werden in Abschn. 3.2 näher beleuchtet.

### 2.2.3 Data: Frei zugängliche Bildungsdaten und geschützte Daten

Learning Analytics verwenden Datensätze aus verschiedenen elektronischen Systemen. Die meisten in von Bidlungsistitutionen betriebenen Systemen gesammelten Daten sind datenrechtlich geschützt (protected). Neben diesen geschützten Datenbeständen gibt es auch eine zunehmende Anzahl von öffentlichen Daten (sogenannte open data oder linked data (d'Aquin et al. 2014)), die mit internen Datensätzen kombiniert werden können, wie zum Beispiel Postleitzahlen mit online verfügbaren Kartenmaterial oder offen zugänglichen Daten von Seiten der Regierungen oder internationalen Organisationen wie zum Beispiel OECD oder Non-Goverment-Organisationen. Neben den geschützten und offenen Datenbeständen entstehen im Learning Analytics-Bereich auch erste Metadaten-Standards, wobei momentan der Daten-Standard xAPI sowie der Daten Standard Caliper vom IMS Consortium miteinander konkurrieren (Berg et al. 2016). Weiterführende Informationen zum Thema Metadaten in Learning Analytics können auf der Webseite des LACE-Projektes gefunden werden (www.LACEproject.eu).

### 2.2.4 Instruments: Technologien, Algorithmen und Theorien für Learning Analytics

Verschiedene Technologien und Algorithmen können in der Entwicklung und Anwendungen von Learning Analytics verwendet werden. Learning Analytics nutzt so genannte Information Retrieval-Technologien wie vom Machine Learning Algorithmen (Di Mitri et al. 2017), Recommender Systeme (Drachsler et al. 2015; Fazeli et al. 2014) oder klassische statistische Analyseverfahren in Kombination mit verschiedenen Visualisierungstechniken. Häufig werden die mit den verschiedenen technischen Verfahren analysierten Daten in sogenannten Dashboards an verschiedene Zielgruppen mit unterschiedlichen Informationen ausgegeben (Scheffel et al. 2016; Jivet et al. 2017).

### 2.2.5 External Constraints: Restriktionen und Bedingungen von Learning Analytics

Die groß angelegte Produktion, Sammlung, Aggregation und Verarbeitung von Informationen aus Bildungssystemen haben zu ethischen und datenschutzrechtlichen Bedenken hinsichtlich der potenziellen Schädigung von Individuen und Gesellschaft geführt. Dementsprechend hat die Open University UK eine Richtlinie zum

Umgang mit Learning Analytics veröffentlicht.[1] Die University of Edinburgh ist diesem Beispiel gefolgt und hat ebenfalls verschiedene ethische und datenschutzrechtliche Richtlinien und Maßnahmen für die Nutzung von Learning Analytics veröffentlicht.[2] Drachsler und Greller haben auf der Learning Analytics-Konferenz 2016 in Edinburgh die DELICATE Checkliste veröffentlicht, die die komplexen rechtlichen Rahmenbedingungen in einer handlichen Checkliste zusammenfasst. Das Ziel der DELICATE Checkliste (siehe Abb. 3) ist es, ein einfaches Instrument für jede Bildungseinrichtung zu sein, dass das Bewusstsein der Mitarbeiter in der Organisation rund um Ethik und Datenschutz steigert und damit das Thema demystifiziert und aus der komplexen Welt von juridischen Texten extrahiert und in der Praxis besprechbar macht. Neben der Checkliste sollte der unterstützende Leitartikel gelesen werden, um in die wichtigsten Gedankengänge eingeführt zu werden (Drachsler und Greller 2016).

Ifenthaler und Tracey (2016) veröffentlichten ein Special Issue in Educational Technology, Research and Development zu Fragen um Ethik, Datenschutz und Privatheit von Daten im Rahmen von Learning Analytics-Anwendungen. Die Beiträge zeigen, dass der Datenschutz und Persönlichkeitsrechte einen zentralen Problembereich in der Anwendung von Learning Analytics darstellen. Bildungsinstitutionen müssen Persönlichkeitsrechte berücksichtigen, wenn Daten gesammelt, gespeichert und ausgewertet werden. Hierbei sind Fragen zu klären, die sich auf die pädagogische Relevanz der erhobenen Daten beziehen (Ifenthaler und Schumacher 2016b): (1) Was soll erfasst werden und warum? (2) Wer trifft die Entscheidung? (3) Sind Lernende überhaupt in der Lage ihre eigenen Daten zu interpretieren? (4) Inwieweit sollten die Daten Dritten zugänglich gemacht werden? Darüber hinaus spielen auch ethische Fragen eine Rolle: (5) Welche Informationen liefern für den Lernenden einen pädagogischen Mehrwert? (6) Ist es beispielsweise sinnvoll, einem Lernenden mitzuteilen, dass aufgrund seiner bisherigen Leistungen nur eine geringe Wahrscheinlichkeit besteht, dass er die Klassenstufe besteht?

### 2.2.6 Internal Limitations: Benötigte Kompetenzen für die Akzeptanz von Learning Analytics

Um Learning Analytics zu einem effektiven Instrument für das Bildungssystem zu machen, ist es wichtig zu erkennen, dass Learning Analytics nicht mit der Darstellung der Ergebnisse algorithmischer Berechnungen in attraktiven Visualisierungen endet. Die Ergebnisse bedürfen einer Interpretation von Seiten der Stakeholder und dies erfordert wiederum gewisse Kompetenzen wie interpretative und kritische Evaluierungskompetenzen. Diese Fähigkeiten sind bislang kein Standard für die am Bildungsprozess beteiligten Personen (Greller und Drachsler 2012; Gibson und Ifenthaler 2017). Darüber hinaus gibt es die Fragestellung bezüglich des Effektes von Learning Analytics im Hinblick auf den eigentlichen Lernerfolg. Scheffel und

---

[1] http://www.open.ac.uk/students/charter/essential-documents/ethical-use-student-data-learning-analytics-policy.
[2] http://www.cd.ac.uk/information-services/learning-technology/learning-analytics.

**D** — **DETERMINATION – Begründung**
- Was ist der Mehrwert (Organisatorisch und für das Individuum)?
- Welche Datenschutzrechte hat das Individuum? (e.g., EU Direktive 95/46/EC, General Data Processing Regulation ab 2018)

**E** — **EXPLAIN – Erklärung**
- Welche Daten werden zu welchem Zweck gesammelt?
- Wie lange werden diese Daten bewahrt?
- Wer hat Zugang zu diesen Daten?

**L** — **LEGITIMATE – Legitimation**
- Welche Daten bestehen schon und sind diese *nicht* ausreichend?
- Warum sind Sie legitimiert die Daten zu sammeln?

**I** — **INVOLVE – Einbeziehung**
- Seien Sie offen bezgl. Datenschutzbedenken
- Bieten Sie persönlichen Zugang zu den gesammelten Daten
- Trainieren Sie Beteiligte und Mitarbeiter

**C** — **CONSENT – Einverständnis**
- Fragen Sie nach dem Einverständnis des Individuums (Ja / Nein Antworten)
- Bieten Sie die Möglichkeit jederzeit aus der Datensammlung auszusteigen und dennoch dem Bildungsangebot zu folgen

**A** — **ANONYMISE – Anonymisierung**
- Anonymisieren Sie die Daten so weit wie möglich
- Aggregieren Sie die Daten, um ein abstraktes Datenmodel zu generieren (Ein solches Model fällt nicht mehr unter Datenschutzrecht)

**T** — **TECHNICAL – Technisch und Organisatorisch**
- Analysieren Sie regelmäßig, wer Zugang zu den Daten hat
- Bei Veränderungen der Analytics, fragen Sie erneut nach Einverständnis
- Daten müssen nach geltenden Sicherheitsstandards gespeichert werden

**E** — **EXTERNAL – Externe Mitarbeiter oder Organisationen**
- Vergewissern Sie sich, dass Externe sich ebenfalls an lokale Gesetze halten
- Regeln Sie vertraglich, wer für die Datensicherheit verantwortlich ist
- Stellen Sie sicher, dass die Daten nur für bestimmte Zwecke genutzt werden

**Abb. 3** Die DELICATE-Checkliste aus dem Englischen von Drachsler und Greller 2016

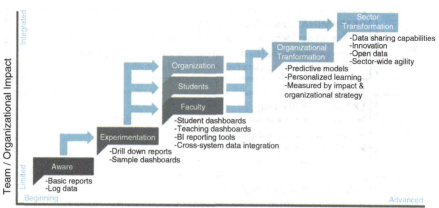

**Abb. 4** The Learning Analytics Sophistication Model (Siemens et al. 2014)

Kollegen (2014) haben hierfür eine erste Studie zu Qualitätskriterien für Learning Analytics durchgeführt und ein Evaluationskonzept für Learning Analytics etabliert, das auf der Webseite des Europäischen LACE-Projektes gefunden werden kann (http://www.laceproject.eu/evaluation-framework-for-la/).

## 2.3 Verwendung von Learning Analytics

Trotz der großen Aufmerksamkeit für das Thema Learning Analytics in der Wissenschaft und verschiedenen (Startup-)Unternehmen, steckt die praktische Anwendung von Learning Analytics noch in den Kinderschuhen. In Anbetracht des von der Society of Learning Analytics Research (SoLAR) entwickelten fünfstufigen Sophistication-Modells (siehe Abb. 4) bleibt noch viel zu tun, um den Bildungssektor in Europa und vor allem in Deutschland in einen mit Daten unterstützten Gesellschaftsbereich zu transformieren. Anhand des Sophistication-Modells sind die meisten Bildungseinrichtungen in Europa nach wie vor auf der Stufe 1 (Aware) und nur sehr wenige fortgeschrittene Organisationen auf Ebene 2 (Experimentation) oder 3 (Institution wide use).

Wir sind relativ sicher, dass im gegenwärtigen Stadium keine Organisation auf der Welt behaupten kann, alle fünf Reifegrade erreicht zu haben. Der Grund dafür ist, dass es trotz der großen Begeisterung umfassende Fragen auf Seiten der Forschung und Organisationsentwicklung gibt, welche die Akzeptanz von Learning Analytics und deren Weiterentwicklung verlangsamen. In einigen prominenten Fällen wurde die Implementation von Learning Analytics sogar rückgängig gemacht, nachdem die Regierung und Bürgerrechtsgruppen über den Schutz der Privatheit der verwendeten Daten sowie die ihrer Kinder besorgt waren (New York Times 2014). Das bekannteste Beispiel ist hier sicherlich das 100 Million $ joint venture der Bill Gates Foundation und der amerikanischen Mitgliedstaaten genannt inBloom. InBloom war ein länderübergreifendes Datenportal für Schulen in den USA, dass personalisierte Inhalte anbieten konnte. Jedoch musste inBloom sehr bald nach seiner Errichtung aufgrund massiver Proteste von Bürgerrechtsorganisationen und besorgten Eltern geschlossen werden.[3]

Drachsler, Stoyanov und Specht konnten in einer Studie aus dem Jahre 2014 zeigen, dass die Bereitschaft zu Implementierung und Nutzung von Learning Analytics in den Niederlanden schon zu dieser Zeit als sehr hoch eingeschätzt wurde. In der Tat sind in den darauffolgenden Jahren viele Learning Analytics-Initiativen sowohl von Seiten der Universitäten als auch von Seiten der niederländischen Forschungsgemeinschaft SURF initiiert worden. Die Akzeptanz von Learning Analytics im internationalen Durchschnitt hingegen ist laut einer Studie von Ifenthaler (2017) noch recht mäßig geben, nur wenige Hochschulen verfügen über spezialisiertes Personal für Learning Analytics. So berichten zum Beispiel nur 25 % der befragten Institutionen, dass Personen mit Spezialisierung in Learning Analytics tätig sind. Auch die notwendigen Technologien werden an den Hochschulen unzureichend vorgehalten. Auf der anderen Seite sind sich die Vertreter der Institutionen jedoch einig, dass Learning Analytics viele Vorteile auf allen Ebenen der Hochschulen bieten können. Der größte Nutzen wird dabei für die Lernenden und Lehrenden gesehen (Ifenthaler 2017).

## 3  Learning Analytics im pädagogischen Kontext

Besonders für den Einsatz im Hochschulbereich eignen sich Learning Analytics, indem Lernende ihr Lernverhalten reflektieren und mit dem anderer vergleichen können. Ebenso wird den Lehrenden die Möglichkeit gegeben, den Lernprozess der Lernenden zu begleiten und gegebenenfalls individuelle Unterstützung anzubieten sowie die eigene Lehre zu reflektieren und an die Lernenden anzupassen. Die Lernenden erhalten Feedback, mit Hilfestellungen zu weiteren Schritten, die ihren Lernprozess unterstützen können. Die Lehrenden werden über die Lernleistung der Studierenden informiert, so dass sie beispielsweise persönlichen Kontakt zu den Lernenden aufnehmen können, die Schwierigkeiten haben (Pistilli und Arnold 2010).

### 3.1  Lehr-Lerntheorien für den Einsatz von Learning Analytics

Aus Sicht der Lehr-Lern-Forschung sind zwei entscheidende Prozesse für die sinnvolle Nutzung von Learning Analytics sowohl auf Seiten der Lernenden als auch auf Seiten der Lehrenden relevant. (1) Der Prozess der „Wahrnehmung" (awareness), und (2) der Prozess der „Reflektion" (reflection). Beide Prozesse müssen beim Umgang mit Learning Analytics Dashboards sowie Vorhersagen (predictions) berücksichtigt werden.

---

[3] http://bits.blogs.nytimes.com/2014/04/21/inbloom-student-data-repository-to-close/?_r=1.

Die Wahrnehmung spielt nach Endsley (1995) eine zentrale Rolle für die spätere Reflektion der Informationen. Nach Endsley (1995) ist die Wahrnehmung der eigenen Situation ein dreistufiger Prozess (1. Wahrnehmung, 2. Verständnis, 3. Projektion) und eine Grundlage für die Entscheidungsfindung und effektive Durchführung des weiteren Lernprozesses. Nach der Wahrnehmung des aktuellen Lernstatus erfolgt das Verständnis der aktuellen Lernsituation und der daraus führenden Projektion eines zukünftigen gewollten Wissensstandes oder eines zu erwerbenden Kompetenzniveaus. Die kritische Reflektion kann dann Einsichten ermöglichen über ein unbeabsichtigtes Verhalten und zu einer Veränderung im Lern- oder Lehrverhalten führen. Wahrnehmung und Reflektion sind also zwei sich bedingende und zentrale Bestandteile für einen mit Learning Analytics unterstützten Lernprozess.

Neben der Wahrnehmung und der Reflektion ist für den effektiven Umgang mit Feedback im allgemeinen und Learning Analytics im speziellen die Fähigkeit des selbstgesteuerten Lernens von großer Bedeutung. Zimmerman (1995) beschreibt selbstgesteuertes Lernen als eine Kernkompetenz für den Umgang mit Feedback-Systemen, weil diese den Lernenden befähigt selbstverantwortlich mit den Informationen eines Feedback-Systems (z. B. Learning Analytics Dashboard) umzugehen und das bisherige Verhalten bei Bedarf anzupassen, aber auch in der Lage zu sein, die vom Learning Analytics Dashboard präsentierten Informationen in Frage zu stellen. Learning Analytics sind folglich stark lernendenzentriert und fördern über Reflektionsanreize (Prompts) den Lernprozess (Ifenthaler 2012), wobei durch zeitnahes Feedback und das Wissen über das eigene Lernen der Lernerfolg verbessert werden kann.

## 3.2 Nutzen von Learning Analytics

Learning Analytics bieten durch die Analyse großer Datenmengen eine weitaus differenziertere Informationsbasis als das in klassischen Lehr-Lern-Situationen durch eine einzelne Lehrperson möglich wäre. Nach Verbert et al. (2012) sollten Learning Analytics mit verschiedenen Methoden Daten multipler Quellen analysieren und folgende Ziele vereinen:

- Relevante nächste Lernschritte und Lernmaterialien empfehlen
- Reflektion und Bewusstsein über den Lernprozess fördern
- Soziales Lernen fördern
- Unerwünschtes Lernverhalten und -schwierigkeiten aufspüren
- Aktuellen Gefühlszustand der Lernenden ausfindig machen
- Lernerfolg vorhersagen

Obwohl Learning Analytics insbesondere auf Lernprozesse fokussieren, liefern die gewonnenen Ergebnisse Vorteile für alle am Lernprozess Beteiligten. Für einen strukturierten Überblick bietet sich eine Aufgliederung der Vorteile nach Zielgruppen sowie Analyseperspektiven an. Tab. 1 zeigt eine Übersicht der vielschichtigen Nutzungsformen von Learning Analytics für summative Berichte, für den laufenden Prozess sowie für Prognosen (Ifenthaler 2015).

**Tab. 1** Übersicht zum Nutzen von Learning Analytics (Ifenthaler 2015)

| Perspektive Zielgruppe | Summativ | Echtzeit (Formativ) | Prognose |
|---|---|---|---|
| **Politische Ebene** | • Institutionsübergreifende Vergleiche<br>• Entwicklung von Maßstäben<br>• Informationsquelle für Entscheidungsträger<br>• Informationsquelle für Qualitätssicherungsprozesse | • Produktivität erhöhen<br>• Ermöglicht schnelle Reaktion auf kritische Vorfälle<br>• Performanzanalyse | • Einfluss auf organisationale Entscheidungen<br>• Einfluss in Change Management Planung |
| **Institutionelle Ebene** | • Prozessanalysen<br>• Ressourcenverteilung optimieren<br>• Institutionelle Standards einhalten<br>• Vergleich von Einheiten über Programme und Fachbereiche hinweg | • Prozesse überwachen<br>• Ressourcen evaluieren<br>• Einschreibungen überwachen<br>• Fluktuation analysieren | • Prozesse vorhersagen<br>• Projektoptimierung<br>• Bildungsrate entwickeln<br>• Diskrepanzen identifizieren |
| **Instruktionsdesign** | • Pädagogische Modelle analysieren<br>• Effekte von Interventionen messen<br>• Verbessern der Curriculaqualität | • Lerndesigns vergleichen<br>• Lernmaterialien evaluieren<br>• Schwierigkeitsgrade anpassen<br>• Von Lernenden benötigte Hilfsmittel anbieten | • Lernpräferenzen identifizieren<br>• Plan für zukünftige Interventionen<br>• Bildungswege anpassen |
| **Lehrkraft** | • Vergleich von Lernenden, Kohorten und Kursen<br>• Lehrpraktiken analysieren<br>• Lehrqualität verbessern | • Lernentwicklungen überwachen<br>• Sinnvolle Interventionen entwickeln<br>• Interaktion erhöhen<br>• Inhalte anpassen, um den Bedürfnissen der Lernerkohorte entgegen zu kommen | • Gefährdete Lernende identifizieren<br>• Lernentwicklungen vorhersagen<br>• Interventionen planen<br>• Bestehensquote anpassen |
| **Lernende** | • Lerngewohnheiten verstehen<br>• Lernwege vergleichen<br>• Lernergebnis analysieren<br>• Lernfortschritt im Bezug auf Lernziele verfolgen | • Automatische Interventionen und Lernhilfen erhalten<br>• Prüfungen ablegen und Echtzeit-Feedback erhalten | • Lernwege optimieren<br>• Empfehlungen annehmen<br>• Einsatzbereitschaft erhöhen<br>• Erfolgsquote erhöhen |

## 4 Anwendungsszenarien

### 4.1 Purdue University: Course Signals

Eines der ersten Beispiele für die Nutzung von Analyseinstrumenten im Bildungsbereich ist das Course Signals System, das an der Purdue University, USA entwickelt wurde. Course Signals bezieht dabei demografische Daten, frühere akademische Leistungen und den Lernaufwand sowie Leistungen innerhalb der Lernplattform in die Leistungsvorhersage der Kursteilnehmer mit ein. Durch die Verwendung eines Ampelsystems (rot: hohes Misserfolgsrisiko; gelb: eventuelles Misserfolgsrisiko; grün: hohe Bestehenswahrscheinlichkeit) werden sowohl Lernende als auch Lehrende frühzeitig auf drohende Risiken hingewiesen. Lehrende können daraufhin mit den Lernenden in Kontakt treten und auf Hilfsangebote hinweisen oder sie anbieten (Pistilli und Arnold 2010). Die empirische Begleitforschung an der Purdue University zeigt, dass mittels dieser einfachen Anwendung signifikant weniger Studierende das Studium abgebrochen haben und bessere akademische Leistungen erzielen (Pistilli und Arnold 2010). Lehrende geben an, dass die Interaktion mit Studierenden erleichtert wird und somit gezieltere Interventionen möglich werden. Die Grenzen von Course Signals bestehen in den zur Verwendung kommenden linearen Algorithmen und der geringen Anzahl von verfügbaren Indikatoren.

### 4.2 Open Universities Australia: PASS

Open Universities Australia ist eine internationale Online-Universität in Australien, die Kurse und Programme von mehr als 20 australischen Universitäten anbietet. Vor dem Hintergrund einer optimalen Unterstützung der Onlinelernenden wurde das PASS System (Personalised Adaptive Study Success) entwickelt (Ifenthaler und Widanapathirana 2014). PASS verwendet Daten von Lernenden (z. B. individuelle Lernvoraussetzungen) und von digitalen Lernumgebungen (z. B. Logfiles der Lernplattform) und verbindet diese mit zu erreichenden Kompetenzen des Curriculums (z. B. spezifische Lernergebnisse eines Kurses).

Abb. 5 zeigt ein für Lernende konzipiertes Dashboard des PASS Systems. Dabei handelt es sich um ein universelles Plugin, welches in eine Lernplattform integriert wird. Das Dashboard zeigt verschiedene personalisierte Informationen in Echtzeit an, kann aber vom Nutzer flexibel konfiguriert werden. So werden zum Beispiel Lernmaterialien dem aktuellen Lernfortschritt entsprechend empfohlen und Selbsttests zur Überprüfung des Lernfortschritts vorgeschlagen. Visuelle Signale unterstützen die Navigation durch die sich dynamisch ändernden Informationen des Dashboards. Lernende, die einen ähnlichen Lernstand aufweisen, werden als Lernpartner vorgestellt oder es werden Lernende aus fortgeschrittenen Kursen als Lernexperten empfohlen. Umfangreiche Reflektionshinweise, zum Beispiel zu bereits erreichten Lernzielen, können die Lernenden auf Wunsch ein- oder ausblenden. Umfangreiche, grafisch aufbereitete Statistiken geben den Lernenden Einblicke in den individuellen Lernprozess und -fortschritt. Darüber hinaus können Vergleiche zu

Learning Analytics 527

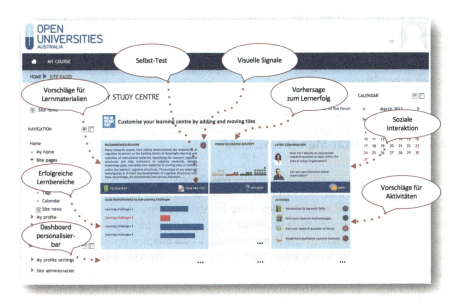

**Abb. 5** PASS Dashboard für Lernende

anderen Lernenden herangezogen werden. Über reaktive Datenerhebungen (sogenannte real-time prompts) werden Daten von Lernenden während der Interaktion mit dem PASS System, zum Beispiel zur Motivation oder zur aktuellen Lernstrategie, gesammelt. Das PASS System bietet neben dem Dashboard für Lernende speziell konzipierte Dashboards für Institutionen, für Lehrende und für Kursdesigner an. Die Algorithmen des PASS Systems wurden vor dem Hintergrund umfangreicher empirischer Analysen entwickelt und validiert (Ifenthaler und Widanapathirana 2014).

## 4.3 RWTH Aachen: eLAT

An der RWTH Aachen wurde 2010/11 die Learning Analytics Anwendung eLAT (exploratory Learning Analytics Toolkit) eingeführt. Ziel der Anwendung ist es, mittels Analyse von Daten wie Teilnahme an Übungen, Erstellen von Forenbeiträgen und Lesen und Herunterladen von Lerninhalten, Lehr-Lern-Prozesse zu evaluieren und mögliche Verhaltensveränderungen der Lehrenden zu erfassen und mögliche Verbesserungen der Lehre einzuleiten (Dyckhoff et al. 2012). Da die Anwendung im Bereich Informatik entwickelt wurde, liegt das Forschungsinteresse verstärkt auf Usability-Aspekten, der Integrierbarkeit der Anwendung in verschiedene Lernplattformen sowie der Visualisierung der analysierten Daten. Darüber hinaus wird vor allem auf den Nutzen für Lehrkräfte eingegangen, die Mithilfe von eLAT ihre Lehre reflektieren und verbessern können, indem sie Hypothesen mittels Indikatoren und Filteroptionen abfragen. Dennoch erhalten auch Lernende individuelles

Feedback vom System. Die eLAT-Anwendung liefert hinsichtlich Usability-Gesichtspunkten, Datenschutzumsetzung, Visualisierungsmöglichkeiten, Indikatorbildung und der Integrierbarkeit in verschiedene Lernplattformen überzeugende Ansätze zur Entwicklung einer Learning Analytics-Anwendung (Ifenthaler und Schumacher 2016a).

### 4.4 Universität Mannheim: LeAP

Ziel des an der Universität Mannheim umgesetzten LeAP (www.leap.uni-mannheim.de; Learning Analytics Profiles)-Projekts ist die Entwicklung, Implementation und empirische Erforschung eines Plug-In als Learning Analytics-Anwendung, welches mittels gezielter pädagogischer Interventionen die Studieneingangsphase und den weiteren Studienverlauf personalisiert und adaptiv optimiert. Die bereits vorhandenen technischen Systeme (HISinOne [Online-Service Studium und Lehre] und ILIAS [Learning Management System]) an der Universität Mannheim bilden die Grundlage für das Projektvorhaben. Abb. 6 zeigt die zu implementierende Learning Analytics-Architektur in Verbindung mit der bereits vorhandenen technischen Infrastruktur. Das Lernenden-Profil beinhaltet Informationen der Lernenden (z. B. Lernhistorie, Vorwissen, Interesse). Das Lern-Profil integriert Daten aus dem Lernmanagementsystem (z. B. Log-Files, Testergebnisse). Das Curriculum-Profil bildet die formalen Lehr-Lernprozesse einzelner Kurse bzw. Module ab (z. B. erwartete Lernergebnisse, erwartete Sequenzierung von Lernpfaden).

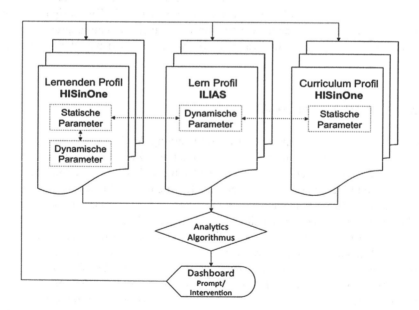

**Abb. 6** Learning Analytics-Architektur und vorhandene Infrastruktur

## 4.5 Open University der Niederlande

An der Open University der Niederlande wurde ein Learning Analytics Dashboard entwickelt, dass vor allem auf die Unterstützung von Gruppenprozessen in online-Lernumgebungen abzielt (Scheffel et al. 2016, 2017a). Das sogenannte LASER Dashboard bietet mehrere Arten des Feedbacks in Form einer Radargrafik und verschiedener Balkendiagramme an (siehe Abb. 7). LASER versucht Studenten ihren eigenen Lernprozess und ihren Beitrag an der Gruppenarbeit bewusster zu machen. Die Gruppenperformance ist Bestandteil der monatlichen Onlineseminare der Studierenden und ein wichtiges Hilfsmittel für das weitere Planen der Gruppenarbeit und die weitere Aufgabenverteilung. Die Studierenden sind sehr zufrieden mit dem LASER Dashboard, weil es nach ihren Angaben interessant ist und hilft, mögliche Konflikte frühzeitig zu erkennen sowie zu diskutieren.

Neben der Unterstützung von Gruppenprozessen hat das LASER Dashboard noch eine weitere Besonderheit im Vergleich zu anderen Learning Analytics Dashboards: die Integration eines wechselseitigen Datenschutz-Modells (Reciprocal Privacy Model – RPM) nach den Gedanken der DELICATE-Checkliste (Drachsler und Greller 2016). Das RPM ermöglicht es den Studierenden selbst zu entscheiden, ob sie ihre Aktivitätsdaten mit ihren Gruppenmitgliedern teilen wollen oder nicht. Dabei liegt ein einfacher, aber sehr effektiver Mechanismus zugrunde, der es Studierenden nur ermöglicht die Daten der anderen Studierenden zu sehen, wenn Sie ihre eigenen Daten ebenfalls freigeben. Wenn ein Studierender mit dem Austausch seiner Daten nicht einverstanden ist, kann er diese sperren und sieht nur seinen eigenen Beitrag im Vergleich zum aggregierten Gruppenbeitrag angezeigt (große blaue Fläche auf Abb. 7). Teilt ein Studierender seine Daten, dann bekommt er auch die Daten und Performance der anderen Studierenden angezeigt.

## 5 Fazit

Learning Analytics entwickeln sich rasant. Bildungsinstitutionen müssen jedoch Kapazitäten entwickeln, um dieser Entwicklung folgen zu können (Drachsler et al. 2014; Ifenthaler 2017). Dazu gehört beispielsweise, Lehrende im Umgang und in der Bewertung von Lerninformationssystemen und Dashboards fortzubilden und eine Lernkultur zu entwickeln, wie Unterrichtsprozesse auf Grundlage der verfügbaren Learning Analytics-Daten gestaltet werden können (Gibson und Ifenthaler 2017; Jivet et al. 2017). Auch die transparente Einbeziehung von Lernenden muss mitbedacht werden, damit Feedback sinnvoll genutzt werden kann. Nicht zuletzt müssen auch Entscheider auf allen Ebenen des Bildungssystems in der Lage sein, die Informationen aus Learning Analytics sinnvoll zu verwenden. Richtig eingesetzt können Daten zur Weiterentwicklung des Bildungssystems beitragen und einen Mehrwert für Lernende, Lehrende und institutionelle Entscheidungsträger gleichermaßen darstellen (Bellin-Mularski und Ifenthaler 2014). Zur Bewertung und Evaluation von Learning Analytics an sich ist vor allem auf die Arbeiten von

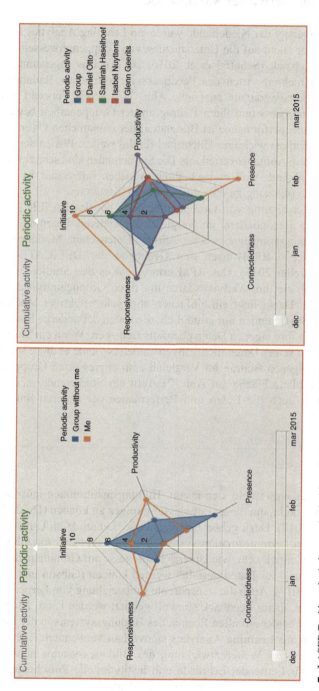

**Abb. 7** LASER Dashboard mit dem wechselseitigen Datenschutz-Model (Reciprocal Privacy Model – RPM) (Scheffel et al. 2017a). In der linken Grafik ist das Datenteilen zwischen Studenten deaktiviert, während in der rechten Grafik das gegenseitige Teilen der Daten aktiviert ist

Maren Scheffel (Scheffel et al. 2017a, b; Scheffel 2017) zu verweisen, die eine Evaluationsmethode für Learning Analytics entwickelt hat. Das sogenannte ‚Evaluation Framework for Learning Analytics (EFLA)' orietiert sich hierbei an der SUS scale aus der Usability Forschung und zielt damit darauf ab, eine vergleichbare und schnelle Methode für die Evaluation von Learning Analytics im Feld zu ermöglichen (Scheffel 2017).

Learning Analytics sind im deutschsprachigen Raum ein noch vergleichsweise wenig beachtetes Thema, was sich beispielsweise an der Zahl der aktuellen Veröffentlichungen und implementierten Learning Analytics-Anwendungen zeigt (Ifenthaler und Schumacher 2016a). Im englischsprachigen Ausland hingegen werden Learning Analytics stärker diskutiert und finden bereits praktische Anwendung durch die Implementierung von Learning Analytics-Anwendungen an einer Vielzahl von Universitäten (vgl. Johnson et al. 2013).

In der internationalen Forschung werden Learning Analytics ein zunehmend umfassenderes Forschungsthema, das nicht nur Lern-Managment-Systeme und mobile Geräte und LernApps erfasst (Tabuenca et al. 2015), sondern auch zunehmed Datenquellen aus sogeannten Wearables und anderen Video- und Audio-Sensoren berücksichtigt (Pijeira-díaz et al. 2016). Diese sogenannten multimodalen Daten aus einer Vielzahl von Sensoren stellen die Learning Analytics-Forschung vor neue Herrausforderungen, geben der Lehr-Lernforschung allerdings die Möglichkeit ganz neue wissenschaftliche Erkenntnisse zu gewinnen (Di Mitri et al. 2017).

Eine lerntheoretisch fundierte und validierte Auswahl der zu analysierenden Daten sowie die pädagogische Entscheidung, welche Informationen den Stakeholdern zugänglich gemacht werden sollen und in welcher Form, ist jedoch unumgänglich (Ifenthaler und Widanapathirana 2014). Auch hinsichtlich der empirisch validierten Auswahl von Indikatoren für die Analysealgorithmen besteht Nachholbedarf, da Lernen häufig mit Variablen wie Login-Häufigkeiten, Anzahl der Gruppendiskussionsbeiträge oder der termingerechten Bearbeitung gleichgesetzt wird (Scheffel et al. 2014) – dies ist aus Sicht der Lehr-Lern-Forschung unzureichend. Denn nicht nur die Menge der Beiträge oder die Nutzungsdauer, sondern vor allem der Inhalt ist ein Indikator für Lernen (Ifenthaler und Schumacher 2016a; Macfadyen und Dawson 2012). Aktuelle Lösungsansätze sind Netzwerkanalysen, wodurch die Dynamik von Gruppenstrukturen erfasst werden kann (vgl. Buckingham Shum und Ferguson 2012) oder automatisierte semantische Analysen, welche textbasierte Inhalte vergleichen (Ifenthaler 2014).

Holistische Learning Analytics-Anwendungen, die theoretisch fundierte Datenanalysen mit pädagogisch relevanten Lernindikatoren und aufbereitete Interventionen ermöglichen, sind Ziel der aktuellen Forschung (vgl. Greller und Drachsler 2012; Ifenthaler 2017). Dabei ist zu erwarten, dass neben datenschutzrechtlichen Standards in der Verwendung von Daten auch weitere Standards zum Austausch von Daten aus dem Bildungskontext entwickelt werden. Eine aus pädagogischer Sicht ungelöste Frage bleibt jedoch: Unterstützen Learning Analytics den Lehr-Lern-Prozess nachhaltig und wenn ja, in welchem Umfang?

## Literatur

Bellin-Mularski, N., & Ifenthaler, D. (2014). Learning analytics: Datenanalyse zur Unterstützung von Lehren und Lernen in der Schule. *SchulVerwaltung NRW, 25*(11), 300–303.

Berg, A., Scheffel, M., Ternier, S., Drachsler, H., & Specht, M. (2016). Dutch cooking with xAPI recipes – The good, the bad, and the consistent. 16th IEEE international conference on advancing learning technologies (ICALT 2016). Austin.

Berland, M., Baker, R. S. J. d., & Bilkstein, P. (2014). Educational data mining and learning analytics: Applications to constructionist research. *Technology, Knowledge and Learning, 19*(1–2), 205–220. https://doi.org/10.1007/s10758-014-9223-7.

Buckingham Shum, S., & Ferguson, R. (2012). Social learning analytics. *Educational Technology & Society, 15*(3), 3–26.

d'Aquin, M., Dietze, S., Herder, E., Drachsler, H., & Taibi, D. (2014). Using linked data in learning analytics. eLearning papers, 36. http://www.openeducationeuropa.eu/en/download/file/fid/33993. Zugegriffen am 12.10.2017.

Di Mitri, D., Scheffel, M., Drachsler, H., Börner, D., Ternier, S., & Specht, M. (2017). Learning pulse: A machine learning approach for predicting performance in self-regulated learning using multimodal data. 7th learning analytics and knowledge conference 2017. Vancouver.

Drachsler, H. & Greller, W. (2016). Privacy and analytics – It's a DELICATE issue. A checklist to establish trusted learning analytics. 6th learning analytics and knowledge conference 2016. (S. 89–98), 25–29 April 2016. Edinburgh/New York: ACM.

Drachsler, H., & Kalz, M. (2016). The MOOC and learning analytics innovation cycle (MOLAC): A reflective summary of ongoing research and its challenges. *Journal of Computer Assisted Learning, 32*(3), 281–290. https://doi.org/10.1111/jcal.12135.

Drachsler, H., Stoyanov, S., & Specht, M. (2014). The impact of learning analytics on the Dutch education system. Presentation given at the 4th international conference on learning analytics and knowledge. Indianapolis.

Drachsler, H., Verbert, K., Santos, O. C., & Manouselis, N. (2015). Panorama of recommender systems to support learning. In F. Rici, L. Rokach & B. Shapira (Hrsg.), *2nd handbook on recommender systems* (S. 421–451). USA: Springer. https://doi.org/10.1007/978-1-4899-7637-6_12.

Dyckhoff, A. L., Zielke, D., Bültmann, M., Chatti, M. A., & Schroeder, U. (2012). Design and implementation of a learning analytics toolkit for teachers. *Educational Technology & Society, 15*(3), 58–76.

Endsley, M. R. (1995). Toward a theory of situation awareness in dynamic systems. *Human Factors, 37*, 32–64.

Fazeli, S., Loni, B., Drachsler, H., & Sloep, P. (2014). Which recommender system can best fit social learning platforms? Presentation given at the 9th European conference on technology enhanced learning (EC-TEL2014). Graz.

Gibson, D. C., & Ifenthaler, D. (2017). Preparing the next generation of education researchers for big data in higher education. In B. Kei Daniel (Hrsg.), *Big data and learning analytics: Current theory and practice in higher education* (S. 29–42). New York: Springer.

Greller, W., & Drachsler, H. (2012). Translating learning into numbers: A generic framework for learning analytics *Educational Technology & Society, 15*(3), 42–57.

Ifenthaler, D. (2012). Determining the effectiveness of prompts for self-regulated learning in problem-solving scenarios. *Journal of Educational Technology & Society, 15*(1), 38–52.

Ifenthaler, D. (2014). AKOVIA: Automated knowledge visualization and assessment. *Technology, Knowledge and Learning, 19*(1–2), 241–248. https://doi.org/10.1007/s10758-014-9224-6.

Ifenthaler, D. (2015). Learning analytics. In J. M. Spector (Hrsg.), *The SAGE encyclopedia of educational technology* (Bd. 2, S. 447–451). Thousand Oaks: Sage.

Ifenthaler, D. (2017). Are higher education institutions prepared for learning analytics? *TechTrends, 61*(4), 366–371. https://doi.org/10.1007/s11528-016-0154-0.

Ifenthaler, D., & Schumacher, C. (2016a). Learning Analytics im Hochschulkontext. *WiSt – Wirtschaftswissenschaftliches Studium, 4*, 172–177.

Ifenthaler, D., & Schumacher, C. (2016b). Student perceptions of privacy principles for learning analytics. *Educational Technology Research and Development, 64*(5), 923–938. https://doi.org/10.1007/s11423-016-9477-y.

Ifenthaler, D., & Tracey, M. W. (2016). Exploring the relationship of ethics and privacy in learning analytics and design: Implications for the field of educational technology. *Educational Technology Research and Development, 64*(5), 877–880. https://doi.org/10.1007/s11423-016-9480-3.

Ifenthaler, D., & Widanapathirana, C. (2014). Development and validation of a learning analytics framework: Two case studies using support vector machines. *Technology, Knowledge and Learning, 19*(1–2), 221–240. https://doi.org/10.1007/s10758-014-9226-4.

Ifenthaler, D., Bellin-Mularski, N., & Mah, D.-K. (2015). Internet: Its impact and its potential for learning and instruction. In J. M. Spector (Hrsg.), *The SAGE encyclopedia of educational technology* (Bd. 1, S. 416–422). Thousand Oaks: Sage.

Jivet, I., Scheffel, M., Drachsler, H., & Specht, M. (2017). Awareness is not enough. Pitfalls of learning analytics dashboards in the educational practise. 12th European conference on technology-enhanced learning. Tallinn, 12–15 Sept. 2017.

Johnson, L., Adams Becker, S., Cummins, M., Freeman, A., Ifenthaler, D., & Vardaxis, N. (2013). *Technology outlook for Australian tertiary education 2013–2018: An NMC horizon project regional analysis*. Austin: The New Media Consortium.

Long, P. D., & Siemens, G. (2011). Penetrating the fog: Analytics in learning and education. *Educause Review, 46*(5), 31–40.

Macfadyen, L., & Dawson, S. (2012). Numbers are not enough. Why e-Learning analytics failed to inform an institutional strategic plan. *Educational Technology & Society, 15*(3), 149–163.

New York Times. (2014). InBloom Student Data Repository to Close, 21 April 2014. http://bits.blogs.nytimes.com/2014/04/21/inbloom-student-data-repository-to-close/?_r=0. Zugegriffen am 12.10.2017.

Pijeira-díaz, H. J., Drachsler, H., Järvelä, S., & Kirschner, P. A. (2016). Investigating collaborative learning success with physiological coupling indices based on electrodermal activity. 6th learning analytics and knowledge conference 2016. 25–29 April 2016. Edinburgh.

Pistilli, M. D., & Arnold, K. E. (2010). Purdue signals: Mining real-time academic data to enhance student success. *About campus: Enriching the student learning experience, 15*(3), 22–24.

Scheffel, M. (2017). The evaluation framework for learning analytics. Doctoral thesis. Heerlen: Open Universiteit (Welten Institute, Research centre for learning, Teaching and technology). http://dspace.ou.nl/handle/1820/8259.

Scheffel, M., Drachsler, H., Stoyanov, S., & Specht, M. (2014). Quality indicators for learning analytics. *Educational Technology & Society, 17*(4), 117–132.

Scheffel, M., Drachsler, H., de Kraker, J., Kreijns, K., Slootmaker, A., & Specht, M. (2016). Widget, widget on the wall, am I performing well at all? *IEEE Transactions on Learning Technologies, 10*(1), 42–52. https://doi.org/10.1109/TLT.2016.2622268.

Scheffel, M., Drachsler, H., Kreijns, K., de Kraker, J., & Specht, M. (2017a). Widget, widget as you lead, I am performing well indeed! – Using results from a formative offline study to inform an empirical online study about a learning analytics widget in a collaborative learning environment. Proceedings of the (LAK'17). Vancouver: ACM.

Scheffel, M., Drachsler, H., Toisoul, C., Ternier, S., & Specht, M. (2017b). The Proof of the pudding: Examining validity and reliability of the evaluation framework for learning analytics. In E. Lavoué, H. Drachsler, K. Verbert, J. Broisin & M. Pérez-Sanagustín (Hrsg.), *Data driven approaches in digital education*. Proceedings of the 12th European conference on technology enhanced learning (EC-TEL 2017), LNCS (Bd. 10474, S. 194–208). Berlin/Heidelberg: Springer.

Siemens, G., Dawson, S., & Lynch, G. (2014). *Improving the quality and productivity of the higher education sector – Policy and strategy for systems-level deployment of learning analytics*.

Canberra, Australia: Office of Learning and Teaching, Australian Government. http://solaresearch.org/Policy_Strategy_Analytics.pdf.

Tabuenca, B., Kalz, M., Drachsler, H., & Specht, M. (2015). Time will tell: The role of mobile learning analytics in self-regulated learning. *Computers & Education, 89*, 53–74.

Verbert, K., Manouselis, N., Drachsler, H., & Duval, E. (2012). Dataset-driven research to support learning and knowledge analytics. *Educational Technology & Society, 15*(3), 133–148.

Zimmerman, B. J. (1995). Self-regulation involves more than metacognition: A social cognitive perspective. *Educational Psychologist, 30*(4), 217–221.

# Akzeptanz von Bildungstechnologien

Nicolae Nistor

## Inhalt

1 Einleitung .................................................................. 536
2 Begriffsdefinitionen ......................................................... 536
3 Akzeptanztheorien und -modelle ............................................ 537
4 Kritische Betrachtung ....................................................... 541
5 Fazit: Konsequenzen für die mediendidaktische Forschung und Entwicklung ............ 542
Literatur ...................................................................... 543

### Zusammenfassung

Akzeptanz ist die erste Voraussetzung für die Nutzung einer Bildungstechnologie und wird als Einstellungs- und Verhaltensakzeptanz operationalisiert. Der in diesem Kapitel angebotene Überblick über Akzeptanztheorien und -modelle lässt sich nach Explikation der Einstellungskomponenten in drei Kategorien einteilen: Akzeptanz als rationale Nutzungsentscheidung, als aktive Stimmungsregulation und als Nutzungsfortsetzung. Der Überblick wird mit einer kritischen Betrachtung sowie mit einer Diskussion der Konsequenzen für die mediendidaktische Forschung und Entwicklung abgeschlossen.

### Schlüsselwörter

Akzeptanz von Bildungstechnologien · Einstellungen · Einstellungsakzeptanz · Verhaltensakzeptanz · Nutzungsverhalten

N. Nistor (✉)
Fakultät für Psychologie und Pädagogik, Ludwig-Maximilians-Universität München, München, Deutschland
E-Mail: nic.nistor@uni-muenchen.de

# 1 Einleitung

Die Entwicklung neuer Technologien ist eine wichtige Komponente des Fortschritts, die nur dann Sinn macht, wenn die technologischen Innovationen von Nutzern angenommen und genutzt werden. Damit stellt die Akzeptanz und Diffusion der neuen Technologien (Rogers 1995; Straub 2009) – allgemein wie auch im Bildungsbereich – eine wichtige Grundlage des technologischen Fortschritts dar. Dieses Kapitel gibt einen Überblick über die aktuelle Akzeptanzforschung der Bildungstechnologien. Zunächst werden die zentralen Begriffe dieser Domäne definiert, anschließend die wichtigsten Theorien und Modelle geschildert. Obwohl der eindeutige Schwerpunkt dieser Präsentation auf der Betrachtung der Akzeptanz als rationale Nutzungsentscheidung liegt, soll dem Leser eine über das Technische hinausgehende, breitere Perspektive eröffnet werden. Das Kapitel wird mit einer kritischen Stellungnahme zum aktuellen Forschungsstand sowie mit Empfehlungen für weitere Forschung und Entwicklung abgeschlossen.

# 2 Begriffsdefinitionen

Vor dem Hintergrund der Diffusion technologischer Innovationen (Rogers 1995) wurde Akzeptanz zunächst im Bereich der Informationssysteme, dann zunehmend auch in der Mediendidaktik und Medienpädagogik als Annahme und Nutzung einer Technologie definiert. Die Ausprägungen der Akzeptanz reichen von einer völligen Ablehnung (*technology refusal;* Sanford und Oh 2010) bis hin zur begeisterten, sogar unkritischen Annahme (*technology fashion;* Wang 2010) der in Frage kommenden Technologie.

Der Akzeptanzbegriff überdeckt sich teilweise mit Motivation, v. a. die Akzeptanz als rationale Nutzungsentscheidung mit der extrinsischen Motivation. Vom Gegenstand her lässt sich zwischen der absoluten Akzeptanz einer Technologie und der relativen Akzeptanz derselben gegenüber einer anderen unterscheiden, was letztlich zur Wahl eines von mehreren zur Verfügung stehenden Medien führt (*media choice;* z. B. Daft und Lengel 1986). Die große Mehrheit der Studien bezieht sich auf absolute Akzeptanz; diese Bedeutung wird auch im Folgenden beibehalten. Unklar bleibt bislang in der Forschungsliteratur die Abgrenzung zwischen der Akzeptanz einer Bildungstechnologie und der Akzeptanz der entsprechenden Lerninhalte.

In der Regel wird zwischen einer Einstellungs- und einer Verhaltensakzeptanz unterschieden (Müller-Böling und Müller 1986). Während die Einstellungsakzeptanz nicht direkt beobachtbar, sondern nur über Befragungen erfassbar ist, definiert sich die Verhaltensakzeptanz dadurch, dass die technologische Innovation genutzt wird. Eine weitere Bedeutung des Akzeptanzbegriffs umfasst die Fortsetzung der Nutzung einer Technologie, nach dem diese bereits angenommen wurde und einige Erfahrungen damit vorliegen (z. B. Lee 2010).

Grundlegend für das Verständnis der Akzeptanz ist der Begriff der Einstellung, eine positiv oder negativ bewertende psychische Tendenz gegenüber einem materiellen oder immateriellen Gegenstand (Eagly und Chaiken 1993; Vogel und Wänke 2016). Einstellungen können unterschiedlich stark ausgeprägt sein, wobei stärkeren Einstellungen leichter zugänglich sind und sich über die Zeit und gegenüber Umwelteinflüssen konstanter zeigen (Visser et al. 2006).

Vielmals wird davon ausgegangen, dass tatsächliches Verhalten durch Verhaltensintention unmittelbar vorhergesagt wird, so die Theorie des überlegten Handelns (*Theory of Reasoned Action*, TRA) von Fishbein und Ajzen (1975). Intentionen werden wiederum von der Einstellung gegenüber dem Verhalten und der subjektiven Norm beeinflusst. Einstellungen geben wieder, wie eine Person zu einem bestimmten Verhalten steht, also ob sie das Verhalten als positiv oder negativ empfindet. Sie hängen davon ab, ob die Person erwartet, dass die Handlung zu der erwarteten Konsequenz und dem damit verbundenen Wert führt. Der zweite Faktor, die subjektive Norm, gibt die Erwartung der Person wieder, inwiefern das Verhalten für andere relevante Personen von Bedeutung ist. Dieser Faktor wird ebenfalls aus zwei Elementen abgeleitet: einerseits der Überzeugung, dass andere wichtige Personen das Verhalten erwarten und andererseits dem Bedürfnis, dieser Erwartung zu entsprechen. In der Theorie des geplanten Verhaltens (*Theory of Planned Behavior*, TPB; Fishbein und Ajzen 2010) wurde das Model um den Faktor der wahrgenommenen Verhaltenskontrolle erweitert, der sich ebenfalls auf die Verhaltensabsicht, aber auch auf das Verhalten selbst auswirkt. Bei der wahrgenommenen Verhaltenskontrolle handelt es sich um die Meinung einer Person, ob sie das geplante Verhalten aufgrund der ihr zur Verfügung stehenden Ressourcen und Möglichkeiten ausführen kann. Die direkte Auswirkung auf das Verhalten hängt davon ab, ob das Verhalten dann auch tatsächlich ausgeführt werden kann.

Der TRA/TPB entsprechen auch die prominentesten Akzeptanzmodelle, die im Folgenden geschildert werden. Auf Grund des angenommenen Intentions-Verhaltens-Effekts erfasst ein wesentlicher Teil der Akzeptanzstudien lediglich Einstellungen und die Nutzungsintention. Empirische Befunde, bei denen dieser Effekt keine Signifikanzgrenze erreicht, sind aber vorhanden (Nistor 2014) und lassen sich durch diverse Ursachen erklären, nicht zuletzt durch die konzeptuell unzureichende Operationalisierung des Nutzungsverhaltens (Agudo-Peregrina et al. 2014; Bagozzi 2007).

## 3 Akzeptanztheorien und -modelle

In der Akzeptanzforschung ist eine gewisse Diversität von Theorien und Modellen vorhanden, die allerdings eine klare Gemeinsamkeit aufweisen: Die Annahme und freiwillige Nutzung einer Technologie basiert auf der Passung zwischen Technologie (oder technologiebasierte Umgebung) und Nutzerbedürfnissen (vgl. Goodhue und Thompson 1995). Diese Passung ist nichts anderes als eine Einstellung, also eine Wertung der technologischen Merkmale aus der Perspektive der Nutzerbedürfnisse und im breiteren Kontext einer spezifischen Handlung (in der Mediendidaktik: Lernen und Problemlösen), für die in der Regel die Technologie entwickelt wurde (Abb. 1). Die Nutzerbedürfnisse können durchaus für eine

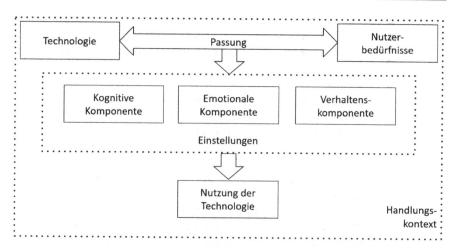

**Abb. 1** Akzeptanz als Folge der Passung zwischen Technologie und Nutzerbedürfnissen

Gruppe oder Population gelten und damit auch sozialen Interaktionen, Normen und Werten entsprechen.

Die Motive der Technologienutzung wurden bereits in den 1940er-Jahren als aktiv gesuchte „Belohnungen" betrachtet (*Uses and Gratifications;* s. Überblick in Ruggiero 2000). Als Gratifikation identifizieren Katz et al. (1973) den Informationsgewinn (z. B. in Lernkontexten), die Identitätsbildung (z. B. die Bestätigung von persönlichen Werten), die soziale Interaktion und Integration sowie die Unterhaltung. Die erhaltene Gratifikation erzeugt weitere Erwartungen gegenüber einem Medium, die wiederum die weitere Nutzung des Mediums antreiben. Goodhue und Thompson (1995) heben die Eigenaktivität hervor und wenden sich damit von den Massenmedien ab zu den neueren, interaktiven Medien. Sie betrachten die Technologienutzung als Mittel der Durchführung einer Aufgabe, in diesem Sinne soll die Technologie zur Aufgabe passen. Nach ihrem *Task-Technology Fit* Modell beeinflusst diese Passung sowohl das Nutzungsverhalten als auch die damit assoziierte Performanz.

Komplexere Theorien, die an psychologischen und pädagogischen Phänomenen und Begriffen ansetzen, explizieren die kognitive, emotionale und Verhaltenskomponente der Einstellungen, auf die im Folgenden näher eingegangen wird.

## 3.1 Die kognitive Komponente – Akzeptanz als rationale Nutzungsentscheidung

Akzeptanzmodelle, die der kognitiven Einstellungskomponente entsprechen, werden hauptsächlich im technischen Bereich bzw. den Informationssystemen verwendet und allmählich auch in die Mediendidaktik übernommen.

Die kognitive Einstellungskomponente umfasst nach Eagly und Chaiken (1993) Gedanken und Überzeugungen, die mit einem Einstellungsgegenstand assoziiert werden. Diese Komponente kann durch die bewusste Abwägung positiver und negativer Eigenschaften wie auch durch die Übernahme von Stereotypen entstehen. Entscheidend ist, dass es sich um einen bewussten, meist rationalen Vorgang handelt. In den entsprechenden Modellen kommt die Rationalität zum einen darin zum Ausdruck, dass Akzeptanz als Nutzungsentscheidung einer Technologie sich aus einer Kosten-Nutzen-Analyse ergibt, zum anderen in der Mediation des Einstellungs-Verhaltens-Effekts durch die Nutzungsintention. Beide Aspekte entsprechen der TRA/TPB (Fishbein und Ajzen 2010). Schoonenboom (2012) beschreibt die Annahmeentscheidung einer Technologie sogar in zwei Schritten, erst wird die Entscheidung getroffen eine Aufgabe überhaupt auszuführen, dann wird einstellungskonform eine bestimmte Technologie dafür herangezogen.

Vor diesem Hintergrund entstand die so genannte „TAM-Familie". Kurz nach Goodhue und Thompson (1995) formulierte Davis (1986) sein *Technology Acceptance Model* (TAM), nach dem die Einstellungen zur Technologie von zwei Prädiktoren vorhergesagt werden: der wahrgenommenen Nützlichkeit (*perceived usefulness*) und dem subjektiven Aufwand (*ease of use*). Auf diese Faktoren wirken wiederum weitere externe Einflussfaktoren (z. B. die subjektive Norm, die Relevanz für die Arbeit, die Sichtbarkeit der Ergebnisse), die in zwei Nachfolgemodellen, TAM2 (Venkatesh und Davis 2000) und TAM3 (Venkatesh und Bala 2008) näher spezifiziert werden. Hier wird eine hohe Anzahl von Variablen einbezogen, so dass eine Reduzierung des Modells naheliegt. Die TAMs und weitere Modelle wurden von Venkatesh et al. (2003) in ihrer *Unified Theorie of Acceptance and Use of Technology* (UTAUT) bzw. von Venkatesh et al. (2012) in der UTAUT2 synthetisiert. Das UTAUT-Datenerhebungsinstrument wurde in deutscher Sprache von Nistor et al. (2014b) validiert.

Bei der UTAUT wird die Nutzungsintention von Leistungs- und Aufwandserwartungen (*performance/effort expectancy*) vorhergesagt. Die Leistungserwartung entspricht der Einstellung gegenüber dem Verhalten (vgl. Fishbein und Ajzen 2010) und wird definiert als der Grad, zu dem ein Individuum annimmt, dass die Nutzung eines Systems ihm dabei hilft, einen Gewinn in seiner Leistung zu erzielen. Die Aufwandserwartung entspricht ebenfalls der Einstellung gegenüber dem Verhalten (vgl. Fishbein und Ajzen 2010) und wird als der Grad der erwarteten Erleichterung definiert, die mit der Nutzung des untersuchten Systems bei einer Aufgabenlösung assoziiert wurde. Venkatesh et al. (2003, 2012) sowie weitere Autoren sehen in der Leistungserwartung den stärksten Prädiktor des UTAUT-Modells; allerdings ist die Gewichtung oder sogar die statistische Signifikanz der einzelnen Prädiktoren von Fall zu Fall unterschiedlich und hängt vom Kontext der Technologienutzung ab.

Über Leistungs- und Aufwandserwartung hinaus entspricht der soziale Einfluss der subjektiven Norm aus der TRA/TPB (Fishbein und Ajzen 2010) und ist definiert als der Grad, zu dem ein Individuum annimmt, dass wichtige Bezugspersonen der Meinung sind, dass es die in Frage stehende Technologie nutzen sollte. Die erleichternden Umstände entsprechen der wahrgenommenen Kontrolle der TPB und sind definiert als der Grad, zu dem ein Individuum der Meinung ist, dass eine organisatorische und technische Infrastruktur existiert, die es bei der Nutzung des Systems unterstützt.

Die Effekte innerhalb der Akzeptanzmodelle werden von einer Reihe von weiteren Faktoren moderiert, die in drei Kategorien (vgl. Bürg und Mandl 2005) eingeteilt werden können: institutionelle Rahmenbedingungen (z. B. Wahrnehmung der Neuerung, Freiwilligkeit der Nutzung, Reaktanz und Widerstand gegenüber der neuen Technologie, Konflikte und Blockaden), Merkmale des Individuums (Persönlichkeit, kognitive und motivational-emotionale Faktoren, darunter vor allem die Erfahrungen mit der Technologie und die demografische Faktoren Alter und Geschlecht) und Merkmale der Lernumgebung (Problemorientierung, didaktische und mediale Gestaltung). Letztere Kategorie wurde bislang am wenigsten untersucht. Alle drei Faktoren können in einem kulturellen Kontext betrachtet werden, der ebenfalls als Moderator des Akzeptanzmodells fungiert (Nistor et al. 2013). Als weiterer, wichtiger aber noch unzureichend untersuchter Moderator des Modells erscheint die Einstellungsstärke (Visser et al. 2006): die Vorhersage der Akzeptanz durch Einstellungen funktioniert nur, wenn letztere eine ausreichende Stärke aufweisen; bei schwach ausgeprägten Einstellungen verlieren die Akzeptanzmodelle ihre Vorhersagekraft (Nistor und Lerche 2014).

Akzeptanz wurde ursprünglich als individuelles Merkmal definiert, kann aber auch in einem interpersonalen oder sozialen Kontext verstanden werden. Soziale Aspekte treten vereinzelt, explizit oder implizit in Akzeptanz- oder Medienwahlmodellen auf. Entsprechend der TRA/TPB schließt das UTAUT-Modell (Venkatesh et al. 2003, 2012) den sozialen Einfluss ein. Die für die Lösung einer Gruppenaufgabe notwendige Koordination zwischen Nutzern erhöht den Nutzungsaufwand einer Technologie (Straus und McGrath 1994). Daher werden „sozial passende" Medien in Dyaden oder Gruppen nach ihrer Reichhaltigkeit (Daft und Lengel 1986) gewählt. Die Nutzung von sozialen Technologien (z. B. vernetzten Computerspielen) wird u. a. von der Zahl der spielenden Nutzer stärker als von den klassischen TAM-Variablen vorhergesagt; eine solche Technologie wird v. a. dann genutzt, wenn die Spielerzahl eine kritische Masse übersteigt (Hsu und Lu 2004). In Praktikergemeinschaften (*communities of practice*) hängen die Gewichte der Akzeptanzfaktoren von der individuellen Position in der soziokognitiven Struktur stark ab (Nistor et al. 2012, 2016).

## 3.2 Die affektive Komponente – Akzeptanz als aktive Stimmungsregulation

Die Passung zwischen Technologien und Nutzerbedürfnissen kann auch auf affektiver Ebene erfolgen. Diese Annahme liegt v. a. medien- und kommunikationswissenschaftlichen, sowie medienpsychologischen Ansätzen zugrunde. Zur affektiven Einstellungskomponente gehören Gefühle oder Emotionen, die mit einem Einstellungsgegenstand verbunden sind (Eagly und Chaiken 1993). Diese Komponente wird meist durch eine affektive Reaktion gebildet, die durch den

Einstellungsgegenstand hervorgerufen wurde. Daher spielt in dieser Kategorie die Rationalität bestenfalls eine untergeordnete Rolle.

In komplexeren Umgebungen wie z. B. Computerspielen wird die Technologienutzung auf affektiver Ebene durch zwei distale Faktoren erklärt: Hedonismus (*enjoyment*) und Eskapismus (Boyle et al. 2012). Diese zielen darauf ab, positive Emotionen zu behalten oder zu stärken (Zillmann 2000) und negative emotionen (v. a. Langeweile und Depression) zu vermindern oder zu vermeiden (Boyle et al. 2012). Damit betreiben Mediennutzer Mood Management durch Suche von Medien und selektive Aufnahme von Informationen, so können sie einen optimalen Erregungszustand erreichen oder – im Fall von *sensation seeking* (Zuckerman 2014) – auch übertreffen. Damit scheint die affektive Perspektive die Akzeptanz auch mit dem Phänomen Sucht zu verbinden.

## 3.3 Die Verhaltenskomponente – Akzeptanz als Nutzungsfortsetzung

Akzeptanzansätze explizieren die Verhaltenskomponente der Einstellung, wenn es sich nicht mehr um neu eingeführte, sondern um bereits angenommene Technologien handelt. Solche Studien wurden in technischen (Informationssystemen) sowie anderen Bereichen durchgeführt wie z. B. in der Medizin, um die Fortsetzung von Präventionsmaßnahmen vorherzusagen (Grimley et al. 1997). In der Mediendidaktik wird die Fortsetzung der Technologienutzung vereinzelt angesprochen (z. B. Murillo Montes de Oca und Nistor 2014), aber hier besteht eindeutig großer Forschungsbedarf.

Bei der Verhaltenskomponente handelt es sich um früher gezeigtes Verhalten gegenüber einem Einstellungsgegenstand, das die aktuelle Einstellung beeinflusst (Eagly und Chaiken 1993). Man erinnert sich also, dass man sich einem Gegenstand gegenüber positiv oder negativ verhalten hat, wodurch die aktuelle Einstellung beeinflusst wird. Dieses Phänomen schließt die Gewöhnung zur Nutzung eines bestimmten Mediums ein (Agudo-Peregrina et al. 2014). Auf individueller Ebene entspricht dies der Selbstwahrnehmungstheorie (Bem 1972); auf sozialer Ebene wurde Nutzungsfortsetzung u. a. als Herdenverhalten modelliert (Sun 2013).

## 4 Kritische Betrachtung

Zusammenfassend bietet die Akzeptanzforschung bewährte Modelle, gut erprobte Messinstrumente und dementsprechend eine reiche Befundlage im technischen Bereich, v. a. für die Entwicklung neuer (Bildungs-)Technologien. Obwohl die gängigen Akzeptanzmodelle auch im pädagogisch-psychologischen und mediendidaktischen Bereich angewendet wurden, bleiben hier die Ergebnisse noch ergänzungsbedürftig. Zwei Kategorien von Anwendungsproblemen können diesbezüglich genannt werden.

Die methodisch-empirischen Probleme beziehen sich auf die Operationalisierung der Akzeptanzkonstrukte. Insgesamt gilt die Operationalisierung der Akzeptanz und insbesondere der Nutzung als eindimensional und daher simplistisch (Benbasat und Barki 2007), also unzureichend für mediendidaktische Anwendungen (Agudo-Peregrina et al. 2014). Beispielsweise wurde von manchen Autoren eine Unterscheidung zwischen der rezeptiven und der generativen Technologienutzung in Verbindung mit dem Web 2.0 gemacht (z. B. Pynoo und van Braak 2014); damit ist aber die Technologienutzung noch lange nicht in ihrer vollen Komplexität beschrieben. Auch anwendbare soziale Akzeptanzkonstrukte werden noch vermisst (Lu und Yang 2014). Weiterhin sind die diversen Akzeptanzmodelle, was die Vorhersage der Nutzungsintention angeht, recht robust. Weniger robust erscheint aber die Vorhersage des Nutzungsverhaltens zu sein (vgl. Bagozzi 2007; Nistor 2014), dabei werden die gemessenen Effekte durch *common methods bias* inflationiert (Podsakoff et al. 2012).

Die konzeptionellen Probleme stellen eine gute Erklärung der methodisch-empirischen dar. Akzeptanzmodelle basieren grundlegend auf dem deterministisch geprägten Intentions-Verhaltens-Effekt, einer Annahme, die bislang am wenigsten kritisch betrachtet wurde (Bagozzi 2007), obwohl eine solche Kritik mittlerweile in der sozialpsychologischen Literatur deutlich artikuliert wurde (Vogel und Wänke 2016). Verhalten kann z. B. einer komplexen kognitiven Aktivität folgen, die in selbst gesteckten Zielen zum Ausdruck kommt; diese Ziele können wiederum zunächst schlecht geformt sein, so dass sie umformuliert werden müssen, um sie umsetzen zu können. Daher könnte der als stark vermutete Einfluss der Intention auf das Verhalten in der Praxis deutlich schwächer ausfallen (Bagozzi 2007). Für ein vertieftes Verständnis dieses Phänomens müsste die Art der Aktivität, bei der die Technologie benutzt werden soll, genauer unter die Lupe genommen werden (Schoonenboom 2012). Die Betrachtung der mediendidaktischen Technologienutzung als Instantiierung eines instruktionalen Skripts (Fischer et al. 2013) könnte weiterführend sein (Murillo Montes de Oca und Nistor 2014).

## 5 Fazit: Konsequenzen für die mediendidaktische Forschung und Entwicklung

Die Akzeptanz der Bildungstechnologien ist ein facettenreiches Phänomen, das eine erste Voraussetzung des Lernens und Lehrens mit Medien darstellt. Dieses Phänomen wurde soweit aus drei Perspektiven untersucht: Akzeptanz als rationale Nutzungsentscheidung, als aktive Stimmungsregulation und als Nutzungsfortsetzung. Diese Facetten der Akzeptanz wurden soweit unabhängig voneinander konzeptualisiert und untersucht. Das Ergebnis besteht in Theorien und Modellen, die teilweise erfolgreich empirisch überprüft wurden, teilweise einen weiteren Forschungsbedarf aufweisen. Ein klarer Erfolg der Akzeptanzforschung besteht in der Entwicklung und Validierung entsprechender Datenerhebungsinstrumente. Damit werden Akzeptanztheorien und -modelle in der Mediendidaktik hauptsächlich für Evaluation verwendet, kaum aber für die Konzeption und Entwicklung von technologiebasierten

Lernumgebungen (vgl. Benbasat und Barki 2007). Diese Forschungs- und Entwicklungslücke impliziert den Bedarf nach Experimentalstudien von akzeptanzwirksamen mediendidaktischen Interventionen.

Eine weitere, prominente Forschungslücke hängt mit dem Intentions-Verhaltens-Effekt zusammen, der sich in vielen Studien als nicht signifikant erweist (Nistor 2014) und u. a. durch die unzureichende Operationalisierung der Technologienutzung erklärt werden kann (Agudo-Peregrina et al. 2014; Bagozzi 2007). Das Modell der Passung zwischen Technologie und Nutzerbedürfnissen (vgl. Goodhue und Thompson 1995), das diesem Aufsatz als konzeptueller Rahmen dient, hat diesbezüglich zweierlei Konsequenzen. Einerseits sollten wie bereits erwähnt menschliche Aktivitäten und v. a. das Lernen und die zugrunde liegenden Scripts in Hinblick auf die implizierten Bedürfnisse konzeptualisiert werden. Andererseits sollten Bildungstechnologien in Hinblick auf ihre Möglichkeiten und Grenzen (*affordances and constraints* – Gibson 1977; Greeno 1998) konzeptualisiert werden. Das sich aus Bedürfnissen und Technologiemerkmalen ergebende Nutzungsverhalten sollte dann in voller Komplexität erfasst werden können, z. B. durch die Anwendung von lernanalytischen Methoden (Nistor et al. 2014a).

## Literatur

Agudo-Peregrina, Á. F., Hernández-García, Á., & Pascual-Miguel, F. J. (2014). Behavioral intention, use behavior and the acceptance of electronic learning systems: Differences between higher education and lifelong learning. *Computers in Human Behavior, 34*, 301–314.

Bagozzi, R. P. (2007). The legacy of the technology acceptance model and a proposal for a paradigm shift. *Journal of the Association for Information Systems, 4*(3), 244–254.

Bem, D. J. (1972). Self-perception theory. *Advances in Experimental Social Psychology, 6*, 1–62.

Benbasat, I., & Barki, H. (2007). Quo vadis, TAM? *Journal of the Association for Information Systems, 4*(3), 211–218.

Boyle, E. A., Connolly, T. M., Hainey, T., & Boyle, J. M. (2012). Engagement in digital entertainment games: A systematic review. *Computers in Human Behavior, 28*(3), 771–780.

Bürg, O., & Mandl, H. (2005). Akzeptanz von E-Learning in Unternehmen. *Zeitschrift für Personalpsychologie, 4*(2), 75–85.

Daft, R. L., & Lengel, R. H. (1986). Organizational information requirements, media richness and structural design. *Management Science, 32*(5), 554–571.

Davis, F. D. (1986). A technology acceptance model for empirically testing new end-user information systems: Theory and results. Dissertation, Massachusetts Institute of Technology.

Eagly, A., & Chaiken, S. (1993). *The psychology of attitudes*. Fort Worth: Harcourt Brace Jovanovich.

Fischer, F., Kollar, I., Stegmann, K., & Wecker, C. (2013). Toward a script theory of guidance in computer-supported collaborative learning. *Educational Psychologist, 48*(1), 56–66.

Fishbein, M., & Ajzen, I. (1975). *Belief, attitude, intention, and behavior: An introduction to theory and research*. Reading: Addison-Wesley.

Fishbein, M., & Ajzen, I. (2010). *Predicting and changing behavior: The reasoned action approach*. New York: Psychology Press.

Gibson, J. J. (1977). The theory of affordances. In R. Shaw & J. Bransford (Hrsg.), *Perceiving, acting and knowing*. Hillsdale: Erlbaum.

Goodhue, D. L., & Thompson, R. L. (1995). Task-technology fit and individual performance. *MIS Quarterly, 19*(2), 213–236.

Greeno, J. G. (1998). The situativity of knowing, learning, and research. *American Psychologist, 53*(1), 5.

Grimley, D. M., Prochaska, G. E., & Prochaska, J. O. (1997). Condom use adoption and continuation: A transtheoretical approach. *Health Education Research, 12*(1), 61–75.

Hsu, C. L., & Lu, H. P. (2004). Why do people play on-line games? An extended TAM with social influences and flow experience. *Information and Management, 41*, 853–868.

Katz, E., Gurevitch, M., & Haas, H. (1973). On the use of the mass media for important things. *American Sociological Review, 38*, 164–181.

Lee, M. C. (2010). Explaining and predicting users' continuance intention toward e-learning: An extension of the expectation-confirmation model. *Computers & Education, 54*(2), 506–516.

Lu, H. P., & Yang, Y. W. (2014). Toward an understanding of the behavioral intention to use a social networking site: An extension of task-technology fit to social-technology fit. *Computers in Human Behavior, 34*, 323–332.

Müller-Böling, D., & Müller, M. (1986). *Akzeptanzfaktoren der Bürokommunikation*. München: Oldenbourg.

Murillo Montes de Oca, A., & Nistor, N. (2014). Non-significant intention-behavior effects in educational technology acceptance: A case of competing cognitive scripts? *Computers in Human Behavior, 34*, 333–338. https://doi.org/10.1016/j.chb.2014.01.026.

Nistor, N. (2014). Exploring non-significant intention effects on educational technology use behavior. Editorial of the special issue „Educational technology acceptance: Explaining non-significant intention-behavior effects". *Computers in Human Behavior, 34*, 299–300. https://doi.org/10.1016/j.chb.2014.02.052.

Nistor, N., & Lerche, T. (2014). *Attitude strength and educational technology acceptance*. Poster presentation at the EARLI SIG 6&7 conference „Seeing eye to eye: New approaches to studying and designing social aspects of learning and instruction", Rotterdam, 27–29 Aug. 2014.

Nistor, N., Schworm, S., & Werner, M. (2012). Online help-seeking in communities of practice: Modeling the acceptance of conceptual artifacts. *Computers & Education, 59*(2), 774–784. https://doi.org/10.1016/j.compedu.2012.03.017.

Nistor, N., Göğüş, A., & Lerche, T. (2013). Educational technology acceptance across national and professional cultures: A European study. *Educational Technology Research and Development, 61*(4), 733–749. https://doi.org/10.1007/s11423-013-9292-7.

Nistor, N., Baltes, B., Smeaton, G., Dascălu, M., Mihailă, D., & Trăuşan-Matu, Ş. (2014a). Participation in virtual academic communities of practice under the influence of technology acceptance and community factors. A learning analytics application. *Computers in Human Behavior, 34*, 339–344. https://doi.org/10.1016/j.chb.2013.10.051.

Nistor, N., Lerche, T., Weinberger, A., Ceobanu, C., & Heymann, J. O. (2014b). Towards the integration of culture in the unified theory of acceptance and use of technology. *British Journal of Educational Technology, 45*(1), 36–55. https://doi.org/10.1111/j.1467-8535.2012.01383.x.

Nistor, N., Dascălu, M., Fesmire, D., Stavarache, L. L., & Trăuşan-Matu, Ş. (2016). *Teachers' informal learning in blogger communities: Technology acceptance research meets learning analytics*. Poster presentation at the EARLI SIG 6&7 conference „Learning and instruction at the crossroads of technology", Dijon, 24–26 Aug. 2016.

Podsakoff, P. M., MacKenzie, S. B., & Podsakoff, N. P. (2012). Sources of method bias in social science research and recommendations on how to control it. *Annual Review of Psychology, 63*, 539–569.

Pynoo, B., & van Braak, J. (2014). Predicting teachers' generative and receptive use of an educational portal by intention, attitude and self-reported use. *Computers in Human Behavior, 34*, 315–322.

Rogers, E. (1995). *Diffusion of innovations*. New York: Free Press.

Ruggiero, T. E. (2000). Uses and gratifications theory in the 21st century. *Mass Communication & Society, 3*(1), 3–37.

Sanford, C., & Oh, H. (2010). The role of user resistance in the adoption of a mobile data service. *Cyberpsychology, Behavior and Social Networking, 13*(6), 663–672.

Schoonenboom, J. (2012). The use of technology as one of the possible means of performing instructor tasks: Putting technology acceptance in context. *Computers & Education, 59*(4), 1309–1316.

Straub, E. T. (2009). Understanding technology adoption: Theory and future directions for informal learning. *Review of Educational Research, 79*(2), 625–649.

Straus, S. G., & McGrath, J. E. (1994). Does the medium matter? The interaction of task type and technology on group performance and member reactions. *Journal of Applied Psychology, 79*(1), 87.

Sun, H. (2013). A longitudinal study of herd behavior in the adoption and continued use of technology. *MIS Quarterly, 37*(4), 1013–1041.

Venkatesh, V., & Bala, H. (2008). Technology acceptance model 3 and a research agenda on interventions. *Decision Sciences, 39*(2), 273–315.

Venkatesh, V., & Davis, F. (2000). A theoretical extension of the technology acceptance model: Four longitudinal field studies. *Management Science, 45*, 186–204.

Venkatesh, V., Morris, M. G., Davis, G. B., & Davis, F. D. (2003). User acceptance of information technology: Toward a unified view. *MIS Quarterly, 27*(3), 425–478.

Venkatesh, V., Thong, J. Y. L., & Xu, X. (2012). Consumer acceptance and use of information technology: Extending the unified theory of acceptance and use of technology. *MIS Quarterly, 36*(1), 157–178.

Visser, P. S., Bizer, G. Y., & Krosnick, J. A. (2006). Exploring the latent structure of strength-related attitude attributes. *Advances in Experimental Social Psychology, 38*, 1–67.

Vogel, T., & Wänke, M. (2016). *Attitudes and attitude change*. London: Routledge.

Wang, P. (2010). Chasing the hottest IT: Effects of information technology fashion on organisations. *MIS Quarterly, 34*(1), 63–85.

Zillmann, D. (2000). Mood management in the context of selective exposure theory. *Annals of the International Communication Association, 23*(1), 103–123.

Zuckerman, M. (2014). *Sensation seeking (Psychology revivals): Beyond the optimal level of arousal*. New York: Psychology Press.

# Evaluation multimedialen Lernens

Wolfgang Meyer und Reinhard Stockmann

## Inhalt

1 Einleitung .................................................................................. 547
2 Aufgaben und Funktionen der Evaluation ................................................. 548
3 Evaluation im Kontext multimedialen Lernens ............................................ 550
4 Fazit ....................................................................................... 553
Literatur ...................................................................................... 554

### Zusammenfassung

Evaluation ist die Bewertung multimedialen Lernens anhand unterschiedlicher Kriterien zur (Weiter-)Entwicklung der eingesetzten Bildungstechnologien und/oder mediendidaktischen Konzepte. Dominierte in den ersten Jahren die Usability-Forschung zur Erstellung benutzerfreundlicher Technologien, so sind neuerdings verstärkt komplexe Monitoring- und Evaluationssysteme zur Unterstützung der Implementation und Steuerung des Lernprozesses entstanden. Der Beitrag gibt einen kurzen Überblick zum gegenwärtigen Stand der Forschung.

### Schlüsselwörter

Evaluation · Usability · Lernerfolg · Mediendidaktik · Qualitätsentwicklung

## 1 Einleitung

Die Entwicklung neuer Bildungstechnologien und ihr Einsatz in Form multimedialen Lernens haben zahlreiche Hoffnungen und Erwartungen geweckt. So wurde z. B. in einigen Publikationen davon ausgegangen, dass E-Learning die traditionelle

W. Meyer (✉) · R. Stockmann
CEval Centrum für Evaluation, Universität des Saarlandes, Saarbrücken, Deutschland
E-Mail: w.meyer@mx.uni-saarland.de; r.stockmann@mx.uni-saarland.de

© Springer-Verlag GmbH Deutschland, ein Teil von Springer Nature 2020
H. Niegemann, A. Weinberger (Hrsg.), *Handbuch Bildungstechnologie*,
https://doi.org/10.1007/978-3-662-54368-9_43

Form der Präsenzveranstaltungen vollkommen ablösen oder zumindest die Unterrichtsgestaltung grundlegend revolutionieren würde. Auf der anderen Seite gab es auch Mahner, die negative Auswirkungen durch diese Technisierung der Bildung befürchteten (als kurzer historischer Abriss siehe z. B. Moskal et al. 2013, S. 15–16).

Dieser bei der Einführung neuer Technologien keineswegs untypische Diskurs führte zu einer Vielzahl unterschiedlicher Fragestellungen, die bei der Implementation multimedialen Lernens mit Evaluationen zu beantworten versucht wurden und immer noch werden. Ziel dieses Beitrags ist es, einen kurzen Überblick zu Arten und Formen solcher Evaluationen multimedialen Lernens zu geben.

Dazu soll allerdings im nächsten Abschnitt zunächst die Frage beantwortet werden, was Evaluation eigentlich ist, welche Ansprüche an sie zustellen sind und welche Formen sich daraus ableiten lassen. Dabei wird ein Bezug zur Evaluation multimedialen Lernens hergestellt und die Bedeutung dieser allgemeinen Ausführungen für diesen speziellen Aspekt aufgezeigt.

Der dritte Abschnitt stellt schließlich den praktischen Einsatz von Evaluation im Bereich multimedialen Lernens vor und beschreibt die Schwerpunkte sowie die erkennbaren Lücken und Entwicklungstrends in den letzten Jahren.

Der letzte Abschnitt schließlich zieht ein kurzes Fazit zur Evaluation multimedialen Lernens und zeigt einige zu erwartende und/oder wünschenswerte Entwicklungsperspektiven für die Zukunft auf.

## 2 Aufgaben und Funktionen der Evaluation

Der Begriff Evaluation wird in den verschiedensten Kontexten verwendet und ignoriert häufig den professionellen Hintergrund mehr oder weniger stark. Viele Tätigkeiten werden als Evaluation bezeichnet ohne den Anforderungen auch nur annähernd zu entsprechen, während wiederum für viele Evaluationen andere Begrifflichkeiten benutzt werden. Diese verwirrende Praxis ist für eine noch junge Disziplin keineswegs untypisch und sicherlich nicht ein spezifisches Problem der Evaluation.

Es lassen sich aus der Literatur drei verschiedene, Evaluationen kennzeichnende Merkmale herausarbeiten (vgl. Stockmann und Meyer 2014, S. 72–75). Bei einer Evaluation geht es erstens um die *Generierung von Wissen*, welches zweitens zur *Bewertung eines Sachverhalts* verwendet wird, um dadurch drittens *Entscheidungen über diesen Sachverhalt* vorzubereiten. Dementsprechend klassifizieren sich Evaluationen bei der Beantwortung der Frage, was wird von wem wozu mit welchen Kriterien wie evaluiert: *Gegenstand*, *Akteure*, *Zweck*, *Kriterien* und *Methoden* sind die zentralen Elemente zur Differenzierung von Evaluationsformen.

Bei der Wahl des *Evaluationsgegenstands* gibt es kaum Einschränkungen: es werden Gesetze, Produkte, Prozesse, Programme, Personen, Organisationen usw. evaluiert. Multimediales Lernen stellt die Evaluation deshalb nicht prinzipiell vor Herausforderungen, sie kann im Gegenteil auf eine lange Tradition in der Bewertung pädagogischer Maßnahmen und ihrer Effekte zurückblicken, die sogar zu den zentralen Wurzeln der Evaluation gehören (Stockmann und Meyer 2014, S. 29–39).

Die Frage nach dem „wer" wird deutlich kontroverser und auch im Hinblick auf die Evaluation multimedialen Lernens keineswegs eindeutig beantwortet. Grundsätzlich lässt sich hier zwischen *externen Evaluationen*, die von Personen außerhalb des Kontextes des Evaluationsgegenstands (zumeist ausgewiesenen Evaluationsexperten) durchgeführt werden, und *internen Evaluationen*, bei denen die mit der Durchführung der Evaluation Beauftragten mehr – in diesem Fall wird von „Selbstevaluation" gesprochen – oder weniger stark mit den für den Evaluationsgegenstand verantwortlichen Personen institutionell verbunden sind. Durch Bildungstechnologien ergibt sich hier eine neue und besonders interessante Version der Selbstevaluation: der Computer kann selbständig und ohne Eingriffe der Verantwortlichen im Lernprozess Daten generieren und zu deren Evaluation anhand standardisierter (programmierter) Kriterien verwenden (vgl. z. B. Oztekin et al. 2013).

Diese automatisierte Form der Überwachung multimedialen Lernens hat natürlich den Nachteil, gegenüber Nuancen blind und bezüglich der Bewertung starr und unflexibel zu sein. Im Rahmen eines kontinuierlichen Monitorings mit dem *Zweck*, auf bestimmte Unregelmäßigkeiten oder Abweichungen vom vorgesehenen Ablauf hinzuweisen, stellt dies allerdings eine enorme Erleichterung und vor allem eine Option für schnelle Reaktionen und Korrekturen dar. Hinsichtlich der Aufgabe einer allgemeinen und eher grundsätzlich ausgerichteten Evaluation des Lernprozesses und seiner Wirkungen sind solchen Verfahren wegen ihres hohen Grades an Standardisierung allerdings Grenzen gesetzt. Dieses Beispiel verweist auf die Notwendigkeit, den Zweck der Evaluation multimedialen Lernens klar zu bestimmen und entsprechend den Aufgaben angemessene Verfahren auszuwählen.

Dieses Vorgehen impliziert die Festlegung von *Kriterien*, die zur Bewertung multimedialen Lernens eingesetzt werden. Die Offenlegung verwendeter Bewertungskriterien unterscheidet eine fachlich kompetent durchgeführte Evaluation von willkürlichen, normativen und vorurteilsbehafteten Alltagsbewertungen. Viele neue Bildungstechnologien werden von den Protagonisten angesichts ihrer Potenziale euphorisch und mit einem verständlichen Enthusiasmus grundsätzlich positiv und nützlich eingeschätzt. Evaluation muss in diesem Kontext mehr als eine Meinungsäußerung oder gar ein „Glaubensbekenntnis" bezüglich der Nützlichkeit sein. Evaluation multimedialen Lernens bedeutet, die Erwartungen anhand sachlich begründeter Vorgaben kritisch und neutral mit Hilfe geeigneter Instrumente zu überprüfen.

Dies weist auf den letzten und wichtigsten Aspekt der Evaluation hin: Evaluationen sollen Wissen generieren und sie müssen dementsprechend auf wissenschaftlich korrekt eingesetzte empirische *Methoden* und Verfahren zurückgreifen. In der heutigen Evaluationspraxis haben sich Mixed-Method-Ansätze durchgesetzt, die sich nicht nur auf Ergebnisse eines einzigen Instruments verlassen, sondern durch die Verwendung unterschiedlicher Methoden den Befund erhärten und die Schwächen der einzelnen Verfahren auszugleichen suchen (vgl. Kuckartz 2014). Die Vorgehensweise ähnelt in dieser Hinsicht der Polizeiarbeit bei der Verbrechensaufklärung: die zur Bewertung des Falles ermittelten Indizien sollen möglichst hieb- und stichfest sein und nicht durch Alternativerklärungen entkräftet werden können. Dies schließt natürlich in der Praxis einen gewissen Interpretationsspielraum nicht vollständig aus, je besser jedoch die Ergebnisse durch ein methodisch sauberes und fundiertes

Vorgehen abgesichert sind, umso mehr dienen sie einer gerechten Entscheidungsfindung. Die Qualität von Evaluationen multimedialen Lernens lässt sich so primär an der Qualität der für die Generierung von Wissen eingesetzten Verfahren und ihrer praktischen Umsetzung bemessen.

Eine solche „Evaluation von Evaluationen", in der Profession als „Metaevaluation" bezeichnet, kann sich an von den Fachverbänden vorgegebenen Evaluationsstandards und den dort angesprochenen Kriterien orientieren. Weltweit betrachtet fällt auf, dass die unterschiedlichen Standardsysteme und Normenkataloge der Evaluationsgesellschaften erstaunlich homogen sind und entsprechend viele Überschneidungen vorweisen. Die gerade aktualisierten und inhaltlich leicht überarbeiteten Standards der für Deutschland und Österreich zuständigen Gesellschaft für Evaluation (DeGEval, http://www.degeval.de/degeval-standards) sind z. B. Mitte der 1990er-Jahre aus den Standards der schweizerischen Evaluationsgesellschaft (SEVAL, http://www.seval.ch/de/standards/) hervorgegangen, die ihrerseits wiederum auf eine Übersetzung der Standards des Joint Committee on Standards for Educational Evaluation (JCSEE, www.jcsee.org) aus den 1970er-Jahren zurückgehen. Auch neuere Standardsysteme in anderen Weltregionen wie z. B. die 2006 veröffentlichten Guidelines der Afrikanischen Evaluationsgesellschaft oder die 2016 erschienenen Evaluationsstandards der Lateinamerikanischen Evaluationsgesellschaft RELAC (Rodriguez-Bilella et al. 2016) unterscheiden sich nur in wenigen Details von diesen Vorlagen.

Die DeGEval-Standards gliedern sich in vier Rubriken, die unterschiedliche und teilweise in Konflikt miteinander stehende Ansprüche an Evaluationen enthalten. Dies ergibt sich aus dem Sachverhalt, dass die Evaluationsnormen sich als „Maximalstandards" verstehen, also als anzustrebenden Idealzustand und nicht – wie bei den meisten Standardsystemen – als Vorgabe einer gerade noch einzuhaltenden Minimalgrenze. Entsprechend der DeGEval-Standards sollen Evaluationen erstens sich an den geklärten Evaluationszwecken sowie am Informationsbedarf der vorgesehenen Nutzer und Nutzerinnen ausrichten (*Nützlichkeit*), zweitens realistisch, gut durchdacht, diplomatisch und kostenbewusst geplant und ausgeführt werden (*Durchführbarkeit*), drittens respektvoll und fair mit den betroffenen Personen und Gruppen umgehen (*Fairness*) und schließlich viertens gültige Informationen und Ergebnisse zu dem jeweiligen Evaluationsgegenstand und den Evaluationsfragestellungen hervorbringen und vermitteln (*Gültigkeit*). Diese Anforderungen sind natürlich uneingeschränkt auch an Evaluationen multimedialen Lernens zu stellen.

## 3 Evaluation im Kontext multimedialen Lernens

Trotz der Investitionen im Bereich multimedialen Lernens zu Beginn des 21. Jahrhunderts und dem zunehmenden Einsatz entsprechender Lehr-Lernplattformen und Informationssysteme in Schulen, Hochschulen und Aus- und Weiterbildungseinrichtungen weisen die durchgeführten Begleitstudien von Projekten und Programmen zur Einführung neuer Medien in der Bildung bemerkenswerte Schwächen auf. So fanden sich z. B. im größten Förderprogramm des Bildungsministeriums

"Neue Medien in der Bildung" (Laufzeit 2000–2004) mit einer Gesamtfördersumme von knapp 350 Mio. EUR kaum ‚klassische Programmevaluationen', welche die Programmwirkungen oder gar deren Nachhaltigkeit in angemessenem Umfang thematisieren. Auch im internationalen Bereich sind in diesem Kontext Evaluationen von Förderprogrammen eher seltene Ausnahmen geblieben (siehe z. B. Manny-Ikan et al. 2011; Ossiannilsson 2010).

Die meisten Evaluationen multimedialen Lernens konzentrierten sich in der Entwicklungsphase auf a) die Usability eingesetzter Technologien, b) die pädagogisch ausgerichtete Überprüfung der Lernformen, -strategien und -erfolge sowie c) die Effektivität der Mediendidaktik, die sich angesichts der neuen technischen Möglichkeiten mehr oder weniger stark verändert haben (vgl. als Überblick Hedberg und Reeves 2015).

Zu a): Die erste Gruppe dieser Evaluationen bezieht sich primär auf ergonomische und ähnliche Aspekte der Software-Systeme und rückt den Aspekt der „Benutzerfreundlichkeit" (Usability) neuer Lerntechnologien in den Vordergrund. Die ISO Norm 9241 definiert Usability als Ausmaß, „in dem ein Produkt durch bestimmte Benutzer in einem bestimmten Nutzungskontext genutzt werden kann, um bestimmte Ziele effektiv, effizient und zufriedenstellend zu erreichen" (http://www.handbuch-usability.de/begriffsdefinition.html). Häufig orientieren sich *„Usability"-Evaluationen* an Richtlinienkatalogen und Vorgaben auf Grundlage solcher nationaler und internationaler Normierungen (zumeist in Form „heuristischer Evaluationen", die auf Experteneinschätzungen basieren; kritisch hierzu und mit Aufzeigen von Alternativen: Johannessen und Hornbæk 2014). Mittlerweile werden aber ergänzend auch Konzepte aus der Wahrnehmungs- und Lernpsychologie eingesetzt (vgl. als aktueller Überblick Sarodnik und Brau 2016). Da „die Entwicklung einer hochwertigen Benutzeroberfläche einen so komplexen Prozess darstellt" (Hegner 2003, S. 6), spielen Usability-Evaluationen insbesondere bei der Entwicklung neuer Lehr-Lern-Konzepte und Technologien in allen Entwicklungsstadien eine Rolle.

Zu b): Die zweite Gruppe von Evaluationen erfolgt weniger aus der Motivation einer technischen Weiterentwicklung denn aus *pädagogischem Interesse*. Hier stehen die Lernerfolge, in manchen Fällen auch der gesamte Prozess des Wissenserwerbs oder der Wissenstransfer in die Anwendungspraxis, im Fokus der Evaluationen (vgl. z. B. Niegemann 2001; Jethro et al. 2012; Pape-Koehler et al. 2013; Papanis 2013; Chen und Yao 2016). Ziel dieser Evaluationen ist in der Regel die Weiterentwicklung pädagogisch-didaktischer Elemente zur Verbesserung der Qualität der untersuchten Bildungsmaßnahme, wobei unterschiedliche Wissensaspekte und entsprechende Ansatzpunkte für Maßnahmen behandelt werden (vgl. als Überblick zu Wirkungsevaluationen Dziuban 2016a).

Zu c): Die dritte Gruppe von Evaluationen multimedialen Lernens betrifft *mediendidaktische Aspekte* und bezieht sich auf die angemessene Nutzung der mediendidaktischen Potentiale, die mit bestimmten technischen Möglichkeiten verbunden sind. Die zentrale Fragestellung hier lautet: inwieweit haben die multimedialen Mittel zu einer verbesserten Gestaltung von Lehr-Lern-Situationen geführt (vgl. z. B. Moreno und Mayer 2000; Moriz 2008; Chen und Liu 2012; Thoms und

Eryilmaz 2014; als Überblick aus der Sicht von Mediendidaktik und -pädagogik: Kerres 2013, S. 221–234; Süss et al. 2013, S. 26–31). Häufig geht es um die Weiterentwicklung von Lehrprogrammen und die angemessene Einweisung und Schulung von Lehrpersonal zur besseren Nutzung der technischen Potentiale für den Unterricht (vgl. z. B. Arnold et al. 2013).

In den letzten Jahren haben durch die Verbreitung von Smartphones und schnelleren Internetverbindungen die Möglichkeiten des Einsatzes von Bildungstechnologien enorm zugenommen (als Evaluationsbeispiele in diesem Kontext siehe Eraslan et al. 2016; Yousef et al. 2015). Diese neuen technischen Möglichkeiten eröffnen z. B. Chancen einer individuelleren Ansprache der Teilnehmerinnen und Teilnehmer (siehe als Evaluationsbeispiel hierzu Surjono 2014). Gleichzeitig sind die Verwaltung und Nutzung von Internetplattformen durch die entsprechende Softwareentwicklung vereinfacht und somit einer größeren Gruppe von Lehrpersonal wie auch von Lernenden zugänglich geworden. Der Einsatz multimedialer Elemente und neuer Medien in Aus- und Weiterbildungsveranstaltungen ist in vielen Bereichen selbstverständlicher geworden. Die damit verbundenen Erwartungen und Hoffnungen bezüglich einer didaktischen Revolution (die unter dem Terminus „*flipped classroom*" immer wieder propagiert wird, vgl. Bergmann und Sams 2014; Keengwe et al. 2014) haben sich bisher aber – wie zahlreiche Evaluationen gezeigt haben – noch nicht erfüllt (vgl. als Beispiele für Evaluationen Scheg 2015; O'Flaherty und Phillips 2015; Findlay-Thompson und Mombourquette 2014; Bishop und Verleger 2013; als Überblick Keengwe und Onchwari 2016; Picciano et al. 2014, S. 71–159).

Die zunehmende Verbreitung und gleichzeitig damit verbundene Ernüchterung bezüglich der erreichbaren pädagogischen Ziele durch den Einsatz von Bildungstechnologien hat auch Auswirkungen auf die in Auftrag gegebenen oder von Bildungsträgern selbst durchgeführten Evaluationen. Zunehmend werden wie erwähnt kritische Praxisberichte publiziert, die mehr oder weniger systematisch die Praxiserfahrung mit den eingesetzten Methoden und Konzepten in den Vordergrund rücken und in ihrer gesamten institutionellen Breite evaluieren (siehe z. B. Graham et al. 2013; Hadzhikoleva et al. 2010; Kumpu et al. 2016; Porter et al. 2014).

Für die Qualitätsbewertung von Lern- und Informationssoftware werden vor allem zwei *Methoden der Evaluation* angewendet: Experten-Reviews und quantitative Befragungen. Die Einschätzung von Experten zu Einzelmerkmalen einer Lernsoftware erfolgt zumeist mit dem Ziel, Aufschluss über deren Qualität zu erhalten („heuristische Evaluation"). Dabei wird z. B. anhand eines Kriterienkatalogs das Vorhandensein bzw. Nicht-Vorhandensein einzelner Software-Merkmale (z. B. Absturzsicherheit, Lesbarkeit) bewertet (zum Einsatz von Experteninterviews in diesem Kontext siehe z. B. Reinhold 2015).

Neben diesen Experten-Reviews werden häufig standardisierte Befragungen, zunehmend auch über das Internet, eingesetzt (vgl. z. B. Orfanou et al. 2015). Sie ergänzen dabei technische Daten, die prozessproduziert anfallen wie z. B. Nutzerstatistiken und ähnliches (zunehmend werden hier auch „Big Data"-Konzepte genutzt, vgl. Dziuban 2016b). Experimentelle Designs oder andere klassische sozialwissenschaftliche Datenerhebungsmethoden (z. B. Beobachtungsverfahren) sind in diesem immer noch technisch dominierten Bereich eher Ausnahmen und sind am ehesten im

Kontext eines umfassenden Qualitätsentwicklungsansatzes zu finden (vgl. hierzu Kemper 2010; Sindler et al. 2006; Tergan und Schenkel 2004).

Insbesondere vermittelt über die pädagogische Komponente haben mittlerweile die Konzeptionen und Verfahren der *Evaluationsforschung* auch Einzug in die Bewertung multimedialer Lehr-Lernkonzepte gefunden (vgl. dazu die Beiträge in Mayer und Kriz 2010). Wie bereits erwähnt dominieren hier Mixed Method Approaches, die sich nicht nur auf die Nutzung eines bestimmten methodischen Instruments verlassen, sondern durch die Kombination unterschiedlicher Verfahren die Schwächen ausgleichen und ein möglichst umfassendes Bild über den Gegenstand erzielen wollen (vgl. zur Nutzung von Mixed Method Approaches in der Evaluation und den eingesetzten Verfahren Stockmann und Meyer 2014, S. 201–244; Bamberger et al. 2010).

Dennoch beziehen sich Evaluationen im Kontext ‚neuer' Medien zumeist immer noch eher auf das Produkt und dessen Bewertung. Mit „Prozessevaluation" wird z. B. in der Regel der „gesamte Prozess der Planung, Entwicklung und des Einsetzens von Lernsoftware" (Tergan 2001, S. 50) gemeint, nicht jedoch die Vorgehensweise während der Programmimplementation mit ihren institutionellen Rahmenbedingungen wie z. B. den technischen, organisatorischen, finanziellen, rechtlichen und weiteren Gegebenheiten und entsprechend vielschichtigen Auswirkungen (als Beispiel hierzu siehe Taylor und Newton 2013). Und häufig auch nicht der Lernprozess: Die Einrichtung kontinuierlicher Monitoring und Evaluationssysteme, die dauerhaft die Funktionsweise des multimedialen Lernens überwachen und regelmäßig die Zielsetzungen sowie die erreichten Wirkungen mit Hilfe von Evaluationen bewerten, sind noch seltene Ausnahmen (vgl. z. B. Moskal 2016).

## 4 Fazit

Insgesamt ist allerdings festzustellen, dass bereits ein sehr breites Spektrum unterschiedlicher Evaluationsstudien zum Einsatz von Bildungstechnologien vorliegt, welches von einfachen Checklisten technischer Komponenten bis zu komplexen und differenzierten Monitoring- und Evaluationssystemen zur Begleitung des Lernprozesses reicht. Der Trend geht hier in Richtung aufwendigerer und informationsreicherer Konzepte, wobei gleichzeitig zunehmend mehr Teilaspekte automatisiert und im Hintergrund analysiert werden.

Mittlerweile hat sich so eine eigenständige E-Learning bzw. Blended-Learning-Forschung etabliert, für die Evaluation nur ein – durchaus aber zentrales – Element darstellt. Dank diesem zunehmenden Forschungsaufwand hat sich der Kenntnisstand über die Praxis und Wirkungsweise bildungstechnologischer Lehr-Lern-Konzepte kontinuierlich verbessert und als Folge ist die anfängliche Euphorie einer sachlich-nüchternen Betrachtungsweise gewichen.

Trotz dieser durchaus positiven Entwicklung ist allerdings ebenfalls festzuhalten, dass in der Praxis immer noch „handgestrickte", z. T. wenig professionelle Evaluationskonzepte dominieren. Diese bleiben nicht nur hinter den technischen Möglichkeiten, sondern insbesondere auch hinter den Standards der Evaluation zumeist weit zurück. Obwohl generell der Aufwand für das Betreiben von Lehr-Lern-Plattformen und dem Einsatz mediendidaktischer Elemente dank zunehmender Standardisierung und nutzerfreundlichen Plattformen geringer geworden ist, scheint dieser immer noch die Anbieter so in Beschlag zu nehmen, dass der Aufbau geeigneter Monitoring und Evaluationssysteme eher vernachlässigt wird.

Dies liegt aber sicherlich nicht nur an den Praktikern, sondern auch an den Anbietern. Hier fehlt es an schlüssigen, marktfähigen, praktikablen und effizienten Monitoring und Evaluationskonzepten, die schnell und problemlos übernommen werden können. Dies betrifft wiederum weniger die technische als die pädagogische und mediendidaktische Seite – die Überwachung und Lenkung von Lernprozessen kann nicht vollständig automatisiert und damit standardisiert werden, sondern muss sich kontinuierlich, flexibel und schnell den sich änderten Bedürfnissen der Teilnehmerinnen und Teilnehmer anpassen. Gerade hier befindet sich die Evaluation multimedialen Lernens noch in einer frühen Entwicklungsphase.

## Literatur

Arnold, A., Fischer, F., Franke, U., Nistor, N., & Schultz-Pernice, F. (2013). Mediendidaktische Basisqualifikation für alle angehenden Lehrkräfte: Entwicklung und Evaluation eines Pilottrainings. In C. Bremer & D. Krömker (Hrsg.), *E-learning zwischen Vision und Alltag. Zum Stand der Dinge* (S. 148–158). Münster: Waxmann.

Bamberger, M., Rao, V., & Woolcock, M. (2010). Using mixed methods in monitoring and evaluation – Experiences from international development. In A. Tashakkori & C. Teddlie (Hrsg.), *SAGE handbook on mixed methods in social & behavioral research* (2. Aufl., S. 613–642). Thousand Oaks: Sage.

Bergmann, J., & Sams, A. (2014). *Flipped learning. Gateway to student engagement.* Arlington: International Society for Technology in Education.

Bishop, J. L., & Verleger, M. A. (2013). *The flipped classroom: A Survey of the Research.* In *Proceedings of the 120th ASEE annual conference & exposition „Frankly we do give a damn"* 23–26 June 2013, Atlanta, vol 30(9), Paper ID #6219. Atlanta: ASEE.

Chen, E., & Liu, J. (2012). Applying multimedia technology to the teaching and learning of college english in China: Problems and solutions. *Journal of Information Technology and Application in Education, 1*(3), 108–111.

Chen, W. S., & Yao, A. T. Y. (2016). An empirical evaluation of critical factors influencing learner satisfaction in blended learning: A pilot study. *Universal Journal of Educational Research, 4*(7), 1667–1671.

Dziuban, C. D. (2016a). Assessing outcomes and blended learning research. In C. D. Dziuban, A. G. Picciano, C. R. Graham & P. Moskal (Hrsg.), *Conducting research in outline and blended learning environments. New pedagogical frontiers* (S. 158–172). New York/London: Routledge.

Dziuban, C. D. (2016b). Big data in online and blended learning research. In C. D. Dziuban, A. G. Picciano, C. R. Graham & P. Moskala (Hrsg.), *Conducting research in outline and blended learning environments. New pedagogical frontiers* (S. 143–157). New York/London: Routledge.

Eraslan, E., İç, Y. T., & Yurdakul, M. (2016). A new usability evaluation approach for touch screen mobile devices. *International Journal of Business and Systems Research, 10*(2–4), 186–219.

Findlay-Thompson, S., & Mombourquette, P. (2014). Evaluation of a flipped classroom in an undergraduate business course. *Business Education & Accreditation, 6*(1), 63–71.

Graham, C. R., Woodfield, W., & Harrison, J. B. (2013). A framework for institutional adoption and implementation of blended learning in higher education. *The Internet and Higher Education, 18,* 4–14.

Hadzhikoleva, S., Hadzhikolev, E., Totkov, G., & Doneva, R. (2010). About electronic assessment, Accreditation and management of the quality of teaching in higher education. *Anniversary International Conference* REMIA, 10–12.

Hedberg, J. G., & Reeves, T. C. (2015). E-learning evaluation. In B. H. Khan & M. Ally (Hrsg.), *International handbook of e-learning* (Theoretical perspectives and research, Bd. 1, S. 279–294). New York/London.

Hegner, M. (2003). *Methoden der Evaluation von Software*. IZ- Arbeitsbericht. Informationszentrum Sozialwissenschaften der Arbeitsgemeinschaft Sozialwissenschaftlicher Institute e.V.

Jethro, O. O., Grace, A. M., & Thomas, A. K. (2012). E-learning and its effects on teaching and learning in a global age. *International Journal of Academic Research in Business and Social Sciences, 2*(1), 203–210.

Johannessen, G. J. H., & Hornbæk, K. (2014). Must evaluation methods be about usability? Devising and assessing the utility inspection method. *Journal Behaviour & Information Technology, 33*(2), 195–206.

Keengwe, J., & Onchwari, G. (Hrsg.). (2016). *Handbook of research on active learning and the flipped classroom model in the digital age*. Hershey: IGI Global.

Keengwe, J., Onchwari, G., & Oigara, J. (Hrsg.). (2014). *Promoting active learning through the flipped classroom model*. Hershey: IGI Global.

Kemper, G. (2010). Evaluation von Bedienoberflächen für e-Learning Applikationen. In H. O. Mayer & W. Kriz (Hrsg.), *Evaluation von eLernprozessen. Theorie und Praxis* (S. 201–220). Oldenbourg: München.

Kerres, M. (2013). *Mediendidaktik. Konzeption und Entwicklung mediengestützter Lernangebote* (4. Aufl.). München: Oldenbourg.

Kuckartz, U. (2014). *Mixed methods. Methodologie, Forschungsdesigns und Analyseverfahren*. Wiesbaden: Springer.

Kumpu, M., Atkins, S., Zwarenstein, M., & Nkonki, L. (2016). A partial economic evaluation of blended learning in teaching health research methods: a three-university collaboration in South Africa, Sweden, and Uganda. *Global Health Action, 9*. https://doi.org/10.3402/gha.v9.30448.

Manny-Ikan, E., Dagan, O., Berger-Tikochinski, T., & Zorman, R. (2011). Using the interactive white board in teaching and learning – An evaluation of the SMART CLASSROOM pilot project. *Interdisciplinary Journal of E-Learning and Learning Objects, 7*(1), 249–273.

Mayer, H. O., & Kriz, W. (2010). *Evaluation von eLernprozessen. Theorie und Praxis*. München: Oldenbourg.

Moreno, R., & Mayer, R. E. (2000). A coherence effect in multimedia learning: The case for minimizing irrelevant sounds in the design of multimedia instructional messages. *Journal of Educational Psychology, 92*(1), 117–125.

Moriz, W. (2008). *Blended-learning. Entwicklung, Gestaltung, Betreuung und Evaluation von E-Learningunterstütztem Unterricht*. Norderstedt: Books on Demand.

Moskal, P. D. (2016). Longitudinal evaluation in online and blended learning. In C. D. Dziuban, A. G. Picciano, C. R. Graham & P. Moskal (Hrsg.), *Conducting research in outline and blended learning environments. New pedagogical frontiers* (S. 127–142). New York/London: Routledge.

Moskal, P., Dziubana, C., & Hartman, J. (2013). Blended learning. A dangerous idea? *The Internet and Higher Education, 18,* 15–23.

Niegemann, H. M. (2001). *Neue Lernmedien*. Bern/Göttingen: Huber.

O'Flaherty, J., & Phillips, C. (2015). The use of flipped classrooms in higher education: A scoping review. *The Internet and Higher Education, 25,* 85–95.

Orfanou, K., Tsellos, N., & Katsanos, C. (2015). Perceived usability evaluation of learning management systems: Empirical evaluation of the system usability scale. *International Review of Research in Open and Distributed Learning, 16*(2), 227–246.

Ossiannilsson, E. (2010). Benchmarking eLearning in higher education. Findings from EADTU's E-xcellence+project and ESMU's benchmarking exercise in eLearning. In M. Soinila & M. Stalter (Hrsg.), *Quality assurance of e-learning* (Bd. Report 14, S. 32–44). Helsinki: ENQA.

Oztekin, A., Delen, D., Turkyilmaz, A., & Zaim, S. (2013). A machine learning-based usability evaluation method for eLearning systems. *Decision Support Systems, 56*, 63–73.

Papanis, E. (2013). *Traditional teaching versus e-learning*. Mytilene: University of the Aegean.

Pape-Koehler, C., Immenroth, M., Sauerland, S., Lefering, R., Lindlohr, C., Toaspern, J., & Heiss, M. (2013). Multimedia-based training on Internet platforms improves surgical performance: a randomized controlled trial. *Surgical Endoscopy, 27*, 1737–1747.

Picciano, A. G., Dziuban, C. D., & Graham, C. R. (Hrsg.). (2014). *Blended learning. Research perspectives* (Bd. 2). New York/London: Routledge.

Porter, W. W., Graham, C. R., Spring, K. A., & Welch, K. R. (2014). Blended learning in higher education: Institutional adoption and implementation. *Computers & Education, 75*, 185–195.

Reinhold, A. (2015). Das Experteninterview als zentrale Methode der Wissensmodellierung in den Digital Humanities. *Information. Wissenschaft & Praxis, 66*(5–6), 327–333.

Rodriguez-Bilella, P., Marinic Valencia, S., Alvarez, L. S., Klier, S. D., Hernández, A. L. G., & Tapella, E. (2016). *Evaluation standards for Latin America and the Caribbean*. Buenos Aires: ReLAC.

Sarodnik, F., & Brau, H. (2016). *Methoden der Usability Evaluation: Wissenschaftliche Grundlagen und praktische Anwendung* (3. Aufl.). Bern: Hogrefe.

Scheg, A. G. (Hrsg.). (2015). *Implementation and critical Assessment of the flipped classroom experience*. Hershey: IGI Global.

Sindler, A., Bremer, C., Dittler, U., Hennecke, P., Sengstag, C., & Wedekind, J. (Hrsg.). (2006). *Qualitätssicherung im E-Learning*. Waxmann: Münster.

Stockmann, R., & Meyer, W. (2014). *Evaluation. Eine Einführung* (2. Aufl.). Opladen/Toronto: Barbara Budrich.

Surjono, H. D. (2014). The evaluation of a moodle based adaptive e-learning system. *International Journal of Information and Education Technology, 4*(1), 89–92.

Süss, D., Lampert, C., & Wijnen, C. W. (2013). *Medienpädagogik. Ein Studienbuch zur Einführung* (2. Aufl.). Wiesbaden: Springer.

Taylor, J. A., & Newton, D. (2013). Beyond blended learning: A case study of institutional change at an Australian regional university. *The Internet and Higher Education, 18*, 34–60.

Tergan, S. O. (2001). Ansätze zur Evaluation der Qualität von Lernsoftware. *Personalführung, 2*, 50–62.

Tergan, S. O., & Schenkel, P. (Hrsg.). (2004). *Was macht E-Learning erfolgreich? Grundlagen und Instrumente der Qualitätsbeurteilung*. Berlin/Heidelberg: Springer.

Thoms, B., & Eryilmaz, E. (2014). How media choice affects learner interactions in distance learning classes. *Computers & Education, 75*, 112–126.

Yousef, A. M. F., Chatti, M. A., & Schroeder, U. (2015). Video-based learning: A critical analysis of the research published in 2003–2013 and future visions. eLmL 2014 In *The sixth international conference on mobile, hybrid, and on-line learning*, 112–119.

# Teil VI
# Ökonomische und rechtliche Aspekte

# Betriebliche Aspekte von digitalen Bildungsangeboten

Volker Zimmermann

## Inhalt

1 Der Bildungsmarkt .................................................................. 560
2 Marktsegmente ..................................................................... 562
3 Aspekte einer digitalen Bildungsstrategie .......................................... 564
4 Umsatz- und Kostenplanung ........................................................ 569
Literatur ............................................................................. 570

### Zusammenfassung

Demokratisierung, Digitalisierung und Globalisierung sind die drei Megatrends im Bildungsbereich. Bildungsanbieter in allen Märkten, ob Schulen, Hochschulen oder Unternehmen sowie Weiterbildungsakademien stehen demnach vor der Frage, wie sie ihre digitalen Bildungsangebote gestalten und nutzen sollen. Das Angebot an digitalen Bildungsangeboten steigt massiv, ebenso die Zahl der Anbieter in den jeweiligen Angebotssegmenten. Der Beitrag gibt einen Überblick über die wesentlichen Markt- und Anbietersegmente sowie die betrieblichen Aspekte, die bei der Entwicklung einer betrieblichen Bildungsstrategie und digitalen Bildungsarchitektur zu berücksichtigen sind.

### Schlüsselwörter

Marktsegmente · Bildungsstrategie · Digitale Bildungsarchitektur · Bildungstechnologien · Kostenkomponenten betrieblicher Bildung

---

V. Zimmermann (✉)
Neocosmo GmbH, Starterzentrum Campus A1.1, Saarbrücken, Deutschland
E-Mail: volker@neocosmo.de

## 1  Der Bildungsmarkt

In Deutschland nimmt statistisch gesehen fast jeder Einwohner mindestens einmal pro Jahr an einer Bildungsmaßnahme teil. Konsolidiert man Daten aus dem Bildungsbericht des Bundes von 2012 (BMBF 2012), aus Bildungsstudien des IDW Institut der deutschen Wirtschaft (IDW 2014), des DIE Deutschen Institut für Erwachsenenbildung (Dietrich und Widany 2007) und von Statista (2016), so kommt man auf folgende Zahlen: Über 52 Mio. Menschen sind pro Jahr in einer von ca. 3,2 Mio. Bildungsmaßnahmen. Diese Bildungsleistung wird von über 70.000 Bildungsinstitutionen unterschiedlicher Größe und unterschiedlicher Bereiche erbracht.

Mit über 39 Mio. Teilnehmern ist der Weiterbildungsmarkt, bestehend aus beruflicher und privater Weiterbildung sowie Fortbildung, das größte Segment des Bildungsmarktes, bezogen auf die jährlichen Teilnehmerzahlen. Die Ausgaben pro Bildungsmaßnahme pro Teilnehmer betragen im beruflichen Bereich ca. 1100 Euro, privat werden durchschnittlich 210 Euro ausgegeben. Die Anzahl der Bildungsanbieter liegt bei ca. 18.000, die meisten davon sind sehr klein (unter 10 Mitarbeiter), ca. 5500 davon können als mittel bezeichnet werden (10 bis 50 Mitarbeiter), nur wenige Bildungsanbieter haben über 50 Mitarbeiter. In Deutschland sind vollberuflich ca. 60.000 Dozenten bzw. „Trainer" beschäftigt.

Mit rund 11 Mio. Schülern, davon ca. 2,5 Mio. Berufsschülern, ist der Schulbereich das zweitgrößte Segment. Aus Sicht der öffentlichen Ausgaben ist die Schule der größte Bildungsbereich, wobei die meisten Mittel in Gebäude, Infrastruktur und Personalkosten langfristig gebunden sind. Es gibt ca. 8800 berufliche Schulen und 34.500 allgemeinbildende Schulen in Deutschland. Die Grundmittel pro Schüler betragen im Bundesschnitt 6360 Euro pro Jahr. Es sind über 1,08 Mio. Lehrkräfte beschäftigt.

Mit rund 2,5 Mio. Studierenden und über 550 Institutionen ist das Segment der Hochschulen (Universitäten, Fachhochschulen und Berufsakademien) hinsichtlich der Teilnehmerzahlen zwar das kleinste der drei Segmente, allerdings wird hier am meisten Geld pro Kopf investiert. Die Grundmittel pro Studierender pro Universität liegen bei 7200 Euro pro Jahr. Es sind ca. 111.000 Personen als Vollzeit-Lehrkräfte (Professoren, Privatdozenten usw.) beschäftigt. 380 Hochschulen sind öffentlich finanziert, die anderen überwiegend privat.

Die großen Zahlen legen nahe, dass die Digitalisierung für die Bildung in Deutschland eigentlich eine hohe Relevanz haben müsste. Die Realität im Alltag unserer Schulen, Hochschulen und Weiterbildungsinstitutionen sieht aber immer noch anders aus. Meist ist die Technologie nur in Nischenbereichen angekommen bzw. allenfalls auf den privaten Anwendungszweck begrenzt. Dafür, dass sich dies jetzt sehr schnell ändern wird, gibt es immer mehr Anzeichen:

- Verschiedene, seit vielen Jahren bereits erforschte Technologien erreichen seit einigen Jahren eine deutlich höhere Akzeptanz bei den Endanwendern. So entstehen aus „e-Learning Kursen" unter dem neuen Begriff „MOOC Massive Open Online Courses" neue Bildungsformate, die inzwischen nahezu alle Hochschulen dazu anregen über das Thema nachzudenken und kritische Diskussionen zu führen. Aus vermeintlich einfachen Lehrvideos in Kombination mit interaktiven Übungstools entstanden in den letzten Jahren auch im Bereich Schule und Nachhilfe zahlreiche Angebote. Analog werden Lernplattformen und soziale Netzwerke im Internet zusammengeführt und begeistern zunehmend die Dozenten als Unterstützungsplattform für ihre Bildungsprozesse. Aufgrund der mobilen Nutzbarkeit und Offenheit werden alle Lösungen deutlich einfacher in der Handhabung, leichter zugänglich und kostengünstiger. (Freitag und Zimmermann 2013).

- Der digitale Lebensstil und die Gewohnheiten der Nutzer haben sich quer über alle Generationen und unabhängig vom Alter stark geändert, denn die Verfügbarkeit von Smartphone und Internet ist deutlich gestiegen. „Digital ist immer und überall" könnte man sagen. Damit ist auch die Ausstattungsfrage in Bildungsinstitutionen nicht mehr so vordergründig, wie sie es vielleicht noch vor zwei oder drei Jahren gewesen ist. Inzwischen verfügen nahezu alle Schüler und Studierenden laut BVDW Bundesverband Digitale Wirtschaft über ein Smartphone mit Internetzugang (BVDW 2014). Die Mehrheit der Teilnehmer verfügt sogar über zwei mobile Endgeräte, also Smartphone plus Laptop oder Tablet, über 10 % verfügen sogar über drei Endgeräte.
- Die Art wie sich Technologie in unserer Gesellschaft ausbreitet hat sich stark verändert. Während vor Jahren Organisationen entschieden haben was genutzt wird und das Management die Umsetzung von oben – also „top-down" – geführt hat, werden neuerdings Veränderungen in Organisationen von den Nutzern selbst erprobt, vorgeschlagen und zur Anwendung gebracht – also „bottom-up". Entsprechend ist davon auszugehen, dass auch in der Bildung künftig die Technologieauswahl verstärkt durch die Nutzer selbst erfolgen wird, statt durch das Management. Die Verbreitung wird sich beschleunigen, die Akzeptanz von vornherein erhöht.
- Die Wirtschaft investiert massiv in neue Bildungstechnologien, neue Anwendungen entstehen in hochdynamischer Form. Allein im Jahr 2016 wurden in den USA 1,2 Mrd. US Dollar Venture Kapital im Segment „EdTech" investiert. Um die Zahl zu veranschaulichen: im Vergleich zu Europa entspricht dies dem gesamten Venture Kapital der IT Branche im gleichen Jahr (Kim 2014).
- Die Bildungspolitik in Deutschland entdeckt das Thema wieder für sich. Bildungsnahe Stiftungsorganisationen wie die Bertelsmann Stiftung, die Telekom Stiftung und der Deutsche Stifterverband haben große Initiativen und Aktivitäten in diesem Bereich gestartet.

Langfristig wird auch die Bildung von der Digitalisierungswelle auf breiter Basis und nicht mehr nur in Nischenbereichen erfasst werden (Milius und Zimmermann 2014). Es werden immer mehr digitale Anwendungen verfügbar sein, die unsere Bildungsorganisationen verändern werden. Jede einzelne Bildungsorganisation wird von ihren Teilnehmern getrieben werden, sich gegenüber der Digitalisierung zu öffnen und zu entscheiden wie und in welchem Maße sie sich dem Thema widmet, Anwendungen im Unterricht zulässt, Prozesse verändert und interne Standards setzt.

Die Politik wird gefordert die Rahmenbedingungen zu setzen, die es ermöglichen die Technologie im Bildungsalltag sinnvoll einzusetzen. Die Bildungsträger müssen die Mittelzuwendung entsprechend umgestalten.

Dabei wird die Digitalisierung alle Bildungsbereiche erfassen, also Schule, Hochschule und Weiterbildung. Insofern wird in diesem Beitrag ein möglichst genereller Ansatz verfolgt und eine allgemeine Begrifflichkeit angewendet. So wird von „Bildungsanbieter" sowie von „Teilnehmer" und von „Dozent" gesprochen. Gleichwohl wird es je nach Bildungsbereich spezifische Aspekte der Digitalisierung geben. Unterschiede können auf Seiten der Akzeptanz der Lehrmethoden liegen, im besonderen Schutzbedarf von jüngeren Menschen, in finanziellen Rahmenbedingungen und Möglichkeiten, in emotionalen Barrieren im Umgang mit Technologien bei den diversen Zielgruppen, in Fragen der Gleichbehandlung und Inklusion. Sofern spezifische Aspekte zu beachten sind, wird in dem Beitrag durch die Wahl der Begrifflichkeit darauf aufmerksam gemacht. Es wird dann beispielsweise von Schulen, Schülern und Lehrkräften oder von Hochschulen, Studierenden und Professoren gesprochen.

## 2  Marktsegmente

Seit Beginn der internetgestützten Bildungstechnologien und den Anfängen des e-Learning in der Mitte der 90er-Jahre wird der Markt in drei Segmente untergliedert:

1. Inhalte,
2. Technologien und Plattformen,
3. Konzepte und Methoden.

Je Segment haben sich verschiedene Angebote mit entsprechenden Produkt- und Dienstleistungsanbietern entwickelt. Die meisten Anbieter haben sich auf ein Segment spezialisiert, um bzgl. der anderen Segmente unabhängig zu sein. Einige Anbieter decken aber auch mehrere bzw. alle Segmente gleichzeitig ab, sie bezeichnen sich oft selbst als „Full-Service-Anbieter". Grund für diese Segmentierung liegt in den Bedarfsstrukturen der Anwenderorganisationen – also den Anforderungen der Unternehmen, Hochschulen oder Schulen. Diese benötigen für ihre digital-gestützten Leistungsangebote und Projekte entsprechende Realisierungspartner. Sie werden von Fragen geleitet wie: „Wo bekomme ich die Inhalte für meine Themen her, welche Inhalte davon kann ich standardmäßig einkaufen, welche muss ich selbst produzieren bzw. kann diese von welchem Anbieter produzieren lassen." „Welche Lernplattformen oder Werkzeuge brauche ich, um meine geplanten Prozesse zu unterstützen, wie lassen sich meine Angebote, Inhalte und Nutzer verwalten, wie kann ich die Nutzung meiner Angebote analysieren und den Lernerfolg auswerten?" und drittens: „Wer kann mich bei der Gestaltung meiner Bildungsarchitektur konzeptionell, strategisch, technisch und didaktisch unterstützen, welche neuen Lernkonzepte und Didaktiken gibt es, mit wem kann ich das Projekt realisieren?".

Jedes einzelne Segment kann dabei weiter unterteilt werden. Das Segment „**Digitale Bildungsinhalte**" kann beispielsweise untergliedert werden nach dem mediengestützten Produktformat. Dabei gibt es eine Vielzahl an Gestaltungsmöglichkeiten und Formaten. Die wichtigsten Formate sind:

- Lernprogramme und -module
- Online-Kurse
- eBooks
- Lernvideos
- Mobile Lernapps
- Lernspiele
- Simulationen (zunehmend 3-Dimensional)
- Virtual Reality Lernanwendungen
- Augmented Reality Lernanwendungen

Für die jeweiligen Formate gibt es im Markt jeweils Standardinhalte-Anbieter als auch Individualproduzenten (Content-Agenturen). Es gibt offene Angebote, die kostenfrei und für jeden zugänglich sind, und geschlossene Angebote, die nur nach Registrierung oder Zahlung eines Kostenbeitrags genutzt werden können. Gerade die offenen Online-Kurse – vielfach auch bekannt in der Form der sogenannten *Massive Open Online Courses* (MOOC's) spielen eine zunehmend wichtige Rolle. Vielfach werden die Inhalte auch als „Open Educational Resources" (OER) bereitgestellt. Dann sind sie in einer Lizenzform zur offenen, freien Verwendung gedacht. Vielfach werden sie sogar von Lehrkräften und Dozenten aus einem Fachbereich gemeinsam entwickelt.

Das Segment „**Technologie und Plattformen**" kann unterteilt werden in:

- Plattformen zur Unterstützung von Lernprozessen – i. d. R. Learning Management Systeme und Lernportale,
- Tools zur Unterstützung der Inhaltserstellung – auch Autorentools genannt,
- Werkzeuge zur Prüfung der Lernergebnisse, also Testtools und -plattformen,
- Content-Bibliotheken („Repositories"), also Plattformen, die auf die Bereitstellung einer großen Masse von Inhalten und deren Vertrieb ausgerichtet sind,
- Plattformen für Micro-Learning und Wissensmanagement – hier steht die ad-hoc-Suche von Inhalten passend zu einem konkreten Wissensbedarf im Vordergrund,
- soziale Lernlösungen zum Austausch von Erfahrungen und Vernetzung von Experten.

Die Klammer rund um diese Lösungen bilden oftmals die erstgenannten Learning Management Systeme, in jüngster Zeit wird bei der Integration mehrerer Plattformkonzepte auch von „Learning Experience Plattformen" gesprochen (Bersin 2017). Dann stehen weniger die Management-Prozesse, sondern soziale Lernerfahrungen und Micro-Learning im Vordergrund des Gestaltungsansatzes. Auch auf Technologieseite gibt es die Unterscheidung zwischen offenen und kommerziellen Lösungen. Zunehmend mehr Lösungen werden als Cloud-Service angeboten, d. h. sie werden von dem Anbieter im Netz als Softwaredienst betrieben und können zu jährlichen oder monatlichen Subskriptionskosten gemietet werden. In den Mietaufwendungen sind dann die Softwarelizenzen, Betreiberkosten, Updates, Wartung und technischer Support enthalten. Alternativ können Lösungen über eine einmalige Softwarelizenz zuzüglich Wartungs- und Supportkosten erworben werden.

Das Segment „**Bildungskonzepte und -methoden**" ist ein Dienstleistungssegment. Hier geht es um Unterstützungsleistungen von der strategischen und didaktischen Beratung über die Entwicklung einer Bildungsarchitektur, die Festlegung der Basisinfrastruktur, Auswahl der zu einer Organisation passenden Lösung, die Unterstützung der Implementierung bis hin zum Betrieb der Lösung. Dabei werden die zu einem Thema passenden didaktische Lernmethoden erarbeitet. Didaktische Methoden, die besonders zu digitalen Bildungsangeboten passen, sind z. B. Inverted oder Flipped Classroom, Inquiry Learning, Guppen-Lernen oder des Selbstlernen in Verbindung mit Übungsaufgaben und neuen Formen der Zusammenarbeit im Lernprozess.

## 3  Aspekte einer digitalen Bildungsstrategie

Unternehmen und Bildungsinstitutionen, die sich mit digitalen Technologien zur Unterstützung oder Begleitung ihrer Angebote beschäftigen und ihre eigene Lösungslandschaft realisieren wollen, müssen eine Vielzahl von Aspekten bei der Gestaltung ihrer digitalen Bildungsstrategie und -architektur beschäftigen. Abb. 1 stellt diese Aspekte im Überblick dar.

Von oben im Uhrzeigersinn betrachtet, geht es um folgende Themen:

**Didaktik:** Der Erfolg von digital gestützten Bildungsmaßnahmen wird v. a. über die didaktische Konzeption bestimmt, neben der richtigen technischen Umsetzung und einem guten User Interface Design (Schwär 2017). Die gewählte didaktische Methode soll dazu dienen, ein Lernerlebnis zu schaffen, das den Lernenden hilft, eine Transformation von einer Kompetenz-Ausgangssituation hin zu einem Kompetenzziel zu durchlaufen. Am Anfang des didaktischen Konzepts geht es um die Rahmenbedingungen. Dazu gehören die Analyse der Zielgruppe sowie die Definition von Lernzielen. Es werden Fragen gestellt wie:

- Was ist das Lernproblem?
- Was ist der Zweck des Angebotes?
- Wer sind die Teilnehmer?
- In welcher Situation befinden sie sich gerade, wenn sie lernen sollen?
- Wie viel Vorwissen haben sie?
- Was motiviert sie, an dem Angebot teilzunehmen?
- Was erwarten Sie sich von dem Angebot?
- Was brauchen die Lernenden, um mithalten zu können?
- Was könnten mögliche Lernhindernisse sein?

Als zweiter Schritt im Rahmen der didaktischen Konzeption wird gefragt, worin die Transformation besteht, die die Lernenden während des Kurses durchlaufen

**Abb. 1** Komponenten einer betrieblichen digitalen Bildungsstrategie und -architektur

sollen. Dafür werden die Lernziele definiert. Wenn man sich darüber gleich zu Beginn Gedanken macht, fällt es später leichter die genauen Lerninhalte und die geeigneten Lehrmethoden festzulegen. Auf Basis der Lernziele werden verschiedene didaktische Gestaltungsoptionen möglich, wie z. B. Lernen mit direkter Instruktion, Lernen mit Text, kollaboratives Lernen und Gruppenarbeit, Lernen durch Üben und Tun, Lernen an Lösungsbeispielen, Beobachtungslernen und Modell-Lernen (siehe weiter Schwär 2017; Hattie 2009).

**Content und Bildungsformate**: Im Vordergrund der Inhaltsfrage steht die Themen- und Medienplanung. Es werden die bei der Zielgruppe benötigten Kompetenzen, Themen und pro Thema das abgeleitete Unterrichtskonzept bzw. Curriculum und ggf. „Story Design" sowie die damit verbundenen geeigneten Formate erarbeitet. Je Thema werden die Inhaltsmodule, Lerndauer, Programmstrukturen und Medienformate sowie verantwortlichen Autoren und Inhaltslieferanten festgelegt. All dies erfolgt möglichst unabhängig von Technologiefragen und Produktionsprozessen. Die Ergebnisse der Themen-, Medien- und Autorenplanung fließen in eine Beschaffungs- und Produktionsplanung ein. Im Rahmen der Beschaffungsplanung wird analysiert, welche Medien und Bildungsinhalte bereits am Markt oder im Web verfügbar sind, um sie für den eigenen Einsatz zu lizensieren oder zu verwenden. Da es bereits eine Vielzahl an Webinhalten – vielfach auch kostenfrei – gibt, kann ggf. ein Teil des Medienbedarfs über eine „Kuratierung" dieser Inhalte gedeckt werden. Dann würde es ausreichen, die nicht am Markt verfügbaren Inhalte – also die Inhaltslücken – in Eigenproduktion zu erstellen. Für die selbst zu produzierenden Inhaltsmodule müssen die Autoren- und Produktionsprozesse erarbeitet und eine Produktionsplanung erstellt werden. Dies kann auch die Auswahl von Dienstleistern umfassen, die diese Inhalte entwickeln. Je nach didaktischem Konzept und geplantem Medienformat sind unterschiedliche Entwicklungsschritte zu gehen.

**Prozesse und Standards**: Vielfach kommt eine Kombination verschiedener Medien in einem Bildungsangebot zum Einsatz. Im Rahmen der Erstellung von Online-Kursen beispielsweise besteht ein häufig verwendeter Medienmix aus der Kombination von Video-Inhalten (Videolektionen) mit begleitenden Lernmaterialien (Skripte, weiterführende Dokumente etc.), multimedialen Simulationen, interaktiven Übungen, Webinar-Einheiten und speziellen Apps. Je nach Medienformat können die Planungs- und Produktionsprozesse sehr unterschiedlich sein. Auch bietet es sich an, aus ökonomischen Gründen Design- und Konzeptstandards festzulegen. So sollten z. B. das Grundlayout der Inhalte, das grundlegende Kursdesign und visuelle Look&Feel festgelegt werden, um zu einem möglichst einheitlichen Lernkonzept über alle zu produzierenden Inhalte zu kommen. Es sollte auch je Medienformat ein Standardproduktionsverfahren erarbeitet werden, in dem die Schritte und Verantwortlichkeiten von der Planung, Grundlayout, inhaltlichen und didaktischen Konzeption, Grafikdesign, Medienentwicklung und Programmierung, Audio- und Videoproduktion, Qualitätssicherung, Projektmanagement und Dokumentation, Pilotierung bis hin zur Publikation definiert werden. Es werden iterative Vorgehensweisen empfohlen, d. h. in kleinen Phasen modulweise den gesamten Prozess mehrfach zu durchlaufen und dabei unterschiedliche Zwischenversionen bis hin zur finalen Version zu erstellen. Dies bietet sich an, da an einem derartigen Prozess meist eine Vielzahl von Personen beteiligt sind: Didaktische Experten, Fachexperten, Designer, Programmierer, Medienentwickler, Video- und Audioproduzenten, Projektmanager, QS-Experten.

**Lokalisierung**: In Kombination mit der Inhaltsplanung und der Erarbeitung der Planungs- und Produktionsprozesse ist die Lokalisierungsfrage zu klären. Wenn die Bildungsinhalte mehrsprachig und für Teilnehmer in verschiedene Kulturregionen gedacht sind, können die damit verbundenen Übersetzungs- und Lokalisierungskosten für Medien die Produktionskosten in einer „Mastersprache" erheblich übersteigen. Es ist deshalb wichtig, die Lokalisierungsbedarfe zu klären und als Rahmenbedingungen in die Erarbeitung der Produktionsprozesse sowie der Formate einzubringen. Fragen, die hier eine Rolle spielen, sind zum Beispiel: Wie werden Videoübersetzungsprozesse organisiert? Sollen diese transkribiert statt übersetzt werden? Macht es Sinn, auf Audio zu verzichten, um die Übersetzungskosten zu reduzieren?

**Technologieplattformen und Tools**: Entscheidungen über die Plattform und die zu verwendenden Werkzeuge sind von hoher Tragweite. Über die Plattform wird die grundlegende Nutzerakzeptanz festgelegt. Fast der wichtigste Aspekt liegt heute auf einem modernen User Interface und einer möglichst gute User Experience. Mobile Nutzbarkeit und ein sogenanntes „Responsive Design" sind heute ein Muss – zumal inzwischen ein Großteil der Nutzer überwiegend mobile Technologien nutzt. Die Plattformentscheidung macht Vorgaben bzw. legt die Rahmenbedingungen für die Gestaltungsmöglichkeiten der Prozesse fest. Deshalb sind Plattformentscheidungen meist eine längerfristige Angelegenheit und können – sind sie einmal im laufenden Betrieb – nicht so einfach verändert oder rückgängig gemacht werden. Bildungsplattformen umfassen funktional die Buchungsprozesse und Workflows wie z. B. Selbstanmeldung, Fremdanmeldung, Massenanmeldung sowie Freischaltungsprozesse für Inhalte nach Termin oder Wissensvoraussetzungen. In einem persönlichen Lernbereich werden Funktionalitäten für die Teilnehmer wie z. B. Lernübersichten, Fortschrittsanzeigen, Kursablauf-Darstellungen und Modulübersichten bereitgestellt. Viele Bildungsangebote laufen entsprechend einer definierten Kurslogik ab, z. B. mit Freischaltung von Modulen nach Fortschritt oder Lernphase. Die Plattformen müssen somit auch Fragestellungen in Verbindung mit der Automatisierung der „Kursmechanik" oder „Lernlogik" lösen. Wichtig sind automatische Benachrichtigungsfunktionen bei Statusänderungen von Inhalten oder Informationen rund um die Lern- und Bildungsprozesse. Von Bedeutung sind aber auch Funktionen und Tools zur Zusammenarbeit in Bildungsangeboten – sogenannte „Social Learning Funktionen", sei es zum Austausch in Übungsforen, WIKIs und Glossarfunktionen oder Tools zur direkten Zusammenarbeit und Messaging-Funktionen. Aus administrativer Sicht sind in den Plattformen Funktionen zur Inhalts- und Teilnehmerverwaltung, zum Kursmanagement, zum Katalogmanagement oder zur Verwaltung von Fragen, Tests, Kompetenzen, Prüfungsergebnissen und Zertifikaten enthalten. Viele Plattformen liefern Analytics-Funktionen, um Lernergebnisse, Lernerfolg, Beteiligungsquoten und Benutzerreports erstellen zu können, sowohl bezogen auf den Teilnehmer selbst als auch bezogen auf die Bildungsinstitution, die diese Auswertungen über ihr Angebot und ihre Teilnehmer hinweg jederzeit zur Ableitung von Maßnahmen zur Gestaltung des Bildungsangebotes benötigt. Teil der Entscheidungen über die Plattformen und Tools betreffen auch Speziallösungen wie Virtual Classroom/Webinar-Technologien, Video-Managementlösungen, Micro-Learning-Lösungen zur dauerhaften Bereitstellung von Inhalten zum informellen Lernen sowie die Verknüpfung mit Social Software Systemen zur Zusammenarbeit in Lerngruppen.

Hinsichtlich der Basisinfrastruktur muss sich ein Unternehmen oder eine Bildungsinstitution überlegen, ob sie die Lösungen als Softwareservice aus der Cloud bezieht oder selbst die Lösung sozusagen in der eigenen technischen Verantwortung („On premise") betreibt. Damit verbunden sind Fragen der Datensicherheit, des Datenschutzes, der Skalierbarkeit und Integrationsfähigkeit in Lösungen, mit denen ein Datenaustausch oder eine Nutzerauthentifizierung erforderlich ist.

**Organisationskonzept**: Digitale Bildungsangebote können nur dann erfolgreich und vor allem nachhaltig implementiert werden, wenn die Bildungsinstitution sich auf die damit verbundenen Aufgaben organisatorisch einstellt. Ein „traditionelles" Präsenz-Bildungsgeschäft folgt ganz anderen Regeln, Abläufen und Geschäftsmodellen als digitale Bildungsangebote. Nötig ist deshalb auf das digitale Geschäft hin ausgerichtete Organisationsstruktur. Zudem sind bei den Mitarbeitern in dieser Organisation digitale Gestaltungskompetenzen eine zwingende Voraussetzung. Der Investitionsaufwand, digitale Bildungsangebote zu gestalten, kann im Vergleich zu einzelnen Präsenzworkshops ungleich höher sein. Vermarktung und Teilnehmerbetreuung können auf der anderen Seite prinzipiell besser skalieren. Der Teilnehmerbetreuungsaufwand verringert sich in der Regel, v. a. aber steigen andere Effekte wie Flexibilität, geringere örtliche Bindung etc. Bei Einsatz asynchroner Betreuungstools und intelligenter Techniken zur Automatisierung von Lernworkflows können Angebote mit vielen Teilnehmern digital sehr gut organisiert werden. Insofern wird es nötig sein, die jeweiligen Aufgaben wie Planungs- und Produktionsprozesse, Teilnehmerbetreuung, Marketing und Vertrieb sowie Management für die digitale Welt speziell aufzustellen. Nicht umsonst werden in den Bildungsinstitutionen, die ihre Angebote digitalisieren, oft Organisationseinheiten wie „Course Factory", „Tutoring Center" oder „Online-Marketing Unit" gegründet, in denen die wichtigsten organisatorischen Aufgaben, nämlich Konzeption und Produktion, Teilnehmerbetreuung und -administration, sowie Vermarktung und Vertrieb gebündelt werden.

**Rollout-Strategie**: Ein wichtiger Aspekt innerhalb einer digitalen Bildungsarchitektur ist die Beantwortung der Frage, wie die digitalen Bildungsangebote bei den jeweiligen Zielgruppen positioniert und kommuniziert werden sollen. Die Entwicklung einer klaren Produktpositionierung und eines Vermarktungs- und Rolloutplans unter Nutzung von e-Marketing-Tools geht mit der Entwicklungsstrategie einher. In vielen Fällen bietet es sich an, den Rollout mit einer Pilotgruppe zu beginnen, um von den ersten Teilnehmern Rückmeldungen zur Verbesserung des Bildungsangebots in das Gesamtkonzept integrieren zu können. Die Rollout-Strategie umfasst auch die Frage, welche Primär- und Sekundärzielgruppen adressiert werden. Die 4 P's des Marketings zu Promotion, Pricing, Placement und Product im Sinne von Produktkonzept sind im Rahmen der Rollout-Strategie zu beantworten.

**Erfolgsfaktoren**: Nicht zuletzt sind die Kriterien festzulegen, anhand derer der Erfolg der Investitionen in die digitalen Bildungsangebote und Technologien gemessen wird. Die Messung von Lernerfolg kann ein Teil davon sein, wobei dieses Kriterium meist schwer erfassbar ist und fundierte Kenntnisse in der formativen und summativen Evaluation von Bildungsangeboten erfordert. Quantitative Analysen wie Zahl der Teilnehmer, Logins, Beteiligungsquote, Beteiligungsintensität etc. sind übliche Erfolgsfaktoren. Massive Open Online Courses beispielsweise werden oft an ihrer Zertifikatsquote gemessen – wie viele der für einen Kurs angemeldeten Teilnehmer letztlich am gesamten Kurs mit Erfolg teilgenommen haben. Umgekehrt ergibt sich dann eine Drop-Out-Quote, also die Abbrecherquote, die hier meist zwischen 80 und 90 % der Anmeldungen liegt. Dies hört sich zunächst nach viel an. Angesichts von insgesamt hohen Teilnehmerzahlen schließen in Online-Kursen im gleichen Zeitraum dennoch oft viel mehr Teilnehmer ab, als dies mit klassischen „On Campus" Methoden möglich wäre. Leider sagen solche Zahlen nicht viel über die Qualität der Inhalte oder der Betreuung der Teilnehmer aus.

All die oben genannten Aspekte sind als Teil einer Bildungsstrategie zu definieren und auszuarbeiten.

## 4 Umsatz- und Kostenplanung

Die im Rahmen der Entwicklung der Bildungsstrategie getroffenen Entscheidungen werden in der entsprechenden Umsatz- und Kostenplanung zum digitalen Bildungsangebot quantifiziert. Eine solche Umsatz- und Kostenplanung setzt sich in ihren wichtigsten Positionen wie folgt zusammen:

Basis der Umsatzplanung ist die **Absatzplanung**, also die Planung der Menge an zu verkaufenden Einheiten pro Zeiteinheit in einem definierten Markt für ein bestimmtes Kundensegment bzw. eine bestimmte Zielgruppe. Wird beispielsweise ein Geschäftsmodell verfolgt, bei dem die Teilnehmer einen Einmalpreis pro Kurs bezahlen, so ist für die Absatzplanung die Anzahl der verkauften Kursteilnehmer relevant. Wird ein Geschäftsmodell verfolgt, bei dem die Teilnehmer eine Mitgliedschaft erwerben, um ein Wissensangebot kontinuierlich nutzen zu können, so zielt die Absatzplanung auf die Anzahl der Mitglieder pro Zeiteinheit ab. Wiederum andere Geschäftsmodelle zielen darauf ab, Bildungsangebote online gänzlich kostenfrei anzubieten, z. B. um diese als Marketinginstrument für die Gewinnung von Nutzern für andere Produkte oder kostenpflichtige Bildungsangebote nutzen zu können. Es kann aber auch sein, dass die Bildungsangebote als Zusatzelement zu einem Produktservice verkauft werden. Die Absatzplanung wird in der Regel aus dem Marktpotenzial abgeleitet oder es werden vergleichbare Wettbewerber und deren Verkaufszahlen als Benchmark in die Absatzplanung einbezogen.

Auf Basis der Absatzplanung wird die **Umsatzplanung** erstellt. Sie ergibt sich im einfachsten Fall aus der geplanten Absatzmenge pro Zeiteinheit multipliziert mit dem geplanten Verkaufspreis des Bildungsangebots. Komplizierter wird es, wenn zielgruppenspezifische Sonderpreise, Markteinführungspreise oder vergünstigte Mengenpreise eine Rolle spielen.

Die **Kostenplanung** setzt sich zusammen aus einmaligen Kosten und laufenden Kosten pro Zeiteinheit. Die **einmaligen Kosten** ergeben sich aus den Kosten für Dienstleistungen wie z. B. zur Beratung, Konzeptionsunterstützung oder Softwareeinführung. Zudem können je nach Beschaffungsmodell für Inhalte und Software einmalige Lizenzkosten anfallen. Meist sind diese dann gestaffelt in Abhängigkeit der geplanten Absatzmengen pro Jahr. Werden Softwarekomponenten, Apps oder Inhalte individuell produziert, so sind die Projekterstellungskosten als einmalige Kosten einzukalkulieren. Die **laufenden Kosten** bestehen aus Wartungs-, Support- und Betriebskosten für die Softwarelösungen – in der Regel werden diese monatlich oder jährlich berechnet. Hinzu kommen ggf. Pflegekosten für lizenzierte oder erstellte Inhalte. Die laufenden Kosten umfassen zudem Marketing- und Vertriebskosten, die in Relation zu den geplanten Absatzzahlen zu planen sind. Die Personalkosten können je nach Geschäftsmodell und Produktkonzept eine größere Kostenposition darstellen: Personalkosten können anfallen für die Erstellung, Produktion und laufende Teilnehmerbetreuung sowie Teilnehmeradministration. Sie fallen zudem an für Abrechnung und Buchhaltung, für Projektsteuerung und General Management.

## Literatur

Bersin, J. (2017). *Watch out, corporate learning: Here comes disruption.* Forbes Online https://www.forbes.com/forbes/welcome/?toURL=https://www.forbes.com/sites/joshbersin/2017/03/28/watch-out-corporate-learning-here-comes-disruption/&refURL=&referrer=#b020eacdc59f. Zugegriffen am 04.05.2017.

BMBF. (2012). *Bildung in Deutschland 2012 – Ein indikatorengestützter Bericht mit einer Analyse zur kulturellen Bildung im Lebenslauf.* Autorengruppe Bildungsberichterstattung. Berlin: Bundesministerium für Bildung und Forschung.

BVDW. (2014). *Faszination Mobile – Verbreitung, Nutzungsmuster und Trends.* Berlin: BVDW Bundesverband Digitale Wirtschaft.

Dietrich, S., & Widany, S. (2007). *Weiterbildungseinrichtungen in Deutschland – Problemaufriss für eine Erhebungsstrategie.* Deutsches Institut für Erwachsenenbildung. http://www.die-bonn.de/doks/dietrich0701.pdf. Zugegriffen am 04.05.2017.

Freitag, K., & Zimmermann, V. (2013). Massive open online courses. *IM Information Management und Consulting, 1,* 52–57.

Hattie, J. (2009). *Visible learning.* New York: Routledge.

IDW. (2014). *Bildungsmonitor 2014 – die richtigen Prioritäten setzen.* Köln: Institut der deutschen Wirtschaft.

Kim, P. (2014). *Learning Technologies and Global Education System,* Tagung von Stifterverband für die Deutsche Wissenschaft und CHE Gemeinnütziges Centrum für Hochschulentwicklung „MOOCs and beyond – Chancen, Risiken und Folgen digitaler Bildungsangebote für die deutsche Hochschullandschaft". Berlin.

Milius F., Zimmermann, V. (2014). *Willkommen Digital Lifestyle – Gestaltungsoptionen für Bildungsanbieter.* Saarbrücken: NEOCOSMO Whitepaper.

Schwär, S. (2017). *Wie Ihr Online-Kurs ein Erfolg wird – Leitfaden Kurserstellung und Videoproduktion.* Saarbrücken: NEOCOSMO Whitepaper.

# Rechtliche Aspekte des Einsatzes von Bildungstechnologien

## Janine Horn

## Inhalt

| | | |
|---|---|---|
| 1 | Einleitung | 571 |
| 2 | Urheberrechtliche Aspekte | 572 |
| 3 | Datenschutzrechtliche Aspekte | 576 |
| 4 | Fazit | 580 |
| Literatur | | 581 |

### Zusammenfassung

Zur Veranschaulichung des Lehrstoffs ist es unabdingbar, Texte, Bilder oder Filme Lernenden zugänglich zu machen. Dabei handelt es sich häufig um urheberrechtlich geschützte Werke, deren Nutzung nur unter Beachtung der Urheberrechte zulässig ist. In dem Kapitel werden die rechtlichen Rahmenbedingungen der erlaubnisfreien Nutzung von urheberrechtlich geschützten Werken zur Veranschaulichung von Unterricht und Lehre allgemeinverständlich dargestellt. Im Vordergrund steht dabei die Durchführung neuer mediengestützter Unterrichts- und Lehrformen. Diese ermöglichen auch die Erstellung von Lernprofilen und die Aufzeichnung von Lehrveranstaltungen. In diesem Zusammenhang wird auf datenschutzrechtliche Aspekte eingegangen.

### Schlüsselwörter

Lernportale · UrhWissG · DSGVO · Open Educational Resources · Creative Commons

---

J. Horn (✉)
ELAN e.V., Oldenburg, Deutschland
E-Mail: horn@elan-ev.de

© Springer-Verlag GmbH Deutschland, ein Teil von Springer Nature 2020
H. Niegemann, A. Weinberger (Hrsg.), *Handbuch Bildungstechnologie*,
https://doi.org/10.1007/978-3-662-54368-9_48

## 1 Einleitung

Die Vermittlung von Lehrinhalten erfolgt mittlerweile zeit- und ortsunabhängig auf Lernportalen im Internet. Abbildungen, Texte, Film- und Tonsequenzen sowie Unterrichtsaufzeichnungen und Kurse zum Selbstlernen (MOOCs) werden zum Abruf bereitgestellt. Das Lern- und Lehrverhalten von Lernenden und Lehrenden kann zudem elektronisch erfasst und ausgewertet werden (E-Tracking). Doch nicht alles was technisch möglich ist, ist auch erlaubt. Vor allem urheberrechtliche und datenschutzrechtliche Aspekte müssen beachtet werden.

## 2 Urheberrechtliche Aspekte

Werden urheberrechtlich geschützte Texte, Bilder, Film- und Tonsequenzen auf Lernportalen zugänglich gemacht, sind stets die Urheberrechte zu beachten. Rechtsverletzungen können kostenpflichtige Unterlassungs- und Schadensersatzansprüche nach sich ziehen. Die Verwendung von urheberrechtlich geschützten Inhalten zu Unterrichtszwecken greift regelmäßig in die den Rechteinhaber/innen zustehenden Verwertungsrechte ein. Damit stellt sich die weitergehende Frage, ob die Verwendung im Lernportal ausnahmsweise nach einer *gesetzlichen Nutzungserlaubnis* des Urheberrechtsgesetzes erlaubnisfrei zulässig ist (Kreutzer und Hirche 2017, S. 47). Andernfalls muss sich die Bildungseinrichtung um eine entsprechende Lizenz bei den Rechteinhaber/innen bemühen. Alternativ kann auf *Open Educational Resources* (OER) zurückgegriffen werden (Kreutzer und Hirche 2017, S. 25). Aber auch hier sind Lizenzbestimmungen zu beachten.

### 2.1 Neue gesetzliche Nutzungserlaubnisse für Unterrichtszwecke

Am ersten März 2018 trat das Urheberrechts-Wissensgesellschafts-Gesetz (UrhWissG) in Kraft (BT-Drs. 18/12329). Das Urheberrechtsgesetz (UrhG) erhielt u. a. mit § 60a und § 60b UrhG für den Unterricht und die wissenschaftliche Lehre zwei neue gesetzliche Nutzungserlaubnisse. Der bis dahin geltende § 52a UrhG entfiel. Diese neuen Regelungen erlauben urheberrechtlich geschützte Werke in einem bestimmten Umfang als Lehrmaterial im Unterricht oder in der Lehre erlaubnisfrei einzusetzen bzw. in Lehrmedien einzubinden. Ab dem ersten März 2018 geschlossene Lizenzverträge dürfen nichts vereinbaren, was diese Rechte wieder einschränkt, vgl. § 60g UrhG. Davor geschlossene Lizenzverträge gehen den neuen Nutzungserlaubnissen jedoch vor, vgl. § 137o UrhG. Vorrangig sind auch günstigere Lizenzen, insbesondere CC-lizenzierte Inhalte. Die neuen Nutzungserlaubnisse gelten zunächst bis zum 28. Februar 2023. Dann sollen sie evaluiert und über ihr Weiterbestehen entschieden werden, vgl. § 142 UrhG.

Grundsätzlich dürfen die Werke nur unverändert verwendet werden. Technisch erforderliche Änderungen, wie Formatierungen, sind aber erlaubt. Neuerdings dürfen Texte ohne vorherige Zustimmung der Urheber/innen auch inhaltlich abgeändert werden, sofern dies zur Veranschaulichung des Unterrichts- bzw. Lehrstoffs erforderlich ist und diese Änderungen kenntlich gemacht werden, z. B. Annotationen. Dienen urheberrechtlich geschützte Texte oder Bilder hingegen als Vorlage, um persönlich gestaltetes Lehrmaterial herzustellen, bedarf dies der vorherigen Zustimmung der Urheber/innen des Originals, vgl. § 23 UrhG. Das ist immer dann der Fall, wenn nicht so umfangreiche Änderungen oder Ergänzungen erfolgen und das Ursprungsmaterial mit seinen charakteristischen Zügen noch erkennbar bleibt. Beispielsweise Grafiken farblich geändert werden. Dient ein Werk nur als Anregung und wird ein eigenständiges neues Werk geschaffen, kann dieses von der/dem Verfasser/in frei verwertet werden (Horn 2015, S. 147).

Ein am Werk angebrachter Kopierschutz darf nicht eigenständig entfernt werden, obwohl die anschließende Nutzung gesetzlich erlaubt wäre. Eine Freigabe zur Nutzung kann aber bei den Rechteinhaber/innen eingefordert werden. Allerdings gilt dies nicht für Materialien aus Online-Datenbanken, vgl. § 95a–95d UrhG, z. B. Artikel aus elektronischen Zeitschriften. Hier bleibt es dem/der Rechteinhaber/in überlassen, eine Nutzungserlaubnis zu erteilen oder nicht. Die Werke dürfen auch nicht *rechtswidrig* kopiert oder ins Internet hochgeladen worden sein, vgl. § 96 UrhG. Aus einer Raubkopie darf also nicht zitiert werden.

### 2.1.1 Lehrmaterialien den Kurs-/Unterrichtsteilnehmern/innen zugänglich machen

§ 60a UrhG erlaubt Bildungseinrichtungen, wie Hochschulen und Schulen, ausdrücklich 15 % eines veröffentlichten Werkes zu nicht kommerziellen Zwecken unter Angabe von Urheberschaft und Quelle zu verwenden. Bei einer Verwendung zu Prüfungszwecken kann ausnahmsweise auf die Quellenangabe verzichtet werden. Veröffentlicht sind alle Werke, die in einem Verlag erschienen oder im Internet frei zum Download stehen. Nicht veröffentlicht im urheberrechtlichen Sinn sind hingegen Seminar- und Hausarbeiten oder Archivmaterial. Hier ist eine vorherige Einwilligung der Rechteinhaber/innen zur Nutzung erforderlich.

Privilegiert wird nicht nur das Kopieren und Bereitstellen zum Download, sondern auch das bisher nicht ausdrücklich freigestellte Verteilen von Kopien, sowie die Bild-/Tonwiedergabe im Seminarraum. Abbildungen, Aufsätze aus *Fach- und wissenschaftlichen Zeitschriften* und sonstige *Werke geringen Umfangs* dürfen vollständig genutzt werden. Das sind z. B. Texte von nicht mehr als 25 Seiten, Filme und Musiktitel von nicht mehr als fünf Minuten sowie Partituren von nicht mehr als sechs Seiten, (BT-Drs. 18/12329, S. 35). Dies gilt nun auch für *vergriffene Werke*, wie im Buchhandel nicht mehr erhältliche Bücher.

Einschränkend dürfen *Zeitungs- oder Zeitschriftenartikel*, ebenso wie Schulbücher an Schulen, nicht verwendet werden, vgl. § 60a Abs. 3 Nr. 2 UrhG. Die Nutzung von Zeitungsartikeln und Auszügen von Schulbüchern ist aber zumindest an Schulen aufgrund entsprechender vertraglicher Vereinbarungen mit den Verwertungsgesellschaften und Verlagsverbänden zulässig (https://urheber.info/aktuelles/2018-07-10_erster-gesamtvertrag-nach-neuen-regeln-fuer-alle-schulen). Solange für Hochschulen eine solche vertragliche Regelung nicht existiert, dürfen vollständige Zeitungsartikel in der Hochschullehre nicht verwendet werden, sondern nur zu 15 % (BT-Drs. 18/13014, S. 30).

Wie zuvor dürfen Noten nur als Download zugänglich gemacht, aber nicht als Kopie verteilt werden, vgl. § 60a Abs. 3 Nr. 3 UrhG. Für die Texte von Liedern gilt das nicht. Sie dürfen als *Werke geringen Umfangs* vollständig verwendet werden. Weiterhin dürfen keine Bild- und Ton-Mitschnitte von Film- und sonstigen Aufführungen oder Vorträgen angefertigt und verwendet werden, vgl. § 60a Abs. 3 Nr. 1 UrhG.

Die Werke dürfen nicht nur den Lernenden der jeweiligen Unterrichtsveranstaltung, sondern auch Lehrenden und Prüfer/innen derselben Bildungseinrichtung sowie Dritten zur Präsentation der Unterrichts- oder Lernergebnisse zugänglich gemacht werden. Etwa Eltern an Schulen oder wissenschaftlichen Kommissionen an Hochschulen. Die campusweite bzw. schulweite Nutzung für Studierende bzw. Schüler/innen ist aber weiterhin nicht erlaubt. Das Lehrmaterial darf weiterhin nur einer geschlossenen Nutzergruppe bzw. begrenzten Personenkreis zugänglich gemacht werden.

Für die Nutzungen zu Lehr- und Unterrichtszwecken ist eine angemessene Vergütung an die Urheber/innen über die Verwertungsgesellschaften zu entrichten. § 60h UrhG nennt die Pauschalzahlung oder repräsentative Stichprobe für eine nutzungsabhängige Berechnung. In der Regel schließen die Bundesländer für Hochschulen und Schulen in *öffentlich-rechtlicher* Trägerschaft entsprechende Gesamtverträge mit den Verwertungsgesellschaften. Für Schulen ist ein entsprechender Gesamtvertrag bereits geschlossen worden (https://urheber.info/aktuelles/2018-07-10_erster-gesamtvertrag-nach-neuen-regeln-fuer-alle-schulen). Für Hochschulen nur mit der VG Bild-Kunst (https://www.bibliotheksverband.de/dbv/vereinbarungen-und-vertraege/urheberrecht-gesamtvertraege.html).

### 2.1.2 Unterrichts- und Lehrmedien erstellen

§ 60b UrhG ermöglicht Werke zu benutzen, um bspw. Schul- oder Lehrbücher, Lehrmodule und Lehrfilme zu erstellen. Wichtig ist, dass Werke unterschiedlicher Urheber/innen übernommen und die erstellten Lehrmedien ausschließlich zur nicht kommerziellen Nutzung in Bildungseinrichtungen bestimmt und gekennzeichnet werden. Es dürfen 10 % eines veröffentlichten Werkes unter Angabe von Urheberschaft und Quelle übernommen werden. Im Übrigen wird bzgl. des zulässigen Nutzungsumfangs auf § 60a UrhG verwiesen. Die Vergütung hat je nach Werkart über die zuständige Verwertungsgesellschaft durch die Bildungseinrichtung bzw. die Lehrenden selbst zu erfolgen.

Kostenfrei und ohne vorherige Erlaubnis dürfen gemäß § 51 UrhG fremde Inhalte in einem bestimmten Umfang zur Veranschaulichung des Lehrstoffs im Wege des Zitats in Lehrmedien, wie Lehrbücher oder Skripte übernommen und verbreitet werden, (LG München, Az. 21 O 312/05). Erforderlich ist, dass die übernommenen Inhalte hinreichend erläutert bzw. auf diese Bezug genommen wird. Dabei dürfen die Zitate nicht die eigenen Ausführungen überwiegen, also keine reine Zitatensammlung darstellen. Grundsätzlich dürfen nur Stellen eines Werkes zitiert werden. Soweit sachlich erforderlich, dürfen auch ganze Werke zitiert werden, wie im Fall des wissenschaftlichen Zitats und des Bildzitats. Wichtig ist, dass die fremden Inhalte unverändert zitiert und kenntlich gemacht werden. Auch die Urheberschaft und die Quelle muss angegeben werden. Mit dem UrhWissG wurde das Zitatrecht dahingehend ergänzt, dass z. B. für das Zitat eines Gemäldes auch ein schon vorhandenes Foto verwendet werden darf, welches selbst Urheberrechtsschutz genießt. Ob die Erläuterungen sich nur auf das Gemälde oder auch auf das Foto selbst beziehen, ist dabei unerheblich. Zudem wird klargestellt, dass ein Zitat auch in einem selbst nicht schutzfähigen Werk, wie bspw. Bilder in Foliensätzen, erfolgen darf (BT-Drs. 18/12329, S. 32).

## 2.2 Open Educational Resources

Ohne vorher eine Erlaubnis der Rechteinhaber/innen für die konkrete Nutzung einzuholen, kann auch auf Open Educational Resources (OER) bzw. Material unter *freien Lizenzen* zurückgegriffen werden. Beispielsweise stehen die Inhalte in Wikipedia unter einer freien Lizenz. Auch Lehrende können ihre selbst erstellten Materialien mit einer solchen Lizenz versehen und öffentlich teilen, sofern nicht die Bildungseinrichtung als Arbeitgeber bzw. Dienstherr befugt ist, über die Nutzungsrechte zu verfügen, vgl. § 43 UrhG. In der Regel ist die kostenfreie Nutzung vollständiger Werke möglich. OER-Material kann nicht nur in das Lernportal eingestellt werden, sondern auch in selbst erstelltes Lernmaterial, wie im Internet frei verfügbare Skripte, eingebunden werden.

Die überwiegend verwendete freie Lizenz für solches Material ist die Creative Commons-Lizenz (CC-Lizenz), (Kreutzer und Hirche 2017, S. 37). Texte, Musik oder Filme die unter der CC-Lizenz veröffentlicht wurden, darf jedermann vergütungsfrei, zeitlich und räumlich unbeschränkt auf alle Nutzungsarten nutzen. Vorausgesetzt die Urheberschaft wird genannt, vgl. das Lizenzmodul BY. Neben dem grundlegenden Lizenzmodul BY gibt es die Module ND, SA und NC, welche die Nutzungsbefugnis einschränken. Aus den vier Lizenzmodulen ergeben sich wiederum sechs Lizenzmodelle (Kreutzer 2016, S. 30).

ND (no deratives) bedeutet, dass nur exakte Kopien des Werks verbreitet werden dürfen und keine Bearbeitungen. SA (share alike) bedeutet, dass das Werk bearbeitet und bearbeitete Versionen veröffentlicht werden dürfen, aber nur unter der ursprünglichen Lizenz oder einer kompatiblen Lizenz. Ein mit Musik unterlegtes Video darf also nicht unter einer CC-Lizenz zur kommerziellen Verwertung freigestellt werden, wenn die CC-Lizenz der Musik auf die nicht kommerzielle Nutzung (NC) beschränkt ist. NC (non commercial) besagt, dass die Nutzung nicht vorrangig auf einen geldwerten Vorteil gerichtet sein darf. Dies gilt bezogen auf die konkrete Nutzung, nicht auf das Aufgabengebiet der Nutzenden. Bildungseinrichtungen handeln also nicht per se *nicht kommerziell*. Unklar bleibt, ob die Verwendung etwa in Kursen mit kostendeckender Gebühr als kommerziell gilt. Derartige Zweifel an der Auslegung von Begriffen in Lizenzklauseln gehen allerdings zu Lasten der Urheber/innen, die diese vorformulierte Lizenz (sog. AGB) verwenden. So dass

Inhalte zumindest in dieser Hinsicht verwendet werden können, auch wenn nicht ganz klar ist, ob bereits *kommerzielles* Handeln vorliegt (OLG Köln, Az. 6 U 60/14).

Die CC-Lizenz regelt nur die Urheberrechte. Zu anderen Rechten, insb. Persönlichkeits- und Datenschutzrechten von abgebildeten Personen, enthält die Lizenz keine Aussage. Im Zweifel ist bei Bildern die Zustimmung der abgebildeten Person einzuholen. Zudem enthält die CC-Lizenz keine Rechtezusicherung und auch keine Haftungsfreistellung, wie bei kommerziellen Lizenzverträgen üblich (Horn 2018, S. 10). Wird bspw. ein Bild ohne Absprache mit dem/der Urheber/in unter einer CC-Lizenz in das Internet gestellt, kann dieser/diese die Lehrenden bzw. die Bildungseinrichtung auf Schadensersatz verklagen. Das Urheberrecht kennt keinen *gutgläubigen Erwerb* von Nutzungsrechten und schützt die nichtsahnenden Nutzer/innen nicht. Gleiches gilt für Bilder, die in Bilddatenbanken im Internet angeboten werden, sofern die Nutzungsbedingungen keine Rechtezusicherung enthalten. In der Regel lassen sich die Datenbankanbieter/innen die Rechte von der/demjenigen, welche/r die Bilder hochlädt, zusichern und von der Haftung gegenüber Dritten freistellen. Dies gilt aber nur im Verhältnis zwischen diesen beiden Personen und nicht zu den Lehrenden als Nutzer/innen.

Neben den Lizenzen bietet Creative Commons auch Public Domain Werkzeuge (Steinhau und Pachali 2017). Insbesondere verwenden Museen und Archive die Public Domain Mark, um Werke als gemeinfrei zu kennzeichnen. Dabei handelt es sich bspw. um Bilder, die nicht mehr nach dem Urheberrecht geschützt sind, da die Schutzfrist abgelaufen ist.

## 3 Datenschutzrechtliche Aspekte

Ab dem 28. Mai 2018 gilt für die Verarbeitung personenbezogener Daten an Bildungseinrichtungen die Europäische Datenschutzgrundverordnung (DSGVO). Grundsätzlich gilt die DSGVO in Deutschland unmittelbar. Die DSGVO geht von einem weiten Begriff der Verarbeitung aus, vgl. Art. 4 Nr. 2 und Nr. 6 DSGVO. Nahezu jeder Umgang mit personenbezogenen Daten anderer Personen, vom Erheben bis zum Übermitteln, ist eine Verarbeitung laut DSGVO. Das gilt unabhängig davon ob ein Computer eingesetzt wird oder nicht.

Personenbezogene Daten sind Einzelangaben über persönliche oder sachliche Verhältnisse über eine bestimmte oder bestimmbare Person. Bildungseinrichtungen können als Betreiberinnen der Lernportale ohne großen Aufwand die hinter der Nutzerkennung stehende Person durch einen Abgleich der bei der Registrierung bzw. Immatrikulation erhobenen Bestandsdaten ermitteln. Zu den personenbezogenen Daten gehören auch Nutzungsdaten, wie die IP-Adresse oder Logfiles über Zugriffe auf bestimmte Ressourcen sowie Inhaltsdaten, wie Studien- und Prüfungsleistungen. Auch Bild- und Tonaufnahmen von bestimmbaren Personen im Rahmen von Unterrichts- und Vorlesungsaufzeichnungen sind personenbezogene Daten.

Keine personenbezogenen Daten liegen hingegen vor, wenn die Daten hinreichend anonymisiert sind, bspw. Statistikdaten ausschließlich in *anonymer Form* verfügbar sind. Dabei dürfen aber nicht durch allgemein verfügbare Zusatzinformationen Rückschlüsse auf bestimmte Betroffene möglich sein. Das kann bei anonymen Statistiken mit kleinen Referenzgruppen der Fall sein.

Auch nach der DSGVO ist die Erhebung und Verarbeitung personenbezogener Daten verboten, es sei denn die Lernenden haben wirksam *eingewilligt* oder eine *gesetzliche Rechtsgrundlage* in der DSGVO bzw. im deutschen Recht erlaubt dies. Öffnungsklauseln in der DSGVO gestatten den nationalen Gesetzgebern, ggf. in einem vordefinierten Rahmen, von den in der Regel strengeren Bestimmungen der DSGVO abzuweichen. Solche Ermächtigungsnormen (spezifische Bestimmungen) für die Verarbeitung personenbezogener Daten zu Unterrichts- und Lehrzwecken sind für *öffentlich-rechtliche* Bildungseinrichtungen, wie Schulen und Hochschulen, in den jeweiligen Landesdatenschutz-, Landesschul- und Landeshochschulgesetzen zu finden. Siehe z. B. für niedersächsische Hochschulen § 13 NDSG für die Verarbeitung von Forschungsdaten und § 17 NHG für die Verarbeitung von Studierendendaten. Für Bildungseinrichtungen, welche *nicht in öffentlich-rechtlicher* Trägerschaft stehen, gilt das Bundesdatenschutzgesetz (BDSG), z. B. § 27 BDSG für die Verarbeitung von Forschungs- und Statistikdaten.

Für die Veröffentlichung von Personenfotos kann das Kunsturhebergesetz (KUG) seit der Geltung der DSGVO nicht mehr in jedem Fall herangezogen werden (Die Landesbeauftragte für den Datenschutz Niedersachsen 2018a). Ein Rückgriff auf das KUG ist zukünftig nur noch zu journalistischen, künstlerischen, wissenschaftlichen oder literarischen Zwecken möglich, vgl. Art. 85 DSGVO. Beispielsweise zur personifizierten Bildberichterstattung im Rahmen der Öffentlichkeitsarbeit oder zu Lehr- und Forschungszecken. Nach § 22 KUG bedarf die Veröffentlichung von Personenfotos der Einwilligung der abgebildeten Personen, sofern nicht einer der in § 23 KUG geregelten Ausnahmefälle vorliegt. Nach bisheriger Rechtsprechung konnte die Einwilligung formfrei, also auch mündlich, erteilt werden und war nicht ohne wichtigen Grund widerrufbar.

Fraglich ist, ob sich öffentliche Stellen auf das KUG berufen können (Die Landesbeauftragte für den Datenschutz Niedersachsen 2018). Die bisherige Rechtsprechung qualifiziert Personenaufnahmen zu Lehrzwecken an Hochschulen als Datenverarbeitung im öffentlichen Bereich. Diese ist nach den strengeren Landesdatenschutzgesetzen zu beurteilen (VG Stuttgart, Az. 3 K2222/07). Auch existiert noch keine Rechtsprechung zur DSGVO-konformen Auslegung des KUG (LG Frankfurt/M., Az. 2/3 O 283/18).

Personenaufnahmen im Bereich des Studiums bzw. Unterrichts an *nicht öffentlich-rechtlichen* Bildungseinrichtungen können auf eine jederzeit widerrufbare Einwilligung oder alternative Erlaubnistatbestände, wie die Ausübung *berechtigter Interessen* nach Art. 6 Abs. 1 lit. f DSGVO gestützt werden, sofern die Rechte der Betroffenen nicht überwiegen. Im Rahmen der Interessenabwägung können weiterhin die Ausnahmeregelungen nach § 23 KUG berücksichtigt werden (z. B. Bilder von Prominenten, Personen nur als *Beiwerk* vor Gebäuden, Bilder von Versammlungen, Tagungen etc.). Die berechtigten Interessen sind zu dokumentieren, den abgebildeten Personen mitzuteilen und auf die Widerrufmöglichkeit hinzuweisen.

Personenaufnahmen im Bereich des Studiums bzw. Unterrichts an *öffentlich-rechtlichen* Bildungseinrichtungen, wie Hochschulen und Schulen, können auf eine jederzeit widerrufbare Einwilligung oder auf alternative Erlaubnistatbestände im jeweiligem Landesdatenschutz-, Landeshochschul- oder Landesschulgesetz gestützt werden. Dabei ist immer der Grundsatz der Verhältnismäßigkeit einzuhalten und die Datenverarbeitung auf das Unvermeidbare zu begrenzen. Insbesondere ist es häufig zur Erfüllung des Lehrzwecks nicht erforderlich, Aufnahmen von Lehrveranstaltungen im Internet zu veröffentlichen. Zur Aufgabenerfüllung erforderlich und somit ohne vorherige Einwilligung zulässig, könnte bspw. eine direkte Übertragung in einen anderen Hörsaal wegen hoher Zahl von Teilnehmern/innen sein oder zur Vor- und Nachbereitung den Kursteilnehmer/innen zugänglich zu machen.

Ohne vorherige Einwilligung ist die Verarbeitung personenbezogener Daten Lernender auf Lernportalen nach Art. 6 Abs. 1 lit. b DSGVO zulässig, sofern diese unbedingt erforderlich ist, damit die Bildungseinrichtung den von den Lernenden angefragten Dienst zur Verfügung stellen kann. Weitere Verarbeitungen, insbesondere E-Tracking, wären nach Art. 6 Abs. 1 lit. f DSGVO nur aufgrund einer Interessenabwägung zulässig. Erforderlich wäre, dass an der Verarbeitung ein „berechtigtes Interesse" besteht und kein berechtigtes Interesse der Lernenden überwiegt. Bei dieser Abwägung spielt die *Pseudonymisierung* oder *Verschlüsselung* personenbezogener Daten eine Rolle. Die berechtigten Interessen sind zu dokumentieren, den Lernenden mitzuteilen und auf eine Widerrufmöglichkeit hinzuweisen. Do-Not-Track-Signale in den Einstellungen des Browsers sind zudem als automatisierter Widerruf zu berücksichtigen. Auf diesen gesetzlichen Erlaubnistatbestand können sich allerdings *öffentlich-rechtliche* Bildungseinrichtungen, wie Hochschulen oder Schulen, nicht berufen, vgl. Art. 6 Abs. 1 Satz 2 DSGVO. Hier ist eine Einwilligung unverzichtbar.

Die Datenverarbeitung auf einen gesetzlichen Erlaubnistatbestand zu stützen, ist vorteilhaft. Es entfällt der Aufwand, von einer Vielzahl von Betroffenen (z. B. Studierenden eines Fachs) eine Einwilligung nachweisbar einzuholen. Im Gegensatz zur jederzeit grundlos widerrufbaren Einwilligung, ist ein Widerspruch gegen die Datenverarbeitung nur in *besonderen Situationen* zulässig, vgl. Art. 21 DSGVO. Allerdings macht der Widerruf einer erteilten Einwilligung die erfolgte Datenverarbeitung nicht rechtswidrig, sondern die Datenverarbeitung ist umgehend einzustellen, z. B. Personenfotos aus dem Internet zu entfernen.

Eine rechtswirksame Einwilligung muss unmissverständlich und freiwillig für den bestimmten Fall und in informierter Weise mit Hinweis auf die Widerrufsmöglichkeit abgegeben werden, vgl. Art. 4 Nr. 11 DSGVO. Zweifel an der *Freiwilligkeit* bestehen nach der DSGVO bei einem klaren Ungleichgewicht zwischen Betroffenen und des/r für die Datenverarbeitung Verantwortlichen, vgl. EWG 42 und 43 DSGVO. Das kann im Verhältnis Hochschullehrer/in und Studierenden oder Lehrer/in und Schüler/innen der Fall sein. Zudem ist das *Kopplungsverbot* zu beachten, vgl. Art. 7 Abs. 4 DSGVO. Die Teilnahme an einer Unterrichts-/Lehrveranstaltung darf nicht von einer Einwilligung in die Datenverarbeitung abhängig gemacht werden, sofern dies nicht erforderlich ist. Gegebenenfalls müssen Alternativen angeboten werden. So darf von Studierenden, die an einer Vorlesung teilnehmen wollen, nicht verlangt werden, dass sie zuvor in die Filmaufnahme der

Vorlesung einwilligen, es sei denn die Aufnahme ist für die Ausbildung selbst erforderlich.

Inhaltlich muss sich die Einwilligungserklärung auf einen bestimmten Verarbeitungszweck beziehen, eine pauschale Bezugnahme auf Unterrichts- oder Lehrzwecke genügt eben so wenig wie eine Pauschal-Einwilligung für mehrere Verarbeitungszwecke. Erforderlich ist eine ausdrückliche Erklärung oder eindeutig bestätigende Handlung, z. B. schriftlich oder anklicken eines Kästchens. Diese sollte dokumentiert werden, da die Bildungseinrichtung beweispflichtig ist. Minderjährige, z. B. Schüler/innen, können eine solche ab Vollendung des sechzehnten Lebensjahres rechtmäßig abgeben. Davor bedarf es der Einwilligung durch die Eltern bzw. mit dessen Zustimmung, vgl. Art. 8 DSGVO. Bestehende Einwilligungen müssen überprüft und ggf. DSGVO-konform neu eingeholt werden (Der Bayerische Landesbeauftragte für den Datenschutz 2018).

Unabhängig davon, ob die Verarbeitung personenbezogener Daten auf einer Einwilligung der Lernenden oder einem gesetzlichen Erlaubnistatbestand erfolgt, sind die Lernenden umfassend und einfach verständlich (kindgerecht), in einer unschwer auffindbaren *Datenschutzerklärung* über die Verarbeitung ihrer personenbezogenen Daten zu informieren, vgl. Art. 12, 13, 14 DSGVO. Im Wesentlichen beinhaltet dies:

- Name und Anschrift der Bildungseinrichtung,
- Name und Anschrift des/r Datenschutzbeauftragten,
- Rechte der betroffenen Person auf Auskunft, Berichtigung, Einschränkung der Verarbeitung, Löschung, Datenübertragung in einem interoperablen Format,
- Widerspruchsrecht in besonderen Situationen,
- Recht auf Widerruf von Einwilligungen,
- Recht auf Beschwerde bei einer Aufsichtsbehörde,
- Zweck, für den die personenbezogenen Daten verarbeitet werden,
- Berechtigte Interessen, die mit der Verarbeitung verfolgt werden,
- Verpflichtung zur Bereitstellung personenbezogener Daten seitens des/r Betroffenen und die möglichen Folgen der Nichtbereitstellung,
- Definition der betroffenen Personen,
- Kategorien der verarbeiteten Daten,
- Rechtsgrundlage der Verarbeitung,
- Speicherdauer oder Kriterien für die Festlegung der Speicherdauer,
- Empfänger/innen oder Kategorien von Empfänger/innen,
- Bestehen einer automatisierten Entscheidungsfindung einschließlich Profiling,
- Bestehen einer Auftragsverarbeitung,
- Absicht die personenbezogenen Daten in ein Nicht-EU-Ausland zu übermitteln.

Für *öffentlich-rechtliche* Bildungseinrichtungen ist ein/e Datenschutzbeauftragte/r verpflichtend. Für *nicht öffentlich-rechtliche* Bildungseinrichtungen, wie Vereine, gGmbHs, nur sofern mehr als zehn Mitarbeiter/innen kontinuierlich mit der Verarbeitung personenbezogener Daten befasst sind, vgl. Art. 37 Abs. 1 DSGVO.

Für die Verarbeitung personenbezogener Daten für im öffentlichen Interesse liegende Archivzwecke, für wissenschaftliche oder historische Forschungszwecke sowie für Zwecke der Statistik gibt es laut Art. 89 DSGVO vielfältige Garantien und Ausnahmen. So kann bspw. das Recht auf Datenübertragung oder das Widerspruchsrecht durch Regelungen im Landesdatenschutzgesetz beschränkt werden, vgl. § 13 Abs. 5 NDSG. Das heißt, die Verarbeitung von Forschungsdaten durch Wissenschaftler/innen an Hochschulen oder auch Studierende, die Interviews für ihre Masterarbeit durchführen, wird privilegiert. Auch ein Recht auf Löschung besteht nur, wenn keine Aufbewahrungsfristen, etwa für Prüfungsunterlagen, bestehen. Wechseln Schüler/innen die Schule oder Studierende die Hochschule, haben sie ggf. einen Anspruch auf Herausgabe bzw. Übertragung ihrer Daten aus dem Lernportal in die Systeme der neuen Bildungseinrichtung. Machen die Lernenden als Betroffene von ihren Rechten Gebrauch, sind Bearbeitungs- und Reaktionsfristen einzuhalten. Spätestens innerhalb eines Monats nach Eingang des Antrags ist zur beantragten Maßnahme verpflichtend Stellung zu nehmen, vgl. Art. 12 Abs. 3 DSGVO.

Des Weiteren bestehen folgende Verpflichtungen:

- Melde- und Benachrichtigungspflicht bei Datenschutzverletzungen an die Aufsichtsbehörde und die betroffenen Personen, Art. 33 DSGVO,
- technisch-organisatorischen Maßnahmen (zugangsbeschränkte Räume, Passwortschutz, Nutzungsanweisungen), Art. 24 DSGVO,
- Führung eines Verarbeitungsverzeichnisses, Art. 30 DSGVO,
- Datenschutz durch Technik und datenschutzfreundliche Voreinstellungen, Art. 25 DSGVO,
- Datenschutz-Folgenabschätzung, Art. 35 DSGVO.

Eine Datenschutz-Folgenabschätzung ist bspw. erforderlich bei der Verarbeitung sensitiver Daten, Schülerdaten auf einem Lernportal eines Drittanbieters, automatisierter Prüfungsbewertung, Bewertung oder Einstufung, wie Erfassung des Lernverhaltens oder Evaluation (Die Landesbeauftragte für den Datenschutz Niedersachsen 2018b).

## 4 Fazit

Bildungseinrichtungen und nicht zuletzt einzelne Lehrende müssen sich beim Einsatz von urheberrechtlich geschützten Inhalten zu Lehr- und Unterrichtszwecken genauestens mit dem Urheberrecht auseinandersetzen. Eine praktikable Lösung bietet hier das UrhWissG mit den neuen gesetzlichen Nutzungserlaubnissen, welche digitale *und* analoge Nutzungen von urheberrechtlich geschützten Werken in Unterricht und Lehre ermöglichen, ohne langwierige Lizenzverhandlungen durchführen zu müssen. Der erlaubte Umfang ermöglicht geeignetes Lehrmaterial zusammenzustellen und mit Kollegen/innen zu teilen. Nachteilig erscheint die Beschränkung der Nutzung von Zeitungsartikeln. Wie bereits für Schulen erfolgt, sollte die Nutzung vollständiger Zeitungsartikel durch vertragliche Vereinbarungen im Gesamtvertrag auch in der Hochschullehre ermöglicht werden. Neben den im Urheberrechtsgesetz verbrieften Nutzungserlaubnissen können Lehrende auch auf unter freien Lizenzen verfügbare Inhalte zurückgreifen, da diese Lizenzen die Nutzung des gesamten Werkes ermöglichen. Zudem sollten Lehrende selbst erstellte Lehrinhalte nach dem OER-Gedanken unter freien Lizenzen veröffentlichen.

Da beim Betrieb von Lernportalen auch immer personenbezogene Daten der Lernenden erhoben und verarbeitet werden, ist von der Bildungseinrichtung ein Datenschutzkonzept innerhalb der gesetzlichen Vorgaben zu entwickeln und gegenüber den Lernenden klar und deutlich zu kommunizieren. Sinnvoll ist die Implementierung eines Workflows für die

- automatische Datenlöschung,
- elektronische Antragsstellung,
- Widerspruchs-/Widerruf-Bearbeitung,
- Meldung von Verstößen,
- Übermittlung von Datenpaketen.

## Literatur

Der Bayerische Landesbeauftragte für den Datenschutz. (2018). Die Einwilligung nach der Datenschutz-Grundverordnung. https://www.datenschutz-bayern.de/datenschutzreform2018/einwilligung.pdf. Zugegriffen am 11.06.2019.

Die Landesbeauftragte für den Datenschutz Niedersachsen. (2018a). Anfertigung und Veröffentlichung von Personenfotografien nach dem 25. Mai 2018 im nicht-öffentlichen Bereich. https://www.lfd.niedersachsen.de/startseite/datenschutzreform/dsgvo/anfertigung_und_veroeffentlichung_von_personenfotografien/anfertigung-und-veroeffentlichung-von-personenfotografien-nach-dem-25-mai-2018-166008.html. Zugegriffen am 11.06.2019.

Die Landesbeauftragte für den Datenschutz Niedersachsen. (2018b). Muss-Listen zur Datenschutz-Folgenabschätzung. https://lfd.niedersachsen.de/startseite/datenschutzreform/dsgvo/musslisten_zur_datenschutzfolgenabschaetzung/Muss-Listen-164661.html. Zugegriffen am 11.06.2019.

Horn, J. (2015). *Rechtliche Aspekte digitaler Medien an Hochschulen*. Münster: Waxmann.

Horn, J. (2018). Rechtliche Aspekte bei der Verwendung und Erstellung von OER-Material. Projekt OpERA – OER in der wissenschaftlichen Weiterbildung. https://www.uni-ulm.de/einrichtungen/saps/projekte/opera/. Zugegriffen am 11.06.2019.

Kreutzer, T. (2016). *Open Content – Ein Praxisleitfaden zur Nutzung von Creative-Commons-Lizenzen*. https://www.unesco.de/fr/infothek/publikationen/liste-des-publications/open-content-leitfaden.html. Zugegriffen am 11.06.2019.

Kreutzer, T., & Hirche, T. (2017). *Rechtsfragen zur Digitalisierung in der Lehre – Praxisleitfaden zum Recht bei E-Learning, OER und Open Content*. https://irights.info/wp-content/uploads/2017/11/Leitfaden_Rechtsfragen_Digitalisierung_in_der_Lehre_2017-UrhWissG.pdf. Zugegriffen am 11.06.2019.

Steinhau, H., & Pachali, D. (2017). Was ist Creative Commons Zero? https://oer-contentbuffet.info/edu-sharing/components/collections?id=41df8415-cb49-46dd-a263-e44d269f5710&mainnav=true. Zugegriffen am 11.06.2019.

# Teil VII
# Technische Aspekte der Bildungstechnologie

# Informatik und Bildungstechnologie

Christoph Rensing

## Inhalt

| | | |
|---|---|---|
| 1 | Einleitung | 586 |
| 2 | Technologienutzung und -entwicklung im Bildungsbereich | 587 |
| 3 | Disziplinäres Spannungsfeld zwischen Informatik und Bildungswissenschaften | 594 |
| 4 | Fazit | 600 |
| | Literatur | 601 |

### Zusammenfassung

Technologie im Zusammenhang mit dem Begriff Bildungstechnologie wird oft mit digitalen Informations- und Kommunikationstechnologien gleichgesetzt. Tatsächlich beschäftigen sich viele Fragestellungen der Bildungstechnologie heute mit der Gestaltung des Einsatzes von digitalen Technologien und Anwendungen sowie der Gestaltung multimedialer Lernmaterialien. Bildungswissenschaftler untersuchen dann, wie etablierte und neu verfügbare Technologien von Lehrenden genutzt werden (können), um neue oder geänderte Bildungsarrangements, bzw. -szenarien zu realisieren. Informatiker hingegen beschäftigen sich mit der Entwicklung neuer Informations- und Kommunikationstechnologien. Sie gestalten die Technologien selbst und entwickeln neue Anwendungen. Neben grundlegenden Technologien, die häufig unabhängig von einem konkreten Anwendungsgebiet entwickelt werden, liegt ein Schwerpunkt der angewandten Informatik auf der Entwicklung von Anwendungen für spezielle Anwendungsgebiete, wozu auch der Bildungsbereich zählt. Der Bildungssektor ist also für die Informatik ein Anwendungsgebiet. Im Bildungsbereich genutzte Technologien können somit von solchen unterschieden werden, die originär für den Bildungsbereich entwickelt wurden. Dieses Kapitel

---

C. Rensing (✉)
KOM – Multimedia Communications Lab, Technische Universität Darmstadt, Darmstadt, Deutschland
E-Mail: christoph.rensing@kom.tu-darmstadt.de

gibt aus Sichtweise der Informatik einen Überblick über Technologien, welche primär für den Bildungsbereich entwickelt wurden. Es stellt davon diejenigen Technologien vor, die in anderen Kapiteln dieses Handbuchs nicht explizit betrachtet werden. Weiterhin wird das disziplinäre Spannungsfeld zwischen Informatik als Wissenschaft und anderen Wissenschaften erläutert und ein Vorschlag zur Gestaltung interdisziplinärer Forschung im Bildungsbereich gemacht.

**Schlüsselwörter**

Informatik · Interdisziplinarität · Bildungstechnologie · Autorenwerkzeuge · E-Learning Standards · Repositorien

## 1  Einleitung

Der in den vergangenen Jahren erfolgte technologische Fortschritt ist rasant. Erst seit 1993 existieren Web-Browser, die erstmalig einen einfachen Zugriff auf das Internet boten. Mobile Telefone dienten noch bis 2007 alleine dem Telefonieren und Versenden von SMS und nicht dem Zugriff auf Informationen und soziale Netzwerke über das Internet. So wie die neuen Technologien Einzug in unseren beruflichen und privaten Alltag halten, so nehmen Sie auch Einfluss auf unsere Art zu Lernen und uns Wissen anzueignen. Nicht in jedem Bildungsbereich erfolgt die Nutzung neuer Technologien in der gleichen Geschwindigkeit: Schulen sind sicherlich langsamer als Hochschulen. Nur in 33 % der Berufsschulen sind beispielsweise Lernplattformen im Einsatz (MMB 2016), wohingegen 74 % der Hochschullehrenden gelegentlich oder häufig eine Lernplattform nutzen (MMB 2017). In 66 % der deutschen Großunternehmen wird eine Form des E-Learning eingesetzt (MMB 2014). Die Technologie-induzierten Änderungen sind heute in nahezu allen Bildungsbereichen offensichtlich.

Die Informatik beschäftigt sich im Allgemeinen mit der Darstellung, Speicherung, Verarbeitung und Übertragung von Informationen. Sie entwickelt dazu Visualisierungskonzepte, Datenstrukturen, Algorithmen und Protokolle. Der Teilbereich der „angewandten Informatik" nutzt allgemeine Lösungen der Informatik in verschiedensten Lebensbereichen und gestaltet dazu häufig Anwendungen in Form von Software. Grundlage für die Entwicklung dieser Anwendungen sind die verfügbaren Geräte und Hardware-Komponenten. Diese werden von der technischen Informatik in Zusammenarbeit mit anderen Disziplinen gestaltet, wie beispielsweise der Elektrotechnik, dem Maschinenbau oder der Automatisierungstechnik. Die Anwendungsfelder der Informatik sind zahlreich. Kaum ein Bereich kommt heute ohne Informatik aus: Betriebswirtschaftliche Anwendungen oder medizinische Anwendungen sind klassische Beispiele und zur Entwicklung von solchen Anwendungen arbeiten Betriebswirte bzw. Mediziner mit Informatikern zusammen. Aber auch in der Haustechnik, in Fahrzeugen oder in der Produktion sind Anwendungen der Informatik allgegenwärtig. Auch für den Bildungsbereich entwickelt die Informatik seit vielen Jahren spezielle Anwendungen. Die Gestaltung dieser Anwendungen bedarf ebenfalls einer Zusammenarbeit zwischen Lernpsychologie, Didaktik, Pädagogik und Informatik. Im Gegensatz zur Wirtschaftsinformatik oder Medizininformatik hat sich die Bildungsinformatik bisher nicht als eine eigenständige Disziplin etabliert.

Zielsetzung dieses Kapitels ist es das Spannungsfeld zwischen der Informatik und anderen mit Bildung beschäftigten Disziplinen aufzuzeigen und Vorgehensweise zur interdisziplinären Entwicklung von Bildungstechnologien vorzustellen. Dieses Spannungsfeld erstreckt sich einerseits zwischen einer reinen Nutzung vorhandener Technologien zu Bildungszwecken und dem Wunsch nach einer originären Entwicklung- oder Weiterentwicklung von Technologien und Anwendungen für Bildungszwecke. Das Spannungsfeld ergibt sich aber auch durch unterschiedliche wissenschaftliche Methoden und Vorgehensweisen. Diese beiden Aspekte werden innerhalb des Kapitels betrachtet, um ein Verständnis der jeweils anderen Disziplin zu ermöglichen. Ergänzend werden in Abschn. 2 für den Bildungsbereich entwickelte Technologien (namentlich Autorenwerkzeuge, Repositorien und Lernplattformen) vorgestellt, die heute von hoher praktischer Relevanz im Bildungsbereich sind, aber an anderer Stelle dieses Handbuches nicht betrachtet werden. Damit soll ein Beitrag zur vollständigen Abdeckung der Darstellung von Bildungstechnologien in diesem Handbuch geleistet werden.

## 2 Technologienutzung und -entwicklung im Bildungsbereich

Durch die Verfügbarkeit und Nutzung neuer Technologien ergeben sich vielfältige Änderungen im Lernen und im Wissenserwerb. Nachfolgend werden verschiedene Studien vorgestellt, die die Nutzung vorhandener Technologien im Bildungsbereich analysieren. Zugleich werden Anwendungen originär für den Bildungsbereich entwickelt. Diese werden in diesem Abschnitt klassifiziert und einige, die in anderen Kapiteln dieses Handbuches nicht betrachtet werden, werden detaillierter beschrieben.

### 2.1 Nutzung von Technologien im Bildungsbereich

Häufig werden Technologien und Anwendungen, die originär nicht für einen Einsatz im Bildungsbereich entwickelt wurden, in diesem eingesetzt und ermöglichen so neue digitale oder digital angereicherte Lernszenarien. Ein Beispiel dafür wird ausführlich in Abschn. 3.1 diskutiert. Andere Beispiele sind die Nutzung von Social Software Anwendungen im kollaborativen Lernen (Ebner und Lorenz 2012) oder von mobilen Endgeräten im Mobile Learning.

Regelmäßig wird in Studien untersucht, welche Technologien Einfluss auf den Bildungsbereich haben. Bekannteste Vertreter solcher Studien sind die vom New Media Consortium herausgegebenen Horizon Reports. In diesen Delphi-Studien werden Technologien, denen ein Einfluss auf den Bildungsbereich zugesprochen wird, vorgestellt und beurteilt. Erstmalig wurden 2004 Einschätzungen für den

Hochschulbereich entwickelt und publiziert. Zwischenzeitlich erscheint der Horizon Report Higher Education (Adams Becker et al. 2017) jährlich und es gibt weitere Ausgaben für den primären und sekundären Bildungsbereich, Museen und Bibliotheken, sowie regionale Ausgaben. In einer Sekundäranalyse auf Basis des Horizon Reports werden einzelne genannte Technologien zu Clustern zusammengefasst und so wesentliche Trends bestimmt (Martin et al. 2011). Diese liegen nach den getroffenen Analysen in den Bereichen *Social Web* (2005–2012), *Semantic Web* (2007–2009), *Augmented Reality* (2008–2012), *Immersiven Umgebungen* (2006–2010), d. h. Spielen und virtuelle Welten, sowie *Ubiquität & Mobilität* (2005–2012).

Die Nutzung der Technologien kann einerseits durch die Bildungsinstitution und den Lehrenden initiiert werden: Die Bildungsinstitution stellt dazu beispielsweise Plattformen und Anwendungen zur Verfügung oder der Lehrende bereitet zu vermittelnde Lerninhalte multimedial auf. Andererseits nutzen auch die Lernenden verfügbare Technologien und Anwendungen innerhalb ihres Lernprozesses und sei es nur zur Organisation des Lernens. Dies zeigt sehr deutlich eine im Jahr 2016 durchgeführte Befragung unter Studierenden (Persike und Friedrich 2016). So nutzen beispielsweise 92 % der befragten Studierenden Digitale Präsentationstools oder 82 % Soziale Netzwerke zu Studienzwecken und 98 % greifen auf digitale Texte zu.

Welche Bedeutung einzelne, für den Bildungsbereich entwickelte Technologien haben, ist ebenfalls Gegenstand von Studien. Einen Fokus auf den Bereich der Weiterbildung mit digitalen Medien legt der vom MMB Institut seit 2006 jährlich erstellte Bericht zum mmb Learning Delphi (Michel und Schmid 2017). Grundlage dieser Studie ist die Befragung von jeweils knapp 100 Experten. Dabei ist grundsätzlich eine große Vielfalt von Antworten zu beobachten. Genannt werden relativ etablierte Lernformen wie beispielsweise das Lernen mittels Web based Trainings oder mittels Erklärfilmen. Diese stehen neben neueren Formen, wie Lernumgebungen in virtuellen 3D-Welten oder Adaptiven Lernanwendungen.

Eine Klassifikation des Einsatzes von Bildungstechnologien im Hochschulbereich nehmen Wannemacher et al. (2016) vor. Sie unterscheiden dabei vier Klassen: (1) *digitalisierte oder teilweise digitalisierte Lernelemente,* (2) *digitalisierte oder teilweise digitalisierte Lernformate,* (3) *digitalisierte Wirklichkeit* und (4) *Onlinebasierte Veranstaltungsformate und Studiengänge.* (Teilweise) digitalisierte Lernelemente entsprechen verschiedenen Formen von Lernmedien. Dabei handelt es sich im Hochschulbereich primär um Vorlesungsaufzeichnungen und Freie Bildungsressourcen (Open Educational Resources). Digitalisierte Wirklichkeiten existieren in den Formen Augmented Reality, Virtual Reality und Simulationen. Unter onlinebasierten Veranstaltungsformaten werden von den Autoren solche Formate zusammengefasst, die überwiegend Internet-gestützt stattfinden, also z. B. Online-Seminare, Offene Online-Kurse und Online-Studiengänge. In der Kategorie (teilweise) digitalisierte Lernformate finden sich verschiedene Formen wie beispielsweise Game-based Learning, Mobile Learning, kollaboratives Lernen oder adaptives Lernen, die Gegenstand anderer Kapitels dieses Handbuches sind.

## 2.2 Technologien und Anwendungen für den Bildungsbereich

Im Bildungsbereich werden aber nicht nur Technologien und Anwendungen genutzt, sondern die Informatik entwickelt auch Anwendungen explizit für einen Einsatz in Bildungszusammenhängen. Der Bildungsbereich ist dann ein Anwendungsbereich der Informatik. Abb. 1 zeigt einen Überblick über verschiedene, für den Bildungsbereich entwickelte Technologien. Dies sind einerseits, links dargestellt, solche Systeme oder Anwendungen, die primär von Lehrenden genutzt werden. Dabei handelt es sich um Autorenwerkzeuge zur Erstellung digitaler Lernmedien (an dieser Stelle sind nicht Social Media Anwendungen wie WiKis oder Blogs zur Erzeugung sogenannter nutzergenerierte Inhalte gemeint) und Repositorien zu deren Verwaltung. Repositorien erlauben den Autoren von digitalen Lernmedien die Bereitstellung und Beschreibung dieser Lernmedien im Internet zu dem Zweck, dass sie durch andere Nutzer bezogen und verwendet werden können. Von Lehrenden und Lernenden werden Lernplattformen zur Verwaltung von Lehr- und Lernprozessen genutzt. Auch auf Repositorien kann von Lernenden selbst zugegriffen werden. Inwieweit dies sinnvoll ist, hängt von der Struktur der in den Repositorien gespeicherten Lernmedien ab.

Auf der rechten Seite der Abbildung finden sich solche Systeme und Anwendungen, die primär von den Lernenden genutzt werden. Dazu zählt einerseits die Menge der digitalen Lernmedien, die in verschiedenen Formaten gestaltet sein können. Digitale Lernmedien sind dadurch charakterisiert, dass sie von Lernenden verwendet werden, um Wissen oder Kompetenzen zu erwerben. Viele Lernmedien wenden sich

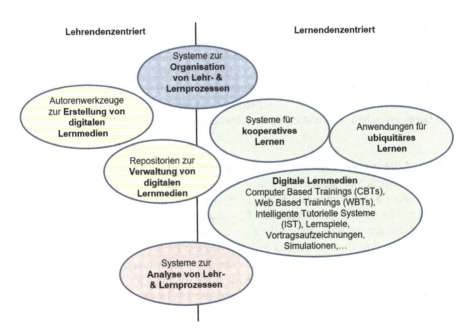

**Abb. 1** Überblick über Technologien im Bildungsbereich [eigene Abbildung]

an den individuellen Lernenden, einige, z. B. im Bereich von Lernspielen oder Simulationen, auch an eine Gruppe von Lernenden. Weiterhin gibt es Systeme für kooperatives Lernen und Anwendungen für ubiquitäres Lernen.

Eine letzte Gruppe sind die Systeme zur Analyse von Lehr- und Lernprozessen. Diese stehen seit 2011 unter dem Begriff *Learning Analytics* im Fokus der Wissenschaft. Zielsetzungen von Learning Analytics sind die Gewinnung des Verständnisses über Lernen und die Optimierung des Lernens und der Umgebungen in denen Lernen erfolgt (Shum und Ferguson 2012). Dazu werden Daten über Lehr- und Lernprozesse gesammelt und analysiert.

Da auf die verschiedenen lernendenzentrierten Technologien und Learning Analytics in den jeweiligen Kapiteln dieses Handbuchs ausführlich Bezug genommen wird, werden nachfolgend in Abschn. 2.2 nur die Technologien für die Erstellung digitaler Lernmedien, für die Bereitstellung und Wiederverwendung digitaler Lernmedien und für die Organisation von Lernprozessen dargestellt. Damit soll ein Beitrag zur vollständigen Abdeckung der Beschreibung von Bildungstechnologien in diesem Handbuch geleistet werden.

Bei diesen drei Gruppen von Technologien handelt es sich zumeist um – zumindest aus dem Blickwinkel der Informatikforschung – etablierte Technologien. Zum Beispiel liegt die Verbreitung von WBTs in deutschen Unternehmen bei rund 70 % der Unternehmen mit mehr als 500 Mitarbeitern (MMB 2014). Die Forschung zu diesen Technologien beschränkt sich seit einigen Jahren auf Untersuchung zur Usability (z. B. Orfanou et al. 2015) und Akzeptanz (z. B. Horvat et al. 2015) dieser Technologien. Eine grundlegende Neuentwicklung findet kaum statt. Die Standardisierung der Technologien ist dementsprechend seit mehreren Jahren auch weit vorangeschritten. Insofern wird bei der Vorstellung dieser drei Gruppen von Technologien nachfolgend jeweils auf relevante Standards eingegangen. Standards im Bereich von Softwareanwendungen beschreiben, wie diese Anwendungen realisiert werden und insbesondere welche Daten in welcher Form zwischen den Anwendungen ausgetauscht werden. Das Ziel von Standards ist es, eine Kompatibilität, d. h. das Miteinanderfunktionieren, von verschiedenen Anwendungen und den Austausch von Daten zwischen Anwendungen verschiedener Anbieter sicher zu stellen.

### 2.2.1 Autorenwerkzeuge: Erstellung von digitalen Lernmedien

Historisch betrachtet stellen Computer-basierte-Trainings (CBTs) die erste, in umfassendem Maße verbreitete Form einer digitalen Anwendung im Bildungsbereich dar. Mit der Verfügbarkeit von PCs und Speichermedien, wie CD-ROMs, wurden diese genutzt, um Lerninhalte für ein Selbstlernen zur Verfügung zu stellen. Im Gegensatz zum Buch bietet das digitale Medium Potenziale in der Verwendung von Video, Audio und Animationen sowie der Realisierung von Interaktivität (Niegemann et al. 2004). Mit der Etablierung des Internets lösten die sogenannten Web-basierten-Trainings (WBTs) zunehmend die CBTs ab. Im Unterschied zum CBT greift der Nutzer auf ein WBT über den Web-Browser auf die, auf einem Web-Server gespeicherten Lernmaterialien zu. Zentraler Unterschied zwischen CBTs und WBTs ist also die Distributionsform.

Während sich die Bildungswissenschaften mit der Gestaltung der CBTs und WBTs beschäftigt, ist es Aufgabe der Informatik, Werkzeuge zur Erstellung der medialen Lerninhalte, sogenannte Autorenwerkzeuge, zu entwickeln. Mit Hilfe von Autorenwerkzeugen können Texte mit multimedialen Elementen wie Bild, Animation und Video verbunden werden und es können die verschiedenen erstellten Elemente strukturiert werden. Häufig wurden dazu allgemein nutzbare HTML-Editoren für CBTs und WBTs verwendet, deren Hauptanwendungsfeld die Gestaltung von Webseiten ist. Seit 2005 werden ergänzend spezifische Werkzeuge für die Gestaltung von komplexeren Lernmedien entwickelt (Lorenz et al. 2013). Zielsetzung dieser Werkzeuge ist es häufig, Lehrende bzw. Inhaltsexperten, die nicht über spezifische Programmierkenntnisse verfügen, selbst in die Lage zu versetzen, Lernmedien zu erstellen. Eine Alternative zu lokal zu installierenden Werkzeugen besteht in einem Web-basierten Ansatz (Hoermann et al. 2005b). Der Web-Browser wird zum Autorenwerkzeug. Alternativ lassen sich auch eingeschränkt Texteditoren verwenden, die in der Zielgruppe der Lehrenden bekannt sind. Für diese Editoren werden spezifischer Vorlagen und Formattransformationen für die Erstellung der WBTs (Kornelsen et al. 2004) zur Verfügung gestellt. Mittlerweile existiert eine Vielzahl kommerzieller aber auch freier Werkzeuge zur Erstellung von Lernmedien.

Ein besonderer Bestandteil von WBTs sind Testitems. Mittels des automatisch generierten Feedbacks auf die beantworteten Fragen kann der Lernende während der Bearbeitung des WBTs Hinweise bekommen, ob er die vermittelten Lerninhalte verstanden hat oder nicht. Testitems werden weiterhin zur adaptiven Steuerung des WBTs verwendet. Die Möglichkeit der Erstellung von Testitems verschiedener Typen, wie beispielsweise Einfach- und Mehrfachauswahl, Lückentexte oder Zuordnungsfragen, ist in vielen Autorensystemen gegeben. Es existieren aber auch für diesen Zweck spezialisierte Werkzeuge, die zusätzlich weitere Funktionen für die Durchführung von Prüfungen und zur Bewertung von Testitems bieten.

Eine spezielle Form von Lernmedien sind solche, die für eine mobile, ubiquitäre Nutzung gestaltet werden. Das heißt sie werden auf mobilen Endgeräten verwendet. Mobile Endgeräte, insbesondere Smartphones, bieten im Vergleich zum PC nur eingeschränkte Darstellungsmöglichkeiten. Dies muss bei der Erstellung der Lernmedien Berücksichtigung finden, was in verschiedenen kommerziell angebotenen Autorenwerkzeugen möglich ist. Zugleich besitzen mobile Endgeräte Sensoren und deren erfasste Daten können ausgewertet werden, um die Lernmedien adaptiv zu gestalten (Rensing und Tittel 2013). Beispielsweise kann für Exkursionen der Aufenthaltsort des Lernenden bestimmt werden und es kann ihm ein zum Ort passendes Lernmedium zur Verfügung gestellt werden. Für die Erstellung dieser adaptiven ubiquitären Lernmedien existieren spezialisierte Werkzeuge (Giemza et al. 2010; Moebert et al. 2016).

Im betrieblichen Umfeld erfolgt die Erstellung von digitalen Lernmedien entweder im Unternehmen selbst (inhouse) oder durch beauftragte Agenturen. In großen Unternehmen werden digitale Lernmedien überwiegend selbst erstellt (MMB 2014). Um eine inhouse Erstellung von digitalen Lernmedien auch in kleinen und mittleren Unternehmen zu ermöglichen, stellt die Authoring Management Plattform EXPLAIN ein Set von Werkzeugen zur Unterstützung verschiedener Teilschritte bei der Erstellung von Lernmedien zur Verfügung (Lehmann et al. 2006). Zu den Teilschritten zählen neben der Erstellung der Medien im engeren Sinne auch die Kontroll- und Freigabeprozesse sowie die Erstellung der einzelnen Medien selbst (Zimmermann et al. 2005).

### 2.2.2 Lernplattformen: Bereitstellung von digitalen Lernmedien und Organisation von Lehr- & Lernprozessen

Erstellte Lernmedien, insbesondere WBTs, können mittels eines Web-Servers den Lernenden zur Verfügung gestellt werden. Will der Anbieter der Lernmedien den Zugriff auf diese kontrollieren, so sind eine Benutzerverwaltung und eine Zugriffskontrolle notwendig. Diese Funktionen bilden die Grundlage von Lernplattformen, englisch Learning Management System (LMS). Lernplattformen stellen eine speziell für den Bildungsbereich entwickelte Gruppe von Anwendungen dar. Eine Lernplattform verfügt neben Funktionen zur Verwaltung von Benutzern und der Bereitstellung von digitalen Lernmedien für die Benutzer häufig auch über weitere Funktionen, vgl. Tab. 1. Diese Funktionen erlauben beispielsweise eine Kommunikation und Kooperation zwischen Lehrenden und Lernenden bzw. zwischen Lernenden oder die Überprüfung und Dokumentation von Leistungen der Lernenden (Erpenbeck et al. 2015; Schulmeister 2005). Es gibt ein großes Angebot an einerseits Open Source Plattformen, wie moodle oder ILIAs, und andererseits kommerziell angebotene Systeme (Ifenthaler 2012).

Werden Lernmedien mit Autorensystemen erstellt und sollen sie über eine Lernplattform den Lernenden zur Verfügung gestellt werden, so ist die Kompatibilität zwischen den Systemen sicher zu stellen. Ohne die Definition und Einhaltung von Standards ist es nur eingeschränkt möglich, Lernmedien mit einem Autorensystem zu erstellen und über verschiedene Lernplattformen den Lernenden zur Verfügung zu stellen. Abb. 2 zeigt mit Sharable Content Object Reference Model (SCORM) und Question & Test Interoperability Specification (QTI) zwei wichtige Standards und deren Verwendung.

**Tab. 1** Funktionalitäten von Lernplattformen

| Lernorganisation | Lernmedien | Assessment | Kollaboration | Synchrone Kommunikation | Asynchrone Kommunikation |
|---|---|---|---|---|---|
| Benutzerverwaltung | Erstellung von WBTs | Testfragen | WiKi | Chat | E-Mail |
| Kursverwaltung | Bereitstellung von WBTs in Kursen | Aufgaben Abgabe von Dokumenten | Shared Document | Instant Messaging | Pinnwand |
| Lerngruppenverwaltung | Upload von digitalen Medien | Bewertung von Tests | Umfragen | Webinar | Forum |
| Profile/ Visitenkarten | Verlinkung von digitalen Medien | Bewertung von Aufgaben | | Virtual Classroom | |
| Termine/ Kalender | | | | | |

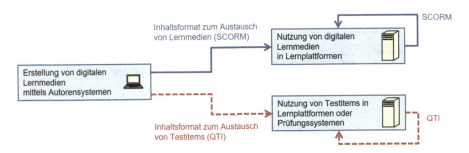

**Abb. 2** Standards für den Austausch von Lernmedien [eigene Abbildung]

SCORM ist eine Sammlung von Standards zur Beschreibung von Web-basierten Lernmedien. Diese Sammlung wurde von der Advanced Distributed Learning Initiative veröffentlicht. Aktuell liegt der Standard in der Version 2004 vor (ADL 2004). Zumeist in Anwendungen realisiert ist die Version 1.2 (ADL 2002). Wie das Content Aggregation Model von SCORM so definiert auch die Question & Test Interoperability Specification (QTI) ein Datenmodell speziell für Testitems. QTI liegt aktuell in der Version 2.1 (IMS Global 2012) vor.

### 2.2.3 Repositorien: Bereitstellung und Wiederverwendung von digitalen Lernmedien

Da die Erstellung von multimedialen Lernmedien aufwändig ist, besteht eine weitere, über eine lange Zeit intensiv verfolgte Zielsetzung darin, erstellte Lernmedien wieder zu verwenden. Dies verdeutlichen die nachfolgend beschriebenen Forschungs- und Entwicklungsaktivitäten. So wurden so genannte Lernobjekt Repositorien entwickelt, in denen Lernmedien mit Metadaten ausgezeichnet gespeichert werden können, nach ihnen gesucht werden kann und sie für die eigene Verwendung heruntergeladen werden können, vgl. Abb. 3.

Ein Lernobjekt Repository ist eine über das Internet zugreifbare Anwendung, welche digitale Lernmedien zur Verfügung stellt. Die Lernmedien werden dazu von den Autoren in dem Repository gespeichert und mit sogenannten Metadaten beschrieben. Über eine Suchmaske können Nutzer, seien es Lehrende oder Lernende, mit Hilfe der Metadaten nach digitalen Lernmedien suchen.

Zu Beginn des Jahrtausends gab es umfangreiche Forschungsprojekte zur Entwicklung von Lernobjekt Repositorien (Neven und Duval 2002), beispielsweise innerhalb der EU das Projekt ARIADNE (Najjar et al. 2003). Insbesondere an den Universitäten im angelsächsischen Sprachraum entstanden Repositiories, wie GLOBE, MERLOT oder MIT Open Courseware. Neue Bedeutung gewinnt das Konzept der Lernobjekt Repositorien zuletzt mit der Idee der offenen Lernressourcen, englisch Open Educational Resources (Wiley et al. 2014).

In Lernobjekt Repositorien werden die Lernmedien mit Metadaten beschrieben. Metadaten sind Daten, die andere Daten wie Dokumente, Bilder oder Videos beschreiben. Der Zweck von Metadaten besteht darin, die eigentlichen Daten zu suchen ohne sich die Daten selbst ansehen zu müssen. Metadaten werden traditionell

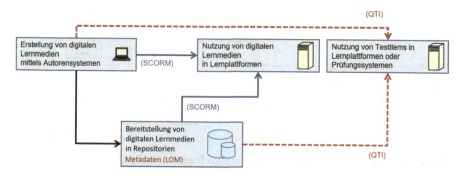

**Abb. 3** Verwendung eines Lernobjekt Repositiories [eigene Abbildung]

in Bibliothekskatalogen zur Beschreibung von Büchern oder Zeitschriften verwendet. Metadaten sind dann beispielsweise der Autor, der Titel, das Erscheinungsjahr oder Schlagworte. In Repositorien werden elektronische Dokumente mit Metadaten beschrieben, um anstelle einer Suche über die Inhalte des Dokumentes selbst nur anhand der Metadaten suchen zu können. Zur Vereinheitlichung der Beschreibung von digitalen Lernmedien wurde der Learning Object Metadata (LOM) Standard definiert. Der LOM Standard IEEE 1484.12.1 (IEEE 2002) wurde 2002 von der IEEE veröffentlicht. Er definiert ein Datenmodell, bestehend aus verschiedenen Attributen zur Beschreibung von Lehr- und Lernressourcen sowie einem bei der Beschreibung zu verwendenden Vokabular.

Neben der vollständigen Wiederverwendung von digitalen Lernmedien besteht oftmals auch der Wunsch nur Teile davon wiederzuverwenden oder die Lernmedien vor der Wiederverwendung anpassen zu können (Rensing et al. 2005). Dazu ist die Modularisierung der Medien und die Unterstützung bei der Anpassung (Zimmermann et al. 2006) notwendig. In (Hoermann et al. 2005a) wird eine Anwendung vorgestellt, welche, zum Zwecke der Beförderung der Wiederverwendung von einzelnen Modulen, die Verwendung eines Repositories integriert in den Prozess der Erstellung von Lernmedien vorsieht. Dazu werden Autorenumgebung und Repository in einer Web-Anwendung integriert.

## 3 Disziplinäres Spannungsfeld zwischen Informatik und Bildungswissenschaften

Die Entwicklung von Technologien im Bildungsbereich erfolgt in verschiedenen Formen. Ausschlaggebend für diese Vielfalt sind einerseits die Interdisziplinarität des Feldes und andererseits die Beeinflussung des Feldes durch externe technologische und gesellschaftliche Entwicklungen. Sehr häufig ist eine iterative Entwicklung zu beobachten in denen eine schrittweise Weiterentwicklung erfolgt. Andererseits gibt es Entwicklungen, die stark von Informatikern getrieben werden. Beide Formen werden nachfolgend in plakativer Weise vorgestellt und bewertet. Sie erscheinen beide nicht optimal, weshalb das Kapitel mit einem Appell für einen interdisziplinären Ansatz und ein interdisziplinäres Verständnis endet.

## 3.1 Iterative Entwicklung von Technologien im Bildungsbereich

Ausgangspunkt iterativer Entwicklungen sind häufig verfügbare Technologien und Anwendungen, die originär für eine Nutzung außerhalb des Bildungsbereichs entwickelt wurden. Sie ermöglichen neue Lernszenarien. Bildungswissenschaftler identifizieren in solchen neuartigen Lernszenarien Herausforderungen, die Auslöser für eine Neu- oder Weiterentwicklung der Anwendungen als Bildungsanwendung sein können.

Das Beispiel der sogenannten Massive Open Online Courses (MOOCs) erlaubt es dieses iterative Zusammenspiel beispielhaft zu erläutern, vgl. Abb. 4.

Ausgangspunkt für die ersten Massive Open Online Courses war die Verfügbarkeit von Technologien und Anwendungen in verschiedenen Bereichen:
- Leistungsstarke Notebooks und entwickelte Aufzeichnungssoftware erlauben es bereits seit Anfang des Jahrtausends einem Dozenten gleichzeitig Vorlesungsfolien wiederzugeben und Video- und Tonaufnahmen zu produzieren.
- Videoplattformen wie z. B. YouTube erlauben seit 2005 die einfache und für den Nutzer kostenfreie Distribution von Videos.
- Eine zunehmend höhere Bandbreite privater Internetanschlüsse bzw. von Internetanschlüssen in Bildungsinstitutionen erlauben dem einzelnen Lernenden einen Zugriff auf diese Videos.
- Soziale Netzwerke beschleunigen die virale Weitegabe von Informationen über im Internet verfügbare Videos.

Damit waren die Voraussetzungen für einen kombinierten und erfolgreichen Einsatz dieser Technologien und Anwendungen im Bildungszusammenhang gegeben:
- Sebastian Thrun & Peter Norvig zeichneten 2011 ihre Vorlesungen im Kurs *Artifical Intelligence* auf und stellten sie öffentlich über YouTube im Internet zur Verfügung und nicht nur auf der Plattform ihrer Universität. (Langmead 2013) Sie kündigten über eine Mailingliste an, dass die Vorlesungsaufzeichnungen online verfügbar sind. Zu ihrer eigenen Überraschung meldeten sich in kurzer Zeit ca. 160.000 Teilnehmer für ihren Kurs an und es entstand der erste Massive Open Online Course.

Schnell wurde das Beispiel von Thrun und Norvig kopiert, adaptiert und Bildungstechnologen begannen dieses neue Bildungsarrangement zu untersuchen (Guàrdia et al. 2013).
- Eine zu betrachtende Fragestellung war beispielsweise die nach der geeigneten Gestaltung der Videos (Guo et al. 2014); waren es zu Beginn Aufzeichnungen von Präsenzvorlesungen von 90 Minuten Dauer, so wurden schnell Studioaufzeichnungen von geringeren zeitlichen Umfang präferiert. Zugleich sollen die erzeugten Videos mehr Interaktivität als eine lineare Wiedergabe erlauben.

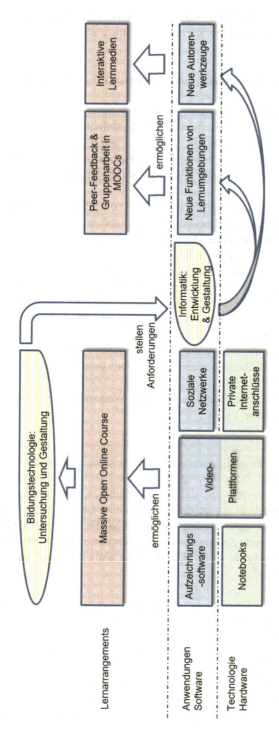

**Abb. 4** Abhängigkeit zwischen Technologien, Anwendungen und digitalen Lernarrangements [eigene Abbildung]

- Eine andere Herausforderung liegt in den hohen Abbruchsquoten (Khalil und Ebner 2014). Lösungsansätze, um diese zu reduzieren und MOOCs effektiv zu gestalten, liegen beispielsweise in mehr Gruppenarbeit während eines MOOCs und mehr Feedback, z. B. auch in Form von Peer-Feedback. (Yousef et al. 2014)

Mit diesen Fragestellungen und Lösungsansätzen werden zugleich neue Anforderungen an die genutzten Anwendungen offensichtlich, denen sich die Informatik stellt:
- Um mehr Interaktivität in den Videos zu realisieren bedarf es neuer oder erweiterter Autorenwerkzeuge. Die ursprünglich genutzte Aufzeichnungssoftware alleine ist nicht mehr ausreichend. Eine neue gewünschte Funktion ist beispielsweise eine Möglichkeit das Video automatisch zu stoppen und eine Testfrage zu integrieren, wie dies beispielsweise in der Anwendung von Kim et al. (2015) realisiert ist.
- Um Gruppen zu bilden und Peer-Feedback zu ermöglichen reicht die Distribution der aufgezeichneten Videos über eine Videoplattform nicht mehr aus. Es ist notwendig die Kursteilnehmer als Nutzer zu verwalten und Funktionen für eine Gruppenbildung und Gruppenarbeit zu realisieren. Teilweise sind solche Funktionen in Lernplattformen bereits enthalten, aber nicht in ausreichendem Maße und nicht für eine sehr große Teilnehmeranzahl.

Mit neuen Autorenwerkzeugen (Kim et al. 2015) und Funktionen zur Organisation von Lerngruppen (Röpke et al. 2016; Konert et al. 2014) und Peer-Feedback (Luo et al. 2014) entstehen dann neue, speziell für den Bildungsbereich entwickelte Anwendungen bzw. spezifische Erweiterungen bestehender Anwendungen.

Das in diesem Beispiel vorgestellte iterative Muster ist typisch für das Zusammenspiel zwischen Informatik und Bildungswissenschaften. Es findet sich in ähnlicher Form beispielsweise auch bei der Entwicklung von multimedialen Lerninhalten hin zu adaptiven Lerninhalten bzw. tutoriellen Systemen oder bei der Entwicklung von Anwendungen aus dem Bereich Social Media hin zu Lernanwendungen für kooperatives Lernen.

Diese Vorgehensweise entspricht stark dem Interesse der Bildungswissenschaften. Sie ist primär orientiert an Erkenntnisgewinn. In der empirischen Pädagogik und Psychologie liegt ein zentraler Fokus auf der Formulierung und Validierung von Hypothesen bezüglich des Einsatzes von Technologien mittels geeigneter Evaluationsmethoden. Der entsprechende Methodenbaukasten der empirischen quantitativen Forschung ist nahezu perfekt, um die Auswirkungen von nicht zu umfangreichen Veränderungen an einem Lehr- oder Lernsystem zu bewerten. Werden die Veränderungen umfangreicher, lassen sich die Wirkzusammenhänge in der Regel nicht mehr isolieren und erkennen und es sind schwerlich valide Aussagen möglich. Ähnliches gilt für Experimente mit einem längeren Zeithorizont. Kein Lernender kann über einen Zeitraum von mehreren Wochen oder sogar Monaten in eine Laborsituation versetzt werden, um ihn von äußeren Einflüssen zu isolieren. Die Informatik nimmt bei dieser Vorgehensweise eher die Stellung eines Dienstleisters ein, der auf Basis der gewonnenen Erkenntnisse geänderte oder gegebenenfalls neue

Funktionalitäten bereitstellt. Bei den Änderungen handelt es sich oftmals um – aus Sichtweise der Informatik – kleinere Änderungen.

## 3.2 Von der Informatik getriebene Entwicklungen

Neben der zuvor vorgestellten iterativen Vorgehensform gibt es die eher von der Informatik getriebene Entwicklungsform. Informatiker sind zuvorderst an technischen Neu- oder Weiterentwicklungen interessiert. Ein wissenschaftliches Ergebnis in der Informatik ergibt sich nicht durch die Untersuchung, ob die Nutzung einer Technologie akzeptiert wird und ob sie zu Veränderungen im Lernprozess führt, was gerade in der Psychologie von Interesse ist. Gleiches gilt für die Gestaltung von digitalen Lernmedien und deren Lernwirksamkeit. Diese wird stark durch die Aufbereitung der Inhalte deren Darstellung und das didaktische Setting der Nutzung beeinflusst, was wiederum stark vom fachlichen Inhalt abhängt.

Bestandteil einer wissenschaftlichen Arbeit in der Informatik muss zumindest die Modifikation eines Verfahrens oder die Bereitstellung einer neuen funktionalen Komponente innerhalb einer Anwendung sein. Informatikerinnen und Informatiker streben zudem zumeist nach generellen, auf verschiedene Bereiche, d. h. in diesem Fall auf verschiedene Fächer übertragbare Lösungen. Digitale Lernmedien können das typischerweise nicht sein. Die Fragestellungen, die Informatiker bearbeiten möchten, sind anwendungsbezogen (Keil 2011). Nur so können sie sich als angewandte Informatikerinnen und Informatiker innerhalb ihres Fachbereichs legitimieren. Anwendungsspezifische Fragestellungen, das heißt die Suche nach einer Lösung für eine sehr konkrete Aufgabenstellung, die nur geringer Veränderungen an einem bestehenden technischen System bedarf oder eine Fokussierung auf ein Fach bedeutet, stellt schwerlich eine wissenschaftliche Herausforderung in der Informatik dar.

Die Informatik neigt daher auch dazu Verfahren, die sich in anderen Bereichen als sinnvoll erwiesen haben, in den Bildungsbereich zu übertragen. Ein Beispiel für eher von der Informatik getriebene Entwicklungen sind Empfehlungssysteme. Empfehlungssysteme empfehlen dem Nutzer einer Web-Anwendung individuell Produkte zum Kauf oder digitale Medien zum Download. Sie sind in kommerziellen Web-Anwendungen wie elektronischen Shops oder Videoplattformen sehr erfolgreich, denn sie helfen dem Betreiber der Web-Anwendung zu mehr Umsatz. Auch im Bildungsbereich lässt sich der Bedarf an Empfehlungssystemen theoretisch gut begründen. Gibt es doch beispielsweise umfangreiche Repositorien mit Lernmedien in denen die Suche nach Lernmedien und deren Bewertung aufwändig ist. Hier kann eine individuelle Empfehlung, berechnet durch ein Empfehlungssystem und integriert in das Repository potenziell helfen. Dementsprechend entwickeln Informatiker Empfehlungssysteme für die Empfehlung von digitalen Lernmedien und nutzen bzw. modifizieren zu diesem Zweck unterschiedlichste algorithmische Lösungen (Anjorin et al. 2012; Manouselis et al. 2011, 2012). Die Evaluation erfolgt dann zumeist rein simulativ. Dazu wird anhand sehr vieler Beispiele geprüft, ob Lernmedien, welche ein Lernender tatsächlich genutzt hat, auch vom System empfohlen worden wären. Die Ergebnisse werden dann in Maßzahlen zusammengefasst. Eine Evaluation, ob die Empfehlungen aber tatsächlich zum Lernerfolg beitragen, ist kaum möglich (Erdt et al. 2015). Der Einfluss des Empfehlungssystems lässt sich nur schwer von anderen Einflussfaktoren, z. B. der Gestaltung der empfohlenen Lernmedien, isolieren. Zudem stellt sich die Frage welche Lernmedien das Empfehlungssystem denn empfehlen soll. Bei Produkten ist das noch relativ einfach möglich, kauft der Kunde doch häufig zu gekauften Produkten ähnliche Produkte (z. B. Bücher eines Autors oder Filme eines Genres) oder solche die zu einem gekauften Produkt zugehörig sind (z. B. Toner zum Laserdrucker). Hier kann dann vielleicht der Bildungswissenschaftler eine Antwort geben: Bei der Empfehlung von Lernmedien ist es neben der Relevanz wichtig das Vorwissen der Lernenden zu berücksichtigen und, dass die Lernmedien neuartig sind (Buder und Schwind 2012). Es können aber durchaus auch unerwartete Lernressourcen empfohlen werden (Manouselis et al. 2012).

Dieses Beispiel zeigt wie Informatikerinnen und Informatiker gerade in Projekten häufig Innovationen forcieren, indem sie neue Anwendungen für die Lehren und Lernen entwickeln. Dies liegt neben den disziplinären Anforderungen auch in der anzutreffenden Förderpolitik begründet, die häufig Innovationen als Voraussetzung verlangen. Es fehlt dann häufig eine fundierte Begründung für die Innovation und Herausforderungen, die mit der Einführung der Anwendungen einhergehen, werden oft nur unzureichend berücksichtigt. Die langfristige Nutzung der Anwendungen ist nicht im Fokus der Wissenschaft.

## 3.3 Interdisziplinäre Vorgehensweise

Dass beim Entwurf von neuartigen Lehr-Lernsystemen eine interdisziplinäre Zusammenarbeit zwischen Expertinnen und Experten der Informatik, der Pädagogik, der jeweiligen Fachdidaktik und der Psychologie notwendig ist, ist offensichtlich. Die beiden zuvor plakativ vorgestellten Vorgehensweisen besitzen jeweils umfangreiche Nachteile.

Ein erster leichtgewichtiger Ansatz für eine bessere Vorgehensweise der Informatik liegt in der sogenannten hypothesengeleiteten Technikgestaltung (Keil 2011). Die Entwicklungen der Informatiker erfolgen dann wohl begründet auf Basis von nachgewiesenen Hypothesen. Dazu zählen beispielsweise Erkenntnisse darüber was lernförderlich ist oder welche didaktische Methode einzusetzen ist. Die Hypothese oder Methode nehmen die Informatiker als Begründung für die Erweiterung oder Neuentwicklung von Anwendungen und bearbeiten interessante Herausforderungen im Design und Entwurf von Lehr-Lernsystemen. Die Informatik wird dann nicht daran gemessen werden, ob die Hypothese methodisch korrekt validiert wurde. Viel wichtiger ist für sie beispielsweise, ob beim Systemdesign nachvollziehbare Entscheidungen getroffen wurden oder sich die entwickelten Systeme durch Innovation oder breite Nutzbarkeit auszeichnen. Ein Beispiel ist die Methode des Stationenlernens nach Bauer (1997), ein in der Grundschule etabliertes didaktisches Modell, was unabhängig vom Technologieeinsatz ist. Mobile Endgeräte können darin bei der

Vermittlung von Arbeitsaufträgen an die Lernenden und bei der Beobachtung des individuellen Lernweges verwendet werden. Entsprechende Systeme und Anwendungen zu gestalten ist dann Aufgabe der Informatik.

Eine umfassendere Vorgehensweise bezieht die Anwender und interdisziplinäre Sichtweisen unmittelbar in den Entwicklungsprozess ein. Informatiker müssen dazu den geschützten Laborraum verlassen und die Anwender und deren Sichtweisen, Interessen und Vorbehalte berücksichtigen. Ein solcher unmittelbare Einbezug der Anwender in den Prozess ist im inkrementellen Ansatz des so genannten Design-based Research (Reinmann 2005; Zheng 2015) zu finden. In diesem gestaltungsorientierten Ansatz erfolgt eine interdisziplinäre Zusammenarbeit. Gemeinsam werden mehrere Zyklen von Design und Implementierung neuer Technologien, deren Nutzung in der Praxis, die Analyse der Nutzung und eines darauf basierenden Re-Designs durchlaufen. Das Design erfolgt hier auf Basis hypothetischer Lernprozesse oder theoretischer Modelle. In der Analyse Phase werden die getroffenen Annahmen unmittelbar überprüft (Reinmann 2005) und gegebenenfalls angepasst.

Ein dritter Ansatz ist ein radikal experimenteller Ansatz. In der Forschung sollte auch die Freiheit bestehen, Dinge einfach auszuprobieren, ohne dass dafür eine Begründung besteht, um zu beobachten und zu analysieren, was passiert. Dies gilt insbesondere für den Einsatz ganz neuer Technologien. So kann erprobt werden wie Deep Learning (LeCun et al. 2015), Daten-basierter Analysemethoden (Reimann et al. 2014), Sensorik oder das Internet der Dinge Bildungsszenarien erweitern können. Auch dieser Ansatz sollte in interdisziplinären Gruppen verfolgt werden. Bildungswissenschaftler können besser als Informatiker Bezüge zwischen den Beobachtungen und bestehenden Erkenntnissen herstellen und verfügen über das geeignete Evaluationsinstrumentarium. Ergeben sich positive Effekte, sind diese durch Spezialisierung nachfolgend detaillierte zu analysieren und nach Möglichkeit auch zu begründen oder durch Weiterentwicklung der Anwendungen zu bestärken. Ergeben sich keine positiven Aspekte, besteht auch darin eine Erkenntnis.

## 4    Fazit

Bildungstechnologie bedeutet heutzutage in vielen Fällen die Nutzung von Anwendungen und Systemen, die von Informatikern entwickelt wurden. Das heißt Informatiker sind Entwickler von Bildungstechnologien. Einige Entwicklungen der Informatik, die in diesem Kapitel vorgestellt wurden, sind zwischenzeitlich etabliert und ihr Nutzen und ihre Potenziale sind unbestritten. Für andere Entwicklungen gilt das nicht. Das liegt auch daran, dass die Entwicklung der Anwendungen und Systeme nicht in jedem Fall wohlbegründet und unter Einbezug der Anwender und in interdisziplinärer Zusammenarbeit erfolgte. Insbesondere für die lernendenzentrierten Anwendungen, vgl. Abb. 1, die zur Wissens- oder Kompetenzaneignung genutzt werden, erscheint diese interdisziplinäre Zusammenarbeit zwingend notwendig. Sollen aber die Entwicklung der Anwendung einhergehen mit wissenschaftlichen Erkenntnissen in der Informatik und soll die Informatik nicht nur Dienstleister für andere Disziplinen sein, so sind Verwerfungen möglich. Das disziplinäre Verständnis der Informatik steht potenziell im Widerspruch zu den Methoden der Bildungswissenschaft. Daher sind ein gegenseitiges Verständnis der Disziplinen, ein Einlassen aufeinander und die Bereitschaft auch mal in der eigenen Disziplin zurückzustehen notwendig.

## Literatur

Adams Becker, S., Cummins, M., Davis, A., Freeman, A., Hall Giesinger, C., & Ananthanarayanan, V. (2017). *NMC horizon report: 2017 higher education edition*. Austin: The New Media Consortium.
ADL. (2002). *SCORM 1.2 specification*. http://www.adlnet.gov/wp-content/uploads/2011/07/SCORM_1_2_pdf.zip. Zugegriffen am 02.08.2017.
ADL. (2004). *SCORM 2004 4th edition specification*. http://www.adlnet.gov/wp-content/uploads/2011/07/SCORM_2004_4ED_v1_1_Doc_Suite.zip. Zugegriffen am 02.08.2017.
Anjorin, M., Rodenhausen, T., Domínguez García, R., & Rensing, C. (2012). Exploiting semantic information for graph-based recommendations of learning resources. In A. Ravenscroft (Hrsg.), *21st century learning for 21st century skills* (S. 9–22). Berlin: Springer.
Bauer, R. (1997). *Lernen an Stationen in der Grundschule: Ein Weg zum kindgerechten Lernen*. Berlin: Cornelsen Scriptor.
Buder, J., & Schwind, C. (2012). Learning with personalized recommender systems: A psychological view. *Computers in Human Behavior, 28*(1), 207–216.
Ebner, M., & Lorenz, A. (2012). Web 2.0 als Basistechnologien für CSCL-Umgebungen. *CSCL-Kompendium, 2*, 97–111.
Erdt, M., Fernández, A., & Rensing, C. (2015). Evaluating recommender systems for technology enhanced learning: A quantitative survey. *IEEE Transactions on Learning Technologies, 8*(4), 326–344.
Erpenbeck, J., Sauter, S., & Sauter, W. (2015). *E-Learning und Blended Learning: Selbstgesteuerte Lernprozesse zum Wissensaufbau und zur Qualifizierung*. Wiesbaden: Springer-Fachmedien.
Giemza, A., Bollen, L., Seydel, P., Overhagen, A., & Hoppe, H. U. (2010). LEMONADE: A flexible authoring tool for integrated mobile learning scenarios. In *WMUTE '10 Proceedings of the 2010 6th IEEE international conference on wireless, mobile, and ubiquitous technologies in education* (S. 73–80). Washington, DC: IEEE.
Guàrdia, L., Maina, M., & Sangrà, A. (2013). MOOC design principles: A pedagogical approach from the learner's perspective. *eLearning Papers, 33*, 1–6.
Guo, P. J., Kim, J., & Rubin, R. (2014). How video production affects student engagement: An empirical study of mooc videos. In *Proceedings of the first ACM conference on Learning @ Scale conference* (S. 41–50). Atlanta: ACM.
Hoermann, S., Rensing, C., & Steinmetz, R. (2005a). Wiederverwendung von Lernressourcen mittels Authoring by Aggregation im ResourceCenter. In J. M. Haake et al. (Hrsg.), *DeLFI 2005. 3. Deutsche e-Learning Fachtagung Informatik* (S. 153–164). Bonn: Köllen.
Hoermann, S., Hildebrandt, T., Rensing, C., & Steinmetz, R. (2005b). ResourceCenter – A digital learning object repository with an integrated authoring tool set. In *EdMedia: World conference on educational media and technology* (S. 3453–3460). Association for the Advancement of Computing in Education. Rostock: (AACE).
Horvat, A., Dobrota, M., Krsmanovic, M., & Cudanov, M. (2015). Student perception of Moodle learning management system: A satisfaction and significance analysis. *Interactive Learning Environments, 23*(4), 51–5527.
IEEE. (2002). *Draft standard for learning object metadata*. http://ieeexplore.ieee.org/stamp/stamp.jsp?arnumber=1032843. Zugegriffen am 02.08.2017.
Ifenthaler, D. (2012). Learning management system. In N. M. Seel (Hrsg.), *Encyclopedia of the sciences of learning* (S. 1925–1927). Boston: Springer US.

Keil, R. (2011). Hypothesengeleitete Technikgestaltung als Grundlage einer kontextuellen Informatik. In A. Breiter & M. Wind (Hrsg.), *Informationstechnik und ihre Organisationslücken* (S. 165–184). Berlin: LIT-Verlag.

Khalil, H., & Ebner, M. (2014). MOOCs completion rates and possible methods to improve retention – A literature review. In *World conference on educational multimedia, hypermedia and telecommunications 1* (S. 1305–1313). Association for the Advancement of Computing in Education (AACE).

Kim, J., Glassman, E. L., Monroy-Hernández, A., & Morris, M. R. (2015). RIMES: Embedding interactive multimedia exercises in lecture videos. In *Proceedings of the 33rd annual ACM conference on human factors in computing systems* (S. 1535–1544). New York: ACM.

Konert, J., Burlak, D., & Steinmetz, R. (2014). The group formation problem: An algorithmic approach to learning group formation. In C. Rensing et al. (Hrsg.), *European conference on technology enhanced learning* (S. 221–234). Cham: Springer International.

Kornelsen, L., Lucke, U., Tavangarian, D., Waldhauer, M., & Ossipova, N. (2004). Strategien und Werkzeuge zur Erstellung multimedialer Lehr-und Lernmaterialien auf Basis von XML. In G. Engels & S. Seehusen (Hrsg.), *Delfi 2004: Die 2. e-Learning Fachtagung Informatik* (S. 31–42). Bonn: Köllen.

Langmead, S. (2013). A new business model for MOOCs. *eCampusNews, 6*(3), 8–10.

LeCun, Y., Bengio, Y., & Hinton, G. (2015). Deep learning. *Nature, 521*(7553), 436–444.

Lehmann, L., Aqqal, A., Rensing, C., Chikova, P., Leyking, K., & Steinmetz, R. (2006). A content modeling approach as basis for the support of the overall content creation process. In *Sixth international conference on advanced learning technologies* (S. 10–12). Washington, DC: IEEE.

Lorenz, A., Safran, C., & Ebner, M. (2013). Informationssysteme-Technische Anforderungen für das Lernen und Lehren. In M. Ebner & S. Schön (Hrsg.), *Lehrbuch für Lernen und Lehren mit Technologien* (2. Aufl.). http://l3t.eu/homepage/.

Luo, H., Robinson, A. C., & Park, J. Y. (2014). Peer grading in a MOOC: Reliability, validity, and perceived effects. *Journal of Asynchronous Learning Networks, 18*(2).

Manouselis, N., Drachsler, H., Vuorikari, R., Hummel, H., & Koper, R. (2011). Recommender systems in technology enhanced learning. In N. Manouselis et al. (Hrsg.), *Recommender systems handbook* (S. 387–415). New York: Springer.

Manouselis, N., Drachsler, H., Verbert, K., & Duval, E. (2012). *Recommender systems for learning*. New York: Springer.

Martin, S., Diaz, G., Sancristobal, E., Gil, R., Castro, M., & Peire, J. (2011). New technology trends in education: Seven years of forecasts and convergence. *Computers & Education, 57*(3), 1893–1906.

Michel, L., & Schmid, U. (2017). *mmb-Trendmonitor I/2017*. http://mmb-institut.de/mmb-monitor/trendmonitor/mmb-Trendmonitor_2017_I.pdf. Zugegriffen am 22.05.2018.

MMB – Institut für Medien und Kompetenzforschung. (2014). *Der Mittelstand baut beim e-Learning auf Fertiglösungen – Ergebnisbericht zur Studie „e-Learning im Mittelstand – 2014"*. http://www.mmb-institut.de/projekte/digitales-lernen/E-Learning_in_KMU_und_Grossunternehmen_2014.pdf. Zugegriffen am 22.05.2018.

MMB – Institut für Medien- und Kompetenzforschung. (2016). Welche der folgenden Lerntechnologien und -anwendungen nutzen Sie für die Ausbildung? In *Statista – Das Statistik-Portal*. https://de.statista.com/statistik/daten/studie/586837/umfrage/einsatz-von-lerntechnologien-in-der-beruflichen-ausbildung-in-deutschland/. Zugegriffen am 02.01.2018.

MMB – Institut für Medien- und Kompetenzforschung. (2017). In welchem Rahmen setzen Sie digitale Medien für Ihre Veranstaltungen ein?. In *Statista – Das Statistik-Portal*. https://de.statista.com/statistik/daten/studie/733647/umfrage/einsatzarten-digitaler-medien-an-hochschulen-in-deutschland/. Zugegriffen am 02.01.2018.

Moebert, T., Höfler, J., Jank, H., Drimalla, H., Belmega, T., Zender, R., & Lucke, U. (2016). Ein Autorensystem zur Erstellung von adaptiven mobilen Mikroleranwendungen. In U. Lucke et al. (Hrsg.), *DeLFI 2016. Die 14. E-Learning Fachtagung Informatik* (S. 155–166). Bonn: Gesellschaft für Informatik.

Najjar, J., Duval, E., Ternier, S., & Neven, F. (2003). Towards interoperable learning object repositories: The Ariadne experience. In P. Isaias & N. Karmakar (Hrsg.), *Proceedings of the IADIS international conference on WWW/Internet 2003* (S. 219–226). Lisabon: IADIS Press.

Neven, F., & Duval, E. (2002). Reusable learning objects: A survey of LOM-based repositories. In *Proceedings of the 10th ACM international conference on multimedia 2002* (S. 291–294). Juan-les-Pins: ACM.

Niegemann, H. M., Hessel, S., Hochscheid-Mauel, D., Aslanski, K., Deimann, M., & Kreuzberger, G. (2004). *Kompendium E-learning*. Berlin: Springer.

Orfanou, K., Tselios, N., & Katsanos, C. (2015). Perceived usability evaluation of learning management systems: Empirical evaluation of the system usability scale. *The International Review of Research in Open and Distributed Learning, 16*(2), 227–246.

Persike, M., & Friedrich, J.-D. (2016). *Lernen mit digitalen Medien aus Studierendenperspektive. Arbeitspapier Nr. 17*. Berlin: Hochschulforum Digitalisierung.

Reimann, P., Markauskaite, L., & Bannert, M. (2014). E-research and learning theory: What do sequence and process mining methods contribute? *British Journal of Educational Technology, 45*(3), 528–540.

Reinmann, G. (2005). Ein Plädoyer für den Design-Based. Research-Ansatz in der Lehr-Lernforschung. *Unterrichtswissenschaft, 33*(1), 52–69.

Rensing, C., & Tittel, S. (2013). Situiertes Mobiles Lernen–Potenziale, Herausforderungen und Beispiele. In C. de Witt & A. Reiners (Hrsg.), *Mobile learning* (S. 121–142). Wiesbaden: Springer Fachmedien.

Rensing, C., Bergsträßer, S., Hildebrandt, T., Meyer, M., Zimmermann, B., Faatz, A., Steinmetz, R., et al. (2005). *Re-use and re-authoring of learning resources-definitions and examples. Technical Report KOM-TR-2005-02*. Darmstadt: TU Darmstadt-Multimedia Communications Lab.

Röpke, R., Konert, J., Gallwas, E., & Bellhäuser, H. (2016). MoodlePeers: Automatisierte Lerngruppenbildung auf Grundlage psychologischer Merkmalsausprägungen in E-Learning-Systemen. In U. Lucke et al. (Hrsg.), *DeLFI 2016. Die 14. E-Learning Fachtagung Informatik* (S. 233–244). Bonn: Gesellschaft für Informatik.

Schulmeister, R. (2005). *Lernplattformen für das virtuelle Lernen: Evaluation und Didaktik*. München: Oldenbourg.

Shum, S. B., & Ferguson, R. (2012). Social learning analytics. *Journal of Educational Technology & Society, 15*(3), 3–26.

Wannemacher, K., Jungermann, I., Scholz, J., Tercanli, H., & Villiez, A. (2016). *Digitale Lernszenarien im Hochschulbereich. Arbeitspapier Nr. 15*. Berlin: Hochschulforum Digitalisierung.

Wiley, D., Bliss, T. J., & McEwen, M. (2014). Open educational resources: A review of the literature. In M. Spector et al. (Hrsg.), *Handbook of research on educational communications and technology* (S. 781–789). New York: Springer.

Yousef, A. M. F., Chatti, M. A., Schroeder, U., & Wosnitza, M. (2014). What drives a successful MOOC? An empirical examination of criteria to assure design quality of MOOCs. In *Fourteenth international conference on advanced learning technologies* (S. 44–48). Washington, DC: IEEE.

Zheng, L. (2015). A systematic literature review of design-based research from 2004 to 2013. *Journal of Computers in Education, 2*(4), 399–420.

Zimmermann, V., Bergenthal, K., Chikova, P., Hinz, D., Lehmann, L., Leyking, K., Rensing, C., et al. (2005). Authoring Management Platform EXPLAIN: A new learning technology approach for efficient content production integrating authoring tools through a web-based process and service platform. In *Proceedings of the ARIADNE PROLEARN WORKSHOP*. Berlin: ARIADNE Prolearn Workshop.

Zimmermann, B., Rensing, C., & Steinmetz, R. (2006). Format-übergreifende Anpassungen von elektronischen Lerninhalten. In *Delfi 2006: Die 4. e-Learning Fachtagung Informatik* (S. 15–26). Bonn: Köllen.

# Körperliche Bewegung in der Bildungstechnologie

Martina Lucht

## Inhalt

| | | |
|---|---|---|
| 1 | Einführung | 606 |
| 2 | Bewegung als Mensch-Maschine-Schnittstelle | 607 |
| 3 | Bildungstechnologien, die Bewegung als Eingabe unterstützen | 611 |
| 4 | Wirkungen von Bewegung im Kompetenzerwerb | 615 |
| 5 | Lern-Bewegungsanwendungen im Überblick | 619 |
| 6 | Fazit & Ausblick | 624 |
| | Literatur | 624 |

### Zusammenfassung

In diesem Kapitel werden zwei Bewegungsdimensionen definiert, die im Zusammenhang mit Bildungstechnologien relevant sind: 1) die Art der Bewegung und 2) die Funktion der Bewegung. Es werden beispielhaft Technologien vorgestellt, die körperbasiertes Lernen unterstützen können und theoretische Erkenntnisse zu kognitiven, affektiven und sozialen Effekten im Lernprozess aufzeigen. Daraus wird ein Modell abgeleitet, welches eine Einordnung von Bewegungsfähigkeiten und dem jeweiligen Kompetenzerwerb ermöglicht. Zuletzt werden konkrete digitale Anwendungen aufgeführt, zusammen mit ersten Erkenntnissen im Schuleinsatz und einer Einordnung in das zuvor entwickelte Modell.

### Schlüsselwörter

Embodiment · Exer-learning games · Lern-Bewegungsspiele · Bewegung · Körperbasiertes Lernen · Köperkoordination · Verortung · Lern-Bewegungsanwendungen

---

M. Lucht (✉)
Human-Centered Media & Technologies (HMT), Fraunhofer-Institut für Digitale Medientechnologie (IDMT), Ilmenau, Deutschland

© Springer-Verlag GmbH Deutschland, ein Teil von Springer Nature 2020
H. Niegemann, A. Weinberger (Hrsg.), *Handbuch Bildungstechnologie*,
https://doi.org/10.1007/978-3-662-54368-9_50

## 1   Einführung

Bewegung ist für eine ganzheitliche Bildung von besonderer Wichtigkeit und Bedeutung, dies ist keineswegs eine Entdeckung der heutigen Zeit. Pädagogen wie Friedrich Fröbel (1826), Maria Montessori (1922) berichten bereits darüber, dass bestimmte Bewegungsaufgaben Verständnis, Erinnern und konzeptionelles Denken bei Kindern fördern können. Besonders Dewey (1930) postulierte, dass Lernen auf Erfahrung aufbauen sollte, was als körperliche Erfahrung interpretiert werden kann.

Die Relevanz von körperlicher Bewegung an Schulen ist ebenfalls akzeptiert und wird in Deutschland von den Kultusministerien postuliert und durch Programme gefördert. Jedoch wird körperliche Bewegung meist mit Sport assoziiert, d. h. aerober Fitness, die neben anderen Fächern herläuft. Eine Integration von Bewegung in den Lehrprozess z. B. von Mathematik ist ein eher selten zu beobachtendes Phänomen und im Rahmen der vorhandenen Infrastruktur oft nur eingeschränkt möglich. Dabei gebrauchen fast alle Kinder der Welt beim Rechnen lernen ihre Finger. In Studien konnte nachgewiesen werden, dass Erstklässler, die ein ausgeprägtes Körpergefühl in den Fingern haben, ein Jahr später auch besser mit Zahlen umgehen als Gleichaltrige mit weniger sensiblen Fingern (Leitner 2013). Ein weiteres Beispiel sind Erwachsene, die ihre Pin-Nummer eher über die Bewegung der Hand über das Zahlenfeld des Bankautomaten, als über das geistige Abrufen der Zahlenkombination erinnern. Neben der aeroben Fitness, und den damit verbundenen positiven Effekten auf die kognitive Leistungsfähigkeit, kann Bewegung die Lern- und Behaltensleistung auch auf vielfältige andere Weise unterstützen. Allerdings ist es ein Unterschied, ob das bewegte Lernen zu einer grundsätzlichen Reformierung des Unterrichts führt, oder ob es gängige Unterrichtsroutinen nur gelegentlich aufzubrechen vermag (Fessler et al. 2008, S. 255).

Körperlichen Aktivitäten werden positive Effekte auf Konzentration, Behaltensleistung, Lernen und Bildungserfolg im Allgemeinen zugeschrieben (u. a. van Praag 2009; Reynolds und Nicolson 2007; Sibley und Etnier 2003). In der Literatur finden sich sehr unterschiedliche Erklärungen, warum körperliche Aktivität Lernleistungen unterstützen sollen. Sportwissenschaftlich wird argumentiert, dass körperliche Aktivitäten den zerebralen Blutfluss erhöhen und dadurch das Erregungsniveau und die Aufmerksamkeit erhöhen (Hillman et al. 2008; Reynolds und Nicolson 2007; Sibley und Etnier 2003). Neurowissenschaftlich wird vermutet, dass Bewegung Gehirnprozesse fördert, indem sie auf die Struktur und Funktionsweise des Gehirns einwirkt. Durch Sport wird demnach nicht nur der Körper trainiert, sondern auch die Anpassungsfähigkeit und somit die Plastizität des Geistes (Kubesch 2002). Im Bereich der Psychologie wird die Relevanz von körperlicher Bewegung auf emotionale Ausgeglichenheit betont. Bewegung kann positive Effekte auf Selbstwirksamkeit und Selbstwertgefühl haben (Reynolds und Nicolson 2007). Eine förderliche Funktion von Körperbewegung wird häufig unterstellt, ohne dabei genauer auf die Art der Bewegung und deren Wirkung bzw. die Integration in den Lernprozess einzugehen.

Im Folgenden wird zunächst der Begriff Bewegung im Zusammenhang mit Bildungsmedien differenziert. Danach wird ein Überblick gegeben über die unterschiedliche fördernde Wirkung bei verschiedener Einbindung von Bewegung.

Zuletzt werden Beispiele von Bildungstechnologien aufgezeigt, die auf verschiedene Arten Bewegung sinnvoll in den Lernprozess integrieren.

## 2 Bewegung als Mensch-Maschine-Schnittstelle

Für eine sinnvolle Einbindung von Köperbewegung in den Lernprozess müssen Konzepte und Technologien erarbeitet werden, die Bewegung als Eingabe in das Computersystem unterstützen und gut in den Bildungsalltag integriert werden können. Denn anders als bei vielen Konzepten der „bewegten Schule" geht es in diesem Kapitel nicht um Bewegung *neben* dem Unterricht, sondern *in* nahezu allen Unterrichtsfächern selbst. Durch die Umgestaltung von Lernmedien, Lernmethoden und Lernstrukturen in Bildungseinrichtungen im Rahmen des Digitalisierungsprozesses eröffnen sich auch Optionen, digitale Lern-Bewegungs-Technologien in den Unterricht von „kognitiven" Fächern wie Sprachen, Naturkunde und Geschichte zu integrieren und damit den fördernden Aspekten von Körperbewegung im Lernprozess mehr Raum zu geben. Damit dies gelingen kann, sollte zunächst unterschieden werden, wer sich zu welchem Zweck und im Hinblick auf welches Ziel wie bewegen sollte, um bestimmte Aspekte des Lehr-Lernprozesses zu unterstützen. Die Unterscheidung von Dimensionen des Einsatzes von Bewegung in der Bildungstechnologie erscheint basal für die Entwicklung von Konzepten zum Unterrichtseinsatz.

Zunächst müssen bei der Betrachtung von Bewegung in der Bildungstechnologie zwei Dimensionen unterschieden werden:

1. Welche Art der Bewegung ist erforderlich bzw. soll gefördert werden?
2. Welche Funktion hat die Bewegung im Lernprozess?

Die Unterscheidung zu welchem Zweck die Bewegung dient und welche Art der Bewegung ausgeführt werden soll, ermöglicht eine Klassifikation der vielfältigen möglichen Anwendungen von Bewegung in der Bildungstechnologie. Ein Auswählen durch Klicken mit der Maus ist keineswegs gleichzusetzen mit dem Springen auf einer Sensormatte oder komplexen Bewegungen beim virtuellen Skifahren. Ein Bewegen über eine virtuelle Deutschlandkarte wiederum ist anders zu bewerten als ein Bewegen in einer Phantasielandschaft. Alles jedoch ist immer abhängig vom jeweiligen Lernziel.

### 2.1 Dimension 1: Art und Komplexität der Bewegung

Mit der Art der Bewegung ist die für die Interaktion mit der Bildungstechnologie erforderliche exekutive Funktion gemeint. Grundsätzlich kann bei Bewegung unterschieden werden zwischen Bewegungsintensität und -komplexität. Bewegung ist definiert als jegliche körperliche Bewegung, die die Skelettmuskulatur hervorbringt und die einen Energieaufwand/-verbrauch erzeugt (Caspersen et al. 1985). Bewe-

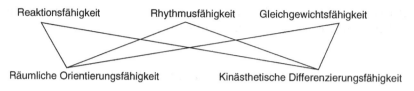

**Abb. 1** Beziehung der koordinativen Fähigkeiten nach Hirtz (1985)

gungsintensität bezieht sich auf den Energieverbrauch bei der Bewegung, gemessen in Kcal bzw. neuerdings in MET-Werten.[1] Für dieses Kapitel von besonderem Interesse ist jedoch die Bewegungskomplexität. Diese bezieht die koordinativen Fähigkeiten ein, d. h. die Planung und Durchführung von Bewegung unter Einbeziehung der sensorischen Informationen (z. B. Augen, Ohren) und der Informationen von neuronalen Analysatoren (z. B. Gleichgewicht). Hirtz (1985) unterscheidet die folgenden koordinativen Fähigkeiten (vgl. Abb. 1).

Die *räumliche Orientierungsfähigkeit* bezieht sich auf die Fähigkeit seinen Körper im Verhältnis zur Umwelt und Zeit richtig einzuschätzen. Dies kann sich auf einen Raum (Spielfeld) oder ein Objekt (Ball) beziehen, denkbar ist aber auch beim Schreiben rechtzeitig eine neue Zeile zu beginnen. Die räumliche Orientierungsfähigkeit beschreibt die *Verortung* des Körpers im Raum. Die *kinästhetische Differenzierungsfähigkeit* umfasst die Genauigkeit und Ökonomie der Bewegung (Feinabstimmung). Grundlage ist dabei sowohl die Unterscheidungsfähigkeit von Kraft-, Zeit und Raumwahrnehmung, als auch die feinmotorische Abstimmung von Muskelanspannung und -entspannung. Die kinästhetische Differenzierungsfähigkeit bezieht sich auf die *Körperkoordination*. Die Gleichgewichtsfähigkeit beschreibt die Fähigkeit den Körper im Gleichgewicht zu halten oder diesen wieder ins Gleichgewicht zu bringen. Rhythmusfähigkeit und Reaktionsfähigkeit beziehen sich jeweils auf die Reaktion äußerer Impulse und bezieht sich damit vor allem auf die Analysatoren, akustische, optische und kinästhetische Impulse zu analysieren und darauf schnell und korrekt zu reagieren (Hirtz 1985).

Bewegung ist das komplexe Zusammenspiel unterschiedlicher Fähigkeiten, wobei die Komplexität zunimmt mit der Menge an Fähigkeiten, welche dafür genutzt werden müssen. Basisfähigkeiten sind die räumliche Orientierung und die kinästhetische Differenzierung, d. h. Verortung und Körperkoordination.

Im Zusammenhang mit Bildungsmedien ist zusätzlich die Interaktion mit der Technologie zu beachten. Die Bewegungen sind in gewissem Rahmen durch das Eingabesystem vorgegeben. So kann bei Maus oder Tastatur die Eingabe mit der Hand erfolgen, bei einem Laufband sind es die Beine. In Abb. 2 sind die Körperbewegungen bestimmten Eingabevorrichtungen zugeordnet. Die Grafik bildet eine Zunahme der Bewegungskomplexität in der Mensch-Computer-Interaktion ab. Die Komplexität nimmt von unten nach oben zu. Im unteren Bereich befindet sich die Auswahl von z. B. Menüpunkten durch Mausklick oder durch Touchinput mit dem

---

[1]MET (metabolic equivalent) = Sauerstoffverbrauch beim ruhigen Sitzen.

# Körperliche Bewegung in der Bildungstechnologie

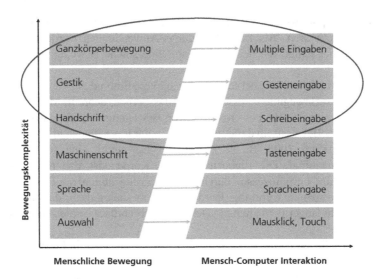

**Abb. 2** Bewegungskomplexität in der Mensch-Computer-Interaktion in Anlehnung an Boles. (Multimedia-Systeme. Begleitbuch zur Vorlesung. 1998)

Finger. Die Maschinenschrift hat demgegenüber einen höheren Komplexitätsgrad. Eine der herkömmlichsten Körperbewegungen beim Lernen ist das Schreiben im Rahmen handschriftlicher Notizen. Mit der Digitalisierung findet zunehmend eine Diskussion über die Relevanz der Schreibschrift statt. Sollte Schreibschrift in Zukunft noch gelehrt werden? Aus Sicht der vollen Lehrpläne und der wenigen Zeit gibt es Stimmen, die die Schreibschrift gerne abschaffen würden. Betrachtet man das Thema aus Sicht der körperlichen Bewegung, so sollte diese unbedingt erhalten bleiben. Das Erlernen der Handschrift und spätere Ausprägen eines persönlichen Schriftbildes geht mit einer Persönlichkeitsentwicklung einher. Neben dem Erlernen von feinmotorischen Fähigkeiten werden auch die vorherige Planung und Ausführung von Aufgaben trainiert (Konnikova 2014).

Die Gestik umfasst nicht nur die kamerabasierte Eingabe durch Hand und Armgesten, hiermit sind auch Eingaben mit dem Finger (Touch) oder mit der Maus gemeint, die einer bestimmten sinnhaften Geste entsprechen (z. B. das Bemalen eines dargestellten Zauns). Im bewegten Sprachunterricht werden bestimmte Vokabeln durch Körpergesten nachempfunden und somit direkt verknüpft. Hier ist eine hohe Konformität von Lerninhalt und Körperbewegung, wie sie beim Lauftraining nicht erreicht wird (und nicht angestrebt ist). Aufgrund von Studienergebnissen wird angenommen, dass je stärker die Bewegung konform mit dem Lerninhalt ist, desto stärker sind die Lerneffekte (Schwartz und Plass 2014).

Den höchsten Komplexitätsgrad haben Technologien, welche die größten Freiheitsgrade zulassen und multiple Eingaben ermöglichen. Kamerabasierte Technologien können z. B. Schritte oder Tanzbewegungen als Eingabe ermöglichen, was für den Anwender sehr komplexe Bewegungen im Sinne einer Analyse von Umgebungsvariablen, Planung und Durchführung der Eingabe darstellt.

In diesem Kapitel werden auf die rot umrandeten Bewegungen bzw. Computerinteraktionen fokussiert. Als Lern-Bewegungs-Anwendungen werden nur solche Technologien betrachtet, die bei der Eingabe eine solche Bewegungskomplexität beinhalten.

Carla Hannaford (2008) appelliert für eine stärkere Einbindung von Bewegung in den Lernprozess. Bewegung ist essenziell für das Lernen, denn im Muskelgedächtnis unseres Körpers ist neben der Kenntnis von Bewegungsabläufen (sitzen, gehen, laufen), auch das Bewusstsein dafür, wo im Raum wir uns befinden, d. h. wo wir uns verorten (Hannaford 2008, S. 127), was der Bewegung eine soziale (Lern-) Komponente hinzufügt. Die Einbeziehung des Körpers ist also nicht nur eine Unterstützung des Lernprozesses durch die Förderung kognitiver Funktionen, es fördert auch die soziale Verortung. Gardener fordert analog dazu, dass motorische Aktivitäten nicht länger dem „reinen" Denken untergeordnet werden sollten (Gardner 2001).

Im herkömmlichen Alltag von Schulen ist Körperbewegung in Form von Schulsport eine eigene, separate Schulstunde. Sprachen und Naturwissenschaften werden dagegen eher bewegungsarm vermittelt. Ein hohes Maß an körperlicher Bewegung neben dem Lernen fördert die Lerneffekte (Grissom 2005; Chomitz et al. 2008). Wird körperliche Bewegung jedoch in den Unterricht direkt integriert, so können weitere fördernde Effekte auftreten (Lucht und Heidig 2013; Link et al. 2014).

## 2.2 Dimension 2: Funktion der Bewegung im Lernprozess

Hinsichtlich der Funktion von Bewegung im Lernprozess können zwei Anwendungsfälle unterschieden werden: a) Bewegung als Lernziel und b) Bewegung als Form der Interaktivität. Ist *a) Bewegung das Lernziel* so werden digitale Technologien eingesetzt, um bspw. die allgemeine körperliche Fitness zu verbessern. Die Bewegung ist dabei nicht allein integraler Bestandteil der Interaktion, sondern deren Ziel. Sie dient der Rehabilitation, der Perfektion von bestimmten Bewegungsabläufen, dem Kraft- oder Ausdauertraining. Beispielsweise können Apps zum Thema „Joggen" Informationen zur richtigen und effizienten Ausübung der Sportart liefern und motivationale Unterstützung anbieten, indem sie das Setzen persönlicher Ziele und die Überprüfung der Zielerreichung sichtbar machen. Viele Studien belegen, dass regelmäßige sportliche Aktivitäten überwiegend positive Effekte auf kognitive Leistungen (Zimmermann 2005; Leyk und Wamser 2003; Dordel und Breithecker 2003; Fessler et al. 2008) und auch auf Schulleistungen haben (Grissom 2005; Chomitz et al. 2008). Da die Bewegung das Lernziel ist und eher dem körperlichen Training als dem Lernprozess dient, werden diese Anwendungen in diesem Kapitel nicht näher beleuchten.

Daneben stehen Konzepte, bei denen *b) Bewegung als Interaktionsform* mit der digitalen Bildungstechnologie angeboten wird. Dies wird im INTERACT-Modell (Domagk et al. 2010) als „physische Aktivität" bezeichnet und als eine Komponente des Interaktionsprozesses aufgezeigt (s. Kap. ▶ „Interaktivität und Adaptivität in multimedialen Lernumgebungen" in diesem Handbuch). Die Bewegung dient dabei der Eingabe in das Lernsystem, mit dem Ziel körperliche Bewegung in den Lernprozess zu integrieren und Aktivität mit dem Lernen zu verknüpfen. Die Ausführungen in diesem Kapitel beziehen sich auf die Fälle, in denen Bewegung als Interaktionsform eingesetzt wird. Als Bewegung werden dabei nur die Komplexitätsgrade betrachtet, wie sie oben in Dimension 1 herausgearbeitet wurden.

Im Folgenden werden zunächst digitale Anwendungen vorgestellt, bei denen es gelingt, Körperbewegung und Lernprozesse direkt miteinander zu verknüpfen.

## 3 Bildungstechnologien, die Bewegung als Eingabe unterstützen

In fast allen Bildungsbereichen, von der Schule, über Aus- und Weiterbildungseinrichtungen bis hin zur Universität, ist der Lernprozess überwiegend auf einen Frontalunterricht ausgerichtet. Die gesamte Organisation und die Infrastruktur sind demzufolge nach diesem Konzept entworfen. Eine unmittelbare Einbindung von Köperbewegung in den Lernprozess ist damit nicht nur eine Sache des Willens der Lehrkräfte, sondern es müssen Konzepte und Technologien erarbeitet werden, welche leicht in den Bildungsalltag integriert werden können. Durch die Umgestaltung von Lernmedien, Lernmethoden und Lernstrukturen in Bildungseinrichtungen im Rahmen des Digitalisierungsprozesses, eröffnen sich möglicherweise auch Optionen, digitale Lern-Bewegungs-Technologien in den Sprach-, Naturkunde- und Geschichtsunterricht zu integrieren und damit den fördernden Aspekten von Körperbewegung im Lernprozess mehr Raum zu geben.

Im Folgenden werden beispielhaft sechs Bildungstechnologien vorgestellt, die auf unterschiedliche Weise die Integration von Bewegung in die kognitiven Schulfächer ermöglichen. Bei der Auswahl wurden nur digitale Anwendungen betrachtet, die auf dem Markt erhältlich sind.

### 3.1 Nintendo Wii

Nintendo Wii besteht aus einer Konsole, die an einen Monitor angeschlossen wird, dem schnurlosen „WiiMote" Controller einerseits und einem „Nunchuk" Controller andererseits. Der „WiiMote" Controller ist mit einem Infrarotsensor ausgestattet, durch den Bewegung und Beschleunigung registriert werden können (Maldonado 2010). In einigen Spielen wird zusätzlich das kabellose „Balance Board" benötigt. Mithilfe der Controller erlaubt die Konsole den Spielern das Simulieren natürlicher Bewegungen beim Tennis spielen, Golfen oder Baseballspielen. Dadurch wird die Schnittstelle zwischen Mensch und Computer natürlicher und einfacher (Maldonado 2010). Durch die spielerische Bewegungskomponente sorgte die Wii auch im Schulbetrieb für eine frische Abwechslung. Lehrer haben ihrerseits ganze Unterrichtsstunden mit der Nintendo Wii konzipiert, zu sehen etwa in dem Buch „Investigating Middle School Mathematics: Classroom Lessons Using Wii Sports" mit sechs Unterrichtsstunden, Arbeitsblättern und weiteren Informationen für Mittelschulklassen (Gawlik 2011).

## 3.2 Microsoft Kinect

Kinect ist ein Kamerasensor für die Spielekonsole Microsoft Xbox, der Bewegungen registriert und es dem Nutzer so ermöglicht, Spiele mit Sprache und Geste und ganz ohne einen Controller zu spielen (Xbox 2016). Die Kinect konnte mit einem Bildungsspiel-Prototypen an beginnenden Lesern als lernförderlich eingestuft werden (Homer et al. 2014).

In einer Additions- und Subtraktionsanwendung wird das Schießen mit dem Fußball auf ein Tor simuliert. Für die gestellte Rechenaufgabe muss entweder die im Bildschirm links oder rechts dargestellte Zahl in Form eines Balls mit einer Kickbewegung gen Tor geschossen werden. Bei richtiger Antwort geht der Ball ins Tor, bei falscher Antwort hält der Torwart den Ball. „Body and Brain Connection" bietet neben diesen mathematischen Aufgaben auch reine Erinnerungsübungen, z. B. erscheinen in einer Übung verschiedene Avatare in unterschiedlichen Posen, nach kurzer Einprägungszeit muss der Spieler eine Pose einer der gezeigten Avatare nachmachen.

Weitere Informationen dazu unter: https://kinectmath.org/ und http://www.kinecteducation.com/.

## 3.3 HOPSCOTCH/MoveOn

Auf Bewegung und Interaktivität setzt auch das Lernspiel HOPSCOTCH. Die Technologie beruht auf dem Spielprinzip des beliebten Kinderspiels Himmel und Hölle (engl.: hopscotch) (Abb. 3).

Auf einem Monitor werden Fragen angezeigt, deren Antworten spielerisch auf einer Sensormatte erhüpft werden. Die Felder der Sensormatte erinnern an die Tastatur eines Mobiltelefons und sind ebenso multidimensional: Bedient man ein Feld einmal, zweimal oder dreimal wird der dementsprechende Buchstabe auf einem Monitor visualisiert (z. B. auf Feld 2: A, B, C) – vergleichbar mit dem Schreiben einer SMS (Abb. 2). Diese in neun Felder unterteilte Sensormatte kann per USB-Anschluss an jeden Computer oder ein interaktives Whiteboard angeschlossen werden, auf dem zusätzlich die Spiel-Software installiert wird. Zur Darstellung auf einem größeren Monitor kann der Computer an einen Fernseher oder Beamer angeschlossen werden. Es wurden bereits einige prototypische Lernanwendungen für HOPSCOTCH konzipiert und umgesetzt, wie beispielsweise das Trainieren von Englisch-Vokabeln (z. B. Übersetze das Wort ‚Pflaume' ins Englische), das Lösen mathematischer Rechenaufgaben (z. B. 6 x 3 = ?) oder das Üben der deutschen Rechtschreibung (z. B. Tippe das folgende Wort: Bild eines Gegenstands, z. B. „Buch"). Gespielt wird HOPSCOTCH alleine, aber auch in der Gruppe – mit einer

**Abb. 3** Spielfeld für „Himmel und Hölle"

Matte oder auf mehreren Matten im Wettbewerb. Ein Video vermittelt sehr gut das Konzept der Innovation: http://s.fhg.de/ERz.

Die spielerische Komponente von HOPSCOTCH besteht darin, den Körper so schnell wie möglich zu bewegen und gezielt die richtigen Felder in der vorgegebenen Reihenfolge zu berühren. Die Lernaufgabe ist der Anlass, mit dem das Spiel beginnt: Welche Felder sollen in welcher Reihenfolge gesprungen werden? Der zu erzielende Highscore steigert dabei zusätzlich die Spielmotivation. Dieser errechnet sich entsprechend der benötigten Eingabezeit und -genauigkeit. Bei der Lösungseingabe wird stets ausschließlich die korrekte Eingabe vom System akzeptiert. So erhält der Lerner ein direktes Feedback und kann durch Ausprobieren die richtige Antwort explorieren, wenn er diese nicht sofort weiß. Das Nichtwissen der Antwort geht jedoch zu Lasten der Zeit und damit des Highscore. Nur die perfekte Zusammenarbeit von Bewegung (Körper) und Wissen (Geist) führt zu neuen Höchstpunktzahlen (Lucht et al. 2013).

Für einige HOPSCOTCH-Anwendungen wurden bereits Adaptivitätsalgorithmen entwickelt, durch die sich der Schwierigkeitsgrad der nächsten Frage von der Eingabe des Lerners bei der aktuellen Frage ergibt. Werden viele Fehler bei der Eingabe gemacht, folgt eine leichtere Frage, bei schneller und korrekter Eingabe eine Schwerere. Mit adaptiven Anwendungen konnte ein intensiveres Spielerlebnis und ein niedrigerer Frustrationslevel nachgewiesen werden (Heimbuch 2013). Die adaptiven Versionen wurden u. a. entwickelt, um Schülern mit Leistungsunterschieden, wie z. B. im Bereich der Inklusion, einen vergleichbaren Wettbewerb zu ermöglichen (Lucht et al. 2013).

HOPSCOTCH wurde von der Firma Wehrfritz lizensiert und wird seit 2015 unter dem Namen MoveOn – Schloss Cleverstein an Schulen und Kitas verkauft. Ein Känguru nimmt die Kinder der Klassen 1 bis 4 mit auf eine spannende Lernreise durch das Schloss. Die Kinder haben die Wahl zwischen insgesamt 72 verschiedenen Spielen mit über 1000 Fragen zu lehrplangerechten Inhalten aus den Bereichen Mathematik und Deutsch. Zusätzlich können eigene Fragen zu beliebigen Themenbereichen wie zum Beispiel Englisch, Sachkunde oder Technik erstellt werden.

Weitere Informationen dazu unter: http://www.moveon-lernspiele.info/.

### 3.4 Geo- und Educaching

Geocaching ist eine Outdoor-Aktivität und wird allgemein als eine moderne Form der Schnitzeljagd bzw. Schatzsuche verstanden. Mithilfe von GPS-Koordinaten auf der Erde (griech. „geo") können sogenannte „Caches" (engl. von „to cache" = sich verstecken) gesucht werden, an denen meist kleine materielle Güter sowie ein Logbuch versteckt sind (Kisser 2014, S. 22). Dabei ist Geocaching nicht nur eine immer beliebter werdende Freizeitaktivität (Neeb 2013), sondern wird zunehmend auch in der Bildungsarbeit eingesetzt. Neben der Verwendung als reines „Unterstützungsinstrument zur Heranführung von Lernenden an räumliches Denken" (Neeb 2013, S. 124) oder zum Zwecke der Teambildung (Kisser 2014, S. 22) kann dieses Konzept um das Ziel der Informationsgewinnung erweitert werden. In diesem Fall wird von Educaching (engl. von „Education" = Bildung) gesprochen. So kann Educaching spielerhaft zur Vermittlung von vielfältigen Lerninhalten verschiedener Schulfächer eingesetzt werden. Dabei kann der Lerngegenstand an den Ort des Geschehens transportiert und somit das explorative Lernen vor Ort mit Bewegung und Aktivität im Freien kombiniert werden (Lude et al. 2013, S. 29). Durch den Gebrauch einer technischen Komponente und den spielerischen Charakter einer Schnitzeljagd werden die Schüler von körperlichen Anstrengungen abgelenkt (Medienzentrum Amberg-Sulzbach 2016).

Das amerikanische „Educaching Teacher's Manual" ist ein GPS-basierter Lehrplan für Lehrer. In diesem Set werden verschiedene Geocaching-Unterrichtsstunden inklusive Instruktionen, Ablaufplänen und Aufgabenstellungen in den Themenfeldern Sprache und Lesen, Mathematik, Sozialkunde, Naturwissenschaft und Technik angeboten. Die Inhalte und Aufgaben sind auf die nationalen Unterrichtsstandards abgestimmt und sprechen Zielgruppen verschiedenen Alters an, teilweise etwa alle Kinder zwischen dem Kindergartenalter bis zum 12. Schuljahr, also Kinder von 4 bis 18 Jahren.

Weitere Informationen dazu unter: http://educaching.com/educaching_manual.html.

Für das Geo- und Educaching-Erlebnis wird ein GPS-Gerät oder ein beliebiges Endgerät mit einer GPS- Antenne benötigt, heutzutage etwa in den meisten Smartphones integriert. Mittlerweile sind rund 95 % der Jugendlichen zwischen 12 und 19 Jahren in Deutschland mit einem Smartphone ausgestattet (Medienpädagogischer Forschungsverbund Südwest 2015, S. 6). Entsprechend gibt es eine Vielzahl von Geo- und Educaching-Apps für Smartphones, die Lernen und Bewegung spielerisch miteinander verbinden.

## 3.5 Funtronic Magic Carpet

Ein weiteres Lern-Bewegungsspiel stellt der „Magic Carpet" dar. Ein an die Decke montierter Projektor bildet Grafiken und Aufgabenstellungen auf dem Boden ab, welcher als „Magic Carpet" (engl. für „magischer Teppich") zur interaktiven Spielfläche wird. Dank eines integrierten Bewegungssensors kann die Technologie auf die Bewegungen der Kinder reagieren. Das ganze Spielgeschehen findet ohne weitere Geräte und ausschließlich auf der Projektionsfläche statt, die je nach Platz frei gewählt werden kann. Je nach Montagehöhe variiert die Größe der rechteckigen Projektionsfläche zwischen knapp 3m$^2$ und 7m$^2$. In dem Projektor ist ein kleiner Computer integriert, über dem mithilfe einer Fernbedienung die entsprechenden Spiele ausgewählt werden können. Funtronic bietet eine Vielzahl von Spielen, Lernübungen und Bewegungsübungen und ist für Kinder von 2–12 Jahren konzipiert. Die Soft- und Hardware ist in verschiedenen Versionen erhältlich. In einigen Spielen ist Schnelligkeit, in anderen wiederum Feinmotorik gefordert. Genutzt werden können dabei die Füße oder die Hände. Weitere Informationen dazu: http://funtronic.eu/en/home/.

## 4 Wirkungen von Bewegung im Kompetenzerwerb

Müller/Petzold weisen ermutigend darauf hin, dass nach ihren Forschungsergebnissen die Grundschüler nach vier Jahren bewegtem Lernen eine gesteigerte Lernfreude aufwiesen, Haltungskonstanz vermieden haben, ein positives Sozialverhalten zeigten und vergleichbare Schulleistungen gegenüber traditionell unterrichteten Kindern erreichten. Für die Mädchen und Jungen der Sekundarstufe I deuten sich in der Tendenz ähnliche Untersuchungsergebnisse an (Müller und Petzold 2002). Im Folgenden werden Erkenntnisse aus Neurologie, Psychologie und Erziehungswissenschaft dargestellt, wie der Körper Lernprozesse unterstützt. Die Förderung wird in kognitive Leistungen, affektive Prozesse und soziale Fähigkeiten unterschieden.

### 4.1 Förderung von kognitiven Leistungen (Konzentration, Aufmerksamkeit, Lernleistungen)

Seit Jahrzehnten werden exekutive Funktionen im Zusammenhang mit muskulärer Beanspruchung und allgemeiner körperlicher Leistungsfähigkeit erforscht. In mehreren Studien konnte nachgewiesen werden, dass akute Ausdauerbelastungen exekutive Funktionen von jungen Erwachsenen, Kindern und Jugendlichen positiv beeinflussen (Hillman et al. 2008). Des Weiteren konnte gezeigt werden, dass sich die selektive, exekutive Aufmerksamkeit Jugendlicher bereits durch eine Schulsporteinheit fördern lässt (Budde et al. 2008; Kubesch et al. 2009). Studien zur körperlichen Fitness weisen in die gleiche Richtung. Eine gesteigerte körperliche Fitness fördert exekutive Funktionen vom Kindes- bis zum Erwachsenenalter (Hillman et al. 2008), höhere Aufmerksamkeitsprozesse und eine effektivere kognitive Kontrolle

(Stroth et al. 2009). Vermutet wird, dass Sportübungen die geistige Anstrengung bei Prozessen der Handlungsüberwachung reduzieren, daraus lässt sich unter anderem folgern, dass Gehirne von körperlich leistungsfähigeren Menschen effizienter arbeiten als die Gehirne von Menschen mit geringerer Fitness (Kubesch und Walk 2009). Studien an Schulen in Deutschland, die regelmäßige sportliche Aktivitäten (im Rahmen des Bewegten Unterrichts oder der Bewegten Schule) durchführen, zeigten überwiegend positive Effekte auf kognitive Leistungen (Zimmermann 2005; Leyk und Wamser 2003; Dordel und Breithecker 2003; Fessler et al. 2008). Auf internationaler Ebene spiegelt sich dieses Bild unterschiedlicher Ergebnisse ebenso wider. Eine Metaanalyse von 134 Studien zeigte insgesamt einen positiven Zusammenhang von Bewegung und kognitiver Leistungsfähigkeit bei jungen Menschen (4–18 Jahre) (Sibley und Etnier 2003).

Neben den Effekten aufgrund aerobem Training ist auch Körperkoordination bzw. Körperbeherrschung förderlich für die kognitive Leistungsfähigkeit. Studien belegen, dass individuelle Unterschiede bei der Schrift in Bezug auf eine flüssige Schreibweise, Einfluss nehmen, wie gut und wie viel Kinder schreiben (Jones und Christensen 1999). Es konnte sogar gezeigt werden, dass Kinder mit weniger ausgeprägten grafischen Fähigkeiten entsprechend schlechter bei Diktaten abschnitten (Vinter und Chartrel 2010). Neuere Studien zeigen, dass die Verbindung von grafomotorischen Fähigkeiten der Handschrift und Bildung noch weiter gehen. Kinder lernen nicht nur schneller zu lesen, wenn sie die Handschrift erlernt haben, sie bleiben auch kreativer und zeigen bessere Behaltensleistung (Konnikova 2014).

Nach Hannaford (2008) werden neue Informationen am leichtesten mit den jeweilig dominanten Sinnen erlernt. Neben der klassischen (allgemein bekannten) Dominanz einer Hand (Rechts- und Linkshändler) wird zusätzlich die angeborene Dominanz der Gehirnhälften, Augen, Ohren und Füße ermittelt. Mögliche Lernblockaden können mit diesem individuellen Dominanzprofil erkannt und durch Koordination von Gliedern der einen und anderen Körperseite (kontralaterale Übungen) gelöst werden. „Frühzeitige kontralaterale Bewegungen sind entscheiden für die Entstehung neuraler Verbindungen zwischen den beiden Gehirnhälften" (Hannaford 2008, S. 129 ff.). Die Nervenbahnen zwischen Gehirn und Köper, welche bei solchen Übungen aktiviert werden, sind teilweise dieselben Nervenbahnen, welche beim Schreiben oder anderen Lernsituationen genutzt werden. Paul und Gail Dennison (1993) haben gezielte BRAIN-GYM®-Übungen für die Erfahrung mit ganzheitlichem Lernen entwickelt.

Der Aufbau von abstrakten Repräsentationen mit Hilfe von körperlicher Bewegung, also dem körperlichen „nachvollziehen", wird von Neurologen bestätigt. Wenn wir beispielsweise ein Werkzeug betrachten (z. B. einen Schraubenzieher, eine Zange, etc.) wird u. a. der prämotorische Kortex (PMC) aktiviert, jene Region, die Bewegungen (mit einer Zange) vorbereitet. Offenbar spult unser Denkorgan unmittelbar mit der Wahrnehmung eine Art „motorisch-haptische Gebrauchsanweisung" ab. Das Wissen um die Handhabung von Objekten lässt sich also nicht von unserem konzeptionellen Wissen trennen (Martin 2007). Im Falle des Erinnerns einer Pin-Nummer oder des körperlichen Mathetrainings scheint das Prinzip umgekehrt zu funktionieren. Das Wissen um die „motorisch-haptische Gebrauchsanweisung" unterstützt das Erinnern der abstrakten Repräsentation.

Die wissenschaftlichen Erkenntnisse zeigen, dass eine Förderung von kognitiven Leistungen in Bezug auf Bewegung vor allem durch aerobe Fitness und durch das Einbinden von Körperkoordination erfolgt.

### 4.2 Förderung von affektiven Prozessen

Alle oben genannten Technologien bieten spielerische Anwendungen an. Das grundsätzliche affektive Ziel von spielerischen Elementen in Lernanwendungen ist die Förderung der Motivation beim Wissenserwerb (Goldstein et al. 2000; Dumbleton und Kirriemuir 2006).

In Bezug auf die Förderung von affektiven Faktoren durch Bewegung wird angenommen, dass Bewegung Stress abbaut. Bewegung wirkt regulierend auf Psyche und Kreislauf. Durch die Aktivierung des Stoffwechsels werden Stresshormone schneller abgebaut, die Muskulatur entspannt sich (Härdt 2005, S. 68). Körperliche Betätigung aller Art kann Depressionen und Stress reduzieren und die Stimmung heben (Biddle 2000; Hassmen et al. 2000).

Bewegung kann die Stimmung heben, da sie lustauslösende Zentren im Gehirn aktiviert (Hollmann und Strüder 1996, S. 49 f.) und Endorphine freisetzt, die ein Stimmungshoch schaffen. Der gleiche Effekt wird auch empfohlen, um Aggressionen abzubauen. Bewegungslernen (im richtigen Maß) kann daher motivierend und entspannend sein, da das Gehirn überwiegend im Bereich der für das Lernen vorteilhaften Alpha-Wellen arbeitet, was einem ruhigen, entspannten Zustand entspricht (Hollmann und Strüder 1996). Bewegung kann jedoch nicht nur die Stimmung beeinflussen, sondern auch langfristig auf die Persönlichkeit Einfluss nehmen. Ein aktiver Lebensstil unterstützt ein stabileres Persönlichkeitsprofil (Rhodes und Smith 2006). Des Weiteren zeigt sich, dass die Persönlichkeitsdimensionen (Big Five) Extraversion (Gegensatz zu Introversion) und Gewissenhaftigkeit am stärksten mit körperlicher Bewegung korrelieren (Stephan et al. 2014, S. 5). Körperliche Aktivität trägt zur Entwicklung dieser zwei Persönlichkeitsmerkmale bei (Terracciano et al. 2013).

Die Erfahrung der eigenen Wirksamkeit bei sportlichen Aktivitäten unterstützt die realistische Selbsteinschätzung und das Wissen um eigene Stärken, Möglichkeiten und Grenzen (Haas 1999, S. 44). Kinder, Jugendliche und Erwachsene hören oder sehen dies nicht nur, sondern sie erfahren, testen und überprüfen die eigene Wirksamkeit. Dies gilt nicht nur in Bezug auf Ausdauer, sondern auch für Körperkoordination, Orientierung/Verortung und Zielsicherheit (Stephan et al. 2014, S. 6).

Besondere Bedeutung in diesem Zusammenhang haben grafomotorische Bewegungen. Probanden, die geschwungene Formen nachzeichneten, schnitten im Kreativitätstest besser ab, als solche, die eckige Figuren kopieren sollten (Slepian und Ambady 2012). Konnikova (2014) verweist auf vielfältige Wirkungen auf die Persönlichkeitsentwicklung von Kindern beim Erlernen und späteren Individualisieren der Handschrift.

Zur Förderung affektiver Prozesse tragen neben der aeroben Fitness sowohl die Körperkoordination, als auch die räumliche Verortung bei. Im Bereich der koordinativen Fähigkeiten entspricht dies der räumlichen Orientierungsfähigkeit und der kinästhetischen Differenzierungsfähigkeit.

## 4.3 Förderung von sozialen Fähigkeiten (Kommunikation und Selbstwahrnehmung)

Die psychosoziale Entwicklung von Menschen steht in enger Verbindung mit der Haltungs- und Bewegungsentwicklung in den ersten Lebensjahren (Haas 1999, S. 42). Dies gilt nach neurowissenschaftlichen Erkenntnissen sowohl für die Kommunikation, als auch für die Persönlichkeitsentwicklung von Menschen.

Neurobiologen konnten nachweisen, dass bei der Erfahrung von einer Gruppe ausgeschlossen zu werden, dieselben Schmerzzentren im Gehirn aktiviert werden, wie wenn jemandem körperliche Schmerzen zugefügt werden (Bauer 2006, S. 108). Durch körperliche Erfahrung lernen wir also nicht nur eigene Gefühle kennen, vielmehr ermöglicht diese Erfahrung uns zu assoziieren, wie andere sich fühlen. Dieses mitfühlen können ist Basis für Sozialverhalten. Verantwortlich für die Entwicklung von intuitiver (sozialer) Kommunikation sind sogenannte Spiegelneuronen. Wenn wir jemanden anderen beobachten, der Schmerzen erleidet, werden dieselben Neuronen-Aktivitäten verzeichnet, wie wenn wir selber Schmerzen haben. Das Gehirn ist sozial, es benutzt offenbar dieselben neuronalen Bahnen für Gefühle und für Mitgefühl (Storch et al. 2007). Neben der mitfühlenden und intuitiven Kommunikation, die durch Bewegung erlernt werden, dient diese auch der eigenen Verortung in der Gruppe. Identität wird über konkrete Handlungen (Bewegung) und deren implizite soziokulturelle Bewertungen erfahren (Haas 1999, S. 42). Dabei führen Wiederholungen nicht nur zu Vertiefung des Wissens, sondern vielmehr zur Differenzierung.

Nach dem dargestellten Forschungsstand werden soziale Fähigkeiten vor allem durch die Verortung in Raum und Zeit, also die räumliche Orientierungsfähigkeit gefördert.

## 4.4 Einordnung von Bewegungsfähigkeiten und Lernförderung

Die eben dargestellten förderlichen Wirkungen von Bewegung lassen sich bestimmten koordinativen Fähigkeiten, wie sie im Abschn. 2 dargestellt wurden, vereinfacht zuordnen. Die folgende Grafik soll ein erster Ansatz zur Differenzierung von Bewegung und der entsprechenden Förderung im Kompetenzerwerb (Abb. 4) sein.

Die basalen Bewegungsfertigkeiten sind nach Hirtz (1985) die räumliche Orientierungsfähigkeit, welche vor allem der Verortung in Zeit und Raum dient, und die kinästhetische Differenzierungsfähigkeit, die sich überwiegend auf effiziente Körperkoordination bezieht. Der oben dargestellte Forschungsstand zur fördernden Wirkung von Bewegung auf kognitive, affektive und soziale Fähigkeiten verdeutlicht,

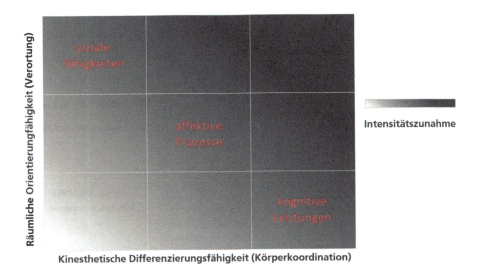

**Abb. 4** Zuordnung von Bewegungsfähigkeiten und der Wirkungen im Kompetenzerwerb

dass eine Zuordnung von den oben genannten koordinativen Fähigkeiten zu diesen Wirkungen erfolgen kann.

In Bezug auf die kognitive Leistungsfähigkeit sind neben der aeroben Fitness, also der Bewegungsintensität, vor allem Elemente der Körperkoordination förderlich. Die Verortung im Raum, also die räumliche Orientierungsfähigkeit, fördert dagegen eher die sozialen Fähigkeiten. Affektive Prozesse werden sowohl durch Körperkoordination und Verortung unterstützt. Mit zunehmender Intensität steigt auch die förderliche Wirkung im Kompetenzerwerb.

Die Grafik kann eine erste Grundlage bieten, um im Rahmen weiterer Studien weitere Differenzierungen vorzunehmen. Die Grundrichtung scheint auf Grund der bisherigen Erkenntnisse offensichtlich, jedoch nicht ausreichend differenziert. Beispielsweise wird hier nicht in Altersklassen unterschieden, obwohl sich sowohl koordinative als auch sozial-psychologische Fähigkeiten in bestimmten Altersstufen besonders stark ausprägen. Daher kann dieses Modell nicht hinreichend genau sein. Für einen ersten Einblick in die unterschiedlichen Möglichkeiten von Lern-Bewegungs-Anwendungen und deren förderlichen Wirkungen auf den Kompetenzerwerb scheint dieser Überblick hinreichend zu sein.

Im Folgenden soll dieses Modell dazu dienen, vorhandene Lern-Bewegungs-Applikationen in ihrer förderlichen Wirkung einzuordnen.

## 5 Lern-Bewegungsanwendungen im Überblick

Im Abschn. 3 wurden fünf digitale Technologien vorgestellt, welche die Einbindung von Bewegung in den Lernprozess unterstützen und bereits auf dem Markt erhältlich sind. Im Folgenden werden nun einzelne Anwendungen dieser Technologien und

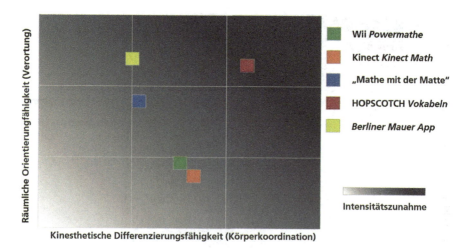

**Abb. 5** Einordnung von Lern-Bewegungs-Anwendungen nach ihrer lernunterstützenden Wirkung

Anwendungen aus Forschung und Wissenschaft vorgestellt. Zusätzlich wird ein kurzer Überblick über Studienergebnisse gegeben. In Abb. 5 werden die Anwendungen in die oben erarbeitete Grafik eingeordnet, die Einordnung erfolgt eher nach den vorhandenen empirischen Ergebnissen als nach dem möglichen Potenzial der Anwendung. Damit soll nochmals unterstrichen werden, dass die Technologie und deren Anwendung nur das Potenzial für förderliche Wirkungen enthält, erst das Konzept für den tatsächlichen Einsatz im Unterricht kann das Potenzial in vollem Umfang nutzbar machen.

## 5.1 Wii – „Powermathe"

Ein Beispiel eines Lern-Bewegungsspiels für die Nintendo Wii ist das Spiel „Powermathe". Mit „Powermathe" können Grundschüler spielerisch und in Bewegung Mathematik üben. Mithilfe der bewegungssensitiven Controller wählt der Spieler die richtigen Antworten aus. So muss etwa der Boxball mit der richtigen Zahl geschlagen oder der Basketball dann in den Korb geworfen werden, wenn die korrekte Lösung zur Rechenaufgabe erscheint. Weitere Informationen dazu unter: http://powermathe.de/.

Mit der Integration der Nintendo Wii können Lehrer eine Kultur des Diskurses, der Aktivität, der Reflektion und Konversation erzeugen (Fosnot 2005). Im Vergleich zu konventionellen Lernmethoden wirkt der Charakter des Spielens auf die Schüler motivierend und kann somit einen größeren Lernerfolg fördern (Sedig 2008), das gilt besonders für das Fach Mathematik (Sedig 2008; Xin und Kashor 1997). Einige Studien belegen die Steigerung der kognitiven Fähigkeiten durch die Stimulation mentaler Aktivitäten während und nach dem Spielen mit der Nintendo Wii (Ogomori et al. 2011; Foley 2010; Bartolome et al. 2010).

Die Nintendo Wii kann immer nur von einem oder maximal zwei Spielern gleichzeitig gespielt werden. Die Bewegung reduziert sich auf einzelne Arm- oder Handbewegungen und ist daher nicht so anstrengend wie eine Schnitzeljagd oder das Hüpfen auf einer Matte. Die Anwendung verlangt eine gute Körperkoordination, kleine Ungenauigkeiten werden allerdings von der Software korrigiert, sodass diese nur bis zu einem bestimmten Maß trainiert werden kann. Die Intensität im Bereich der Fitness und der koordinativen Fähigkeiten ist daher nur mittelmäßig ausgeprägt.

### 5.2 Kinect – „Kinect Math"

Mit Kinect können Lehrer multisensorische Aktivitäten, Körperbewegungen und Gestiken in den Unterrichtsablauf integrieren und somit auf die unterschiedlichen Wissensniveaus der Schüler eingehen (Smith et al. 2005). In „Body and Brain Connection" können die Spieler verschiedene mathematische Aufgaben zu Winkeln, Wahrscheinlichkeiten und Arithmetik lösen. In dem Modus „Perfect Tens" etwa müssen die Spieler mit ihren Armen und Händen die zwei richtigen Zahlen auswählen, die in der Summe 10 ergeben. Das Spiel ist somit bereits für Vor- und Grundschüler geeignet. Für Kinect werden von KinectEducation, einem Zusammenschluss von Entwicklern und Lehrern, eine Reihe frei zugänglicher und für den Unterricht konzipierter Apps entwickelt und verbreitet. So können Lehrer mithilfe des Kinect-Bewegungssensors, einem Windows-Rechner und der App „Kinect Math" mathematische Konzepte interaktiver gestalten. Weitere Informationen dazu unter: https://kinectmath.org/.

Die Kinect kann immer nur einen Spieler erfassen, daher ist ein Zusammenspielen nur durch entsprechende Lernsettings (wie z. B. Gruppenbildung) möglich. Die Anwendung verlangt eine gute Körperkoordination, kleine Ungenauigkeiten werden allerdings von der Software korrigiert. Ähnlich wie bei der Wii werden meist nur einzelne Körperbewegungen verlangt, also eine geringere Bewegungsintensität als beim Hüpfen oder Rennen. Die Intensität im Bereich der Fitness und der koordinativen Fähigkeiten ist daher nur mittelmäßig ausgeprägt.

### 5.3 „Mathe mit der Matte"

Eine ganz andere Art der Bewegung nutzt das Tübinger Projekt „Mathe mit der Matte" zur Verbesserung des Lernens. Hierbei geht es um die Wirkungen von lernrelevanten körperlichen Erfahrungen beim Mathematiklernen. In verschiedenen Studien konnten Kinder auf einer digitalen Sensormatte körperlich erfahren, dass eine Zahl kleiner ist, wenn sie nach links gehen und größer ist, wenn sie nach rechts gehen. Zweitklässler konnten einen Zahlenstrahl entlanggehen und die gesuchte Zahl auf dem Zahlenstrahl eintragen. Es zeigte sich, dass die Probanden nicht nur den Zahlenstrahl besser kennen, sondern auch in weiteren Mathematikbereichen profitieren. Erstklässler können besser zählen, Zweitklässler können besser addieren. „Damit liefert die Studie weitere Evidenz für die Wirksamkeit verkörperlichter

Trainings basisnumerischer Repräsentationen allgemein und erstmalig auch in Bezug auf ein räumlich-körperliches Training der Platz x Wert-Struktur" (Link et al. 2014). Diese Anwendung ist leider noch nicht käuflich zu erwerben.

Weitere Informationen unter: https://www.iwm-tuebingen.de/www/de/forschung/projekte/projekt.html?name=VerkoerperlichtesLernenNumerositaet&dispname=Mathe%20mit%20der%20Matte.

„Mathe mit der Matte" ist für junge Schüler konzipiert und eingesetzt. Diese laufen über die Sensormatte. Die Anwendung trainiert also weniger die Körperkoordination, als die Verortung im Raum. Diese allerdings nimmt direkten Bezug zum Lerngegenstand und verknüpft die Körperbewegung mit einer Bedeutung.

## 5.4 HOPSCOTCH – „Vokabeln"

HOPSCOTCH nutzt ebenfalls eine Sensormatte als Eingabegerät, jedoch sind hier Buchstaben und Zahlen abgebildet, analog zu einer Handytastatur (vgl. Abb. 6). Je nach Anwendung kann HOPSCOTCH für alle Altersklassen eingesetzt werden, d. h. von der Kita bis zur Aus- und Weiterbildung. Inhaltlich ist es zum Erlernen der Schriftsprache bis zum Lernen und Vertiefen von Fachbegriffen und Daten geeignet. Der Einsatz von HOPSCOTCH im Englischunterricht an einer Grundschule zeigte Veränderungen bei der Erinnerungsleistung mit HOPSCOTCH im Vergleich zum lehrerzentrierten Unterricht. Nach dem Spielen mit dem Bewegungslernspiel konnten sich die Schüler der dritten Jahrgangsstufe besser an die neuen Vokabeln erinnern und diese korrekter schreiben. Besonders interessant waren die Vergleiche zwischen den einzelnen Klassen beim Vokabeltest. Nach dem lehrerzentrierten Unterricht zeigte sich, dass die Klasse 3c einen signifikant höheren Leistungsstand hatte als die 3a und die 3b (alle hatten denselben Lehrer). Dieser Unterschied war nach dem HOPSCOTCH-Unterricht nicht festzustellen, sowohl

**Abb. 6** HOPSCOTCH. (Quelle: Fraunhofer IDMT (2018))

die 3b, als auch die 3a waren zu gleichen Leistungen wie die 3c gelangt (Lucht und Heidig 2013). Zusätzlich verbesserte sich die Einstellung der Schüler zum Englischunterricht gegenüber dem lehrerzentrierten Unterricht (Lucht und Heidig 2013).

Vergleiche in einer Förderschule zeigten, dass HOPSCOTCH sich positiv auf die Stimmung von Schülerinnen und Schülern mit besonderem Förderbedarf auswirkt (Krauß und Lucht 2012).

Eine Anwendung, speziell für Deutsch als Zweitsprache konzipiert, wurde sowohl in einer Kita, als auch in einer Grundschule und einer Regelschule zur Sprachförderung von Flüchtlingskindern eingesetzt. In verschiedenen Modi werden Grundschatzwörter gesucht, unterstützt mit Bildern und der Aussprache des Wortlauts. Die Bewegung als selbstverständlicher Teil des Spiels und die spielerische Auseinandersetzung mit den Begriffen steigert nach Aussage des Lehrpersonals die Motivation und die Lernerfolge der Kinder, die auch auf die generelle Einstellung gegenüber dem normalen Unterricht abfärben. Es entsteht eine Dynamik und ein Gruppengefühl, mit dem sich die Kinder gegenseitig helfen. Deutsche und immigrierte Kinder helfen sich gegenseitig und arbeiten zusammen, um das gesuchte Wort so schnell wie möglich auf der Matte einzuhüpfen. Durch die Beobachtung der Kinder beim freien Spiel können Lehrer und Erzieher Lernschwierigkeiten Einzelner erkennen und individuell darauf eingehen.

Die Studienergebnisse zeigen, dass mit unterschiedlichen Einsatzkonzepten kognitive, affektive und soziale Prozesse mit HOPSCOTCH gefördert werden können. Durch das SMS-Schreiben auf der Matte wird die Körperkoordination trainiert. Das spielerische Element des Highscore sorgt zusätzlich dafür, dass die Spieler versuchen möglichst schnell die korrekten Tasten zu berühren, dies unterstützt die körperliche Fitness durch hohe Anstrengung. Aufgrund der Größe der Sensormatte kann HOPSCOTCH von bis zu vier Kindern gleichzeitig gespielt werden, wodurch das Lernen zu einem intensiven Gemeinschaftsgefüge wird. Bei vier Spielern bedarf es einer sehr guten Koordination in der Gruppe, um einerseits schnell zu tippen, sich aber andererseits nicht gegenseitig auf die Füße zu treten.

### 5.5 Educaching – „Berliner Mauer App"

In der kostenlosen App „Die Berliner Mauer" der Bundeszentrale für politische Bildung (bpb) können Nutzer Geschichte hautnahe erleben und 40 verschiedene Orte rund um die Berliner Mauer begehen, die mit verschiedensten Informationen bespickt sind. Es besteht die Möglichkeit, den Verlauf der Mauer anhand vier verschiedener Routen abzulaufen und somit das Geschehene unmittelbar und hautnah zu erfahren. Die Nutzer können informiert werden, wenn sie sich in der Nähe von Points of Interest (POIs) befinden. Weitere Informationen dazu unter: http://www.chronik-der-mauer.de/.

Mit der gleichen Thematik arbeitet die App „Tod an der Mauer". Die Nutzer werden in die Rolle eines Journalisten im Jahr 1962 versetzt und sollen in einem Todesfall recherchieren. Dafür müssen die Orte des Geschehens rund um die Berliner Mauer begangen werden. Besonders ist dabei, dass in dieser App Educaching und Augmented Reality (AR, engl. „erweiterte Realität") verbunden werden. In das Kamerabild des Smartphones werden in Echtzeit zusätzliche Bilder eingeblendet, die mit der analogen Umgebung zu verschmelzen scheinen. Weitere Informationen dazu unter: http://pb21.de/2013/05/tod-an-der-berliner-mauer/.

Es zeigte sich, dass mit Educaching ein selbstbestimmtes und selbstorganisiertes Lernen möglich ist. Es wird eine emotionale Verbindung mit dem Lernort gefördert, was einen nachhaltigeren Lernprozess und -effekt verspricht (Rinschede 2003, S. 252). Alleine die Tatsache, dass das Lernen außerhalb des Klassenzimmers stattfindet und somit „gefühlt" nicht Teil des Schulalltags ist, hat eine motivierende Wirkung auf die Schüler (Kisser 2014, S. 14 f.).

Educaching ist eine sehr bewegungsintensive Anwendung. Die Schüler müssen sich orientieren, um zu dem angegebenen Ort zu navigieren. Das Training von Körperkoordination steht bei dieser Anwendung weniger im Vordergrund.

## 6 Fazit & Ausblick

In Bezug auf die Entwicklung von digitalen Medien wird eine zunehmende Bewegungsarmut beklagt. Es wird mehr Zeit sitzend an Computern, Laptops oder anderen Geräten verbracht. In diesem Kapitel wurden Technologien und Anwendungen vorgestellt, die zeigen, dass neue Interaktionsformen, die Bewegung als integralen Bestandteil der Interaktion zwischen Mensch und Computer konzipieren, diesem Trend entgegenwirken können und wie sie den Kompetenzerwerb unterstützen. Während bewegungsarme audio-visuelle Medien nur eine abstrakte Vorstellung bieten, ermöglichen Lern-Bewegungs-Anwendungen zusätzlich eine körperliche Erfahrung, welche die kognitive, affektive und soziale Entwicklung junger Menschen fördern kann. Dabei wurde deutlich, dass die Technologie eine Grundlage darstellt, entscheidend für die positive Wirkung im Lernprozess ist jedoch die Anwendung und deren Einbindung in den Unterricht. Bei der Anwendung ist entscheidend, dass Bewegung und Lerngegenstand möglichst direkt miteinander verknüpft werden. In Bezug auf die Unterrichtskonzepte sollten Lern-Bewegungs-Anwendungen ein integraler Bestandteil des Unterrichts werden, statt nur gelegentlich als „Zwischenspiel" neben der Unterrichtsroutine eingesetzt zu werden. Die Idee des Stationenlernens, bei dem die Schüler einer Klasse auf verschiedene Stationen aufgeteilt werden und nach einer bestimmten Zeit zur nächsten Station wechseln, würde die Integration von Bewegungslernen im Regelunterricht beispielsweise unterstützen. Die Digitalisierung der Bildung kann als Chance genutzt werden, Bewegung so in den Schulalltag zu integrieren, dass körperbasiertes Lernen ein selbstverständlicher und zielorientierter Teil der Unterrichtsstunden wird.

## Literatur

Bartolome, N. A., Zorrilla, A. M., & Zapirain, B. G. (2010). A serious game to improve human relationships in patients with neuro-psychological disorders. *International IEEE consumer electronics society's games innovations conference (ICE-GIC)* (S. 31–35).

Bauer, J. (2006). *Warum ich fühle, was du fühlst. Intuitive Kommunikation und das Geheimnis der Spiegelneurone* (8. Aufl.). Hamburg: Campe Verlag.

Biddle, S. (2000). Exercise, emotions, and mental health. In Y. L. Hanin (Hrsg.), *Emotions in sport* (S. 267–291). Champaign: Human Kinetics.

Boles, D. (1998). *Multimedia-Systeme. Begleitbuch zur Vorlesung.* http://www.boles.de/teaching/mm/buch/main.html. Zugegriffen am 03.03.2018.

Budde, H., Voelcker-Rehageb, C., Pietraßyk-Kendziorraa, S., Ribeiroc, P., & Tidowa, G. (2008). Acute coordinative exercise improves attentional performance in adolescents. *Neuroscience Letters, 441,* 219–223.

Caspersen, C. J., Powell, K. E., & Christenson, G. M. (1985). Physical activity, exercise, and physical fitness: definitions and distinctions for health-related research. *Public Health Reports, 100,* 126–131.

Chomitz, V., Slining, M., McGowan, R., Mitchel, S., Dawson, G., & Hacker, K. (2008). Is there a relationship between physical fitness and academic achievement? Positive results from public school children in the Northeastern United States. *Journal of School Health, 79*(1), 30–37.

Dennison, P. E., & Dennison, G. (1993). *Brain-gym* (4. Aufl.). Freiburg: VAK Verlag für Angewandte Kinesiologie GmbH.

Dewey, J. (1930). *Demokratie und Erziehung. Eine Einleitung in die philosophische Pädagogik.* Breslau: Hirt.

Domagk, S., Schwartz, R. N., & Plass, J. L. (2010). Interactivity in multimedia learning: An integrated model. *Computers in Human Behavior, 26*(5), 1024–1033.

Dordel, S., & Breithecker, D. (2003). Bewegte Schule als Chance einer Förderung der Lern- und Leistungsfähigkeit. *Haltung und Bewegung, 23*(2), 5–15.

Dumbleton, T., & Kirriemuir, J. (2006). *Understanding digital games.* London: Sage.

Fessler, N., Stibbe, G., & Haberer, E. (2008). Besser Lernen durch Bewegung? Ergebnisse einer empirischen Studie in Hauptschulen. *Sportunterricht, 57*(8), 250–255.

Foley, M. R. (2010). Use of acive video games to increase physical activity in children: A (virtual) reality? *Pediatrics, 22,* 7–20.

Fosnot, C. (2005). *Constructivism: Theory, perspectives, and practice.* New York: Teachers College Press.

Fraunhofer IDMT. (2018). HOPSCOTCH. http://S.THG.DE/ERZ. Zugegriffen am 03.03.2018.

Fröbel, F. (1826). *Die Menschenerziehung. Die Erziehungs-, Unterrichts- und Lehrkunst, angestrebt in der Allgemeinen Deutschen Erziehungsanstalt zu Keilhau. Band 1: Bis zum beginnenen Knabenalter.* Keilhau: Verlag der Allgemeinen Deutschen Erziehungsanstalt.

Gardner, P. (2001). *Teaching and learning in multicultural classrooms.* London: Fulton.

Gawlik, C. (2011). *Investigating middle school mathematics: Classroom lessons using wii sports®.* Chareston: CreateSpace.

Goldstein, J. H., Buckingham, D., & Brougre, G. (Hrsg.). (2000). Introduction: Toys, games, and media. In *Toys, games, and media* (S. 1–10). Mahwah: Erlbaum.

Grissom, J. B. (2005). Physical fitness and academic achievement. *Journal of Exercise Physiology online, 8,* 11–25.

Haas, R. (1999). *Entwicklung und Bewegung Der Entwurf einer angewandten Motologie des Erwachsenenalters.* Schorndorf: Hofmann Verlag.

Hannaford, C. (2008). *Mit Auge und Ohr, mit Hand und Fuß.* Kirchzarten: VAK Verlags GmbH.

Härdt, B. (2005). Bewegte Schule. *Informationsdienst zur Suchtprävention, 18,* 67–76.

Hassmen, P., Koivula, N., & Uutela, A. (2000). Physical exercise and psychological wellbeing. *Preventive Medicine, 30,* 17–25.

Heimbuch, A. (2013). Nutzerzentrierte Adaptivität in Serious Games. Unveröffentlichte Masterarbeit, Ilmenau.

Hillman, C. H., Erickson, K. I., & Kramer, A. F. (2008). Science and society: Be smart, exercise your heart: exercise effects on brain and cognition. *Nature Reviews Neuroscience, 9,* 58–65.

Hirtz, P. (1985). *Koordinative Fähigkeiten im Schulsport.* Berlin: Sportverlag.

Hollmann, W., & Strüder, H. K. (1996). Gehirn und muskuläre Arbeit. In U. Bartmus, H. Heck, J. Mester, H. Schumann & G. Tidow (Hrsg.), *Aspekte der Sinnes- und Nervenphysiologie im Sport.* Köln: Verl. Sport und Buch Strauß.

Homer, B. D., et al. (2014). Moved to learn: The effects of interactivity in a Kinect-based literacy game for beginning readers. *Computers & Education, 74,* 37–49.

Jones, D., & Christensen, C. A. (1999). Relationship between automaticity in handwriting and students' ability to generate written text. *Journal of Educational Psychology, 91*(1), 44–49.

Kisser, T. (2014). Außerunterrichtliche Lernorte: Die (Weiter-)Entwicklung von Lernpfaden zu einem Netz von Geopunkten mit Hilfe der Geocache-Methode Empirische Untersuchung zur Exkursionsdidaktik. Dissertation. Ludwig-Maximilians-Universität München.

Konnikova, M. (2014). What's lost as handwriting fades. https://people.rit.edu/wlrgsh/Handwriting.pdf. Zugegriffen am 31.08.2016.

Kraußer, K., & M. Lucht. (2012). Integration of exer-learning games in school. The evaluation of HOPSCOTCH as teaching aid in specialised school. *The fourth international conference on mobile, hybrid, and on-line learning.*

Kubesch, S. (2002). Sportunterricht: Training für Körper und Geist. *Nervenheilkunde, 21*, 487–490.

Kubesch, S., & Walk, L. (2009). Körperliches und kognitives Training exekutiver Funktionen in Kindergarten und Schule. *Sportwissenschaft, 4*, 309–317.

Kubesch, S., et al. (2009). A 30-min physical education program improves students' executive attention. *Mind, Brain, and Education, 3*(4), 235–242.

Leitner, D. (2013). Lernforschung – Mit Bewegung gehts leichter. *Gehirn&Geist, 1–2.*

Leyk, D., & Wamser, P. (2003). Einfluss von Sport und Bewegung auf Konzentration und Aufmerksamkeit: Effekte eines „Bewegten Unterrichts" im Schulalltag. *Sportunterricht, 52*(4), 108–113.

Link, T., et al. (2014). Mathe mit der Matte – Verkörperlichtes Training basisnumerischer Kompetenzen. *Zeitschrift für Erziehungswissenschaft, 17*, 257–277.

Lucht, M., & Heidig, S. (2013). Applying HOPSCOTCH as an exer-learning game in English lessons: Two exploratory studies. *Educational Technology Research and Development, 61*(5), 767–792.

Lucht, M., Joerg, D., & Breitbarth, K. (2013). Exer-Learning Games. Digitales Bewegungslernen in Schulen. In G. S. Freyermuth (Hrsg.), *Serious games, exergames, exerlearning.* Bielefeld: transcript Verlag.

Lude, A., Schaal, S., Bullinger, M., & Bleck, S. (2013). *Mobiles, ortsbezogenes Lernen in der Umweltbildung und Bildung für nachhaltige Entwicklung. Der erfolgreiche Einsatz von Smartphone und Co. in Bildungsangeboten in der Natur.* Baltmannsweiler: Schneider Verlag Hohengehren.

Maldonado, N. (2010). Wii: An innovative learning tool in the classroom. http://www.freepatentsonline.com/article/Childhood-Education/225579898.html.

Martin, A. (2007). The representation of object concepts in the brain. *Annual Review of Psychology, 58*, 25–45.

Medienpädagogischer Forschungsverbund Südwest. (2015). *JIM-Studie 2015. Jugend, Information, (Multi-)Media.* https://www.mpfs.de/fileadmin/files/Studien/JIM/2015/JIM_Studie_2015.pdf. Zugegriffen am 10.10.2016.

Medienzentrum Amberg-Sulzbach. (2016). *Didaktische und unterrichtspraktische Hinweise.* http://www.medienzentrum-as.de/downloads/geocaching/Didaktische_und_unterrichtspraktische_Hinweise.pdf. Zugegriffen am 10.10.2016.

Montessori, M. (1922). *Mein Handbuch.* Stuttgart: Julius Hoffmann.

Müller, C., & Petzold, R. (2002). *Längsschnittstudie bewegte Grundschule. Ergebnisse einer vierjährigen Erprobung eines pädagogischen Konzeptes zur bewegten Grundschule.* St. Augustin: Academia.

Neeb, K. (2013). Räumliche Orientierung mit GPS – (k)ein Mittel zum Erwerb räumlicher Orientierungskompetenz? Ergebnisse einer empirischen Studie zu den Kompetenzerwerbschancen im Geographieunterricht der Jahrgangsstufen 5, 6 und 8. *Geographie und Didaktik, 41*(3), 123–142.

Ogomori, K., Nagamachi, M., Ishihara, K., Ishihara, S., & Kohchi, M. (2011). Requirements for a cognitive training game for elderly or disabled people. *Biometrics and Kansei Engineering (ICBAKE)* (S. 150–154). New York: IEEE.

Praag, H. van. (2009). Exercise and the brain: Something to chew on. *Trends in Neurosciences, 32*(5), 283–290.
Reynolds, D., & Nicolson, R. I. (2007). Follow-up of an exercise-based treatment for children with reading difficulties. *Dyslexia, 13*(2), 78–96.
Rhodes, R. E., & Smith, N. E. (2006). Personality correlates of physical activity: A review and meta-analysis. *British Journal of Sports Medicine, 40*, 958–965.
Rinschede, G. (2003). *Geographiedidaktik* (3. Aufl.). Paderborn: UTB.
Schwartz, R. N., & Plass, J. L. (2014). Click versus drag: User-performed tasks and the enactment effect in an interactive multimedia environment. *Computers in Human Behavior, 33*, 242–255.
Sedig, K. (2008). From play to thoughtful learning: A design strategy to engage children with mathematical representations. *Journal of Computers in Mathematics and Science Teaching, 27*(1), 65–101.
Sibley, B. A., & Etnier, J. L. (2003). The relationship between physical activity and cognition in children: A meta-analysis. *Pediatric Exercise Science, 15*, 243–256.
Slepian, M. L., & Ambady, N. (2012). Fluid movement and creativity. *Journal of Experimental Psychology: General, 141*(4), 625–629.
Smith, H. J., Higgins, S., Wall, K., & Miller, J. (2005). Interactive whiteboards: Boon or bandwagon? A critical review of literature. *Journal of Computer Assisted Learning, 21*, 91–101.
Stephan, Y., Sutin, A. R., & Terracciano, A. (2014). Physical activity and personality development across adulthood and old age: Evidence from two longitudal studies. *Journal of Research in Personality, 49*, 1–7.
Storch, M., Cantieni, B., Hüther, G., & Tschacher, W. (2007). *Embodiment. Die Wechselwirkung von Körper und Psyche verstehen und nutzen*. Bern: Huber.
Stroth, S., Kubescha, S., Dieterlea, K., Ruchsowd, M., Heime, R., & Kiefer, M. (2009). Physical fitness, but not acute exercise modulates event-related potential indices for executive control in healthy adolescents. *Brain Research, 1269*, 114–124.
Terracciano, A., Schrack, J. A., Sutin, A. R., Chan, W., Simonsick, E. M., & Ferrucci, L. (2013). Personality, metabolic rate and aerobic capacity. *PLoS One, 8*(1), e54746.
Vinter, A., & Chartrel, E. (2010). Effects of different types of learning on handwriting movements in young children. *Learning and Instruction, 20*, 476–486.
Xbox. (2016). *Kinect für Xbox One*. http://www.xbox.com/de-DE/xbox-one/accessories/kinect-for-xbox-one. Zugegriffen am 17.10.2016.
Xin, M., & Kashor, N. (1997). Attitude toward self, social factors, and achievement in mathematics: A meta-analytic review. *Educational Psychology Review, 9*(2), 89–120.
Zimmermann, H. (2005). Argumentationshilfe pro Schulsport. *Sportunterricht, 54*(11), 341–346.

# Teil VIII

# Bildungstechnologie in unterschiedlichen Lehr-Lern-Kontexten

# Bildungstechnologie in der Schule

Christian Kohls

## Inhalt

| | | |
|---|---|---|
| 1 | Einleitung | 632 |
| 2 | Werkzeugebenen von Bildungstechnologie | 632 |
| 3 | Didaktische Potenziale von Bildungstechnologien | 634 |
| 4 | Methodenbeispiele für den Einsatz von Bildungstechnologie | 637 |
| 5 | Fazit | 641 |
| | Literatur | 642 |

### Zusammenfassung

Dieses Kapitel gibt einen Überblick über die verschiedenen Ebenen von Bildungstechnologie in der Schule. Es werden Beispiele für Hardware, Software, digitale Inhalte und Plattformen dargestellt. Technologien werden hier als Werkzeuge aufgefasst, die bestimmte Funktionen bereitstellen, mit denen sich didaktische Potenziale eröffnen und Mehrwerte erreichen lassen. Diese Potenziale werden zunächst systematisch dargestellt und danach anhand ausgewählter Methoden illustriert.

### Schlüsselwörter

Lernapps · Interaktive Whiteboards · Interaktivität · Lehrinnovation · Schule

---

C. Kohls (✉)
Institut für Informatik, TH Köln, Gummersbach, Deutschland
E-Mail: christian.kohls@th-koeln.de

## 1 Einleitung

Bildungstechnologien in der Schule sind durch ein hohes Maß an Heterogenität gekennzeichnet. Dies liegt an verschiedenen Digitalisierungsstrategien der Länder, einzelner Schulträger und letztlich der Bereitschaft der einzelnen Lehrkräfte, sich mit den Möglichkeiten digitaler Medien auseinanderzusetzen. Computer sind universelle Werkzeuge, die in allen Fächern zum Einsatz kommen können. Computer begegnen uns zudem in unterschiedlichsten Formen: Laptops, Tablets, Smartphones, interaktive Whiteboards oder Alltagsgegenstände, die zunehmend ebenfalls ans Internet angeschlossen werden. Betrachtet man Bildungstechnologien zunächst als Werkzeuge, so müssen die Ebenen der Hardware, der Software, der digitalen Inhalte und der vernetzenden Plattformen unterschieden werden. Jede dieser Werkzeugebenen öffnet durch die spezifischen Eigenschaften unterschiedliche didaktische Potenziale. Aus diesen Potenzialen lassen sich dann konkrete Einsatzszenarien und Methoden ableiten, die mithilfe der Bildungstechnologien verbessert, vereinfacht oder überhaupt erst ermöglicht werden. In den folgenden Abschnitten sollen daher zunächst die verschiedenen Werkzeugebenen, dann die didaktischen Potenziale und schließlich beispielhaft Methoden vorgestellt werden.

## 2 Werkzeugebenen von Bildungstechnologie

### 2.1 Die Hardware-Ebene der Bildungstechnologie

Am sichtbarsten ist der Einsatz von Bildungstechnologie, wenn man die verschiedenen Hardwaregeräte betrachtet. Typische Technologien im Klassenzimmer sind Projektoren, interaktive Whiteboards, Schüler-Laptops und Smartphones (Kohn 2011). Nach einer Umfrage des Branchenverbands Bitkom im Jahr 2015 sind 98 % der Schulen mit Projektoren ausgestattet und immerhin 62 % verfügen über interaktive Whiteboards. Zwei Drittel der Schulen verfügen über Internetanschluss in Lehrräumen, knapp die Hälfte der Schulen sogar in allen Klassenräumen (BITKOM 2015). Dokumentenkameras erlauben das Projizieren von Gegenständen, Arbeitsergebnissen oder Buchseiten auf eine Leinwand. Mikrofone können für Sprachaufzeichnung eingesetzt werden. Sensoren dienen der Aufzeichnung von Messdaten. Webcams können für Videokonferenzen oder Trickaufnahmen verwendet werden. 3D-Drucker und Bausätze fördern eine „Maker"-Kultur und erlauben das kreative und produktive Arbeiten mit technischen Komponenten (Assaf 2014).

**Einsatz von Schülerlaptops in der Schule** Wenn eine Schule allen Schülern Rechner oder Laptops bereitstellt, kann sichergestellt werden, dass alle Systeme gleich konfiguriert sind und jeder Schüler Zugriff auf einen arbeitsfähigen Rechner hat. Allerdings sind die Kosten und der Wartungsaufwand hoch. Das „Bring your own device"-Modell sieht hingegen vor, dass Schüler ihre eigenen privaten Geräte mitbringen (Kerres et al. 2013). Dieses Konzept wirft nun andere organisatorische Herausforderungen auf, denn nicht jeder Schüler kann sich einen Laptop leisten und es kann zu großen Unterschieden in der Leistungsausstattung kommen. Es müssen also sozial verträgliche Finanzierungskonzepte vorliegen. Die Verantwortung für Wartung und Installation benötigter Software liegt zudem bei den einzelnen Schülern.

**Einsatz von Smartphones in der Schule** Viele Schüler besitzen bereits ein leistungsfähiges Smartphone, das zudem Zugriff auf das Internet hat. So liegt in Deutschland der Anteil der Smartphonebesitzer bei Jugendlichen im Alter von 12 Jahren bereits bei 85 % (BITKOM 2014). Smartphones sind vollständige Rechner, die vieles von dem können, was auch mit Laptops oder Tablets möglich ist. So lassen sich Smartphones zum Vokabellernen nutzen, zum Recherchieren, zur Bilddokumentation, zum Brainstormen, für Quizaufgaben oder zum Abstimmen (Caldwell 2007). Die Sensoren der Smartphones lassen sich auch für forschendes Lernen einsetzen, Schüler können z. B. Temperaturschwankungen dokumentieren oder die Beschleunigung von Objekten messen.

**Einsatz von interaktiven Whiteboards in der Schule** Interaktive Whiteboards ersetzen oder ergänzen zunehmend die klassische Tafel im Klassenzimmer. Es handelt sich um großflächige Projektions- oder Displayflächen, die eine direkte Manipulation und Konstruktion dargestellter Inhalte mit Fingern und Stiften ermöglichen. Die Anzeige kann entweder mit einem Beamer projiziert oder durch ein Display erfolgen. Auch bei der Eingabetechnologie gibt es verschiedene Varianten. Wichtiger als technische Details ist die praktische Handhabung: Können z. B. mehrere Schüler gleichzeitig an der interaktiven Tafel arbeiten? Wie ist das Schreibgefühl? Wie schnell lässt sich zwischen Schreib- und Arbeitswerkzeugen wechseln?

## 2.2 Die Software-Ebene der Bildungstechnologie

Während die Hardware die Grundlage darstellt, eröffnen sich viele didaktische Potenziale erst durch die Software, die eingesetzt wird. Gute Werkzeuge eignen sich zum selbstgesteuerten Lernen, Produzieren, Kommunizieren und Zusammenarbeiten (Dörr und Strittmatter 2002). Software sollte nicht nur zum Präsentieren sondern zum Erarbeiten von Konzepten eingesetzt werden (Gutenberg 2004). Produktionswerkzeuge ermöglichen umfangreiches gestalterisches Arbeiten im Unterricht. Kollaborative Werkzeuge wie z. B. Wikis, Blogs oder E-Portfolios ermöglichen neue Formen der Zusammenarbeit. Simulationsprogramme erlauben das Aufstellen und Überprüfen von Hypothesen. Lernspiele können den Unterricht auflockern, motivieren und Regeln erlebbar machen.

## 2.3 Die Inhalts-Ebene der Bildungstechnologie

Zwar liegt eine Stärke digitaler Werkzeuge darin, gemeinsam Inhalte zu erarbeiten. Dennoch wird es immer wieder sinnvoll sein, bereits vorbereitete Materialien zu verwenden, anzupassen oder auf Basis existierender Bausteine neue Inhalte zu konstruieren. Digitale Inhalte sind leicht wiederverwendbar, können geteilt, angepasst und rekontextualisiert werden. Es gibt verschiedene Online-Communities, auf denen Lehrkräfte ihre Materialien austauschen können, z. B. „Lehrer Online" oder „4 Teachers". Auch Schulbuchverlage bieten digitale Schulbücher und Materialien an. Diese sind meist nicht weiter anpassbar, dafür passen sie ideal zu den gedruckten Schulbüchern. Besonders vorteilhaft ist es, wenn Schulbuchverlage einzelne Bilder zur Verfügung stellen, sodass diese mit allen Möglichkeiten der jeweils eingesetzten Software kombiniert werden können.

## 2.4 Die Plattform-Ebene der Bildungstechnologie

Das Zusammenspiel von Hardware, Software und Inhalten geschieht über Plattformen, die im öffentlichen Internet oder im geschützten Schulnetz betrieben werden. Lernmanagementsysteme verwalten digitale Inhalte und Aufgabenstellung für Schülerinnen und Schüler. Sie erlauben es Lehrkräften auch, die Leistungsentwicklung zu beobachten. Allerdings sind durch die Datenschutzrichtlinien enge Grenzen gesetzt. Zudem sind Lernmanagementsysteme oft schwerfällig und so sehr mit Funktionen vollgestopft, dass sie umständlich zu nutzen sind.

Interessant sind Online-Plattformen vor allem für das gemeinsame Erstellen, Bearbeiten und Speichern von Dokumenten (z. B. Texte, Bilder, Mind Maps oder Videos). Wenn die Auswahl der geeigneten Werkzeuge, Lerngemeinschaften und Onlinediensten durch die Lernenden selbst geschieht, spricht man von persönlichen Lernumgebungen (Martindale und Dowdy 2010).

## 3 Didaktische Potenziale von Bildungstechnologien

Digitale Werkzeuge stellen Funktionen bereit, die bestimmte Arbeitsweisen ermöglichen, mit denen sich didaktische Mehrwerte erreichen lassen. Unterstaller (2010) unterscheidet zwischen direkten und indirekten Mehrwerten. Indirekte Mehrwerte sind solche, die im Prinzip auch auf andere Weise erreicht werden können, aber sich mit dem neuen Werkzeug besser umsetzen lassen, z. B. das Wiedergeben von Filmen, das Arbeiten mit Karten und Schaubildern oder das Sammeln von Informationen. Ein direkter Mehrwert ist dagegen gegeben, wenn sich Möglichkeiten eröffnen, die vorher überhaupt nicht vorhanden waren, z. B. das Beschriften von Filmen, das Verknüpfen verschiedener Medien- und Informationsquellen in einem Tafelbild, das Verändern von Darstellungen durch Verschieben, Vergrößern oder Umfärben von Objekten.

### 3.1 Mediale Vielfalt mit Bildungstechnologien erreichen

Die multimediale Aufbereitung von Inhalten kann Ursache-Wirk-Zusammenhänge effektiver vermitteln, Sachverhalte besser veranschaulichen und verbale sowie visuelle Informationen besser miteinander kombinieren (Mayer und Moreno 2002). Die Theorie der Doppelcodierung geht davon aus, dass effektiver gelernt werden kann, wenn sowohl verbale als auch imaginale Codierungsformen im mentalen Repräsentationssystem vorhanden sind (Paivio 1986). Digitale Medien erleichtern eine multimodale Aufbereitung, bei der unterschiedliche Sinneskanäle der Rezipienten angesprochen werden (Weidenmann 2001). Bilder lassen sich mit Audio belegen, Texte und Zeichnungen können auf Fotos eingefügt, Standbilder von Videos mit vorhandenen Materialien oder Texten aus der Wikipedia kombiniert werden. Im Idealfall stehen die einzelnen Medienformen nicht mehr isoliert nebeneinander, sondern konvergieren (Betcher und Lee 2009) und erlauben einen produktiven und kreativen Umgang.

### 3.2 Interaktivität von Bildungstechnologien

Bei interaktiven Lernanwendungen kann zunächst grundsätzlich unterschieden werden, ob es sich um handlungsorientierte oder kommunikationsorientierte Systeme handelt (Herczeg 2007). Bei handlungsorientierten Systemen lässt sich zwischen Selektion, Modifikation und Kreation unterscheiden (Schulmeister 2003). Beispiele für die Selektion sind die Navigation durch ein Lernsystem oder der Wechsel zwischen verschiedenen Repräsentationsansichten für ein Lernobjekt. Bei der Modifikation handelt es sich um Aktionen, die zu einer Veränderung des Lernraums und der darin enthaltenen Inhaltsobjekte führen, etwa das Setzen von Objekteigenschaften bei virtuellen Experimenten. Bei der Kreation schließlich erstellen Lernende eigene Materialien, z. B. die Produktion von Videos oder Podcasts, das Schreiben von Wiki-Beiträgen oder Lernportfolios. Kommunikationsorientierte Systeme vernetzen die Lernenden und ermöglichen das gemeinsame Erarbeiten von Lösungen.

### 3.3 Gemeinsames Arbeiten mit digitalen Werkzeugen

Kollaboratives Lernen fördert das Verinnerlichen von Inhalten, ein tiefergehendes Verstehen, die kritische Auseinandersetzung mit Inhalten und das Erlangen eines gemeinsamen Verständnisses über Sachverhalte (Garrison et al. 2001). Die Forschung zum Computer Supported Collaborative Learning (CSCL) hat gezeigt, dass diese Ziele grundsätzlich auch mit digitalen Medien gefördert und erreicht werden können (z. B. Fischer und Mandl 2005). Für den Erfolg ist es jedoch wichtig, dass soziale Interaktionen gezielt angestoßen und neben kognitiven auch sozioemotionale Prozesse berücksichtigt werden (Kreijns et al. 2003). Digitale Lernumgebungen können die gemeinsame Zusammenarbeit unterstützen, indem sie Interaktionen und Aufgaben mithilfe von Mikro- oder Makroskripten strukturieren (Weinberger et al. 2005).

Beim Arbeiten mit kollaborativen Werkzeugen können Schüler in verschiedene Rollen schlüpfen, z. B. Autor, Reviewer oder Moderator, und für ihre Aufgabe Verantwortung übernehmen. Wichtig ist die Differenzierung zwischen individuellen und gemeinsam zugreifbaren Arbeitsbereichen. Während Laptops, Tablets oder Smartphones einen privaten Arbeitsbereich bieten, können Projektionen und interaktive Whiteboards als Bereiche für das Sammeln gemeinsamer Ergebnisse genutzt werden. Die Diskussion im Klassenverbund ist weiterhin ein wichtiges Merkmal im schulischen Unterricht.

### 3.4 Agilität durch digitale Medien

Das Zusammenspiel von Methoden kann im Voraus geplant werden, indem man eine Unterrichtsdatei erstellt, in der die verschiedenen Phasen und alternative Abläufe vorgesehen sind. Der Stundenverlauf lässt sich spontan ändern, indem auf zusätzliches Material aus dem Internet oder auf dem eigenen Rechner zurückgegriffen wird. Der Zugewinn an Flexibilität und Vielseitigkeit ist ein häufig identifiziertes Potenzial digitaler Medien. Während dies mit einem höheren Zeitaufwand bei der Erstellung der Materialien verbunden sein kann, wird die knappe Unterrichtszeit effektiver genutzt (Becta 2004). Eine besondere Aufgabe und Herausforderung für Lehrende ist dabei die Orchestrierung des Geschehens im Klassenraum, d. h. die produktive Koordinierung unterstützender Maßnahmen während unterschiedlichster Lernaktivitäten und Gemeinschaftsformen (Dillenbourg et al. 2009). Das Wechselspiel zwischen verschiedenen Phasen, Arbeitsmitteln, Sozialformen, selbstgesteuertem und angeleiteten Lernen, individuellen und Gruppenaktivitäten muss geplant, koordiniert und flexibel durchgeführt werden. Der Übergang zwischen den verschiedenen Formen soll möglichst ohne Brüche erfolgen (Kuh 1996). Dazu gehört auch der nahtlose Wechsel zwischen digitalen und analogen Medien (Wong und Looi 2011).

### 3.5 Konstruktivismus

Das Durchspielen verschiedener Konstellationen, Was-wäre-wenn-Fragen, das Prüfen von Hypothesen und Verknüpfen von Informationen wird bei digitalen Medien durch mehrere Faktoren begünstigt. Das Speichern von Zwischenergebnissen lässt in verschiedene Richtungen denken (Kohls 2010). Konzepte können exploriert, Daten manipuliert und Szenarien durchgespielt werden. Schülerzentrierte Methoden erlauben das Entwickeln und Experimentieren mit Strukturdarstellungen (Kirschner und Wopereis 2003). Schüler können mithilfe von Werkzeugen zudem leichter eigene Artefakte erstellen. So gibt es etwa zahlreiche Apps zum Erstellen von Präsentationen (mit Keynote oder PowerPoint), Bildgeschichten und Comics (z. B. mit Comic Life, Strip Designer), Collagen oder Videos. Mithilfe visueller Programmiersprachen lassen sich sogar logische Abläufe und Regeln festlegen, z. B. um Roboter oder „Maker"-Bausätze zu steuern. Beispiele für visuelle Programmiersprachen sind Scratch, AppInventor, E-Toys oder Lego Boost.

## 3.6 Persistenz digitaler Unterrichtsinhalte

Alles, was in der Klassengemeinschaft oder in Gruppen erarbeitet wurde, lässt sich einfach speichern, verteilen und wiederverwenden. Damit lässt sich an die bisherigen Unterrichtsinhalte anknüpfen (Haldane 2010) und das Arbeiten über mehrere Stunden, z. B. für Projekte, wird erleichtert. Die „Speichern"-Funktion scheint trivial, doch im Kontext von Unterricht ergeben sich durch das Speichern von Arbeitsergebnissen neue didaktische Implikationen. Durch den Zugriff auf alle bereits erarbeiteten Ergebnisse lässt sich zu Beginn einer Stunde noch einmal das Wesentliche wiederholen oder in einer Folgestunde mit den Inhalten weiterarbeiten. So gehen die Ideen eines Brainstormings nicht mit dem Pausengong verloren, sondern lassen sich in der nächsten Unterrichtsstunde analysieren, strukturieren und bewerten. Projekt- und Gruppenarbeit lassen sich auf diese Weise ebenfalls besser organisieren. Durch das Speichern ist es auch möglich, die gemeinschaftlich erarbeiteten Ergebnisse allen Schülern zugänglich zu machen, z. B. durch Ablage in einem Lernmanagementsystem oder durch Zusenden per E-Mail.

## 3.7 Verspieltheit und Gamification

Interaktive Anwendungen laden zum Herumspielen und damit zum Experimentieren verschiedener Konstellationen oder Parametereinstellungen ein. Zahlreiche Lernspiele integrieren Wissensaufgaben als Wortratespiele, Zahlenpuzzles, Quizspiele oder Drag&Drop-Aufgaben (z. B. Anordnung, Zuordnung oder Positionierung von Begriffen und Objekten). Beim Gamification-Ansatz werden herkömmliche Lernaktivitäten um spielerische Elemente ergänzt, z. B. durch eine Punktanzeige, verschiedene Zeitmesser oder eine Anzeige des Lernfortschritts auf einem Spielfeld. Der spielerische Ansatz kann Schüler motivieren, denn das Erreichen von Zielen tritt in den Vordergrund statt Versagensängste zu schüren (Kapp 2012). Einen Schritt weiter gehen Serious Games, bei denen durch das Spielen selbst gelernt wird, indem Regeln erkannt oder angewendet werden müssen. Ein Beispiel sind Wirtschaftssimulationen oder Rollenspiele. Autorensysteme bieten fertige interaktive Elemente (z. B. Punktezähler, Würfel, verschiebbare Objekte, drehbare Karten, siehe Abb. 1), um eigene Spiele zu erstellen oder gemeinsam mit den Schülern zu gestalten.

## 4 Methodenbeispiele für den Einsatz von Bildungstechnologie

Die didaktischen Potenziale kommen erst zum Tragen, wenn Bildungstechnologien in geeigneten Methoden und Szenarien für die richtigen Aufgaben eingesetzt werden. Daher soll in den nächsten Abschnitten beispielhaft illustriert werden, wie Bildungstechnologien im schulischen Kontext für didaktische Mehrwerte sorgen können.

**Abb. 1** Interaktive Bausteine können zum Erstellen eigener Quiz-Spiele verwendet werden

## 4.1 Wikis für kollaboratives Schreiben

Wikis sind webbasierte Wissensdatenbanken, in denen die Schülerinnen und Schüler gemeinsam Beiträge schreiben und hierfür nichts weiter als einen Webbrowser benötigen. Jeder kann gleichberechtigt zu jeder Zeit neue Inhalte anlegen oder bestehende Inhalte bearbeiten, ohne hierfür weitere Programme zu bemühen. Wikis bestehen aus einzelnen Inhaltsseiten, die untereinander über Hyperlinks verknüpft sind. Die einzelne Seite eines Wikis ist vergleichbar mit einer zunächst leeren Seite in einem Schreibheft, welche sich auf beliebige Weise mit Inhalten füllen lässt. Das Besondere ist nun, dass diese Seite beliebig oft erweitert und verändert werden kann und zwar durch verschiedene Personen. Wikis zeichnen sich durch Einfachheit, Offenheit und einen zum Mitmachen einladenden Charakter aus (Döbeli Honegger und Notari 2013).

Im einfachsten Fall kann im Wiki Faktenwissen zu einem Thema gesammelt werden. Schüler können Internet-Links zu einem Thema zusammenstellen, häufig gestellte Fragen beantworten (FAQs), Formelsammlungen erstellen, Definitionen oder Merksätze im Wiki anlegen. Wikis eignen sich auch sehr gut für Projektarbeit. Sie unterstützen die Planung von Inhalten, die Organisation von Abläufen, Abstimmungsverfahren, Diskussionen, Protokollierung von Beschlüssen, die Präsentation von Zwischenergebnissen und die abschließende Projektdokumentation. Das gemeinsame Schreiben von Aufsätzen, Inhaltsangaben, Geschichten oder Online-Zeitungen sind weitere Beispiele. Das Bearbeiten von Texten in einem Wiki geschieht in der Regel asynchron. Wenn mehrere Schüler gleichzeitig an einem Text arbeiten, so kann es zu Versionskonflikten kommen. Es gibt aber auch Onlinewerkzeuge, die das gemeinsame synchrone Schreiben an einem Text erlauben, z. B. Google Docs oder Etherpad.

## 4.2 Interaktive Visualisierung

Dynamische Visualisierungen können lernförderlich sein, indem sie kausale Zusammenhänge direkt und eindeutig darstellen, komplexe räumliche Veränderungen originalgetreu wiedergeben und die Sequenz von Objektbewegungen, Restrukturie-

Bildungstechnologie in der Schule

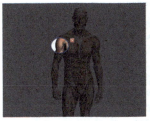 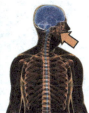 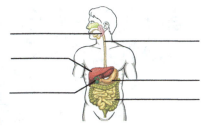

**Abb. 2** Interaktive Schaubilder

rungsprozesse und Datenänderungen in richtiger Reihenfolge abbilden (Rieber und Kini 1991). In interaktiven Visualisierungen haben Lernende zudem steuernde oder sogar gestaltende Möglichkeiten bei der Bildgenerierung. Neben der expositorischen Funktion werden in Anlehnung an Einsiedler (1981) damit vor allem erarbeitende, explorative und expressive Lernaktivitäten gefördert. Digitale Medien unterstützen das schrittweise Entwickeln komplexer Grafiken. Bildteile oder Beschriftungen können nach und nach, in vordefinierter oder beliebiger Reihenfolge, eingeblendet werden (siehe Abb. 2). Interaktive Medien erlauben das Verschieben von Elementen, um beispielsweise Standortwechsel und Bewegungen zu visualisieren.

Lehrfilme können Orte oder Situationen zeigen, die sonst für die Schüler nicht zugänglich sind. Animierte Filmsequenzen sind oft durch interaktive Funktionen angereichert, z. B. didaktische Haltepunkte oder das Ein- und Ausblenden von Elementen. Von Schlüsselszenen können Bildschirmaufnahmen erzeugt werden, die gleichzeitig als Dokumentation dienen.

## 4.3 Simulationen

Bei einem Experiment werden Annahmen über Zusammenhänge und Wirkfaktoren systematisch überprüft. Es handelt sich um eine künstliche und damit kontrollierbare Versuchsanordnung, um modellhaft auszuprobieren, ob die theoretischen Annahmen auch tatsächlich beobachtet werden können. Verschiedene Experimente können jedoch gefährlich, teuer oder zeitaufwändig sein, sodass eine Durchführung im schulischen Rahmen nicht oder nur selten möglich ist. Daher sind Computer-Simulationen eine gute Alternative. Ideal ist deren Einsatz auch als Wiederholung oder Ergänzung eines realen Experiments.

Eine Simulation ist kostenlos, ungefährlich und kann schneller durchgeführt werden. Dadurch können prinzipiell mehr verschiedene Versuchsaufbauten erprobt und erfahren werden. In einer Simulation können Phänomene außerdem im Zeitraffer oder in Zeitlupe ablaufen, um die Reaktionen besser zu beobachten. Animierte Simulationen erlauben zudem schematisierte Innenansichten und didaktische Visualisierungen (z. B. Einfärben oder Beschriften mit Pfeilen und Text). Neben umfangreichen Sammlungen mit Physikexperimenten gibt es beispielsweise mit der Software Algodoo (siehe Abb. 3) eine leistungsfähige, leicht erlernbare Umgebung für eigene physikalische Experimente.

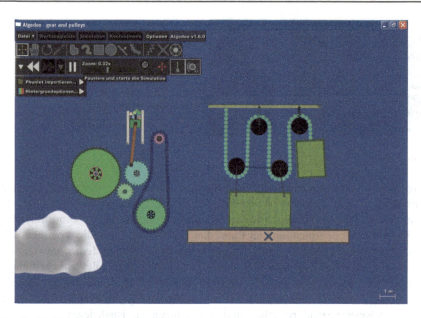

**Abb. 3** Die Physiksimulation Algodoo

## 4.4 Paralleles Brainstorming

Eine besonders aktivierende Möglichkeit ist das gleichzeitige Senden von Beiträgen vom Smartphone aus an eine interaktive Tafel. Bei dieser Form des Brainstormings geben die Schüler ihre Beiträge über das eigene Gerät ein und senden diese entweder anonym oder mit Namensnennung auf eine gemeinsame Arbeitsfläche. Werkzeuge wie Shout It Out, Nureva Span, Lino.it oder Padlet ermöglichen das Sammeln und anschließende Sortieren von Ideen und Vorschlägen. Durch die Nutzung des persönlichen Geräts zum Versenden eines Beitrags für die gemeinsame Arbeit lässt sich das Sammeln von Ideen parallelisieren und beschleunigen. Das parallele Arbeiten erlaubt es, dass alle Schüler Antworten und Beiträge senden können. So erhält jeder die Chance, seine Ideen und Meinungen zu äußern. Wenn mehrere Teilnehmer die gleiche gute Idee haben, dann wird diese auch mehrfach angezeigt. Durch das Nebeneinanderstellen mehrerer gesendeter Illustrationen, Ergebnisse oder Fotos können Ähnlichkeiten, Unterschiede und Besonderheiten herausgearbeitet werden.

## 4.5 Apps als Wissensträger und Impulsgeber

Digitale Werkzeuge eignen sich sehr gut, um Methoden einzuführen. Es gibt verschiedene Apps, die Methodenwissen in Kürze auf virtuellen Ideenkarten vermitteln (siehe Abb. 4). Dabei handelt es sich jeweils um (virtuelle) Ideenkarten, die zum Nachschlagen einer Methode, aber auch als Zufallsimpuls genutzt werden können. Durch die Vernetzung einzelner Schritte lässt sich die Struktur einer Methode

**Abb. 4** Ideenkarten und Impulse als Apps oder Widgets

abbilden. Beispiele und Frage-Impulse können optional bereitgehalten werden. In der digitalen Variante stehen alle Methoden stets mit verschiedenen Detailgraden bereit, ohne dass ein schwerer Methodenkoffer mitgetragen werden muss. Zum Beispiel sind im EU-Projekt „iTec – Designing the classroom of the future" (http://itec.eun.org) mehrere Miniprogramme entstanden, die methodisches Wissen über Kreativitätstechniken vermitteln und so die Methodenkompetenz fördern.

### 4.6 Fachdidaktische Überlegungen zu Bildungstechnologien

Neben allgemeinen Methoden gibt es für die unterschiedlichen Fächer spezielle Werkzeuge und Funktionen. In der Mathematik gibt es z. B. spezielle Software für Kurvendiskussionen oder geometrische Konstruktionen. Im Sprachunterricht ergeben sich wiederum viele Einsatzgebiete durch die Verwendung von Bildern, Videos und Texten als Impulse. Wortendungen lassen sich vergleichen, indem Wörter auf einem interaktiven Arbeitsbereich aneinander geschoben werden. Bilder und Wörter können mit Tondateien versehen werden. Im Erdkundeunterricht gibt es umfangreiches Kartenmaterial. Videos aus anderen Ländern lassen sich einbinden. Mithilfe von Screenshots lassen sich Kulturen oder Bauweisen miteinander vergleichen. In den naturwissenschaftlichen Fächern ist das Skizzieren von Experimenten, das Sammeln von Laborergebnissen oder das Durchführen von Simulationen ein typisches Anwendungsbeispiel.

## 5 Fazit

Die hier dargestellten Potenziale gehen von idealen Bedingungen aus, wie sie häufig in der Praxis nicht vorkommen. Damit der Einsatz reibungslos klappt, ist es notwendig, dass Lehrkräfte sich auf stets funktionierende Systeme verlassen können. Schulen müssen daher Strategien entwickeln, wie die Wartung der Systeme zu organisieren ist. Schüler entdecken zudem schnell, wie sie die Systeme lahm legen können: im einfachsten Fall wird ein Kabel herausgezogen. Aus der Not lässt sich aber eine Tugend machen. Die medientechnische Kompetenz der Schülerinnen kann zur Anerkennung kommen, indem ihnen die Aufgabe übertragen wird, dass zu Beginn der Stunde die Systeme einsatzfähig sind.

Selbst wenn die organisatorischen Hürden gemeistert sind, ist nicht automatisch sichergestellt, dass das volle didaktische Potenzial ausgeschöpft wird. Häufig sind fehlende Materialien, methodisches Know-How und mangelnde Erfahrung die Ursache. Lehrkräfte müssen sich mit den neuen Möglichkeiten erst vertraut machen und benötigen entsprechende Fortbildungen (Smith et al. 2006; Somekh et al. 2007). Durch die Bereitstellung von Materialien und didaktischen Leitfäden kann diese Problematik entschärft werden. Der erfolgreiche Einsatz von Bildungstechnologien korreliert mit Fortbildungsmaßnahmen der Lehrenden. Es sollte das Ziel sein, die erforderliche pädagogische Kompetenz beim Arbeiten mit digitalen Werkzeugen aufzubauen, um die Vorteile für die Schüler voll auszuschöpfen.

## Literatur

Assaf, D. (2014). Maker Spaces in Schulen: Ein Raum für Innovation (Hands-on Session). In K. Rummler (Hrsg.), *Lernräume gestalten – Bildungskontexte vielfältig denken* (S. 141–149). Münster: Waxmann.
Becta. (2004). *Getting the most from your interactive whiteboard: A guide for secondary schools.* Coventry: Becta.
Betcher, C., & Lee, M. (2009). *The interactive whiteboard revolution. Teaching with IWBs.* Camberwell: ACER Press.
BITKOM. (2014). *Jung und vernetzt- Kinder und Jugendliche in der digitalen Gesellschaft.* Berlin: Bitkom.
BITKOM. (2015). *Digitale Schule – vernetztes Lernen. Ergebnisse repräsentativer Schüler- und Lehrerbefragungen zum Einsatz digitaler Medien im Schulunterricht.* Berlin: Bitkom.
Caldwell, J. E. (2007). Clickers in the large classroom: Current research and best-practice tips. *CBE Life Science Education, 6*(1), 9–20.
Dillenbourg, P., Järvelä, S., & Fischer, F. (2009). The evolution of research on computer-supported collaborative learning. From design to orchestration. In *Technology-enhanced learning* (S. 3–19). Niederlande: Springer.
Döbeli Honegger, B., & Notari, M. (2013). Das Wiki-Prinzip. In M. Notari & B. Döbeli Honegger (Hrsg.), *Der Wiki-Weg des Lernens*. Bern: hep Verlag.
Dörr, G., & Strittmatter, P. (2002). Multimedia aus pädagogischer Sicht. In L. J. Issing & P. Klimsa (Hrsg.), *Information und Lernen mit Multimedia und Internet*. Weinheim: Beltz.
Einsiedler, W. (1981). *Lehrmethoden*. München: Urban & Schwarzenberg.
Fischer, F., & Mandl, H. (2005). Knowledge convergence in computer-supported collaborative learning – The role of external representation tools. *Journal of the Learning Sciences, 14*, 405–441.
Garrison, D. R., Anderson, T., & Archer, W. (2001). Critical thinking and computer conferencing: A model and tool to access cognitive presence. *American Journal of Distance Education, 15*(1), 7–23.
Gutenberg, U. (2004). Standardsoftware PowerPoint vs. Smart Notebook. Eine Alternative für die Digitale Schulbank. *Computer + Unterricht, 56*(4), 55–57.
Haldane, M. (2010). A new interactive whiteboard pedagogy through transformative personal development. In M. Thomas & E. Cutrim Schmid (Hrsg.), *Interactive whiteboards for education* (S. 179–196). Hershey: IGI Global.
Herczeg, M. (2007). *Einführung in die Medieninformatik*. München: Oldenbourg Verlag.
Kapp, K. M. (2012). *The gamification of learning and instruction: Game-based methods and strategies for training and education*. San Francisco: Pfeiffer.
Kerres, M., Heinen, R., & Schiefner-Rohs, M. (2013). Bring your own device: Private, mobile Endgeräte und offene Lerninfrastrukturen an Schulen. In D. Karpa, B. Eickelmann & S. Graf (Hrsg.),

*Digitale Medien und Schule. Zur Rolle digitaler Medien in Schulpädagogik und Lehrerbildung* (Schriftenreihe „Theorie und Praxis der Schulpädagogik", Bd. 19, S. 129–145). Immenhausen: Prolog-Verlag.

Kirschner, P. A., & Wopereis, I. G. J. H. (2003). Mindtools for teacher communities: A European perspective. *Technolgy, Pedagogy and Education, 12*, 105–124.

Kohls. (2010). *Mein SMART Board. Praxishandbuch für den erfolgreichen Einsatz im Unterricht.* Augsburg: Projekt Bildung Media.

Kohn, M. (2011). *Unterricht 2.0.* Seelze: Kallmeyer in Verbindung mit Klett.

Kreijns, K., Kirschner, P., & Jochems, W. (2003). Identifying the pitfalls for social interaction in computer-supported collaborative learning environments: A review of the research. *Computers in Human Behavior, 19*, 335–353.

Kuh, G. D. (1996). Guiding principles for creating seamless learning environments for undergraduates. *College Student Development, 37*(2), 135–148.

Martindale, T., & Dowdy, M. (2010). Personal learning environments. In *Emerging technologies in distance education* (S. 177–193). Edmonton: AU Press.

Mayer, R. E., & Moreno, R. (2002). Aids to computer-based multimedia learning. *Learning and Instruction, 12*(1), 107–119.

Paivio, A. (1986). *Mental representations. A dual coding approach.* New York: Oxford University Press.

Rieber, L., & Kini, A. S. (1991). Theoretical foundations of instructional applications of computer-generated animated visuals. *Journal of Computer-Based Instruction, 18*, 83–88.

Schulmeister, R. (2003). Taxonomy of multimedia component interactivity. A contribution to the current metadata debate. *Studies in Communication Sciences, Special Issue,* 61–80. http://rolf.schulmeister.com/pdfs/Interactivity.pdf.

Smith, F., Hardman, F., & Higgins, S. (2006). The impact of interactive whiteboards on teacher-pupil interaction in the national literacy and numeracy strategies. *British Educational Reseach Journal, 32*(2), 443–457.

Somekh, B., Hadane, M., Jones, K., Lewin, C., Steadman, S., & Scrimshaw, P. (2007). *Evaluation of the primary schools whiteboard expansion project.* Manchester: Centre for ICT, Pedagogy and Learning Education & Social Research Institute, Manchester Metropolitan University.

Unterstaller, T. (2010). *Interactive Whiteboards – Mehrwert für den Fremdsprachenunterricht?* Saarbrücken: VDM Verlag Dr. Müller.

Weidenmann, B. (2001). Lernen mit Medien. In A. Krapp & B. Weidenmann (Hrsg.), *Pädagogische Psychologie* (S. 415–465). Weinheim: Beltz.

Weinberger, A., Ertl, B., Fischer, F., & Mandl, H. (2005). Epistemic and social scripts in computer-supported collaborative learning. *Instructional Science, 33*(1), 1–30.

Wong, L.-H., & Looi, C.-K. (2011). What seams do we remove in mobile assisted seamless learning? A critical review of literature. *Computers & Education, 57*(4), 2364–2381.

# Bildungstechnologie im Mathematikunterricht (Klassen 1–6)

Silke Ladel

## Inhalt

1 Hilfsmittel und Mathematik .................................................................. 646
2 Taschenrechner ................................................................................ 649
3 Computer ....................................................................................... 652
4 Mobilgeräte .................................................................................... 653
5 Interactive Whiteboard, Multitouch-Tisch ................................................ 661
6 Sensoren und Aktoren ........................................................................ 663
7 Fazit ............................................................................................. 664
Literatur ............................................................................................ 664

### Zusammenfassung

Dieser Beitrag geht auf die Entwicklung sowie auf den aktuellen Stand digitaler Medien im Mathematikunterricht der Primarstufe (Klasse 1 bis 6) ein. Die Entwicklung wird dabei lediglich in Ansätzen aufgegriffen, zeigt jedoch auf, dass digitale Medien schon lange Bestandteil des Mathematikunterrichts sind. Ebenso wird in diesem Beitrag deutlich, welche Auswirkungen die technologische Entwicklung auf den Mathematikunterricht hat. Dabei wird zwischen dem Taschenrechner, dem Computer, Mobilgeräten und weiteren digitalen Medien wie dem interactive Whiteboard und dem Multitouch-Tisch unterschieden. Schließlich werden Sensoren und Aktoren thematisiert, die aktuell besonderes Interesse hervorrufen. Auch das stark diskutierte Thema des Programmierens in der Primarstufe wird im Hinblick auf die Förderung algorithmischen Denkens aufgegriffen.

S. Ladel (✉)
Institut für Mathematik und Informatik, Pädagogische Hochschule Schwäbisch Gmünd, Schwäbisch Gmünd, Deutschland
E-Mail: silke.ladel@ph-gmuend.de

© Springer-Verlag GmbH Deutschland, ein Teil von Springer Nature 2020
H. Niegemann, A. Weinberger (Hrsg.), *Handbuch Bildungstechnologie*,
https://doi.org/10.1007/978-3-662-54368-9_59

**Schlüsselwörter**

Digitale Medien · Mathematik · Mathematikunterricht · Primarstufe · Programmieren · Algorithmisches Denken

## 1 Hilfsmittel und Mathematik

Seit jeher versuchen die Menschen Hilfsmittel zu entwickeln, die ihnen bei mathematischen Aktivitäten helfen, sie unterstützen und ihnen die Arbeit erleichtern. Bereits der Abakus, der vermutlich um 1100 v. Chr. im indochinesischen Kulturraum erfunden wurde, wurde als mechanische Hilfe zum Rechnen benutzt. Mit bspw. dem Rechenschieber, der Logarithmentafel oder der Pascaline folgten weitere Hilfsmittel zum Rechnen. Der erste elektronische *Digital*rechner, der Atanasoff-Berry-Computer, wurde 1937 gebaut (Wagenbach 2012). Der Zweck dieser Maschine war das Lösen großer linearer Gleichungssysteme. Dabei handelte es sich um die erste Maschine, die auf einem binären Zahlensystem basiert. Der weltweit erste funktionsfähige programmierbare Digitalrechner folgte 1941 von Konrad Zuse. Die Entwicklung solcher Hilfsmittel hat nicht nur Auswirkungen auf die mathematischen Aktivitäten derjenigen, die sie nutzen, sondern auch auf den Unterricht von Mathematik. Hilfsmittel können hier Lernprozesse unterstützen, indem sie beispielsweise mathematische Sachverhalte visualisieren und die Schüler/innen so in einer anderen Repräsentationsform arbeiten. Sie können aber auch derart genutzt werden, dass bestimmte mathematische Tätigkeiten an diese (technologischen) Hilfsmittel ausgelagert werden (*Offloading*). Durch diese Auslagerung wird Kapazität im Arbeitsgedächtnis der Lernenden frei, die wiederum für andere Tätigkeiten genutzt werden kann. Rogers (2004) bezeichnet dies als *Computational Offloading* und versteht darunter „den Umfang, in dem externe Repräsentationen den kognitiven Aufwand, der zur Lösung eines Problems erforderlich ist, reduzieren können." (aus dem Englischen übersetzt von der Autorin). Durch diese Auslagerung ändert sich aber auch die Schwerpunktsetzung hinsichtlich der Bedeutung mathematischer Tätigkeiten. Dies verdeutlicht das Beispiel der Wurzel sehr gut. So heißt es im Bildungsplan Baden-Württembergs der Sekundarstufe I (Ministerium für Kultur, Jugend und Sport Baden-Würtemberg 2016): die „Kubikwurzel einer Zahl wird mit dem Taschenrechner näherungsweise" berechnet. Es geht hier darum ein Näherungsverfahren mit dem Taschenrechner durchzuführen, der keine Wurzel-Taste hat. Der Taschenrechner wird also dazu genutzt, ein Näherungsverfahren zu beschleunigen. Berechnungen werden an den Taschenrechner ausgelagert, so dass andere Tätigkeiten fokussiert werden können. So heißt es konkret beispielsweise, dass die Schüler/innen

- „den Zusammenhang zwischen Wurzelziehen und Quadrieren erklären,
- den Wert der Quadratwurzel einer Zahl in einfachen Fällen unter Verwendung bekannter Quadratzahlen abschätzen,
- Quadratwurzeln im Sachzusammenhang verwenden" oder
- „Zahlterme mit Quadratwurzeln vereinfachen, auch durch teilweises Wurzelziehen."

Tätigkeiten wie *Erklären* oder *Abschätzen* gewinnen durch die Nutzung des Taschenrechners an Bedeutung, während Routinetätigkeiten wie die Durchführung des Verfahrens selbst an dieses Hilfsmittel ausgelagert werden. Die Entwicklung von Bildungstechnologie bringt demnach auch eine logische und notwendige (Weiter-)entwicklung der Lehr- und Bildungspläne und damit des Mathematikunterrichts mit sich. Dies betrifft nicht nur wie im obigen Beispiel die Sekundarstufe, sondern ebenso die Primarstufe, wie das Beispiel aus dem Kernlehrplan Mathematik Grundschule des Saarlandes (Ministerium für Bildung, Familie, Frauen und Kultur des Saarlandes 2009) zeigt (siehe Tab. 1).

Seit dem Jahr 2016 fordert und fördert das Bundesministerium für Bildung und Forschung durch seine Strategie zur „Bildungsoffensive für die digitale Wissensgesellschaft" (BMBF 2016) den Einsatz und die Nutzung von Bildungstechnologie in den Fächern und fachübergreifend verstärkt. Dennoch ist nicht außer Acht zu lassen, dass diese schon sehr lange zur Mathematik dazu gehören, wie im Folgenden aufgezeigt wird.

**Taschenrechner**
1967 wurde der erste elektronische, handflächengroße Taschenrechner von Texas Instruments entwickelt. Dieser, sowie erste Taschenrechner anderer Hersteller konnten meist kaum mehr als die vier *Grundrechenarten*. 1972 brachte Hewlett-Packard den ersten technisch-wissenschaftlichen Taschenrechner auf den Markt. Dieser konnte über die Grundrechenarten hinaus auch *trigonometrische, logarithmische* und *Exponentialrechnungs-Funktionen* übernehmen. Ab 1974 konnten die Taschenrechner auch programmiert werden. Die ersten grafikfähigen Taschenrechner kamen Ende der 1980er-Jahre auf den Markt. Nun war es auch möglich *Funktionen und Kurven grafisch* darstellen zu lassen. Über all diese Funktionen deutlich hinaus gehen die grafischen Taschenrechner mit Computeralgebrasystem seit Beginn des zweiten Jahrtausends. In diese Taschenrechner integriert sind grundlegende mathematische Softwaretypen wie *Computer-Algebra, Dynamische Geometrie* oder *Tabellenkalkulation*.

**Computer**
Das lateinische Wort *computare* heißt auf Deutsch so viel wie *berechnen*, weshalb auch häufig das Wort *Rechner* für den *Computer* verwendet wird. Ziel des Computers war es anfangs, das Rechnen zu automatisieren. Im Gegensatz dazu hat der Computer heute weitaus mehr Funktionen und dient z. B. auch zur Informationsbeschaffung oder Visualisierung mathematischer Inhalte. Alan Turing beschrieb mit der von ihm entwickelten Turing-Maschine bereits 1936 ein erstes abstraktes Modell

**Tab. 1** Auszug aus dem Kernlehrplan Mathematik Grundschule des Saarlandes (Ministerium für Bildung, Familie, Frauen und Kultur des Saarlandes 2009)

| Leitidee: Zahlen und Operationen Mathematik 4 | |
|---|---|
| Kompetenzen | Zur Umsetzung |
| Lösungen durch Überschlagsrechnen und durch Anwenden der Umkehroperation kontrollieren | Weitere Kontrollmöglichkeiten, z. B. Taschenrechner, PC |

zur Definition des *Algorithmus*begriffs. Der Z3 von Konrad Zuse aus dem Jahr 1941 gilt als Vorläufer des Computers so wie wir ihn heute kennen. Er konnte *beliebige Algorithmen* automatisch ausführen und wird somit als der erste funktionsfähige Computer der Geschichte betrachtet. In den 1980er-Jahren wurden die Computer durch den serienmäßig produzierbaren Mikroprozessor kleiner, leistungsfähiger und preisgünstiger und dadurch nun auch verstärkt von Privatpersonen genutzt. Auch fanden sie nun Einzug an Schulen, in denen meist ein extra Raum mit der notwendigen Infrastruktur ausgestattet wurde, der sogenannte Computerraum. Dieser ist auch heute noch, hauptsächlich in weiterführenden Schulen, zu finden. Durch den Siegeszug des Internets in den 1990er-Jahren wurden immer mehr Computer miteinander vernetzt, was wiederum ganz neue und andere Möglichkeiten der *Informationsbeschaffung* und der *Zusammenarbeit* ermöglichte. Dies wirkte sich auch auf den Schulunterricht aus.

**Mobile Endgeräte**

Seit Anfang der 1980er-Jahre wurden die digitalen Medien mobil. Die Notebooks waren nun tragbar. Dadurch war der Einsatz nicht mehr fest an einen Raum gebunden, sondern die mobilen Endgeräte konnten auch im Mathematikunterricht *flexibel* genutzt werden. Während die Einrichtung eines fest verankerten Computerraums flexibles Arbeiten mit den Geräten erschwerte und vereinzelte Computer in den Klassenräumen den Zugang beschränkten, ist mit dem Einzug der mobilen Endgeräte eine ganz andere Art der Nutzung möglich. Durch BYOD (Bring Your Own Device) oder eine 1:1- (ein iPad pro Schüler/in) bzw. 1:2-Lösung können die Geräte einen *individuellen* Einsatz im Mathematikunterricht der Primarstufe finden. Die Tabletcomputer hatten über den Computer hinaus bereits einen Touchscreen, der die Handhabung insbesondere für junge Kinder aufgrund der wegfallenden *Hand-Auge-Koordination* wesentlich vereinfachte. Das erste Smartphone kam in den 1990er-Jahren auf den Markt, das erste iPhone mit *multitouch*-Bedienoberfläche wurde 2007 veröffentlicht. Dies hat für das Lehren und Lernen von Mathematik besondere Bedeutung, weil die multitouch-Technologie nicht nur Auswirkungen auf den methodischen Einsatz der Geräte hat, sondern Auswirkungen auf die Förderung inhaltlich-mathematischer Kompetenzen, wie später hier im Beitrag noch aufgezeigt wird. Mit dem ersten iPad 2010 erhielten die mobilen Endgeräte verstärkt Einzug in Bildungsinstitutionen und insbesondere auch in die Primarstufe.

**Sensoren und Aktoren**

Smartphones ebenso wie Tablets sind Multifunktionswerkzeuge. Sie vereinen viele unterschiedliche Funktionen in einem Gerät und so ist es mit ihrem Einzug in den Mathematikunterricht an Schulen auch möglich, deren Sensoren, wie z. B. Temperaturmesser, Geschwindigkeitsmesser, Entfernungsmesser oder Schrittzähler zu nutzen. *Daten* können nun mithilfe der digitalen Medien *schneller und einfacher erhoben* und anschließend *weiterverarbeitet* werden. Als Aktoren bezeichnet man die beweglichen Bauteile eines Roboters, welche dessen Form, Position und Orientierung verändern (Pieper 2007). Sie werden u. a. dazu benutzt Roboter fortzubewegen. Mit den heute existierenden Robotern ist es möglich, bereits sehr junge Kinder auf spielerische Art und Weise an *algorithmisches Denken* heranzuführen.

Ziel entsprechender Lernumgebungen ist dabei insbesondere auch die Förderung übergreifender Kompetenzen wie *Kreativität* und *Problemlösen*.

## 2 Taschenrechner

### 2.1 Funktionen des Taschenrechners im Mathematikunterricht

Als eine der ersten Bildungstechnologien erhielt in den 1970/80er-Jahren der Taschenrechner Einzug in Schulen. Bereits damals war die Angst vor einem ungeeigneten Einsatz elektronischer Hilfsmittel und den daraus resultierenden Folgen auf die mathematischen Kompetenzen der Schüler/innen groß. Dies betraf zunächst insbesondere den mathematischen Inhaltsbereich Zahlen und Operationen. Es wurde befürchtet, dass der Einsatz des Taschenrechners zu einer „Verkümmerung der Rechenfertigkeiten" (Bender 1988) führt. Die damalige Argumentation trifft nicht nur auf den Taschenrechner, sondern grundsätzlich sowohl auf Bildungstechnologien, als auch auf Hilfsmittel im Allgemeinen im Mathematikunterricht zu, und lässt sich genauso im Zusammenhang mit anderen und neueren Technologien anbringen. Deshalb sei sie an dieser Stelle einmal stellvertretend aufgeführt:

> „Es gibt keinen Hinweis darauf, daß der Einsatz des Taschenrechners zu einer Verkümmerung der Rechenfertigkeiten führt, man hat vielmehr eine starke Sensibilität für Zahlen und Zahlzusammenhänge beobachtet. Allerdings muß der Gebrauch des Taschenrechners didaktisch überzeugend gestaltet werden; er kann – wie jedes Medium – auch mißbraucht werden." (Bender 1988)

Durch den Einsatz des Taschenrechners ist also eine Verstärkung der *Sensibilität für Zahlen und Zahlzusammenhänge* festgestellt worden. Das zeigt sehr gut, wie bereits in ▶ Abschn. 1 erwähnt, die Verschiebung der Bedeutsamkeit von Tätigkeiten und Inhalten. Mit dem Gebrauch des Taschenrechners gewinnt die Fähigkeit einschätzen zu können, ob ein Ergebnis stimmen kann oder nicht an Bedeutung. So ist bei einer Überschlagsrechnung schnell klar, dass beispielsweise $1457 + 2367 = 6374$ falsch ist, und man sich vermutlich vertippt hat, wenn der Taschenrechner diese Zahl ausgibt. Die Schüler/innen lernen zu überschlagen und erwerben so ein besseres Gefühl für Zahlen und Zahlzusammenhänge.

Falsch eingesetzt werden kann letztlich jedes Medium. Entscheidend ist die didaktische Gestaltung der Nutzung. Damit der Taschenrechner im Mathematikunterricht einen sinnvollen und zielgerichteten Einsatz findet, ist es wichtig, seine Rolle zu bestimmen. Die didaktischen Funktionen des Taschenrechners lassen sich hinsichtlich mathematischer Aktivitäten sowie hinsichtlich seiner Bedeutung bei der Bearbeitung von Aufgaben in drei Bereiche untergliedern (Spiegel 1988):

Der Taschenrechner als

- Unterrichtsgegenstand,
- Rechenwerkzeug,
- pädagogisches Werkzeug.

Konkreter (jedoch nicht allumfassend) kann der Taschenrechner

- „[...] Ergebnisse, die ohne Taschenrechner ermittelt werden, *kontrollieren*. [...]
- [...] mit geringem Aufwand *Beispielmaterial produzieren*, das zum Entdecken von Gesetzmäßigkeiten Anlass geben und/oder zu deren vorläufigen Bestätigung oder Widerlegung benutzt werden kann. [...]
- [...] Anlass für *neuartige Problemstellungen* sein, die sich aus dem Umgang mit ihm sowie seinen Eigenschaften und Möglichkeiten ergeben. [...]
- [...] sinnvoller Bestandteil mathematischer Spiele sein. [...]
- [...] beim *Ermitteln des Ergebnisses* von Rechenaufgaben helfen. [...]
- [...] Anlass zur Auseinandersetzung mit eher *metakognitiven Fragestellungen* sein" (Spiegel 1988; z. B.: Was rechnet man zweckmäßigerweise mit dem Taschenrechner und warum? Wie kann man sich vor fehlerhaften Ergebnissen schützen, und was muss man hierzu gut können?)

Im Folgenden wird näher auf den Taschenrechner als Rechenwerkzeug eingegangen.

## 2.2 Förderung inhaltsbezogener Kompetenzen mit dem Taschenrechner

Im Mathematikunterricht der Primarstufe wird der Taschenrechner insbesondere im Bereich *Zahlen und Operationen* im Zusammenhang mit den Rechenoperationen genutzt. Aufgaben zu den Grundrechenarten lassen sich u. a. nach ihrem Grad der Schwierigkeit voneinander abgrenzen (Plunkett 1987). So gibt es sehr leichte Rechenaufgaben, wie z. B. 4 + 9, 15 − 7, 3•8 oder 36:6. Diese Art von Rechenaufgaben begegnet uns am häufigsten und sie können im Kopf gelöst werden. Bei schwierigen Aufgaben, wie z. B. 3694 + 7213 + 4891 + 5069 nimmt man, falls zur Hand, am besten einen Taschenrechner. Plunkett (1987) bezeichnet es als *absurd* bei dieser Art von Aufgaben ein schriftliches Verfahren anzuwenden. Mit der Frage danach, wann wir (außerhalb unseres Berufs als Lehrperson) zum letzten Mal schriftlich multipliziert haben, stützt Plunkett seine Sichtweise. Entsprechend ist es seiner Ansicht nach sinnvoll, sich auf

- den Erwerb von Kopfrechentechniken (bei leichten Aufgaben),
- den Gebrauch des Taschenrechners (bei schweren Aufgaben), sowie
- die Entwicklung von halbschriftlichen Verfahren (bei mittelschweren Aufgaben)

zu konzentrieren.

Insbesondere die Entwicklung von halbschriftlichen Verfahren gewann durch den Einsatz des Taschenrechners an Bedeutung. Diese Verfahren sind wichtig zum Lösen von Aufgaben mittleren Schwierigkeitsniveaus, wie z. B. 129 + 48, 72 − 27, 7•13 oder 82:3. Die schriftlichen Rechenverfahren werden im Mathematikunterricht weiterhin thematisiert mit dem Ziel der Förderung des mathematischen Verständnisses für den Algorithmus. Ebenso wichtig ist es jedoch mit Hilfe von *Überschlagrechnen* und *Approximieren* die Ergebnisse des Taschenrechners verlässlich auf ihre Plausibilität zu überprüfen. So ist die Entwicklung eines *Gefühls für Größenordnungen und Zahlvorstellungen* bei der Nutzung digitaler Medien sehr wichtig. Die *Erfassung von Zahlbeziehungen*, das *Überschlagsrechnen* und die *Sensibilität für Zahlen* zeigen demnach Möglichkeiten auf, wie der Einsatz des Taschenrechners im Mathematikunterricht effektiv gestaltet werden kann, und gleichzeitig dem Primat der Didaktik folgt. Die Projektgruppe *Taschenrechner in der Grundschule* (TIM) rund um Meissner (2006) beschäftigt(e) sich seit den 1980er-Jahren intensiv mit dem Einsatz des Taschenrechners im Mathematikunterricht der Grundschule und untersuchte die Förderung der Kopfrechenfähigkeiten und des Zahlgefühls. Im Rahmen von TIM II entwickelte sie eine Unterrichtsreihe mit Beispielen, die eine positive Nutzung des Taschenrechners aufzeigen (Meißner 2006).

Auch beim Lösen von *Sachaufgaben* kann der Einsatz des Taschenrechners als Rechenwerkzeug sinnvoll sein. Die Fähigkeit arithmetische Operationen angemessen in Sachsituationen anzuwenden, ist häufig sehr gering (Bender 1980). Der Taschenrechner kann hier zu einer Verbesserung dieser Fähigkeiten beitragen. Er spart Zeit und ermöglicht dadurch die Bearbeitung einer größeren Anzahl von Aufgaben. Ebenso unterstützt er den Erwerb von Sachrechenkompetenzen unabhängig von den Rechenfähigkeiten der Schüler/innen. So stehen einzelne Teilschritte des Modellierungskreislaufs beim Lösen von Sachaufgaben im Vordergrund, während das reine Ausrechnen an den Taschenrechner ausgelagert wird. Die Schüler/innen können sich durch die Entlastung vom reinen Rechnen besser auf alle anderen, mindestens ebenso wichtigen Aspekte des Löseprozesses konzentrieren. Nicht zuletzt ermöglicht der Taschenrechner die Bearbeitung von Aufgaben mit *realistischeren und/oder größeren Zahlen*.

## 2.3 Förderung prozessbezogener Kompetenzen mit dem Taschenrechner

Doch nicht nur zur Förderung mathematisch-inhaltsbezogener Kompetenzen ist der Taschenrechner geeignet. So kann er auch dazu beitragen die Kreativität der Schüler/innen zu fördern. Beispielsweise ist das Aufstellen von Hypothesen und deren Verifizierung oder Falsifizierung eine notwendige Tätigkeit beim Problemlösen. Diese teilweise spontanen Ideen stellen die Basis für Kreativität dar (Meißner 2006). Mithilfe geeigneter Aufgaben können die Schüler/innen Vermutungen anstellen und mit dem Taschenrechner überprüfen. Um kreativ zu sein benötigen die Schüler/innen zum einen bewusstes Wissen von Regeln und Fakten, zum andern aber auch einen intuitiven gesunden Menschenverstand. Dieser kann durch den Einsatz des Taschenrechners gefördert werden. Ein Beispiel für eine Aufgabe (Meißner 2006), welche die Kreativität der Schüler/innen fördern kann, lautet:

*Der Taschenrechner ist kaputt, nur die folgenden Tasten funktionieren:*

| 5 | 3 | + | - | = | C |

*Versuche die folgenden Zahlen im Display zu erhalten und schreibe ein Protokoll:*

15: ☐☐☐☐☐☐☐☐☐☐☐☐

18: ☐☐☐☐☐☐☐☐☐☐☐☐

*Versuche alle Zahlen zu erreichen, die du möchtest. Versuche dabei so wenig Tasten wie möglich zu drücken. Kannst du theoretisch jede ganze Zahl erreichen?*

Durch das Aufstellen von Hypothesen und deren Überprüfung kommen die Schüler/innen bei dieser Aufgabe zum Ziel. Dabei können sie vielerlei Entdeckungen zu Zahlzusammenhängen machen sowie Verallgemeinerungen vornehmen.

## 3 Computer

### 3.1 Zum methodischen Einsatz des Computers

Durch den serienmäßig produzierbaren Mikroprozessor wurden die Computer in den 1980er-Jahren kleiner, leistungsfähiger und preisgünstiger. So wurden sie nun auch verstärkt von Privatpersonen genutzt und erhielten Einzug in die Schulen. Meist wurde hierfür ein extra Raum mit der notwendigen Infrastruktur ausgestattet. Diese Computerräume sind auch heute noch, hauptsächlich in weiterführenden Schulen, zu finden. Ein großer Nachteil der Computerräume war und ist, dass ein flexibler Einsatz der Geräte im Mathematikunterricht kaum möglich ist. Der Raumwechsel muss bestenfalls frühzeitig organisiert und mit den Kolleg/innen abgesprochen werden. Allein dieser organisatorische Aufwand hält viele Lehrpersonen von der Nutzung der Computer ab und schränkt die Nutzungshäufigkeit der Geräte stark ein. Ist der Computerraum gebucht, so wird darin 45 (oder 90) Minuten konzentriert am Stück mit dem Computer im Mathematikunterricht gearbeitet. Dies passt insbesondere in der Primarstufe nicht zum Konzept des Lehrens und Lernens der jungen Kinder. Der notwendige methodische Wechsel innerhalb einer Unterrichtsstunde wird durch den Computerraum erschwert. Hier waren und sind einzelne Geräte in den Klassenzimmern besser geeignet. Eingesetzt werden einzeln vorhandene Computer im Klassenzimmer methodisch häufig im Rahmen von Stationen- oder Wochenplanarbeit und didaktisch im Sinne einer quantitativen Differenzierung als zusätzliches Angebot für schnelle Schüler/innen genutzt.

### 3.2 Automatisierendes Üben und entdeckendes Lernen

In den 1980er-Jahren und auch heute teilweise noch stark vertreten ist Lernsoftware für den Computer. Bereits 1963 entwickelten IBM und das Institute for Mathematical Studies in the Social Science (IMSSS) der Standford University erstmals ein computergestütztes Lernprogramm. Dieses enthielt ein vollständiges Grundschulcurriculum und wurde in Kalifornien und Mississippi unterrichtet (IBM Partnerships). Die Tendenz ein vollständiges Curriculum in eine Software zu integrieren hat sich bis heute bei Lernsoftware gehalten. Ziel solcher Programme ist das Üben, meist im Sinne des Behaviourismus nach dem Prinzip des *drill & practise*. Das automatisierende Üben ist in der Mathematik nach wie vor von Bedeutung. So ist beispielsweise die sichere Beherrschung des kleinen Einspluseins notwendige Voraussetzung für weiterführende Mathematik und muss automatisiert sein. Das kann gut mit einem entsprechenden Computerprogramm trainiert werden. Auch eine sofortige Rückmeldung durch den Computer oder die Einbettung von Aufgaben in einen spielerisch-motivierenden Kontext im Programm (Wettbewerbscharakter) kann dieses Training der Grundrechenfertigkeiten nachhaltig unterstützen.

Eine einseitige Dominanz des automatisierenden Übens widerspricht jedoch dem aktuellen Forschungsstand der Mathematikdidaktik. So wird hier bereits seit den 1980er-Jahren sehr viel Wert auf das entdeckende Lernen (Winter 1989) gelegt. Dabei geht es darum, dass die Schüler/innen Mathematik auf eigenen Wegen aktiv konstruieren. Ebenso stehen das Zulassen und Wertschätzen von individuellen Lösungswegen sowie das Anknüpfen an lebensweltliche Vorstellungen im Vordergrund. Mit dieser Entwicklung des Mathematikunterrichts hat die Entwicklung der Computeranwendungen lange Zeit nicht mitgehalten. Das Potenzial digitaler Medien beispielsweise zur Unterstützung des individualisierten Lernens wurde erst spät erkannt und genutzt. So stehen bei Lernsoftware meist noch das Ergebnis im Vordergrund und nicht die verschiedenen Lösungswege sowie der Prozess. Der Einsatz des Computers mit Lernsoftware blieb stark auf das Automatisieren inhaltlicher Kompetenzen fokussiert. Zwar gab es Forschungsarbeiten, die den Computer beispielsweise auch für Simulationen im Mathematikunterricht der Primarstufe nutzte (z. B. die Pendelsimulation von Krauthausen 1994), diese fanden jedoch leider keinen Einzug in die Schulen. Und auch heute noch ist ein großer Teil der Anwendungen, der nicht aus dem Bereich der Mathematikdidaktik heraus oder in Kooperation mit Mathematikdidaktikern entwickelt wurde, dem Konzept des Behaviourismus zuzuordnen. Berechte Kritik des Einsatzes des Computers in der Primarstufe betraf also insbesondere die methodische Ungeeignetheit von Computerräumen sowie die dominierende Präsenz von *drill & practise*-Anwendungen. Dies änderte sich mit der Entwicklung von Mobilgeräten.

## 4   Mobilgeräte

### 4.1   Bedeutung der technologischen Entwicklung für den Mathematikunterricht

Wie bereits dargestellt wurden die Computer seit Anfang der 1980er-Jahre mobil. Die dadurch gewonnene Flexibilität legte wesentliche Grundlagen für den sinnvollen Einsatz und die zielgerichtete Nutzung digitaler Medien in der Primarstufe. Notwendige methodische Wechsel sind durch die Mobilität gut umsetzbar und das

Arbeiten der Schüler/innen am und mit dem Computer kann *individualisierter* stattfinden.

Ungefähr zeitgleich mit den Notebooks kamen auch Tabletcomputer auf den Markt. Diese hatten über den Computer und die Notebooks hinaus bereits einen Touchscreen, der die Handhabung der Geräte insbesondere für junge Kinder wesentlich vereinfachte. Um die Computermaus bedienen zu können, benötigt das Kind eine gute Feinmotorik. Die *Hand-Auge-Koordination* – ein Teilbereich des räumlichen Vorstellungsvermögens – muss weitgehend entwickelt sein, damit die Schüler/innen die Bewegungen der Hand mit der Computermaus und die Verfolgung des Mauszeigers mit den Augen am Bildschirm koordinieren können. Die unterschiedliche Skalierung der mit der Maus bewegten Strecke und der entsprechenden Strecke mit dem Mauszeiger am Bildschirm kann zusätzliche Herausforderungen darstellen. Diese Hürden entfallen, wenn die Schüler/innen am Touchbildschirm arbeiten (Abb. 1). Sie haben dann die Möglichkeit die Objekte direkt mit dem Finger zu berühren und zu bewegen. Der Touchbildschirm stellt also für die Nutzung digitaler Medien durch junge Kinder eine wichtige Weichenstellung dar.

Die Touch-Funktion entsprach zunächst einem Single-Touch, der wie ein Mausklick fungiert. Wenn es also beispielsweise im Bereich *Zahlen und Operationen* darum geht *Anzahlen simultan* (z. B. 3 oder 4) *oder quasi-simultan* (z. B. 7 oder 9) *darzustellen*, gibt es mit dem Single-Touch zwei Wege. Entweder die Schüler/innen klicken so oft, wie es die Anzahl vorgibt, z. B. bei der Zahl 7 entsprechend sieben einzelne Mal (Abb. 2, links). Oder aber es stehen verschiedene Anzahlen (z. B. 1er, 5er) zur Auswahl, mit denen die Schüler/innen Anzahlen unterschiedlich zusammensetzen können (z. B. $7 = 5 + 1 + 1$) (Abb. 2, rechts). Die Nutzung der Kraft der Fünf ist gegenüber der zählenden Darstellung ein erheblicher Vorteil, da die Kinder somit Anzahlen wesentlich kürzer und zudem nicht zählend zusammensetzen können (Ladel und Kortenkamp 2009).

Zwar wurde bereits seit dem Jahr 1982 an der Multitouch-Technologie gearbeitet, das erste iPhone mit Multitouch-Bedienoberfläche kam jedoch erst 2007 auf den

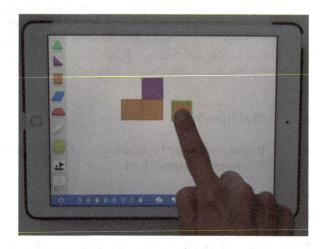

**Abb. 1** Direktes Operieren mit dem Finger am Touchbildschirm

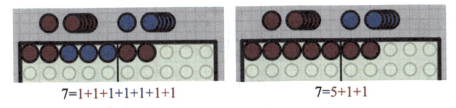

**Abb. 2** Zählende Darstellung (links) und zusammengesetzte Darstellung (rechts) mit Single-Touch

Markt. Die Multitouch-Technologie ist für die Mathematikdidaktik von besonderer, nämlich inhaltsbezogener Bedeutung. Ein Ziel des Mathematikunterrichts ist es, die Schüler/innen weg vom Zählen, hin zur (quasi-)simultanen Anzahlerfassung und -darstellung zu führen. Dies ist Grundlage für die Zahlzerlegungen und das Teil-Ganze-Konzept, das wiederum für den Einsatz von Rechenstrategien Voraussetzung ist. Auch wenn die Darstellung verschiedener Zahlzerlegungen mit Single-Touch möglich ist, so bleibt es doch jeweils ein einzelner *Touch*. Durch die Multitouch-Technologie ist eine direkte Verknüpfung der enaktiven Repräsentationsform (mit mehreren Fingern *auf einmal* auf dem Bildschirm) und der ikonischen Repräsentationsform (Punkte o. ä. auf dem Bildschirm) gegeben. Dies kann den Aufbau mentaler Vorstellungen bei den Schüler/innen unterstützen. Bei der App *TouchCount* (Sinclair 2014) können beispielsweise Anzahlen mit den Fingern (quasi-)simultan dargestellt und unterschiedlich zusammengesetzt werden, im unten stehenden Beispiel die 6 als 3 + 3, 5 + 1 oder 4 + 2. Dabei werden die Teile zunächst einzeln dargestellt (Abb. 3 links) und anschließend mit zwei Fingern vereint (Grundvorstellung der Addition; Abb. 3 rechts).

Es sind jedoch nicht nur Zusammensetzungen aus zwei Teilen möglich, auch 6 = 4 + 1 + 1, 6 = 6 oder 6 = 3 + 2 + 1 sind denkbar. Die App bietet so vielfältige Möglichkeiten Zahlzerlegungen darzustellen und unterstützt mithilfe der Multitouch-Technologie den Erwerb des Teil-Ganze-Konzepts der Schüler/innen.

Auch in neueren technologischen Entwicklungen wie Virtual und Augmented Reality wird großes Potenzial auf die Unterstützung mathematischer Lehr- und Lernprozesse gesehen. Diese sind jedoch insbesondere auch im Bereich der Primarstufe noch zu wenig elaboriert, um hier aufgeführt zu werden.

## 4.2 Methoden mit der Nutzung von Bildungstechnologie im Mathematikunterricht

Die technologische Entwicklung hat auch Einfluss auf verschiedene Methoden, die im Mathematikunterricht eingesetzt werden. So macht u. a. das Internet neue Arbeitsweisen möglich, die auch in der Primarstufe zum Einsatz kommen. Dies wird im Folgenden an den drei Beispielen WebQuests, Podcasts und Erklärvideos aufgezeigt.

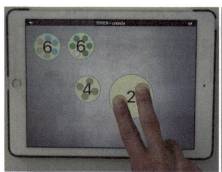 

**Abb. 3** Multitouch-Technologie zur Unterstützung der quasi-simultanen Zahldarstellung mit der App *TouchCounts* (Sinclair 2014)

*WebQuests* sind computergestützte Lehr- und Lernarrangements, die eine Stützstruktur bieten, um Projektarbeiten unter Nutzung von Internetquellen zu konzipieren und durchzuführen. Das Modell der WebQuests wurde 1995 von dem amerikanischen Wissenschaftler Bernie Dodge entwickelt mit dem Ziel, dass Schüler/innen Informationen aus dem Internet sinnvoll nutzen können: „A WebQuest is an inquiry-oriented activity in which some or all of the information used by learners is drawn from the Web. WebQuests are designed to use learner's time well, to focus on using information rather than looking for it, and to support learners' thinking at the levels of analysis, synthesis and evaluation." (Dodge 1997)

WebQuests bestehen aus sechs Teilen, die klar definierte Aufgaben beinhalten: Einleitung, Aufgabe, Vorgehen, Quellen, Bewertung und Fazit. Sowohl im Mathematikunterricht der Grundschule als auch in der Sekundarstufe haben WebQuests Einzug gefunden und sich bewährt (z. B. www.mathe-webquests.de oder www.inst.uni-giessen.de/idm/primarwebquest).

Das Wort *Podcast* setzt sich zusammen aus dem kurz nach der Jahrtausendwende marktbeherrschenden tragbaren MP3-Player *iPod* und der englischen Rundfunkbezeichnung Broad*cast*. Es bezeichnet eine Serie von meist abonnierbaren Mediendateien über das Internet. Die Erstellung von Audio-Podcasts kann auch im Mathematikunterricht als Methode eingesetzt werden (z. B. http://www.math.kit.edu/ianm4/seite/modellansatz/de oder www.inst.uni-giessen.de/idm/mathepodcast). Dabei steht das Ziel des mündlichen Darstellens im Fokus. Das *Darstellen* ist eine zentrale prozessbezogene Kompetenz der Mathematik. Beim mündlichen Darstellen geht es nun darum, ausschließlich die mündliche Darstellungsebene zu nutzen, um das mathematische Lernen zu unterstützen und die Schüler/innen dazu anzuleiten, sich intensiv mit den zu vermittelnden Inhalten auseinander zu setzen.

Im Unterschied zu Audio-Podcasts werden bei *Erklärvideos* neben dem Ton auch Bildaufnahmen gemacht. Werden Erklärvideos als Methode eingesetzt, so ist das Ziel dabei ebenso wie bei den Podcasts die intensive Auseinandersetzung mit den zu vermittelnden Inhalten. Diese ist entscheidend für die inhaltliche Qualität des Erklärvideos und somit ein wichtiger Faktor für die Qualität insgesamt. Über die Auseinandersetzung mit dem mathematischen Inhalt hinaus werden die Schüler/innen dazu angeregt die Möglichkeiten des Internets nicht nur zu nutzen (s. folgenden Abschnitt), sondern dieses aktiv mitzugestalten. Dies betrifft nicht nur Schüler/innen, sondern gleichermaßen Lehramtsstudierende (z. B. www.uni-kassel.de/go/levimm). Der Lerneffekt ist durch die persönliche Beteiligung bei der Erstellung der Videos sowie durch die hohe Motivation sehr gut.

## 4.3 Spezielle Angebote zur Unterstützung des Lehrens und Lernens von Mathematik

Doch nicht nur das eigene Erstellen von *Erklärvideos* ist zum Erwerb mathematischer Kompetenzen geeignet, sondern auch deren Nutzung. Mit der Gründung des Videoportals YouTube im Jahr 2005 nahm die Nutzung von Tutorials stark zu. So existiert dort u. a. auch eine Vielzahl von Erklärvideos zur Mathematik (z. B. https://www.youtube.com/user/pharithmetik), die z. B. im Rahmen von Blended Learning oder Flipped Classroom genutzt werden. Ein bestimmtes Thema wird erklärt und dient so häufig zur Einführung oder zum Nacharbeiten. Vorteil ist, dass die Videos von den Lernenden orts- und zeitunabhängig angesehen werden können. Doch nicht nur für Jugendliche und Erwachsene, auch für Kinder der Primarstufe stehen immer mehr Erklärvideos zur Verfügung. Angetrieben durch nunmehr auch politische Initiativen (z. B. DigitalPakt Schule), haben sich die Schulbuchverlage langsam auf den Weg in Richtung Digitalisierung gemacht, und so werden Erklärvideos zwischenzeitlich auch von Schulbuchverlagen zur Ergänzung ihrer analogen Materialien angeboten. Ansätze der Schulbuchverlage gehen auch in Richtung *digitale Schulbücher* (z. B. das *mBook* des Cornelsen-Verlags, das *interaktive Schulbuch* Denken und Rechnen interaktiv der westermann-Gruppe oder die *ebooks* des Klett-Verlags), allerdings ist hier noch viel Forschungs- und Entwicklungsarbeit zu leisten.

In Ergänzung zu den Schulbüchern bieten diverse Anbieter Tools zur Unterstützung bei der *Diagnose* an. Diese ist insbesondere für fachfremd unterrichtende Lehrpersonen eine große Hilfe. Die Schüler/innen geben dabei ihre Lösungen zu Aufgaben eines standardisierten Tests direkt am Computer ein. Automatisch wird dann vom Computer ein Leistungsprofil erstellt und Hypothesen beispielsweise über das Vorliegen von Symptomen für besondere Schwierigkeiten beim Rechnen generiert (z. B. der Bielefelder Rechentest BIRTE 2 von Schipper et al. 2011). Aufgrund dieser Hypothesen kann im Weiteren ein Vorschlag für Fördermaßnahmen unterbreitet werden.

Mit der Benennung und Beschreibung von Kompetenzen in den Bildungsstandards (KMK 2005) fanden die prozessbezogenen Kompetenzen im Mathematikunterricht mehr Beachtung. Die hohe Bedeutung der prozessbezogenen Kompetenzen zusammen mit der einhergehenden Kritik am (einseitig dominierenden) automatisierenden Lernen stärkte die abwehrende Haltung von Mathematikdidaktikern am Einsatz digitaler Medien. Es wurden zwar sehr gute Programme entwickelt, die das entdeckende Lernen im Mathematikunterricht fördern konnten, diese setzten sich aber leider nur bedingt durch. Ein gutes Beispiel dafür, wie entdeckendes Lernen unter Nutzung digitaler Medien stattfinden kann, ist der *Zahlenforscher* (Krauthausen 2006). Im Modus *Forschen* finden sich elf Forschungsaufträge rund um Zahlenmauern. Einer davon lautet *Deckstein treffen*:

„Der Deckstein einer 3er-Mauer soll genau 20 ergeben. Findet dazu verschiedene Lösungen!

Wie viele könnt ihr finden? Wie viele gibt es, wenn die Grundreihe der Zahlen größer oder gleich Null enthalten darf?

Arbeitet mit 4er-Mauern und denkt euch einen beliebigen Deckstein aus, den ihr erreichen müsst (z. B. 50 oder 100). Findet verschiedene Lösungen und berichtet in eurem Forscherheft! Wie viele könnt ihr finden?" (Krauthausen 2006)

Über spezifische Werkzeuge werden die Kinder dazu angeregt zu argumentieren, zu beschreiben oder zu begründen. Auf das Verschriftlichen von Prozessen und Produkten wird besonderer Wert gelegt und so steht den Schüler/innen ein digitales Forscherheft zur Verfügung, in dem sie ihre Ergebnisse im Sinne eins Lerntagebuchs aufschreiben können.

Die Software *Zahlenforscher* ist ein Beispiel dafür, wie entdeckendes Lernen und der Erwerb inhalts- sowie prozessbezogener Kompetenzen im Bereich der Arithmetik unter Einsatz des Computers möglich ist. Auch in anderen Inhaltsbereichen, wie z. B. der Geometrie, sind entsprechend gute Beispiele zu finden. So zeigt Wollring (2014) auf, wie die Werkzeug-Software BlockCAD (Isaaksson 1998) zum Erwerb prozessbezogener Kompetenzen eingesetzt werden kann.

Beispiel: Problemlösen *Mauerkerbe auffüllen* (Abb. 4):

„Gegeben sind eine Mauerkerbe und einige Bausteine. Kann man die Mauerkerbe mit den Steinen schließen? Gibt es mehrere Lösungen? Gibt es eine Lösung, bei der Steine der Länge 2 und 3 ganz unten liegen?" (Wollring 2014)

Es gibt zwischenzeitlich erfreulicherweise sehr viele Anwendungen, die dem Primat der Mathematikdidaktik genügen und auf dem aktuellen Stand der Forschung inhaltsbezogene sowie prozessbezogene Kompetenzen im Sinne des entdeckenden Lernens fördern können. Mit dem Zahlenforscher (Krauthausen 2006) und Ideen zur

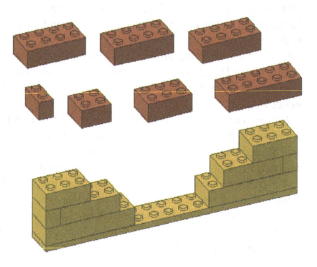

**Abb. 4** Mauerkerbe mit Bausteinen (Wollring 2014)

prozessorientierten Nutzung von BlockCad (Wollring 2014) sind exemplarisch nur zwei von vielen Anwendungen aufgezeigt und man möge eine unvollständige Aufzählung der vielen guten Anwendungsmöglichkeiten an dieser Stelle nachsehen.

Das Beispiel von BlockCAD (Isaaksson 1998) zeigt sehr schön die Nutzung digitaler Medien im Mathematikunterricht der Primarstufe als *Werkzeug*, bzw. Arbeitsmittel. Während 1986 das Titelbild des Zeitschriftenbeitrags *Vom Abacus zum Computer?* (Schipper 1986) noch ein Ablösen oder ein Ersetzen seitheriger Arbeitsmittel suggeriert (mit einem angstvollen Blick des Kindes; Abb. 5 links), zeigt 2012 das Cover zum Heft Grundschulunterricht Mathematik mit dem Titel *Computer* den Abacus im Computer und damit die Verbindung beider Werkzeuge auf (Abb. 5 rechts).

Aktuell werden die digitalen Medien in der Primarstufe besonders im Sinne von virtuellen Arbeitsmitteln genutzt. Das Zwanzigerfeld, die Stellenwerttafel, das Geobrett, und viele Arbeitsmittel mehr sind virtuell auf dem Bildschirm dargestellt und die Schüler/innen haben die Möglichkeit mit ihnen in der virtuell-enaktiven Repräsentationsform (Ladel 2009) zu arbeiten. Die virtuellen Arbeitsmittel ersetzen dabei nicht die physischen, sondern sie ergänzen diese! Meist sind die virtuellen Arbeitsmittel angereichert durch Funktionen, die das Unterstützungspotenzial digitaler Medien aufzeigen und nutzen. So werden bei der App *Rechentablett* (Urff) die Plättchen beispielsweise durch Antippen der Zahl automatisch strukturiert (Abb. 6 rechts) und können so nicht nur durch Inbeziehungsetzen der ikonischen (Bild der Plättchen) mit der symbolischen Darstellung (Zahlzeichen) erfasst werden (Abb. 6 links), sondern auch quasi-simultan.

Bei der App *Stellenwerttafel* (Kortenkamp 2012–2018) wird ein Plättchen beim Verschieben um eine Stelle nach rechts automatisch zu zehn Plättchen entbündelt (entsprechend umgekehrt gebündelt). So kann die Zahl 324 als 3 Hunderter, 2 Zehner, 4 Einer dargestellt werden (Abb. 7 links) oder aber als 32 Zehner und 4 Einer (Abb. 7 rechts). Dies ist z. B. von Vorteil bei Division durch 4. So ist 324 :

**Abb. 5** Abbildung aus Schipper, W. (1986). Grundschulmathematik: Vom Abacus zum Computer? (Links) und Cover des Hefts Grundschulunterricht Mathematik 4/2012 (rechts)

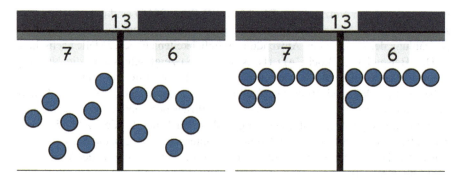

**Abb. 6** Unstrukturierte (links) und strukturierte (rechts) Darstellung von Plättchen in der App *Rechentablett* (Urff; letzter Aufruf am 24.05.2019)

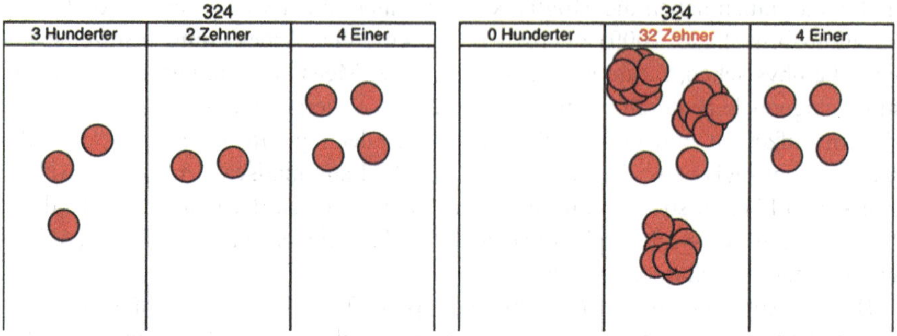

**Abb. 7** Automatisches Entbündeln bei der App *Stellenwerttafel* (Kortenkamp 2012–2018)

4 = (32Z + 4E) : 4 = 32Z : 4 + 4E : 4 = 8Z + 1E = 81. Die virtuelle Stellenwerttafel ermöglicht den Kindern eine werterhaltende Darstellungsänderung zu erleben und ein flexibles Stellenwertverständnis aufzubauen (Ladel und Kortenkamp 2014). Dies ist zwar alles auch händisch mit physischem Material machbar (z. B. durch Tauschen eines Zehners in zehn Einer), jedoch wesentlich material- und zeitaufwändiger.

Auch zu anderen inhaltsbezogenen Kompetenzbereichen (z. B. Raum und Form, Daten, Häufigkeit und Wahrscheinlichkeit) stehen virtuelle Arbeitsmittel zur Verfügung, die entsprechend sinnvoll und zielorientiert im Mathematikunterricht der Primarstufe genutzt werden können. Die guten Aufgabenstellungen oder nötigen Impulse dazu kommen von der kompetenten Lehrperson.

## 4.4 Algorithmisches Denken

Mit den ersten Computern wurde auch der Ruf nach dem Erwerb von Programmierkenntnissen laut. Die Programmiersprache LOGO, die auch in der Primarstufe eingesetzt wurde, wurde in den 1960er-Jahren von Seymour Papert entwickelt und basiert auf der Idee des Konstruktivismus. Diese besagt, dass der Lernerfolg von Schüler/innen größer ist, wenn diese selbstständig Zusammenhänge erfassen. Sie lernen aktiv durch eigenständiges Arbeiten. Die Programmiersprache LOGO ist verständlich und leicht erlernbar. Die Idee besteht darin, eine Schildkröte mit bestimmten Befehlen zu steuern. Die Bewegungen der Schildkröte hinterlassen eine Spur. Gesteuert wurde die Schildkröte über einfache LOGO-Programme. Auch heute noch gibt es Anwendungen zum Programmieren mit der Schildkröte. Helliwood hat beispielsweise mit dem TurtleCoder (https://www.code-your-life.org/turtlecoder) eine moderne Interpretation der am MIT 1967 entwickelten Programmiersprache LOGO erstellt. Mitchel Resnick, ein Schüler von Seymour Papert, entwickelte 2007 Scratch am MIT Media Lab (https://scratch.mit.edu). Er baut auf die konstruktivistische Lerntheorie von Papert auf mit dem Ziel junge Leute beim kreativen Denken, systematischen Schlussfolgern und der Zusammenarbeit zu fördern. Scratch kann insbesondere auch von jungen Kindern sehr gut gelernt und angewandt werden. Die App *ScratchJr* (Scratch Foundation 2014) wendet sich sogar an fünf- bis siebenjährige Kinder.

Der Sinn und das Ziel von solchen Lernumgebungen zum Programmieren liegt aus Sicht der Mathematikdidaktik in der Primarstufe insbesondere im Erwerb der prozessbezogenen Kompetenzen *Kreativität* und *Problemlösen,* sowie in der Förderung des *algorithmischen Denkens*. Das algorithmische Denken wird beim Problemlösen v. a. dann benötigt, wenn die Schüler/innen eine Situation formalisieren/ abstrahieren und das Problem verarbeiten (Abb. 8). Die Schüler/innen übersetzen die reale Situation in die Sprache der Mathematik (oder je nach dem in andere Sprachen), verarbeiten und lösen das Problem in diesem Fall durch die Erstellung einer Handlungsvorschrift (Algorithmus). Eine wichtige Rolle spielt auch das Prüfen und Reflektieren, da hier Optimierungsprozesse stattfinden können (Ladel 2019). Beim Programmieren finden die Übersetzungen für junge Kinder meist in eine Blocksprache statt. Diese ist visuell ausgelegt, so dass ein Algorithmus durch grafische Elemente und deren Anordnung festgelegt wird.

## 5 Interactive Whiteboard, Multitouch-Tisch

Als weitere Bildungstechnologien finden auch das interactive Whiteboard und der Multitouch-Tisch Beachtung in der Mathematikdidaktik, wenngleich auch deren Einsatz in der Primarstufe sowie deren Potenzial zur Förderung mathematischer Kompetenzen bislang kaum erforscht ist. Im Rahmen des DigitalPakts Schule kommt das interactive Whiteboard immer mehr in die Klassenzimmer, auch an den Grundschulen. Zumeist wird hauptsächlich die Beamerfunktion zur *Präsentation* genutzt. Gerade auch, wenn die Schüler/innen beispielsweise mit Tablets gearbeitet haben, bietet es sich an, die Ergebnisse ihrer Arbeit für die ganze Klasse gut sichtbar zu präsentieren. Damit stellt der Einsatz des interactive Whiteboards die Grundlage zur *Kommunikation über verschiedene Lösungen und Lösungswege* dar. Bei Anwendungen, die Interaktivität ermöglichen, besteht nach wie vor ein großes Defizit – sowohl was deren Verfügbarkeit, als auch deren Erforschung angeht.

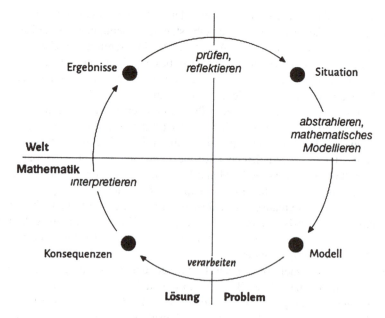

**Abb. 8** Der mathematische Modellierungskreislauf

**Abb. 9** Kommunikatives Arbeiten am Multitouch-Tisch (Foto links: Universität des Saarlandes, Foto rechts: Alex Hoerner)

Auch der Multitouch-Tisch ist bis auf vereinzelte Forschungsprojekte (Ladel und Dimartino 2017; Augstein et al. 2013; Müller et al. 2017) bislang noch wenig erforscht. Jedoch wird ein großes Potenzial u. a. in dessen Gestaltung gesehen, die für kooperatives Arbeiten sehr förderlich sein kann. So können die Kinder um den Tisch herumstehen und *gemeinsam an der Lösung einer Aufgabe arbeiten* (Abb. 9 links). Die Mitarbeiter im Projekt *fun.tast.tisch* (http://www.funtasttisch.at/partner.html) sehen Potenzial insbesondere für Menschen mit Einschränkungen basaler, kognitiver Fähigkeiten. Die entwickelten Lernumgebungen bieten jedoch gerade für junge Kinder gute Möglichkeiten entsprechende Basiskompetenzen zu erwerben.

**Tab. 2** Mathematical operations taught in primary schools and their counterpart composing techniques (Müller et al. 2017)

| Mathematical operation | Musical counterpart |
|---|---|
| Multiplication and division of fractions by two | Augmentation and diminution |
| Geometrical translation | Transposition |
| Geometrical reflection | Inversion, retrograde, retrograde inversion |
| Permutation | Permutation |

Im Projekt *Mathematik zum Anhören* des IWM in Tübingen haben Wissenschaftler (Müller et al. 2017) eine Anwendung für den Multitouch-Tisch programmiert, sodass LEGO®-Steine erkannt und verarbeitet werden (Abb. 9 rechts). So können Kinder mit diesen Bausteinen komponieren und gleichzeitig mathematische Strukturen erforschen. Musik und Mathematik sind sehr eng miteinander verbunden. Zu den mathematischen Operationen in Tab. 2 lassen sich musikalische Äquivalente finden (Müller et al. 2017).

Das Komponieren ist nicht nur strukturell eine gute Möglichkeit mathematische Kompetenzen zu erwerben. Es kann auch das algorithmische Denken fördern (siehe Kortenkamp et al. 2018).

Insgesamt gibt es so zwar manch gute Ansätze der sinnvollen Nutzung des Multitouch-Tisches im Mathematikunterricht der Primarstufe, dennoch konnte er bislang keinen Einzug in die Schulen finden. Das mag zum einen am relativ hohen Kostenfaktor liegen, zum andern an den weitgehend fehlenden Konzepten des Einsatzes.

## 6 Sensoren und Aktoren

Die Sensoren der digitalen Medien werden immer mehr genutzt, um den Erwerb mathematischer Kompetenzen zu unterstützen. Dies betrifft zum einen beispielsweise Temperaturmesser, Geschwindigkeitsmesser, Entfernungsmesser oder Schrittzähler, die dem mathematischen Inhaltsbereich *Größen und Messen* zuzuordnen sind, oder aber im Zusammenhang mit *Daten, Häufigkeit und Wahrscheinlichkeit* genutzt werden können. Verschiedene Daten können mithilfe der Sensoren schnell und einfach erhoben und anschließend im Mathematikunterricht weiterverarbeitet werden, z. B. im Zusammenhang mit der Erstellung von Diagrammen. Aber nicht nur auf diese Art werden Sensoren genutzt, auch die Kamera findet Einsatz. So können die gezeigten Finger der Hände erkannt und weiterverarbeitet werden (Abb. 10 links). Dadurch ist der direkte Zusammenhang der enaktiven Repräsentation mit der symbolischen gegeben wodurch der intermodale Transfer bei Rechenoperationen kann gefördert werden. Ein weiteres Beispiel zur Nutzung der Kamera ist das Tangram von Osmo. Über einen Spiegel, der an der Kamera des Tablets angebracht wird, werden physische Tangramsteine erkannt und digital weiterverarbeitet. Auf diese Weise können die Schüler/innen mit dem physischen Material auf der enaktiven Ebene arbeiten und gleichzeitig von den Vorteilen des sofortigen

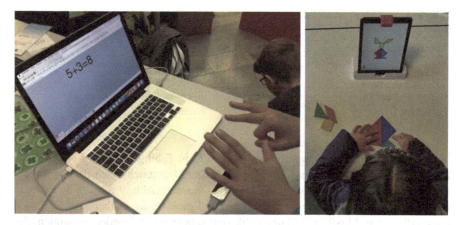

**Abb. 10** Erfassung der Finger (links) oder Tangramsteine (rechts) über die Kamera

Feedbacks sowie einer spielerisch- motivierenden Lernumgebungen auf dem Tablet profitieren.

Auch existieren einzelne Projekte dazu Virtual Reality-Brillen sowie Augmented Reality in den Mathematikunterricht der Primarstufe zu integrieren. Auf die Darstellung wird hier jedoch aus Platzgründen verzichtet. Gleiches gilt für den Einsatz von Robotern zur Förderung des algorithmischen Denkens.

## 7 Fazit

Wie die obigen Ausführungen zeigen, sind die Möglichkeiten des Einsatzes von Bildungstechnologie im Mathematikunterricht der Primarstufe sehr vielfältig. Die kurzen Einblicke in das interactive Whiteboard und den Multitouchtisch sowie in Sensoren und Aktoren zeigen jedoch, dass der Forschungs- ebenso wie der Entwicklungsbedarf noch sehr hoch ist. Dennoch lassen die vorhandenen Ansätze darauf schließen, dass Anwendungen von Bildungstechnologien im Mathematikunterricht der Primarstufe zukünftig verstärkt einen sinnvollen Einsatz finden und diese das Lehren und Lernen von Mathematik zielgerichtet unterstützen können.

## Literatur

Augstein, M., Neumayr, T., Ruckser-Scherb, R., Karlhuber, I., & Altmann, J. (2013). The fun.tast.tisch. Project – A novel approach to neuro-rehabilitation using an interactive multiuser multi-touch tabletop. In *Proceedings of the ACM conference on interactive tabletops and surfaces*, St. Andrews.

Bender, P. (1980). Analyse der Ergebnisse eines Sachrechentest am Ende des 4. Schuljahres. *Sachunterricht und Mathematik in der Primarstufe, 8*, 150–155, 191–198, 226–233.

Bender, P. (Hrsg.). (1988). *Mathematikdidaktik. Theorie und Praxis. Festschrift für Heinrich Winter* (S. 177–189). Berlin: Cornelsen.

Bundesministerium für Bildung und Forschung (BMBF). (2016). *Bildungsoffensive für die digitale Wissensgesellschaft. Strategie des Bundesministeriums für Bildung und Forschung.* Berlin: Bundesministerium für Bildung und Forschung.

Dodge, B. (1997). Some thoughts about WebQuests. http://webquest.org/sdsu/about_webquests.html. Zugegriffen am 28.05.2019.

IBM Partnerships: A hypertext history of instructional design. The 1960s: Instructional systems development. http://faculty.coe.uh.edu/smcneil/cuin6373/idhistory/partnerships.html. Zugegriffen am 23.05.2019.

Isaksson, A. (1998, 2005). BlockCAD version 3.19. www.blockcad.net. Zugegriffen am 28.05.2019.

KMK (Kultusministerkonferenz). (2005). *Bildungsstandards Mathematik für den Primarbereich. Beschluss vom 15. Oktober 2004.* München: Luchterhand.

Kortenkamp, Ul, Etzold, H., & Mahns, P. (2018). Mit Loops zu Loops. Mit Musik algorithmisches Denken fördern. *Grundschulunterricht Mathematik, 1,* 13–17.

Krauthausen, G. (1994). Zur Konzeption eines Software-Designs für die Primarstufe: Die Pendelsimulation als Versuch einer exemplarischen Konkretisierung. *Beiträge zum Mathematikunterricht,* 211–214. Hildesheim.

Ladel, S., & Kortenkamp, U. (2009). Virtuell-enaktives Arbeiten mit der „Kraft der Fünf". *MNU Primar, 1*(3), 91–95.

Ladel, S., & Kortenkamp, U. (2014). Handlungsorientiert zu einem flexiblen Verständnis von Stellenwerten – ein Ansatz aus Sicht der Artifact-Centric Activity Theory. In S. Ladel & C. Schreiber (Hrsg.), *Von Audiopodcast bis Zahlensinn, Lernen, Lehren und Forschen mit digitalen Medien in der Primarstufe* (Bd. 2, S. 151–176). Münster: WTM-Verlag.

Ladel, S. (2009). *Multiple externe Repräsentationen (MERs) und deren Verknüpfung durch Computereinsatz. Zur Bedeutung für das Mathematiklernen im Anfangsunterricht.* Hamburg: Verlag Dr. Kovac.

Ladel, S., & Dimartino, M. (2017). Anwendungen am Multitouch-Tisch – Analyse und Design auf Basis der Artifact-Centric Activity Theory. In S. Ladel, C. Schreiber & R. Rink (Hrsg.), *Digitale Medien im Mathematikunterricht der Primarstufe. Ein Handbuch für die Lehrerausbildung* (3. Band der Reihe Lernen, Lehren und Forschen mit digitalen Medien in der Primarstufe). München: WTM-Verlag.

Ladel, S. (2019). Chancen der Digitalisierung – Bewährtes und Neues sinnvoll vereint. In *MaMut primar. Materialien für den Mathematikunterricht.* Hildesheim: Verlag Franzbecker.

Meißner, H. (2006). Taschenrechner im Mathematikunterricht der Grundschule. *mathematica didactica, 29*(1), 5–25.

Meissner, H. (2006). Calculators and creativity. In *Proceedings of the fourth international conference „Creativity in mathematics education and the education of gifted students"* (Special issue of the Departement of Mathematics Report Series, Bd. 14, S. 31–34). University of South Bohemia, Ceske Budejovice. http://wwwmath.uni-muenster.de/didaktik/u/meissne/WWW/mei139.doc. Zugegriffen am 07.01.2020.

Ministerium für Kultus, Jugend und Sport Baden-Württemberg. (Hrsg.). (2016). *Gemeinsamer Bildungsplan für die Sekundarstufe I.*

Ministerium für Bildung, Familie, Frauen und Kultur des Saarlandes. (Hrsg.). (2009). *Kernlehrplan Mathematik Grundschule.*

Müller, J., Oestermeier, U., & Gerjets, P. (2017). *Multimodal interaction in classrooms: Implementation of tangibles in integrated music and math lessons.*

Pieper, S. (2007). *Sensoren und Aktoren von autonomen Robotern. Eine Analyse für die Ausbildung.* Münster: Universität Münster.

Plunkett, S. (1987). Wie weit müssen Schüler heute noch die schriftlichen Rechenverfahren beherrschen? *Mathematiklehren,* (21), 43–46.

Rogers, Y. (2004). New theoretical approaches for human-computer interaction. *Annual Review of Information Science and Technology.*

Schipper, W. (1986). Grundschulmathematik: Vom Abacus zum Computer. *Grundschule, 18*(4), 20–24.

Schipper, W., Wartha, S., & von Schroeders, N. (2011). *BIRTE 2 – Bielefelder Rechentest für das 2. Schuljahr*. Hannover: Schroedel-Verlag GmbH.

Spiegel, H. (1988). Vom Nutzen des Taschenrechners im Arithmetikunterricht der Grundschule. In P. Bender (Hrsg.), *Mathematikdidaktik. Theorie und Praxis. Festschrift für Heinrich Winter* (S. 177–189). Berlin: Cornelsen-Verlag.

Wagenbach, M. (2012). *Digitaler Alltag. Ästhetisches Erleben zwischen Kunst und Lifestyle*. München: Herbert Utz Verlag GmbH.

Wollring, B. (2014). Prozessbezogene Kompetenzen – illustriert durch prototypische Aufgaben mit der Werkzeug-Software BlockCAD. In S. Ladel & C. Schreiber (Hrsg.), *Von Audiopodcast bis Zahlensinn* (Lernen, Lehren und Forschen mit digitalen Medien, Bd. 2, S. 95–124). Münster: WTM-Verlag.

## Software und Apps

Kortenkamp, U. (2012–2018). Stellenwerttafel.
Krauthausen, G. (2006). Zahlenforscher. Auer Verlag.
Scratch Foundation. (2014). ScratchJr.
Sinclair, N. (2014). TouchCount.
Urff, C. Rechentablett.

## Internetseiten

http://www.funtasttisch.at. Zugegriffen am 28.05.2019.
http://www.math.kit.edu/ianm4/seite/modellansatz/de. Zugegriffen am 28.05.2019.
https://scratch.mit.edu. Zugegriffen am 28.05.2019.
https://www.code-your-life.org/turtlecoder. Zugegriffen am 28.05.2019.
https://www.youtube.com/user/pharithmetik. Zugegriffen am 28.05.2019.
www.inst.uni-giessen.de/idm/mathepodcast. Zugegriffen 28.05.2019.
www.inst.uni-giessen.de/idm/primarwebquest. Zugegriffen am 28.05.2019.
www.mathe-webquests.de. Zugegriffen am 28.05.2019.

# Bildungstechnologie in der beruflichen Aus- und Weiterbildung

Claudia Ball

## Inhalt

1 Einleitung ............................................................................................. 667
2 Bildungstechnologie in der beruflichen Erstausbildung .................................... 669
3 Bildungstechnologie in der beruflichen Weiterbildung .................................... 671
4 Herausforderungen und Chancen von Bildungstechnologie in der beruflichen Bildung ............................................................................................. 673
5 Ausblick zur Bildungstechnologie in der beruflichen Bildung ........................... 675
Literatur .................................................................................................... 675

### Zusammenfassung

Trotz voranschreitender Digitalisierung der Arbeitswelt hält Bildungstechnologie nur zögerlich Einzug in die berufliche Bildung und stößt auf zahlreiche Herausforderungen. Der vorliegende Beitrag gibt einen Einblick in den derzeitigen Einsatz von Bildungstechnologie in der beruflichen Erstausbildung und der Weiterbildung, zeigt die Herausforderungen und Potenziale auf, die sich für das berufliche Lernen für und durch Bildungstechnologie ergeben und gibt einen Einblick in zukünftige Perspektiven für den Einsatz von Bildungstechnologie in der beruflichen Bildung.

### Schlüsselwörter

Berufliche Bildung · Ausbildung · Weiterbildung · Digitalisierung · Blended Learning · Technologieunterstützes Lernen

C. Ball (✉)
Service Division Training, DEKRA SE, DEKRA Akademie GmbH, Stuttgart, Deutschland
E-Mail: claudia.ball@dekra.com

## 1 Einleitung

Die Digitalisierung durchdringt zunehmend alle Bereiche des menschlichen Lebens. Die Arbeitswelt stellt hier keine Ausnahme dar und moderne Technologien verändern Branchen, Berufsbilder, Qualifikationsanforderungen und die Art, wie Lernen im Beruf stattfindet. Fachwissen muss hierbei in immer kürzeren Abständen aktualisiert werden, um mit dem immer schneller werdenden Wandel Schritt halten zu können. Der beruflichen Aus- und Weiterbildung kommt die Aufgabe zu, diese Veränderungen mit entsprechenden Lernlösungen zu begleiten, die sich selbst diese technischen Möglichkeiten zu Nutze machen, um Lehr- und Lernprozesse individueller, anforderungsgerechter und flexibler für den Lernenden zu gestalten. Die Einsatzmöglichkeiten von Technologie für das berufliche Lernen sind hierbei ebenso Vielfältig wie das Angebot an digitalen Endgeräten, die hierfür genutzt werden können. So z. B. Notebooks, Tablets, Smartphones oder Datenbrillen, die das selbstständige Erarbeiten von Wissen mit Hilfe von Augmented Reality Anwendungen, virtuelle Realitäten, Simulationen oder auch adaptiven Lerntechnologien ermöglichen, um auf immer kürzer werdende Innovationszyklen rechtzeitig zu reagieren. (BMBF 2016a, b)

Berufliche Bildungsangebote wie z. B. die Erstausbildung, Meisterkurse oder auch Anbieter-zertifizierte Kurse sind heute jedoch noch häufig an feste Strukturen, Lernorte und Lernzeiten gebunden und lassen sich nur schwer an diese sich verändernden Bedingungen anpassen. Der Einsatz von Bildungstechnologie, um deren Potenzial im Rahmen beruflicher Lernprozesse zu nutzen, stellt hier gleichermaßen eine Chance als auch eine Herausforderung für die berufliche Bildung dar. Einerseits eröffnet Bildungstechnologie neue Möglichkeiten, um das Lernen im beruflichen Kontext flexibler und orientiert am Lernenden und seinen beruflichen Aufgaben zu gestalten. Sie erlauben eine zügige Anpassung von Inhalten an neue Technologien und Prozesse, ermöglichen die notwendige Flexibilität beim Lernen und entkoppeln nicht zuletzt Ort und Zeit des Lernens. Andererseits erfordert deren Einsatz oftmals organisatorische und technische Rahmenbedingungen in Betrieben und Einrichtungen der beruflichen Bildung, deren Vorhandensein auch heute noch keine Selbstverständlichkeit ist.

Der immer stärker voranschreitende Einsatz von digitalen Technologien im beruflichen Alltag kann hierbei auch die Nutzung entsprechender Technologien für Zwecke der Aus- und Weiterbildung fördern. Dennoch zeigt die *Digitale Medien in Betrieben Studie* (Gensicke et al. 2016), dass spezielle Bildungstechnologielösungen von Betrieben nichtsdestotrotz eher zurückhaltend in der Ausbildung eingesetzt werden und hier in erster Linie auf klassische Medienformate zurückgegriffen wird. Explorationsstudien deuten lediglich im Rahmen von hoch technologisierten Ausbildungsberufen, bei denen dies für die berufliche Handlungskompetenz grundlegend ist, darauf hin, dass Bildungstechnologie vergleichsweise häufig zum Einsatz kommt (Eder 2015). Dabei bieten sich technologieunterstützte Lernlösungen in vielen Bereichen durch die fortschreitende Digitalisierung der Arbeit immer stärker an. So gehören z. B. die Nutzung von Telematiksystemen und Smartphones zum Arbeitsalltag von Berufskraftfahrern, Datenbrillen halten Einzug in die Lagerlogistik und Anlagenmechaniker statten Wohnhäuser mit Smart-Home-Technologie aus.

Die Bedeutung von digitalen Geräten wird hierbei von den Betrieben als weiter steigend eingeschätzt (Gensicke et al. 2016). Es gilt eben diese technologischen Möglichkeiten auch für die berufliche Aus- und Weiterbildung nutzbar zu machen, um sich daraus ergebende Potenziale für das Lernen im Beruf zu nutzen.

Dass dies bereits der Fall ist, zeigt das BMBF-Programm *Digitale Medien in der beruflichen Bildung,* in dem gerade weniger technikaffine Branchen wie das Handwerk, die Medizin, die Pflege und die Bauwirtschaft zu den *antragsaktivsten* gehören. Im Rahmen dieses Programms wird gezielt die Entwicklung und Erprobung von Lernlösungen, die sich eben diese neuen technologischen Voraussetzungen zu Nutze machen, gefördert, um den Einsatz von Bildungstechnologie im Rahmen der beruflichen Bildung durch entsprechende Projektaktivitäten mit einem Fokus auf kleine und mittelständische Unternehmen (KMU) Schritt für Schritt zu fördern (BMBF 2016a). Die Möglichkeiten, die Bildungstechnologie in der beruflichen Bildung bietet, sind hierbei vielfältig und reichen von Ansätzen, die das Lernen im Prozess der Arbeit fördern, über Lösungen, die es möglich machen implizites Wissen älterer Beschäftigter zugänglich zu machen und Organisationen weiterzuentwickeln, bis hin zu Anwendungen, um die Potenziale Einzelner sichtbar und somit für den Beruf besser nutzbar zu machen (BMBF 2016b).

## 2 Bildungstechnologie in der beruflichen Erstausbildung

In der beruflichen Erstausbildung haben klassische, nicht-technologiebasierte Formate wie z. B. Lehrbücher, Gruppenarbeit oder auch schriftliche Unterlagen weiterhin den höchsten Stellenwert in der Einschätzung der Betriebe. 86 % der Betriebe geben jedoch an, internetfähige Geräte im Rahmen der Erstausbildung zu nutzen. Neben dem Einsatz fachspezifischer Software, der Nutzung von Informationsangeboten im Internet und Lernprogrammen werden Anwendungen aus dem Bereich der digitalen Medien jedoch von Betrieben als (eher) unwichtig eingeschätzt. So werden z. B. Virtuelle Klassenzimmer von gerade 7 % der Betriebe als mobile Lernanwendung ihrer Auszubildenden genannt (Gensicke et al. 2016). Man kann entsprechend davon ausgehen, dass im Rahmen der Erstausbildung an dieser Stelle durchaus noch ein großer Spielraum vorhanden ist, um die Möglichkeiten, die durch Bildungstechnologie zur Verfügung gestellt werden, in Zukunft stärker zu nutzen und Ausbildung den Bedürfnissen und Charakteristika von Lernenden und sich verändernder Arbeit anzupassen.

Ein ähnliches Bild zeichnet sich auch aus den Daten zur Nutzung von Bildungstechnologie in Berufsschulen, wo auch davon auszugehen ist, dass selbst in hoch medien- und technikaffinen Berufen Bildungstechnologie nicht umfassenden genutzt wird (Eder 2015). So nutzen nahezu alle Berufsschullehrer heute das Internet für Recherchen mit den Lernenden. Apps oder Serious Games kommen jedoch z. B. im berufsschulischen Unterricht weiterhin eher selten zum Einsatz. Schmid et al. (2016) kommen hierbei zu dem Schluss, dass das vorherrschende Nutzungsverhalten von digitalen Medien und Bildungstechnologie in Berufsschulen in erster Linie an traditionelle Unterrichtsformen anknüpft. Einige der von ihnen befragten

Bildungsentscheider bemängeln konkret das Ausbleiben eines Paradigmenwechsels und die mangelnde Vorstellungskraft des Bildungspersonals an eben dieser Stelle als Hinderungsfaktor.

Dabei zeigen Beispiele wie der Online-Ausbildungsnachweis BLoK (https://www.online-ausbildungsnachweis.de) recht eindrücklich, was für Möglichkeiten sich im Rahmen der Ausbildung durch den Einsatz von Bildungstechnologie bieten. Er bildet hier jedoch nur die Spitze des Eisberges möglicher Anwendungsfelder zur Verbesserung von Lehr- und Lernprozessen im Rahmen der Berufsausbildung, die letztlich auch dazu dienen, Ausbildung für junge Menschen attraktiver zu gestalten und somit dem Fachkräftemangel in diesem Bereich entgegenzuwirken. Zu einer ähnlichen Einschätzung kommen auch mehr als 50 % der befragten Ausbildungsbetriebe, die davon ausgehen, dass der Einsatz von digitalen Medien die Attraktivität der Berufsausbildung steigert und Betriebe in entsprechend gefährdeten Branchen dabei unterstützt Auszubildende zu gewinnen (Gensicke et al. 2016).

Die Vielfältigkeit der potenziellen Einsatzfelder von Bildungstechnologie in unterschiedlichen Bereichen der Berufsausbildung zur Weiterentwicklung des beruflichen Lernens skizzieren Howe und Knutzen (2013). So stellen sie u. a. Möglichkeiten heraus, die die Nutzung von Simulationen mit sich bringen, in denen komplexe Zusammenhänge verdeutlicht werden oder auch durch den Lernenden ausprobiert werden kann, wie ein System auf eine bestimmte Veränderung reagiert. Ein Beispiel hierfür ist die Fahrsimulation im Rahmen der Aus- und Weiterbildung für Berufskraftfahrer, die es nicht nur Auszubildenden ermöglicht, kritische Fahrmanöver, die so weder im Straßenverkehr noch auf Übungsplätzen risikofrei trainierbar sind, in einer sicheren Umgebung zu erleben und sich somit auf einen solchen Fall vorzubereiten. Ähnliche Beispiele aus dem Bereich der Simulation kommen z. B. im Kontext der Aus- und Weiterbildung in der Pflege zum Einsatz.

Eng verbunden mit der Diskussion von Bildungstechnologie im Rahmen der Berufsausbildung ist die übergreifende Lernortkooperation zwischen den Lernorten Betrieb, Berufsschule und ggf. überbetriebliche Ausbildungsstätte (mmb Institut 2016), bei der sich immerhin 62 % der von Gensicke et al. (2016) befragten Ausbildungsbetriebe eine Verbesserung durch den Einsatz digitaler Medien versprechen. Das bereits erwähnte BLoK-Berichtsheft ist hierfür ein Beispiel zur Stärkung der bundesweiten Lernortkooperation. Das digitale Berichtsheft erlaubt den gemeinsamen orts- und zeitunabhängigen Zugriff durch Auszubildende, Ausbilder und Berufsschullehrer und bietet gleichzeitig Möglichkeiten zur Kommunikation untereinander. Deutschlandweit wird es von mehr als 1300 Ausbildungsunternehmen genutzt (Schmid et al. 2016). In ähnlicher Weise verknüpft auch das Projekt BLIP *Berufliches Lernen im Produktionsprozess* (http://www.ibap.kit.edu/berufspaedagogik/943.php) durch die Bereitstellung interaktiver Schnittstellen verschiedene Lernorte, um theoretisches und praktisches Lernen an den verschiedenen Lernorten miteinander zu verzahnen und damit die Berufsausbildungsqualität zu erhöhen (Beiling et al. 2012).

Potentielle Einsatzfelder und Nutzen von Bildungstechnologie in der Ausbildung erschließen sich ebenso aus den Beispielen der Projekte *Social Augmented Learning* (http://www.social-augmented-learning.de) und *GLASSROOM* (https://www.wiwi.uni-osnabrueck.de/fachgebiete_und_institute/informationsmanagement_und_wirtschaftsinformatik_prof_thomas/projekte/glassroom.html). Beide Projekte machen sich die Möglichkeiten der erweiterten bzw. virtuellen Realität vermittelt durch Tablets, Virtuellen und Erweiterten Realitätsbrillen für die Ausbildung zu Nutze. So werden im Projekt *Social Augmented Learning* komplexe Abläufe und Prozesse in Druckmaschinen, die nur schwer vermittelbar sind, durch digitale 3D-Modelle über mobile Endgeräte im Rahmen der Ausbildung erfahrbar gemacht (Fehling 2017). GLASSROOM nutzt die virtuelle Realität über Datenbrillen um Lernende z. B. in Reparaturprozessen im Maschinen- und Anlagenbau zu schulen und unterstützt Techniker vor Ort bei der Durchführung von Reparaturarbeiten, indem entsprechende Informationen direkt über eine Datenbrille eingeblendet werden (Behrens 2016). Beide Beispiele zeigen recht deutlich das Potenzial auf, das Bildungstechnologie gerade in Zeiten, in denen die notwendige Hardware in diesem Fall Datenbrillen alltagstauglich werden, hat. Entsprechend zukunftsweisend ist auch die Einschätzung von immerhin 65 % der Ausbildungsbetriebe, dass digitale Medien in Zukunft verstärkt in der Ausbildung eingesetzt werden sollten (Gensicke et al. 2016).

## 3 Bildungstechnologie in der beruflichen Weiterbildung

In der Praxis der betrieblichen Weiterbildung kommen ähnlich der Ausbildung im Betrieb auch weiterhin in erster Linie klassische Lern- und Medienformate zum Einsatz. Auch hier spielen im Bereich des technologieunterstützten Lernens fachspezifische Lernsoftware, Informationsangebote aus dem Internet und Lernprogramme eine Rolle. Darüber hinaus gehende Einsatzfelder von Bildungstechnologie im Rahmen der Weiterbildung werden als weniger wichtig oder unwichtig durch die Betriebe eingeschätzt. Speziell in Branchen, bei denen auch in der praktischen Arbeit digitale Medien eine eher geringe Rolle spielen, ist die den entsprechenden Lernformen beigemessene Bedeutung gering (Gensicke et al. 2016).

Aufgrund der bereits zuvor geschilderten schnell voranschreitenden Veränderungen in den Anforderungen moderner Arbeit gewinnt das berufsbegleitende Lernen nach der Erstausbildung jedoch immer weiter an Bedeutung. Hierbei rücken speziell Lernformen in den Vordergrund, die Lernen und Arbeiten bestmöglich miteinander verbinden, was optimal durch heute zur Verfügung stehende digitale Endgeräte unterstützt werden kann. So kommt z. B. CEDEFOP (2015) zu dem Ergebnis, dass in Abhängigkeit von den Charakteristika der jeweiligen Branche technologieunterstützte Lernformen aufgrund ihrer jeweiligen Vorteile zu einer bevorzugten Lernform werden können. Ein Beispiel hierfür ist die Seefahrt, bei der E-Learning virtuell zu jeder Zeit und überall auf der Welt durch das Bordpersonal genutzt werden kann. CEDEFOP (2015) verweist hier auf einen Schwedischen Bildungsanbieter, dessen computerbasiertes Training zu circa 30 % an Bord des jeweiligen Schiffes durchgeführt wird. Hierbei werden die direkte Verbindung des Trainings zu den Arbeitsaufgaben des Lernenden als auch die Anpassungsfähigkeit des Lernmaterials an einen spezifischen Unternehmenskunden besonders herausgestellt.

In Branchen, in denen Training an technischen Systemen erforderlich ist, wird das Lernen mit Simulationen bzw. in simulierten Arbeitsumgebungen als besonders nützlich empfunden. (CEDEFOP 2015) Simulationen finden sich jedoch auch in anderen Bereichen, wie z. B. im Kontext mit dem Fahren und Führen von Nutzfahrzeugen (*ICT-DRV*, www.project-ictdrv.eu) und (Bau-)Maschinen (*AWIMAS*, https://www.baumaschine.de/awimas/) oder im Kontext computerbasierter Trainingsspiele wie im Projekt *TRACY* (https://elearning.charite.de/projekte/tracy/) zum Katastrophenschutz in Krankenhäusern. In allen Fällen wird der Versuch unternommen, die Realität soweit wie nötig nachzubilden, um ein möglichst realitätsnahes Lernen in der Simulation möglich zu machen. Speziell im Kontext der Fahrsimulation ergeben sich jedoch gerade aus den verbleibenden Unterschieden zwischen Realität und Simulation oftmals Reibungspunkte in der praktischen Umsetzung. Hierbei stellt sich die Frage, wieviel Realität in der Simulation tatsächlich notwendig ist, um das gewünschte Lernen zu erreichen (Ball 2015).

Es ist davon auszugehen, dass das Zusammenwachsen von Lernen und Arbeiten in Zukunft noch sehr viel stärker an Bedeutung für das berufliche Lernen gewinnen wird (Dehnbostel 2015) und es somit zu einer weiteren Entgrenzung beider Bereiche kommt. Diesen Prozess gilt es mit entsprechenden technischen Lösungen so zu unterstützen, dass ein Lernen im Prozess der Arbeit optimal im einfachsten Fall dadurch unterstützt wird, dass Informationen unmittelbar im Arbeitsprozess recherchiert bzw. zur Verfügung gestellt werden können (BMBF 2016b), wie es z. B. das oben benannte Projekt *GLASSROOM* ermöglicht. Das klassische Präsenzseminar wird in einem solchen Arbeits-Lernsetting nicht mehr abgewartet und erhält z. B. im Sinne eines Flipped Classroom eine neue Bedeutung für das berufsbegleitende Lernen.

Voraussetzung hierfür sind jedoch lernförderliche Arbeitsstrukturen und eine Kultur des lebensbegleitenden Lernens in den Betrieben, um ein solches arbeitsplatzintegriertes, flexibles und kontinuierliches Lernen am Arbeitsplatz unterstützt durch entsprechende Lerntechnologien möglich zu machen (BMWi 2017). Die technische Lösung zur Unterstützung des Lernens und deren didaktische Konzeption werden hierbei Mittel zum Zweck, um ein derartiges Lernens zu unterstützen und in vielen Fällen erst möglich zu machen. Ein Beispiel für die Integration von Lernen in den Prozess der Arbeit ist hierbei das Projekt *APPsist*. Die Beschäftigten übernehmen bei *APPsist* unterstützt durch intelligente, softwarebasierte Assistenz- und Wissenssysteme komplexere Aufgaben. Informationen zur Behebung von Maschinenfehlern, die die Mitarbeiter teilweise Schritt für Schritt durch entsprechende Arbeitsprozesse leiten, werden hierbei auf Tablets zur Verfügung gestellt. Auf weiterführendes Wissen kann just-in-time zurückgegriffen werden (BMWi 2017).

Auf ein ähnliches Konzept setzt auch das Projekt *LaSiDig* (www.lasidig.de), das Lernen mit Hilfe einer mobilen Lernplattform über Smartphones und Tablets an den Arbeitsplatz von Berufskraftfahrern bringt. Die Lernlösung stellt neben die praktisch Arbeit unterstützenden Lernelementen, weiterführende Lerninhalte und Elemente zum vernetzten Lernen bereit und wird ergänzt durch Lernelemente, die die notwendige Medienkompetenz der Nutzer fördern. Ein elementarer Bestandteil dieses Systems sind hierbei Learning Analytics Elemente, die den Nutzern gezielte Vorschläge für weiterführendes Lernen machen und dieses damit weiter individualisieren. Mit der Integration von Learning Analytics greift LaSiDig damit ein Element technologieunterstützten Lernens in der beruflichen Bildung auf, dem laut Goertz (2014) zwei Drittel der befragten Experten bestätigen, dass es in Zukunft Lernende begleiten und unterstützen wird.

Unternehmen sehen in einer derartigen Integration des Lernens in den Arbeitsprozess mit Hilfe entsprechender technischer Lernlösungen einen wirtschaftlichen Vorteil, da dadurch keine Ausfallkosten für den Mitarbeiter entstehen (CEDEFOP 2015) und dieser während seiner regulären Arbeit lernt. Generell wird der Einsatz digitaler Medien von 56 % der von Gensicke et al. (2016) befragten Betriebe als das Lernen erleichternd angesehen. Im zuvor geschilderten Projekt *APPsist* werden auf diesem Wege sogar neue Tätigkeitsfelder für die Beschäftigten erschlossen (BMWi 2016). Aus didaktischer Perspektive stellen sich in diesem Zusammenhang jedoch verschiedene bereits zuvor angeklungene Fragen u. a. zu arbeitsorganisatorischen und technischen Voraussetzungen, einer lernförderlichen Arbeitsstruktur und -kultur im Betrieb und deren Einbettung in eine umfassende Strategie zur Qualifizierung für die erfolgreiche Umsetzung derartiger Konzepte im betrieblichen Kontext (Ball 2015).

## 4 Herausforderungen und Chancen von Bildungstechnologie in der beruflichen Bildung

Eine zentrale Herausforderung bei der Umsetzung technologieunterstützter Lernformate im Kontext der Berufsbildung ist die hierfür (aber auch generell immer stärker an Bedeutung gewinnende) notwendige Medienkompetenz der Lehrenden wie auch der Lernenden. (mmb Institut 2016; Gensicke et al. 2016; BMBF 2016b) Hierbei sehen besonders Betriebe mit einem hohen Nutzungsgrad digitaler Geräte einen erhöhten Weiterbildungsbedarf (Gensicke et al. 2016). Lehrende – sowohl Berufsschullehrer als auch Ausbilder – bemängeln jedoch darüber hinaus fehlende zeitliche Ressourcen, um sich mit entsprechenden neuen technologiebasierten Lernmaterialien auseinandersetzen zu können (Schmid et al. 2016). Fehling (2017) schlussfolgert aus den Erfahrungen des *Social Augmented Reality* Projekts heraus, dass Lehrende beim Einsatz von Augmented Reality im Unterricht vor zwei zentrale Herausforderungen gestellt werden. Diese bestehen zum einen in der Technologie selbst und zum anderen in der Integration der technologieunterstützten Lernlösung in bestehende Unterrichtskonzepte. Aufbauend hierauf können im Kontext der beruflichen Bildung besonders die Usability als auch die Bereitstellung von Begleitmaterialien und Hilfsmitteln zur Unterrichtsintegration als Schlüsselfaktoren zur Nutzung von technologieunterstützten Lernlösungen in der beruflichen Erstausbildung angesehen werden.

Jedoch nicht nur die Usability stellt in der Anwendung von Bildungstechnologie in der beruflichen Bildung eine Herausforderung dar. In der Praxis lässt sich beobachten, dass entsprechende Entwicklungen stark daran orientiert sind, was technisch möglich ist, statt sich am didaktisch Sinnvollen auszurichten. Entsprechende Instruktionsdesignmodelle werden hierbei von Praktikern und Entwicklern oftmals als zu komplex in der praktischen Handhabung wahrgenommen und daher bei der Konzeption von technologieunterstützten Lernangeboten außen vor gelassen. Im Rahmen des Europäischen Projekts *ICT-DRV* (www.project-ictdrv.eu) wurde daher der Versuch unternommen reguläre Trainingskonzepte, die u. a. mit Unterstützung von Fahrsimulatoren für Berufskraftfahrer durchgeführt werden, durch die Anwendung entsprechender Modelle didaktisch aufzuwerten. Hierbei wurden die in Kap. ▶ „Lernen mit Medien: ein Überblick" dieses Buches beschrieben Elemente zur Konzeption und Gestaltung technologieunterstützter Lernumgebungen in Zusammenarbeit mit Weiterbildungspraktikern durchlaufen und das 4C/ID-Modell zur Weiterentwicklung des Fahrsimulationstrainings herangezogen. Im Zuge der Trainingsentwicklung wurde u. a. deutlich, dass die im Training genutzten Fahrsimulatoren nur für einen kleinen Teil des Trainings mit ihrer hohen technischen Komplexität tatsächlich notwendig sind und für das Erreichen der Lernziele zu einem großen Teil Fahrsimulatoren geringerer Komplexität ausreichen (Ball 2014). Das technisch Mögliche bedarf entsprechend auch einer kritischen Reflektion vor einem didaktischen Hintergrund, um seine Effizienz im Lehr-/Lernkontext und im Zweifelsfall auch seine Effektivität zu rechtfertigen.

Besonders in der Weiterbildung können rechtliche Vorgaben den Einsatz von Bildungstechnologie im Rahmen von gesetzlich vorgeschriebenen beruflichen Weiterbildungen einschränken (CEDEFOP 2015). So z. B. in der verpflichtenden Weiterbildung für Berufskraftfahrer nach BKrFQG (Berufskraftfahrerqualifikationsgesetz). Die hier notwendige Weiterbildung ist zwingend an Präsenzschulungen mit genehmigungspflichtigen Schulungsorten und Schulungszeiten gebunden. Technologieunterstützte Lernformen, die ort- und zeitunabhängig außerhalb eines Schulungsraums stattfinden, sind hierbei (in Deutschland) nicht anerkannt. Bedenken gegenüber derartigen nicht im Klassenraum stattfindenden Schulungsformen liegen hierbei in erster Linie in einer scheinbar mangelnden Kontrollierbarkeit der Qualität und der Schulungsdauer und in der problematischen Nachweisführung der Identität des Lernenden. Ebenso in diesem Kontext wird der Einsatz von Fahrsimulatoren im Hinblick auf dessen notwendige technische Eigenschaften reglementiert. Mediendidaktische Überlegungen im Hinblick darauf welche Voraussetzungen ein Fahrsimulationstraining erfüllen muss, um angestrebte Lernziele zu erreichen, bleiben im Hintergrund. Ähnliche rechtliche Regelungen finden sich auch in anderen Bereichen der beruflichen Bildung, woran deutlich wird, dass auch hier noch ein großes Maß an Informations- und Aufklärungsarbeit notwendig ist, um das Potenzial und den didaktisch sinnvollsten Einsatz von Bildungstechnologie auch in diesen Anwendungskontexten nutzen zu können. Entsprechende Projekte wie das oben erwähnte Projekt *LaSiDig* arbeiten bereits darauf hin.

Eine zentrale Frage, die sich speziell durch die strukturelle Verbindung von informellem und formalem Lernen durch Bildungstechnologie (Dehnbostel 2015) ergibt, ist jedoch die der Validierung so erworbener Lernergebnisse. Gerade im Kontext des beruflichen Lernens ist die Transparenz von Erlerntem für Lernende als auch Unternehmen von zentraler Bedeutung, um Kompetenzen am Arbeitsmarkt verwertbar zu machen und diese auch langfristig Unternehmen zur Verfügung zu stellen (BMBF 2016b). Gerade, wenn jedoch Lernen im Prozess der Arbeit und außerhalb fester Lernstrukturen stattfindet, ist dies oftmals nur schwer möglich. Hieraus erschließt sich auch die für Betriebe steigende Bedeutung von Software zur Prüfung des Lernerfolgs (Gensicke et al. 2016). Der Lernergebnisansatz des Deutschen und des Europäischen Qualifikationsrahmens, der den Fokus u. a. in der beruflichen Bildung weg von Input-Faktoren, wie Lernort und Lernzeit, hin zu den Ergebnissen des Lernens unabhängig vom Kontext, in dem sie erworben wurden, verschiebt, kann hier in Zukunft eine wichtige Brücke bilden.

## 5 Ausblick zur Bildungstechnologie in der beruflichen Bildung

Kurze Innovationszyklen und kontinuierliche Veränderungen in Arbeitsprozessen aufgrund technischer Veränderungen werden in Zukunft weiter dazu beitragen, dass die Bedeutung von Bildungstechnologie für das berufliche Lernen zunimmt. Lernen findet hierbei immer stärker losgelöst vom Klassenraum im konkreten beruflichen Kontext statt und es kommt zu einer Entgrenzung zwischen Lernen und Arbeiten. Oben genannte Projektbeispiele zeigen wie Bildungstechnologie hierbei unterstützend zum Einsatz kommen kann. Entsprechend sehen auch Betriebe bis 2020 einen Bedeutungszuwachs von computergestützten Lernformaten, Informationsangeboten im Internet, fachspezifischer Software und Lernplattformen (Gensicke et al. 2016) und Experten gehen für das Jahr 2025 davon aus, dass drei Viertel des Lernstoffs der Weiterbildung digital zur Verfügung stehen werden (mmb Institut 2016). Das Nutzungsverhalten der Digital Natives im Hinblick auf digitale Endgeräte kommt dieser Entwicklung entgegen und fördert sie.

Die immer weiter voranschreitenden technischen Möglichkeiten der Bildungstechnologie, man denke hierbei z. B. an Augmented oder Virtual Reality, ermöglichen es der beruflichen Bildung Lernprozesse immer stärker mit der Arbeit zu verschmelzen, sie weiter zu individualisieren, zu flexibilisieren und durch Lernen am Arbeitsplatz oder in simulierten Arbeitsumgebungen, so praxisnah wie möglich zu gestalten. Hierbei eröffnen sich der beruflichen Bildung bisher nur schwer realisierbare Möglichkeiten für das Training beruflicher Kompetenzen im Prozess als auch abseits der praktischen Arbeit. Diese gilt es in Zukunft noch sehr viel stärker zu nutzen, um das lebenslange Lernen und damit die Beschäftigungsfähigkeit von Berufstätigen in einer sich schnell ändernden Arbeitswelt auf bestmögliche Weise zu unterstützten.

## Literatur

Ball, C. (2014). Pilot documentation „Simulator training on Defensive Driving": Four components for effective instruction. http://project-ictdrv.eu/fileadmin/user_upload/FinDels/ICTDRV_WP3_pilotdocumentation_SimDEKRA.pdf. Zugegriffen am 24.04.2017.

Ball, C. (2015). On the way to high-quality technology-supported training for professional drivers: A synopsis of ICT-DRV project results, conclusions and recommendations. http://project-ictdrv.eu/fileadmin/user_upload/FinDels/ICTDRV_WP5_synopsis_final.pdf. Zugegriffen am 24.04.2017.

Behrens, J. (2016). Ich seh' in die Zukunft – mit „GLASSROOM". https://www.digitalisierung-bildung.de/2016/05/12/ich-seh-die-zukunft-mit-glassroom/. Zugegriffen am 24.04.2017.

Beiling, B., Fleck, A., & Schmid, C. (2012). Lernortkooperation mit Web 2.0 – ein neues Mittel für eine alte Herausforderung. *BWP, 3*, 14–17.

BMBF. (2016a). Berufsbildungsbericht 2016. https://www.bmbf.de/pub/Berufsbildungsbericht_2016.pdf. Zugegriffen am 24.04.2017.

BMBF. (2016b). Digitale Medien in der beruflichen Bildung: Förderprogramm des Bundesministeriums für Bildung und Forschung. https://www.qualifizierungdigital.de/_medien/downloads/BMBF_Digitale_Medien_2015_BARRIEREFREI.PDF. Zugegriffen am 24.04.2017.

BMWi. (2017). Die digitale Transformation im Betrieb gestalten – Beispiele und Handlungsempfehlungen für Aus- und Weiterbildung. http://www.plattform-i40.de/I40/Redaktion/DE/Downloads/Publikation/digitale-transformation-im-betrieb-aus-und-weiterbildung.pdf?__blob=publicationFile&v=5. Zugegriffen am 24.04.2017.

Cedefop. (2015). *Work-based learning in continuing vocational education and training: policies and practices in Europe*. Cedefop research paper; No. 49. Luxembourg: Publications Office of the European Union.

Dehnbostel, P. (2015). *Betriebliche Bildungsarbeit: Kompetenzbasierte Aus- und Weiterbildung im Betrieb*. Baltmannsweiler: Schneider Verlag Hohengehren GmbH.

Eder, A. (2015). Akzeptanz von Bildungstechnologien in der gewerblich-technischen Berufsbildung vor dem Hintergrund von Industrie 4.0. *Journal of Technical Education (JOTED), 3*(2), 19–44.

Fehling, C. D. (2017). Neue Lehr- und Lernformen in der Ausbildung 4.0. *BWP, 2*, 30–33.

Gensicke, M., Bechmann, S., Härtel, M., Schubert, T., Garcia-Wülfling, I., & Güntürk-Kuhl, B. (2016). Digitale Medien in Betrieben – heute und morgen: Eine repräsentative Bestandsanalyse. https://www.bibb.de/veroeffentlichungen/de/publication/show/8048. Zugegriffen am 24.04.2017.

Goertz, L. (2014). Digitales Lernen adaptiv: Technische und didaktische Potenziale für die Weiterbildung der Zukunft. https://www.bertelsmann-stiftung.de/fileadmin/files/BSt/Publikationen/GrauePublikationen/LL_GP_DigitalesLernen_final_2014.pdf. Zugegriffen am 24.04.2017.

Howe, F., & Knutzen, S. (2013). Digitale Medien in der gewerblich-technischen Berufsausbildung. https://datenreport.bibb.de/media2013/expertise_howe-knutzen.pdf. Zugegriffen am 24.04.2017.

mmb Institut. (2016). Digitale Bildung auf dem Weg ins Jahr 2025. https://www.learntec.de/data/studie-zur-25.-learntec/schlussbericht_studie-im-rahmen-der-25.-learntec.pdf. Zugegriffen am 24.04.2017.

Schmid, U., Goertz, L., & Behrens, J. (2016). Monitor Digitale Bildung: Berufliche Ausbildung im digitalen Zeitalter. https://www.bertelsmann-stiftung.de/fileadmin/files/BSt/Publikationen/GrauePublikationen/Studie_Monitor-Digitale-Bildung_Berufliche-Ausbildung-im-digitalen-Zeitalter_IFT_2016.pdf. Zugegriffen am 24.04.2017.

# Lernen in sozialen Medien

Peter Holtz, Ulrike Cress und Joachim Kimmerle

## Inhalt

1 Das Zeitalter der sozialen Medien .................................................. 678
2 Die Rolle sozialer Medien für soziales Verhalten ................................. 678
3 Chancen und Möglichkeiten des Lernens in und mit sozialen Medien ............... 679
4 Probleme und Risiken des Lernens in und mit sozialen Medien .................... 682
5 Fazit ............................................................................ 684
Literatur ......................................................................... 685

### Zusammenfassung

Soziale Medien spielen zunehmend auch im Bereich des Lernens eine wesentliche Rolle. Viele Lernende nutzen soziale Medien und Plattformen wie Wikipedia alltäglich zum informellen Alltagslernen. Allerdings werden auch in formellen Lernumgebungen häufig Elemente sozialer Medien wie Wikis und Blogs eingesetzt. Zu beachten ist, dass sozio-kognitive Verzerrungen die Qualität des in sozialen Medien verfügbaren Wissens beeinflussen können und dass es beim Lernen in sozialen Medien unter bestimmten Umständen zu unerwünschten so genannten Echokammer-Effekten kommen kann.

### Schlüsselwörter

Soziale Medien · Alltagslernen · Wissenskonstruktion · Kollaboratives Lernen · Echokammer Effekt

---

P. Holtz (✉) · U. Cress · J. Kimmerle
AG Wissenskonstruktion, Leibniz-Institut für Wissensmedien (IWM), Tübingen, Deutschland
E-Mail: p.holtz@iwm-tuebingen.de; u.cress@iwm-kmrc.de; j.kimmerle@iwm-tuebingen.de

© Springer-Verlag GmbH Deutschland, ein Teil von Springer Nature 2020
H. Niegemann, A. Weinberger (Hrsg.), *Handbuch Bildungstechnologie*,
https://doi.org/10.1007/978-3-662-54368-9_56

## 1 Das Zeitalter der sozialen Medien

Für eine sehr große Anzahl von Menschen weltweit stellen soziale Medien einen unverzichtbaren Bestandteil des täglichen Lebens dar. So verzeichnete beispielsweise das soziale Netzwerk *Facebook* im Dezember 2017 mehr als 2,13 Milliarden monatlich aktive Nutzer und mehr als 1,4 Milliarden tägliche Nutzer (Facebook Newsroom 2018). Auch ein großer Teil der Informationen, die Menschen konsumieren, stammt aus sozialen Medien (Olmstead et al. 2011). Wählt man eine erweiterte Definition des Begriffs *Lernen*, die auch beiläufiges und unbeachtetes Alltagslernen („Everyday Learning") umfasst, spielt sich ein großer Teil des Lernens heutzutage in sozialen Medien ab.

In diesem Kapitel werden wir zunächst der Frage nachgehen, wie soziale Medien das soziale Verhalten verändern und neue Formen des Alltagslernens und der Wissenskonstruktion im Internet eröffnen. Im nächsten Abschnitt wird es darum gehen, inwieweit soziale Medien im Bereich des organisierten und strukturierten Lehrens und Lernens neue Chancen und Möglichkeiten eröffnen. Jedoch lassen sich auch einige mögliche Gefahren und Risiken identifizieren, die im dritten Teil diskutiert werden, bevor wir abschließend in einem Fazit einige praktische Implikationen erörtern.

## 2 Die Rolle sozialer Medien für soziales Verhalten

Kennzeichnend für soziale Medien ist der Fokus auf *User-Generated Content*: Die Nutzer der jeweiligen Internetplattform haben nicht nur die Möglichkeit, Inhalte zu konsumieren, die von den Betreibern der Website für sie bereit gestellt werden, sondern sie können auch aktiv selbst Inhalte produzieren und mit anderen Nutzern teilen. Gleichzeitig können sie sich über die Internetplattform vernetzen und miteinander kommunizieren. Beispiele für soziale Medien stellen neben kollaborativen Projekten zur Wissenskonstruktion wie *Wikipedia* „Content Communities" wie etwa *YouTube*, soziale Netzwerke wie *Facebook* und Kommunikationskanäle wie Blogs oder der Mikroblogging-Dienst *Twitter* dar. Auch virtuelle (Spiele-)Welten wie *World of Warcraft* und *Second Life* können zu den sozialen Medien gezählt werden, da auch hier Interaktion und Kommunikation zwischen den Beteiligten einen großen Teil des Geschehens bestimmen und Aktivitäten wie gemeinsame Kämpfe oder die Konstruktion virtueller Strukturen Kooperation und Koordination erfordern (Kaplan und Haenlein 2010).

Bereits relativ bald nachdem das Internet in den späten 1990er-Jahren zu einem Massenphänomen geworden war, sorgte der amerikanische Psychologe Robert Kraut mit seiner Forschung zum „Internet-Paradox" für Aufregung (Kraut et al. 1998): Während das Internet als Kommunikationstechnologie eigentlich die Vernetzung von und den Austausch zwischen Menschen erleichtern sollte, empfanden sich Menschen in dieser frühen Studie als einsamer, je mehr sie das Internet nutzen. Allerdings revidierte Kraut seine ursprünglichen Ergebnisse bereits wenige Jahre später im Rahmen einer Folgestudie: Während sich die ursprünglichen Befunde auf Internet-Neulinge bezogen, stellte sich heraus, dass die genannten negativen Effekte verschwanden, wenn ein längerer Zeitraum der Internetnutzung betrachtet wurde (Kraut et al. 2002). Außerdem zeigte sich, dass die Auswirkungen der Internetnutzung auch vom Zusammenspiel mit bestimmten Persönlichkeitsmerkmalen abhängen. Eine Vielzahl an Studien erweiterte in den letzten zwei Jahrzehnten massiv die Kenntnisse über die Einflüsse des Internets auf das tägliche Leben. In ihrer wissenschaftlichen Überprüfung populärer „Mythen" über das Internet kommen Appel und Schreiner (2015) zu dem Schluss, dass die gegenwärtige Befundlage die Annahme eines negativen Einflusses des Internet auf soziale Interaktionen eher nicht stützt – wobei es im Detail darauf ankommt, wofür das Internet jeweils genau genutzt wird (siehe z. B. Holtz und Appel 2011). Insgesamt verweist die Befundlage auf einen *rich-get-richer-Effekt*, demzufolge vor allem solche Menschen im Internet Sozialkapital aufbauen können, die auch offline viel soziale Unterstützung bekommen (Kraut et al. 2002; Vergeer und Pelzer 2009). Auch weitere Mythen halten der Überprüfung durch Appel und Schreiner (2015) nicht stand: Internetnutzung geht eher mit mehr als mit weniger gesellschaftlicher Partizipation und Engagement einher und führt nicht zu einer Verringerung des allgemeinen Wohlbefindens. Außerdem gibt es lediglich einen kleinen, aber messbaren Effekt der Rezeption gewalthaltiger Medien im Allgemeinen auf Aggressivität und Delinquenz.

Darüber hinaus stellt sich die Frage, wann und inwiefern Nutzerinnen und Nutzer in sozialen Medien ihr „wahres Ich" offenbaren oder ob sie nicht eher die Gelegenheit nutzen, mit verschiedenen Identitäten zu experimentieren oder sich in einem möglichst positiven Licht zu präsentieren (z. B. Bargh et al. 2002). Obwohl es Belege für übertrieben positive Selbstdarstellungen im Internet gibt (Toma et al. 2008), spricht auch Einiges dafür, dass die Mehrheit auch in sozialen Netzwerken ihr „wahres Selbst" präsentiert (z. B. Michikyan et al. 2014; Sievers et al. 2015). Eine Reihe von Wissenschaftlerinnen und Wissenschaftlern ging in den letzten Jahren zudem der Frage nach, inwiefern und unter welchen Bedingungen ein Fehlen sozialer Hinweisreize – von Mimik und Gestik bis hin zu Indikatoren des sozialen Status eines Gegenübers (Kiesler et al. 1984) – in sozialen Medien zu einer von sozialen Konventionen befreiten Kommunikation führen kann (vgl. Reicher et al. 1995). Die verringerte Bedeutung sozialer Normen kann sich dabei sowohl positiv (z. B. egalitäre, hierarchiefreie Kommunikation, Verhinderung von Diskriminierung aufgrund von Geschlecht oder Hautfarbe) als auch negativ (z. B. verrohte Kommunikation, anonyme Beschimpfungen und Beleidigungen, sog. „Hass-Kommentare" und „Shit-Storms") auswirken (Sassenberg et al. 2017).

## 3 Chancen und Möglichkeiten des Lernens in und mit sozialen Medien

### 3.1 Kollaboratives Lernen und Wissenskonstruktion

Soziale Medien sind durch die Möglichkeiten zur Kommunikation und zur kollaborativen Wissensproduktion vor allem für pädagogische Ansätze relevant, die gemeinsamen Wissensaustausch sowie das Ausprobieren und Diskutieren von

Problemlösungen als grundlegend für Wissenserwerb betrachten. Dies ist vor allem in konstruktivistisch geprägten Ansätzen der Fall, welche auf den pädagogischen Konzepten von Vordenkern wie Dewey (1897), Piaget (1977) oder Vygotsky (1962) beruhen. In konstruktivistisch orientierten Ansätzen ist Wissen immer Resultat einer erfolgreichen Auseinandersetzung eines Individuums mit seiner Umgebung. Dabei spielen die Kommunikation von Ideen wie beispielsweise Problemlösestrategien und der Austausch mit anderen eine entscheidende Rolle.

Für die Gestaltung von Online-Lernumgebungen ergeben sich unterschiedliche Implikationen aus den unterschiedlichen „Metaphern" (Sfard 1998), mit denen sich Lernen beschreiben lässt: Während sich in kognitivistischen Ansätzen vor allem die Frage stellt, wie man Lernenden nützliche und instruktional möglichst sinnvoll aufbereitete Lerninhalte zur Verfügung stellen kann, steht in sozial-konstruktivistischen Ansätzen die Frage im Vordergrund, wie Lehrende möglichst effektiv Lernende vor fordernde, aber lösbare Aufgaben stellen können und wie man verschiedene Lernende miteinander vernetzen und ihnen ermöglichen kann, gegenseitig von ihren Erfahrungen zu profitieren (Cress et al. 2017; Resnick 1987).

Bereits in den 1980er-Jahren entwickelten Marlene Scardamalia und Carl Bereiter das Konzept des *Knowledge Building*. Dabei setzten sie Software-Tools ein, die es Lernenden ermöglichten, während des Lernprozesses Ideen auszutauschen, miteinander zu diskutieren und diese weiterzuentwickeln (Scardamalia und Bereiter 1994). Dazu wird meist die Lernplattform *Knowledge Forum* verwendet, die es einer Gruppe von Lernenden ermöglicht, gemeinsam neues Wissen zu entwickeln. Einige Prinzipien des Knowledge Building (Scardamalia und Bereiter 2006) sind dabei auch auf Lernen in sozialen Medien anwendbar (Kimmerle et al. 2015). Auch beim Lernen in sozialen Medien sollten Individuen ihre Ideen erklären und diskutieren inwiefern ihre eigenen Ideen zu denen anderer passen. Dabei geht es nicht darum lediglich vorgegebene Aufgaben zu lösen, sondern gemeinsam Ideen so weiterzuentwickeln, dass dabei etwas Neues entsteht. Wissen lässt sich dabei als Eigentum einer Gruppe oder Gemeinschaft auffassen, nicht als geistiges Eigentum eines Individuums.

### 3.2 Alltagslernen in sozialen Medien

Forschung zum Lehren und Lernen mit elektronischen Medien konzentrierte sich oftmals auf formale und geschlossene Lernumgebungen in dem Sinne, dass dort konkretes Erlernen bestimmter Inhalte im Vordergrund steht und dass durch Lehrende zumindest ein gewisser Rahmen abgesteckt wird, welche Art von Ressourcen den Lernenden zur Verfügung stehen (Ferguson und Shum 2012). Verwendet man jedoch einen etwas weiteren Begriff des Lernens, stammt heute bereits ein großer Teil der alltäglich gelernten Informationen aus informellen und offenen Plattformen wie *YouTube* und *Twitter* oder von sozialen Netzwerke wie *Facebook* (Del Vicario et al. 2016). Ein bedeutender Unterschied ist, dass in offenen informellen Umgebungen die Entscheidung, welche Information als relevant oder zuverlässig angesehen wird, entweder bei jedem einzelnen Nutzer liegt, einer sozialen Kontrolle unterliegt (beispielsweise in Form der Möglichkeit, unerwünschte Beiträge zu melden oder Beiträge nach ihrer Relevanz und Zuverlässigkeit zu bewerten) oder durch einen Algorithmus getroffen wird (zu *trustworthiness algorithms*, wie sie beispielsweise *Google* verwendet, siehe Dong et al. 2015).

### 3.3 Einsatz und Integration sozialer Medien in Lehr-Lernszenarien

Die von sozialen Medien unterstützten Kollaborationsprozesse nutzen das Internet als Medium („Social Web"). Bei dieser Form der Zusammenarbeit handelt es sich um selbstorganisierte Prozesse (im systemtheoretischen Sinne; vgl. Cress und Kimmerle 2008), die eine aktive Teilnahme erfordern. Sie tritt also vor allem in informellen Szenarien auf, in denen intrinsische Motivation und persönliches Interesse im Vordergrund stehen (Schroer und Hertel 2009). Diese Umstände machen es äußerst schwierig, die Wissenskonstruktion mit sozialen Medien direkt auf formale Lehr-Lernszenarien zu übertragen (Clark et al. 2009; Ravenscroft et al. 2012), da diese meist durch bestehende Curricula und instruktionale Vorgaben gekennzeichnet sind. Außerdem ermöglichen und unterstützen soziale Medien nicht nur die Kommunikation zwischen einigen wenigen Individuen, sondern auch die Vernetzung sehr großer Gruppen von Beteiligten. Diese Gruppen sind in der Regel nicht institutionell vorgegeben wie es bei den Schülern einer Klasse der Fall ist, sondern sie bilden sich selbstständig als Netzwerke oder Gemeinschaften (Kimmerle et al. 2015).

Dementsprechend ist den meisten Forschern und Praktikern inzwischen bewusst, dass die Übertragung der Prozesse, die sich bei sozialen Medien im Internet finden, in formale Lehr-Lern-Settings mit großer Vorsicht angegangen werden sollte (Andersson et al. 2014; Friesen und Lowe 2012). Es gab dennoch zahlreiche Versuche Anwendungen sozialer Medien auf Lehr-Lern-Settings zu übertragen. Technologien, die wiederholt in formalen Bildungskontexten eingesetzt wurden, sind Wikis, soziale Netzwerke und Blogs.

Wikis erfreuen sich in diesem Zusammenhang besonderer Beliebtheit. Wikis sind Internetseiten, die es Benutzern ermöglichen, Inhalte einfach online zu editieren (wie beispielsweise in der Online-Enzyklopädie Wikipedia). In Wikis können Benutzer bestehende Texte ändern, neue Inhalte einfügen, löschen oder neu strukturieren (Moskaliuk und Kimmerle 2009). Aufgrund dieser geringen Zugangsbarrieren betrachten viele Forscher und Anwender Wikis schon lange als geeignete Werkzeuge für pädagogische Zwecke (Notari 2006). Wikis erlauben die Integration von Wissen, die Entwicklung gemeinsamer Artefakte und den Aufbau eines gemeinsamen Verständnisses. Insbesondere können Wikis auch zum kollaborativen Schreiben eingesetzt werden (Larusson und Alterman 2009). Li und Zhu (2013) fanden beispielsweise, dass sich für Schüler, die gemeinsam zu einem Wiki beigetragen haben, mehr Lernmöglichkeiten ergaben, als für Schüler, die individuelle Beiträge leisteten. Es gibt verschiedene Studien, die zeigen, dass Wikis auch in der Hochschulbildung effektiv eingesetzt werden können. So haben sich Wikis etwa bei der

Erstellung eines Glossars wichtiger Konzepte für einen Kurs als hilfreich erwiesen (Meishar-Tal und Gorsky 2010). Wikis wurden auch beim Erlernen von Englisch als Fremdsprache (Chao und Lo 2011), beim Mathematiklernen (Carter 2009), in der Psychologie (Hulbert-Williams 2010) und in der interkulturellen Zusammenarbeit (Ertmer et al. 2011) wirkungsvoll eingesetzt.

Auch soziale Netzwerke kommen in formalen Bildungskontexten zum Einsatz. In empirischen Untersuchungen stellte sich allerdings meist heraus, dass soziale Netzwerke kaum für Lernprozesse im engeren Sinne eingesetzt werden (Wodzicki et al. 2012). Vielmehr kommen sie als Hilfsmittel zum Einsatz, wenn es etwa um organisatorische Aspekte oder um das Teilen von Informationen geht (Greenhow und Robelia 2009). Darüber hinaus ermöglichen soziale Netzwerke den Austausch in Gruppen, die ein bestimmtes Interesse teilen. Für Diskussionen zu kursrelevanten Themen und zur Überarbeitung von Inhalten scheinen soziale Netzwerke weniger brauchbar zu sein (Madge et al. 2009). Stattdessen bilden Benutzerprofile den Hauptinhalt sozialer Netzwerke (Cress et al. 2014) und der Austausch findet überwiegend auf interpersonaler und nicht auf einer sachbezogenen Ebene statt.

Blogs werden ebenfalls für Bildungszwecke verwendet. Viele Autoren beschreiben die möglichen Vorteile des Schreibens von Blogs (z. B. Du und Wagner 2007; Loving et al. 2007). So fördert die Bereitstellung von Hyperlinks zu anderen Materialien das Überdenken von erlernten Konzepten (Brescia und Miller 2006) und kann so zu vertiefter Elaboration führen. Darüber hinaus ermöglicht die Kommentarfunktion Feedback von anderen, was wiederum Reflektion auf Seiten des Bloggers fördern kann (Xie et al. 2008).

## 4 Probleme und Risiken des Lernens in und mit sozialen Medien

Insgesamt spricht einiges dafür, dass eine Kombination aus sozialer Kontrolle und entsprechenden Algorithmen durchaus dazu führen kann, eine gewisse Qualität der bereitgestellten Informationen sicherzustellen. So zeigte bereits im Jahr 2005 ein Vergleich von Expertenratings der Zuverlässigkeit von Wikipedia-Artikeln und Artikeln der *Encyclopedia Britannica* keine bedeutsamen Unterschiede (Giles 2005). Allerdings gibt es auch Studien, die deutliche Risiken beim Lernen in sozialen Medien aufzeigen. Zwei zentrale Problemfelder sind sozio-kognitive Verzerrungen sowie Echokammer-Effekte, deren Herausforderungen in den folgenden Abschnitten beleuchtet werden.

### 4.1 Sozio-kognitive Verzerrungen

Trotz aller Anstrengungen gelingt es auch Wikipedia nicht, sämtliche Verzerrungen und Fehlinformationen zu eliminieren. Letztendlich entspricht das auf Wikipedia zugängliche Wissen dem Konsens zwischen den Beitragenden – und deren

Gedankengänge sind wiederum anfällig für verschiedene sozio-kognitive Verzerrungen (*Biases*). So spricht beispielsweise Einiges dafür, dass die überwiegend männlichen Wikipedia-Autoren und -Administratoren die Erfolge und Errungenschaften von Frauen weniger in den Vordergrund stellen als diejenigen von Männern (*Gender Bias*; Wagner et al. 2015). Es finden sich auch Indizien dafür, dass nach Eintreten eines Ereignisses (beispielsweise eines Unglücks) Wikipedia-Artikel so überarbeitet werden, dass das Eintreten des Unglücks als zwangsläufiger und wahrscheinlicher dargestellt wird als das vor dem Unglück der Fall war (*Hindsight Bias*; von der Beck et al. 2015). Darüber hinaus gibt es Anzeichen dafür, dass im Fall internationaler Konflikte die eigene Gruppe (beispielsweise die eigene Nation) positiver dargestellt wird als die gegnerische Seite (*Ingroup Bias*; Oeberst et al. 2016). Allerdings bleibt dabei die Frage unbeantwortet, inwiefern es überhaupt möglich ist, derartige Verzerrungen, die auch außerhalb des Internet sehr häufig zu beobachten sind (vgl. Blank et al. 2007; Brewer 2007) vollständig auszuschließen.

Augenscheinlich deutlich dramatischer gestaltet sich die Lage in anderen sozialen Medien wie dem sozialen Netzwerk *Facebook*. So finden sich nicht nur in den hier zugänglichen Informationen jede Menge teilweise bewusst gestreute Fehlinformationen (Del Vicario et al. 2016); der häufige Konsum derartiger Falschinformationen führt auch dazu, dass den Nutzern solche zweifelhaften Informationen – beispielsweise diverse Verschwörungstheorien (Sunstein und Vermeule 2009) – mit der Zeit als immer glaubwürdiger erscheinen (Mocanu et al. 2015).

## 4.2 Echokammer-Effekte

Neben derartigen in vielen Fällen bewusst platzierten Falschinformationen kann auch eine weitere typisch menschliche Verzerrung in der Informationsverarbeitung zu Fehlinformationen in sozialen Medien fühlen: Die Tendenz Informationen, die die eigene Meinung bestätigen, gegenüber Informationen zu bevorzugen, die der eigenen Meinung entgegen laufen (*Confirmation Bias*). Bakshy et al. (2015) konnten in einer viel beachteten Studie anhand der Daten von 10,1 Millionen *Facebook*-Nutzern zeigen, dass zum einen durch die Algorithmen, die *Facebook* verwendet, um Nutzern potenziell relevante Informationen anzuzeigen, vor allem Nachrichten angezeigt werden, die der eigenen politischen Ideologie entsprechen. Aus dieser bereits verzerrten Auswahl an Nachrichten werden darüber hinaus von den Nutzern fast ausschließlich diejenigen Informationen konsumiert, welche zur eigenen Gesinnung passen. Für solche Verzerrungen von Informationen durch auf Algorithmen basierenden Empfehlungssystemen hat sich der Begriff *Filter Bubble* eingebürgert. Die Begriffe *Echokammer-Effekt* oder *Cyber-Balkanisierung* werden hingegen verwendet, um die Tendenz von Nutzern sozialer Netzwerke zu bezeichnen, sich vorwiegend mit ähnlich denkenden Menschen zu vernetzen und mit diesen vorwiegend Informationen zu teilen, die der eigenen Meinung entsprechen (Freelon et al. 2015).

Allerdings können solche virtuellen Räume zum Austausch für Gleichgesinnte auch positive Effekte haben. Dies ist etwa der Fall, wenn sie sich auf diese Weise über ein Thema austauschen können, das für so wenige Menschen von Relevanz ist, dass ein Austausch in der Offline-Welt, wenn überhaupt, nur mit sehr großem Aufwand möglich wäre. Dieses Phänomen ist als *Long Tail Learning* (Brown 2008) bekannt geworden.

## 5 Fazit

Soziale Medien sind ein unverzichtbarer Teil der Alltagswelt sehr vieler Menschen und damit auch des Alltagslernens geworden. Während die Errungenschaften eines nicht-kommerziellen Projektes wie Wikipedia durchaus beeindruckend sind, sollten sich Nutzerinnen und Nutzer sozialer Medien trotzdem bewusst sein, dass die Informationen, die in sozialen Medien gefunden werden können, nicht immer zuverlässig sind. Medienkompetenz (siehe auch das Kap. ▶ „Lehrziele und Kompetenzmodelle beim E-Learning" in diesem Band) ist gefragt, um hier begründete Entscheidungen treffen zu können und um Fehlinformationen zu vermeiden.

Der Einsatz sozialer Medien in geplanten und strukturierten Lehr-Lern-Prozessen ist nicht unproblematisch, allerdings zeigen sich gerade beim Einsatz von Wikis vielversprechende Ergebnisse. Soziale Medien können einen wertvollen Beitrag leisten, wenn es gelingt, die Lernenden so miteinander zu vernetzen, dass sie aus eigenem Antrieb heraus miteinander Wissen und Erfahrungen teilen.

---

**Hinweise für Praktiker**
- Grundsätzlich sind Informationen aus sozialen Medien nicht per se weniger zuverlässig als Informationen aus anderen Quellen; allerdings können sich, wie dies auch bei Informationen aus Offline-Quellen der Fall ist, aus verschiedenen Gründen Fehlinformationen und Verzerrungen einschleichen. Soziale Kontrolle und technische Lösungen wie Algorithmen zur Identifikation potenzieller Fehlinformationen können helfen, die Qualität der Informationen in sozialen Medien zu erhöhen.
- Prozesse, die in sozialen Medien funktionieren, lassen sich nicht eins zu eins in formale Lehr- Lernkontexte übertragen; dennoch ist es möglich, Anwendungen wie beispielsweise Wikis sinnvoll einzubauen.
- Soziale Medien leben in stärkerem Ausmaß als strukturierte Online-Lehrangebote, beispielsweise in Form von MOOCs, von der Beteiligung und dem Engagement der Nutzerinnen und Nutzer. Wenn Tools aus dem Bereich sozialer Medien die Vernetzung der Lernenden fördern sollen, müssen sie so gestaltet sein, dass die Teilnehmer die Kommunikation an sich als angenehm und interessant empfinden und sie insofern intrinsisch motiviert sind, solche Tools zu nutzen.

## Literatur

Andersson, A., Hatakka, M., Grönlund, Å., & Wiklund, M. (2014). Reclaiming the students: Coping with social media in 1:1 schools. *Learning, Media and Technology, 39*, 37–52.

Appel, M., & Schreiner, C. (2015). Digitale Demenz? Mythen und wissenschaftliche Befundlage zur Auswirkung von Internetnutzung. *Psychologische Rundschau, 65*, 1–10.

Bakshy, E., Messing, S., & Adamic, L. A. (2015). Exposure to ideologically diverse news and opinion on Facebook. *Science, 348*, 1130–1132.

Bargh, J. A., McKenna, K. Y., & Fitzsimons, G. M. (2002). Can you see the real me? Activation and expression of the „true self" on the Internet. *Journal of Social Issues, 58*, 33–48.

Beck, I. von der, Oeberst, A., Cress, U., Back, M., & Nestler, S. (2015). Hätte die Geschichte auch anders verlaufen können? Der Rückschaufehler zu Ereignissen in Wikipedia. In T. Wozniak, U. Rohwedder & J. Nemit (Hrsg.), *Wikipedia und die Geschichtswissenschaften* (S. 155–174). Berlin: de Gruyter Open.

Blank, H., Musch, J., & Pohl, R. F. (2007). Hindsight bias: On being wise after the event. *Social Cognition, 25*, 1–9.

Brescia, W. F., & Miller, M. T. (2006). What's it worth? The perceived benefits of instructional blogging. *Electronic Journal for the Integration of Technology in Education, 5*, 44–52.

Brewer, M. B. (2007). The social psychology of intergroup relations: Social categorization, ingroup bias, and outgroup prejudice. In A. W. Kruglanski & E. T. Higgins (Hrsg.), *Social psychology: Handbook of basic principles* (2. Aufl., S. 695–715). New York: Guilford.

Brown, J. S. (2008). Open education, the long tail, and learning 2.0. *Educause Review, 43*, 16–20.

Carter, J. F. (2009). Lines of communication: Using a wiki in a mathematics course. *PRIMUS: Problems, Resources, and Issues in Mathematics Undergraduate Studies, 19*, 1–17.

Chao, Y.-C. J., & Lo, H.-C. (2011). Students' perceptions of wiki-based collaborative writing for learners of English as a foreign language. *Interactive Learning Environments, 19*, 395–411.

Clark, W., Logan, K., Luckin, R., Mee, A., & Oliver, M. (2009). Beyond web 2.0: Mapping the technology landscapes of young learners. *Journal of Computer Assisted Learning, 25*, 56–69.

Cress, U., & Kimmerle, J. (2008). A systemic and cognitive view on collaborative knowledge building with wikis. *International Journal of Computer-Supported Collaborative Learning, 3*, 105–122.

Cress, U., Schwämmlein, E., Wodzicki, K., & Kimmerle, J. (2014). Searching for the perfect fit: The interaction of community type and profile design in online communities. *Computers in Human Behavior, 38*, 313–321.

Cress, U., Kimmerle, J., & Hesse, F. W. (2017). Bedeutung des Internets und sozialer Medien für Wissen und Bildung. In O. Köller, M. Hasselhorn, F. W. Hesse, K. Maaz, J. Schrader, H. Solga, C. K. Spieß & K. Zimmer (Hrsg.), *Das Bildungswesen in Deutschland. Bestand und Potentiale*. Stuttgart: UTB.

Del Vicario, M., Bessi, A., Zollo, F., Petroni, F., Scala, A., Caldarelli, G., Quattrociocchi, W., et al. (2016). The spreading of misinformation online. *Proceedings of the National Academy of Sciences, 113*, 554–559.

Dewey, J. (1897). My pedagogic creed. *The School Journal, 3*, 77–80.

Dong, X. L., Gabrilovich, E., Murphy, K., Dang, V., Horn, W., Lugaresi, C., Zhang, W., et al. (2015). Knowledge-based trust: Estimating the trustworthiness of web sources. *Proceedings of the VLDB Endowment, 8*, 938–949.

Du, H. S., & Wagner, C. (2007). Learning with weblogs: Enhancing cognitive and social knowledge construction. *IEEE Transactions on Professional Communication, 50*, 1–16.

Ertmer, P. A., Newby, T. J., Liu, W., Tomory, A., Yu, J. H., & Lee, Y. M. (2011). Students' confidence and perceived value for participating in cross-cultural wiki-based collaborations. *Educational Technology Research and Development, 59*, 213–228.

Facebook Newsroom. http://newsroom.fb.com/company-info/. Zugegriffen am 21.02.2018.

Ferguson, R., & Shum, S. B. (2012). Towards a social learning space for open educational resources. *Collaborative Learning, 2*, 309–327.

Freelon, D., Lynch, M., & Aday, S. (2015). Online fragmentation in wartime: A longitudinal analysis of tweets about Syria, 2011–2013. *The Annals of the American Academy of Political and Social Science, 659*, 166–179.

Friesen, N., & Lowe, S. (2012). The questionable promise of social media for education: Connective learning and the commercial imperative. *Journal of Computer Assisted Learning, 28*, 183–194.

Giles, J. (2005). Internet encyclopaedias go head to head. *Nature, 438*, 900–901.

Greenhow, C., & Robelia, B. (2009). Old communication, new literacies: Social network sites as social learning resources. *Journal of Computer-Mediated Communication, 14*, 1130–1161.

Holtz, P., & Appel, M. (2011). Internet use and video gaming predict problem behavior in early adolescence. *Journal of Adolescence, 34*, 49–58.

Hulbert-Williams, N. J. (2010). Facilitating collaborative learning using online wikis: Evaluation of their application within postgraduate psychology teaching. *Psychology Learning & Teaching, 9*, 45–51.

Kaplan, A. M., & Haenlein, M. (2010). Users of the world, unite! The challenges and opportunities of social media. *Business Horizons, 53*, 59–68.

Kiesler, S., Siegel, J., & McGuire, T. W. (1984). Social psychological aspects of computer-mediated communication. *American Psychologist, 39*, 1123–1134.

Kimmerle, J., Moskaliuk, J., Oeberst, A., & Cress, U. (2015). Learning and collective knowledge construction with social media: A process-oriented perspective. *Educational Psychologist, 50*, 120–137.

Kraut, R., Patterson, M., Lundmark, V., Kiesler, S., Mukophadhyay, T., & Scherlis, W. (1998). Internet paradox: A social technology that reduces social involvement and psychological well-being? *American Psychologist, 53*, 1017–1031.

Kraut, R., Kiesler, S., Boneva, B., Cummings, J., Helgeson, V., & Crawford, A. (2002). Internet paradox revisited. *Journal of Social Issues, 58*, 49–74.

Larusson, J. A., & Alterman, R. (2009). Wikis to support the „collaborative" part of collaborative learning. *International Journal of Computer-Supported Collaborative Learning, 4*, 371–402.

Li, M., & Zhu, W. (2013). Patterns of computer-mediated interaction in small writing groups using wikis. *Computer Assisted Language Learning, 26*, 61–82.

Loving, C. C., Schroeder, C., Kang, R., Shimek, C., & Herbert, B. (2007). Blogs: Enhancing links in a professional learning community of science and mathematics teachers. *Contemporary Issues in Technology and Teacher Education, 7*, 178–198.

Madge, C., Meek, J., Wellens, J., & Hooley, T. (2009). Facebook, social integration and informal learning at university: ‚It is more for socialising and talking to friends about work than for actually doing work'. *Learning, Media and Technology, 34*, 141–155.

Meishar-Tal, H., & Gorsky, P. (2010). Wikis: What students do and do not do when writing collaboratively. *Open Learning: The Journal of Open and Distance Learning, 25*, 25–35.

Michikyan, M., Dennis, J., & Subrahmanyam, K. (2014). Can you guess who I am? Real, ideal, and false self-presentation on Facebook among emerging adults. *Emerging Adulthood, 3*, 55–64.

Mocanu, D., Rossi, L., Zhang, Q., Karsai, M., & Quattrociocchi, W. (2015). Collective attention in the age of (mis) information. *Computers in Human Behavior, 51*, 1198–1204.

Moskaliuk, J., & Kimmerle, J. (2009). Using wikis for organizational learning: Functional and psycho-social principles. *Development and Learning in Organizations, 23*(4), 21–24.

Notari, M. (2006). How to use a wiki in education: Wiki based effective constructive learning. *Proceedings of the 2006 international symposium on wikis* (S. 131–132). New York: ACM Press.

Oeberst, A., Cress, U., Back, M., & Nestler, S. (2016). Individual versus collaborative information processing: The case of biases in Wikipedia. In U. Cress, J. Moskaliuk & H. Jeong (Hrsg.), *Mass collaboration and education* (S. 165–185). Cham: Springer International Publishing.

Olmstead, A., Mitchell, T., & Rosenstiel, T. (2011). *Navigating news online*. Pew Research Center. http://www.journalism.org/analysis_report/navigating_news_online. Zugegriffen am 21.12.2016.

Piaget, J. (1977). *The development of thought: Equilibration of cognitive structures*. New York: Viking.

Ravenscroft, A., Warburton, S., Hatzipanagos, S., & Conole, G. (2012). Designing and evaluating social media for learning: Shaping social networking into social learning? *Journal of Computer Assisted Learning, 28*, 177–182.

Reicher, S. D., Spears, R., & Postmes, T. (1995). A social identity model of deindividuation phenomena. In W. Stroebe & M. Hewstone (Hrsg.), *European reviews of social psychology* (Bd. 6, S. 161–197). Chichester: Wiley.

Resnick, L. B. (1987). *Education and learning to think*. Washington, DC: National Academy Press.

Sassenberg, K., Kimmerle, J., Utz, S., & Cress, U. (2017). Soziale Beziehungen und Gruppen im Internet. In H. W. Bierhoff & D. Frey (Hrsg.), *Enzyklopädie der Psychologie. Kommunikation, Interaktion und soziale Gruppenprozesse* (S. 441–467). Göttingen: Hogrefe.

Scardamalia, M., & Bereiter, C. (1994). Computer support for knowledge-building communities. *The Journal of the Learning Sciences, 3*, 265–283.

Scardamalia, M., & Bereiter, C. (2006). Knowledge building: Theory, pedagogy, and technology. In K. Sawyer (Hrsg.), *Cambridge handbook of the learning sciences* (S. 97–118). New York: Cambridge University Press.

Schroer, J., & Hertel, G. (2009). Voluntary engagement in an open web-based encyclopedia: Wikipedians and why they do it. *Media Psychology, 12*, 96–120.

Sfard, A. (1998). On two metaphors for learning and the dangers of choosing just one. *Educational Researcher, 27*, 4–13.

Sievers, K., Wodzicki, K., Aberle, I., Keckeisen, M., & Cress, U. (2015). Self-presentation in professional networks: More than just window dressing. *Computers in Human Behavior, 50*, 25–30.

Sunstein, C. R., & Vermeule, A. (2009). Conspiracy theories: Causes and cures. *Journal of Political Philosophy, 17*, 202–227.

Toma, C. L., Hancock, J. T., & Ellison, N. B. (2008). Separating fact from fiction: An examination of deceptive self-presentation in online dating profiles. *Personality and Social Psychology Bulletin, 34*, 1023–1036.

Vergeer, M., & Pelzer, B. (2009). Consequences of media and Internet use for offline and online network capital and well-being. A causal model approach. *Journal of Computer-Mediated Communication, 15*, 189–210.

Vygotsky, L. (1962). *Thought and language*. Cambridge, MA: MIT Press.

Wagner, C., Garcia, D., Jadidi, M., & Strohmaier, M. (2015). It's a man's Wikipedia? Assessing gender inequality in an online encyclopedia. *Proceedings of the 9th annual international AAAI conference on web and social media* (S. 454–463).

Wodzicki, K., Schwämmlein, E., & Moskaliuk, J. (2012). „Actually, I wanted to learn": Study-related knowledge exchange on social networking sites. *The Internet and Higher Education, 15*, 9–14.

Xie, Y., Ke, F., & Sharma, P. (2008). The effect of peer feedback for blogging on college students' reflective learning processes. *The Internet and Higher Education, 11*, 18–25.

# Multimediales Lernen in öffentlichen Bildungseinrichtungen am Beispiel von Museen und Ausstellungen

Stephan Schwan und Doris Lewalter

## Inhalt

| | | |
|---|---|---|
| 1 | Einleitung | 690 |
| 2 | Charakteristika der (multimedialen) Informations*präsentation* und der Informations*rezeption* in Museen und Ausstellungen | 690 |
| 3 | Ausgangspunkt: Modelle des multimedialen Lernens | 691 |
| 4 | Exponate als Kern von Ausstellungen: Das *multimedia principle* und das *modality principle* | 692 |
| 5 | Ausstellungsräume als Lernräume: Das *spatial contiguity principle* und das *temporal contiguity principle* | 693 |
| 6 | Free Choice Learning im Museum: Das *pacing principle* und das *learner control principle* | 694 |
| 7 | Lernen und Unterhalten als Besuchsmotive: Das *social cue principle* und der *seductive details effect* | 695 |
| 8 | Fazit und Ausblick | 696 |
| | Literatur | 696 |

### Zusammenfassung

Multimediale Präsentationen sind wichtige Formen der Informationsvermittlung in öffentlichen Bildungseinrichtungen und Bildungsangeboten. Sie umfassen eine Vielfalt von medialen Darstellungsformaten und Funktionen. Am Beispiel von Museen und Ausstellungen werden die wesentlichen Merkmale non-formaler und informeller Lernumgebungen beschrieben und deren Konsequenzen für eine Reihe multimedialer Gestaltungs- und Lernprinzipien diskutiert. Es zeigt sich,

S. Schwan (✉)
AG Realitätsnahe Darstellungen, Leibniz-Institut für Wissensmedien (IWM), Tübingen, Deutschland
E-Mail: s.schwan@iwm-kmrc.de

D. Lewalter
TUM School of Education, Technische Universität München, München, Deutschland
E-Mail: doris.lewalter@tum.de

dass sich die in Laborstudien entwickelten und bislang vorwiegend in formalen Lernsettings validierten Multimedia-Prinzipien nicht einfach auf Museen und Ausstellungen übertragen lassen. Dafür sind konzeptuelle Differenzierungen und Erweiterungen erforderlich.

**Schlüsselwörter**

Museum · Multimediale Gestaltungsprinzipien · Besuchsmotive · Informelles Lernen · Cognitive Theory of Multimedia Learning

## 1 Einleitung

Multimediale Informationspräsentationen sind allgegenwärtig in öffentlichen Bildungseinrichtungen und -angeboten, wie Museen, Zoos, botanischen Gärten oder Stadtrundgängen. Damit verbunden ist eine Vielfalt an medialen Darstellungsformaten. Diese reichen von Schautafeln und Informationsstelen in Zoos und botanischen Gärten über Führungen durch historische Städte mit dem Handy oder speziellen Apps, großformatige Bildschirme mit digitalen Rekonstruktionen an archäologischen Ausgrabungsplätzen bis hin zu interaktiven und computergestützten Exponaten in Museen und Ausstellungen, um nur einige Beispiele zu nennen. Entsprechend vielfältig fallen auch deren Funktionen aus, die von Orientierung über Informationsvermittlung bis hin zu Aktivierung und Motivierung reichen.

Um sich dem Thema des multimedialen Lernens in öffentlichen Bildungseinrichtungen zu nähern, werden zuerst wesentliche Charakteristika dieser informellen Lernumgebungen diskutiert, um darauf aufbauend Anforderungen an die multimediale Vermittlung herauszuarbeiten. Dabei werden wesentliche Forschungszugänge und -befunde vorgestellt. Abschließend wird ein Fazit des aktuellen Wissensstands gezogen und ein Ausblick auf offene Forschungsfragen gegeben.

## 2 Charakteristika der (multimedialen) Informations*präsentation* und der Informations*rezeption* in Museen und Ausstellungen

Um zu einer aussagekräftigen Kennzeichnung situativer Rahmenbedingungen der multimedialen Informationspräsentation in öffentlichen Bildungseinrichtungen zu gelangen, ist eine Fokussierung auf bestimmte Typen von Bildungseinrichtungen notwendig. Im Folgenden konzentrieren wir uns daher auf den Einsatz multimedialer Informationen in Museen und Ausstellungen. Ein wesentliches Merkmal dieser Einrichtungen ist die simultane Verfügbarkeit umfangreicher Informationen in Form von Exponaten und entsprechenden Begleitmedien auf räumlich ausgedehnten Flächen (Schwan et al. 2014). Hinsichtlich der Exponate spielen Originalobjekte und Modelle als Anschauungsmaterial und Instrumente der Wissensvermittlung eine zentrale Rolle. Diese werden von einer breiten Palette an zunehmend multimedialen

Informationen begleitet, wie Videobildschirmen, Hörinseln und digitalen Stationen. Diese stationären Formen der Informationspräsentation werden häufig von mobilen Medien, wie beispielsweise digitalen Ausstellungsführern flankiert.

Ergänzend stehen den Besuchenden häufig Internetportale zur Verfügung, die ihnen die Möglichkeit bieten, sich vor, während oder nach dem Besuch (oder auch unabhängig davon) über die dargebotenen Inhalte und Themen zu informieren und diese zu vertiefen.

Mit diesem vielfältigen und komplexen Informationsangebot ist auch der Versuch verbunden der Heterogenität der Besuchenden Rechnung zu tragen, die sich in unterschiedlichen Besuchsmotiven, Interessen und Vorwissensniveaus ausdrückt. So reichen beispielsweise die Besuchsmotive von individuellem oder gemeinsamem Lernen über die Pflege oder Entwicklung sozialer Kontakte bis hin zu Entspannung und Erholung oder der Attraktivität der Einrichtung (vgl. Phelan et al. 2018). Diesem Zusammenspiel von kognitiven, sozialen und affektiven Motiven begegnen die Bildungseinrichtungen mit einer Kombination aus Wissensvermittlung und Unterhaltung. Hinsichtlich des Vorwissens richten sich Museen an Novizen und Laien, die zum ersten Mal mit einem Thema in Berührung kommen, ebenso wie an Experten, die spezifische Informationsangebote suchen.

Diese Heterogenität der Besuchenden spiegelt sich auch in der Vielfalt der meist intrinsisch motivierten Informationsrezeption wider, für die Falk und Dierking (2002) den Begriff des *free choice learning* geprägt haben. Zahlreiche Beobachtungs- und Interviewstudien beschreiben die Lernprozesse in Museen und Ausstellungen als hochgradig selektiv und individualisiert (u. a. Falk 2009; Falk und Dierking 2002; Hooper-Greenhill 2007). Das Besuchsverhalten reicht von einem systematischen und elaborierten Vorgehen bis zu einer von Neugier geleiteten, kurzzeitigen Beschäftigung mit einzelnen Exponaten, die schon nach wenigen Sekunden abgebrochen wird (Falk 2009; Rounds 2004; Serrell 1998). Zudem werden Museen und Ausstellungen meist in sozialen Gruppen (Familie, Freunde, Kollegen) besucht, so dass die Informationsrezeption zu einem beachtlichen Teil von sozialen Interaktionen bestimmt wird (u. a. Gutwill und Allen 2010).

Wie diese Skizze der Rahmenbedingungen des multimedialen Lernens in öffentlichen Bildungseinrichtungen verdeutlicht, bestehen wesentliche Unterschiede zu formalen Bildungseinrichtungen wie Schule, Hochschule oder Berufsausbildung. Diese führen zu besonderen Anforderungen an die multimediale Vermittlung, die im Folgenden behandelt werden.

## 3 Ausgangspunkt: Modelle des multimedialen Lernens

Unter dem Begriff *Multimedia* versteht man die Darbietung von Lerninhalten in einem abgestimmten Ensemble unterschiedlicher Zeichensysteme (z. B. Texte, Bilder, Animationen, Videos) und Sinneskanäle (z. B. visuell, auditiv, haptisch). Auf diese Informationsangebote bezogene Grundprinzipien des multimedialen Lernens wurden unter anderem formuliert im Rahmen der *Cognitive Load Theory* (CLT; Chandler und Sweller 1991), der *Cognitive Theory of Multimedia Learning* (CTML;

Mayer 2001) und deren Erweiterung zur *Cognitive-Affective Theory of Multimedia Learning* (CATML; Moreno und Mayer 2007). Sie gehen davon aus, dass die Lernenden durch eine entsprechende Fokussierung ihrer Aufmerksamkeit die für ihre Lernziele relevanten Informationen aus den präsentierten Inhalten auswählen und sie ins Arbeitsgedächtnis überführen, dessen Kapazität hochgradig beschränkt ist. Dort werden die Inhalte aktiv in sinnesspezifischen Subsystemen verarbeitet, also organisiert und elaboriert, und schließlich zu einer kohärenten mentalen Repräsentation integriert, die dauerhaft ins Langzeitgedächtnis überführt wird. Art und Ausmaß der kognitiven Verarbeitung werden von den personalen Voraussetzungen der Lernenden, insbesondere ihrem Vorwissen und ihrer Motivation beeinflusst. Aus diesen Rahmenmodellen wurde eine Vielzahl von Gestaltungsprinzipien für multimediales Lernmaterial abgeleitet (Mayer 2015a). Sie zielen darauf ab, durch die Informationsgestaltung bedingte zusätzliche Belastungen des Arbeitsgedächtnisses zu minimieren und andererseits lernförderliche Prozesse der Informationselaboration zu unterstützen.

Allerdings benennen diese Rahmenmodelle keine situativen Einflussfaktoren, sondern gehen von einer situationsunabhängig Gültigkeit der Gestaltungsprinzipien und Lernmechanismen aus. Dementsprechend erfolgte die empirische Prüfung der Annahmen überwiegend in labor-experimentellen Studien, in geringerem Umfang auch im schulischen Umfeld. Dagegen liegen bislang nur wenige Studien vor, in denen multimediale Gestaltungs- und Lernprinzipien in informellen Lernsettings empirisch validiert wurden. Die im vorangegangenen Abschnitt beschriebenen Merkmale von Museen und Ausstellungen als typischen Vertretern öffentlicher Bildungseinrichtungen legen aber nahe, den situativen Kontext stärker zu berücksichtigen, da von ihm ein Einfluss auf die Informationsverarbeitung und den Lernerfolg erwartet werden kann. In den nachfolgenden Abschnitten wird deshalb eine Reihe von multimedialen Lernprinzipien im Hinblick auf deren Anwendungsbedingungen in Museen und Ausstellungen diskutiert.

## 4 Exponate als Kern von Ausstellungen: Das *multimedia principle* und das *modality principle*

Die Überlegenheit von Medienkombinationen gegenüber Einzelmedien zur Wissensvermittlung bildet die Grundlage multimedialer Lerntheorien und ist als *multimedia principle* in einer Vielzahl von Studien empirisch sehr gut belegt (Butcher 2015). Während in formalen Bildungskontexten Texte das Leitmedium bilden, deren Verständnis durch begleitende Illustrationen verbessert wird („learning with words and pictures is more effective than learning with words alone", Butcher 2015, S. 175), kehrt sich dieses Verhältnis in Museen um: Den Kern von Ausstellungen bilden authentische Gegenstände, die in ein Ensemble weiterer Medien (Abbildungen, Modelle, Texte) eingebettet sind. Ähnliches gilt auch für andere öffentliche Bildungsorte wie Zoos, Botanische Gärten oder historische Stätten, denn auch hier stehen visuell wahrgenommene *Objekte* (Tiere, Pflanzen, Gebäude) im Zentrum des

Rezeptionsprozesses, welche von verbalen Erläuterungen (z. B. Texttafeln, Audioguides) begleitet werden.

Daraus lassen sich drei Schlussfolgerungen ableiten. Erstens erfordert die Analyse multimedialen Lernens an öffentlichen Bildungsorten einen erweiterten Medienbegriff, der neben klassischen Medien (Texten, Abbildungen usw.) auch reale Gegenstände umfasst. Hierbei müssen Unterschiede in der kognitiven Verarbeitung von Gegenständen im Vergleich zu Abbildungen berücksichtigt werden. Beispielsweise zeigte sich in einer Studie zu naturwissenschaftlichen Themen im Museum, dass reale Ausstellungsgegenstände im Vergleich zu ihren fotografischen Abbildungen von Besuchenden länger betrachtet und ihre Details besser behalten werden (Schwan et al. 2017).

Da in Museen visuelle Elemente (Objekte, Bilder) das Leitmedium bilden, lässt sich zweitens das *multimedia principle* dahingehend erweitern, dass auch in diesem Fall eine Kombination mit (geschriebenen oder gesprochenen) Texten einer Präsentation ausschließlich visueller Elemente überlegen ist (*extended multimedia principle*; Glaser und Schwan 2015). Beispielsweise zeigte sich in einer Studie zur Bildbetrachtung, dass Bildelemente, die in einem auditiven Begleittext angesprochen wurden, von den Betrachtenden häufiger fixiert und besser erinnert wurden, als solche, die nicht benannt wurden (Glaser und Schwan 2015).

Da der Schwerpunkt der Ausstellungsrezeption auf der Betrachtung von Objekten liegt, spielt drittens das *modality principle* multimedialen Lernens ebenfalls eine wichtige Rolle. Es besagt, dass eine verbale Begleitung von Bildern (oder Objekten) besser in gesprochener als in geschriebener Form erfolgt. Da sich Bild- (bzw. Objekt-) Rezeption und Textrezeption bei gesprochenen Texten auf zwei Sinnesmodalitäten verteilen, können beide Prozesse simultan und ohne Notwendigkeit der Verlagerung der visuellen Aufmerksamkeit erfolgen; zudem werden beide Subsysteme des Arbeitsgedächtnisses gleichmäßig ausgelastet (Low und Sweller 2015). Dementsprechend waren in einer empirischen Studie zur Informationsverarbeitung in einer Kunstausstellung Audioguides den Texttafeln im Hinblick auf das Behalten und Verstehen von Gemäldedetails überlegen (Schwan et al. 2018). Allerdings ist zu beachten, dass die Verwendung von Audioguides zwar multimedialen Gestaltungsprinzipien entspricht, gleichzeitig aber die Kommunikation zwischen Besuchenden erschwert, die Museen häufig als Paare, als Familie oder in Gruppen aufsuchen (Schwan et al. 2014).

## 5 Ausstellungsräume als Lernräume: Das *spatial contiguity principle* und das *temporal contiguity principle*

Entsprechend des *split attention principle* (Ayres und Sweller 2015) sowie des *spatial* und *temporal contiguity principle* (Mayer und Fiorella 2015) kann angenommen werden, dass die *raumzeitliche* Anordnung von Informationen eine wichtige Rolle für die Verarbeitung multimedial präsentierter Informationen spielt. Diese Prinzipien postulieren, dass eine räumlich (*spatial contiguity*) und zeitlich (*temporal contiguity*) nahe Präsentation von zusammengehörigen Inhalten die Belastung des kapazitätsbeschränkten Arbeitsgedächtnisses reduziert und folglich zu besseren Lernleistungen führt (Mayer und Fiorella 2015). Die räumliche Nähe korrespondierender Inhalte verringert gleichzeitig die Notwendigkeit, mehrfach den Aufmerksamkeitsfokus zwischen zwei entfernten Informationen zu wechseln (*split attention*).

Bei der Anwendung der genannten Prinzipien auf die Anordnung der Informationspräsentation in Museen und Ausstellungen liegen im Vergleich zu herkömmlichen Multimedia-Angeboten viel größere räumliche Ausdehnungen sowie Ausprägungen der Informationsdichte vor. Häufig sind die Informationen räumlich so weit entfernt, dass sie nicht gleichzeitig erfasst werden können. Damit stellt sich das Problem von *spatial* und *temporal contiguity* verschärft ein. Eine vergleichende Studie in einem naturwissenschaftlich-technischen sowie einem kulturhistorischen Museum zeigte jedoch, dass dies lediglich auf Museen mit einer hohen räumlich-thematischen Dichte der Informationen zutrifft, denn nur dann beeinträchtigt die niedrige Kontiguität die Verarbeitungstiefe (Grüninger et al. 2014). Dieser Befund legt nahe, dass nicht die räumliche Distanz allein, sondern vielmehr die Anordnung der Informationen insgesamt entscheidend ist.

Es ist zu erwarten, dass diese ausgeprägte räumliche Ausdehnung von Ausstellungen auch für das Auftreten des *split attention* Effekts von Bedeutung ist. In Museen konkurriert simultan eine Vielzahl von Exponaten und Medien um die Aufmerksamkeit der Besuchenden. Hier ist es Aufgabe der Ausstellungs- und Mediengestaltung dafür zu sorgen, dass *split attention* Effekten entgegengewirkt werden kann. Wie Studien zu Besuchsverhalten und Verweildauer bei einzelnen Exponaten und Medien jedoch zeigen, gelingt dies teilweise nur bedingt (vgl. Falk 2009; Serrell 1998; Rounds 2004).

## 6 Free Choice Learning im Museum: Das *pacing principle* und das *learner control principle*

Multimediale Lernangebote bestehen nicht nur aus der Kombination unterschiedlicher Medienformen, sondern ermöglichen es den Lernenden oft auch das Informationsangebot zu steuern und zu interagieren. Dies betrifft zum einen die Geschwindigkeit und den Rhythmus, in dem das Lernmaterial durchgearbeitet werden kann (*pacing principle*; Moreno und Mayer 2007), zum anderen weitergehende Steuerungsmöglichkeiten, beispielsweise bezüglich Form oder Reihenfolge der Darbietung (*learner control principle*; Scheiter 2015). Während für das *pacing principle* eine Reihe von bestätigenden empirischen Befunden vorliegt (Moreno und Mayer 2007), besteht für weitergehende Steuerungsmöglichkeiten die Gefahr, dass die erforderlichen Interaktionsentscheidungen eine zusätzliche kognitive Belastung darstellen und dass die Lernenden zudem vermehrt suboptimale Nutzungsmuster zeigen (Scheiter 2015).

Bei der Anwendung der genannten Prinzipien auf Museen muss zwischen der Ebene der Ausstellung und der Ebene einzelner Ausstellungsmedien unterschieden werden. Auf der Ebene der Gesamtausstellung bestimmen die Besucher – ganz im Sinne des *free choice learning* – bereits durch ihr Bewegungsverhalten Rhythmus und Reihenfolge der Rezeption in einer impliziten, mit geringen kognitiven Kosten verbundenen Weise (Bitgood 2010; Serrell 1998). Die Gestaltenden der Ausstellung haben dabei die Aufgabe, die Aufmerksamkeit durch die Positionierung von Exponaten, Vitrinen und Sitzgelegenheiten, durch die Schaffung von Sichtachsen und durch Lichtregie angemessen zu kanalisieren (Peponis et al. 2004). Eine systematische empirische Analyse dieser Zusammenhänge zwischen räumlicher Ausstellungsgestaltung, Besucherverhalten und Wissenserwerb steht bislang allerdings noch aus.

Auf der Ebene einzelner Ausstellungsmedien findet sich in Museen eine Vielzahl interaktiver Medienformen. Sie reichen von mechanischen *Hands-on*-Apparaturen über digitale Medienstationen bis zu mobilen digitalen Ausstellungsführern (Schwan et al. 2008). In Übereinstimmung mit den laborexperimentellen Befunden zum *learner control principle* hat sich auch im Museumskontext gezeigt, dass auf ein umfangreiches, komplexes Repertoire von Interaktionsmöglichkeiten verzichtet werden sollte: Lernförderlich sind vielmehr niedrigschwellige, leicht zu bedienende Nutzungsangebote, da andernfalls Besucherinnen und Besucher die Auseinandersetzung mit den Inhalten bereits nach kurzer Zeit abbrechen (Allen 2004). Zudem kann die Notwendigkeit, Lernende zu kontrollieren, reduziert werden, indem Besuchende zu Beginn der Nutzung mittels einfacher Auswahlmenüs zielgruppenspezifisch optimierte Darbietungsvarianten wählen können.

## 7 Lernen und Unterhalten als Besuchsmotive: Das *social cue principle* und der *seductive details effect*

Die *Cognitive Affective Theory of Multimedia Learning* betont, dass die Gestaltung multimedialer Lernangebote nicht nur kognitive, sondern auch motivationale und affektive Prozesse des Wissenserwerbs beeinflusst. Als motivational wirksame multimediale Gestaltungsprinzipien werden unter anderem verschiedene Varianten des *social cue principle* diskutiert (Mayer 2015b). Es besagt, dass die Vermittlung von Lerninhalten in personalisierter Form, beispielsweise durch einen persönlichen Gesprächsstil anstatt neutraler Textformulierungen (*personalization principle*) oder durch das Zeigen er oder des Sprechenden in einem Video (*image principle*), Lernenden den Eindruck einer sozialen Kommunikationssituation vermittelt und sie deshalb zu einer tieferen Verarbeitung der Inhalte motiviert.

Dieses in Laborstudien bestätigte Prinzip findet auch in Museen häufig Anwendung. So werden Lebensläufe von Wissenschaftlern, historischen Persönlichkeiten oder anderen Personen in Form von Kurzbiografien, Fotografien oder persönlichen Gegenständen in eine Ausstellung integriert oder in Multimedia-Guides persönliche Kuratoren-Führungen durch eine Ausstellung angeboten. Ziel dieser Maßnahmen ist es, das Interesse der Besuchenden zu wecken und aufrecht zu erhalten und dem Befund Rechnung zu tragen, dass viele nicht nur Wissen erwerben, sondern durch eine Ausstellung auch unterhalten werden möchten (Falk et al. 1998; Phelan et al. 2018).

Töpper und Kollegen (2014) untersuchten die Wirkung von *social cue principles* in einer virtuellen Ausstellung zur Medizintechnik, die anhand der Materialien einer realen Ausstellung entwickelt wurde. Dabei wurde zu Beginn jedes Ausstellungsabschnitts entweder ein Video gezeigt, das nach *social cue principles* gestaltet war, oder ein inhaltlich vergleichbares, aber unpersönlich-neutral gestaltetes Video. Es zeigte sich, dass nicht nur die Inhalte der personalisierten Videos besser behalten wurden, sondern dass sich dieser Effekt auch auf nachfolgende, nicht personalisierte Informationen der jeweiligen Ausstellungsabschnitte übertrug.

Bei der Ausstellungsgestaltung muss allerdings darauf geachtet werden, dass solche Interesse weckenden biografischen oder anekdotischen Elemente in einem engen Zusammenhang zu den eigentlichen Themen und Inhalten stehen, da sonst der sogenannte *seductive detail effect* auftreten kann (Rey 2012). Er besagt, dass Lernende durch interessante, aber irrelevante Details kognitiv zusätzlich belastet und in ihrer Aufmerksamkeit abgelenkt werden, was wiederum zu einer verringerten mentalen Verarbeitung der relevanten Inhalte führt.

## 8  Fazit und Ausblick

Wie dieser kurze Abriss gezeigt hat, weist die mediale Informationspräsentation in Museen eine Reihe von Besonderheiten auf, die aus einer medienpsychologischen Sicht zum einen Herausforderungen an die Mediengestaltung mit sich bringen und zum anderen weiterführende Fragen an Theorien zum medialen Lernen aufwerfen. Diese beziehen sich auf die Reichweite und damit auf die Übertragbarkeit von Modellen des Multimedialernens auf informelle Kontexte, aber auch auf die Bedeutung verschiedener Aspekte der medialen Informationspräsentation auf die Informationsrezeption durch die Besucherinnen und Besucher.

## Literatur

Allen, S. (2004). Designs for learning: Studying science museum exhibits that do more than entertain. *Science Education, 88*, 17–33.

Ayres, P., & Sweller, J. (2015). The split-attention principle in multimedia learning. In R. E. Mayer (Hrsg.), *The Cambridge handbook of multimedia learning* (2. Aufl., S. 206–226). Cambridge: Cambridge University Press.

Bitgood, S. (2010). An analysis of visitor circulation: Movement patterns and the general value principle. *Curator, 49*, 463–475.

Butcher, K. R. (2015). The multimedia principle. In R. E. Mayer (Hrsg.), *The Cambridge handbook of multimedia learning* (2. Aufl., S. 174–205). Cambridge: Cambridge University Press.

Chandler, P., & Sweller, J. (1991). Cognitive theory and the format of instruction. *Cognition and Instruction, 8*, 293–332.

Falk, J. H. (2009). *Identity and the museum visitor experience*. Walnut Creek: Left Coast Press.

Falk, J. H., & Dierking, L. D. (2002). *Lessons without limit. How free-choice learning is transforming education*. Walnut Creek: Altamira Press.

Falk, J., Moussouri, T., & Coulson, D. (1998). The effect of visitors' agenda on museum learning. *Curator, 41*, 107–120.

Glaser, M., & Schwan, S. (2015). Explaining pictures: How verbal cues influence processing of pictorial learning material. *Journal of Educational Psychology, 107*, 1006–1018.

Grüninger, R., Specht, I., Lewalter, D., & Schnotz, W. (2014). Fragile knowledge and conflicting evidence: What effects do contiguity and personal characteristics of museum visitors have on their processing depth? *European Journal of Psychology of Education, 29*(2), 1–24.

Gutwill, J. P., & Allen, S. (2010). Facilitating family group inquiry at science museum exhibits. *Science Education, 94*, 710–742.

Hooper-Greenhill, E. (2007). *Museums and education: Purpose, pedagogy, performance*. New York: Routledge.

Low, R., & Sweller, J. (2015). The modality principle in multimedia learning. In R. E. Mayer (Hrsg.), *The Cambridge handbook of multimedia learning* (2. Aufl., S. 227–246). Cambridge: Cambridge University Press.

Mayer, R. E. (2001). *Multimedia learning*. Cambridge, MA: Cambridge University Press.

Mayer, R. E. (2015a). *The Cambridge handbook of multimedia learning* (2. Aufl.). Cambridge: Cambridge University Press.

Mayer, R. E. (Hrsg.). (2015b). Principles based on social cues in multimedia learning: Personalization, voice, image, and embodiment principles. In *The Cambridge handbook of multimedia learning* (2. Aufl., S. 345–368). Cambridge: Cambridge University Press.

Mayer, R. E., & Fiorella, L. (2015). Principles for reducing extraneous processing in multimedia learning: Coherence, signaling, redundancy, spatial contiguity, and temporal contiguity principles. In R. E. Mayer (Hrsg.), *The Cambridge handbook of multimedia learning* (2. Aufl., S. 279–315). Cambridge: Cambridge University Press.

Moreno, R., & Mayer, R. (2007). Interactive multimodal learning environments. *Educational Psychology Review, 19*, 309–326.

Peponis, J., Dalton, R. C., Wineman, J., & Dalton, N. (2004). Measuring the effects of layout upon visitors' spatial behaviors in open plan exhibition settings. *Environment and Planning B: Planning and Design, 31*, 453–473.

Phelan, S., Bauer, J., & Lewalter, D. (2018). Visitor motivation: Development of a short scale for comparison across sites. *Museum Management and Curatorship, 33*(1), 25–41.

Rey, G. D. (2012). A review of research and a meta-analysis of the seductive detail effect. *Educational Research Review, 7*, 216–237.

Rounds, J. (2004). Strategies for the curiosity-driven museum visitor. *Curator: The Museum Journal, 47*, 389–412.

Scheiter, K. (2015). The learner control principle in multimedia learning. In R. E. Mayer (Hrsg.), *The Cambridge handbook of multimedia learning* (2. Aufl., S. 487–512). Cambridge: Cambridge University Press.

Schwan, S., Zahn, C., Wessel, D., Huff, M., Herrmann, N., & Reussner, E. (2008). Lernen in Museen und Ausstellungen – die Rolle digitaler Medien. *Unterrichtswissenschaft, 36*, 117–135.

Schwan, S., Grajal, A., & Lewalter, D. (2014). Understanding and engagement in places of science experience: Science museums, science centers, zoos, and aquariums. *Educational Psychologist, 49*, 70–85.

Schwan, S., Bauer, D., Kampschulte, L., & Hampp, C. (2017). Representation equals presentation? Photographs of objects receive less attention and are less well remembered that real objects. *Journal of Media Psychology, 29*, 176–187.

Schwan, S., Dreger, F., & Dutz, S. (2018). Multimedia in the wild: Testing the validity of multimedia learning principles in an art exhibition. *Learning and Instruction, 55*, 148–157.

Serrell, B. (1998). *Paying attention: Visitors and museum exhibitions*. Washington, DC: American Association of Museums.

Töpper, J., Glaser, M., & Schwan, S. (2014). Extending social cue based principles of multimedia learning beyond their immediate effects. *Learning and Instruction, 29*, 10–20.

# Lernen mit Open Educational Resources

## Markus Deimann

## Inhalt

1  Einleitung .................................................................................................... 700
2  Die grundsätzliche Bedeutung: Open Education und Bildung ............................ 703
3  Der Blick voraus: OER als Default digitalisierter Bildung? ............................... 705
Literatur ........................................................................................................... 707

### Zusammenfassung

Der Beitrag beleuchtet Open Educational Resources (OER) als bildungstechnologische und -soziologische Innovation, die nach einer längeren Inkubationszeit nun auch Eingang in politische Diskurse findet. Es wird vorgeschlagen, OER als ernst zu nehmendes Thema der Bildungstechnologie zu verstehen und dessen vielfältigen sozialen, ökonomischen und pädagogischen Implikationen genauer in den Blick zu nehmen.

### Schlüsselwörter

Open Educational Resources · Bildung · Lernen · Digitalisierung · Open Education

M. Deimann (✉)
Institute of Digital Learning, Technische Hochschule Lübeck University of Applied Sciences, Lübeck, Deutschland

## 1 Einleitung

Die Tatsache, dass es das Thema Open Educational Resources (OER) in dieses Handbuch *geschafft* hat, ist Teil einer längeren Erfolgsgeschichte, die ein anfängliches Graswurzel-Projekt bis hoch in die offizielle Bildungspolitik gespült hat. So fördert etwa das Bundesministerium für Bildung und Forschung (BMBF) seit diesem Jahr erstmals OER-Projekte sowie eine bundesweit tätige OER-Infostelle und verbindet damit die Hoffnung auf „[...] Entwicklung neuer didaktischer Konzepte und pädagogischer Herangehensweisen" (Bundesministerium für Bildung und Forschung 2016). Auch andere wichtige Akteur/innen haben sich mittlerweile mit OER befasst und Stellungnahmen, Gutachten und Positionspapiere dazu veröffentlicht (Bundesministerium für Bildung und Forschung 2015; Hochschulrektorenkonferenz 2016). In der im Dezember 2016 veröffentlichten Strategie *Bildung in der digitalen Welt* äußert sich auch die Kultusministerkonferenz (KMK) und erkennt das Potenzial durch das flexible Integrieren von OER in die Lehre an, mahnt jedoch auch ein tragfähiges Geschäftsmodell sowie einen „klaren und transparenten Rechtsrahmen" an, beides Aspekte, die nicht als eindeutiges Bekenntnis zu einem offenen Standard von Bildungsmaterialien und -technologien zu werten sind. Durch politische Regelungen, wie etwa eine Open Access Policy für aus öffentlich geförderten Projekten entstandene Ressourcen könnte die KMK durchaus mehr Einfluss nehmen.

Diese aktuell hohe Popularität von OER, die durch die Bildungspolitik initiiert wurde, reflektiert ein Verständnis, das durch eine Nützlichkeitsabwägung (extrinsisch) motiviert ist. OER sind Mittel für Zwecke wie Kosteneinsparung (was mittlerweile in den USA die Debatte völlig bestimmt), Flexibilisierung der Lehre oder Bildungsgerechtigkeit. Gegen diese Argumente soll hier nichts eingewendet werden, sondern ein anderes, intrinsisch motiviertes Verständnis von OER stark gemacht werden. Dieses hat auch eine hohe Bedeutung für die Bildungstechnologie und bringt eine bislang sträflich vernachlässigte, tiefere Bedeutungsebene zum Vorschein.

Dieser Schritt macht es zunächst erforderlich, OER zu definieren. Über die Zeit, OER als Begriff wurden erstmals 2002 auf dem Forum *on the Impact of OpenCourseWare for Higher Education* in Developing Countries geprägt, gab es mehrere Änderungen, jedoch blieb der Bedeutungskern stabil. Aktuell gilt folgende Definition als Konsens:

> „Lehr-, Lern- und Forschungsressourcen in Form jeden Mediums, digital oder anderweitig, die gemeinfrei sind oder unter einer offenen Lizenz veröffentlicht wurden, welche den kostenlosen Zugang sowie die kostenlose Nutzung, Bearbeitung und Weiterverbreitung durch Andere ohne oder mit geringfügigen Einschränkungen erlaubt." (UNESCO 2015, S. 6)

OER zeichnen sich somit durch eine offene Lizenzierung, die sich vom strikten Copyright abgrenzt, was durch das englische Wortspiel *Copyleft* zum Ausdruck

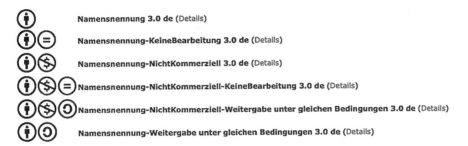

**Abb. 1** Übersicht der Creative Commons Lizenzen 3.0 Deutschland. (Quelle: http://de.creativecommons.org/was-ist-cc/)

kommt, aus. Es gibt verschiedene Lizenzierungsmodelle, jedoch hat sich die *Creative Commons Variante* bislang weltweit durchgesetzt. Eine praktische Anleitung, wie man selbst Materialien offen lizenzieren kann, findet sich auf der Webseite von Creative Commons. Damit können der/die Ersteller/innen eine Reihe von Nutzungsrechten über ein gestuftes Modell einräumen, so z. B. wenn die Nachnutzung nur unter gleichen Bedingungen, d. h. ebenfalls offen lizenziert oder nur für nicht kommerzielle Zwecke, erlaubt ist. Eine Übersicht der aktuell in Deutschland verfügbaren Lizenzen zeigt Abb. 1.

Mit den verschiedenen Lizenzierungsmöglichkeiten sind Rechte der Nachnutzung von Materialien verbunden, die als 5R bzw. 5V abgekürzt werden:

(1) Verwahren/Vervielfältigen – das Recht, Kopien des Inhalts anzufertigen, zu besitzen und zu kontrollieren (z. B. Download, Speicherung und Vervielfältigung)
(2) Verwenden – das Recht, den Inhalt in unterschiedlichen Zusammenhängen einzusetzen (z. B. im Klassenraum, in einer Lerngruppe, auf einer Website, in einem Video)
(3) Verarbeiten – das Recht, den Inhalt zu bearbeiten, anzupassen, zu verändern oder umzugestalten (z. B. einen Inhalt in eine andere Sprache zu übersetzen)
(4) Vermischen – das Recht, einen Inhalt im Original oder in einer Bearbeitung mit anderen offenen Inhalten zu verbinden und aus ihnen etwas Neues zu schaffen (z. B. beim Einbauen von Bildern und Musik in ein Video)
(5) Verbreiten – das Recht, Kopien eines Inhalts mit Anderen zu teilen, im Original oder in eigenen Überarbeitungen (z. B. einem Freund eine Kopie zu geben oder online zu veröffentlichen) (Quelle: Transferstelle Open Educational Resources 2015)

Neben der Lizenzierung der Materialität, die dann in Lehr- und Lernszenarien eingesetzt werden, geht es bei OER auch um die technischen Instrumente, mit der Bildungsmaterialien erstellt werden. So lässt sich der Freiheitsgrad einer OER dadurch steigern, indem Open Source Software eingesetzt wird anstelle von kommerziellen Produkten wie MS Office. Noch eine Stufe tiefer geht es dann, wenn

OER, erstellt mit freier Software auf einer Open Source Lernplattform wie Moodle zur Verfügung gestellt wird. Die Dimensionen Materialität, Software und IT-Infrastruktur spannen eine Matrix auf, mit der sich jeweils unterschiedliche Freiheits- bzw. Offenheitsgrade ergeben.

| Freiheitsgrad | Lizenz der Ressource | Lizenz der Software | Lizenz der IT-Infrastruktur |
|---|---|---|---|
| Hoch | CC-BY (CC Zero) | Public Domain<br>GNU General Public License (GPL)<br>Freie Software<br>Open Source Software | |
| Mittel | CC-BY-SA<br>CC-BY-NC | Freeware | |
| Gering | Copyright | Shareware<br>Kommerzielle Software | |

Somit werden die verwendeten OER-Lizenzen durch die darunter liegenden Lizenzen für Software und IT-Infrastruktur gerahmt und können entweder verstärkt oder konterkariert werden.

Lernen mit OER ist somit ein deutlich komplexeres Thema als es der erste Eindruck erwecken könnte. OER eröffnet vielmehr eine für den Diskurs *Bildung in der digitalen Welt* konstitutive Perspektive.

Die damit verbundenen Fragen sollen in diesem Beitrag erörtert werden und fordern Leser/innen und Community insofern heraus, als dass OER mit den klassischen Denkfiguren und Werten des technologisch unterstützten Lehrens und Lernens brechen, wo es um pädagogische Rationalität, Funktionalität und Nützlichkeit geht. Dafür geht es bei OER um Werte und Haltungen, die auf einer tiefer liegenden, philosophischen Ebene angesiedelt sind und den Diskurs – mindestens implizit – prägen. So sind OER eine rezente Manifestation einer weit größeren Open Education Strömung (Deimann 2016), bei der es um die Öffnung von Zugängen zu Institutionen (Open Universities), Lerngelegenheiten (Massive Open Online Courses) und Materialien bzw. Daten (Open Access bzw. Open Data) geht. Es wäre somit eine sträfliche Verkürzung, OER losgelöst vom breiten Open Education Kontext zu betrachten.

Ähnliches gilt für einen bestimmten Lernbegriff, mit dem in den Erzählungen der Bildungstechnologie argumentiert wird. Lernen wird als (bewusst oder unbewusst) ablaufender Prozess, der durch äußere technologische Reize initiiert und begleitet wird. Die Deutungshoheit changiert zwischen Essentialismus – Technik als eigenständige Kraft, mit der abstrakte pädagogische Prinzipien (z. B. Konstruktivismus) in eine Lernumgebung installiert werden – und Instrumentalismus – Pädagogik wird in funktionale Einheiten (z. B. Inhaltsvermittlung, Feedback geben) unterteilt und dann in Technik eingeschrieben (Hamilton und Friesen 2013).

Angesichts einer zunehmenden Mediatisierung und Digitalisierung von Gesellschaft lassen sich beide Annahmen – OER als isolierte Öffnungsbewegung innerhalb einer traditionellen Bildungstechnologie und Lernen als vorabdefinierter, durch Technologie fremdgesteuerter, zeitlich begrenzter Prozess zur Förderung von Wissens- und Kompetenzerwerb – jedoch nicht länger uneingeschränkt aufrechterhalten. Demgegenüber wird hier eine tiefer gehende Bedeutungsebene eingeführt, bestehend aus Open Education und Bildung sowie deren Wechselwirkung in der Figur Offene Digitale Bildung.

## 2 Die grundsätzliche Bedeutung: Open Education und Bildung

Open Education hat sich als Überbegriff einer globalen Reformbewegung in den letzten Jahren auf beachtliche Weise professionalisiert, leidet aber gleichzeitig an einer semantischen Unschärfe (Deimann 2016). Ersichtlich wurde dies während der aufgeheizten Debatte um die Massive Open Online Courses (MOOCs), als mit stark aufgeladenen Metaphern wie dem Tsunami (Brooks 2012) oder der Revolution (Dräger und Müller-Eiselt 2015) die Existenz von Hochschulen angegriffen wurde. Was dabei als Offenheit verkauft wurde, hat mit dem sonst üblichen Narrativ wenig zu tun, ging es doch in erster Linie um kostenlosen Zugang zu Inhalten von Elite-Universitäten, die sich vor allem an Menschen mit einem hohen kulturellen Kapital richteten. Entsprechend irritiert schauen Pioniere der früheren (c) MOOC-Bewegung nach Stanford und Harvard und konnten die globale Begeisterung über (x)MOOC nicht teilen (siehe dazu exemplarisch *The battle for open: How openness won and why it doesn't feel like victory*, Weller 2014). Verwirrend ist auch die eher künstliche Trennung von Open Access als Förderung des unbeschränkten Zugangs zu (Forschungs-) Daten und von OER, die sich mehr oder wenig explizit auf didaktisierte Materialien beziehen. Dass Open Access nicht als legitimes Mittel zur Förderung des Lernens betrachtet werden kann, zeigt die Engführung der einzelnen Openness-Diskurse.

Was also ist Open Education? In Anbetracht der Dynamik, mit der sich rezente Offenheits-Formen entwickelt haben, kann es als Assemblage (Deleuze und Guattari 2007) verstanden werden, d. h. ein komplexes Zusammenspiel von nicht-statischen sozialen und technologischen Einheiten, die sich zu bestimmten Manifestationen wie OER oder MOOCs konvergieren. Trotz dieser Schwierigkeiten, Open Education begrifflich einzufangen, eröffnet sich dadurch eine Perspektive, die wie einleitend skizziert, Bildungstechnologie kritisch rahmt und das bisherige Sprechen erweitert. Dies wird deutlich, wenn man den ersten Teil des Kompositums betrachtet. Bildung ist ein Konstrukt, das auf die Bewältigung von Unbestimmtheit als selbstreflexiver Orientierungsprozess abzielt. Diese idealistische Sichtweise, von Humboldt umfassend herausgearbeitet, ist deutlich breiter als Lernen und lässt sich als ein Lernen zweiter Ordnung begreifen. Medien spielen beim Bildungsprozess per se eine herausragende Rolle und dies umso mehr durch die jüngsten Mediatisierungsschübe (Marotzki und Jörissen 2010). So eröffnen sich durch digitale Medien neue Räume, sich zu artikulieren und zu partizipieren. Mit den offenen digitalen Bildungsressourcen wird diesem philosophischen Bildungsverständnis eine materialisierte Bedeutung zugewiesen, ohne dies jedoch immer explizit zu machen. Mit der *These der verwandten Seelen* (Deimann 2013) wird ein solcher Explizierungsversuch in die Debatte eingebracht. Damit gemeint ist eine enge Verkopplung von OER und Bildungsprozess in dem Sinne, dass ohne Offenheit (5V Prinzipien, siehe oben) keine Bildung möglich ist (vgl. Humboldt; Marotzki und Jörissen 2010). Mit dem

Konzept der *Auseinandersetzung mit der Welt* definierte Humboldt die Bedingungen für Bildung, was im 19. Jahrhundert über Literatur, Musik oder Bildungsreisen umgesetzt werden konnte. Heute bieten digitale Medien Möglichkeiten für *virtuelle Bildungsreisen*, die sich mit OER realisieren lassen.

Da es sich bei OER prinzipiell auch immer um Medien (z. B. Präsentationen) handelt, die auf eine bestimmte Weise distribuiert werden (z. B. über den Internetdienst SlideShare), lassen sie sich auch in den Diskurs *Lernen mit Medien* einordnen, bei dem gerne Medien gegeneinander ausgespielt werden im Hinblick auf Lernleistung. Tatsächlich zeigen viele Studien ein *No Significant Difference Phenomenon* (Russell 1999). Offenbar wird hier eine kurzsichtige Perspektive, die kulturelle und politische Faktoren außen vor lässt. Welche Bedeutung diese Faktoren mittlerweile haben, kann am Fall des Paragrafen 52a UrhG (*Öffentliche Zugänglichmachung für Unterricht und Forschung*) gezeigt werden. Damit wird geregelt, dass „(...) kleine Teile eines Werkes, Werke geringen Umfangs sowie einzelne Beiträge aus Zeitungen oder Zeitschriften zur Veranschaulichung im Unterricht an Schulen, Hochschulen, nichtgewerblichen Einrichtungen der Aus- und Weiterbildung sowie an Einrichtungen der Berufsbildung ausschließlich für den bestimmt abgegrenzten Kreis von Unterrichtsteilnehmern" (Urheberrechtsgesetz 2003) zur Verfügung gestellt werden. Konkretisiert wurde der § 52a als sog. *digitaler Semesterapparat*, d. h. über ein Learning Management System wurden vom Kursleiter/in die relevante Literatur eingestellt, ohne im Einzelfall eine Vergütung an den Urheber/in abführen zu müssen. Über die Verwertungsgesellschaft Wort wurde eine Pauschalvergütung abgeführt. Die VG Wort führte dann Tantiemen an die Autor/innen ab.

Diese Regelung wurde mit der Ankündigung vom September 2016 eines neuen Rahmenvertrags von VG Wort und KMK, der eine Einzelabrechnung (0,8 Cent pro Studierender und Semester) ab Januar 2017 vorsah, stark modifiziert (Wölfl 2016). Demnach müssten alle Textteile (auch solche, die bislang unter die Schrankenregelung gefallen sind) einzeln gemeldet und abgerechnet werden, ein für Dozent/innen als nicht zumutbar gehaltener Aufwand. Ein rasch initiiertes Pilotprojekt der Universität Osnabrück zur Abschätzung des Mehraufwands scheint diese Vermutung zu bestätigen und so bleibt die Literaturbeschaffung am Ende den Studierenden selbst überlassen (Siekmeyer-Fuhrmann et al. 2015). Angesichts hoher Kosten für Fachpublikationen, was auch durch florierende Schattenbibliotheken wie *Sci-Hub* angezeigt wird, kann der neue Rahmenvertrag wohl nicht als Maßnahme zur Förderung von Bildungsgerechtigkeit gewertet werden. Eine ähnliche Auffassung haben auch zahlreiche Universitäten und Hochschulen und traten dem Vertragswerk nicht bei, woraufhin KMK und VG Wort ein Moratorium bis September 2017 einräumten und Besserung gelobten.

In der ganzen, zum Teil sehr hitzig geführten Debatte, spielen OER bislang keine Rolle. Das mag an der in Deutschland immer noch geringen Bekanntheit liegen (siehe oben). Mit Blick auf die globale OER-Bewegung lassen sich einige für den deutschen Kontext wichtige Ansatzpunkte ableiten, die nicht nur den Bereich des Urheberrechts betreffen, sondern weit darüber hinausgehen:

- OER als kostengünstigere, frei lizenzierte Lehrbücher:
  In den USA wird versucht über Open Textbooks Menschen aus sozial und finanziell schlechter gestellten Milieus Zugang zu Bildung zu verschaffen. In

einer empirischen Studie wurde ein Modell zur Kosteneinsparung von circa 50 % im Vergleich zu herkömmlichen Lehrbüchern identifiziert (Wiley et al. 2012). Auch zeigten sich keine Unterschiede im Hinblick auf Lernleistungen (siehe oben: No Significant Difference Phenomenon). Open Textbooks haben mittlerweile eine ausschließlich ökonomische Ausrichtung, was eine besondere Kostenstruktur in Nordamerika reflektiert. Als Instrument zur Sicherung der Freiheit von (digitaler) Lehre könnten sie jedoch auch etwas beitragen. So könnten in Deutschland Lehrbücher auf Basis von OER, von Lehrenden erstellt, auch im Fall des drohenden neuen Rahmenvertrags von Studierenden wie gewohnt über digitale Semesterapparate bezogen werden. Darüber hinaus eröffnen OER neue Möglichkeiten (akademischer) Freiheit, in dem z. B. Texte für eigene Zwecke adaptiert, remixt und wieder online gestellt werden dürfen.

- OER als didaktische Innovation:
Während es bei Open Textbook noch um eher statische und abgeschlossene Werke handelt, die dann ähnlich den traditionellen Lehrbüchern rezipiert werden, lassen sich OER auch im Sinne neuer pädagogischer Praktiken, sog. Open Educational Practices (OEP), einsetzen. Noch gibt es nur vereinzelt konkrete Beispiele, wie OEP ausgestaltet sein können (Mayrberger und Hofhues 2013). Als mögliches Szenario könnten OER/OEP Elemente auf dezentral vernetzen Repositorien hinterlegt werden. Lehrende könnten mittels zentral verwalteter Metadaten Zugriff haben und sie leichter in ihre Lehre integrieren. Dadurch könnte auch der Abhängigkeit von kommerziellen Verlagen, die ja ungeachtet des neuen Rahmenvertrags zum § 52a besteht, entgegnet werden.

- OER als Treiber bildungspolitischer Reformen:
Das Strategiepapier *Open Educational Resources: A Catalyst for Innovation* (Orr et al. 2015) verbindet mit OER Möglichkeiten bildungspolitische Herausforderungen zu meistern: „(...) learning for the twenty-first century, fostering teachers' professional development, containing educational costs, continually improving the quality of educational resources, widening the distribution of highquality educational materials, and breaking down the barriers to high-quality learning opportunities. Of particular importance among these challenges are teachers' development and educational costs" (S. 16). OER wird in erster Linie als soziale Innovation verstanden, da sie (1) technologische Möglichkeiten (digitale Technologien) im Zusammenhang von Bildung fruchtbar machen, (2) über eine (potenziell) längere Lebensdauer als traditionelle Lehr-/Lernmaterialien verfügen und durch die ihnen eingeschriebenen freiheitlichen Bedingungen die Qualität von Bildung verbessern können.

## 3 Der Blick voraus: OER als Default digitalisierter Bildung?

Dieser Beitrag vertritt die These, dass OER als Teil einer globalen Öffnungsbewegung mit dem Ziel, den Zugang zu und die Möglichkeiten von Bildung zu demokratisieren, langsam und stetig in den Mainstream bildungstechnologischer Diskurse einsickert. Vor dem Hintergrund des Mediatisierungsschubs der Gesellschaft kommen OER insofern strategische Bedeutung zu, da sie eine grundlegende Bedingung für digitalisierte Bildung realisieren. Mit den vielvielfältigen Nachnutzungsmöglichkeiten (siehe oben: 5V), die ohne großen administrativen Aufwand herstellbar sind und den Bildungsmaterialien zu Grunde liegen, kann es zu Bildungsprozessen kommen, die in der Tradition der Aufklärung stehen und eine anthropologische Konstante formulierten, die heute noch aktuell ist und sich in dem Konzept der Medienbildung wiederfindet.

Aufgezeigt wurde zudem, dass OER als Instrument für Bildungsinnovationen eine immer größere Rolle spielen und zwar auf Ebene supranationaler Akteur/innen (OECD, UNESCO, EU) wie auf Ebene von Nationalstaaten (BMBF-Förderprogramm zur Förderung der OER-Infostelle und von Projekten zur Sensibilisierung für OER). Noch sind allerdings nur vereinzelt Maßnahmen so weit entwickelt worden, dass die – oftmals ideologisierten – Zuschreibungen von OER sichtbar wurden (in den USA mit den Open Textbooks).

Zum Abschluss dieses Beitrags werden daher einige, teilweise spekulative, Überlegungen angestellt, inwieweit OER zu einem neuen Default digitalisierter Bildung werden können. Dies setzt somit implizit eine weitere Akzeptanz von OER im Bildungssystem voraus und blendet die Abwehrversuche, insbesondere der kommerziellen Verlage aus.

Als Ausgangspunkt dient die als selbstverständlich angesehene kulturell tradierte Praxis der Bildungsmedienproduktion. An Bildungsinstitutionen sind es Dozent/innen, die als Teil ihrer pädagogischen Dienstleistungen Materialien produzieren, etwa in Form von PowerPoint Präsentationen oder als Textdokumente wie z. B. Arbeitsblätter. Ohne den expliziten Schritt der (Selbst-)Lizenzierung, etwa über Creative Commons, unterliegen die Materialien automatisch dem Urheberrecht und schränken die Nutzung innerhalb der Zielgruppe der Studierenden stark ein. Was zu Zeiten der Dominanz analog produzierter Ressourcen keine Schwierigkeiten führte und u. a. den Semesterapparat hervorbrachte, bedeutet im digitalen Zeitalter einen Bruch. Mit dem Konzept des *Seamless Learning* (Wong 2012) werden prototypisch die Vorzüge eines medienintegrierenden, zeitunabhängigen und ortsübergreifenden Lernens beschrieben. Seamless Learning geht von der ubiquitären Verbreitung von (digitalen) Medien aus, die über mobile Endgeräte verfügbar sind. So attraktiv dieser Ansatz momentan ist, erst durch konsequente Nutzung von OER, ist ein *echtes* nahtloses Lernen möglich, das nicht an Bezahlschranken und/oder Urheberrechtsklauseln scheitern muss.

Mit der Verbreitung und medienwirksamen Darstellung von pädagogischen Modellen wie dem Seamless Learning oder des Connected Learning steigt auch der Innovationsdruck an Instituten und Lehrstühlen. Hinzukommen können gestiegene Erwartungen einer medienafinen Studierendenschaft, die allerdings mit dem Mem *Net Generation* kaum etwas gemein hat, sondern mehr mit einer heterogenen Gruppe, die neue Ansprüche des digitalen Lernens in die Hochschule hineinträgt. Offenheit kann zu einem neuen Leitbild werden, mit OER und Open Educational Practices als konkrete Manifestationen.

Neben diesen Botton-Up-Bewegungen gibt es verschiedene Top-Down-Steuerungen der Bildungspolitik, wie etwa die zuvor bereits erwähnte KMK-Strategie *Bildung in der digitalen Welt*. Dort wird OER zwar eher zögerlich und mit einem unausgesprochenen Misstrauen begegnet. Mit den Ende 2016 gestarteten OER-Projekten, finanziert vom BMBF, können hier bald neue Tatsachen geschaffen werden. So ist die Förderlinie *Maßnahmen zur Sensibilisierung* auf den nachhaltigen Aufbau von OER-Kompetenz innerhalb zentraler Einheiten ausgerichtet. Mittelfristig wird damit die Erweiterung bildungstechnologischer Dienstleistungen angestrebt. Mit einer eigenen OER-Policy, die nach innen und außen wirken kann, lassen sich die verschiedenen Aktivitäten kodifizieren. Nach innen dadurch, dass etwa im Rahmen von Berufungsverhandlungen offen lizenzierte Lehrmaterialien angestrebt werden. Eine nach außen gerichtete Maßnahme wäre beispielsweise ein offenes Portal, auf dem Vorlesungsmitschnitte oder Skripte offen zur Verfügung gestellt werden und der interessierten Öffentlichkeit einen Einblick in den akademischen Betrieb geben.

Mit der Hoffnung, dass sich das bislang als zartes Pflänzchen rezipierte OER-Konzept weiter emanzipiert und auch in weiteren Auflagen dieses Handbuchs, vielleicht auch an prominenterer Position, erscheint, möchte dieser Beitrag enden.

## Literatur

Brooks, D. (2012). The campus tsunami. *New York Times*. New York. http://www.nytimes.com/2012/05/04/opinion/brooks-the-campus-tsunami.html?_r=0.

Bundesministerium für Bildung und Forschung. (2015). *Bericht der Arbeitsgruppe aus Vertreterinnen und Vertretern der Länder und des Bundes zu Open Educational Resources (OER)*. Berlin: Bundesministerium für Bildung und Forschung. http://www.bildungsserver.de/pdf/Bericht_AG_OER_2015-01-27.pdf.

Bundesministerium für Bildung und Forschung. (2016). Richtlinie zur Förderung von Offenen Bildungsmaterialien (Open Educational Resources – OERinfo). https://www.bmbf.de/foerderungen/bekanntmachung-1132.html.

Deimann, M. (2013). Open Education and Bildung as kindred spirits. *E-Learning and Digital Media, 10*(2), 190–199.

Deimann, M. (2016). Open Education – die ewig Unvollendete. *Synergie. Fachmagazin für Digitalisierung in der Lehre, 2*, 14–19.

Deleuze, G., & Guattari, F. (2007). *Tausend Plateaus* (Nachdr.). Berlin: Merve.

Dräger, J., & Müller-Eiselt, R. (2015). *Die digitale Bildungsrevolution: Der radikale Wandel des Lernens und wie wir ihn gestalten können* (1. Aufl.). München: DVA.

Hamilton, E., & Friesen, N. (2013). Online Education: A Science and Technology Studies Perspective/Éducation en ligne: Perspective des études en science et technologie. *Canadian Journal of Learning and Technology, 39*(2).

Hochschulrektorenkonferenz. (2016). *Senatsbeschluss zu Open Educational Resources (OER)*. Bonn: Hochschulrektorenkonferenz. https://www.hrk.de/positionen/gesamtliste-beschluesse/position/convention/senatsbeschluss-zu-open-educational-resources-oer/.

Marotzki, W., & Jörissen, B. (2010). Dimensionen strukturaler Medienbildung. In *Jahrbuch Medienpädagogik 8* (S. 19–39). Wiesbaden: VS Verlag für Sozialwissenschaften.

Mayrberger, K., & Hofhues, S. (2013). Akademische Lehre braucht mehr „Open Educational Practices" für den Umgang mit „Open Educational Resources" – ein Plädoyer. *Zeitschrift für Hochschulentwicklung, 8*(4), 56–68.

Orr, D., Rimini, M., & van Damme, D. (2015). *Open educational resources. A catalyst for innovation*. Paris: Organisation for Economic Co-operation and Development. http://www.oecd-ilibrary.org/content/book/9789264247543-en.

Russell, T. L. (1999). *The no significant difference phenomenon*. Raleigh: North Carolina State University.

Siekmeyer-Fuhrmann, A., Thelen, T., & Knaden, A. (2015). *Pilotprojekt zur Einzelerfassung der Nutzung von Texten nach § 52a UrhG an der Universität Osnabrück*. Osnabrück: Universität Osnabrück. https://repositorium.uni-osnabrueck.de/bitstream/urn:nbn:de:gbv:700-2015061913251/2/workingpaper_02_2015_virtUOS.pdf.

Transferstelle Open Educational Resources. (2015). Zur Definition von „Open" in „Open Educational Resources" – die 5 R-Freiheiten nach David Wiley auf Deutsch als die 5 V-Freiheiten. http://open-educational-resources.de/5rs-auf-deutsch/.

UNESCO. (2015). https://open-educational-resources.de/unesco-definition-zu-oer-deutsch/. Zugegriffen am 31.12.2016.

Urheberrechtsgesetz. (2003). § 52a: Öffentliche Zugänglichmachung für Unterricht und Forschung. https://dejure.org/gesetze/UrhG/52a.html.

Weller, M. (2014). *The battle for open: How openness won and why it doesn't feel like victory*. London: Ubiquity Press.

Wiley, D., Hilton, J. L., III, Ellington, S., & Hall, T. (2012). A preliminary examination of the cost savings and learning impacts of using open textbooks in middle and high school science classes. *International Review of Research in Open and Distance Learning, 13*(3), 262–276.

Wölfl, T. (2016). Zurück an die Kopierer. http://www.sueddeutsche.de/bayern/universitaeten-zurueck-an-die-kopierer-1.3285784.

Wong, L.-H. (2012). A learner-centric view of mobile seamless learning. *British Journal of Educational Technology, 43*(1), E19–E23. https://doi.org/10.1111/j.1467-8535.2011.01245.x.